电气绝缘材料国家标准汇编
（下册）

中国标准出版社　编

中国标准出版社
北　京

图书在版编目（CIP）数据

电气绝缘材料标准汇编.下册/中国标准出版社编.
—2版.—北京：中国标准出版社，2016.9
ISBN 978-7-5066-8427-9

Ⅰ.①电… Ⅱ.①中… Ⅲ.①电气设备—绝缘材料—
标准—汇编—中国　Ⅳ.①TM21-65

中国版本图书馆 CIP 数据核字（2016）第 221554 号

中 国 标 准 出 版 社 出 版 发 行
北京市朝阳区和平里西街甲 2 号（100029）
北京市西城区三里河北街 16 号（100045）

网址 www.spc.net.cn
总编室：(010)68533533　　发行中心：(010)51780238
读者服务部：(010)68523946
中国标准出版社秦皇岛印刷厂印刷
各地新华书店经销

＊

开本 880×1230　1/16　印张 62.75　字数 1 892 千字
2016 年 9 月第一版　2016 年 9 月第一次印刷

＊

定价 315.00 元

出版说明

　　绝缘材料作为电气设备中最重要的材料之一,其性能和质量直接影响着设备的运行可靠性和使用寿命。电气绝缘材料标准作为重要的技术基础,对提高绝缘材料产业技术进步、规范生产管理、提升产品质量水平、提高产品的国际竞争力起到关键的技术支撑作用。

　　《电气绝缘材料标准汇编》于2012年第一次出版,极大地满足了企业对电气绝缘材料标准的需求。为方便企业能及时查阅和了解最新标准,我社组织有关人员编辑整理了本汇编。本汇编收录了截至2016年8月发布的电气绝缘材料常用国家标准共152项,分为上、下两册,共包括十个部分:基础通用方法;相关通用方法;漆、可聚合树脂和胶类;树脂浸渍纤维制品类;层压制品、卷绕制品、真空压力浸胶制品和引拔制品类;模塑料类;云母制品类;薄膜、粘带和柔软复合材料类;纤维制品类;绝缘液体类。本册为下册,共收录国家标准95项。

　　读者在使用汇编时请注意以下几点:

　　1. 由于标准的时效性,汇编所收入的标准可能被修订或重新制定,请读者使用时注意采用最新有效版本。

　　2. 鉴于标准出版年代不尽相同,对于其中的量和单位不统一之处及各标准格式不一致之处未做改动。

　　本汇编适用于从事电气绝缘材料标准的制修订人员,电气绝缘材料产品的研发、生产、检验、销售和应用以及相关领域的技术人员及管理人员,也可供大专院校相关专业的师生参考。

编　者

2016 年 8 月

目　　录

第5部分：层压制品、卷绕制品、真空压力浸胶制品和引拔制品类

第6部分：模塑料类

第7部分：云母制品类

第8部分：薄膜、粘带和柔软复合材料类

第9部分:纤维制品类

第10部分:绝缘液体类

第 3 部分：漆、可聚合树脂和胶类

ICS 29.035.01
K 15

中华人民共和国国家标准

GB/T 1981.1—2007/IEC 60464-1：1998
代替 GB/T 1981.1—2004

电气绝缘用漆
第 1 部分：定义和一般要求

Varnishes used for electrical insulation—
Part 1：Definitions and general requirements

（IEC 60464-1：1998，IDT）

2007-12-03 发布   2008-05-20 实施

中华人民共和国国家质量监督检验检疫总局
中国国家标准化管理委员会   发 布

前　言

GB/T 1981《电气绝缘用漆》分为以下几个部分：

——第 1 部分：定义和一般要求；

——第 2 部分：试验方法；

——第 3 部分：单项材料规范。

本部分为 GB/T 1981 的第 1 部分。

本部分等同采用 IEC 60464-1:1998《电气绝缘用漆　第 1 部分：定义和一般要求》（英文版）及 2006 第 1 次修正。

根据 GB/T 20000.2 的规定，本部分将 4.1"漆"的注中"ISO 472"改为已转化的"GB/T 2035"。

本部分代替 GB/T 1981.1—2004《电气绝缘用漆　第 1 部分：定义和一般要求》。

本部分与 GB/T 1981.1—2004 相比较，变化如下：

——第 1 章"范围"删除了"所有这类漆均含有溶剂"的内容；

——第 3 章"命名"增加了表 3 及其相关内容；

——第 4 章"定义"改为"术语和定义"；4.1 漆的定义增加"乳液、共溶剂"的概念；增加 4.14"乳液"、
4.15"共溶剂"、4.16"挥发性有机物含量"的定义；

本部分由中国电器工业协会提出。

本部分由全国绝缘材料标准化技术委员会（SAC/TC 51）归口。

本部分起草单位：桂林电器科学研究所。

本部分主要起草人：罗传勇。

本部分所代替标准的历次版本发布情况为：

——GB/T 10579—1989；

——GB/T 1981.1—2004。

电气绝缘用漆
第1部分:定义和一般要求

1 范围

GB/T 1981 的本部分涉及电气绝缘用漆。漆可用作覆盖装饰或浸渍,可在室温或高温下干燥或固化。

2 规范性引用文件

下列文件中的条款通过 GB/T 1981 的本部分的引用而成为本部分的条款。凡是注日期的引用文件,其随后所有的修改单(不包括勘误的内容)或修订版均不适用于本部分,然而,鼓励根据本部分达成协议的各方研究是否可使用这些文件的最新版本。凡是不注日期的引用文件,其最新版本适用于本部分。

ISO 1043-1   塑料   符号和缩略语   第1部分:基本聚合物及其特性

3 命名

根据用途不同绝缘漆的命名见表1。

表1   绝缘漆根据用途命名

应 用	符 号 代 码
覆盖漆	FV
浸渍漆	IV

有关应用的符号代码可作为应用种类的简称。根据实际需要,也可增补更多的应用和有关的符号代码。

根据组成和应用目的,绝缘漆可在室温或高温下干燥或固化。专用绝缘漆根据其所含树脂或主要活性部分的组成而命名。常用的树脂见表2。有关树脂和聚合物的符号及其特性见 ISO 1043-1。

表2   基本树脂

树 脂	符 号 代 码
丙烯酸树脂	A
环氧(脂肪族或芳香族)	EP
三聚氰胺-甲醛	MF
酚醛	PF
聚氨酯	PUR
饱和聚酯	SP
有机硅	SI
不饱和聚酯	UP

有关树脂种类命名及其符号代码见表3。

表3 树脂种类

种　类	符号代码
有机溶剂基	S
水基	W
乳液类	E

有关符号代码可用作聚合物的简称。根据实际需要,可增补更多命名和有关符号代码。

4 术语及定义

4.1

漆 varnish

一种或多种树脂溶解在溶剂中的一种溶液或乳液。漆可包含其他组分,如干燥剂、催化剂、活性稀释剂、染料、颜料或共溶剂。在干燥/固化过程中,释放出溶剂和副产物,同时,活性组分聚合和/或交联形成固态物。干燥或固化可在室温下进行,或者通过加热进行。

注:本部分所指树脂和各种基本树脂的定义是根据 GB/T 2035。

4.2

树脂 resin

分子量不确定但通常较高的一种固体、半固体或准固体的有机材料,遭受应力时有流动倾向,通常有一个软化或熔化范围,且分子链段通常呈螺旋状。从广义上讲,凡是作为塑料基材的任何聚合物都可以称为树脂。

4.2.1

丙烯酸树脂(A) acrylic resin

由丙烯酸或丙烯酸衍生物聚合,或与其他单体(丙烯酸单体占最大量)共聚而制成的树脂。

4.2.2

环氧树脂(EP) epoxy resin

含有能够交联的环氧基团的树脂。

4.2.3

三聚氰胺-甲醛树脂(MF) melamine-formaldehyde resin

由三聚氰胺与甲醛或与能产生亚甲基桥的化合物缩聚反应而制得的氨基树脂。

4.2.4

酚醛树脂(PF) phenol-formaldehyde resin

由酚类和醛类通过缩聚反应而制得的酚醛类树脂。

4.2.5

聚氨酯树脂(PUR) polyurethane resin

固化后分子链中的重复结构单元是氨基甲酸酯的树脂。

4.2.6

饱和聚酯树脂(SP) saturated polyester resin

分子链中具有酯型重复结构单元的树脂。

4.2.7

有机硅树脂(SI) silicone resin

聚合物主链由交替的硅原子和氧原子组成的树脂。

4.2.8

不饱和聚酯树脂（UP） unsaturated polyester resin

聚合物主链中具有可与不饱和单体或预聚物发生交联的碳-碳不饱和键的聚酯树脂。

4.3

稀释剂 diluent

一种液体添加剂，其作用是降低漆的固体含量和粘度。

4.4

固化 cure；curing

通过聚合和/或交联反应将预聚物或聚合物组分转变成更加稳定，呈现可使用状态的过程。

4.5

聚合 polymerization

将单体或单体混合物转变成聚合物的过程。

注：将预聚物或聚合物组分转变成聚合物的过程称之为聚合作用。

4.6

交联 crosslinking

在聚合链间产生多重分子间的共价键或离子键的过程。

4.7

粘附 adherence

两个物体表面通过界面力结合在一起的状态。

4.8

孔隙 void

无规定形状、封闭式的含有空气或其他气体的孔穴。

注：术语"气泡"是指近似球形的孔隙。

4.9

贮存期 shelf life

在规定条件下，材料能保持其基本特性的贮存时间。

4.10

覆盖漆（FV） finishing varnish

用于设备或设备零部件的表面，以增强抵抗外界影响或改进设备外观的漆。

4.11

浸渍漆（IV） impregnating varnish

能填充或浸渍电器元件的绕组和线圈，具有填充缝隙和孔隙作用，以保护和粘结绕组和线圈的漆。

4.12

室温固化漆 ambient curing varnish

不需加热能在室温下干燥或固化的漆。

4.13

热固化漆 hot curing varnish

需要加热才能固化的漆。

4.14

乳液 emulsion

两种不混溶液体组成的稳定、胶质状的混合物。

4.15

共溶剂   co-solvent

一般为一种亲水的极性溶剂,以低浓度使用可使在聚合物树脂和主要溶剂(通常为水)之间形成桥接,更利于乳化。

4.16

挥发性有机物含量   volatile organic compound content

在干燥或固化过程中,从水基漆或乳胶漆中失去的有机物含量,以漆中树脂损失质量表示。

5 一般要求

对于交付的所有产品,除了应符合本部分的要求外,还应符合单项材料规范的要求。

5.1 颜色

漆的干燥物或固化物的颜色应符合供需双方商定的要求。

5.2 供货条件

漆应装在坚固、干燥和清洁的容器里,以保证在运输、搬运和贮存中充分保护漆,每个容器上至少应清晰、持久地标明下述内容:

——标准编号;

——漆的名称;

——批号;

——生产日期;

——生产商名称或商标;

——规定的贮存温度或温度范围及最后使用日期;

——任何危险性警示,例如可燃性(闪点)和毒性;

——合适的组分混合说明(例如对于双组分漆);

——容量。

推荐使用的容器尺寸为:1 L、2.5 L、5 L、25 L 和 200 L。

5.3 贮存期

在规定温度条件下,当贮存在最初的密封容器中时,漆应能在使用期限到达之前保持其原有特性。

ICS 29.035.99
K 15

中华人民共和国国家标准

GB/T 1981.2—2009
代替 GB/T 1981.2—2003

电气绝缘用漆
第 2 部分：试验方法

Varnishes used for electrical insulation—
Part 2：Methods of test

（IEC 60464-2：2001，MOD）

2009-06-10 发布   2009-12-01 实施

中华人民共和国国家质量监督检验检疫总局
中 国 国 家 标 准 化 管 理 委 员 会   发 布

前　言

GB/T 1981《电气绝缘用漆》分为以下几个部分：
——第 1 部分：定义和一般要求；
——第 2 部分：试验方法；
——第 3 部分：热固化浸渍漆通用规范；
——第 4 部分：聚酯亚胺浸渍漆；
——第 5 部分：快固化节能型三聚氰胺醇酸浸渍漆；
……

本部分为 GB/T 1981 的第 2 部分。

本部分修改采用 IEC 60464-2：2001《电气绝缘用漆　第 2 部分：试验方法》及第 1 次修正（2006）（英文版）。

本部分根据 IEC 60464-2：2001 及 2006 第 1 次修正重新起草。在附录 A 中列出了本部分章条编号与 IEC 60462-2：2001 及 2006 第 1 次修正章条编号的对照一览表。

考虑到我国国情，在采用 IEC 60464-2：2001 及 2006 第 1 次修正时，本部分作了一些修改。有关技术差异在它们所涉及的条款页边空白处用垂直单线标识。在附录 B 中给出了这些技术差异及其原因的一览表，以供参考。

为便于使用，本部分与 IEC 60464-2：2001 及 2006 第 1 次修正相比做了下列编辑性修改：

a)　删除了 IEC 60464-2：2001 的前言和引言；

b)　删除了第 5 章、第 6 章中的悬置段，即对干燥前和/或固化前及干燥后和/或固化后的材料状态的文字说明。

本部分代替 GB/T 1981.2—2003《电气绝缘用漆　第 2 部分：试验方法》。

本部分与 GB/T 1981.2—2003 相比较主要差异如下：

a)　增加了 5.1"外观"、5.5"酸值"、5.12"漆和铜的反应"章条；

b)　将 6.1 中"……底材种类由具体的试验方法以及单项材料规范规定，或由供需双方协定。……"修改为"……底材种类由具体的试验方法以及单项材料规范规定，若具体的试验方法以及单项材料规范未对底材种类做规定时，可选用厚度为(0.10±0.01)mm 的薄铜板。……"；

c)　将 6.4.3.5 中"……，报告每块涂漆钢板的粘性、……"修改为"……，应报告每块板的涂层厚度、……"；

d)　将 6.5.2.3 中"……试验应在(23±2)℃进行，使用频率为 1 kHz 的正弦试验电压。……"修改为"……，试验应在(23±2)℃、1 kHz 或 50 Hz 或供需双方商定的其他频率的正弦试验电压下进行。……"；

e)　增加了资料性附录 A 和附录 B。

本部分的附录 A、附录 B 为资料性附录。

本部分由中国电器工业协会提出。

本部分由全国绝缘材料标准化技术委员会(SAC/TC 51)归口。

本部分主要起草单位：桂林电器科学研究所。

本部分起草人：马林泉。

本部分所代替标准的历次版本发布情况为：
——GB/T 1981—1980、GB/T 1981—1989、GB/T 1981.1—2003。

电气绝缘用漆
第2部分:试验方法

1 范围

GB/T 1981 的本部分规定了电气绝缘用漆的试验方法。

本部分适用于电气绝缘用漆在干燥和/或固化前以及干燥和/或固化后的性能试验。

2 规范性引用文件

下列文件中的条款通过 GB/T 1981 的本部分的引用而成为本部分的条款。凡是注日期的引用文件,其随后所有的修改单(不包括勘误的内容)或修订版均不适用于本部分,然而,鼓励根据本部分达成协议的各方研究是否可使用这些文件的最新版本。凡是不注日期的引用文件,其最新版本适用于本部分。

GB/T 1408.1—2006 绝缘材料电气强度试验方法 第1部分:工频下试验(IEC 60243-1:1998,IDT)

GB/T 1409—2006 测定电气绝缘材料在工频、音频、高频(包括米波波长在内)下介电常数和介质损耗因数的推荐方法(IEC 60250:1969,MOD)

GB/T 1410—2006 固体绝缘材料体积电阻率和表面电阻率试验方法(IEC 60093:1980,IDT)

GB/T 1981.1—2007 电气绝缘用漆 第1部分:定义和一般要求(IEC 60464-1:1998,IDT)

GB/T 2423.16—2008 电工电子产品环境试验 第2部分:试验方法 试验J及导则:长霉(IEC 60068-2-10:2005,IDT)

GB/T 2900.5—2002 电工术语 绝缘固体、液体和气体(eqv IEC 60050-212:1990)

GB/T 2918—1998 塑料试样状态调节和试验的标准环境(idt ISO 291:1997)

GB/T 4074.4—2008 绕组线试验方法 第4部分:化学性能(IEC 60851-4:2005,IDT)

GB/T 5208—2008 闪点的测定 快速平衡闭杯法(ISO 3679:2004,IDT)

GB/T 6753.4—1998 色漆和清漆 用流出杯测定流出时间(eqv ISO 2431:1993)

GB/T 11026.1—2003 电气绝缘材料耐热性 第1部分:老化程序和试验结果的评定(IEC 60216-1:2001,IDT)

GB/T 11026.2—2000 确定电气绝缘材料耐热性的导则 第2部分:试验判断标准的选择(idt IEC 60216-2:1990)

GB/T 11026.3—2006 电气绝缘材料耐热性 第3部分:计算耐热性特征参数的规程(IEC 60216-3:2002,IDT)

GB/T 11026.4—1999 确定电气绝缘材料耐热性的导则 第4部分:老化烘箱 单室烘箱(IEC 60216-4-1:1990,IDT)

GB/T 11028—1999 测定浸渍剂对漆包线基材粘结强度的试验方法(eqv IEC 61033:1991)

GB/T 19264.3—2003 电工用压纸板和薄纸板规范 第3部分:单项材料规范 第1篇:对B.0.1,B.2.1,B.2.3,B.3.1,B.3.3,B.4.1,B.4.3,B.5.1,B.6.1 及 B.7.1 型纸板的要求(IEC 60641-3-1:1992,IDT)

ISO 558:1980 条件处理和试验 标准大气 定义

ISO 760:1978 水份的测定 卡尔·费休法(通用方法)

ISO 1144:1973　纺织品　表示线密度的通用制(Tex制)

ISO 1513:1992　色漆和清漆　试验样品的检查和制备

ISO 1514:1993　色漆和清漆　试验用标准试板

ISO 1519:1973　色漆和清漆　弯曲试验(圆柱芯轴)

ISO 1520:1999　色漆和清漆　杯突试验

ISO 2078:1993　纺织玻璃纤维　纱　命名

ISO 2113:1996　增强纤维　机织物　基本规范

ISO 2555:1989　塑料　液态或乳液或分散状的树脂　用布洛克菲尔德(Brookfield)试验方法　测定表观黏度

ISO 2578:1993　塑料　长期热暴露作用后的时间和温度极限的测定

ISO 2592:2000　闪点和燃点的测定　克利夫兰(Cleveland)开口杯法

ISO 2807:1997　色漆和清漆　漆膜厚度的测定

ISO 2811　色漆和清漆　密度的测定

ISO 2812-1:1993　色漆和清漆　耐液体性的测定　第1部分:通用方法

ISO 3219:1993　塑料　液态或乳液或分散状的聚合物/树脂　用规定剪切速率的旋转黏度计黏度

ISO 3251:1993　色漆和清漆　色漆、清漆和色漆-清漆漆基中非挥发物的测定

ISO 11890-1:2000　色漆和清漆　挥发性有机化合物(VOC)的测定　第1部分:各种方法

ISO 11890-2:2000　色漆和清漆　挥发性有机化合物(VOC)的测定　第2部分:气相色谱法

ISO 15528:2000　色漆、清漆和相应的原材料　取样

IEC 60296:2003　变压器和开关用的未使用过的矿物绝缘油规范

IEC 61099:1992　电气用未使用过的合成有机酯规范

3　定义

GB/T 2900.5—2002和GB/T 1981.1—2007中以及下列定义适用于GB/T 1981的本部分。

3.1

体积电阻　volume resistance

排除表面电流后由体积导电所决定的绝缘电阻部分。

3.2

体积电阻率　volume resistivity

折算成立方单位体积的体积电阻。

3.3

介质损耗因数　dielectric dissipation factor

$\tan\delta$

复介电常数的虚部与实部的绝对值之比值。

3.4

相对电容率　relative permittivity

ε_r

绝对电容率与电常数之比值。

注:在实际工程中,当提到相对电容率时,通常采用"电容率"这个术语。

4　对试验方法的总说明

除在有关单项材料规范或试验方法中另有规定外,所有试验应在温度(25±4)℃和相对湿度45%至70%的大气条件下进行。试验之前,样品或试样应在以上大气条件下预处理足够时间,以使样品或

试样达到稳定。以液体或胶的形式取样时,应按 ISO 15528:2000。制备这种试验样品应按ISO 1513:1992。

> 注:有关标准大气的术语定义见 ISO 558:1980。上述规定的试验大气与 GB/T 2918—1998 规定的两个标准大气中的任何一个都不一致,但它采用了两个标准大气所包括的偏差范围。

通常,以文字说明对某一试验方法的强制性要求,而图示仅仅是为了说明进行试验时一种可能的配置。当本部分与单项材料规范之间发生矛盾时,应以单项材料规范规定为准。

当某一试验方法引用了其他标准时,应在报告中说明所引用的标准。

5 干燥前和/或固化前漆的试验方法

5.1 外观

5.1.1 试管法

将漆倒入直径 15 mm 的干燥洁净无色透明玻璃试管中,在(23±2)℃下静置至气泡消失后,在白昼散射光下对光观察漆的颜色是否透明、有无机械杂质和不溶解的粒子。

5.1.2 涂片法

取测定电性能前的漆膜试样两片,观察漆膜的颜色、是否平滑、有无光泽、有无机械杂质和颗粒等。

5.2 闪点

对闪点为 79 ℃和以上者,应按 ISO 2592:2000 中规定的方法进行测定。对闪点低于 79 ℃者,应按 GB/T 5208—2008 中规定的方法进行测定,采用该标准规定的闭口杯仪器,GB/T 5208—2008 应与 ISO 3679:2000 一起使用。

应做两次测定,试样为两个单独的试样。并报告闪点的平均值。

5.3 密度

应按 ISO 2811 中规定的方法进行测定。做两次测定并报告密度的平均值。

5.4 黏度

应用一种适当的仪器在(23±1)℃下测定黏度。如果用旋转型黏度计,则应符合 ISO 2555:1989 (Brookfield 型)或 ISO 3219:1993(在规定的剪切速率下工作的类型)。如果用某一种流出型仪器,则试验方法和流出杯应符合 GB/T 6753.4—1998。

应做两次测定并报告黏度的平均值。

5.5 酸值

5.5.1 仪器及试剂

a) 碱式滴定管,25 mL;

b) 三角烧瓶,150 或 200 mL;

c) 量筒,50 mL;

d) 天平,200 g,感量 0.001 g;

e) 0.05 mol/L 或 0.1 mol/L 氢氧化钾乙醇标准溶液;

f) 0.1％酚酞指示剂;

g) 甲苯-乙醇混合液(容积比 1:1)。

5.5.2 试验步骤

在三角烧瓶中称取 1 g～2 g 试样,加入 30 mL 预先中和至中性的甲苯—乙醇混合液溶解。试样完全溶解后加入三滴酚酞指示剂,用 0.05 mol/L 或 0.1 mol/L 氢氧化钾乙醇标准溶液滴定至溶液呈浅红色并维持 30 s 不消失为止。

当漆的酸值预计在 30 mgKOH/g(漆)以上时,应使用 0.1 mol/L 氢氧化钾乙醇溶液。

当漆的颜色较暗而使滴定终点难以判别时,可按下述方法测定,在试样中加入 50 mL 甲苯溶解均匀(必要时可加热),然后加入 50 mL 中性乙醇和 20 mL 氯化钠饱和水溶液,加入酚酞指示剂,在用力摇动下用 0.05 mol/L 或 0.1 mol/L 氢氧化钾乙醇标准溶液滴定至底层呈现的浅红色维持 2 min 不消失为止。

滴定试验也可用氢氧化钠代替氢氧化钾。

5.5.3 酸值计算

漆的酸值以中和 1 g 漆中的游离酸所需的氢氧化钾的毫克数表示,按下式计算:

$$X = \frac{56.1NV}{G}$$

式中:

X——漆的酸值,单位为毫克氢氧化钾每克(mgKOH/g);

V——滴定所用氢氧化钾乙醇标准溶液容积,单位为毫升(mL);

N——氢氧化钾乙醇标准溶液之物质的量浓度,单位为摩尔每升(mol/L);

56.1——氢氧化钾的摩尔质量,单位为克每摩尔(g/mol);

G——试样的质量,单位为克(g)。

5.6 非挥发物含量

应按 ISO 3251:1993 中规定的方法进行测定。做两次测定并报告非挥发物含量的平均值。

5.7 稀释能力

稀释能力是以能够添加于漆中直至观察到混浊或分层时的溶剂量和/或稀释剂量来表示。

5.7.1 程序

应将(50±1)mL 的漆样倾入约 250 mL 的玻璃量筒中,加入供需双方协定的溶剂和/或稀释剂,每次添加(10±0.2)mL,直至观察到混浊或分层。每次加入后,应搅拌玻璃量筒中的液体,以得到均匀的混合液体,并静置至少 5 min,但不要超过 10 min。

5.7.2 结果

测定一次,报告溶剂和/或稀释剂的种类和添加后未出现混浊和分层的体积百分数。

5.8 漆在敞口容器中的稳定性

敞口容器中的稳定性是将漆置于(50±2)℃下贮存(96±1)h(4 d)后的黏度变化来表示。

5.8.1 设备

如无其他规定,应使用下述设备:

——直径 7 cm～8 cm,高 9 cm～10 cm 的玻璃瓶;

——非强制空气循环且换气速率为每小时 6 次～10 次的烘箱。

5.8.2 程序

按 5.4 在(23±0.5)℃下测定漆样的黏度。然后在玻璃瓶中称取(150±1)g 的漆样,并将其置于保持在(50±2)℃的烘箱内。为补充溶剂挥发损耗,每 24 h 应添加一定量的由供需双方协定的溶剂和/或稀释剂,并与漆搅拌均匀。当 96 h 后完成相同程序时,应按 5.3 在(23±0.5)℃下测定漆的黏度。

5.8.3 结果

测定一次,报告溶剂和/或稀释剂的种类以及温度暴露前后的黏度。

5.9 厚层干燥和/或固化性

厚层干燥和/或固化性是以固化后试样的上面、下面和内部的状况来表示。

5.9.1 设备

应使用下述设备:

——平整而光滑的方形铝箔,厚 0.1 mm～0.15 mm,边长(95±1)mm;

——由金属或任何合适的固体材料制成的方形模子,高(25±1)mm,边长(45±1)mm;

——烘箱,具有强制空气循环且最小新鲜空气变化速率为每小时八次。这种烘箱的种类和结构应与用于干燥和/或固化试样的烘箱相同。

5.9.2 试样

应采用适当的方法清洗铝箔片,然后将铝箔片沿模子弯折成边长约 45 mm 的方形盒子。在盒子内称量漆样(准确到 0.1 g),漆样质量为

$$m = 810\rho/X$$

式中:

m——试样质量,单位为克(g);

ρ——密度,单位为克每立方厘米(g/cm³);

X——非挥发物,以百分数表示(%)。

在供需双方商定的温度下干燥和/或固化一定的时间后,应去掉铝箔。

注:在以上公式中用系数 810 cm³ 以保证去掉铝箔后试样的厚度约为 4 mm。

5.9.3 程序

应用试样的上面、下面和内部的状况来评定试样,根据目测外观和黏性的状况用表 1、表 2 和表 3 给出的符号来表示。黏性按 6.4.1 判断。

表 1　上面状况

状　况	符　号
光滑	S1
起皱	S2

表 2　下面状况

状　况	符　号
不黏	U1
黏	U2

表 3　内部状况

状　况	符　号	X
坚硬	I1. X	
硬如角质、可机加工	I2. X	
皮革状	I3. X	
橡胶状	I4. X	
凝胶状	I5. X	
液体	I6. X	
试样含有		
——无孔隙		1
——不多于五个孔隙		2
——多于五个孔隙		3

对于内部状况,应增加内部是否均匀的说明。

注:为了说明机械性能,可能需要用手指弯曲试样或用小刀把试样切开。

5.9.4 结果

应试验两个试样,并报告这两个厚层干燥和/或固化性的结果。

示例:试样上面光滑、下面不粘、内部硬如皮革且均匀,含有三个孔隙,其结果表示为 S1-U1-I3.2 均匀。

5.10 漆对漆包线的作用

漆对漆包线的作用是用符合 GB/T 4074.4—2008 的一根直的漆包线经浸渍漆后以漆包线漆膜的铅笔硬度来表示。

应试验三根直的漆包线,并报告这三个铅笔硬度的结果。

5.11 水基或乳胶漆的 pH 值

5.11.1 设备

应使用下列设备:

a) 实验室用 pH 计辅助玻璃器皿;

b) 与漆预定的 pH 值极限范围偏差在±0.5 之内的缓冲溶液;

c) 温度计;

d) 去离子水。

5.11.2 程序

按仪器制造商的说明书操作 pH 计,在测定过程中应保证被测试样的温度控制在(23±2)℃。

在缓冲溶液的 pH 值范围内校正 pH 计,在每两次测量中应用去离子水冲洗电极和玻璃器皿。对每个溶液两次测量值相差应小于0.1。

仔细冲洗玻璃电极,根据仪器制造商的说明书将其浸入到温度保持在 23 ℃±2 ℃的漆中并进行测量。两次测量值相差应小于0.1。

5.11.3 结果

将最后两次测量值的平均值作为试验结果。

5.12 漆和铜的反应

5.12.1 仪器和材料

a) 铜线,直径 0.5 mm,长 120 mm,36 根;

b) 自动控温实验室烘箱。

5.12.2 试验步骤

所有铜线用棉布带包扎三处使其成一捆。

将此线束在 105 ℃烘箱中干燥 1 h,然后在干燥器中冷却至室温,在被试漆中浸 10 min,滴漆 5 min后按产品标准或供方的规定进行干燥。冷却后,线束再次浸漆,重复前述操作。

冷却后拆去棉布带,检查铜线,记录铜的颜色的任何变化。

6 干燥后和/或固化后漆的试验方法

6.1 试样

试样数量和所要求的底材种类由具体的试验方法以及单项材料规范规定,若具体的试验方法以及单项材料规范未对底材种类做规定时,可选用厚度为(0.10±0.01)mm 的薄铜板,或由供需双方另行协定。术语"试验试样"指的是带有干燥和/或固化后漆的底材,底材按试验方法要求涂覆或浸渍。在下文中把"试验试样"称之为"试样"。

如果要求用钢板和/或玻璃布做底材,则这些材料应分别符合6.1.1和6.1.2。

6.1.1 钢板

除非另有规定,应使用符合 ISO 1514:1993 要求的钢板,其厚度为(0.125±0.010)mm,长度为(100±5)mm,宽度至少为 80 mm。制备和清洁钢板应按照 ISO 1514:1993 推荐的方法进行,钢板应按6.1.3涂覆。

注:在 ISO 1514:1993 中,作为示例推荐钢板、马口铁板、铝板或玻璃板作为色漆和清漆的底材,过去曾推荐用铜板,但普遍认为钢板适用且方便处理。为了标准化,绝缘漆和(无溶剂)浸渍树脂所用的金属板的种类应相同。对于不饱和聚酯为基的浸渍树脂,铜板可能会起抑制剂或促进剂的作用,因此应慎用。

6.1.2 纺织玻璃布

除非另有规定,应使用符合 ISO 2113:1996 的平纹编织纺织玻璃布,其经纱和纬纱分别为(21±3)根纱,质量为 40 g/m² 至 60 g/m²。玻璃布经纱和纬纱所使用的纱应是相同的,且应符合 ISO 2078:

1993 规定的 EC5、EC6 或 EC7 型。

示例 1：EC5 5.5×2S150 型。单根纱的线密度是 5.5tex。"E"代表"良好的电气性能"，"C"代表"连续纤维"。字母"S"和"Z"代表捻合的方向相反。"Tex"是 tex 系统单根纤维纱的线密度（mg/m）的量度单位（见 ISO 1144:1973）。

示例 2：EC5 11 型纱是一种符合 ISO 2078 的单根连续纤维纱。这种型号的纱是由粗 5 μm 的连续纤维做成的。单根纱的线密度为 11 tex。

玻璃布应通过高温脱蜡热处理，使织物中含有机物残留量少于 0.1%。玻璃布应采用无碱玻璃纤维制成，其碱金属含量小于 0.5%（$Na_2O+K_2O<0.5\%$）。将玻璃布裁成约 180 mm×280 mm 的方片。

为了便于操作，应在每块玻璃布的较短边缘钉上纸板条（例如用符合 GB/T 19264.3—2003 的 B.2.1 型纸板）。这些纸板条的尺寸约为 250 mm×15 mm×0.7 mm。玻璃布应按 6.1.3 浸漆和/或涂覆，干燥和/或固化后应把块裁成尺寸为（100±1）mm×（100±1）mm 的试样两个。

6.1.3 试样制备

底材的浸渍和/或涂覆应按具体的试验方法和单项材料规范规定，或由供需双方协定。这包括浸渍和/或涂覆的温度和时间、滴干周期和固化条件（温度和时间）或温度-时间程序表以及热处理和冷却。

除非另有规定，应将底材以尽量慢的速度垂直浸入漆中，以防止气泡附着在底材的表面。底材应在漆中至少保持 5 min，之后以不大于 2 mm/s 的均匀速度从漆中取出。

然后将试样滴干 10 min 至 15min，按确定的程序表干燥和/或固化。应以垂直状态滴干并干燥和/或固化。用于干燥和/或固化的烘箱应是专门为干燥涂覆件和浸渍件而设计的，这种试件可能有大的表面和相当大量的溶剂挥发。在涂覆或浸渍过程中，应以相反的方向重复浸渍、滴干、干燥和/或固化。

如果漆膜的厚度小于规定值，则样品要多次浸渍，每次浸渍时试样浸入方向应与上次相反。如果漆膜或试样厚度超过规定值，则应按供方给出的说明书将漆稀释。

注：提高试样从漆中取出的速度则增加漆膜的厚度，降低速度则减小漆膜的厚度。

6.1.4 漆膜厚度

干燥和/或固化后的漆膜厚度应按 ISO 2807:1997 中规定的方法之一测定。金属板上每面的漆膜厚度至少应为 0.050 mm，但不超过 0.080 mm。

6.2 力学性能

6.2.1 弯曲试验（圆柱芯轴）

应按 ISO 1519:1973 中规定的方法，采用 1 型设备进行测定。应测定两块按 6.1 制备的涂漆金属板。按有关单项材料规范的规定或供需双方的协定，绕着一根芯轴弯曲后，应通过正常的目视检查试样是否开裂，试验结果以观察到的开裂程度表示。同时报告漆膜厚度和弯曲所用芯轴的直径以及两个结果。

6.2.2 杯突试验

应按 ISO 1520:1999 中规定的方法进行测定。应测定两块按 6.1 制备的涂漆金属板，试验结果以开裂的程度和压痕深度表示。同时报告漆膜厚度和两个结果。

6.2.3 室温下的黏结强度

应按 GB/T 11028—1999 中规定的方法 A（扭绞线圈试验）或方法 B（螺旋线圈试验）进行测定。应测定 5 个试样，并报告试验方法、所用漆包线的型号和 5 个结果的中值。

6.3 热性能

6.3.1 高温下的黏结强度

应按 GB/T 11028—1999 中规定的方法 A（扭绞线圈试验）或方法 B（螺旋线圈试验）进行测定。测定温度应按单项材料规范规定或供需双方协定。测定 5 个试样，并报告试验方法、所用漆包线的型号和 5 个结果的中值。

6.3.2 温度指数

注：就温度指数本身而言，它不是电气绝缘材料一种典型的特性，它取决于所选择的试验和终点判断标准。因此，对于完全相同的材料，温度指数结果的变化可能高达 80。

6.3.2.1 试样

对选用质量损失和/或击穿电压作为试验判断标准的场合,应使用按 6.1.2 制备的试样。

6.3.2.2 程序

应按 GB/T 11026.1—2003、GB/T 11026.2—2000、GB/T 11026.3—2006、GB/T 11026.4—1999 中规定的方法。试验和终点判断标准应按单项材料规范规定或供需双方协定。应采用两种试验判断标准,对每种试验判断标准应至少采用三个暴露温度,两个相邻暴露温度之间的差应不超过 20 ℃。如果相关系数小于 0.95,则应在不同于原来所选择温度的某个暴露温度下试验一组以上试样。

> 注:ISO 2578:1993 是基于 GB/T 11026.1—2003、GB/T 11026.2—2000 中所述的原理。由于 ISO 2578:1993 删除了所有对设计和进行温度指数试验及结果计算来说不需要的信息,因此,它已成为一个实验室实用的简明版本。

对选择质量损失作为试验判断标准的场合,每一暴露温度应试验三个试样。对选择击穿电压作为试验判断标准的场合,在每一个热暴露周期后应试验一个试样。

热暴露周期可以是 1 周、2 周、4 周、8 周、16 周和 32 周,这要决定于所选择的暴露温度下试样达到终点的时间。因此,推荐每一暴露温度至少要提供四个试样。

应按 6.5.3 测定击穿电压,每个试样允许做 5 次～8 次测定。

6.3.2.3 结果

对每一试验判断标准,应报告试样制备的方法、试样的型式和尺寸、每一试验的试样数目、暴露温度和结果以及所用的(引用)相关标准。结果应包含每一暴露温度下的失效时间、性能值与对数失效时间的关系图、耐热图纸上的耐热图(一级回归线)、温度指数和相关系数。

6.4 化学性能

6.4.1 黏性(表面干燥性)

黏性(表面干燥性)是以一片滤纸或其一部分附着到干燥和/或固化后的漆膜表面的状态来表示。

6.4.1.1 器具

应使用下述器具:

——质量为(500±10)g 的圆柱形砝码,其底部接触面直径为(20±0.5)mm;

——软橡胶片,厚度为(5±0.5)mm,直径为(20±0.5)mm;

——由漂白棉花制成的滤纸,质量为(92±9)g/m²,厚度为(205±30)μm,标称密度为 0.45 g/cm³,孔隙度为 11 s/300 mL。

6.4.1.2 试样

按 6.1 制备的涂漆金属板。

6.4.1.3 程序

把一片滤纸置于试样上,用软橡胶片作为隔离层,把圆柱形砝码施加于滤纸上 1 min。取下砝码后应按下列情况检查判断:

——由于重力和/或轻微的振动,滤纸与试样分离,这样的试样表面称为不粘;

——滤纸不因重力和轻微振动与试样分离,而因触及它而分离,滤纸纤维没有粘附到试样表面,这样的试样表面称为不粘;

——滤纸粘附试样,并且取下滤纸后,有相当数量的滤纸纤维留在试样上,这样的试样表面称为粘。

6.4.1.4 结果

应试验两块涂漆金属板并报告粘性(即表面干燥性)的两个结果。

6.4.2 耐液体(包括水)性

应按 ISO 2812-1:1993 规定的方法 1 中程序 A 进行测定。除非另有规定,试验液体温度应是(23±2)℃,浸入时间应是(168±1)h。应试验两块按 6.1 制备的涂漆金属板。应报告每块金属片的漆膜厚度、试验液体种类和两个结果。结果应包括任何外观变化、起泡、黏性或其他变坏的现象。

6.4.3 耐溶剂蒸气性

耐溶剂蒸气性是以试样暴露在溶剂蒸气后的状况来表示。

6.4.3.1 设备

应使用下述器具：

——玻璃容器，其尺寸约 300 mm 高×300 mm 宽×500 mm 长，并带有磨面顶部边缘以及一个足够尺寸的玻璃平板的盖；

——圆柱形玻璃皿，其高约 40 mm，底面积约为上述玻璃容器底面积的三分之一；

——将试样悬挂在溶剂水平面上方的合适的装置。

6.4.3.2 试验溶剂

除非另有规定，试验应使用下述溶剂：丙酮、二甲苯、正己烷、甲醇和二硫化碳。

6.4.3.3 试样

按 6.1 制备的涂漆金属板。

6.4.3.4 程序

在圆柱形玻璃皿中加入水约至其高度的 1/2，把此玻璃皿置于玻璃容器的底部，在玻璃容器中加入试验溶剂至其高度为 20 mm 至 25 mm。

用丙酮和甲醇作为试验溶剂时，为避免显著的等温蒸发，圆柱形玻璃皿应加入比例为 1:1 的水和相应溶剂的混合物。

试样应垂直悬挂，其长边与水平线平行，下边缘在试验溶剂液面上方约 150 mm 处。然后用玻璃板盖上玻璃容器。在暴露期间，液体应不完全蒸发，如有必要，应补充溶剂。试验溶剂的温度应是 (23 ± 2)℃，暴露时间应是 (168 ± 1)h。试样从容器中取出后，应检查试样外观的任何变化、对底材附着力的下降、剥落、流挂、起泡、黏性或其他变坏的现象。

6.4.3.5 结果

每种试验溶剂应试验两个试样，应报告每块板的涂层厚度、试验溶剂种类和两个结果。结果应包括任何外观变化、对底材附着力的下降、剥落、流挂、起泡、黏性或其他变坏的现象。

6.4.4 耐霉菌生长性

应按 GB/T 2423.16—2008 中规定的方法进行测定。应试验三块按 6.1 制备的涂漆金属板，并报告耐霉菌生长性的三个结果。

6.5 电气性能

6.5.1 浸水对体积电阻率的影响

应按 GB/T 1410—2006 规定的方法进行测定。如果其不适用于被试材料，则可采用下述方法。

6.5.1.1 设备

应使用下述设备：

——任何市场购置的高阻计，准确度为±10%；

——用作电压电极(上电极)的金属圆柱体，直径至少为 60 mm，具有能对试样产生约 0.015 MPa 压力的质量；

——一块导电橡胶圆片，其直径与上电极相同，厚度为 3 mm～5 mm，最大电阻为 1 000 Ω，邵氏 (Shore)A 硬度为 65～85；

——直径与上电极相同，高约 70 mm 的金属圆柱体(下电极)。

6.5.1.2 试样

按 6.1 制备的涂漆金属板。

6.5.1.3 程序

试验组合应由置于两金属电极之间并用导电橡胶圆片作为接触层的试样构成。一整套试验组合的例子如图 1 所示。调整直流电压以提供 1 000 V/mm 的电场强度。应测定浸泡软水前后的试样电阻。

除非另有规定,水温应是(23±2)℃,浸水时间应是(168±1)h。在试样从水中取出并用滤纸从两面吸干以除去多余的水之后,立即安装试验装置,电阻测量应在安装试验装置后的(15±1)min内完成。应在电化(60±5)s后读取读数。

示例:上电极直径为60 mm,体积电阻率应按下式计算:

$$\rho = (2.83 \times R)/(d_1 + d_2)$$

式中:

ρ——体积电阻率,单位为欧姆米(Ω·m);

R——测得的电阻,单位为欧姆(Ω);

d_1——金属板上面漆膜厚度,单位为毫米(mm);

d_2——金属板下面漆膜厚度,单位为毫米(mm)。

对上电极直径不是60 mm而是D时,用带D[单位为毫米(mm)]的$2.83D^2/3\ 600$代替系数2.83。

6.5.1.4 结果

应试验三个试样。应报告每块金属板两面漆膜的厚度、两个电极的直径、所用的试验电压以及浸水前后三个结果的中值,并同时报告所采用的相关标准。结果包括体积电阻和体积电阻率。

6.5.2 介质损耗因数(tanδ)和相对电容率(ε_r)

应按GB/T 1409—2006中规定的方法进行测定,如果其不适用于被试材料,则可采用下述方法。

6.5.2.1 设备

可使用任何市场购置的介质损耗因数测量电桥,其准确度为±10%。

6.5.2.2 试样

按6.1制备的涂漆金属板。

6.5.2.3 程序

应使用涂漆板的金属板作为下电极。上电极直径至少应是40 mm,可不用保护电极包围。上电极与下电极中心相对,并距下电极边缘至少10 mm。上电极可通过涂刷导电分散体(例如石墨粉或银粉),或用一滴油粘贴厚度不大于0.005 mm的金属箔,或用其他任何等效合适的办法。

除非另有规定,试验应在(23±2)℃、1 kHz或50 Hz频率或供需双方商定的其他频率的正弦试验电压下进行。连接试样的方法应按试验装置的说明书。

6.5.2.4 结果

应试验两个试样。应报告每块金属板的漆膜厚度、试验温度、所使用的电极、所用的试验电压和频率以及两个结果的平均值,并同时报告所采用的相关标准。结果包括介质损耗因数和相对介电常数。

6.5.3 击穿电压和电气强度

应按GB/T 1408.1—2006规定的方法进行测定。如果其不适用于被试材料,则可按下述对其中的第5章和第7章进行修改。

6.5.3.1 电极

电极系统应是球对板型的。高压电极应由抛光钢球构成,其半径为(10.00±0.05)mm,表面粗糙度Ra小于0.001 mm。可采用滚珠轴承(Ⅲ级)的抛光钢球。

以涂漆板的金属板作为接地电极,并将其置于平板上,平板也接地,平板直径为(75±1)mm,倒角半径为(3±0.1)mm,一个完整试验装配的例子如图2所示。

与板对板电极系统相比,球对板电极系统稍微提高了电场强度,电场强度与球电极半径和试样厚度有关。例如,对球电极半径为10 mm及试样厚度为0.1 mm而言,与板对板电极系统相比,能提高电场强度约10%。

6.5.3.2 试样

按6.1制备的涂漆金属板。

6.5.3.3 程序

升压速度应不大于 200 V/s。除非另有规定,试验温度应是(23±2)℃。试验应将试样和电极置于某种液体电介质中进行,使液体电介质循环并保持在规定的试验温度下。除非另有规定,应使用符合 IEC 60296:2003 未使用过的矿物绝缘油或符合 IEC 61099:1992 未使用过的合成有机酯作为液体电介质。

> 注:如果使用足够尺寸的圆柱形玻璃容器来容纳试验装置和液体,且接地电极在该容器底部,则容器可以目视整个施加电压过程。另外,该容器便于通过底部接地和供给液体,在容器的顶部留有液体溢出口(见图 2)。

6.5.3.4 结果

应试验 5 个试样。报告试验温度、所用液体电介质的种类和五个结果的中值,同时报告所采用的相关标准。结果包括击穿点的试样厚度、击穿电压和电气强度。

6.6 涂水基或乳胶漆钢板的瞬锈(W 或 E 型)

按 6.1 选择金属板,按 6.1.3 将金属板涂漆,固化或干燥后立即检查金属板表面出现的锈或污点情况,报告是否有锈"存在"或"不存在"。

6.7 水基或乳胶漆的挥发性有机物含量(W 或 E 型)

应根据挥发性有机物是否大于或小于 15%,分别按 ISO 11890-1:2000 和 ISO 11890-2:2000 规定的方法进行测定。

6.8 水基或乳胶漆的水含量(W 或 E 型)

应按 ISO 760:1978 规定的方法进行测定。

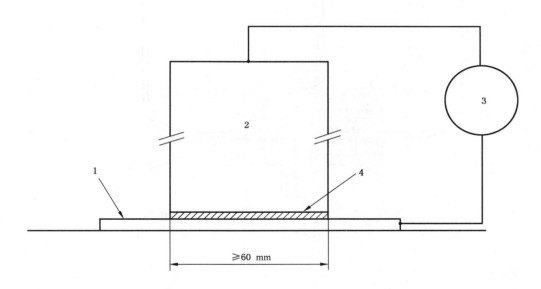

1——试样(双面涂漆金属板);

2——上圆柱体;

3——高阻计;

4——导电橡胶层。

注:完整的试验组合是在涂漆板下表面配置一个与上圆柱相对称的下圆柱。此图为简化配置图。

图 1 体积电阻率试验装配

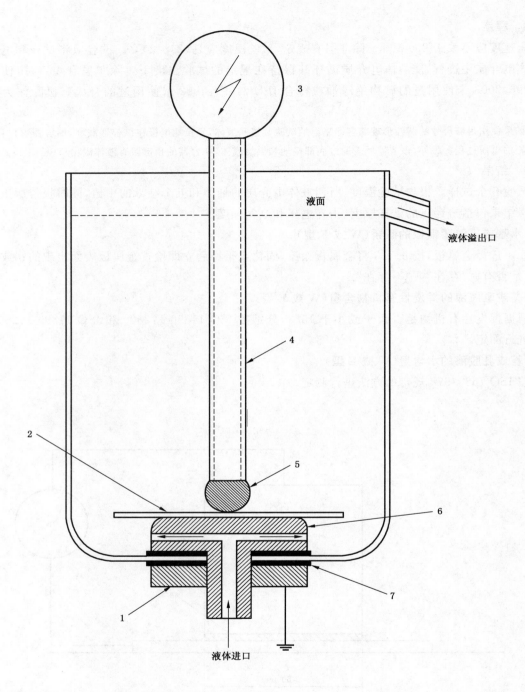

液面

液体溢出口

3

4

2

5

6

1

7

液体进口

1——螺母；

2——试样（涂漆金属板，与电极相连接）；

3——用于高压连接的球顶；

4——金属管；

5——球电极；

6——板电极；

7——垫圈。

图 2　电极装配的例子

附　录　A

（资料性附录）

本部分章条编号与 IEC 60464-2:2001 章条编号的对照

表 A.1 给出了本部分章条编号与 IEC 60464-2:2001 章条编号的对照一览表。

表 A.1　本部分章条编号与 IEC 60464-2:2001 章条编号的对照

本部分章条编号	IEC 60464:2001 章条编号
1	1
2	2
3	3
3.1～3.4	3.1～3.4
4	4
4.1～4.2	4.1～4.2
5	5
5.1	
5.2～5.4	5.1～5.3
5.5	—
5.6～5.10	5.4～5.8
5.11	—
6	6
6.1～6.5	6.1～6.5
附录 A	—
附录 B	—

附 录 B

（资料性附录）

本部分与 IEC 60464-2：2001 技术性差异及其原因

表 B.1 给出了本部分与 IEC 60464-2：2001 技术性差异及其原因一览表。

表 B.1　本部分与 IEC 60464-2：2001 技术性差异及其原因

本部分章条编号	技术性差异	原　　因
2	引用了部分采用国际标准的我国标准,而非国际标准	以适合我国国情并方便使用
5.1	增加了条款"外观"	GB/T 1981—1989 中有这一条款内容,修订时 GB/T 1981.1—2003 将其删除,但国内用户对此仍有持续性需求
5.5	增加了条款"酸值"	
5.12	增加了条款"漆和铜的反应"	
5.4	将"…(23±0.5)℃ …"修改为"…(23±1.0)℃ …"	考虑到国内用户大多习惯于用涂 4 杯测定黏度,(23±0.5)℃的测定条件过于严格,没有必要,故做如此修改
6.1	将 IEC 60464-2：2001 中 6.1"……底材种类由具体的试验方法以及单项材料规范规定,或由供需双方商定。……"修改为"……底材种类由具体的试验方法以及单项材料规范规定,若具体的试验方法以及单项材料规范未做规定时,可选用厚度为(0.10±0.01)mm 的铜板。……"	由于 IEC 60464-2：2001 中 6.1 规定的符合 ISO 1514 要求的钢板目前国内不易买到,故做如此修改以适合我国国情
6.5.2.3	将 IEC 60464-2：2001 中 6.5.2.3"……,试验应在(23±2)℃、1 kHz 频率的正弦试验电压下进行。……"修改为"……,试验应在(23±2)℃、1 kHz 或 50 Hz 或供需双方商定的其他频率的正弦试验电压下进行。……"	考虑到国内用户大多需求绝缘漆在工频(50 Hz)正弦试验电压下测定的结果,而不是 1 kHz 正弦试验电压下测定的结果,故做如此修改以适合我国国情

ICS 29.035.99
K 15

中华人民共和国国家标准

GB/T 1981.3—2009/IEC 60464-3-2:2001
代替 GB/T 11027—1999

电气绝缘用漆
第3部分：热固化浸渍漆通用规范

Varnishes used for electrical insulation—
Part 3:Specifications for hot curing impregnating varnishes

(IEC 60464-3-2:2001,Varnishes used for electrical insulation—
Part 3:Specifications for individual materials—
Sheet 2:Hot curing impregnating varnishes,IDT)

2009-06-01 发布   2009-12-01 实施

中华人民共和国国家质量监督检验检疫总局
中国国家标准化管理委员会   发布

前　言

GB/T 1981《电气绝缘用漆》分为以下几个部分：

——第1部分：定义和一般要求

——第2部分：试验方法

——第3部分：热固化浸渍漆通用规范

——第4部分：聚酯亚胺浸渍漆

——第5部分：快固化节能型三聚氰胺醇酸浸渍漆

……

本部分为 GB/T 1981 的第3部分。

本部分等同采用 IEC 60464-3-2:2001《电气绝缘用漆　第3部分：单项材料规范　第2篇：热固化浸渍漆》及第1次修正(2006)(英文版)。

本部分与 IEC 60464-3-2:2001(含 2006 第1次修正)相比较,编辑性差异如下：

a) 删除了 IEC 60464-3-2:2001 第3章中"订购合同应包括材料名称"的规定；

b) 根据需要,在编辑格式上按 GB/T 1.1 稍作修改,即将第5章开头的悬置段列为 5.1"总则",其余章条号顺延；

c) 删除了 IEC 60464-3-2:2001 的"参考文献"一章,将其中所列出的标准归入"规范性引用文件"一章中。

本部分代替 GB/T 11027—1999《有溶剂绝缘漆规范　单项材料规范　对热固化浸渍漆的要求》。

本部分与 GB/T 11027—1999 相比较,主要差异如下：

a) 分类命名不同,每个类型不再进一步区分软型和硬型；

b) 编辑格式不同,技术要求不再以表格型式出现,而是以章条型式列出。

本部分由中国电器工业协会提出。

本部分由全国绝缘材料标准化技术委员会(SAC/TC 51)归口。

本部分起草单位：桂林电器科学研究所。

本部分主要起草人：马林泉。

电气绝缘用漆
第3部分:热固化浸渍漆通用规范

1 范围

GB/T 1981 的本部分规定了热固化浸渍漆的通用要求,包括某些高温下性能要求。

本部分适用于热固化浸渍漆。

2 规范性引用文件

下列文件中的条款通过 GB/T 1981 的本部分的引用而成为本部分的条款。凡是注日期的引用文件,其随后所有的修改单(不包括勘误的内容)或修订版均不适用于本部分,然而,鼓励根据本部分达成协议的各方研究是否可使用这些文件的最新版本。凡是不注日期的引用文件,其最新版本适用于本部分。

GB/T 1981.1—2007 电气绝缘用漆 第1部分:定义和一般要求(IEC 60464-1:1998,IDT)

GB/T 1981.2—2009 电气绝缘用漆 第2部分:试验方法(IEC 60464-2:2001,MOD)

GB 3836.3—2000 爆炸性气体环境用电气设备 第3部分:增安型"e"(eqv IEC 60079-7:1990)

GB/T 6109.5—2008 漆包圆绕组线 第5部分:温度指数 180 级的聚酯亚胺漆包铜圆线(IEC 60317-8:1997,IDT)

GB/T 6109.20—2008 漆包圆绕组线 第20部分:200级聚酰胺酰亚胺复合聚酯或聚酯亚胺漆包铜圆线(IEC 60317-12:1990,IDT)

GB/T 11028—1999 测定浸渍剂对漆包线基材粘结强度的试验方法(eqv IEC 61033:1991)

IEC 60172:1987 测定漆包绕组线温度指数的试验方法

3 分类

本部分按表1对漆进行分类。

表 1 漆的分类

类 型	规定性能水平所针对的温度/℃
130	130
155	155
180	180
200	200
220	220

4 定义和一般要求

定义和一般要求,见 GB/T 1981.1—2007 的第4章和第5章。

5 性能要求

5.1 总则

一次交货的所有材料,除了应符合 GB/T 1981.1—2007 规定的要求外,还应符合本部分规定的要求。

本部分不包括列入表 2 中的特殊性能要求。在对这些性能有要求时,可由供需双方商定。如果无其他规定,所有试验均应按 GB/T 1981.2—2009 进行。

表 2 有要求时,由供需双方商定的性能

干燥和固化前的性能	固化后的性能
密度	粘性(干燥性)
可稀释能力	粘结强度
pH 值(W 和 E 型漆)	杯突试验
挥发性有机物含量(W 和 E 型漆)	耐液体(包括水)性
水分含量(W 和 E 型漆)	介质损耗因数和相对介电常数
	击穿电压和电气强度
	耐霉菌生长性
	钢板的瞬锈(W 和 E 型漆)

5.2 闪点

按 GB/T 1981.2—2009 的 5.2 测定,漆的闪点应不低于供需双方商定值。如果国家对使用某一种材料的安全规定了一个最低闪点,则该材料应符合这种要求。

5.3 黏度

按 GB/T 1981.2—2009 的 5.4 测定,漆的黏度应在标称值的±10％以内。应在订购合同中规定该标称值。

5.4 非挥发物含量

按 GB/T 1981.2—2009 的 5.6 测定,漆的非挥发物含量应在标称值的±2％以内。应在订购合同中规定该标称值。

5.5 漆在敞口容器中的稳定性

按 GB/T 1981.2—2009 的 5.8 测定,漆在敞口容器中的稳定性,其漆的黏度增长应不大于标称值的 4 倍。应在订购合同中规定该标称值。

5.6 厚层干燥和/或固化

按 GB/T 1981.2—2009 的 5.9 测定,漆的厚层干燥和/或固化的结果应是 S1,U1 且不差于 I4.2,试样应均匀一致。

5.7 漆对漆包线的影响

按 GB/T 1981.2—2009 的 5.10 测定,漆对漆包线的影响应不低于铅笔硬度 H。

5.8 弯曲试验(圆柱形芯轴)

按 GB/T 1981.2—2009 的 6.2.1 测定,绕 3 mm 直径芯轴弯曲之后,在正常视力下观测应无裂纹产生。某些产品,由于其放热焓高,试样可能会开裂。对这种产品,对厚层固化的要求是不适用的。

5.9 温度指数

按 GB/T 1981.2—2009 的 6.3.2 测定,漆的温度指数应根据供需双方商定的下述四个判断标准中的任何两个:

——粘结强度,按 GB/T 11028—1999 中方法 B,终点判断标准为 22 N;

——耐电压,按 IEC 60172,用符合 GB/T 6109.5—2008 或 GB/T 6109.20—2008、耐热等级不低于 180 级的漆包绕组线作底材;

——击穿电压,按 GB/T 1981.2—2009 的 6.5.3,试样是用符合 GB/T 1981.2—2009 的 6.1.2 的 玻璃织物作底材,终点判断标准为 3 kV;

——质量损失，试样是用符合 GB/T 1981.2—2009 的 6.1.2 的玻璃织物作底材，终点判断标准为 30%。

对所选取的任何试验判断标准，温度指数应不低于表 3 所规定的值。

表 3　最小温度指数

类　型	温度指数
130	130
155	155
180	180
200	200
220	220

本试验是一种定期性试验，除非制造厂在材料生产的组分或方法发生显著变化，不需要重复进行本试验。

5.10　耐溶剂蒸气性

按 GB/T 1981.2—2009 的 6.4.3 进行漆的耐溶剂蒸气试验，材料应不发生附着、剥落、起泡、滴流等改变以及不发粘。

注：本试验仅适用于那些法定要求在 GB 3836.3—2000 所定义的"e"型设备中使用的材料。

5.11　浸水对体积电阻率的影响

按 GB/T 1981.2—2009 的 6.5.1 测定的漆的体积电阻率，其浸水前应不低于 $1.0×10^{10}$ Ω·m，浸水后应不低于 $1.0×10^{6}$ Ω·m。

ICS 29.035.99
K 15

中华人民共和国国家标准

GB/T 1981.4—2009

电气绝缘用漆
第4部分：聚酯亚胺浸渍漆

Varnishes used for electrical insulation—
Part 4: Polyester-imide varnishes

2009-06-10 发布

2009-12-01 实施

中华人民共和国国家质量监督检验检疫总局
中国国家标准化管理委员会　发布

前　言

GB/T 1981《电气绝缘用漆》分为以下几个部分：

——第1部分：定义和一般要求

——第2部分：试验方法

——第3部分：热固化浸渍漆通用规范

——第4部分：聚酯亚胺浸渍漆

——第5部分：快固化节能型三聚氰胺醇酸浸渍漆

……

本部分为GB/T 1981的第4部分。

本部分由中国电器工业协会提出。

本部分由全国绝缘材料标准化技术委员会(SAC/TC 51)归口。

本部分起草单位：东阳市富顺绝缘材料有限公司、哈尔滨庆缘电工材料股份有限公司、桂林电器科学研究所。

本部分主要起人：金卫虎、周长民、张秀丽、马林泉。

电气绝缘用漆
第4部分:聚酯亚胺浸渍漆

1 范围

GB/T 1981 的本部分规定了聚酯亚胺浸渍漆的型号、要求、试验方法、检验规则、包装、标志、贮存和运输。

本部分适用于电气绝缘用 H 级聚酯亚胺浸渍漆。

2 规范性引用文件

下列文件中的条款通过 GB/T 1981 的本部分的引用而成为本部分的条款。凡是注日期的引用文件,其随后所有的修改单(不包括勘误的内容)或修订版均不适用于本部分,然而,鼓励根据本部分达成协议的各方研究是否可使用这些文件的最新版本。凡是不注日期的引用文件,其最新版本适用于本部分。

GB/T 1981.1—2007 电气绝缘用漆 第1部分:定义和一般要求(IEC 60464-1:1998,IDT)
GB/T 1981.2—2009 电气绝缘用漆 第2部分:试验方法(IEC 60464-2:2001,MOD)
GB/T 6109.5—2008 漆包圆绕组线 第5部分:180 级聚酯亚胺漆包铜圆线(IEC 60317-8:1997,IDT)

3 型号

H 级聚酯亚胺浸渍漆的型号为:1056。

4 要求

一次交货的所有材料,除了应符合 GB/T 1981.1—2007 中规定的要求外,还应符合本部分表1中规定的要求。

表 1 聚酯亚胺浸渍漆的性能要求

序号	性 能	单位	要 求
1	外观	—	漆液应为透明、无机械杂质和不溶解的粒子;漆膜应平整、有光泽。
2	黏度(4 号杯,23 ℃±1 ℃)	s	70±7
3	非挥发物含量(130 ℃±2 ℃/2 h)	%	50±2
4	厚层固化(120 ℃±2 ℃/4 h+150 ℃±2 ℃/8 h)	—	不次于 S1-U1-I4.2 均匀
5	漆对漆包线的影响	—	铅笔硬度不低于 2H
6	体积电阻率 　常态(23 ℃±2 ℃) 　浸水(常温,168 h)后	Ω·m	$\geqslant 1.0 \times 10^{12}$ $\geqslant 1.0 \times 10^{10}$
7	介质损耗因数(180 ℃±2 ℃)	—	供需双方商定

表 1（续）

序号	性　能	单位	要　求
8	电气强度 　常态(23 ℃±2 ℃) 　热态(180 ℃±2 ℃)	MV/m	≥100 ≥80
9	耐变压器油(105 ℃±2 ℃/168 h)	—	不变色、不起泡、不发粘
10	粘结强度(螺旋线圈法) 　23 ℃±2 ℃ 　180 ℃±2 ℃	N	≥120 ≥6.0
11	温度指数	—	≥180

5　试验方法

5.1　外观

应按 GB/T 1981.2—2009 的 5.1 测定。

5.2　黏度

应按 GB/T 1981.2—2009 的 5.4 测定。

5.3　非挥发物含量

应按 GB/T 1981.2—2009 的 5.6 测定。试样烘焙条件:130 ℃±2 ℃/2 h。

5.4　厚层固化

应按 GB/T 1981.2—2009 的 5.9 测定。试样固化条件:120 ℃±2 ℃/4 h+150 ℃±2 ℃/8 h。

5.5　漆对漆包线的影响

应按 GB/T 1981.2—2009 的 5.10 测定。选用 Φ(0.8～1.0)mm 的符合 GB/T 6109.5—2008 的 180 级漆包圆绕组线。

5.6　体积电阻率

应按 GB/T 1981.2—2009 的 6.5.1 测定。试样制备条件:选用厚度为(0.10±0.01)mm 的薄铜板,第一遍浸漆后滴干 10 min,于 120 ℃±2 ℃烘焙 2 h 后升至 150 ℃±2 ℃烘焙 5 h;第二遍浸漆后滴干 10 min,于 120 ℃±2 ℃烘焙 2 h 后升至 150 ℃±2 ℃烘焙 8 h。必要时,可用乙二醇乙醚:二甲苯＝75:25(重量比)的混合溶剂调节黏度。

5.7　介质损耗因数

应按 GB/T 1981.2—2009 的 6.5.2,在 180 ℃±2 ℃/1 h、50 Hz 频率的正弦试验电压下进行测定。试样制备条件:同 5.6。

5.8　电气强度

应按 GB/T 1981.2—2009 的 6.5.3 测定。试样制备条件:同 5.6。

5.9　耐变压器油

应按 GB/T 1981.2—2009 的 6.4.2 测定。试样制备条件:同 5.6。

5.10　粘结强度(螺旋线圈法)

应按 GB/T 1981.2—2009 的 6.3.1 测定,使用符合 GB/T 6109.5 的 180 级漆包圆绕组线制作螺旋线圈。螺旋线圈试样制备条件:第一遍浸漆后滴干 10 min,于 120 ℃±2 ℃烘焙 2 h 后升至 150 ℃±2 ℃烘焙 5 h;第二遍浸漆后滴干 10 min,于 120 ℃±2 ℃烘焙 2 h 后升至 150 ℃±2 ℃烘焙 8 h。必要时,可用乙二醇乙醚:二甲苯＝75:25(重量比)的混合溶剂调节黏度。

5.11　温度指数

应按 GB/T 1981.2—2009 的 6.3.2 测定。

6 检验规则

6.1 每批漆均应进行出厂检验或型式检验。

6.2 用相同的原材料、工艺和设备系统连续生产的经一次混合的漆为一批。每批漆应进行出厂检验，出厂检验项目为表1中第1项、第2项、第3项、第6项(常态)。

6.3 型式检验项目为表1中第1项～第10项，每六个月至少进行一次，第11项为产品鉴定试验项目。当原材料、工艺或设备系统改变时，亦须进行型式检验和产品检定试验。

6.4 试样应由一批漆中不少于包装桶总数的5%中抽取。若批量小时，亦不得少于三桶。将漆充分搅拌均匀，从桶中各取500 g，仔细混合均匀后，从中取出所需数量装在洁净干燥磨口瓶中作为试样，在室温下保持4 h后方可进行试验。

6.5 试验结果中的任何一项不符合技术要求时，则应从该批量的另外5%桶中按6.4重新取样重复该项试验，若结果仍不符合要求，则该批漆为不合格品。

6.6 每批产品均应附有产品检验合格证。在用户要求时，制造厂应提供型式检验报告。

7 包装、标志、贮存和运输

7.1 漆应装在洁净而干燥的铁桶中，并密封好。铁桶的优选容积是2.5 L，5 L，25 L和200 L。

7.2 桶上应标明：制造厂名称，产品型号及名称，制造日期或批号，毛重及净重，以及"小心轻放"、"危险品"字样和图示标志。

7.3 漆应存放在清洁、干燥、通风良好、温度为-20 ℃～35 ℃的库房或遮棚中。

7.4 漆贮存在原来的密封容器中时，从出厂之日算起的贮存期：25 ℃下六个月。超过贮存期，按产品标准检验，合格者仍可用。

7.5 在运输过程中应装载在有蓬的车船中，不得靠近火源、暖气和受日光直射。

ICS 29.035.99
K 15

中华人民共和国国家标准

GB/T 1981.5—2009

电气绝缘用漆
第5部分:快固化节能型
三聚氰胺醇酸浸渍漆

Varnishes used for electrical insulation—
Part 5:Energy-saving fast curing melamine alkyd impregnating varnishes

2009-06-10 发布　　　　　　　　　2009-12-01 实施

中华人民共和国国家质量监督检验检疫总局
中国国家标准化管理委员会　发布

前　言

GB/T 1981《电气绝缘用漆》分为以下几个部分：
——第1部分：定义和一般要求；
——第2部分：试验方法；
——第3部分：热固化浸渍漆通用规范；
——第4部分：聚酯亚胺浸渍漆；
——第5部分：快固化节能型三聚氰胺醇酸浸渍漆；
……

本部分为GB/T 1981的第5部分。

本部分由中国电器工业协会提出。

本部分由全国绝缘材料标准化技术委员会(SAC/TC 51)归口。

本部分负责起草单位：桂林电器科学研究所。

本部分参加起草单位：苏州巨峰绝缘材料有限公司、四川东材科技集团股份有限公司、浙江荣泰科技企业有限公司、广州市宝力达电气材料有限公司、吴江市太湖绝缘材料厂、国家绝缘材料工程技术研究中心。

本部分主要起人：马林泉、汝国兴、赵平、曹万荣、周树东、张春琪。

电气绝缘用漆
第5部分:快固化节能型
三聚氰胺醇酸浸渍漆

1 范围

GB/T 1981 的本部分规定了快固化节能型三聚氰胺醇酸浸渍漆的型号、要求、试验方法、检验规则、包装、标志、贮存和运输。

本部分适用于 B 级快固化节能型三聚氰胺醇酸浸渍漆。

2 规范性引用文件

下列文件中的条款通过 GB/T 1981 的本部分的引用而成为本部分的条款。凡是注日期的引用文件,其随后所有的修改单(不包括勘误的内容)或修订版均不适用于本部分,然而,鼓励根据本部分达成协议的各方研究是否可使用这些文件的最新版本。凡是不注日期的引用文件,其最新版本适用于本部分。

GB/T 1981.1—2007 电气绝缘用漆 第 1 部分:定义和一般要求(IEC 60464-1:1998,IDT)

GB/T 1981.2—2009 电气绝缘用漆 第 2 部分:试验方法(IEC 60464-2:2001,MOD)

3 型号

B 级快固化节能型三聚氰胺醇酸浸渍漆的型号为:1038。

4 要求

一次交货的所有材料,除了应符合 GB/T 1981.1—2007 中规定的要求外,还应符合本部分表 1 中规定的性能要求。

5 试验方法

5.1 外观
应按 GB/T 1981.2—2009 的 5.1 测定。

5.2 闪点
应按 GB/T 1981.2—2009 的 5.2 测定。

5.3 黏度
应按 GB/T 1981.2—2009 的 5.4 测定。

5.4 酸值
应按 GB/T 1981.2—2009 的 5.5 测定。

5.5 非挥发物含量
应按 GB/T 1981.2—2009 的 5.6 测定,烘焙条件:105 ℃±2 ℃/2 h。

5.6 漆在敞口容器中的稳定性
应按 GB/T 1981.2—2009 的 5.8 测定。

5.7 厚层固化
应按 GB/T 1981.2—2009 的 5.9 测定。升温程序:大约以 10 ℃/20 min 的速度升温,升至 80 ℃保温 2 h,升至 100 ℃保温 2 h,再升至 120 ℃保温 6 h。

表 1 性能要求

序号	性能	单位	要求
1	外观	—	漆液应透明、无机械杂质和不溶解的粒子;漆膜应平滑、有光泽、无机械杂质和颗粒等
2	闪点	℃	≥21
3	黏度(4 号杯,23 ℃±1 ℃)	s	30～50
4	酸值	mgKOH/g	≤10
5	非挥发物含量(105 ℃±2 ℃/2 h)	%	40±2
6	漆在敞口容器中的稳定性(50 ℃±2 ℃/96 h)	—	黏度增长不超过起始值的 4 倍
7	厚层固化	—	不次于 S1-U1-I4.2 均匀
8	漆对漆包线的影响	—	铅笔硬度不低于 H
9	弯曲试验(Φ3 mm 圆柱芯轴)	—	漆膜不开裂
10	表面干燥性(105 ℃±2 ℃)	h	≤1
11	体积电阻率 常态(23 ℃±2 ℃) 浸水(常温,168 h)后	Ω·m	≥1.0×10^{12} ≥1.0×10^{8}
12	电气强度 常态(23 ℃±2 ℃) 热态(130 ℃±2 ℃)	MV/m	≥80 ≥40
13	耐溶剂蒸气性 (二甲苯、丙酮、甲醇、正己烷、二硫化碳)	—	附着情况无变化,不剥落,不起泡,不流挂,不发粘(仅允许稍有发粘),五种溶剂试验至少有两种通过
14	温度指数	—	≥130

5.8 漆对漆包线的影响

应按 GB/T 1981.2—2009 的 5.10 测定。选用 Φ(0.8～1.0)mm 的 QZ-2/130 级的漆包线。

5.9 弯曲试验(Φ3 mm 圆柱芯轴)

应按 GB/T 1981.2—2009 的 6.2.1 测定。试样制备条件:选用厚度为(0.10±0.01)mm 的薄铜板,第一遍浸漆后滴干 10 min,于 120 ℃±2 ℃烘焙 1 h;第二遍浸漆后滴干 10 min,于 120 ℃±2 ℃烘焙 2 h。

漆膜烘焙处理条件:150 ℃±2 ℃/30 h。

5.10 表面干燥性

应按 GB/T 1981.2—2009 的 6.4.1 测定。试样制备条件:选用厚度为(0.10±0.01)mm 的薄铜板,浸漆后滴干 10 min,然后于 105 ℃±2 ℃下烘焙一定时间,取出试样放入干燥器内冷却至室温。

5.11 体积电阻率

应按 GB/T 1981.2—2009 的 6.5.1 测定。试样制备条件:选用厚度为(0.10±0.01)mm 的薄铜板,第一遍浸漆后滴干 10 min,于 120 ℃±2 ℃烘焙 1 h;第二遍浸漆后滴干 10 min,于 120 ℃±2 ℃烘焙 2 h。

5.12 电气强度

应按 GB/T 1981.2—2009 的 6.5.3 测定。试样制备条件:选用厚度为(0.10±0.01)mm 的薄铜板,第一遍浸漆后滴干 10 min,于 120 ℃±2 ℃烘焙 1 h;第二遍浸漆后滴干 10 min,于 120 ℃±2 ℃烘焙 2 h。

5.13 耐溶剂蒸气性

应按 GB/T 1981.2—2009 的 6.4.3 测定。试样制备条件:选用厚度为(0.10±0.01)mm 的薄铜板,第一遍浸漆后滴干 10 min,于 120 ℃±2 ℃烘焙 1h;第二遍浸漆后滴干 10 min,于 120 ℃±2 ℃烘焙 2 h。

5.14 温度指数

应按 GB/T 1981.2—2009 的 6.3.2 测定。

6 检验规则

6.1 每批漆均应进行出厂检验或型式检验。

6.2 用相同的原材料、工艺和设备系统连续生产的经一次混合的漆为一批。每批漆应进行出厂检验。出厂检验项目为表 1 中第 1 项、第 3 项、第 4 项、第 5 项、第 10 项、第 11 项(常态)、第 12 项(常态)。

6.3 型式检验项目为表 1 中第 1 项～第 13 项,每六个月至少进行一次,第 14 项为产品鉴定试验项目。当原材料、工艺或设备系统改变时,亦须进行型式检验和产品检定试验。

6.4 试样应由一批漆中不少于包装桶总数的 5% 中抽取。若批量小时,亦不得少于三桶。将漆充分搅拌均匀,从桶中各取 500 g,仔细混合均匀后,从中取出所需数量装在洁净干燥磨口瓶中作为试样,在室温下保持 4 h 后方可进行试验。

6.5 试验结果中的任何一项不符合技术要求时,则应从该批量的另外 5% 桶中按 6.4 重新取样重复该项试验,若结果仍不符合要求,则该批漆为不合格品。

6.6 每批产品均应附有产品检验合格证。在用户要求时,制造厂应提供型式检验报告。

7 包装、标志、贮存和运输

7.1 漆应装在洁净而干燥的铁桶中,并密封好。铁桶的优选容积是 2.5 L,5 L,25 L 和 200 L。

7.2 桶上应标明:制造厂名称,产品型号及名称,制造日期或批号,毛重及净重,以及"小心轻放"、"危险品"字样和图示标志。

7.3 漆应存放在清洁、干燥、通风良好、温度为-20 ℃～35 ℃的库房或遮棚中。

7.4 漆贮存在原来的密封容器中时,从出厂之日算起的贮存期:25 ℃下六个月。超过贮存期,按产品标准检验,合格者仍可用。

7.5 在运输过程中应装载在有蓬的车船中,不得靠近火源、暖气和受日光直射。

ICS 29.035.01
K 15

GB/T 6554—2003
代替 GB 6554—1986

中华人民共和国国家标准

电气绝缘用树脂基反应复合物
第2部分：试验方法
电气用涂敷粉末方法

Resin based reactive compounds used for electrical insulation—
Part 2：Methods of test—
Methods for coating pourders for electrical purposes

(IEC 60455-2-2：1984，MOD)

2003-10-09 发布   2004-05-01 实施

中华人民共和国
国家质量监督检验检疫总局   发布

前 言

本标准修改采用国际电工委员会(IEC)出版物 IEC 60455-2-2:1984《电气绝缘用无溶剂可聚合树脂复合物 第2部分:试验方法 电气绝缘用涂敷粉末试验方法》(英文版)。

本标准附录 A 中列出了章条编号与 IEC 60455-2-2:1984 章条编号的对照一览表。

本标准与 IEC 60455-2-2:1984 有关技术性差异已编入正文中并在它们所涉及的条款的页边空白处用垂直单线标识,具体如下:

   a) 依据对应的最新 IEC 60455-2-2 草案,将标准名称改为:电气绝缘用树脂基反应复合物 第2部分:试验方法 电气用涂敷粉末方法;

   b) 删除了"IEC 引言"、"IEC 前言"内容;

   c) 增加了"规范性引用文件"一章;

   d) "流出性"增加 B 型漏斗试验。

本标准代替 GB/T 6554—1986《电气绝缘涂敷粉末试验方法》。本标准与 GB/T 6554—1986 的主要差异如下:

   a) 标准名称按 IEC 60455-2-2 作了修改;

   b) 删除了第1.6章"水平流动性"、第2.9章"弯曲开裂性"两项性能,因为 IEC 60455-2-2 无此两项目;

   c) 增加了"规范性引用文件"一章;

   d) 增加了"前言"内容。

本标准由中国电器工业协会提出。

本标准由全国绝缘材料标准化技术委员会归口。

本标准起草单位:桂林电器科学研究所。

本标准主要起草人:罗传勇。

电气绝缘用树脂基反应复合物
第2部分:试验方法
电气用涂敷粉末方法

1 范围

本标准规定了热固性涂敷粉末的试验方法,其中包括材料固化前及固化后的性能试验。

本标准适用于电气用热固性涂敷粉末。

2 规范性引用文件

下列文件中的条款通过本标准的引用而成为本标准的条款。凡是注日期的引用文件,其随后所有的修改单(不包括勘误的内容)或修订版均不适用于本标准,然而,鼓励根据本标准达成协议的各方研究是否可使用这些文件的最新版本。凡是不注日期的引用文件,其最新版本适用于本标准。

GB/T 1309—1987 电气绝缘漆布试验方法(eqv IEC 60394:1972)

GB/T 1408.1—1999 固体绝缘材料电气强度试验方法 第1部分:工频下试验(eqv IEC 60243-1:1988)

GB/T 1409—1988 固体绝缘材料在工频、音频、高频(包括米波波长在内)下相对介电常数和介质损耗因数的试验方法(eqv IEC 60250:1969)

GB/T 1410—1989 固体绝缘材料体积电阻率和表面电阻率的试验方法(eqv IEC 60093:1980)

GB/T 1636—1989 模塑料表观密度试验方法(neq ISO 60:1977)

GB 3836.3—2000 爆炸性气体环境用电气设备 第3部分 增安型"e"(eqv IEC 60079:1990)

GB/T 4207—1984 固体绝缘材料在潮湿条件下相比漏电起痕指数和耐漏电起痕指数的测定方法(eqv IEC 60112:1979)

GB/T 9284—1988 色漆和清漆用漆基——软化点的测定——环球法(eqv ISO 4625:1980)

GB/T 10580—[1] 固体绝缘材料试验前和试验时采用的标准条件(IEC 60212:1971,IDT)

GB/T 11026.1—2003 电气绝缘材料耐热性 第1部分:老化程序和试验结果的评定(IEC 60216-1:2001,IDT)

ISO 683:1987 热处理钢,合金钢及易切钢

ISO 1518:1992 涂料与漆——刻痕试验

ISO 1520:1999 涂料与漆——杯突试验

ISO 6272:1993 涂料与漆——落重试验

ISO 8130:1992 第1部分,涂敷粉末——通过筛分测定粒子尺寸分布

ISO 8130:1992 第6部分,涂敷粉末——在给定温度下测定热固性涂敷粉末的胶化时间

3 固化前材料的试验方法

3.1 容积密度

按GB/T 1636的规定进行。进行两次测定,报告每次测定值及平均值。

---

1) 即将出版。

3.2 流出性

3.2.1 设备

漏斗,分 A、B 两种类型,如图 1 所示,备有使其垂直放置的装置,根据需要可选择一种合适的类型。秒表或比较精确的计时器。

3.2.2 程序

将粉末样品置于一张纸上,使其松散不结块。漏斗垂直放置,用手或合适的小板堵住下面的小口,把 100 g 粉末样品轻轻地倒入漏斗中,避免将粉料压紧。然后迅速放开漏斗底部小口,同时启动秒表或计时器。让粉末从漏斗自行流出,在粉末最后流出漏斗的瞬间立即停止计时器。

3.2.3 结果

记录粉末从漏斗流出的时间,单位为 s,精确至 0.5 s。必要时说明粉末不能从漏斗中流出的情况。进行两次测定,报告每次测定值及平均值。

3.3 粒度分布

按 ISO 8130:1992 第 1 部分进行。

3.4 软化温度

按 GB/T 9284 或本标准本章的规定进行。报告结果与标准规定的参比值。

3.4.1 试验设备

科夫尔(Kofler)热板,保证加热时热板一端至另一端存在温度梯度,一般是从室温至 300℃。沿热板装一个温标,该温标可用一已知熔点的材料来校正。

3.4.2 试样

采用少量的粉末状试样。

3.4.3 试验程序

加热至少 40 min,以使热板温度达到平衡,选择一种接近待测材料熔点已知熔点的材料来校验温标指标值。

校正试验设备的温度指针。

把少量的被试粉末试样涂布在热板上,使其形成薄而狭长的粉末带,带长约跨 20℃ 的温度量程,使预期的熔点在该温度范围中心点附近。约过 1 min±10 s 后,把未熔化的粉末从高温侧向低温侧刷去。然后将指针调到刚呈现出熔化粉末痕迹的位置,此温度点即为软化点。

试验进行三次测定。

3.4.4 结果

以三次测定值的中值作为结果,并报告另外两个测定值。

3.5 凝胶时间

按 ISO 8130:1992 第 6 部分《涂敷粉末——在给定温度下测定热固性涂敷粉末的胶化时间》进行。

3.6 不挥发物含量

称取 (2.0±0.1) g 的粉末试样,倒入金属箔制的平底碟中,准备两个试样,将其中一个样品在 (105±3)℃ 下加热 1 h±3 min,另一个样品在 (230±3)℃ 下加热 5 min±5 s,冷却到室温后再称重。

按下式计算不挥发物含量:

$$不挥发物含量 = [100 \times (C-A)/B]\%$$

式中:

A——碟质量,单位为克(g);

B——粉末试样质量,单位为克(g);

C——加热后碟和所剩物质量,单位为克(g)。

报告粉末试样的不挥发物含量,以样品质量的百分数表示,准确至 0.1%,并报告试验温度。

4 固化后材料的试验方法

4.1 试样

4.1.1 试样制备

除非另有规定,应采用下列两种底材之一并根据供方的说明书来制备试样。

A 型:符合 ISO 683 规定的干净冷轧钢板,尺寸为(150±1) mm×(200±1) mm×(1±0.1) mm。

B 型:符合 ISO 683 规定的钢棒,尺寸为(10±0.1) mm×(10±0.1) mm×(150±1) mm,钢棒打磨成锐角。

注:优先采用上述尺寸,经供需双方商定,也可采用其他尺寸。

推荐采用流化床涂敷工艺制备试样,试样要求见表1。

表 1 试样要求

试验项目	试样型式	试样数量
涂层气孔率	A	5
抗割穿性	B	3
冲击强度	A	3
杯突试验	A	3
电气强度	A	3
浸水后体积电阻率	A	1
耐溶剂蒸汽性	B	3
边角覆盖率	B	3

4.1.2 外观检查

所有试样应用肉眼检查对底材的浸润情况、一般外观情况及对应产品标准中规定的缺陷(如对材料性能有影响的不均匀性和杂质)。

4.1.3 厚度

涂层厚度可用下述仪器测量:

a) GB/T 1309 中所述的测微计;

b) 合适的显微镜;

c) 磁性基材用磁性测厚仪。

4.2 涂层气孔率(均匀性试验)

4.2.1 设备

4.2.1.1 高压发生器

高压发生器应能产生直流试验电压,可调范围为(+5～−10)%,其内电阻的选择应使得稳态短路电流平均值为(3±0.3) mA。

在高压闪络期间,电流的最大值应在(10～50) mA。脉冲电荷不应超过(25×10⁻³) mC。

高压发生器的一个极应与保护导线或高压发生器的本体连接,而另一个极应通过一根屏蔽高压电缆接到高压试验头上。高压发生器应装有发光和/或发声未清楚的装置显示试验电极上的每一次火花放电。

4.2.1.2 高压试验头

试验头上安装一个保护电阻,用以限制高压闪络时的电流[从(10～50) mA],外面接有保护导体的导电护套。

4.2.1.3 电极

电极用柔软金属刷子制成,刷毛能紧贴试样表面,当它刷过试样表面时不留下任何遗漏空隙。也可以采用导电橡皮电极。

4.2.2 试样

使用 A 型底材,制备五个试样。

4.2.3 程序

调整试验电压为(15±0.05) kV/mm,使接触面很大的试验电极刷过试样表面,移动速度最大为 4 cm/s,在此过程中应观察试验电压,允许下降但不得超过 10%。针孔和缺陷由试验电极上可见的火花和同时产生的光和/或声信号指示出来。

4.2.4 结果

报告每个试样上针孔和缺陷的数量。

4.3 刻痕硬度

按 ISO 1518 的规定进行测定。

4.4 抗割穿性

4.4.1 设备

试验装置如图 2 所示。

钢琴用钢丝。

4.4.2 试样

采用 4.1.1 中规定的 B 型底材。制备三个试样。

4.4.3 程序

将一根直径(1±0.01) mm 的钢琴用钢丝,按图 2 所示放在每个试样的上面,把钢丝的两端卡紧在一块铁轭上,使总负荷为(5±0.05) N、(10±0.1) N、(20±0.2) N 或(50±0.5) N,负荷大小按产品标准规定选择,在钢丝与基座之间施加直流电压(100±5) V,中间串接一讯号装置。

试验装置放在一个循环通风的试验烘箱内,起始温度为 30℃,以(55±5) ℃/h 的速度升温,温度的测量点应尽可能地接近涂层将被割穿处。当信号装置一旦指示出涂层破坏时,立即将试验装置上温度指示器所指示的温度记下,温度测量误差不应超过 5℃。

4.4.4 结果

以测得的三个温度值的中值作为割穿温度或压力下的抗割穿性,以℃表示。

4.5 冲击强度

按 ISO 6272 测定。

4.6 杯突试验

按 ISO 1520 进行。

4.7 电气强度

采用 4.1.1 规定的 A 型底材,制备三个试样,每个试样上进行三次试验。

电气强度按 GB/T 1408.1 采用 20 s 逐级升压法进行,上电极直径为 6 mm,金属底材作下电极。试验在已固化试样上并按 GB/T 10580 规定在(23±2)℃、相对湿度为(50±5)% 条件下处理(24±1) h 后进行。采用相对介电常数与被测涂层相近的液体绝缘材料。

注:蓖麻油可能适合,其在室温时的相对介电常数接近 4.5。

电气强度按击穿电压和涂层厚度计算,单位为 kV/mm。

取 9 次测定值的中值作为结果,并报告最大值和最小值。

4.8 损耗因数和相对介电常数

按 GB/T 1409 进行。试样形状和尺寸按相应产品标准规定。

4.9 浸水后体积电阻率

按 GB/T 1410 进行。

采用 4.1.1 规定的 A 型底材试样。

体积电阻率应在暴露于(23±2)℃、相对湿度(50±5)% 的条件下处理(24±1) h 后测定。试样浸水温度和时间按相应产品标准规定。

每浸水一周期后,用滤纸将试样擦干并进行测量。在分别施加直流电压(100±5) V 和(500±25) V 或(1000±50) V(60±5) s 后读取电阻值。每次浸水后进行三次测定,并计算体积电阻率。

结果取中值,并报告浸水 24 h,48 h 和 96 h(如果需要可浸水 240 h)后的体积电阻率,同时报告每组三个测量值中的最大值和最小值。

4.10 耐电痕化试验

4.10.1 试验方法

耐电痕化试验按 GB/T 4207 进行,为测定相比电痕化指数(CT1),试样尺寸至少为 20 mm×20 mm,数量为 25 个。

4.10.2 试样制备

将一块厚度约为 10 mm 的磨光钢板涂以少量的脱模剂,加热至(180±2)℃,或按相应产品标准规定的温度,然后浸入粉末中涂敷,使获得的被试材料固化涂层厚度为(1.2±0.2) mm,涂敷后将被涂钢板放在(180±2)℃下后固化 60 min±5 min,通过锉削,使钢板边角全部露出,剥下固化的涂层,然后切割成至少为 20 mm 边长的方块试样。

4.10.3 程序

将试样放置在电痕试验装置的试验台上,在试样与试验台之间垫一片耐电痕化的材料,如玻璃,使试样的自由表面即制备试样时不与钢板底材接触的表面朝上。试验按 GB/T 4207 进行。采用铂电极和不加湿润剂的氯化铵溶液。

测定相比电痕化指数(CTI)。或者在商定电压下,要求五个试样能承受耐电痕化试验而不发生破坏。

注:试样可能被击穿,因为试样的厚度比 GB/T 4207 中推荐的要薄。垫入绝缘片可防止其击穿以达到因电痕化而引起破坏。

4.11 耐化学药品性

4.11.1 设备

鼓风烘箱,温度能控制在(100±1)℃。

800 cm³ 清洁的玻璃容器,并配有无密封垫的玻璃或铝箔盖。

清洁的金属钳子。

温度计。

按选择的标准所需的各种物理、电气或化学试验设备。

4.11.2 化学药品

按使用要求选择试验液体(如矿物油、溶剂、水溶液等)以确定其影响,试验液体按相应产品标准规定。

4.11.3 试样的制备和尺寸

试样按相应产品标准规定。试样的表面积与溶液量的比例按下列原则确定:

a) 如果试样表面积可以测量,则试液为 400 mL 时,面积为 25 cm²;

b) 如果试样表面积不能测量,则试样质量是试液质量的 1%。

4.11.4 程序

将(500±100) mL 试液倒入清洁的玻璃容器内,放入试样并留出膨胀空间,然后将容器盖好。

准备一个相同的玻璃容器,装入等量的相同试液以作比较用。

按相应产品标准规定的温度,将容器放置一定时间,当采用变压器油或氯化联苯作试液时,温度为(100±1)℃,时间为(168±1) h。

经处理后,将容器从烘箱中取出。取出试样并观察试液是否出现浑浊、退色、填料沉淀等现象。或按产品标准要求测定试液的性能。用合适清洁溶剂清洗试样并干燥,测定作为判断标准的性能并与未经暴露过的试样比较。

4.11.5 结果

试验报告包括:

a) 被试材料的属性；

b) 试液的属性；

c) 材料经试液作用后性能变化。

4.12 耐溶剂蒸气性

注：仅对 GB 3836.3 中所指定的"e"型设备所涉及的材料，法律上有规定时才进行本试验。

4.12.1 设备

装溶剂的器皿。推荐采用 200 mm×300 mm×500 mm 的棱柱形玻璃瓶。

圆柱玻璃瓶，高度约 40 mm，底面积约为上述器皿底面积的 1/3。

悬挂试样于溶剂蒸气中所需的器具。

4.12.2 试验溶剂

采用的溶剂按相应产品标准规定。

4.12.3 试样

采用 4.1.1 中规定的 B 型底材，制备三个试样。

4.12.4 程序

将圆柱玻璃瓶装水至其高度一半后，放入棱柱形玻璃瓶的底部，底部其余的 2/3 面积加入高度 20 mm～25 mm 的溶剂。如果做丙酮和甲醇蒸气试验，为避免明显的等温蒸馏作用，圆柱玻璃瓶要相应装入水和丙酮或水和甲醇 1∶1 的混合物。试样悬挂在液面上方后立即将容器盖好，试验期间液体不应完全挥发，必要时应予补充。试验周期按产品标准规定。

将试样从容器中取出，待溶剂挥发后，检查涂层与底材附着情况的变化，如剥落、流挂、起泡等。

如产品标准有规定，还应检查性能值的变化。

4.12.5 结果

报告每种溶剂作用的结果和规定性能值的变化。

4.13 耐热性

按 GB/T 11026.1 进行。以产品标准规定的质量损失、柔软性丧失和击穿电压作为判断的终点值，试样类型和数量亦按相应产品标准规定。

4.14 边角覆盖率

4.14.1 试验方法

本方法测定规定在平面涂层厚度的条件下，棒上边角（90°不倒角）涂层厚度与平面涂层厚度的比值。粉末涂层按规定条件将预热后的棒浸入流化粉末中并经固化后制成。

本方法同时也适用于粉末树脂静电涂敷和电动涂敷的试样。

4.14.2 设备

能使粉末形成均匀悬浮密集相的流化床。图 3 为可使涂敷粉末悬浮的流化床的示意图。该设备由一个开口粉槽和一个多孔底板组成，低压空气从多孔底板导入并经多孔板过滤，使槽内粉末处于均匀悬浮状态。

4.14.3 试样

采用 4.1.1 中规定的 B 型底材，制备三个试样，涂层厚度按产品标准规定。

4.14.4 程序

测量并记录每根棒两个平面之间的距离和两条对角线之间的距离（图 4 中 A、B、C 和 D），精确至 0.002 5 mm，测量点距棒底部（38±1）mm 处，环境温度为（23±1）℃。用一根金属线穿过棒上的孔，将三根棒悬挂于烘箱中预热。按规定温度加热 30 min 或达到所要求的温度为止。

将未使用过的干燥的粉末涂料置入流化床中，使流化后粉末高度至少为 200 mm，流化使用干燥的压缩空气。

将被预热的棒每次从烘箱中取出一根，停（4±0.5）s 后迅速把它浸入流化粉末中，直至达到规定的表面厚度。浸入和取出的速度应为（0.3±0.03）m/s，以保证沿棒长度方向的涂层厚度均匀。使棒的轴线沿直径为 50 mm 的圆圈按 30 r/min(0.5 r/s)的速度旋转,以使各平面被均匀涂敷。

按产品标准规定的时间和温度将涂敷棒固化。

将棒冷却至(23±1)℃后重新进行测量。

4.14.5 计算

将所测棒涂敷前后两个平面间距离值和对角线距离值分别平均,将涂敷后的平均值减去涂敷前的平均值,再除以 2 即为平均平面涂层厚度和平均边角涂层厚度。

按下列计算每根棒的边角百分覆盖率并取整数:

$$边角覆盖率 = \left(\frac{平均边角涂层厚度}{平均平面涂层厚度} \times 100\right)\%$$

三根棒的边角覆盖率的偏差应在 ±5% 之内,否则全部结果作废并制备新试样重新测定,计算三根棒的边角覆盖率测量值。

取三次试样结果的中值作为边角覆盖率,并报告最大值和最小值。

4.15 耐热冲击性

4.15.1 设备

鼓风烘箱。

干冰——丙酮浴槽,具有足够的热容量,使试样浸入后能够保持温度。

4.15.2 试样的制备和尺寸

制备三个试样,底材为铜,试样形状和尺寸如图 5 所示。

试样按产品标准或供应商提供说明书的规定制备。涂敷之前用去油脂的溶剂清洗。

4.15.3 程序

将三个试样置于温度按相关产品标准规定的烘箱内 1 h±5 min,然后取出并立即浸入(−30±2)℃的浴槽中浸泡 1 h。

每一个试验周期后,抹干试样并检查涂层是否出现开裂、裂纹或脱离底板的现象。

重复周期试验直至每个试样损坏,或者重复试验经 20 个周期后试样没有损坏为止,或者按产品标准的规定进行。

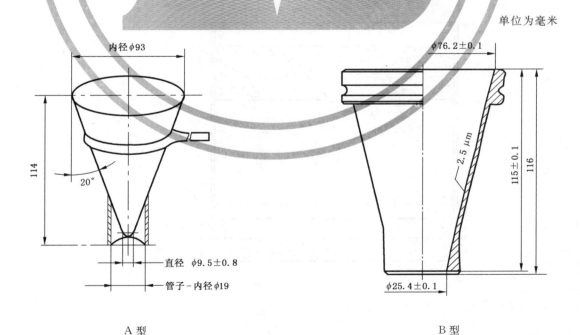

图 1 流出性试验用漏斗

A 型   B 型

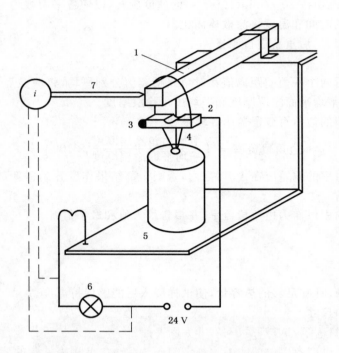

1——试样；
2——切割线(钢琴钢丝 $\phi 1$ mm)；
3——夹紧螺丝；
4——重块(基本负荷 10 N,20 N)；
5——附加重块(10 N,20 N,或 50 N)；
6——信号装置；
7——测温装置。

图 2   边缘抗割穿试验装置(示意图)

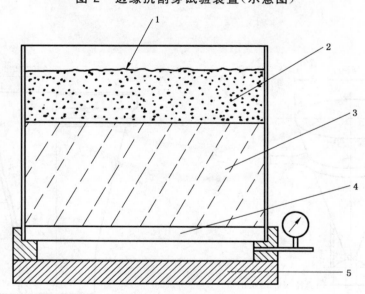

1——胶的表面；
2——流化的粉末；
3——未流化的粉末；
4——透气隔板；
5——底座。

图 3   流化床

单位为毫米

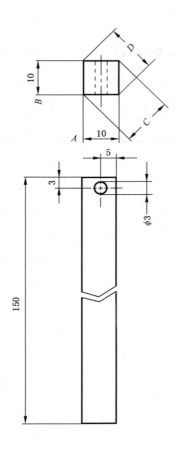

图 4　边角覆盖率试验棒

单位为毫米

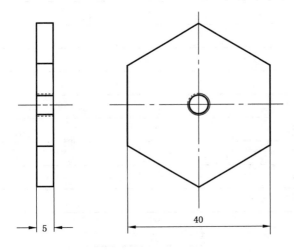

图 5　有 M5 螺孔的六角铜板

附　录　A

（资料性附录）

本标准章条编号与 IEC 60455-2-2:1984 章条编号对照

表 A.1 给出了本标准章条编号与 IEC 60455-2-2:1984 章条编号对照一览表。

表 A.1　本标准章条编号与 IEC 60455-2-2:1984 章条编号对照

本标准章条编号	对应的国际标准章条编号
—	引言
1	"范围"段落
2	—
3	1
3.1	1.1
3.2	1.2
3.3	1.3
3.4	1.4
3.5	1.5
3.6	1.6
4	2
4.1	2.1
4.2	2.4
4.3	2.5
4.4	2.6
4.5	2.7
4.6	2.8
4.7	2.9
4.8	2.10
4.9	2.11
4.10	2.12
4.11	2.13
4.12	2.14
4.13	2.15
4.14	2.16
4.15	2.17

前　　言

本标准是根据 IEC 61033:1991(第一版)《测定浸渍剂对漆包线基材粘结强度的试验方法》对 GB/T 11028—1989《用线束法评定浸渍漆粘结强度的试验方法》进行修订的,在技术内容上与 IEC 61033:1991等效,在编写格式上把原属于 IEC 61033 前言内的引用标准按 GB/T 1.1 要求列入本标准的第 2 章,同时增加适用于方法 C:线束试验的引用标准 GB/T 1040—1992。

本标准与 GB/T 11028—1989 相比,在技术内容方面作如下变更:

1) 增加扭绞线圈试验:方法 A;

2) 增加螺旋线圈试验:方法 B;

3) 变更原线束试验:方法 C 内容:删除其中以裸铜线为基材的试验内容和耐热性试验的内容。另外,由于本方法适用于各种试验温度,故删去原23℃±2℃的规定。并对高温试验及浸渍剂的粘度或固体含量规定了要求。最后为统一起见,改原试验速度"50mm/min～70mm/min"为"约在 1min 达到最大力";

4) 按 IEC 61033,本标准更名为:测定浸渍剂对漆包线基材粘结强度的试验方法。

本标准自实施之日起,代替 GB/T 11028—1989。

本标准由国家机械工业局提出。

本标准由全国绝缘材料标准化技术委员会归口。

本标准起草单位:桂林电器科学研究所、北京电工综合技术经济研究所。

本标准主要起草人:朱梅兰、方晓燕、高炳华。

本标准 1989 年 3 月首次发布,1999 年 9 月第一次修订。

本标准委托全国绝缘材料标准化技术委员会负责解释。

IEC 前言

1 IEC 关于技术问题的正式决议或协议,是由对这些问题特别关切的各国家委员会代表组成的技术委员会制定的,对其中所研究的问题,尽可能地表达国际上的一致意见。

2 这些决议或协议以推荐形式供国际使用并在这个意义上为各国家委员会接受。

3 为了促进国际统一,IEC 希望所有国家委员会在其国家条件允许范围内,采用 IEC 推荐标准作为其国家标准。IEC 推荐标准与相应国家标准之间的任何差异,应尽可能在相应国家标准中明确地指出。

本标准由 IEC 第 15 技术委员会"绝缘材料"的 15C 分技术委员会"规范"制定。

本标准的文本源于下述文件:

六月法草案	表决报告
15C(中办)252	15C(中办)270
15C(中办)252A	

从上表指出的表决报告可以获悉投票赞成本标准的全部信息。

本标准代替 1969 年出版的 IEC 60290 和 1981 年出版的 IEC 60699。

本标准引用下列 IEC 出版物:

IEC 60317 各种型号绕组线规范。

引用的其他出版物:

ISO 178:1975 塑料——硬质塑料弯曲特性的测定。

中华人民共和国国家标准

测定浸渍剂对漆包线基材
粘结强度的试验方法

GB/T 11028—1999
eqv IEC 61033:1991

Test methods for the determination of
bond strength of impregnating agents
to an enamelled wire substrate

代替 GB/T 11028—1989

1 范围

本标准是有关三种测定浸渍剂对漆包线基材粘结强度的试验方法。

这三种方法是：

a）扭绞线圈试验：方法 A；

b）螺旋线圈试验：方法 B；

c）线束试验：方法 C。

本标准规定了三种测定浸渍剂（例如有溶剂漆及无溶剂树脂）对漆包线基材粘结强度的试验方法。粘结强度会受到固化、试验温度、热老化的影响，对任何一种具体的浸渍剂而言，还受到所选择的漆包线类型影响。

这些试验方法中，包括了三种盛行的试验粘结强度标准操作技术。对某一类材料而言，可以在相应的产品标准中指定这些方法中的一种作为仲裁方法。

2 引用标准

下列标准所包含的条文，通过在本标准中引用而构成为本标准的条文。本标准出版时，所示版本均为有效。所有标准都会被修订，使用本标准的各方应探讨使用下列标准最新版本的可能性。

GB/T 1040—1992 塑料拉伸性能试验方法（neq ISO 60527：1993）

GB/T 6109.1—1990 漆包圆绕组线 第 1 部分：一般规定（eqv IEC 60317：1988）

GB/T 9341—1988 塑料弯曲性能试验方法（eqv ISO 60178：1975）

3 试验方法

3.1 方法 A：扭绞线圈试验

3.1.1 原理

本试验是用直径 0.315 mm 漆包绕组线制成扭绞线圈进行浸渍和固化。以破坏这样试样所需要的力作为粘结强度。

3.1.2 试样的制备

用合适的缠绕装置（见图 1a)）将漆包绕组线[1]按乱绕方式制成线圈。为防止线圈从缠绕装置取出后散开，可把绕组线的每一端头或另用一小段漆包线在线圈相对方向上捆扎 2 匝～3 匝。为此，缠绕设备应有一个合适的缺口（见图 1b)）。线圈按下列尺寸缠绕：

1）漆包绕组线见 GB/T 6109.1。

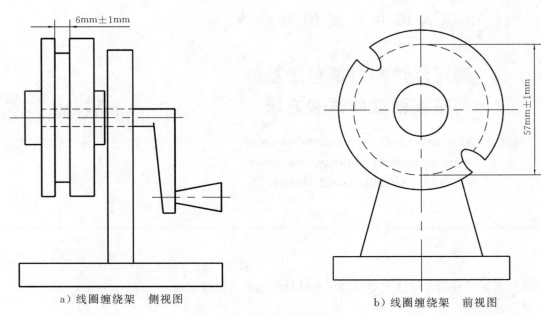

a) 线圈缠绕架　侧视图　　　　　　　　　　　　b) 线圈缠绕架　前视图

图 1　缠绕架示意图

缠绕直径:57 mm±1 mm;

槽宽:6 mm±1 mm;

缠绕圈数:100[1];

标称线径:0.315 mm。

把线圈从缠绕设备上取下并将它拉成椭圆形。借助扭绞装置(见图 2a)及图 2b)),沿线圈的长轴将其扭绞两整圈。成型后的扭绞线圈直径约 7 mm、长 85 mm~90 mm 并作为浸渍剂基材。

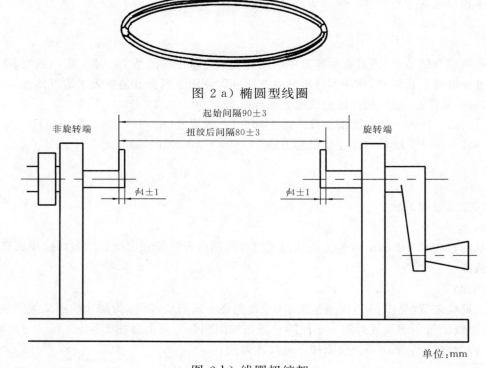

图 2 a)　椭圆型线圈

图 2 b)　线圈扭绞架

_____

1) 如果希望通过交流电流加热线圈,那么,可采取双线 50 圈而不是单线 100 圈的方法进行双线缠绕。

浸渍剂的粘度或固体含量由产品标准规定[1]。除订购合同另有规定外,用浸渍剂浸渍扭绞线圈一次。将扭绞线圈垂直地浸没于浸渍剂中 5 min±1 min。以低于 1 mm/s 的速度缓慢均匀地把线圈取出。水平滴干 10 min～15 min。按制造厂推荐方法或协商的工艺方法,水平放置线圈进行固化。如果规定的浸渍次数为一次以上,那么,扭绞线圈应垂直进行浸渍、滴干、固化,且后来的每次浸渍应把方向颠倒过来。

每一试验温度应制备 5 个试样。

注:某些浸渍剂,例如高粘度或触变产品,可以要求选用其他工艺方法。

3.1.3 设备

试验设备按 GB/T 9341。试验设备的支座尺寸应符合图 3。

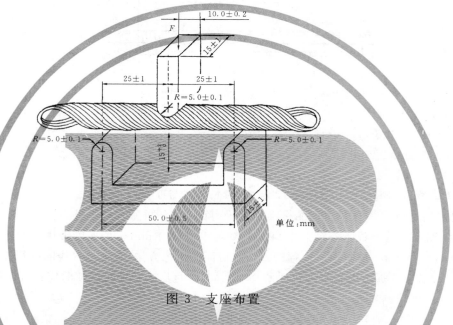

图 3 支座布置

3.1.4 程序

按图 3 正确放置试样,调节试验机十字头速度,使得约在 1 min 达到最大力,并记录该值。

对高温试验,可采用附属于试验机上的加热箱。试验前把试样置于加热箱内,在试验温度下保持一段恰好足以保证试样达到该试验温度的时间。延长试样加热时间会影响到性能。高温保持时间由产品标准中规定[1]。

注:用电流加热情况下,试样的试验温度应借助合适的方法,例如热电偶、热电阻的测量来测定。

3.1.5 结果

粘结强度以 5 次测量值的中值表示,单位为 N。

3.1.6 报告

报告需包括以下内容:

——涉及本标准试验方法 A 的有关事项;

——浸渍剂的细节;

——基材的细节(漆包绕组线型号);

——试样制备的细节(单线或双线缠绕的线圈,浸渍过程细节);

——试验温度;

——每一试验温度的粘结强度及最大、最小测得值;

采用说明:

1] IEC 标准中无此内容。考虑到我国不同季节室温相差甚大,因此,保留 GB/T 11028—1989 中该内容。

——如果制作试样的绕组线或试样业经任何方式洗涤过,使其不再是"收货状态",那么应把这样过程记录于报告中。

3.2 方法 B:螺旋线圈试验

3.2.1 原理

本试验是采用直径 1 mm 漆包绕组线制成螺旋线圈进行浸渍及固化。以破坏这样线圈所需要的力作为粘结强度。

3.2.2 试样的制备

用合适的缠绕装置将漆包绕组线制成螺旋线圈(见图 4)。线圈按下列尺寸缠绕:

图 4   螺旋线圈试样

标称线径:1 mm;

心棒直径:6.3 mm±0.1 mm;

线圈长度:75 mm±2 mm;

缠绕张力:10 N±1 N。

注:漆包绕组线见 GB/T 6109.1。线圈可以绕成连续长段,然后再切成规定长度。

浸渍剂的粘度或固体含量由产品标准规定[1]。除订购合同另有规定外,用浸渍剂浸渍螺旋线圈一次。将螺旋线圈垂直地浸没于浸渍剂中 60 s±10 s。以低于 1 mm/s 的速度缓慢均匀地把线圈取出。水平滴干 10 min～15 min。按制造厂推荐的方法或协商的工艺方法,水平放置线圈进行固化。如果规定的浸渍次数为一次以上,那么应垂直进行浸渍、滴干、固化,且后来的每次浸渍时应把方向颠倒过来。

每一试验温度应制备 5 个试样。

注:某些浸渍剂,例如高粘度或触变产品,可要求选用其他工艺方法。

3.2.3 设备

试验设备按 GB/T 9341。试验设备支座尺寸应符合图 5。

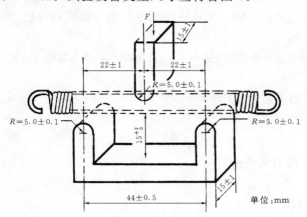

图 5   支座布置

采用说明:

1] IEC 标准中无此内容。考虑到我国不同季节室温相差甚大,因此,保留 GB/T 11028—1989 中该内容。

3.2.4 程序

按图5正确放置试样,调节试验机十字头速度,使得约在1 min达到最大力,并记录该值。

对高温试验,可于设备上附加一个加热箱。试验前置试样于加热箱内,在试验温度下保持一段恰好足以保证试样达到该试验温度的时间。延长试样加热时间会影响到性能,高温保持时间由产品标准中规定[1]。

3.2.5 结果

粘结强度以5次测量值的中值表示,单位为N。

3.2.6 报告

报告下列内容:

—— 涉及本标准试验方法B的有关事项;

—— 浸渍剂的细节;

—— 基材的细节(漆包绕组线型号);

—— 试样制备的细节;

—— 试验温度;

—— 每一试验温度的粘结强度及最大、最小测得值;

—— 如果制作试样的绕组线或试样业经任何方式洗涤过,使其不再是"收货状态",那么应把这样过程记录于报告中。

3.3 方法C:线束试验

3.3.1 原理

本试验是采用直径2 mm漆包绕组线制成线束进行浸渍和固化。以从线束中拉出中心导线所需要的力作为粘结强度。

3.3.2 试样的制备

用漆包绕组线[1)](下简称导线),根据下述程序a)或程序b)制备线束(见图6或图7):

a) 用6根15 mm±0.5 mm长的线段,围绕一根至少120 mm长的中心导线的一端组成线束,其重叠部分为15 mm±0.5 mm,如图6所示。用直径0.35 mm的退火铜线,在线束的两个适当部位将其扎牢。要注意使中心导线的一端与线束的一端对齐。

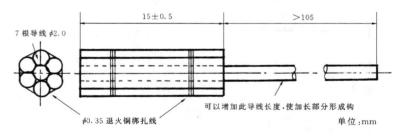

图 6　试样

b) 用6根约105 mm长的线段,围绕一根至少120 mm长的中心导线的一端组成线束,其重叠部分为15 mm±0.5 mm,如图7所示。用直径0.35 mm的退火铜线按图示规定的位置将其扎牢。在6根线段组成线束的另一端(即试验时被夹持在拉力试验机夹头内的那端),用一根直径相同、长约50 mm的线段(作为充填导线)插入线束形成的中心孔内,同样在其端部用直径0.35 mm的退火铜线按图示规定的位置将其扎牢。

采用说明:

1] IEC标准中无此内容。考虑到我国不同季节室温相差甚大,因此,保留GB/T 11028—1989中该内容。

1)漆包绕组线见GB/T 6109.1。

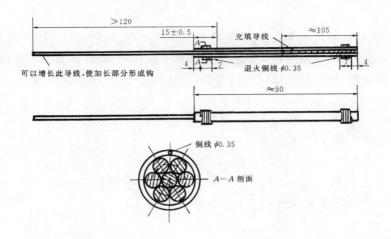

单位:mm

图 7　另一种试样

注：仔细校直用来制样的漆包绕组线时，应注意不要损伤漆包表面。如果是通过拉伸进行校直，则应限制该漆包
　　绕组线的延伸率低于 5%。制样用的线段应从同一卷的漆包绕组线上切下，要保证其直径足够均匀，以防止
　　浸渍过程中心导线滑动。线段的端部不应有毛刺或其他影响粘结强度的突出物。

当按程序 a)或程序 b)组配线段时，可用一个样板使外围线段的端部定位，从而获得所要求的重叠。
业已发现，用下述方法可获得满意结果：在一块板上开一个直径为 2.8 mm 的孔，中心导线穿过此孔直
插到底板，使露出上板的部分恰好是 15 mm。在上板和底板上各附加一个挡块，这样既可以在绑扎之前
使中心导线及其周围线段定位，又可以在绑扎之后把各单根线段组成线束。一种适用的设计如图 8 所
示。还可以把样板侧转过来，使线束成水平位置，以便对绑扎线施加一定张力，例如 3 N。

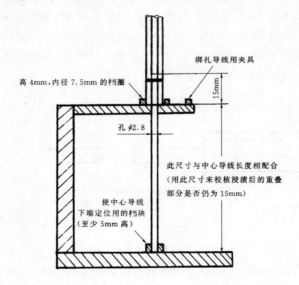

图 8　线束试验用样板架示意图

浸渍剂的粘度或固体含量由产品标准规定[1]。把试样浸入被试浸渍剂中，浸渍时中心导线的伸出部

采用说明：

1] IEC 标准中无此内容。考虑到我国不同季节室温相差甚大，因此，保留 GB/T 11028—1989 中该内容。

分朝上,浸渍 5 min,之后,取出滴干 15 min。也可以采用与此不同的浸渍和滴干时间,但应在报告中说明。按照制造厂推荐的条件固化试样。在所有这些过程中,试样应处于垂直位置,并保证在试样的中心导线未伸出的一端,不应粘附过多的浸渍剂。同样,在中心导线伸出处的周围也不能有多余的浸渍剂积聚(例如形成弯月形的漆层)。

对每一试验温度,制备 5 个试样。

注:某些浸渍剂,例如高粘度或触变产品,可要求选用其他工艺方法。

3.3.3 设备

试验设备按 GB/T 1040。试验设备的夹具尺寸符合图 9。

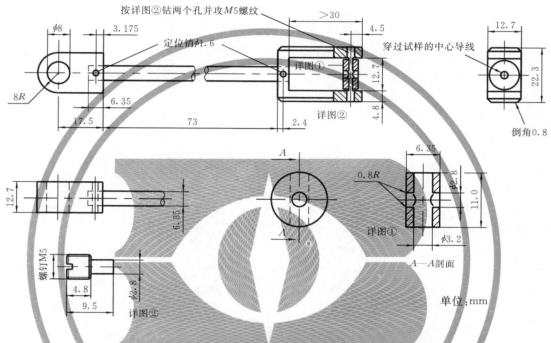

图 9 把试样固定到拉伸试验机上用的镫形夹具

3.3.4 程序

借助专用夹具(见图 9),把按程序 a)制备的试样置于拉力机上进行拉伸。此专用夹具能使伸出的中心导线被夹到试验机测力计夹头上,而使线束的另一端固定于装在拉力机另一端夹头的专用夹具上。对按程序 b)制备的试样,其两端分别固定在试验机的两夹头上。当试样完全就位后,调节夹头速度,使得约在 1 min 达到最大力,并记录该值。

对高温下试验,可在设备上附加一个加热箱。试验前置试样于加热箱内,在试验温度下保持一段恰好足以保证试样达到该试验温度的时间。延长试样加热时间会影响到性能,高温保持时间由产品标准中规定[1]。

3.3.5 结果

粘结强度以 5 次测量值的中值表示,单位为 N。

3.3.6 报告

报告下列内容:

——涉及本标准试验方法 C 的有关事项;

——浸渍剂的细节:

采用说明:

1] IEC 标准中无此内容。考虑到我国不同季节室温相差甚大,因此,保留 GB/T 11028—1989 中该内容。

——基材的细节（漆包绕组线型号）；

——试样浸渍的细节；

——试验温度；

——每一试验温度的粘结强度及最大、最小测得值；

——如果制作试样的绕组线或试样业经任何方式洗涤过，使其不再是"收货状态"，那么应把这样过程记录于报告中。

ICS 29.035.01
K 15

中华人民共和国国家标准

GB/T 15022.1—2009/IEC 60455-1:1998
代替 GB/T 15022—1994

电气绝缘用树脂基活性复合物
第 1 部分：定义及一般要求

Resin based reactive compounds used for electrical insulation—
Part 1：Definitions and general requirements

（IEC 60455-1:1998，IDT）

2009-06-10 发布

2009-12-01 实施

中华人民共和国国家质量监督检验检疫总局
中国国家标准化管理委员会 发布

前　言

GB/T 15022《电气绝缘用树脂基活性复合物》由下列部分组成：
——第1部分：定义及一般要求；
——第2部分：试验方法；
——第3部分：无填料环氧树脂复合物；
——第4部分：不饱和聚酯浸渍树脂；
——第5部分：石英填料环氧树脂复合物；
……

本部分为 GB/T 15022 的第1部分。

本部分等同采用 IEC 60455-1：1998《电气绝缘用树脂基活性复合物　第1部分：定义及一般要求》（英文版）。

本部分与 IEC 60455-1：1998 相比做了下列编辑性修改：

a)　删除了 IEC 60455-1：1998 的前言、引言和附录 A"参考文献"，并将"参考文献"中所列的 IEC 61006 归入第2章"规范性引用文件"中；

b)　凡注日期的引用文件在条文中引用时未注日期的，一律补上日期。

本部分代替 GB/T 15022—1994《电气绝缘无溶剂可聚合树脂复合物　定义和一般要求》。

本部分与 GB/T 15022—1994 相比较主要变化如下：

a)　章条标题名称不同；

b)　扩充了第4章"定义"的条文；

c)　增加了"分类"一章。

本部分由中国电器工业协会提出。

本部分由全国绝缘材料标准化技术委员会（SAC/TC 51）归口。

本部分主要起草单位：桂林电器科学研究所。

本部分起草人：马林泉。

本部分所代替标准的历次版本发布情况为：

——GB/T 15022—1994。

电气绝缘用树脂基活性复合物
第1部分:定义及一般要求

1 范围

GB/T 15022 的本部分规定了电气绝缘用树脂基活性复合物及其组分的命名、定义、分类及一般要求。所有的活性复合物都是无溶剂的,但可含有活性稀释剂和填料。固化时的反应是聚合反应或交联反应。本部分不包括用作涂敷粉末的活性复合物。

本部分适用于电气绝缘用树脂基活性复合物及其组分,其常用范围见表1。

表1 复合物常用范围

应　用	符号代码
浇铸复合物	CC
——埋封复合物	EBC
——灌注复合物	PC
包封复合物	ECC
浸渍复合物	IC
——用于沉浸	ICD
——用于滴浸	ICT
——用于真空压力浸渍	VPI

上述有关符号代码可用作产品种类的简称。根据实际需要,可以增补更多的相关符号代码。

2 规范性引用文件

下列文件中的条款通过 GB/T 15022 的本部分的引用而成为本部分的条款。凡是注日期的引用文件,其随后所有的修改单(不包括勘误的内容)或修订版均不适用于本部分,然而,鼓励根据本部分达成协议的各方研究是否可使用这些文件的最新版本。凡是不注日期的引用文件,其最新版本适用于本部分。

GB/T 1844.1—2008 塑料 符号和缩略语 第1部分:基础聚合物及其特征性能(ISO 1043-1:2001,IDT)

GB/T 1844.2—2008 塑料 符号和缩略语 第2部分:填充及增强材料(ISO 1043-2:2000,IDT)

GB/T 2035—2008 塑料术语及其定义(ISO 472:1999,IDT)

GB/T 2900.5—2002 电工术语 绝缘固体、液体和气体(eqv IEC 60050(212):1990)

GB/T 15022.2—2007 电气绝缘用树脂基活性复合物 第2部分:试验方法(IEC 60455-2:1998,MOD)

ISO 4597-1:1983 塑料 环氧树脂硬化剂和催化剂 第1部分:命名

IEC 61006:2004 电气绝缘材料 测定玻璃化转变温度的试验方法

3 命名

根据组成和活性,复合物可以在室温或高温下固化。通过固化反应可生成刚性、柔性或弹性固化物。特定复合物是根据所含树脂本身或主要活性部分的组成而命名。常用的树脂见表2。有关树脂和聚合物的符号及其特性见 GB/T 1844.1—2008。

表 2　基本树脂

树　脂	符号代码
丙烯酸类	A
环氧	EP
聚氨酯	PUR
有机硅	SI
不饱和聚酯	UP

上述有关符号代码可用作聚合物名称的缩写。根据实际需要,可以增补更多的符号代码。

注:有关填料和增强材料的符号代码见 GB/T 1844.2—2008。有关环氧树脂固化剂和催化剂的命名见 ISO 4597-1:1983。

4　定义

注:可从 GB/T 2900.5—2002 或 GB/T 2035—2008 中获得合适定义。当需要更为专用的定义时,其措词应尽可能接近 GB/T 2900.5—2002 或 GB/T 2035—2008。

4.1

活性复合物　reactive compound

含有其他活性组分,如硬化剂、催化剂、抑制剂或活性稀释剂,以及含有或不含有填料和某些添加剂的浇铸树脂混合物,在其固化反应中实际上没有挥发性物质逸出。活性复合物是无溶剂的。

注:在树脂的固化过程中,可能有少量的副产(物)逸出。在活性复合物的树脂用活性稀释剂稀释的情况下,少量的单体稀释剂会在固化过程中逸出,这主要取决于使用的工艺条件。

4.2

固化复合物　cured compound

活性复合物固化后的产物。固化复合物具有自支撑能力。

4.3

活性组分　reactive component

可以与其他组分起反应或进行连锁反应的活性复合物的任意一部分,例如树脂、引发剂、硬化剂、催化剂、抑制剂和活性稀释剂。

4.4

树脂　resin

其分子量不确定但通常较高的一种固体、半固体或准固体的有机材料,在遭受应力时有流动倾向,通常有一个软化或熔化范围,分子链段呈螺旋状。从广义上说,凡作为塑料基材的任何聚合物都可称之为树脂。

4.5

丙烯酸树脂　acrylic resin

由丙烯酸或丙烯酸衍生物聚合或与其他单体(丙烯酸单体占多数)共聚而制成的树脂。

4.6

环氧树脂　epoxy resin

含有环氧基团能够交联的树脂。

4.7

聚氨酯树脂　polyurethane

固化后分子链中具有重复的氨基甲酸乙酯结构单元的树脂。

4.8

有机硅树脂　silicone resin

固化后聚合物主链由交替的硅原子和氧原子组成的树脂。

4.9

不饱和聚酯树脂　unsaturated polyester resin

在聚合物主链中具有可与不饱和单体或预聚物进行交联的碳-碳不饱和键的聚酯树脂。

4.10

活性稀释剂　reactive diluent

低黏度液体,将其加入到高黏度的无溶剂固化树脂中,在固化过程中能与树脂或硬化剂发生化学反应。

4.11

硬化剂　hardener

可通过参加反应促进或调节树脂固化反应的试剂。

4.12

催化剂　accelerator

为增加活性复合物反应速率而加入的量很少的物质。

4.13

抑制剂　inhibitor

为抑制化学反应而加入的量很少的物质。

4.14

填料　filler

为改善未固化复合物的加工性能或其他品质,或其固化物的物理、电气、化学或老化性能,以及为降低成本而加入活性复合物中的惰性固体材料。

4.15

固化　cure；curing

通过聚合或交联将活性复合物转变成更加稳定和可应用状态的过程。

4.16

聚合　polymerization

将单体或单体混合物转变成聚合物的过程。

4.17

交联　crosslinking

在聚合物链间产生多重分子间的共价键或离子键的过程。

4.18

适用期　pot life

制备待用的活性聚合物保持其可使用状态的时间周期。

4.19

贮存期　shelf life

在规定条件下,材料能保持其基本性能的贮存时间。

4.20

浇铸复合物　casting compound

采用浇注或其他方法注入模具然后固化的活性复合物。

注:通常浇铸复合物和用于特殊的浇铸复合物,如埋封、灌注,在 GB/T 2900.5—2002 中没有给出定义,或者对灌注复合物下的定义欠妥。GB/T 2900.5—2002 并不区分树脂和复合物。

4.20.1

埋封复合物　embedding compound

采用浇注法浇入模具,完全将电气或电子部件包封起来的浇铸树脂。经固化后,再从模具中取出已包封好的部件。

注:电气或电子部件的接线或接线头可以从埋封件中抽出。

4.20.2

灌注复合物　potting compound

采用浇注法浇入模具,完全将电气或电子部件包封起来的浇铸树脂。经固化后,模具仍留在埋封件上作为部件的永久性一部分。

4.21

包封复合物　encapsulating compound

不需要模具,而是采用如涂刷、蘸浸、喷溅或涂敷等合适的方法,将电气或电子部件包封上一层防护或绝缘涂层的活性复合物。

4.22

浸渍复合物　impregnating compound

能够渗透或浸入绕组和线圈或者电气部件,具有填充缝隙和孔隙的作用,以保护和粘结绕组和线圈的活性复合物。可通过沉浸(ICD)、滴浸(ICT)或真空压力浸渍(VPI)的方式进行浸渍。

5　分类

固化后复合物根据其玻璃化转变温度的分类见表3。有关玻璃化转变温度的试验方法见GB/T 15022.2—2007 中 5.4.2.1。

注:按照 IEC 61006:2004 所述的玻璃化转变温度是材料热力学性能的指标。它提供了一种评定活性复合物转变度的方法。它也是区分具有不同热力学特性的不同材料的方法。

表 3　固化后复合物分类

玻璃化转变级别	玻璃化转变温度 T_g ℃
1	$\geqslant 160$
2	$135 < T \leqslant 160$
3	$125 < T \leqslant 135$
4	$110 < T \leqslant 125$
5	$100 < T \leqslant 110$
6	$75 < T \leqslant 100$
7	$50 < T \leqslant 75$
8	$25 < T \leqslant 50$
9	$0 < T \leqslant 25$
10	$-20 < T \leqslant 0$
11	$\leqslant -20$

6　一般要求

对交付的所有产品,不仅应符合本部分的要求,而且还应符合相应单项材料规范的要求。

6.1 颜色

固化后复合物的颜色应符合供需双方商定的要求。

6.2 供货条件

树脂和其他组分应包装在坚固、干燥和清洁的容器里，以保证在运输、搬运和贮存过程中对其有足够的保护。每一个容器上至少应清晰、持久地标明下述内容：

——标准编号；

——产品名称；

——批号；

——生产日期；

——制造商名称或商标；

——规定的贮存温度或温度范围和期限；

——任何危险性警示，例如可燃性（闪点）和毒性；

——合适的组分混合说明（例如对于双组分产品）；

——容量。

推荐使用的容器大小为：1 L、2.5 L、5 L、25 L 和 205 L。

6.3 贮存期

在规定温度条件下，当贮存在最初密封的容器中时，产品在其使用期内应能保持其原有基本特性。

ICS 29.035.99
K 15

中华人民共和国国家标准

GB/T 15022.2—2007
代替 GB/T 15023—1994

电气绝缘用树脂基活性复合物
第2部分：试验方法

Resin based reactive compounds used for electrical insulation—
Part 2：Methods of test

（IEC 60455-2：1998，MOD）

2007-12-03 发布　　　　　　　　　　　　　2008-05-20 实施

中华人民共和国国家质量监督检验检疫总局
中国国家标准化管理委员会　发布

前　言

GB/T 15022《电气绝缘用树脂基活性复合物》由下列部分组成：

——GB/T 15022.1　电气绝缘用树脂基活性复合物　第1部分：定义及一般要求

——GB/T 15022.2　电气绝缘用树脂基活性复合物　第2部分：试验方法

——GB/T 15022.3　电气绝缘用树脂基活性复合物　第3部分：环氧树脂复合物

——GB/T 15022.4　电气绝缘用树脂基活性复合物　第4部分：不饱和聚酯浸渍树脂

……

本部分为GB/T 15022《电气绝缘用树脂基活性复合物》的第2部分。

本部分修改采用IEC 60455-2：1998《电气绝缘用树脂基活性复合物　第2部分：试验方法》。

本部分与IEC 60455-2：1998相比较，主要变化如下：

a) 删除了IEC 60455-2：1998的前言内容，同时将其引言的有关内容列在本部分的前言；

b) 本部分将"规范性引用文件"中的部分国际标准（ISO、IEC）改为采用其等同或等效转化的国家标准；

c) 删除了IEC 60455-2：1998的"定义"一章的内容，因其已列入GB/T 2900.5—2002《电工术语绝缘固体、液体和气体》，在本部分不再重复；

d) 删除了"填料含量"、"不饱和聚酯和丙烯酸酯树脂的双键数"、"酸酐硬化剂的酸及酸酐含量"、"胺基值"、"线性热膨胀"、"热导率"、"热冲击"、"水蒸汽透过率"，因这些章条无具体要求；

e) 增加了4.6"固化中挥发分含量"、4.16"厚层固化能力"、4.17"复合物对漆包线的作用"条。

本部分代替GB/T 15023—1994《电气绝缘用无溶剂可聚合树脂复合物　试验方法》。

本部分与GB/T 15023—1994相比较变化如下：

a) 将第1章"主题内容与适用范围"的标题修改为本部分的"范围"，其内容根据IEC 60455-2：1998作相应修改；

b) 将第2章"引用标准"的标题修改为本部分的"规范性引用文件"，增加导语，增加或修改其引用文件；

c) 将第3章"试验一般说明"调整为本部分的第4章，删除"试验报告"条款，并对保留条款根据IEC 60455-2：1998作了相应修改；

d) 将第1篇"供货状态复合物的试验"的标题修改为本部分的第4章"活性复合物和其组分的试验方法"，删除了"外观"、"针入度与时间的关系"、"表面干燥时间"、"薄层固化性"、"复合物对铜的作用"、"浸渍树脂的浸渍量"章条；增加了4.1"闪点"、4.5"软化温度"、4.10"水分含量"、4.13"适用期"；

e) 将第2篇"固化后复合物的试验"的标题修改为本部分的第5章"固化后活性复合物的试验方法"，删除了"耐绝缘液体性"、"耐溶剂蒸汽性"、"耐放电性"、"热失重"章条；增加了5.3.2"压缩性能"、5.4.2.1"玻璃化转变温度"。

本部分由中国电器工业协会提出。

本部分由全国绝缘材料标准化技术委员会（SAC/TC 51）归口。

本部分起草单位：桂林电器科学研究所。

本部分主要起草人：罗传勇。

本部分所代替标准的历次版本发布情况为：GB/T 2643—1981，GB/T 15023—1994。

电气绝缘用树脂基活性复合物
第2部分:试验方法

1 范围

　　GB/T 15022 的本部分规定了电气绝缘用树脂基活性复合物及其组分以及固化复合物的试验方法。

2 规范性引用文件

　　下列文件中的条款通过 GB/T 15022 的本部分的引用而成为本部分的条款。凡是注日期的引用文件,其随后所有的修改单(不包括勘误的内容)或修订版均不适用于本部分,然而,鼓励根据本部分达成协议的各方研究是否可使用这些文件的最新版本。凡是不注日期的引用文件,其最新版本适用于本部分。

　　GB/T 528—1998　硫化橡胶或热塑性橡胶拉伸应力应变性能的测定(eqv ISO 37:1994)

　　GB/T 1034—1998　塑料　吸水性试验方法(eqv ISO 62:1980)

　　GB/T 1408.1—2006　绝缘材料电气强度试验方法　第1部分:工频下试验(IEC 60243-1:1998, IDT)

　　GB/T 1409—2006　测量电气绝缘材料在工频、音频、高频(包括米波波长)下相对介电常数和介质损耗因数的推荐试验方法(IEC 60250:1969,MOD)

　　GB/T 1410—2006　固体绝缘材料体积电阻率和表面电阻率试验方法(IEC 60093:1980,IDT)

　　GB/T 1633—2000　热塑性塑料维卡软化温度(VST)的测定(idt ISO 306:1994)

　　GB/T 1634.1—2004　塑料　负荷变形温度的测定　第1部分:通用试验方法(ISO 75-1:2003, IDT)

　　GB/T 1634.2—2004　塑料　负荷变形温度的测定　第2部分:塑料、硬橡胶和长纤维增强复合材料(ISO 75-2:2003,IDT)

　　GB/T 1634.3—2004　塑料　负荷变形温度的测定　第3部分:高强度热固性层压材料(ISO 75-3:2003,IDT)

　　GB/T 1981.2—2003　电气绝缘用漆　第2部分:试验方法(IEC 60464-2:2001,IDT)

　　GB/T 2423.16—1999　电工电子产品环境试验　第2部分:试验方法　试验J和导则:长霉(idt IEC 60068-2-10:1988)

　　GB/T 4074.4—1999　绕组线试验方法　第4部分:化学性能(idt IEC 60851-4:1996)

　　GB/T 4207—2003　固体绝缘材料在潮湿条件下相比电痕化指数和耐电痕化指数的测定方法(IEC 60112:1979,IDT)

　　GB/T 4613—1984　环氧树脂和缩水甘油酯无机氯的测定(eqv ISO 4573:1978)

　　GB/T 6753.4—1998　色漆和清漆　用流出杯测定流出时间(eqv ISO 2431:1993)

　　GB/T 6753.5—1986　涂料及有关产品闪点测定法　闭口杯平衡法(eqv ISO 1523:1983)

　　GB/T 7193.4—1987　不饱和聚酯树脂　80℃下反应活性的测定方法(eqv ISO 584:1982)

　　GB/T 9341—2000　塑料弯曲性能的测定(idt ISO 178:1993)

　　GB/T 10582—1989　测定因绝缘材料引起的电解腐蚀的试验方法(eqv IEC 60426:1973)

　　GB/T 11020—2005　固体非金属材料暴露在火焰源时的燃烧性试验方法清单(IEC 60707:1999,

IDT)

GB/T 11026.1—2003　电气绝缘材料　耐热性　第 1 部分:老化程序和试验结果的评定(IEC 60216-1:2001,IDT)

GB/T 11026.2—2000　确定电气绝缘材料耐热性的导则　第 2 部分:试验判断标准的选择(idt IEC 60216-2:1990)

GB/T 11026.3—2006　电气绝缘材料　耐热性　第 3 部分:计算耐热性特征参数的规程(IEC 60216-3:2002,IDT)

GB/T 11026.4—1999　确定电气绝缘材料耐热性的导则　第 4 部分:老化烘箱　单室烘箱(idt IEC 60216-4-1:1990)

GB/T 11028—1999　测定浸渍剂对漆包线基材粘结强度的试验方法(eqv IEC 61033:1991)

GB/T 15022(第 3 部分的所有部分)　电气绝缘用树脂基活性复合物　单项材料规范

GB/T 11547—1989　塑料耐液体化学药品(包括水)性能测定方法(eqv ISO 176:1981)

GB/T 12007.5—1989　环氧树脂密度测定方法　比重瓶法(eqv ISO 1675:1985)

GB/T 12007.3—1989　环氧树脂总氯含量的测定方法(eqv ISO 4615:1979)

IEC 60216-5:2003　电气绝缘材料　耐热性　第 5 部分:耐热性特征参数实际应用的指导

IEC 60814:1997　绝缘液体　油浸纸和油浸纸用卡尔·费休尔自动电量滴定法测定水份

IEC 61006:2004　电气绝缘材料　测定玻璃化转变温度的试验方法

IEC 61099:1992　电气用未使用过的合成有机酯规范

IEC 60296:2003　变压器和开关用的未使用过的矿物绝缘油

ISO 179-1:2000　塑料　简支梁冲击强度的测定　第 1 部分:无损冲击试验

ISO 527-1:1993　塑料　拉伸性能测定　第 1 部分:总则

ISO 527-2:1993　塑料　拉伸性能测定　第 2 部分:模塑料和挤塑料的试验条件

ISO 604:1993　塑料　压缩性能的测定

ISO 868:1985　塑料和橡胶　用硬度计测定压痕硬度(shoe 硬度)

ISO 1183:1987　塑料　非泡沫塑料密度和相对密度的试验方法

ISO 1513:1992　色漆和清漆　试验样品的检验和制备

ISO 2039-1:1993　塑料　硬度的测定　第 1 部分:球压痕法

ISO 2114:1996　不饱和聚酯树脂　部分酸值和总酸值的测定

ISO 2535:1997　塑料　不饱和聚酯树脂　25℃下凝胶时间的测定

ISO 2554:1997　塑料　不饱和聚酯树脂　羟基值测定

ISO 2555:1989　塑料　液态、乳化态或分散态树脂　用 Brookfield 计试验方法测定表观粘度

ISO 2592:1973　石油产品　闪点和燃点的测定　Cleveland 开口杯法

ISO 3001:1997　塑料　环氧化合物　环氧当量的测定

ISO 3219:1993　塑料　液态、乳化态或分散聚合物/树脂　用规定剪切速率的旋转粘度计测定粘度

ISO 3451-1:1997　塑料　灰分的测定　第 1 部分:通用方法

ISO 3521:1997　塑料　不饱和聚酯和环氧树脂　总体积收缩率的测定

ISO 3679:1983　涂料、漆、石油和相关产品　闪点的测定　快速平衡法

ISO 4583:1998　塑料　环氧树脂和有关材料　易皂化氯的测定

ISO 4625:1980　涂料和漆的基料　软化点的测定　环球法

ISO 9396:1997　塑料　酚醛树脂　用自动仪测定给定湿度下的凝胶时间

ISO 15528:2000　色漆、清漆和相应的原料　取样

3 试验方法的一般说明

除非在相应的产品标准或试验方法中另有规定,所有的试验均应在温度21℃～29℃、相对湿度为45%～70%的大气环境条件下进行。测定前,样品或试样应在上述大气环境条件中进行预处理,直到足以使样品或试样与大气达到平衡状态。有关液态或糊状物的取样,可参照ISO 15528:2000。有关上述试样的制备按ISO 1513:1992的规定。

> 注:有关标准大气术语定义见ISO 558。上述规定的试验大气条件,并不符合像ISO 291中所规定的两个标准大气条件中的任何一个,但是覆盖了包括其公差在内的两个范围。

通常,有关试验方法的所有要求都在说明中规定,而简图仅用来说明进行试验的大概布局。在本部分与产品规范不一致的情况下,应优先按产品规范规定。

当其他标准被引用在某一试验方法时,应报告涉及的标准。

4 活性复合物和其组分的试验方法

固化之前的材料有树脂(1),其他活性或非活性组分(2)(例如硬化剂、催化剂、稳定剂、填料),以及待用的活性复合物(3)。

4.1 闪点(适用于1,2和3)

对于闪点等于或高于79℃的试样,应采用ISO 2592:1973中规定的方法。对于闪点低于79℃的试样,应采用GB/T 6753.5—1986中规定的方法,采用该标准附录A中规定的任何一种闭口杯装置来测定。GB/T 6753.5—1986应结合ISO 3679:1983使用。

分别对两个试样进行测定,报告两次闪点的测定结果及所采用的标准。

4.2 密度(适用于1,2和3)

采用GB/T 12007.5—1989中规定的方法测定,并报告两次密度的测定结果。

4.3 粘度(适用于1,2和3)

在(23±0.5)℃下采用合适的装置测定。如果采用旋转粘度计,应按照ISO 2555:1989(Brookfield)或ISO 3219:1993(在规定剪切速率下测量)进行。如果采用流出杯法,其试验方法和试验用流出杯应符合GB/T 6753.4—1998的要求。

进行两次测定,报告两次粘度的测定结果以及所采用的标准。

4.4 贮存期(适用于1,2和3)

贮存期应通过在某一温度条件下,经过一定的贮存时间后,测定某一规定特性的变化来确定。经验表明,4.3中的粘度和4.14中的凝胶时间是合适的特性参数。为确定贮存期,应分别按照4.3和/或4.14的要求,按照供需双方商定的温度和终点,测定粘度和/或凝胶时间。分别对试验前试样及在供需双方商定的某温度下经贮存一段时间后的试样进行测定。报告两次测定结果以及所采用的标准。结果应包括贮存前和贮存后试样的粘度和/或凝胶时间,以及贮存时间、贮存温度和试验时温度。

4.5 软化温度(适用于1和2)

应采用GB/T 1633—2000或ISO 4625:1980中规定的方法。进行两次测定,报告两次测定值以及所采用的标准。

4.6 固化中挥发分含量

采用底面积为45 mm×45 mm、高20 mm、厚度约0.1 mm的铝皿。在铝皿中加入10 g试样,水平放置于烘箱中烘焙,烘焙温度和时间由产品规范规定。

用精度值为0.1 mg的分析天平分别称量试样烘焙前后的质量,按下式计算固化中挥发分含量:

固化中挥发分含量($X(\%)$),按下式计算:

$$X = \frac{m - m_1}{m} \times 100$$

式中：

m——烘焙前试样的质量，单位为克(g)；

m_1——烘焙后试样的质量，单位为克(g)。

试验结果以三次试验的算术平均值表示。

以三次试验结果的平均值作为固化中挥发分含量。

4.7 灰分含量（适用于 1 和 2）

采用 ISO 3451-1:1997 中规定的方法 A。进行两次测定，报告两次测定值。

4.8 氯含量

4.8.1 不饱和聚酯和环氧树脂的总氯含量（适用于 1 和 2）

采用 GB/T 12007.3—1989 中规定的方法。进行两次测定，报告两次测定值。

4.8.2 环氧树脂和缩水甘油酯中有机氯含量（适用于 1）

采用 GB/T 4613—1984 中规定的方法。进行两次测定，报告两次测定值。

4.8.3 环氧树脂及相关材料易皂化氯含量（适用于 1）

采用 ISO 4583:1998 中规定的方法。进行两次测定，报告两次测定值。

4.9 环氧树脂的环氧当量（适用于 1）

采用 ISO 3001:1997 中规定的方法。进行两次测定，报告两次测定值。

4.10 水分含量（卡尔·费休法）（适用于 1 和 2）

用 IEC 60814:1997 中规定的方法。进行两次测定，报告两次测定值。

4.11 羟基值

4.11.1 聚酯树脂

采用 ISO 2554:1997 中规定的方法。进行两次测定，报告两次测定值。

4.12 聚酯树脂的酸值（适用于 1）

采用 ISO 2114:1996 中规定的方法。进行两次测定，报告两次测定值。

4.13 适用期（适用于 3）

适用期应在组分混合后，通过测定某一规定特性的变化来确定。为确定适用期，应分别按照 4.3 和/或 4.14 的规定，在供需双方商定的温度和终点下，测定粘度和凝胶时间。分别对刚配制的试样和配制后在供需双方商定的温度下，贮存一段时间后的试样进行测定。报告适用期的两次测定结果以及所采用的标准。报告应包括贮存前或贮存后试样的粘度和/或凝胶时间、贮存温度和试验时温度。

4.14 凝胶时间

4.14.1 不饱和聚酯复合物（适用于 3）

凝胶时间是活性复合物达到凝胶状态的时间间隔。应采用 ISO 2535:1997 中规定的方法，试验温度由供需双方商定。进行两次测定，报告两次测定值和试验温度。

4.14.2 酚醛树脂复合物（适用于 3）

采用 ISO 9396:1997 中规定的方法。进行两次测定，报告两次测定值。

4.15 放热温升

4.15.1 不饱和聚酯树脂复合物（适用于 3）

采用 GB/T 7193.4—1987 中规定的方法。进行两次测定，报告两次测定结果。

4.16 厚层固化能力

按 GB/T 1981.2—2003 进行试验。

4.17 复合物对漆包线的作用

复合物对漆包线的作用是以符合 GB/T 4074.4—1994 中平直的漆包线经浸渍后以漆包线漆膜的铅笔硬度来表示。

试验三根平直的漆包线，报告铅笔硬度的三次测定结果。

4.18 环氧和不饱和聚酯树脂基复合物的总体积收缩率(适用于3)

应采用ISO 3521:1997中规定的方法。进行两次测定,报告两次测定结果。报告应包括测试温度,在试验温度下复合物的密度,以及固化后复合物试样的密度。

5 固化后活性复合物的试验方法

固化后的复合物具有自支撑能力,容许制备刚性和柔性试样。

5.1 试样

术语"试样"是表示满足试验方法所要求形状的固化后的材料固体件。

5.1.1 活性复合物的制备

活性复合物为符合供应商规定的组分比例的均匀混合物,按照供应商的配制说明书,对组分和复合物进行干燥、脱氯和加热以及其他处理。当复合物中含有填料时,还要考虑到可能沉降。

5.1.2 试样的制备

试样按相关产品规范中特定试验方法所规定的条件下,或根据供需双方的商定条件制备,这些条件包括浇铸过程的温度及真空度,固化温度和时间或温度——时间程序、脱模、退火和冷却条件等。

按照供方要求在室温下固化的活性复合物,通常在室温下达到最终固化状态需数天或数周。为要达到规定的固化程度;复合物应在室温下固化24 h,然后再在80℃下保持24 h,或者按照供需双方的商定。

试样按照试验方法的要求浇铸成合适的形状和尺寸,或者由浇铸板材加工而成。它们应无孔隙、气泡、裂痕和擦伤。在机加工中,加工表面应冷却以避免过热,例如用水冷却。

注:采用脱模剂及由镀铬或其他合适材料制成的模具,固化复合物容易脱模。

5.1.3 试样类型和数量

特定试验方法所要求的试样类型和数量在GB/T 15022相关产品规范中规定,或由供需双方商定。

5.2 密度

采用ISO 1183:1987规定的方法A或方法B测定。测定两次,报告试样制备方法和尺寸,采用的试验方法和两次测定结果。

5.3 机械性能

5.3.1 拉伸性能

5.3.1.1 刚性材料

采用ISO 527:1993规定的方法,试验速度应能在(60±15)s以内使试样断裂。试样类型按照ISO 527:1993规定选择。测试五个试样,报告试样制备方法、试样尺寸及类型、试验速度及五个试样的拉伸试验结果。如果可能,还报告拉伸屈服应力、最大负荷和断裂拉伸应力,屈服和断裂伸长率以及弹性模量。

5.3.1.2 柔软材料

对于亚铃型试样采用GB/T 528—1998规定的方法。测定五个试样。报告试样制备方法以及哑铃类型,五个拉伸试验值。报告还包括拉伸强度、断裂伸长率以及弹性模量。

5.3.2 压缩性能

采用ISO 604:1993规定的方法。测定五个试样。报告试样制备方法、试样尺寸、变形速率以及压缩性能五个测定值。如果可能,还报告最大负荷压缩强度、压缩屈服应力、百分压缩破裂应变值。

5.3.3 弯曲性能

采用GB/T 9341—2000规定的方法。压头和支架的相对移动速率,应能使试样在(60±15)s内断裂或达到最大的弯曲负荷。测定五个试样。报告试样制备方法、试样尺寸、压头相对移动速率以及五个试样的弯曲性能测定值。如果可能,还报告断裂或最大负荷下的弯曲应力及相应的挠度、弹性模量。

5.3.4 冲击强度

5.3.4.1 无缺口试样

采用 ISO 179-1:2000 规定的方法。测定十个试样。报告试样制备方法、试样尺寸和类型以及十个试样的冲击强度结果值。

5.3.4.2 缺口试样

采用 ISO 179-1:2000 缺口试样的测定方法。测定十个样。报告试样制备方法、试样尺寸和类型以及十个试样冲击强度测定值。

5.3.5 硬度

5.3.5.1 刚性材料

采用 ISO 2039-1:1993 规定的方法(球压痕法)。或按照 ISO 868:1985 规定的方法(肖氏 D 硬度)。对一个或更多个试样进行五次测定。报告试样制备方法、试样尺寸、试验负荷以及五个硬度测定值。

5.3.5.2 柔软材料

采用 ISO 868:1985 规定的方法(优先选用肖氏 A 硬度)。对一个或更多个试样进行五次测定。报告试样制备方法、试样尺寸、硬度计类型(A 或 D 型),以及五个压痕硬度的测定值。

5.4 热性能

5.4.1 高温下的粘结强度

采用 GB/T 11028—1999 规定的扭绞线圈试验(A 法)或螺旋线圈试验(B 法)。试验温度应符合 GB/T 15022 的产品规范的要求,或根据供需双方商定。测定五个试样。报告采用的方法、用作绕制试样基材的漆包线类型,以及五次测定值。

5.4.2 玻璃化转变

5.4.2.1 玻璃化转变温度

采用 IEC 61006:2004 所规定的方法之一。测量两次。报告试样制备方法,如果需要还包括试样尺寸、采用的方法(A1:DSC 或 DTA,B1:TMA,膨胀方式,或 B2:TMA,针入度方式)以及两次测定值。

5.4.2.2 负荷变形温度

采用 GB/T 1634—2004 规定的方法 A 或方法 B。测定两个试样。报告试样制备方法、试样尺寸、采用的方法以及两次测定值。

注:负荷变形温度与玻璃化转变温度是类似的一种特性,但是 GB/T 1634 规定的方法,所测定的温度不能低于 40℃。因此,建议优先采用 5.4.2.1 中的方法。

5.4.3 可燃性

采用 GB/T 11020—2005 规定的 FH 和 FV 法。每种方法均测定五个试样。FH 法仅在按照 FV 法测得的结果差于 FV2 级时才采用。报告试样制备方法、试样尺寸以及按 FV 法测得的可燃性结果,如果需要,还报告 FH 法测得的可燃性结果。

5.4.4 温度指数

注:温度指数取决于试验判断标准和试验终点的选择。因此对同一和相同的材料,温度指数的测定结果可能相差 80 K 或更大。

5.4.4.1 程序

采用 GB/T 11026 规定的方法。试验及终点判断标准应符合 GB/T 15022 相应产品规范的规定,或按照供需双方商定。应采用两个试验标准。对每一个试验标准至少应选定三个暴露温度点。两个相邻的暴露温度点的差值应不大于 20 K。如果试验结果的相关系数小于 0.95,应对另一组试样在不同于原来所选的暴露温度点下进行试验。

注:ISO 2578 中的方法是基于 GB/T 11026 的原理。ISO 2578 删除了对设计和运行温度指数试验以及结果计算不必要的内容,是实验室简要修订本。

5.4.4.2 结果

对于每个试验判断标准,报告试样制备方法、类型和尺寸,每个试验的试样数量、暴露温度。对每个试验组的试验结果,应包括试样终点时间,即对每个暴露温度到达终点的时间,表示特性值与终点时间对数值的函数曲线图,在耐热图纸上绘制的热耐久图(第一阶回归曲线)、温度指数和相关系数。

5.5 化学性能

5.5.1 吸水性

采用 GB/T 1034—1998 规定的方法 1(23℃)和方法 3(沸水中)进行测定。每种方法测定三个试样。报告试样制备方法和尺寸以及采用方法 1 和方法 3 对三个试样的吸水性测定值。保留一个未经处理的试样作为参照样。

5.5.2 液体化学品的影响

采用 GB/T 11547—1989 规定的方法。除非另有规定,试验液体的温度为(23±2)℃,浸泡时间为(168±1)h(7 d)。每种试验液体试验三个试样。报告试样制备方法和尺寸、试验液体种类和每种试验液体的三个试验结果。并对每种试验液体报告每个试样外观尺寸和质量的变化。保留一个未经处理的试样作为参照样。

5.5.3 耐霉菌生长

采用 GB/T 2423.16—1999 规定的方法。采用下列 5.6.1.2 规定的试样进行试验。报告三个试样的耐霉菌生长的试验的结果。保留一个未经试验的样品作为参照样。

5.6 电气性能

5.6.1 浸水对体积电阻率的影响

采用 GB/T 1410—2006 规定的方法。如果被测定材料不适宜采用 GB/T 1410—2006,那么可采用下面的试验方法。

5.6.1.1 设备

采用下列设备:

——任何市场上可购得的 10^{12} 欧姆表,其精度为±10%;

——用作电极的金属圆柱体(上电极),其直径至少为 60 mm,其质量可使在试样上产生大约 0.015 MPa 的压力。

——两个导电橡胶圆片,直径与上电极相同,厚 3 mm~5 mm,最大电阻值为 1 000 Ω,肖氏 A 硬度值 65~85;

——直径与上电极相同的金属圆柱体,高度约 70 mm(下电极)。

5.6.1.2 试样

试样为圆片或方块,直径或边长尺寸至少比上电极直径大 10 mm。厚度不超过 3 mm,上下平面相互平行。制备三个试样。

注:试样可以在两块金属板之间通过浇铸制成,用一个漆包线绕制件作为定位垫圈。

5.6.1.3 程序

试样用橡胶圆片作为隔离层放在两个金属圆柱体电极之间组成试验装置,完整的试验配置见图1。在电极上施加一直流试验电压,使电极间产生的电场强度不大于 1 000 V/mm。分别对浸去离子水之前和之后的试样进行测定。除非另有规定,去离子水的温度保持在(23±2)℃,浸入时间为(168±1)h(7 d)。

试样浸水处理完成后,从水中取出,放在两片滤纸间吸干表面多余的水分,立即组成试验装置,并在 15 min 内完成电阻测量,在仪器充电后(60±5)s 内进行读数。

当上电极直径是 60 mm 时,电阻率应按下式计算:

$$\rho = (2.83 \times R)/d$$

式中:

ρ——电阻率;单位为欧姆米(Ωm);

d——试样厚度,单位为毫米(mm);

R——测得的电阻,单位为欧姆(Ω)。

当上电极直径 D 不是 60 mm 时,可用下式代替系数 2.83:

$2.83D^2/3\,600$,D 单位用毫米。

5.6.1.4 结果

测定三个试样,报告试样制备方法和试样尺寸、电极尺寸、试验电压、试样浸水前、浸水后的三个电阻率测定值,以及采用的标准。结果还应包括体积电阻和体积电阻率。

5.6.2 介质损耗因数(tan δ)和相对介电常数(ε_r)

采用 GB/T 1409—2006 规定的方法。如果被测材料不适宜采用 GB/T 1409—2006,可采用下面的试验方法。

5.6.2.1 设备

任何市场上购得的合适阻抗表均可采用,要求可精确测量介质损耗因数(tan δ)和相对介电常数(ε_r)。

5.6.2.2 试样

采用符合 5.6.1.2 规定的试样。

5.6.2.3 程序

上电极直径至少为 40 mm,可采用或不采用屏蔽电极。下电极直径至少大于上电极直径 20 mm,使用时应与上电极保持同轴心。

电极涂刷上一层导电的分散物质,如石墨、或银。或采用一层厚度不大于 0.005 mm 的金属箔,用油将它粘附在电极上,或采用任何其他等效的合适方法。

除非另有规定,试验在(23±2)℃下进行,采用频率 1 kHz 的正弦试验电压,按试验设备的说明书连接试样。

5.6.2.4 结果

测定两个试样,报告试样制备方法、试验尺寸、试验温度、采用的电极、试验电压及其频率,两次试验结果以及采用的标准。报告应包括介质损耗因数和相对介电常数。

5.6.3 击穿电压和电气强度

击穿电压按 GB/T 1408.1—2006 规定测定,具体升压方式根据单项材料规范确定。如果被试材料不适宜采用 GB/T 1408.1—2006,可按下列条款对其中的第 5 章和第 7 章进行修正。

5.6.3.1 电极

配置球——平板电极。对于刚性材料,高压电极由抛光的、半径为(3±0.000 5)mm 的钢球构成,对于柔性材料,钢球半径为(10±0.000 5)mm,抛光后的钢球表面优于 0.001 mm 的粗糙度,例如对于滚珠轴承(3 级)中用的钢球,证明可满足试验要求。接地电极为直径(75±1)mm 的平板,其边缘倒角半径(3±0.1)mm。用于柔性材料测定的完整试验装置见图 2。对于刚性材料,上电极和试样配置如图 3 所示。

注 1:与平板——平板电极配置比较,球——平板电极配置能产生一个稍微增强的电场,场强提高程度取决于球形电极的半径和试样的厚度。

例:对于电极半径为 10 mm,试样厚度为 0.1 mm 的试验配置,与平板——平板型电极配置相比,场强大约提高 10%。

注 2:如果把试验装置和液体放在具有足够尺寸的圆柱体玻璃容器中,接地电极处于容器的底部,这样的装置,使得在施加电压后,能够用肉眼观察整个试验过程。另外,还允许通过底部电极接地,让流体流过底部电极,并通过容器上端流出,见图 2。如果需要升高试验温度,这种装置允许液体进行加热。

5.6.3.2 试样

试样承受击穿试验部分的厚度应不超过 1 mm。对一个试样组,任何两个试样的厚度变化不应大于 10%。

注：通常对具有玻璃化转变温度高于80℃的固化复合物，其电气强度为50 kV/mm，甚至更高，如热固性脂环族环氧基复合物。若试样厚度超过1 mm，采用GB/T 1981.2—2003规定的25/75 mm电极组合，可能要求试验电压在220 kV以上。这样将可能导致闪络或部分闪络，不可避免会出现在电极范围以外发生击穿的现象。

5.6.3.2.1 刚性材料

试样应浇铸成一根圆柱型棒，直径约30 mm，而长度(mm)是估计的击穿电压(kV)数值的两倍。棒的中央有一根导线，其一端与一个钢球相连接，除了另一端伸出外，其余部分应完全埋封在浇铸树脂中。

将试样从模具中取出后，在与钢球靠近的试样一端，应打磨成规定的厚度，然后抛光，再涂上导电层，如石墨或银分散层，以此作为接地电极。打磨时，厚度应通过厚度校准过的渗透仪型装置来控制。试样配置实例见图3。这种配置也可放在如图2所示的玻璃容器中。

注：浇铸时可采用一根玻璃管作为模具，其中放置一根导线和一球形电极，并通过合适方法让它们处在管子的中心部位。如可采用直径为3 mm的可焊金属线作导线，一端焊上球形电极。

试验完后，取下试样，采用千分尺在击穿处测量抛光面与球形电极间的距离，测定值则作为试样厚度。

5.6.3.2.2 柔性材料

采用符合5.6.1.2规定的试样。

5.6.3.3 程序

试验电压的上升速度应不大于500 V/s。除非另有规定，试验温度应为(23±2)℃。将试样和试验电极放在电介质液体中进行测定，介质循环流动并维持在规定的温度。除非另有规定，符合IEC 60296：2003规定的未使用过的矿物绝缘油或符合IEC 61099：1992规定的未使用过的合成有机酯均可采用。

5.6.3.4 结果

测定五个试样。报告试样制备方法和类型、试样尺寸、试验温度、球电极半径，采用的电介质液体的类型以及五个测定结果和使用的标准。结果应包括试样在击穿处的厚度，击穿电压和电气强度。

5.6.4 耐电痕化指数(PTI)

采用GB/T 4207—2003规定的方法。试验三个试样，选择的耐电压值应符合相关产品规范的规定，或根据供需双方商定。报告试样制备方法、尺寸及PTI测定值。结果还包括采用的耐电压值和测得的液滴数。

5.6.5 电解腐蚀

按照GB/T 10582—1989规定的方法，用肉眼观察三个试样试验，报告三个电解腐蚀的观察结果。

单位为毫米

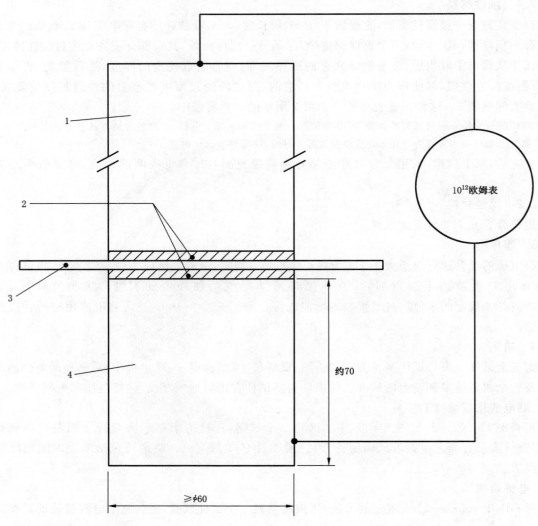

1——上部圆柱体电极；
2——导电橡胶层；
3——试样；
4——下部圆柱体电极。

图 1 测定体积电阻率的试验装置

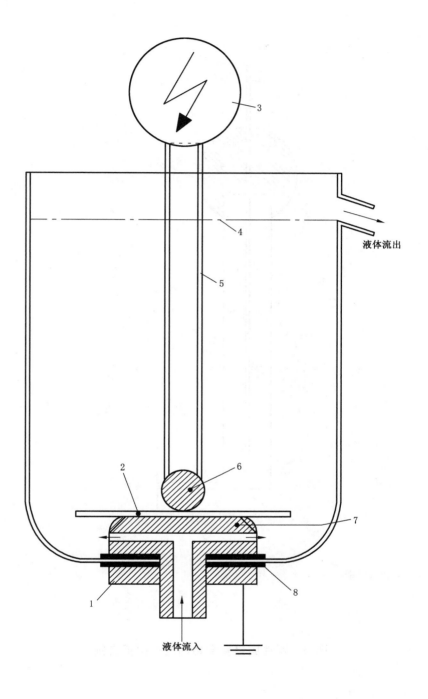

1——螺帽；

2——试样；

3——用于高压连接的球头；

4——液体平面；

5——金属管；

6——球电极；

7——平板电极；

8——密封垫片。

图 2　柔性固化复合物的电极配置实例

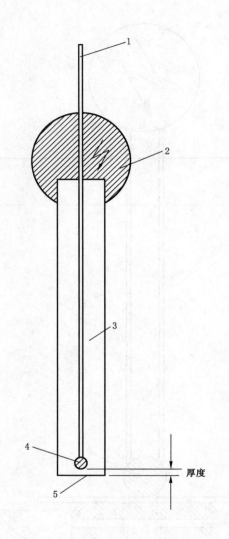

1——铅线；

2——用于高压连接的球形帽；

3——固化后复合物；

4——球电极；

5——导电涂层。

图 3   刚性固化复合物的电极配置实例

参 考 文 献

[1] ISO 291:1977 塑料 状态调节和试验用标准大气
[2] ISO 558:1980 调节和试验 标准大气 定义
[3] ISO 2578:1993 塑料 长期热暴露作用后时间和温度极限的测定

ICS 29.035.99
K 15

中华人民共和国国家标准

GB/T 15022.3—2011/IEC 60455-3-1:2003

电气绝缘用树脂基活性复合物
第3部分：无填料环氧树脂复合物

Resin based reactive compounds used for electrical insulation—
Part 3：Unfilled epoxy resinous compounds

（IEC 60455-3-1:2003，Resin based reactive compounds used for electrical
insulation—Part 3：Specifications for individual materials—
Sheet 1：Unfilled epoxy resinous compounds，IDT）

2011-12-30 发布   2012-05-01 实施

中华人民共和国国家质量监督检验检疫总局
中国国家标准化管理委员会   发 布

前　言

GB/T 15022《电气绝缘用树脂基活性复合物》由下列几个部分组成：
——第 1 部分：定义及一般要求；
——第 2 部分：试验方法；
——第 3 部分：无填料的环氧树脂复合物；
——第 4 部分：不饱和聚酯浸渍树脂；
——第 5 部分：石英填料的环氧树脂复合物；
……

本部分为 GB/T 15022 的第 3 部分。

本部分按照 GB/T 1.1—2009 给出的规则起草。

本部分采用翻译法等同采用 IEC 60455-3-1:2003《电气绝缘用树脂基活性复合物　第 3 部分：单项材料规范　第 1 篇：无填料环氧树脂复合物》。

与本部分中规范性引用的国际文件有一致性对应关系的我国文件如下：
——GB/T 15022.2—2007　电气绝缘用树脂基反应复合物　第 2 部分：试验方法（IEC 60455-2:
　　1998，MOD）。

请注意本文件的某些内容可能涉及专利。本文件的发布机构不承担识别这些专利的责任。

本部分由中国电器工业协会提出。

本部分由全国绝缘材料标准化技术委员会（SAC/TC 51）归口。

本部分起草单位：浙江荣泰科技企业有限公司、四川东材科技集团股份有限公司、苏州巨峰绝缘系统股份有限公司、广州市宝力达电气材料有限公司、西安西电电工材料有限责任公司、上海同立电工材料有限公司、桂林电子科技大学、桂林电器科学研究院。

本部分主要起草人：戴培邦、阎雪梅、于龙英、张志浩、唐安斌、夏宇、金正东、杜超云、卜一民。

电气绝缘用树脂基活性复合物
第3部分：无填料环氧树脂复合物

1 范围

GB/T 15022 的本部分规定了 EP-U-1 至 EP-U-7 型的无填料的环氧树脂复合物固化后的要求。

本部分适用于 EP-U-1 至 EP-U-7 型的无填料的环氧树脂复合物。

2 规范性引用文件

下列文件对于本文件的应用是必不可少的。凡是注日期的引用文件，仅注日期的版本适用于本文件。凡是不注日期的引用文件，其最新版本（包括所有的修改单）适用于本文件。

ISO 11359-2:1999 塑料 热力学分析（TMA） 第2部分：线性热膨胀系数和玻璃化转变温度的测定（Plastics—Thermomechanical analysis（TMA）—Part 2：Determination of coefficient of linear thermal expansion and glass transition temperature）

IEC 60455-2:1998 电气绝缘用树脂基反应复合物 第2部分：试验方法（Resin based reactive compounds used for electrical insulation—Part 2：Methods of test）

3 要求

对固化后无填料的环氧树脂复合物的要求见表2。如果没有其他规定，要求在（23±2）℃下测试。

4 特殊要求

无填料环氧树脂复合物固化前的要求见表1。

表1 无填料环氧树脂复合物固化前的要求

性　能	IEC 60455-2:1998 试验方法的章条号
密度	5.2
黏度	5.3
环氧当量	5.9
贮存期	5.4
适用期	5.16
放热温升	5.18.2

表 2　无填料的环氧树脂复合物固化后的性能要求

性能		IEC 60455-2:1998 章、条号	单位	要求						
				EP-U-1	EP-U-2	EP-U-3	EP-U-4	EP-U-5	EP-U-6	EP-U-7
密度		5.2	g/cm³	1.1～1.3	1.15～1.25					
弯曲强度(三点法)		6.3.3	MPa	≥50	≥80	≥100	≥115	≥90	≥80	
拉伸强度[a]		6.3.1	MPa	50						30
冲击强度,无缺口		6.3.4.1	kJ/m²	≥7	≥8	≥12	≥15	≥12	≥10	
线性膨胀系数(23 ℃～55 ℃范围)		ISO 11359-2:1999	10⁻⁶/K	≤80	≤80	≤100	≤100	≤100	≤125	
玻璃化转变温度		6.4.4.1	℃	待定						待定
负荷变形温度		6.4.2.2	℃	≥160	≥135	≥120	≥100	≥75	≥45	
燃烧性		6.4.5	—	破坏长度不限制				破坏长度<95 mm		
吸水性		6.5.1(方法1)	%	≤0.3	≤0.3	≤0.3	≤0.5	≤0.5	≤0.5	
体积电阻率(非浸水)		6.6.1	Ω·m	≥1×10¹²						
介质损耗因数	23 ℃,48 Hz～62 Hz	6.6.2	—	≤0.01					≤0.02	
	23 ℃,1 MHz		—	待定						
	温度[b],48 Hz～62 Hz		—	≤0.10	≤0.25	≤0.25	≤0.20	≤0.20	≤0.15	
相对介电常数	23 ℃,48 Hz～62 Hz	6.6.2	—	≤5						待定
	温度[b],48 Hz～62 Hz		—	≤6						
电气强度[c]		6.6.3	kV/mm	≥15						
耐电痕化指数(PTI)		6.6.4		≥300						待定
温度指数(弯曲强度至起始值的50%[d])		6.4.7	—	≥140	≥130	≥120	≥100	≥90	≥80	
温度指数(失重率)		6.4.7	—	待定						

[a] 对 EP-U-1 至 EP-U-5 型,采用适合于刚性材料的方法;对 EP-U-6 和 EP-U-7 型,采用适合于弹性材料的方法。

[b] 测定损耗因数及介电常数的温度如下:EP-U-1:160 ℃;EP-U-2:135 ℃;EP-U-3:125 ℃;EP-U-4:100 ℃;EP-U-5:75 ℃;EP-U-6:45 ℃。

[c] 试样厚度为 3 mm,并具有足够大的面积,以防止闪络。

[d] 列出的温度指数值为最低值,因而有可能超过。不应把温度指数值看作代表材料的类别特征或负荷变形温度特征。

ICS 29.035.01
K 15

中华人民共和国国家标准

GB/T 15022.4—2009

电气绝缘用树脂基活性复合物
第4部分：不饱和聚酯为基的浸渍树脂

Resin based reactive compounds used for electrical insulation—
Part 4：Unsaturated polyester based impregnating resins

（IEC 60455-3-5：2006，Resin based reactive compounds used for
electrical insulation—Part 3：Specifications for individual materials—
Sheet 5：Unsaturated polyester based impregnating resins，MOD）

2009-06-10 发布　　　　　　　　　　　　　　　　2009-12-01 实施

中华人民共和国国家质量监督检验检疫总局
中国国家标准化管理委员会　发　布

前　言

GB/T 15022《电气绝缘用树脂基活性复合物》由下列部分组成：

——第 1 部分：定义及一般要求；

——第 2 部分：试验方法；

——第 3 部分：环氧树脂复合物；

——第 4 部分：不饱和聚酯为基的浸渍树脂；

……

本部分为 GB/T 15022 的第 4 部分。

本部分修改采用 IEC 60455-3-5：2006《电气绝缘用树脂基活性复合物　第 3 部分：单项材料规范　第 5 篇：不饱和聚酯浸渍树脂》（英文版）。

考虑到我国国情，在采用 IEC 60455-3-5：2006 时，本部分做了下列技术性修改：

a)　增加了规范性引用文件 GB/T 11026（所有部分）；

b)　将 IEC 60455-3-5：2006 表 2 中由供需双方商定的"胶化时间"性能改为本部分的要求；

c)　将 5.3 中"……结果应在其标称值的±10％以内。"改为"结果应不低于供需双方的商定值。"；

d)　第 5 章中增加了"电气强度（常态油中）"、"粘结强度（常态）"的要求。

为便于使用，本部分与 IEC 60455-3-5：2006 相比还做了下列编辑性修改：

a)　删除了 IEC 60455-3-5：2006 的前言、引言及参考文献；

b)　按 GB/T 1.1 修改 IEC 60455-3-5：2006 的第 1 章"范围"中的表述，并删除了有关用户如何选择材料的说明；

c)　"规范性引用文件"中的引用标准，凡是有与 IEC（或 ISO）标准对应的国家标准均用国家标准替代；

d)　删除了 IEC 60455-3-5：2006 的 5.1"闪点"中适用于国际标准的表述及 5.8"耐溶剂蒸气性"中适用于国际标准的条注。

本部分的附录 A 为规范性附录。

本部分由中国电器工业协会提出。

本部分由全国绝缘材料标准化技术委员会（SAC/TC 51）归口。

本部分负责起草单位：桂林电器科学研究所。

本部分参加起草单位：苏州巨峰绝缘材料有限公司、浙江荣泰科技企业有限公司、四川东材科技集团股份有限公司、吴江市太湖绝缘材料厂、广州市宝力达电气材料有限公司、西安西电电工材料有限责任公司、国家绝缘材料工程技术研究中心。

本部分主要起草人：马林泉、汝国兴、张志浩、赵平、张春琪、周树东、刘洪斌、杨远华。

本部分为首次制定。

电气绝缘用树脂基活性复合物
第4部分:不饱和聚酯为基的浸渍树脂

1 范围

GB/T 15022 的本部分规定了不饱和聚酯为基的浸渍树脂的通用要求。

本部分适用于不饱和聚酯为基的浸渍树脂。

2 规范性引用文件

下列文件中的条款通过 GB/T 15022 的本部分的引用而成为本部分的条款。凡是注日期的引用文件,其随后所有的修改单(不包括勘误的内容)或修订版均不适用于本部分,然而,鼓励根据本部分达成协议的各方研究是否可使用这些文件的最新版本。凡是不注日期的引用文件,其最新版本适用于本部分。

GB/T 1981.2—2009 电气绝缘用漆 第2部分:试验方法(IEC 60464-2:2001,MOD)

GB/T 6109.5—2008 漆包圆绕组线 第5部分:180级聚酯亚胺漆包铜圆线(IEC 60317-8:1997,IDT)

GB/T 6109.11—2008 漆包圆绕组线 第11部分:155级聚酰胺复合直焊聚氨酯漆包铜圆线(IEC 60317-21:2000,IDT)

GB/T 11026.1—2003 电气绝缘材料 耐热性 第1部分:老化程序和试验结果的评定(IEC 60216-1:2001,IDT)

GB/T 11026.2—2000 确定电气绝缘材料耐热性的导则 第2部分:试验判断标准的选择(IEC 60216-2:1990,IDT)

GB/T 11026.4—1999 确定电气绝缘材料耐热性的导则 第4部分:老化烘箱 单室烘箱(IEC 60216-4-1:1990,IDT)

GB/T 11028—1999 测定浸渍剂对漆包线基材粘结强度的试验方法(eqv IEC 61033:1991)

GB/T 15022.1—2009 电气绝缘用树脂基活性复合物 第1部分:定义及一般要求(IEC 60455-1:1998,IDT)

GB/T 15022.2—2007 电气绝缘用树脂基活性复合物 第2部分:试验方法(IEC 60455-2:1998,MOD)

IEC 60172:1987 测定漆包绕组线温度指数的试验方法

3 术语和定义

本部分采用 GB/T 15022.1—2009 确立的术语和定义:

3.1

具有低挥发性有机物的不饱和聚酯 unsaturated polyester with low emissions of volatile organic components

一种在聚合物链中具有碳—碳不饱和键的聚酯树脂,其随后可与或不必与共聚物单体发生交联,在固化过程中释放出的挥发性有机物(VOC)低于3%。

4 分类

本部分按表1对树脂进行分类。

5 要求

在一次交货中的所有材料除了应符合 GB/T 15022.1—2009 的要求外,还应符合本部分规定的要求。

本部分不包括列入表 2 的性能要求。若需附加规定这些性能要求,需经由供需双方商定。若无另行规定,所有试验均应按 GB/T 15022.2—2007 进行。

表 1 树脂分类

类 型	规定性能水平所对应的温度/℃
130	130
155	155
180	180
200	200
注:被规定的这些温度下的性能,在表 2 中用角注予以识别。	

表 2 有要求时,需经由供需双方商定的性能

固化前的活性复合物性能	固化后的活性复合物性能
软化温度	粘结强度[a]
灰分含量	热导率
填料含量	玻璃化转变温度
氯含量	吸水性
水分含量	液体化学品的影响
羟基值	耐霉菌生长
酸值	损耗因数和相对电容率[a]
双键数	击穿电压和电气强度[a]
适用期	耐电痕化指数(PTI)
放热温升	
收缩率	
[a] 在表 1 所示的高温条件下。	

5.1 闪点

按 GB/T 15022.2—2007 的 4.1 测定反应复合物的闪点,结果应不低于供需双方的商定值。

5.2 密度

按 GB/T 15022.2—2007 的 4.2 测定反应复合物的密度,结果应在其标称值的±2%以内。在订购合同中应说明该标称值。

5.3 黏度

按 GB/T 15022.2—2007 的 4.3 测定反应复合物的黏度,结果应不低于供需双方的商定值。

对具有低排放挥发性有机化合物(VOC)的不饱和聚酯,应在供需双方商定的产品的应用温度范围采用合适的装置进行测定,结果应不低于供需双方的商定值。

5.4 厚层固化及固化中的挥发分

应采用附录 A 中规定的方法。测定三次并报告三次测定值。结果应为:S1、U1、I4.2 均匀。

对具有低排放挥发性有机物(VOC)的不饱和聚酯,在固化过程中释放出的挥发性有机物(VOC)应低于 3%。

5.5 凝胶时间

按 GB/T 15022.2—2007 的 4.11.1 测定反应复合物的凝胶时间,试验温度由供需双方商定,结果

应在供需双方商定的范围内。

5.6 活性复合物对漆包线的影响

按 GB/T 1981.2—2009 测定活性复合物对漆包线的影响,选用 $\Phi(0.8\sim1.0)$ mm 的符合 GB/T 6109.5—2008 的 180 级漆包圆绕组线,结果应不低于铅笔硬度 H,浸渍时间和温度由供需双方商定。

5.7 温度指数

树脂的温度指数应按 GB/T 11026.1—2003、GB/T 11026.2—2000 和 GB/T 11026.4—1999 进行测定,并应根据由供需双方商定的下述三个试验判断标准:

粘结强度,按 GB/T 11028—1999 中的方法 B,终点判断标准为 22 N,以符合 GB/T 6109.5—2008 或 GB/T 6109.11—2008、等级不低于 180 级的漆包绕组线作底材;

耐电压,按 IEC 60172,以符合 GB/T 6109.5—2008 或 GB/T 6109.11—2008、等级不低于 180 级的漆包绕组线作底材;

击穿电压,按 GB/T 15022.2—2007 的 5.6.3,试样是以符合 GB/T 1981.2—2009 的玻璃织物作底材,终点判断标准为 3 kV;

试样按供需双方商定的固化温度和固化时间进行固化。

对所选取的任何试验判断标准,其温度指数应不低于表 3 所规定的值。

表 3 最小的温度指数

类　　　型	温度指数
130	130
155	155
180	180
200	200

本试验是一种定期的一致性检验,除非制造厂在该材料的组成或生产方法上发生显著变化,否则不需要重复进行本试验。

5.8 耐溶剂蒸气性

按 GB/T 1981.2—2009 测定固化后复合物的耐溶剂蒸气性,结果应是在附着、剥落、起泡、滴流方面无变化以及不发粘。试样按供需双方商定的固化温度和固化时间进行固化。

5.9 浸水对体积电阻率的影响

按 GB/T 15022.2—2007 的 5.6.1 测定固化后复合物的体积电阻率,其浸水前的体积电阻率应不低于 1.0×10^{10} Ωm,浸水后的体积电阻率应不低于 1.0×10^{7} Ωm。试样按供需双方商定的固化温度和固化时间进行固化。

5.10 电气强度(常态油中)

按 GB/T 15022.2—2007 的 5.6.3,采用 20 s 逐级升压方式测定固化后复合物的电气强度(常态油中),结果应不低于 15 kV/mm。试样按供需双方商定的固化温度和固化时间进行固化。

5.11 粘结强度(常态)

按 GB/T 11028—1999 中的方法 B 测定粘结强度,以符合 GB/T 6109.5—2008 或 GB/T 6109.11—2008、等级不低于 180 级的漆包绕组线作底材,结果应不低于 100 N。试样按供需双方商定的固化温度和固化时间进行固化。

附　录　A
（规范性附录）
厚层固化及固化中的挥发物

本试验用于对固化后浸渍树脂材料的考核。厚层固化通过固化后试样内部、上表面及下表面的状况来表示。测定固化过程中的挥发物也可通过本方法。

A.1　设备

采用下列设备：

——平直而光滑的方形铝箔，其厚度为 0.1 mm～0.15 mm，边长为(95±1)mm；

——一个由金属或任何其他合适的固体材料制成的模具，边长为(45±1)mm，高为(25±1)mm；

——具有强制空气循环的烘箱，换气速率至少为 8 次/h，烘箱应为专门用于固化或干燥试样的型号；

——精度为 0.01 g 的天平。

A.2　试样

充分清洁铝箔，用模具将其制成边长为 45 mm 的方形盒子，然后将其放在温度为(110±5)℃下干燥(10±1)min，冷却并保存于干燥器中。

取出方形盒子精确称重至 0.01 g(m_1)，并用方形盒子称取(10±0.1)g 的树脂样品，精确至 0.01 g(m^2)。

试样按供需双方商定的固化温度和固化时间进行固化，固化后将试样放入干燥器中冷却至室温，然后精确称重至 0.01 g(m^3)。紧接着将铝箔除去。

A.3　程序

A.3.1　样品等级
样品应根据其固化后上面、底面及内部的状况进行评价，用目视检查其外观和粘性，用下列表 A.1、表 A.2 和表 A.3 中的符号表示。

A.3.2　挥发物应按下列公式计算：

$$E = 100 \times [(m_2 - m_3)/(m_2 - m_1)]$$

表 A.1　上面状况

状　况	符　号
光滑	S1
皱纹	S2

表 A.2　底面状况

状　况	符　号
不粘	U1
粘	U2

表 A.3　内部状况

状　况	符　号	
坚硬	I1.×	
硬如角质,可机加工	I2.×	
皮革状	I3.×	
橡胶状	I4.×	
凝胶状	I6.×	
液体	I7.×	
试样含有		×
无气泡		1
气泡不多于五个		2
气泡多于五个		3

对试样内部的状况,应附加说明中间部分是均匀或是不均匀。

注:为了说明机械性能,可能需要用手指弯曲试样或用小刀把试样切开。

ICS 29.035.99
K 15

中华人民共和国国家标准

GB/T 15022.5—2011

电气绝缘用树脂基活性复合物
第5部分：石英填料环氧树脂复合物

Resin based reactive compounds used for electrical insulation—
Part 5：Quartz filled epoxy resinous compounds

（IEC 60455-3-2：2003，Resin based reactive compounds used for electrical
insulation—Part 3：Specifications for individual materials—
Sheet 2：Quartz filled epoxy resinous compounds，MOD）

2011-12-30 发布　　　　　　　　　　　　　　2012-05-01 实施

中华人民共和国国家质量监督检验检疫总局
中国国家标准化管理委员会　发布

前　言

GB/T 15022《电气绝缘用树脂基活性复合物》由下列部分组成：

——第 1 部分：定义及一般要求；

——第 2 部分：试验方法；

——第 3 部分：无填料的环氧树脂复合物；

——第 4 部分：不饱和聚酯浸渍树脂；

——第 5 部分：石英填料的环氧树脂复合物；

……

本部分为 GB/T 15022 的第 5 部分。

本部分按照 GB/T 1.1—2009 给出的规则起草。

本部分采用重新起草法修改采用 IEC 60455-3-2：2003《电气绝缘用树脂基活性复合物　第 3 部分：单项材料规范　第 2 篇：石英填料的环氧树脂复合物》。

本部分与 IEC 60455-3-2：2003 的有关技术性差异在它们所涉及的条款的页边空白处用垂直单线标识。具体技术差异如下：

——IEC 60455-3-2：2003 中石英填料环氧树脂复合物的石英填料含量为 45%～65%，根据国内需要，本部分改为石英填料环氧树脂复合物的石英填料含量为 45%～68%；

——IEC 60455-3-2：2003 的表 2 中密度值的要求为 1.7 g/cm³～1.9 g/cm³，本部分改为 1.7 g/cm³～2.0 g/cm³。

请注意本文件的某些内容可能涉及专利。本文件的发布机构不承担识别这些专利的责任。

本部分由中国电器工业协会提出。

本部分由全国绝缘材料标准化技术委员会（SAC/TC 51）归口。

本部分起草单位：浙江荣泰科技企业有限公司、四川东材科技集团股份有限公司、广州市宝力达电气材料有限公司、西安西电电工材料有限责任公司、桂林电子科技大学、桂林电器科学研究院。

本部分主要起草人：戴培邦、阎雪梅、曹万荣、马庆柯、杜超云、金正东。

电气绝缘用树脂基活性复合物
第5部分:石英填料环氧树脂复合物

1 范围

GB/T 15022 的本部分规定了 EP-F-1 至 EP-F-7 型含石英填料的环氧树脂复合物固化后的要求。其他不含石英填料的复合物将另有规定。

本部分适用于 EP-F-1 至 EP-F-7 型含石英填料的环氧树脂复合物。

2 规范性引用文件

下列文件对于本文件的应用是必不可少的。凡是注日期的引用文件,仅注日期的版本适用于本文件。凡是不注日期的引用文件,其最新版本(包括所有的修改单)适用于本文件。

GB/T 15022.2—2007 电气绝缘用树脂基反应复合物 第2部分:试验方法(IEC 60455-2:1998,MOD)

ISO 11359-2:1999 塑料 热力学分析(TMA) 第2部分:线性热膨胀系数和玻璃化转变温度的测定(Plastics—Thermomechanical analysis(TMA)—Part 2:Determination of coefficient of linear thermal expansion and glass transition temperature)

3 要求

对固化后石英填料的环氧树脂复合物要求见表2。如果没有其他规定,要求在(23±2)℃下测得。

注1:如果属于含石英填料以外的其他材料,也可用附表列出。

符合本部分的石英填料环氧树脂复合物的石英填料含量为:45%～68%。

注2:对应用于较低或较高温度条件下的材料,可以要求增补试验项目,以确定其适用性。

4 特殊要求

当在订购合同中包括有表1和表2中任何一种特殊性能,则应采用表1和表2规定的试验方法。

表 1 含石英填料环氧树脂复合物固化前的要求

性　　能	GB/T 15022.2—2007 中的章、条号
黏度	4.3
环氧当量	4.9
贮存期	4.4
适用期	4.13
放热温升	4.15
总收缩率	4.18

表 2　含石英填料的环氧树脂复合物固化后的要求

性　能	GB/T 15022.2—2007 中的章、条号	单位	要　求						
			EP-F-1	EP-F-2	EP-F-3	EP-F-4	EP-F-5	EP-F-6	EP-F-7
密度	4.2	g/cm³	1.7～2.0						
弯曲强度(三点法)	5.3.3	MPa	≥60	≥80	≥90	≥110	≥90	≥60	
拉伸强度	5.3.1	MPa	≥40	≥50				≥30	
冲击强度,无缺口,平面向下	5.3.4	kJ/m²	≥3	≥4	≥6	≥7	≥8	≥8	待定
玻璃化转变温度	5.4.2.1	℃	待定						
负荷变形温度	5.4.2.2	℃	≥160	≥135	≥125	≥100	≥75	≥45	
可燃性	5.4.3		FH2						
吸水性	5.5.1 (方法1)	%	≤0.3	≤0.3	≤0.3	≤0.3	≤0.4	≤1.5	—
体积电阻率(非浸水)	5.6.1	Ω·m	≥1×10¹²						
介质损耗因数　23 ℃, 48 Hz～62 Hz	5.6.2	—	≤0.02						
介质损耗因数　23 ℃,1 MHz		—	≤0.35						
介质损耗因数　温度ᵃ, 48 Hz～62 Hz		—	≤0.20						
相对介电常数　23 ℃, 48 Hz～62 Hz	5.6.2	—	≤5						
相对介电常数　温度ᵃ, 48 Hz～62 Hz		—	≤6						
电气强度ᵇ	5.6.3	kV/mm	≥10						
耐电痕化指数	5.6.4	—	≥400					≥300	待定
温度指数(弯曲强度至初始值50%ᶜ)	5.4.4	—	≥140	≥130	≥130	≥120	≥105	≥90	
温度指数,(失重率)	5.4.4		待定						

ᵃ 测定介质损耗因数及相对介电常数的温度如下:EP-F-1:160 ℃,EP-F-2:135 ℃,EP-F-3:125 ℃,EP-F-4:100℃, EP-F-5:75 ℃,EP-F-6:45 ℃。

ᵇ 试样厚度应为3 mm,并具有足够大的面积,以防止发生闪络。

ᶜ 列出的温度指数值为最低值,因而有可能超过。不应把温度指数值看作代表材料的类别特征或负荷变形温度的特征。

ICS 29.035.99
K 15

中华人民共和国国家标准

GB/T 20633.1—2006/IEC 61086-1:2004

承载印制电路板用涂料(敷形涂料) 第1部分：定义、分类和一般要求

Coatings for loaded printed wire boards（conformal coating）—
Part 1：Definitions，classification and general requirements

（IEC 61086-1：2004，IDT）

2006-11-09 发布

2007-04-01 实施

中华人民共和国国家质量监督检验检疫总局
中国国家标准化管理委员会   发 布

前　言

GB/T 20633《承载印制电路板用涂料(敷形涂料)》包括 3 个部分：

——第 1 部分：定义、分类和一般要求；

——第 2 部分：试验方法；

——第 3 部分：单项材料规范。

本部分为 GB/T 20633 的第 1 部分。

本部分等同采用 IEC 61086-1:2004《承载印制电路板用涂料(敷形涂料)　第 1 部分：定义、分类和一般要求》(英文版)。

为便于使用，本部分做了下列编辑性修改：

a)　删除了国际标准前言；

b)　增加了适用范围的内容。

本部分由中国电器工业协会提出。

本部分由全国绝缘材料标准化技术委员会(SAC/TC 51)归口。

本部分起草单位：桂林电器科学研究所。

本部分主要起草人：朱梅兰。

本部分首次发布。

承载印制电路板用涂料(敷形涂料)
第1部分:定义、分类和一般要求

1 范围

GB/T 20633 的本部分规定了适用于承载印制电路板用涂料(敷形涂料)的电气绝缘材料的定义、分类和一般要求。

本部分不包括涂料与印制电路板之间的相容性要求,作特殊应用时,相容性应进行专项评定。本部分也不包括仅仅形成非固化的涂层、具有较低防护作用的表面调节剂。

本部分适用于承载印制电路板用涂料(敷形涂料)。

2 定义

下列术语和定义适用于本部分。

2.1

敷形涂料　conformal coating

用作承载印制电路板涂覆层的电气绝缘材料,在印制电路板的表面形成一层薄膜作为抵御大气环境腐蚀的保护层。

2.2

表面调节剂　surface modifier

非固化的疏水材料,用于承载印制电路板表面形成一层厚度为 $1 \mu m \sim 2 \mu m$ 薄层,以抵御大气环境的腐蚀。

2.3

齐聚物　oligomeric

齐聚物混合材料由某些低摩尔质量的丙烯酸材料和其他相关的低摩尔质量材料(例如:聚酯、环氧等)衍生而来,与其他添加剂共同使用能呈现出特殊性能。

3 分类

适用于本部分的敷形涂料的型号由下列代码组成:

——数字:表示材料类别;

——字母:表示树脂型号;

——尾数:区别每种树脂的各种特性。

数字代码表示材料类别:

——Ⅰ类:通用;

——Ⅱ类:高可靠性;

——Ⅲ类:航空航天用。

对每种树脂类型字母代码后的尾数说明如下:

——尾数1:表示敷形涂料为水基型;

——尾数2:表示可用合适的有机溶剂能将敷形涂料从印制电路板上除去。

今后将会有 3、4、5 等尾数表示各种树脂的其他特性。

例如：

GB/T 20633.1-PUR-1,2 型敷形涂料,表示以水基聚氨酯为基的通用材料,用合适的有机溶剂可将敷形涂料从印制电路板上除去。

表1列出了各类树脂的字母代码及涂覆方法。

表 1 基本树脂

树 脂 类 型	代 码	涂 覆 方 法
丙烯酸	A	浸涂,刷上,喷涂
环氧	EP	浸涂,刷上,喷涂
有机硅	SI	浸涂,刷上,喷涂
聚氨酯	PUR	浸涂,刷上,喷涂
齐聚物混合物	OL	浸涂,刷上,喷涂,紫外线固化
对二甲苯	XY	真空沉积
注:诸如聚酯或苯酚树脂及其他类型的树脂,将来也会列入表中。		

4 一般要求

4.1 容器及其标志

4.1.1 容器

敷形涂料或其组分材料,应装在牢固、安全可靠及清洁的容器内。

4.1.2 容器标志

每个容器应至少标明下列信息：

a) 标准编号；

b) 材料名称及代码；

c) 产品批号；

d) 制造商名称或商标；

e) 可使用的最后日期；

f) 危险警告标志,如可燃性(闪点)及毒性；

g) 净重。

4.2 贮存性

敷形涂料或其组分,在规定的温度下贮存于原装气密容器中,在有效期内应保持原有的各项性能(见 4.1.2e))。

4.3 使用期

从原装容器中取出的敷形涂料或两种组分混合后的敷形涂料,在有效期内暴露于温度(23±2)℃、相对湿度(50±5)%的大气环境,应仍可使用。

ICS 29.035.99
K 15

中华人民共和国国家标准

GB/T 20633.2—2011/IEC 61086-2:2004

承载印制电路板用涂料(敷形涂料)
第2部分:试验方法

Coatings for loaded printed wire boards (conformal coatings)—
Part 2:Methods of test

(IEC 61086-2:2004,IDT)

2011-12-30 发布

2012-05-01 实施

中华人民共和国国家质量监督检验检疫总局
中国国家标准化管理委员会 发布

前　言

GB/T 20633《承载印制电路板用涂料（敷形涂料）》分为以下几个部分：

——第 1 部分：定义、分类及一般要求；

——第 2 部分：试验方法；

——第 3 部分：一般用（1 级）、高可靠性用（2 级）和航空航天用（3 级）涂料；

……

本部分为 GB/T 20633 的第 2 部分。

本部分按照 GB/T 1.1—2009 给出的规则起草。

本部分采用翻译法等同采用 IEC 61086-2:2004《承载印制电路板用涂料（敷形涂料）　第 2 部分：试验方法》。

与本部分中规范性引用的国际文件有一致性对应关系的我国文件如下：

——GB/T 458—2008　纸和纸板透气度的测定（ISO 5636-3:1992,MOD）；

——GB/T 4722—1992　印制电路用覆铜箔层压板试验方法（neq IEC 249-1:1982）；

——GB/T 9271—2008　色漆和清漆　标准试板（ISO 1514:2004,MOD）；

——GB/T 15022.2—2007　电气绝缘用树脂基活性复合物　第 2 部分：试验方法（IEC 60455-2:
1998,MOD）。

本部分与 IEC 61086-2:2004 相比较，技术内容未变，仅在编辑格式上删除了 IEC 61086-2:2004 中的"前言"和"引言"，将引言内容编入本部分的"前言"；将"规范性引用文件"中的 IEC 标准用已等同采标转化后的国家标准代替。

请注意本文件的某些内容可能涉及专利。本文件的发布机构不承担识别这些专利的责任。

本部分由中国电器工业协会提出。

本部分由全国绝缘材料标准化技术委员会（SAC/TC 51）归口。

本部分主要起草单位：桂林电器科学研究院、桂林电子科技大学。

本部分起草人：罗传勇、祝晚华、戴培邦、宋玉侠、张波。

承载印制电路板用涂料(敷形涂料)
第2部分:试验方法

1 范围

GB/T 20633 的本部分规定了用于承载印制电路板用涂料(敷形涂料)的试验方法。
本部分适用于试验未固化涂料和应用到特定电路板上的涂料。

2 规范性引用文件

下列文件对于本文件的应用是必不可少的。凡是注日期的引用文件,仅注日期的版本适用于本文件。凡是不注日期的引用文件,其最新版本(包括所有的修改单)适用于本文件。

GB/T 1408.1—2006 绝缘材料电气强度试验方法 第1部分:工频下试验(IEC 60243-1:1998,IDT)

GB/T 2423.3—2006 电工电子产品环境试验 第2部分:试验方法 试验 Cab:恒定湿热试验(IEC 60058-2-78:2001,IDT)

GB/T 2423.16—2008 电工电子产品环境试验 第2部分:试验方法 试验 J 及导则:长霉(IEC 60068-2-10:2005,IDT)

GB/T 2423.17—2008 电工电子产品环境试验 第2部分:试验方法 试验 Ka:盐雾(IEC 60068-2-11:1981,IDT)

GB/T 2423.22—2002 电工电子产品环境试验 第2部分:试验方法 试验 N:温度变化(IEC 60068-2-14:1984,IDT)

GB/T 2423.27—2005 电工电子产品环境试验 第2部分:试验方法 试验 Z/AMD:低温/低气压/湿热连续综合试验(IEC 60068-2-39:1976,IDT)

GB/T 6742—2007 色漆和清漆 弯曲试验(圆柱轴)(ISO 1519:2002,IDT)

GB/T 11020—2005 固体非金属材料暴露在火焰源时的燃烧性 试验方法清单(IEC 60707:1999,IDT)

GB/T 13452.2—2008 色漆和清漆 漆膜厚度的测定(ISO 2808:2007,IDT)

GB/T 20633.1—2006 承载印制电路板用涂料(敷形涂料) 第1部分:定义、分类和一般要求(IEC 61086-1:2004,IDT)

GB/T 20633.3—2011 承载印制电路板用涂料(敷形涂料) 第3部分:一般用(1级)、高可靠性用(2级)和航空航天用(3级)涂料(IEC 61086-3-1:2004,IDT)

ISO 1514:2004 色漆和清漆 标准试板(Paints and varnishes—Standard panels for testing)

ISO 5636-3:1992 纸和纸板透气性测定(中等范围) 第3部分:本特生(Bendtsen)法(Paper and board—Determination of air permeance (medium range)—Part 3:Bendtsen method)

IEC 60249-1:1982 印制电路用基材 第1部分:试验方法(Basic materials for printed circuits—Part 1:Test methods)

IEC 60455-2:1998 电气绝缘用树脂基活性复合物 第2部分:试验方法(Resin based reactive compounds used for electrical insulation—Part 2:Methods of test)

3 试样

3.1 A 试样

3.1.1 试验底板

试验底板(如图 1 所示)由以下三部分组成：

a) 一个用作测试绝缘电阻的梳状电极；

b) 一个用作测试击穿电压的"Y"形电极；

c) 用做厚度测量的八个垫子。

试验底板的主体面积应为(100±0.2)mm² 且有一个尺寸是(84.0±0.2)mm×(12.0±0.2)mm 的突出连接物(如图 1 所示)，试验底(仪表)板的反面(背面)应当完全蚀刻。

3.1.2 准备工作

3.1.2.1 首先选择由聚乙烯或类似材料制成的容器或由硼硅酸盐玻璃制成容器作为清洗容器。容器用新配制的溶液(按 3.1.2.2)进行冲洗，洗净后立即投入使用。经过(15±1)min 后，装在该容器中溶液的电阻率降低应不超过 10%。

试验完毕后，该容器应妥善保存以备再次使用，严禁用做其他用途。

3.1.2.2 用由 75% 2-丙醇和 25%去离子水(以离子交换法除去溶液中的离子)所配成的溶液清洗试验底板。在清洗试验底板前，应先将该溶液经过一个离子交换柱进行去离子处理，经过处理的溶液在(20±2)℃时的电导率应不超过 5.0 μSm^{-1}。

3.1.2.3 试验底板经溶剂清洗后，再用按 3.1.2.2 中所规定的去离子溶剂(320 mL)进行萃取处理。将已清洗的试验底板放置于一个合适的漏斗中，漏斗下放置一个大小适宜的容器，然后将这 320 mL 溶液缓缓注入，彻底清洗试验底板的两个侧面。在进行萃取时，注入溶液的流速应当满足：用 320 mL 溶剂进行萃取，其过程至少要保证持续 300 s(5 min)。然后，用一个精确度不低于±5%的电导(率)测量仪测量该萃取物在(20±2)℃下的电导率。该萃取物的电导率应不大于 50 μSm^{-1}。

3.1.2.4 在印制电路板生产过程中应购买仪器，它们可能用于试验底板的清洗过程。产品说明书中规定了仪器的使用方法，比如，用完 1 mL 溶液或试验底板上每 1 mm² 面积上含有百万分之一克 NaCl 来表示该溶液中 NaCl 的浓度。配制溶液的实例：将(1.000±0.001)g NaCl 溶解在 1 000 mL 去离子水中(稀释因子为 1∶1 000)。

3.1.3 应用

用移液管吸取被试涂料，然后均匀涂覆在试验底板的所有面及侧边上，按生产商提供的条件进行固化处理。如果采用蒸汽加热使涂料固化，所采用的工艺应该经供方认可或采用在使用说明中规定的工艺。接线处应进行妥善屏蔽处理。

3.2 B 试样

3.2.1 试验底板

用作涂层黏性和柔软性的试验底板的软铜片厚度为(0.125±0.010)mm，尺寸为 100 mm×50 mm，试验底板应用合适的溶液(如 1∶1 的二甲苯-乙醇溶液)进行清洗，接着用零号钢丝绒进行抛光处理，然后再用溶液清洗，并用非棉织布块擦拭干净(直至铜片表面不含任何指纹或细金属微粒)。经清洗处理的底板应立即在 1 h 内进行试验。

3.2.2 应用

涂层应按 A 试样的制备方法进行涂覆制备(详见 3.1.3),然后按生产商提供的说明进行固化处理。

3.3 C 试样

3.3.1 试验底板

用作涂层耐酶菌生长的试验底板(如 7.7.1 所示)由一块面积为 40 mm² 擦亮的厚玻璃板构成,然后用 ISO 1514:2004 中所述溶剂进行清洗处理,在该试验中可能会用到尺寸为 15 mm×25 mm 的标准显微镜载玻片。

3.3.2 应用

涂层应按 A 试样制备方法进行涂覆(详见 3.1.3),然后按生产商提供的说明进行固化处理。

3.4 D 试样

3.4.1 试验底板

试验底板的材质与 A 试样相同,不同的是 D 试样的试验底板的所有边/面均应完全进行蚀刻处理,试验底板的长度为(125±5)mm,宽度为(13±1)mm,厚度为(0.75±0.05)mm。在试验底板上离点燃端(25±0.5)mm 处划一垂直于长轴的标志线。底板的其他要求及操作规程参照 IEC 60249-1:1982 的规定。

3.4.2 应用

涂层应按 A 试样的制备方法进行涂覆制备(详见 3.1.3),然后按生产商提供的说明进行固化处理。

4 涂层试样的环境暴露

下列环境暴露程序应与 GB/T 20633.3—2011 里相关章节中所规定的试验方法结合使用。在某些情况下(详见附录 A),需要用一组试样在几个不同的环境条件下进行环境暴露试验。

注:常规试验一览表参阅附录 A。

4.1 热循环法

将 A 试样按 GB/T 2423.22—2002 中试验(Nb)的具体要求分别暴露在温度为(-55±5)℃、(125±5)℃和温度变化率为(12±2)℃/min 的环境中。在每个温度下持续暴露的时间为(25±2)min,循环次数为 20 次。

4.2 热冲击法

将试样 A 按 GB/T 2423.22—2002 中试验(Nb)的具体要求分别暴露在温度为(-55±5)℃和(125±5)℃环境中。在每个温度下持续暴露的时间应当为(25±2)min,循环次数为 20 次。

4.3 热老化法

4.3.1 试样

下列每种试验均应分别在五个 A 试样(见 3.1)和五个 B 试样(见 3.2)上进行。

4.3.2 方法

将试样暴露在温度为(125±2)℃的循环鼓风烘箱中,暴露时间为 500 h。待最后冷却到(23±2)℃温度下,目测(见 7.1)涂层粘附力的降低情况。

4.4 防潮湿性(湿热)

应采用 GB/T 2423.3—2006 中规定的暴露方法,持续暴露时间为 96 h。

4.5 盐雾法

应采用 GB/T 2423.17—2008 的操作步骤。

4.6 低温、低气压及湿热暴露法

采用 GB/T 2423.27—2005 中规定的暴露方法,持续暴露时间为 96 h。

5 试验方法(未固化时的涂料)

5.1 保存限期

按照下面的试验方法测试涂料的黏性,如果合适也可测试其荧光性(详见 7.3)。

5.1.1 方法

按照 IEC 60455-2:1998 规定的试验方法之一来测定在标准状况下未固化涂料的黏性。

按照 GB/T 20633.3—2011 中所规定的温度条件,贮存在密封容器中的同一批次涂料可以储存一段时间。试验时打开容器,采用相同的方法测定涂料的黏性。贮存前后涂料黏性的测试温度为(23±0.5)℃。

由于所测黏性与采用的试验仪器关系密切(特别是对于具有非牛顿特性的液体),因此对测试标准状况下涂料的黏性或贮存后涂料的黏性,应采用同一种试验仪器。

5.1.2 试验报告

试验报告涂料储存前后的黏性。

6 电气性能的试验方法(涂层)

下列试验方法应与 GB/T 20633.3—2011 中规定的环境暴露法结合使用。

6.1 击穿电压

6.1.1 样品(试样)

将五个 A 试样与"Y"型电极相连接来进行试验。

6.1.2 试验方法

该试验通常作为环境暴露试验的最后项目,有关试验特性已列入 GB/T 20633.3—2011 中。

按 GB/T 1408.1—2006 的要求选用试验电压(快速升压法)。

6.2 高频介电性能（谐振下的特性）

待定。

6.3 绝缘电阻试验

6.3.1 样品（试样）

采用"梳状"电极（如图1所示），在五个A试样上来进行试验。

6.3.2 试验方法

a) 该试验通常为环境暴露试验的项目之一。有关试验特性已列入 GB/T 20633.3—2011 中。
将"梳"状电极与高阻计的接线端相连。试验中采用（50±2）V 的直流电压；高阻计的精确度应高于±10%。

试样在整个暴露期间，应每隔（20±1）min 进行一次测量。记录试验所施加的电压值以及相应的电阻读数。

注：试验中高阻计所指示的电阻值（电压与电流的比值）并非真实电阻，因为该值会受绝缘极化（作用）因数的影响。最好使用更便捷的自动控制测量设备进行试验。

b) 如果用电阻变化来评估热老化作用对绝缘涂层的影响，我们应将试样置于温度为（23±2）℃、相对湿度为（50±5）% 下处理（24±2）h，然后加上电压试验。持续施加电压时间为（60±5）s。

6.3.3 试验报告

试验结果为所有测量值的算术平均值，并报告测量的最小值。

7 非电气性能的试验方法（涂层）

7.1 目测

7.1.1 试样

采用A试样进行试验。

7.1.2 试验方法

应当在日光或其他正常光源下采用线性放大率约为×10 倍的光学设备，以正常矫正视力来测试试样。对于含有荧光添加剂的涂料，应在黑暗环境下采用较长波长（$\lambda \geqslant 350$ nm）的紫外线进行测试。

7.1.3 试验报告

对五个试样，任何一个试样铜导体上出现的空隙、孔洞、褶皱、条痕、变色、裂痕（纹）、分层、气泡或涂层脱落以及其他显示涂层粘附力减退等现象，均应如实记录，同时报告在试验中涂层变化情况的图例。

7.2 涂层厚度测量

7.2.1 试样

采用A试样进行试验。

7.2.2 试验方法

采用 GB/T 13452.2—2008 中第8章3B中的试验方法。测量点为沿A试样板边垫子的厚度。对每个垫子的厚度测量一次。被测A试样板的数量由 GB/T 20633.3—2011 规定。测量涂覆前后每个垫子的厚度,垫子上涂层的实际厚度即为前后两次所测垫子厚度的差值。

7.2.3 测量结果为所有垫子厚度读数的算术平均值。

7.3 涂层的荧光性

采用 A 试样进行试验。最好选用标准状况下的涂覆 A 试样和超过储存期的涂覆 A 试样分别进行涂层的荧光性试验。

7.3.1 试验方法

试样应在黑暗环境下采用波长较长($\lambda \geqslant 350$ nm)的紫外线进行检测。

7.3.2 试验报告

如果荧光性在视觉感官上很明显,在报告上应注明试验结果符合要求。试验按 7.1.2 中的试验方法进行。

7.4 涂层的黏性

7.4.1 试样

选用五个 B 试样进行试验(详见 3.2)。

7.4.2 测量仪器

试验采用下列仪器:

a) 直径为 20 mm,厚度为 5 cm 的柔软橡胶圆盘;

b) 一个重约 500 g,接触面直径为 20 mm 的圆柱形砝码;

c) 漂白棉纤维制成的定量滤纸,直径或边缘大于 30 mm,滤纸定量为(92 ± 9)g/m²,厚度为(205 ± 30)μm,标称密度为 0.45 g/cm³,孔隙率为 11 s/300 cm³(ISO 5636-3:1992)。

7.4.3 试验方法

试验在(23 ± 2)℃的温度条件下进行。将一张滤纸放置在试样上,但留出距试样边端 10 mm 宽的部分露在滤纸外面。然后将圆柱形砝码放在试样的中心位置,将柔软橡胶圆盘置于砝码和滤纸之间,并保证压力均匀分配在滤纸上。压力施加持续时间 1 min 后,将橡胶圆盘和砝码拿走,然后手持试样未被滤纸盖住的另一端,使试样和滤纸垂直放置,以检查在下列两种情况下滤纸是否脱离试样:

a) 轻微的振动;

b) 轻轻拍触滤纸。

7.4.4 试验结果及报告

当采用方法 a)或方法 b)时,滤纸自然地脱离试样且没有任何滤纸棉纤维留在试样涂层上,应在试验报告中写明"没有黏性"。

当采用方法 a)或方法 b)时,应用力强行使滤纸脱离试样,或可轻松使滤纸脱离试样但有大量滤纸纤维残留在试样涂层上,应在试验报告中写明"具有黏性"。

7.5 柔韧性

7.5.1 试样

选用五个 B 试样进行试验(详见 3.2)。

7.5.2 试验方法

采用 GB/T 6742—2007 中的试验方法。在 2、3 级试验中,使用一个直径为 3 mm 的心轴,在 1 级试验中,使用直径为 6 mm 的心轴(如图 3 和图 4 所示)。试验应在日光或其他正常人造光线下采用线性放大率约为×10 倍的光学设备,以正常矫正视力测试。

7.5.3 试验结果及报告

任何一个试样若出现龟裂和裂化等现象,都应在试验报告中详细记录。

7.6 燃烧性

7.6.1 试验目的

试验证明涂层是否满足燃烧性条件。

7.6.2 试样

选用五个 D 试样进行试验(详见 3.4)。

7.6.3 试验方法

采用 GB/T 11020—2005 中的试验方法 V 来进行试验。

7.6.4 试验结果及报告

应在报告中写明按 GB/T 11020—2005 的试验说明、试验板型号与试验结果。

7.7 耐酶菌生长性

7.7.1 试样

选用五个 C 试样进行试验(详见 3.3)。

7.7.2 试验方法

采用 GB/T 2423.16—2008 中试验方法进行,试验持续时间为 28 d。

7.7.3 试验结果及报告

采用 GB/T 2423.16—2008 中第 14 章的方法进行,试验报告记录每个试样所测得的耐酶菌生长范围。

7.8 耐有机溶剂性

7.8.1 试验目的

试验证明:偶尔接触承载印制电路板的液体物质不会对涂层造成有害影响。根据 GB/T 20633.1—2006 的第 4 章,该试验仅适用于(普通用)1 级涂料。

7.8.2 液体试验

该试验应选用经供需双方认可的且适合应用的有机溶剂来进行试验。

7.8.3 试样

选用五个 A 试样进行试验(详见 3.1)。

7.8.4 测量仪器

试验应选用由惰性物质制成的容器。容器尺寸足以使整个试样能完全浸渍于其中。速冷却液体物质("冷却剂")除外。

一个毛发长度大致相同的钢刷。

7.8.5 试验方法

在温度为(23±2)℃环境中,将试样完全浸渍在试验液体中。浸渍时间为 2 min。如果是速冷却液体物质("冷却剂"),经过该环节处理后,应立即用钢刷朝同一个方向轻擦每一个试样。

然后采用目测方式查看每一个试样(详见 7.1)。

7.8.6 试验结果

试样如果出现整个或部分涂层变坏的迹象,如出现细裂纹,脱落或黏性现象等,都应详细记录。

7.9 涂层清除

7.9.1 试验目的

通过试验检验涂层能够从印制电路板上被清除但不会对电路板、衬[基]底或导线(体)等造成任何损坏。

7.9.2 试样

选用五个 A 试样进行试验(详见 3.1)。

试验方法:按供应商推荐的试验方法,将延伸到绝缘电阻梳上尺寸为 10 mm×10 mm 的涂层除去。按 GB/T 20633.1—2006 的要求,采用供货商推荐的一种溶剂除去涂层。然后采用目测方式检查每个试样(详见 7.1)。

7.9.3 试验结果

对于试样不能除去涂层,或在除涂层过程中对试样上的电路板、导线(体)、衬[基]底等造成损伤等,都应详细记录。

单位为毫米

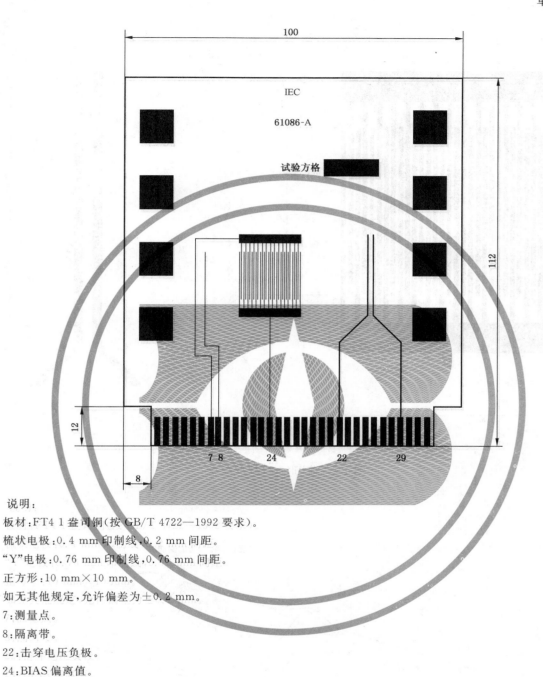

说明：

板材:FT4 1 盎司铜(按 GB/T 4722—1992 要求)。

梳状电极:0.4 mm 印制线,0.2 mm 间距。

"Y"电极:0.76 mm 印制线,0.76 mm 间距。

正方形:10 mm×10 mm。

如无其他规定,允许偏差为±0.2 mm。

7:测量点。

8:隔离带。

22:击穿电压负极。

24:BIAS 偏离值。

29:击穿电压正极。

图 1　试样 A

单位为毫米

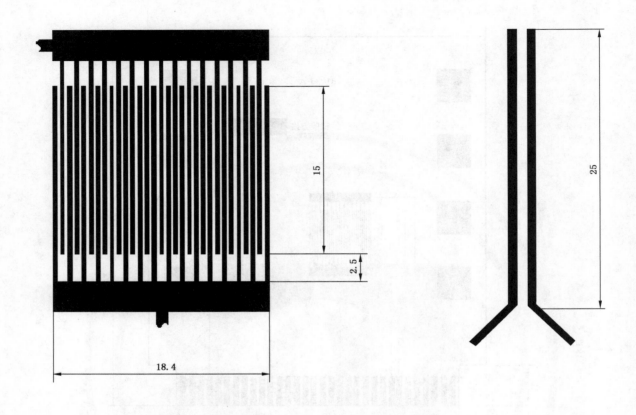

图 2 "梳"形和"Y"形电极

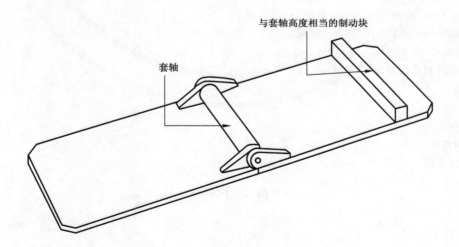

图 3 弯曲试验装置

单位为毫米

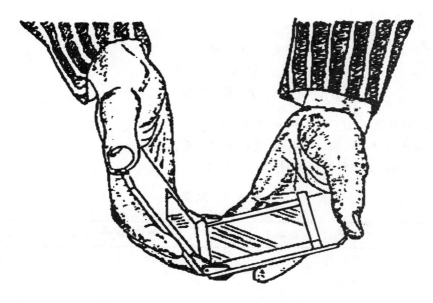

图 4　弯曲试验演示图

附　录　A
（规范性附录）
涂　层　试　样

下列试验方法将用在 GB/T 20633.3—2011 中。

每个试样均应进行每项试验（试样数量见表 A.1～表 A.4）。

如另有要求，还应测试涂料的适用期。

表 A.1　试样 A

试验程序（章条号）	试验阶段	试验性能（章条号）	试样数量（编号）
清洗（3.1.2）	涂覆前	表面清洁度	20(1-20)
涂覆（3.1）	涂覆前	厚度（7.2）	10(1-10)
	涂覆		20(1-20)
	涂覆后，暴露前	目测（7.1）	20(1-20)
		厚度（7.2）	10(1-10)
		荧光性（7.3）	20(1-20)
热循环（4.1）			20(1-20)
	暴露后	目测（7.1）	20(1-20)
热冲击（4.2）			20(1-20)
	暴露后	目测（7.1）	20(1-20)
耐潮湿（4.4）			5(1-5)
	暴露过程中	绝缘电阻（6.3）	5(1-5)
	暴露后	击穿电压（6.1）	5(1-5)
热老化（4.3）			5(11-15)
		目测（7.1）	5(11-15)
		绝缘电阻（6.3）	5(11-15)
热老化（4.3）	暴露后	目测（7.1）	5(11-15)
		粘合力	5(11-15)
			5(11-15)
盐雾（4.5）			5(6-10)
	在暴露处理过程	绝缘电阻（6.3）	5(6-10)
	暴露处理后	击穿电压（6.1）	5(6-10)
低温/低气压/湿热（4.6）			5(16-20)
	在暴露处理过程中	绝缘电阻（6.3）	5(16-20)
	暴露处理后	击穿电压（6.1）	5(16-20)

表 A.2　试样 B

试验步骤(章条号)	试验阶段	试验性能(章条号)	试样数量(编号)
清洗处理(3.1.2)	涂覆前	表面清洁度	15(1-15)
涂覆(3.1)			15
	涂覆后,暴露前	目测(7.1)	5(1-5)
		厚度(7.2)	5(1-5)
		挠性测试(7.5)	5(1-5)
热冲击法(温度急增法)(4.2)	暴露处理后	目测(7.1)	5(6-10)
		柔韧性测试(7.5)	5(6-10)
热老化法(4.3)	暴露处理后	目测(7.1)	
		柔韧性测试(7.5)	

表 A.3　试样 C

试验步骤(章条号)	试验阶段	试验性能(章条号)	试样数量(编号)
清洗处理(3.1.2)	涂覆前	表面清洁度	5(1-5)
涂覆(3.1)			5
	涂覆后,暴露前	目测(7.1)	5(1-5)
酶菌生长性	暴露处理后	目测(7.1)	5(1-5)

表 A.4　试样 D

试验步骤(章条号)	试验阶段	试验性能(章条号)	试样数量(编号)
清洗处理(3.1.2)	涂覆前	表面清洁度	5(1-5)
涂覆(3.1)			5
	涂覆后	目测(7.1)	5(1-5)
燃烧性(7.6)		燃烧性(7.6)	5(1-5)

ICS 29.035.99
K 15

中华人民共和国国家标准

GB/T 20633.3—2011/IEC 61086-3-1:2004

承载印制电路板用涂料（敷形涂料）
第 3 部分：一般用（1 级）、高可靠性用
（2 级）和航空航天用（3 级）涂料

Coatings for loaded printed wire boards（conformal coatings）—
Part 3:Coatings for general purpose（Class 1），
high reliability（Class 2）and aerospace（Class 3）

（IEC 61086-3-1:2004，Coatings for loaded printed wire boards
（conformal coatings）—Part 3-1:Coatings for general purpose（Class 1），
high reliability（Class 2）and aerospace（Class 3），IDT）

2011-12-30 发布 2012-05-01 实施

中华人民共和国国家质量监督检验检疫总局
中国国家标准化管理委员会 发 布

前　言

GB/T 20633《承载印制电路板用涂料（敷形涂料）》，分为以下几个部分：

——第1部分：定义、分类及一般要求；

——第2部分：试验方法；

——第3部分：一般用（1级）、高可靠性用（2级）和航空航天用（3级）涂料；

……

本部分为 GB/T 20633 的第3部分。

本部分按照 GB/T 1.1—2009 给出的规则起草。

本部分采用翻译法等同采用 IEC 61086-3-1:2004（第2版）《承载印制电路板用涂料（敷形涂料）第3-1部分：单项材料规范　一般用（1级）、高可靠性用（2级）和航空航天用（3级）涂料》。

本部分与 IEC 61086-3-1:2004 相比较，技术内容未变，仅在编辑格式上删除了 IEC 60893-3-7 中的"前言"和"引言"，将引言内容编入本部分的"前言"；将"规范性引用文件"中的 IEC 标准用已采标转化后的国家标准代替。

本部分由中国电器工业协会提出。

本部分由全国绝缘材料标准化技术委员会（SAC/TC 51）归口。

本部分主要起草单位：桂林电器科学研究院、桂林电子科技大学。

本部分起草人：罗传勇、祝晚华、戴培邦、宋玉侠、张波。

承载印制电路板用涂料(敷形涂料)
第3部分:一般用(1级)、高可靠性用
(2级)和航空航天用(3级)涂料

1 范围

GB/T 20633 的本部分规定了用于承载印制电路板用涂料(敷形涂料)的性能要求。

本部分适用于未固化涂料和应用到特定电路板上的涂料。

2 规范性引用文件

下列文件对于本文件的应用是必不可少的。凡是注日期的引用文件,仅注日期的版本适用于本文件。凡是不注日期的引用文件,其最新版本(包括所有的修改单)适用于本文件。

GB/T 20633.1—2006 承载印制电路板用涂料(敷形涂料) 第 1 部分:定义、分类和一般要求(IEC 61086-1:2004,IDT)

GB/T 20633.2—2011 承载印制电路板用涂料(敷形涂料) 第 2 部分:试验方法(IEC 61086-2:2004,IDT)

3 命名

涂料命名方法按 GB/T 20633.1—2006 的规定。

4 性能要求

涂料应满足 GB/T 20633.1—2006 中第 4 章的一般要求。当按 GB/T 20633.2—2011 方法试验时,涂料应满足表 1、表 2、表 3、表 4 及表 5 的要求。

表 1 A 试样

a) 1 级

程序 (GB/T 20633.2—2011 中章条)	阶段	试验性能 (GB/T 20633.2—2011 中章条)	样品数量 (标志)	要求
清洗(3.1.2)	—	萃取物电导率或离子含量(3.1.2)	全部	$<50~\mu Sm^{-1}$ 或 $<1.55~\mu g/cm^2 NaCl^a$
涂覆(3.1)	涂覆前	厚度(7.2)	10(1-10)	记录板的厚度
	涂覆时	—	20(1-20)	—
	涂覆后,暴露前	目视检查(7.1)	20(1-20)	观察^b
		厚度(7.2)		见表 5
		荧光(性)(7.3)		若需要应可见

表 1（续）

a） 1 级

程序 (GB/T 20633.2—2011 中章条)	阶段	试验性能 (GB/T 20633.2—2011 中章条)	样品数量 （标志）	要求
热循环(4.1)	—	—	20(1-20)	—
	暴露后	目视检查(7.1)	20(1-20)	观察[b]
		粘着力	20(1-20)	涂层不应分层或剥落
热冲击(4.2)		—	20(1-20)	—
	暴露后	目视检查(7.1)	20(1-20)	观察[b]
		粘着力	20(1-20)	涂层不应分层或剥落
湿热(防潮湿)(4.4)	—	—	5(1-5)	—
	暴露过程中	绝缘电阻(6.3)	5(1-5)	不低于 1×10^9 Ω
	暴露后	击穿电压(6.1)	5(1-5)	报告击穿电压值

[a] 清洗设备的指示器为 $\mu g/in^2$ NaCl，1.5 $\mu g/cm^2$ 等同于 10 $\mu g/in^2$。

[b] 目视检查要求：不应有空隙、孔眼、皱纹、脱皮、破裂、裂纹或涂层凹凸不平，铜导体也不应变色。

表 1（续）

b） 2 级

程序 (GB/T 20633.2—2011 中章条)	阶段	试验性能 (GB/T 20633.2—2011 中章条)	样品数量 （标志）	要求
清洗(3.1.2)	—	萃取物电导率或离子含量(3.1.2)	全部	$<50\ \mu Sm^{-1}$ 或 $<1.55\ \mu g/cm^2$ NaCl[a]
涂覆(3.1)	涂覆前	厚度(7.2)	10(1-10)	记录板的厚度
	涂覆时	—	20(1-20)	
		目视检查(7.1)	20(1-20)	观察[b]
	涂覆后，暴露前	厚度(7.2)		见表5
		荧光(性)(7.3)		若需要应可见
热循环(4.1)	—	—	20(1-20)	
	暴露后	目视检查(7.1)	20(1-20)	观察[b]
		粘着力	20(1-20)	涂层不应分层或剥落
热冲击(4.2)		—	20(1-20)	
	暴露后	目视检查(7.1)	20(1-20)	观察[b]
		粘着力	20(1-20)	涂层不应分层或剥落
湿热(防潮湿)(4.4)	—	—	5(1-5)	
	暴露过程中	绝缘电阻(6.3)	5(1-5)	不低于 1×10^9 Ω
	暴露后	击穿电压(6.1)	5(1-5)	报告击穿电压值
盐雾(4.5)	—	—	5(6-10)	
			5(6-10)	不低于 1×10^9 Ω
			5(6-10)	报告击穿电压

[a] 清洗设备的指示器为 $\mu g/in^2$ NaCl，1.5 $\mu g/cm^2$ 等同于 10 $\mu g/in^2$。

[b] 目视检查要求：不应有空隙、孔眼、皱纹、脱皮、破裂、裂纹或涂层凹凸不平，铜导体也不应变色。

表 1（续）

c） 3 级

程序 （GB/T 20633.2—2011 中章条）	阶段	试验性能 （GB/T 20633.2—2011 中章条）	样品数量 （标志）	要求
清洗(3.1.2)	—	萃取物电导率或离子含量(3.1.2)	全部	$<50\ \mu Sm^{-1}$ 或 $<1.55\ \mu g/cm^2\ NaCl^a$
涂覆(3.1)	涂覆前	厚度(7.2)	10(1-10)	记录板的厚度
	涂覆时	—	20(1-20)	—
	涂覆后,暴露前	目视检查(7.1)	20(1-20)	观察[b]
		厚度(7.2)		见表 5
		荧光(性)(7.3)		若需要应可见
热循环(4.1)	—	—	20(1-20)	—
	暴露后	目视检查(7.1)	20(1-20)	观察[b]
		粘着力	20(1-20)	涂层不应分层或剥落
热冲击(4.2)	—	—	20(1-20)	—
	暴露后	目视检查(7.1)	20(1-20)	观察[b]
		粘着力	20(1-20)	涂层不应分层或剥落
湿热(防潮湿)(4.4)	—	—	5(1-5)	—
	暴露过程中	绝缘电阻(6.3)	5(1-5)	不低于 $1\times10^9\ \Omega$
		击穿电压(6.1)	5(1-5)	报告击穿电压值
盐雾(4.5)	—	—	5(6-10)	—
			5(6-10)	不低于 $1\times10^9\ \Omega$
			5(6-10)	报告击穿电压
冷却/施压/湿热(4.6)	—	—	5(11-15)	—
	暴露过程中	绝缘电阻(6.3)	5(11-15)	不低于 $1\times10^9\ \Omega$
	暴露后	击穿电压(6.1)	5(11-15)	报告击穿电压值

[a] 清洗设备的指示器为 $\mu g/in^2\ NaCl$, $1.5\ \mu g/cm^2$ 等同于 $10\ \mu g/in^2$。

[b] 目视检查要求:不应有空隙、孔眼、皱纹脱皮、破裂、裂纹或涂层凹凸不平,铜导体也不应变色。

表 2 B 试样

程序 (GB/T 20633.2—2011 中章条)	阶段	试验性能 (GB/T 20633.2—2011 中章条)	样品数量 (标志)	要求
清洗(3.1.2)	—	离子含量(3.1.2)	—	—
涂覆(3.1)	—	—	10	—
	涂覆后,暴露前	目视检查(7.1)	5(1-5)	观察[a]
		厚度(7.2)	5(1-5)	涂层不应发粘
		柔软性(7.5):1级,6 mm 芯轴;2级和3级:3 mm 芯轴	5(1-5)	不应有破裂或裂纹
热冲击(4.2)	暴露后	目视检查(7.1)	5(6-10)	观察
		柔软性(7.5):1级,6 mm 芯轴;2级和3级:3 mm 芯轴	5(6-10)	不应有破裂或裂纹
[a] 目视检查要求:不应有空隙、孔眼、皱纹、脱皮、破裂、裂纹或涂层凹凸不平,铜导体也不应变色。				

表 3 C 试样

程序 (GB/T 20633.2—2011 中章条)	阶段	试验性能 (GB/T 20633.2—2011 中章条)	样品数量 (标志)	要求
清洗(3.1.2)	—	萃取物电导率或离子含量(3.1.2)	全部	$<50\ \mu Sm^{-1}$ 或 $<1.55\ \mu g/cm^2\ NaCl$[a]
涂覆(3.1)	—	—	5	—
	涂覆后,暴露前	目视检查(7.1)	5(1-5)	观察[b]
霉菌生长(7.7)	暴露后	目视检查(7.1)	5(1-5)	不大于1级水平
[a] 清洗设备的指示器为 $\mu g/in^2\ NaCl$,$1.5\ \mu g/cm^2$ 等同于 $10\ \mu g/in^2$。				
[b] 目视检查要求:不应有空隙、孔眼、皱纹、脱皮、破裂、裂纹或涂层凹凸不平,铜导体也不应变色。				

表 4 D 试样

程序 (GB/T 20633.2—2011 中章条)	阶段	试验性能 (GB/T 20633.2—2011 中章条)	样品数量 (标志)	要求
清洗(3.1.2)	—	萃取物电导率或离子含量(3.1.2)	全部	$<50\ \mu Sm^{-1}$ 或 $<1.55\ \mu g/cm^2\ NaCl$[a]
涂覆(3.1)	—	—	5	—
	涂覆后,暴露前	目视检查(7.1)	5(1-5)	观察[b]
燃烧性(7.6)	—	燃烧性(7.6)	5(1-5)	燃烧时间不大于10 s,自熄时间为 4 s 之内
[a] 清洗设备的指示器为 $\mu g/in^2\ NaCl$,$1.5\ \mu g/cm^2$ 等同于 $10\ \mu g/in^2$。				
[b] 目视检查要求:不应有空隙、孔眼、皱纹、脱皮、破裂、裂纹或涂层凹凸不平,铜导体也不应变色。				

表 5　涂层厚度

树 脂 类 型	代　码	涂层厚度/μm
丙烯酸	A	25～75
环氧	EP	25～75
有机硅	Si	25～200
聚氨酯	PUR	25～75
齐聚物混合材料	OL	25～75
对二甲苯	XY	5～25

ICS 29.035.01
K 15

中华人民共和国国家标准

GB/T 24122—2009

耐电晕漆包线用漆

Corona-resistant enamelled wire coatings

2009-06-10 发布
2009-12-01 实施

中华人民共和国国家质量监督检验检疫总局
中国国家标准化管理委员会 发布

GB/T 24122—2009

前　言

本标准由中国电器工业协会提出。

本标准由全国绝缘材料标准化技术委员会（SAC/TC 51）归口。

本标准主要起草单位：四川东材科技集团股份有限公司、国家绝缘材料工程技术研究中心、桂林电器科学研究所。

本标准起草人：赵平、杨远华、罗传勇。

本标准为首次制定。

耐电晕漆包线用漆

1 范围

本标准规定了耐电晕漆包线漆的型号、要求、试验方法、检验规则、标志、包装、运输和贮存。

本标准适用于以耐高温聚酯亚胺树脂为基材、以纳米材料为改性剂而制得的耐电晕漆包线用漆。

耐电晕漆包线用漆涂制的绕组线具有优良的耐高频脉冲电压特性、耐热性、电绝缘性、附着性、耐磨性和热冲击性,用于制造具有耐电晕要求的变频电机专用绕组线。

2 规范性引用文件

下列文件中的条款通过本标准的引用而成为本标准的条款。凡是注日期的引用文件,其随后所有的修改单(不包括勘误的内容)或修订版均不适用于本标准,然而,鼓励根据本标准达成协议的各方研究是否可使用这些文件的最新版本。凡是不注日期的引用文件,其最新版本适用于本标准。

GB/T 1981.1—2007　电气绝缘用漆　第1部分:定义和一般要求(IEC 60464-1:1998,IDT)

GB/T 1981.2—2009　电气绝缘用漆　第2部分:试验方法(IEC 60464-2:2001,MOD)

GB/T 3953—2009　电工圆铜线

GB/T 4074.3—2008　绕组线试验方法　第3部分:机械性能(IEC 60851-3:1997,IDT)

GB/T 4074.4—2008　绕组线试验方法　第4部分:化学性能(IEC 60851-4:2005,IDT)

GB/T 4074.5—2008　绕组线试验方法　第5部分:电性能(IEC 60851-5:2004,IDT)

GB/T 4074.6—2008　绕组线试验方法　第6部分:热性能(IEC 60851-6:1996,IDT)

GB/Z 21274—2007　电子电气产品中限用物质铅、汞、镉检测方法

GB/Z 21275—2007　电子电气产品中限用物质六价铬检测方法

GB/Z 21276—2007　电子电气产品中限用物质多溴联苯(PBBs)、多溴二苯醚(PBDEs)检测方法

3 型号

耐电晕漆包线漆的型号为:D085。

4 要求

4.1 耐电晕漆包线漆漆液

漆液的性能要求应符合表1的规定。

表1　耐电晕漆包线漆漆液的性能要求

序号	性　　能	要　　求
1	外观	漆液均匀,无机械杂质和颗粒
2	固体含量	(38±3)%
3	黏度	(300~700)s
4	纳米材料含量	≥6.0%

4.2 耐电晕漆包线漆中的限用物质

耐电晕漆包线漆中的限用物质含量应符合表2的规定。

表 2　耐电晕漆包线漆中限用物质的要求

序号	限用物质	单　位	要　　求
1	镉(Cd)	mg/kg	≤100
2	铅(Pb)	mg/kg	≤1 000
3	汞(Hg)	mg/kg	≤1 000
4	六价铬(Cr^{+6})	mg/kg	≤1 000
5	多溴联苯(PBBs)	mg/kg	≤1 000
6	多溴二苯醚(PBDEs)	mg/kg	≤1 000

4.3　耐电晕漆包线漆涂制的绕组线

绕组线的性能要求应符合表3的规定。

表 3　耐电晕漆包线漆涂制的绕组线性能要求

序号	性　　能		要　　求
1	外观		漆包圆线表面光洁、色泽均匀,无影响性能的缺陷
2	圆棒卷绕		漆膜不开裂(1 d)
3	拉伸		伸长32%后漆膜不开裂
4	急拉断		漆膜不开裂、不失去附着性
5	刮漆	平均值	不低于9.5 N
		最小值	不低于8.1 N
6	耐溶剂		在溶剂中浸泡后漆膜的硬度应不小于"H"
7	耐冷冻剂		萃取物≤0.6%
8	击穿电压	(23±2)℃	5个线样中至少4个不低于4 900 V
		(180±2)℃	不低于3 700 V
9	漆膜连续性		每30 m长度内缺陷数不超过5个
10	耐电晕性		抗高频脉冲电压的能力在规定参数测试条件下寿命应不小于50 h
11	热冲击(220 ℃/30 min)		漆膜不开裂(2 d)
12	软化击穿		在320 ℃温度下2 min内应不击穿
13	温度指数(RTI)		≥180

5　试验方法

除非另有规定,所有试验应在温度为(25±5)℃,相对湿度为(50±5)%的条件下进行,测量前试样应在上述环境下放置足够的时间进行预处理,使试样达到稳定状态。

5.1　耐电晕漆包线漆漆液

5.1.1　外观

将漆液倒入直径15 mm的干燥洁净无色透明的玻璃试管中,在(23±2)℃下静置至气泡消失后,在白昼散射光下对光观察。

5.1.2　固体含量

将玻璃皿(Φ75 mm,高约15 mm～20 mm)在(135±2)℃烘箱中加热30 min,在干燥器中冷却后称量,在皿中加入1.5 g～2.0 g(精确到0.1 mg)试样,使其均匀分布在皿底。在空气中放置30 min后,水平放置于(200±5)℃的烘箱中烘焙1 h,取出玻璃皿放入干燥器内冷却到室温,再称量。

按式(1)计算固体含量 X_1：

$$X_1 = \frac{m_2 - m}{m_1 - m} \times 100\% \qquad \cdots\cdots\cdots\cdots\cdots\cdots(1)$$

式中：

m——玻璃皿的质量，单位为克(g)；

m_1——加热前试样与玻璃皿的质量，单位为克(g)；

m_2——加热后试样与玻璃皿的质量，单位为克(g)。

取三个试样测定值的中间值作为试验结果，取两位有效数字。

5.1.3 黏度

按 GB/T 1981.2—2009 进行，采用 ISO 4 号杯进行试验，试验温度：(20±1)℃。

5.1.4 纳米材料含量

在坩埚内称取大约 5.0 g(精确到 0.1 mg)漆样，经高温焙烧除去有机组分。焙烧条件：(240±5)℃/2 h，(650±5)℃/6 h，至有机物完全除去为止。

按式(2)计算纳米材料含量 X_2：

$$X_2 = \frac{G_0}{G} \times 100\% \qquad \cdots\cdots\cdots\cdots\cdots\cdots(2)$$

式中：

G_0——焙烧后残余物的质量，单位为克(g)；

G——漆样的质量，单位为克(g)。

取两个试样测定值的中间值作为试验结果，取两位有效数字。

5.2 耐电晕漆包线漆中的限用物质

按 GB/Z 21274—2007、GB/Z 21275—2007 和 GB/Z 21276—2007 的规定进行。

5.3 耐电晕漆包线漆涂制的绕组线

5.3.1 线样制备

用符合 GB/T 3953—2009 规定的 Φ0.80 mm 电工圆铜线以动态涂线法制备，有关涂制工艺由供需双方协商确定，漆膜厚度为 2 级。

5.3.2 线样外观

用肉眼观察。

5.3.3 圆棒卷绕

按 GB/T 4074.3—2008 中 5.1 的规定进行。

5.3.4 拉伸

按 GB/T 4074.3—2008 中 5.2 的规定进行。

5.3.5 急拉断

按 GB/T 4074.3—2008 中 5.3 的规定进行。

5.3.6 刮漆

按 GB/T 4074.3—2008 中第 6 章的规定进行。

5.3.7 耐溶剂

按 GB/T 4074.4—2008 中第 3 章的规定进行。

5.3.8 耐冷冻剂

按 GB/T 4074.4—2008 中第 4 章的规定进行。

5.3.9 击穿电压

按 GB/T 4074.5—2008 中第 4 章的规定进行。

5.3.10 漆膜连续性

按 GB/T 4074.5—2008 中第 5 章的规定进行。

5.3.11 耐电晕性

按 GB/T 4074.5—2008 的规定制作绞线对,用耐电晕测试仪进行测试,测试条件为:

脉冲频率:20 kHz;

脉冲上升时间:≤0.4 μs;

脉冲间隔:0.08 μs～25 μs;

脉冲波形:方波;

脉冲极性:双极;

电压(V_{P-P}):3 kV;

温度:≥90 ℃。

5.3.12 热冲击

按 GB/T 4074.6—2008 中第 3 章的规定进行。

5.3.13 软化击穿

按 GB/T 4074.6—2008 中第 4 章的规定进行。

5.3.14 温度指数

按 GB/T 4074.6—2008 中第 5 章的规定进行。

6 检验规则

6.1 出厂检验

6.1.1 每批产品须经生产单位质检部门检验合格发放合格证后,方可出厂。

6.1.2 组批与抽样

在同一反应釜一次生产的耐电晕漆包线漆为一批。

从耐电晕漆包线漆的包装桶中随机抽取 1 桶～2 桶进行取样,取样量为 500 g～1 000 g。

6.1.3 出厂检验项目

出厂检验项目为本标准的 4.1。

6.1.4 判定规则

试验结果中的任何一项不符合要求时,应在该批产品中另取两组试样对不合格项目进行复试,仍有不合格时,则该批产品为不合格。

6.2 型式检验

每三个月进行一次,有下列情况之一时,也应进行:

a) 产品进行鉴定或评定时;

b) 产品的生产原材料、工艺或设备发生重大改变时;

c) 停产三个月恢复生产时。

6.2.1 抽样

在出厂检验合格的产品中,随机抽取不少于 5% 的总包装桶,最少不低于三桶,在每桶中取大致相等的样品混合均匀作为样本。

6.2.2 型式检验项目

型式检验项目为本标准 4.1 和表 3 中除温度指数外的所有项目。

6.2.3 判定规则

试验结果中的任何一项不符合要求时,应在该批产品中另取两组试样对不合格项目进行复试,仍有不合格时,则该批产品为不合格。

6.3 其他

温度指数为产品鉴定检验项目。

漆中的限用物质每六个月进行一次检验,当生产原材料发生重大变化时也应进行检验。

7 标志、包装、贮存和运输

7.1 耐电晕漆包线漆应包装在洁净干燥的铁桶内，并密封好，每桶净重不超过 200 kg。

7.2 耐电晕漆包线漆的贮存期从出厂之日起为六个月。

7.3 其余应符合 GB/T 1981.1—2007 的有关规定。

ICS 29.035.01
K 15

中华人民共和国国家标准

GB/T 27749—2011/IEC 60370:1971

绝缘漆耐热性试验规程 电气强度法

Test procedure for thermal endurance of insulating varnishes—
Electric strength method

(IEC 60370:1971,IDT)

2011-12-30 发布
2012-05-01 实施

中华人民共和国国家质量监督检验检疫总局
中国国家标准化管理委员会 发布

前　言

本标准按照 GB/T 1.1—2009 给出的规则起草。

本标准采用翻译法等同采用 IEC 60370:1971《绝缘漆耐热性试验规程　电气强度法》。

为便于使用,本标准做了下列编辑性修改:

a)　删除了国际标准的前言和引言;

b)　在第 2 章"规范性引用文件"中,将 IEC 60370:1971 所引用标准转化成相应的国家标准。

请注意本文件的某些内容可能涉及专利。本文件的发布机构不承担识别这些专利的责任。

本标准由中国电器工业协会提出。

本标准由全国绝缘材料标准化技术委员会(SAC/TC 51)归口。

本标准起草单位:苏州巨峰电气绝缘系统股份有限公司、浙江荣泰科技企业有限公司、桂林电器科学研究院。

本标准主要起草人:张波、夏宇、曹万荣。

绝缘漆耐热性试验规程　电气强度法

1　范围

本标准规定了确定电气绝缘漆耐热性的一种方法。该方法是通过测量涂覆在玻璃布上的绝缘漆热老化前后的电气强度来确定其耐热性。

本标准用来评估温度指数,以便于确定电气绝缘漆在电气系统中的适用性。

2　规范性引用文件

下列文件对于本文件的应用是必不可少的。凡是注日期的引用文件,仅注日期的版本适用于本文件。凡是不注日期的引用文件,其最新版本(包括所有的修改单)适用于本文件。

GB/T 1408.1—2006　绝缘材料电气强度试验方法　第1部分:工频下试验(IEC 60243-1:1998,IDT)

GB/T 10580—2003　固体绝缘材料在试验前和试验时采用的标准条件(IEC 60212:1971,IDT)

GB/T 11026.1—2003　电气绝缘材料　耐热性　第1部分:老化程序和试验结果的评定(IEC 60216-1:2001,IDT)

GB/T 11026.3—2006　电气绝缘材料　耐热性　第3部分:计算耐热特征参数的规程(IEC 60216-3:2002,IDT)

GB/T 11026.4—1999　确定电气绝缘材料耐热性的导则　第4部分:老化烘箱　单室烘箱(IEC 60216-4-1:1990,IDT)

3　概述

3.1　本标准用于确定涂覆在玻璃布上的漆经高温老化后电气强度的保持率。在评价绝缘漆在电气设备的适用性时,其物理和化学性能诸如硬度、粘结强度、耐溶剂性和热塑流动性是同等重要的,但这些性能的评定不在本试验方法范围内,应用其他试验方法分别评定。

影响电气绝缘漆寿命的一个主要因子是热劣化,由于热劣化使漆变脆,各种运行状况如潮气和振动均会引起电气设备的破坏,一种绝缘漆只有当它保持完整的物理和电气性能时才能有效地保护电气设备。

漆的热劣化导致其性能的变化,这些变化可能包括有质量损失、气孔、开裂、变脆和其他机械性能的丧失。漆的热劣化还通过电气强度的下降来检查。因此,本试验方法采用电气强度作为失效判断标准。

电气绝缘漆在使用中由于振动和热膨胀而经受弯曲,据此,功能性试验将包括绝缘的弯曲和延伸。

3.2　本标准推荐两种方法:

方法Ⅰ——设计成使漆样的外表面经受约2%的延伸的曲面电极系统。这是模拟漆在使用中可能会经受到的弯曲。

方法Ⅱ——平板电极系统。此方法仅仅是说明热劣化的影响,试样不受如方法Ⅰ中的弯曲,在确定热老化过程中所显出的电气弱点时,没有附加的机械延伸的影响。

两种方法的试验结果说明老化后是否弯曲对电气强度有本质的影响。

3.3　本标准中试样按指定的周期在高温烘箱中老化,然后从烘箱中取出,冷却后进行电气强度试验,每一温度点下的热寿命由电气强度下降到某一预定值所需要的老化时间来确定。此预定值的选择基于漆在拟定用途中的某些功能特性,然后从老化温度与热寿命的关系曲线中确定相对耐热性。

4 试样

4.1 试样准备

4.1.1 玻璃布片应从连续编织的玻璃布上切取。玻璃布的厚度为 0.1 mm～0.8 mm,每单位面积质量为 90 g/m² ～140 g/m²、每厘米经线 20～60 根,纬线 16～24 根。如果无法获得上述特定经、纬线数的玻璃布,试验时应采用经、纬数标准的玻璃布。

4.1.2 曲面电极尺寸的设计是使 0.1 mm 厚的玻璃布涂成总厚度为 0.175 mm～0.185 mm 的试样外表面经受约 2% 的延伸,值得注意的是较大厚度会使延伸增加,从而显著影响老化结果。

4.1.3 玻璃布应经热处理去除处理剂。推荐热处理过程为 250 ℃下 24 h,400 ℃下 24 h,特别注意:加热超过 450 ℃会损伤玻璃布。

4.1.4 每块玻璃布的尺寸为 15 cm×30 cm,平行于布的经线方向为 30 cm。每块玻璃布应固定在一合适的试样框架上。这种框架可以用 1 m 长直径为 1.7 mm 的耐腐蚀导线弯成的矩形,内部尺寸为 15 cm×30 cm,导线的两端在一个弯角处重叠 5 cm 并扎在一起。

4.1.5 每个老化温度需要 12 个或 12 个以上的试样。应采用适当的架子使试样框架以最小为 2.5 cm 间隔垂直地悬挂在烘箱中。

4.2 浸漆

把固定好的玻璃布片浸在漆中制备试样。应在室内,最好在(23±2)℃及(50±5)% 相对湿度下制备。

通过试浸调节漆的黏度,使二次或多次涂覆后玻璃布上总的厚度增加为(0.08±0.005)mm。玻璃布片应以长度方向浸入漆中 30 cm 直至气泡消灭,以 10 cm/min 的速度缓慢均匀地取出,然后滴干0.5 h。试样后来的每次浸漆时应把方向颠倒过来,以得到更为均匀的涂层。每次浸漆后试样应以与该次浸漆同样垂直的状态,按漆的制造单位规定的温度与时间烘焙。

4.3 测量仪器

厚度测量应采用螺旋千分尺,上下表面的直径为 6 mm～8 mm,并具有能控制两表面间力的机构,通常该力应为 10 N。

取 5 次测量的平均值作为试样厚度。

千分尺应定期校正,其精度应在 3 μm 之内。

5 试验设备

5.1 方法Ⅰ——曲面电极试验装置

此装置应按图 1 所标明的尺寸。电极应用抛光黄铜制成,上电极(可动电极)质量应为 1.8 kg,上电极或下电极能充分移动以保证试样与两电极之间紧密的接触。为此,在下电极下放一块柔软的橡皮垫。

5.2 方法Ⅱ——平板电极试验装置

电极是由直径为 6 mm 的一对圆柱形黄铜棒做成,其边缘倒成半径为 1.0 mm 的圆角,电极表面应光滑、平整且平行,两电极彼此应精确对齐,上电极(可动电极)总的质量是(50±2)g,采用任何一种符合这些要求的固定装置及导向装置均可。

5.3 电气强度试验设备

电气强度试验设备应符合 GB/T 1408.1—2006 的要求。

5.4 老化烘箱

老化烘箱应符合 GB/T 11026.4—1999 的要求。

6 老化温度和时间

试样应在不少于三个的温度点下老化。老化温度应包括足够的温度范围以便于确定相对耐热性，各老化温度点之间至少相差 20 ℃，最低的老化温度点的选择应使该老化温度点下的寿命不低于 5 000 h。热寿命低于 100 h 的老化温度不应采用。

为减少在外推温度指数时的误差，最低老化温度的选择原则为确定温度指数而进行的外推不大于 25 ℃。

参考 GB/T 11026.1—2003 中 5.5"暴露温度和时间"。

7 试验程序

7.1 厚度测量

老化之前每个试样测量五个点的厚度，取其平均值作为平均初始厚度，采用 4.3 描述的仪器沿试样中心平行于 30 cm 长度方向测量。

7.2 初始电气强度测量

从每组试样中取一块试样在（23±2）℃、（50±5）％相对湿度下处理至少 4 h，按 GB/T 1408.1—2006 中 10.1 采用短时试验进行电气强度试验，升压速率应采用 0.5 kV/s。离试样一端 4 cm 开始，间隔为 4.5 cm 进行六次电气强度测量，在方法Ⅰ中，试样应使经线受弯曲的方式装入曲面电极中，两种方法电极都应小心轻放防止损伤试样。

7.3 老化和试样检测

五个试样用铝箔或其他耐久的符号作上标记，装在 4.1 所述的试样框架上，然后把安好试样框架的装置投入老化烘箱，所处的位置应离烘箱壁至少 10 cm，试样应平行于空气流动的方向。当老化时间达到在选定老化温度点下估计热寿命的 25％、50％、100％这三个时间时各取出一个试样，试样取出后应放在（23±2）℃、（50±5）％相对湿度下处理至少 4 h，然后按方法Ⅰ或方法Ⅱ进行电气强度试验。

在达到估计热寿命 50％的时间时，把另五个作好标记的试样投入烘箱，同样，在达到热寿命 75％的时间时把剩余的试样投入烘箱，将每一试样的平均电气强度作为纵坐标，相应的老化时间作为横坐标画在适当的坐标纸上，如果寿命估计低了，留在烘箱内的首批投入的一组试样中的一个应在估计热寿命的 150％时取出并进行试验。这样，根据已获得的老化试样的数据选择一定的时间间隔取出各个剩余试样，以便作出电气强度与暴露时间的曲线。

如有必要，在作出的点之间或这些点之外可以补充，这样的程序保证有足够的试样来完成整个老化过程。老化应连续进行，直到击穿电压达到规定终点电压的 2/3 或老化时间不少于 6 000 h 为止，如果在某一老化温度点下，估计热寿命大于 5 000 h，时间的上限应适当延长。

8 计算

8.1 电气强度终点值

除非另有规定,推荐终点值为 12 MV/m 作为标准,这个终点值的选择是任意的,此值是根据实际使用寿命的经验而定。如 7.3 所说明的希望试验连续进行到选定的终点值以下,以便终点确定得校准。

作出每一温度点的平均电气强度与以小时为单位的老化时间的关系曲线,还应标明 95% 的置信界限,从此曲线上确定相应于 12 MV/m(以初始厚度为基础)的老化小时数,称此为热寿命。

当供需双方同意时,也可以采用其他终点值,例如未老化的平均初始电气强度的百分数。

8.2 相对热寿命

按照 GB/T 11026.3—2006 所建议的以时间对数为纵坐标,绝对温度的倒数为横坐标,在坐标纸上画出每个温度点下以小时为单位的热寿命。

多数情况下该图十分接近于一条直线,用回归分析画出直线,表示材料的热寿命与温度的函数关系。

对应于电气强度为 12 MV/m(以初始平均厚度为基础)的老化小时数,从这条曲线上确定热寿命。

9 报告

本试验的结果报告应包括下列内容:

a) 漆的品种、型号、制造单位、物理性能等;

b) 所用玻璃布每单位面积的质量、结构(每厘米的经纬数)以及厚度;

c) 试验中所用的电极系统(方法 I 和方法 II);

d) 如果有的话,注明试样的特殊处理达到要求所需要的浸渍次数;

e) 制备试样所用的固化温度和时间;

f) 试样做初始电气强度试验时的平均厚度;

g) 平均初始电气强度;

h) 每个老化周期的平均电气强度;

i) 平均电气强度和可靠性为 95% 的置信界限与暴露小时数的函数关系图,并说明在曲线上相应于 12 MV/m 时的终点小时数,如果选用其他终点值,应与相应的热寿命一起表示出来;

j) 时间对数与绝对温度倒数的相对热寿命函数关系图;

k) 按 GB/T 11026 确定终点标准及温度指数。

单位为毫米

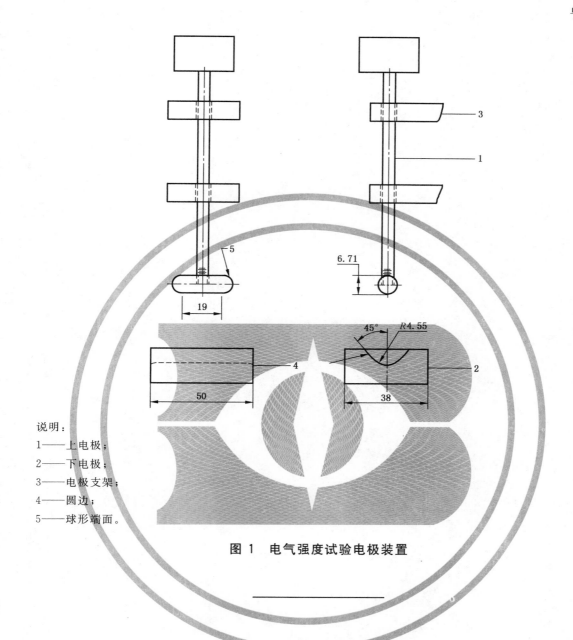

说明：
1——上电极；
2——下电极；
3——电极支架；
4——圆边；
5——球形端面。

图 1 电气强度试验电极装置

第 4 部分:树脂浸渍
纤维制品类

ICS 29.035.60
K 15

中华人民共和国国家标准

GB/T 1310.1—2006/IEC 60394-1：1972
代替 GB/T 1310—1987

电气用浸渍织物
第 1 部分：定义和一般要求

Varnished fabrics for electrical purposes—
Part 1：Definitions and general requirements

（IEC 60394-1：1972，IDT）

2006-11-09 发布　　　　　　　　　　　　2007-04-01 实施

中华人民共和国国家质量监督检验检疫总局
中国国家标准化管理委员会　发布

前　言

GB/T 1310《电气用浸渍织物》目前包括 3 个部分：

——第 1 部分：定义和一般要求；

——第 2 部分：试验方法；

——第 3 部分：单项材料规范。

本部分为 GB/T 1310 的第 1 部分。

本部分等同采用 IEC 60394-1:1972《电气用浸渍织物　第 1 部分：定义和一般要求》（英文版）。

为便于使用，本部分做了下列编辑性修改：

a)　删除了国际标准的前言，将国际标准的"引言"内容编入本部分第 1 章"范围"中；

b)　将第 2 章的"PETP"改为"PET"。

本部分代替 GB/T 1310—1987《电气绝缘漆布检验、标志、包装、运输、贮存通用规则》。

本部分与 GB/T 1310—1987 相比主要变化如下：

a)　增加了"范围"、"代号"、"定义"、"一般要求"和"尺寸"章节及内容；

b)　删除了"检验规则"一章；

c)　将"标志和包装"和"运输和贮存"的内容合并为第 6 章"供货条件"；

d)　产品的贮存条件和贮存期改为由单项材料规范规定。

本部分由中国电器工业协会提出。

本部分由全国绝缘材料标准化技术委员会（SAC/TC 51）归口。

本部分起草单位：桂林电器科学研究所。

本部分主要起草人：赵莹。

本部分所代替标准的历次版本发布情况为：

——GB/T 1310—1977、GB/T 1310—1987。

电气用浸渍织物
第1部分:定义和一般要求

1 范围

本部分规定了电气用浸渍织物有关的定义和应达到的一般要求。

本部分适用于以棉、天然丝或合成纤维(包括玻璃纤维)织物为基材,以整幅成卷、成张或切成各种宽度的带材供应的浸渍织物。

2 代号

浸渍织物用代号表示时,先表示漆或树脂的类别,然后表示基材的类型,下面列举了几种比较常用的材料代号:

漆的类别

    OR   油性树脂

    PF   酚醛

    AK   醇酸

    PUR   聚氨酯

    EP   环氧

    SI   有机硅

    BT   沥青

基材的类别

    C   棉

    R   人造丝

    S   丝

    PET   聚对苯二甲酸乙二醇酯

    G   玻璃

    PA   聚酰胺

例如:油性树脂-棉浸渍织物,OR/C;环氧-玻璃布浸渍织物,EP/G。

需要时可将代号字母联用,以省略说明。

如果有明显需要,可添加其他材料及符号。

注:耐热性试验方法正在考虑,一旦可能就提出表示耐热性的附加代号。

材料表面涂层的状态(例如干燥、油污、发粘以及颜色等)由供需双方协商。

3 定义

下列定义适用于本部分。

3.1

整幅宽材料　full width material

带或不带织边的具有生产宽度的(例如1 m的定货宽度)材料。

3.2

分切材料　slit material

从整幅材料上分切下来的不带织边的材料。

3.3

直切料　straight-cut

平行于材料经线方向分切的材料。

3.4

斜切料　bias-cut

经线和纬线与切边成非 0°或非 90°角分切的材料。

3.5

条状斜切料　panel form bias-cut

未接合在一起的短段斜切材料。

3.6

缝合斜切料　sewn bias-cut

短段斜切材料在浸漆前或浸漆后缝合在一起形成有连续长度的材料。

3.7

粘合斜切料　stuck bias-cut

短段斜切材料在浸漆后用胶粘剂粘合在一起形成有连续长度的材料。

3.8

无接头斜切料　seamless bias-cut

用螺旋切割法从编织圆筒布上分切出有连续长度的斜切料,然后再浸漆的材料。

4　一般要求

4.1　质量

任何一批交付的材料应尽可能一致,并且在每卷材料全长上的性能都应在本部分的范围之内。浸渍织物应柔软,表面应均匀、平滑并且没有漆泡、气孔、折皱和裂缝等缺陷。应易于开卷,不应受到损伤。

4.2　斜切材料的接头

4.2.1　缝合或粘合的斜切材料

在任何两个相邻的接头之间,材料的长度应不小于 1.2 m。

接头不需标志,接头处的拉伸强度应不小于单项材料规范规定的拉伸强度最小值,除非供需双方另有协议。

用来粘合接头的胶粘剂或胶粘带以及粘接方法应在供需双方签订的合同中提出。

4.2.2　条状斜切材料

应由不小于 1.2 m 长的若干单条材料卷成所推荐的卷长。可将单条材料用夹垫有连续长度的合适材料卷成具有合适的总长度的卷。

5　尺寸

5.1　厚度

浸渍织物的标称厚度应是下列尺寸之一:0.06 mm、0.08 mm、0.10 mm、0.12 mm、0.15 mm、0.20 mm、0.25 mm、0.30 mm、0.40 mm、0.50 mm、0.60 mm。

所测厚度的中值应在标称值±10％之内或在标称厚度±0.01 mm 之内,这两者中取其公差较大的一个。

测量应按试验方法规定进行。

5.2　宽度

整幅宽材料(例如 1 m 宽)应有±2.5％的公差。对于宽度稍窄的材料,其公差应由供需双方协议确定。

分切材料的公差对小于和等于 100 mm 宽的材料应是 ±0.5 mm,而大于 100 mm 宽的材料应是 ±1%。

5.3 长度

卷材的标称长度是最小长度,推荐的长度是 50 m 和 100 m。

除了条状斜切材料外,任何其他卷材每卷中的段数不应多于两段,而且每段的长度不应小于 10 m。如果在两段之间的接头上,不能保持材料的电性能或机械性能或这两种性能,则接头应作标志。

接头标志应采用不开卷就能看见的方法制作。

6 供货条件

材料应卷在硬纸芯或其他合适的芯轴上,芯轴的内径应由供需双方协商,最好应是 40 mm 或 55 mm。成张的材料可成叠供货。

材料应放在包装物中,使其在运输、装卸和贮存过程中可得到适当的保护。

材料的型号、宽度和厚度,卷材的长度或成叠材料的张数以及制造日期应清楚地标志在每个包装物的外面。

ICS 29.035.99
K 15

中华人民共和国国家标准

GB/T 1310.2—2009/IEC 60394-2：1972
代替 GB/T 1309—1987

电气用浸渍织物
第 2 部分：试验方法

Varnished fabrics for electrical purposes—
Part 2：Methods of test

（IEC 60394-2：1972，IDT）

2009-06-10 发布   2009-12-01 实施

中华人民共和国国家质量监督检验检疫总局
中国国家标准化管理委员会 发布

前　言

GB/T 1310《电气用浸渍织物》包括三个部分：
——第1部分：定义和一般要求；
——第2部分：试验方法；
——第3部分：材料规范。

本部分为 GB/T 1310 的第2部分。

本部分等同采用 IEC 60394-2：1972《电气用浸渍织物　第2部分：试验方法》（英文版）。

为便于使用，本部分删除了 IEC 标准的前言，将 IEC 的引言内容编入本部分前言中。

本部分代替 GB/T 1309—1987《电气绝缘漆布试验方法》。

本部分与 GB/T 1309—1987 相比在编辑格式上作了较大修改。

本部分由中国电器工业协会提出。

本部分由全国绝缘材料标准化技术委员会（SAC/TC 51）归口。

本部分起草单位：桂林电器科学研究所。

本部分主要起草人：罗传勇。

本部分所代替标准的历次版本发布情况为：
——GB/T 1309—1987。

电气用浸渍织物
第2部分:试验方法

1 范围

GB/T 1310 的本部分规定了电气用浸渍织物的试验方法。

本部分适用于电气用浸渍织物。

2 规范性引用文件

下列文件中的条款通过 GB/T 1310 的本部分的引用而成为本部分的条款。凡是注日期的引用文件,其随后所有的修改单(不包括勘误的内容)或修订版均不适用于本部分,然而,鼓励根据本部分达成协议的各方研究是否可使用这些文件的最新版本。凡是不注日期的引用文件,其最新版本适用于本部分。

GB/T 1408.1—2006 绝缘材料电气强度试验方法 第1部分:工频下试验(IEC 60243-2:1998,IDT)

3 试验一般说明

3.1 选取的试样对整批材料具有代表性。

3.2 试样切下后应在(23±2)℃和相对湿度(50±5)%条件下处理24 h。若试验不在标准大气下进行,则试验应从标准大气中取出后在5 min内完成。

4 厚度

4.1 试验仪器

4.1.1 外螺旋式测微计,测量面直径为6 mm~8 mm。测量面的不平度应小于0.001 mm,两个面间的不平行度应小于0.003 mm,螺距为0.5 mm,具有50个0.01 mm的分度,使读数可估计到0.002 mm,作用在试样上的压力为10 N/cm²~20 N/cm²。

4.1.2 静重表盘式测微计,具有两个磨光和重合的同心圆面,其不平度小于0.001 mm,两个面间的不平行度小于0.003 mm,上平面的直径应为6 mm~8 mm,下平面应比上平面大,上平面可在垂直于两平面的轴线上移动。表盘面的刻度可直接读到0.002 mm。测微计的框架应是坚固的,当对表盘壳施加15 N的力且与静重块或压脚轴不接触时,测微计表盘上所显示的框架形变应不大于0.002 mm。作用在试样上的压力应为10 N/cm²。

4.1.3 用于校验仪器的量规应精确到标定尺寸的±0.001 mm之内。仪器的指示厚度与量规之差应不大于0.005 mm。在有争议的情况下,应使用静重式测微计。

4.2 试样

4.2.1 整幅材料

沿卷材幅宽横向切取宽度为25 mm,长度等于卷材幅宽的试样一条。

4.2.2 分切材料

从卷上切取长度为1 m的试样一条。

4.3 程序

测量材料的厚度,沿着试样的长度方向测量九点,各点间距不小于75 mm。不应在所有的接头和带边处测量。

4.4 结果

记录九个测量值,结果取中值。

5 耐水解性

5.1 试样

一片约为 125 mm×50 mm 的浸渍织物或者相等面积的窄条。

5.2 程序

把试样卷起,放进一个厚壁的硼硅酸盐试管,试管长约 125 mm,直径约 16 mm(见图 1),试管中加入 2 mm 深的蒸馏水。

取一段直径约 0.6 mm 的镀锡铜线,把靠近试样的那一端弯成与长度方向成直角的圆圈,然后把铜线插入试管中。截断铜线使它能全部插在试管中起阻滞作用,防止试管密封或翻转时试样滑进水里。

密封试管,例如在火焰上将试管开口端拉细密封,注意不应使密封处试管壁的厚度过分地减小。

试管冷却后垂直地放于烘箱中,密封端向下,在(105±2)℃下保持按材料规范规定的时间。

5.3 结果

试验之中随时并在规定周期终点之后,检查试样上漆膜流动的现象。漆膜不应呈现显著的流动。在已经达到规定时间而漆膜没有显著的流动时,将试样从试管中取出,检查试样的表面状况,如粘连,开卷时漆膜的移动和溶胀,记录观测结果。

> 注:为把爆炸的危险和对人的伤害减到最小程度,本试验必须采用厚壁试管,作为安全预防措施,建议把人和试管分隔开。

6 织物对油的影响

6.1 程序

把 10 g 左右的浸渍织物切成面积约为 50 mm^2 的小片,放进盛有变压器油的容器中。浸渍织物与油的质量比应是 1:10。容器放进(105±2)℃的恒温浴中保持 72 h。同时,盛有相同质量的油但不放浸渍织物的另一个容器也放在恒温浴中。

在一个锥形瓶中倒入 50 mL 的甲苯和乙醇(2:1)的混合液,在回流冷凝器下沸腾 5 min,然后加进 4 滴～5 滴酚酞指示剂,趁热用 0.05 mol/L 的氢氧化钾醇溶液中和直到一出现颜色变成粉红色即终止。加入 8 g～10 g 与浸渍织物一起加热过的变压器油到这个瓶中,在回流冷凝器下,连续搅拌煮沸 5 min,然后加入 4 滴～5 滴酚酞指示剂,趁热用 0.05 mol/L 的氢氧化钾醇溶液在连续搅拌下滴定混合液,直到混合液的下层颜色开始转变成粉红色为止。

再用未和浸渍织物一起加热过的变压器油作空白试验。

> 注:所用的变压器油应满足 IEC 60296 中规定的Ⅱ级变压器油的要求。

6.2 结果

被试油的酸值(mg KOH/g 油)按下式计算:

$$\frac{(V_1 - V_2) \times T \times 56.10}{m}$$

式中:

V_1——滴定被试油的 KOH 醇溶液的用量,单位为毫升(mL);

V_2——空白试验中,滴定被试油的 KOH 醇溶液的用量,单位为毫升(mL);

T——KOH 醇溶液的摩尔浓度,为 0.05 mol/L;

m——被试油的质量,单位为克(g)。

以两次平行滴定结果的算术平均值作为酸值。

7 油或其他液体对浸渍织物的影响

7.1 试样

取五个长约 125 mm，宽约 40 mm 的试样。材料宽度小于 40 mm 时，应在供货宽度上试验，长度应选择到能按 7.2 进行缠绕。

7.2 程序

每条试样螺旋形半叠包缠绕到一根直径为 10 mm～12 mm 的金属棒上，包绕长度 100 mm。将棒浸入一个充有试验液体的玻璃容器中，并在 105 ℃±2 ℃的电热烘箱中加热 48 h。当试样冷至室温后立即解开试样，检查表面粘连、漆膜移动和溶胀。

7.3 结果

如有任何损坏，记录其特征。

8 拉伸强度和断裂伸长率

8.1 试验设备

无论是恒速加载的试验机或是恒速行进的试验机都可以采用，试验机最好是在动力驱动时，刻度能读到规范要求值的 1%。

8.2 试样

采用五个试样，试样的长度应满足试验机的两个夹头之间长度为 200 mm 的要求，宽度不超过 15 mm。

试验整幅直切材料时，应从经向切取五个试样，并用同样的方法再从纬向切取五个试样，以代表整块材料，并使在同一方向上切取的两个试样不含有同一条经线。

当试验整幅斜切材料时，沿材料的纵向切取试样，以代表整块材料。

分切材料用交货宽度进行试验，最大宽度不超过 15 mm。

8.3 程序

把一个试样装在试验机中，施加负荷的方法是从施加负荷开始在 60 s±10 s 内达到规定的最低拉伸强度，继续施加负荷直到试样断裂。记录产生 6% 和 10% 伸长率时所需的负荷、断裂负荷和断裂伸长率。

若试样拉断不正常或断裂在试验机的夹头内或夹头处，则应舍弃此结果，并用另一个试样重做试验。

当测定接头处的拉伸强度时，接头位置要放在两夹头的中间位置上。

8.4 结果

拉伸强度取五个试样断裂负荷的中间值，计算材料的拉伸强度，用每 10 mm 宽度上的负荷（牛顿）表示。

伸长率为 6% 和 10% 时的应力分别取产生 6% 和 10% 伸长率时的负荷的中间值，用每 10 mm 宽度上的负荷（牛顿）表示。

断裂伸长率取五个试验值的中值，用两个夹头之间试样长度的 % 表示。

9 内撕裂强度

9.1 试验设备

采用一台落摆式撕裂试验机，Elemendorf 式或其他适合于本试验的设备都可采用（见图 2）。

9.2 试样

取尺寸约为 100 mm×63 mm 的试样五个，其长边平行于经线，再取同样尺寸的五个试样，其长边平行于纬线。用适宜的剪切装置在每一个试样的一个 100 mm 边的中间剪一个切口（通常在试验设备上都附有这种剪切装置)。

切口的终端离试样未剪切的那个 100 mm 边的距离应是 43.0 mm±0.15 mm(即等撕裂长度),切口的长度不要求很严格。

如材料还要求在空气中加热后试验,则需从经纬方向上另取一组试样十个。

9.3 程序

试验中试样的处理非常重要,见第 3 章。

9.3.1 收货状态材料

将摆升到起始位置,并把指针拨到停止楔所固定的位置。试样紧固在夹子里,试样的对准要使它的底边与止块对齐,它的上边平行于夹子的上边,窄边的纬向纱线精确地垂直于夹子上下边。旋紧固定螺丝,夹紧夹子,在两个夹子上所用的力大致相同。试样应自然地放着,使其上表面直接朝着摆,以保证发生剪切作用。放开摆锤。拿下摆楔,直到撕裂完成以后,用手拿住摆回的摆,不要弄乱指针的位置,读出标尺上最接近刻度线的值。

9.3.2 空气中加热后的材料

将五个试样正常化处理 1 h,将其余五个试样在强制通风烘箱中处理 48 h。烘箱内的空气应对流,与外界空气充分混合,每小时至少换气四次。烘箱温度按产品规范的规定,它是从 IEC 60212 的表中选取的。在标准大气中冷却至室温,按 9.3.1 规定在 1 h 内完成试验。

9.4 结果

试样的撕裂强度是把标尺的实际读数乘以仪器的常数计算得到,以牛顿为单位。

报告撕裂强度的中值和最大值及最小值。

若撕裂强度大于仪器的最大量程,结果应以大于该值表示。

10 边缘撕裂强度

10.1 设备

试验机如 8.1 所述,带有如图 3 所示的固定装置。

10.2 试样

取九个试样,每个试样长约 300 mm,宽不超过 15 mm。

10.3 程序

试样插入固定装置的斜槽中,该装置夹在拉力试验机的上夹头里,试样两端拉齐后夹在试验机的下夹头里。通过螺丝把一个可调的橡皮块轻轻地压在试样上面,防止试样在固定装置的斜槽中滑动。从开始施加应力到试样撕裂为止,所用的时间应为(20±5)s,读出边缘开始撕裂时的力。

10.4 结果

报告九次测量的中值,以牛顿表示。

11 电气强度

试验应按 GB/T 1408.1—2006 进行。

11.1 仪器

11.1.1 对试验仪的一般要求

仪器应符合 GB/T 1408.1—2006 中第 8 章规定。

11.1.2 未拉伸材料的试验仪器和电极

仪器和电极应符合 GB/T 1408.1—2006 中 5.1.2。电极的两个平面应平行,不允许有凹坑或其他缺陷,图 4 表示一个合适的试验装置。

11.1.3 拉伸后材料的试验仪器和电极

可将拉伸带材的适宜措施加到如 11.1.2 所述的仪器上,一个可用的装置如图 5 所示。

拉伸仪器有一个坚固的框架,在相对的两边上装上两个相似的夹具,其距离不小于 330 mm。

其中一个夹具的旁边有一个用手柄旋转的圆辊,可将试样夹到辊上。为拉伸试样,框架可安排不止一个试样。几个夹子分列在相对的两边上。

框架的安装要使拉伸后的试样处在试验台或底板面上 50 mm 处,以与上面 11.1.2 所述电极装置下电极的上表面相吻合。

试样的伸长率用一个轻的纸尺或铝尺来测量,尺的长度约为 290 mm,用线绑在试样上,绑扎线离开夹具一端约 25 mm。尺的另一端在离夹具 250 mm 处开始标志出伸长百分率。在试样被拉伸前,以一轻小的指针夹在试样上尺的一读数处,当试样被拉伸后可以从尺上读出相应的伸长率。

11.2 试样和试验次数

所有试样长为 450 mm,宽为 25 mm。

应按 GB/T 1408.1—2006 中第 10 章,试验次数应是五次。

五次试验可在同一试样上做,若其中任一试验结果偏离中值 15%,应另外再做五次。

注:当被试材料比 25 mm 窄时,要采用防飞弧装置。

11.3 程序

11.3.1 室温下电气强度

试样在 23 ℃和相对湿度 50%的标准大气下处理 48 h。试验应在每一试样从规定的大气中取出后 5 min 内做完。

应按 GB/T 1408.1—2006 中 10.1(短时试验)施加电压。

11.3.2 高温下电气强度

将试样放入产品规范规定温度的烘箱中加热 10 min,再把预热到规定温度的电极装好。在按 11.3.1 进行测试的过程中应使试样及电极保持规定温度。在上电极底部用适宜的方法测量温度。

11.3.3 拉伸后材料的电气强度

应按 11.3.1 对试样进行处理。在(23±2)℃下或从规定大气中取出后 5 min 内在 11.1.3 所述的仪器上拉伸每一试样到规定伸长率。试样在(23±2)℃下保持 10 min～30 min,然后在机械拉伸状态下放进电极装置中。

应按 GB/T 1408.1—2006 中 10.1,在(23±2)℃下或从规定大气中取出后 5 min 内施加电压。

击穿判断应按 GB/T 1408.1—2006 第 11 章规定。

11.3.4 弯折后材料的电气强度

应按 11.3.1 对试样进行处理。

将数倍厚度的材料叠进行弯折,实际倍数按产品规范规定。为进行弯折,把一个长 35 mm,直径 50 mm,能产生 20 N 作用力的圆辊沿着弯折线滚压,圆辊的一头应伸出弯折线 1 mm～2 mm。

打开弯折过的试样,把试样夹在两个电极之间,使弯折线处在电极的中心线上,应按 GB/T 1408.1—2006 中 10.1 规定施加电压。

击穿判断应按 GB/T 1408.1—2006 中第 11 章规定。

11.3.5 在 23 ℃或 40 ℃,相对湿度 93%时处理 96 h 后的电气强度

按 GB/T 1408.1—2006 中第 3 部分规定,试样于(23±2)℃或(40±2)℃,相对湿度(90±2)%的大气中处理 96 h。应按 GB/T 1408.1—2006 中 10.1 所述,每一试样规定从大气中取出后,应在 5 min 内对其施加电压。

击穿判断应按 GB/T 1408.1—2006 中第 11 章规定。

11.4 结果

报告应按 GB/T 1408.1—2006 中第 11 章规定,取中值作为结果,用 V(击穿电压)表示。

12 耐热性试验

待定。

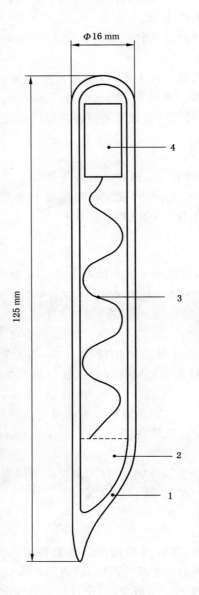

1——厚壁硼硅酸盐试管(密封的);

2——2 mL 蒸馏水;

3——螺旋形弯绕的大约 Φ0.6 mm 镀锡铜线;

4——浸渍织物试样。

图 1 耐水解性配置图

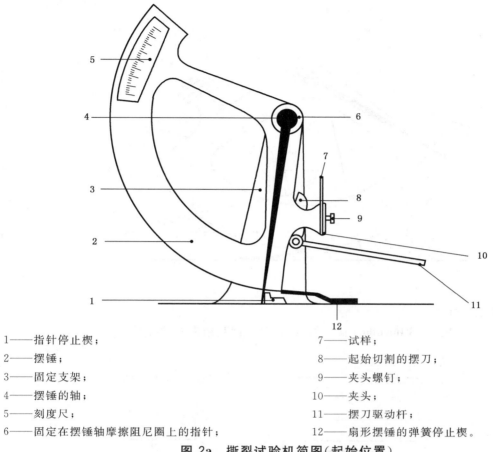

1——指针停止楔；   7——试样；
2——摆锤；   8——起始切割的摆刀；
3——固定支架；   9——夹头螺钉；
4——摆锤的轴；   10——夹头；
5——刻度尺；   11——摆刀驱动杆；
6——固定在摆锤轴摩擦阻尼圈上的指针；   12——扇形摆锤的弹簧停止楔。

图 2a 撕裂试验机简图（起始位置）

单位为毫米

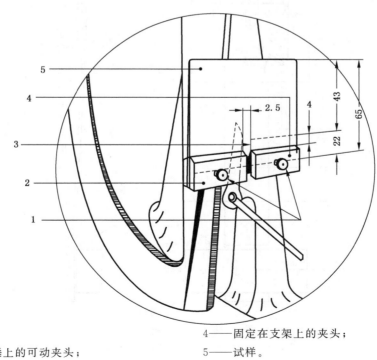

1——紧固螺钉；   4——固定在支架上的夹头；
2——固定在摆锤上的可动夹头；   5——试样。
3——起始切割口；

图 2b 撕裂试验机简图（起始位置）

165

单位为毫米

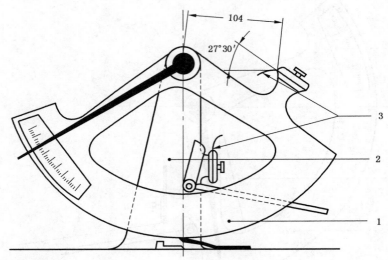

1——摆锤；

2——固定支架；

3——撕裂后的试样。

图 2　Elmendorf 撕裂试验机简图（试验结束时的位置）

单位为毫米

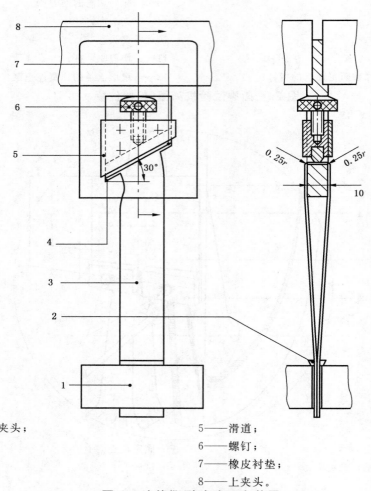

1——带衬垫的下夹头；　　　　　　5——滑道；

2——衬垫；　　　　　　　　　　　6——螺钉；

3——试样；　　　　　　　　　　　7——橡皮衬垫；

4——斜槽；　　　　　　　　　　　8——上夹头。

图 3　边缘撕裂试验固定装置

单位为毫米

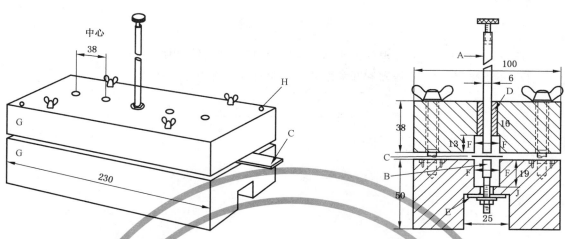

A——与衬垫 D 配合很好的上电极；

B——下电极；

C——试样；

D——内径恰好适于 6 mm 圆棒的黄铜衬垫；

E——连接所有下电极的黄铜条；

F——搭盖在试样边缘的 25 mm 宽的漆布条；

G——适合的绝缘材料块，如层压纸板；

H——榫头；

J——带内螺纹的黄铜衬套。

a）仪器的一般布置　　　　　　　　　　　b）通过电极的仪器剖面（上电极稍微升级）

图 4　漆布常用电极装置的典型示例

单位为毫米

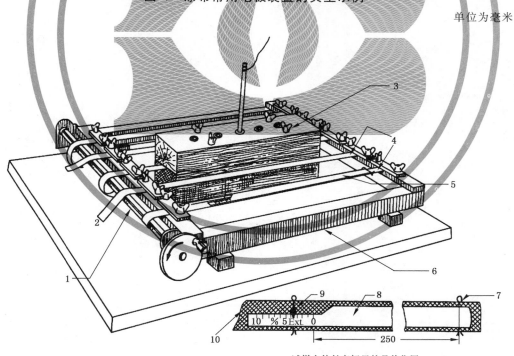

试样上伸长率标尺的具体位置

1——拉伸圆辊；

2——软钢；

3——电极装置；

4——试样；

5——伸长率标尺；

6——拉伸框架；

7——夹子；

8——尺子；

9——指针；

10——试样。

图 5　分切材料拉伸时电气强度试验装置

参 考 文 献

[1] IEC 60212:1971 固体电气绝缘材料在试验前和试验时采用的标准条件
[2] IEC 60296:2003 变压器和开关用的未使用过的矿物绝缘油规范

ICS 29.035.99
K 15

中华人民共和国国家标准

GB/T 7113.1—2014
代替 GB/T 7113—2003

绝缘软管

第1部分：定义和一般要求

Flexible insulating sleeving—

Part 1：Definitions and general requirements

（IEC 60684-1：2003，MOD）

2014-07-24 发布
2015-02-01 实施

中华人民共和国国家质量监督检验检疫总局
中国国家标准化管理委员会　发布

前　言

GB/T 7113《绝缘软管》分为以下几个部分：

——第1部分：定义和一般要求；

——第2部分：试验方法；

——第3部分：聚氯乙烯玻璃纤维编织软管；

——第4部分：丙烯酸酯玻璃纤维编织软管；

——第5部分：硅橡胶玻璃纤维编织软管；

——第6部分：聚氨酯(PUR)玻璃纤维编织软管；

……

本部分为GB/T 7113的第1部分。

本部分按照GB/T 1.1—2009给出的规则起草。

本部分代替GB/T 7113—2003《绝缘软管　定义和一般要求》，与GB/T 7113—2003相比主要变化如下：

——对标准"范围"作了进一步说明；

——增加了"订货"、"质量鉴定要求"、"尺寸和/或颜色的相关性"、"委托检验"等章节，删除了"一般要求"一章(见第6章、第12章、第13章和第14章，2003年版第5章)。

本部分使用重新起草法修改采用IEC 60684-1:2003《绝缘软管　第1部分：定义和一般要求》。本部分与IEC 60684-1:2003相比做了下列编辑性修改：

——删除了IEC 60684-1:2003的"引言"，在"分类"一章中增加了举例说明；

——为避免产生悬置段，分别在"分类"、"尺寸"两章中增加了5.1和7.1"总则"。

本部分由中国电器工业协会提出。

本部分由全国绝缘材料标准化技术委员会(SAC/TC 51)归口。

本部分起草单位：杭州萧山绝缘材料厂、桂林电器科学研究院有限公司。

本部分主要起草人：罗传勇、张胜祥、宋玉侠。

本部分所代替标准的历次版本发布情况为：

——GB/T 7113—1986、GB/T 7113—2003。

绝缘软管
第1部分:定义和一般要求

1 范围

GB/T 7113 的本部分规定了绝缘软管的定义和一般要求。

本部分适用于主要用于电气设备的导体和接头绝缘的绝缘软管。某些型号的软管也适用于绑扎、识别、外围密封和机械保护。

2 规范性引用文件

下列文件对于本文件的应用是必不可少的。凡是注日期的引用文件,仅注日期的版本适用于本文件。凡是不注日期的引用文件,其最新版本(包括所有的修改单)适用于本文件。

GB/T 2900.5—2013 电工术语 绝缘固体、液体和气体(IEC 60050-212:2010,IDT)

GB/T 7113.2—2014 绝缘软管 第2部分:试验方法(IEC 60684-2:2003,MOD)

IEC 60304 低频电缆和电线用绝缘标准颜色(Standard colours for insulation for low-frequency cables and wires)

3 术语和定义

GB/T 2900.5—2013 界定的以及下列术语和定义适用于本文件。

3.1

中值 central value

当试验结果按大小顺序排列时奇数次试验的中间的结果或偶数次试验的中间两个结果的平均值。

3.2

批次 consignment

一次交货的同一尺寸、型号、等级和颜色的所有材料。

4 试样

以能代表整批材料的原则按所需试验的内容选取足够的软管作为试样。除非供需双方另有规定,一次交货的每一尺寸、型号和颜色的软管应被看做为单一批次。

5 分类

5.1 总则

软管按产品规范的标准代号、顺序号加上破折号后三位数字进行分类。三位数字中的第一位数字表示软管的基本类型,即:

1:普通挤出管,但不包括热收缩管。

2:热收缩管。

3:无涂层编织纤维管。

4:有涂层编织纤维管。

5~9:待分配。

第二和第三位数字只用于区分各种软管。

三位数字的编排见表1。

示例:

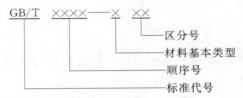

5.2 产品规范编号体系

标准按分类方式和材料基本类型对产品进行编号排序,见表1。

表 1

材料类型	分配号码
挤出类,非热收缩	
聚氯乙烯 PVC	100~115
聚氯丁烯	116~120
硅树脂	121~135
氟橡胶(含 FEP)	136~144
聚四氟乙烯 PTFE	145~150
待分配	151~164
低着火危险性	165~170
待分配	171~199
热收缩类	
聚氯乙烯 PVC	200~204
聚氯丁烯	205~208
聚烯烃	209~225
PETP	226~227
PVDF	228~229
ETFE	230~232
氟橡胶(含 FEP)	233~239
聚四氟乙烯 PTFE	240~241
硅树脂	242~245
双壁	246~270
橡胶	271~279

表 1（续）

材料类型	分配号码
待分配	280～299
编织纤维类：无涂层	
玻璃	300～319
聚酯	320～339
待分配	340～399
编织纤维类：有涂层	
玻璃丝，经过涂覆	400～419
聚酯纤维，经过涂覆	420～439
棉纱/人造丝，经过涂覆	440～449
待分配	450～459
玻璃，经过浸渍	460～469
聚酯，经过浸渍	470～479
棉纱/人造丝，经过浸渍	480～489
待分配	490～499

6 订货

订购软管时，需方应说明如相应各产品规范的"分类"一章所规定的详细信息，如：产品采用标准编号、尺寸（内径及壁厚）、颜色等。

7 尺寸

7.1 总则

优选尺寸由相应的产品规范规定，但也可由供需双方商定。

7.2 长度

软管应以连续的或切成一定长度的方式供货，具体按供需双方商定。

7.3 内径

每种类型软管的合适内径由产品规范规定。

7.4 壁厚

每种类型软管的合适壁厚由产品规范规定。

7.5 公差

每种类型软管的合适尺寸公差由产品规范规定。

8 颜色和透明度

软管应以本色或着色的形式供货。当采用两种或两种以上颜色时，每种颜色应覆盖足够的表面以便在正常日光下可快速鉴别。

对于着色的软管，其颜色应与 IEC 60304 中规定的颜色之一相对应。

要求透明的软管可以是着色的，并且应符合 GB/T 7113.2—2014 中透明度试验的要求。

非标颜色可由供需双方商定。

9 外观

软管外表应均匀一致、平滑，内外表面应无凹凸不平之处，有涂层编织纤维软管的涂覆材料应均匀、连续、牢固地粘附于编织纤维上。

不应有影响产品规范中规定的性能的缺陷。

10 包装

供应软管时应保证其在运输、装卸和贮存期间具有足够的保护。除非合同要求用诸如集装箱或分格箱等另一种包装形式外，软管应均匀而紧密地绕在卷筒上或绕成盘并予以适当保护。如果单一包装内的软管不止一段，需方可以要求供方在标签上予以标明。下列条款由供需双方商定：

——段数；

——最小长度；

——标志要求。

11 标志

每单一包装上应清晰、牢固地标注有产品规范中规定的标识及下列信息：

a) 每卷或每盘或每包中软管的长度；标称内径及壁厚等信息；

b) 制造商和/或供应商的名称和/或商标；

c) 切成段供货时，单一包装中的段数；

d) 需方要求的附加信息（例如最高电压值，最高表面温度，不适应的特殊环境如油和油脂）；

e) 供货总量和/或卷或盘数；

f) 批号；

g) 使用截止期（如果有要求）；

h) 打印在软管上的符号或代号。

12 质量鉴定要求

12.1 经供需双方商定，供方应提供由获得国内或国际机构认可的第三方机构出具的质量证书。

12.2 需要时，供方应提供材料组成的细节、约定的工艺和令质量鉴定机构满意的证据，即所供软管符合产品规范中所列的所有要求的证据。

已申明的用于生产软管的材料组成和规定的工艺未经质量鉴定机构书面同意不得变更。若发生变更，应由质量鉴定机构重新进行质量鉴定检验。

除非另有规定,质量证书有效期为五年,五年后供方应重新申请符合产品规范的质量鉴定。

12.3 质量鉴定试验应在产品规范中指定尺寸的试样上进行。

12.4 当某项试验不符合要求,则应再取两组试样重复进行试验。这时两组试样均应符合要求,否则该软管应被判定为不符合产品规范。

12.5 无第三方质量鉴定时,可要求供方提供表明符合产品规范的检测报告。

13 尺寸和/或颜色的相关性

除下面列出的这些性能外,GB/T 7113.2—2014 中列出的各项试验方法基本上与软管的材料组成有关,因此试验仅需在产品规范所列的限定尺寸和/或颜色的软管上进行。然而,这些试验适用于产品规范中所列的、具有相同材料组成的所有尺寸和/或颜色的软管。与尺寸和/或颜色相关的更多试验将在产品规范中予以规定。这些试验通常将在以下列出的试验中选取:

a) 内径、壁厚及同心度的测量;

b) 受热后的抗破裂;

c) 长度变化;

d) 负荷变形;

e) 加热后的弯曲性;

f) 低温弯曲性;

g) 击穿电压;

h) 脆化温度;

i) 柔软性;

j) 拉伸强度(仅适用于编织软管);

k) 抗损伤性试验;

l) 火焰蔓延试验;

m) 有限收缩性;

n) 单位长度的质量;

o) 裂缝扩展。

对所列限定尺寸和/或颜色的软管而言,供方应对产品规范中的所有性能进行检测。这样可以认为规范中所列的所有尺寸和/或颜色的软管应是经过检验的。其他尺寸和/或颜色的软管可通过特别要求加以检验,但仅限于要求做以上所列出的这些检验项目。

14 委托检验

供方应确保每一次交付的所有软管能够符合产品规范中所规定的要求。若需方提出要求,对每一次交付的软管所做的检验应与供方协商,若需第三方鉴定,供方应同意并与鉴定机构商定进行检验。

ICS 29.035.99
K 15

中华人民共和国国家标准

GB/T 7113.2—2014
代替 GB/T 7113.2—2005

绝缘软管
第2部分：试验方法

Flexible insulating sleeving—
Part 2：Methods of test

（IEC 60684-2：2003，MOD）

2014-07-24 发布

2015-02-01 实施

中华人民共和国国家质量监督检验检疫总局
中国国家标准化管理委员会 发布

前　言

GB/T 7113《绝缘软管》分为以下几个部分：

——第1部分：定义和一般要求；

——第2部分：试验方法；

——第3部分：聚氯乙烯玻璃纤维编织软管；

——第4部分：丙烯酸酯玻璃纤维编织软管；

——第5部分：硅橡胶玻璃纤维编织软管；

——第6部分：聚氨酯(PUR)玻璃纤维编织软管；

……

本部分为 GB/T 7113 的第 2 部分。

本部分按照 GB/T 1.1—2009 给出的规则起草。

本部分代替 GB/T 7113.2—2005《绝缘软管　试验方法》，与 GB/T 7113.2—2005 相比主要变化如下：

——对标准"范围"作了进一步说明；

——对标准"规范性引用文件"所引用标准进行了相应更新；

——增加了"长期耐热性(3 000 h)"、"室温动态剪切"、"高温动态剪切"、"热冲击和热老化后动态剪切"、"对铝材的旋转剥离"、"密封"、"双层热缩基片粘结后 T 型剥离"等章节(见第 38 章、第 51 章～第 57 章)。

本部分使用重新起草法修改采用 IEC 60684-2:2003《绝缘软管　第 2 部分:试验方法》(第 2.1 版)及 IEC 60684-2 A2 Ed2.0(2005)。

本部分对 IEC 60684-2:2003 及 IEC 60684-2 A2 Ed2.0(2005)进行了如下编辑性修改：

——将第 38 章与第 51 章合并编写，标题改为"热耐久性/长期耐热性(3 000 h)"；

——对第 27 章"火焰蔓延试验"的试验用钢琴丝直径改用表格方式编制；

——对第 45 章"毒性指数"的有毒物组成列表上增加表头；将 C_f 值改用表格列出；气体浓度单位由"ppm"改为"μg/L"表示；

——将所有图示放于文本最后的编排方式改为将每个图示置于其对应的章节后编排。

本部分由中国电器工业协会提出。

本部分由全国绝缘材料标准化技术委员会(SAC/TC 51)归口。

本部分起草单位：杭州萧山绝缘材料厂、桂林电器科学研究院有限公司、常熟江南玻璃纤维有限公司。

本部分主要起草人：罗传勇、张胜祥、宋玉侠、赵婕、张志刚。

本部分所代替标准的历次版本发布情况为：

——GB/T 7114—1986、GB/T 7113.2—2005。

绝缘软管
第2部分:试验方法

1 范围

GB/T 7113 的本部分规定了包括热收缩管在内的绝缘软管的试验方法。这类软管主要被用于电气设备的导体部分和接头处的绝缘。

本部分适用于绝缘软管。

注:规定试验的目的是控制软管的质量,但这些试验并不一定完全适用于软管的浸渍、包胶工艺过程或其他特定应用。必要时试验方法还需要补充适宜的浸渍或相容性试验以适应特殊环境。

2 规范性引用文件

下列文件对于本文件的应用是必不可少的。凡是注日期的引用文件,仅注日期的版本适用于本文件。凡是不注日期的引用文件,其最新版本(包括所有的修改单)适用于本文件。

GB/T 528—2009 硫化橡胶或热塑性橡胶 拉伸应力应变性能的测定(ISO 37:2005,IDT)

GB/T 1034—2008 塑料 吸水性的测定(ISO 62:2008,IDT)

GB/T 1408.1—2006 绝缘材料电气强度试验方法 第 1 部分:工频下试验(IEC 60243-1:1998,IDT)

GB/T 1409—2006 测量电气绝缘材料在工频、音频和高频(包括米波波长在内)下电容率和介质损耗因数的推荐方法(IEC 60250:1969,MOD)

GB/T 1410—2006 固体电气绝缘材料体积电阻率和表面电阻率试验方法(IEC 60093:1980,IDT)

GB/T 2406.2—2009 塑料 用氧指数法测定燃烧行为 第 2 部分:室温试验(ISO 4589-2:1996,IDT)

GB/T 2423.28—2005 电工电子产品环境试验 第 2 部分:试验方法 试验 T:锡焊(IEC 60068-2-20:1979,IDT)

GB/T 7196—2012 用液体萃取测定电气绝缘材料离子杂质的试验方法(IEC 60589:1977,IDT)

GB/T 10582—2008 电气绝缘材料 测定因绝缘材料引起的电解腐蚀的试验方法(IEC 60426:2007,IDT)

GB/T 11026.1—2003 电气绝缘材料 耐热性 第 1 部分:老化程序和试验结果的评定(IEC 60216-1:2001,IDT)

GB/T 11026.2—2012 电气绝缘材料 耐热性 第 2 部分:试验判断标准的选择(IEC 60216-2:2005,IDT)

GB/T 11026.3—2006 电气绝缘材料 耐热性 第 3 部分:计算耐热特征参数的规程(IEC 60216-3:2002,IDT)

GB/T 11026.4—2012 电气绝缘材料 耐热性 第 4 部分:老化烘箱 单室烘箱(IEC 60216-4-1:2006,IDT)

GB/T 11026.5—2010 电气绝缘材料耐热性 第 5 部分:老化烘箱 温度达 300 ℃的精密烘箱(IEC 60216-4-2:2000,IDT)

ISO 5-1:2009 摄影和印刷技术 密度测量——第 1 部分:几何学和功能符号(Photography and graphic technology—Density measurements—Part 1:Geometry and functional notation)

ISO 5-2:2009 摄影和印刷技术 密度测定 第 2 部分:透射密度的几何条件(Photography and graphic technology—Density measurements—Part 2:Geometric conditions for transmittance density)

ISO 5-3:2009 摄影和印刷技术 密度测定 第 3 部分:光谱条件(Photography and graphic technology—Density measurements—Part 3:Spectral Conditions)

ISO 5-4:2009 摄影技术 密度测定 第 4 部分:反射密度的几何条件(Photography and graphic technology—Density measurements—Part 4:Geometric conditions for reflection density)

ISO 105-A02 纺织品 色牢度试验 第 A02 部分:颜色变化评定用灰度标(Textiles—Tests for colour fastness—Part A02:Grey scale for assessing change in colour)

ISO 105-B01 纺织品 色牢度试验 第 B01 部分:光色牢度:日光(Textiles—Tests for colour fastness—Part B01:Colour fastness to light:Daylight)

ISO 182-1:1990 塑料 以氯乙烯均聚物和共聚物为基的复合物及制品高温下放出氯化氢和其他酸性产物倾向的测定 第 1 部分:刚果红法(Plastics—Determination of the tendency of compounds and products based on vinyl chloride homopolymers and copolymers to evolve hydrogen chloride and any other acidic products at elevated temperature—Part 1:Congo red method)

ISO 182-2:1990 塑料 以氯乙烯均聚物和共聚物为基的复合物及制品高温下放出氯化氢和其他酸性产物倾向的测定 第 2 部分:pH 法(Plastics—Determination of the tendency of compounds and products based on vinyl chloride homopolymers and copolymers to evolve hydrogen chloride and any other acidic products at elevated temperature—Part 2:pH method)

ISO 974:2000 塑料 冲击脆化温度的测定(Plastics—Determination of the brittleness temperature by impact)

ISO 1431-1:2004 硫化橡胶或热塑性橡胶 耐臭氧龟裂性 第 1 部分:静态应变试验(Rubber,vulcanized or thermoplastic—Resistance to ozone cracking—Part 1:Static and dynamic strain test)

ISO 4589-3:1996 塑料 通过氧指数测定燃烧性能 第 3 部分:高温试验(Plastics—Determination of burning behaviour by oxygen index—Part 3:Elevated-temperature test)

ISO 13943:2008 防火安全 词汇(Fire safety—Vocabulary)

IEC 60068-2-20:2008 电工电子产品环境试验 第 2 部分:试验方法 试验 T:引线式元件的可焊性和耐焊接热试验方法(Environmental testing—Part 2—20:Tests—Test T:Test methods for solderability and resistance to soldering heat of devices with leads)

IEC 60212:2010 固体电气绝缘材料试验前或试验时采用的标准条件(Standard conditions for use prior to and during the testing of solid electrical insulating materials)

IEC 60587:2007 评定在严酷环境条件下使用的电气绝缘材料耐电痕化性和电蚀损的试验方法(Electrical insulating materials used under severe ambient conditions—Test methods for evaluating resistance to tracking and erosion)

IEC 60695-6-30:1996 着火危险试验 第 6 部分:评定电工产品着火产生的烟阻光引起的视觉模糊危险的方法和导则 第 30 节:小规模静态法 烟阻光度的测定(Fire hazard testing—Part 6:Guidance and test methods on the assessment of obscuration hazards of vision caused by smoke opacity from electrotechnical products involved in fires—Section 30:Small scale static method—Determination of smoke opacity—Description of the apparatus)

IEC 60754-1:1994 电缆材料燃烧过程中释放的气体的试验 第 1 部分:取自电缆的聚合物材料燃烧过程中释放的卤酸气体量的测定(Tests on gases evolved during combustion of materials from cables—Part 1:Determination of the amount of halogen acid gas)

IEC 60754-2:1991 电缆材料燃烧中释放气体的试验 第2部分:通过测定 pH 值和电导率来测定取自电缆的聚合物材料燃烧过程中释放的气体的酸度的测定(Test on gases evolved during combustion of electric cables—Part 2:Determination of degree of acidity of gases evolved during the combustion of materials taken from electric cables by measuring pH and conductivity)

3 试验条件

3.1 除非另有规定,所有试验应按 IEC 60212:2010 在标准大气下,即在温度 15 ℃~35 ℃和周围环境相对湿度下进行。

有争议时,这些试验应在 23 ℃±2 ℃和相对湿度(50±5)%下进行。

3.2 当某一试验程序规定在高温下加热时,试样应在符合 GB/T 11026.4—2012 的均匀加热烘箱中保持规定的时间。

3.3 对规定需要在低温下进行的试验,在产品规范中可以要求在−t ℃或更低的温度下进行试验。该温度的偏差按 IEC 60212:2010 中规定取±3 ℃。

注:−t ℃为各产品规范中规定的低温试验温度值。

4 内径、壁厚及同心度的测量

4.1 内径

4.1.1 试样数量

应试验三个试样。

4.1.2 通用方法

应使用合适直径的圆柱塞规或锥形塞规对试样的内径作出上下限值的推断。塞规应能深入试样的内部但不引起软管扩张。如需要,在对某些型号的软管进行测量时,可借助粉末状润滑剂进行。

4.1.3 可扩张编织软管的松弛后内径

选取一根 250 mm 长的钢芯棒,其直径等于规定的最小松弛后内径。

将芯棒完全插入软管,使芯棒伸出软管的切割端 50 mm。

在软管的另一端,于紧靠芯棒端头处,用金属丝将软管扎紧以阻止芯棒进一步穿入软管内。

从软管扎紧端沿切割端将紧贴在芯棒上的软管抚平并扭挤软管,直至软管的切割端与芯棒端头对齐,再用金属丝缠绕固定。

用一种不会腐蚀软管的标识媒质,例如,打字机修改液,在软管中央位置画出两条间隔为 200 mm 的基准线。

松开切割端,让软管松弛。

测量基准线之间距离,准确至 1 mm。

如果测量尺寸大于或等于 195 mm,则该软管具有规定的最大松弛后内径。

如果测量尺寸小于 195 mm,则用直径逐渐增大的芯棒重复测量直至测量尺寸大于或等于 195 mm。

4.1.4 可扩张编织软管的扩张后内径

选取一圆柱塞规,其直径等于规定的最小扩张后内径。

紧握切割端以下 50 mm 处的软管。

（纵向）剖开软管的切割端 10 mm 并插入圆柱塞规。

设法将圆柱塞规向软管未剖开而被紧握住部分推进。

如果不需用力就能将圆柱塞规推进，则该软管具有最小扩张后内径。

如果需用力才能将圆柱塞规推进，则用逐渐缩小的圆柱塞规重复测量。

4.1.5 结果

取所有测量值的算术平均值作为结果。

4.2 编织软管的壁厚

4.2.1 试样数量

应试验三个试样。

4.2.2 程序

用圆柱塞规或芯棒插入软管，做到能自由插入但其直径应不小于软管内径的 80%。然后用一种具有直径约 6 mm 平面测量头的测微计测量软管外径总尺寸。在测量时，测微计施加于试样上的压力应恰好使软管紧贴插入的圆柱塞规或芯棒。以外径总尺寸与圆柱塞规或芯棒直径之差的一半计算壁厚。

4.2.3 结果

取所有测量值的算术平均值作为结果。

4.3 挤出软管的最小/最大壁厚和同心度

4.3.1 试样数量

应试验三个试样。

4.3.2 壁厚

本标准不规定强制性测量方法。通过适当次数的试验，找出软管壁上相应最小壁厚和最大壁厚的点。

注：下述测量法证明是适用的：光学轮廓投影仪，光学比较仪，适用的测微计。有争议时，采用光学方法中的一种。

4.3.3 同心度

按式（1）计算每一软管的同心度：

$$同心度 = \frac{最小壁厚}{最大壁厚} \times 100\% \qquad \cdots\cdots\cdots\cdots\cdots\cdots\cdots\cdots\cdots（1）$$

4.3.4 结果

取所有最小壁厚和最大壁厚及同心度的算术平均值作为结果。

5 密度

5.1 试样数量

应试验至少三个试样。

5.2 程序

可采用任何测定密度的方法,只要该方法能保证准确度为 0.01 g/cm³ 即可。

注:小内径软管试样可沿其长度方向切割并剖开,以避免测定过程中夹入空气。

5.3 结果

注明所选用的测定方法并报告所有测得的密度值。除非产品规范另有规定,取算术平均值作为结果。

6 受热后的抗破裂

6.1 试样数量

应试验三个试样。

6.2 试样形状

试样应切成环状,其切割长度等于壁厚。切割时应保证切口整齐,因为切口缺陷会影响试验结果。

注:对因实际操作困难而不可能把试样切成方形截面的环时,长度可以增加到不超过 2.5 mm。

6.3 程序

用一根斜度为(15±1)°的锥形芯棒对试样进行试验。除产品规范另有规定,试样应在 70 ℃±2 ℃温度下保持(168±2)h,然后让其冷却至 23 ℃±5 ℃。然后沿着芯棒往上翻卷试样,使其扩张量等于产品规范中规定的标称内径的一定百分比。试样应在 23 ℃±5 ℃下保持(24±1)h,然后检查其破裂情况。

6.4 结果

报告是否有任何破裂情况。

7 热冲击

7.1 试样数量

应试验五个试样。

7.2 试样形状

几段约 75 mm 长的软管,或按第 20 章制备的用于测定拉伸强度或断裂伸长的试样。

7.3 程序

试样应垂直地悬挂在烘箱中,在产品规范中规定的温度下保持 4 h±10 min。

取出试样让其冷却至室温。然后,检查其是否有任何滴流、开裂或流动迹象。另外当产品规范有规定时,试样还应试验拉伸强度和/或断裂伸长。

7.4 结果

除非产品规范另有规定,取所有拉伸强度和/或断裂伸长测试值的算术平均值作为结果。

8 耐焊热性

8.1 试样数量

应试验三个试样。

8.2 试样形状

采用 60 mm 长的软管和大约 150 mm 长的镀锡铜线,该铜线直径容许能与软管滑动配合。
在铜线的中点处,沿一根直径三倍于软管标称内径的芯棒将铜线弯成 90°。

应将软管沿铜线滑动并逐渐穿过铜线弯曲部分,让试验时处于垂直状态铜线的直线部分套有软管的长度等于 1.5 倍的软管标称内径,但最小长度为 1 mm(见图 1)。在处于垂直部分的铜线超出软管 20 mm 处切断。

在试验时处于水平部分的铜线于软管端头处切断。在铜线被弯曲好至少 5 min 后,把铜线伸出下部的 6 mm 涂以由 25%(质量份)松香和 75%(质量份)2-丙醇(异丙醇)或乙醇组成的高级焊剂(只能使用非活性松香,其酸值以 KOH 计不低于 155 mg/g。详见 GB/T 2423.28—2005 附录 C)。

8.3 程序

在 23 ℃±5 ℃下将铜线涂上焊剂后的 60 min 内对软管进行试验。在距铜线弯曲部分至少 25 mm 的水平部分夹住铜线。把铜线的垂直部分浸入熔融焊锡槽的中央,使铜线浸入部分为 6 mm;常用方法是预先在铜线上做记号。浸焊时间为(15±1)s 或按产品规范规定。焊锡槽的直径应不小于 25 mm,深度不小于 12 mm 及在试验期间焊锡温度应保持在 260 ℃±5 ℃。试验后检查试样有无开裂、熔化或明显膨胀,轻微的熔化是允许的(见图 2)。

8.4 结果

报告是否有开裂、膨胀或明显熔化现象。

单位为毫米

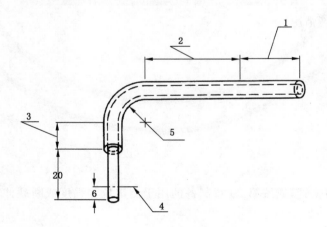

说明:

1——夹持试样部位;

2——距夹持试样部位至少 25 mm;

3——软管内径的 1.5 倍;

4——焊接液面;

5——绕直径为 3 倍于软管内径的芯棒弯曲而成的弯头。

图 1 耐焊热性试验用试样

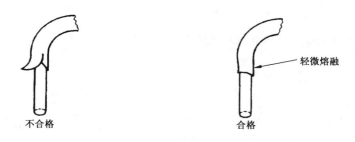

图 2 经受耐焊热性试验后的软管实例

9 无涂层编织玻璃纤维软管的加热质量损失

9.1 试样数量及质量

应试验三个试样,每个试样质量为(5±1)g。

9.2 程序

试样应经 105 ℃±2 ℃、1 h 的加热条件处理,随后在干燥器中冷却至室温。然后,对试样进行称重(m_1),准确至 0.000 2 g。之后,在 600 ℃±10 ℃ 的通风的加热炉内加热 60 min～75 min。在干燥器内冷却至室温后再对试样称重(m_2)。

9.3 计算

按式(2)计算质量损失率:

$$M = \frac{m_1 - m_2}{m_1} \times 100\% \qquad \cdots\cdots\cdots\cdots\cdots (2)$$

式中:

M ——质量损失率,以百分数(%)表示;

m_1 ——热处理后试样的质量,单位为克(g);

m_2 ——高温加热灼烧后试样的质量,单位为克(g)。

9.4 结果

除非产品规范另有规定,取质量损失百分数所有值的算术平均值作为结果。

10 长度变化

10.1 试样数量

应试验三个试样。

10.2 试样形状

把每个试样切成长约 150 mm,用一种不会损害软管的标识媒质,在试样的大致中间位置作两条间隔为 100 mm 的基准线。测量基准线之间距离(L_1),准确至 0.5 mm。

10.3 程序

试样应水平放置于能让其自由复原的某种材料上,并将它们一起置于烘箱内按产品规范规定的温度和时间进行处理。

然后,让试样冷却至室温,重测基准线之间距离(L_2),准确至 0.5 mm。

10.4 计算

按式(3)计算长度变化(L_c):

$$L_c = \frac{L_2 - L_1}{L_1} \times 100\% \qquad\qquad\cdots\cdots\cdots\cdots\cdots\cdots\cdots\cdots\cdots (3)$$

式中:

L_c ——长度变化量,以百分数(%)表示;

L_1 ——起始长度,单位为毫米(mm);

L_2 ——自由收缩后的长度,单位为毫米(mm)。

10.5 结果

取所有长度变化值的算术平均值作为结果。

11 负荷变形(高温耐压力)

11.1 试样数量

应试验三个试样。

试验应在软管挤出 16 h 后进行。

11.2 试样形状

试样制备:沿软管长度方向将其剖开,然后把剖开的软管切成约 10 mm×5 mm 的切片,如果软管周长小于 5 mm,则按全周长切割,并使试样长度中心线平行于软管长度方向。

11.3 装置

试验装置是由一种能测量试样受力变形至±0.01 mm 的仪器组成,仪器上带有一个厚(0.70±0.01)mm 用来加载负荷于试样的矩形压痕板,除非产品规范另有规定,施加的负荷为(1.20±0.05)N。将试样置于支承在 V 型块上的直径为(6.00±0.10)mm 的金属芯棒上。如图 3 所示。

除非产品规范对温度另有规定,在加热期间应把该装置放入恒定在 110 ℃±2 ℃的烘箱内。为了减少振动,应安装在具有适当减震垫的自流循环的烘箱内。

11.4 程序

按 4.2 的方法测量试样壁厚,不同的是塞规和软管试样应由静置于芯棒上的试样代替。壁厚应是测得的总尺寸与芯棒直径之差。

除非产品规范对温度另有规定,试验前应把带有芯棒而无试样的装置置于 110 ℃±2 ℃的烘箱内处理至少 2 h。

升高压痕板,将试样置于芯棒上,使试样长度中心线与芯棒平行,再缓慢降下压痕板至试样表面。

注:对小内径软管试样操作起来可能会有困难。这时推荐在将试样置于芯棒上之前,先在室温下将试样置于 1 kg 重物下压平处理约 10 min。

然后将该装置和试样放入烘箱,在规定的温度下保持(60±5)min。

记录压痕板的位置。取出试样,使压痕板直接触及芯棒并再次记录压痕板的位置。从原先测得的壁厚减去这两次读数之差即得到压痕值。

三次压痕板直接触及芯棒后记录的位置读数中任何两次读数之差,应不大于 0.02 mm。

11.5　结果

试样压痕值应以对原始壁厚的百分率来表示。

取三次测定结果的算术平均值作为压痕百分率。

单位为毫米

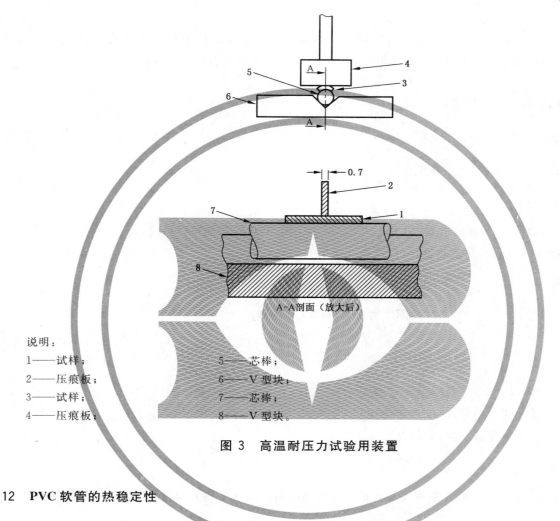

A-A剖面（放大后）

说明：

1——试样；　　　　　　5——芯棒；

2——压痕板；　　　　　6——V型块；

3——试样；　　　　　　7——芯棒；

4——压痕板；　　　　　8——V型块。

图 3　高温耐压力试验用装置

12　PVC 软管的热稳定性

12.1　原理

本方法是测定聚氯乙烯（PVC）、聚氯乙烯共聚物或以聚氯乙烯为基的复合物或产品加热时释放出氯化氢所需要的时间。

检测氯化氢释放可通过使用刚果红试纸或通过测定盛在测量池中的氯化钾溶液的 pH 值变化来实现。

12.2　试样形状

12.2.1　方法 A

按 ISO 182-1:1990 的规定。应备有足量试样使填入两个试管内的试样深度达到 50 mm。制备试样是把软管切成最大尺寸为 6 mm 的小段，需要时把它剖开。安装时应让软管小段在试管内保持自由松弛的状态。

12.2.2 方法 B

按 ISO 182-2:1990 的规定。制备试样是把软管切成约为 5 mm² ~ 6 mm² 的小片,然后将大约 1 g 的试样装入每个试管。

12.3 程序

按 ISO 182-1:1990 或 ISO 182-2:1990 进行试验。按产品规范规定采用 A 法或 B 法以及试验温度,在采用 ISO 182-2:1990 时,还应规定是否使用空气以外的其他流动气体媒质。

13 硅树脂软管的挥发物含量

13.1 试样的数量和质量

应试验三个试样,每个试样质量为(10±1)g。

13.2 程序

将试样称重(m_1),准确至 0.001 g,然后在 200 ℃±2 ℃烘箱中加热(24±1)h。
在干燥器内冷却后再次将试样称重(m_2)。

13.3 计算

每个试样的质量损失率 M(即挥发物含量)按式(4)计算:

$$M = \frac{m_1 - m_2}{m_1} \times 100\% \quad\quad\quad\quad\quad (4)$$

式中:
M —— 质量损失率,以百分数(%)表示;
m_1 —— 试样起始质量,单位为克(g);
m_2 —— 试样干燥后质量,单位为克(g)。

13.4 结果

除非产品规范另有规定,取挥发物含量百分数测试值的算术平均值作为结果。

14 加热后的弯曲性

14.1 试样数量

应试验三个试样,每个试样足够长至能方便地绕在芯棒上,芯棒尺寸按产品规范对该被试软管的规定。

14.2 试样形状

当标称内径不超过 2 mm 时,用一段能与软管滑动配合的金属线插入软管中。

当标称内径超过 2 mm 但不超过 15 mm(或在产品规范中对某种特殊类型软管规定的其他值)时,试样应该用任何适当的方法(例如多根金属线)填充以防止缠绕过程软管被过分压扁。

当标称内径超过 15 mm(或在产品规范中对某种特殊类型软管规定的其他值)时,试样应是一条沿平行于软管长度方向切取的 6 mm 宽的带。

14.3 程序

将按 14.2 制备的试样悬挂于烘箱内,在产品规范规定的温度下保持(48±1)h。然后从烘箱内取出并冷却至室温。

按细密螺旋方式在一根芯棒上平稳地将试样缠绕一周,芯棒直径由产品规范规定。对切割成带的试样,其内表面应与芯棒接触。缠绕一周的时间应不大于 5 s。然后将试样在缠绕状态保持 5 s。

不经放大直接目测仍处在芯棒上的试样是否有开裂、涂层脱落或分层迹象。

若在产品规范中有规定,通过施加电压检测内径 15 mm 及以下软管是否存在开裂,可采用第 22 章试验方法。

14.4 结果

报告试样是否存在开裂、涂层脱落或分层。

15 低温弯曲性

15.1 试样数量和形状

试样数量和形状应同第 14 章,但不同的是当标称内径超过 6 mm(而不是 15 mm)时,试样应沿平行于软管的长度方向切取 6 mm 宽的带。当产品规范有规定时,可用标称内径 6 mm 及以下未填充的试样进行试验。

15.2 程序

把按 14.1 制备的试样悬挂于试验箱内,在产品规范规定的温度下保持 4 h±10 min。然后在该温度下按细密螺旋形式在一根低温温度相同的芯棒上平稳地将试样缠绕一周,芯棒直径按产品规范规定。缠绕一周的时间应不大于 5 s。然后让试样的温度回复至室温。

不经放大直接目测仍处在芯棒上的试样是否有开裂、涂层脱落或分层现象。

15.3 结果

报告试样是否存在开裂、涂层脱落或分层。

16 脆化温度

采用下述方法制备试样,并按 ISO 974:2000 进行试验:

对标称内径 4 mm 及以下的软管,试样应切成 40 mm 长。对标称内径大于 4 mm 的软管,试样应为其长边平行于软管的长度方向的 6 mm 宽、40 mm 长的条带状试样。条带状试样应予以固定以便能用锤子敲打试样的卷边。

17 贮存过程尺寸稳定性(仅适用于热收缩软管)

17.1 试样数量和长度

应试验三个试样,每个试样长约 100 mm。

17.2 程序

应先在交货时扩张状态下测量软管内径。然后将软管放入一个通风的烘箱中,除非产品规范另有规定,在 40 ℃±3 ℃下贮存(336±2)h。然后将其从烘箱中取出,冷却至环境温度,再测扩张状态下的内径。

完成测量后,应让软管完全回缩,回缩的时间和温度按产品规范规定。之后,让软管冷却至环境温度并再测量回缩后的软管内径。

17.3　结果

报告在高温下贮存前和贮存后的扩张后内径,以及经高温贮存并完全回缩后的内径三组测量的每一组测量值的算术平均值作为结果。

18　涂层水解

18.1　试样数量

应试验三个试样。

18.2　试样形状

每个软管试样应切成 40 mm～50 mm 长,然后用滤纸把它们包成一束,束的直径应能将其顺利推入 125 mm×12 mm 的硼硅玻璃试管内。如果因软管尺寸原因操作有困难,可以沿着软管长度方向将试样剖开,在将试样卷起插入试管内。

注:该试验可使用厚壁试管以减小爆炸和人员伤亡的危险。推荐在试管与操作者之间放一个防护罩。

18.3　程序

将软管推到试管底部并加入约 2 mL 蒸馏水。然后插入直径约 0.6 mm 的一小段铜线,将铜线接近软管的一端弯成大致圆形状并与长度方向垂直。铜线的长度选择是当试管密封后,它完全在试管内,当试管倒置时,弯圆的一端在水平面上方。铜线的作用是防止软管滑入水中。之后,密封试管端部,适用的方法是在火焰中把它拉长后封口。

试验时试管应垂直放置,其密封端朝下,在 100 ℃±2 ℃下保持(72±1)h。

18.4　结果

报告试样是否有任何涂层位移、软管与纸之间或软管相互之间粘着以及纸变色等现象。

19　柔软性

19.1　试样数量和长度

应试验三个试样,每个试样长约 150 mm。

19.2　条件处理

试样应松散地置于一个平面上,在环境温度 23 ℃±5 ℃下保持约 24 h。

19.3　装置

采用图 4 所示装置。

将一段缝纫线固定于芯棒并穿过软管。试样用图 4 所示的螺纹夹紧器固定于芯棒上。

注:可用聚酯缝纫线,但对 0.5 mm 内径的软管,需要用吸或引的方法把线穿过软管。

芯棒应配备有能旋转 270°的装置,聚酯线的另一端应系上砝码。砝码的大小按产品规范中针对具体软管型号相关内径所作的规定。

位于软管下部的线应越过并几乎触及以毫米为单位的偏转度标尺。应采用铅垂线以保证标尺的零点正好位于芯棒边缘的下方。

19.4 试验温度

试验应在 23 ℃±2 ℃下进行。

19.5 程序

旋转芯棒使固定软管用的螺纹夹紧器处在偏转度标尺上零点标记线的上方。当芯棒处在这个位置时,施加砝码并立即平稳旋转芯棒 270°,旋转速率为当芯棒旋转到如图 4 所示的位置时约 10 s。在完成旋转后的(30±5)s 内记录偏转度。如果软管发生扭曲,应在扭曲状态下进行试验,不必恢复到原状。把记录到的偏转度减去被试软管的壁厚就得到真正的偏转度。

注:可能需要采用一种导向装置以保证软管保持在同一垂直平面内。

19.6 结果

除非产品规范另有规定,取所有偏转度测得值的算术平均值作为结果。

单位为毫米

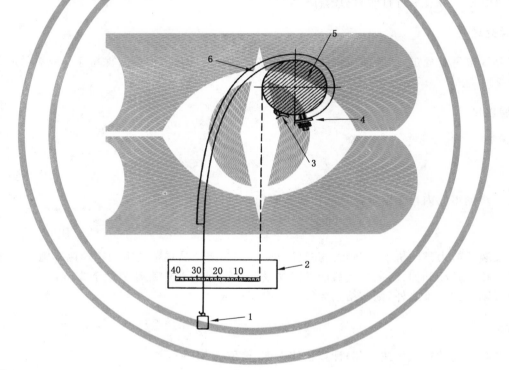

说明:

1——砝码;
2——偏转刻度尺;
3——固定缝纫线端头的夹子;
4——固定软管的螺纹夹紧器;
5——可旋转的 25 mm 直径芯棒最终位置;
6——被试软管。

图 4 柔软性试验用装置

20 拉伸强度、100%伸长下的拉伸应力、断裂伸长及 2%伸长下的割线模量

根据软管类型,产品规范中可以规定以下试验。依需要可以选择进行一种以上试验:

——全截面软管的拉伸强度和断裂伸长;

——哑铃形试样的拉伸强度和断裂伸长；

——无涂层玻璃纤维软管的拉伸强度；

——2%伸长下的割线模量；

——100%伸长下的拉伸应力；

——高温和100%伸长下的拉伸应力。

注：在所有试验中，可使用合适的夹头。以保护试样，避免因夹头引起的损坏。

20.1 全截面软管的拉伸强度和断裂伸长

20.1.1 试样数量

应试验五个试样。

20.1.2 试样形状

试样长度不少于150 mm以保证试验机夹头间距为50 mm，并应在夹头之间大致中间处的软管上画两条间隔至少25 mm的相互平行的基准线。用于画线的媒质不应对软管造成有害影响且基准线应尽可能细。推荐使用带有平行打印刀刃的标记器。

20.1.3 条件处理

除非产品规范另有规定，试验前应将试样置于23 ℃±2 ℃的环境温度下保持1 h或更长时间以保证试样达到23 ℃±2 ℃。

20.1.4 试验温度

应在23 ℃±2 ℃温度下进行试验。

20.1.5 程序

由按第4章测得的内径和壁厚计算试样横截面积。对挤出软管，其壁厚是：

$$\frac{最小壁厚＋最大壁厚}{2}$$

将试样安装于拉力试验机上，其轴线与拉伸方向一致。按产品规范规定的拉伸速率施加负荷，记录断裂时的最大拉伸负荷和伸长，最大负荷应准确测量至2%，伸长量应准确测量至2 mm。

如果试样断裂在基准线外，则该结果无效并另取试样试验。

20.1.6 计算

取最大负荷和起始横截面按式(5)计算拉伸强度(单位为MPa)：

$$拉伸强度＝\frac{F_{max}}{A} \qquad \cdots\cdots\cdots\cdots\cdots\cdots\cdots (5)$$

式中：

F_{max}——最大负荷，单位为牛顿(N)；

A ——起始横截面积，单位为平方毫米(mm²)。

按式(6)计算断裂伸长：

$$断裂伸长＝\frac{L－L_0}{L_0}×100\% \qquad \cdots\cdots\cdots\cdots\cdots\cdots (6)$$

式中：

L ——断裂时测得的伸长后试样上两基准线之间的距离，单位为毫米(mm)；

L_0——两基准线之间起始的距离，单位为毫米(mm)。

20.1.7 结果

除非产品规范中另有规定,取每一性能所有计算值的算术平均值作为结果。

20.2 哑铃形试样的拉伸强度和断裂伸长

试验应按 20.1 进行,但作下述变更。

20.2.1 以软管长度方向为长轴切割剖开成图 5 所示的尺寸和公差的试样。然后把它铺在置于硬质平台上某种表面光滑、稍带柔软的材料(例如皮革、橡胶或高质量的卡片纸板)上压平。应采用单冲程冲压机和合适形状及尺寸的刃形冲模,从软管片材上冲压制备试样。

注:图 5 给出的外形图是 GB/T 528—2009 中 2 型试样的外形图。

20.2.2 在基准线之间的至少三点处测量试样中间平行部分的宽度和厚度,准确至 0.01 mm。然后计算平均横截面积。

20.2.3 断裂后基准线之间的距离应测量精确至 2%。

20.3 无涂层纺织玻璃纤维软管的拉伸强度

试验按 20.1 进行,但作下述变更。

20.3.1 两夹头起始距离是(100±10)mm,夹头分离速率是(25±5)mm/min。

20.3.2 平均横截面积应由按 4.2 测得的壁厚的两倍和按下述方法制备的扁平带的宽度的乘积来求得。让试样承受约占断裂应力 10% 的拉伸应力并将其放在两个平板间稍微施加压力使软管形成一条带。测量这条带的宽度。

20.4 2%伸长下的割线模量

20.4.1 试样数量和形状

进行三次试验。试验在一段全截面软管上或在一条沿平行于软管长度方向剖开的带上进行。在采用剖开的带时,带的宽厚比至少为 8:1。横截面积按 20.2.2 测量。

20.4.2 程序

a) 割线模量应通过测定试样在两夹头之间或基准线之间长度伸长 2% 时所需要的拉伸应力来计算。

b) 根据所选择的测量方法,两夹头之间或基准线之间的试样长度应为 100 mm~250 mm。

c) 伸长可通过伸长仪或夹头间距变化进行测量;应准确至 2%。

d) 夹头间每 mm 长的应变速率应是(0.1±0.03)mm/min(例如,夹头间长为 250 mm 时,其应变速率为 25 mm/min)。

e) 必要时需要对试样施加一个起始拉伸力(F)使其拉直。这个力应不超过最终负荷值的 3%。

f) 施加负荷直至两夹头间或两基准线间的伸长达到 2% 为止。记录产生这个伸长所需的力(F_1)。

20.4.3 计算

试样的割线模量(单位为 MPa)按式(7)计算:

$$2\% \text{ 伸长下的割线模量} = \frac{F_1 - F}{0.02A} \qquad\qquad\cdots\cdots\cdots\cdots\cdots\cdots(7)$$

式中:

F_1——产生 2% 伸长所需要的力,单位为牛顿(N);

F ——产生起始(拉直)应力所施加的力,单位为牛顿(N);

A ——试样起始平均横截面积,单位为平方毫米(mm²)。

20.4.4 结果

除非产品规范另有规定,取 2% 伸长下的割线模量所有测得值的算术平均值作为结果。

20.5 100% 伸长下的拉伸应力

根据相应情况,按 20.1 或 20.2 进行试验。另外,当两基准线之间距离增加到 100% 时,记录这时的负荷。

20.5.1 计算

试样 100% 伸长下的拉伸应力(单位为 MPa)应按式(8)计算:

$$100\% \ 伸长下的拉伸应力 = \frac{F_2}{A} \qquad \cdots\cdots\cdots\cdots\cdots\cdots\cdots\cdots\cdots\cdots (8)$$

式中:

F_2 ——产生 100% 伸长时的拉伸负荷,单位为牛顿(N);

A ——试样起始平均横截面积,单位为平方毫米(mm²)。

20.5.2 结果

除非产品规范另有规定,取 100% 伸长下拉伸应力所有测试值的算术平均值作为结果。

20.6 高温和 100% 伸长下的拉伸应力

试验应按 20.5 和在产品规范规定的温度下进行。

单位为毫米

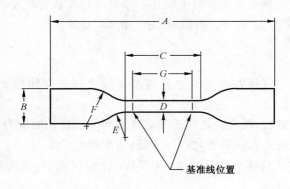

说明:

A ——总长,最小,75 mm;

B ——端部宽度,(12.5±1.0)mm;

C ——狭窄平行部分长度,(25±1)mm;

D ——狭窄平行部分宽度,(4.0±0.1)mm;

E ——小半径,(8.0±0.5)mm;

F ——大半径,(12.5±1.0)mm;

G ——基准线间距,≤20 mm。

注:在任何一个试样中,其狭窄部分任何一处厚度偏差应不大于平均值的 2%。

图 5 拉伸试验用哑铃型试样

21 抗损伤性试验

21.1 原理

无涂层编织软管的损伤常常是由机械操作或软管切割端受到撞击引起的,例如,在装配过程或装运中。本试验是通过测量经过受控撞击后软管切割端的扩张来评定软管的抗损伤性。

21.2 试样数量和长度

应试验三个试样,每个试样为一段150 mm长的软管。试样应使用锋利切刀(不能用闸刀式剪切机)切割,要注意避免切割后端部纤维散乱。

21.3 程序

使用一台滑动式投影仪,能测出软管外径图像并投影到屏幕上,使得能重复测量而不改变测试的值。测量试样上中心点处(远离两端部)图像的外径。旋转软管90°并重复测量。计算测量结果的平均值并记录为d,准确至0.05 mm。

选取一根350 mm长的钢棒,其直径较软管内径小得多,使得当试样套于其上时,试样能自由地垂直落下。

滑动棒上的试样,使试样上端与垂直放置的棒的上端对齐(见图6)。在重力作用下,让试样自由落下撞击硬质水平面。重复该程序共撞击十次。

从棒上取出试样,应小心不要使撞击端散开。使用滑动式投影仪,测量撞击端扩张后直径的图像。旋转软管90°并重新测量。计算测量结果的平均值并记录为D,准确至0.05 mm。

21.4 计算

按式(9)计算损伤百分率:

$$损伤百分率 = \frac{D-d}{d} \times 100\% \quad\quad\quad\quad\quad\quad (9)$$

式中:

D ——撞击后试样扩张端的平均直径,单位为毫米(mm);

d ——软管平均外径,单位为毫米(mm)。

21.5 结果

除非产品规范另有规定,取所有抗损伤三次测量值的算术平均值作为结果。

单位为毫米

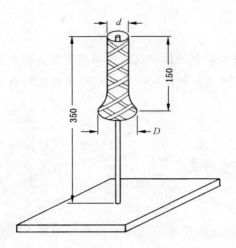

图 6　抗损伤性试验布置简图

22　击穿电压

22.1　原理

可选择以下三种试验方法之一：

    a)　弹丸槽试验(仅适用于空气中试验)；

    b)　直棒试验,100 mm 箔电极；

    c)　大直径软管剖开后试样的试验。

每种方法可以在环境温度下或高温下进行。另外,试验也可以在经过湿热处理后进行。

具体试验方法应在产品规范中规定。

22.1.1　试样数量和形状

应试验三个试样。全截面软管试样,适用于弹丸槽试验和直棒试验；剖开后的试样,适用于大直径软管试验。

22.1.2　条件处理

在有疑问或有争议时,试验应在已经过 23 ℃±2 ℃和(50±5)％相对湿度下处理不少于 24 h 后的试样上进行。

22.1.3　施加电压

施加的电压按 GB/T 1408.1—2006 的规定,升压速率按产品规范规定。

22.1.4　试验方法的变更

击穿电压试验通常是在空气中进行,但如果闪络成为一个问题,则可用更长的试样,或针对 22.3 及 22.4 中的试验,可将试样浸于适当的绝缘液体(如变压器油或硅油)中进行。

22.2 弹丸槽试验(仅适用于空气中试验)

22.2.1 试样

把一段长约 200 mm 的软管套在一根光滑笔直的圆导体上制成试样。该导体的直径应大致与软管内径相同(不小于内径的 75%)。为避免对软管造成损伤,应清除导体上毛刺。

对热收缩软管,试样应在一根直径大致等于但不得小于规定的软管最大回缩后内径的金属芯棒上进行收缩处理。

22.2.2 设备

22.2.2.1 容器

能将试样放入且其中的 100 mm 长可埋没于弹丸中的金属容器,可将容器设计成倾斜时弹丸能覆盖整个软管。推荐的装置如图 7 所示。

22.2.2.2 弹丸

弹丸直径应是 0.75 mm～2.0 mm,可以由镍、镀镍或不锈钢制成。

22.2.3 程序

把弹丸倒入容器中,使得在试样中间长 100 mm 的周围灌满弹丸且使试样与所有容器壁隔开。需小心操作以免损伤试样。

按 22.1.3 所述在导体与弹丸之间施加电压。

22.3 直芯棒试验,100 mm 箔电极

22.3.1 试样

试样是一段插在一光滑笔直圆导体上的长度不少于 200 mm 的软管。对热收缩软管,试样应在一根直径等于规定的软管最大回缩后内径的金属芯棒或管上进行收缩处理。

22.3.2 电极

内电极应是一根与软管滑动配合的金属芯棒。外电极应是一条宽 100 mm、厚度不大于 0.025 mm 紧贴且环绕在软管上的金属箔片带。芯棒或管应超出试样的每个端头,箔电极与试样端头之间距离应足以防止闪络(见 22.1.4)。

22.3.3 程序

按 22.1.3 所述,在两电极之间施加电压。

22.4 大尺寸软管剖开试样的试验

22.4.1 试样

试样尺寸应大于 100 mm×100 mm 以防止闪络。

22.4.2 电极

电极应是两个直径 25 mm、长 25 mm 的金属圆柱体,其中一个被垂直安放在另一个的上面,以便试样被置于两圆柱体平整端的两个平面之间。上下电极应同轴。应将两圆柱体边缘倒成半径约 3 mm 的圆角。

22.4.3 程序

按 22.1.3 所述在两电极之间施加电压。

22.5 高温下试验

将试样和电极置于烘箱内并在产品规范规定的温度下保持(60±5)min。按 22.1.3 施加电压。

注:试验时注意高压电极、高压导线与烘箱器壁之间的安全距离。

22.6 湿热处理后的试验

先将试样预热到 40 ℃～45 ℃,然后放入条件处理箱在 40 ℃及 93% 相对湿度下,处理 96 h。

从处理箱中取出软管,让其在 75% 相对湿度的大气中冷却至室温。然后,在取出软管的 1 h～2 h 内进行试验。

22.7 结果

除非产品规范另有规定,取所有击穿电压测试值的算术平均值作为结果,并报告所采用的温度和相对湿度。

注:当产品规范中仅有针对 25 mm 和 250 mm 宽外电极的击穿电压时,可按式(10)换算成对 100 mm 宽外电极的结果。

$$V_1 = \frac{2V_2 + V_3}{3} \quad\cdots\cdots\cdots\cdots\cdots\cdots\cdots\cdots\cdots\cdots(10)$$

式中:

V_1——对采用 100 mm 宽电极时要求的击穿电压,单位为伏(V);

V_2——对采用 250 mm 宽电极时要求的击穿电压,单位为伏(V);

V_3——对采用 25 mm 宽电极时要求的击穿电压,单位为伏(V)。

单位为毫米

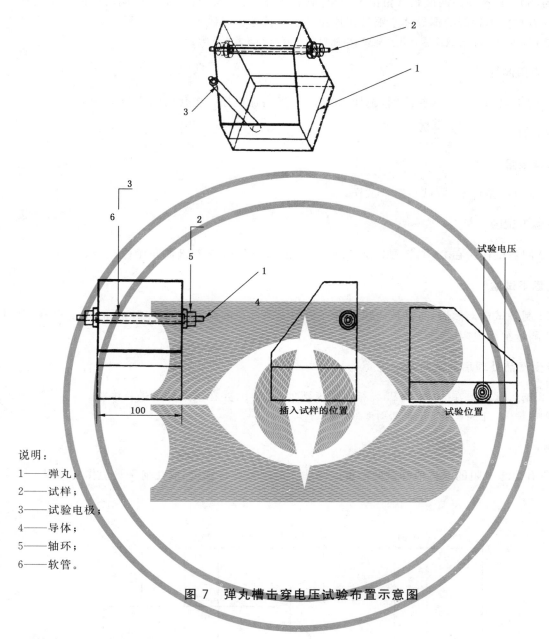

说明：
1——弹丸；
2——试样；
3——试验电极；
4——导体；
5——轴环；
6——软管。

图7 弹丸槽击穿电压试验布置示意图

23 绝缘电阻

23.1 条件处理

除非产品规范另有规定，试验应在已经过 23 ℃±2 ℃、(50±5)％相对湿度下处理不少于 24 h 后的试样上进行。

23.2 试样形状

将一根能滑动配合的实芯铜导体或铜管插入软管试样中。插入后试样至少 230 mm 长。必要时可借助合适的导电润滑剂来协助插入。对热收缩软管，试样应在一根金属棒或管上进行收缩处理，该金属棒或管的直径等于规定的软管最大回缩后内径。

将宽度为(25±1)mm 的三片金属箔分别包绕在试样上，其中一片绕在中间，另两片绕在两端附近，使每段长为(50±1)mm 的两段软管留出不包金属箔,如图 8 所示。绕在试样两端附近的两个金属箔,在试验过程应与插入软管的铜导体或铜管相连接并予以接地。导线连接如图 8 所示。

注：允许用高电导率的金属涂料替代金属箔,但涂料中的溶剂不可影响软管。

23.3 绝缘电阻测量

在试样的中间和外侧金属箔之间,施加(500±15)V 直流电压。电化时间应为 1 min～3 min。

23.4 试验条件

23.4.1 试样数量

在下面的每一条件下,应试验三个试样。

23.4.2 室温下试验

按 23.2 制备试样。在 23 ℃±2 ℃ 及(50±5)％相对湿度下,按 22.3 测量绝缘电阻。

23.4.3 高温下试验

按 23.2 制备试样。然后,将其放入烘箱并在产品规范规定的温度下保持(60±5)min。并在该温度下,按 23.3 测量绝缘电阻。

23.4.4 经受湿热处理后的试验

按 23.2 制备试样。在 40 ℃ 及 93％相对湿度下处理 96 h,并在该条件下进行试验。

注：试验时试样上不能有湿气凝露,否则重新取样试验。

23.5 结果

报告所有绝缘电阻的测得值和试验温度。除非产品规范另有规定,取几何平均值作为结果。

单位为毫米

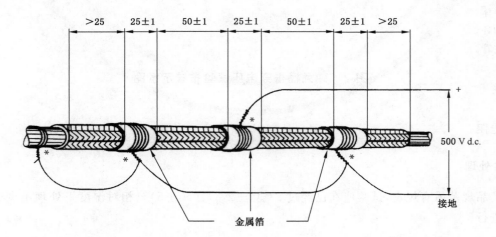

* 扎紧导线并在这些点将其焊牢。

图 8 绝缘电阻试验用试样

24 体积电阻率(不适用于织物基软管)

24.1 条件处理

除非产品规范另有规定,试验应在已经过 23 ℃±2 ℃、(50±5)％相对湿度下处理不少于 24 h 后的试样上进行。

24.2 试样形状

试样是一段长 250 mm 的软管,软管内插入实芯铜导体或铜管(作为内电极),内电极的直径应小于产品规范中规定的软管内径。必要时可借助液体介质如硅油、硅脂,以便于内电极插入并保证软管与电极有良好的电气接触。所使用的液体介质应在产品规范中规定。对热收缩软管,试样应在一根直径等于规定的软管最大回缩后内径的金属芯棒上进行收缩处理。

外电极是 200 mm 长并由高电导率金属涂料涂覆于软管外表面构成的。按 GB/T 1410—2006 的规定,应在试样的每一端加上保护环。

24.3 体积电阻率的测量

按 GB/T 1410—2006,采用(500±15)V 直流电压测量电阻,电化时间为 1 min。

按式(11)计算体积电阻率 ρ:

$$\rho = 2\pi LR/\ln\frac{d+2s}{d} = 0.868\,7\pi LR/\log_{10}\frac{d+2s}{d} \quad\cdots\cdots\cdots\cdots\cdots\cdots\cdots(11)$$

式中:

ρ ——体积电阻率,单位为欧姆米(Ω·m);

L ——电极长度,单位为米(m);

R ——测得的电阻,单位为欧姆(Ω);

d ——软管内径,单位为毫米(mm);

s ——软管壁厚,单位为毫米(mm)。

当 $L=200$ mm 时,按下式计算:

$$\rho = 1.257R/\ln[(d+2s)/d] = 0.546R/\log_{10}[(d+2s)/d]$$

24.4 试验条件

24.4.1 试样数量

在下面的每一条件下,应试验五个试样。

24.4.2 室温下试验

按 24.2 制备试样且在 23 ℃±2 ℃及(50±5)％相对湿度下按 24.3 测量体积电阻率。

24.4.3 高温下试验

按 24.2 制备试样。然后,将其放入烘箱并在产品规范中规定的温度下保持(50±5)min。在试样仍然保持在规定的温度下,按 24.3 测量体积电阻率。

24.4.4 经受湿热处理后的试验

应按24.2制备试样。然后,在40 ℃及93%相对湿度下处理96 h,并在该条件下测量体积电阻率。

注:试验时试样上不能有湿气凝露,否则重新取样试验。

24.5 结果

报告所有体积电阻率的测试值,并报告所采用的温度和湿度条件。除非产品规范另有规定,取几何平均值作为结果。

25 相对电容率和介质损耗因数

25.1 试样数量

试验一个试样。

25.2 试样形状

试样是一段长度为150 mm的软管。对热收缩软管应按供方说明在一根作为内电极的芯棒上进行收缩处理。在此之前,应先测定芯棒直径d_1,其方法是沿芯棒长度方向并绕其圆周均匀分布的点上作十次测量,取平均值,准确至0.01 mm。

25.3 电极

高压电极应是一根与软管内壁接触良好的金属芯棒或管,对热收缩软管该芯棒或管的直径应等于软管的最大回缩后内径。测量电极和保护环应是金属箔带或适用的导电涂层。当采用金属箔时,用尽少量的低损耗的液体介质如硅油、硅脂把它粘贴到试样上。保护环应是25 mm宽并贴在测量电极两端的软管上,间隙约1.5 mm。测量电极长度应使得能在电桥最灵敏的范围内测量电容量。高压电极长度应至少超出保护环外缘。

25.4 程序

试验温度应是23 ℃±2 ℃。在试样穿入芯棒或管之后并在测量电容之前,应测定试样外径d_2,其方法是沿试样长度方向并绕其圆周均匀分布的点上作十次测量,取算术平均值,准确至0.01 mm。

按GB/T 1409—2006规定的仪器并在1 000 Hz频率下测量相对电容率和介质损耗因数。

25.5 计算

相对介电常数ε_r应按式(12)计算:

$$\varepsilon_r = 18C\ln(d_2/d_1)/(l+w) = 41.4C\log_{10}(d_2/d_1)/(l+w) \quad\cdots\cdots\cdots\cdots\cdots(12)$$

式中:

C ——测得的电容,单位为皮法(pF);

d_1 ——芯棒直径,单位为毫米(mm);

d_2 ——试样外径,单位为毫米(mm);

l ——测量电极的长度,单位为毫米(mm);

w ——测量电极与保护环之间间隙的宽度,单位为毫米(mm)。

介质损耗因数可从电桥读数中直接测得。

25.6 结果

取相对介电常数和损耗因数的测试值作为结果。

26 耐电痕化

按 IEC 60587:2007 中的方法 2 和判断标准 A 进行,试样厚度尽可能不少于 4 mm,并且经收缩处理。

27 火焰蔓延试验

27.1 原理

规定了三种严酷程度不同的试验方法。具体采用哪种方法由产品规范规定。

27.2 方法 A 和方法 B

27.2.1 试样数量

应试验三个试样。

27.2.2 方法 A(仅适用于内径 10 mm 及以下的软管)

注:对热收缩软管,该尺寸指规定的回缩后内径。

非热收缩软管:把一段长约 450 mm 的软管置于能与其滑动配合的 530 mm 长的一根直钢棒的中心位置。

热收缩软管:试样同上,但软管应在其直径等于规定的软管回缩后内径的钢棒上进行回缩处理。

27.2.3 方法 B

在一段长约 660 mm(对热收缩软管为回缩后的长度)的软管内,穿入一根 900 mm 长的细钢琴丝。软管的顶端应封闭以防止烟囱效应。采用的钢琴丝直径按表 1 规定:

表 1 试验用钢琴丝直径

试样直径	钢琴丝直径(最大值)
小于 0.44 mm	0.25 mm
0.44 mm~0.81 mm	0.41 mm
大于 0.81 mm	0.74 mm

27.3 热源

27.3.1 气体燃烧器

该气体燃烧器的标称内径为(9.5±1)mm。对天然气,可使用本生灯,把灯调节成能产生约

125 mm 长火焰,内部蓝色火焰芯约 40 mm 长。

如果使用丙烷,则应使用图 9 所示的气体燃烧器。

可使用带小火苗引燃的气体燃烧器。

27.3.2 气体燃烧器工作状况的检查

当气体燃烧器底座成水平状态时,把一根长度不短于 100 mm、直径为(0.71±0.025)mm 的裸铜线的一端水平地插入到比蓝色火焰芯顶部高出约 10 mm 的火焰中。铜线熔化所需要的时间应在 4 s～6 s。

27.4 燃烧试验箱及其内部布置

试验在排气罩或通风柜内进行,以防产生气流影响。

试验箱内试样和气体燃烧器的布置,方法 A 如图 10 所示、方法 B 如图 11 所示。

固定试样,使其垂直地处于罩子的中心。对方法 B 应将软管扭结并夹住(可用纸夹或其他夹具),把试样固定于上支撑棒的中间位置,试样的一端被封闭,防止试验中产生烟囱效应。从软管开口端伸出的钢琴丝的下端应固定在如图 11 所示的下支撑棒上。

能固定气体燃烧器底座的楔形块应能使气体燃烧器在与试样同一垂直平面上倾斜(20±2)°,气体燃烧器应固定在楔形块上且整个装置应置于可调节的支撑夹具上。

该夹具被置于与气体燃烧器圆管长轴和试样长轴的同一个垂直平面内,使燃烧器圆管指向罩子的后部。还应可调节夹具到距离 B 点约 40 mm 的 A 点位置,B 点是蓝色火焰芯顶端触及试样前部中心的一点。垂直调节试样,使 B 点距试样下夹具或其他支撑物不少于 75 mm。

用一层约 3 mm 厚的未经处理过的药用棉花铺设在包括楔形块和气体燃烧器底座在内的罩子底部。棉花层的上表面应处在 B 点下方不大于 240 mm 处。

指示旗的是一条单面上胶未经增强的牛皮纸(80 g/m²～100 g/m²),其宽 13 mm,厚约 0.1 mm。胶可被湿润并具有粘性。以胶面朝向试样方式将纸条环绕粘贴试样一周,使纸条下边缘高出 B 点250 mm。纸条两个端头可平整地粘压在一起并修剪成一面小旗,将小旗从试样向罩子的后方伸出20 mm 且与罩子两个侧面相平行(见图 10 及图 11)。

27.5 程序

给试样施加火焰 15 s,移去火焰,再施加火焰,共反复五次,每次施加 15 s,施加火焰间隔 15 s,如果上一次施加气体火焰后,试样燃烧或灼烧持续时间长于 15 s,这时则应在试样燃烧或灼烧自行熄灭后才能再次施加气体火焰。

27.6 方法 C

应试验五个试样。

在一段约 560 mm 长(对热收缩软管为回缩后长度)的软管内,穿入一根长度至少为 800 mm 的细钢琴丝,其直径按 27.2.3 方法 B 中的规定。

27.7 热源

使用按 27.3.1 所述被调节成工作状态的本生灯。

27.8 燃烧试验箱及其内部布置

试验在排气罩或通风柜内进行,以防产生气流影响。试样及气体燃烧器布置如图12所示。

固定试样,使其垂直地处于罩子的中心。在罩子内适当位置处,应安装两根固定的水平棒,使得绑在其上的钢琴丝与水平面成70°。下水平棒应距罩子后部约50 mm。试样的上端应固定在上水平棒上,将试样的上端封闭,防止试验时产生烟囱效应。从试样开口端伸出的钢琴丝的下端应固定在下水平棒上,要把它拉得足够紧以便在试验期间保持平直。

应采用倾斜(25±2)°的楔形块使本生灯管倾斜,并按与方法A和方法B相同的方法使本生灯与试样处于同一垂直平面。

对方法C,应使用指示旗,但不铺设棉花层。

27.9 程序

对试样施加火焰15 s,然后关闭燃气将其熄灭。

测定从熄灭火焰的时刻开始试样的持续燃烧时间。仅将有焰燃烧时间视作实际燃烧时间而不考虑灼热燃烧时间。通过直接测量或将250 mm减去未燃烧的长度的方法,测定试样被烧掉的长度。

27.10 结果(方法A和方法B)

27.10.1 方法A和方法B应报告下列内容:
  a) 每次移开气体火焰后,每个试样持续燃烧或灼烧的时间,单位为秒(s);
  b) 每个试样在任何时间释放出的燃烧或灼烧颗粒或燃烧的滴下物是否点燃了气体燃烧器上、楔形块上或罩子底部的棉花(棉花的无焰烧焦不作为棉花燃烧判定);
  c) 在每个试样试验期间,指示旗是否被烧掉或被烧焦(可用棉布或手指擦去的烟垢和棕色的焦痕不作为烧焦判定)。

27.10.2 下述内容属于方法A和方法B的结果:
  a) 移去气体火焰后,任何试样持续燃烧或灼烧的最大时间,单位为秒(s);
  b) 在任何时间释放出的燃烧或灼烧的颗粒或燃烧的滴下物是否点燃了气体燃烧器上、楔形块上或罩子底部的棉花;
  c) 三次试验中的任何一次,指示旗是否被燃烧或烧焦。

27.11 结果(方法C)

27.11.1 方法C应报告下列内容:
  a) 所有燃烧时间的测得值,单位为秒(s);
  b) 所有试样被烧掉的长度的测得值,单位为毫米(mm)。

27.11.2 下列内容属于方法C的结果:
  a) 除非产品规范另有规定,移开气体火焰后任何试样持续燃烧的最大时间,单位为秒(s);
  b) 除非产品规范另有规定,任何试样的最大被烧掉的长度,单位为毫米(mm)。

单位为毫米

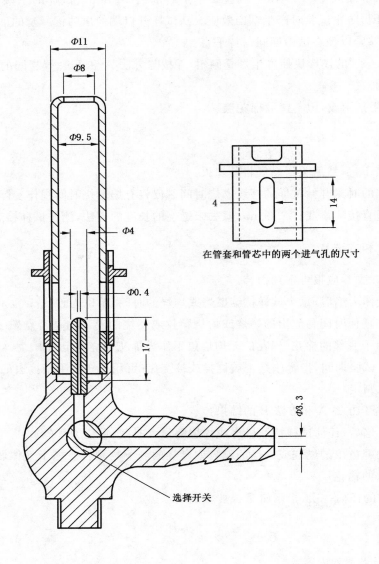

在管套和管芯中的两个进气孔的尺寸

图9 火焰蔓延试验用标准丙烷燃烧器（剖视图）

单位为毫米

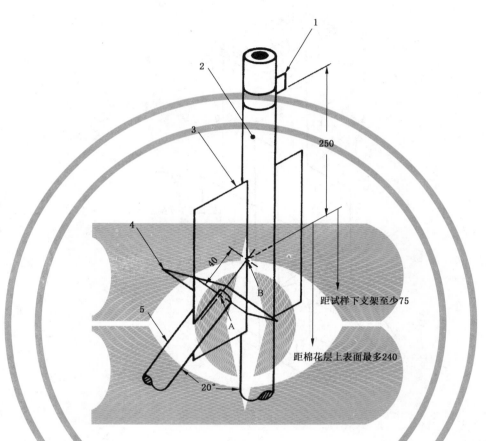

说明：

1——牛皮纸标旗；

2——试样；

3——平行于罩子两侧面并包含试样长轴和气体燃烧器圆管长轴的垂直面；

4——气体燃烧器圆管顶部平面；

5——气体燃烧器圆管。

图 10　火焰蔓延试验——方法 A

（为弄清详情，图形已按比例放大）

单位为毫米

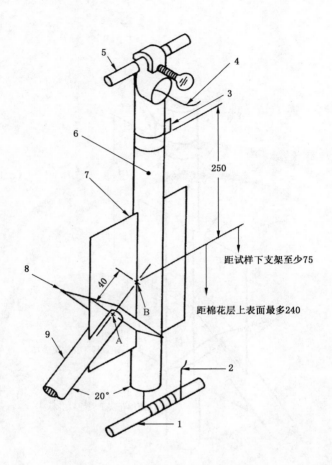

距试样下支架至少75

距棉花层上表面最多240

说明：

1——固定在罩子中的棒；

2——细钢琴丝；

3——牛皮纸标旗；

4——细钢琴丝；

5——固定在罩子中的棒；

6——试样；

7——平行于罩子两侧面并包含试样长轴和气体燃烧器圆管长轴的垂直面；

8——气体燃烧器圆管顶部平面；

9——气体燃烧器圆管。

图 11 火焰蔓延试验——方法 B

（为弄清详情，图形已按比例放大）

单位为毫米

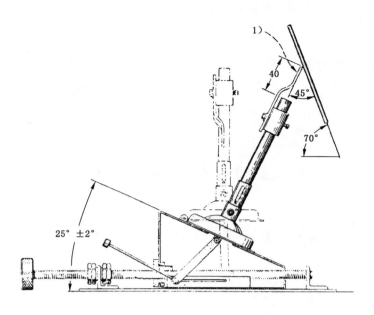

1) 引燃前,应将转动式指计转下去。

图 12　火焰蔓延试验——方法 C

28　氧指数

28.1　室温下的氧指数

按 GB/T 2406.2—2009 在与Ⅳ型相符的试样上进行。需要用生产软管的材料来制备(3±0.5)mm 厚的模塑片材。如果软管是交联成形的,则该片材的交联度应同软管一样。

具体引燃程序应按产品规范规定。

28.2　高温下的氧指数

按 ISO 4589-3:1996 在 28.1 所述的试样上进行。

具体引燃程序应按产品规范规定。

29　透明度

29.1　试样数量

试验一个试样。

29.2　试样形状

被试软管的内径和壁厚由产品规范规定。软管长约 100 mm,沿长度方向剖开并整平。

29.3　程序

把剖开的软管置于由 8 点 Helvetica 中型打印机(或类似的打印机)打印以下原文子母:

Ackldewgymo

观察是否能按正常阅读视力透过软管试样读出这些字母。

29.4 结果

报告观察到的现象作为结果。

30 离子杂质试验

30.1 总则

按 GB/T 7196—2012 的规定,通过测定所获得的水萃取物的电导率进行试验。

30.2 结果

除非产品规范另有规定,取测试值的算术平均值作为结果。

31 银污染试验

31.1 原理

本试验让几个软管试样与银箔接触并将两者暴露于高温下。然后,把银箔上任何污染的暗度与污染试验仪上标准色度的胶片带的暗度进行比较。

31.2 试样数量和形状

切割三个试样使其露出一新的环形面。软管长度应不小于壁厚,但要短到足以能稳定地垂直放置。

31.3 污染试验仪

污染试验仪是由一长方形摄影胶片组成,其上有一条已曝光至规定暗度(称为标准色度)的带。该带宽约 3 mm 且与每侧等距。

当按 ISO 5-1:2009、ISO 5-2:2009、ISO 5-3:2009 和 ISO 5-4:2009 测量时,污染试验仪应满足下列要求:

——透明摄影胶片底色应具有不大于 0.050 的可见色度;

——标准色度与透明摄影胶片底色之间的色度差应是 0.015±0.005。

31.4 程序

把每个试样置于一片大的分析纯银箔上,新切割的环形面朝下。该银箔事先已用抛光铁丹和水彻底抛光和清洗并用洁净的布擦干。

除非产品规范另有规定,将银箔连同试样一起放入适当的烘箱内并在 70 ℃±2 ℃下保持(30±2)min。

从银箔上取下每个试样,目测银是否受到污染。如果观察到有任何污染现象,则应通过污染试验仪上与标准色度相邻的透明部分进行观察,观察试样引起的污染是否比标准色度暗。

31.5 结果

报告所有观察到的现象作为结果。

32 耐电解腐蚀

32.1 总则

按 GB/T 10582—2008 中三种方法中的一种或多种方法进行。具体由产品规范规定。

32.2 试样数量

每种方法的试样数量按下列规定：
a) 目测法：三个试样；
b) 导线拉伸强度法：五个试样；
c) 绝缘电阻法：五个试样。

33 耐腐蚀（拉伸与伸长法）

33.1 原理

本试验是测定铜和软管之间的相互作用。

33.2 试样数量和形状

将至少 150 mm 长的五个试样沿长度方向剖开，然后放入笔直洁净的裸铜芯棒或管。软管的两端用铜线绑扎固定。对内径大于 6 mm 的试样用铜管；对内径等于或小于 6 mm 的试样用铜棒。芯棒或管的直径应大于软管试样内径 10%～20%。

33.3 程序

首先，把套在芯棒或管上的试样在 23 ℃±5 ℃ 和不低于 90% 相对湿度的大气中处理 24 h。随后，将其转移至烘箱内，除非产品规范另有规定，在 160 ℃±3 ℃下加热(168±2)h。从烘箱内取出后，让其冷却。

然后，将每个试样从芯棒或管上取下，检查芯棒或管和试样两者相互之间是否有化学作用，如芯棒或管点蚀或侵蚀。由正常的空气氧化作用而引起的软管与芯棒或管粘附或铜的颜色变暗，应忽略不计。

然后，按第 20 章对每个试样进行拉伸强度和/或断裂伸长试验。

33.4 结果

报告所有观察到的相互化学作用现象作为结果。

除非产品规范另有规定，分别取拉伸强度和/或断裂伸长测试值的算术平均值作为结果。

34 铜腐蚀（存在腐蚀性挥发物）

34.1 原理

本试验是测定软管中挥发性成分对铜的影响。

34.2 器材

——试管，13 mm×300 mm；
——铜—玻璃镜，6 mm 宽，25 mm 长。将它们贮存于干燥器内。铜—玻璃镜应由真空镀铜而成，镀层厚度应能使 500 nm 波长的标准入射光有(10±5)%的透射率。当氧化膜和铜有明显损伤时,才能用铜—玻璃镜进行试验;

——软木塞;

——铝箔;

——细铜丝,直径不大于 0.25 mm;

——油浴,能保持油温在±2 ℃内。

34.3 试样数量和形状

使用两个软管试样进行试验,将试样分别放入两个试管内,而第三个试管作对比用(空白试验)。

对内径小于 3 mm 的软管,试样应是一段总外表面积约为 150 mm² 的软管。

对内径 3 mm 及以上软管,试样应是一条沿软管长度方向剖开大小约为 6 mm×25 mm 的带。

34.4 程序

如上所述,将试样放入试管并用第三个试管作为对比。

将符合 34.2 规定的铜镜悬挂于试管内,使其下边缘高出试管底部 150 mm～180 mm。悬挂时,用一根细铜丝在铜镜的上端环绕一圈,并将细铜丝的另一端系到软木塞上,以保证每个铜镜都垂直悬挂。用铝箔包裹的软木塞密封每个试管。

三个试管下端 50 mm 浸入油浴中,油浴的温度和保温时间由产品规范规定。

让每个试管装有铜镜部分的温度保持在 60 ℃以下。

冷却后,取出铜镜并对着光线充足的白色背景逐一检查试样。若有任何从铜镜上剥离出的铜,可认为是产生了腐蚀。然而,对从铜镜底部剥离出的铜,只要其面积不超过铜镜总面积的 8%则可不计,因为冷凝作用可能会引起这种状况。铜膜变色或厚度减小都不认为是腐蚀。仅把由于铜的剥离使铜镜变透明的面积作为腐蚀面积考虑。

如果在对比试管内铜镜出现任何腐蚀迹象,则应重做试验。

34.5 结果

取每个铜镜测得的腐蚀百分率的算术平均值作为结果。

35 耐光色牢度

35.1 原理

本试验是在规定条件下将试样与认可的标样就颜色变化的相对速率进行比较。

35.2 试样

一段适当长度的软管。

35.3 程序

把一个半遮盖的软管试样和一个按 ISO 105-B01 规定的着色羊毛制成的耐光性标样同时暴露于氙灯光源或密闭碳弧灯光源,直至耐光性标样暴露部分的颜色变化相当于 ISO 105-A02 中的几何灰色标度的 4 级。环境温度应不高于 40 ℃,相对湿度不作特殊控制。被用作耐光性标样的标号由产品规范规定。

应频繁检查暴露中的耐光性标样以确保不超过规定的褪色程度。

对被暴露过的试样和标样就相对颜色变化进行比较。比较时要对着光线充足的白色背景。

35.4 结果

报告所有观察到的现象作为结果。

36 耐臭氧性

按 ISO 1431-1:2004 进行本试验,但作下述变更。

36.1 试样数量和形状

应试验三个试样,每个试样长约 25 mm。

36.2 程序

试样应套在一根光滑、对臭氧不起作用、具有低摩擦系数的芯棒上,例如 PTFE 棒,以解除内应力。选取一个能使软管直径增大的芯棒,其增大量由产品规范规定。将制备好的软管暴露于臭氧中,暴露时间、温度及臭氧浓度由产品规范规定。

从富臭氧的大气中取出试样,除非产品规范另有规定,应按正常阅读视力检查软管是否开裂。

36.3 结果

报告所有观察到的现象作为结果。

37 耐流体性

37.1 原理

原理包括下列内容:
a) 流体的选择;
b) 浸渍温度;
c) 浸渍时间;
d) 评定方法。

37.2 流体的选择

当产品规范无规定时,流体由供需双方商定。用于浸渍试样流体的数量应至少是试样体积的 20 倍。

注:应采取适当的措施保护操作人员以防因使用某种流体引起健康损害或火灾。

37.3 评定方法

a) 击穿电压,第 22 章;
b) 拉伸强度和/或断裂伸长,第 20 章;
c) 目测外观变化;
d) 质量变化;
e) 任何其他产品规范中规定的方法。

37.4 试样数量和形状

试样数量取决于选择的方法。按第 20 章或第 22 章要求选择试样,如果采用目测法或质量变化法评定,应采用三个试样,每个试样长约 25 mm。

另外符合第 20 章规定的试样也可用于目测法和质量变化法。

37.5 程序

除非产品规范另有规定,试样应浸于 23 ℃±2 ℃的流体中(24±1)h。

然后,把试样从流体中取出,让其滴干 45 min～75 min,之后,稍微擦干。然后,在环境温度下,按 37.3 给出的一种或几种方法进行试验或检查。当要求按质量变化法进行试验时,试样应再次称重,以浸液前后质量变化的百分数作为结果。

> 注:在采用拉伸强度法进行评定时,浸渍前要测定横截面积。如果采用质量变化法,则浸渍前试样应称重至 0.000 2 g。

37.6 结果

试验结果即为符合规定的评定方法的观测结果/测定值。结果可能与某一确定的要求值或某一对照值的下降百分率有关。

当另外还采用或要求定性评定,则要报告试样从流体中取出后是否马上就显露出诸如膨胀、发粘、破碎、开裂或起泡等劣化现象。

38 热耐久性/长期耐热性(3 000 h)

38.1 总则

按 GB/T 11026 的要求进行。由于长期耐热性与材料种类相关,所采用的各个试验程序和终点值由相应的产品规范规定。

38.2 试样数量和形状

试样数量和形状取决于选择的试验方法。试样通常应按条款 20.2 的要求以及产品规范的规定来选取。应准备足够多的试样以确保能进行六组测量。

38.3 程序

保留和测量一组试样,以获得材料性能的初始(未老化)值或待测值。将所有其他试样的一端悬挂暴露在符合 GB/T 11026.4—2012 或 GB/T 11026.5—2010 要求的烘箱内,烘箱的温度由产品规范确定。有关烘箱的使用导则见 GB/T 11026.5—2010 中第 1 章(范围)的注 2。如果没有另外规定,应每隔(25±0.5)天或(600±12)h 从烘箱中取出一组试样并使其冷却至室温。对该组试样进行相关的测试。如此继续直到 125 天或 3 000 h 的老化时间结束并对经过该周期老化的试样进行测试。

38.4 试验结果

报告所有的测试值。

> 注:已有通过与一个得自公认的比对材料的试验结果作比较并结合老化数据的统计分析的试验方法,IEC 60216-5:2008。

39 单位长度的质量

39.1 试样数量

应试验三个试样。

39.2 程序

应对供货状态下的软管进行质量测定。

除非另有规定，试验应在垂直切割（切割面垂直于长度方向）长约 100 mm 的试样上进行。切割后，应测量试样长度（L）准确至 ± 1 mm。

可使用任何方法测定质量，只要其能保证 100 mm 长的软管的质量准确度为 0.01 g。

39.3 结果

按式（13）计算 1 m 长软管的质量 M：

$$M = \frac{m_1 \times 1\,000}{L} \quad\quad\quad\quad\quad\quad\quad\quad\quad (13)$$

式中：

M ——1 m 长软管的质量，单位为克每米（g/m）；

m_1 ——试样的质量，单位为克（g）；

L ——测得的试样长度，单位为毫米（mm）。

除非产品规范另有规定，取所有单位长度质量值的算术平均值作为结果。

40 热劣化

40.1 试样数量和形状

按第 20 章制备五个试样。

40.2 程序

将试样的一端垂直地悬挂于烘箱内，除非另有规定，在产品规范规定的温度下，暴露（168±2）h。从烘箱中取出试样并让其冷却。按第 20 章和产品规范规定，进行拉伸强度和/或断裂伸长试验。

41 吸水性

41.1 总则

除非产品规范另有规定，按 GB/T 1034—2008 中的方法 1 进行试验。

41.2 结果

取所有测试值的算术平均值作为结果。

42 有限收缩性（仅适用于热收缩软管）

42.1 试样数量

应试验三个试样。

42.2 试样形状

从扩张状态下的软管样品中切取三段软管，每段长约 150 mm。

42.3 器具

一套金属芯棒，其形状和尺寸如图 13 所示。应注意所有锐边需倒角。

42.4 程序

选取一根芯棒，其直径 D 等于规定的被试软管扩张后的内径，直径 d 等于规定的被试软管回缩后的内径。把试样套入芯棒并放入已预热至被试软管产品规范规定之温度的烘箱。让试样充分收缩，继续让试样和芯棒保持于该温度下的烘箱内（30±3）min。

热处理结束后，从烘箱内取出芯棒和试样，让其冷却至室温。检查试样是否有裂纹或裂开的现象。

在位于中间直径为 D 的部位上（见图 13），缠绕上宽约 13 mm、厚度不大于 0.025 mm 的导电箔带。紧贴缠绕两层导电箔以确保组合具有良好的电气接触，留下一小段未缠绕的导电箔作为电气接头。从芯棒的一端去掉一部分软管，露出一小段芯棒作为另一个电气接头，要确保接头与箔电极之间有足够的软管长度，以免在施加检验电压过程中发生闪络。

注：也可选用导电漆取代箔电极。

以 500 V/s 速率在两电极间施加检验电压至产品规范规定的电压值并保持 1 min。

记录所施加的电压值及可能发生的击穿电压值。

42.5 结果

报告任何破裂或裂开的现象，或其他缺陷，以及每个试样的耐电压检验情况作为结果。

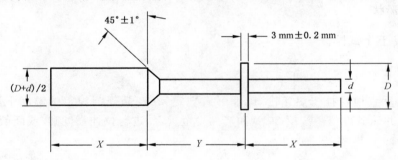

自由收缩后软管的规定最大内径	芯棒部位尺寸	
mm	X（最小）/mm	Y/mm
<1.20[a]	13	6.4±0.05
1.20～3.2	13	6.4±0.05
3.21～9.5	25	12.7±0.05
9.51～58.0	50	50.8±0.05
[a] 对自由收缩后"规定最大内径"小于 1.20 mm 的软管，应制备一根外径等于 D 的直圆棒。		

说明：

d —— 自由收缩后软管的最大内径，公差为 $\binom{+5}{0}$%；

D —— 供货状态下软管最小内径，公差为 $\binom{+5}{0}$%。

注：这些芯棒应无毛刺和锐利边缘。

图 13 有限收缩试验用芯棒

43 颜色热稳定性

43.1 试样数量

应试验三个试样。

43.2 试样形状

从软管样品中切取三段软管,每段长约 100 mm。

43.3 程序

将试样悬挂在烘箱中,烘箱的温度和暴露时间由产品规范规定。如果产品规范未规定时间,则应暴露(24 ± 1)h。

从烘箱中取出试样并让其冷却至室温。

将试样与产品规范规定的颜色标准进行对比。

43.4 结果

报告所采用的时间和温度。以目测试样与颜色标准对比所得结果作为试验结果。

44 烟指数

44.1 定义

ISO 13943:2008 中给出的燃烧及热裂解方面的定义以及下列定义适用于本试验方法:

烟指数:从试验开始到透光率为 70%、40%、10%及可能的最小值时所引起的烟雾比光密度的变化率的数值总和。

44.2 原理

将切自软管样品的条带试样连续暴露于规定的热裂解及燃烧的标准热环境中。测定整个试验过程中烟雾在一定的空间内弥漫时所产生的烟雾的光密度变化。利用所得到的密度/时间曲线计算烟指数。

44.3 仪器

仪器应符合 IEC 60695-6-30:1996 的规定并作如下改进:

a) 混气风扇

把小型混气风扇安装在靠近试验箱顶部的中心位置,以确保烟雾充分均匀地弥漫于整个燃烧室中。风扇由四个径向安装的叶片组成,两个相对叶片顶部相距 250 mm,叶片最大宽度 70 mm。风扇转速为 60 r/min~120 r/min。

b) 燃烧器

使用结构如图 14 所示的多喷口燃烧器,所用的燃料为预混的空气/丙烷混合气。燃烧器置于试样盒前面居中位置,与试样下边缘处在同一水平面上并距试样 10 mm 远。使用校正过的转子流量计对空气和丙烷气的流量进行测量,其流速应使产生的蓝色火焰能触及高出试样下边缘约 5 mm 处至少 90%的试样宽度。

点火系统应不需要打开试验箱就能从外面点燃燃烧器。采用铂灼热丝、压电晶体或火苗点火系统比较合适。所用的点火系统不应对被试材料的烟指数造成影响。

44.4 试样数量和形状

剖开软管,制备长约 75 mm 的条带试样,条带的厚度和最小宽度由产品规范规定。条带试样的数量应足够多,以便能完全覆盖试样盒的正面。

44.5 条件处理

条带试样在被安放到试样盒上之前,应在 23 ℃±3 ℃和(50±5)％相对湿度条件下处理至少 24 h。

44.6 试样安放

为防止试验时试样过分扭曲和变形,应使用一个由直径 1.5 mm 的不锈钢丝编织而成的、具有间距 12.5 mm 和方形网眼结构的金属丝网来支撑条带试样。

将试样盒面朝下置于一个平面上并插入金属丝网。将每个条带试样安放到试样盒上,安放时应互不重叠地平行排列并确保条带试样间不留有空隙,以便当试样盒处于试验位置时条带试样保持垂直。

将整个绝热框架包绕上厚约 0.04 mm 的耐用铝箔,并将它置于已安放到试样盒上条带试样的上方。安置拉紧弹簧并用定位销固定。

注:见图 15,该图给出的是展示垂直安放条带试样的烟指数试样盒的主视图。

44.7 操作安全措施

在试验过程中,存在着从试样中释放出可燃的和/或有毒烟雾的危险,操作者应采取适当的预防措施以防直接接触这类烟雾。

44.8 程序

44.8.1 根据 IEC 60695-6-30:1996 的要求和设备制造商说明书装配试验箱并进行检查和校正。

44.8.2 打开丙烷和空气气源向燃烧器供气并引火点燃。把一个空白试样盒置于火焰前面的适当位置,调节气体流速获得如 44.3 b)所述的标准火焰高度。记下此时转子流量计的设定值。关闭两种气体。

44.8.3 擦净试验箱视窗,接通辅助加热系统。打开通气孔让试验器具温度稳定直至箱壁处温度为 33 ℃±4 ℃。关闭进气孔。

44.8.4 使加热炉输出稳定在 2.5 W/cm²,关闭排气孔。调节放大器和记录仪的零点和 100％的满量程点,以 10 mm/min 最低速度启动记录仪。

44.8.5 将装有试样的试样盒放到加热炉前面的支架上用记录仪记下该点作为试验起始点并同时启动计时装置。

44.8.6 试验时打开气源供气 300 s~310 s 并立即调节其流速至前面 44.8.2 所记下的设定值。

44.8.7 再把材料同时暴露于加热炉出口和燃烧器中 15 min±15 s。连续记录百分透光率并观察整个试验过程材料的燃烧特征。如果材料出现异常燃烧现象,例如分层、下垂、收缩、熔融或分解,则应在试验报告中报告这些现象及观察到这种特殊现象的时间。如果透光率降低至 0.01％以下,则要遮盖住试验箱门上的视窗并从光路上抽出范围扩展滤光片。

44.8.8 在不打开试验箱的情况下,关闭流向燃烧器的气体,并用衰减杆将试样盒从加热炉前面移开。加热炉和记录仪继续通电。按照设备制造商说明书将试验箱内的气体排空。继续记录百分透光率和经过的时间,直至获得稳定值。该值即为清晰光束透光率值,T_c。

44.8.9 试验期间自始至终要调节测光器放大系统的量程,使得所记录的百分透光率读数值不低于满量程的 10%。

44.8.10 试验结束后,应将试验箱内部、辅助设备及支撑结构清理干净。

44.8.11 对另外两个试样重复进行上述试验。

注:在不对试验设备做可能影响到校正或火焰状态调节时,可采用相同的设定值对试样进行重复试验。

44.9 结果的计算

44.9.1 因试验过程中视窗上的沉积物不断增加,因此,记录下的透光率值可能被人为地降低。因此,有必要在计算烟指数前,对记录值进行修正。修正可以按 44.9.2 通过绘制一条新的透光率/时间关系曲线来完成。

44.9.2 透光率的修正

44.9.2.1 利用从记录仪得到的曲线,确定下述 T_c 值和 T_{min} 值:

此处:

T_c——试验终点清晰光束透光率;

T_{min}——试验过程中获得的最小透光率。

44.9.2.2 把 T_c 和 T_{min} 换算成等量的比光密度 D_{sc} 和 D_{smax}

此处:

D_{sc}——清晰光束透光率的比光密度;

D_{smax}——最大透光率的比光密度。

按式(14)将百分透光率换算成试验箱的比光密度:

$$比光密度(D_s) = F \times \log_{10} \frac{100}{T} \quad\quad\quad\quad\quad\quad (14)$$

式中:

F——试验箱系数 $=132$;

T——百分透光率。

试验箱系数由 $V/(A \cdot L)$ 给出,此处 V 是试验箱体积,A 是试样暴露的面积,L 是光路长度。

44.9.2.3 如果 D_{sc} 是小于或等于 D_{smax} 的 3%,则不需要再修正所记录的曲线。

44.9.2.4 从 D_{smax} 减去 D_{sc} 得到修正后的最大比光密度 $D_{smax.c}$。把 $D_{smax.c}$ 换算成百分透光率并把该值作为同一时间间隔下修正后的最小透光率,即 $T_{min.c}$ 画在记录图上。

44.9.2.5 如果 D_{sc} 大于 D_{smax} 的 3% 及 $T_{min.c}$ 小于 70% 时,则由记录仪曲线绘制一条如下新的曲线:

按 44.9.2.2 把百分透光率换算成比光密度并用式(15)计算得到的修正系数去修正。再把该值换算回百分透光率。用修正后百分透光率的值按与原先未修正的值相同的时间间隔做一条新的透光率与时间关系的曲线:

$$D_c = D_s - \frac{D_{sc} \times D_s}{D_{smax}} \quad\quad\quad\quad\quad\quad (15)$$

式中:

D_c——经修正的比光密度;

D_s——未经修正的比光密度;

D_{sc} 和 D_{smax} 同 44.9.2.2。

44.9.2.6 例如,为获得在 70% 透光率下修正后的比光密度(此处 $D_s = 20$),则

$$D_{sT70} = D_{20c} = 20 - \frac{D_{sc} \times 20}{D_{smax}}$$

同样,也可计算在 40% 透光率(D_{sT40})和 10% 透光率(D_{sT10})下修正后的比光密度值。

44.9.2.7 把利用 44.9.2.6 得到的修正后的比光密度值换算回百分透光率。用画在与原先未修正的值相同的时间间隔处的修正过的值,再做一条新的透光率与时间关系的曲线。

从这个图上读出从试验开始至透光率为 70%、40% 及 10% 时的修正后时间(min)。

44.9.3 烟指数的计算

44.9.3.1 对修正后最小透光率值不小于 70% 的场合,按式(16)由相应曲线计算烟指数:

$$烟指数 = \frac{D_{sTmin.c}}{t_{min}} \quad\cdots\cdots\cdots\cdots\cdots\cdots\cdots\cdots\cdots\cdots\cdots\cdots (16)$$

式中:

$D_{sTmin.c}$——对应于修正曲线上最小透光率值的比光密度值;

t_{min} ——记下最小透光率值时的时间的数值,单位为分(min)。

44.9.3.2 对修正后最小透光率值小于 70% 的场合,则按式(17)由相应曲线计算烟指数:

$$烟指数 = \frac{D_{sT(70)}}{t_{(70)}} + \frac{D_{sT(40)}}{t_{(40)}} + \frac{D_{sT(10)}}{t_{(10)}} + \frac{D_{sTmin.c}(X - T_{min})}{t_{min}(X - Y)} \quad\cdots\cdots\cdots\cdots\cdots\cdots (17)$$

式中:

$D_{sT(70)}$——对应于 70% 透光率的比光密度,(20.0);

$t_{(70)}$ ——从试验开始至达到 70% 透光率时的修正后时间,单位为分(min);

$D_{sT(40)}$——对应于 40% 透光率的比光密度,(51.9);

$t_{(40)}$ ——从试验开始至达到 40% 透光率时的修正后时间的数,单位为分(min);

$D_{sT(10)}$——对应于 10% 透光率的比光密度,(130.5);

$t_{(10)}$ ——从试验开始至达到 10% 透光率时的修正后时间,单位为分(min);

$D_{sTmin.c}$——对应于修正曲线上最小透光率的比光密度;

T_{min} ——试验过程中获得的最小透光率;

t_{min} ——试验开始至出现最小透光率时的修正后时间,单位为(min);

X ——试验过程中达到的最低基准透光率,即 70%,40% 或 10%;

Y ——试验过程中达到的下一个最低基准透光率,即 40%,10% 或 0%。

44.10 结果

44.10.1 报告重复试验(至少三次)每一个烟指数的测量值,精确至小数点后一位;取测量值的算术平均值作为结果。

44.10.2 同时报告燃烧行为情况(见 44.8.7)作为结果。

44.10.3 报告软管壁厚和每个条带试样的宽度。

44.10.4 报告中还应声明:

单靠本试验结果不能评定在实际着火条件下该材料或由该材料制成的产品的着火危险性。因此,不能单靠引用本试验结果来支持针对该材料或其制品在实际着火条件下的着火危险性所提的要求。本试验结果仅用于材料研发、质量控制及材料规范等方面。

单位为毫米

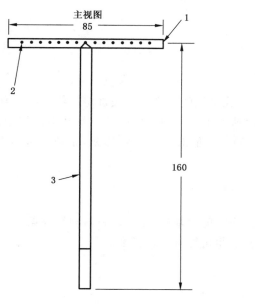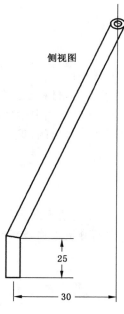

说明：

1——管的端部被封闭；

2——相互隔开的 15 个孔，外径 1.5 mm，中心间距 5 mm；

3——外径 6 mm×内径 3 mm 的不锈钢管。

图 14　烟指数试验用燃烧器详细示意图

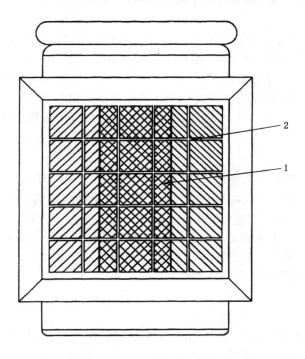

说明：

1——试样；

2——金属丝网。

图 15　展示垂直安放软管试样的烟指数试样盒的示意主视图

45 毒性指数

45.1 定义

下述定义适用于本试验：

毒性指数：在规定条件下，材料于空气中完全燃烧所产生的被选定气体毒性系数的数值总和。毒性系数是从 100 g 材料在 1 m³ 空气中燃烧时所产生的每种气体的计算量和由此引起的被视为经 30 min 暴露就可使人致命的浓度中得出的(见 45.9)。一般对于某给定体积，指数 1 表示会在 30 min 内使人致命。

45.2 原理

按每种气体在 30 min 内使人致命的暴露浓度为基础，用被试材料在燃烧条件下完全燃烧所产生的某些小分子类气体试样的分析数据，经计算后得出综合毒性指数。

45.3 装置

45.3.1 总则

试验箱内所有表面和所有设备零部件均应由非金属材料构成或涂以非金属材料，该材料与试验过程中从被试材料中放出的气体应尽可能不起化学作用。

45.3.2 试验箱

试验箱由体积至少为 0.7 m³ 的密封罩组成，罩内衬不透明塑料并开有一扇配带透明塑料视窗的铰链转动门或滑动门。

试验箱用材料，应不与试验产生的气体起反应并应保持其最低的气体吸收量。

注：聚丙烯适合用作试验箱的内衬，而聚碳酸酯片适合用作视窗。

试验箱应装备有强制空气排放系统，当试验需要时，能够在试验箱出口处将其关闭。

混气风扇应水平安装于试验箱内顶部的中央。风扇最小直径为 200 mm 并由六个轴向安装的叶片组成，转速在 1 200 r/min~1 500 r/min 之间。试验箱外，应装有接通和切断风扇的装置。

45.3.3 燃烧器

采用本生灯类燃烧器，燃料为天然气(甲烷)，其总热值约为 30 MJ/m³。通过改进接头向燃烧器提供箱外空气，以防止试样燃烧过程氧耗尽和随后的火焰温度降低或火焰熄灭。

燃烧器应能产生约 100 mm 高的火焰并且其最热点处温度为 1 150 ℃±50 ℃。

注：当要求燃气和空气流速约 10 L/min 和 15 L/min 时，推荐使用高 125 mm、内径 11 mm 的灯管和内径 5 mm 的燃气和空气进气管的本生灯。

配备能从试验箱外部点燃或熄灭的点火系统。

45.3.4 样品支撑

配备一种由不燃材料组成的厚度为 2 mm~4 mm 的环形支持物，其外径为(100±1)mm，内径为(75±1)mm，环形支撑物上绷上一张金属丝网。该丝网应由耐热金属丝以间隔约 10 mm 的方形网眼的方式编制而成。

45.3.5 计时装置

计时装置应能计时至 5 min，准确度在 ±1 s 内。

45.3.6 气体取样和分析设备

45.3.6.1 气体取样

为把因吸收或凝聚造成的燃烧毒性产物的损失降低到最小,取样路线应尽可能缩短。可在试验箱上开孔取样,但应不影响试验箱的密封。

45.3.6.2 分析设备

用于分析试样燃烧产生气体的设备应能快速检出并测量 45.9 中所述的气体。

可以采用比色气体反应管。当采用该类仪器时,应将它置于试验箱内。

45.4 试样

从软管中切取合适尺寸和形状的试样,使得在每次试验中试样能完全被火焰吞没。选取适当的试样量以便达到最佳分析精度,试样量取决于燃烧产物的性质和分析过程的灵敏度。

> 注:对热收缩材料,试片应从完全回缩后的软管中切取。

应制备足够数量的试样,以便进行三次完全燃烧。

条带试样在被安放到试样盒之前,应在 23 ℃±2 ℃和(50±5)% 相对湿度条件下处理至少 24 h。

45.5 操作安全措施

试验过程中存在着从试样中释放出可燃的和/或有毒的烟雾的危险,操作者应采取适当的预防措施以防直接接触这类烟雾。

45.6 试验程序

45.6.1 基础校正系数的确定

45.6.1.1 将燃烧器置于试验箱底板的中央。关闭试验箱和所有进气口及出气口。点燃燃烧器,调节燃气和空气流速以获得 45.3.3 所述的火焰状态。记录或查对基准流速以便在试验过程中需要时能尽可能地再次确定火焰条件。熄灭燃烧器并让试验箱通风换气。

45.6.1.2 经过足够长时间驱散烟雾后,分析一氧化碳、二氧化碳及氧化氮。关闭所有取样孔仅保留分析气体所需要的孔。在采用比色管进行分析时,应将比色管置于试验箱内适当的位置。

45.6.1.3 关闭试验箱,点燃燃烧器并同时启动同步计时装置。维持燃气和空气基准流速下的火焰状态 1 min±1 s。熄灭火焰并启动混气扇。经(30±1)s 后,关闭混气扇,对试验箱内的气体取样并测定一氧化碳、二氧化碳及氧化氮的浓度。

45.6.1.4 将试验箱接通大气,强制排出试验箱内所有烟气三分钟。重复 45.6.1.2、45.6.1.3 操作程序,但在每次测定中分别维持火焰状态 2 min±1 s 和 3 min±1 s。

45.6.1.5 绘制一氧化碳、二氧化碳及氧化氮的浓度与燃烧时间关系曲线,以显示燃烧器单燃产生的气体的累积速率。时间零点对应于 0.03% 的二氧化碳值、0% 的一氧化碳值及 0% 的氧化氮值。

45.6.2 释放出的气体的测定

45.6.2.1 为了避免对不是试样燃烧产生的气体进行不必要的分析,可以先进行初步的元素定性分析。对表明材料中不存在卤素时,可以省去对卤素气体的定量分析。对表明没有氮存在时,也没有必要对含氮气体进行定量分析,等等。

45.6.2.2 打开试验箱大气通道,通过强制通风至少 3 min 来确保试验箱除去所释放出的气体。

45.6.2.3 称量试样至毫克,然后将其放入位于试验箱中心并高出燃烧器的试样支架上,使试样处于火焰内并经受 1 150 ℃±50 ℃的火焰温度。在对容易熔化和滴流的材料进行试验时,应在金属丝网支架上放置一层薄玻璃棉以防燃烧期间试样流失。

45.6.2.4 关闭除分析所需的孔以外的所有取样孔。当采用比色管进行分析时,应把比色管置于试验箱内适当位置。

45.6.2.5 关闭所有进气口和出气口。点燃燃烧器并同时启动同步计时装置。在燃气和空气基准流速下,保持火焰状态至试样已完全燃烧。记下这个时间。熄灭火焰并启动混气扇。(30±1)s后,关闭混气扇并立即开始对试验箱内气体取样并测定由试样燃烧所释放出的气体的浓度。

当怀疑存在氢卤酸时,应先测定氢卤酸的浓度,以减少因延迟分析而发生的因冷凝吸收引起的损失。

45.6.2.6 完成分析后,打开试验箱大气通道,强制排放试验箱内剩余的烟雾至少 3 min。

45.6.2.7 检查试样残余物是否有不完全燃烧现象,如果试样的任何部分有或似乎有不完全燃烧现象,则应另取试样重新试验。

45.7 毒性指数的计算

45.7.1 当 100 g 材料完全燃烧且燃烧产物扩散入 1 m³ 体积的空气中时,所产生的每种气体的浓度 C_0 按式(18)计算:

$$C_0 = \frac{C \times 100 \times V}{m} \qquad\qquad\cdots\cdots\cdots\cdots\cdots\cdots\cdots(18)$$

式中:

C ——试验箱内每种气体的浓度,单位为微克每升($\mu g/L$);

V ——试验箱的体积的数值,单位为立方米(m^3);

m ——试样的质量的数值,单位为克(g)。

就一氧化碳、二氧化碳及氧化氮而言,C 值应通过减去基础气体浓度值加以修正,该基础气体浓度值是从燃烧器单燃的曲线上对应于试片完全燃烧的那个时间点上获得。

45.7.2 利用三个试样每种气体浓度 C_0 的平均值,计算毒性指数按式(19)计算:

$$毒性指数 = \frac{C_{10}}{C_{f1}} + \frac{C_{20}}{C_{f2}} + \frac{C_{30}}{C_{f3}} + \frac{C_{40}}{C_{f4}} + \cdots + \frac{C_{n0}}{C_{fn}} \qquad\cdots\cdots\cdots\cdots\cdots(19)$$

式中:

C_{10}、C_{20}、C_{30}、C_{40}、$\cdots$、C_{n0} ——表示从 100 g 材料中产生的每种气体的计算浓度,单位为微克每升($\mu g/L$);

C_{f1}、C_{f2}、C_{f3}、C_{f4}、$\cdots$、C_{fn} ——被认为在 30 min 暴露时间内可使人致命的每种气体的浓度,单位为微克每升($\mu g/L$)。

45.8 有毒物组成

对试样燃烧产物的分析应包括表 2 所列气体的定量分析。

表 2 试样燃烧气体产物

二氧化碳(CO_2)	二氧化硫(SO_2)
一氧化碳(CO)	硫化氢(H_2S)
甲醛(HCOH)	氯化氢(HCl)
氧化氮(NO 和 NO_2)	氨(NH_3)
氰化氢(HCN)	氟化氢(HF)

表 2（续）

丙烯腈（CH₂CHCN）	溴化氢（HBr）
光气（COCl₂）	苯酚（C₆H₅OH）
注：上述不能确定为完整的燃烧气体种类，但它代表在定量上作为毒性数据基础的最为普遍产生的气体。	

45.9　C_f 值

表 3 中 C_f 值（被认为在 30 min 暴露时间内，可使人致命的每种气体的浓度，$\mu g/L$）应被用于计算毒性指数。

表 3　气体种类与 C_f 值

气体名称	C_f	气体名称	C_f
二氧化碳	100 000	一氧化碳	4 000
硫化氢	750	氨	750
甲醛	500	氯化氢	500
丙烯腈	400	二氧化硫	400
氧化氮	250	苯酚	250
氰化氢	150	溴化氢	150
氟化氢	100	光气	25

45.10　结果和报告

取毒性指数测量值的算术平均值作为结果。还应报告下列内容：

a)　试样（型号、级别，等等）；

b)　本方法所定义的毒性指数；

c)　本试验方法的参考文献；

d)　试验过程中检测到的气体清单；

e)　下述声明：

单靠本试验结果不能评定在实际着火条件下该材料或由该材料制成的产品的着火危险性。因此，不能单靠引用本试验结果来支持针对该材料或其制品在实际着火条件下的着火危险性所提的要求。本试验结果仅用于材料研发、质量控制及材料规范等方面。

46　卤素含量

46.1　低含量氯和/或溴和/或碘的测定方法

46.1.1　原理

采用氧气瓶法提取卤素并采用比色法估计卤素的存在量。氯化物/溴化物/碘化物与硫氰酸汞反应后释放出硫氰酸根离子，该离子与硫酸铁铵反应产生特有的硫氰酸铁颜色。用氯来表示卤素百分含量。

46.1.1.1　仪器

仪器包括：

a) 氧气瓶；

b) 移液管；

c) 容量瓶；

d) 紫外光/可见光分光光度计。

46.1.1.2 试剂

试剂包括：

a) 硫氰酸汞乙醇溶液[$Hg(SCN_2)$]:100 mL 甲基化工业酒精中含 0.3 g 硫氰酸汞；

b) 硫酸铁铵溶液[$NH_4Fe(SO_4)_2 \cdot 12H_2O$]:100 mL 6 mol/L 硝酸中含 6.0g 十二水硫酸铁铵；

c) 1 mol/L 氢氧化钠溶液；

d) 过氧化氢(30%)；

e) 标准氯化物/溴化物/碘化物溶液:1 μg/mL、2 μg/mL、5 μg/mL、7 μg/mL、10 μg/mL。

46.1.2 程序

在一个装有 5 mL 1 mol/L 氢氧化钠和 3 滴过氧化氢作为吸收液的 1 L 氧气瓶中燃烧 30 mg 试样，在烟雾已沉降及氧气瓶冷却后，打开氧气瓶口并煮沸瓶内的物料以除去残余的过氧化氢。用少量蒸馏水，把氧气瓶内的物料定量地转移至 25 mL 的容量瓶内。用移液管把 4 mL 硫酸铁铵溶液和 2 mL 硫氰酸汞乙醇溶液加入容量瓶内，并加蒸馏水至刻度线。然后，将该溶液混匀并静置 10 min 以便显色。

将含有 1 μg/mL、2 μg/mL、5 μg/mL、7 μg/mL、10 μg/mL 的系列标准溶液按上述方法显色来绘制一条氯工作曲线，以试剂空白溶液为参比。

采用适宜的分光光度计测量 470 nm 波长处的溶液吸光度，并从相应的工作曲线上找出卤素的浓度。

46.1.3 本方法可以测得 0.014% 的卤含量。

46.2 低含量氟的测定

46.2.1 原理

在氧气瓶中燃烧样品，用得到的溶液测量氟含量。可采用下述任一方法测定氟含量：

方法 A——氟化物离子选择电极，或

方法 B——通过形成一种蓝—红色低聚物氟络合物(见参考文献[1])进行比色。

46.2.1.1 器具

器具包括：

a) 氧气瓶；

b) 移液管；

c) 容量瓶。

注：由于氟离子会与玻璃器皿反应，所有器具应由聚碳酸酯或聚丙烯制成。

对方法 A，用配备有毫伏计的离子选择电极(氟化物)；对方法 B，用可见光分光光度计。

46.2.1.2 试剂

试剂包括：

a) 方法 A:电极填充溶液——缓冲溶液，由电极制造商推荐；

b) 方法 B:茜素氟蓝试剂——在 15 mL 2-丙醇加 30 mL 水的混合物中溶解 2.5 g 茜素氟蓝。使用前应进行过滤；

c) 由氟化钠制备的标准氟化物溶液；

d) 十二烷醇；

e) 0.5 mol/L 氢氧化钠溶液。

46.2.2 程序

把准确称量过的试样(25 mg～30 mg)放入 1 L 氧气瓶内。加 2～3 滴十二烷醇于试样上助其燃烧。加入 5 mL 0.5 mol/L 氢氧化钠溶液作为吸收剂。燃烧试样并让烟雾沉降。把氧气瓶内的物料以及洗涤液移入一个 50 mL 的容量瓶内,然后,按方法 A 或方法 B 进行氟含量测定。

46.2.2.1　方法 A——氟化物离子选择电极法:

加 5 mL 被推荐的缓冲试剂于试样溶液内并稀释至刻度线。按制造商说明书绘制一条供氟化物离子电极用的工作曲线。测定试样溶液的氟化物浓度并计算试样的氟百分含量。

46.2.2.2　方法 B——茜素氟蓝法:

加 5 mL 茜素氟蓝试剂于试样溶液内并稀释至刻度线。让其静置显色。用 1 cm 比色皿测定 630 nm 波长处溶液的吸光度。

适当稀释标准氟溶液,得到浓度范围在 0 μg/mL～2 μg/mL 之间的标准溶液来绘制一条工作曲线。以试剂空白溶液为参比计算试样的氟浓度。

46.2.3　本方法可以检测出数值大于 0.02% 的氟含量值。

注:为了测定试样总的卤含量,应采用 46.1 及 46.2 所述的方法。

47　酸性气体的产生

47.1　按 IEC 60754-1:1994 规定的方法进行试验。

47.2　按 IEC 60754-2:1991 规定的方法进行试验。

48　热伸长和热永久变形

48.1　试样数量和形状

应试验两个试样。试样形状由相应产品规范规定,并标有基准线,全截面试样见 20.1,而哑铃形试样见 20.2。

48.2　试验装置

试验装置由一个烘箱、一套试样夹具和砝码组成。上夹具应安装于烘箱内以致能试样呈垂直悬挂状态。可拆卸的试样下夹具应具有承受砝码的装置。

注:对全截面软管,可先在试样的一端插入一根直径小于试样内径的短金属棒以避免软管呈气密状态。

48.3　程序

试验温度、负荷及试样形状由相应产品规范规定。

注:负荷是下夹具重量加上任何附加砝码的总重量。

加热夹具和砝码至规定的温度。然后把试样夹入上、下夹具中,露出基准线。小心地把砝码加在下夹具上并保持稳定。维持烘箱在规定的温度下 15 min±30 s。

处理完后,按 20.1.5 规定的任何方法,测量基准线间的距离。当需要打开烘箱门时,应在 30 s 内完成测量。

按 20.1.6 或 20.2 规定,计算百分伸长率,即热伸长。

卸掉下夹具试样上的负荷,让试样在该规定温度下回复 5 min±30 s。然后,从烘箱中取出试样并让其冷却至标准大气温度。再测量基准线间的距离并按 20.1.6 或 20.2 计算百分伸长率,即热永久变形。

48.4　结果

取热伸长和热永久变形测得值的算术平均值作为结果。

49 拉伸永久变形(仅适用于弹性软管)

49.1 试样数量和形状

应试验两个试样。

对标称内径 8 mm 及以下的软管,采用 120 mm 或更长的试样。对标称内径 8 mm 以上者,应沿软管长度方向切成与 GB/T 528—2009 中的 2 型样相符的哑铃型试样(见图 5)。试样标有两条垂直于试样长度方向并距每端大致相等的间距为 20 mm 的基准线。

49.2 条件处理

除非产品规范另有规定,试验前试样应在 23 ℃±2 ℃下至少保持 1 h。

49.3 程序

除非产品规范另有规定,试样应在 23 ℃±2 ℃下被拉伸至基准线间距为(80±2)mm,大约需花 10 s 时间完成上述拉伸,并在拉伸后的位置状态保持 10 min±30 s。之后,将试样轻轻取下并在光滑的平面上让其自由回复 10 min±30 s。对每个试样,测量其回复后的基准线间距并计算其与起始长度之差的百分率。

49.4 结果

除非产品规范另有规定,取测得值的算术平均值作为结果。

50 裂缝扩展(仅适用于弹性软管)

50.1 试样数量和形状

应试验两个 15 mm～20 mm 长的软管试样。

50.2 无起始裂口

每一软管应配上一根合适的非铁质芯棒。扩张程度由产品规范规定。然后,把套在芯棒上的软管悬挂于烘箱内,烘箱温度和持续时间由产品规范规定。规定时间结束后,应检查试样是否被撑裂。

50.3 有起始裂口

将足够软管试样放在烘箱内进行老化,温度和时间由产品规范规定。从烘箱中取出后,应让软管在室温下稳定化处理 2 h±10 min。

每一软管应配上一根合适的非铁质芯棒。除非产品规范另有规定,芯棒直径应是三倍于软管的标称内径。为了容易套上软管,芯棒上可施加少量的低摩擦系数的润滑材料,例如 PTFE。应一次性地将每个试样套在芯棒上。如不成功,应另取试样试验。套完后,在软管的一端沿平行于芯棒的轴线方向切开一个贯穿软管整个厚度的长为 1 mm±0.5 mm 的切口。除非产品规范另有规定,在切开 1 h 后检查软管。

50.4 结果

报告芯棒撑裂软管的情况作为结果。

51 室温动态剪切

51.1 原理

本试验用于测定双壁软管与一铝质基材粘结后的剪切强度。

51.2 器具

器具包括：
——铝片:(100±5)mm×(25±1)mm×(0.9±0.1)mm;
——脱脂溶剂:2-丁酮(甲乙酮);
——试样架(见图16);
——硅隔离纸;
——320目砂纸;
——拉力试验机;
——烘箱(适用于第52章:高温动态剪切);
——重块质量:1.4 kg±0.1 kg;
——压片质量的重块。

51.3 试样的形状和数量

制备三个试样。三块铝片的一面离端头至少20 mm的部位应经过打磨和脱脂处理。将三段至少120 mm长的软管按产品规范规定的时间和温度在烘箱中处理。取出软管后立即将其纵向剖开,并平放在硅隔离纸上(内涂层面与纸接触)。然后将能让试样保持平整的足够重的重块置于试样上。移除重块前,该试样组件应冷至室温。其他任何可压平试样的方法均可采用。

试样最终应沿纵向切成(100±5)mm×(25±1)mm的试片。

将铝片和切成的试样按如图16所示进行组合,即将软管有涂层的面与铝片的打磨面进行搭接,搭接长度在12.5 mm~14.2 mm之间。将质量为1.4 kg的重块置于烘箱中,在产品规范规定的组件处理温度下预处理至少1 h。如图16所示,然后整个试样组件应按产品规范规定的时间和温度在烘箱中处理。之后,将试样组件从烘箱中取出并在除去重块前将其降至室温。

51.4 程序

将试样组件装于拉力试验机中,上夹具夹住铝片至少25 mm,下夹具夹住软管至少25 mm。夹具分离速率为(50±5)mm/min。记录每个试样的最大拉伸负荷。

51.5 结果

取三个最大拉伸负荷测得值的算术平均值作为试验结果。

单位为毫米

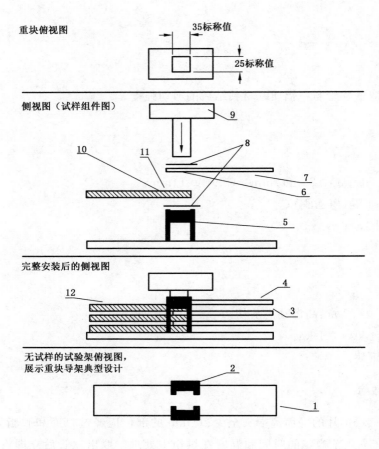

说明：

1——底板；
2——重块导架；
3——试样；
4——铝片；
5——重块导架；
6——打磨区域；
7——铝片；
8——隔离纸；
9——重块质量,1.4 kg±0.1 kg；
10——有涂层软管；
11——有涂层面；
12——有涂层软管。

图 16　室温动态剪切试验组装与固定

52　高温动态剪切

按51.3制备试样。

除将试样组件固定于拉力机配备的烘箱内进行试验外,其余程序与51.4相同。试样组件应在拉力试验机的烘箱中按规定的试验温度下预处理至少30 min并在该温度下进行试验。试验温度按产品规范规定。

53　热冲击和热老化后动态剪切

按51.3制备试样。

试样应如图17所示被夹在两片PTFE或涂有PTFE的铝板之间,用螺栓夹紧以确保试样在热冲击或热老化期间保持平整。试样组件按产品规范规定的时间和温度在烘箱中进行处理。然后将试样组件从烘箱中取出,并在冷至室温后从铝板中取出。

按 51.4 对试样进行试验。

单位为毫米

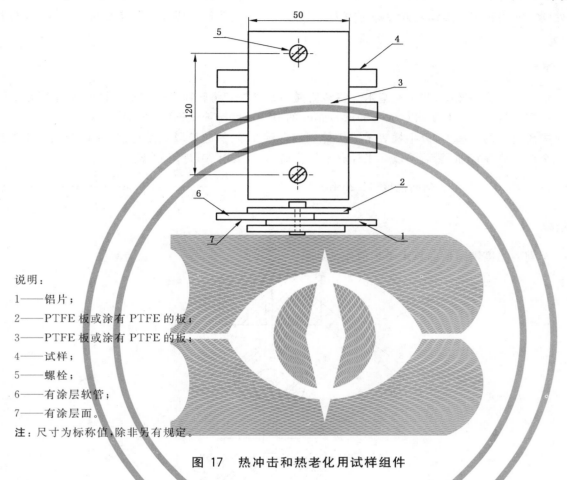

说明:

1——铝片;

2——PTFE 板或涂有 PTFE 的板;

3——PTFE 板或涂有 PTFE 的板;

4——试样;

5——螺栓;

6——有涂层软管;

7——有涂层面。

注:尺寸为标称值,除非另有规定。

图 17　热冲击和热老化用试样组件

54　对铝材的旋转剥离

54.1　原理

本试验是测定双壁软管与铝材粘结后的剥离强度。

54.2　器具

器具包括:

——外径(9.5±0.25)mm 的铝管,长约 35 mm;

——脱脂溶剂:2-丁酮(甲乙酮);

——自由转动的圆筒(见图 18);

——纸带或粘胶隔离带;

——320 目砂纸;

——拉伸试验机;

——烘箱。

54.3 试样形状和数量

制备三个试样。用320目砂纸打磨铝管,然后用甲乙酮脱脂。将一段防粘隔离带窄条沿轴向固定于铝管上。将软管切成(25±1)mm长并固定于铝管的中间,然后悬挂于烘箱中按产品规范的时间和温度进行处理。从烘箱中取出试样并冷却至室温。沿纸或粘带端部轴向切开并提起形成一个剥离试验用的夹持端。

54.4 程序

测量铝管上软管的宽度,精确至毫米。将转筒插到铝管内。将转筒夹持在拉力试验机的下夹具上,将试样夹持端夹持在上夹具上,以(50±5)mm/min的恒定速度拉伸试样(见图18)。

记录剥离过程的剥离力,以牛顿表示。去掉剥离曲线10%的起始段和结尾段,在剩余曲线上等距离读取五个试验值并相加,然后除以5来计算平均剥离力。用式(20)计算剥离强度:

$$剥离强度(N/25\ mm)=\frac{平均剥离力(N)\times 25}{软管宽度(mm)} \quad\cdots\cdots\cdots\cdots\cdots(20)$$

54.5 结果

取三个剥离强度测得值的算术平均值作为结果。

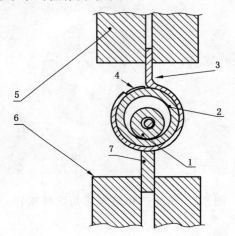

说明:
1——自由转动的圆筒;
2——铝管;
3——热收缩软管;
4——纸带或粘胶隔离带;
5、6——拉力试验机夹具;
7——转筒支架。

图 18 转筒剥离配置示意图

55 铝棒动态剪切

55.1 原理

本试验为测定双壁管粘绳索于铝棒上后动态剪切条件下的胶粘剂粘结强度。

55.2 器具

器具包括：
——铝棒:(100±5)mm×直径(产品规范规定)；
——脱脂溶剂:2-丁酮(甲乙酮)；
——320目砂纸；
——热空气喷枪；
——隔离带约25 mm宽(见图19)；
——拉力试验机(必要时带烘箱)；
——烘箱。

55.3 试样形状和数量

制备三个试样。将三根铝棒应用320目砂纸轻轻打磨,并用甲乙酮脱脂。将一段25 mm宽的隔离带如图19所示完整包绕在铝棒上。至少取三个每个长为100 mm的软管应用热空气喷枪恢复原状以确保软管准确固定于如图19所示的铝棒上。然后将试样组合置于烘箱中按产品规范规定的时间和温度处理。然后从烘箱中取出试样组合并冷却至室温。除去如图20所示搭接在隔离带上的部分软管。

55.4 程序

将试样垂直安装于拉力试验机上。如果试验需在高温下进行,则将试样置于拉力试验机的烘箱中预处理至少30 min。

试样每端至少留有25 m夹持在拉力试验机的夹具上。夹具分离速度应为(50±5) mm/min。记录每个试样的最大拉伸负荷。

55.5 结果

取三个最大拉伸负荷测得值的算术平均值作为结果。

单位为毫米

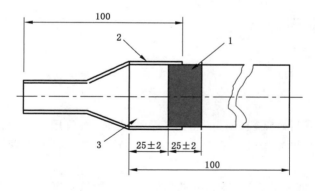

说明：

1——遮掩带；

2——有涂层软管；

3——依据产品规范规定的铝棒直径。

注：尺寸为标称值,除非另有规定。

图 19 铝棒动态剪切试样组合件制备

233

单位为毫米

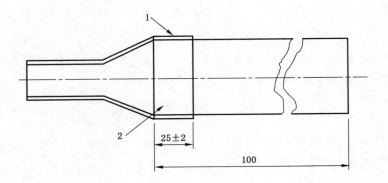

说明：

1——有涂层软管；

2——依据产品规范规定的铝棒直径。

注：尺寸为标称值，除非另有规定。

图 20   铝棒动态剪切试样

56   密封

56.1   原理

56.2   器具

器具包括：

——带空气阀门的密封铝管：外径(30±1)mm×长 400 mm(见图 21)；

——铝箔：宽约 25 mm×厚(0.2±0.05)mm×长约 100 mm；

——320 目砂纸；

——棉纸；

——脱脂溶剂：2-丁酮(甲乙酮)；

——压缩空气管；

——水槽。

56.3   试样的形状和数量

制备三个试样。用 320 目砂纸轻轻打磨密封铝管的表面，然后用吸有甲乙酮的薄棉纸清除油脂。将铝管置于 100 ℃±5 ℃的烘箱中预处理至少 30 min。从烘箱中取出铝管，将铝箔封住铝管中部的四个孔。

切取三段 175 mm 长、回复后直径 25 mm 的软管。将一段软管置于中部盖住四个孔后按制造商推荐的条件恢复原状。将试样组合置于烘箱中，时间与温度按产品规范规定。从烘箱中取出后室温下放置至少 24 h。

56.4   程序

使用清洁干燥的压缩空气将试样组合维持在产品规范规定的恒定压力下浸于水槽中，然后在产品规范规定的温度下处理(24±1)h。并在 24 h 后检查组件是否有气泡从软管端头冒出。

56.5 结果

记录有无气泡从软管端头冒出的观察结果。

单位为毫米

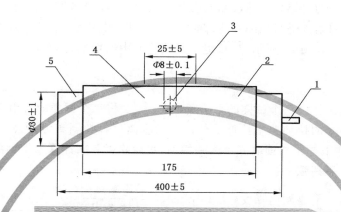

说明:

1——带阀门的压力计;

2——有涂层软管;

3——均匀分布于同一圆周纸上的四个孔;

4——铝管;

5——铝管。

注:尺寸为标称值,除非另有规定。

图 21 用于密封试验的试样组合件

57 双层热缩基片粘结后 T 型剥离

57.1 原理

本试验是测定两片热收缩软管之间的胶粘剂粘结强度。

57.2 器具

器具包括:

——外径(25±5)mm 的金属管;

——脱脂溶剂:2-丁酮(甲乙酮);

——切纸刀、能切厚样的剪刀或其他剪的设备;

——粘胶隔离带;320 目砂纸;

——拉力试验机;

——热喷枪;

——烘箱。

57.3 试样形状和数量

制备三个试样。在金属管上热回缩一段热收缩管,长约 150 mm。将回缩后的软管冷却至室温,用

320目砂纸轻轻打磨该软管外表和另一根40 mm长的热收缩软管的内表面。用一干净的布或纸巾沾上甲乙酮后清洁打磨面并干燥20 min～30 min。采用带状胶粘剂带时,应螺旋绕包(半叠包)在回缩后的软管上。采用液状胶粘剂时,按制造商给出的胶粘剂使用说明将胶粘剂涂布在回缩后的软管的整个粘结面上。将一条20 mm宽的纸带或粘胶隔离带沿长度方向放在已涂布的胶粘剂上以便自由端安装在拉力试验机上。

如图22所示,将三个切自第二根热收缩软管的管段(内表面经打磨)置于胶粘剂及粘胶隔离纸上。按制造商或供应商说明的条件进行回缩并冷却至室温。如图23所示,沿粘胶隔离带的一端将粘接后的试样组合从管芯上切下。如图24所示,从每组粘接软管的中部切取约25 mm宽的试样。

57.4 程序

测定三个T型剥离试样中每个试样的平均宽度(mm)。将每个试样的自由端装在拉力试验机的夹具上,以(50±5)mm/min的拉伸速率拉伸试样。记录剥离过程的剥离力。去掉剥离曲线10%的起始段和结尾段,在剩余曲线上等距离读取五个值并相加,然后除以5来计算平均剥离力。

用式(21)计算T型剥离强度:

$$T型剥离强度(N/25\ mm) = \frac{平均剥离力(N) \times 25}{试样平均宽度(mm)} \quad\quad\quad\quad (21)$$

57.5 结果

取三个T型剥离强度测得值的算术平均值作为结果。

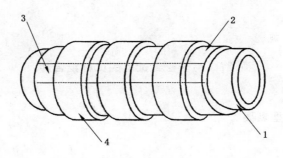

说明:

1——金属管,(25±5)mm;

2——热收缩软管;

3——隔离带;

4——热收缩软管。

注:尺寸为标称值,除非另有规定。

图22 卷筒状试样组合件

单位为毫米

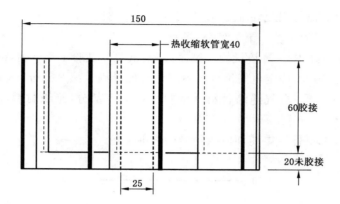

注：尺寸为标称值,除非另有规定。

图 23　切片试样

单位为毫米

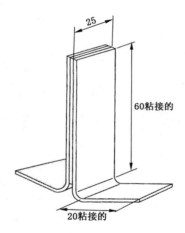

注：尺寸为标称值,除非另有规定。

图 24　T型剥离强度试样

参 考 文 献

[1]　Hill & Walsh,Anal.Chi.Acta:1969,Volume45,p431

[2]　IEC 60068-2　环境试验　第 2 部分:试验

[3]　IEC 60068-2-10:1988　环境试验　第 2 部分:试验　试验 J 及导则:霉菌生长

[4]　IEC 60216-2:1990　确定电气绝缘材料耐热性的导则　第 2 部分:试验判断标准选择

[5]　IEC 60216-5:2008　电气绝缘材料　耐热性　第 5 部分:绝缘材料相对温度指数(RTE)的测定

[6]　IEC 60304:1982　低频电缆和电线绝缘的标准颜色

ICS 29.035.99
K 15

中华人民共和国国家标准

GB/T 7113.3—2011

绝缘软管
第3部分：聚氯乙烯玻璃纤维软管

Flexible insulating sleeving—
Part 3：Glass textile sleeing with PVC coating

（IEC 60684-3-406：2003，Flexible insulating sleeving—
Part 3：Specifications for individual types of sleeving—Sheets 406：
Glass textile sleeving with PVC coating，MOD）

2011-12-30 发布

2012-05-01 实施

中华人民共和国国家质量监督检验检疫总局
中国国家标准化管理委员会　发布

前　言

GB/T 7113《绝缘软管》分为以下几个部分：
——第1部分：定义和一般要求；
——第2部分：试验方法；
——第3部分：聚氯乙烯玻璃纤维软管；
——第4部分：丙烯酸酯玻璃纤维软管；
——第5部分：硅橡胶玻璃纤维软管；
——第6部分：聚氨酯（PUR）玻璃纤维软管；
……

本部分为 GB/T 7113 的第 3 部分。

本部分按照 GB/T 1.1—2009 给出的规则起草。

本部分使用重新起草法修改采用 IEC 60684-3-406：2003《绝缘软管　第 3 部分：各种型号软管规范　第 406 篇：聚氯乙烯玻璃软管》。

考虑到我国国情，在采用 IEC 60684-3-406：2003 时，本部分做了一些修改。有关技术性差异已编入正文中并在它们所涉及的条款的页边空白处用垂直单线标识。在附录 A 中给出了这些技术性差异及其原因的一览表以供参考。

为便于使用，对于 IEC 60684-3-406：2003 本部分还做了下列编辑性修改：

a) 删除了 IEC 60684-3-406：2003 的目次、前言和引言；

b) 将"规范性引用文件"一章中列出的注日期的、但正文中引用时又未注日期的引用文件，一律加注日期；

c) 将表 1、表 4 中的标称内径数值用"0"补齐为小数点后两位数，以便与内径公差数值小数点后的位数相同，同时补充了表 4 的一个脚注以注明大管径软管弯曲试验使用 6 mm 直径芯棒时所用的试样；

d) 将表 2、表 3、表 5 中的"最大或最小"及"要求"这两列合并，并在相应处用符号"≤"或"≥"表示；

e) 将"±2 K"改为"±2 ℃"；

f) 增加了资料性附录 A 以指导使用。

请注意本文件的某些内容可能涉及专利。本文件的发布机构不承担识别这些专利的责任。

本部分由中国电器工业协会提出。

本部分由全国绝缘材料标准化技术委员会（SAC/TC 51）归口。

本部分起草单位：杭州萧山绝缘材料厂、常熟江南玻璃纤维有限公司、桂林电器科学研究院。

本部分主要起草人：马林泉、张胜祥、张志刚、张波。

绝缘软管
第3部分:聚氯乙烯玻璃纤维软管

1 范围

GB/T 7113 的本部分规定了具有柔软聚氯乙烯(PVC)或其共聚物或混合物连续涂层的编织或针织 E 型玻璃纤维软管的要求。实践证明,该类软管适合于 105 ℃及以下使用。

该类软管的内径通常在 0.30 mm 至 25.00 mm 之间,并具有下列颜色:黑色、白色、红色、黄色、蓝色、棕色、绿色、灰色、橙色、粉红色及黄/绿色。

除了本部分所列出的尺寸或颜色,其他的尺寸或颜色可根据客户的需求定制。这些产品,如果除尺寸之外其他性能都符合表 2、表 5 和表 3(适用时)所列出的要求,则应视为符合本部分。

凡符合本部分要求的材料,均已达到既定的性能水平。然而,用户在针对某一特定用途选择材料时,宜依据该应用所必需的实际要求来选择,而不应仅仅依据本部分。

2 规范性引用文件

下列文件对于本文件的应用是必不可少的。凡是注日期的引用文件,仅注日期的版本适用于本文件。凡是不注日期的引用文件,其最新版本(包括所有的修改单)适用于本文件。

GB/T 2423.16—2008 电工电子产品环境试验 第 2 部分:试验方法 试验 J 及导则:长霉(IEC 60068-2-10:2005,IDT)

GB/T 7113—2003 绝缘软管 定义及一般要求(IEC 60684-1:1980,MOD)

GB/T 7113.2—2005 绝缘软管 试验方法(IEC 60684-2:1997,MOD)

GB/T 13534—2009 颜色标志的代码(IEC 60757:1983,IDT)

3 命名

软管应通过如下命名方式予以标识:

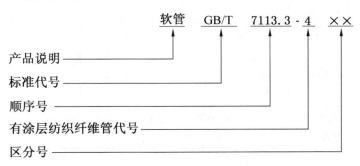

在本部分中,区分号为 06、07、08,有涂层纺织纤维管代号"4"加上区分号"06"、"07"、"08"组成的"406"、"407"、"408"分别对应于"高击穿电压"、"中等击穿电压"、"低击穿电压"品种型号。

在上述标识的后面还可用颜色的缩写标注软管的颜色,但任何用来表示颜色的缩写应符合 GB/T 13534—2009 的规定。NC 表示"本色/不着色"。无缩写时,可写出颜色的全称。

4 要求

4.1 基本要求

常规尺寸的软管除了应满足 GB/T 7113—2003 的规定要求外,还应满足表1、表2和表5的要求。

4.2 特殊要求

如果提供的软管具有表3中规定的任何特性,则还应符合表3中相应的要求。

5 合格判断

软管是否符合本部分的要求,通常应根据标称内径为 10.00 mm 的黑色软管的结果为准。

表 1 尺寸要求

标称内径 mm	内径公差 mm		壁厚ª mm					
	双向（±）	单向（+）	GB/T 7113.3-406 型		GB/T 7113.3-407 型		GB/T 7113.3-408 型	
			最小值	最大值	最小值	最大值	最小值	最大值
0.30	0.05	0.10	0.20	0.30	0.15	0.30	0.10	0.30
0.50	0.10	0.20	0.25	0.50	0.20	0.50	0.15	0.50
0.80	0.10	0.20	0.25	0.50	0.20	0.50	0.15	0.50
1.00	0.15	0.30	0.25	0.90	0.20	0.75	0.15	0.75
1.50	0.15	0.30	0.35	0.90	0.20	0.75	0.15	0.75
2.00	0.20	0.40	0.35	0.90	0.20	0.75	0.15	0.75
2.50	0.20	0.40	0.40	0.90	0.20	0.75	0.15	0.75
3.00	0.25	0.50	0.40	0.90	0.20	0.75	0.15	0.75
4.00	0.25	0.50	0.50	0.90	0.30	0.75	0.20	0.75
5.00	0.25	0.50	0.50	0.90	0.30	0.75	0.20	0.75
6.00	0.25	0.50	0.50	0.90	0.30	0.75	0.20	0.75
8.00	0.50	1.00	0.50	1.20	0.30	0.90	0.20	0.75
10.00	0.50	1.00	0.65	1.20	0.40	0.90	0.40	0.75
12.00	0.50	1.00	0.65	1.20	0.40	0.90	0.40	0.75
16.00	0.50	1.00	0.65	1.20	0.40	0.90	0.40	0.75
20.00	0.50	1.00	0.65	1.20	0.40	0.90	0.40	0.75
25.00	0.50	1.00	0.65	1.20	0.40	0.90	0.40	0.75

ª 对于非标准标称内径的软管,至少应具有和相邻较大标准标称内径软管同样大的壁厚。对于标称内径小于 0.30 mm 的软管,其壁厚至少与 0.30 mm 软管的壁厚相同。

表 2 基本要求

性能	GB/T 7113.2—2005 中的章条、号	单位	要求			说明
			GB/T 7113.3 -406型	GB/T 7113.3 -407型	GB/T 7113.3 -408型	
尺寸	4	mm	见表1	见表1	见表1	准确测量至0.05 mm
耐焊热性	8	—	通过	通过	通过	仅适用于标称内径小于或等于5 mm的软管
加热后的弯曲性	14	—	涂层无可见裂痕或脱落			试验温度130 ℃±2 ℃；暴露时间96 h±1 h；芯棒直径见表4
低温弯曲性	15	—	涂层无可见裂痕或脱落			试验温度不高于—25 ℃ ±2℃；芯棒直径见表4
击穿电压	22	kV	见表5			
绝缘电阻 —室温下 —湿热后	23 23.4.2 23.4.4	Ω	$\geqslant1.0\times10^9$ $\geqslant1.0\times10^8$	$\geqslant1.0\times10^9$ $\geqslant1.0\times10^8$	— —	
火焰蔓延性 —燃烧时间 —目测检查	27.2中方法A或方法B	s —	≤60 对三个试样中的任何一个指示旗不应被烧掉或烧焦，棉花层也不应被燃着的或灼热的颗粒或燃着的滴落物点燃			

表 3 特殊要求

性 能	引用标准	要求			说 明
		GB/T 7113.3 -406型	GB/T 7113.3 -407型	GB/T 7113.3 -408型	
耐霉菌生长性	GB/T 2423.16—2008	1级或更优			

表 4 弯曲试验用芯棒直径

标称内径 mm	芯棒直径 mm	
	加热后	低温下
0.30	2	2
0.50	3	3
0.80	4	4
1.00	5	5
1.50	6	6

表 4（续）

标称内径 mm	芯棒直径 mm	
	加热后	低温下
2.00	8	8
2.50	10	10
3.00	12	12
4.00	15	15
5.00	18	18
6.00	21	21
8.00	27	6[a]
10.00	33	6[a]
12.00	40	6[a]
16.00	6[a]	6[a]
20.00	6[a]	6[a]
25.00	6[a]	6[a]
[a] 试样：6 mm 宽的条样。		

表 5 对击穿电压的要求

击穿电压试验方法	GB/T 7113.2 —2005 中的 章、条号	击穿电压 kV					
		GB/T 7113.3-406 型		GB/T 7113.3-407 型		GB/T 7113.3-408 型	
		中值	最低值	中值	最低值	中值	最低值
弹丸槽 或 直芯棒/100 mm 箔电极	22.2						
——室温下	22.3	≥5.7	≥4.3	≥3.0	≥2.5	≥1.5	≥1.0
——高温下	22.5[a]	≥2.6	≥2.0	≥1.5	≥1.2	—	—
——湿热后	22.6	≥2.5	≥2.0	≥1.8	≥1.2	—	—
击穿电压应按上述给出的方法之一在室温下、高温下和湿热处理后测定。施加电压的速度应为 500 V/s 或在 10 s～20 s 之间达到所要求的击穿电压值。							
[a] 高温下试验应在 130 ℃±2 ℃下进行。							

附　录　A

（资料性附录）

本部分与 IEC 60684-3-406:2003 技术性差异及其原因

表 A.1 给出了本部分与 IEC 60684-3-406:2003 技术性差异及其原因。

表 A.1　本部分与 IEC 60684-3-406:2003 技术性差异及其原因

本规范章、条编号	技术性差异	原　因
2	引用了采用 IEC 60684-1:1980 的国家标准 GB/T 7113—2003,而非 IEC 60684-1:2003	IEC 60684-3-406:2003 中引用的 IEC 60684-1:2003 是最新版本的标准,而本部分引用的国家标准 GB/T 7113—2003是由 IEC 60684-1:1980 的版本转化而来的,但经核对主要技术内容未变,不会对本部分的使用造成影响,故为方便使用仍引用此国家标准
3	命名依据 GB/T 7113—2003 进行,相对简单	IEC 60684-3-406:2003 中的命名过于繁杂,不适合我国国情

ICS 29.035.99
K 15

中华人民共和国国家标准

GB/T 7113.4—2011

绝缘软管
第 4 部分：丙烯酸酯玻璃纤维软管

Flexible insulating sleeing—
Part 4：Glass textile sleeving with acrylic based coating

(IEC 60684-3-403：2002，Flexible insulating sleeing—
Part 3：Specifications for individual types of sleeving—
Sheets 403：Glass textile sleeving with acrylic based coating，MOD)

2011-12-30 发布　　　　　　　　　　　　　2012-05-01 实施

中华人民共和国国家质量监督检验检疫总局
中国国家标准化管理委员会　发布

前　言

GB/T 7113《绝缘软管》分为以下几个部分：

——第1部分：定义和一般要求；

——第2部分：试验方法；

——第3部分：聚氯乙烯玻璃纤维软管；

——第4部分：丙烯酸酯玻璃纤维软管；

——第5部分：硅橡胶玻璃纤维软管；

——第6部分：聚氨酯(PUR)玻璃纤维软管；

……

本部分为 GB/T 7113 的第4部分。

本部分按照 GB/T 1.1—2009 给出的规则起草。

本部分使用重新起草法修改采用 IEC 60684-3-403：2002《绝缘软管　第3部分：各种型号软管规范　第403篇：丙烯酸酯玻璃纤维软管》。

考虑到我国国情，在采用 IEC 60684-3-403：2002 时，本部分做了一些修改。有关技术性差异已编入正文中并在它们所涉及的条款的页边空白处用垂直单线标识。在附录 A 中给出了这些技术性差异及其原因的一览表以供参考。

为便于使用，对于 IEC 60684-3-403：2002 本部分还做了下列编辑性修改：

a)　删除了 IEC 60684-3-403：2002 的目次、前言和引言；

b)　将"规范性引用文件"一章中列出的注日期的、但正文中引用时又未注日期的引用文件，一律加注日期；

c)　将表1、表3中的标称内径数值用"0"补齐为小数点后两位数，以便与内径公差数值小数点后的位数相同，同时补充了表3的一个脚注以注明大管径软管弯曲试验使用6mm直径芯棒时所用的试样；

d)　将表2、表4中的"最大或最小"及"要求"这两列合并，并在相应处用符号"≤"或"≥"表示；

e)　将表3与表4之间的有关击穿电压测试的悬置段放入表4中；

f)　将"±3 K"改为"±3 ℃"；

g)　增加了资料性附录 A 以指导使用。

请注意本文件的某些内容可能涉及专利。本文件的发布机构不承担识别这些专利的责任。

本部分由中国电器工业协会提出。

本部分由全国绝缘材料标准化技术委员会(SAC/TC 51)归口。

本部分起草单位：常熟江南玻璃纤维有限公司、杭州萧山绝缘材料厂、桂林电器科学研究院。

本部分主要起草人：马林泉、张志刚、张胜祥、李卫、罗哲。

绝缘软管
第4部分：丙烯酸酯玻璃纤维软管

1 范围

GB/T 7113 的本部分规定了三种具有丙烯酸酯连续涂层且以击穿电压的不同来区分的
(GB/T 7113.4-403 型：高击穿电压；GB/T 7113.4-404 型：中等击穿电压；GB/T 7113.4-405 型：低击穿
电压)编织或针织 E 型玻璃纤维软管的要求。实践证明，该软管适合于 155 ℃ 及以下使用。

该类软管的内径通常在 0.30 mm 至 25.00 mm 之间，其壁厚在 0.15 mm 至 1.20 mm 之间，并具有
下列颜色：黑色、白色、红色、黄色、蓝色、棕色、绿色、绿/黄色及本色。

除了本部分所列出的尺寸或颜色，其他的尺寸或颜色可根据客户的需求定制。这些产品，如果除尺
寸之外其他性能都符合表 2、表 4 所列出的要求，则应视为符合本部分。

凡符合本部分要求的材料，均已达到既定的性能水平。然而，用户在针对某一特定用途选择材料
时，宜依据该应用所必需的实际要求来选择，而不应仅仅依据本部分。

2 规范性引用文件

下列文件对于本文件的应用是必不可少的。凡是注日期的引用文件，仅注日期的版本适用于本文
件。凡是不注日期的引用文件，其最新版本(包括所有的修改单)适用于本文件。

GB/T 7113—2003 绝缘软管 定义及一般要求(IEC 60684-1：1980，MOD)

GB/T 7113.2—2005 绝缘软管 试验方法(IEC 60684-2：1997，MOD)

GB/T 13534—2009 颜色标志的代码(IEC 60757：1983，IDT)

3 命名

软管应通过如下命名方式予以标识：

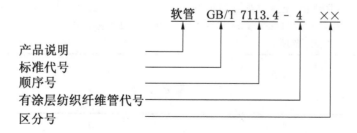

在本部分中，区分号为 03、04、05，有涂层纺织纤维管代号"4"加上区分号"03"、"04"、"05"组成的
"403"、"404"、"405"分别对应于"高击穿电压"、"中等击穿电压"、"低击穿电压"品种型号。

在上述标识的后面还可用颜色的缩写标注软管的颜色，但任何用来表示颜色的缩写应符合
GB/T 13534—2009 的规定。NC 表示"本色/不着色"。无缩写时，可写出颜色的全称。

当要求命名能区分软管是编织而成的还是针织而成的时候，应在上述标识之后加上相应的字。

4 要求

常规尺寸的软管除了应满足 GB/T 7113—2003 的规定要求外,还应满足表1、表2和表4的要求。

5 合格判断

软管是否符合本部分的要求,通常应根据标称内径为 10.00 mm 的黑色软管的结果为准。

表 1 尺寸要求

标称内径 mm	内径公差 mm		壁厚a mm					
	双向 （±）	单向 （+）	GB/T 7113.4-403 型		GB/T 7113.4-404 型		GB/T 7113.4-405 型	
			最小值	最大值	最小值	最大值	最小值	最大值
0.30	0.10	0.20	0.25	0.50	0.20	0.50	0.15	0.50
0.50	0.10	0.20	0.25	0.50	0.20	0.50	0.15	0.50
0.80	0.10	0.20	0.25	0.50	0.20	0.50	0.15	0.50
1.00	0.15	0.30	0.25	0.75	0.20	0.75	0.15	0.75
1.50	0.15	0.30	0.35	0.75	0.20	0.75	0.15	0.75
2.00	0.20	0.40	0.35	0.75	0.20	0.75	0.15	0.75
2.50	0.20	0.40	0.40	0.75	0.20	0.75	0.15	0.75
3.00	0.25	0.50	0.40	0.75	0.20	0.75	0.15	0.75
4.00	0.25	0.50	0.50	0.75	0.30	0.75	0.20	0.75
5.00	0.25	0.50	0.50	0.75	0.30	0.75	0.20	0.75
6.00	0.25	0.50	0.50	0.75	0.30	0.75	0.20	0.75
8.00	0.50	1.00	0.50	0.75	0.30	0.75	0.20	0.75
10.00	0.50	1.00	0.65	1.00	0.40	0.90	0.40	0.75
12.00	0.50	1.00	0.65	1.00	0.40	0.90	0.40	0.75
16.00	0.50	1.00	0.65	1.00	0.40	0.90	0.40	0.75
20.00	0.50	1.00	0.65	1.20	0.40	0.90	0.40	0.75
25.00	0.50	1.00	0.65	1.20	0.40	0.90	0.40	0.75

a 对于非标准标称内径的软管,至少应具有和相邻较大标准标称内径软管同样大的壁厚。对于标称内径小于 0.30 mm 的软管,其壁厚至少与 0.30 mm 软管的壁厚相同。对于标称内径大于 25.00 mm 的软管,其壁厚至少应等于 25.00 mm 软管的壁厚。

表 2 基本要求

性 能	GB/T 7113.2—2005 中的章、条号	单位	要 求			说 明
			GB/T 7113.4 -403 型	GB/T 7113.4 -404 型	GB/T 7113.4 -405 型	
尺寸	4	mm	见表1	见表1	见表1	准确测量至 0.05mm
耐焊热性	8	—	通过	通过	通过	仅适用于标称 内径小于或等于 5 mm 的软管

表 2（续）

性　　能	GB/T 7113.2—2005 中的章、条号	单位	要　　求			说　　明
			GB/T 7113.4 -403 型	GB/T 7113.4 -404 型	GB/T 7113.4 -405 型	
加热后的弯曲性	14	—	涂层无可见的裂痕或脱落，允许颜色变深			试验温度 180 ℃±3 ℃； 芯棒直径见表3
低温弯曲性	15	—	涂层无可见裂痕或脱落			试验温度在−15 ℃～ −18 ℃之间； 芯棒直径见表3
涂层耐水解性	18	—	涂层无迁移、软管与纸及软管试片之间无粘着、纸无任何变色迹象			
击穿电压	22	kV	见表4			
绝缘电阻 ——室温下	23 23.4.2	Ω	$\geqslant 1.0 \times 10^9$			
火焰蔓延性 ——燃烧时间 ——目测检查	27.2 中方法 A	s —	$\leqslant 60$ 对三个试样中的任何一个指示旗不应被烧掉或烧焦，棉花层也不应被燃着的或灼热的颗粒或燃着的滴落物点燃			

表 3　弯曲试验用芯棒直径

标称内径 mm	芯棒直径 mm	
	加　热　后	低　温　下
0.50	3	3
0.80	4	4
1.00	5	5
1.50	6	6
2.00	8	8
2.50	10	10
3.00	12	12
4.00	15	15
5.00	18	18
6.00	21	21
8.00	27	6[a]
10.00	33	6[a]
12.00	40	6[a]
16.00	6[a]	6[a]
20.00	6[a]	6[a]
25.00	6[a]	6[a]
[a] 试样：6 mm 宽的条样。		

表 4 对击穿电压的要求

击穿电压 试验方法	GB/T 7113.2— 2005 中的 章、条号	击穿电压 kV					
		GB/T 7113.4-403 型		GB/T 7113.4-404 型		GB/T 7113.4-405 型	
		中值	最低值	中值	最低值	中值	最低值
弹丸浴 或 直芯棒/100 mm 箔电极	22.2						
——室温下	22.3	≥5.7	≥4.3	≥3.3	≥2.5	≥1.8	≥1.2
——高温下	22.5ᵃ	≥2.9	≥2.3	≥1.9	≥1.4	—	—
——湿热后	22.6	≥1.7	≥1.3	≥1.4	≥1.1	—	—
击穿电压应按上述给出的方法之一在室温下、高温下和湿热处理后测定。施加电压的速度应为 500 V/s 或在 10 s～ 20 s 之间达到所要求的击穿电压值。							
ᵃ 高温下试验应在 155 ℃±3 ℃下进行。							

附 录 A

（资料性附录）

本部分与 IEC 60684-3-403:2002 技术性差异及其原因

表 A.1 给出了本部分与 IEC 60684-3-403:2002 技术性差异及其原因。

表 A.1 本部分与 IEC 60684-3-403:2002 技术性差异及其原因

本规范章、条编号	技术性差异	原　因
2	引用了采用 IEC 60684-1:1980 的国家标准 GB/T 7113—2003，而非 IEC 60684-1:2003	IEC 60684-3-403:2002 中引用的 IEC 60684-1:2003 是最新版本的标准，而本部分引用的国家标准 GB/T 7113—2003 是由 IEC 60684-1:1980 的版本转化而来的，但经核对主要技术内容未变，不会对本部分的使用造成影响，故为方便使用仍引用此国家标准
3	命名依据 GB/T 7113—2003 进行，相对简单	IEC 60684-3-403:2002 中的命名过于繁杂，不适合我国国情

ICS 29.035.99
K 15

中华人民共和国国家标准

GB/T 7113.5—2011

绝缘软管
第5部分：硅橡胶玻璃纤维软管

Flexible insulating sleeving—
Part 5：Glass textile sleeving with silicone elastomer coating

（IEC 60684-3-400：2002，Flexible insulating sleeving—
Part 3：Specifications for individual types of sleeving—
Sheets 400：Glass textile sleeving with silicone elastomer coating，MOD）

2011-12-30 发布

2012-05-01 实施

中华人民共和国国家质量监督检验检疫总局
中国国家标准化管理委员会 发布

前　言

GB/T 7113《绝缘软管》分为以下几个部分:
——第1部分:定义和一般要求;
——第2部分:试验方法;
——第3部分:聚氯乙烯玻璃纤维软管;
——第4部分:丙烯酸酯玻璃纤维软管;
——第5部分:硅橡胶玻璃纤维软管;
——第6部分:聚氨酯(PUR)玻璃纤维软管;
……

本部分为 GB/T 7113 的第5部分。

本部分按照 GB/T 1.1—2009 给出的规则起草。

本部分使用重新起草法修改采用 IEC 60684-3-400:2002《绝缘软管　第3部分:各种型号软管规范　第400篇:硅弹性体玻璃纤维软管》。

考虑到我国国情,在采用 IEC 60684-3-400:2002 时,本部分做了一些修改。有关技术性差异已编入正文中并在它们所涉及的条款的页边空白处用垂直单线标识。在附录 A 中给出了这些技术性差异及其原因的一览表以供参考。

为便于使用,对于 IEC 60684-3-400:2002,本部分还做了下列编辑性修改:

a) 删除了 IEC 60684-3-400:2002 的前言和引言;

b) 将"规范性引用文件"一章中列出的注日期的、但正文中引用时又未注日期的引用文件,一律加注日期;

c) 将表1、表4中的标称内径数值用"0"补齐为小数点后两位数,以便与内径公差数值小数点后的位数相同,同时补充了表4的一个脚注以注明大管径软管弯曲试验使用 6 mm 直径芯棒时所用的试样;

d) 将表2、表3、表5中的"最大或最小"及"要求"这两列合并,并在相应处用符号"≤"或"≥"表示;

e) 将表4与表5之间的有关击穿电压测试的悬置段放入表5中;

f) 将"±3 K、±5 K"分别改为"±3 ℃、±5 ℃";

g) 增加了资料性附录 A 以指导使用。

请注意本文件的某些内容可能涉及专利。本文件的发布机构不承担识别这些专利的责任。

本部分由中国电器工业协会提出。

本部分由全国绝缘材料标准化技术委员会(SAC/TC 51)归口。

本部分起草单位:杭州萧山绝缘材料厂、常熟江南玻璃纤维有限公司、桂林电器科学研究院。

本部分主要起草人:马林泉、张胜祥、张志刚、罗哲。

绝缘软管
第5部分:硅橡胶玻璃纤维软管

1 范围

GB/T 7113 的本部分规定了三种具有硅弹性体连续涂层且以击穿电压的不同来区分的(GB/T 7113.5-400 型:高击穿电压;GB/T 7113.5-401 型:中等击穿电压;GB/T 7113.5-402 型:低击穿电压)编织或针织 E 型玻璃纤维软管的要求。实践证明,该类软管适合于 180 ℃ 及以下使用。

该类软管的内径通常在 0.30 mm 至 25.00 mm 之间,并具有下列颜色:黑色、灰色、白色、红色、黄色、蓝色、棕色、绿色、黄/绿色及本色。

除了本部分所列出的尺寸或颜色,其他的尺寸或颜色可根据客户的需求定制。这些产品,如果除尺寸之外其他性能都符合表 2、表 5 所列出的要求,则应视为符合本部分。

凡符合本部分要求的材料,均已达到既定的性能水平。然而,用户在针对某一特定用途选择材料时,宜依据该应用所必需的实际要求来选择,而不应仅仅依据本部分。

2 规范性引用文件

下列文件对于本文件的应用是必不可少的。凡是注日期的引用文件,仅注日期的版本适用于本文件。凡是不注日期的引用文件,其最新版本(包括所有的修改单)适用于本文件。

GB/T 7113—2003 绝缘软管 定义及一般要求(IEC 60684-1:1980,MOD)

GB/T 7113.2—2005 绝缘软管 试验方法(IEC 60684-2:1997,MOD)

GB/T 13534—2009 颜色标志的代码(IEC 60757:1983,IDT)

ISO 846:1997 塑料 微生物作用的评价(Plastics—Evaluation of the action of micro-organisms)

3 命名

软管应通过如下命名方式予以标识:

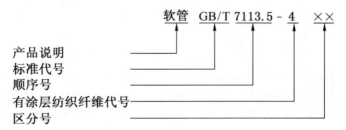

在本部分中,区分号为 00、01、02,有涂层纺织纤维管代号"4"加上区分号"00"、"01"、"02"组成的"400"、"401"、"402"分别对应于"高击穿电压"、"中等击穿电压"、"低击穿电压"品种型号。对具有低挥发物含量的软管,应在区分号之后用"L"予以标识。

在上述标识的后面还可用颜色的缩写标注软管的颜色,但任何用来表示颜色的缩写应符合 GB/T 13534—2009 的规定。NC 表示"本色/不着色"。无缩写时,可写出颜色的全称。

4 要求

常规尺寸的软管除了应满足 GB/T 7113—2003 规定的要求外，还应满足表 1、表 2 和表 5 的要求。

如果表 3 中的任何特殊要求在购货合同之中有规定，则应采用相近的试验程序，测定值应符合其要求。

5 合格判断

软管是否符合本部分的要求，通常应根据标称内径为 10.00 mm 的黑色软管的结果为准。

表 1 尺寸要求

标称内径 mm	内径公差 mm		壁厚[a] mm					
	双向（±）	单向（+）	GB/T 7113.5-400 型		GB/T 7113.5-401 型		GB/T 7113.5-402 型	
			最小值	最大值	最小值	最大值	最小值	最大值
0.30	0.05	0.10	0.20	0.30	0.15	0.30	0.10	0.30
0.50	0.10	0.20	0.25	0.50	0.20	0.50	0.15	0.50
0.80	0.10	0.20	0.25	0.50	0.20	0.50	0.15	0.50
1.00	0.20	0.40	0.25	0.70	0.20	0.60	0.15	0.60
1.50	0.20	0.40	0.35	0.70	0.20	0.60	0.15	0.60
2.00	0.20	0.40	0.35	0.80	0.20	0.70	0.15	0.65
2.50	0.20	0.40	0.40	0.80	0.20	0.70	0.15	0.65
3.00	0.20	0.40	0.40	0.80	0.20	0.70	0.15	0.65
4.00	0.25	0.50	0.50	0.80	0.30	0.70	0.20	0.65
5.00	0.25	0.50	0.50	0.80	0.30	0.70	0.20	0.65
6.00	0.25	0.50	0.50	0.80	0.30	0.70	0.20	0.65
8.00	0.25	0.50	0.50	1.00	0.30	1.00	0.20	0.80
10.00	0.50	1.00	0.65	1.00	0.40	1.00	0.40	1.00
12.00	0.50	1.00	0.65	1.20	0.40	1.20	0.40	1.20
16.00	1.00	2.00	0.65	1.20	0.40	1.20	0.40	1.20
20.00	1.00	2.00	0.65	1.20	0.40	1.20	0.40	1.20
25.00	1.00	2.00	0.65	1.40	0.40	1.40	0.40	1.40
[a] 对于非标准标称内径的软管，至少应具有和相邻较大标准标称内径软管同样大的壁厚。对于标称内径小于 0.30 mm 的软管，其壁厚至少与 0.30 mm 软管的壁厚相同。对于标称内径大于 25.00 mm 的软管，其壁厚至少应等于 25.00 mm 软管的壁厚。								

表 2 基本要求

性　能	GB/T 7113.2—2005 中的章、条号	单位	要　求			说　明
			GB/T 7113.5-400 型	GB/T 7113.5-401 型	GB/T 7113.5-402 型	
尺寸	4	mm	见表1	见表1	见表1	准确测量至 0.05 mm
耐焊热性	8	—	通过	通过	通过	仅适用于标称内径小于或等于 5 mm 的软管
挥发物含量 ——低含量级 ——其他级	13	%	≤1.0 ≤1.5	≤0.7 ≤1.5	≤0.4 ≤1.5	
加热后的弯曲性	14	—	涂层无可见裂痕或脱落，允许颜色变深			试验温度 180 ℃ ± 3 ℃； 芯棒直径见表4
低温弯曲性	15	—	涂层无可见裂痕或脱落			试验温度在 −70 ℃ ±5 ℃； 芯棒直径见表4
涂层耐水解性	18	—	涂层无迁移、软管与纸及软管试片之间无粘着、纸无任何变色迹象			
击穿电压	22	kV	见表5			
绝缘电阻 ——室温下 ——湿热后	23 23.4.2 23.4.4	Ω	≥1.0×10¹¹ ≥1.0×10¹⁰			
火焰蔓延性 ——燃烧时间 ——目测检查	27.2 中方法 B	s —	≤60 对三个试样中的任何一个指示旗不应被烧掉或烧焦，棉花层也不应被燃着的或灼热的颗粒或燃着的滴落物点燃			

表 3 特殊要求

性能	引用标准	单位	要　求			说　明
			GB/T 7113.5-400 型	GB/T 7113.5-401 型	GB/T 7113.5-402 型	
耐霉菌生长性	ISO 846:1997	—	1级或更优			
耐电解腐蚀	GB/T 7113.2—2005 中第 32 章	—	按购货合同			按购货合同选取具体试验方法
拉伸强度及断裂伸长率	GB/T 7113.2—2005 中第 20 章	—				

表 4 弯曲试验用芯棒直径

标称内径 mm	芯棒直径 mm	
	加 热 后	低 温 下
0.30	2	2
0.50	3	3
0.80	4	4
1.00	5	5
1.50	6	6
2.00	8	8
2.50	10	10
3.00	12	12
4.00	15	15
5.00	18	18
6.00	21	21
8.00	27	6[a]
10.00	33	6[a]
12.00	40	6[a]
16.00	6[a]	6[a]
20.00	6[a]	6[a]
25.00	6[a]	6[a]
[a] 试样:6 mm 宽的条样。		

表 5 对击穿电压的要求

击穿电压 试验方法	GB/T 7113.2— 2005 中的 章、条号	击穿电压 kV					
		GB/T 7113.5-400 型		GB/T 7113.5-401 型		GB/T 7113.5-402 型	
		中值	最低值	中值	最低值	中值	最低值
弹丸槽 或 直芯棒/100 mm 箔电极	22.2						
——室温下	22.3	≥5.7	≥4.3	≥3.3	≥2.5	≥2.2	≥1.5
——高温下	22.5[a]	≥4.5	≥3.3	≥2.5	≥1.8	≥1.5	≥1.0
——湿热后	22.6	≥4.0	≥3.0	≥2.1	≥1.5	—	—
击穿电压应按上述给出的方法之一在室温下、高温下和湿热处理后测定。施加电压的速度应为 500 V/s 或在 10 s～20 s 之间达到所要求的击穿电压值。							
[a] 高温下试验应在 180 ℃±3 ℃下进行。							

附　录　A

（资料性附录）

本部分与 IEC 60684-3-400：2002 技术性差异及其原因

表 A.1 给出了本部分与 IEC 60684-3-400：2002 技术性差异及其原因。

表 A.1　本部分与 IEC 60684-3-400：2002 技术性差异及其原因

本规范章、条编号	技术性差异	原　因
2	引用采用 IEC 60684-1：1980 的国家标准 GB/T 7113—2003，而非 IEC 60684-1：2003	IEC 60684-3-400：2002 中引用的 IEC 60684-1：2003 是最新版本的标准，而本部分引用的国家标准 GB/T 7113—2003 是由 IEC 60684-1：1980 的版本转化而来的，但经核对主要技术内容未变，不会对本部分的使用造成影响，故为方便使用仍引用此国家标准
3	命名依据 GB/T 7113—2003 进行，相对简单	IEC 60684-3-400：2002 中的命名过于繁杂，不适合我国国情
4	将表 2 中"加热后的弯曲性"的要求由"…，原色可清晰辩认"改为"…，允许颜色变深"	历来国产有机硅玻璃纤维软管在 180 ℃加热后颜色均变深棕色，原色无法辩认

ICS 29.035.99
K 15

中华人民共和国国家标准

GB/T 7113.6—2011

绝缘软管

第 6 部分：聚氨酯（PUR）玻璃纤维软管

Flexible insulating sleeving—

Part 6：Glass textile sleeving with polyurethane（PUR）based coating

（IEC 60684-3-409：1999，Flexible insulating sleeving—

Part 3：Specifications for individual types of sleeving—

Sheets 409：Glass textile sleeving with silicone elastomer coating，MOD）

2011-12-30 发布　　　　　　　　　　　　　　2012-05-01 实施

中华人民共和国国家质量监督检验检疫总局
中国国家标准化管理委员会　　发布

前　言

GB/T 7113《绝缘软管》分为以下几个部分：

——第 1 部分：定义和一般要求；

——第 2 部分：试验方法；

——第 3 部分：聚氯乙烯玻璃纤维软管；

——第 4 部分：丙烯酸酯玻璃纤维软管；

——第 5 部分：硅橡胶玻璃纤维软管；

——第 6 部分：聚氨酯（PUR）玻璃纤维软管；

……

本部分为 GB/T 7113 的第 6 部分。

本部分按照 GB/T 1.1—2009 给出的规则起草。

本部分使用重新起草法修改采用 IEC 60684-3-409：1999《绝缘软管　第 3 部分：各种型号软管规范　第409 篇：聚氨酯玻璃纤维软管》。

考虑到我国国情，在采用 IEC 60684-3-409：1999 时，本部分做了一些修改。有关技术性差异已编入正文中并在它们所涉及的条款的页边空白处用垂直单线标识。在附录 A 中给出了这些技术性差异及其原因的一览表以供参考。

为便于使用，对于 IEC 60684-3-409：1999 本部分还做了下列编辑性修改：

a) 删除了 IEC 60684-3-409：1999 的前言和引言；

b) 将"IEC 60684-3 的本篇"改为"本部分"；

c) 将"规范性引用文件"一章中列出的注日期的、但正文中引用时又未注日期的引用文件，一律加注日期；

d) 将表 1、表 3 中的标称内径数值用"0"补齐为小数点后两位数，以便与内径公差数值小数点后的位数相同，同时补充了表 3 的一个脚注以注明大管径软管弯曲试验使用 6 mm 直径芯棒时所用的试样；

e) 将表 2、表 4 中的"最大或最小"及"要求"这两列合并，并在相应处用符号"≤"或"≥"表示；

f) 重新编排表 4，以便与 GB/T 7113 的其他部分中的相应表格的编排格式相统一；

g) 将"±3 K"分别改为"±3 ℃"；

h) 增加了资料性附录 A 以指导使用。

请注意本文件的某些内容可能涉及专利。本文件的发布机构不承担识别这些专利的责任。

本部分由中国电器工业协会提出。

本部分由全国绝缘材料标准化技术委员会（SAC/TC 51）归口。

本部分起草单位：常熟江南玻璃纤维有限公司、杭州萧山绝缘材料厂、苏州市华晶绝缘材料厂、桂林电器科学研究院。

本部分主要起草人：马林泉、张志刚、张胜祥、张铭祖、李卫、罗哲。

绝缘软管
第6部分：聚氨酯(PUR)玻璃纤维软管

1 范围

　　GB/T 7113 的本部分规定了温度指数达到 155、具有聚氨酯(PUR)连续涂层的 E 型玻璃纤维编织软管的要求。

　　该类软管的内径通常在 0.50 mm 至 30.00 mm 之间，并具有下列颜色：黑色、蓝色、棕色、绿色、灰色、本色、粉红色、红色、紫色、白色、黄色及绿/黄色。

　　除了本部分所列出的尺寸或颜色，其他的尺寸或颜色可根据客户的需求定制。这些产品，如果除尺寸之外其他性能都符合表2、表4所列出的要求，则应视为符合本部分。

　　凡符合本部分要求的材料，均已达到既定的性能水平。然而，用户在针对某一特定用途选择材料时，宜依据该应用所必需的实际要求来选择，而不应仅仅依据本部分。

2 规范性引用文件

　　下列文件对于本文件的应用是必不可少的。凡是注日期的引用文件，仅注日期的版本适用于本文件。凡是不注日期的引用文件，其最新版本(包括所有的修改单)适用于本文件。

　　GB/T 7113—2003　绝缘软管　定义及一般要求(IEC 60684-1:1980,MOD)

　　GB/T 7113.2—2005　绝缘软管　试验方法(IEC 60684-2:1997,MOD)

　　GB/T 13534—2009　颜色标志的代码(IEC 60757:1983,IDT)

3 命名

　　软管应通过如下命名方式予以标识：

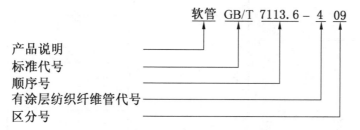

　　在本部分中，区分号为 09，有涂层纺织纤维管代号“4”加上区分号“09”组成“409”型。

　　在上述标识的后面还可用颜色的缩写标注软管的颜色，但任何用来表示颜色的缩写应符合 GB/T 13534—2009 的规定。NC 表示“本色/不着色”。无缩写时，可写出颜色的全称。

4 要求

　　常规尺寸的软管除了应满足 GB/T 7113—2003 的规定要求外，还应满足表1、表2和表4的要求。

5 合格判断

软管是否符合本部分的要求,通常应根据标称内径为 10.00 mm 的黑色软管的结果为准。

表 1 尺寸要求

标称内径 mm	内径公差 mm		壁厚[a] mm	
	双向 （±）	单向 （+）	标称值	公差 （±）
0.50	0.15	0.30	0.50	
0.80	0.20	0.40	0.50	
1.00			0.50	
1.50			0.50	
2.00			0.50	
2.50			0.50	
3.00	0.25	0.50	0.50	0.15
3.50			0.50	
4.00			0.50	
4.50			0.50	
5.00			0.50	
6.00			0.50	
7.00			0.50	
8.00	0.30	0.60	0.70	0.20
9.00			0.70	
10.00			0.70	
12.00			0.70	
14.00	0.50	1.00	0.70	0.30
16.00			0.70	
18.00			0.70	
20.00			0.70	
25.00	0.60	1.20	1.00	0.50
30.00			1.50	

[a] 对于非标准标称内径的软管,至少应具有和相邻较大标准标称内径软管同样大的壁厚。对于标称内径小于 0.50 mm 的软管,其壁厚至少与 0.50 mm 软管的壁厚相同。对于标称内径大于 30.00 mm 的软管,其壁厚至少应等于 30.00 mm 软管的壁厚。

表 2　基本要求

性　能	GB/T 7113.2—2005 中的章、条号	单位	要　　求	说　明
尺寸	4	mm	见表 1	准确测量至 0.05 mm
耐焊热性	8	—	通过	仅适用于标称内径小于或等于 5.00 mm 的软管
加热后的弯曲性	14	—	涂层无可见的裂痕或脱落，允许颜色变深	试验温度 180 ℃±3 ℃；芯棒直径见表 3
低温弯曲性	15	—	涂层无可见裂痕或脱落	试验温度－15 ℃±3 ℃；芯棒直径见表 3
涂层耐水解性	18	—	涂层无迁移、软管与纸及软管试片之间无粘着、纸无任何变色迹象	
击穿电压	22	kV	见表 4	见表 4
绝缘电阻 ——室温下	23.4.2	Ω	≥1.0×10⁹	
火焰蔓延性 ——燃烧时间 ——目测检查	27.2 中方法 A	s —	≤60 对三个试样中的任何一个指示旗不应被烧掉或烧焦，棉花层也不应被燃着的或灼热的颗粒或燃着的滴落物点燃	烧掉包括有焰燃烧和无焰燃烧
耐热性温度指数	38	—	≥155	终点要求：有机物质量损失最高为 30%（有机物总含量按 GB/T 7113.2—2005 第 8 章测定）及室温下击穿电压最低为原始值的 50%
耐电解腐蚀	32	级	不次于 A1.4	目测法

表 3 弯曲试验用芯棒直径

标称内径 mm	芯棒直径 mm	
	受热后 （GB/T 7113.2—2005 中第 14 章）	低温下 （GB/T 7113.2—2005 中第 15 章）
0.50	3	3
0.80	4	4
1.00	5	5
1.50	6	6
2.00	8	8
2.50	10	10
3.00	12	12
3.50 和 4.00	15	15
4.50 和 5.00	18	18
6.00	21	21
7.00 和 8.00	27	27
9.00 和 10.00	33	6[a]
12.00	40	6[a]
14.00 和 16.00	6[a]	6[a]
18.00 和 20.00	6[a]	6[a]
25.00	6[a]	6[a]
30.00	6[a]	6[a]
[a] 试样：6 mm 宽的条样。		

表 4 对击穿电压的要求

击穿电压 试验方法	GB/T 7113.2—2005 中的章、条号	击穿电压[a] kV	
		GB/T 7113.6-409 型	
		中值	最低值
直芯棒/100 mm 箔电极 —室温下 —高温下 —湿热后	 22.3 22.5[b] 22.6	 ≥5.7 ≥2.9 ≥1.7	 ≥4.3 ≥2.3 ≥1.3
[a] 击穿电压应按 GB/T 7113.2—2005 中的方法在室温下、高温下和温热处理后测定。施加电压的速度应为 　　500 V/s或在 10 s～20 s 之间达到所要求的击穿电压值。 [b] 高温下试验应在 155 ℃±3 ℃下进行。			

附　录　A

（资料性附录）

本部分与 IEC 60684-3-409：1999 技术性差异及其原因

表 A.1 给出了本部分与 IEC 60684-3-409：1999 技术性差异及其原因。

表 A.1　本部分与 IEC 60684-3-409：1999 技术性差异及其原因

本部分章、条编号	技术性差异	原　　　因
2	引用了采用 IEC 60684-1：1980 的国家标准 GB/T 7113—2003，而非 IEC 60684-1：2003	IEC 60684-3-409：1999 中引用的 IEC 60684-1：2003 是最新版本的标准，而本部分引用的国家标准 GB/T 7113—2003 是由 IEC 60684-1：1980 的版本转化而来的，但经核对主要技术内容未变，不会对本部分的使用造成影响，故为方便使用仍引用此国家标准
3	命名依据 GB/T 7113—2003 进行，相对简单	IEC 60684-3-409：1999 中的命名过于繁杂，不适合我国国情

ICS 29.035.99
K 15

中华人民共和国国家标准

GB/T 20627.1—2006

玻璃及玻璃聚酯纤维机织带规范
第 1 部分：定义、分类和一般要求

Specification for glass and glass polyester fibre woven tapes—
Part 1：Definitions，classification and general requirements

(IEC 61067-1：1991，MOD)

2006-11-09 发布

2007-04-01 实施

中华人民共和国国家质量监督检验检疫总局
中国国家标准化管理委员会
发 布

前　言

GB/T 20627《玻璃及玻璃聚酯纤维机织带规范》目前包括 3 个部分：

——第 1 部分：定义、分类和一般要求；

——第 2 部分：试验方法；

——第 3 部分：单项材料规范。

本部分为 GB/T 20627 的第 1 部分。

本部分修改采用 IEC 61067：1991《玻璃及玻璃聚酯纤维机织带规范　第 1 部分：定义、分类和一般要求》（英文版）。

由于我国工业的特殊需要，本部分在采用国际标准时进行了修改。这些技术性差异用垂直单线标识在所涉及的条款的页边空白处。在附录 A 中给出了技术性差异及其原因的一览表以供参考。

为便于使用，本部分还做了下列编辑性修改：

a)　删除国际标准的前言；

b)　将"PETP"改为："PET"；

c)　将"yams"改为："yarn"。

本部分的附录 A 为资料性附录。

本部分由中国电器工业协会提出。

本部分由全国绝缘材料标准化技术委员会（SAC/TC 51）归口。

本部分起草单位：桂林电器科学研究所、上海耀华复合材料有限公司。

本部分主要起草人：朱梅兰、徐志伟。

本部分为首次发布。

玻璃及玻璃聚酯纤维机织带规范
第1部分:定义、分类和一般要求

1 范围

本部分规定了在传统织机或无梭织机上由玻璃纤维或玻璃纤维与聚酯纤维组合织成的原坯长丝带的定义、分类和一般要求。

本部分适用于宽 10 mm~50 mm、厚 0.06 mm~0.40 mm 的玻璃及玻璃聚酯纤维机织带。

2 规范性引用文件

下列文件中的条款通过 GB/T 20627 的本部分的引用而成为本部分的条款。凡是注日期的引用文件,其随后所有的修改单(不包括勘误的内容)或修订版均不适用于本部分,然而,鼓励根据本部分达成协议的各方研究是否可使用这些文件的最新版本。凡是不注日期的引用文件,其最新版本适用于本部分。

GB 6995.2—1986 电线电缆识别标志 第二部分:标准颜色(neq IEC 60304:1982)

GB/T 20627.2—2006 玻璃及玻璃聚酯纤维机织带规范 第2部分:试验方法(IEC 61067-2:1992,IDT)

3 术语和定义

下列术语和定义适用于本部分。

3.1

纬纱 pick

用于机织物横向或机织物上沿宽度方向排列的纱(垂直于带长度方向的纱)。

3.2

经纱 end

用于机织物纵向或机织物上沿长度方向排列的纱(平行于带长度方向的纱)。

3.3

浆 size

胶状成膜物质,呈溶解或分散状态。通常在机织前用于经纱,但有时也用于纬纱。

3.4

偶联浸润剂 coupling size

为了使玻璃纤维表面和树脂间(含有相溶性很好的氨基硅烷 amino silane)获得良好的粘合而选用的浸润剂。

3.5

锁边线 locking thread

在完成引纬动作的同时,用于锁住纬线的单根线。

3.6

无梭织机 shuttleless loom

纬纱的引纬不是由梭子穿入而是由一个固定源引出代替梭子,把纬纱引入梭口完成编织运动的一种织机。

3.7

平纹 plain weave

所有编织方法中最简单的一种。在整个织物中,经纬纱各以一根互相上下浮沉交错的织物组织,一个完全组织内,经纬纱各有两根。

3.8

热定型纱 heat set yarn

经过热处理以减少随后收缩的纱。

3.9

中值 central value

当测量值按数值大小顺序排列时,奇数个测量值的中间那个值或偶数个测量值的中间两个值的平均值。

注:中值也称为中位数。

4 分类

按下述定义分成4种型号的带:

1型:经向、纬向均为玻璃纤维,经有梭织机织成的带。

2型:经向、纬向均为玻璃纤维,经无梭织机织成的带。

3型:经向为玻璃纤维,纬向为聚酯纤维,经无梭织机织成的带。

4型:经向为聚酯纤维,纬向为玻璃纤维,经无梭织机织成的带。

1型带可按以下方法进行再分类和识别:

用一组两位数字来表示带的标称厚度(以百分之一毫米为单位)后跟着再用一组两位数字来表示带的标称宽度(单位为毫米)。再用一位数字来表示相同一组厚度中带的编织紧密程度。编织紧密程度由单项材料规范所规定的经纬结构规格确定。

名称:

(1) ET (s) 10 25 3

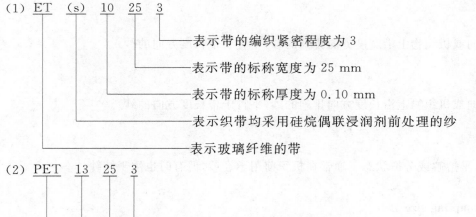

表示带的编织紧密程度为3

表示带的标称宽度为25 mm

表示带的标称厚度为0.10 mm

表示织带均采用硅烷偶联浸润剂前处理的纱

表示玻璃纤维的带

(2) PET 13 25 3

表示带的编织紧密程度为3

表示带的标称宽度为25 mm

表示带的标称厚度为0.13 mm

表示聚酯纤维的带

5 一般要求

5.1 结构

所用的纱为含碱量不大于0.08%的长丝玻璃纤维(通常称为"E"型玻璃纤维)。

若有特殊要求,玻璃纤维应采用经含氨基硅烷(Amino silane)偶联浸润剂前处理的纱。

聚酯纱为经热定型的聚对苯二甲酸乙二醇酯(PET)的长丝纤维。

应是织成的原带,不经过压缩(或压光)。对 I 型带,应是织边均匀整齐的平纹织物。

对 2 型、3 型和 4 型带,纬纱应在或靠近穿入纬纱一边的对边织边处锁定,这样可避免使用时散边。若使用有机材料作为锁边线,编织的方法应确保锁边线不能从带体中抽出。

带的型号分类如下:

1 型:以单根有色玻璃经线标明带的中心线。

2 型:以并排两根有色玻璃经线标明带的中心线。

3 型:以并排三根有色玻璃经线标明带的中心线。

4 型:以并排三根有色聚酯经线标明带的中心线。

应用有色经线来表明厚度,如表 1 所示。这些颜色应符合 GB 6995.2—1986 的规定。

5.2 厚度

带的标称厚度应是表 1 中所列值之一,按 GB/T 20627.2—2006 测得的厚度值应不超过表 1 规定的厚度范围。

当测量织边的厚度时,对 1 型带而言,织边处的厚度与织边间的厚度之差不大于 0.02 mm,2 型、3 型和 4 型带织边处的厚度与织边间的厚度之差不大于 0.03 mm。

表 1 颜色标记与厚度

单位为毫米

颜 色	标 称 厚 度	最 小 厚 度	最 大 厚 度
黄	0.06	0.05	0.07
蓝	0.09	0.08	0.11
	0.10	0.09	0.12
红	0.13	0.12	0.16
橙	0.17	0.15	0.20
	0.20	0.17	0.22
绿	0.25	0.22	0.27
紫	0.30	0.27	0.32
棕	0.40[a]	0.37	0.42

[a] 通常适用 2 型、3 型和 4 型。

5.3 宽度

带的宽度要求见表 2。

表 2 带的标称宽度

单位为毫米

标 称 厚 度	标 称 宽 度
0.06～0.10	10,12.5,15,20,25,30,40,50
>0.10	12.5,15,20,25,30,40,50

按 GB/T 20627.2—2006 测得的宽度值与标称值的偏差规定如下:

标称宽度为 25 mm 及以下者,允许偏差为±1.0 mm;

标称宽度为 25 mm 及以上者,允许偏差为±1.5 mm。

5.4 对带卷的要求

用足够的张力将带卷绕在硬管芯轴上,形成紧卷,但不应使带的结构变形。芯轴的内径为 10 mm～13 mm,芯轴宽度与带宽基本相同,但不能超出带宽。允许选用直径为 55 mm 的特殊芯轴。

注:每卷带的长度不作为本部分的要求,但通常为 50 m。

对于 2 型、3 型和 4 型带而言,当从锁边线侧观察带卷时,应是逆时针螺旋卷绕,如图 1 所示:

图 1　从锁边线侧观察到的卷绕视图

每卷带的接头数应不超过两个,卷中任何一段的长度不得短于 10 m。

在任意批量交货中,I 型带允许有不超过 20% 的接头;2 型、3 型和 4 型带允许有不超过 10% 的接头。

在接头处,应将带的端部对接,并用一条从带卷侧面能见到的有色胶带把它连接起来以示有接头存在。不允许使用针(钉)或其他金属连接件来固定带卷端部或连接带。

5.5　标记

应在单独包装卷或包装箱或在两者上明显标出下列内容:

——本标准编号;

——型号及名称;

——标称厚度,1/100 mm;

——标称宽度,mm;

——长度,m;

——每箱内的卷数;

——生产日期;

——生产商。

附　录　A
（资料性附录）
本部分与 IEC 61067：1991 技术性差异及其原因

表 A.1 给出了本部分与 IEC 61067：1991 技术性差异及其原因的一览表。

表 A.1　本部分与 IEC 61067：1991 技术性差异及其原因

本部分的章条编号	技术性差异	原　因
1	厚度：0.05 mm～0.40 mm 改为厚度：0.06 mm～0.40 mm	符合我国企业的产品现状
2	增加引用了采用国际标准的我国标准 GB/T 20627.2—2006《玻璃及玻璃聚酯纤维机织带规范　第 2 部分：试验方法》	该引用标准与本部分组合为系列标准，同时颁布
2	IEC 60304：1982《低频电缆和电线绝缘用的标准颜色》改为 GB 6995.2—1986《电线电缆识别标志　第二部分：标准颜色》	已完成采标转化
4	增加了"4 型：经向为聚酯纤维，纬向为玻璃纤维，经无梭织机织成的带"及相关内容	增强标准的适用性。我国生产企业中有该型号的产品
5.1	"含碱量不大于 1%"改为"含碱量不大于 0.08%"	技术要求变动，有利于产品的生产和质量控制
5.2	表 1 中增加： 标称厚度：0.10　0.17 最小厚度：0.09　0.15 最大厚度：0.12　0.20	符合我国企业的产品现状

ICS 29.035.99
K 15

中华人民共和国国家标准

GB/T 20627.2—2006/IEC 61067-2:1992

玻璃及玻璃聚酯纤维机织带规范
第 2 部分：试验方法

Specification for glass and glass polyester fibre woven tapes—
Part 2：Methods of test

(IEC 61067-2:1992,IDT)

2006-11-09 发布 2007-04-01 实施

中华人民共和国国家质量监督检验检疫总局
中国国家标准化管理委员会 发布

前　言

GB/T 20627《玻璃及玻璃聚酯纤维机织带规范》目前包括 3 个部分：

——第 1 部分：定义、分类和一般要求；

——第 2 部分：试验方法；

——第 3 部分：单项材料规范。

本部分等同采用 IEC 61067-2：1992《玻璃及玻璃聚酯纤维机织带规范　第 2 部分：试验方法》（英文版）。

为便于使用，本部分做了下列编辑性修改：

a)　删除了 IEC 61067-2：1992 的前言；

b)　凡是注日期的引用文件在条文中引用时未注日期的，一律加注日期。

本部分由中国电器工业协会提出。

本部分由全国绝缘材料标准化技术委员会（SAC/TC 51）归口。

本部分起草单位：桂林电器科学研究所。

本部分主要起草人：马林泉。

本部分为首次发布。

玻璃及玻璃聚酯纤维机织带规范
第2部分:试验方法

1 范围

本部分规定了对在传统织机或无梭织机上由玻璃纤维或玻璃纤维与聚酯纤维的组合织成的原坯长丝带的试验方法。

本部分适用于表明符合该标准第1部分的一般要求和第3部分的特定要求的试验方法。

2 规范性引用文件

下列文件中的条款通过GB/T 20627的本部分的引用而成为本部分的条款。凡是注日期的引用文件,其随后所有的修改单(不包括勘误的内容)或修订版均不适用于本部分,然而,鼓励根据本部分达成协议的各方研究是否可使用这些文件的最新版本。凡是不注日期的引用文件,其最新版本适用于本部分。

GB/T 10580—2003 固体绝缘材料试验前和试验时采用的标准条件(IEC 60212:1971,IDT)

ISO 5081:1977 纺织品 机织物 断裂强度和断裂伸长率的测定(条样法)

ISO 5084:1977 纺织品 机织物和针织物(纺织地毯除外)厚度的测定

3 试验

3.1 经纱数的测定

应在常态下,沿整个带宽清点经纱数并将其除以标称宽度得到每10 mm标称宽度的经纱数。

3.2 纬纱数的测定

应在常态下,沿长度不短于20 mm的一段带清点纬纱数并计算沿该带3个不同段测得的不少于3个测定值的平均值。

注:对2型及3型带,2根纬线等于1根纬纱(见第1部分中的"纬纱"定义)。

3.3 厚度的测定

除按下列规定外,其余按ISO 5084:1977的规定进行。

3.3.1 试样

随机抽取五卷带。

3.3.2 条件处理

带卷应按GB/T 10580—2003所述在相对湿度45%~75%,温度15℃~35℃的大气中进行条件处理,然后在这些条件下测量厚度。

3.3.3 试验仪器

使用如同ISO 5084:1977中所述的厚度测定仪器(静重测厚仪)。

3.3.4 试验步骤

擦净基准面及压脚的表面。调节仪器使压力为100 kPa~200 kPa。有争议时,应使用压力为100 kPa的静重测厚仪。

将两平行面分开,在无拉力的情况下把试样的无皱折部分放入,使之与基准面相接触。

缓慢地减少基准面与压脚间的距离直至压脚与带接触。在明显可见指针停止移动后,立即记下表盘上的读数。

在所抽取的 5 卷带的每一卷上任意测量 4 点:每一织边各测 1 点,织边间测另外 2 点。

3.3.5 结果

就 5 卷带而言,有 10 个测量值在织边处测得,另外 10 个测量值在织边间测得。分别取这两组 10 个测量值的中值作为织边处厚度和织边间厚度。

3.4 宽度的测定

3.4.1 试样

随机抽取 5 卷带。

3.4.2 试验条件

在 GB/T 10580—2003 规定的标准环境条件下进行试验。

3.4.3 试验步骤

将带松开并平整地放在光滑的平面上。施加的拉力不能过大,只要能使带平直放置即可。

用分度为毫米的钢尺测量带的宽度。

在所抽取的 5 卷带的每一卷上随机测量 2 点。

3.4.4 结果

取每卷两次测量值的平均值作为该卷的结果。

取 5 个结果的中值作为该带的宽度。

3.5 燃烧后残余物(玻璃含量)的测定

3.5.1 保护措施

为防止试样质量的损失,应采取常规的保护措施。

3.5.2 试样

取质量不少于 5 g 的带。

3.5.3 试验步骤

将试样置于 80℃±2℃的烘箱内干燥 1 h,然后,将试样移至干燥器内冷却至室温,取出试样后立即测定其质量,精确至 1 mg。

将试样移到一个合适的坩埚内并将坩埚置于温度为 625℃±20℃的马弗炉内保持 2 h 以除去有机物。

从炉内取出坩埚并立即将它移到干燥器内。当坩埚冷却后,从坩埚内取出试样并立即测定其质量,精确至 1 mg。

3.5.4 结果

计算该带的燃烧后残余物(玻璃含量),以干燥后试样质量的百分数表示。

3.6 拉伸强度的测定

3.6.1 概述

除按下列规定外,其余按 ISO 5081:1977 的规定测定。

3.6.2 试样

取 5 个足够长的试样,使得其在试验机夹具间的未经伸长的长度为 200 mm。

3.6.3 试验温度

在 15℃~35℃的温度下进行试验。

3.6.4 试验装置

应使用具有恒定移动速率的试验机。

3.6.5 试验步骤

a) 对试样端部进行预处理

对试样端部进行预处理以防止端部被试验机的夹头损坏。预处理方法如下:

试样置于硬挺的纸上,用合适的粘结剂浸涂带的两端部并将其粘结在硬挺的纸上。试样的中间部分留出 200 mm 不浸涂。待粘结剂干燥后,将试样固定于试验机的夹头内并沿横向割去纸条的中间部分。

可用下述材料浸涂试样端部：

——天然橡胶或氯丁橡胶溶液；

——溶于二乙酮、甲基乙基酮或二甲苯中的聚甲基丙烯酸甲酯。

b) 负荷的施加

应这样施加负荷：使得从开始施加负荷至达到规定的最小负荷的时间为 30 s±5 s,然后继续施加负荷直至试样断裂。

如果试样发生不规则断裂,或断在试验机的夹头内或断在试验机的夹头处,则该结果无效并应另取其他试样重新试验。

记录最大负荷。

3.6.6 结果

以 5 个最大负荷的中值作为拉伸强度,单位为牛顿每十毫米(N/10 mm)。

3.7 空气中加热影响的测定

3.7.1 1 型和 2 型

从用于拉伸试验的同一卷带中获取试样并将其绕成松散的圆盘状以利于加热时空气循环。这些试样应置于 250℃±10℃的空气中加热 24 h,然后,再在 15℃～35℃的空气中处理 1 h。然后按 3.6 测定拉伸强度。

空气中加热影响应以百分数表示,即：

$$\left(\frac{\text{按本条测得的加热后的拉伸强度值}}{\text{按 3.6 测得的加热前的拉伸强度值}}\right) \times 100$$

注：带的断裂强度的降低主要是由于加热造成织物浆料损失而引起的。加热降低了浆料的润滑作用,但对玻璃纤维本身则无大的改变。

3.7.2 3 型

从用于测定宽度的相同 5 卷带中获取试样并将其绕成松散的圆盘状以利于加热时空气循环。这些试样应置于 150℃±5℃的空气中加热 24 h,之后,再在 15℃～35℃的空气中处理 1 h。然后按 3.4 测定宽度。

空气中加热影响应以宽度缩小的百分数表示,即：

$$100 - \left[\left(\frac{\text{按本条测得的加热后的宽度值}}{\text{按 3.4 测得的加热前的宽度值}}\right) \times 100\right]$$

3.8 水萃取液电导率的测定

3.8.1 试验仪器

需用下列仪器：

a) 已知其常数为 K 的电导池；

b) 在 50 Hz～3 000 Hz 频率范围内,能测出最小读数为 1 μS 的电导或导纳且准确度为 5％的测量仪器。另外,这种仪器也能用来测量电阻并具有相同的准确度；

c) 由耐酸碱玻璃制成的、带有回流冷凝器的 250 mL 广口锥形瓶。

3.8.2 试验步骤

取大约 7 g 带作为试样。

在接收状态下的材料上进行测定。应对 3 个萃取物中的每个萃取物进行一次测定。首先,应对事先已用烧瓶煮沸 60 min±5 min 后待用的水进行空白试验。如果该水的电导率不大于 200 μS/m,则该烧瓶可供使用。如果电导率大于该值,则应另用一份新鲜的水加入这烧瓶中煮沸。如果第二次试验的电导率仍然超过 200 μS/m,那么应使用另外的烧瓶重复上述试验,直至符合要求。

然后应对带进行如下试验：

将带切成约 20 mm×3 mm 的小试样。称取 5 g 试样放入带有回流冷凝器的 250 mL 的玻璃烧瓶中并加入 100 mL 电导率不大于 200 μS/m 的水。该水应微沸 60 min±5 min，然后，在烧瓶中冷却至室温。应采取措施防止从空气中吸入二氧化碳。

然后，将萃取液轻轻倒入测量器皿中以便立即测量电导率。测量器皿应先用该萃取液冲洗两次。应在 23℃±0.5℃下测定电导率。

注：对样品及准备用来做试验的那部分试样，在拿取、贮存和操作过程中确保它们不受大气、尤其是化学实验室的空气或裸手接触等污染。

3.8.3 结果

萃取液的电导率按下式计算：

$$Y = K(G_1 - G_2)$$

式中：

Y——萃取液的电导率的数值，单位为微西每米（μS/m）；

K——电导池常数，单位为米分之一（m^{-1}）；

G_1——萃取液的电导的数值，单位为微西（μS）；

G_2——空白液的电导的数值，单位为微西（μS）。

报告中值作为结果。

ICS 29.035.99
K 15

中华人民共和国国家标准

GB/T 20630.1—2006/IEC 61068-1:1991

聚酯纤维机织带规范
第1部分：定义、名称和一般要求

Specification for polyester fibre woven tapes—
Part 1：Definitions，designation and general requirements

（IEC 61068-1:1991，IDT）

2006-11-09 发布   2007-04-01 实施

中华人民共和国国家质量监督检验检疫总局
中国国家标准化管理委员会   发布

前　言

GB/T 20630《聚酯纤维机织带规范》目前包括 3 个部分：

——第 1 部分：定义、名称和一般要求；

——第 2 部分：试验方法；

——第 3 部分：单项材料规范。

本部分为 GB/T 20630 的第 1 部分。

本部分等同采用 IEC 61068-1：1991《聚酯纤维机织带规范　第 1 部分：定义、名称和一般要求》（英文版）。

为便于使用，本部分做了下列编辑性修改：

a)　删除了国际标准的前言；

b)　增加"规范性引用文件"一章；

c)　将打印错误"PETP"改为"PET"；

d)　将打印错误"yams"改为"yarn"。

本部分由中国电器工业协会提出。

本部分由全国绝缘材料标准化技术委员会（SAC/TC 51）归口。

本部分起草单位：桂林电器科学研究所、上海耀华复合材料有限公司。

本部分主要起草人：朱梅兰、徐志伟。

本部分为首次发布。

聚酯纤维机织带规范
第1部分:定义、名称和一般要求

1 范围

本部分规定了由长丝聚酯纤维经无梭织机织成的带的定义、名称和一般要求。还规定了其标称厚度与标称宽度的规格配合等。

本部分适用于标称厚度范围:0.13 mm～0.25 mm,标称宽度:15 mm、20 mm、25 mm 及按非标称宽度供货的聚酯纤维机织带。

2 规范性引用文件

下列文件中的条款通过 GB/T 20630 的本部分的引用而成为本部分的条款。凡是注日期的引用文件,其随后所有的修改单(不包括勘误的内容)或修订版均不适用于本部分,然而,鼓励根据本部分达成协议的各方研究是否可使用这些文件的最新版本。凡是不注日期的引用文件,其最新版本适用于本部分。

GB/T 20630.2—2006 聚酯纤维机织带规范 第2部分:试验方法(IEC 61068-2:1991,IDT)

3 定义

下列术语和定义适用于本部分。

3.1
纬纱 pick
用于机织物横向或机织物上沿宽度方向排列的纱(垂直于带长度方向的纱)。

3.2
经纱 end
用于机织物纵向或机织物上沿长度方向排列的纱(平行于带长度方向的纱)。

3.3
长丝 filament
单根或多根连续纤维,加捻或不加捻形成的其有一定细度的纱。

3.4
锁边线 locking thread
在完成引纬动作的同时,用于锁住纬线的单独线。

3.5
无梭织机 shuttleless loom
纬纱的引纬不是由梭子穿入而是由一个固定源引出代替梭子,把纬纱引入梭口完成编织运动的一种织机。

3.6
平纹 plain weave
所有编织方法中最简单的一种。在整个织物中,奇数的经纱越过一根纬纱并从第2根纬纱之下通过,而偶数的经纱与此相反,形成一上一下。

3.7

热定型纱 heat set yarn

经过热处理,减少在后序中收缩的纱。

3.8

中值 central value

当测量值按数值大小顺序排列时,奇数个测量值的中间那个值或偶数个测量值的中间两个值的平均值。

注:中值也称为中位数。

4 名称

按下述定义,带分为两种类型:

1 型:由聚酯纤维纱织成的高收缩的带。

2 型:由热定型的聚酯纤维纱织成的低收缩的带。

5 一般要求

5.1 结构

所用的纱为聚对苯二甲酸乙二醇酯(PET)长丝,而对 2 型,该纱需经热定型处理。

带应平纹编织。

纬纱应在或靠近穿入纬纱一边的对边的织边处锁定,以避免使用时散边。

如果使用锁边线,则交织的方法应使锁边线不能从带体中抽出。

带按型号识别如下:

——1 型:以单根黑色经线标明带的中心线。

——2 型:以单根黑色经线标明带的中心线,并在黑线的每一侧各放一根桔色线。

5.2 厚度

带的织边间的标称厚度应是表 1 所列值之一,按 GB/T 20630.2—2006 测得的厚度值应不超过表 1 规定的范围。

测量织边厚度时,织边处与织边间的厚度之差不大于 0.03 mm。

表 1 厚度

单位为毫米

标称值	最小值	最大值
0.13	0.12	0.17
0.20	0.17	0.22
0.25	0.22	0.27

5.3 宽度

带的宽度要求见表 2。

表 2 标称宽度

单位为毫米

型号	标称厚度	标称宽度
1	0.13,0.25	15,25
2	0.13,0.20	15,20,25
注:按 GB/T 20630.2—2006 测得的宽度值与标称值的允许偏差为±1.0 mm。		

5.4 对带卷的要求

用足够的张力将带卷绕在硬管芯轴上,形成紧卷,但不应使带的结构变形。芯轴的内径为

10 mm～13 mm,芯轴宽度与带宽基本相同,但不能超出带宽。也可选用直径为 55 mm 的特殊芯轴。

    注:每卷带的长度不作为本部分的要求,但一般为 50 m。

    对 1 型和 2 型带,当从锁边侧观察带时,带应是逆时针螺旋卷绕,如图 1 所示。

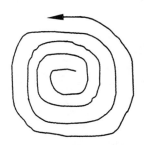

图 1　从锁边侧观察到的卷绕视图

    每卷带的接头数应不超过两个,卷中任何一段的长度不应短于 10 m。

    在任意批量交货中,允许有不超过 10％的接头。

    在接头处,应将带的端对接,并用一条从带卷侧面能见到的有色胶带把它连接起来以示有接头存在。不允许用针(钉)或其他金属连接件来固定带卷部或连接带。

5.5　标记

    除按 5.1 规定标明带的型号外,还要在单独包装卷或包装箱或两者上均明显标出下列内容:

    ——本标准编号;

    ——型号及名称;

    ——以百分之一毫米表示的标称厚度;

    ——宽度,mm;

    ——长度,m;

    ——每箱内的卷数(整箱包装时)。

ICS 29.035.99
K 15

中华人民共和国国家标准

GB/T 20630.2—2006/IEC 61068-2:1991

聚酯纤维机织带规范
第2部分：试验方法

Specification for polyester fibre woven tapes—
Part 2:Methods of test

(IEC 61068-2:1991,IDT)

2006-11-09 发布 2007-04-01 实施

中华人民共和国国家质量监督检验检疫总局
中国国家标准化管理委员会 发布

前　言

GB/T 20630《聚酯纤维机织带规范》目前包括3个部分：

——第1部分：定义、名称和一般要求；

——第2部分：试验方法；

——第3部分：单项材料规范。

本部分为 GB/T 20630 的第2部分。

本部分等同采用 IEC 61068-2:1991《聚酯纤维机织带规范　第2部分：试验方法》(英文版)。

为便于使用，本标准做了下列编辑性修改：

a)　删除了 IEC 61068-2:1991 的前言；

b)　凡是注日期的引用文件在条文中引用时未注日期的，一律加注日期。

本部分由中国电器工业协会提出。

本部分由全国绝缘材料标准化技术委员会(SAC/TC 51)归口。

本部分起草单位：桂林电器科学研究所。

本部分主要起草人：马林泉。

本部分为首次发布。

聚酯纤维机织带规范
第2部分:试验方法

1 范围

GB/T 20630规定了对由聚酯长纤维经无梭织机织成的带的试验方法。

GB/T 20630的本部分适用于表明符合该标准第1部分的一般要求和第3部分的特定要求的试验方法。

2 规范性引用文件

下列文件中的条款通过GB/T 20630的本部分的引用而成为本部分的条款。凡是注日期的引用文件,其随后所有的修改单(不包括勘误的内容)或修订版均不适用于本部分,然而,鼓励根据本部分达成协议的各方研究是否可使用这些文件的最新版本。凡是不注日期的引用文件,其最新版本适用于本部分。

GB/T 3820—1997 纺织品和纺织制品厚度的测定(eqv ISO 5084:1996)

ISO 5081:1977 纺织品 机织物 断裂强度和断裂伸长率的测定(条样法)

3 试验

3.1 经纱数的测定

应在常态下,沿整个带宽清点经纱数并将其除以标称宽度得到每10 mm标称宽度的经纱数。

3.2 纬纱数的测定

应在常态下,沿长度不短于20 mm的一段带清点纬纱数并计算沿该带三个不同段测得的不少于3个测定值的平均值。

注:在大多数结构中,二根纬线等于一根纬纱(见第1部分中的"纬纱"定义)。

3.3 厚度的测定

除按下列规定外,其余按ISO 5084:1977的规定进行。

3.3.1 试样

随机抽取5卷带。

3.3.2 条件处理

带卷应在相对湿度45%～75%、温度15℃～35℃的大气中进行条件处理,然后在这些条件下测量厚度。

3.3.3 试验仪器

使用如同ISO 5084:1977中所述的厚度测定仪器(静重测厚仪)。从ISO 5084:1977中选取接近100 kPa±10 kPa的压力。

3.3.4 试验步骤

擦净基准面及压脚的表面。调节仪器使压力为100 kPa～200 kPa。有争议时,应使用压力为100 kPa的静重测厚仪。

将两平行面分开,在无拉力的情况下把试样的无皱折部分放入,使之与基准面相接触。

缓慢地减少基准面与压脚间的距离直至压脚与带接触。一旦指针停止移动读数容易读出时立即记下表盘上的读数。

在所抽取的 5 卷带的每一卷上任意测量 4 点：每一织边各测一点，织边间测另外 2 点。

3.3.5 结果

就 5 卷带而言，有 10 个测量值在织边处测得，另外 10 个测量值在织边间测得。分别取这两组 10 个测量值的中值作为织边处厚度和织边间厚度。

3.4 宽度的测定

3.4.1 试样

随机抽取五卷带。

3.4.2 试验条件

在标准环境条件下进行试验。

3.4.3 试验步骤

将带松开并平整地放在光滑的平面上。施加的拉力不能过大，只要能使带平直放置即可。

用分度为毫米的钢尺测量带的宽度。

在所抽取的 5 卷带的每一卷上随机测量 2 点。

3.4.4 结果

取 10 次测量值的中值作为带的宽度。

3.5 收缩率的测定

3.5.1 试样

在随机抽取的 5 卷带的每一卷上切取一段足够长的试样以便能在其上面标出 500 mm 的间距。

3.5.2 试验步骤

测量所标出的间距的长度和宽度（当需要在宽度上测定收缩率时），精确至 0.5 mm。在 5 个试样的每一个试样上，对所要求的每一个尺寸测量两次。

将试样放入 155℃±5℃ 的恒温箱中。这些试样应绕成松散的圆盘状以利于加热时空气自由循环。经 155℃ 处理 60 min±10 min 后，取出试样并在 15℃～35℃ 下冷却 1 h。

重复上述长度和宽度的测量。

3.5.3 结果

取加热前后十次测量值的中值并以百分数表示结果，即：

$$100-\left[\left(\frac{\text{加热后的长度或宽度}}{\text{加热前的长度或宽度}}\right)\times100\right]$$

同时报告宽度收缩量的中值，单位为毫米（mm）。

3.6 负荷下的收缩率

在考虑中。

3.7 拉伸强度的测定

3.7.1 概述

除按下列规定外，其余按 ISO 5081：1977 的规定测定。

3.7.2 试样

取 5 个足够长的试样，使得其在试验机夹具间的未经伸长的长度为 200 mm。

3.7.3 试验温度

在 15℃～35℃ 的标准条件下进行试验。

3.7.4 试验装置

可使用恒速加荷型（CRL）、恒速移动型（CRT）或恒速试样伸长型（CRE）的试验机。

3.7.5 试验步骤

应这样施加负荷：使得从开始施加负荷至达到规定的最小负荷的时间为 30 s±5 s，然后继续施加负荷直至试样断裂。如果试样发生不规则断裂，或断在试验机的夹头内或断在试验机的夹头处，则该结果无效并应另取其他试样重新试验。

3.7.6 结果

以 5 个测定值的中值作为拉伸强度,单位为牛顿每毫米宽(N/mm 宽),并记录所用试验机的类型。

3.8 加热至 150℃ 时产生的力

本试验方法是测定可收缩带被加热至 150℃ 时所产生的最大力。

3.8.1 试样

约 150 mm 长的带。

3.8.2 试验装置

带有加热室的拉力试验仪。

3.8.3 试验步骤

用合适的夹头将试样固定于试验仪上,夹头间距为 100 mm。夹头应在加热室内。对试样施加一个轻微负荷,其大小约为断裂负荷测定值的 5%。在 10 min～15 min 内,将加热室内的温度从室温升至 155℃±5℃。记录试样产生的最大力。

3.8.4 结果

取 3 次测定值的中值。

ICS 29.035.10
K 15

中华人民共和国国家标准

GB/T 22471.2—2008

电气绝缘用树脂浸渍玻璃纤维网状
无纬绑扎带　第2部分：试验方法

Resin impregnated glass banding tape for electrical insulation—
Part 2：Test methods

2008-10-29 发布
2009-10-01 实施

中华人民共和国国家质量监督检验检疫总局
中国国家标准化管理委员会　发布

前　言

GB/T 22471《电气绝缘用树脂浸渍玻璃纤维网状无纬绑扎带》共分三个部分。
——第 1 部分：一般要求；
——第 2 部分：试验方法；
——第 3 部分：单项材料规范。

本部分为 GB/T 22471 的第 2 部分。

本部分参考 ISOLA 公司、AGE 公司、JIS C2412 相关标准制定。

本部分由中国电器工业协会提出。

本部分由全国绝缘材料标准化技术委员会(SAC/TC 51)归口。

本部分主要起草单位：上海耀华复合材料有限公司、桂林电器科学研究所。

本部分起草人：唐福映、徐志伟、李学敏。

本部分为首次制定。

电气绝缘用树脂浸渍玻璃纤维网状
无纬绑扎带 第2部分:试验方法

1 范围

GB/T 22471 的本部分规定了电气绝缘用树脂浸渍玻璃纤维网状无纬绑扎带(以下简称网状无纬带)的试验方法。

本部分适用于半固化(B阶段)的网状无纬带的性能试验。

2 规范性引用文件

下列文件中的条款通过 GB/T 22471 的本部分引用而成为本部分的条款。凡是注日期的引用文件,其随后所有的修改单(不包括勘误的内容)或修订版均不适用于本部分,然而,鼓励根据本部分达成协议的各方研究是否可使用这些文件的最新版本。凡是不注日期的引用文件,其最新版本适用于本部分。

GB/T 1408.1—2006 绝缘材料电气强度试验方法 第1部分:工频下试验(IEC 60243-1:1998,IDT)

GB/T 1411—2002 干固体绝缘材料 耐高电压、小电流电弧放电的试验(IEC 61621:1997,IDT)

GB/T 4207—2003 固体绝缘材料在潮湿条件下相比电痕化指数和耐电痕化指数的测定方法(IEC 60112:1979,IDT)

GB/T 11026.1—2003 电气绝缘材料 耐热性 第1部分:老化程序和试验结果的评价(IEC 60216-1:2001,IDT)

3 对试验的一般要求

除非另有规定,试样应在温度为(23±2)℃和相对湿度为(50±5)%的条件下处理24 h,并于该条件下试验。

对于高温试验,应在规定的温度下处理45 min后再进行试验。

4 宽度

用分度值为0.5 mm钢直尺,沿网状无纬带的长度方向每间隔大约300 mm测量一点,共测五点宽度,以中值作为试验结果。

5 厚度

用分度值为0.01 mm螺旋千分尺沿网状无纬带长度方向每间隔大约300 mm测量一点,共测十点厚度,以中值作为试验结果,取二位有效数字。为防止树脂粘附螺旋千分尺的测帽,可在千分尺的测帽上衬垫聚酯薄膜,计算时应减去薄膜厚度。

6 挥发物含量

6.1 试验器具

a) 干燥箱:最高试验温度不低于250 ℃、控温精度±2 ℃;

b) 分析天平:精度为0.001 g;

c) 瓷坩埚:容量不小于 30 mL;

d) 干燥器。

6.2 试样

试样长约 300 mm,数量 3 个。

6.3 试验

6.3.1 坩埚质量的测量

将瓷坩埚放在高温炉中,在(625±20)℃下灼烧 20 min,取出放入干燥器中,冷却至室温后称量,精确到 0.001 g。重复上述程序,直到相邻两次测得的质量变化不大于 0.001 g 为止。将其置于干燥器中备用,使用前再称量,精确至 0.001 g。

6.3.2 干燥前后试样质量的测定

将试样卷成松散的小卷,放入已称量的瓷坩埚,立即称量,计算干燥前的试样质量 m_1,精确到 0.001 g。而后放入干燥箱中,在产品规范规定的温度下干燥 1 h,取出放入干燥器中,冷却至室温后称量,计算干燥后的试样质量 m_2,精确到 0.001 g。

6.4 计算

挥发物含量按式(1)计算:

$$S_1 = \frac{m_1 - m_2}{m_1} \times 100 \qquad\cdots\cdots\cdots\cdots\cdots\cdots\cdots\cdots(1)$$

式中:

S_1——挥发物含量,单位为百分率(%);

m_1——干燥前试样质量,单位为克(g);

m_2——干燥后试样质量,单位为克(g)。

6.5 试验结果

以 3 个试样测得结果的中值作为试验结果。

7 树脂含量

7.1 灼烧后残余物质量

除非另有规定,将按 6.3.2 干燥过的试样,放入(625±20)℃的高温炉中灼烧 1 h,取出坩埚放入干燥器中冷却至室温再称量并计算出灼烧后残余物的质量 m_3,精确至 0.001 g。

7.2 计算

树脂含量按下式计算:

$$S_2 = \frac{m_2 - m_3}{m_2} \times 100 \qquad\cdots\cdots\cdots\cdots\cdots\cdots\cdots\cdots(2)$$

式中:

S_2——树脂含量,单位为百分率(%);

m_2——干燥后试样质量,单位为克(g);

m_3——灼烧后残余物质量,单位为克(g)。

7.3 结果

同 6.5。

8 可溶性树脂含量

8.1 试验器材

a) 干燥箱:同 6.1;

b) 分析天平:同 6.1;

c) 溶剂:接产品标准规定或供需双方商定;

d) 烧杯:1 000 mL;

e) 搪瓷盘;

f) 干燥器;

g) 滤纸;

h) 聚酯薄膜,标称厚度不小于 40 μm。

8.2 试样

同 6.2,取样处应与挥发物含量和树脂含量试样的取样处尽量接近。

8.3 试验

将试样卷成疏松(不致散开)的小卷,放在已称量的聚酯薄膜上,称量。计算浸溶剂前的试样质量 m_4,精确到 0.001 g。

在 6 个烧杯中各盛装 500 mL 溶剂。每个试样分别浸泡两次,其中第一遍静浸 30 min,到时取出将试样放入第二个烧杯中再静浸 15 min。取出放在衬有滤纸的搪瓷盘中,再放入干燥箱中干燥,干燥温度按产品规范规定,干燥时间为 1 h。到时取出试样,放入干燥器中冷却至室温后称量,浸溶后的试样质量 m_5。

8.4 计算

可溶性树脂含量按下式计算:

$$S_3 = \frac{m_4 - m_5 - m_4 \cdot S_1}{m_4 \cdot S_2} \times 100 \qquad \cdots\cdots\cdots\cdots\cdots\cdots\cdots\cdots (3)$$

式中:

S_3——可溶性树脂含量,单位为百分率(%);

S_1——同式(1);

S_2——同式(2);

m_4——为浸溶前的试样质量,单位为克(g);

m_5——为浸溶后的试样质量,单位为克(g)。

8.5 试验结果

同 6.5。

9 可固化性

9.1 试验器材

a) 干燥箱:同 6.1;

b) 压模,由上下两块 120 mm×80 mm×20 mm 的平钢板组成。每块钢板上、下面的表面粗糙度参数 Ra 值为 0.8 μm,且边缘倒角(曲率半径约 2 mm);

c) 聚四氟乙烯薄膜。

9.2 试样

试样长约 100 mm,数量一个。

9.3 试验程序

9.3.1 将压模和重物放入干燥箱中,预热到产品标准规定的温度。

9.3.2 将上、下表面覆盖聚四氟乙烯薄膜的试样平整地放入上、下压模间。必要时压上重物,使试样承受压强约 0.02 MPa。在产品标准规定的试验温度下加热 2 h 后取出附有薄膜的试样,放平。冷却至室温后揭去薄膜,取出试样。此时,压模和重物仍在干燥箱中预热。

9.3.3 将试样切成约等长的两段,叠合在一起(端头错开约 3 mm)。重复 9.3.2,使叠合试样承受压强约为 0.4 MPa。到时取出试样,对叠合的试样进行层间剥离,观察是否容易剥离和不粘连。

9.4 试验结果

以叠合的试样容易剥离和不粘连者为合格。

10 固化前拉伸强度和断裂伸长率

10.1 试验设备、器材

    a) 试验机,具有合适的载荷量程,载荷示值的相对误差不超过±1%;

    b) 钢直尺,分度值 0.5 mm,长度不小于 300 mm。

10.2 试样

试样宽度为网状无纬带的原宽且不大于 30 mm。数量不少于五个。

10.3 试验

按图 1 调节试验机夹具的拉伸轴间距到 200 mm,安装试样,使试样的纵轴线与上、下拉杆的纵轴线重合。

单位为毫米

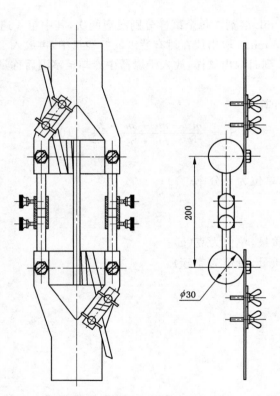

图 1　固化前拉伸强度和断裂伸长率试验示意图

以 10 mm/min 的试验速度,均匀、连续地对试样施加载荷,直到试样破坏。记录破坏载荷和上下拉伸轴间距的增量。

10.4 试验结果

固化前绑扎拉力按每 10 mm 宽试样的破坏载荷计算,单位为 N/10 mm 宽。断裂伸长率按上下拉伸轴间距的相对增量计算,以百分数表示。

以 5 个试样测得结果的中值作为试验结果。

11 电气强度

11.1 试样制备

首先将带厚为 0.3 mm 的网状无纬带样品剪成长约 100 mm,然后以半叠合形式在铺有聚四氟乙烯薄膜的下模板上叠合成面积为 100 mm×100 mm 试样,共叠合 7 层。在叠合好的试样上面覆盖聚四氟乙烯薄膜后,盖上上模板用夹具夹持上下模板,施加 0.05 MPa 的压力,并按产品标准规定的固化条件固化,试样数量五个。

11.2 试验

按 GB/T 1408.1—2006 规定在常态变压器油中进行试验,其中电极为 φ25 mm/φ75 mm 或 φ25 mm/φ25 mm,升压速度为 500 V/s。

11.3 结果

以 5 个试样测得结果的中值作为电气强度。

12 耐电弧性

12.1 试样制备

同 11.1,试样数量 5 个。

12.2 试验

按 GB/T 1411—2002 规定进行。

13 耐电痕化指数(PTI)

13.1 试样

试样制备同 11.1,试样数量 3 个。

13.2 试验

按 GB/T 4207—2003 规定进行,其中污染液采用 A 液。

14 常态下环形试样拉伸强度和断裂伸长率

14.1 试验设备、器材

    a) 试验机:具有合适量程,载荷示值相对误差不超过 ±1%,且附有循环鼓风加热炉,其控温精度为 ±2 ℃;

    b) 百分表或其他合适的变形计:示值精度为 ±1%;

    c) 游标卡尺:分度为 0.02 mm;

    d) 绑扎机:能施加最大绑扎拉力为 5 000 N,且可调节绑扎拉力;

    e) 模具:脱模法和不脱模法制样模具各 5 付,分别见图 2 和图 3;

单位为毫米

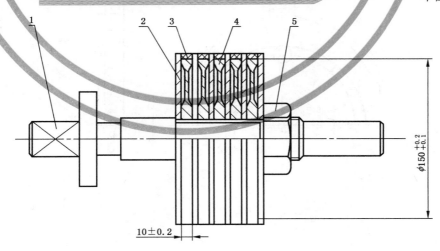

1——芯轴;

2——隔板;

3——试样;

4——芯盘;

5——螺母。

图 2 脱模法制样模具

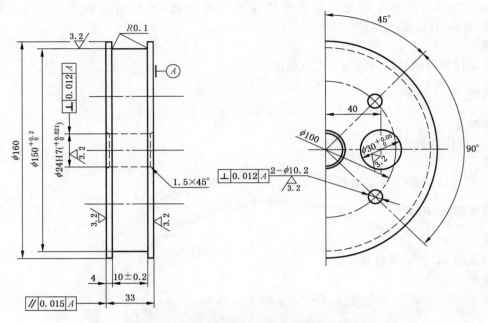

图 3 不脱模法试验模具

f) 脱模法拉伸试验夹具:见图4。

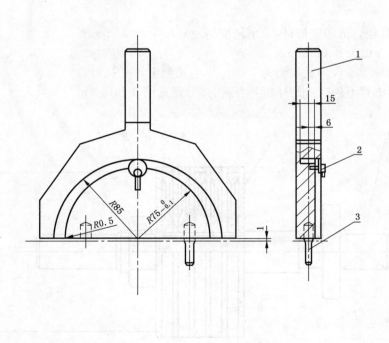

1——夹具本体;

2——档环凸轮;

3——定位销。

图 4 脱模法拉伸试验夹具

14.2 试样

14.2.1 脱模法环形试样的制备

将制备环形试样用的模具(如图2所示)均匀地涂上脱模剂,热绑时应将模具加热到 80 ℃ ～

100 ℃,按产品标准规定的绑扎拉力将 10 mm 宽的网状无纬带平整地缠绕在模具上,其中最外层网状无纬带应锁紧固定。缠绕厚度应使固化后的试样厚度为(3.0±0.2)mm,试样数量 5 个。

将缠有网状无纬带的模具放入烘箱中进行固化,固化条件按产品规范规定,固化后取出模具,冷却到室温后脱模,用砂纸擦掉试样上的树脂毛边及表面淤积的树脂。

14.2.2 不脱模法环形试样的制备

热绑时将模具(见图3)加热到 80 ℃～100 ℃ 并按产品规范规定的绑扎拉力将厚度为 0.3 mm、10 mm 宽的网状无纬带平整地缠绕在模具上,完整地缠绕 12 层,对于 0.20 mm 厚的无纬带,共完整缠绕 15 层。最外层无纬绑扎带应锁紧固定,试样数量 5 个。

将缠有网状无纬带的模具放入烘箱中进行固化,其固化条件按产品规范规定,固化后取出模具,冷却至室温。

14.2.3 尺寸测量

对于脱模法用游标卡尺。沿环形试样圆周,均匀分布地测量 5 点的宽度和厚度,分别以 5 点测量值的算术平均值作为试样的宽度和厚度,精确至 0.02 mm。从两相互垂直方向测量试样的内径,以两个测量值的算术平均值作为试样的内径,以试样的内径和厚度之和为试样的中径,精确至 0.1 mm。

14.3 试验

14.3.1 脱模法

润滑拉伸夹具上与试样接触的部位,将试样装在夹具上,紧固挡盖或挡环凸轮。将变形计安装在夹具两侧(如图 4 和图 5 所示),调整其零点。

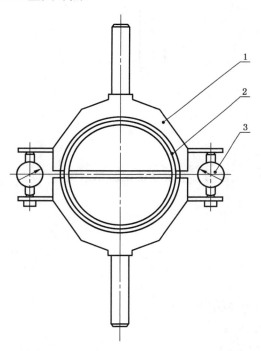

1——拉伸试验夹具;

2——试样;

3——变形计。

图 5 脱模法拉伸试验示意图

以 5 mm/min 的试验速度,均匀、连续地施加负荷,直到试样破坏。记录破坏载荷及在夹具两侧的变形增量。若试样发生分层破坏或未完全破坏,则该次测试无效。

14.3.2 不脱模法

将缠有无纬绑扎带的模具安装在试验机的上、下拉杆上,然后按 14.3.1 进行试验(见图 6)。

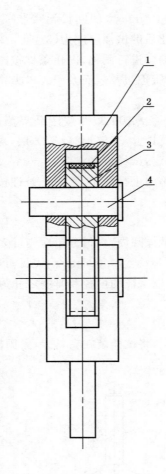

1——夹具；
2——试样；
3——模具；
4——销钉。

图 6　不脱模法试验示意图

14.4　计算

a)　脱模法按下式计算：

$$\sigma_1 = \frac{F}{2b \cdot h} \qquad\cdots\cdots\cdots\cdots\cdots\cdots\cdots\cdots\cdots\cdots\cdots\cdots(\,4\,)$$

式中：

σ_1——脱模法拉伸强度，单位为兆帕（MPa）；

F——破坏负荷，单位为牛顿（N）；

b——试样宽度，单位为毫米（mm）；

h——试样厚度，单位为毫米（mm）。

$$\varepsilon_1 = \frac{\Delta L_1 + \Delta L_2}{\pi D} \qquad\cdots\cdots\cdots\cdots\cdots\cdots\cdots\cdots\cdots\cdots\cdots\cdots(\,5\,)$$

式中：

ε_1——脱模法断裂伸长率，单位为百分率（%）；

ΔL_1、ΔL_2——分别为破坏时夹具两侧的变形增量，单位为毫米（mm）；

D——试样的中径。

b) 不脱模法的按下式计算：

$$\sigma_2 = \frac{F}{2b \cdot h_1 \cdot n} \qquad \cdots\cdots\cdots\cdots\cdots\cdots\cdots\cdots\cdots (6)$$

式中：

σ_2——不脱模法拉伸强度，单位为兆帕(MPa)；

F——破坏负荷，单位为牛顿(N)；

b——试样宽度，单位为毫米(mm)；

h_1——单层网状无纬带固化后的厚度，单位为毫米(mm)；

n——绑扎层数。

$$\varepsilon_2 = \frac{\Delta L_3 + \Delta L_4}{\pi(D_1 + n \cdot h_1)} \qquad \cdots\cdots\cdots\cdots\cdots\cdots\cdots (7)$$

式中：

ε_2——不脱模法断裂伸长率，单位为百分率(%)；

ΔL_3、ΔL_4——分别为破坏时夹具两侧的变形增量，单位为毫米(mm)；

D_1——模具直径，单位为毫米(mm)；

h_1、n——同式(6)。

14.5 分别以 5 个试样测得结果的中值作为试验结果，并注明试验方法(脱模法或不脱模法)。

15 热态下环形试样拉伸强度

按第 14 章制备并安装试样，按产品规范规定的温度预热 45 min，并在该温度下按第 14 章规定进行试验及计算。

16 浸油处理后环形试样拉伸强度

按第 14 章制备试样，其中对于脱模法应将试样安装在图 7 所示的试验架上(以防止试样发生扭曲变形)，浸入(105±2)℃的变压器油中 24 h，到时取出冷却至室温，然后按第 14 章规定进行试验及计算。

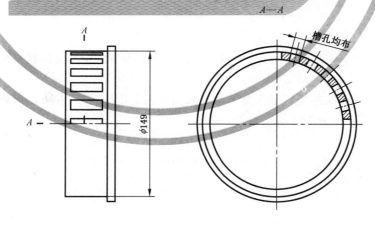

图 7 试样架

17 常态下环形试样拉伸弹性模量

17.1 试验设备、器材

同 14.1。

17.2 试样

同 13.2。

17.3 试验

按 14.3 安装试样和测量变形的仪器,如图 5 所示。

按测读变形方便,选取试验速度。施加初载荷(约为破坏载荷的 5%),检查测量变形用仪器的零点,然后采用连续或逐级加载荷至破坏负荷的 50% 时为止。记录载荷及对应的拉伸夹具或模具两侧的变形量。绘制载荷—变形曲线。

17.4 计算

a) 脱模法拉伸弹性模量按下式计算:

$$E_1 = \frac{\pi D \Delta F}{2b \cdot h(\Delta L_5 + \Delta L_6)} \quad \cdots\cdots\cdots\cdots\cdots\cdots\cdots (8)$$

式中:

E_1——脱模法拉伸弹性模量,单位为兆帕(MPa);

ΔF——为载荷—变形曲线上初始阶段,直线段的载荷增量,单位为牛顿(N);

ΔL_5、ΔL_6——分别为对应 ΔF 的模具两侧的变形增量,单位为毫米(mm);

b——试样宽度,单位为毫米(mm);

h——试样厚度,单位为毫米(mm);

D——试样中径,单位为毫米(mm)。

b) 不脱模法的拉伸弹性模量按下式计算:

$$E_2 = \frac{\pi(D_1 + n \cdot h_1) \Delta F}{2b \cdot h_1 \cdot n(\Delta L_7 + \Delta L_8)} \quad \cdots\cdots\cdots\cdots\cdots\cdots (9)$$

式中:

E_2——不脱模法拉伸弹性模量,单位为兆帕(MPa);

ΔF、ΔL_7、ΔL_8——同式(8);

D_1、n、h_1——同式(7)。

17.5 结果

分别以 5 个试样测得结果的中值作为试验结果,取三位有效数字,并报告试验方法(脱模或不脱模法)。

18 温度指数

按 GB/T 11026.1—2003 规定进行,其中试样为脱模法环形试样,评定性能为拉伸强度,失效标准为常态下拉伸强度的 50%。

值得注意的是试样老化期间应固定在金属制成的试样架上(见图 7),以防止试样扭曲变形,同时为便于取出试样,试样架的外径为 147 mm～149 mm。

第 5 部分：层压制品、卷绕制品、真空压力浸胶制品和引拔制品类

ICS 29.035.99
K 15

中华人民共和国国家标准

GB/T 1303.1—2009/IEC 60893-1:2004
代替 GB/T 18381—2001

电气用热固性树脂工业硬质层压板
第1部分:定义、分类和一般要求

Industrial rigid laminated sheets based on thermosetting resins
for electrical purposes—Part 1:Definitions,designations
and general requirements

(IEC 60893-1:2004,IDT)

2009-06-10 发布

2009-12-01 实施

中华人民共和国国家质量监督检验检疫总局
中国国家标准化管理委员会   发布

前　言

GB/T 1303《电气用热固性树脂工业硬质层压板》包含下列几个部分:
——第 1 部分:定义、分类和一般要求;
——第 2 部分:试验方法;
——第 3 部分:工业硬质层压板型号;
——第 4 部分:环氧树脂硬质层压板;
——第 5 部分:三聚氰胺树脂硬质层压板;
——第 6 部分:酚醛树脂硬质层压板;
——第 7 部分:聚酯树脂硬质层压板;
——第 8 部分:有机硅树脂硬质层压板;
——第 9 部分:聚酰亚胺树脂硬质层压板;
——第 10 部分:双马来酰亚胺树脂硬质层压板;
——第 11 部分:聚酰胺酰亚胺树脂硬质层压板;
......

本部分为 GB/T 1303 的第 1 部分。

本部分等同采用 IEC 60893-1:2004《电气用热固性树脂工业硬质层压板　第 1 部分:定义、分类和一般要求》(英文版)。

本部分技术内容与 IEC 60893-1:2004 相同,仅删除了引用标准"IEC 60893-4:2003　绝缘材料　电气用热固性树脂工业硬质层压板　第 4 部分:典型值",因本部分并没有采用到。

本部分代替 GB/T 18381—2001《电工用热固性树脂工业硬质层压板规范　定义、命名和一般要求》。

本部分与 GB/T 18381—2001 的区别如下:
a)　在"前言"中列出了有关电气用热固性树脂工业硬质层压板标准组成部分;
b)　增加了第 2 章"规范性引用文件";
c)　增加了"5.2　板材大小"章条。

本部分由中国电器工业协会提出。

本部分由全国绝缘材料标准化技术委员会(SAC/TC 51)归口。

本部分主要起草单位:桂林电器科学研究所、东材科技集团股份有限公司、北京新福润达绝缘材料有限责任公司、西安西电电工材料有限责任公司。

本部分起草人:罗传勇、赵平、刘琦焕、杜超云。

本部分所代替标准的历次版本发布情况为:
——GB/T 1305—1985,GB/T 18381—2001。

电气用热固性树脂工业硬质层压板
第1部分:定义、分类和一般要求

1 范围

GB/T 1303 的本部分规定了电气用热固性树脂工业硬质层压板(以下简称层压板)的定义、分类及一般要求。层压板是以下述任一树脂作粘合剂制成的:环氧、三聚氰胺、酚醛、聚酰亚胺、有机硅、不饱和聚酯以及其他类树脂。下述补强材料可以单独使用或组合使用:纤维素纸、棉布、玻璃布、玻璃粗纱、玻璃毡、聚酯布以及木质胶合板。

2 规范性引用文件

下列文件中的条款通过 GB/T 1303 的本部分的引用而成为本部分的条款。凡是注日期的引用文件,其随后所有的修改单(不包括勘误的内容)或修订版均不适用于本部分,然而,鼓励根据本部分达成协议的各方研究是否可使用这些文件的最新版本。凡是不注日期的引用文件,其最新版本适用于本部分。

GB/T 1303.2—2009 电气用热固性树脂工业硬质层压板 第2部分:试验方法(IEC 60893-2:2003,MOD)

3 定义

3.1

工业硬质层压板 industrial rigid laminated sheets

以热固性树脂为粘合剂,由浸以粘合剂并在热和压力作用下粘结而成的一片片坯料作增强材料叠层构成的板。

注:其他组分,如着色剂,也可加入。

3.2

环氧树脂 epoxy resin/epoxide resin

含有多个环氧基并能交联的合成树脂。

3.3

三聚氰胺树脂 melamine resin

由三聚氰胺与甲醛或另一种能提供亚甲基桥的化合物缩聚而成的氨基树脂。

3.4

酚醛树脂 phenolic resin

由苯酚、苯酚同系物和/或其衍生物与甲醛缩聚而成的树脂通称。

3.5

不饱和聚酯树脂 unsaturated polyester resin

由带有酯类重复结构单元及碳-碳不饱和键的并能与不饱和单体或预聚物进行后续交联链组成的聚合物。

3.6

有机硅树脂 silicone resin

聚合物主链由交替的硅原子和氧原子组成,带有含碳原子的侧基并能交联的树脂。

3.7

聚酰亚胺树脂 polyimide resin

由芳香二胺和芳香二酐缩聚而成的合成树脂。

4 分类

本部分所涉及的层压板按所用的树脂和补强材料的不同以及板特性的不同可划分为多种型号。各种层压板的名称构成如下：

——GB 标准号；

——代表树脂的第一个双字母缩写；

——代表增强材料的第二个双字母缩写；

——系列号；

——标称厚度(mm)×宽度(mm)×长度(mm)。

名称举例：PF CP 201 型工业硬质层压板，标称厚度为 10 mm，宽度为 500 mm，长度为 1 000 mm，则可表示为：GB/T 1303 PF CP 201-10×500×1000。各种树脂和补强材料的缩写如下：

树脂类型		补强材料类型	
EP	环氧	CC	(纺织)棉布
MF	三聚氰胺	CP	纤维素纸
PF	酚醛	GC	(纺织)玻璃布
UP	不饱和聚酯	GM	玻璃毡
SI	有机硅	PC	纺织聚酯纤维布
PI	聚酰亚胺	WV	木质胶合板
		CR	组合补强材料

CR(组合补强材料)用于含有一种以上补强材料的层压板。实际组成由相应的单项材料规范规定。

注 1：GB/T 1303.3—2009 中列出了涉及的各种型号树脂组合和补强材料组合。

5 一般要求

层压板应符合本部分所规定的要求。

5.1 外观

板材应无气泡、皱纹、裂纹和其他缺陷，如划痕、压痕、波纹及颜色不匀。但允许有少量斑点。

5.2 板材大小

板材大小由供需双方商定。板材应在修边后供货，除非在相应的单项材料规范中另有规定或按供需双方商定的状态供货。

5.3 厚度

除非供需双方另有规定，标称厚度应为表 1 中所列的优选厚度。按 GB/T 1303.2—2009 测定的板的厚度偏差应不超过单项材料规范所规定的要求值。

表 1 优选标称厚度

层压板型号	优选标称厚度 mm
所有型号	0.4,0.5,0.6,0.8,1.0,1.2,1.5,2.0,2.5,3.0,4.0,5.0,6.0,8.0,10.0,12.0,14.0,16.0,20.0,25.0,30.0,35.0,40.0,45.0,50.0,60.0,70.0,80.0,90.0,100.0

5.4 供货状态要求

层压板应包装于能保证其在运输、装卸和贮存期间能够得到足够保护的包装箱或袋中供货。

每个包装的外部均应清晰地标注板材的名称及数量或质量。

若同一包装中装有不同类型的板材,则可随包装附上说明以注明所需的信息。

单一板材上的任何标记按供销合同规定。

若用印戳来打标记,则所用的印油不应影响板材的电气性能。

参 考 文 献

GB/T 1303.3—2008 电气用热固性树脂工业硬质层压板 第 3 部分:工业硬质层压板型号 （IEC 60893-3-1:2003,MOD）

ICS 29.035.99
K 15

中华人民共和国国家标准

GB/T 1303.2—2009
代替 GB/T 5130—1997

电气用热固性树脂工业硬质层压板
第2部分：试验方法

Industrial rigid laminated sheets based on
thermosetting resins for electrical purposes—
Part 2：Test methods

（IEC 60893-2：2003，MOD）

2009-06-10 发布

2009-12-01 实施

中华人民共和国国家质量监督检验检疫总局
中国国家标准化管理委员会　发布

前　言

GB/T 1303《电气用热固性树脂工业硬质层压板》包含下列几个部分：
——第1部分：定义、命名和一般要求；
——第2部分：试验方法；
——第3部分：工业硬质层压板型号；
——第4部分：环氧树脂硬质层压板；
——第5部分：三聚氰胺树脂硬质层压板；
——第6部分：酚醛树脂硬质层压板；
——第7部分：聚酯树脂硬质层压板；
——第8部分：有机硅树脂硬质层压板；
——第9部分：聚酰亚胺树脂硬质层压板；
——第10部分：双马来酰亚胺树脂硬质层压板；
——第11部分：聚酰胺酰亚胺树脂硬质层压板；
……

本部分为 GB/T 1303 的第2部分。

本部分修改采用 IEC 60893-2：2003《电气用热固性树脂工业硬质层压板　第2部分：试验方法》（英文版）。

本部分与 IEC 60893-2：2003 之间的主要技术差异：

a)　在接触电极直接测量法（方法A）测量相对电容率和介质损耗因数中增加了金属箔电极；

b)　将接触电极直接测量法（方法A）和不接触电极空气替代法（方法B）测量相对电容率和介质损耗因数的电极系统中的电极间间隙，由 0.3 mm±0.1 mm 改为 1.0 mm；

c)　删除了两流体浸没法测量相对电容率和介质损耗因数方法（原因是 IEC 60893-2 中的计算公式有误）；

d)　在耐电痕化和耐电蚀损试验方法中增加了对试样厚度的要求。

本部分代替 GB/T 5130—1997《电气用热固性树脂工业硬质层压板试验方法》。

本部分与 GB/T 5130—1997 之间的主要差异：
——取消了可压缩性试验和电解腐蚀试验；
——增加了空气替代法（方法B）测量相对电容率和介质损耗因数试验方法；
——在电气强度试验中增加了 60 s 耐压试验。

本部分由中国电器工业协会提出。

本部分由全国绝缘材料标准化技术委员会（SAC/TC 51）归口。

本部分主要起草单位：桂林电器科学研究所、东材科技集团股份有限公司、北京新福润达绝缘材料有限公司、西安西电电工材料有限责任公司。

本部分起草人：李学敏、赵平、刘琦焕、杜超云。

本部分所代替标准的历次版本发布情况为：
——GB/T 1304—1977，GB/T 5130—1985，GB/T 5130—1997。

电气用热固性树脂工业硬质层压板
第2部分:试验方法

1 范围

GB/T 1303 的本部分规定了电气用热固性树脂工业硬质层压板的试验方法。

本部分适用于电气用热固性树脂工业硬质层压板。

2 规范性引用文件

下列文件中的条款通过 GB/T 1303 的本部分的引用而成为本部分的条款。凡是注日期的引用文件,其随后所有的修改单(不包括勘误的内容)或修订版均不适用于本部分,然而,鼓励根据本部分达成协议的各方研究是否可使用这些文件的最新版本。凡是不注日期的引用文件,其最新版本适用于本部分。

GB/T 1033.1—2008 塑料 非泡沫塑料密度的测定 第1部分:浸渍法、液体比重瓶法和滴定法(ISO 1183-1:2004,IDT)

GB/T 1034—2008 塑料 吸水性的测定(ISO 62:2008,IDT)

GB/T 1040.1—2006 塑料 拉伸性能的测定 第1部分:总则(ISO 527.1:1993,IDT)

GB/T 1040.4—2006 塑料 拉伸性能的测定 第4部分:各向同性和正交各向异性纤维增强复合材料的试验条件(ISO 527.4:1997,IDT)

GB/T 1041—2008 塑料 压缩性能的测定(ISO 604:2002,IDT)

GB/T 1043.1—2008 塑料 简支梁冲击性能的测定 第1部分:非仪器化冲击试验(ISO 179-1:2000,IDT)

GB/T 1408.1—2006 固体绝缘材料电气强度试验方法 第1部分:工频下试验(IEC 60243-1:1998,IDT)

GB/T 1409—2006 测量电气绝缘材料在工频、音频、高频(包括米波波长)下相对电容率和介质损耗因数的推荐方法(IEC 60250:1969,IDT)

GB/T 1634.1—2004 塑料 负荷变形温度的测定 第1部分:通用试验方法

GB/T 1634.2—2004 塑料 负荷变形温度的测定 第2部分:塑料、硬橡胶和长纤维增强复合材料

GB/T 1843—2008 塑料 悬臂梁冲击强度的测定(ISO 180:2000,IDT)

GB/T 4207—2003 固体绝缘材料在潮湿条件下相比电痕化指数和耐电痕化指数的测定方法(IEC 60112:1979,IDT)

GB/T 5169.16—2008 电工电子产品着火危险试验 第16部分:试验火焰50 W水平与垂直火焰试验方法(IEC 60695-11-10:2003,IDT)

GB/T 6553—2003 评定在严酷环境条件下使用的电气绝缘材料耐电痕化和耐蚀损的试验方法(IEC 60587:1984,IDT)

GB/T 9341—2008 塑料 弯曲性能的测定(ISO 178:2001,IDT)

GB/T 10064—2006 固体绝缘材料绝缘电阻试验方法(IEC 60167:1964,IDT)

GB/T 10580—2003 固体绝缘材料试验前和试验时采用的标准条件(IEC 60212:1971,IDT)

GB/T 11026.1—2003 电气绝缘材料耐热性 老化程序和试验结果的评价(IEC 60216-1:2001,IDT)

IEC 60296:2003 用于变压器及开关的未使用过的矿物绝缘油

ISO 179-2:1997　塑料　简支梁冲击性能的测定　第 2 部分:仪器冲击试验

ISO 3611:1978　外部测量用千分卡尺

3　试样的条件处理及试验环境条件

除非另有规定,试验应按 GB/T 10580—2003 规定的标准大气 B[温度 23 ℃±2 ℃,相对湿度(50±5)%]下处理至少 24 h。

除非另有规定,每一试验均应在上述标准大气条件下试验或者试验应在每个试样从该标准大气中取出 3 min 内立即进行。

对于高温试验,试样应在规定温度下处理 1 h 后立即进行。

4　尺寸

4.1　厚度

4.1.1　概述

所用的仪器和测量方法能够达到 0.01 mm 或更高精度的任何方法均可采用。

下列参考方法已被证明是适用的,在有争议时应采用该方法。

4.1.2　参考方法的试验仪器

在有争议时,按 ISO 3611:1978 规定,应使用测量面直径为 6 mm～8 mm 的外径螺旋千分尺。

4.1.3　参考方法的试验程序

在交货状态下,沿板材每条边,且距边缘不小于 20 mm 处测量两点厚度,共测八点。

4.1.4　结果

报告最大值、最小值和算术平均值,以 mm 表示。

4.2　平直度

4.2.1　概述

本试验仅适用于 3 mm 及以上厚度的板材。

4.2.2　试样

试样应是收货状态下的整张板材或板条。

4.2.3　试验方法

先将 3 mm 及以上厚度的板材的凹面朝上,自然地置于一个平台上,然后将长为 1 000 mm(质量小于 800 g)或长为 500 mm(质量小于 500 g)的轻质直尺,以任意方向置于板上,测量板材上表面偏离直尺的最大间隙距离。

4.2.4　结果

报告测得的最大偏离数值,以 mm 表示。

5　机械性能试验

5.1　弯曲强度

5.1.1　概述

弯曲强度被定义为断裂弯曲应力,并按 GB/T 9341—2008 规定的方法测定。

5.1.2　试样

沿被试板材的长度和宽度方向分别各加工五个试样。对于纤维大抵按同一方向排列的板材仅需沿平行于纤维方向加工五个试样。

若被试板材标称厚度大于 10 mm(对 PFMV 型为 20 mm),则应将试样的厚度减薄至 10 mm(对于 PFMV 型为 20 mm)。

注:PFMV 表示酚醛薄木层压板。

当试样厚度需要减薄时,应采用单面加工。此时,在试验时应将试样的未加工面与两支点接触。

5.1.3 试验方法

试验时,施加负荷的方向应垂直于层向,试验速度为 5 mm/min±1 mm/min。对于高温试验,应按第 3 章规定进行。

5.1.4 结果

报告每个方向结果的算术平均值,以 MPa 表示。取两个方向平均值中较低的值作为板材的试验结果。对于纤维大抵沿同一方向排列的板材,则取该方向上测得的弯曲强度的算术平均值作为试验结果。

5.2 弯曲弹性模量

5.2.1 按下述方法测定弯曲强度。

5.2.2 试样

同 5.1.2。

5.2.3 试验方法

按 GB/T 9341—2008 规定的方法测定。

5.2.4 结果

同 5.1.4,以 MPa 表示。

5.3 压缩强度

按 GB/T 1041—2008 规定的方法测定。

5.4 冲击强度

5.4.1 概述

本试验仅适用于厚度大于或等于 5 mm 的板材。

5.4.2 简支梁冲击强度

5.4.2.1 试样

沿板材的长度和宽度方向分别加工五个试样,尺寸见图 1a)。试样的厚度应在 5 mm～10 mm 之间。对于纤维大抵沿同一方向排列的板材,仅需加工五个长轴平行于纤维方向的试样。

若被试板材标称厚度大于 10 mm 时,则应采取两面等量加工的方法加工至 10 mm。

5.4.2.2 试验方法

按 GB/T 1043.1—2008 和 ISO 179-2:1997 的规定,冲击方向为侧向冲击(即冲击方向平行于层向),其支座间距为 70 mm。除纤维大抵沿同一方向排列的材料,仅测其长轴平行于纤维方向的试样外,其他的均应测定其长轴分别平行于板材的长度和宽度的方向的试样。

5.4.2.3 结果

报告每个方向试验结果的算术平均值,以 kJ/m² 表示。取两个方向算术平均值较低的作为试验结果。对于纤维大抵沿同一方向排列的板材,则仅以该方向上测得的冲击强度算术平均值作为试验结果。

5.4.3 悬臂梁冲击强度

5.4.3.1 试样

沿板材的长度方向和宽度方向分别加工五个试样(尺寸见图 1b))。试样厚度应在 5 mm～10 mm 之间,对于纤维大抵沿同一方向排列的板材,仅需加工其长轴平行于纤维方向的试样。

若被试板材厚度大于 10 mm 时,则应采取两面等量加工的方法将加工至 10 mm。

5.4.3.2 试验方法

按 GB/T 1843—2008 的规定,冲击方向为侧向冲击(即冲击方向平行于层向),除纤维大抵沿同一方向排列的板材,仅试验试样的长轴平行于纤维方向外,其他均应测定两个方向的试样。

5.4.3.3 结果

同 5.4.2.3。

5.5 平行层向剪切强度

5.5.1 概述

平行层向剪切强度是用以表征板材层间粘结或粘合强度,本试验仅适用于厚度大于或等于 5 mm 的板材。

5.5.2 试样

沿板材的长度方向和宽度方向分别加工五组(每组两个)试样,矩形试样尺寸如下:

长:20 mm±0.1 mm;

宽和厚:$5_{-0.15}^{0}$ mm。

其中每组试样的宽度(沿层面并垂直于试样长度方向的尺寸)应尽量相同,相差不应超过 0.01 mm。

5.5.3 试验方法

将每组试样安装在如图 2 所示的剪切试验装置中,并应保证剪切应力作用于同一叠层层面上,且两个试样应同时承受剪切应力。试验剪切头的移动速度为 2 mm/min±0.4 mm/min。

5.5.4 结果

以剪切破坏负荷除以两试样剪切面积($2×100$ mm^2)计算剪切强度。

报告每个方向结果的算术平均值,以 MPa 表示,并取两个方向算术平均值较低的作为板材的剪切强度。

5.6 拉伸强度

5.6.1 概述

拉伸强度被定义为最大拉伸应力,应按 GB/T 1040.1—2006 和 GB/T 1040.4—2006 的规定测定。

5.6.2 试样

沿板材的长度方向和宽度方向分别加工五个试样,尺寸应符合 GB/T 1040.4—2006 规定的 1 型样,其厚度应在 1.5 mm~10.0 mm 之间,对于纤维大抵沿同一方向排列的板材,仅需加工其长轴与平行于纤维方向的试样。

若被试板材厚度大于 10 mm,则应采取两面等量加工的方法将试样的厚度减薄至 10 mm。

5.6.3 试验方法

按 GB/T 1040.4—2006 的规定,其中拉伸速度为 5 mm/min±1 mm/min。

5.6.4 结果

报告每个方向结果的算术平均值,以 MPa 表示,取两个方向平均值中较低的值作为拉伸强度。对于纤维大抵沿同一方向排列的板材,则以该方向测得的平均值作为拉伸强度。

6 电气性能试验

6.1 电气强度和击穿电压

6.1.1 概述

电气强度和击穿电压应按 GB/T 1408.1—2006 的规定测试,试验电压施加方式为逐级升压法或 60 s 耐电压法试验。除非另有规定,试验应在 90 ℃±2 ℃ 的符合 IEC 60296:2003 规定的矿物油中进行,且矿物油应无分解产物生成。首先应将试样置于上述规定温度下的矿物油中浸泡预热 0.5 h~1 h (不应超过 1 h),然后立即进行试验。

6.1.2 试样

对垂直层向电气强度和平行层向击穿电压的试样各为三个,取样方法和尺寸按 GB/T 1408.1—2006 的规定。

6.1.3 试验方法

可采用 GB/T 1408.1—2006 中 10.2 规定的 20 s 逐级升压试验,也可采用 GB/T 1408.1—2006 中 10.6 规定的 60 s 耐电压试验。

6.1.3.1 垂直层向电气强度

对于厚度小于 3 mm 的板材，应进行垂直层向试验，采用上电极直径为 25 mm，下电极直径为 75 mm 的电极系统。

在单项材料规范中，对于厚度大于 3 mm 板材，通常不要求本项试验。但需要时，可按 GB/T 1408.1—2006 的 5.1.1.3 规定，从单面加工厚度至 3 mm，并以 3 mm 厚度的指标要求进行考核。

6.1.3.2 平行层向击穿电压

对于厚度大于 3 mm 但小于或等于 10 mm 的板材，应按 GB/T 1408.1—2006 中 5.2.2（锥销电极）或 5.2.1.1（平板电极）进行侧向试验。对纤维大抵沿同一方向排列的板材，仅进行沿纤维方向试验。

6.1.3.3 结果

对于 20 s 逐级升压方式试验分别以三次试验结果的算术平均值作为垂直电气强度或平行层向击穿电压的试验结果并应报告最小值；对于 1 min 耐压试验则以是否通过表示，其中垂直层向电气强度以 kV/mm 表示，平行层向击穿电压以 kV 表示。

6.2 相对电容率和介质损耗因数

6.2.1 一般要求

除非单项材料规范另有规定，相对电容率和介质损耗因数可按本条给出的两种方法中的任何一种方法测定。除非单项材料另有规定，试样应在温度 105 ℃±5 ℃、相对湿度小于 20%（按照 GB/T 10580—2003 干热标准大气）的空气中处理 96 h±1 h。处理完毕，将试样置于干燥器中冷却至室温，在每个试样从干燥器中取出后的 10 min 内完成测量。

在需要接触式电极的场合，应在试样的中央涂上银粉漆或粘贴金属箔电极。而导电橡胶、沉积金属电极和喷涂电极则不应被使用。

除非另有规定，测量应在 23 ℃±2 ℃的温度和 48 Hz～62 Hz 的工频或 1 MHz 的高频下进行。

为了确保测量期间试样和电极与其所处的环境达到热平衡，测量前它们应在测量环境温度下保持至少 0.5 h。

试验电压应高到足以达到所需的灵敏度，但试验电压的选择不应导致介质发热和电极边缘放电。

在两种方法中，除非另有规定，试验均应在两个试样上进行。无论何时，都应使用不锈钢平面镊子来处理试样以使对试样的损害或沾污的可能性降到最低。

注 1：通常，试样厚度在 0.3 mm～12.0 mm 之间（取决于试样支座和电极的结构）的板材，所述的两种方法均可采用，但每种方法的测试精度受试样尺寸、材料特性的影响，并受所选用的仪器和电极系统限制。

注 2：应参考 GB/T 1409—2006 以获得充分的指导和解释。

6.2.2 方法

方法 A：接触式电极的直接测量方法。

方法 B：不接触式电极的空气替代方法。

方法 A 适用于厚度在 0.3 mm～12.0 mm 之间（取决于试样支座的结构）、介电常数不大于 10.0、介质损耗因数大于 $50×10^{-6}$ 的板材。只要能准确测定该试样厚度，在任何情况下都可采用方法 A，见 6.2.3。

方法 B 适用于介电常数不大于 10.0 的板材，但对介质损耗因数低于 $250×10^{-6}$ 的材料可能缺乏足够的测试精度。在能准确测定试样厚度的情况下，方法 B 可用来代替方法 A，且厚度在 0.3 mm～12.0 mm（取决于试样支座的结构）之间的试样均可用于试验。

6.2.3 各方法原理

在上述各方法中，电极系统作为放置试样的试样支座的一个组成部分。在方法 A 中，涂敷电极和金属箔电极与接触式电极系统相接触，是以试样作为一个简易电容器的形式来测量试样的性能。方法 A 特有的优点是可在高温下进行测量，此时只受限于试样的耐热性。

在方法 B 中，试样和空气被引入电极系统中并测量该种组合的电容和介质损耗因数。这样的系统在测量中所引入的误差比采用接触式电极的系统要小,而且更容易地装配出能使电场失真和杂散电容最小化的保护电极。

两种方法采用的电极系统见6.2.5.2和6.2.6.2,测量仪器见6.2.4。

注:应注意电介质的介电常数和介质损耗因数会显著地随频率、温度及相对湿度而变化。

因此,测量值应仅用于表征在类似于试验所用的条件下的试样的介电性能。

6.2.4 测量仪器

应使用具有足够灵敏度的仪器,可以使用其电容最小可测变量为 0.3 pF(0.3×10^{-15} F)以及介质损耗因数最小可测变量为 0.000 01(10×10^{-6})的仪器。

应按照仪器制造商的说明书操作,以确保所有测量导线是屏蔽的,并且尽可能缩短。某些型号的仪器需要进行"短路"和"开路"检查。"短路"应在电极系统各电极之间放置试样处形成。此时,应确保所用的"短路"是低电阻和低电感的且不对电极表面造成损伤,还必需确保测微计零位没有变动,通常一块平滑过渡的 U 型弹性金属片也可用作"短路"。通过在距电容仪最远的电缆端头处断开电极来形成"开路",以便再次消除测量导线的影响。应参考制造商的说明书以便确定检查时是否需要连接同轴电缆的外部连接件,因在去掉电极系统时,应考虑到所引起的误差是否较小或可以忽略不计。在任何情况下,最好采用三端子测量仪,例如带有"高"、"低"和"保护"连接端的仪器。

现在许多测量用商品仪器是以测量电流、电压和相位角为基础的。这些仪器通常为 4(或 5)端子结构。有关将三电极系统连接到这类仪器的最佳方式应参考制造商的说明书。

注 1:商品测量设备仪器提供各种形式的输出量。某些尖端设备仪器可提供各种输出量,因而使用时能够选择合适的输出量。本部分假定的输出量是电容(C,以 pF 表示)和介质损耗因数($\tan\delta$)。而其他形式的输出量与该形式输出量的转换方法见 GB/T 1409—2006 中 3.5。

注 2:方法 A 和 B 所述的电极系统是带保护结构的三电极系统。其目的是为消除电极边缘杂散电场的影响并排除了做"边缘电容"修正的必要。

6.2.5 方法 A:直接测量法

6.2.5.1 原理

在测量过厚度的试样上涂上银粉漆电极或粘贴金属箔电极,然后将试样置于接触式电极系统中。缩小接触式电极间距直至它们与试样上涂电极相接触,测量试样的电容和介质损耗因数。

被试材料的相对电容率由测得的电容及厚度计算得出,而介质损耗因数通常是从测量仪器中直接读取。

6.2.5.2 电极系统

电极系统应是刚性机构并且具有足够的热容量,以使在环境温度快速变化时不会显著地影响到电极的尺寸。电极系统应由一个圆盘状测量电极和一个可动电极组成,测量电极被一同心且同平面的保护电极包围,而可动电极与测量电极的分离由一个与螺纹配合的承载弹簧控制。转动螺纹机构使弹簧承载的电极与试样上涂银粉漆或粘贴金属箔电极闭合接触。螺纹转动不应传递给电极(电极不应转动),图 3 示出了一种可行的结构及与三端子测量仪器连接的方法。

对于与具有四个及四个以上接线端子的仪器的连接时,应参考制造商的说明书。

6.2.5.3 试样

试样应平整沿其直径或凹面对角线放置的直规的最大偏离应小于厚度的 10%、且厚度均匀。试样上任意点的厚度不应超过平均值的 1%,其大小应超出不保护电极(高压电极)至少 2 mm。尽可能采用电极系统制造商推荐尺寸的试样。对上述电极系统而言,试样应是下列两种之一:

   a) 直径(61 ± 1)mm 的圆片;

   b) 60 mm×60 mm 的方片,为了易于操作,推荐采用(61 ± 1)mm×(100 ± 1)mm 的矩形片。

如果可能,建议试样的制样工艺与被试材料的制造工艺相同,且厚度相同。如果必须减薄试样的厚度时,则应注意确保在加工过程中试样表面不被污损。

6.2.5.4 试样厚度的测定

按 4.1.1 要求。在试样表面上均匀分布地测量四点厚度值,第五个值应在试样的中心点测出,计算每块试样的算术平均厚度 t。

6.2.5.5 电极的使用

采用遮蔽工艺并按制造商的使用说明涂银粉漆电极。所涂被保护银粉漆电极的外径应按测量仪器制造商的规定并且应略大于相应的接触电极。所涂银粉漆保护电极的内径应略小于相应的接触保护电极。所涂银粉漆不保护电极的外径应尽可能与不保护接触电极的直径相等。

对于粘贴金属箔电极,其尺寸应尽可能与各接触电极尺寸相同,并用少量的硅油、硅脂或其他低损耗粘合剂将金属箔电极粘合到试样上(见 GB/T 1409—2006)。

6.2.5.6 电容和介质损耗因数的测量

将试样插入试样支座中,闭合接触电极系统直至与试样上的银粉漆或金属箔电极相接触,应确保接触式电极与银粉漆电极或金属箔电极相互对准。

测量并记录试样的电容、介质损耗因数。

6.2.5.7 计算

试样的有效面积计算:

$$A = \frac{\pi}{4}(d_1 + g)^2 \qquad \cdots\cdots\cdots\cdots\cdots\cdots\cdots\cdots\cdots (1)$$

相对电容率的计算:

$$\varepsilon_r = \frac{3.6\pi C \cdot t}{A} \qquad \cdots\cdots\cdots\cdots\cdots\cdots\cdots\cdots\cdots (2)$$

式(1)和式(2)中:

C——测得的电容,单位为皮法(pF);

t——试样的厚度,单位为厘米(cm);

d_1——被保护电极的直径,单位为厘米(cm);

g——保护电极与被保护电极之间的间隙宽度,单位为厘米(cm);

A——有效电极面积,单位为平方厘米(cm²);

ε_r——材料的相对电容率。

介质损耗因数:由测量仪器直接读取。

6.2.6 方法 B:空气替代法

6.2.6.1 原理

将试样插入电极系统内,该系统中电极的间距是可调的,试样与电极之间留有小的空气间隙以确保试样不受机械应力作用,测量该组合(含有空气隙)的电容与介质损耗因数数值。

取出试样,调节电极间距使其电容的读数与有试样时测得的电容相同。再测量此时电极间距及介质损耗因数数值。

被试材料的相对电容率和介质损耗因数如 6.2.6.7 所述,由试样厚度、电极间距变化量及介质损耗因数的变化量经计算得出。

6.2.6.2 电极系统

电极系统应是刚性机构并且具有足够的热容量,以使在环境温度快速变化时不会显著地影响到电极的尺寸。电极系统应由一个圆盘状测量电极和一个可动电极组成,测量电极应被一同心且同平面的保护电极包围,而可动电极与测量电极的分离由一测微计控制。测微计的测量精度为 0.01 mm,且驱动机构的转动不应引起电极转动。各电极表面应是平整的,且电极表面间应始终保持平行。

图 4 示出了一种可行的结构及与三端子测量仪器连接的方法。

对于与具有四个或四个以上接线端子的仪器连接时,应参考制造商的说明书。

注 1:在不干扰电极间电场前提下,可使用位移传感器或其他更精确的测定电极间隙的方法。

6.2.6.3 试样

试样应平整,沿其直径或凹面对角线放置的直尺的最大偏差应小于厚度的 10%、其厚度应均匀,其大小应超出不保护电极至少 2 mm,并尽可能采用电极系统制造商推荐尺寸的试样。对上述电极系统而言,试样应是下列两种之一:

a) 直径(61±1)mm 的圆片;

b) 60 mm×60 mm 的方形片,为了易于操作,推荐采用(61±1)mm×(100±1)mm 的矩形片。

试样厚度应在适合于特定试样支座的范围内,通常试样厚度会在 0.3 mm 与 12.0 mm 之间,其任意点上的厚度偏差,应不超过按 6.2.6.4 测得的厚度平均值 t 的 1%。

> 注:如果可能,建议试样的制样工艺与被试电气绝缘材料的制造工艺应相同,且厚度相同。如果必须减小试样的厚度时,则应注意确保在加工过程中试样表面不被污损。

6.2.6.4 试样厚度的测定

按 4.1.1 规定测定试样厚度,沿试样表面均匀分布测量四点厚度,第五个值应在试样的中心点测出,并计算每个试样的算术平均厚度值 t。

6.2.6.5 电容和介质损耗因数的测量

将试样插入试样支座中,逐渐减小电极间距直至上电极差一点触及试样。

先转动测微计直至上电极刚好触及试样,然后反方向转动测微计至在当对试样做微小的横向移动时没感觉到有阻力时即可。

测量电容和介质损耗因数。

记录此时介质损耗因数 $\tan\delta_1$ 及电极间距 m_1。取出试样,逐渐减小电极间距直至电容回复到原始值(带试样时),记录此时的介质损耗因数值 $\tan\delta_2$ 及电极间距 m_2。

6.2.6.6 相对电容率和介质损耗因数的计算

相对电容率的计算:

$$\varepsilon_r = \frac{t}{t - \Delta m} \quad\quad\quad\quad\cdots\cdots\cdots\cdots\cdots\cdots\cdots\cdots\cdots(3)$$

介质损耗因数的计算:

$$\tan\delta = \Delta\tan\delta\left(\frac{m_2}{t - \Delta m}\right) \quad\quad\cdots\cdots\cdots\cdots\cdots\cdots\cdots\cdots(4)$$

式(3)和式(4)中:

$\tan\delta_1$——有试样时电极系统的介质损耗因数;

$\tan\delta_2$——无试样时电极系统的介质损耗因数;

$\Delta\tan\delta$——介质损耗增量($\tan\delta_1 - \tan\delta_2$);

m_1——有试样时测微计读数,单位为毫米(mm);

m_2——无试样时测微计读数,单位为毫米(mm);

Δm——电极间隙增量($m_1 - m_2$),单位为毫米(mm);

t——试样厚度,单位为毫米(mm);

$\tan\delta$——材料的介质损耗因数;

ε_r——材料的相对电容率。

6.2.7 试验报告

试验报告中应包括下列信息:

a) 注明本部分及所用的试验方法(即本部分的方法 A 或方法 B);

b) 绝缘材料的型号或名称及交付时的状态;

c) 试样的制备方法;

d) 试样厚度及有关试样与电极的接触面表面处理情况;

e) 与标准规定不一致的试样的条件处理方法和时间;

f) 测量仪器;

g) 与标准规定不一致的电极及试样尺寸;

h) 试验环境温度和相对湿度;

i) 试验电压;

j) 试验频率;

k) 相对电容率(ε_r):算术平均值、个别值;

l) 介质损耗因数($\tan\delta$):算术平均值、个别值;

m) 试验日期;

n) 试验期间所发现的任何异常情况。

6.3 浸水后绝缘电阻

6.3.1 概述

绝缘电阻应按 GB/T 10064—2006 所规定的锥销电极方法及下述规定进行测定。本试验仅适用于标称厚度不大于 25 mm 的板材。

6.3.2 试样

试样应从被试板材中加工,试样尺寸应按 GB/T 10064—2006 规定。应分别沿平行于板材的长度和宽度方向进行试验,每个方向应试验两个试样,试样厚度应是被试板材的厚度。

6.3.3 试验方法

将试样放置在温度为 50 ℃±2 ℃的烘箱内干燥 24 h±1 h,然后将它们浸于温度为 23 ℃±2 ℃的蒸馏水或去离子水中 24 h±1 h。到时间后,从水中取出试样,用干净的布、吸水纸或滤纸擦干表面并插入电极。在 25 ℃±10 ℃、相对湿度不大于 75%的环境中测量绝缘电阻,且应在试样从水中取出后的 1.5 min~2 min 内完成每次测量。

在能证明不会影响测试结果时,可采用其他干燥条件(例如,在 105 ℃±5 ℃温度下干燥 1 h±5 min),但有争议时,应按上述规定的方法进行。

6.3.4 结果

计算每个方向测量值的算术平均值,以 MΩ 表示,并取两个方向平均值中较低的值作为被试板材的浸水后绝缘电阻。

6.4 相比电痕化指数和耐电痕化指数

6.4.1 概述

按 GB/T 4207—2003 进行试验。

6.4.2 试样

试样应从被试板材中加工,其尺寸应不小于 15 mm×15 mm×被试板厚。试样厚度应大于或等于 3 mm,需要时可通过材料叠合的方式来达到所需的厚度。

6.4.3 试验方法

应采用试验溶液 A。并按 GB/T 4207—2003 规定的方法测定相比电痕化指数及耐电痕化指数。

6.4.4 结果

对于耐电痕化指数试验,按 GB/T 4207—2003 规定报告其在规定电压下试验通过或不通过,并报告试样的厚度。对于相比电痕化指数试验,则报告所测得的值及试样的厚度。

6.5 耐电痕化和耐电蚀损

6.5.1 概述

按 GB/T 6553—2003 进行试验。

6.5.2 试样

试样应从被试板材中加工,其尺寸为 50 mm×120 mm×6 mm。

6.5.3 试验方法

根据单项材料规范的要求,按 GB/T 6553—2003 规定测定耐电痕化和耐电蚀损。

6.5.4 结果

按 GB/T 6553—2003 规定,报告其在规定电压下试验通过或不通过,并报告试样的厚度。

7 热性能试验

7.1 耐热性

7.1.1 概述

耐热性应按单项材料规范要求及 GB/T 10026.1—2003 和 GB/T 9341—2008 的规定进行试验。

7.1.2 试样

试样应从被试板材中切取,其尺寸同 5.1.2。

7.1.3 试验方法

所采用的老化程序应按 GB/T 10026.1—2003 的 5.5 及 5.6 规定。除非另有规定,应以弯曲强度作为诊断性能(见 5.1),并以弯曲强度降低到原始值的 50% 作为终点来确定耐热性,弯曲试验均应在 23 ℃±5 ℃下进行。

7.1.4 结果

耐热性应按 GB/T 10026.1—2003 的 6.2 规定,以 20 000 h 下的温度指数来表示。

7.2 燃烧性

7.2.1 概述

燃烧性应按单项材料规范的规定,并按 GB/T 5169.16—2008 中的相应方法测定。

7.2.2 试样

试样应从被试板材中加工,其尺寸按 GB/T 5169.16—2008 规定,应确保试样无灰尘或污染物。

7.2.3 试验方法

按 GB/T 5169.16—2008 中的相应条款规定进行试验。

7.2.4 结果

按 GB/T 5169.16—2008 报告所确定的级别。

7.3 负荷变形温度

按 GB/T 1634.1—2004 及 GB/T 1634.2—2004 的规定进行。

8 其他性能试验

8.1 密度

8.1.1 概述

密度应采用下述试验方法测定。

8.1.2 试样

试样应按 GB/T 1033.1—2008 的规定从被试板材中切取。

8.1.3 试验方法

密度应按 GB/T 1033.1—2008 中的方法 A 规定测定。

8.1.4 结果

结果以 g/cm^3 表示。

8.2 吸水性

8.2.1 概述

吸水性应按 GB/T 1034—2008 中的方法 1 及下述规定进行测定。

8.2.2 试样

应试验三个试样,除被试板材标称厚度大于 25 mm 以外,试样尺寸为(50±1)mm×(50±1)mm×被试板厚。对于厚度大于 25 mm 的板材,应通过单面机加工方法使试样厚度减至 22.5 mm±0.3 mm,且试样被加工面具有光滑表面。

8.2.3 试验方法

按 GB/T 1034—2008 的规定进行试验,蒸馏水或去离子水的温度应为 23 ℃±0.5 ℃。

8.2.4 结果

结果按 GB/T 1034—2008 第 7 章规定,以 mg 表示。以三个试验结果的算术平均值作为吸水性。

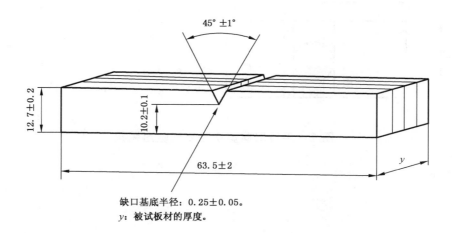

单位为毫米

2±0.2

15±0.5

10±0.3

120±2

y

缺口底角的半径:不大于 0.1 mm。
y:被试板材的厚度。

a) 简支梁冲击强度试验用试样

45°±1°

12.7±0.2

10.2±0.1

63.5±2

y

缺口基底半径:0.25±0.05。
y:被试板材的厚度。

b) 悬臂梁冲击强度试验用试样

图 1　冲击强度试验用试样

单位为毫米

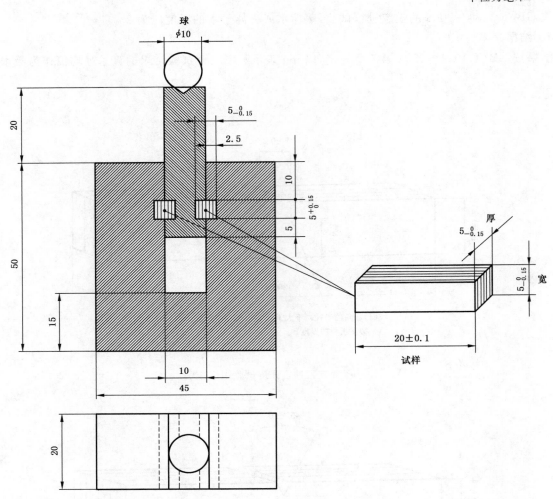

图 2 平行层向剪切强度试验用装置

单位为毫米

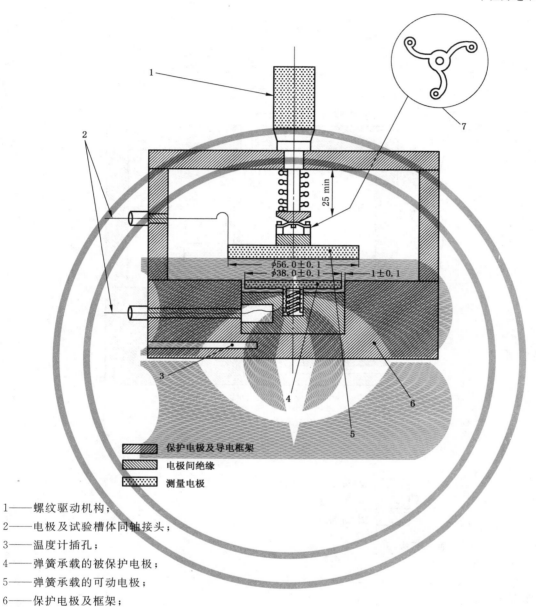

保护电极及导电框架

电极间绝缘

测量电极

1——螺纹驱动机构；

2——电极及试验槽体同轴接头；

3——温度计插孔；

4——弹簧承载的被保护电极；

5——弹簧承载的可动电极；

6——保护电极及框架；

7——钢制定芯簧片。

图 3　方法 A 用电极系统示例

单位为毫米

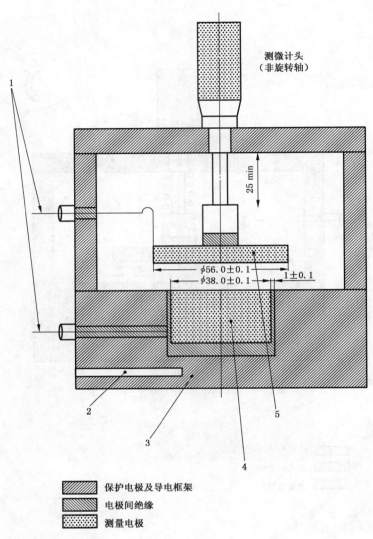

	保护电极及导电框架
	电极间绝缘
	测量电极

1——电极及试验槽体同轴接头；

2——温度计插孔；

3——保护电极及框架；

4——固定保护电极；

5——可动电极。

图 4　方法 B 用电极系统示例

ICS 29.035.01
K 15

GB/T 1303.3—2008

中华人民共和国国家标准

电气用热固性树脂工业硬质层压板
第3部分：工业硬质层压板型号

Industrial rigid laminated sheets based on thermosetting resins
for electrical purposes—Part 3：Requirements for types
of industrial rigid laminated sheets

（IEC 60893-3-1：2003，Insulating materials—
Industrial rigid laminated sheets based on thermosetting resins for
electrical purposes—Part 3：Specifications for individual materials—
Sheet 1：Requirements for types of industrial rigid laminated sheets，MOD）

2008-12-30 发布 2010-01-01 实施

中华人民共和国国家质量监督检验检疫总局
中国国家标准化管理委员会　发布

前　言

GB/T 1303《电气用热固性树脂工业硬质层压板》分为以下几个部分：

——第 1 部分：定义、名称及一般要求；

——第 2 部分：试验方法；

——第 3 部分：工业硬质层压板型号；

——第 4 部分：环氧树脂硬质层压板；

——第 5 部分：三聚氰胺树脂硬质层压板；

——第 6 部分：酚醛树脂硬质层压板；

——第 7 部分：聚酯树脂硬质层压板；

——第 8 部分：有机硅树脂硬质层压板；

——第 9 部分：聚酰亚胺树脂硬质层压板；

——第 10 部分：双马来酰胺树脂硬质层压板；

——第 11 部分：聚胺酰亚胺树脂硬质层压板；

……

本部分为 GB/T 1303 的第 3 部分。

本部分修改采用 IEC 60893-3-1：2003《电气用热固性树脂工业硬质层压板　第 3 部分：单项材料规范　第 1 篇：对工业硬质层压板型号的要求》（第 2 版，英文版）。

本部分与 IEC 60893-3-1：2003 相比主要差异为：

——在格式上删除了其"参考文献"；

——技术上增补了双马来酰胺（BMI）、聚胺酰亚胺（PAI）、聚二苯醚（DPO）树脂的缩写及其对应的层压板的用途与特性；

——删除了表 1 中层压板有关粗布和细布的规定以及补强用纺织物规格的注释。

本部分由中国电器工业协会提出。

本部分由全国绝缘材料标准化技术委员会（SAC/TC 51）归口。

本部分主要起草单位：北京新福润达绝缘材料有限责任公司、四川东材科技集团股份有限公司、西安西电电工材料有限责任公司、国家绝缘材料工程技术研究中心、桂林电器科学研究所。

本部分起草人：刘琦焕、杨远华、杜超云、刘锋、罗传勇。

本部分为首次发布。

电气用热固性树脂工业硬质层压板
第3部分：工业硬质层压板型号

1 范围

GB/T 1303 的本部分规定了电气用热固性树脂工业硬质层压板要求的指南。而各种层压板的性能在后续各部分中规定。

本部分适用于电气用热固性树脂工业硬质层压板。

2 缩写

树脂类型　　　　　　　　　　　　　　　　　增强材料类型

EP　环氧　　　　　　　　　　　　　　　　CC　（纺织）棉布

MF　三聚氰胺　　　　　　　　　　　　　　CP　纤维素纸

PF　酚醛　　　　　　　　　　　　　　　　GC　（纺织）玻璃布

UP　不饱和聚酯　　　　　　　　　　　　　GM　玻璃毡

SI　有机硅　　　　　　　　　　　　　　　PC　纺织聚酯纤维布

PI　聚酰亚胺　　　　　　　　　　　　　　WV　木质胶合板

BMI　双马来酰胺　　　　　　　　　　　　CR　组合增强材料

PAI　聚胺酰亚胺

DPO　聚二苯醚

注：名称 CR（组合增强材料）用于含有一种以上增强材料的层压板。实际组成在相应的产品标准中规定。

3 型号

层压板的型号见表1。

表 1　层压板的型号

层压板型号			用途与特性[b]
树脂	增强材料	系列号[a]	
EP	CC	301	机械和电气用。耐电痕化、耐磨、耐化学性能好。
	CP	201	电气用。高湿度下电气性能稳定性好，低燃烧性。
	GC	201	机械、电气及电子用。中温下机械强度极高，高温下电气性能稳定性好。
		202	类似于 EP GC 201 型。低燃烧性。
		203	类似于 EP GC 201 型。高温下机械强度高。
		204	类似于 EP GC 203 型。低燃烧性。
		205	类似于 EP GC 203 型，但采用粗布。
		306	类似于 EP GC 203 型，但提高了电痕化指数。
		307	类似于 EP GC 205 型，但提高了电痕化指数。
		308	类似于 EP GC 203 型，但提高了耐热性。

表 1（续）

层压板型号			用途与特性[b]
树脂	增强材料	系列号[a]	
EP	GM	201	机械和电气用。中温下机械强度极高,高湿度下电气性能稳定性好。
		202	类似于 EP GM 201 型。低燃烧性。
		203	类似于 EP GM 201 型。高温下机械强度高。
		204	类似于 EP GM 203 型。低燃烧性。
		305	类似于 EP GM 203 型,但提高了热稳定性。
		306	类似于 EP GM 305 型,但提高了电痕化指数。
	PC	301	电气和机械用。耐 SF_6 性能好。
MF	CC	201	机械和电气用。耐电弧和耐电痕化。
	GC	201	机械和电气用。机械强度高,耐电弧和耐电痕化,低燃烧性。
PF	CC	201	机械用。较 PF CC 202 型机械性能好,但电气性能较其差。
		202	机械和电气用。
		203	机械用。推荐用于制作小零件。较 PF CC 204 型机械性能好,但电气性能较其差。
		204	机械和电气用。推荐用于制作小零件。
		305	机械和电气用。用于高精度机加工。
	CP	201	机械用。机械性能较其他 PF CP 型更好,一般湿度下电气性能较差。适用于热冲加工。
		202	工频高电压用。油中电气强度高,一般湿度下在空气中电气强度好。
		203	机械和电气用。一般湿度下电气性能好。适用于热冲加工。
		204	电气和电子用。高湿度下电气性能稳定性好。适用于冷冲加工或热冲加工。
		205	类似于 PF CP 204 型,但具低燃烧性。
		206	机械和电气用。高湿度下电气性能好。适用于热冲加工。
		207	类似于 PF CP 201 型,但提高了低温下的冲孔性。
		308	类似于 PF CP 206 型,但具低燃烧性。
	GC	201	机械和电气用。一般湿度下机械强度高、电气性能好,耐热。
	WV	201	机械用。交叉层叠。一般湿度下电气性能好。
		202	机械和电气用。类似于 UP GM 201 型。低燃烧性。
		303	机械用。同向层叠。机械性能好。
		304	机械和电气用。同向层叠。
UP	GM	201	机械和电气用。高湿度下电气性能稳定性好,中温下机械性能好。
		202	机械和电气用。类似于 UP GM 201 型。低燃烧性。
		203	机械和电气用。类似于 UP GM 202 型,但提高了耐电弧和耐电痕化。
		204	机械和电气用。室温下机械性能很好,高温下机械性能好。

表 1（续）

层压板型号			用途与特性[b]
树脂	增强材料	系列号[a]	
UP	GM	205	机械和电气用。类似于 UP GM 204 型。低燃烧性。
SI	GC	201	电气和电子用。干燥条件下电气性能极好,潮湿条件下电气性能好。
		202	高温下机械和电气用。耐热性好。
PI	GC	301	机械和电气用。高温下机械和电气性能很好。
BMI	GC	301	机械和电气用。高温下机械和电气性能很好,耐热性很好。
PAI	GC	301	机械和电气用。高温下机械和电气性能很好,耐热性很好。
DPO	GC	301	机械和电气用。机械和电气性能好,耐热性很好。

[a] 200 系列的型号名称依据 ISO 1642,300 系列的型号名称为后加的。

[b] 不应根据表 1 推论:某具体型号的层压板一定不适用于未被列出的用途,或者特定的层压板适用于所述大范围内的各种用途。

参 考 文 献

[1] ISO 1642 Plastics Industrial laminated sheets based on thermosetting resins

ICS 29.035.99
K 15

中华人民共和国国家标准

GB/T 1303.4—2009
代替 GB/T 1303.1—1998

电气用热固性树脂工业硬质层压板
第4部分：环氧树脂硬质层压板

Industrial rigid laminated sheets based on
thermosetting resins for electrical purposes—
Part 4：Requirements for rigid laminated sheets based on epoxy resins

（IEC 60893-3-2：2003，Insulating materials—Industrial rigid
laminated sheets based on thermosetting resins for electrical purposes—
Part 3：Specifications for individual materials—
Sheet 2：Requirements for rigid laminated sheets based on epoxy resins，MOD）

2009-06-10 发布   2009-12-01 实施

中华人民共和国国家质量监督检验检疫总局
中国国家标准化管理委员会   发布

前　言

GB/T 1303《电气用热固性树脂工业硬质层压板》包含下列几个部分：
——第 1 部分：定义、分类和一般要求；
——第 2 部分：试验方法；
——第 3 部分：工业硬质层压板型号；
——第 4 部分：环氧树脂硬质层压板；
——第 5 部分：三聚氰胺树脂硬质层压板；
——第 6 部分：酚醛树脂硬质层压板；
——第 7 部分：聚酯树脂硬质层压板；
——第 8 部分：有机硅树脂硬质层压板；
——第 9 部分：聚酰亚胺树脂硬质层压板；
——第 10 部分：双马来酰亚胺树脂硬质层压板；
——第 11 部分：聚酰胺酰亚胺树脂硬质层压板；
……

本部分为 GB/T 1303 的第 4 部分。

本部分修改采用 IEC 60893-3-2：2003《电气用热固性树脂工业硬质层压板　第 3 部分：单项材料规范　第 2 篇：对环氧树脂硬质层压板的要求》（英文版）。

本部分与 IEC 60893-3-2：2003 的差异如下：

a)　删除了 IEC 60893-3-2：2003 中的"前言"和"引言"，将引言内容编入本部分的"前言"中；

b)　对第 1 章"范围"进行了修改，删除了有关材料符合性说明，增加了适用范围；

c)　删除了第 3 章名称举例中的尺寸标注内容；

d)　根据国内实际需要，增补了层压板原板宽度和长度的允许偏差性能要求；EP GC 型增补了"表观弯曲弹性模量"、"垂直层向压缩强度"、"平行层向剪切强度"、"拉伸强度"、"工频介质损耗因数"、"工频介电常数"、"1 MHz 下介质损耗因数"、"1 MHz 下介电常数"和"密度"性能要求。有关技术性差异在它们所涉及的条款的页边空白处用垂直单线标识；

e)　将"要求"一章按"外观"、"尺寸"、"平直度"、"性能要求"分条编写，将"供货要求"单独列为一章编写，同时将 IEC 60893-3-2：2003 中表 5 进行了修改，将备注内容列入表注；将表 5 中试验方法章条放入第 5 章"试验方法"重新编写，并增加了板条的测试方法及总则；

f)　删除了 IEC 60893-3-2：2003 的参考文献。

本部分代替 GB/T 1303.1—1998《环氧玻璃布层压板》。

本部分与 GB/T 1303.1—1998 的区别如下：

a)　本部分在"前言"中列出了有关电气用热固性树脂工业硬质层压板标准系列组成部分；

b)　在第 3 章"分类"增加了有关层压板的"名称构成"、"树脂类型"和"补强材料类型"的详细规定；并详细地增加了环氧树脂工业硬质层压板的所有型号，而不仅仅针对 EPGC 201 型；

c)　对厚度公差按不同型号进行了明细规定；

d)　增加了 50 mm 以上标称厚度层压板的公差要求；

e)　增加了"燃烧性"性能要求；

f)　删除了 GB/T 1303.1—1998 中对"试验方法"一章的分述，将相应章条编号列入本部分表 5"性能要求"中。

本部分由中国电器工业协会提出。

本部分由全国绝缘材料标准化技术委员会(SAC/TC 51)归口。

本部分主要起草单位:西安西电电工材料有限责任公司、东材科技集团股份有限公司、北京新福润达绝缘材料有限责任公司、桂林电器科学研究所。

本部分起草人:杜超云、赵平、刘琦焕、罗传勇。

本部分所代替标准的历次版本发布情况为:

——GB/T 1303—1977,GB/T 1303.1—1998。

电气用热固性树脂工业硬质层压板
第4部分:环氧树脂硬质层压板

1 范围

GB/T 1303的本部分规定了以电气用环氧树脂和不同补强材料制成的工业硬质层压板的分类和要求。

本部分适用于电气用环氧树脂和不同补强材料制成的工业硬质层压板。其用途和特性见表1。

2 规范性引用文件

下列文件中的条款通过本GB/T 1303的本部分的引用而成为本部分的条款。凡是注日期的引用文件,其随后所有的修改单(不包括勘误的内容)或修订版均不适用于本部分,然而,鼓励根据本部分达成协议的各方研究是否可使用这些文件的最新版本。凡是不注日期的引用文件,其最新版本适用于本部分。

GB/T 1303.1—2009 电气用热固性树脂工业硬质层压板 第1部分:定义、命名和一般要求(IEC 60893-1:2004,IDT)

GB/T 1303.2—2009 电气用热固性树脂工业硬质层压板 第2部分:试验方法(IEC 60893-2:2003,MOD)

3 分类

本部分所涉及的层压板按所用的树脂和补强材料的不同以及板特性的不同可划分为多种型号。各种层压板的名称构成如下:

——GB标准号;

——代表树脂的第一个双字母缩写;

——代表增强材料的第二个双字母缩写;

——系列号;

名称举例:EP GC 201型工业硬质层压板,名称为:GB/T 1303 EP GC 201。

下列缩写适用于本部分:

树脂类型　　　　　　　　　补强材料类型

EP 环氧　　　　　　　　　CC (纺织)棉布

　　　　　　　　　　　　　CP 纤维素纸

　　　　　　　　　　　　　GC (纺织)玻璃布

　　　　　　　　　　　　　GM 玻璃毡

　　　　　　　　　　　　　PC 纺织聚酯纤维布

环氧树脂工业硬质层压板的型号见表1。

表 1 环氧树脂工业硬质层压板的型号

层压板型号			用途与特性
树脂	增强材料	系列号[a]	
EP	CC	301	机械和电气用。耐电痕化、耐磨、耐化学品性能好
	CP	201	电气用。高湿下电气性能稳定性好,低燃烧性
	GC	201	机械、电气及电子用。中温下机械强度极高,高温下电气性能稳定性好
		202	类似于 EP GC 201 型。低燃烧性
		203	类似于 EP GC 201 型。高温下机械强度高
		204	类似于 EP GC 203 型。低燃烧性
		205	类似于 EP GC 203 型,但采用粗布
		306	类似于 EP GC 203 型,但改进了电痕化指数
		307	类似于 EP GC 205 型,但改进了电痕化指数
		308	类似于 EP GC 203 型,但改进了耐热性
	GM	201	机械和电气用。中温下机械强度极高,高湿下电气性能稳定性好
		202	类似于 EP GM 201 型。低燃烧性
		203	类似于 EP GM 201 型。高温下机械强度高
		204	类似于 EP GM 203 型。低燃烧性
		305	类似于 EP GM 203 型,但改进了热稳定性
		306	类似于 EP GM 305 型,但改进了电痕化指数
	PC	301	电气和机械用。耐 SF_6 性能好

注:不应根据表 1 中得出:某一具体型号的层压板一定不适用于未被列出的用途,或者特定的层压板一定适用于所述大范围内的各种用途。

[a] 200 系列的型号名称按 ISO 1642 规定,而 300 系列的型号名称是后加的。

4 要求

4.1 外观

应符合 GB/T 1303.1—2009 中 5.1 的规定。

4.2 尺寸

4.2.1 层压板的原板宽度、长度的允许偏差应符合表 2 的规定。

表 2 宽度、长度的允许偏差
单位为毫米

宽度和长度	允许偏差
450~1 000	±15
>1 000~2 600	±25

4.2.2 标称厚度及允许偏差

层压板的标称厚度及偏差见表 3。

表3 标称厚度及偏差

单位为毫米

标称厚度	偏差（所有型号）					
	EP CC 301	EP CP 201	EP GC 201、202 203、204 306、308	EP GC 205、307	EP GM 201、202 203、204 305、306	EP PC 301
0.4	—	±0.07	±0.10	—	—	—
0.5	—	±0.08	±0.12	—	—	—
0.6	—	±0.09	±0.13	—	—	—
0.8	±0.16	±0.10	±0.16	—	—	—
1.0	±0.18	±0.12	±0.18	—	—	—
1.2	±0.19	±0.14	±0.20	—	—	±0.21
1.5	±0.19	±0.16	±0.24	—	±0.30	±0.24
2.0	±0.22	±0.19	±0.28	—	±0.35	±0.28
2.5	±0.24	±0.22	±0.33	—	±0.40	±0.33
3.0	±0.30	±0.25	±0.37	±0.50	±0.45	±0.37
4.0	±0.34	±0.30	±0.45	±0.60	±0.50	±0.45
5.0	±0.39	±0.34	±0.52	±0.70	±0.55	±0.52
对 6 mm 及以上厚的 EP GC 205、307 板均为正偏差						
6.0	±0.44	±0.37	±0.60	1.60	±0.60	±0.60
8.0	±0.52	±0.47	±0.72	1.90	±0.70	±0.72
10.0	±0.60	—	±0.82	2.20	±0.80	±0.82
12.0	±0.68	—	±0.94	2.40	±0.90	±0.94
14.0	±0.74	—	±1.02	2.60	±1.00	±1.02
16.0	±0.80	—	±1.12	2.80	±1.10	±1.12
20.0	±0.93	—	±1.30	3.00	±1.30	±1.30
25.0	±1.08	—	±1.50	3.50	±1.40	±1.50
30.0	±1.22	—	±1.70	4.00	±1.45	±1.70
35.0	±1.34	—	±1.95	4.40	±1.50	±1.95
40.0	±1.47	—	±2.10	4.80	±1.55	±2.10
45.0	±1.60	—	±2.30	5.10	±1.65	±2.30
50.0	±1.74	—	±2.45	5.40	±1.75	±2.45
60.0	±2.02	—	—	5.80	±1.90	—
70.0	±2.32	—	—	6.20	±2.00	—
80.0	±2.62	—	—	6.60	±2.20	—
90.0	±2.92	—	—	6.80	±2.35	—
100.0	±3.22	—	—	7.00	±2.50	—

注：对于标称厚度不在本表所列的优选厚度时,其偏差应采用最接近的优选标称厚度的偏差。
其他偏差要求可由供需双方商定。

4.2.3 层压板切割板条宽度及偏差

层压板切割板条的宽度及偏差见表4。

表 4 切割板条的宽度偏差（均为负偏差） 单位为毫米

标称厚度 d	标称宽度（所有型号）					
	3<b≤50	50<b≤100	100<b≤160	160<b≤300	300<b≤500	500<b≤600
0.4	0.5	0.5	0.5	0.6	1.0	1.5
0.5	0.5	0.5	0.5	0.6	1.0	1.5
0.6	0.5	0.5	0.5	0.6	1.0	1.5
0.8	0.5	0.5	0.5	0.6	1.0	1.0
1.0	0.5	0.5	0.5	0.6	1.0	1.0
1.2	0.5	0.5	0.5	1.0	1.2	1.2
1.5	0.5	0.5	0.5	1.0	1.2	1.2
2.0	0.5	0.5	0.5	1.0	1.2	1.5
2.5	0.5	1.0	1.0	1.5	2.0	2.5
3.0	0.5	1.0	1.0	1.5	2.0	2.5
4.0	0.5	2.0	2.0	3.0	4.0	5.0
5.0	0.5	2.0	2.0	3.0	4.0	5.0

注：通常上表中所列切割板条宽度的偏差均为单向的负偏差。其他偏差可由供需双方商定。

4.3 平直度

层压板的平直度要求见表5。

表 5 平直度 单位为毫米

厚度 d	直尺长度	
	1 000	500
3<d≤6	10	2.5
6<d≤8	8	2.0
8<d	6	1.5

4.4 性能要求

层压板的性能要求见表6。

表 6 性能要求

性　能	单位	型号 要求							
		EP CC 301	EP CP 201	EP GC 201	EP GC 202	EP GC 203	EP GC 204	EP GC 205	EP GC 306
垂直层向弯曲强度　常态下	MPa	≥135	≥110	≥340	≥340	≥340	≥340	≥340	≥340
150 ℃±3 ℃	MPa	—	—	—	—	—	≥170	≥170	≥170
表观弯曲弹性模量	MPa	—	—	≥24 000	—	—	—	—	—
垂直层向压缩强度	MPa	—	—	≥350	—	—	—	—	—
平行层向冲击强度（简支梁法）	kJ/m²	≥3.5	—	≥33	≥33	≥33	≥33	≥50	≥33
平行层向冲击强度（悬臂梁法）	kJ/m²	≥6.5	—	≥34	≥34	≥34	≥34	≥54	≥35
平行层向剪切强度	MPa	—	—	≥50	—	—	—	—	—
拉伸强度	MPa	—	—	≥300	—	—	—	—	—
垂直层向电气强度（90 ℃油中）	kV/mm	≥35	≥20	≥35	见表 7				
平行层向击穿电压（90 ℃油中）	kV	≥35	—	≥35	≥35	≥35	≥35	≥35	≥35
介电常数（50 Hz）	—	—	—	≤5.5	—	—	—	—	—
介电常数（1 MHz）	—	—	—	≤5.5	—	—	—	—	—
介质损耗因数（50 Hz）	—	—	—	≤0.04	—	—	—	—	—
介质损耗因数（1 MHz）	—	—	—	≤0.04	—	—	—	—	—
浸水后绝缘电阻	MΩ	$\geq 1\times10^{3}$	$\geq 1\times10^{4}$	$\geq 5\times10^{4}$	$\geq 5\times10^{4}$	$\geq 5\times10^{4}$	$\geq 5\times10^{4}$	$\geq 1\times10^{4}$	$\geq 5\times10^{4}$
耐电痕化指数（PTI）	—	—	—	≥200	—	—	—	—	—
长期耐热性	—	—	—	≥130	—	—	—	—	—
密度	g/cm³	—	—	1.7-1.9	—	—	—	—	—
燃烧性	级	—	V-0	V-0	V-0	见表 8	V-0	—	—
吸水性	mg	—	—	—	—	见表 8			

注："表观弯曲弹性模量"、"垂直层向压缩强度"、"平行层向剪切强度"、"拉伸强度"、"工频介质损耗因数"、"工频介电常数"、"1 MHz 下介质损耗因数"、"1 MHz 下介电常数"、"密度"为特殊性能要求，由供需双方商定。

垂直层向弯曲强度（150 ℃±3 ℃）在 150 ℃±3 ℃/1 h 处理后在 150 ℃±3 ℃测定。

平行层向冲击强度（简支梁法）和平行层向冲击强度（悬臂梁法）任选一项达到要求即可。

介电常数（50 Hz）和介电常数（1 MHz）任选一项达到要求即可。

介质损耗因数（50 Hz）和介质损耗因数（1 MHz）任选一项达到要求即可。

表 6（续）

性 能	单位	要 求 型 号								
		EP GC 307	EP GC 308	EP GM 201	EP GM 202	EP GM 203	EP GM 204	EP GM 305	EP GM 306	EP PC 301
弯曲强度 常态下	MPa	≥340	≥340	≥320	≥320	≥320	≥320	≥320	≥320	≥110
弯曲强度 150 ℃±3 ℃	MPa	≥170	≥170	—	—	≥160	≥160	≥160	≥160	—
平行层向简支梁冲击强度	kJ/m²	≥50	≥33	≥50	≥50	≥50	≥50	≥50	≥50	≥130
平行层向悬臂梁冲击强度	kJ/m²	≥55	≥35	≥55	≥55	≥55	≥55	≥55	≥55	≥145
垂直层向电气强度（90 ℃油中）	kV/mm	见表 7								
平行层向击穿电压（90 ℃油中）	kV	≥35	≥20	≥35	≥35	≥35	≥35	≥35	≥35	≥55
浸水后绝缘电阻	MΩ	$1×10^4$	$5×10^4$	$5×10^3$	$5×10^3$	$5×10^3$	$5×10^3$	$5×10^3$	$5×10^3$	$1×10^2$
耐电痕化指数	—	500	—	—	—	—	—	—	500	—
长期耐热性	—	—	180	—	—	—	—	180	180	—
燃烧性	级	—	—	—	V-0	—	V-0	—	—	—
吸水性	mg	见表 8								

注：弯曲强度（150 ℃±3 ℃）在 150 ℃±3 ℃/1 h 处理后在 150 ℃±3 ℃测定。
平行层向冲击强度（简支梁法）和平行层向冲击强度（悬臂梁法）任选一项达到要求即可。

表 7 垂直层向电气强度（90 ℃油中）
（1 min 耐压试验或 20 s 逐级升压试验）

单位为千伏每毫米

型号	测得的试样厚度平均值 mm																	
	0.4	0.5	0.6	0.7	0.8	0.9	1.0	1.2	1.4	1.5	1.8	2.0	2.2	2.4	2.5	2.6	2.8	3.0
EP CC 301	—	—	—	—	10.0	9.6	9.2	8.6	8.2	8.0	7.4	7.1	6.8	6.5	6.4	6.2	5.6	5.0
EP CP 201	19.0	18.2	17.6	17.1	16.6	16.2	15.8	15.2	14.7	14.5	13.9	13.6	13.4	13.3	13.3	13.2	13.0	13.0
EP GC 201	16.9	16.1	15.6	15.2	14.8	14.5	14.2	13.7	13.2	13.0	12.2	11.8	11.4	11.1	10.9	10.8	10.5	10.2
EP GC 202	16.9	16.1	15.6	15.2	14.8	14.5	14.2	13.7	13.2	13.0	12.2	11.8	11.4	11.1	10.9	10.8	10.5	10.2
EP GC 203	16.9	16.1	15.6	15.2	14.8	14.5	14.2	13.7	13.2	13.0	12.2	11.8	11.4	11.1	10.9	10.8	10.5	10.2
EP GC 204	16.9	16.1	15.6	15.2	14.8	14.5	14.2	13.7	13.2	13.0	12.2	11.8	11.4	11.1	10.9	10.8	10.5	10.2
EP GC 205	—	—	—	—	—	—	—	—	—	—	—	—	—	—	—	—	—	9.0
EP GC 306	16.9	16.1	15.6	15.2	14.8	14.5	14.2	13.7	13.2	13.0	12.2	11.8	11.4	11.1	10.9	10.8	10.5	10.2
EP GC 307	—	—	—	—	—	—	—	—	—	—	—	—	—	—	—	—	—	9.0
EP GC 308	16.9	16.1	15.6	15.2	14.8	14.5	14.2	13.7	13.2	13.0	12.2	11.8	11.4	11.1	10.9	10.8	10.5	10.2
EP GM 201	—	—	—	—	—	—	—	—	12.3	12.0	11.0	10.5	10.0	9.8	9.6	9.4	9.2	9.0
EP GM 202	—	—	—	—	—	—	—	—	12.3	12.0	11.0	10.5	10.0	9.8	9.6	9.4	9.2	9.0
EP GM 203	—	—	—	—	—	—	—	—	12.3	12.0	11.0	10.5	10.0	9.8	9.6	9.4	9.2	9.0
EP GM 204	—	—	—	—	—	—	—	—	12.3	12.0	11.0	10.5	10.0	9.8	9.6	9.4	9.2	9.0
EP GM 305	—	—	—	—	—	—	—	—	12.3	12.0	11.0	10.5	10.0	9.8	9.6	9.4	9.2	9.0
EP GM 306	—	—	—	—	—	—	—	—	12.3	12.0	11.0	10.5	10.0	9.8	9.6	9.4	9.2	9.0
EP PC 301	—	—	—	—	—	—	—	13.7	13.2	13.0	12.2	11.8	11.4	11.1	10.9	10.8	10.5	10.2

注：垂直层向电气强度（90 ℃油中）和 1 min 耐压试验或 20 s 逐级升压试验两者试验之间，则其极限值应由内插法求得。对满足两者试验中任何一个要求的应视其垂直层向电气强度（90 ℃油中）值予以给出极限值。如果测得的试样厚度算术平均值低于给出极限值的最小厚度，则电气强度极限值取相应最小厚度极限值的值。如果测得的试样厚度算术平均值为 3 mm 而测得的厚度算术平均值超过 3 mm，则取 3 mm 厚度的极限值。符合要求。

表 8 吸水性极限值

单位为毫克

型号	测得的试样厚度平均值 mm																				
	0.4	0.5	0.6	0.8	1.0	1.2	1.5	2.0	2.5	3.0	4.0	5.0	6.0	8.0	10.0	12.0	14.0	16.0	20.0	25.0	22.5
EP CC 301	—	—	—	67	69	71	76	—	—	—	—	—	—	—	—	—	—	—	—	—	—
EP CP 201	30	31	31	33	35	37	41	45	50	55	60	68	76	90	—	—	—	—	—	—	—
EP GC 201	17	17	17	18	18	18	19	20	21	22	23	25	27	31	34	38	41	46	52	61	73
EP GC 202	17	17	17	18	18	18	19	20	21	22	23	25	27	31	34	38	41	46	52	61	73
EP GC 203	17	17	17	18	18	18	19	20	21	22	23	25	27	31	34	38	41	46	52	61	73
EP GC 204	17	17	17	18	18	18	19	20	21	22	23	25	27	31	34	38	41	46	52	61	73
EP GC 205	—	—	—	—	—	—	—	—	—	22	23	25	27	31	34	38	41	46	52	61	73
EP GC 306	17	17	17	18	18	18	19	20	21	22	23	25	27	31	34	38	41	46	52	61	73
EP GC 307	—	—	—	—	—	—	—	—	—	—	—	25	27	31	34	38	41	46	52	61	73
EP GC 308	17	17	17	18	18	18	19	20	21	22	23	25	27	31	34	38	41	46	52	61	73
EP GM 201	—	—	—	—	—	—	25	26	27	28	29	31	33	35	40	44	48	55	60	70	90
EP GM 202	—	—	—	—	—	—	25	26	27	28	29	31	33	35	40	44	48	55	60	70	90
EP GM 203	—	—	—	—	—	—	25	26	27	28	29	31	33	35	40	44	48	55	60	70	90
EP GM 204	—	—	—	—	—	—	25	26	27	28	29	31	33	35	40	44	48	55	60	70	90
EP GM 305	—	—	—	—	—	—	25	26	27	28	29	31	33	35	40	44	48	55	60	70	90
EP GM 306	—	—	—	—	—	—	25	26	27	28	29	31	33	35	40	44	48	55	60	70	90
EP PC 301	—	—	—	—	—	130	135	140	145	150	160	170	180	200	220	240	260	280	320	370	440

注：如果测得的试样厚度算术平均值介于表中所示两种厚度之间，则其极限值由内插法求得。如果测得的厚度算术平均值低于给出极限值的那个最小厚度，则其吸水性极限值取相应最小厚度的那个极限值。如果标称厚度为25 mm 而测得的厚度均值超过25 mm，则取25 mm 厚度的那个极限值。

标称厚度大于22.5 mm 的板应相应单面机加工至22.5 mm±0.3 mm，并且加工面应光滑。

5 试验方法

5.1 总则

试验分出厂检验和型式试验。出厂检验为 4.1、4.2、4.3 及 4.4 表 6 中的"弯曲强度"和"垂直层向电气强度",型式试验为全部性能项目。

5.2 外观

目测检查。

5.3 尺寸

5.3.1 厚度

按 GB/T 1303.2—2009 中 4.1 的规定。

5.3.2 宽度及长度

用分度为 0.5 mm 的直尺或量具至少测量三处,并报告其平均值。

5.4 平直度

按 GB/T 1303.2—2009 中 4.2 的规定。

5.5 弯曲强度

适用于试验的板材标称厚度为大于或等于 1.5 mm,按 GB/T 1303.2—2009 中 5.1 的规定,高温试验时,试样应在高温试验箱内在规定温度下处理 1 h 后,在该规定温度下进行试验。

5.6 表观弯曲弹性模量

适用于试验的板材标称厚度为大于或等于 1.5 mm,按 GB/T 1303.2—2009 中 5.2 的规定,高温试验时,试样应在高温试验箱内在规定温度下处理 1 h 后,在该规定温度下进行试验。

5.7 垂直层向压缩强度

适用于试验的板材标称厚度为大于或等于 5.0 mm,按 GB/T 1303.2—2009 中 5.3 的规定。

5.8 平行层向剪切强度

适用于试验的板材标称厚度为大于或等于 5.0 mm,按 GB/T 1303.2—2009 中 5.5 的规定。

5.9 拉伸强度

适用于试验的板材标称厚度为大于或等于 1.5 mm,按 GB/T 1303.2—2009 中 5.6 的规定。

5.10 冲击强度

5.10.1 平行层向简支梁冲击强度

适用于试验的板材标称厚度为大于或等于 5.0 mm,按 GB/T 1303.2—2009 中 5.4.2 的规定。

5.10.2 平行层向悬臂梁冲击强度

适用于试验的板材标称厚度为大于或等于 5.0 mm,按 GB/T 1303.2—2009 中 5.4.3 的规定。

5.11 垂直层向电气强度

适用于试验的板材标称厚度为小于或等于 3.0 mm,按 GB/T 1303.2—2009 中 6.1.3.1 的规定,试验报告应报告试验方式。

5.12 平行层向击穿电压

适用于试验的板材标称厚度为大于 3.0 mm,按 GB/T 1303.2—2009 中 6.1.3.2 的规定,试验报告应报告电极的类型。

5.13 工频介质损耗因数

适用于试验的板材标称厚度为小于或等于 3.0 mm,按 GB/T 1303.2—2009 中 6.2 的规定。

5.14 工频介电常数

适用于试验的板材标称厚度为小于或等于 3.0 mm,按 GB/T 1303.2—2009 中 6.2 的规定。

5.15 1 MHz 下介质损耗因数

适用于试验的板材标称厚度为小于或等于 3.0 mm,按 GB/T 1303.2—2009 中 6.2 的规定。

5.16 1 MHz 下介电常数

适用于试验的板材标称厚度为小于或等于 3.0 mm,按 GB/T 1303.2—2009 中 6.2 的规定。

5.17 浸水后绝缘电阻

按 GB/T 1303.2—2009 中 6.3 的规定。

5.18 耐电痕化指数(PTI)

适用于试验的板材标称厚度大于或等于 3.0 mm,按 GB/T 1303.2—2009 中 6.4 的规定。

5.19 密度

按 GB/T 1303.2—2009 中 8.1 的规定。

5.20 燃烧性

适用于试验的板材标称厚度等于 3.0 mm,按 GB/T 1303.2—2009 中 7.2 的规定。

5.21 吸水性

按 GB/T 1303.2—2009 中 8.2 的规定。

6 供货要求

应符合 GB/T 1303.1—2009 中 5.4 的规定。

ICS 29.035.01
K 15

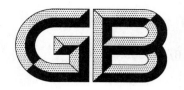

中华人民共和国国家标准

GB/T 1303.6—2009

电气用热固性树脂工业硬质层压板 第6部分：酚醛树脂硬质层压板

**Industrial rigid laminated sheets based
on thermosetting resins for electrical purposes—
Part 6：Requirements for rigid laminated sheets based on phenolic resins**

(IEC 60893-3-4：2003，Insulating materials—Industrial rigid laminated
sheets based on thermosetting resins for electrical purposes—
Part 3：Specifications for individual materials—
Sheet 4：Requirements for rigid laminated sheets based
on phenolic resins，MOD)

2009-06-10 发布   2009-12-01 实施

中华人民共和国国家质量监督检验检疫总局
中国国家标准化管理委员会   发布

前　言

GB/T 1303《电气用热固性树脂工业硬质层压板》,分为以下几个部分:

——第1部分:定义、名称和一般要求;

——第2部分:试验方法;

——第3部分:工业硬质层压板型号;

——第4部分:环氧树脂硬质层压板;

——第5部分:三聚氰胺树脂硬质层压板;

——第6部分:酚醛树脂硬质层压板;

——第7部分:聚酯树脂硬质层压板;

——第8部分:有机硅树脂硬质层压板;

——第9部分:聚酰亚胺树脂硬质层压板;

——第10部分:双马来酰亚胺树脂硬质层压板;

——第11部分:聚酰胺酰亚胺树脂硬质层压板;

……

本部分为 GB/T 1303 的第6部分。

本部分修改采用 IEC 60893-3-4:2003(第2版)《电气用热固性树脂工业硬质层压板　第3部分:单项材料规范　第4篇:对酚醛树脂硬质层压板的要求》(英文版)。

本部分与 IEC 60893-3-4:2003 的差异如下:

a)　删除了 IEC 60893-3-4:2003 中的"前言"和"引言",将引言内容编入本部分的"前言"中;

b)　对第1章"范围"进行了修改,删除了有关材料符合性说明,增加了适用范围;

c)　删除了第3章名称举例中的尺寸标注内容;

d)　根据国内实际需要,增补了层压板原板宽度、长度的允许偏差性能要求;PFCP 型增补了"表观弯曲弹性模量"、"垂直层向压缩强度"、"平行层向剪切强度"、"拉伸强度"、"粘合强度"、"工频介质损耗因数"、"工频介电常数"、"1 MHz 下介质损耗因数"、"1 MHz 下介电常数"、"耐电痕化指数"和"密度"性能要求;PFCC 型增补了"表观弯曲弹性模量"、"平行层向剪切强度"、"拉伸强度"、"粘合强度"、"工频介电常数"、"耐电痕化指数"和"密度"性能要求。有关技术性差异在它们所涉及的条款的页边空白处用垂直单线标识;

e)　将"要求"一章按"外观"、"尺寸"、"平直度"、"性能要求"分条编写,将"供货要求"单独列为一章编写,同时对 IEC 60893-3-4:2003 中表5进行了修改,将备注内容列入表注;将表5中试验方法章条放入第5章"试验方法"重新编写,并增加了板条的测试方法;

f)　删除了 IEC 60893-3-4:2003 的参考文献。

本部分由中国电器工业协会提出。

本部分由全国绝缘材料标准化技术委员会(SAC/TC 51)归口。

本部分主要起草单位:北京新福润达绝缘材料有限责任公司、四川东材科技集团股份有限公司、西安西电电工材料有限责任公司、国家绝缘材料工程技术研究中心、桂林电器科学研究所。

本部分起草人:刘琦焕、赵平、杜超云、刘锋、罗传勇。

本部分为首次制定。

电气用热固性树脂工业硬质层压板
第6部分:酚醛树脂硬质层压板

1 范围

GB/T 1303 的本部分规定了以酚醛树脂为粘合剂的硬质层压板的分类、要求和试验方法。

本部分适用于以棉布、纤维素纸、玻璃布、木质胶合板为基材,以酚醛树脂为粘合剂经热压而成的各类酚醛树脂硬质层压板。其用途和特性见表1。

2 规范性引用文件

下列文件中的条款通过 GB/T 1303 的本部分引用而成为本部分的条款。凡是注日期的引用文件,其随后所有的修改单(不包括勘误的内容)或修订版均不适用于本部分,然而,鼓励根据本部分达成协议的各方研究是否可使用这些文件的最新版本。凡是不注日期的引用文件,其最新版本适用于本部分。

GB/T 1303.1—2009 电气用热固性树脂工业硬质层压板 第1部分:定义、命名和一般要求(IEC 60893-1:2004,IDT)

GB/T 1303.2—2009 电气用热固性树脂工业硬质层压板 第2部分:试验方法(IEC 60893-2:2003,MOD)

3 分类

本部分所涉及的层压板按所用树脂和增强材料的不同以及板的特性不同划分成各种型号。各种板的名称构成如下:

——国家标准号;

——代表树脂的双字母缩写;

——代表增强材料的第二个双字母缩写;

——系列号。

名称举例:PF CP 201 型工业硬质层压板,名称为:GB/T 1303.6-PF CP 201

下列缩写用于本部分:

树脂类型	增强材料类型
PF 酚醛	CC（纺织）棉布
	CP 纤维素纸
	GC（纺织）玻璃布
	WV 木质胶合板

表 1 酚醛树脂工业硬质层压板的型号

层压板型号			用途与特性[a]
树脂	增强材料	系列号	
PF	CC	201	机械用。较 PF CC 202 型机械性能好,但电气性能较其差
		202	机械和电气用
		203	机械用。推荐用于制作小零件。较 PF CC 204 型机械性能好,但电气性能较其差

表 1（续）

层压板型号			用途与特性[a]
树脂	增强材料	系列号	
PF	CC	204	机械和电气用。推荐用于制作小零件
		305	机械和电气用。用于高精度机加工
	CP	201	机械用。机械性能较其他 PF CP 型更好，一般湿度下电气性能较差。适用于热冲加工
		202	工频高电压用。油中电气强度高，一般湿度下空气中电气强度好
		203	机械和电气用。一般湿度下电气性能好。适用于热冲加工
		204	电气和电子用。高湿度下电气性能稳定性好。适用于冷冲加工或热冲加工
		205	类似于 PF CP 204 型，但具低燃烧性
		206	机械和电气用。高湿度下电气性能好。适用于热冲加工
		207	类似于 PF CP 201 型，但提高了低温下的冲孔性
		308	类似于 PF CP 206 型，但具低燃烧性
	GC	201	机械和电气用。一般湿度下机械强度高、电气性能好，耐热
	WV	201	机械用。交叉层叠。机械性能好
		202	机械和电气用。交叉层叠。一般湿度下电气性能好
		303	机械用。同向层叠。机械性能好
		304	机械和电气用。同向层叠
[a] 不应根据表1中得出：某一具体型号的层压板一定不适用于未被列出的用途，或者特定的层压板一定适用于所述大范围内的各种用途。			

4 要求

4.1 外观

应符合 GB/T 1303.1—2009 中 5.1 的规定。

4.2 尺寸

4.2.1 层压板的原板宽度、长度的允许偏差应符合表 2 的规定。

表 2 宽度、长度的允许偏差 单位为毫米

宽度和长度	允许偏差
450~1 000	±15
>1 000~2 600	±25

4.2.2 厚度

层压板的标称厚度及公差见表 3。

表 3　标称厚度及公差　　　　　　　　　　　　　　　　　单位为毫米

标称厚度	标称厚度公差（所有型号）				
	PF CP 所有型号	PF CC 201 PF CC 202	PF CC 203 PF CC 204 PF CC 305	PF GC 201	PF WV 所有型号
0.4	±0.07	—	—	±0.10	—
0.5	±0.08	—	±0.13	±0.12	—
0.6	±0.09	—	±0.14	±0.13	—
0.8	±0.10	±0.19	±0.15	±0.16	—
1.0	±0.12	±0.20	±0.16	±0.18	—
1.2	±0.14	±0.22	±0.17	±0.21	—
1.5	±0.16	±0.24	±0.19	±0.24	—
2.0	±0.19	±0.26	±0.21	±0.28	—
2.5	±0.22	±0.29	±0.24	±0.33	—
3.0	±0.25	±0.31	±0.26	±0.37	—
4.0	±0.30	±0.36	±0.32	±0.45	—
5.0	±0.34	±0.42	±0.36	±0.52	—
6.0	±0.37	±0.46	±0.40	±0.60	—
8.0	±0.47	±0.55	±0.49	±0.72	—
10.0	±0.55	±0.63	±0.56	±0.82	—
12.0	±0.62	±0.70	±0.64	±0.94	±1.25
14.0	±0.69	±0.78	±0.70	±1.02	±1.35
16.0	±0.75	±0.85	±0.76	±1.12	±1.45
20.0	±0.86	±0.95	±0.87	±1.30	±1.60
25.0	±1.00	±1.10	±1.02	±1.50	±1.80
30.0	±1.15	±1.22	±1.12	±1.70	±2.00
35.0	±1.25	±0.34	±1.24	±1.95	±2.10
40.0	±1.35	±1.45	±1.35	±2.10	±2.25
45.0	±1.45	±1.55	±1.45	±2.30	±2.40
50.0	±1.55	±1.65	±1.55	±2.45	±2.50
60.0	—	—	—	—	±2.80
70.0	—	—	—	—	±3.00
80.0	—	—	—	—	±3.25
90.0	—	—	—	—	±3.60
100.0	—	—	—	—	±3.75

注 1：对于标称厚度不在本表所列的优选厚度时，其公差应采用最接近的优选标称厚度的公差。

注 2：其他公差要求可由供需双方商定。

4.2.3 层压板切割板条宽度及公差

层压板切割板条的宽度及公差见表4。

表 4 层压板切割板条的宽度及公差（均为负公差） 单位为毫米

标称厚度 d	标称宽度（所有型号）					
	$3<b\leqslant50$	$50<b\leqslant100$	$100<b\leqslant160$	$160<b\leqslant300$	$300<b\leqslant500$	$500<b\leqslant600$
0.4	0.5	0.5	0.5	0.6	1.0	1.5
0.5	0.5	0.5	0.5	0.6	1.0	1.5
0.6	0.5	0.5	0.5	0.6	1.0	1.5
0.8	0.5	0.5	0.5	0.6	1.0	1.0
1.0	0.5	0.5	0.5	0.6	1.0	1.0
1.2	0.5	0.5	0.5	1.0	1.2	1.2
1.5	0.5	0.5	0.5	1.0	1.2	1.2
2.0	0.5	0.5	0.5	1.0	1.2	1.5
2.5	0.5	1.0	1.0	1.5	2.0	2.5
3.0	0.5	1.0	1.0	1.5	2.0	2.5
4.0	0.5	2.0	2.0	3.0	4.0	5.0
5.0	0.5	2.0	2.0	3.0	4.0	5.0

注：表中所列宽度的公差均为单向负公差。其他公差可由供需双方商定。

4.3 平直度

平直度要求见表5。

表 5 平直度 单位为毫米

材 料	厚度 d	直尺长度	
		1 000	500
PF WV 型	$12\leqslant d$	9	2.0
所有其他型号	$3<d\leqslant6$	10	2.5
	$6<d\leqslant8$	8	2.0
	$d>8$	6	1.5

4.4 性能要求

层压板的性能要求见表6。

表 6 性能要求

性能	单位	要求							
		PF CP 201	PF CP 202	PF CP 203	PF CP 204	PF CP 205	PF CP 206	PF CP 207	PF CP 308
弯曲强度	MPa	≥135	≥120	≥120	≥75	≥75	≥85	≥80	≥85
表观弯曲弹性模量	MPa	≥7 000	≥7 000	≥7 000	≥7 000	≥7 000	≥7 000	≥7 000	≥7 000
垂直层向压缩强度	MPa	≥300	≥300	≥250	≥250	≥250	≥250	≥250	≥250
平行层向剪切强度	MPa	≥10	≥10	≥10	≥10	≥10	≥10	≥10	≥10
拉伸强度	MPa	≥100	≥100	≥100	≥100	≥100	≥100	≥100	≥100
粘合强度	N	≥3 600	≥3 600	≥3 200	≥3 200	≥3 200	≥3 200	≥3 200	≥3 200
垂直层向电气强度(90 ℃油中)	kV/mm	见表7							
平行层向击穿电压(90 ℃油中)[a]	kV	—	≥35[a]	≥15	≥25	≥20	≥25	—	≥25
工频介质损耗因数	—	—	≤0.05	—	—	—	—	—	—
工频介电常数	—	—	≤5.5	—	—	—	—	—	—
1 MHz下介质损耗因数	—	—	—	≤0.05	≤0.05	≤0.05	≤0.05	≤0.05	≤0.05
1 MHz下介电常数	—	—	—	≤5.5	≤5.5	≤5.5	≤5.5	≤5.5	≤5.5
浸水后绝缘电阻	Ω	—	—	≥5.0×10⁷	≥5.0×10⁹	≥1.0×10⁹	≥1.0×10⁹	—	≥1.0
耐电痕化指数	—	—	≥100	≥100	≥100	≥100	≥100	—	≥100
密度	g/cm³	1.3~1.4							
燃烧性	级	—	—	—	—	V-1	—	—	V-1
吸水性	mg	见表8							

注1："—"表示无此要求。

注2："平行层向剪切强度"与"粘合强度"任选一项达到要求即可。

注3：在本部分中,燃烧性试验主要用于监控层压板生产的一致性,所测结果并不全面代表材料实际使用过程的着火危险性。

注4："表观弯曲弹性模量"、"垂直层向压缩强度"、"平行层向剪切强度"、"拉伸强度"、"粘合强度"、"工频介质损耗因数"、"工频介电常数"、"1 MHz下介质损耗因数"、"1 MHz下介电常数"、"耐电痕化指数"、"密度"为特殊性能要求,由供需双方商定。

[a] 试验前经(105 ℃±5 ℃)/96 h空气中处理,然后立即浸入90 ℃±2 ℃热油中测定。

表 6（续）

性能	单位	要 求									
		PF CC 201	PF CC 202	PF CC 203	PF CC 204	PF CC 305	PF GC 201	PF WV 201	PF WV 202	PF WV 303	PF WV 304
弯曲强度	MPa	≥100	≥90	≥110	≥100	≥125	≥200	≥100	≥100	≥180	≥170
表观弯曲弹性模量	MPa	≥7 000	≥7 000	≥7 000	≥7 000	≥7 000	—	—	—	—	—
平行层向简支梁冲击强度	kJ/m²	≥8.8	≥7.8	≥7.0	≥6.0	≥6.0	≥25	≥10	≥10	≥25	≥25
平行层向悬臂梁冲击强度	kJ/m²	≥5.4	≥5.9	≥5.9	≥4.9	≥4.9	≥29	≥5.9	≥4.9	待定	待定
平行层向剪切强度	MPa	≥25	≥25	≥20	≥20	≥20	—	—	—	—	—
粘合强度	N	≥3 600	≥3 600	≥3 200	≥3 200	≥3 200	≥3 200				
拉伸强度	MPa	≥80	≥85	≥60	≥80	≥80	—				
垂直层向电气强度（90 ℃油中）	kV/mm	见表 7					由供需双方商定				
平行层向击穿电压（90 ℃油中）	kV	待定	≥20	待定	≥20	待定	≥20	—	≥25	—	≥25
浸水后绝缘电阻	Ω	待定	≥5.0×10⁷	待定	≥5.0×10⁷	待定	≥1.0×10⁸	—	≥1.0×10⁷	—	≥1.0×10⁷
工频介电常数	—	—	—	≤5.5	≤5.5	≤5.5	—				
耐电痕化指数	—	≥100	≥100	≥100	≥100	≥100	—				
密度	g/cm³	1.3～1.4					—	—	—	—	—
吸水性	mg	见表 8									

注 1："—"表示无此要求。

注 2：平行层向简支梁冲击强度和平行层向悬臂梁冲击强度，两者之一满足要求即可。

注 3："表观弯曲弹性模量"、"平行层向剪切强度"、"拉伸强度"、"粘合强度"、"工频介电常数"、"耐电痕化指数"、"密度"为特殊性能要求，由供需双方商定。

表7 垂直层向电气强度（90 ℃油中）
（1 min耐压试验或20 s逐级升压试验）[a]

单位为千伏每毫米

型 号	测得的试样厚度平均值[b] mm															
	0.4	0.5	0.6	0.7	0.8	0.9	1.0	1.2	1.5	1.8	2.0	2.2	2.4	2.6	2.8	3.0
PF CC 201	—	—	—	—	0.89	0.84	0.82	0.80	0.74	0.69	0.65	0.61	0.58	0.56	0.53	0.50
PF CC 202	—	—	—	—	5.60	5.30	5.10	4.60	4.00	3.60	3.40	3.30	3.20	3.10	3.00	3.00
PF CC 203	—	0.98	0.95	0.92	0.89	0.84	0.82	0.80	0.74	0.69	0.65	0.61	0.58	0.56	0.53	0.50
PF CC 204	—	8.10	7.70	7.30	7.00	6.60	6.30	5.80	5.25	4.80	4.60	4.40	4.20	4.10	4.10	4.00
PF CC 305	2.72	2.50	2.30	2.15	1.97	1.89	1.72	1.52	1.21	1.10	1.03	1.00	0.90	0.85	0.83	0.80
PF CP 202[c]	19.00	18.20	17.60	17.10	16.60	16.20	15.80	15.20	14.50	13.90	13.60	13.40	13.30	13.20	13.00	13.00
PF CP 203	7.70	7.60	7.50	7.40	7.30	7.20	7.00	6.90	6.70	6.40	6.20	5.90	5.70	5.50	5.20	5.00
PF CP 204	15.70	14.70	14.00	13.40	12.90	12.50	12.10	11.40	10.40	9.60	9.30	9.00	8.80	8.60	8.50	8.40
PF CP 205	15.70	14.70	14.00	13.40	12.90	12.50	12.10	11.40	10.10	9.60	9.30	9.00	8.80	8.60	8.50	8.40
PF CP 206	17.50	16.00	15.00	14.10	13.40	12.80	12.30	11.40	10.35	9.50	9.10	8.70	8.40	8.20	7.90	7.70
PF CP 308	17.50	16.00	15.00	14.10	13.40	12.80	12.30	11.40	10.30	9.50	9.10	8.70	8.40	8.20	7.90	7.70
PF GC 201	10.80	10.20	9.70	9.30	9.00	8.70	8.40	8.00	7.45	7.00	6.80	6.50	6.30	6.10	5.90	5.70

[a] 两者试验任取其一。对满足两者中任何一个要求的应视其垂直层向电气强度（90 ℃油中）符合要求。

[b] 如果测得的试样厚度算术平均值介于表中所示两种厚度之间，则其极限值应由内插法求得。如果测得的试样厚度算术平均值低于给出极限值的最小厚度，则电气强度极限值取相应最小厚度的值。如果标称厚度为3 mm而测得的厚度算术平均值超过3 mm，则取3 mm厚度的极限值。

[c] PF CP202型板试验前应在105 ℃±5 ℃的空气中预处理96 h，然后立即浸入90 ℃±2 ℃热油中测定。

单位为毫克

表 8 吸水性极限值

性能	测得的试样厚度平均值[a] mm																				
	0.4	0.5	0.6	0.8	1.0	1.2	1.5	2.0	2.5	3.0	4.0	5.0	6.0	8.0	10.0	12.0	14.0	16.0	20.0	25.0	22.5[b]
PF CC 201	—	—	—	201	206	211	218	229	239	249	262	275	284	301	319	336	354	371	406	450	540
PF CC 202	—	—	—	133	136	139	144	151	157	162	169	175	182	195	209	223	236	250	277	311	373
PF CC 203	—	190	194	201	206	211	218	229	239	249	262	275	284	301	319	336	354	371	406	450	540
PF CC 204	—	127	129	133	136	139	144	151	157	162	169	175	182	195	209	223	236	250	277	311	373
PF CC 305	—	190	194	201	206	211	218	229	239	249	262	275	284	301	319	336	354	371	406	450	540
PF CP 201	410	417	423	437	450	460	475	500	525	550	600	650	700	810	920	1 020	1 130	1 230	1 440	1 700	2 040
PF CP 202	165	167	168	173	180	188	200	220	240	260	300	342	382	466	550	630	720	800	970	1 150	1 380
PF CP 203	160	162	163	167	170	174	180	190	195	200	220	235	250	285	320	350	390	420	490	570	684
PF CP 204	44	45	46	47	48	50	52	56	58	63	70	77	84	99	113	128	142	157	196	222	266
PF CP 205	44	45	46	47	48	50	52	56	58	63	70	77	84	99	113	128	142	157	196	222	266
PF CP 206	62	63	65	67	69	71	75	80	85	90	100	110	118	135	149	162	175	175	202	219	263
PF CP 207	410	417	423	437	450	460	475	500	525	550	600	650	700	810	920	1 020	1 130	1 230	1 440	1 700	2 040
PF CP 308	62	63	65	67	69	71	75	80	85	90	100	110	118	135	149	162	175	186	202	219	263
PF GC 201	80	85	89	95	100	105	115	127	140	153	178	202	226	270	310	347	380	410	465	525	630
PF WV 201	—	—	—	—	—	—	—	—	—	—	—	—	—	—	—	2 500	2 650	2 810	3 110	3 500	4 200
PF WV 202	—	—	—	—	—	—	—	—	—	—	—	—	—	—	—	600	630	660	720	800	960
PF WV 303	—	—	—	—	—	—	—	—	—	—	—	—	—	—	—	2 500	2 650	2 810	3 110	3 500	4 200
PF WV 304	—	—	—	—	—	—	—	—	—	—	—	—	—	—	—	600	630	660	720	800	960

a 如果测得的试样厚度算术平均值介于表中所示两种厚度之间，则其极限值应由内插法求得。如果测得的试样厚度算术平均值低于表中给出极限值的最小厚度，则其吸水性极限值取相应最小厚度的值。如果标称厚度为 25 mm 而测得的厚度算术平均值超过 25 mm，则取 25 mm 厚度的极限值。

b 标称厚度大于 25 mm 的板应从单面机加工至 22.5 mm±0.3 mm，并且加工面应光滑。

5 试验方法

5.1 总则

试验分出厂检验和型式试验。出厂检验为 4.1、4.2、4.3 及 4.4 表 6 中的"弯曲强度"和"垂直层向电气强度",型式试验为全部性能项目。

5.2 外观

目测检查。

5.3 尺寸

5.3.1 厚度

按 GB/T 1303.2—2009 中 4.1 的规定。

5.3.2 宽度及长度

用分度为 0.5 mm 的直尺或量具至少测量三处,并报告其平均值。

5.4 平直度

按 GB/T 1303.2—2009 中 4.2 的规定。

5.5 弯曲强度

适用于试验的板材标称厚度为大于或等于 1.5 mm,按 GB/T 1303.2—2009 中 5.1 的规定,高温试验时,试样应在高温试验箱内在规定温度下处理 1 h 后,在该规定温度下进行试验。

5.6 表观弯曲弹性模量

适用于试验的板材标称厚度为大于或等于 1.5 mm,按 GB/T 1303.2—2009 中 5.2 的规定,高温试验时,试样应在高温试验箱内在规定温度下处理 1 h 后,在该规定温度下进行试验。

5.7 垂直层向压缩强度

适用于试验的板材标称厚度为大于或等于 5.0 mm,按 GB/T 1303.2—2009 中 5.3 的规定。

5.8 平行层向剪切强度

适用于试验的板材标称厚度为大于或等于 5.0 mm,按 GB/T 1303.2—2009 中 5.5 的规定。

5.9 拉伸强度

适用于试验的板材标称厚度为大于或等于 1.5 mm,按 GB/T 1303.2—2009 中 5.6 的规定。

5.10 粘合强度

5.10.1 适用于试验的板材标称厚度为大于或等于 10.0 mm,每组试样不少于五个,尺寸为长 25 mm ±0.2 mm,宽 25 mm±0.2 mm,厚为标称厚度 10 mm。标称厚度 10 mm 以上者,应从两面加工至 10 mm ±0.2 mm。标称厚度 10 mm 以下者不予试验。试样两相邻面应互相垂直。

5.10.2 示值误差不超过 1% 的材料试验机,试样破坏的负荷量应在试验机的刻度范围(15~85)% 之间,试验机压头上装有 Φ10 mm 的钢球。

5.10.3 试验前需将试样进行预处理,预处理及试验条件按 GB/T 1303.2—2009 中第 3 章规定进行。

5.10.4 将试样置于下夹具平台的中央,调整钢球与试样位置,使其如图 1 所示,然后以(10 mm±2 mm)/min 的速度施加压力,直至试样破坏读取负荷值。

5.10.5 粘合强度以试样破坏所施加压力值表示,取每组试样的算术平均值,个别值对平均值的允许偏差为±15%。

单位为毫米

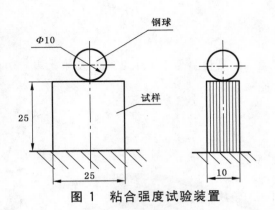

图 1　粘合强度试验装置

5.11　冲击强度

5.11.1　平行层向简支梁冲击强度

适用于试验的板材标称厚度为大于或等于 5.0 mm,按 GB/T 1303.2—2009 中 5.4.2 的规定。

5.11.2　平行层向悬臂梁冲击强度

适用于试验的板材标称厚度为大于或等于 5.0 mm,按 GB/T 1303.2—2009 中 5.4.3 的规定。

5.12　垂直层向电气强度

适用于试验的板材标称厚度为小于或等于 3.0 mm,按 GB/T 1303.2—2009 中 6.1.3.1 的规定,试验报告应报告试验方式。

5.13　平行层向击穿电压

适用于试验的板材标称厚度为大于 3.0 mm,按 GB/T 1303.2—2009 中 6.1.3.2 的规定,试验报告应报告电极的类型。

5.14　工频介质损耗因数

适用于试验的板材标称厚度为小于或等于 3.0 mm,按 GB/T 1303.2—2009 中 6.2 的规定。

5.15　工频介电常数

适用于试验的板材标称厚度为小于或等于 3.0 mm,按 GB/T 1303.2—2009 中 6.2 的规定。

5.16　1 MHz 下介质损耗因数

适用于试验的板材标称厚度为小于或等于 3.0 mm,按 GB/T 1303.2—2009 中 6.2 的规定。

5.17　1 MHz 下介电常数

适用于试验的板材标称厚度为小于或等于 3.0 mm,按 GB/T 1303.2—2009 中 6.2 的规定。

5.18　浸水后绝缘电阻

按 GB/T 1303.2—2009 中 6.3 的规定。

5.19　耐电痕化指数(PTI)

适用于试验的板材标称厚度大于或等于 3.0 mm,按 GB/T 1303.2—2009 中 6.4 的规定。

5.20　密度

按 GB/T 1303.2—2009 中 8.1 的规定。

5.21　燃烧性

适用于试验的板材标称厚度等于 3.0 mm,按 GB/T 1303.2—2009 中 7.2 的规定。

5.22　吸水性

按 GB/T 1303.2—2009 中 8.2 的规定。

6　供货要求

应符合 GB/T 1303.1—2009 中 5.4 的规定。

ICS 29.035.01
K 15

中华人民共和国国家标准

GB/T 1303.7—2009/IEC 60893-3-5:2003

电气用热固性树脂工业硬质层压板
第 7 部分：聚酯树脂硬质层压板

Industrial rigid laminated sheets based on thermosetting resins for electrical purposes—Part 7：Requirements for rigid laminated sheets based on polyester resins

(IEC 60893-3-5:2003，Insulating materials—Industrial rigid laminated sheets based on thermosetting resins for electrical purposes—
Part 3：Specifications for individual materials—
Sheet 5：Requirements for rigid laminated sheets based
on polyester resins，IDT)

2009-06-10 发布   2009-12-01 实施

中华人民共和国国家质量监督检验检疫总局
中国国家标准化管理委员会   发布

前　言

GB/T 1303《电气用热固性树脂工业硬质层压板》，分为以下几个部分：

——第1部分：定义、名称和一般要求；

——第2部分：试验方法；

——第3部分：工业硬质层压板型号；

——第4部分：环氧树脂硬质层压板；

——第5部分：三聚氰胺树脂硬质层压板；

——第6部分：酚醛树脂硬质层压板；

——第7部分：聚酯树脂硬质层压板；

——第8部分：有机硅树脂硬质层压板；

——第9部分：聚酰亚胺树脂硬质层压板；

——第10部分：双马来酰亚胺树脂硬质层压板；

——第11部分：聚酰胺酰亚胺树脂硬质层压板；

……

本部分是GB/T 1303的第7部分。

本部分等同采用IEC 60893-3-5:2003(第2版)《电气用热固性树脂工业硬质层压板　第3部分：单项材料规范　第5篇：对聚酯树脂硬质层压板的要求》(英文版)。

为便于使用对IEC 60893-3-5:2003进行了下述编辑性修改：

a) 删除了IEC 60893-3-5:2003中的"前言"和"引言"，将引言内容编入本部分的"前言"中；

b) 对第1章"范围"进行了修改，删除了有关材料符合性说明，增加了适用范围；

c) 删除第3章的尺寸标注内容；

d) 将"要求"一章按"外观"、"尺寸"、"平直度"、"性能要求"分条编写，将"供货要求"单独列为一章编写，同时对IEC 60893-3-5:2003中表5进行了修改，将备注内容列入表注；将表5中试验方法章条列入第5章"试验方法"重新编写，并增加了切割板条的测试方法及总则；

e) 删除了IEC 60893-3-5:2003的参考文献。

本部分由中国电器工业协会提出。

本部分由全国绝缘材料标准化技术委员会(SAC/TC 51)归口。

本部分主要起草单位：北京新福润达绝缘材料有限责任公司、四川东材科技集团股份有限公司、西安西电电工材料有限责任公司、国家绝缘材料工程技术研究中心、桂林电器科学研究所。

本部分起草人：刘琦焕、赵平、杜超云、刘锋、罗传勇。

本部分为首次制定。

电气用热固性树脂工业硬质层压板
第7部分:聚酯树脂硬质层压板

1 范围

GB/T 1303 的本部分规定了以聚酯树脂为粘合剂的硬质层压板的分类与命名、要求、试验方法及供货要求。

本部分适用于以玻璃毡为基材,以聚酯树脂为粘合剂经热压而成的聚酯树脂硬质层压板。

2 规范性引用文件

下列文件中的条款通过 GB/T 1303 的本部分的引用而成为本部分的条款。凡是注日期的引用文件,其随后所有的修改单(不包括勘误的内容)或修订版均不适用于本部分,然而,鼓励根据本部分达成协议的各方研究是否可使用这些文件的最新版本。凡是不注日期的引用文件,其最新版本适用于本部分。

GB/T 1303.1—2009 电气用热固性树脂工业硬质层压板 第 1 部分:定义、名称和一般要求(IEC 60893-1:2004,IDT)

GB/T 1303.2—2009 电气用热固性树脂工业硬质层压板 第 2 部分:试验方法(IEC 60893-2:2003,MOD)

3 命名与分类

3.1 命名

按树脂和增强材料及板材特性进行命名。

示例:

3.2 分类

层压板型号见表1。

表 1 不饱和聚酯树脂工业硬质层压板型号

层压板型号			用途和性能[a]
树脂	增强材料	系列号	
UP	GM	201	机械和电气用。高湿度下电气性能良好,中温下机械性能良好
		202	机械和电气用。类似 UP GM201,但阻燃性好
		203	机械和电气用。类似 UP GM202,但提高了耐电弧和耐电痕化
		204	机械和电气用。室温下机械性能良好,高温下机械性能良好
		205	机械和电气性能用。类似 UP GM204 型,但阻燃性好

[a] 不应根据表 1 中得出:某一具体型号的层压板一定不适用于未被列出的用途,或者特定的层压板一定适用于所述大范围内的各种用途。

4 要求

4.1 外观

应符合 GB/T 1303.1—2009 中 5.1 规定。

4.2 尺寸

4.2.1 层压板原板宽度、长度的允许偏差应符合表 2 的规定。

表 2 宽度和长度的允许偏差

单位为毫米

宽度和长度	允许偏差
450～1 000	±15
>1 000～2 600	±25

4.2.2 厚度

层压板标称厚度及允许偏差见表 3。

表 3 标称厚度及允许偏差

单位为毫米

标称厚度	允许偏差（所有型号）
0.8	±0.23
1.0	±0.23
1.2	±0.23
1.5	±0.25
2.0	±0.25
2.5	±0.30
3.0	±0.35
4.0	±0.40
5.0	±0.55
6.0	±0.60
8.0	±0.70
10.0	±0.80
12.0	±0.90
14.0	±1.00
16.0	±1.10
20.0	±1.30
25.0	±1.40
30.0	±1.45
35.0	±1.50
40.0	±1.55
45.0	±1.65
50.0	±1.75
60.0	±1.90
70.0	±2.00
80.0	±2.20
90.0	±2.35
100.0	±2.50
注 1：对于标称厚度不在本表所列的优选厚度时，其允许偏差应采用最接近的优选标称厚度的偏差。	
注 2：其他偏差要求可由供需双方商定。	

4.2.3 层压板切割板条宽度及偏差

层压板切割板条的宽度及允许偏差见表4。

表 4 层压板切割板条的宽度允许偏差（均为负偏差）   单位为毫米

标称厚度 d	标称宽度（所有型号）					
	3<b≤50	50<b≤100	100<b≤160	160<b≤300	300<b≤500	500<b≤600
0.8	0.5	0.5	0.5	0.6	1.0	1.0
1.0	0.5	0.5	0.5	0.6	1.0	1.0
1.2	0.5	0.5	0.5	1.0	1.2	1.2
1.5	0.5	0.5	0.5	1.0	1.2	1.2
2.0	0.5	0.5	0.5	1.0	1.2	1.5
2.5	0.5	1.0	1.0	1.5	2.0	2.5
3.0	0.5	1.0	1.0	1.5	2.0	2.5
4.0	0.5	2.0	2.0	3.0	4.0	5.0
5.0	0.5	2.0	2.0	3.0	4.0	5.0
注：表中所列宽度的偏差均为单向的负偏差，其他偏差可由供需双方商定。						

4.3 平直度

表 5 平直度   单位为毫米

厚度 d	直尺长度	
	1 000	500
3<d≤6	≤10	≤2.5
6<d≤8	≤8	≤2.0
8<d	≤6	≤1.5

4.4 性能要求

性能要求见表6规定。

表 6 性能要求

序号	性　能		单位	要　求				
				UP GM 201	UP GM 202	UP GM 203	UP GM 204	UP GM 205
1	弯曲强度	常态	MPa	≥130	≥130	≥130	≥250	≥250
		130 ℃±2 ℃		—	≥65	≥65	—	—
		150 ℃±2 ℃		—	—	—	≥125	≥125
2	平行层向简支梁冲击强度		kJ/m²	≥40	≥40	≥40	≥50	≥50
3	平行层向悬臂梁冲击强度		kJ/m²	≥35	≥35	≥35	≥44	≥44
4	垂直层向电气强度（90 ℃±2 ℃油中）		kV/mm	见表7				
5	平行层向击穿电压（90 ℃±2 ℃油中）		kV	≥35	≥35	≥35	≥35	≥35
6	浸水后绝缘电阻		MΩ	≥5.0×10²	≥5.0×10²	≥5.0×10²	≥5.0×10²	≥5.0×10²
7	耐电痕化指数（PTI）		—	≥500	≥500	≥500	≥500	≥500

表6（续）

序号	性　　能	单位	要　　求				
			UP GM 201	UP GM 202	UP GM 203	UP GM 204	UP GM 205
8	耐电痕化和蚀损	级	—	—	1B2.5	—	—
9	燃烧性	级	—	V-0	V-0	—	V-0
10	吸水性	mg	见表8				

注1：对所有 UP GM 型号，切自未经修边的板的外缘 13 mm 的板条不要求符合本部分的规定。

注2："—"表示无此要求。

注3：平行层向简支梁冲击强度和平行层向悬臂梁冲击强度，两者之一满足要求即可。

注4：燃烧性试验主要用于监控层压板生产的一致性，所测结果并不全面代表材料实际使用过程中的潜在的着火危险性。

表7　垂直层向电气强度
（1 min 耐压或 20 s 逐级升压试验）

单位为千伏每毫米

型号	测得的试样厚度平均值 mm								
	1.5	1.8	2.0	2.2	2.4	2.5	2.6	2.8	3.0
UP GM201	12.0	11.0	10.5	10.0	9.6	9.4	9.2	9.0	9.0
UP GM202	12.0	11.0	10.5	10.0	9.6	9.4	9.2	9.0	9.0
UP GM203	12.0	11.0	10.5	10.0	9.6	9.4	9.2	9.0	9.0
UP GM204	12.0	11.0	10.5	10.0	9.6	9.4	9.2	9.0	9.0
UP GM205	12.0	11.0	10.5	10.0	9.6	9.4	9.2	9.0	9.0

注1：两种试验任取其一。满足两者中任何一个要求应视其垂直层向电气强度（90 ℃油中）符合要求。

注2：如果测得的试样厚度算术平均值介于表中所示两种厚度之间，则其极限值应由内插法求得。如果测得的试样厚度算术平均值低于给出极限值的最小厚度，则电气强度极限值取相应最小厚度的值。如果标称厚度为 3 mm 而测得的厚度算术平均值超过 3 mm，则取 3 mm 电气强度值。

表8　吸水性极限值

单位为毫克

型号	测得的试样厚度平均值 mm																	
	0.8	1.0	1.2	1.5	2.0	2.5	3.0	4.0	5.0	6.0	8.0	10.0	12.0	14.0	16.0	20.0	25.0	22.5[2]
UP GM201				43	47	51	55	63	69	76	89	101	112	124	135	157	185	200
UP GM202				43	47	51	55	63	69	76	89	101	112	124	135	157	185	200
UP GM203				43	47	51	55	63	69	76	89	101	112	124	135	157	185	200
UP GM204				43	47	51	55	63	69	76	89	101	112	124	135	157	185	200
UP GM205				43	47	51	55	63	69	76	89	101	112	124	135	157	185	200

注1：如果测得的试样厚度算术平均值介于表中所示两种厚度之间，则其极限值应由内插法求得。如果测得的试样厚度算术平均值低于给出极限值的最小厚度，则其吸水性极限值取相应最小厚度的值。如果标称厚度为 25 mm 而测得的厚度算术平均值超过 25 mm，则取 25 mm 的吸水性。

注2：标称厚度大于 25 mm 的板应从单面机加工至(22.5±0.3)mm，并且加工面应光滑。

5 试验方法

5.1 总则

试验分出厂检验和型式试验。出厂检验为4.1、4.2、4.3及4.4表6中的"弯曲强度（常态）"和"垂直层向电气强度"，型式试验为全部性能项目。

5.2 外观

目测检查。

5.3 尺寸

5.3.1 厚度

按GB/T 1303.2—2009中4.1规定。

5.3.2 宽度及长度

用分度为0.5 mm的直尺或量具至少测量三处，并报告其平均值。

5.4 平直度

按GB/T 1303.2—2009中4.2规定。

5.5 弯曲强度

适用于试验的板材标称厚度为大于或等于1.5 mm，按GB/T 1303.2—2009中5.1规定，高温试验时，试样应在高温试验箱内在规定温度下处理30 min后，在该规定温度下进行试验。

5.6 平行层向简支梁冲击强度

适用于试验的板材标称厚度为大于或等于5.0 mm，按GB/T 1303.2—2009中5.4.2规定。

5.7 平行层向悬臂梁冲击强度

适用于试验的板材标称厚度为大于或等于5.0 mm，按GB/T 1303.2—2009中5.4.3规定。

5.8 垂直层向电气强度

适用于试验的板材标称厚度为小于或等于3.0 mm，按GB/T 1303.2—2009中6.1.3.1规定，试验报告应报告试验方式。

5.9 平行层向击穿电压

适用于试验的板材标称厚度为大于3.0 mm，按GB/T 1303.2—2009中6.1.3.2规定，试验应报告电极类型。

5.10 浸水后绝缘电阻

按GB/T 1303.2—2009中6.3规定。

5.11 耐电痕化指数（PTI）

适用于试验的板材标称厚度大于或等于3.0 mm，按GB/T 1303.2—2009中6.4规定。

5.12 耐电痕化和蚀损

按GB/T 1303.2—2009中6.5规定。

5.13 燃烧性

适用于试验的板材标称厚度等于3.0 mm，按GB/T 1303.2—2009中7.2规定。

5.14 吸水性

按GB/T 1303.2—2009中8.2规定。

6 供货要求

应符合GB/T 1303.1—2009中5.4的规定。

ICS 29.035.99
K 15

中华人民共和国国家标准

GB/T 1303.8—2009/IEC 60893-3-6:2003
代替 GB/T 4206—1984

电气用热固性树脂工业硬质层压板
第 8 部分：有机硅树脂硬质层压板

Industrial rigid laminated sheets based on thermosetting resins for
electrical purposes—Part 8：Requirements for
rigid laminated sheets based on silicone resins

（IEC 60893-3-6:2003，Insulating materials-Industrial rigid laminated sheets
based on thermosetting resins for electrical purposes—
Part 3：Specifications for individual materials—Sheet 6：Requirements for
rigid laminated sheets based on silicone resins，IDT）

2009-06-10 发布

2009-12-01 实施

中华人民共和国国家质量监督检验检疫总局
中国国家标准化管理委员会 发布

前　　言

GB/T 1303《电气用热固性树脂工业硬质层压板》包含下列几个部分：

——第 1 部分：定义、分类和一般要求；

——第 2 部分：试验方法；

——第 3 部分：工业硬质层压板型号；

——第 4 部分：环氧树脂硬质层压板；

——第 5 部分：三聚氰胺树脂硬质层压板；

——第 6 部分：酚醛树脂硬质层压板；

——第 7 部分：聚酯树脂硬质层压板；

——第 8 部分：有机硅树脂硬质层压板；

——第 9 部分：聚酰亚胺树脂硬质层压板；

——第 10 部分：双马来酰亚胺树脂硬质层压板；

——第 11 部分：聚酰胺酰亚胺树脂硬质层压板；

……

本部分为 GB/T 1303 的第 8 部分。

本部分等同采用 IEC 60893-3-6：2003《电气用热固性树脂工业硬质层压板　第 3 部分：单项材料规范　第 6 篇：对有机硅树脂硬质层压板的要求》（英文版）。

本部分与 IEC 60893-3-6：2003 的编辑性差异如下：

a)　删除了 IEC 60893-3-6：2003 中的"前言"和"引言"，将引言内容编入本部分的"前言"中；

b)　对第 1 章"范围"进行了修改，删除了有关材料符合性说明，增加了适用范围；

c)　删除了第 3 章名称举例中的尺寸标注内容；

d)　将"要求"一章按"外观"、"尺寸"、"平直度"、"性能要求"分条编写，将"供货要求"单独列为一章编写，同时对 IEC 60893-3-6：2003 中表 5 进行了修改，将备注内容列入表注，将表 5 中试验方法章条放入第 5 章"试验方法"重新编写，并增加了切割板条的测试方法及总则；

e)　删除了 IEC 60893-3-6：2003 的参考文献。

本部分代替 GB/T 4206—1984《有机硅层压玻璃布板》。

本部分与 GB/T 4206—1984 的区别如下：

a)　本部分在"前言"中列出了有关电气用热固性树脂工业硬质层压板标准系列组成部分；

b)　在第 3 章"分类"增加了有关层压板的"名称构成"、"树脂类型"和"补强材料类型"的详细规定；并详细地增加了有机硅树脂工业硬质层压板的所有型号，而不仅仅针对 SIGC 201 型；

c)　对厚度公差按不同型号进行了明细规定；

d)　增加了 25 mm 以上标称厚度层压板的公差要求；

e)　增加了"平行层向悬臂梁冲击强度"、"垂直层向电气强度（90 ℃油中）"、"介电常数（48 Hz～62 Hz）"、"介质损耗因数（48 Hz～62 Hz）"和"燃烧性"性能要求；

f)　删除了 GB/T 4206—1984 中对"试验方法"一章的分述，将相应章条编号列入本部分表 5"性能要求"中。

本部分由中国电器工业协会提出。

本部分由全国绝缘材料标准化技术委员会（SAC/TC 51）归口。

　　本部分主要起草单位:西安西电电工材料有限责任公司、东材科技集团股份有限公司、北京新福润达绝缘材料有限公司、桂林电器科学研究所。

　　本部分起草人:杜超云、赵平、刘琦焕、罗传勇。

　　本部分所代替标准的历次版本发布情况为:

　　——GB/T 4206—1984。

电气用热固性树脂工业硬质层压板
第8部分:有机硅树脂硬质层压板

1 范围

GB/T 1303 的本部分规定了电气用有机硅树脂和不同增强材料制成的工业硬质层压板的分类要求。

本部分适用于电气用环氧树脂和不同补强材料制成的工业硬质层压板。其用途和特性见表1。

2 规范性引用文件

下列文件中的条款通过 GB/T 1303 的本部分的引用而成为本部分的条款。凡是注日期的引用文件,其随后所有的修改单(不包括勘误的内容)或修订版均不适用于本部分,然而,鼓励根据本部分达成协议的各方研究是否可使用这些文件的最新版本。凡是不注日期的引用文件,其最新版本适用于本部分。

GB/T 1303.1—2009 电气用热固性树脂工业硬质层压板 第1部分:定义、分类和一般要求 (IEC 60893-1:2004,IDT)

GB/T 1303.2—2009 电气用热固性树脂工业硬质层压板 第2部分:试验方法(IEC 60893-2:2003,MOD)

3 命名

本部分所涉及的板按所用的树脂和增强材料不同以及板的特性不同划分成各种型号。各种板的名称构成如下:

——GB 标准号;
——代表树脂的双字母缩写;
——代表增强材料的第二个双字母缩写;
——系列号;

名称举例:SI GC 201 型工业硬质层压板,名称为:GB/T 1303 SI GC 201。

下列缩写适用于本部分:

树脂类型　　　　　　　　增强材料类型
SI 有机硅　　　　　　　　GC(纺织)玻璃布

环氧树脂工业硬质层压板的型号见表1。

表1 有机硅树脂工业硬质层压板的型号

层压板型号			用途与特性
树脂	增强材料	系列号	
SI	GC	201	电气和电子用。干燥条件下电气性能极好,潮湿条件下电气性能好
		202	高温下机械和电气用。耐热性好
注:不应从表中推论层压板一定不适用于未被列出的用途,或者特定的层压板将适用于大范围内的各种用途。			

4 要求

4.1 外观

应符合 GB/T 1303.1—2009 中 5.1 的规定。

4.2 尺寸

4.2.1 层压板的原板宽度和长度的允许偏差应符合表 2 的规定。

表 2 宽度和长度的允许偏差

单位为毫米

宽度和长度	允许偏差
450～1 000	±15
＞1 000～2 600	±25

4.2.2 标称厚度及允许偏差

层压板的标称厚度及偏差见表 3。

表 3 标称厚度及允许偏差

单位为毫米

标 称 厚 度	偏差（所有型号） ±
0.4	0.10
0.5	0.12
0.6	0.13
0.8	0.16
1.0	0.18
1.2	0.21
1.5	0.24
2.0	0.28
2.5	0.33
3.0	0.37
4.0	0.45
5.0	0.52
6.0	0.60
8.0	0.72
10.0	0.82
12.0	0.94
14.0	1.02
16.0	1.12
20.0	0.30
25.0	1.50
30.0	1.70
35.0	1.95
40.0	2.10
45.0	2.30
50.0	2.45
注：对标称厚度不是所列的优选厚度之一者，其公差应采用相近最大优选标称厚度的公差。 　　其他公差可由供需双方商定。	

4.2.3 层压板切割板条宽度及偏差

层压板切割板条的宽度及偏差见表4。

4.3 平直度

层压板的平直度要求见表5。

表 4 切割板条的宽度偏差
单位为毫米

标称厚度 d	标称宽度(所有型号)					
	3<b≤50	50<b≤100	100<b≤160	160<b≤300	300<b≤500	500<b≤600
0.4	0.5	0.5	0.5	0.6	1.0	1.5
0.5	0.5	0.5	0.5	0.6	1.0	1.5
0.6	0.5	0.5	0.5	1.0	1.2	1.5
0.8	0.5	0.5	0.5	0.6	1.0	1.0
1.0	0.5	0.5	0.5	0.6	1.0	1.0
1.2	0.5	1.0	0.5	1.0	1.2	1.2
1.5	0.5	0.5	0.5	1.0	1.2	1.2
2.0	0.5	0.5	0.5	1.0	1.2	1.5
2.5	0.5	1.0	1.0	1.5	2.0	2.5
3.0	0.5	1.0	1.0	1.5	2.0	2.5
4.0	0.5	2.0	2.0	3.0	4.0	5.0
5.0	0.5	2.0	2.0	3.0	4.0	5.0

注：通常表中所列切割板条宽度的偏差均为单向的负偏差。其他偏差可由供需双方商定。

表 5 平直度
单位为毫米

厚度 d	直尺长度	
	1 000	500
3<d≤6	15	4.0
6<d≤8	12	3.0
8<d	10	2.5

注：均为负偏差。

4.4 性能要求

层压板的性能要求见表6。

表 6 性能要求

性 能	单位	要 求	
		型 号	
		SI GC 201	SI GC 202
垂直层向弯曲强度	MPa	≥90	≥120
平行层向间支梁冲击强度	kJ/m²	≥20	≥25
平行层向悬臂梁冲击强度	kJ/m²	≥21	≥26
垂直层向电气强度(90 ℃油中)	kV/mm	见表7	
平行层向击穿电压(90 ℃油中)	kV	≥30	≥25

表 6（续）

性　　能	单位	要　求	
		型　号	
		SI GC 201	SI GC 202
介电常数（50 Hz）	—	≤4.5	≤6.0
介电常数（1 MHz）	—	≤4.5	≤6.0
介质损耗因数（50 Hz）	—	≤0.02	≤0.07
介质损耗因数（1 MHz）	—	≤0.02	≤0.07
浸水后绝缘电阻	MΩ	$\geq 1 \times 10^4$	$\geq 1 \times 10^3$
燃烧性	级	V-0	V-0
吸水性	mg	见表 8	

注：平行层向间支梁冲击强度和平行层向悬臂梁冲击强度两者之一满足要求即可；介电常数（50 Hz）和介电常数（1 MHz）两者之一满足要求即可；介质损耗因数（50 Hz）和介质损耗因数（1 MHz）两者之一满足要求即可。

表 7　垂直层向电气强度（90 ℃油中）

（1 min 耐压试验或 20 s 逐级升压试验）[a]

单位为千伏每毫米

型号	测得的试样厚度平均值 mm																
	0.4	0.5	0.6	0.7	0.8	0.9	1.0	1.2	1.5	1.8	2.0	2.2	2.4	2.5	2.6	2.8	3.0
SI GC 201	10.0	9.4	8.9	8.5	8.2	8.0	7.7	7.3	7.0	6.4	6.2	6.0	5.8	5.6	5.4	5.2	5.0
SI GC 202	9.1	8.6	8.2	7.9	7.6	7.3	7.0	6.6	6.2	5.6	5.4	5.3	5.2	5.2	5.2	5.1	5.0

注：如果测得的试样厚度算术平均值介于表中所示两种厚度之间，则其极限值应由内插法求得。如果测得的试样厚度算术平均值低于给出极限值的那个最小厚度，则电气强度极限值取相应最小厚度的那个值。如果标称厚度为 3 mm 而测得的厚度算术平均值超过 3 mm，则取 3 mm 厚度的那个极限值。

[a] 两者试验任取其一。满足两者中任何一个即视为符合本规范要求。

表 8　吸水性极限值

单位为毫克

型号	测得的试样厚度平均值 mm																			
	0.4	0.5	0.6	0.8	1.0	1.2	1.5	2.0	2.5	3.0	4.0	5.0	6.0	8.0	10.0	12.0	14.0	16.0	20.0	25.0	22.5
SI GC 201	7	7	8	8	9	9	10	11	12	13	15	17	19	23	27	31	35	39	47	57	68
SI GC 202	28	29	29	31	32	33	35	36	38	40	45	50	55	65	75	82	95	105	125	150	180

注：如果测得的试样厚度算术平均值介于表中所示两种厚度之间，则其极限值应由内插法求得。如果测得的试样厚度算术平均值低于给出极限值的那个最小厚度，则其吸水性极限值取相应最小厚度的那个值。如果标称厚度为 25 mm 而测得的厚度算术平均值超过 25 mm，则取 25 mm 厚度的那个极限值。

标称厚度大于 25 mm 的板应单面机加工至 22.5 mm±0.3 mm，并且加工面应光滑。

5 试验方法

5.1 总则

试验分出厂检验和型式试验。出厂检验为4.1、4.2、4.3及4.4表6中的"弯曲强度"和"垂直层向电气强度",型式试验为全部性能项目。

5.2 外观

目测检查。

5.3 尺寸

5.3.1 厚度

按 GB/T 1303.2—2009 中 4.1 的规定。

5.3.2 宽度及长度

用分度为 0.5 mm 的直尺或量具至少测量三处,并报告其平均值。

5.4 平直度

按 GB/T 1303.2—2009 中 4.2 的规定。

5.5 垂直层向弯曲强度

适用于试验的板材标称厚度为大于或等于 1.5 mm,按 GB/T 1303.2—2009 中 5.1 的规定,高温试验时,试样应在高温试验箱内在规定温度下处理 1 h 后,在该规定温度下进行试验。

5.6 冲击强度

5.6.1 平行层向简支梁冲击强度

适用于试验的板材标称厚度为大于或等于 5.0 mm,按 GB/T 1303.2—2009 中 5.4.2 的规定。

5.6.2 平行层向悬臂梁冲击强度

适用于试验的板材标称厚度为大于或等于 5.0 mm,按 GB/T 1303.2—2009 中 5.4.3 的规定。

5.7 垂直层向电气强度

适用于试验的板材标称厚度为小于或等于 3.0 mm,按 GB/T 1303.2—2009 中 6.1.3.1 的规定,试验报告应报告试验方式。

5.8 平行层向击穿电压

适用于试验的板材标称厚度为大于 3.0 mm,按 GB/T 1303.2—2009 中 6.1.3.2 的规定,试验报告应报告电极的类型。

5.9 工频介质损耗因数

适用于试验的板材标称厚度为小于或等于 3.0 mm,按 GB/T 1303.2—2009 中 6.2 的规定。

5.10 工频介电常数

适用于试验的板材标称厚度为小于或等于 3.0 mm,按 GB/T 1303.2—2009 中 6.2 的规定。

5.11 1 MHz 下介质损耗因数

适用于试验的板材标称厚度为小于或等于 3.0 mm,按 GB/T 1303.2—2009 中 6.2 的规定。

5.12 1 MHz 下介电常数

适用于试验的板材标称厚度为小于或等于 3.0 mm,按 GB/T 1303.2—2009 中 6.2 的规定。

5.13 浸水后绝缘电阻

按 GB/T 1303.2—2009 中 6.3 的规定。

5.14 燃烧性

适用于试验的板材标称厚度等于 3.0 mm,按 GB/T 1303.2—2009 中 7.2 的规定。

5.15 吸水性

按 GB/T 1303.2—2009 中 8.2 的规定。

6 供货要求

应符合 GB/T 1303.1—2009 中 5.4 的规定。

ICS 29.035.01
K 15

中华人民共和国国家标准

GB/T 1303.9—2009

电气用热固性树脂工业硬质层压板
第 9 部分：聚酰亚胺树脂硬质层压板

Industrial rigid laminated sheets based on thermosetting resins for electrical
purposes—Part 9：Requirements for rigid laminated sheets based
on polyimide resins

（IEC 60893-3-7：2003，Insulating materials—Industrial rigid laminated sheets
based on thermosetting resins for electrical purposes—Part 3：Specifications
for individual materials—Sheet 7：Requirements for rigid laminated
sheets based on polyimide resins，MOD）

2009-06-10 发布

2009-12-01 实施

中华人民共和国国家质量监督检验检疫总局
中国国家标准化管理委员会 发布

前　言

GB/T 1303《电气用热固性树脂工业硬质层压板》，分为以下几个部分：

——第 1 部分：定义、名称和一般要求；

——第 2 部分：试验方法；

——第 3 部分：工业硬质层压板型号；

——第 4 部分：环氧树脂硬质层压板；

——第 5 部分：三聚氰胺树脂硬质层压板；

——第 6 部分：酚醛树脂硬质层压板；

——第 7 部分：聚酯树脂硬质层压板；

——第 8 部分：有机硅树脂硬质层压板；

——第 9 部分：聚酰亚胺树脂硬质层压板；

——第 10 部分：双马来酰亚胺树脂硬质层压板；

——第 11 部分：聚酰胺酰亚胺树脂硬质层压板；

......

本部分是 GB/T 1303 的第 9 部分。

本部分修改采用 IEC 60893-3-7：2003（第 2 版）《电气用热固性树脂工业硬质层压板　第 3 部分：单项材料规范　第 7 篇：对聚酰亚胺树脂硬质层压板的要求》（英文版）的相关内容。

本部分与 IEC 60893-3-7：2003 的差异如下：

a) 删除了 IEC 60893-3-7 中的"前言"和"引言"，将引言内容编入本部分的"前言"中；

b) 对第 1 章"范围"进行了修改，删除了有关材料符合性说明，增加了适用范围；

c) 删除第 3 章的尺寸标注内容；

d) 根据国内实际情况需要，增补了"表观弯曲弹性模量"、"垂直层向压缩强度"、"平行层向剪切强度"、"拉伸强度"、"粘合强度"、"1 MHz 下介质损耗因数"、"1 MHz 下介电常数"、"耐电痕化指数"、"温度指数"和"密度"性能要求。有关技术性差异在它们所涉及的条款的页边空白处用垂直单线标识；

e) 将"要求"一章按"外观"、"尺寸"、"平直度"、"性能要求"分条编写，将"供货要求"单独列为一章编写，同时对 IEC 60893-3-7：2003 中表 5 进行了修改，将备注内容列入本部分表 6 的表注，将 IEC 60893-3-7：2003 表 5 中试验方法章条列入本部分第 5 章"试验方法"重新编写，并增加了切割板条的测试方法及总则；

f) 删除了 IEC 60893-3-7：2003 的"参考文献"。

本部分由中国电器工业协会提出。

本部分由全国绝缘材料标准化技术委员会（SAC/TC 51）归口。

本部分主要起草单位：北京新福润达绝缘材料有限责任公司、西安西电电工材料有限责任公司、桂林电器科学研究所。

本部分起草人：刘琦焕、杜超云、罗传勇。

本部分为首次制定。

电气用热固性树脂工业硬质层压板
第9部分：聚酰亚胺树脂硬质层压板

1 范围

GB/T 1303 的本部分规定了电气用聚酰亚胺树脂和不同增强材料为基的工业硬质层压板的名称、要求、试验方法及供货要求。

本部分适用于以玻璃布为基材，以聚酰亚胺树脂为粘合剂经热压而成的聚酰亚胺树脂硬质层压板。其用途和特性见表1。

2 规范性引用文件

下列文件中的条款通过 GB/T 1303 的本部分的引用而成为本部分的条款。凡是注日期的引用文件，其随后所有的修改单(不包括勘误的内容)或修订版均不适用于本部分，然而，鼓励根据本部分达成协议的各方研究是否可使用这些文件的最新版本。凡是不注日期的引用文件，其最新版本适用于本部分。

GB/T 1303.1—2009 电气用热固性树脂工业硬质层压板 第1部分：定义、名称和一般要求 (IEC 60893-1:2004,IDT)

GB/T 1303.2—2009 电气用热固性树脂工业硬质层压板 第2部分：试验方法(IEC 60893-2:2003,MOD)

3 名称

本部分所涉及的层压板按所用的树脂和增强材料不同以及板的特性不同划分成各种型号。各种板的名称构成如下：

——国家标准号；

——代表树脂的双字母缩写；

——代表增强材料的第二个双字母缩写；

——系列号。

名称举例：PI GC 301 型工业硬质层压板，则名称为：GB/T 1303.9-PI GC 301

下列缩写用于本规范中：

树脂类型	增强材料类型
PI 聚酰亚胺	GC （纺织）玻璃布

表 1 聚酰亚胺树脂工业硬质层压板的型号

型 号	用途和特性[a]
PI GC 301	机械和电气用。高温下机械和电气性较好
[a] 不应从表1中推论：任何具体型号的层压板一定不适用于未被列出的用途，或者特定的层压板适用于所述大范围内的各种用途。	

4 要求

4.1 外观

应符合 GB/T 1303.1—2009 中 5.1 的规定。

4.2 尺寸

4.2.1 层压板原板宽度、长度的允许偏差应符合表 2 的规定。

表 2 宽度和长度的允许偏差

单位为毫米

宽度和长度	允许偏差
450~1 000	±15
>1 000~2 600	±25

4.2.2 厚度

标称厚度及允许偏差见表 3。

表 3 标称厚度及允许偏差

单位为毫米

标称厚度	偏差（所有型号）
0.8	±0.16
1.0	±0.18
1.2	±0.21
1.5	±0.24
2.0	±0.28
2.5	±0.33
3.0	±0.37
4.0	±0.45
5.0	±0.52
6.0	±0.60
8.0	±0.72
10.0	±0.82
12.0	±0.94
14.0	±1.02
16.0	±1.12
20.0	±1.30
25.0	±1.50
30.0	±1.70
注 1：对于标称厚度不在本表所列的优选厚度时，其偏差应采用最接近的优选标称厚度的偏差。	
注 2：其他偏差要求可由供需双方商定。	

4.2.3 层压板切割板条宽度及偏差

层压板切割板条的宽度及允许偏差见表 4。

表 4 层压板切割板条的宽度允许偏差（均为负偏差）　　　单位为毫米

标称厚度 d	标称宽度（所有型号）					
	3<b≤50	50<b≤100	100<b≤160	160<b≤300	300<b≤500	500<b≤600
0.8	0.5	0.5	0.5	0.6	1.0	1.0
1.0	0.5	0.5	0.5	0.6	1.0	1.0
1.2	0.5	0.5	0.5	1.0	1.2	1.2
1.5	0.5	0.5	0.5	1.0	1.2	1.2
2.0	0.5	0.5	0.5	1.0	1.2	1.5
2.5	0.5	1.0	1.0	1.5	2.0	2.5
3.0	0.5	1.0	1.0	1.5	2.0	2.5
4.0	0.5	2.0	2.0	3.0	4.0	5.0
5.0	0.5	2.0	2.0	3.0	4.0	5.0

注：表中所列宽度的偏差均为单向的负偏差，其他偏差可由供需双方商定。

4.3 平直度

平直度要求见表 5 规定。

表 5 平直度　　　单位为毫米

厚 度 d	直尺长度	
	1 000	500
3<d≤6	≤10	≤2.5
6<d≤8	≤8	≤2.0
8<d	≤6	≤1.5

4.4 性能要求

性能要求见表 6 规定。

表 6 性能要求

序号	性 能		单位	要 求
				PI GC 301
1	弯曲强度	常态	MPa	≥400
		200 ℃±3 ℃		≥300
2	平行层向简支梁冲击强度		kJ/m²	≥70
3	平行层向悬臂梁冲击强度		kJ/m²	≥54
4	表观弯曲弹性模量		MPa	≥14 000
5	垂直层向压缩强度		MPa	≥350
6	平行层向剪切强度		MPa	≥30
7	拉伸强度		MPa	≥300
8	粘合强度		N	≥4 900
9	垂直层向电气强度（90 ℃±2 ℃油中）		kV/mm	见表7
10	平行层向击穿电压（90 ℃±2 ℃油中）		kV	≥40

表6（续）

序号	性　　能	单位	要　　求
			PI GC 301
11	1 MHz下介质损耗因数	—	≤0.01
12	1 MHz下介电常数	—	≤4.5
13	浸水后绝缘电阻	Ω	≥1.0×10^8
14	耐电痕化指数（PTI）	—	≥600
15	温度指数	—	≥200
16	密度	g/cm³	1.7~1.9
17	燃烧性	级	HB·40
18	吸水性	mg	见表8

注1：平行层向简支梁冲击强度和平行层向悬臂梁冲击强度，两者之一满足要求即可。

注2：平行层向剪切强度与粘合强度任选一项达到即可。

注3：燃烧性试验主要用于监控层压板生产的一致性，所测结果并不能全面代表材料实际使用过程中的潜在的着火危险性。

注4："表观弯曲弹性模量"、"垂直层向压缩强度"、"平行层向剪切强度"、"拉伸强度"、"粘合强度"、"1MHz下介质损耗因数"、"1 MHz下介电常数"、"耐电痕化指数"、"温度指数"和"密度"为特殊性能要求，由供需双方商定。

表7　垂直层向电气强度

（1 min 耐压或 20 s 逐级升压试验）[a]

单位为千伏每毫米

型号	测得的试样厚度平均值[b] mm												
	0.8	0.9	1.0	1.2	1.5	1.8	2.0	2.2	2.4	2.5	2.6	2.8	3.0
PI GC 301	15.0	14.6	14.0	13.2	12.0	11.6	11.2	10.8	10.5	10.4	10.2	10.1	10.0

[a] 两种试验任取其一。对满足两者中任何一个要求的材料应视其垂直层向电气强度（90 ℃油中）符合要求。

[b] 如果测得的试样厚度算术平均值介于表中所示两种厚度之间，则其极限值应由内插法求得。如果测得的试样厚度算术平均值低于给出极限值的最小厚度，则电气强度极限值取相应最小厚度的值。如果标称厚度为3 mm而测得的算术平均值超过3 mm，则取3 mm厚度的电气强度值。

表8　吸水性极限值

单位为毫克

型号	测得的试样厚度平均值[a] mm																	
	0.8	1.0	1.2	1.5	2.0	2.5	3.0	4.0	5.0	6.0	8.0	10.0	12.0	14.0	16.0	20.0	25.0	22.5[b]
PI GC 301	60	64	66	71	74	77	80	87	93	100	113	127	140	153	166	193	227	250

[a] 如果测得的试样厚度算术平均值介于表中所示两种厚度之间，则其极限值应由内插法求得。如果测得的试样厚度算术平均值低于给出极限值的最小厚度，则其吸水性极限值取相应最小厚度的值。如果标称厚度为25 mm而测得的厚度算术平均值超过25 mm，则取25 mm的吸水性。

[b] 标称厚度大于25 mm的板应从单面机加工至（22.5±0.3）mm，并且加工面应光滑。

5 试验方法

5.1 总则

试验分出厂检验和型式试验。出厂检验为 4.1、4.2、4.3 及 4.4 表 6 中的"弯曲强度(常态)"和"垂直层向电气强度",型式试验为全部性能项目。

5.2 外观

目测检查。

5.3 尺寸

5.3.1 厚度

按 GB/T 1303.2—2009 中 4.1 的规定。

5.3.2 宽度及长度

用分度为 0.5 mm 的直尺或量具至少测量三处,并报告其平均值。

5.4 平直度

按 GB/T 1303.2—2009 中 4.2 的规定。

5.5 弯曲强度

适用于试验的板材标称厚度为大于或等于 1.5 mm,按 GB/T 1303.2—2009 中 5.1 的规定,高温试验时,试样应在高温试验箱内在规定温度下处理 1 h 后在该规定温度下进行试验。

5.6 表观弯曲弹性模量

适用于试验的板材标称厚度为大于或等于 1.5 mm,按 GB/T 1303.2—2009 中 5.2 的规定,高温试验时,试样应在高温试验箱内在规定温度下处理 1 h 后,在该规定温度下进行试验。

5.7 垂直层向压缩强度

适用于试验的板材标称厚度为大于或等于 5.0 mm,按 GB/T 1303.2—2009 中 5.3 的规定。

5.8 平行层向剪切强度

适用于试验的板材标称厚度为大于或等于 5.0 mm,按 GB/T 1303.2—2009 中 5.5 的规定。

5.9 拉伸强度

适用于试验的板材标称厚度为大于或等于 1.5 mm,按 GB/T 1303.2—2009 中 5.6 的规定。

5.10 粘合强度

5.10.1 适用于试验的板材标称厚度为大于或等于 10.0 mm,每组试样不少于五个,尺寸为长 25 mm±0.2 mm,宽 25 mm±0.2 mm,厚为标称厚度 10 mm。标称厚度 10 mm 以上者,应从两面加工至 10 mm±0.2 mm。标称厚度 10 mm 以下者不予试验。试样两相邻面应互相垂直。

5.10.2 示值误差不超过 1% 的材料试验机,试样破坏的负荷量应在试验机的刻度范围(15~85)% 之间,试验机压头上装有 Φ10 mm 的钢球。

5.10.3 试验前需将试样进行预处理,预处理及试验条件按 GB/T 1303.2—2009 中第 3 章规定进行。

5.10.4 将试样置于下夹具平台的中央,调整钢球与试样位置,使其如图 1 所示,然后以(10 mm±2 mm)/min 的速度施加压力,直至试样破坏读取负荷值。

5.10.5 粘合强度以试样破坏所施加压力值表示,取每组试样的算术平均值,个别值对平均值的允许偏差为 ±15%。

单位为毫米

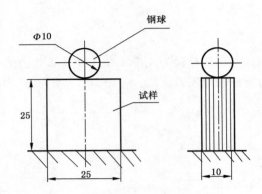

图 1 粘合强度试验装置

5.11 冲击强度

5.11.1 平行层向简支梁冲击强度

适用于试验的板材标称厚度为大于或等于 5.0 mm，按 GB/T 1303.2—2009 中 5.4.2 的规定。

5.11.2 平行层向悬臂梁冲击强度

适用于试验的板材标称厚度为大于或等于 5.0 mm，按 GB/T 1303.2—2009 中 5.4.3 的规定。

5.12 垂直层向电气强度

适用于试验的板材标称厚度为小于或等于 3.0 mm，按 GB/T 1303.2—2009 中 6.1.3.1 的规定，试验报告应报告试验方式。

5.13 平行层向击穿电压

适用于试验的板材标称厚度为大于 3.0 mm，按 GB/T 1303.2—2009 中 6.1.3.2 的规定，试验报告应报告电极的类型。

5.14 1 MHz 下介质损耗因数

适用于试验的板材标称厚度为小于或等于 3.0 mm，按 GB/T 1303.2—2009 中 6.2 的规定。

5.15 1 MHz 下介电常数

适用于试验的板材标称厚度为小于或等于 3.0 mm，按 GB/T 1303.2—2009 中 6.2 的规定。

5.16 浸水后绝缘电阻

按 GB/T 1303.2—2009 中 6.3 的规定。

5.17 耐电痕化指数（PTI）

适用于试验的板材标称厚度大于或等于 3.0 mm，按 GB/T 1303.2—2009 中 6.4 的规定。

5.18 温度指数

按 GB/T 1303.2—2009 中 7.1 的规定。

5.19 密度

按 GB/T 1303.2—2009 中 8.1 的规定。

5.20 燃烧性

适用于试验的板材标称厚度等于 3.0 mm，按 GB/T 1303.2—2009 中 7.2 的规定。

5.21 吸水性

按 GB/T 1303.2—2009 中 8.2 的规定。

6 供货要求

应符合 GB/T 1303.1—2009 中 5.4 的规定。

ICS 29.035.01
K 15

中华人民共和国国家标准

GB/T 1303.10—2009

电气用热固性树脂工业硬质层压板
第 10 部分：双马来酰亚胺树脂硬质层压板

Industrial rigid laminated sheets based on thermosetting
resins for electrical purposes—
Part 10：Requirements for rigid laminated sheets
based on bis-maleimide resins

（IEC 60893-3-7：2003，Insulating materials—Industrial rigid laminated
sheets based on thermosetting resins for electrical purposes—
Part 3：Specifications for individual materials—
Sheet 7：Requirements for rigid laminated sheets
based on polyimide resins，MOD）

2009-06-10 发布　　　　　　　　　　　　　2009-12-01 实施

中华人民共和国国家质量监督检验检疫总局
中国国家标准化管理委员会　发布

前　言

GB/T 1303《电气用热固性树脂工业硬质层压板》，分为以下几个部分：

——第1部分：定义、名称和一般要求；

——第2部分：试验方法；

——第3部分：工业硬质层压板型号；

——第4部分：环氧树脂硬质层压板；

——第5部分：三聚氰胺树脂硬质层压板；

——第6部分：酚醛树脂硬质层压板；

——第7部分：聚酯树脂硬质层压板；

——第8部分：有机硅树脂硬质层压板；

——第9部分：聚酰亚胺树脂硬质层压板；

——第10部分：双马来酰亚胺树脂硬质层压板；

——第11部分：聚酰胺酰亚胺树脂硬质层压板；

……

本部分为 GB/T 1303 的第10部分。

本部分修改采用 IEC 60893-3-7:2003《电气用热固性树脂工业硬质层压板　第3部分：单项材料规范　第7篇：对聚酰亚胺树脂硬质层压板的要求》（英文版）的相关内容。

本部分与 IEC 60893-3-7:2003 的差别如下：

a)　删除了 IEC 60893-3-7:2003 中的前言和引言，将引言内容编入本部分的前言中；

b)　对第1章"范围"进行了修改，删除了有关材料符合性说明，增加了适用范围；

c)　删除第3章的尺寸标注内容；

d)　根据国内实际情况需要，增补了"表观弯曲弹性模量"、"垂直层向压缩强度"、"平行层向剪切强度"、"拉伸强度"、"粘合强度"、"1 MHz 下介质损耗因数"、"1 MHz 下介电常数"、"耐电痕化指数"、"温度指数"和"密度"性能要求。有关技术性差异在它们所涉及的条款的页边空白处用垂直单线标识；

e)　将"要求"一章按"外观"、"尺寸"、"平直度"、"性能要求"分条编写，将"供货要求"单独列为一章编写，同时对 IEC 60893-3-7:2003 中表5进行了修改，将备注内容列入本部分表6的表注；将 IEC 60893-3-7:2003 表5中试验方法章条列入本部分第5章"试验方法"重新编写，并增加了切割板条的测试方法及总则；

f)　删除了 IEC 60893-3-7:2003 的"参考文献"。

本部分由中国电器工业协会提出。

本部分由全国绝缘材料标准化技术委员会(SAC/TC 51)归口。

本部分起草单位：西安西电电工材料有限责任公司、北京新福润达绝缘材料有限责任公司、桂林电器科学研究所。

本部分起草人：杜超云、刘琦焕、罗传勇。

本部分为首次制定。

电气用热固性树脂工业硬质层压板
第 10 部分:双马来酰亚胺树脂硬质层压板

1 范围

GB/T 1303 的本部分规定了双马来酰亚胺树脂硬质层压板的分类、命名、要求、试验方法和供货要求。

本部分适用于以玻璃布为基材,以双马来亚酰胺为粘合树脂经热压而成的双马来酰亚胺树脂硬质层压板。

2 规范性引用文件

下列文件中的条款通过 GB/T 1303 的本部分的引用而成为本部分的条款。凡是注日期的引用文件,其随后所有的修改单(不包括勘误的内容)或修订版均不适用于本部分,然而,鼓励根据本部分达成协议的各方研究是否可使用这些文件的最新版本。凡是不注日期的引用文件,其最新版本适用于本部分。

GB/T 1303.1—2009 电气用热固性树脂工业硬质层压板 第 1 部分:定义、分类和一般要求(IEC 60893-1:2004,IDT)

GB/T 1303.2—2009 电气用热固性树脂工业硬质层压板 第 2 部分:试验方法(IEC 60893-2:2002,MOD)

GB/T 1303.3—2008 电气用热固性树脂工业硬质层压板 第 3 部分:工业硬质层压板型号(IEC 60893-3-1:2002,MOD)

3 命名与分类

3.1 命名

按 GB/T 1303.3—2008 规定,以树脂和增强材料及板材特性进行命名。

示例:

BMI GC 301
——特性系列号
——玻璃布补强
——双马来酰亚胺树脂

3.2 分类

表 1 双马来酰亚胺树脂工业硬质层压板的型号

型 号	用途和特性
BMI GC 301	机械和电气用。高温下机械和电气性较好。

4 要求

4.1 外观

目测检查。

4.2 尺寸

4.2.1 层压板原板宽度和长度的允许偏差应符合表 2 的规定。

表 2　宽度和长度的允许偏差　　　　　　　　　　　单位为毫米

宽度和长度	允许偏差
450～1 000	±15
>1 000～2 600	±25

4.2.2　厚度

标称厚度及允许偏差见表3。

表 3　厚度偏差　　　　　　　　　　　单位为毫米

标称厚度	偏　　差	标称厚度	偏　　差
0.8	±0.16	6.0	±0.60
1.0	±0.18	8.0	±0.72
1.2	±0.21	10.0	±0.82
1.5	±0.24	12.0	±0.94
2.0	±0.28	14.0	±1.02
2.5	±0.33	16.0	±1.12
3.0	±0.37	20.0	±1.30
4.0	±0.45	25.0	±1.50
5.0	±0.52	30.0	±1.70

注1：若标称厚度不在所列优选厚度时,其偏差应采用最相近的偏差。

注2：其他偏差由供需双方商定。

4.2.3　切割板条的宽度及偏差

层压板切割板条宽度及允许偏差见表4。

表 4　切割板条宽度及允许偏差　　　　　　　　　　　单位为毫米

标称厚度 d	标称宽度 b					
	$3<b\leqslant50$	$50<b\leqslant100$	$100<b\leqslant160$	$160\leqslant b<300$	$300<b<500$	$500<b<600$
0.8	0.5	0.5	0.5	0.6	1.0	1.0
1.0	0.5	0.5	0.5	0.6	1.0	1.0
1.2	0.5	0.5	0.5	1.0	1.2	1.2
1.5	0.5	0.5	0.5	1.0	1.2	1.2
2.0	0.5	0.5	0.5	1.0	1.2	1.5
2.5	0.5	1.0	1.0	1.5	2.0	2.5
2.5	0.5	1.0	1.0	1.5	2.0	2.5
3.0	0.5	2.0	2.0	3.0	4.0	5.0
4.0	0.5	2.0	2.0	3.0	4.0	5.0

注：表中所规定宽度偏差均为单向的负偏差,其他偏差由供需双方商定。

4.3 平直度

平直度见表5。

表5 平直度

单位为毫米

标称厚度 d	直尺长度	
	1 000	500
3＜d≤6	≤10	≤2.5
6＜d≤8	≤8	≤2.0
8＜d	≤6	≤1.5

4.4 性能要求

性能要求见表6。

表6 性能要求

序号	性　　能		单　位	要　　求
1	弯曲强度	常态	MPa	≥350
		180 ℃±2 ℃		≥180
2	平行层向简支梁冲击强度		kJ/m²	≥60
3	平行层向悬臂梁冲击强度		kJ/m²	≥40
4	表观弯曲弹性模量		MPa	≥14 000
5	垂直层向压缩强度		MPa	≥350
6	平行层向剪切强度		MPa	≥30
7	拉伸强度		MPa	≥300
8	粘合强度		N	≥4 900
9	垂直层向电气强度(90 ℃±2 ℃油中)		kV/mm	见表7
10	平行层向击穿电压(90 ℃±2 ℃油中)		kV	≥35
11	1 MHz下介质损耗因数		—	≤0.05
12	1 MHz下介电常数		—	≤5.5
13	浸水后绝缘电阻		Ω	≥1.0×10⁸
14	耐电痕化指数(PTI)		—	≥275
15	温度指数		—	≥180
16	密度		g/cm³	1.7～1.9
17	燃烧性		级	HB 40
18	吸水性		mg	见表8

注1：第2项和第3项两者之一合格则视为符合要求。

注2："平行层向剪切强度"与"粘合强度"任选一项达到要求即可。

注2：燃烧性试验主要用于监控层压板生产的均一性，测得的结果不能全面反映层压板在实际使用条件下的潜在着火危险。

注4："表观弯曲弹性模量"、"垂直层向压缩强度"、"平行层向剪切强度"、"拉伸强度"、"粘合强度"、"1 MHz下介质损耗因数"、"1 MHz下介电常数"、"耐电痕化指数"、"温度指数"和"密度"为特殊性能要求，由供需双方商定。

表 7　垂直层向电气强度（1 min 耐压或 20 s 逐级升压）[a]　　单位为千伏每毫米

测得的试样平均厚度[b]/mm												
0.8	0.9	1.0	1.2	1.5	1.8	2.0	2.2	2.4	2.5	2.6	2.8	3.0
≥15.0	≥14.6	≥14.0	≥13.2	≥12.0	≥11.6	≥11.2	≥10.8	≥10.5	≥10.4	≥10.2	≥10.1	≥10.0

[a]　试验方式任选其一，之一满足要求则视为符合要求。

[b]　如果测得的试样厚度算术平均值介于表中所示两种厚度之间，则其极限值应由内插法求得。如果测得的试样厚度算术平均值低于给出极限值的最小厚度，则电气强度极限值取相应最小厚度的值。如果标称厚度为 3 mm 而测得的算术平均值超过 3 mm，则取 3 mm 厚度的电气强度值。

表 8　吸水性　　单位为毫克

试样平均厚度[a]　mm	吸水性	试样平均厚度[a]　mm	吸水性
0.8	≤60	6.0	≤100
1.0	≤64	8.0	≤113
1.2	≤66	10.0	≤127
1.5	≤71	12.0	≤140
2.0	≤74	14.0	≤153
2.5	≤77	16.0	≤166
3.0	≤80	20.0	≤193
4.0	≤87	25.0	≤227
5.0	≤93	22.5[b]	≤250

[a]　如果测得的试样厚度算术平均值介于表中所示两种厚度之间，则其极限值应由内插法求得。如果测得的试样厚度算术平均值低于给出极限值的最小厚度，则其吸水性极限值取相应最小厚度的值。如果标称厚度为 25 mm 而测得的厚度算术平均值超过 25 mm，则取 25 mm 的吸水性。

[b]　若板厚大于 25 mm 时，则应从单面加工至（22.5±0.3）mm，加工面应平整光滑。

5　试验方法

5.1　总则

试验分出厂检验和型式试验。出厂检验为 4.1、4.2、4.3 及 4.4 表 6 中的"弯曲强度（常态）"和"垂直层向电气强度"，型式试验为全部性能项目。

5.2　外观

目测检查。

5.3　尺寸

5.3.1　厚度

按 GB/T 1303.1—2009 中 4.1 规定。

5.3.2　宽度及长度

用分度为 0.5 mm 直尺或量具，至少测量三处报告其平均值。

5.4　平直度

按 GB/T 1303.2—2009 中 4.2 规定。

5.5　弯曲强度

适用于试验的板材标称厚度为大于或等于 1.5 mm，按 GB/T 1303.2—2009 中 5.1 规定。高温试验试样应在高烘箱中处理 45 min 后,并在该温度试验。

5.6 表观弯曲弹性模量

适用于试验的板材标称厚度为大于或等于 1.5 mm,按 GB/T 1303.2—2009 中 5.2 的规定,高温试验时,试样应在高温试验箱内在规定温度下处理 1 h 后,在该规定温度下进行试验。

5.7 垂直层向压缩强度

适用于试验的板材标称厚度为大于或等于 5.0 mm,按 GB/T 1303.2—2009 中 5.3 的规定。

5.8 平行层向剪切强度

适用于试验的板材标称厚度为大于或等于 5.0 mm,按 GB/T 1303.2—2009 中 5.5 的规定。

5.9 拉伸强度

适用于试验的板材标称厚度为大于或等于 1.5 mm,按 GB/T 1303.2—2009 中 5.6 的规定。

5.10 粘合强度

5.10.1 适用于试验的板材标称厚度为大于或等于 10.0 mm,每组试样不少于五个,尺寸为长 25 mm± 0.2 mm,宽 25 mm±0.2 mm,厚为标称厚度 10 mm。标称厚度 10 mm 以上者,应从两面加工至 10 mm± 0.2 mm。标称厚度 10 mm 以下者不予试验。试样两相邻面应互相垂直。

5.10.2 示值误差不超过 1% 的材料试验机,试样破坏的负荷量应在试验机的刻度范围(15~85)%之间,试验机压头上装有 φ10 mm 的钢球。

5.10.3 试验前需将试样进行预处理,预处理及试验条件按 GB/T 1303.2—2009 中第 3 章规定进行。

5.10.4 将试样置于下夹具平台的中央,调整钢球与试样位置,使其如图 1 所示,然后以(10 mm± 2 mm)/min 的速度施加压力,直至试样破坏读取负荷值。

5.10.5 粘合强度以试样破坏所施加压力值表示,取每组试样的算术平均值,个别值对平均值的允许偏差为±15%。

单位为毫米

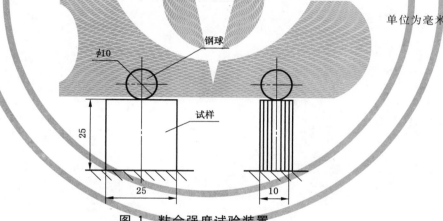

图 1 粘合强度试验装置

5.11 冲击强度

5.11.1 平行层向简支梁冲击强度

适用于试验的板材标称厚度为大于或等于 5.0 mm,按 GB/T 1303.2—2009 中 5.4.2 的规定。

5.11.2 平行层向悬臂梁冲击强度

适用于试验的板材标称厚度为大于或等于 5.0 mm,按 GB/T 1303.2—2009 中 5.4.3 的规定。

5.12 垂直层向电气强度

适用于试验的板材标称厚度为小于或等于 3.0 mm,按 GB/T 1303.2—2009 中 6.1.3.1 的规定,试验报告应报告试验方式。

5.13 平行层向击穿电压

适用于试验的板材标称厚度为大于 3.0 mm,按 GB/T 1303.2—2009 中 6.1.3.2 的规定,试验报告应报告电极的类型。

5.14　1 MHz 下介质损耗因数

适用于试验的板材标称厚度为小于或等于 3.0 mm,按 GB/T 1303.2—2009 中 6.2 的规定。

5.15　1 MHz 下介电常数

适用于试验的板材标称厚度为小于或等于 3.0 mm,按 GB/T 1303.2—2009 中 6.2 的规定。

5.16　浸水后绝缘电阻

按 GB/T 1303.2—2009 中 6.3 的规定。

5.17　耐电痕化指数(PTI)

适用于试验的板材标称厚度大于或等于 3.0 mm,按 GB/T 1303.2—2009 中 6.4 的规定。

5.18　温度指数

按 GB/T 1303.2—2009 中 7.1 的规定。

5.19　密度

按 GB/T 1303.2—2009 中 8.1 的规定。

5.20　燃烧性

适用于试验的板材标称厚度等于 3.0 mm,按 GB/T 1303.2—2009 中 7.2 的规定。

5.21　吸水性

按 GB/T 1303.2—2009 中 8.2 的规定。

6　供货要求

应符合 GB/T 1303.1—2009 中 5.4 的规定。

ICS 29.035.01
K 15

GB/T 1303.11—2009

中华人民共和国国家标准

电气用热固性树脂工业硬质层压板 第11部分：聚酰胺酰亚胺树脂 硬质层压板

Industrial rigid laminated sheets based on thermosetting resins for electrical purposes—Part 11：Requirements for rigid laminated sheets based on polyamide-imide resins

（IEC 60893-3-7：2003，Insulating materials—Industrial rigid laminated sheets based on thermosetting resins for electrical purposes—Part 3：Specifications for individual materials—Sheet 7：Requirements for rigid laminated sheets based on polyimide resins，MOD）

2009-06-10 发布　　　　　　　　　　　　　　2009-12-01 实施

中华人民共和国国家质量监督检验检疫总局
中国国家标准化管理委员会　发布

前　言

GB/T 1303《电气用热固性树脂工业硬质层压板》，分为以下几个部分：
——第 1 部分：定义、名称和一般要求；
——第 2 部分：试验方法；
——第 3 部分：工业硬质层压板型号；
——第 4 部分：环氧树脂硬质层压板；
——第 5 部分：三聚氰胺树脂硬质层压板；
——第 6 部分：酚醛树脂硬质层压板；
——第 7 部分：聚酯树脂硬质层压板；
——第 8 部分：有机硅树脂硬质层压板；
——第 9 部分：聚酰亚胺树脂硬质层压板；
——第 10 部分：双马来酰亚胺树脂硬质层压板；
——第 11 部分：聚酰胺酰亚胺树脂硬质层压板；
……

本部分为 GB/T 1303 的第 11 部分。

本部分修改采用 IEC 60893-3-7：2003《电气用热固性树脂工业硬质层压板　第 3 部分：单项材料规范　第 7 篇：对聚酰亚胺树脂硬质层压板的要求》（英文版）的相关内容。

为便于使用对 IEC 60893-3-7：2003 进行了下述编辑性及技术性修改：

a)　删除了 IEC 60893-3-7：2003 中的"前言"和"引言"，将引言内容编入本部分的"前言"中；

b)　对第 1 章"范围"进行了修改，删除了有关材料符合性说明，增加了适用范围；

c)　删除第 3 章的尺寸标注内容；

d)　根据国内实际需要，增补了"表观弯曲弹性模量"、"垂直层向压缩强度"、"平行层向剪切强度"、"拉伸强度"、"粘合强度"、" 1 MHz 下介质损耗因数"、"1 MHz 下介电常数"、"耐电痕化指数"、"温度指数"和"密度"性能要求。有关技术性差异在它们所涉及的条款的页边空白处用垂直单线标识。

e)　将"要求"一章按"外观"、"尺寸"、"平直度"、"性能要求"分条编写，将"供货要求"单独列为一章编写，同时对 IEC 60893-3-7：2003 中表 5 进行了修改，将备注内容列入本部分表 6 的表注；将 IEC 60893-3-7：2003 表 5 中试验方法章条列入本部分第 5 章"试验方法"重新编写，并增加了切割板条的测试方法及总则；

f)　删除了 IEC 60893-3-7：2003 的参考文献。

本部分由中国电器工业协会提出。

本部分由全国绝缘材料标准化技术委员会（SAC/TC 51）归口。

本部分主要起草单位：四川东材科技集团股份有限公司、北京新福润达绝缘材料有限责任公司、国家绝缘材料工程技术研究中心、桂林电器科学研究所。

本部分起草人：刘锋、刘琦焕、赵平、罗传勇。

本部分为首次制定。

电气用热固性树脂工业硬质层压板
第11部分:聚酰胺酰亚胺树脂
硬质层压板

1 范围

GB/T 1303 的本部分规定了电气用聚酰胺酰亚胺树脂和不同增强材料为基的工业硬质层压板的名称、要求、试验方法及供货要求。

本部分适用于以玻璃布为基材,以聚酰胺酰亚胺树脂为粘合剂经热压而成的聚酰胺酰亚胺树脂硬质层压板。其用途和特性见表1。

2 规范性引用文件

下列文件中的条款通过 GB/T 1303 的本部分的引用而成为本部分的条款。凡是注日期的引用文件,其随后所有的修改单(不包括勘误的内容)或修订版均不适用于本部分,然而,鼓励根据本部分达成协议的各方研究是否可使用这些文件的最新版本。凡是不注日期的引用文件,其最新版本适用于本部分。

GB/T 1303.1—2009 电气用热固性树脂工业硬质层压板 第1部分:定义、命名和一般要求 (IEC 60893-1:2004,IDT)

GB/T 1303.2—2009 电气用热固性树脂工业硬质层压板 第2部分:试验方法(IEC 60893-2:2003,MOD)

3 名称

本部分所涉及的层压板按所用的树脂和增强材料不同以及板的特性不同划分成各种型号。各种层压板的名称构成如下:

——国家标准号;

——代表树脂的双字母缩写;

——代表增强材料的第二个双字母缩写;

——系列号。

名称举例:PAI GC 301 型工业硬质层压板,则名称为:GB/T 1303.11—PAI GC 301

下列缩写用于本规范中:

树脂类型 增强材料类型

PAI 聚酰胺酰亚胺 GC (纺织)玻璃布

层压板的型号见表1。

表 1 聚酰胺酰亚胺树脂工业硬质层压板的型号

型 号	用途和特性[a]
PAI GC 301	机械和电气用。高温下机械和电气性较好
[a] 不应从表1中推论:该型号的层压板一定不适用于未被列出的用途,或者特定的层压板适用于所述大范围内的各种用途。	

4 要求

4.1 外观

应符合 GB/T 1303.1—2009 中 5.1 的规定。

4.2 尺寸

4.2.1 层压板原板宽度和长度的允许偏差应符合表 2 的规定。

表 2 宽度和长度的允许偏差　　　　　　　　单位为毫米

宽度和长度	允许偏差
450～1 000	±15
>1 000～2 600	±25

4.2.2 厚度

标称厚度及允许偏差见表 3。

表 3 标称厚度及允许偏差　　　　　　　　单位为毫米

标称厚度	偏差	标称厚度	偏差
0.8	±0.16	6.0	±0.60
1.0	±0.18	8.0	±0.72
1.2	±0.21	10.0	±0.82
1.5	±0.24	12.0	±0.94
2.0	±0.28	14.0	±1.02
2.5	±0.33	16.0	±1.12
3.0	±0.37	20.0	±1.30
4.0	±0.45	25.0	±1.50
5.0	±0.52	30.0	±1.70

注 1：若标称厚度不在所列优选厚度时，其允许偏差应采用最相近的偏差。

注 2：其他偏差由供需双方商定。

4.2.3 层压板切割板条宽度及偏差

层压板切割板条宽度及允许偏差见表 4。

表 4 层压板切割板条宽度允许偏差（均为负偏差）　　　　　　　　单位为毫米

标称厚度 d	标称宽度 b					
	3<b≤50	50<b≤100	100<b≤160	160≤b<300	300<b<500	500<b<600
0.8	0.5	0.5	0.5	0.6	1.0	1.0
1.0	0.5	0.5	0.5	0.6	1.0	1.0
1.2	0.5	0.5	0.5	1.0	1.2	1.2
1.5	0.5	0.5	0.5	1.0	1.2	1.2
2.0	0.5	0.5	0.5	1.0	1.2	1.5
2.5	0.5	1.0	1.0	1.5	2.0	2.5
2.5	0.5	1.0	1.0	1.5	2.0	2.5
3.0	0.5	2.0	2.0	3.0	4.0	5.0
4.0	0.5	2.0	2.0	3.0	4.0	5.0

注：表中所规定宽度偏差均为单向的负偏差，其他偏差由供需双方商定。

4.3 平直度

平直度要求见表5。

表 5 平直度 单位为毫米

标称厚度 d	直尺长度	
	1 000	500
3＜d≤6	≤10	≤2.5
6＜d≤8	≤8	≤2.0
8＜d	≤6	≤1.5

4.4 性能要求

性能要求见表6。

表 6 性能要求

序号	性 能		单位	要 求
1	弯曲强度	常态	MPa	≥400
		180 ℃±2 ℃		≥280
2	平行层向简支梁冲击强度		kJ/m²	≥60
3	平行层向悬臂梁冲击强度		kJ/m²	≥40
4	表观弯曲弹性模量		MPa	≥14 000
5	垂直层向压缩强度		MPa	≥350
6	平行层向剪切强度		MPa	≥30
7	拉伸强度		MPa	≥300
8	粘合强度		N	≥4 900
9	垂直层向电气强度(90 ℃±2 ℃油中)		kV/mm	见表7
10	平行层向击穿电压(90 ℃±2 ℃油中)		kV	≥40
11	1 MHz下介质损耗因数		—	≤0.03
12	1 MHz下介电常数		—	≤5.5
13	浸水后绝缘电阻		Ω	≥1.0×10⁸
14	耐电痕化指数(PTI)		—	≥500
15	温度指数		—	≥180
16	密度		g/cm³	1.7～1.9
17	燃烧性		级	HB 40
18	吸水性		mg	见表8

注1：第2项和第3项两者之一合格则视为符合本规范。

注2："平行层向剪切强度"与"粘合强度"任选一项达到即可。

注3：燃烧性试验主要用于监控层压板生产的均一性,测得的结果不全面体现层压板在实际使用条件下的潜在着火危险。

注4："表观弯曲弹性模量"、"垂直层向压缩强度"、"平行层向剪切强度"、"拉伸强度"、"粘合强度"、"1 MHz下介质损耗因数"、"1 MHz下介电常数"、"耐电痕化指数"、"温度指数"和"密度"为特殊性能要求,由供需双方商定。

表 7 垂直层向电气强度（1 min 耐压或 20 s 逐级升压）ᵃ 单位为千伏每毫米

测得的试样平均厚度ᵇ/mm												
0.8	0.9	1.0	1.2	1.5	1.8	2.0	2.2	2.4	2.5	2.6	2.8	3.0
≥15.0	≥14.6	≥14.0	≥13.2	≥12.0	≥11.6	≥11.2	≥10.8	≥10.5	≥10.4	≥10.2	≥10.1	≥10.0

ᵃ 试验方式任选其一,其一满足要求则视为符合要求;

ᵇ 若测得的试样厚度介于表中两种厚度之间,其极限值由内插法求得。测得试样厚度低于 0.8 mm 时,则按 0.8 mm 厚度考核垂直层向电气强度,若测得的厚度超过 3 mm 时,此时垂直层向电气强度则按 3 mm 厚度考核。

表 8 吸水性 单位为毫克

试样平均厚度ᵃ mm	吸水性	试样平均厚度ᵃ mm	吸水性
0.8	≤60	6.0	≤100
1.0	≤64	8.0	≤113
1.2	≤66	10.0	≤127
1.5	≤71	12.0	≤140
2.0	≤74	14.0	≤153
2.5	≤77	16.0	≤166
3.0	≤80	20.0	≤193
4.0	≤87	25.0	≤227
5.0	≤93	22.5ᵇ	≤250

ᵃ 如果测得的试样厚度算术平均值介于以上表中所示两种厚度之间,则其极限值应由内插法求得。如果测得的试样厚度算术平均值低于给出极限值的最小厚度,则其吸水性极限值取相应最小厚度的值。如果标称厚度为 25 mm 而测得的厚度算术平均值超过 25 mm,则取 25 mm 的吸水性。

ᵇ 若板厚大于 25 mm 时,则应单面加工至(22.5±0.3)mm,加工面应平整光滑。

5 试验方法

5.1 总则

试验分出厂检验和型式试验。出厂检验为 4.1、4.2、4.3 及 4.4 表 6 中的"弯曲强度（常态）"和"垂直层向电气强度",型式试验为全部性能项目。

5.2 外观

目测检查。

5.3 尺寸

5.3.1 厚度

按 GB/T 1303.2—2009 中 4.1 的规定。

5.3.2 宽度及长度

用分度为 0.5mm 直尺或量具,至少测量三处报告其平均值。

5.4 平直度

按 GB/T 1303.2—2009 中 4.2 的规定。

5.5 弯曲强度

适用于试验的板材标称厚度为大于或等于 1.5 mm,按 GB/T 1303.2—2009 中 5.1 规定。高温试验试样应在高烘箱中处理 45 min 后,并在该温度试验。

5.6 表观弯曲弹性模量

适用于试验的板材标称厚度为大于或等于 1.5 mm,按 GB/T 1303.2—2009 中 5.2 的规定,高温试验时,试样应在高温试验箱内在规定温度下处理 1 h 后在该规定温度下进行试验。

5.7 垂直层向压缩强度

适用于试验的板材标称厚度为大于或等于 5.0 mm,按 GB/T 1303.2—2009 中 5.3 的规定。

5.8 平行层向剪切强度

适用于试验的板材标称厚度为大于或等于 5.0 mm,按 GB/T 1303.2—2009 中 5.5 的规定。

5.9 拉伸强度

适用于试验的板材标称厚度为大于或等于 1.5 mm,按 GB/T 1303.2—2009 中 5.6 的规定。

5.10 粘合强度

5.10.1 适用于试验的板材标称厚度为大于或等于 10.0 mm,每组试样不少于五个,尺寸为长 25 mm±0.2 mm,宽 25 mm±0.2 mm,厚为标称厚度 10 mm。标称厚度 10 mm 以上者,应从两面加工至 10 mm±0.2 mm。标称厚度 10 mm 以下者不予试验。试样两相邻面应互相垂直。

5.10.2 示值误差不超过 1%的材料试验机,试样破坏的负荷量应在试验机的刻度范围(15～85)%之间,试验机压头上装有 φ10 mm 的钢球。

5.10.3 试验前需将试样进行预处理,预处理及试验条件按 GB/T 1303.2—2009 中第 3 章规定进行。

5.10.4 将试样置于下夹具平台的中央,调整钢球与试样位置,使其如图 1 所示,然后以(10 mm±2 mm)/min 的速度施加压力,直至试样破坏读取负荷值。

5.10.5 粘合强度以试样破坏所施加压力值表示,取每组试样的算术平均值,个别值对平均值的允许偏差为±15%。

单位为毫米

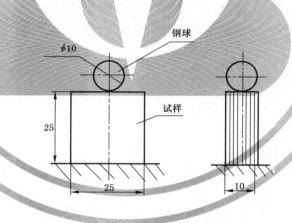

图 1 粘合强度试验装置

5.11 冲击强度

5.11.1 平行层向简支梁冲击强度

适用于试验的板材标称厚度为大于或等于 5.0 mm,按 GB/T 1303.2—2009 中 5.4.2 的规定。

5.11.2 平行层向悬臂梁冲击强度

适用于试验的板材标称厚度为大于或等于 5.0 mm,按 GB/T 1303.2—2009 中 5.4.3 的规定。

5.12 垂直层向电气强度

适用于试验的板材标称厚度为小于或等于 3.0 mm,按 GB/T 1303.2—2009 中 6.1.3.1 的规定,试验报告应报告试验方式。

5.13 平行层向击穿电压

适用于试验的板材标称厚度为大于 3.0 mm,按 GB/T 1303.2—2009 中 6.1.3.2 的规定,试验报告应报告电极的类型。

5.14 1 MHz 下介质损耗因数

适用于试验的板材标称厚度为小于或等于 3.0 mm，按 GB/T 1303.2—2009 中 6.2 的规定。

5.15 1 MHz 下介电常数

适用于试验的板材标称厚度为小于或等于 3.0 mm，按 GB/T 1303.2—2009 中 6.2 的规定。

5.16 浸水后绝缘电阻

按 GB/T 1303.2—2009 中 6.3 的规定。

5.17 耐电痕化指数（PTI）

适用于试验的板材标称厚度大于或等于 3.0 mm，按 GB/T 1303.2—2009 中 6.4 的规定。

5.18 温度指数

按 GB/T 1303.2—2009 中 7.1 的规定。

5.19 密度

按 GB/T 1303.2—2009 中 8.1 的规定。

5.20 燃烧性

适用于试验的板材标称厚度等于 3.0 mm，按 GB/T 1303.2—2009 中 7.2 的规定。

5.21 吸水性

按 GB/T 1303.2—2009 中 8.2 的规定。

6 供货要求

应符合 GB/T 1303.1—2009 中 5.4 的规定。

ICS 29.035.99
K 15

中华人民共和国国家标准

GB/T 5132.1—2009/IEC 61212-1:2006
代替 GB/T 1305—1985

电气用热固性树脂工业硬质圆形层压管和棒 第 1 部分：一般要求

Industrial rigid round laminated tubes and rods based on
thermosetting resins for electrical purposes—
Part 1:General requirements

(IEC 61212-1:2006,IDT)

2009-06-10 发布   2009-12-01 实施

中华人民共和国国家质量监督检验检疫总局
中国国家标准化管理委员会   发 布

前　言

GB/T 5132《电气用热固性树脂工业硬质圆形层压管和棒》包含下列几个部分：

——第 1 部分：一般要求；

——第 2 部分：试验方法；

——第 3 部分：圆形层压卷制管；

——第 4 部分：圆形层压模制管；

——第 5 部分：圆形层压模制棒。

本部分为 GB/T 5132 的第 1 部分。

本部分等同采用 IEC 61212-1:2006《电气用热固性树脂工业硬质圆形层压管和棒　第 1 部分：一般要求》（英文版）。

本部分将"规范性引用文件"中已转化为国家标准的引用文件改为相对应的国家标准，其他未变。

本部分代替 GB/T 1305—1985《电气绝缘热固性层压材料检验、标志、包装、运输和贮存通用规则》。

本部分与 GB/T 1305—1985 的区别如下：

a)　本部分仅规定了电气用热固性树脂工业硬质圆形层压管和棒的一般要求，未包括电气用热固性树脂工业硬质层压板，因为电气用热固性树脂工业硬质层压板已另外单独以国家标准来制定；

b)　本部分在"前言"中列出了有关电气用热固性树脂工业硬质圆形层压管和棒标准系列组成部分；

c)　增加了"规范性引用文件"一章；

d)　增加了"术语和定义"一章，在该章中详细规定了有关层压管和棒的"命名"、"缩写"和"型号特征"；

e)　增加了"一般要求　外观"章节，改写了 GB/T 1305—1985"标志和包装"为"供货条件"；

f)　删除了 GB/T 1305—1985 中"检验规则"和"运输和贮存"章节。

本部分由中国电器工业协会提出。

本部分由全国绝缘材料标准化技术委员会（SAC/TC 51）归口。

本部分主要起草单位：桂林电器科学研究所、东材科技集团股份有限公司、北京新福润达绝缘材料有限公司、西安西电电工材料有限责任公司。

本部分起草人：罗传勇、赵平、刘琦焕、杜超云。

本部分所代替标准的历次版本发布情况为：

——GB/T 1305—1985。

电气用热固性树脂工业硬质圆形
层压管和棒 第1部分:一般要求

1 范围

　　GB/T 5132的本部分规定了电气用热固性树脂工业硬质圆形层压管和棒的定义、命名、一般要求及供货条件。层压管和棒是由下列任意树脂作为粘合剂制成的:酚醛、环氧树脂(环氧化合物)、三聚氰胺及硅树脂。可以以单一或复合形式使用下列补强材料:纤维素纸、棉布、玻璃布、云母纸。

　　GB/T 5132的本部分适用于电气用热固性树脂工业硬质圆形层压管和棒。

2 规范性引用文件

　　下列文件中的条款通过GB/T 5132的本部分的引用而成为本部分的条款。凡是注日期的引用文件,其随后所有的修改单(不包括勘误的内容)或修订版均不适用于本部分,然而,鼓励根据本部分达成协议的各方研究是否可使用这些文件的最新版本。凡是不注日期的引用文件,其最新版本适用于本部分。

　　GB/T 5132.2—2009 电气用热固性树脂工业硬质圆形层压管和棒 第2部分:试验方法(IEC 61212-2:2006,IDT)

　　ISO 472 塑料 词汇

3 术语和定义

　　本部分采用ISO 472中的下述术语和定义。

3.1

圆形层压卷制管(适用于热固性材料) round laminated rolled tube(as applied to thermosets)

在热压辊之间的管芯上卷绕浸渍过的材料层,经炉中固化,然后脱去管芯而形成的一种管。

3.2

圆形层压模制管(适用于热固性材料) round laminated moulded tube(as applied to thermosets)

在管芯上卷绕浸渍过的材料层,再将其一起置于圆柱形模中,在一定的热和压力条件下固化,然后脱去管芯而形成的一种管。

3.3

圆形层压模制棒(适用于热固性材料) round laminated moulded rod(as applied to thermosets)

在管芯上卷绕浸渍过的材料层,脱去管芯之后在一定的热和压力条件下置于圆柱形模中固化,然后磨削到规定尺寸而形成的一种棒。

4 命名和缩写

4.1 概述

　　层压管和棒按GB/T 5132.2—2009中的试验方法进行测试,按照它们采用的不同树脂和补强物、制造方法和识别特征分成不同型号。

4.2 命名

　　按下述方法命名层压管和棒的产品型号:

——以头两个缩写字母表示树脂；

——以接下来两个缩写字母表示补强物；

——以两个数字表示系列号。其中第一个数字表示产品形状，例如"2"表示卷制管，"3"表示模制管，"4"表示模制棒，第二个数字表示同一型号的再分类。

缩写按4.3规定。

管和棒的完整名称由下述表示：

——产品说明：卷制管、模制管、模制棒；

——GB标准编号：GB/T 5132.1；

——型号名称；

——尺寸（mm）。

管的尺寸：内径×外径×长度

棒的尺寸：直径×长度

——表示管或棒外表面修整程度的字母：

"A"表示"下线"状态的管或棒；

"B"表示经磨削或车削状态的管或棒。

例如：

——卷制管　GB/T 5132.3-EPGC21-25×37×1000-A

——模制管　GB/T 5132.4-EPCC31-25×37×1000-A

——模制棒　GB/T 5132.5-EPCC41-25×1000-A

4.3　缩写

树脂型号		补强物型号	
EP	环氧	CC	编织棉布
MF	三聚氰胺	CP	纤维素纸
PF	酚醛	GC	编织玻璃布
SI	有机硅	MP	云母纸

4.4　各种型号的特征

表1、表2、表3列出了管和棒的型号，可用作帮助选择材料。有关详细要求由GB/T 5132（所有单项材料）规定。

表1　工业圆形层压卷制管型号

树脂	补强物	系列号	适用范围及识别特征[a]
EP	GC	21	机械、电气、电子用，中等温度下机械强度极高，暴露于高湿时，电气性能的稳定性很好
		22	类似于EPGC21，且高温下机械强度高
		23	类似于EPGC21，且抗燃性有所提高
	MP	21	机械、电气、电子用，暴露于高湿时电气性能的稳定性好，耐热性好
MF	GC	21	机械、电气用，机械强度高，耐电弧和耐漏电起痕好

表 1（续）

树脂	补强物	系列号	适用范围及识别特征[a]
PF	CC	21	机械、电气用,细布[b]
		22	机械、电气用,粗布[b]
		23	机械用、特粗布[b]
		24	类似于 PFCC21,紧公差机械用(特细布)[b]
	CP	21	机械和低压电气用,暴露于常湿时,电气性能好
		22	工频高压电气用,油中电气强度高
		23	类似于 PFCP21,暴露于高湿时,电气性能有所提高
	GC	21	机械、电气用,中等温度下机械强度很高
SI	GC	21	适用于高温下的机械、电气、电子用
	MP	21	机械、电气、电子用,高温下电气性能稳定性好

a 表中不代表仅适用于罗列的范围而不适用于其他情况,也不代表在给出的范围内全部适用。

b CC型补强物编织布:

	单位面积质量 g/m²	每厘米线数 cm⁻¹
特粗布	＞200	＜18
粗布	＞300	18～29
细布	≤130	30～37
特细布	≤125	＞37

这些数值仅供参考,但不作为规范要求。通常越细的布制成的材料其机械性能越好。

表 2 工业圆形层压模制管型号

树脂	补强物	系列号	适用范围及识别特征[a]
EP	CC	31	机械、电气、电子用,耐漏电起痕好
PF	CC	31	机械、电气用,细布[b]
		32	类似于 PFCC31,粗布[b]
		33	类似于 PFCC31,特粗布
	CP	31	电气和机械用,暴露于常温时,电气性能好
		32	类似于 PFCP31,且有更好的电气、机械性能

这些数据仅供参考,但不作为规范要求。通常越细的布制成的材料其机械性能越好。

a 表中不代表仅适用于罗列的范围而不适用于其他情况,也不代表在给出的范围内全部适用。

b CC型补强物编织布:

	单位面积质量 g/m²	每厘米线数 cm⁻¹
特粗布	＞200	＜18
粗布	＞130	18～29
细布	≤130	30～37

表 3　工业圆形层压模制棒的型号

树脂	补强物	系列号	适用范围及识别特征[a]
EP	CC	41	机械、电气、电子用,耐漏电起痕好,细布[b]
	GC	41	机械、电气用,中等温度下机械强度高,暴露于高湿时,电气性能稳定性好
		42	类似于EPGC41,高温下机械强度高
		43	类似于EPGC41,抗燃性好
PF	CC	41	机械、电气用,细布[b]
		42	机械、电气用,粗布[b]
		43	机械、电气用,特粗布[b]
	CP	41	机械、电气用,暴露于高湿时,电气性能稳定性好
		42	类似于PFCP41,机械、电气性能较低
		43	机械及低压电气用
SI	GC	41	机械、电气、电子用,高温下,电气性能稳定性好

[a] 表中不代表仅适用于罗列的范围而不适用于其他情况,也不代表在给出的范围内全部适用。

[b] CC 型补强物编织布:

	单位面积质量	每厘米线数
	g/m²	cm⁻¹
特粗布	＞200	＜18
粗布	＞130	18～29
细布	≤130	≥30

5　一般要求　外观

管和棒应该按生产下线状态或磨削加工后供货。当以磨削加工后供货时,其外圆表面应均匀一致且无明显开裂、裂纹和分层现象。

所有供货的管和棒应确保无孔眼、空隙或裂口且其端部平滑并修整垂直。

注1:细微的应力裂纹是某些型号和尺寸的管和棒的内在固有特征,尤其是纸基的。裂纹大多存在于直径超过
　　 25 mm的棒、壁厚超过12 mm以及壁厚与内径之比大于0.4的管和壁厚与内径之比小于或等于0.25的纸
　　 基管。

注2:对于模制管和棒,模压接缝线区域内和棒的中央处允许有一些积胶。

注3:根据供需协议,管和棒也可以经涂漆或其他表面处理后供货。

6　供货条件

产品应经包装后供货以确保在运输、搬运及贮存中对其有足够的保护。在每一件包装物的外部应清晰注明材料的 GB 名称、数量、型号和质量。当同一包装物内含有不同产品时,应把所要求的信息附

在包装物上。

　　个别需要单独进行标记的产品应在订购合同中商定。

　　应确保标记的印章所使用的油墨不会损害产品的电气性能。

ICS 29.035.99
K 15

中华人民共和国国家标准

GB/T 5132.2—2009/IEC 61212-2:2006
代替 GB/T 5132—1985，GB/T 5134—1985

电气用热固性树脂工业硬质圆形
层压管和棒　第 2 部分：试验方法

Industrial rigid round laminated tubes and rods
based on thermosetting resins for electrical purposes—
Part 2:Methods of test

(IEC 61212-2:2006,IDT)

2009-06-10 发布

2009-12-01 实施

中华人民共和国国家质量监督检验检疫总局
中国国家标准化管理委员会　发 布

前　言

GB/T 5132《电气用热固性树脂工业硬质圆形层压棒和管》包含下列几个部分：

——第 1 部分：一般要求；

——第 2 部分：试验方法；

——第 3 部分：圆形层压卷制管；

——第 4 部分：圆形层压模制管；

——第 5 部分：圆形层压模制棒；

………

本部分为 GB/T 5132 的第 2 部分。

本部分等同采用 IEC 61212-2:2006《电气用热固性树脂工业硬质圆形层压管和棒　第 2 部分：试验方法》(英文版)。

为便于使用,本部分与 IEC 61212-2:2006 相比做了下列编辑性修改：

a)　删除了国际标准的前言、引言和参考文献；

b)　按 GB/T 1.1 修改国际标准第 1 章"范围"中的表述并删除了安全警告语；

c)　"规范性引用文件"中的引用标准,凡是有与 IEC(或 ISO)标准对应的国家标准均用国家标准替代。

在附录 A 中给出了这些差异及其原因的一览表以供参考。

本部分代替 GB/T 5132—1985《电气绝缘层压管　试验方法》和 GB/T 5134《电气绝缘层压棒　试验方法》。

本部分与 GB/T 5132—1985 和 GB/T 5134—1985 相比主要变化如下：

标准结构发生了变化,将两个标准的内容合并,相应的章条也作了调整。

本部分的附录 A 为资料性附录。

本部分由中国电器工业协会提出。

本部分由全国绝缘材料标准化技术委员会(SAC/TC 51)归口。

本部分主要起草单位：桂林电器科学研究所、东材科技集团股份有限公司、西安西电电工材料有限责任公司、北京新福润达绝缘材料有限责任公司。

本部分主要起草人：马林泉、赵平、杜超云、刘琦焕。

本部分所代替标准的历次版本发布情况为：

——GB/T 5132—1985；

——GB/T 5134—1985。

电气用热固性树脂工业硬质圆形层压管和棒　第2部分:试验方法

1　范围

GB/T 5132的本部分规定了电气用热固性树脂工业硬质圆形层压管和棒的试验方法。

本部分适用于电气用热固性树脂工业硬质圆形层压管和棒。

2　规范性引用文件

下列文件中的条款通过 GB/T 5132 的本部分的引用而成为本标准的条款。凡是注日期的引用文件,其随后所有的修改单(不包括勘误的内容)或修订版均不适用于本部分,然而,鼓励根据本部分达成协议的各方研究是否可使用这些文件的最新版本。凡是不注日期的引用文件,其最新版本适用于本部分。

GB/T 1033.1—2008　塑料　非泡沫塑料密度的测定　第1部分:浸渍法、液体比重瓶法和滴定法(ISO 1183-1:2004,IDT)

GB/T 1034—2008　塑料　吸水性的测定(ISO 62:2008,IDT)

GB/T 1041—2008　塑料　压缩性能的测定(ISO 604:2002,IDT)

GB/T 1408.1—2006　固体绝缘材料电气强度试验方法　第1部分:工频下试验(IEC 60243-1:1998,IDT)

GB/T 1409—2006　测量电气绝缘材料在工频、音频、高频(包括米波波长在内)下电容率和介质损耗因数的推荐方法(IEC 60250:1969,MOD)

GB/T 5169.16—2008　电工电子产品着火危险试验　第16部分:试验火焰50 W 水平与垂直火焰试验方法(IEC 60695-11-10:2003,IDT)

GB/T 9341—2008　塑料　弯曲性能的测定(ISO 178:2001,IDT)

GB/T 10064—2006　测定固体绝缘材料电阻的试验方法(IEC 60167:1964,IDT)

GB/T 10580—2003　固体绝缘材料在试验前和试验时采用的标准条件(IEC 60212:1971,IDT)

GB/T 11026.1—2003　电气绝缘材料耐热性　第1部分:老化程序和试验结果的评价(IEC 60216:2001,IDT)

ISO 3611:1978　外径千分尺

ISO 3599:1976　读数为 0.1 和 0.05 mm 的游标卡尺

ISO 6906:1984　读数为 0.02 mm 的游标卡尺

IEC 60216-2:2005　电气绝缘材料耐热性　第2部分:电气绝缘材料耐热性测定　试验判断标准的选择

IEC 60296:2003　电工流体　变压器和开关用的未使用过的矿物绝缘油

3　条件处理

除非另有规定,试样应按 GB/T 10580—2003 在标准大气 B(温度 23 ℃±2 ℃,相对湿度 50%±5%)下进行处理,处理时间为 24 h。

除非另有规定,每个试样应在条件处理的大气中试验或者在每个试样从条件处理的大气中取出3 min 内开始试验。

对产品规范中要求在高温下进行试验的场合,试验前试样应在该高温下处理 1 h,然后立即进行试验。

4 尺寸

4.1 概述

所有尺寸均应在收货状态下测量。

4.2 外径

4.2.1 试验器具

管和棒的外径应采用下述器具之一进行测量:

a) 标称外径≤100 mm

采用符合 ISO 3611:1978、准确度为±0.02 mm 或更佳、测量面直径为 6 mm～8 mm 的外径千分尺测量。

b) 标称外径>100 mm 至≤500 mm

采用符合 ISO 3599:1976 的游标卡尺测量。

c) 标称外径>500 mm

采用分度为 0.50 mm 的钢卷尺测量。

可以采用任何具有相同或更高准确度的其他测量器具。在有争议的情况下,应采用规定的器具。

4.2.2 步骤

对于标称外径≤500 mm 的管或棒,沿管长度并距端头不少于 20 mm 的三处测量其外径。通常,在两端头和中部测量。在每处,沿其周长以大致均匀的间隔至少读取三个值。

对于外径>500 mm 的管或棒,沿其长度如上所述三处测量每一处的周长并计算外径。

4.2.3 结果

对于标称外径≤100 mm 的管或棒,其测得值应准确至 0.02 mm。

对于标称外径>100 mm 至≤500 mm 的管或棒,其测得值应准确至 0.1 mm。

对于标称外径>500 mm 者的管或棒,应由周长测得值计算外径并准确至 1 mm。

4.2.4 报告

应报告全部测得值的算术平均值作为管或棒的外径。

4.3 内径

4.3.1 试验器具

管的内径用下述推荐的相应器具进行测量:

a) 管的标称内径≤10 mm

采用准确度为±0.02 mm 或更佳的锥型塞规或针尖型测微计测量。

b) 管的标称内径>10 mm 至≤500 mm

采用符合 ISO 3599:1976 的游标卡尺测量。

c) 管的标称内径>500 mm

采用同 4.2.1c)的钢卷尺测量外周长。

采用同 4.2.1b)的游标卡尺测量管壁厚。

可以采用任何具有相同或更高准确度的其他测量器具。在有争议的情况下,应采用规定的器具。

4.3.2 步骤

a) 管的标称内径≤10 mm

采用锥型塞规在两端头测量管的内径,或者采用针尖形测微计在两端头沿内圆周等间隔的三点处测量管的内径。

b) 管的标称内径>10 mm 至≤500 mm

在两端头沿内圆周等间隔的至少三点处测量管的内径。

c) 管的标称内径＞500 mm

管的内径按4.2测得的外径和按4.4测得的壁厚计算而得。

4.3.3 结果

对于采用锥型塞规或针尖型测微计测量的、标称内径≤10 mm的管,在两端头测得的值应准确至0.02 mm。

对于采用游标卡尺测量的、标称内径＞100 mm至≤500 mm的管,在两端头点测得的三个值应准确至0.1 mm。

对于标称内径＞500 mm者的管,由测得的外径和壁厚计算内径并准确至1 mm。

4.3.4 报告

对于采用锥型塞规测量的、标称内径≤10 mm的管,应报告两个测得值的算术平均值作为管的内径。对采用针尖型测微计测量的、标称内径≤10 mm的管,应报告六个测得值的算术平均值作为管的内径。

对于标称内径＞100 mm至≤500 mm的管,应报告六个测得值的算术平均值作为管的内径。

对于标称内径＞500 mm者的管,应报告计算所得值的算术平均值作为管的内径。

4.4 壁厚

4.4.1 试验器具

管的壁厚应采用针尖形测微计或符合ISO 3611:1978的通用外径千分尺或符合ISO 6906:1984读数为0.02 mm的合适游标卡尺测量。

可以采用任何具有与上述规定相同或更高准确度的其他测量器具。在有争议的情况下,应采用规定的器具。

4.4.2 步骤

在管的每一端头沿圆周等间隔的至少三点处测量管的壁厚。

4.4.3 结果

测得值应准确至0.02 mm。

4.4.4 报告

报告测得值的算术平均值作为管的壁厚。

4.5 平直度(适用于直径≤300 mm的管)

4.5.1 试样

试样应是试验中的管。只要合适,应修整管的长度以便在试验前除去两端多余的树脂或飞边。

4.5.2 步骤

应先测量并记录管或棒的长度,准确度为±1 mm。然后将管或棒置于平直水平面上并滚动直到管或棒与水平面之间出现最大间隙。保持管或棒处于这个位置且不施加会使其变形的任何压力。应用塞规测量其最大间隙并记下此值作为被试管或棒的平直度。

4.5.3 结果

记录测得值至0.1 mm作为被试管或棒的平直度。

随长度变化的平直度的限值在产品规范中规定。

4.5.4 报告

报告以毫米表示的测得值作为平直度,同时报告长度。

5 机械性能试验

5.1 垂直层向弯曲强度

弯曲强度应按GB/T 9341—2008中规定的方法测定。

注1：本方法为材料规范提供了有用的数据信息,但这种数据信息不应被用作结构计算。因在试样制备过程中会消除存在于管内的残余应力,故这些结果也许与管的真实弯曲性能无关。

注2：就本标准所述的材料而言,弯曲强度与弯曲断裂应力可被认为是同一性能。

5.1.1 试样

应试验三个试样。

5.1.1.1 管

本试验适用于标称内径大于 100 mm 的管和可制备出符合下述规定的满意试样的其他管。对带有可见模压接缝线的模制管,至少应有一个试样从每一模压接缝线处切取。

试样应具有矩形横截面,并且切自管壁。试样长轴应平行于管轴,其尺寸应按 GB/T 9341—2008 中的规定。试样厚度应为 3 mm～5 mm,优选厚度为 4 mm。

其他试样尺寸应按 GB/T 9341—2008 中的规定,见图 1。

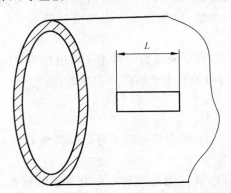 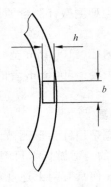

图 1　从大管制备弯曲强度试样

5.1.1.2 棒

除了直径超过 13 mm 的棒应将其同心地机加工至 13 mm±1 mm 之外,每个试样应是一段被试的原棒。试样长度应不短于直径的 20 倍。

5.1.2 步骤

5.1.2.1 管

试验按 GB/T 9341—2008 中规定进行。

压头速度应是 5 mm/min±1 mm/min。

5.1.2.2 棒

应试验五个试样。

应按 4.2.1 测量试样直径。

跨距 L 应是 (16±1)D（D 等于棒的直径或由棒加工而成的试样的直径）。跨距应准确测量至 0.5 mm。

按简支梁方式于跨度的中部在无冲击作用下对试样施加负荷。

压头速度应是 5 mm/min±1 mm/min。

记录断裂瞬间的负荷 F。

5.1.3 结果

5.1.3.1 管

按 GB/T 9341—2008 计算矩形试样的弯曲强度并记录所得三个结果,单位为 MPa。

5.1.3.2 棒

在负荷 F 下的弯曲应力 σ_F,由下式计算：

$$\sigma_F = \frac{M}{W} \qquad\qquad \cdots\cdots\cdots\cdots\cdots\cdots\cdots\cdots（1）$$

式中：

σ_F——负荷 F 下的弯曲应力的数值，单位为兆帕（MPa）；

M——负荷 F 下的弯矩的数值，单位为兆牛·米（MN·m），由公式（2）给出；

W——截面系数的数值，单位为三次方米（m³），由公式（3）给出。

$$M = \frac{F \times L}{4}$$ ....（2）

式中：

M——负荷 F 下的弯矩的数值，单位为兆牛·米（MN·m）；

F——断裂瞬间的负荷的数值，单位为兆牛（MN）；

L——跨距长度的数值，单位为米（m）。

$$W = \frac{\pi D^3}{32}$$ ....（3）

式中：

W——截面系数的数值，单位为三次方米（m³）；

π——圆周率；

D——圆形试样的直径的数值，单位为米（m）。

5.1.4 报告

报告记录所得三个值的算术平均值作为被试管或棒的弯曲强度，单位为 MPa。同时应报告最大值和最小值。

5.2 轴向压缩强度

5.2.1 概述

轴向压缩强度应按 GB/T 1041—2008 中规定的方法测定。

5.2.2 试样

应试验三个试样。试样按 GB/T 1041—2008 中规定。

每个试样应是一段管或圆柱体。两端面应平整、相互平行并与轴向成 90°。如果被试管或棒的尺寸使得所需负荷超过试验机或压缩工具的量程，那么应按下述方法之一制备较小尺寸的试样：

——棒：由原棒同心机加工；

——管：由被试管同心机加工减小壁厚或按 GB/T 1041—2008 中表 B.1 给出的 Ⅱ 型试样推荐尺寸从被试管壁机加工。

5.2.3 步骤

应按 GB/T 1041—2008 在收货状态下试验三个试样，但形变速率作下述修改。

对于圆柱形试样，按 5.1.1.2 测量其高度和直径。

对于管状试样，按 5.1.1.1 测量其内外径。

对于切自管的矩形试样，按 GB/T 1041—2008 测量每一试样横截面两边的尺寸并据此计算三个试样中每个试样的最小横截面面积。

将试样置于两压板之间并确保试样两端面相互平行而且能与压板表面良好接触。试样中心线应与压缩工具的中心线对齐。调整试验机使压板表面刚好接触试样两端面。

将试验机速度设定至形变速率为 $(0.3 \times L) \pm 20\%$ mm/min，L 为以毫米表示的试样的高度。

开动试验机，记录试样破坏瞬间所承受的以牛顿表示的总负荷。

5.2.4 结果

以破坏瞬间负荷（N）除以原始横截面面积（mm²）计算压缩强度（MPa）并取三位有效数字。

5.2.5 报告

报告三个结果的算术平均值作为被试管或棒的轴向破坏压缩强度。

5.3 层间粘合强度

5.3.1 试样

本试验仅适用于标称内径不大于 100 mm 且其内径与外径比（d/D）在 0.70～0.95 范围内的管。

对于大直径的管和内径与外径比（d/D）小于 0.70 的管，可同心机加工至前述尺寸后再试验。在这种情况下，优先取内径与外径比（d/D）为 0.8。

对于模制管，在切取试样前，在管的外表面上画一条用来指示模压接缝线之一位置的平行于轴向的基准线。如果管没有可见的模压接缝线，则在任何位置画一条平行于管的轴线的基准线。

切取两个试样，使其标称长度等于所测得的被试管的外径。该长度的偏差应是（所测外径的 1%）mm±0.5 mm。

如果必需进一步减小试验力以便试验得以进行，试样的长度可减至最小值 50 mm＋（所测外径的 1%）mm±0.5 mm。

5.3.2 步骤

按 5.2 进行试验并作如下修改：

按第 4 章测量内径 d、外径 D 和壁厚 t。将试样置于压缩试验机两钢板之间，使得管轴与所施加的力相垂直（见图 2）。

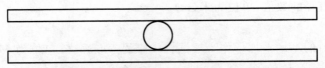

图 2 层间粘合强度试验时管在试验机中的位置

开动试验机，以选定的可在 15 s～45 s 内引起试样破坏的均匀速度增加压缩力。记录破坏瞬间最大的力 F(N)。

对于模制管，试验一个试样，使施加的力作用在含基准线的面上。再试验第二个试样，使施加的力与含基准线的面相垂直。

5.3.3 结果

如果试样的长度等于管的外径，从下式计算每一试样层间粘合强度 σ_c（MPa）：

$$\sigma_c = \frac{F}{t^2} \qquad\qquad (4)$$

式中：

σ_c——层间粘合强度的数值，单位为兆帕（MPa）；

F——破坏瞬间的最大力的数值，单位为牛（N）；

t——壁厚的数值，单位为毫米（mm）。

注：采用标准试样时，应用简化公式 F/t^2 给出层间粘合强度真值的近似值，对本控制试验是合适的。

如果试样的长度不等于管的外径，应采用下式：

$$\sigma_c = \frac{3F(D+d)^2}{\pi L d(D-d)^2} \qquad\qquad (5)$$

式中：

σ_c——层间粘合强度的数值，单位为兆帕（MPa）；

F——破坏瞬间的最大力的数值，单位为牛（N）；

D——外径的数值，单位为毫米（mm）；

d——内径的数值，单位为毫米（mm）；

π——圆周率；

L——试样长度的数值，单位为毫米（mm）。

5.3.4 报告

取两个试验结果中较低的值作为被试管的层间粘合强度。

有争议时,应采用更精确的公式。

6 电气性能试验

6.1 电气强度和击穿电压

6.1.1 概述

垂直于管和棒层向的电气强度应按 GB/T 1408.1—2006 采用 20 s 逐级升压试验或者按 1 min 耐压试验进行测定。除非另有规定,试验应在符合 IEC 60296:2003 的洁净的矿物油中进行。

6.1.2 试样

6.1.2.1 平行层向击穿电压试验用试样

应试验三个试样。

试样从棒或管上切取,长度应是 25 mm±0.2 mm。试样的两端面应光滑、互相平行且垂直于棒或管的轴线。

对于棒,试样应是一根棒。对于标称外径≤75 mm 的管,试样应是一个管的环。而对于标称外径＞75 mm 的管,试样应是一个周边长 100 mm±10 mm 的弧块。

6.1.2.2 垂直层向电气强度试验的试样

应试验三个试样。试样应是一段长度≥100 mm 的管。

对于标称内径≤100 mm 的管,外电极应是一条宽 25 mm±1 mm 的金属箔带且应紧密地并与管的两端相对称地缠绕在管上。

内电极应是一种能与管内表面紧密配合的金属导体(棒、管、金属箔)或一种能与管内表面良好接触的金属珠(直径 0.75 mm～2.0 mm)填充物。内电极端部应超出外电极端部至少 25 mm[见图 3a]。

对于标称内径＞100 mm 的管,外电极应是一条宽 75 mm±1 mm 的金属箔带且应紧密地并与内电极相对称地缠绕在管的外表面。

内电极应是一片贴在与管长度相对称的位置上、直径 25 mm±1 mm 的金属箔圆片,并柔软至足以与管的内表面紧贴[见图 3b]。

6.1.3 步骤

采用选定的 GB/T 1408.1—2006 中的方法在 90 ℃±2 ℃下进行试验。

6.1.4 结果

记录击穿电压的测量值,单位为 kV。

计算并记录电气强度值,单位为 kV/mm。

6.1.5 报告

报告以 kV 为单位的击穿电压记录值和以 kV/mm 为单位的电气强度记录值的算术平均值。同时应报告最大值和最小值。

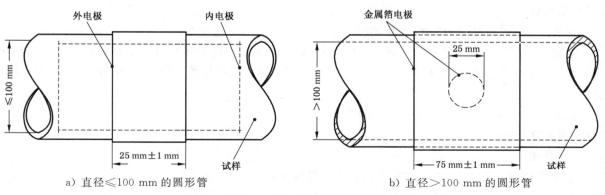

a) 直径≤100 mm 的圆形管   b) 直径＞100 mm 的圆形管

图 3 管的电气强度试验用试样和电极

6.2 浸水后绝缘电阻

6.2.1 概述

浸水后绝缘电阻应按 GB/T 10064—2006 规定的锥销电极法进行测定。本试验不适用于内径小于 20 mm 或壁厚大于 25 mm 的管和外径小于 20 mm 或大于 25 mm 的棒。粗大的棒可经同心机加工将直径减小至便于试验的 25 mm,而粗大的管可经同心机加工将壁厚减小至 25 mm。

6.2.2 试样

应试验两个切自管或棒的试样。每个试样应机加工出适合锥销电极插入的孔。

切割前应在管或棒的外表面画一条与管或棒的轴线相平行的基准线。应选用不会影响试验结果的画线材料。如果棒和模制管上有可见的模压接缝线,则该基准线应与其中一条模压接缝线重合。

对于棒,两个长 75 mm±5 mm 的试样应切自原棒。

对于管,两个长 75 mm±5 mm 的试样应切自原管。

对于标称内径＞75 mm 的管,试样应是一个切自管壁的长 75 mm±5 mm、宽 50 mm±5 mm 的弧块,或试验在一个试样上进行,一对锥销电极插在基准线上,另一对锥销电极插在与前一对锥销电极成 90°的位置上。

在所有其他情况下,应机加工两个试样以便一对锥销电极插在第一个试样的基准线上,另一对锥销电极插在与该基准线成 90°的第二个试样上。

6.2.3 步骤

把试样置于 50 ℃±2 ℃ 的烘箱中加热 24 h±1 h,冷却至室温,然后在 23 ℃±2 ℃ 的蒸馏水或相同纯度的水中浸 24 h±1 h。从水中取出试样,用干净的棉布或滤纸擦干。插入锥销电极,在 25 ℃±10 ℃ 下于相对湿度不大于 75% 的大气中测量绝缘电阻。

在样品从水中取出后的 0.5 min 至 1.0 min 之间施加电压,施加电压 1.0 min 后测量绝缘电阻。

6.2.4 结果

记录两个读数中较低的那个读数。

6.2.5 报告

报告记录值作为被试管或棒的浸水后绝缘电阻,单位为 MΩ。

6.3 损耗因数和电容率(仅适用于管)

按 GB/T 1409—2006 规定的方法测定损耗因数和电容率。试样应按相应材料规范中的规定进行条件处理。

按 GB/T 1409—2006 报告结果。

7 其他试验

7.1 耐热性

应按 GB/T 11026.1—2003 的规定测定耐热性。

老化程序应符合 GB/T 11026.1—2003 中第 7 章的规定。依据 IEC 60216-2:2005,对于硬质材料 A,需要测试的性能应是按 GB/T 9341—2008 测定的弯曲强度,以起始值下降 50% 作为终点,所有诊断试验应在 23 ℃±5 ℃ 下进行。

按 GB/T 11026.1—2003 中第 7 章规定报告结果。

7.2 吸水性

7.2.1 概述

吸水性应按 GB/T 1034—2008 中的方法 1 进行测定。

7.2.2 试样

应按 GB/T 1034—2008 中的 5.4.1 及 5.4.2 制备三个试样。

7.2.3 步骤

按 GB/T 1034—2008 中的方法 1 完成试验。

7.2.4 结果

对于每个试样，按 GB/T 1034—2008 中的 7.2.1 计算并记录每单位面积的吸水性，单位为 mg/cm^2。

7.2.5 报告

报告三个记录值的算术平均值作为被试管或棒的吸水性，单位为 mg/cm^2。

7.3 密度

密度应按 GB/T 1033.1—2008 中的 A 法进行测定并按 GB/T 1033.1—2008 报告结果。

7.4 燃烧性

7.4.1 概述

燃烧性应按 GB/T 5169.16—2008 中方法 B 进行测定。

7.4.2 试样

7.4.2.1 概述

从管或棒上切取 10 根条形试样，或从一试验板上切取，但压制该试验板所用的半固化片与生产管或棒所用的半固化片应同一批次。

7.4.2.2 管

从一根外径 50 mm 或更大、壁厚 3 mm±0.2 mm 的管上切取试样。若管的壁厚超过该值，切取之前应将其同心地机加工至 3 mm±0.2 mm。

如图 4a 所示，从管壁上切取宽为 13 mm±0.5 mm 的试样。应确保试样无尘或无污染。

7.4.2.3 棒

如图 4b 所示，从直径大于 16 mm 的棒上切取试样。应确保试样无尘或无污染。

7.4.2.4 替换试样

如果无法从管或棒上通过机加工得到令人满意的试样，也可以从厚为 3 mm±0.2 mm 的平板上制取试样，但压制该平板所用的半固化片与生产管或棒所用的半固化片应同一批次。在这种情况下，根据 GB/T 5169.16—2008 中方法 B 制备出来的试样应该是长条矩形的形状。应确保试样无尘或无污染。

7.4.3 步骤

按 GB/T 5169.16—2008 完成试验。

7.4.4 报告

按 GB/T 5169.16—2008 报告燃烧性等级。

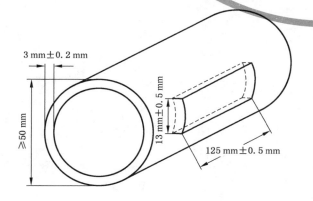

图 4a 从管上切取的燃烧性试验用试样

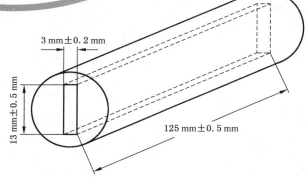

图 4b 从棒上切取的燃烧性试验用试样

图 4 燃烧性试验用试样

附　录　A

（资料性附录）

本部分与 IEC 61212-2:2006 的差异及其原因

A.1 给出了本部分与 IEC 61212-2:2006 的差异及其原因一览表。

表 A.1　本部分与 IEC 61212-2:2006 的差异及其原因

章条编号	差　异	原　因
2	引用了部分国家标准,而非国际标准	IEC 61212-2:2006 中引用的 ISO 标准是最新版本的标准,而本部分引用的几个国家标准是由 ISO 标准的早期版本转化而来的,但经核对主要技术内容未变,不会对本部分的使用造成影响,故为方便使用仍引用相应的国家标准
7.2.3	试验步骤改为按 GB/T 1034—2008,而非 ISO 1642:1987	IEC 61212-2:2006 中规定吸水性试验步骤按 ISO 1642:1987(已废止),而 GB/T 1034—2008 的内容已完整无缺,可完全按 GB/T 1034—2008 完成吸水性试验

ICS 29.035.99
K 15

中华人民共和国国家标准

GB/T 5132.5—2009/IEC 61212-3-3:2006
代替 GB/T 5133—1985

电气用热固性树脂工业硬质圆形
层压管和棒
第5部分：圆形层压模制棒

Industrial rigid round laminated tubes and rods based on thermosetting
resins for electrical purposes—
Part 5：Round laminated moulded rods

(IEC 61212-3-3：2006，Insulating materials-Industrial rigid
round laminated tubes and rods based on thermosetting resins for electrical
purposes—Part 3：Specifications for individual materials-Sheet 3：
Round laminated moulded rods，IDT)

2009-06-10 发布　　　　　　　　　　　　　　　　2009-12-01 实施

中华人民共和国国家质量监督检验检疫总局
中国国家标准化管理委员会　发布

前　言

GB/T 5132《电气用热固性树脂工业硬质圆形层压管和棒》包含下列几个部分：

——第1部分：一般要求；

——第2部分：试验方法；

——第3部分：圆形层压卷制管；

——第4部分：圆形层压模制管；

——第5部分：圆形层压模制棒。

本部分为 GB/T 5132 的第5部分。

本部分等同采用 IEC 61212-3-3:2006《电气用热固性树脂工业硬质圆形层压管和棒　第3部分：单项材料规范　第3篇：圆形层压模制棒》（英文版）。

本部分与 IEC 61212-3-3:2006 相比做了下列编辑性修改：将"表1　圆形模制棒的型号"编写入第3章"命名和分类"中。

本部分代替 GB/T 5133—1985《层压棒》。

本部分与 GB/T 5133—1985 的区别如下：

a)　本部分在"前言"中列出了有关电气用热固性树脂工业硬质圆形层压管和棒标准系列组成部分；

b)　在第4章"命名和分类"中增加了有关层压棒的"名称构成"、"树脂类型"和"补强材料类型"的详细规定，并根据 IEC 列入了层压棒的所有型号并同时删除原国内型号；

c)　删除了 GB/T 5133—1985 中对长度及偏差的要求；

d)　增加了"浸水后绝缘电阻"、"长期耐热性"、和"燃烧性"性能要求；

e)　删除了 GB/T 5133—1985 中对"试验方法"一章的分述，将相应章条编号列入本部分表4"圆形模制棒的性能要求"中，删除了"检验规则、标志、包装、运输和贮存"一章。

本部分由中国电器工业协会提出。

本部分由全国绝缘材料标准化技术委员会(SAC/TC 51)归口。

本部分主要起草单位：东材科技集团股份有限公司、北京新福润达绝缘材料有限公司、西安西电电工材料有限责任公司、桂林电器科学研究所。

本部分主要起草人：李学敏、赵　平、刘琦焕、杜超云。

本部分所代替标准的历次版本发布情况为：

——GB/T 5133—1985。

电气用热固性树脂工业硬质圆形
层压管和棒
第 5 部分:圆形层压模制棒

1 范围

GB/T 5132 的本部分规定了以不同树脂和补强材料制成的电气用工业硬质圆形层压模制棒分类和要求。模制棒的适用范围及识别特征由表 1 规定。

本部分适用于电气用工业硬质圆形层压模制棒。

2 规范性引用文件

下列文件中的条款通过 GB/T 5132 的本部分的引用而成为本部分的条款。凡是注日期的引用文件,其随后所有的修改单(不包括勘误的内容)或修订版均不适用于本部分,然而,鼓励根据本部分达成协议的各方研究是否可使用这些文件的最新版本。凡是不注日期的引用文件,其最新版本适用于本部分。

GB/T 5132.1—2009 电气用热固性树脂工业硬质圆形层压管和棒 第 1 部分:一般要求(IEC 61212-1:2006,IDT)

GB/T 5132.2—2009 电气用热固性树脂工业硬质圆形层压管和棒 第 2 部分:试验方法(IEC 61212-2:2006,IDT)

ISO 472 塑料 词汇

3 术语和定义

根据需要 ISO 472 的以下术语和定义适用于本部分。

3.1

模制棒(适用于热固性材料) round laminated moulded rod(as applied to thermosets)

在管芯上卷绕浸渍过的材料层,脱去管芯之后在热和压力作用下于圆柱形模中固化,然后磨削到规定尺寸而形成的一种棒。

4 命名和分类

4.1 概述

模制棒可以按照它们所采用的不同树脂、补强物、制造方法及识别特征分成不同型号。

4.2 命名

按下述方法进行命名:

——以头两个缩写字母表示树脂;

——以接下来两个缩写字母表示补强物;

——以两个数字表示系列号。其中第一个数字表示产品形状,"4"表示模制棒,第二个数字表示同一型号的不同再分类。

缩写按 4.3 规定。

模制棒的名称是由下述表示:

——产品说明:模制棒;

——国家标准编号:GB/T 5132.5;

——各型号名称;

——尺寸(mm):内径×外径×长度;

——表示模制棒外径修整程度的字母:"A"表示"下线"状态的管;"B"表示经磨削或车削状态的管。

例如:模制棒 GB/T 5132.5-EPGC41-25×1000-A

4.3 缩写

树脂型号		补强材料型号	
EP	环氧	CC	编织棉布
PF	酚醛	GC	编织玻璃布
SI	有机硅	CP	纤维素纸

4.4 型号

模制棒的型号见表1。

表 1 圆形模制棒的型号

树脂	补强物	系列号	适用范围及识别特征[a]
EP	CC	41	机械、电气、电子用,耐漏电起痕好,细布[b]
	GC	41	机械、电气用,中等温度下机械强度高,暴露于高湿时电气稳定性好
		42	类似于EPGC41,高温下机械强度高
		43	类似于EPGC41,有更好的阻燃性
PF	CC	41	机械、电气用,细布[b]
		42	机械、电气用,粗布[b]
		43	机械、电气用,特粗布[b]
	CP	41	机械、电气用,暴露于高温时电气稳定性好
		42	类似于PFCP41,机械、电气性能较低
		43	机械及低压电气用
SI	GC	41	机械、电气、电子用,高温下电气稳定性好

[a] 不应该从表1给出的应用说明推断:任何一种型号的模制棒,除了适用于列出的该型应用场合外,而不适于其他场合,也不可断言某一具体模制棒,在给出的所有应用范围内它都全部适用。

[b] CC型补强物编织布:

	单位面积质量	每厘米线数
	g/cm²	cm⁻¹
特粗布	>200	<18
粗布	>130	18~29
细布	≤130	≤30

这些数值仅供参考,但不作为规范要求考虑,通常越细的布制成的材料其机械性能越佳。

5 要求

模制棒除了应满足 GB/T 5132.1—2009 给出的一般要求外,还应满足表2a、表2b、表3、表4、表6和表7给出的附加要求,供货长度按供需双方商定。

表 2 圆形模制棒的直径与标称直径的允许偏差

表 2a 以"下线"态提供的圆形模制棒,其直径与标称直径的允许偏差 单位为毫米

标称直径 D	最大编差[a] ±	
	型 号	
	PF CP	EP GC SI GC EP CC PF CC
≤10	0.3	0.4
10<D≤20	0.3	0.4
20<D≤30	0.4	0.5
30<D≤50	0.4	0.5
50<D≤75	0.4	0.7
75<D≤100	0.5	1.0
100<D≤150	0.6	1.5
150<D≤200	0.7	1.7
200<D≤300	0.75	2.0
300<D≤500	0.8	2.2
>500	1.0	2.5

[a] 若供需双方就一个单方向的允许偏差值达成一致,其值不能超过表中给出数据的 1 倍。

表 2b 以磨削或车削加工后状态提供的圆形模制管,其直径与标称直径的允许偏差 单位为毫米

标称直径 D	最大偏差 ±
≤25	0.15
25<D≤50	0.25
50<D≤75	0.30
75<D≤100	0.35
100<D≤125	0.45
>125	0.50

表 3 圆形模制棒的偏离平直度

所有棒	$3.5L^2$ mm

注:按 GB/T 5132.2—2009 测量,任何棒的偏离平直度不应超过表中给出的相应极限值,式中 L 是棒的长度,m。

表 4 圆形模制棒的性能要求

性能	GB/T 5132.2—2009 条款	单位	最大或最小	要 求										
				EP CC 41	EP GC 41	EP GC 42	EP GC 43	PF CC 41	PF CC 42	PF CC 43	PF CP 41	PF CP 42	PF CP 43	SI GC 41
垂直层向弯曲强度	5.1	MPa	最小	125	220	220	220	125	90	90	120	110	100	180
轴向压缩强度	5.2	MPa	最小	80	175	175	175	90	80	80	80	80	80	40

表 4（续）

性能	GB/T 5132.2 —2009 条款	单位	最大 或 最小	要 求										
				EP CC 41	EP GC 41	EP GC 42	EP GC 43	PF CC 41	PF CC 42	PF CC 43	PF CP 41	PF CP 42	PF CP 43	SI GC 41
90 ℃油中 平行层向 击穿电压	6.1	kV	最小	30	40	40	40	5	5	1	13	10	10	30
浸水后绝 缘电阻	6.2	MΩ	最小	50	1 000	150	1 000	5.0	1.0	0.1	75	30	0.1	150
长期耐热 性 TI	7.1	—	最小	130	130	155	130	120	120	120	120	120	120	180
吸水性	7.2	mg/cm^2	最大	2	3	5	3	5	8	8	5	5	8	2
密度	7.3	g/cm^3	范围	1.2~ 1.4	1.7~ 1.9	1.7~ 1.9	1.7~ 1.9	1.2~ 1.4	1.2~ 1.4	1.2~ 1.4	1.2~ 1.4	1.2~ 1.4	1.2~ 1.4	1.6~ 1.8
燃烧性	7.4	级	—	—	—	—	V-0	—	—	—	—	—	—	V-0

注：EP GC 42 型"垂直层向弯曲强度"经过 1 h,150 ℃±3 ℃处理后在 150 ℃±3 ℃下测得的弯曲强度应不小于规定值的 50%；

90 ℃油中平行层向击穿电压的 20 s 逐级升压试验和 1 min 耐压试验的要求可任选其中一个；

燃烧性试验主要是用来监控层压板生产的一致性。如此测得的结果不应被看作是全面表示这些层压板在实际应用条件下的潜在着火危险性。

ICS 29.035.099
K 15

中华人民共和国国家标准化指导性技术文件

GB/Z 21213—2007

无卤阻燃高强度玻璃布层压板

High strength laminated sheet based on
halongen-free flame-resistant resins and glass cloth

2007-12-03 发布

中华人民共和国国家质量监督检验检疫总局
中国国家标准化管理委员会 发布

前　言

本指导性技术文件参考了 IEC 60893-3-2:2003《绝缘材料　电气用热固性树脂工业硬质层压板　第 3 部分:单项材料规范　对环氧树脂硬质层压板的要求》(英文版)。

本指导性技术文件由中国电器工业协会提出。

本指导性技术文件由全国绝缘材料标准化技术委员会(SAC/TC 51)归口。

本指导性技术文件起草单位:东方绝缘材料股份有限公司。

本指导性技术文件主要起草人:刘锋、赵平。

本指导性技术文件为首次制定。

无卤阻燃高强度玻璃布层压板

1 范围

本指导性技术文件规定了无卤阻燃高强度玻璃布层压板的要求、试验方法、检验规则、标志、包装、运输和贮存。

本指导性技术文件适用于经偶联剂处理的无碱玻璃布为补强材料,浸以温度指数为 155 的无卤阻燃树脂,经热压而成的无卤阻燃高强度玻璃布层压板。

无卤阻燃高强度玻璃布层压板具有高的热态机械强度保持率,适用于温度指数为 155 的电机、电器设备,用作绝缘结构零部件,并可在潮湿环境和变压器油中使用。

2 规范性引用文件

下列文件中的条款通过本指导性技术文件的引用而成为本指导性技术文件的条款。凡是注日期的引用文件,其随后所有的修改单(不包括勘误的内容)或修订版均不适用于本指导性技术文件,然而,鼓励根据本指导性技术文件达成协议的各方研究是否可使用这些文件的最新版本。凡是不注日期的引用文件,其最新版本适用于本指导性技术文件。

GB/T 1410—2006 固体绝缘材料体积电阻率和表面电阻率试验方法(IEC 60093:1980,IDT)

GB/T 5130—1997 电气用热固性树脂工业硬质层压板试验方法(eqv IEC 60893-2:1992)

GB/T 11020—2005 固体非金属材料暴露在火焰源时的燃烧性试验方法清单(IEC 60707:1999,IDT)

GB/T 11026.1—2003 电气绝缘材料 耐热性 第1部分:老化程序和试验结果的评定(IEC 60216.1:2001,IDT)

3 要求

3.1 外观

板材表面光滑、无气泡、皱纹、裂纹并适当避免其他缺陷,例如:擦伤、压痕、污点,允许有少量斑点。

3.2 尺寸

3.2.1 宽度和长度的允许偏差应符合表 1 的规定。

表 1 宽度和长度

单位为毫米

宽度和长度	偏差
450～990	±15
>990～1 980	±25

3.2.2 标称厚度及其允许偏差应符合表 2 的规定。

3.3 平直度

平直度应符合表 3 的规定。

3.4 性能要求

性能要求应符合表 4 的规定。

表 2 标称厚度及其允许偏差
单位为毫米

标称厚度	偏 差	标称厚度	偏 差	标称厚度	偏 差
0.5	±0.12	3.0	±0.37	16	±1.12
0.6	±0.13	4.0	±0.45	20	±1.30
0.8	±0.16	5.0	±0.52	25	±1.50
1.0	±0.18	6.0	±0.60	30	±1.70
1.2	±0.20	8.0	±0.72	35	±1.95
1.6	±0.24	10	±0.82	40	±2.10
2.0	±0.28	12	±0.94	45	±2.30
2.5	±0.33	14	±1.02	50	±2.45

注 1：其他允许偏差可由供需双方协商。

注 2：对于标称厚度不在所列的优选厚度之一者，其允许偏差应采用下一个较大的优选厚度的偏差。

表 3 平直度
单位为毫米

厚 度 d	直 尺 长 度	
	1 000	500
$3.0 \leqslant d \leqslant 6.0$	10	2.5
$6.1 \leqslant d \leqslant 8.0$	8	2.0
$8.1 \leqslant d$	6	1.5

表 4 性能要求

序号	性 能		单位	适合试验用的板材标称厚度/mm	要求
1	垂直层向弯曲强度	常 态	MPa	$1.6 \leqslant d \leqslant 10$	≥400
		155℃±2℃			≥250
2	平行层向冲击强度	简支梁，缺口	kJ/m²	≥4	≥37
3	平行层向剪切强度		MPa	≥5	≥30
4	拉伸强度		MPa	≥1.6	≥300
5	垂直层向电气强度	90℃±2℃油中	MV/m	≤3	见表5
6	平行层向击穿电压	90℃±2℃油中	kV	≥5	≥30
7	相对电容率	1 MHz	—	≤3	≤5.5
8	介质损耗因数	1 MHz	—	≤3	≤0.05
9	平行层向绝缘电阻	常 态	MΩ	全部	$\geqslant 1.0 \times 10^6$
		浸水 24 h 后			$\geqslant 1.0 \times 10^2$
10	体积电阻率	常 态	MΩ·m	全部	$\geqslant 1.0 \times 10^5$
		155℃±2℃			$\geqslant 1.0 \times 10^3$
11	燃烧性		级	≥3	FV0
12	密度		g/cm³	全部	1.7～1.9
13	吸水性		mg	全部	见表6
14	温度指数		—	≥3	155

表 5　垂直层向电气强度

试样平均厚度/mm	电气强度/MV/m	试样平均厚度/mm	电气强度/MV/m	试样平均厚度/mm	电气强度/MV/m
0.4	≥16.9	1.0	≥14.2	2.2	≥11.4
0.5	≥16.1	1.2	≥13.7	2.4	≥11.1
0.6	≥15.6	1.4	≥13.2	2.5	≥10.9
0.7	≥15.2	1.6	≥12.7	2.6	≥10.8
0.8	≥14.8	1.8	≥12.2	2.8	≥10.5
0.9	≥14.5	2.0	≥11.8	3.0	≥10.2

注1：垂直层向电气强度可任选 20 s 逐级升压和 1 min 耐压试验要求中的一种。对符合二者之一要求的材料,应视其垂直层向电气强度是符合本指导性技术文件要求的。

注2：如果测得的试样厚度算术平均值介于表中两厚度值之间,其指标值应按内插法求取。如果测得的试样厚度算术平均值小于 0.4 mm,则其要求值取≥16.9。如果标称厚度为 3 mm,并且测得的试样厚度算术平均值大于 3 mm,则其要求值取≥10.2。

表 6　吸水性

试样平均厚度/mm	吸水性/mg	试样平均厚度/mm	吸水性/mg	试样平均厚度/mm	吸水性/mg
0.5	≤17	2.5	≤21	12	≤38
0.6	≤17	3.0	≤22	14	≤41
0.8	≤18	4.0	≤23	16	≤46
1.0	≤18	5.0	≤25	20	≤52
1.2	≤19	6.0	≤27	25	≤61
1.6	≤19	8.0	≤31	单面加工至22.5	≤73
2.0	≤20	10	≤34		

注1：如果测得的试样厚度算术平均值介于表中两厚度值之间,其要求值应按内插法求取;如果测得的试样厚度算术平均值小于 0.5 mm,则其要求值取≤17 mg;如果标称厚度为 25 mm 并测得的厚度算术平均值大于 25 mm,则其要求值取≤61 mg。

注2：标称厚度大于 25 mm 的板材,则应从单面加工至 22.5 mm 且加工面应比较光滑。

4　试验方法

4.1　外观

用肉眼观察。

4.2　试样预处理及试验环境条件

按 GB/T 5130—1997 的第 3 章进行。

4.3　宽度与长度

用刻度 1 mm 的直尺或卷尺,沿板宽或长各测三点,分别取平均值。

4.4　厚度

按 GB/T 5130—1997 的 4.1 进行。

4.5　平直度

按 GB/T 5130—1997 的 4.2 进行。

4.6 垂直层向弯曲强度

按 GB/T 5130—1997 的 5.1 进行。

4.7 冲击强度

按 GB/T 5130—1997 的 5.5.1 进行。

4.8 平行层向剪切强度

按 GB/T 5130—1997 的 5.6 进行。

4.9 拉伸强度

按 GB/T 5130—1997 的 5.7 进行。

4.10 垂直层向电气强度和平行层向击穿电压

按 GB/T 5130—1997 的 6.1 进行。

4.11 相对电容率及介质损耗因数

按 GB/T 5130—1997 的 6.2 进行。

4.12 平行层向绝缘电阻

按 GB/T 5130—1997 的 6.3 进行。

4.13 体积电阻率

按 GB/T 1410—2006 进行。

4.14 燃烧性

按 GB/T 11020—2005 的第 9 章进行。

4.15 密度

按 GB/T 5130—1997 的 8.1 进行。

4.16 吸水性

按 GB/T 5130—1997 的 8.2 进行。

4.17 温度指数

按 GB/T 11026.1—2003 进行,以弯曲强度为诊断性能,以其下降到起始(23℃±2℃时)值的 50% 作为寿命终点。

5 检验规则

5.1 无卤阻燃高强度玻璃布层压板须进行出厂检验或型式检验。

5.2 型式检验项目为本指导性技术文件第 3 章中的除温度指数外的所有项目,每三个月至少进行一次,当改变原材料和工艺时亦须进行。

5.3 同一原材料和工艺生产的层压板(同一设备)不超过 5 t 为一批。每批须进行出厂检验,出厂检验项目为 3.1、3.2、3.3 及性能要求表 4 中的第 1 项、第 5 项,其中 3.1、3.2、3.3 为逐张检验。

5.4 试验结果如有一项不符合产品技术要求时,则应由该批另两张板中各取一组试样重复该项试验,若仍有一组不符合要求时,则该批产品为不合格。

5.5 温度指数为产品鉴定项目。

6 标志、包装、运输和贮存

6.1 标志

层压板上应标明制造厂名称,产品型号、规格、批号和制造日期。包装箱上应标明制造厂名称、产品型号及名称、毛重及净重和出厂日期。

6.2 包装

层压板采用衬有纸板的木条箱包装,产品与产品之间应垫纸,经供需双方协商也可采用其他包装。

6.3 运输

层压板在运输过程中应防止机械损伤、受潮和日光照射。

6.4 贮存

层压板应存放在温度不超过 40℃ 的干燥而洁净的室内,不得靠近火源、暖气和受日光照射。

层压板贮存期由出厂之日起为 18 个月,超过贮存期按标准检验,合格仍可使用。

ICS 29.035.99
K 15

中华人民共和国国家标准化指导性技术文件

GB/Z 21215—2007

改性二苯醚玻璃布层压板

Rigid laminated sheet based on modified diphenyl ether resins and glass cloth

2007-12-03 发布

中华人民共和国国家质量监督检验检疫总局
中国国家标准化管理委员会　发布

前　言

本指导性技术文件参考了 IEC 60893-3-7:2003《绝缘材料　电气用热固性树脂工业硬质层压板 第3部分:单项材料规范　第7篇:对聚酰亚胺树脂硬质层压板的要求》。

本指导性技术文件由中国电器工业协会提出。

本指导性技术文件由全国绝缘材料标准化技术委员会(SAC/TC 51)归口。

本指导性技术文件起草单位:东方绝缘材料股份有限公司。

本指导性技术文件主要起草人:刘锋、赵平。

本指导性技术文件为首次制定。

改性二苯醚玻璃布层压板

1 范围

本指导性技术文件规定了改性二苯醚玻璃布层压板的要求、试验方法、检验规则、包装、运输和贮存。

本指导性技术文件适用于经偶联剂处理的无碱玻璃布为补强材料,浸以温度指数为180的改性二苯醚树脂,经热压而成的改性二苯醚玻璃布层压板。

改性二苯醚玻璃布层压板适用于温度指数为180的电机、干式变压器和其他电器设备,用作绝缘结构零部件。

2 规范性引用文件

下列文件中的条款通过本指导性技术文件的引用而成为本指导性技术文件的条款。凡是注日期的引用文件,其随后所有的修改单(不包括勘误的内容)或修订版均不适用于本指导性技术文件,然而,鼓励根据本指导性技术文件达成协议的各方研究是否可使用这些文件的最新版本。凡是不注日期的引用文件,其最新版本适用于本指导性技术文件。

GB/T 5130—1997 电气用热固性树脂工业硬质层压板试验方法(eqv IEC 60893-2:1992)

GB/T 11026.1—2003 电气绝缘材料 耐热性 第1部分:老化程序和试验结果的评定
(IEC 60216-1:2001,IDT)

3 要求

3.1 外观

板材表面应光滑、无气泡、皱纹、裂纹并适当避免其他缺陷,例如:擦伤、压痕、污点等,允许有少量斑点。

3.2 尺寸

3.2.1 宽度和长度的允许偏差应符合表1的规定。

表 1 宽度和长度
单位为毫米

宽度和长度	偏差
450~990	±15
>990~1 980	±25

3.2.2 标称厚度及其允许偏差应符合表2的规定。

表 2 标称厚度及其允许偏差
单位为毫米

标称厚度	偏差	标称厚度	偏差	标称厚度	偏差	标称厚度	偏差
0.5	±0.12	2.0	±0.28	8.0	±0.72	25	±1.50
0.6	±0.13	2.5	±0.33	10	±0.82	30	±1.70
0.8	±0.16	3.0	±0.37	12	±0.94	35	±1.95
1.0	±0.18	4.0	±0.45	14	±1.02	40	±2.10
1.2	±0.20	5.0	±0.52	16	±1.12	45	±2.30
1.6	±0.24	6.0	±0.60	20	±1.30	50	±2.45

注1:其他允许偏差可由供需双方协商。

注2:对于标称厚度不在所列的优选厚度之一者,其允许偏差应采用下一个较大的优选厚度的偏差。

3.3 平直度

平直度应符合表 3 的规定。

表 3 平直度　　　　　　　　　　　　　　　　　　　　　　　　　　　　单位为毫米

厚　　　度 d	直尺长度	
	1 000	500
3.0≤d≤6.0	10	2.5
6.1≤d≤8.0	8	2.0
8.1≤d	6	1.5

3.4 性能要求

性能要求应符合表 4 的规定。

表 4 性能要求

序号	性　　　能		单位	适合试验用的板材标称厚度/mm	要求
1	垂直层向弯曲强度	常　态	MPa	1.6≤d≤10	≥500
		180℃±2℃			≥320
2	平行层向冲击强度　简支梁,缺口		kJ/m²	≥4	≥42
3	平行层向剪切强度		MPa	≥5	≥28
4	拉伸强度		MPa	≥1.6	≥320
5	垂直层向电气强度 90℃±2℃油中	板厚 0.5 mm～1.0 mm	MV/m	≤3	≥20
		板厚 1.1 mm～2.0 mm			≥18
		板厚 2.1 mm～3.0 mm			≥16
6	平行层向击穿电压　90℃±2℃油中		kV	≥3	≥35
7	介质损耗因数　1MHz		—	≤3	≤0.05
8	相对电容率　1MHz		—	≤3	≤5.5
9	浸水后绝缘电阻		MΩ	全部	≥1.0×10²
10	密度		g/cm³	全部	1.7～1.9
11	吸水性		mg	全部	见表 5
12	温度指数		—	≥3	180

表 5 吸水性

试样平均厚度/mm	吸水性/mg	试样平均厚度/mm	吸水性/mg	试样平均厚度/mm	吸水性/mg
0.5	≤17	2.5	≤21	12	≤38
0.6	≤17	3.0	≤22	14	≤41
0.8	≤18	4.0	≤23	16	≤46
1.0	≤18	5.0	≤25	20	≤52
1.2	≤17	6.0	≤27	25	≤61
1.6	≤19	8.0	≤31	单面加工至 22.5	≤73
2.0	≤20	10	≤34		

注 1：如果测得的试样厚度算术平均值介于表中两厚度值之间,其要求值应按内插法求取;如果测得的试样厚度算术平均值小于 0.5 mm,则其要求值取≤17 mg;如果标称厚度为 25 mm 并测得的厚度算术平均值大于 25 mm,则其要求值取≤61 mg。

注 2：标称厚度大于 25 mm 的板材,则应从单面加工至 22.5 mm 且加工面应比较光滑。

4　试验方法

4.1　外观

用肉眼观察。

4.2　试样预处理及试验环境条件

按 GB/T 5130—1997 第 3 章进行。

4.3　宽度与长度

用刻度 1 mm 的直尺或卷尺,沿板宽或长各测三点,分别取平均值。

4.4　厚度

按 GB/T 5130—1997 的 4.1 进行。

4.5　平直度

按 GB/T 5130—1997 的 4.2 进行。

4.6　垂直层向弯曲强度

按 GB/T 5130—1997 的 5.1 进行。

4.7　冲击强度

按 GB/T 5130—1997 的 5.5.1 进行。

4.8　平行层向剪切强度

按 GB/T 5130—1997 的 5.6 进行。

4.9　拉伸强度

按 GB/T 5130—1997 的 5.7 进行。

4.10　垂直层向电气强度和平行层向击穿电压

按 GB/T 5130—1997 的 6.1 进行。

4.11　相对电容率及介质损耗因数

按 GB/T 5130—1997 的 6.2 进行。

4.12　浸水后绝缘电阻

按 GB/T 5130—1997 的 6.3 进行。

4.13　密度

按 GB/T 5130—1997 的 8.1 进行。

4.14　吸水性

按 GB/T 5130—1997 的 8.2 进行。

4.15　温度指数

按 GB/T 11026.1—2003 进行,以弯曲强度为诊断性能,以其下降到起始(23℃±2℃时)值的 50% 作为寿命终点。

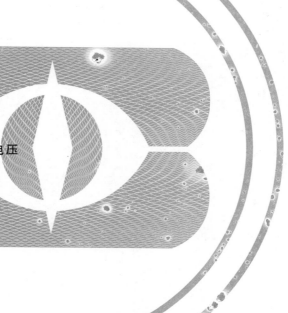

5　检验规则

5.1　改性二苯醚玻璃布层压板须进行出厂检验或型式检验。

5.2　型式检验项目为本标准第 3 章中的除温度指数外的所有项目,每三个月至少进行一次,当改变原材料和工艺时亦须进行。

5.3　同一原材料和工艺生产的层压板(同一设备)不超过 5 t 为一批。每批须进行出厂检验,出厂检验项目为 3.1、3.2、3.3 及性能要求表 4 中的第 1 项、第 5 项,其中 3.1、3.2、3.3 为逐张检验。

5.4　试验结果如有一项不符合产品技术要求时,则应由该批另两张板中各取一组试样重复该项试验,若仍有一组不符合要求时,则该批产品为不合格。

5.5　温度指数为产品鉴定项目。

6 标志、包装、运输和贮存

6.1 标志

层压板上应标明制造厂名称,产品型号、规格、批号和制造日期。包装箱上应标明制造厂名称、产品型号及名称、毛重及净重和出厂日期。

6.2 包装

层压板采用衬有纸板的木条箱包装,产品与产品之间应垫纸,经供需双方协商也可采用其他包装。

6.3 运输

层压板在运输过程中应防止机械损伤、受潮和日光照射。

6.4 贮存

层压板应存放在温度不超过 40℃ 的干燥而洁净的室内,不得靠近火源、暖气和受日光照射。

层压板贮存期由出厂之日起为 18 个月,超过贮存期按标准检验,合格仍可使用。

ICS 29.035.99
K 15

中华人民共和国国家标准

GB/T 23100—2008

电气用热固性树脂工业
硬质玻璃纤维缠绕管

Industrial rigid round winded tubes based on thermosetting
resins for electrical purposes

2008-12-30 发布

2010-01-01 实施

中华人民共和国国家质量监督检验检疫总局
中国国家标准化管理委员会　发布

前　言

本标准参照 IEC 61212-3-1:2006《电气用热固性树脂工业硬质圆形层压管和棒　第 3 部分:单项材料规范　第 1 篇:圆形层压卷制管》制定。

本标准由中国电器工业协会提出。

本标准由全国绝缘材料标准化技术委员会(SAC/TC 51)归口。

本标准主要起草单位:上海龙怡机电材料有限公司、吴江市合力绝缘材料有限责任公司、桂林电器科学研究所、陕西泰普瑞电工绝缘技术有限公司。

本标准起草人:浦正光、孙建刚、李学敏、吴亚民。

本标准为首次发布。

电气用热固性树脂工业
硬质玻璃纤维缠绕管

1 范围

本标准规定了以无碱玻璃纤维纱浸以环氧树脂或二苯醚树脂,经缠绕、烘焙固化而成的电气用热固性树脂工业硬质缠绕管的分类与命名、要求、试验方法及包装、标志、运输和贮存。

本标准适用于以无碱玻璃纤维纱,浸以环氧树脂或二苯醚树脂,经缠绕和烘焙固化而成的电气用热固性树脂工业硬质缠绕管。

2 规范性引用文件

下列文件中的条款通过本标准的引用而成为本标准的条款。凡是注日期的引用文件,其随后所有的修改单(不包括勘误的内容)或修订版均不适用于本标准。然而,鼓励根据本标准达成协议的各方研究是否可使用这些文件的最新版本。凡是不注日期的引用文件,其最新版本适用于本标准。

GB/T 1408.1—2006　绝缘材料电气强度试验方法　第 1 部分:工频下试验(IEC 60243-1:1998,IDT)

GB/T 7354—2003　局部放电测量(IEC 60270:2000,IDT)

IEC 61212-1:2006　电气用热固性树脂工业硬质圆型层压管和棒　第 1 部分:定义、命名和一般要求

IEC 61212-2:2006　电气用热固性树脂工业硬质圆型层压管和棒　第 2 部分:试验方法

3 分类与命名

电气用热固性树脂工业硬质缠绕管分类与命名见图 1 和表 1。

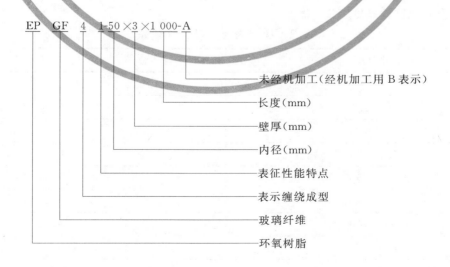

图 1　命名示例

表 1 电气用热固性树脂工业硬质缠绕管型号

树脂类型	补强材料	系列号	性能特征
EP	GF	51	具有良好的机械、电气性能,且在潮湿状态下具有稳定的电气性能。
		52	类似 EPGF51,但高温下机械强度高。
		53	类似 EPGF51,但阻燃。
DPO	GF	54	电气性能好,耐高温及阻燃。

4 要求

4.1 对标称外径及其允许编差的要求

标称外径及其允许编差见表2。

表 2 标称外径及其允许偏差(经机械加工后)   单位为毫米

标称外径	允许偏差
≤10	±0.15
>10~≤25	±0.20
>25~≤50	±0.25
>50~≤75	±0.30
>75~≤100	±0.35
>100~≤125	±0.45
>125~≤200	±0.50
>200	由供需双方商定

注:对单一方向偏差也可由供需双方商定。

4.2 对标称内径及其允许偏差的要求

标称内径及其允许偏差见表3。

表 3 标称内径及其允许偏差   单位为毫米

标称内径	允许偏差
<3~≤30	±0.15
>30~≤50	±0.20
>50~≤75	±0.30
>75~≤100	±0.40
>100~≤150	±0.50
>150~≤200	±0.70
>200~≤300	±1.00
>300~≤500	±1.50
>500	由供需双方商定

注:对单一方向偏差也可由供需双方商定。

4.3 对标称壁厚及其允许偏差的要求

标称壁厚及其允许偏差见表4。

表 4 标称壁厚及其允许偏差　　　　　　　　　　　　单位为毫米

标称壁厚	允许偏差
≤1.5	±0.40
>1.5~≤3.0	±0.45
>3.0~≤6.0	±0.50
>6.0~≤12.0	±0.80
>12.0~≤25.0	±1.20
>25.0	±1.60

4.4 平直度

缠绕管的平直度见表5。

表 5 缠绕管的平直度　　　　　　　　　　　　单位为毫米

标称外径	最大间隙
<8	$\leqslant 8L^2$
≥8	$\leqslant 6L^2$
注：L 为管的长度(m)。	

4.5 性能要求

缠绕管的性能要求见表6。

表 6 性能要求

序号	性能		单位	要求 型号			
				EPGF51	EPGF52	EPGF53	DPOGF54
1	垂直层向弯曲强度	常态	MPa	≥400	≥400	≥400	≥150
		155 ℃下		—	≥200	—	≥80
2	轴向压缩强度		MPa	≥150	≥150	≥150	≥100
3	层间粘合强度		MPa	≥100	≥100	≥100	≥8
4	平行层向击穿电压 (90±2)℃油中		kV	≥40	≥40	≥40	≥25
5	垂直层向电气强度 (90±2)℃油中		kV/mm	见表7			
6	受潮后沿面耐电压 (5 min)		kV	≥12	≥12	≥12	≥12
7	浸水后绝缘电阻		Ω	$\geqslant 1.0 \times 10^9$	$\geqslant 1.0 \times 10^9$	$\geqslant 1.0 \times 10^9$	$\geqslant 1.0 \times 10^8$
8	工频下介质损耗因数		—	$\leqslant 5.0 \times 10^{-2}$	$\leqslant 5.0 \times 10^{-2}$	$\leqslant 5.0 \times 10^{-2}$	$\leqslant 5.0 \times 10^{-2}$
9	工频下相对电容率		—	5.2±0.2	5.2±0.2	5.2±0.2	5.3±0.2
10	温度指数(T·I)		—	≥130	≥155	≥130	≥180

表 6（续）

序号	性　能	单　位	要　求			
			型　号			
			EPGF51	EPGF52	EPGF53	DPOGF54
11	吸水性	%	≤0.2	≤0.2	≤0.2	≤1.0
12	密度	g/cm³	≥1.70	≥1.70	≥1.70	≥1.40
13	燃烧性	级	—	—	V0	V0
14	局部放电	PC	≤5	≤5	≤5	≤5

注 1：对于层间粘合强度仅适用于内径不大于 100 mm 的管。

注 2：局部放电试验采用的试样高度为 25.0 mm±0.2 mm，推荐施加电场强度为 200 V/mm～300 V/mm。

表 7　垂直层向电气强度

标称壁厚/mm	电气强度(kV/mm)，1 min 耐压或 20 s 逐级升压试验			
	EPGF41	EPGF42	EPGF43	DPOGF54
1.0	≥11.6	≥11.6	≥11.6	≥11.6
1.2	≥11.0	≥11.0	≥11.0	≥11.0
1.4	≥10.4	≥10.4	≥10.4	≥10.4
1.6	≥9.8	≥9.8	≥9.8	≥9.8
1.8	≥9.4	≥9.4	≥9.4	≥9.4
2.0	≥9.0	≥9.0	≥9.0	≥9.0
2.2	≥8.7	≥8.7	≥8.7	≥8.7
2.4	≥8.4	≥8.4	≥8.4	≥8.4
2.6	≥8.1	≥8.1	≥8.1	≥8.1
2.8	≥7.9	≥7.9	≥7.9	≥7.9
≥3.0	≥7.7	≥7.7	≥7.7	

5　试验方法

5.1　尺寸

5.1.1　外径

按 IEC 61212-2:2006 中 4.2 的规定。

5.1.2　内径

按 IEC 61212-2:2006 中 4.3 的规定。

5.1.3　壁厚

按 IEC 61212-2:2006 中 4.4 的规定。

5.2　平直度

按 IEC 61212-2:2006 中 4.5 的规定。

5.3　垂直层向弯曲强度

按 IEC 61212-2:2006 中 5.1 的规定进行，若需进行高温下试验时，应将试样在规定温度下处理 1 h 后并于该温度下试验。本项试验仅要求测标称内径≥100 mm 管材进行。

5.4　轴向压缩强度

按 IEC 61212-2:2006 中 5.2 的规定进行。

5.5 层间粘合强度

按 IEC 61212-2:2006 中 5.3 的规定进行,仅要求测标称内径≤100 mm 的管材。

5.6 垂直层向电气强度

按 IEC 61212-2:2006 中第 6 章的规定进行。若壁厚大于 3.0 mm 时,可单面削加工至 3 mm,若采用 1 min 耐压试验时,则以是否通过耐电压试验做为试验结果报告。

5.7 平行层向击穿电压

按 IEC 61212-2:2006 中第 6 章的规定进行。

5.8 受潮后沿面耐电压

5.8.1 试样

试样三个。

5.8.2 电极

5.8.2.1 电极材料

铝箔电极或导电银漆。

5.8.2.2 电极间距

沿试样外表面粘贴铝箔电极或涂覆导电银漆电极,电极间隙为 25 mm。

5.8.3 试验

试样在温度 40 ℃±2 ℃,相对湿度 95%±5% 下处理 96 h 后,按 GB/T 1408.1—2006 中 10.6 的规定在空气中进行耐压试验,耐压时间为 5 min。

5.8.4 结果

以是否通过规定的耐压试验作为试验结果,若有一个试样耐压过程中发生闪络或击穿则判定表面耐电压不合格。

5.9 浸水后绝缘电阻

按 IEC 61212-2:2006 中 6.2 的规定。

5.10 工频下介质损耗因数

按 IEC 61212-2:2006 中 6.3 的规定。

5.11 工频下相对电容率

按 IEC 61212-2:2006 中 6.3 的规定。

5.12 温度指数

按 IEC 60212-2:2006 中 7.1 规定的方法进行,其中诊断性能为弯曲强度,终点判定标准为起始值下降 50%。

5.13 吸水性

按 IEC 61212-2:2006 中 7.2 的规定,单位为%。

5.14 密度

按 IEC 61212-2:2006 中 7.3 的规定。

5.15 燃烧性

按 IEC 61212-2:2006 中 7.4 的规定。

5.16 局部放电

按 GB/T 7354—2003 的规定。

6 包装、标志、运输和贮存

按 IEC 61212-1:2006 中第 6 章的规定。

ICS 29.035.99
K 15

中华人民共和国国家标准

GB/T 24124—2009

C850 系列酚醛棉布层压板

C850 system phenolic resins cotton cloth laminated sheets

2009-06-10 发布

2009-12-01 实施

中华人民共和国国家质量监督检验检疫总局
中国国家标准化管理委员会 发布

前　言

本标准修改采用 MIL-I-24768-13:1992《电工绝缘用酚醛棉布板(FBE)》、MIL-I-24768-14:1992《电工绝缘用酚醛棉布板(FBG)》、MIL-I-24768-15:1992《电工绝缘用酚醛棉布板(FBI)》和 MIL-I-24768-16:1992《电工绝缘用酚醛棉布板(FBM)》。

本标准与 MIL-I-24768-13～24768-16:1992 的主要技术差异如下:

1）"弯曲强度"要求值按 MIL-I-24768 中板厚为 0.5 in 和 0.75 in 的要求值;

2）"平行层向冲击强度"采用简支梁法要求值和对应的试验方法,单位采用 kJ/m²;

3）增加了对 D-24/23、D-48/50、E-48/50 等处理条件的说明;

4）将 MIL-I-24768 标准中所引用的 ASTM 试验方法标准转化为相应的 GB/T 1303.2—2009。

本标准由中国电器工业协会提出。

本标准由全国绝缘材料标准化技术委员会(SAC/TC 51)归口。

本标准起草单位:北京新福润达绝缘材料有限责任公司、桂林电器科学研究所。

本标准主要起草人:刘琦焕、于存海、李学敏。

C850 系列酚醛棉布层压板

1 范围

本标准规定了电气绝缘用 C850 系列酚醛棉布层压板的分类、要求、试验方法和供货要求。

本标准适用于电气绝缘用 C850 系列酚醛棉布层压板。

2 规范性引用文件

下列文件中的条款通过本标准的引用而成为本标准的条款。凡是注日期的引用文件，其随后所有的修改单（不包括勘误的内容）或修订版均不适用于本标准，然而，鼓励根据本标准达成协议的各方研究是否可使用这些文件的最新版本。凡是不注日期的引用文件，其最新版本适用于本标准。

GB/T 1303.1—2009 电气用热固性树脂工业硬质层压板 第 1 部分：定义、命名和一般要求（IEC 60893-1:2004,IDT）

GB/T 1303.2—2009 电气用热固性树脂工业硬质层压板 第 2 部分：试验方法（IEC 60893-2:2003,MOD)

3 分类

C850 系列酚醛树脂棉布层压板按其组成和特性进行分类，见表 1。

表 1 型号、特性与用途

型 号	特性与用途
C850.1	机械用（粗布）、电气性能差
C850.2	机械及电气用（粗布）、电气性能好
C850.3	机械用（细布）、电气性能差
C850.4	机械及电气用（细布）、电气性能好

4 要求

4.1 外观

应符合 GB/T 1303.1—2009 中 5.1 的规定。

4.2 尺寸

4.2.1 层压板的宽度和长度的允许偏差应符合表 2 的规定。

表 2 宽度和长度的允许偏差 单位为毫米

宽度和长度	允许偏差
450~1 000	±15
>1 000~2 600	±25

4.2.2 层压板的标称厚度及允许偏差见表 3。

表 3 标称厚度及允许偏差 单位为毫米

标称厚度	允许偏差	
	C850.1 C850.2	C850.3 C850.4
0.4	—	—
0.5	—	±0.13
0.6	—	±0.14
0.8	±0.19	±0.15
1.0	±0.20	±0.16
1.2	±0.22	±0.17
1.5	±0.24	±0.19
2.0	±0.26	±0.21
2.5	±0.29	±0.24
3.0	±0.31	±0.26
4.0	±0.36	±0.32
5.0	±0.42	±0.36
6.0	±0.46	±0.40
8.0	±0.55	±0.49
10.0	±0.63	±0.56
12.0	±0.70	±0.64
14.0	±0.78	±0.70
16.0	±0.85	±0.76
20.0	±0.95	±0.87
25.0	±1.10	±1.02
30.0	±1.22	±1.12
35.0	±0.34	±1.24
40.0	±1.45	±1.35
45.0	±1.55	±1.45
50.0	±1.65	±1.55
60.0	—	—
70.0	—	—

注 1：对于标称厚度不在本表所列的优选厚度时,其公差应采用最接近的优选标称厚度的公差。

注 2：其他公差要求可由供需双方商定。

4.2.3 层压板切割板条宽度及偏差

层压板切割板条的宽度及偏差见表 4。

表 4 层压板切割板条的宽度及偏差（均为负偏差） 单位为毫米

标称厚度 d	标称宽度（所有型号）					
	$3 < b \leqslant 50$	$50 < b \leqslant 100$	$100 < b \leqslant 160$	$160 < b \leqslant 300$	$300 < b \leqslant 500$	$500 < b \leqslant 600$
0.4	0.5	0.5	0.5	0.6	1.0	1.5
0.5	0.5	0.5	0.5	0.6	1.0	1.5
0.6	0.5	0.5	0.5	0.6	1.0	1.5
0.8	0.5	0.5	0.5	0.6	1.0	1.0
1.0	0.5	0.5	0.5	0.6	1.0	1.0
1.2	0.5	0.5	0.5	1.0	1.2	1.2

表 4（续）

单位为毫米

标称厚度 d	标称宽度（所有型号）					
	$3<b\leqslant50$	$50<b\leqslant100$	$100<b\leqslant160$	$160<b\leqslant300$	$300<b\leqslant500$	$500<b\leqslant600$
1.5	0.5	0.5	0.5	1.0	1.2	1.2
2.0	0.5	0.5	0.5	1.0	1.2	1.5
2.5	0.5	1.0	1.0	1.5	2.0	2.5
3.0	0.5	1.0	1.0	1.5	2.0	2.5
4.0	0.5	2.0	2.0	3.0	4.0	5.0
5.0	0.5	2.0	2.0	3.0	4.0	5.0
注：表中所列宽度的公差均为单向负公差。其他公差可由供需双方商定。						

4.3 平直度

平直度要求见表5。

表 5 平直度

单位为毫米

厚度 d	直尺长度	
	1 000	500
$3<d\leqslant6$	10	2.5
$6<d\leqslant8$	8	2.0
$d>8$	6	1.5

4.4 性能要求

层压板的性能要求见表6。

表 6 性能要求

序号	性能		单位	适合试验用板材的标称厚度 mm	要求			
					C850.1	C850.2	C850.3	C850.4
1	垂直层向弯曲强度	纵向	MPa	$\geqslant1.6$	$\geqslant110$	$\geqslant107$	$\geqslant107$	$\geqslant103$
		横向			$\geqslant103$	$\geqslant93$	$\geqslant97$	$\geqslant90$
2	粘合强度	常态时	N	$\geqslant12.7$	$\geqslant8\,000$	$\geqslant8\,000$	$\geqslant7\,100$	$\geqslant7\,100$
		D-48/50			$\geqslant7\,100$	$\geqslant7\,100$	$\geqslant6\,600$	$\geqslant6\,600$
3	平行层向冲击强度（简支梁法、缺口试样）E-48/50		kJ/m²	$\geqslant5$	$\geqslant8.8$	$\geqslant7.8$	$\geqslant7.0$	$\geqslant6.0$
4	相对介电常数（1 MHz）	常态时	—	$\geqslant0.8$	—	—	—	$\leqslant5.8$
		D-24/23		$\geqslant3.0$	—	—	—	$\leqslant6.0$
5	介质损耗因数（1 MHz）	常态时	—	$\geqslant0.8$	—	—	—	$\leqslant0.055$
		D-24/23		$\geqslant3.0$	—	—	—	$\leqslant0.070$
6	平行层向击穿电压（20 ℃±5 ℃油中）	常态	kV	>3	15.0	35.0	15.0	40.0
		D-48/50			—	2.5		3.0
7	吸水率		%	全部	见表7			
注：表6中的试样处理条件：D-48/50 为 50 ℃水中 48 h;D-24/23 为 23 ℃水中 24 h;E-48/50 为 50 ℃空气中 48 h。								

表7 吸水率

试样厚度平均值	吸水率（％）			
mm	C850.1	C850.2	C850.3	C850.4
0.8	8.00	4.50	6.00	4.00
1.6	4.40	2.20	2.50	1.95
2.4	3.20	1.80	1.90	1.55
3.2	2.50	1.60	1.60	1.30
4.8	1.90	1.30	1.30	1.00
6.4	1.60	1.10	1.10	0.95
12.7	1.20	0.75	0.90	0.70
19.0	1.10	0.70	0.75	0.60
25.4	1.00	0.65	0.70	0.55
＞25.4	1.00	0.65	0.70	0.55

注：如果测得的试样厚度算术平均值介于表中两厚度之间,则其要求值应取较小厚度的值。如果测得的厚度算术平均值低于表中给出的最小厚度,则吸水性要求值相当于最小厚度的那个值。如果标称厚度超过25.4 mm,则应从单面加工至25.4 mm,且加工平面应光滑。

5 试验方法

5.1 总则

试验分出厂检验和型式试验。出厂试验为4.1、4.2、4.3、4.4表6中"弯曲强度"和"平行层向击穿电压"。型式试验为全部性能项目。

5.2 外观

目测检查。

5.3 尺寸

5.3.1 厚度

按 GB/T 1303.2—2009 中 4.1 的规定。

5.3.2 宽度及长度

用分度值为 0.5 mm 的直尺或量具至少测量三处,并报告其平均值。

5.4 平直度

按 GB/T 1303.2—2009 中 4.2 的规定。

5.5 弯曲强度

适用于试验的板材标称厚度为大于或等于 1.5 mm,按 GB/T 1303.2—2009 中 5.1 的规定。

5.6 粘合强度

5.6.1 适用于试验的板材标称厚度为大于或等于 12.7 mm,每组试样不少于五个,尺寸为长 25 mm±0.2 mm,宽度 25 mm±0.2 mm,厚为标称厚度 12.7 mm。标称厚度 12.7 mm 以上者,应从两边加工至12.7 mm±0.2 mm。标称厚度 12.7 mm 以下者不予试验。试验两相邻面应互相垂直。

5.6.2 示值误差不超过 1％的材料试验机,试样破坏的负荷量应在试验机的刻度范围(15～85)％之间,试验机压头上装有 Φ10 mm 的钢球。

5.6.3 试验前需将试样进行预处理,预处理及试验条件按 GB/T 1303.2—2009 中第 3 章规定进行。

5.6.4 将试样置于下夹具平台的中央,调整钢球与试样位置,使其如图 1 所示,然后以(10 mm±2 mm)/min 的速度施加压力,直至试样破坏读取负荷值。

5.6.5 粘合强度以试样破坏所施加压力值表示,取每组试样的算术平均值,个别值对平均值的允许偏差为±15%。

单位为毫米

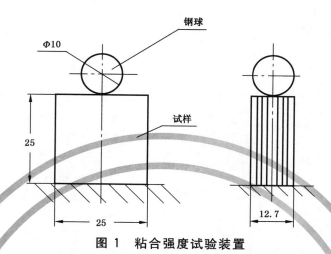

钢球

Φ10

25

试样

25

12.7

图 1 粘合强度试验装置

5.7 冲击强度

5.7.1 平行层向简支梁冲击强度

适用于试验的板材标称厚度为大于或等于5.0 mm,按GB/T 1303.2—2009中5.4.2的规定。

5.8 1 MHz 下介电常数

按GB/T 1303.2—2009中6.2的规定。

5.9 1 MHz 下介质损耗因数

按GB/T 1303.2—2009中6.2的规定。

5.10 平行层向击穿电压

按GB/T 1303.2—2009中6.1.3.2的规定,试验报告应报告电极的类型。

5.11 吸水率

按GB/T 1303.2—2009中8.2的规定,计算出百分率。

6 供货要求

应符合GB/T 1303.1—2009中5.4的规定。

第 6 部分：模塑料类

ICS 29.035.10
K 15

中华人民共和国国家标准

GB/T 22470—2008

电气用环保型模塑料通用要求

General requirements for environmentally friendly
moulding compounds for electrical purpose

2008-10-29 发布
2009-10-01 实施

中华人民共和国国家质量监督检验检疫总局
中国国家标准化管理委员会 发布

前　言

本标准由中国电器工业协会提出。

本标准由全国绝缘材料标准化技术委员会(SAC/TC51)归口。

本标准起草单位:桂林电器科学研究所、上海欧亚合成材料有限公司、浙江南方塑胶制造有限公司、机械工业北京电工技术经济研究所。

本标准主要起草人:马林泉、刘勇、陈永水、郭丽平。

本标准为首次制定。

电气用环保型模塑料通用要求

1 范围

本标准规定了电气用环保型模塑料的分类、要求和试验方法。

本标准适用于电气用环保型粉状、粒状、团状和块状模塑料。

2 规范性引用文件

下列文件中的条款通过本标准的引用而成为本标准的条款。凡是注日期的引用文件，其随后所有的修改单(不包括勘误的内容)或修订版均不适用于本标准，然而，鼓励根据本标准达成协议的各方研究是否可使用这些文件的最新版本。凡是不注日期的引用文件，其最新版本适用于本标准。

GB/T 1034—1998 塑料 吸水性试验方法(eqv ISO 62:1980)

GB/T 1040—2006(所有部分) 塑料 拉伸性能的测定(ISO 527:1993,IDT)

GB/T 1041—2008 塑料 压缩性能的测定(ISO 604:2002,IDT)

GB/T 1043—1993 硬质塑料简支梁冲击试验方法(neq ISO 179:1982)

GB/T 1408.1—2006 绝缘材料电气强度试验方法 第1部分:工频下试验(IEC 60243-1:1998,IDT)

GB/T 1409—2006 测量电气绝缘材料在工频、音频、高频(包括米波波长在内)下电容率和介质损耗因数的推荐方法(IEC 60250:1969,MOD)

GB/T 1411—2002 干固体绝缘材料耐高电压、小电流电弧放电的试验(IEC 61621:1997,IDT)

GB/T 1634.1—2004 塑料 负荷变形温度的测定 第1部分:通用试验方法(ISO 75-1:2003,IDT)

GB/T 4207—2003 固体绝缘材料在潮湿条件下相比电痕化指数和耐电痕化指数的测定方法(IEC 60112:1979,IDT)

GB/T 9341—2008 塑料 弯曲性能的测定(ISO 178:2001,IDT)

GB/T 10064—2006 测量固体绝缘材料绝缘电阻的试验方法(IEC 60167:1964,IDT)

GB/T 11020—2005 固体非金属材料暴露在火焰源时的燃烧性试验方法清单(IEC 60707:1999,IDT)

GB/Z 21274—2007 电子电气产品中限用物质铅、汞、镉检测方法

GB/Z 21275—2007 电子电气产品中限用物质六价铬检测方法

GB/Z 21276—2007 电子电气产品中限用物质多溴联苯(PBBs)、多溴二苯醚(PBDEs)检测方法

JB/T 3958.2—1999 电气绝缘用热固性模塑料 试验方法

3 分类

按受热后呈现的不同特性，本标准将电气用环保型模塑料分为热塑性和热固性两大类型。

4 要求

4.1 外观

成型前的模塑料应均匀一致，不得混有外来杂质;成型后的制件表面应平整、光滑、无气泡和裂纹等缺陷。

4.2 性能要求

模塑料的性能应符合表1的要求。

表1 性能要求

序号	性 能	单 位	要 求	
			热塑性	热固性
1	拉伸强度	MPa		
2	压缩强度	MPa		
3	弯曲强度	MPa		
4	冲击强度(简支梁,无缺口)	kJ/m²		
5	负荷变形温度	℃	由具体产品标准规定	由具体产品标准规定
6	收缩率	%		
7	吸水率	%		
8	介质损耗因数(50 Hz)	—		
9	相对电容率(50 Hz)	—		
10	耐电弧性	s	—	
11	耐电痕化指数(PTI)	—	—	
12	绝缘电阻	Ω	$\geqslant 1.0 \times 10^{12}$	$\geqslant 1.0 \times 10^{10}$
13	电气强度(90 ℃变压器油中)	MV/m	$\geqslant 12$	$\geqslant 10$
14	燃烧性(垂直法)	级	V-0	
15	镉含量	%	$\leqslant 0.01$	
16	铅含量	%	$\leqslant 0.1$	
17	汞含量	%	$\leqslant 0.1$	
18	六价铬含量	%	$\leqslant 0.1$	
19	多溴联苯含量	%	$\leqslant 0.1$	
20	多溴二苯醚含量	%	$\leqslant 0.1$	

5 试验方法

5.1 拉伸强度

拉伸强度应按 GB/T 1040—2006(所有部分)的规定进行测定。

5.2 压缩强度

压缩强度应按 GB/T 1041—2008 的规定进行测定。

5.3 弯曲强度

弯曲强度应按 GB/T 9341—2008 的规定进行测定。

5.4 冲击强度(简支梁,无缺口)

冲击强度应按 GB/T 1043—1993 的规定进行测定。

5.5 负荷变形温度

负荷变形温度应按 GB/T 1634.1—2004 的规定进行测定。

5.6 模塑收缩率

模塑收缩率应按 JB/T 3958.2—1999 第 12 章的规定进行测定。

5.7 吸水率

吸水率应按 GB/T 1034—1998 中的方法 1 的规定进行测定。

5.8 介质损耗因数(50 Hz)和相对电容率(50 Hz)

介质损耗因数(50 Hz)和相对电容率(50 Hz)应按 GB/T 1409—2006 的规定进行测定。

5.9 耐电弧性

耐电弧性应按 GB/T 1411—2002 的规定进行测定。

5.10 耐电痕化指数(PTI)

耐电痕化指数(PTI)应按 GB/T 4207—2003 的规定进行测定。

5.11 电气强度

电气强度应按 GB/T 1408.1—2006,在 90 ℃±2 ℃变压器油中采用 20 s 逐级升压法进行测定。

5.12 绝缘电阻

绝缘电阻应按 GB/T 10064—2006 采用锥销电极进行测定。

5.13 燃烧性

燃烧性应按 GB/T 11020—2005,采用 50 W 垂直燃烧试验方法进行测定。

5.14 镉含量、铅含量和汞含量

镉含量、铅含量和汞含量应按 GB/Z 21274—2007 的规定进行测定。

5.15 六价铬含量

六价铬含量应按 GB/Z 21275—2007 的规定进行测定。

5.16 多溴联苯含量和多溴二苯醚含量

多溴联苯含量和多溴二苯醚含量应按 GB/Z 21276—2007 的规定进行测定。

ICS 29.035.20
K 15

中华人民共和国国家标准

GB/T 23641—2009

电气用纤维增强不饱和聚酯模塑料
（SMC/BMC）

Fiber reinforced unsaturated polyester moulding—
compounds（SMC and BMC）for electrical purposes

2009-04-21 发布

2009-11-01 实施

中华人民共和国国家质量监督检验检疫总局
中国国家标准化管理委员会 发布

前　言

本标准修改采用 EN 14598:2005《增强热固性模塑料　片状模塑料(SMC)和块状模塑料(BMC)》。
EN 14598:2005 由如下三个部分组成:EN 14598-1　第 1 部分:分类;EN 14598-2　第 2 部分:试验方法和通用要求;EN 14598-3　第 3 部分:规范要求。本标准将 EN 14598:2005 的上述三部分整合成为一个标准。

本标准在编写格式及技术内容方面均与 EN 14598:2005 有所不同,主要差异如下:

a)　将 EN 14598 各部分的"规范性引用文件"一章中所列有关引用标准转化成国家标准并增加引用标准"GB/T 2547—2008　塑料　取样方法";

b)　将 EN 14598-2 中的表 3"性能和试验条件"进行了重新编辑,并将其做为规范性附录 A;

c)　删除了 EN 14598-3 中非电气用的六个 SMC 产品、四个 BMC 产品,并将 EN 14598-3 中的表 1.1~表 1.4 和表 2.1~表 2.4 合并成表 5.1~表 5.3,表 3.1~表 3.3 和表 4.1~表 4.3 合并成表 6.1~表 6.2;

d)　增加了对材料(SMC 和 BMC)"外观"和"温度指数(TI)"的要求;

e)　增加了对材料(SMC 和 BMC)"浸水后绝缘电阻"、"耐电痕化指数"和"耐电弧"的要求;

f)　增加了"检验、包装、标志、运输和贮存"一章。

本标准附录 A 为规范性附录。

本标准由中国电器工业协会提出。

本标准由全国绝缘材料标准化技术委员会(SAC/TC 51)归口。

本标准负责起草单位:桂林电器科学研究所。

本标准参加起草单位:浙江省乐清树脂厂、浙江南方塑胶制造有限公司、无锡斯菲特电器有限公司、四川东材科技集团股份有限公司、国家绝缘材料工程技术研究中心、北京福润德复合材料有限责任公司、金陵帝斯曼树脂有限公司、镇江育达复合材料有限公司、宁波华缘玻璃钢电器制造有限公司、乐清市中力树脂制品有限公司、乐清市华东树脂电器厂、常州晨光玻璃钢复合材料有限公司、宁波奇乐电器有限公司、江苏常熟市宏业塑料复合材料有限公司、无锡新宏泰电器有限责任公司。

本标准主要起草人:马林泉、徐贤开、陈永水、王井武、赵平、许自贵、张文波、祖向阳、鲁平才、张文武、林平、林文光、邹玉萍、冯嘉耀、徐林葆、夏宏伟。

本标准为首次发布。

电气用纤维增强不饱和聚酯模塑料
（SMC/BMC）

1 范围

本标准规定了电气用纤维增强不饱和聚酯片状模塑料（SMC）和块状模塑料（BMC）的产品分类命名、性能要求、试验方法、检验规则、标志、包装、运输和贮存。

本标准适用于以不饱和聚酯树脂和乙烯基树脂为基体，以玻璃纤维为增强材料制成的电气用纤维增强片状模塑料（SMC）和块状模塑料（BMC）。

2 规范性引用文件

下列文件中的条款通过本标准的引用而成为本标准的条款。凡是注日期的引用文件，其随后所有的修改单（不包括勘误的内容）或修订版均不适用于本标准。然而，鼓励根据本标准达成协议的各方研究是否可使用这些文件的最新版本。凡是不注日期的引用文件，其最新版本适用于本标准。

GB/T 1033.1—2008 塑料 非泡沫塑料密度的测定 第1部分：浸渍法、液体比重瓶法和滴定法（ISO 1183-1：2004，IDT）

GB/T 1034—2008 塑料 吸水性的测定（ISO 62：2008，IDT）

GB/T 1040.1—2006 塑料 拉伸性能的测定 第1部分：总则（ISO 527-1：1993，IDT）

GB/T 1040.2—2006 塑料 拉伸性能的测定 第2部分：模塑和挤塑塑料的试验条件（ISO 527-2：1993，IDT）

GB/T 1040.4—2006 塑料 拉伸性能的测定 第4部分：各向同性和正交各向异性纤维增强复合材料的试验条件（ISO 527-4：1997，IDT）

GB/T 1043.1—2008 塑料 简支梁冲击性能的测定 第1部分：非仪器化冲击试验（ISO 179-1：2000，IDT）

GB/T 1408.1—2006 绝缘材料电气强度试验方法 第1部分：工频下试验（IEC 60243-1：1998，IDT）

GB/T 1409—2006 测量电气绝缘材料在工频、音频、高频（包括米波在内）下电容率和介质损耗因数的推荐方法（IEC 60250：1969，MOD）

GB/T 1410—2006 固体绝缘材料体积电阻率和表面电阻率试验方法（IEC 60093：1980，IDT）

GB/T 1411—2002 干固体绝缘材料 耐高电压、小电流电弧放电的试验（IEC 61621：1997，IDT）

GB/T 1447—2005 纤维增强塑料拉伸性能试验方法（ISO 527-4：1997，NEQ）

GB/T 1448—2005 纤维增强塑料压缩性能试验方法

GB/T 1449—2005 纤维增强塑料弯曲性能试验方法（ISO 14125：1998，NEQ）

GB/T 1634.2—2004 塑料 负荷变形温度的测定 第2部分：塑料、硬橡胶和长纤维增强复合材料（ISO 75-2：2003，IDT）

GB/T 1844.1—2008 塑料 符号和缩略语 第1部分：基础聚合物及其特征性能（ISO 1043-1：2001，IDT）

GB/T 1844.2—2008 塑料 符号和缩略语 第2部分：填充及增强材料（ISO 1043-2：2000，IDT）

GB/T 2035—2008 塑料术语及其定义（ISO 472：1999，IDT）

GB/T 2406.1—2008 塑料 用氧指数法测定燃烧行为 第1部分：导则（ISO 4589-1：1996，IDT）

GB/T 2547—2008　塑料　取样方法

GB/T 4207—2003　固体绝缘在潮湿条件相比电痕化指数和耐电痕化指数的测定方法（IEC 60112:1979,IDT）

GB/T 5169.12—2006　电工电子产品着火危险试验　第12部分:灼热丝/热丝基本试验方法　材料的灼热丝可燃性试验方法（IEC 60695-2-12:2000,IDT）

GB/T 5169.16—2008　电工电子产品着火危险试验　第16部分:试验火焰50 W水平与垂直火焰试验方法（IEC 60695-11-10:2003,IDT）

GB/T 5471—2008　塑料　热固性塑料试样的压塑（ISO 295:2004,IDT）

GB/T 6553—2003　评定在严酷环境条件下使用的电气绝缘材料耐电痕化和蚀损的试验方法（IEC 60587:1984,IDT）

GB/T 10064—2006　测定固体绝缘材料绝缘电阻的试验方法（IEC 60167:1964,IDT）

GB/T 11026.1—2003　电气绝缘材料　耐热性　第1部分:老化程序和试验结果的评价（IEC 60216-1:2001,IDT）

ISO 1172:1996　纺织玻璃纤维增强塑料　预浸料、模塑料和层压塑料　纺织玻璃纤维和矿物质填料含量的测定　煅烧法

ISO 1268-8　纤维增强塑料　加工试片方法　第8部分:SMC和BMC的压制模塑

ISO 1268-10　纤维增强塑料　加工试片方法　第10部分:BMC和其他长纤维模塑料的注射模塑　一般原则及多用途试样的模塑

ISO 1268-11　纤维增强塑料　加工试片方法　第11部分:BMC和其他长纤维模塑料的注射模塑　小片试样

ISO 2577　塑料　热固性模塑料　收缩率的测定

ISO 3167:2002　塑料　多用途试样

ISO 11359-2:1999　塑料　热力学分析（TMA）　第2部分:线性热膨胀系数和玻璃化转变温度的测定

ISO 11667:1997　纤维增强塑料　模塑料和预浸料　树脂、增强纤维和矿物质填料含量的测定　溶解法

ISO 14126:1999　纤维增强塑料　平面方向压缩性能的测定

IEC 60296:2003　电工流体　变压器和开关用的未使用过的矿物绝缘油

IEC 60707:1981　测定固体电气绝缘材料暴露在引燃源后燃烧性能的试验方法

3　术语和定义

GB/T 2035—2008确立的以及下列术语和定义适用于本标准。

3.1

片状模塑料（SMC）　Sheet moulding compound（SMC）

热固性模塑料,片状。

3.2

块状模塑料（BMC）　Bulk moulding compound（BMC）

热固性模塑料,块状。

3.3

UP-SMC 或 UP-BMC　UP-SMC or UP-BMC

以不饱和聚酯树脂为基制成的增强热固性模塑料。

3.4

VE-SMC 或 VE-BMC　VE-SMC or VE-BMC

以乙烯基树脂为基制成的增强热固性模塑料。

4 分类命名

4.1 总则

分类命名是基于纤维增强模塑料的形状描述、组成、加工/制造方法、典型性能或特殊性能进行的（见表1），并按上述顺序以字母代码组合而成，其中描述码与代码组1之间加"—"，其他各代码组之间加","。

表 1 纤维增强模塑料（SMC 和 BMC）分类命名方法

描述代码 （SMC 或 BMC）	代码组 1 （组成代码）	代码组 2 （加工/制造工艺代码）	代码组 3 （典型性能代码）

4.2 代码组 1（组成代码）

共由 4 项组成，分别按下述顺序标识。

第1项：符合 GB/T 1844.1—2008 规定的基体树脂代号标识，例如 UP 或 VE。

第2项：符合 GB/T 1844.1—2008 规定的增强材料和/或填料的种类代号标识（见表2）。

第3项：符合 GB/T 1844.2—2008 规定的增强材料和/或填料的形态代号标识（见表2）。

第4项：符合表2规定的增强材料和/或填料标称含量标识（见表2）。

混合材料和/或混合形态可通过用"+"将相关的代码组合在一起并整体放入括弧中来标识，例如由 20%玻璃纤维（GF）和 20%矿物粉（MD）的混合组成可标识为 GF20+MD20 或（GF+MD）20。

4.3 代码组 2（加工/制造工艺代码）

见表3，例如模压成型用 Q 表示，注射成型用 M 表示，传递成型用 T 表示。

4.4 代码组 3（典型性能代码）

共由 2 项组成，分别按下述顺序标识。

第1项：典型性能代码，见表4。

第2项：温度指数。

第1项与第2项按之间加"/"。

4.5 示例

示例1：

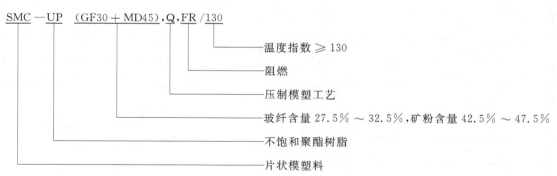

示例2：

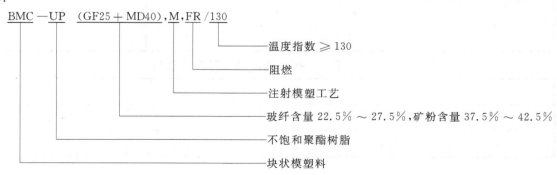

示例3：

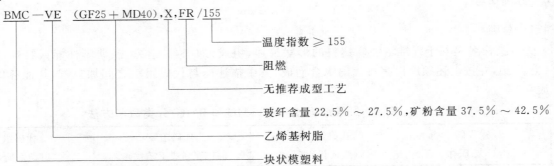

BMC—VE　(GF25＋MD40),X,FR/155

温度指数≥155
阻燃
无推荐成型工艺
玻纤含量22.5%～27.5%,矿粉含量37.5%～42.5%
乙烯基树脂
块状模塑料

表2　填料/增强材料的种类、形态、含量百分数代码

填料/增强材料的种类 GB/T 1844.2—2008		填料/增强材料的形态 GB/T 1844.2—2008		含量百分数代码	
A	芳香胺	B	球状;空心珠状;粒状	05	<7.5%
B	硼	C	碎片;切片	10	(7.5～12.5)%
C	碳	D	粉状;粉末	15	(12.5～17.5)%
D	三水合氧化铝	F	纤维	20	(17.5～22.5)%
E	粘土	F1	标准纤维	25	(22.5～27.5)%
G	玻璃	F2	短切纤维	30	(27.5～32.5)%
K	碳酸钙	G	谷粉	35	(32.5～37.5)%
L1	纤维素	K	编织品	40	(37.5～42.5)%
L2	棉	M1	机械法粘合连续毡	45	(42.5～47.5)%
M	矿物	M2	化学法粘合连续毡	50	(47.5～52.5)%
P	云母	M3	机械法粘合短切毡	55	(52.5～57.5)%
Q	二氧化硅	M4	化学法粘合短切毡	60	(57.5～62.5)%
R	再生材料	N	非织布	65	(62.5～67.5)%
S	合成有机物	P	纸	70	(67.5～72.5)%
T	滑石	S	鳞状、薄片	75	(72.5～77.5)%
W	木材	T	绳	80	(77.5～82.5)%
X	无表示	U	单向连续	85	(82.5～87.5)%
Z	其他	W	纺织品	90	(87.5～92.5)%
		X	无表示	95	(92.5～97.5)%
		Z	其他		

表3　推荐的成型工艺方法代码

G	通用	T	传递模塑
M	注射模塑	X	无推荐成型工艺
Q	压制模塑	Z	其他

表 4　典型性能代码

C	化学性能	FR1	自熄性
C1	耐化学性	FR2	自熄性
C2	耐水解	M	机械性能
D	密度	N	食品级
E	电气性能	O	光学性能
E1	表面电阻率	S	表面性能
E2	介质损耗因数	S1	低收缩（LS）
E3	体积电阻率	S2	低轮廓（LP）
E4	防静电性	S3	低轮廓，A级表面（LP-A）
E5	耐电痕化指数	T	耐温
E6	耐紫外线	R	含再生材料
FR	阻燃	UD	含连续纤维

5　要求

5.1　总则

符合本标准的片状模塑料、块状模塑料和成型后的试样应符合表5.1至表5.3和表6.1至表6.2中所列相关性能要求，其中带"＊"者（共22项）为必须满足的性能要求，其余为可供选择的性能要求。

本标准在流变特性和工艺特性方面无特别的限定。但对于某些应用场合，为便于使用，应在合同中规定这方面相关的特性，例如固化时间、放热峰和流动性等，其试验方法及试验条件应由供需双方商定。

5.2　填料/增强材料的类型和含量

应与第4章规定的分类命名相一致。

5.3　再生材料的使用

所有的配方可包含再生的材料。值得注意的是当再生材料含量超过10％时，一些性能或许会发生变化。

5.4　外观

成型后的标准试样应表面平整、光滑、色泽均匀，无气泡和裂纹。

5.5　性能要求

5.5.1　片状模塑料（SMC）

应符合表5.1～表5.3的规定。

5.5.2　块状模塑料（BMC）

应符合表6.1～表6.2的规定。

6　试样制备

6.1　总则

无论采取何种制样工艺（注射模塑或压制模塑），同批试样均应采用相同的工艺条件。

制样前、制样时应有预防措施以防止苯乙烯从材料中挥发。

6.2　材料的预处理

对于注射模塑，材料在加工前通常不需要处理，若需处理时应按制造商的说明进行。

对于压制模塑，材料应按 ISO 1268-8 规定进行。

表 5.1 SMC 性能要求

性　能	单　位	要　求 UP-SMC				
		GF15,G	GF20,G	GF25,G	GF25,G	GF30,Q
1 机械性能						
1.1 拉伸弹性模量*	MPa	≥7 000	≥8 000	≥8 500	≥9 000	≥10 500
1.2 断裂拉伸应力*	MPa	≥40	≥45	≥50	≥55	≥70
1.3 断裂拉伸应变*	%	≥1.2	≥1.5	≥1.5	≥1.4	≥1.4
1.4 压缩弹性模量	MPa	≥8 000	≥8 500	≥9 000	≥9 500	≥10 500
1.5 压缩强度	MPa	≥140	≥140	≥160	≥160	≥165
1.6 弯曲弹性模量*	MPa	≥7 000	≥8 500	≥9 000	≥95 00	≥10 500
1.7 弯曲强度*	MPa	≥100	≥120	≥145	≥150	≥165
1.8 简支梁冲击强度（无缺口）*	kJ/m²	≥35	≥40	≥50	≥60	≥70
2 热性能						
2.1 负荷变形温度（$T_{ff}1.8$）*	℃	≥180	≥180	≥180	≥190	≥200
2.2 线性热膨胀系数*	10^{-6}/K	≤18	≤18	≤18	≤18	≤18
2.3 温度指数(TI)*	—	≥130	≥130	≥130	≥130	≥130
3 电性能						
3.1 电气强度(常态油中)*	kV/mm	≥22	≥22	≥21	≥21	≥20
3.2 相对电容率(100 Hz)*	—	待定	待定	≤4.5	≤4.5	≤4.5
3.3 介质损耗因数(100 Hz)*	—	≤0.02	≤0.02	≤0.02	≤0.02	≤0.02
3.4 绝缘电阻* 常态	Ω	≥$1.0×10^{13}$	≥$1.0×10^{13}$	≥$1.0×10^{13}$	≥$1.0×10^{13}$	≥$1.0×10^{13}$
3.4 绝缘电阻* 浸水后		≥$1.0×10^{12}$	≥$1.0×10^{12}$	≥$1.0×10^{12}$	≥$1.0×10^{12}$	≥$1.0×10^{12}$
3.5 体积电阻率*	Ω·m	≥$1.0×10^{11}$	≥$1.0×10^{11}$	≥$1.0×10^{12}$	≥$1.0×10^{12}$	≥$1.0×10^{12}$
3.6 表面电阻率*	Ω	≥$1.0×10^{12}$	≥$1.0×10^{12}$	≥$1.0×10^{12}$	≥$1.0×10^{12}$	≥$1.0×10^{12}$
3.7 耐电痕化指数(PTI)*	—	≥600	≥600	≥600	≥600	≥600
3.8 耐电痕化	级	不低于 1A2.5	不低于 1A2.5	不低于 1A2.5	不低于 1A2.5	不低于 1A2.5
3.9 耐电弧*	s	≥180	≥180	≥180	≥180	≥180
4 可燃性和燃烧特性						
4.1 燃烧性*	级	不次于 HB-40	不次于 HB-40	不次于 HB-40	不次于 V1	不次于 V0
4.2 炽热棒*	级	不次于 BH2-95	不次于 BH2-95	不次于 BH2-95	不次于 BH2-30	不次于 BH2-10
4.3 氧指数	%	≥22	≥22	≥22	≥22	≥28
4.4 灼热丝可燃性试验	℃	≥650	≥650	≥650	≥850	≥850
5 理化性能						
5.1 密度*	g/cm³	1.70～1.95	1.70～1.95	1.70～1.95	1.70～1.95	1.70～1.95
5.2 模塑收缩率*	%	≤0.15	≤0.15	≤0.15	≤0.14	≤0.12
5.3 吸水性*	%	≤0.2	≤0.2	≤0.2	≤0.2	≤0.2
6 流变和工艺特性						
6.1 玻璃纤维含量*	%	15±2.5	20±2.5	25±2.5	25±2.5	32±2.5
7 附注						
7.1 特征		标准	标准	标准,E	LS,E,FR	LS,E,FR,M

表 5.2 SMC 性能要求

性 能		单 位	要 求				
			UP-SMC				
			GF30,Q	GF30,Q	GF25,Q,M、T	GF25,Q	GF25,Q
1 机械性能							
1.1 拉伸弹性模量*		MPa	≥10 500	≥10 000	≥10 000	≥90 00	≥9 000
1.2 断裂拉伸应力*		MPa	≥70	≥65	≥55	≥70	≥55
1.3 断裂拉伸应变*		%	≥1.4	≥1.5	≥1.4	≥1.5	≥1.5
1.4 压缩弹性模量		MPa	≥10 500	≥10 500	≥9 500	≥10 500	≥10 000
1.5 压缩强度		MPa	≥160	≥160	≥145	≥145	≥160
1.6 弯曲弹性模量*		MPa	≥10 500	≥9 500	≥9 500	≥9 000	≥9 000
1.7 弯曲强度*		MPa	≥165	≥155	≥140	≥160	≥155
1.8 简支梁冲击强度（无缺口）*		kJ/m²	≥70	≥55	≥55	≥70	≥60
2 热性能							
2.1 负荷变形温度（$T_{ff}1.8$）*		℃	≥200	≥190	≥180	≥200	≥200
2.2 线性热膨胀系数*		10^{-6}/K	≤16	≤16	≤17	≤16	≤14
2.3 温度指数(TI)*		—	≥130	≥130	≥130	≥130	≥130
3 电性能							
3.1 电气强度（常态油中）*		kV/mm	≥20	≥20	≥20	≥20	≥20
3.2 相对电容率(100 Hz)*		—	≤4.5	≤4.5	≤4.5	待定	待定
3.3 介质损耗因数(100 Hz)*		—	≤0.02	≤0.02	≤0.02	≤0.02	≤0.02
3.4 绝缘电阻*	常态	Ω	≥1.0×10¹³	≥1.0×10¹³	≥1.0×10¹³	≥1.0×10¹³	≥1.0×10¹³
	浸水后		≥1.0×10¹²	≥1.0×10¹²	≥1.0×10¹²	≥1.0×10¹²	≥1.0×10¹²
3.5 体积电阻率*		Ω·m	≥1.0×10¹²	≥1.0×10¹²	≥1.0×10¹²	≥1.0×10¹²	≥1.0×10¹²
3.6 表面电阻率*		Ω	≥1.0×10¹²	≥1.0×10¹²	≥1.0×10¹²	≥1.0×10¹²	≥1.0×10¹²
3.7 耐电痕化指数(PTI)*		—	≥600	≥600	≥600	≥600	≥600
3.8 耐电痕化		级	不低于 1A2.5	不低于 1A2.5	不低于 1A2.5	不低于 1A2.5	不低于 1A2.5
3.9 耐电弧*		s	≥180	≥180	≥180	≥180	≥180
4 可燃性和燃烧特性							
4.1 燃烧性*		级	不次于 V1	不次于 V0	不次于 V0	不次于 HB	不次于 V0
4.2 炽热棒*		级	不次于 BH2-30	不次于 BH2-10	不次于 BH2-10	不次于 BH2-95	不次于 BH1
4.3 氧指数		%	≥28	≥31	≥32	≥22	≥32
4.4 灼热丝可燃性试验		℃	≥850	≥960	≥960	≥650	≥960
5 理化性能							
5.1 密度*		g/cm³	1.70～1.95	1.70～1.95	1.70～1.95	1.70～1.95	1.80～2.00
5.2 模塑收缩率*		%	≤0.12	≤0.07	≤0.07	≤0.06	0.0
5.3 吸水性		%	—	—	—	≤0.2	≤0.2
6 流变和工艺特性							
6.1 玻璃纤维含量*		%	32±2.5	30±2.5	25±2.5	25±2.5	25±2.5
7 附注							
7.1 特征			LS,E,FR,M	LS,E,FR	LS,E,FR	LS,C	LP,高阻燃

表 5.3 SMC 性能要求

性　　能	单　位	要　　求					
		UP-SMC			VE-SMC		
		GF25，Q	GF30，Q	GF35，Q	GF25，Q	GF50，Q	GF50，Q
1 机械性能							
1.1 拉伸弹性模量（纵向/横向）*	MPa	≥10 500	≥10 000	≥18 000/9 000	≥9 500	≥13 000	≥25 000/11 000
1.2 断裂拉伸应力（纵向/横向）*	MPa	≥60	≥60	≥200/29	≥80	≥160	≥320/50
1.3 断裂拉伸应变（纵向/横向）*	%	≥1.4	≥1.2	≥1.7/0.8	≥1.4	≥1.8	≥1.5/0.9
1.4 压缩弹性模量（纵向/横向）	MPa	≥10 500	≥9 500	≥17 000/8 000	≥9 500	≥12 000	≥21 000/10 000
1.5 压缩强度（纵向/横向）	MPa	≥160	≥160	≥330/150	≥150	≥250	≥450/160
1.6 弯曲弹性模量（纵向/横向）*	MPa	≥10 500	≥9 000	≥18 000/5 500	≥9 500	≥12 000	≥24 000/9 000
1.7 弯曲强度（纵向/横向）*	MPa	≥155	≥160	≥500/75	≥160	≥280	≥450/160
1.8 简支梁冲击强度（无缺口，纵向/横向）*	kJ/m²	≥60	≥70	≥180/35	≥80	≥150	≥280/50
2 热性能							
2.1 负荷变形温度（$T_{ff}1.8$）*	℃	≥200	≥180	200	200	180	190
2.2 线性热膨胀系数（纵向/横向）*	10^{-6}/K	≤18	≤16	≤12/25	≤16	≤14	≤11/25
2.3 温度指数（TI）*	—	≥130	≥130	≥130	≥155	≥155	≥155
3 电性能							
3.1 电气强度（常态油中）*	kV/mm	≥20	—	≥18	≥20	≥18	≥18
3.2 相对电容率（100 Hz）*	—	≤4.5	—	≤4.5	≤5.0	≤5.0	≤5.0
3.3 介质损耗因数（100 Hz）*	—	≤0.02	—	≤0.02	≤0.02	≤0.02	≤0.02
3.4 绝缘电阻* 常态	Ω	≥$1.0×10^{15}$	$1.0×10^{6}$~$1.0×10^{9}$	≥$1.0×10^{13}$	≥$1.0×10^{13}$	≥$1.0×10^{13}$	≥$1.0×10^{13}$
3.4 绝缘电阻* 浸水后		≥$1.0×10^{13}$	—	≥$1.0×10^{12}$	≥$1.0×10^{12}$	≥$1.0×10^{12}$	≥$1.0×10^{12}$
3.5 体积电阻率*	Ω·m	≥$1.0×10^{13}$	$1.0×10^{6}$~$1.0×10^{9}$	≥$1.0×10^{12}$	≥$1.0×10^{12}$	≥$1.0×10^{12}$	≥$1.0×10^{12}$
3.6 表面电阻率*	Ω	≥$1.0×10^{14}$	$1.0×10^{7}$~$1.0×10^{10}$	≥$1.0×10^{12}$	≥$1.0×10^{12}$	≥$1.0×10^{12}$	≥$1.0×10^{12}$

表 5.3（续）

性 能	单 位	要　求					
		UP-SMC			VE-SMC		
		GF25,Q	GF30,Q	GF35,Q	GF25,Q	GF50,Q	GF50,Q
3.7 耐电痕化指数（PTI）*	—	≥600	—	≥600	≥600	≥600	≥600
3.8 耐电痕化	级	不低于1A2.5	—	不低于1A2.5	不低于1A2.5	不低于1A2.5	不低于1A2.5
3.9 耐电弧*	s	≥180	—	≥180	≥180	≥180	≥180
4 可燃性和燃烧特性							
4.1 燃烧性*	级	不次于HB-40	不次于V0	不次于HB-40	不次于HB-40	不次于HB-40	不次于HB-40
4.2 炽热棒*	级	不次于BH2-95	不次于BH2-10	不次于BH2-95	不次于BH2-95	不次于BH2-95	不次于BH2-95
4.3 氧指数	%	≥22	≥22	≥22	≥22	≥23	≥24
4.4 灼热丝可燃性试验	℃	≥650	≥650	≥650	≥650	≥650	≥650
5 理化性能							
5.1 密度*	g/cm³	1.70~1.95	1.70~1.95	1.70~1.95	1.70~1.95	1.70~1.95	1.70~1.95
5.2 模塑收缩率*	%	≤0.03	≤0.14	≤−0.03/0.24	≤−0.05	≤0.03	≤−0.03/0.25
5.3 吸水性	%	≤0.2	≤0.2	≤0.2	≤0.2	≤0.2	≤0.2
6 流变和工艺特性							
6.1 玻璃纤维含量*	%	25±2.5	30±2.5	35±2.5	25±2.5	50±2.5	50±2.5
7 附注							
7.1 特征		LS,E3	LS,FR,E4	LS,M,UD	LS,M,T	LS,M,T	LS,M,T,UD

表 6.1　BMC 性能要求

性 能	单 位	要　求				
		UP-BMC				
		GF10,G	GF15,G	GF20,G	GF20,G	GF20,G
1 机械性能						
1.1 拉伸弹性模量*	MPa	≥10 000	≥11 000	≥12 000	≥12 000	≥10 500
1.2 断裂拉伸应力*	MPa	≥20	≥25	≥30	≥25	≥25
1.3 断裂拉伸应变*	%	≥0.3	≥0.3	≥0.3	≥0.3	≥0.3
1.4 压缩弹性模量	MPa	≥10 000	≥10 000	≥10 000	≥10 000	≥10 500
1.5 压缩强度	MPa	≥120	≥120	≥160	≥160	≥145
1.6 弯曲弹性模量*	MPa	≥7 000	≥8 000	≥8 500	≥8 500	≥9 000
1.7 弯曲强度*	MPa	≥80	≥90	≥100	≥90	≥90
1.8 简支梁冲击强度（无缺口）*	kJ/m²	≥20	≥25	≥30	≥25	≥25

表 6.1（续）

性　　能	单　位	要　　求				
		UP-BMC				
		GF10,G	GF15,G	GF20,G	GF20,G	GF20,G
2 热性能						
2.1 负荷变形温度 ($T_{ff}1.8$)*	℃	≥180	≥180	≥180	≥180	≥180
2.2 线性热膨胀系数*	10^{-6}/K	≤18	≤18	≤18	≤18	≤18
2.3 温度指数(TI)*	—	≥130	≥130	≥130	≥130	≥130
3 电性能						
3.1 电气强度 (常态油中)*	kV/mm	≥20	≥20	≥20	≥20	≥20
3.2 相对电容率(100 Hz)*	—	≤4.8	≤4.8	≤4.8	≤4.5	≤4.8
3.3 介质损耗因数(100 Hz)*	—	≤0.02	≤0.02	≤0.02	≤0.02	≤0.02
3.4 绝缘电阻* 常态	Ω	≥$1.0×10^{13}$	≥$1.0×10^{13}$	≥$1.0×10^{13}$	≥$1.0×10^{13}$	≥$1.0×10^{13}$
3.4 绝缘电阻* 浸水后	Ω	≥$1.0×10^{12}$	≥$1.0×10^{12}$	≥$1.0×10^{12}$	≥$1.0×10^{12}$	≥$1.0×10^{12}$
3.5 体积电阻率*	Ω·m	≥$1.0×10^{11}$	≥$1.0×10^{11}$	≥$1.0×10^{12}$	≥$1.0×10^{12}$	≥$1.0×10^{12}$
3.6 表面电阻率*·	Ω	≥$1.0×10^{12}$	≥$1.0×10^{12}$	≥$1.0×10^{12}$	≥$1.0×10^{12}$	≥$1.0×10^{12}$
3.7 耐电痕化指数 (PTI)*	—	≥600	≥600	≥600	≥600	≥600
3.8 耐电痕化	级	不低于 1A2.5	不低于 1A2.5	不低于 1A2.5	不低于 1A2.5	不低于 1A2.5
3.9 耐电弧*	s	≥180	≥180	≥180	≥180	≥180
4 可燃性和燃烧特性						
4.1 燃烧性*	级	不次于 HB-40	不次于 HB-40	不次于 HB-40	不次于 V0	不次于 V0
4.2 炽热棒*	级	不次于 BH2-95	不次于 BH2-95	不次于 BH2-95	不次于 BH2-10	不次于 BH2-10
4.3 氧指数	%	≥22	≥22	≥22	≥22	≥40
4.4 灼热丝可燃性试验	℃	≥650	≥650	≥650	≥850	≥850
5 理化性能						
5.1 密度*	g/cm³	1.85～2.00	1.85～2.00	1.85～2.00	1.85～2.00	1.85～2.00
5.2 模塑收缩率*	%	≤0.15	≤0.15	≤0.15	≤0.14	≤0.12
5.3 吸水性	%	≤0.2	≤0.2	≤0.2	≤0.2	≤0.2
6 流变和工艺特性						
6.1 玻璃纤维含量*	%	10±2.5	15±2.5	20±2.5	20±2.5	20±2.5
7 附注						
7.1 特征		标准	标准	标准,E	LS,E,FR	LS,E,FR,M

表 6.2 BMC 性能要求

性　能	单　位	要　求				
		UP-BMC				VE-BMC
		GF25，G	GF25，G	GF20，G	GF25，G	GF25，G
1 机械性能						
1.1 拉伸弹性模量*	MPa	≥12 500	≥10 500	≥11 000	≥12 500	≥11 000
1.2 断裂拉伸应力*	MPa	≥25	≥25	≥20	≥25	≥30
1.3 断裂拉伸应变*	%	≥0.3	≥0.3	≥0.3	≥0.3	≥0.4
1.4 压缩模量	MPa	≥10 500	≥9 500	≥10 500	≥10 500	≥9 000
1.5 压缩强度	MPa	≥160	≥145	≥130	≥120	≥100
1.6 弯曲弹性模量*	MPa	≥10 500	≥9 000	≥9 000	≥9 500	≥9 500
1.7 弯曲强度*	MPa	≥100	≥90	≥80	≥90	≥155
1.8 简支梁冲击强度（无缺口）*	kJ/m²	≥25	≥25	≥18	≥20	≥30
2 热性能						
2.1 负荷变形温度（$T_{ff}1.8$）*	℃	≥180	≥180	≥190	≥180	≥160
2.2 线性热膨胀系数*	10^{-6}/K	≤16	≤17	≤10	≤18	≤17
2.3 温度指数（TI）*	—	≥130	≥130	≥130	≥130	≥155
3 电性能						
3.1 电气强度（常态油中）*	kV/mm	≥20	≥22	≥25	—	≥20
3.2 相对电容率（100 Hz）*	—	≤4.5	≤4.5	≤4.5	—	≤4.5
3.3 介质损耗因数（100 Hz）*	—	≤0.02	≤0.02	≤0.02	—	≤0.02
3.4 绝缘电阻* 常态	Ω	≥1.0×10^{13}	≥1.0×10^{13}	≥1.0×10^{14}	1.0×10^{6}～1.0×10^{9}	≥1.0×10^{13}
3.4 绝缘电阻* 浸水后		≥1.0×10^{12}	≥1.0×10^{12}	≥1.0×10^{13}	—	≥1.0×10^{12}
3.5 体积电阻率*	Ω·m	≥1.0×10^{12}	≥1.0×10^{12}	≥1.0×10^{15}	1.0×10^{6}～1.0×10^{9}	≥1.0×10^{13}
3.6 表面电阻率*	Ω	≥1.0×10^{12}	≥1.0×10^{12}	≥1.0×10^{12}	1.0×10^{7}～1.0×10^{10}	≥1.0×10^{14}
3.7 耐电痕化指数（PTI）*	—	≥600	≥600	≥600	—	≥600
3.8 耐电痕化	级	不低于 1A2.5	不低于 1A2.5	不低于 1A2.5	—	不低于 1A2.5
3.9 耐电弧*	s	≥180	≥180	≥180	—	≥180
4 可燃性和燃烧性						
4.1 燃烧性*	级	不次于 HB-40	不次于 HB-40	不次于 V0	不次于 V0	不次于 HB-40
4.2 炽热棒*	级	不次于 BH2-95	不次于 BH2-95	不次于 BH2-10	不次于 BH2-20	不次于 BH2-95
4.3 氧指数	%	≥31	≥22	≥38	≥30	≥22

表 6.2（续）

性　　能	单　位	要　　求				
		UP-BMC				VE-BMC
		GF25,G	GF25,G	GF20,G	GF25,G	GF25,G
4.4 灼热丝可燃性试验	℃	≥960	≥650	≥960	≥850	≥650
5 理化性能						
5.1 密度*	g/cm³	1.80～1.95	1.80～1.95	1.75～1.90	1.75～1.90	1.85～2.00
5.2 模塑收缩率*	%	≤0.12	≤0.14	≤0.05	≤0.14	≤-0.03
5.3 吸水性	%	≤0.2	≤0.2	≤0.15	≤0.2	≤0.2
6 流变和工艺特性						
6.1 玻璃纤维含量*	%	30±2.5	25±2.5	20±2.5	25±2.5	25±2.5
7 附注						
7.1 特征		LS,C,M	LS,C2	LS,E,FR	LS,FR,E4	LS,M

6.3　注射模塑

注射模塑制样按 ISO 1268-10 和 ISO 1268-11 规定进行,推荐制样工艺条件见表7。

6.4　压制模塑

压制模塑制样按 ISO 1268-8 规定进行,推荐制样工艺条件见表8。

表 7　注射模塑制样工艺条件

模塑温度 ℃	平均注射速率 mm/s	固化时间 s
130～180	50～150	（见注）

注：可根据 SMC 和 BMC 的固化特性的函数关系,选择固化时间,并应确保所有试样均匀地、完全地固化。试验
　　证明:当采用相同时间制备相同厚度样品时,其试验结果大体相同。

表 8　压制模塑制样工艺条件

模塑温度 ℃	模塑压力 MPa	固化时间 s
130～180	4.0～20.0	每 mm 厚 20～60（见注）

注：可根据 SMC 或 BMC 的预处理条件,固化特性函数关系来选择固化时间,并确保所有试样均匀地、完全地固
　　化。试验证明:当采用相同时间压制相同厚度样品时,其试验结果大体相同。也可按 ISO 1268-8 规定,将模
　　塑片材进行机加工获得试样或按 GB/T 5471—2008 规定压制模塑成符合 ISO 1268-10 规定的通用 A 型
　　试样。

7　试验方法

7.1　试样预处理、条件处理及试验条件

7.1.1　试样预处理

除非另有规定,试样应在(23±2)℃,相对湿度(50±5)％的环境条件下处理 24 h。

7.1.2　条件处理

浸水处理应在(23±1)℃蒸馏水中处理 24 h。

7.1.3　试验条件

除非另有规定,试验应在(23±2)℃,相对湿度(50±5)％的环境条件下进行。

对于高温试验,试样应在规定温度下至少处理 30 min,然后再进行试验。其他规定见附录 A。

7.2 拉伸弹性模量、断裂拉伸应力及断裂拉伸应变

按 GB/T 1040.1—2006、GB/T 1040.2—2006、GB/T 1040.4—2006 规定进行,或按 GB/T 1447—2005 规定进行。采用长(250±1)mm、宽(25±0.2)mm、厚(4±0.2)mm 的条状试样。应优先选用 GB/T 1447—2005。

7.3 压缩弹性模量和压缩强度

按 ISO 14126:1999 或 GB/T 1448—2005 规定进行。

7.4 弯曲弹性模量及弯曲强度

按 GB/T 1449—2005 规定进行。

7.5 简支梁冲击强度

按 GB/T 1043.1—2008 规定进行无缺口贯层(f)冲击试验(即试样侧立)。

7.6 负荷变形温度

按 GB/T 1634.2—2004 规定进行 A 法平放试验。

7.7 线性热膨胀系数

按 ISO 11359-2:1999 规定进行,采用长(10±0.2)mm、宽(5±0.2)mm、厚(4±0.2)mm 的条状试样。

7.8 温度指数

按 GB/T 11026.1—2003 规定进行。其中,评定性能为弯曲强度,终点判定标准为弯曲强度降至起始值的 50%。

7.9 电气强度

按 GB/T 1048.1—2006 规定进行。其中,试验在常态变压器油中进行,升压方式为快速升压(2 kV/s),电极为 Φ20 的球形电极。

7.10 100 Hz 下电容率和介质损耗因数

按 GB/T 1409—2006 规定进行。其中,电极为三电极系统,试验电压为 AC 1 000 V。

7.11 绝缘电阻

按 GB/T 10064—2006 规定进行。其中,电极为锥销电极,试验电压为 DC 500 V,电化时间为 1 min。此外,对于浸水后试验,试样应在(23±1)℃蒸馏水中浸水 24 h,并在取出后的 5 min 内完成试验。

7.12 表面电阻率和体积电阻率

按 GB/T 1410—2006 规定进行。其中,试验电压为 DC 500 V,电化时间为 1 min。

7.13 耐电痕化指数(PTI)

按 GB/T 4207—2003 规定进行。其中,试验用污染液为 A 液。

7.14 耐电痕化

按 GB/T 6553—2003 中方法 1:恒定电痕化电压法及判断标准 A 的规定进行。

7.15 耐电弧

按 GB/T 1411—2002 规定进行。

7.16 燃烧性

按 GB/T 5169.16—2008 规定进行水平或垂直燃烧试验。

7.17 炽热棒燃烧试验

按 IEC 60707:1981 的规定进行。

7.18 灼热丝可燃性试验

按 GB/T 5169.12—2006 规定进行。

7.19 氧指数

按 GB/T 2406.1—2008 规定进行。

7.20 密度

按 GB/T 1033.1—2008 中 A 法规定进行。

7.21 吸水性

按 GB/T 1034—2008 中方法 1 规定进行。其中,试验结果以％表示。

7.22 模塑收缩率

按 ISO 2577 规定进行。

7.23 玻璃纤维含量

按 ISO 1172:1996 或 ISO 11667:1997 规定进行。若采用 ISO 1172:1996 煅烧法时,试样为成型后的模塑件,其质量不小于 20 g。若采用 ISO 11667:1997 溶解法时,试样为成型前的模塑料。

8 检验、包装、标志、运输和贮存

8.1 检验

8.1.1 出厂检验和型式检验的规定

8.1.1.1 本标准表5.1～表5.3与表6.1～表6.2中1.7"弯曲强度"、1.8"简支梁冲击强度(无缺口)"、3.1"电气强度(常态油中)"、3.7"耐电痕化指数(PTI)"、5.1"密度"、5.2"模塑收缩率"、6.1"玻璃纤维含量"等七项为出厂检验项目。如经供需双方协商一致,可增加或减少出厂检验项目。

8.1.1.2 本标准表5.1～表5.3与表6.1～表6.2中除温度指数外的其余21项带"＊"者为型式检验项目。有下列情况之一时,应进行型式检验:

    a) 新产品或老产品转厂生产的试制定型鉴定;

    b) 原材料或生产工艺有较大改变,可能影响产品性能时;

    c) 停产半年以上恢复生产时;

    d) 出厂检验结果与上次型式检验有较大差异时;

    e) 上级质量监督机构或客户提出进行型式检验的要求时。

8.1.2 取样与批的规定

8.1.2.1 正常生产时,对 SMC 而言,由同一配方、相同生产工艺连续生产的 SMC 料卷为一批,而对 BMC 而言,由同一配方、相同生产工艺生产的小于或等于 5 t BMC 为一批。

8.1.2.2 取样按 GB/T 2547—2008 的规定,其中,样本的抽取采用系统抽样法,取出的样品进行混合试验。

8.1.3 合格判定

全部检验项目合格方可判定批合格。若有不合格项目则加倍抽样,全部检验项目检验合格仍可判定批合格,否则整批为不合格。

8.2 包装

8.2.1 片状模塑料(SMC)

将 SMC 每一层用塑料薄膜隔开,并用塑料袋封装(防止苯乙烯挥发),再用硬质纸箱或纸桶或编织袋包装。每件包装重量应由供需双方商定。

8.2.2 块状模塑料(BMC)

将 BMC 用塑料袋封装(以防苯乙烯挥发),再用硬质纸箱或纸桶或编织袋包装。每件包装质量应小于 50 kg。

8.3 标志

在材料的外包装上应有下列标志:

    a) 制造商名称和商标;

b)　产品名称和型号；

c)　产品标准号；

d)　每件包装的净重；

e)　"小心轻放"、"防潮"、"防热"、"勿压"等标志；

f)　贮存条件及贮存期说明。

8.4　运输

纤维增强模塑料(SMC 和 BMC)在运输过程中应避免受潮、受热、挤压和其他机械损伤。

8.5　贮存

通常纤维增强模塑料(SMC 和 BMC)贮存在温度低于 25 ℃(低温固化的模塑料除外)的干燥、洁净环境中。贮存期为自生产之日起三个月,若贮存期超过三个月则按本标准进行检测(不包括温度指数),合格者仍可使用。

附 录 A

（规范性附录）
性能和试验条件

性能和试验条件如表 A.1 所示。

表 A.1 性能和试验条件

序号	性 能	代号	试样类型 mm	成型工艺	试验条件及补充说明
1	机械性能				
1.1	拉伸（弹性）模量	E_t	哑铃状 1A 型（直接模塑）或		GB/T 1040—2006，试验速度 2 mm/min 或
1.2	断裂拉伸应力	σ_B	哑铃状 1B 型（机加工）或	Q/M/Z	GB/T 1040—2006，试验速度 5 mm/min 或
1.3	断裂拉伸应变	ε_B	板条 250×25×4（直接模塑）		GB/T 1447—2005，试验速度 5 mm/min
1.4	压缩（弹性）模量		80×12×4	Q/M	ISO 14126:1999，采用支撑架
			或 Φ12×45		GB/T 1448—2005
1.5	压缩强度		80×12×4	Q/M	ISO 14126:1999，采用支撑架
			或 Φ12×30		GB/T 1448—2005
1.6	弯曲（弹性）模量	E_f	≥80×10×4	Q/M	试验速度 2 mm/min
1.7	弯曲强度	σ_{fM}	或≥80×15×4		试验速度 10 mm/min
1.8	简支梁冲击强度	a_{cu}	≥80×10×4	Q/M	试样侧立（冲击方向平行于试样厚度方向）
2	热性能				
2.1	负荷变形温度	$T_f 1.8$	≥80×10×4	Q/M	最大表面应力 1.8 MPa，试样平放
2.2	线性热膨胀系数	a_0	10×5×4（从按 GB/T 5471—2008 制备的 120×120×4 的 E4 型试样中制取）	Q	记录 23 ℃至 55 ℃范围的正割值
2.3	温度指数	TI	≥80×10×4	Q/M	试验速度 2 mm/min
3	电气性能				
3.1	电气强度	E_s	≥60×≥60×1~2	Q/M	采用 20 mm 直径球形电极，浸入符合 IEC 60296:2003 要求的变压器油中，升压速度 2 kV/s
3.2	相对电容率	$\varepsilon_r 100$	≥60×≥60×2	Q/M	三电极系统，1 000 V 下测
3.3	介质损耗因数	$\tan\delta 100$			
3.4	绝缘电阻	$R_{25}d$	50×75×4	Q/M	施加电压 500 V，1 min 后测 "干燥"，方法 1
3.5		$R_{25}w$			"潮湿"，方法 2

表 A.1（续）

序号	性　　能	代号	试样类型 mm	成型 工艺	试验条件及补充说明	
3.6	体积电阻率	ρ_v	≥60×≥60×2	Q/M	三电极系统，施加电压 500 V， 1 min 后测	
3.7	表面电阻率	ρ_s				
3.8	耐电痕化指数	PTI	≥15×≥15×4(从按 GB/T 5471— 2008 制备的 120×120×4 的 E4 型试样中制取或从按 ISO 3167： 2002 制备的 A 型试样中制取)	Q/M	采用 A 溶液	
3.9	耐电痕化		120×50×6		试样用 400 目砂纸打磨	
3.10	耐电弧		≥60×≥60×2			
4	燃烧性					
4.1	燃烧特性	$B_{50/3.0}$	125×13×3	Q/M	施　加 50 W 火焰	记录某一分级：V-0、 V-1、V-2、HB 或无法 分级
4.2		$B_{50/x.x}$	厚度为 x.x 的试样			
4.3	灼热丝可燃性试验	℃	60×60×3	Q/M	550 ℃、650 ℃、750 ℃、850 ℃、 960 ℃	
4.4	炽热棒燃烧试验	BH	120×10×4	Q/M	BH 方法	
4.5	氧指数	Q/23	80×10×4	Q/M	采用方法 A：顶部表面点火	
5	其他性能					
5.1	吸水性	$W_w 24$	60×60×1～2	Q/M	浸入 23 ℃水中 24 h	
5.2	密度	ρ_m	≥10×≥10×4	Q/M	采用 A 法	
6	流变和工艺特性					
6.1	模塑收缩率	S_{Mo}	按 GB/T 5471—2008 制备的 120×120×4 的 E4 型试样	Q	互相垂直的两个方向的平均值	
6.2	玻璃纤维含量（煅烧 法）		成型后的模塑件，试样最少 20 g	Q/M		
6.3	玻璃纤维含量（溶解 法）		成型前的模塑料	Q/M		

第 7 部分：云母制品类

ICS 29.035.50
K 15

中华人民共和国国家标准

GB/T 5019.1—2009/IEC 60371-1:2003
代替 GB/T 5020—2002

以云母为基的绝缘材料
第 1 部分：定义和一般要求

Specification for insulating materials based on mica—
Part 1：Definitions and general requirements

（IEC 60371-1:2003,IDT）

2009-06-10 发布

2009-12-01 实施

中华人民共和国国家质量监督检验检疫总局
中国国家标准化管理委员会 发布

前　言

GB/T 5019《以云母为基的绝缘材料》分为以下几个部分：

——第1部分：定义和一般要求；

——第2部分：试验方法；

——第3部分：换向器隔板和材料；

——第4部分：云母纸；

——第5部分：电热设备用云母板；

——第6部分：聚酯薄膜补强B阶环氧树脂粘合云母带；

——第7部分：真空压力浸渍（VPI）用玻璃布及薄膜补强环氧树脂粘合云母带；

——第8部分：玻璃布补强B阶环氧树脂粘合云母带；

——第9部分：单根导线包绕用环氧树脂粘合聚酯薄膜云母带；

——第10部分：耐火安全电缆用云母带；

——第11部分：塑型云母板。

本部分为GB/T 5019的第1部分。

本部分等同采用IEC 60371-1:2003《以云母为基的绝缘材料　第1部分：定义和一般要求》（英文版）。

本部分与IEC 60371-1:2003的差异：删除IEC 60371-1:2003的前言和引言。

本部分代替GB/T 5020—2002《以云母为基的绝缘材料　定义和一般要求》。

本部分与GB/T 5020—2002相比主要变化如下：

a)　增加了"规范性引用文件"；

b)　删除了云母定义中的注；

c)　增加了"后浸渍多孔柔软云母材料"及"耐火安全电缆用柔软云母材料"；

d)　删除了"成型件"。

本部分由中国电器工业协会提出。

本部分由全国绝缘材料标准化技术委员会（SAC/TC 51）归口。

本部分起草单位：桂林电器科学研究所、东材科技集团股份有限公司、苏州巨峰绝缘材料有限公司。

本部分主要起草人：罗传勇、赵平、张犇。

本部分所代替标准的历次版本发布情况为：

——GB/T 5020—1985、GB/T 5020—2002。

以云母为基的绝缘材料
第1部分:定义和一般要求

1 范围

GB/T 5019 的本部分给出了粘合云母材料、以粘合云母材料为基的产品和云母纸等的定义、一般要求和供货条件。

本部分适用于以云母为基的绝缘材料。

2 规范性引用文件

下列文件中的条款通过 GB/T 5019 的本部分的引用而成为本部分的条款。凡是注日期的引用文件,其随后所有的修改单(不包括勘误的内容)或修订版均不适用于本部分,然而,鼓励根据本部分达成协议的各方研究是否可使用这些文件的最新版本。凡是不注日期的引用文件,其最新版本适用于本部分。

GB/T 2900.5—2002 电工术语 绝缘固体、液体和气体(eqv IEC 60050(212):1990)

3 术语和定义

GB/T 2900.5—2002 及下列术语和定义适用于本部分。

3.1

云母 mica

一种复硅酸盐晶体,电工应用中主要有两种类型:

a) 白云母(铝-钾云母),比较硬;

b) 金云母(铝-镁-钾云母),比较软。

3.2

剥片云母 mica splitting

由云母厚片或薄箔状云母块剥成的云母片(最大厚度通常约 30 μm)。

3.3

云母纸 mica paper

完全由很细的磷片云母不加任何粘合剂而制成的纸。

3.4

粘合云母 built-up mica

用合适的粘结剂将剥片云母或云母纸粘合成的一层或多层云母材料,它可以带或不带补强材料。

4 材料的说明

4.1 硬质平板云母材料或云母纸

粘合云母在压力下经加热或不加热粘合而成的硬质片状材料。

4.1.1 换向器隔板用的硬质材料

一面或双面打磨过的硬质云母材料。

注:换向器隔板是作为换向器片间的绝缘。

4.1.2 电热设备用的硬质材料

能在规定温度下使用的硬质云母材料,通常不打磨。

4.1.3 可加热成型的硬质材料

加热时能成型和模塑的硬质云母材料,通常不打磨。

4.2 柔软云母材料

具有足够柔软性的粘合云母,通常在不加热的情况下,可以在适当部位上进行缠绕或卷包。应用之后,可保持也可不保持其柔软性。

4.2.1 用 B 阶段树脂浸渍的柔软云母材料

含有一种应用后能最终固化的胶粘剂的柔软云母材料。

4.2.2 后浸渍多孔柔软云母材料

含有少量胶粘剂并与相容的浸渍剂一起真空压力浸渍(VPI)的柔软云母材料。

4.2.3 耐火安全电缆用柔软云母材料

含有适量胶粘剂拟应用于着火后仍能继续运行的电缆的柔软云母材料。

5 一般要求和供货条件

见适用于各种类型粘合云母的相应单项材料规范。

ICS 29.035.50
K 15

中华人民共和国国家标准

GB/T 5019.2—2009
代替 GB/T 5019—2002

以云母为基的绝缘材料
第 2 部分：试验方法

Specification for insulating materials based on mica—
Part 2：Methods of test

(IEC 60371-2：2004，MOD)

2009-06-10 发布

2009-12-01 实施

中华人民共和国国家质量监督检验检疫总局
中国国家标准化管理委员会
发 布

前　言

GB/T 5019《以云母为基的绝缘材料》分为以下几部分：

——第 1 部分：定义和一般要求；

——第 2 部分：试验方法；

——第 3 部分：换向器隔板和材料；

——第 4 部分：云母纸；

——第 5 部分：电热设备用云母板；

——第 6 部分：聚酯薄膜补强 B 阶环氧树脂粘合云母带；

——第 7 部分：真空压力浸渍（VPI）用玻璃布及薄膜补强环氧树脂粘合云母带；

——第 8 部分：玻璃布补强 B 阶环氧树脂粘合云母带；

——第 9 部分：单根导线包绕用环氧树脂粘合聚酯薄膜云母带；

——第 10 部分：耐火安全电缆用云母带；

——第 11 部分：塑型云母板。

本部分为 GB/T 5019 的第 2 部分。

本部分修改采用 IEC 60371-2：2004《以云母为基的绝缘材料　第 2 部分：试验方法》（英文版）。

本部分根据 IEC 60371-2：2004 重新起草。在附录 A 中列出了本部分章条编号与 IEC 60371-2：2004 章条编号的对照一览表。

考虑到我国国情，在采用 IEC 60371-2：2004 时，本部分做了一些修改。在附录 B 中列出了这些技术性差异及其原因的一览表以供参考。

本部分代替 GB/T 5019—2002《以云母为基的绝缘材料　试验方法》。

本部分与 GB/T 5019—2002 相比主要变化如下：增加了"加热减量"、"柔软性"、"边缘弯曲度"、"起层率"、"可塑性"、"体积电阻率"、"高温绝缘电阻"。

本部分的附录 A、附录 B 均为资料性附录。

本部分由中国电器工业协会提出。

本部分由全国绝缘材料标准化技术委员会（SAC/TC 51）归口。

本部分起草单位：桂林电器科学研究所。

本部分主要起草人：王先锋。

本部分所代替标准的历次版本发布情况为：

——GB/T 5019—1985、GB/T 5019—2002。

以云母为基的绝缘材料
第 2 部分：试验方法

1 范围

GB/T 5019 的本部分规定了粘合云母材料、以粘合云母材料为基的产品及云母纸的试验方法。

本部分适用于有关电气设备用、由粘合云母或云母纸、带或不带补强材料粘合而成的绝缘材料，并适用于云母纸。

2 规范性引用文件

下列文件中的条款通过 GB/T 5019 的本部分的引用而成为本部分的条款。凡是注日期的引用文件，其随后所有的修改单（不包括勘误的内容）或修订版均不适用于本部分，然而，鼓励根据本部分达成协议的各方研究是否可使用这些文件的最新版本。凡是不注日期的引用文件，其最新版本适用于本部分。

GB/T 1033.1—2008 塑料 非泡沫塑料密度的测定 第 1 部分：浸渍法、液体比重瓶法和滴定法（ISO 1183-1：2004，IDT）

GB/T 1408.1—2006 绝缘材料电气强度试验方法 第 1 部分：工频下试验（IEC 60243-1：1988，IDT）

GB/T 1409—2006 测量电气绝缘材料在工频、音频、高频（包括米波波长在内）下电容率和介质损耗因数的推荐方法（IEC 60250：1969，MOD）

GB/T 1410—2006 固体绝缘材料体积电阻率和表面电阻率试验方法（IEC 60093：1980，IDT）

GB/T 9341—2008 塑料 弯曲性能的测定（ISO 178：2001，IDT）

GB/T 11026.1—2003 电气绝缘材料 耐热性 第 1 部分：老化程序和试验结果的评定（IEC 60216-1：2001，IDT）

GB/T 11026.2—2000 确定电气绝缘材料耐热性的导则 第 2 部分：试验判断标准的选择（IEC 60216-2：1990，IDT）

GB/T 11026.3—2006 电气绝缘材料耐热性 第 3 部分：计算耐热性特征参数的规程（IEC 60216-3：2002，IDT）

GB/T 11026.4—1999 确定电气绝缘材料耐热性的导则 第 4 部分：老化烘箱 单室烘箱（IEC 60216-4-1：1990，IDT ）

ISO 67：1981 白云母块、片和薄片 按尺寸分级

3 对试验的一般要求

除另有规定外，取下的试样应在温度 23 ℃±2 ℃和相对湿度 50％±5％下处理 24 h。试验可在 15 ℃～35 ℃的温度下进行。有争议时，试验应在温度 23 ℃±2 ℃和相对湿度 50％±5％的条件下进行。

4 可固化材料的试样制备

4.1 一般说明

按下述方法制备试样，该方法只适用于可固化材料。

4.2 方法1

从足够的材料上清除松散的颗粒及露出的毛边,以提供特定试验所需要的试样。

裁取并堆叠制备试样所需的材料。对于带状材料,用半叠层法,采用相邻层间相互垂直的办法使试样叠层达到所要求的厚度,如有要求,则切边以获得所要求的尺寸。

除非另有规定,加压温度为 160 ℃±5 ℃。

在 15 ℃~35 ℃下,把试样叠层置于两块厚度不超过 1.5 mm 抛光钢板的中央。

放入与所需试样厚度相同的定位挡块。

把抛光钢板和试样叠层的组合件置入已预热的压机中央。

立即闭合压机并施加足够的压力至定位挡块。试样叠层固化至少 30 min。

取出试样,按单项材料规范给定的或按供方推荐的温度和时间进行后固化处理。

4.3 方法2

从足够的材料上清除松散的颗粒及露出的毛边,以提供特定试验所需要的试样。

对于全幅宽和片状材料,裁取并堆叠制备试样所需要的材料。

对于带状材料,有两种推荐方法供制备试样叠层:

a) 把带材切成片,其长度等于试样叠层的长度,再把这些片平行、半搭接地叠在一起。下一层的搭接边缘应与上一层的搭接边缘错开。推荐用热的熨斗或烙铁固定这些片。

b) 取一块其长宽与所要求的试样叠层相同、厚度为 2 mm~3 mm 的金属板。以半搭接方式用带材绕包金属板,每层均沿着同一方向进行缠绕,直到厚度符合要求为止。建议缠绕时每层分别起头,下一层的搭接边缘应与上一层的搭接边缘错开。在金属板与带材之间要放置一张防粘衬垫材料。最终形成两个相同厚度的试样叠层。

把制备好的具有图 1 所示结构的试样叠层置入压机内。

下述压制程序(见图 2)仅作为一个例子,其他压制程序应按合同规定。

——闭合压机并施加 0.15 MPa 的压力。

——在 0.15 MPa 的压力下,加热压机至 70 ℃。

——减小压力至零,短时打开压机(放气)。

——在 0.15 MPa 的压力下,加热压机至 90 ℃。

——减小压力至零,短时打开压机(放气)。

——在 0.15 MPa 压力下,加热压机至 110 ℃。

——减小压力至零,短时打开压机(放气)。

——在 0.15 MPa 压力下,加热压机至 160 ℃±5 ℃,并保持到树脂开始胶化。该胶化时间点用一根试验棒通过目测加以控制,一旦树脂开始胶化,增大压力至 3 MPa。

——在 3 MPa 及 160 ℃±5 ℃下固化 60 min 或在其他规定的温度下固化。

——在该压力下冷却试样。

压制完毕之后,按单项材料规范规定的或按供方推荐的时间和温度对试样进行后固化。

5 厚度

5.1 试验仪器

根据被试材料,测量厚度的仪器有如下几种:

5.1.1 恒压测厚仪,其测量平面直径为 6 mm~8 mm,分度为 0.01 mm,允许读到 0.005 mm。施加在试样上的压力为 $0.1\times(1\pm0.1)$MPa。当用校正量规校验时,测量的准确度应在 0.005 mm 之内。

5.1.2 一种符合 5.1.1 规定的仪器,但施加在试样上的压力为 $0.7\times(1\pm0.1)$MPa。

5.1.3 一种符合 5.1.1 规定的仪器,但施加在试样上的压力为 $7.0\times(1\pm0.1)$MPa。

5.1.4 一种能产生恒压为 $30\times(1\pm0.1)$MPa 并能均匀地分布于试样整个面上的试验设备。它是由一台带有平行压板的压机和一个允许测量到±0.02 mm 的系统组成。

5.2 试样

5.2.1 以板状或片状的形式供货的材料,试样为一块整板或整片。

5.2.2 以成卷的形式供货的材料,试样为沿卷的整幅宽切下的窄条,其面积为 0.2 m²。

5.2.3 以带状的形式供货的材料,试样为长度 2 m 的窄条。

5.2.4 以换向器隔板的形式供货的材料。

5.2.4.1 面积为 10 cm² 或以下的换向器隔板,试样为五块单独的隔板。

5.2.4.2 面积大于 10 cm² 的换向器隔板,试样按单项材料规范规定:

　　a) 试样为一块隔板;

　　b) 试样为一叠压至规定尺寸的隔板(如果需要,可用隔离层来分开),隔板的数量由购方规定。

5.2.4.3 对于切成不同于隔板形状的平板,试样为一块平板。

5.3 程序

厚度测量应按下述程序之一进行:

5.3.1 除换向器隔板以外,按薄板(含窄条)、卷、带供货的材料,在每个试样上均匀地测量十点:板材沿两条对角线;卷材和带材(不在边缘)沿着试样长边的近似中间线进行测量。测量仪器按 5.1.1 的规定,压力为 0.1 MPa。

5.3.2 换向器隔板及用于制作换向器隔板的薄板和条材,采用下述程序之一:

5.3.2.1 薄板:用 5.1.3 规定的具有 7.0 MPa 压力的仪器,按 5.3.1 规定的方法测量每个试样的厚度。

5.3.2.2 面积为 10 cm² 或以下的隔板:用 5.1.3 规定的具有 7.0 MPa 压力的仪器,在五块隔板上各测量一点。

5.3.2.3 面积大于 10 cm² 的隔板:按下述的 a)或 b)测量厚度,所用的方法按单项材料规范规定。

　　a) 对于单块供货的隔板,用 5.1.3 规定的具有 7.0 MPa 压力的仪器,均匀地在试样上测量三点。

　　b) 对于压至规定尺寸成叠包装供货的隔板,每个试样由一叠层组成,在 5.1.4 规定的条件下,用具有 30 MPa 压力的设备测量厚度。测量时要保证被试叠层中所有隔板对齐。

在每次测量之前,用一块尺寸已知并大致等于被测试样尺寸的钢块对压机形变进行测量。

在获得单个试样厚度(d_1),其中包括隔离层厚度(d_2)时,应把压机形变的修正值加入测得值中或从测得值中减去修正值。

对于一叠含有($n-1$)块隔离层和 n 块隔板的总厚度(d),按式(1)计算:

$$d = nd_1 + (n-1)d_2 \qquad\qquad (1)$$

式中:

d——由 n 块隔板和($n-1$)块隔离层组成的叠层厚度的数值,单位为毫米(mm);

n——隔板数;

d_1——一块隔板的厚度的数值,单位为毫米(mm);

$n-1$——隔离层数;

d_2——一块隔离层的厚度的数值,单位为毫米(mm)。

5.4 结果

对于包装好的成叠隔板,以 nd_1 值作为该叠层的厚度,并报告每叠层隔板的数目。对于所有其他情况,以结果的中值作为试样的厚度,并报告最大值和最小值。

6 密度

本试验按 GB/T 1033.1—2008 中的浸渍法进行。

对可固化的材料,每个试样用一块尺寸适宜并边缘修齐的试样板,该板应按第 4 章规定制备。

7 表观密度

表观密度由单位面积质量和厚度的中值按式（2）计算：

$$d = \frac{m_a}{d_e} \times 10^{-3} \quad \text{...................................（2）}$$

式中：

d——表观密度，单位为克每立方厘米（g/cm^3）；

m_a——单位面积的质量，单位为克每平方米（g/m^2）；

d_e——厚度，单位为毫米（mm）。

8 组成

8.1 试样

试样质量约 5 g（对薄的材料，取约 250 cm²），试样数量为两个，试样应包括材料的完整厚度。

8.2 "收货"状态下材料单位面积的质量

在 23 ℃±2 ℃的温度下从原包装中取出试样并在 4 h 内进行试验。称量试样（m_1），准确到 1 mg，测量试样面积（A）准确到±1%。

"收货"状态下材料单位面积的质量按式（3）计算：

$$m_t = \frac{m_1}{A} \quad \text{...................................（3）}$$

式中：

m_t——"收货"状态下材料单位面积的质量，单位为克每平方米（g/m^2）；

m_1——"收货"状态下试样的质量，单位为克（g）；

A——试样面积，单位为平方米（m^2）。

8.3 挥发物的含量和干燥材料单位面积的质量

除供需双方另有协议外，将 8.2 称量过的试样（m_1）在 150 ℃±3 ℃的温度下加热 1 h。在干燥器中冷却至室温后称量（m_2）。

挥发物的含量按式（4）计算：

$$T_V = \frac{m_1 - m_2}{m_1} \times 100 \quad \text{...................................（4）}$$

式中：

T_V——挥发物的含量，以百分数表示（%）；

m_1——"收货"状态下试样的质量，单位为克（g）；

m_2——干燥后试样的质量，单位为克（g）。

干燥材料单位面积的质量按式（5）计算：

$$m_t' = \frac{m_2}{A} \quad \text{...................................（5）}$$

式中：

m_t'——干燥材料单位面积的质量，单位为克每平方米（g/m^2）；

m_2——干燥后试样的质量，单位为克（g）；

A——试样面积，单位为平方米（m^2）。

8.4 胶粘剂的含量和单位面积胶粘剂的质量

8.4.1 无补强或无机物补强的材料

把按 8.3 干燥过的试样（m_2）放入 500 ℃±25 ℃的马弗炉中加热灼烧。除非另有规定，加热时间为 2 h。在干燥器中冷却至室温后称量（m_3）。

胶粘剂的含量按式（6）计算：

$$C_b = \frac{m_2 - m_3}{m_2} \times 100 \qquad\qquad\cdots\cdots\cdots\cdots\cdots\cdots\cdots\cdots (6)$$

式中：

C_b——胶粘剂的含量,以百分数表示(%);

m_2——干燥后试样的质量,单位为克(g);

m_3——灼烧后试样的质量,单位为克(g)。

有争议时,加热应延续到质量恒定。当连续两次称量的差不大于 0.1% 时,认为质量是恒定的。

单位面积胶粘剂的质量按式(7)计算：

$$m'_b = \frac{m_2 - m_3}{A} \qquad\qquad\cdots\cdots\cdots\cdots\cdots\cdots\cdots\cdots (7)$$

式中：

m'_b——单位面积胶粘剂的质量,单位为克每平方米(g/m²);

m_2——干燥后试样的质量,单位为克(g);

m_3——灼烧后试样的质量,单位为克(g);

A——试样面积,单位为平方米(m²)。

8.4.2 有机物补强的材料(可溶性胶粘剂)

把按8.3干燥过的试样(m_2)放入容量为 500 cm³ 的索氏(Soxhlet)抽提器或脂肪抽提器的过滤坩埚中,抽提试验装置见图3。

供方推荐的溶剂应能完全溶解胶粘剂,但不应溶解补强物。在回流下沸腾 2 h,或如果需要完全溶解胶粘剂,可延续更长的时间。把处理过的试样从过滤坩埚中取出,在 135 ℃±2 ℃下干燥半小时。再放入干燥器中冷却至室温后称量(m_4)。

胶粘剂的含量按式(8)计算：

$$C_b = \frac{m_2 - m_4}{m_2} \times 100 \qquad\qquad\cdots\cdots\cdots\cdots\cdots\cdots\cdots\cdots (8)$$

式中：

C_b——胶粘剂的含量,以百分数表示(%);

m_2——干燥后试样的质量,单位为克(g);

m_4——抽提后试样的质量,单位为克(g)。

单位面积胶粘剂的质量按式(9)计算：

$$m'_b = \frac{m_2 - m_4}{A} \qquad\qquad\cdots\cdots\cdots\cdots\cdots\cdots\cdots\cdots (9)$$

式中：

m'_b——单位面积胶粘剂的质量,单位为克每平方米(g/m²);

m_2——干燥后试样的质量,单位为克(g);

m_4——抽提后试样的质量,单位为克(g);

A——试样面积,单位为平方米(m²)。

正常抽提时间为 2 h。对较厚的材料可小心地把材料剥开以促使溶剂渗透。

8.4.3 有机物补强的材料(不溶性胶粘剂)

用 m_2 值(见8.3)和 m_3 值(见8.4.1)以及由供方提供的补强材料单位面积的质量求出的试样中有机物补强材料的质量(m_5),按式(10)计算胶粘剂的含量：

$$C_b = \frac{m_2 - (m_3 + m_5)}{m_2} \times 100 \qquad\qquad\cdots\cdots\cdots\cdots\cdots\cdots\cdots\cdots (10)$$

式中：

C_b——胶粘剂的含量,以百分数表示(%);

m_2——干燥后试样的质量,单位为克(g);

m_3——灼烧后试样的质量,单位为克(g);

m_5——试样中有机物补强材料的质量,单位为克(g)。

单位面积胶粘剂的质量按式(11)计算:

$$m'_b = \frac{m_2 - (m_3 + m_5)}{A} \qquad\qquad (11)$$

式中:

m'_b——单位面积胶粘剂的质量,单位为克每平方米(g/m²);

m_2——干燥后试样的质量,单位为克(g);

m_3——灼烧后试样的质量,单位为克(g);

m_5——试样中有机物补强材料的质量,单位为克(g);

A——试样面积,单位为平方米(m²)。

8.4.4 有机硅胶粘剂的材料(可溶性胶粘剂)

按合同规定测定有机硅胶粘剂的含量。一种可行的方法如下。

把按8.3干燥过的试样放入一个预先干燥并称量过的过滤坩埚中称量,质量之差即为试样的质量(m_2)。

把足量的二乙胺(试剂级)注入索氏(Soxhlet)抽提器的烧瓶内,使其量能充满虹吸管高度的1.5倍。以每小时六次~十次的虹吸速率完全抽提试样(对薄材料抽提时间至少4 h,对厚材料则要更长时间)。

让仪器冷却,再以丙酮代替二乙胺,如前述抽提1.5 h。

取出抽提器中的过滤坩埚,把它放在表面皿上在空气中干燥10 min,然后在105 ℃±2 ℃的烘箱中加热30 min。

过滤坩埚在干燥器中冷却至室温后称量,减去过滤坩埚的质量得抽提后试样的质量(m_4)。

胶粘剂的含量按式(2)计算:

$$C_b = \frac{m_2 - m_4}{m_2} \times 100 \qquad\qquad (12)$$

式中:

C_b——胶粘剂的含量,以百分数表示(%);

m_2——干燥后试样的质量,单位为克(g);

m_4——抽提后试样的质量,单位为克(g)。

单位面积胶粘剂的质量按式(13)计算:

$$m'_b = \frac{m_2 - m_4}{A} \qquad\qquad (13)$$

式中:

m'_b——单位面积胶粘剂的质量,单位为克每平方米(g/m²);

m_2——干燥后试样的质量,单位为克(g);

m_4——抽提后试样的质量,单位为克(g);

A——试样面积,单位为平方米(m²)。

8.4.5 有机硅胶粘剂无补强的材料(不溶性胶粘剂)

按8.4.1进行。由制造厂说明有机硅漆漆基有机物的含量。

胶粘剂的含量按式(14)计算:

$$C_b = \frac{m_2 - m_3}{m_2 B} \times 100 \qquad\qquad (14)$$

式中:

C_b——胶粘剂的含量,以百分数表示(%);

m_2——干燥后试样的质量,单位为克(g);

m_3——灼烧后试样的质量,单位为克(g);

B——有机硅漆漆基有机物的含量,以百分数表示(%)。

单位面积胶粘剂的质量按式(15)计算:

$$m'_b = \frac{m_2 - m_3}{AB} \quad\quad\quad \cdots\cdots\cdots\cdots\cdots\cdots\cdots\cdots\cdots (15)$$

式中:

m'_b——单位面积胶粘剂的质量,单位为克每平方米(g/m²);

m_2——干燥后试样的质量,单位为克(g);

m_3——灼烧后试样的质量,单位为克(g);

A——试样面积,单位为平方米(m²);

B——有机硅漆漆基有机物的含量的数值,以百分数表示。

8.5 单位面积补强材料的质量

供方应说明所用补强材料的单位面积的质量。测定该项性能的方法按合同规定。

另外,可用下述程序之一并在合同中说明。

a) 对于无机物补强的材料:

按8.4.1完成加热周期后,小心地分离补强材料并称量(m_6)。

单位面积补强材料的质量按式(16)计算:

$$m'_r = \frac{m_6}{A} \quad\quad\quad \cdots\cdots\cdots\cdots\cdots\cdots\cdots\cdots\cdots (16)$$

式中:

m'_r——单位面积补强材料的质量,单位为克每平方米(g/m²);

m_6——试样中无机物补强材料的质量,单位为克(g);

A——试样面积,单位为平方米(m²)。

b) 对于有机物补强的材料(可溶性胶粘剂):

按8.4.2完成加热周期后,小心地分离补强材料并称量(m_7)。

单位面积补强材料的质量按式(17)计算:

$$m'_r = \frac{m_7}{A} \quad\quad\quad \cdots\cdots\cdots\cdots\cdots\cdots\cdots\cdots\cdots (17)$$

式中:

m'_r——单位面积补强材料的质量,单位为克每平方米(g/m²);

m_7——试样中有机物补强材料的质量,单位为克(g);

A——试样面积,单位为平方米(m²)。

8.6 云母的含量和单位面积云母的质量

根据上述试验结果,能计算云母的含量和单位面积云母的质量。

对于无补强或有机物补强的材料:

$$C_m = \frac{m_3}{m_2} \times 100 \quad\quad\quad \cdots\cdots\cdots\cdots\cdots\cdots\cdots\cdots\cdots (18)$$

$$m'_m = \frac{m_3}{A} \quad\quad\quad \cdots\cdots\cdots\cdots\cdots\cdots\cdots\cdots\cdots (19)$$

式中:

C_m——云母的含量,以百分数表示(%);

m_2——干燥后试样的质量,单位为克(g);

m_3——灼烧后试样的质量,单位为克(g);

A——试样面积的数值，单位为平方米（m²）；

m'_m——单位面积云母的质量的数值，单位为克每平方米（g/m²）。

对于无机物补强的材料：

$$C_m = \frac{m_3/A - m'_r}{m'_t} \times 100 \qquad\qquad\qquad (20)$$

$$m'_m = m'_t - m'_b - m'_r \qquad\qquad\qquad (21)$$

式中：

C_m——云母的含量的数值，以百分数表示（%）；

m_3——灼烧后试样的质量的数值，单位为克（g）；

A——试样面积的数值，单位为平方米（m²）；

m'_m——单位面积云母的质量的数值，单位为克每平方米（g/m²）；

m'_r——单位面积补强材料的质量的数值，单位为克每平方米（g/m²）；

m'_b——单位面积胶粘剂的质量的数值，单位为克每平方米（g/m²）；

m'_t——干燥材料单位面积的质量的数值，单位为克每平方米（g/m²）。

8.7 剥片云母的尺寸

8.7.1 试样

薄板试样尺寸应是 300 mm×300 mm。带材试样及特殊试验条件由单项材料规范规定。

8.7.2 试验方法

为除去胶粘剂，把试样置于一个盘或浅槽中，用 15% 苛性钾（KOH）溶液煮沸直到发生解体。如果用上述方法不能除去胶粘剂，则可用任何其他合适的溶剂或把试样置于马弗炉中加热直到胶粘剂完全除去，使得能够测定剥片云母为止。另外，也可以用机械方法将剥片云母取下，但在这过程中剥片云母不应被撕裂。

解体后，用热水或未使用过溶剂把取下的剥片云母清洗几次，然后使其干燥。用 ISO 67:1981 规定的模板确定剥片云母的尺寸。

9 加热减量

称量按 8.3 干燥过的试样约 5 g，置于高温炉中逐渐升温至产品标准规定的温度，在规定的温度下加热 30 min，取出后放在干燥器内冷却至室温后称量。

加热减量按式（22）计算：

$$h = \frac{m_2 - m_3}{m_2} \times 100 \qquad\qquad\qquad\qquad (22)$$

式中：

h——加热减量，以百分数表示（%）；

m_2——干燥后试样的质量，单位为克（g）；

m_3——灼烧后试样的质量，单位为克（g）。

进行两次测定，其测定值均应在标准规定的范围之内，取其平均值作为试验结果，取两位有效数字。

10 拉伸强度和断裂伸长率

10.1 试验仪器

可使用恒速加荷试验机或恒速移动试验机。试验机最好采用动力驱动，分度到能读出单项材料规范要求值的 1%。

10.2 试样

至少取五个试样，试样长度应能使试样在试验机两夹头间的距离为 200 mm 长。

当测试全幅宽和片状材料时，试样宽度为 25 mm，沿纵向和横向各切取五个试样。如果试样中含有纺织补强物，切自同一方向的任何两个试样在长度方向上不应含有同根织线。

带状材料沿其纵向取样，并按供货宽度，最宽不超过 25 mm。

10.3 程序

把试样固定于试验机上。按以下说明施加负荷：

恒定位移　　　10 mm/min　　未补强云母或未浸渍云母
　　　　　　　　50 mm/min　　补强云母或浸渍云母

记录断裂的力和断裂时的伸长或补强物中的一个组成部分破坏时的力和伸长。

如果试样断在试验机的夹头内或夹头处，则此结果无效，用另一试样重做试验。

当需要测定接头处的拉伸强度时，把接头置于近似两夹头中间处。

注：对某些材料，可要求采取附加措施以防止试样在试验机夹头处打滑。

10.4 结果

分别报告两个方向的拉伸强度和伸长率（有要求时）。拉伸强度取五个断裂负荷的中值，以 N/10 mm 宽表示。伸长率取五次测量的中值，以对原始长度的百分数表示。同时报告最大值和最小值。

11 弯曲强度和弯曲弹性模量

11.1 试样

测定弯曲强度时，沿着与样品一个边缘相平行及相垂直的方向各取五个试样。每个试样的长度应不小于被测试样厚度的 20 倍，试样的宽度为 10 mm～25 mm，厚度为 4 mm±0.2 mm。

测定弯曲弹性模量时，沿着与样品一个边缘相平行及相垂直的方向各取两个试样。

对于可固化材料，试样应从一块按第 4 章制备的试样板上切取。

11.2 程序

按 GB/T 9341—2008 进行试验。应在 23 ℃ 和 155 ℃ 或单项材料规范规定的温度下测定该性能。

11.3 结果

分别报告两个方向的弯曲强度和弯曲弹性模量。弯曲强度取五次测量的中值，弯曲弹性模量取两次测量的平均值。

12 折叠

试样在 23 ℃±2 ℃ 温度下保持 1 h 后，在此温度下进行试验。把任一合适尺寸的试样折叠 180°，补强材料面朝内。尽可能快地用大拇指和食指进行折叠操作。

检查试样是否断裂或分层。

13 挺度

13.1 条件处理和试验环境

试样应在标准的试验室温度 23 ℃±2 ℃ 下达到平衡。

13.2 试样

全幅宽材料：纵横向各取五个试样，长度为 200 mm，宽度为 15 mm。

带状材料：取五个试样，长度为 200 mm，对于带宽大于 10 mm 的带材，宽度为带宽。当沿横向试验时，带宽即为试样的长度。

13.3 程序

测量试样尺寸应准确到 ±0.5 mm。按图 4 和图 5 所示放置试样，将试样对称地放在支承台上，试样的长边与槽平行，试样的补强面朝下。驱动压梁使其进入槽内，此时遇到来自试样的阻力，直到出现最大阻力为止。支承台相对压梁移动的速率应是能使最大力在 15 s±3 s 内达到。一种如台式天平的测力装置可以用来记录最大的阻力。

挺度按式(23)计算：

$$S = \frac{F_{max}}{l} \quad\quad\quad \cdots\cdots\cdots\cdots\cdots\cdots\cdots\cdots\cdots (23)$$

式中：

S——挺度，单位为牛顿每米(N/m)；

F_{max}——最大的弯曲负荷，单位为牛顿(N)；

l——试样长度，单位为米(m)。

13.4 结果

分别报告纵向(纬线变形)和横向(经线变形)挺度的中值、最大值及最小值，并注明试验温度。

14 抗渗出和位移性

通常本试验用于换向器隔板材料。它是在特定的温度和压力条件下，测定云母或胶粘剂(渗出)的位移，或云母和胶粘剂两者的位移。

该试验人为因素很大，因而在说明试验结果时要特别注意。

14.1 试验仪器

用一台能对试样施加 60 MPa 压力的压机。若干 2 mm 厚的平钢板，一块钻有一个测温用热电偶插孔的 10 mm 厚钢板。

14.2 试样

试样的高度为 12 mm～15 mm，由若干块面积约 20 cm^2 的小云母板组成(推荐小云母板的尺寸为 40 mm×40 mm)。为保证试样的重现性，制样时应小心，应把所有小云母板的四个边缘切割干净。

为了进行试验，需要形成一个叠层，该叠层由 n 块小云母板和 $(n+1)$ 块具有相同面积的钢板组成，小云母板和钢板交替放置，钻孔的钢板置于叠层中间并尽可能保证垂直对齐。

14.3 程序

把按 14.2 制备的叠层置于压机的两平板之间，压机已预先加热到比单项材料规范规定的温度高 5 ℃～10 ℃。然后施加 60 MPa 压力于叠层上，用隔热材料把叠层围起来。当热电偶(见 14.1)指示的温度达到单项材料规范规定的温度时，保持该温度和压力 30 min 后仔细地检查试样边缘。

对于其他时间、温度和压力，这些试验条件可在合同中说明。

14.4 结果

记录下述内容：

——材料有无位移；

——试样边缘有无胶粘剂小滴渗出。

15 弹性压缩和塑性压缩

本试验用于换向器隔板材料。

弹性压缩和塑性压缩是被测材料在经受由 7 MPa 到 60 MPa 周期性变化的压力，其尺寸达到稳定后测得的厚度变化来确定的(见 15.3)。试验温度按单项材料规范规定。弹性压缩和塑性压缩是以 7 MPa 压力下所测得的厚度的百分数表示。

15.1 试验仪器

试验仪器同 14.1 的规定。附加一个测量装置使得被测叠层的高度能测到 0.02 mm 以内。

15.2 试样

试样同 14.2 的规定。试样数量为两个叠层。

15.3 程序

把按 15.2 制备的叠层(见 14.2)置于压机的两平板之间，在室温下施加 7 MPa 的压力并测量其总

高度 d_0。用隔热材料把叠层围起来。然后把平板加热到比单项材料规范所规定的温度(t_{spec})高出 5 ℃～10 ℃。维持这温度直到热电偶(见 14.1)指示单项材料规范所规定的温度为止。然后测量叠层的总高度 d_1。

接着在约 10 min 内把叠层上的压力加大到 60 MPa,并保持 15 min。

然后测量叠层总高度 d_2。

在约 5 min 内把压力降低到 7 MPa,并再次测量叠层的总高度 d_1。

开始重复循环,但保持最大压力的时间仅 5 min。反复进行这种循环,直到 d_1 和 d_2 相继两次测量值的差稳定在 0.02 mm 内,才能认为这种循环已经稳定。把稳定后的循环值 d_1 和 d_2 记作 D_1 和 D_2。最后让叠层在 7 MPa 压力下冷却至室温并测量叠层总高度 d_5。

考虑到试验设备和中间钢板的变形,故将试验所使用的钢板叠层在规定温度下按上述循环稳定之后于 7 MPa 和 60 MPa 压力时测量的高度分别记作 d_3 和 d_4,在 7 MPa 压力和室温下测量的高度记作 d_6。

15.4 结果

记录构成试样的层数以及高度。

被测材料的弹性压缩按式(24)计算:

$$E = \frac{(D_1 - d_3) - (D_2 - d_4)}{D_1 - d_3} \times 100 \quad\cdots\cdots\cdots\cdots(24)$$

式中:

E——弹性压缩,以百分数表示(%);

D_1——在规定的温度下,压力为 7 MPa 时叠层循环稳定后的总高度,单位为毫米(mm);

d_3——在规定的温度下,压力为 7 MPa 时钢板叠层的高度,单位为毫米(mm);

D_2——在规定的温度下,压力为 60 MPa 时叠层循环稳定后的总高度,单位为毫米(mm);

d_4——在规定的温度下,压力为 60 MPa 时钢板叠层的高度,单位为毫米(mm)。

被测材料的塑性压缩按式(25)计算:

$$P = \frac{d_0 - d_5}{d_0 - d_6} \times 100 \quad\cdots\cdots\cdots\cdots(25)$$

式中:

P——塑性压缩的数值,以百分数表示(%);

d_0——在室温下,压力为 7 MPa 时循环前叠层的总高度,单位为毫米(mm);

d_5——在室温下,压力为 7 MPa 时循环后叠层的总高度,单位为毫米(mm);

d_6——在室温下,压力为 7 MPa 时钢板叠层的高度,单位为毫米(mm)。

注:通过作相对于规定温度 t_{spec} 下的 D_1 的厚度变化百分率与连续加压、减压循环过程中压力变化的关系曲线可获得一个典型图例(见图 6)。

16 树脂的流动性和凝固性

本试验温度应在合同所陈述的单项材料规范中注明。

16.1 试样

试样数量为两个叠层。

用模板把材料切成 50 mm×50 mm 的方形试片多块,使叠后总的标称厚度约 2 mm。清除试样上松散的颗粒和露出的毛边并准确地把这些方形试片对齐。

对于带材,用相邻层间相互垂直的方法平接带材以形成足够厚度的叠层,使未压缩叠层的厚度为 2 mm。对某些宽度的带材,可切成 50 mm×50 mm 的方形试样。

16.2 程序

称量试样并准确到 1 mg(m_1)。

按 8.4 测定并记录树脂的含量(C_b)。

按 5.1.2 规定的方法（0.7 MPa）测量叠层厚度（t_1）。

在 15 ℃～35 ℃下把试样置于厚度不超过 1.5 mm 的两块抛光钢板中间，不使用定位挡块。

把钢板和试样组合件置入预先加热到单项材料规范规定的温度的压机内。

立即闭合压机并施加 1 MPa 的压力，使试样固化 5 min±1 min 后从抛光钢板中取出试样。

仔细地清除挤出的树脂并注意不要带出玻璃纤维，再次称量试样（m_2）。

按 5.1.2 规定的方法（0.7 MPa）测量叠层厚度（t_2）。

16.3 结果

规定温度下树脂的流动性按式（26）计算：

$$F = \frac{m_1 - m_2}{m_1 C_b} \times 10^4 \qquad\cdots\cdots\cdots\cdots\cdots\cdots\cdots\cdots\cdots\cdots\cdots\cdots (26)$$

式中：

F——树脂的流动性，以百分数表示（%）；

m_1——叠层试验前的质量，单位为克（g）；

m_2——叠层试验后的质量，单位为克（g）；

C_b——按 8.4 测定的试样树脂含量，以百分数表示（%）。

规定温度下树脂的凝固性按式（27）计算：

$$C = \frac{t_1 - t_2}{t_1} \times 100 \qquad\cdots\cdots\cdots\cdots\cdots\cdots\cdots\cdots\cdots\cdots\cdots\cdots (27)$$

式中：

C——树脂的凝固性，以百分数表示（%）；

t_1——叠层试验前的厚度，单位为毫米（mm）；

t_2——叠层试验后的厚度，单位为毫米（mm）。

17 胶化时间

试样数量为两组，每组试样由约十片尺寸为 100 mm×25 mm 的试片堆叠而成。对于宽度小于 25 mm 的带材，试样宽度为被试带的原宽。

将叠层置于一块表面温度保持在 170 ℃±2 ℃ 的热板上加压，使熔融树脂挤压出来。计时器应在树脂刚刚触及热板的瞬间开始计时。

在树脂已经熔化并达到规定的胶化时间的 75% 时，用一根 3 mm 直径的小木棍搅拌树脂，应尽可能垂直地握持小木棍，混合熔化树脂的中央以及边缘。在搅拌过程中，熔化树脂的熔穴直径不应超过 25 mm。

在接近胶化点时，树脂开始发粘并形成丝状物，当树脂不再形成丝状物和不再发粘但仍有弹性时，表明已经胶化。此时停止计时，把测得的时间作为胶化时间。单位为分（min）或秒（s）。

18 柔软性

18.1 云母带的柔软性

18.1.1 试验仪器

柔软性试验仪（见图 8）。辊筒线速度为 10 mm/s±1 mm/s。

18.1.2 试样

裁取长 200 mm，宽为带宽的五条试样。

18.1.3 试样的预处理

试样在温度 23 ℃±2 ℃ 和相对湿度 50%±5% 的条件下处理 4 h。

18.1.4 试验环境

试验在温度 23 ℃±2 ℃和相对湿度 50%±5%的条件下进行。

18.1.5 试验步骤

将试样以内径面向下送入仪器辊筒内,开动仪器匀速送出,当试样端部接触到仪器标尺时停机读数。

18.1.6 结果

柔软性以五个试样测得的结果的中值表示,单位为 mm。

18.2 柔软云母板的柔软性

18.2.1 仪器

钢轴,其直径为柔软云母板标称厚度的 100 倍。

18.2.2 试样

试样宽度为 50 mm,试样长度见表 1。试样数量不少于两个。

表 1 试样长度

单位为毫米

标称厚度	试样长度	标称厚度	试样长度
0.15	100	0.30	190
0.20	130	0.40	260
0.25	160	0.50	320

18.2.3 试样的预处理

同 18.1.3。

18.2.4 试验环境

同 18.1.4。

18.2.5 试验步骤

顺着试样的长度方向,将其重叠绕在钢轴上,再自由展开观察。试验应无分层,无剥片云母滑动、折损和脱落。允许有由于内外径差所造成的拱起部分存在。

18.2.6 结果

试样有无分层,有无剥片云母滑动、折损和脱落。

19 边缘弯曲度

将云母带平铺于钢板尺上,量其 300 mm 以内的最大弯曲部分与弧弦之间的距离。以 mm 表示。

20 起层率

20.1 试验仪器

刀刃长不小于 600 mm 的剪床,刀口间无缝隙,刀片稍有斜度,刀口锋利的程度应在使用位置可将厚度为 0.05 mm 的电话纸剪开,控制刀口下降速度使试样能一次切下来,落料板距刀口 50 mm～100 mm,并垫以云母板。

20.2 试样

在距云母板边缘不少于 20 mm 处取样,云母板标称厚度为 0.4 mm～0.65 mm 时,剪切成20 mm×20 mm 的试样;云母板标称厚度为 0.7 mm～1.0 mm 时,剪切成 20 mm×40 mm 的试样。剪切 50 块试样。

20.3 试验步骤

对试样尺寸为 20 mm×40 mm 的,先切成 40 mm 宽的长条,再切成 20 mm×40 mm 的小块;对试样尺寸为 20 mm×20 mm 的,先切成 20 mm 宽的长条,再切成 20 mm×20 mm 的小块。检查云母板的层间分离(指分裂为两片以上的)数量。

20.4 计算

起层率按式(28)计算：

$$A = \frac{n}{50} \times 100 \quad\quad\quad\quad\quad\quad\quad\quad\quad\quad (28)$$

式中：

A——岸起层率的数值,以百分数表示(%)；

n——试样分层的数量。

20.5 结果

起层率的测定值,取两位有效数字。

21 可塑性

21.1 仪器

钢轴,直径见表3。

21.2 试样

试样宽度为 50 mm,试样长度见表2。试样数量不少于两个。

表 2 钢轴直径及试样长度 单位为毫米

标称厚度	钢轴直径	试样长度
0.15,0.20,0.25	10±0.5	70
0.30	15±0.5	100
0.40	20±0.5	140
0.50,0.60,0.70	60±0.5	400
0.80	80±0.5	520
1.0,1.2	100±0.5	640

21.3 试验步骤

将试样的钢轴置于烘箱中加热至产品标准中所规定的温度。

先将云母带纸绕在钢轴上以利脱模,再把受热变软的试样沿其长度方向迅速地卷绕在钢轴上,并用布带扎紧(云母箔在卷绕时补强材料面在外),操作可在同温度的电热板上进行。然后在产品标准中规定的温度下保持 15 min 取出冷却至室温,去掉布带及钢轴观察,塑制的云母管应保持以钢轴直径为直径的管形,应无分层和剥片云母脱落。塑型云母板类试样塑制的云母管,表面剥片云母翘起不应超过其面积的 1/2。

21.4 结果

报告试验后试样的外观。

22 电气强度

本试验按 GB/T 1408.1—2006 进行。

22.1 电极

单项材料规范可按 GB/T 1408.1—2006 中图 1a)、图 1b)或图 2 选用试验电极。

22.2 试样

除单项材料规范另有规定外,试样厚度即为收货状态下产品的厚度。

试样面积根据产品的厚度决定,以避免电极间表面放电。

对于可固化的材料,试样应按第 4 章制备。试样尺寸至少为 250 mm×250 mm。试样厚度应为

1 mm,并由三层以上固化而成。

试验次数为五次,可在同一试样上进行,应测量试样厚度并精确到±0.1 mm。

22.3 程序

试样按 GB/T 1408.1—2006 中第 6 章条件处理后,在空气中或在油中对其进行试验,试验用的媒质应按单项材料规范中的规定。施加电压应按 GB/T 1408.1—2006 中 10.1,击穿判断标准按 GB/T 1408.1—2006 中第 11 章。

22.4 报告

按 GB/T 1408.1—2006 中第 13 章。

23 在 48 Hz~62 Hz 频率下的介质损耗因数与温度关系的特性

23.1 试样

试样尺寸约 150 mm×150 mm×2 mm。对可固化材料按第 4 章规定制备。

23.2 试验条件

在空气中进行试验。从 30 ℃ 开始测定,其温度间隔为 10 ℃ 左右,一直测到单项材料规范规定的温度为止。

23.3 电极

电极按 GB/T 1409—2006 规定。一种合适的电极配置方法是:高压电极直径为 100 mm,低压电极直径为 75 mm,低压电极周围放置一个宽约 10 mm 的保护环,电极与保护环间的间隙为 1.5 mm~2.0 mm。用黄铜电极作试样电极的背衬,电极材料应符合 GB/T 1409—2006 的规定。黄铜电极边缘倒角半径大于 0.8 mm,以消除尖锐的边缘。

23.4 程序

按 GB/T 1409—2006 选用一种合适的试验仪器,在已测厚度的试样上施加一个最高电场强度 1.5 kV/mm,在 48 Hz~62 Hz 频率下进行试验。

在上述规定的各温度下,测定试样的介质损耗因数,并作出介质损耗因数与温度的关系曲线。

23.5 报告

按 GB/T 1409—2006 中第 9 章。

24 在 48 Hz~62 Hz 频率下的介质损耗因数与电压关系的特性

24.1 试样

试样尺寸约 150 mm×150 mm×2 mm。对可固化材料按第 4 章规定制备。

24.2 试验条件

在空气中进行试验。从 1 kV 开始施加电压,其电压间隔为 1 kV,一直测到曲线出现转折点为止,最高试验电压不超过 20 kV。

24.3 电极

同 23.3 的规定。

24.4 程序

按 GB/T 1409—2006 选用一种合适的试验仪器,在空气中于 23 ℃±2 ℃ 以及 48 Hz~62 Hz 频率下进行试验。在上述规定的各电压下,测定试样的介质损耗因数,并作出介质损耗因数与电压的关系曲线。

24.5 报告

按 GB/T 1409—2006 中第 9 章。

25 体积电阻率

按 GB/T 1410—2006 进行。

25.1　试验仪器

试验仪器应符合 GB/T 1410—2006 中第 5 章的要求。

25.2　电极

测量电极直径为 50 mm,高压电极直径为 80 mm,保护电极宽度为 10 mm,电极和护环之间的间隙为 2.0 mm。电极应符合 GB/T 1410—2006 中第 8 章的要求。

25.3　试样

除非另有规定,试样面积应为 100 mm×100 mm。

25.4　试验步骤

按 GB/T 1410—2006 的要求进行,试验电压为 1 kV。

25.5　结果

体积电阻率以三个试样测得的结果的中值表示,单位为 $\Omega \cdot m$。

26　高温绝缘电阻

试验方法待定。

27　缺陷和导电粒子的检测

试验方法待定。

28　渗透性

28.1　试验仪器

标准 Williams 型渗透仪,其试验面直径为 60 mm±0.5 mm(见图 7)。

注:盛试验液体的容器能加热和冷却,宜恒温控制。

计时器:例如秒表,计时准确到 0.1 s。

试验液体:体积分数为 60%蓖麻油(二次精馏)和 40%甲苯的混合液。25 ℃时密度为 0.917 g/cm³,黏度为 26 mPa·s。

注:由于甲苯易挥发,试验液体每 10 天应补充一次甲苯。另外,由于蓖麻油的老化会降低测量的准确性,建议不要使用存放四个月以上的混合液。

28.2　试样

试样尺寸为 75 mm×75 mm。每组试样为三个,共制备两组。

28.3　试验方法

按单项材料规范规定的方法测量试样厚度。在云母纸的同一面上(试验范围以外地方)对全部试样随机地从 1~6 进行编号。

把 2、4 和 6 试样的编号面朝外(即不与试液接触)进行试验。把 1、3 和 5 试样的编号面与试液接触进行试验。

把试液注入渗透仪,使试液水平面距顶部 5 mm。用夹环把试样固定在液体上方,保持试液的温度为 25 ℃±0.5 ℃(恒温控制)。

当渗透仪从水平位置转入倾斜位置时开始计时。

当试液完全浸透圆形试面时停止计时。

注:由试验而引起的试液损失,在下次试验之前应予以补充。

28.4　结果

报告每一组试样测量时间的中值、最大值及最小值,单位为秒,并注明试样厚度。

29 耐热性

本试验按 GB/T 11026.1—2003、GB/T 11026.2—2000、GB/T 11026.3—2006、GB/T 11026.4—1999 进行。

具体材料选取的特性及终点判断在单项材料规范中规定。

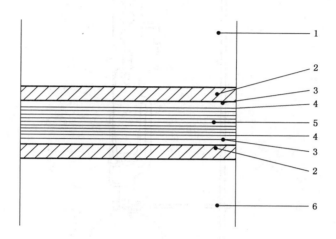

1——上加热板；

2——衬垫(衬垫应具有厚度 1 mm～2 mm。10 层牛皮纸或其他材料；例如，聚芳酰胺纤维纸、聚芳酰胺纤维布或玻璃布)；

3——抛光钢板(铬钢板，2 mm 厚)；

4——防粘材料(例如，三醋酸薄膜)；

5——叠层；

6——下加热板。

图 1　制备试验用试样板的叠层组成

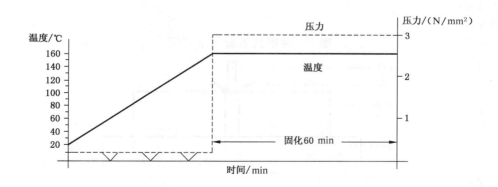

图 2　加压过程条件

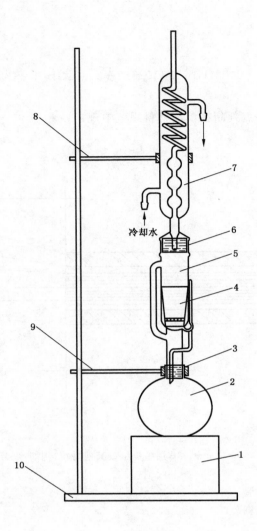

冷却水

1——加热器；

2——烧瓶；

3、6——磨口；

4——过滤坩埚；

5——回流抽堤器；

7——冷凝器；

8、9——万能夹；

10——铁架台。

图 3　抽提试验装置示意图

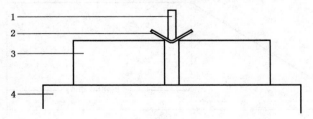

1——压梁；

2——试样；

3——支承台；

4——测力装置。

图 4　测量挺度的设备

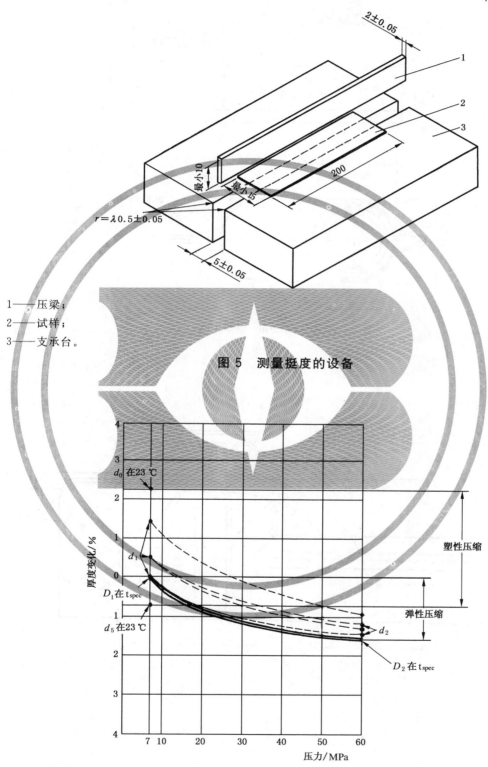

1——压梁；
2——试样；
3——支承台。

图 5　测量挺度的设备

图 6　弹性压缩和塑性压缩

单位为毫米

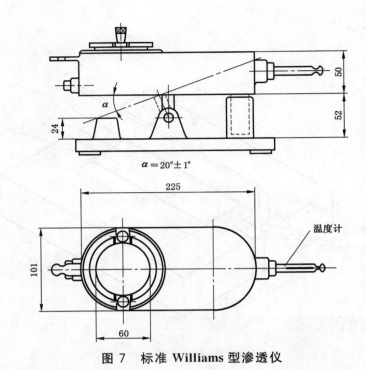

$\alpha = 20° \pm 1°$

温度计

图 7 标准 Williams 型渗透仪

单位为毫米

1——电机；

2——齿轮；

3——挡板；

4——上辊；

5——下辊；

6——试样；

7——刻度尺；

8——开关。

图 8 柔软性试验仪示意图

附　录　A

（资料性附录）

本部分章条编号与 IEC 60371-2:2004 章条编号对照

表 A.1 给出了本部分章条编号与 IEC 60371-2:2004 章条编号对照一览表。

表 A.1　本部分章条编号与 IEC 60371-2:2004 章条编号对照

本部分章条编号	对应的国际标准章条编号
1	1
2	2
3	—
4	3
4.1～4.3	3.1～3.3
5.1	4.1
5.2.1～5.2.3	4.2.1～4.2.3
5.2.4	—
5.2.4.1～5.2.4.3	4.2.4～4.2.6
5.3～5.4	4.3～4.4
6	5
7	6
8.1～8.3	7.1～7.3
8.4.1～8.4.3	7.4.1～7.4.3
8.4.4	7.4.4.1、7.4.4.2
8.4.5	—
8.5～8.7	7.5～7.7
9	—
10.1～10.4	8.1～8.4
11.1～11.2	9.1～9.2
11.3	—
12	10
13.1～13.4	11.1～11.4
14.1～14.4	12.1～12.4
15.1～15.4	13.1～13.4
16	14
16.1～16.3	14.1～14.3
17	15
18～21	—
22.1～22.4	16.1～16.4

表 A.1（续）

本部分章条编号	对应的国际标准章条编号
23.1～23.5	17.1～17.5
24.1～24.5	18.1～18.5
25～26	—
27	19
28.1～28.4	20.1～20.4
29	22

附　录　B

（资料性附录）

本部分与 IEC 60371-2:2004 技术性差异及其原因

表 B.1 给出了本部分与 IEC 60371-2:2004 的技术性差异及其原因的一览表。

表 B.1　本部分与 IEC 60371-2:2004 技术性差异及其原因

本标准的章条编号	技术性差异	原　因
2	增加规范性引用文件 GB/T 1033.1—2008、GB/T 1410—2006	标准中规范性引用了这些文件,GB/T 1.1 要求列出规范性引用的文件
3	增加了第 3 章。将国际标准第 3.2 条最后 1 段移至本标准的第 3 章	该段内容属"对试验的一般要求"
5.2.4	增加了条标题	使材料分类一目了然
5.2.4.1～5.2.4.3	此 3 条由第三层次的条变为第四层次的条	使条文清晰
6	增加了 GB/T 1033.1—2008	增加可操作性
8	增加了对公式含义进行解释	强调与 GB/T 1.1 的一致性
8.4.2	增加了索氏(Soxhlet)抽提器的示意图	使初学者易于识别
8.4.4	将条标题由"有机硅胶粘剂含量"修改为"有机硅胶粘剂(可溶性胶粘剂)"。并将文字表达公式修改为以字母符号表达的公式。同时增加了单位面积胶粘剂的质量计算公式	使上下文的结构一致
8.4.5	增加了 8.4.5	考虑到实际应用中需要,故增加了此项试验方法
8.7.2	增加了用"15% 苛性钾(KOH)溶液煮沸直到发生解体"以除去胶粘剂	使此项试验方法的范围更宽,实际应用中增加可操作性
9	增加了第 9 章	考虑到实际应用中需要,故增加了此项试验方法(与 1985 年版第 4 章一致)
11.3	增加了 11.3	增加可操作性
13.2	试样长度由 50 mm～200 mm 修改为 200 mm	设备的测量精度不太高,故增加试样长度来减小测量误差,与上一段一致
15.2、16.1、17	增加了试样数量	增加可操作性
15.4、16.3	增加了对公式含义进行解释	强调与 GB/T 1.1 的一致性
18～21	增加了第 18 章～21 章	考虑到实际应用中需要,故增加了此项试验方法(与 1985 年版第 12 章～15 章一致)
25、26	增加了第 25 章、26 章	考虑到实际应用中需要,故增加了此项试验方法(与 1985 年版第 19 章、20 章一致)

ICS 29.035.50
K 15

中华人民共和国国家标准

GB/T 5019.3—2009
代替 GB/T 5021—2002

以云母为基的绝缘材料
第3部分：换向器隔板和材料

Specification for insulating materials based on mica—
Part 3：Commutator separators and materials

(IEC 60371-3-1：2006，Specification for insulating materials based on mica—
Part 3：Specifications for individual materials—
Sheet 1：Commutator separators and materials，MOD)

2009-06-10 发布

2009-12-01 实施

中华人民共和国国家质量监督检验检疫总局
中国国家标准化管理委员会 发布

前　言

GB/T 5019《以云母为基的绝缘材料》分为以下几个部分：

——第 1 部分：定义和一般要求；

——第 2 部分：试验方法；

——第 3 部分：换向器隔板和材料；

——第 4 部分：云母纸；

——第 5 部分：电热设备用云母板；

——第 6 部分：聚酯薄膜补强 B 阶环氧树脂粘合云母带；

——第 7 部分：真空压力浸渍(VPI)用玻璃布及薄膜补强环氧树脂粘合云母带；

——第 8 部分：玻璃布补强 B 阶环氧树脂粘合云母带；

——第 9 部分：单根导线包绕用环氧树脂粘合聚酯薄膜云母带；

——第 10 部分：耐火安全电缆用云母带；

——第 11 部分：塑型云母板。

本部分为 GB/T 5019 的第 3 部分。

本部分修改采用 IEC 60371-3-1:2006《以云母为基的绝缘材料　第 3 部分：单项材料规范　第 1 篇：换向器隔板和材料》(英文版)。

本部分与 IEC 60371-3-1:2006 的技术差异如下：

a)　删除了 IEC 60371-3-1:2006 的前言和引言，将其部分内容编写入本部分的前言中；

b)　将表 3 和表 4 中"电气强度"的要求值由"7 kV/mm"改为"20 kV/mm"。

本部分代替 GB/T 5021—2002《换向器隔板和材料》。

本部分与 GB/T 5021—2002 相比主要变化如下：

a)　删除了该标准中有关 IEC 前言和引言；

b)　增加了表 1 和表 2 的表头；

c)　将表 3 和表 4 中"电气强度"要求值由"7 kV/mm"改为"20 kV/mm"。

本部分由中国电器工业协会提出。

本部分由全国绝缘材料标准化技术委员会(SAC/TC 51)归口。

本部分主要起草单位：桂林电器科学研究所。

本部分起草人：王先锋。

本部分所代替标准的历次版本发布情况为：

——GB/T 5021—1985、GB/T 5021—2002。

以云母为基的绝缘材料
第 3 部分:换向器隔板和材料

1 范围

GB/T 5019 的本部分适用于换向器隔板用的以剥片云母或云母纸为基材的硬质材料。

这些产品由白云母片或金云母片或云母纸用合适的粘合剂粘结而成。其供货形式如下:

——以压制或经切边后的尺寸供应的片材;

——由片材切成的条;

——符合用户订货条件中的形状和尺寸的换向器隔板。

产品的标称厚度为 0.3 mm～2.0 mm。

2 规范性引用文件

下列文件中的条款通过 GB/T 5019 的本部分的引用而成为本部分的条款。凡是注日期的引用文件,其随后所有的修改单(不包括勘误的内容)或修订版均不适用于本部分,然而,鼓励根据本部分达成协议的各方研究是否可使用这些文件的最新版本。凡是不注日期的引用文件,其最新版本适用于本部分。

GB/T 5019.2—2009 以云母为基的绝缘材料 第 2 部分:试验方法(IEC 60371-2:2004,MOD)

3 一般要求

材料应硬度均匀,无斑点和外来杂质。

所采用的粘合剂由供需双方商定。

当按 GB/T 5019.2—2009 进行试验时,材料应符合本部分的要求。

4 厚度

4.1 标称厚度的定义

标称厚度为订货所要求的厚度,即到货时的厚度(换向器组装之前)。

4.2 测量与偏差

相对于标称厚度的偏差(mm)规定如下:

4.2.1 片材、条以及表面积≤10 cm² 的换向器隔板

按 GB/T 5019.2—2009 中 5.2.1 和 5.2.4 的规定。测量厚度应按 GB/T 5019.2—2009 中 5.1.3 规定的仪器(测量面直径为 6 mm～8 mm,压力为 7 MPa)。

厚度测量应按 GB/T 5019.2—2009 中 5.3 的规定,厚度偏差见表 1。

表 1 片材、条及表面积≤10 cm² 的换向器隔板的厚度偏差 单位为毫米

类 型	剥片云母	云母纸 (普通偏差)	云母纸 (高精度偏差)
试样偏差	±0.03	±0.03	±0.02
同一试样最大厚度值和最小厚度值之差	0.06	0.06	0.04

4.2.2 表面积大于 10 cm² 的换向器隔板

4.2.2.1 以单片形式供货的换向器隔板

试样按 GB/T 5019.2—2009 中 5.2.4.2 中 a)的规定。

厚度测量应按 GB/T 5019.2—2009 中 5.3 的规定,厚度偏差见表2。

表 2 表面积大于 10 cm² 的换向器隔板的厚度偏差　　　　　　　单位为毫米

类　　型	剥片云母	粉云母纸
试样偏差	±0.02	±0.015
同一试样最大厚度值和最小厚度值之差	0.04	0.03

4.2.2.2 以标准叠供货的换向器隔板

换向器隔板的标准叠高和每叠片数应于订货时说明。测量叠高应按 GB/T 5019.2—2009 中5.1.4 的规定。当压力为 30 MPa 时,测得的高度与标称值之差应符合供需双方的协议。

5 其他尺寸

5.1 片材

切边后的片材,其标称长度和标称宽度的偏差为±5%。

注:对未经切边的片材,其质量偏差应按协议规定。

5.2 条

长度偏差为±5%,标称宽度偏差为±0.5 mm。

5.3 换向器隔板

总的尺寸偏差为:

表面积不超过 10 cm² 的换向器隔板为±0.3 mm。

表面积 10 cm² 以上的换向器隔板为±0.5 mm。

6 缺陷和导电粒子

在 GB/T 5019.2—2009 中尚无缺陷和导电粒子的检测方法,缺陷可接受的形式和数量由供需双方商定。

7 性能

表 3 和表 4 列出了以云母为基材的换向器隔板用产品的性能要求。

表 3 以剥片云母为基材的换向器隔板用产品的性能要求

型号	种　　类	标称厚度 mm	云母含量 %	抗渗出和位移性 ℃	弹性压缩 %	塑性压缩 %	测量压缩时的温度 ℃	电气强度 kV/mm	密度 g/cm³
S1 S2	冲孔型,白云母 冲孔型,金云母	0.3~1.6	≥92	—	≤3	≤5	150	≥20	
S3 S4	标准型,白云母 标准型,底材,金云母	0.5~2.0	≥95	200	≤3	≤5	160	≥20	
S5 S6	特殊型 A,白云母 特殊型 A,金云母	0.5~2.0	≥95	220	≤2	≤4	200	≥20	2.2~2.6
S15 S16	特殊型 B,白云母 特殊型 B,金云母	0.5~2.0	≥95	300	≤2	≤3	200	≥20	

表 3（续）

型号	种 类	标称厚度 mm	云母含量 %	抗渗出和位移性 ℃	弹性压缩 %	塑性压缩 %	测量压缩时的温度 ℃	电气强度 kV/mm	密度 g/cm³
GB/T 5019.2—2009 中条款		5	8.6	14	15	15	15	22	6

注：抗渗出和位移性在规定温度下用标准视力检查不应发现有粘结剂渗出或云母位移。

电气强度对于条和换向器隔板用 6 mm 电极，片材用 25 mm/75 mm 电极。

表 4　以云母纸为基材的换向器隔板用产品的性能要求

型号	种 类	标称厚度 mm	云母含量 %	耐渗出性和耐位移性 ℃	弹性压缩 %	塑性压缩 %	测量压缩时的温度 ℃	电气强度 kV/mm	密度 g/cm³
P7 P8	冲孔型，白云母 冲孔型，金云母	0.3～1.6	≥90	无要求	≤5	≤5	150	≥20	2.0～2.4
P9 P10	标准型，白云母 标准型，金云母	0.5～2.0	≥90	200	≤4	≤5	160	≥20	
P11 P12	特殊型 A，白云母 特殊型 A，金云母	0.5～2.0	≥90	220	≤2	≤4	200	≥20	
P13 P14	特殊型 B，白云母 特殊型 B，金云母	0.5～2.0	≥90	300	≤2	≤3	200	≥20	
GB/T 5019.2—2009 中条款		5	8.6	14	15	15	15	22	6

注：耐渗出性和耐位移性在规定温度下用标准视力检查不应发现有粘结剂渗出或云母位移。

电气强度对于条和换向器隔板用 6 mm 电极，片材用 25 mm/75 mm 电极。

如购者要求，对于 P11、P12、P13、P14 型的塑性压缩可降低到 2%。

8　形状

换向器隔板用的云母或剥片云母产品通常以下列形式供货：

——大约 1 000 mm 长，500 mm～1 000 mm 宽的片材；

——约 1 000 mm 长，宽度不大于 200 mm 的条；

——表面积 10 cm² 及以下的成型换向器隔板通常以散装形式供货（除非供需双方另有协议）；

——表面积大于 10 cm² 的成型换向器隔板既可以散装形式供货，又可以非标准叠或标准叠形式供货。每叠片数（通常为 20 片～50 片）须按专门协议规定。此外，根据材料的种类可以在片间垫以隔离层。

9　标志

在包装上应标明本部分编号以及产品的型号（例如 GB/T 5019.2—2009 中 P7 型）、制造单位、标称厚度和尺寸、每包的片数和质量。

当产品以叠形式供货时，每叠上还注明下列附加说明：

——非标准叠：每叠换向器隔板数；

——标准叠：每叠换向器隔板数以及总叠的净高（应减去隔离层的厚度）。

ICS 29.035.50
K 15

中华人民共和国国家标准

GB/T 5019.4—2009
代替 GB/T 10216—1998

以云母为基的绝缘材料
第4部分：云母纸

Specification for insulating materials based on mica—
Patr 4：Mica paper

（IEC 60371-3-2：2005，Insulating materials based on mica—
Part 3：Specifications for individual materials—Sheet 2：Mica paper，MOD）

2009-06-10 发布

2009-12-01 实施

中华人民共和国国家质量监督检验检疫总局
中国国家标准化管理委员会 发 布

前　言

GB/T 5019《以云母为基的绝缘材料》由下列几个部分组成：

——第 1 部分：定义和一般要求；

——第 2 部分：试验方法；

——第 3 部分：换向器隔板和材料；

——第 4 部分：云母纸；

——第 5 部分：电热设备用云母板；

——第 6 部分：聚酯薄膜补强 B 阶环氧树脂粘合云母带；

——第 7 部分：真空压力浸渍（VPI）用玻璃布及薄膜补强环氧树脂粘合云母带；

——第 8 部分：玻璃布补强 B 阶环氧树脂粘合云母带；

——第 9 部分：单根导线包绕用环氧树脂粘合聚酯薄膜云母带；

——第 10 部分：耐火安全电缆用云母带；

——第 11 部分：塑型云母板。

本部分为 GB/T 5019 的第 4 部分。

本部分修改采用 IEC 60371-3-2：2005《以云母为基的绝缘材料　第 3 部分：单项材料规范　第 2 篇：云母纸》（英文版）。

本部分与 IEC 60371-3-2：2005 的差异如下：

a)　将"规范性引用文件"中的部分国际标准（ISO、IEC）改为采用其等同或等效转化的国家标准；另外在文本编辑格式上作了修改；

b)　根据需要，增补了目前国内现有的产品规格及要求，增补了对云母纸"电气强度"的要求，提高了"定量"偏差的要求值，对部分型号的"渗透时间"要求值作了调整。

本部分代替 GB/T 10216—1998《云母纸》。

本部分与 GB/T 10216—1998 的主要差别是：

a)　"规范性文件"进行了更新和补充；

b)　"分类"增补了 MPS 产品型号；

c)　"要求"增补了 MPS 型号的要求，增补了"电气强度"性能，且对其他型号的要求进行了局部修改；

d)　删除了"检验规则"和"标志、包装、运输和贮存"两章。

本部分由中国电器工业协会提出。

本部分由全国绝缘材料标准化技术委员会（SAC/TC 51）归口。

本部分起草单位：杭州凯尔云母制品有限公司、湖北平安电工材料有限公司、通城云奇云母制品有限公司、桂林电器科学研究所。

本部分主要起草人：郑立、潘艳良、王良兵、朱淼、罗传勇。

本部分所代替标准的历次版本发布情况为：

——GB/T 10216—1988，GB/T 10216—1998。

以云母为基的绝缘材料
第 4 部分：云母纸

1 范围

GB/T 5019 的本部分规定了云母纸的分类、要求、供货及标志、试验方法。

本部分适用于电气绝缘用云母纸。

2 规范性引用文件

下列文件中的条款通过 GB/T 5019 的本部分的引用而成为本部分的条款。凡是注日期的引用文件，其随后所有的修改单（不包括勘误的内容）或修订版均不适用于本部分，然而，鼓励根据本部分达成协议的各方研究是否可使用这些文件的最新版本。凡是不注日期的引用文件，其最新版本适用于本部分。

GB/T 451.2—2002 纸和纸板 定量的测定（eqv ISO 536:1995）

GB/T 5019.2—2009 以云母为基的绝缘材料 第 2 部分：试验方法（IEC 60371-2:2004，MOD）

GB/T 7196—1987 用液体萃取测定电气绝缘材料离子杂质的试验方法（eqv IEC 60589:1977）

GB/T 20628.2—2006 电气用纤维素纸 第 2 部分：试验方法（IEC 60554-2:2001，MOD）

ISO 534:2005 纸和纸板 厚度及表观体积密度或纸板紧度的测定

ISO 5636-5:2003 纸和纸板 透气性的测定（中等范围） 第 5 部分：葛尔莱法

3 分类

根据所用云母矿物的属性及制造工艺方法，云母纸可分为几种类型。不同类型在厚度、定量以及物理和化学性能方面均有所不同。

云母纸根据所用云母矿物的属性用符号 MPM、MPP 或 MPS 来标志：

MPM——以白云母为原材料制成的云母纸；

MPP——以金云母为原材料制成的云母纸；

MPS——以人工合成云母为原材料制成的云母纸。

常用的云母纸类型如下：

MPM 1 型：以煅烧白云母为原料，化学法制浆制成的云母纸；

MPM 2 型：以煅烧白云母为原料，机械法制浆制成的云母纸；

MPM 3 型：以未煅烧白云母为原料，机械法制浆制成的云母纸；

MPP 4 型：以未煅烧金云母为原料，机械法制浆制成的云母纸；

MPS 5 型：以人工合成云母为原材料，机械法制浆制成的云母纸。

上述类型相互间存在如多孔性、渗透性及拉伸强度方面的区别。

MPM 1 型及 2 型的基材可相互掺和，获得的云母纸特性介于 1 型与 2 型之间，这些应在合同中说明。

4 供货

云母纸可以成卷或成张供货。

5 标志

云母纸卷和包应带有下列标志：

——供货者或制造商及商标的名称；

——产品批号；

——按第 3 章的分类；

——每卷或每包的净重。

标志应耐久、牢固，保证在云母纸完全开卷、开包之前还能辨认这些标志。

6 要求

6.1 一般要求

6.1.1 收货状态一般要求

供货的云母纸应紧密地卷绕在芯轴上，使得材料能平稳开卷且不伸缩。收货时，卷的端头必须形成一个平坦无明显伸缩的圆形面。

卷宽与纸宽之间的差值应符合供需合同规定。

卷的宽度以及卷芯直径和卷的直径应符合供需合同规定。

卷包装应保证云母纸在运输、使用和贮存期间不发生质变，包装应符合供需合同规定。

成张云母纸，或开卷后的云母纸应平坦光滑，无压坑、孔隙、折痕及污染，例如大颗云母硬粒和导电物质等缺陷。

云母纸每卷接头不应超过两个，且每段不应少于 50 m，特殊接头要求应符合供需合同规定。

6.1.2 厚度规格

不同类型云母纸的厚度规格见表 1。

表 1 云母纸的厚度规格

类 型	厚度（规格） μm
MPM 1	45,50,55,65,75,85,95,105
MPM 2	50,60,70,75,110,130,180
MPM 3	35,55,65,75,90,95,105,115,125,150,155,160,170,180,190,200
MPM 4	55,60,65,70,75,80,90,100,105,150,160,185,235,260
MPS5（S506）	60,70,77,87,105,115

6.1.3 性能要求

云母纸的性能要求应满足表 3 的规定。

7 试验方法

7.1 试样

每一种试验所需的试样数量按试验方法规定。

若以成卷交货的，则在取样之前，应先去掉最外两层的云母纸。

若以成张交货的，则从代表该批云母纸性能要求的一张云母纸取样。

7.2 取样及制样

对所有试验,均应按下列规定取样:使它能代表材料的整个宽度。切割边缘应平直、无撕裂、破损。可能时,最好用冲切方法制备。

7.3 试样尺寸

每项试验的试样尺寸如表2所示。

以试片(成张供应)或样品(成卷供应)测得的十点厚度平均值作为平均厚度。测量时应大致等间隔地沿着试片或样品的对角线进行。

表 2 试样尺寸

要　　　求	试　　　样	
	尺寸 mm	偏差 mm
定量 水萃取物电导率 500 ℃下质量损失	任选 100×100 或 Φ113	±0.2
拉伸强度	15×250	±0.2
透气性	50×120	±1
渗透性	75×75	±1

7.4 定量

按 GB/T 451.2—2002 的规定,结果取平均值。

7.5 厚度

按 GB/T 20628.2—2006 及 ISO 534:2005 的规定,结果取平均值。

7.6 透气度

按 ISO 5636-5:2003 的规定。

7.7 渗透时间

按 GB/T 5019.2—2009 第 28 章的规定。

7.8 水萃取物电导率

按 GB/T 7196—1987 的规定。

7.9 质量损失

按 GB/T 5019.2—2009 中 8.4.1 的规定。

7.10 拉伸强度

按 GB/T 20628.2—2006 的规定,以 N/cm(宽)为单位表示。

7.11 电气强度

按 GB/T 5019.2—2009 第 22 章的规定。

表 3　云母纸的性能要求

序号	1			2		3	4	5	6	7	8
	定量			厚度		透气性 s/100 mL	非网面渗透时间 s	水萃取物电导率 μS/cm（最大）	质量损失 %（最大）	拉伸强度 N/cm宽（最小）	电气强度 kV/mm（平均）
类型	标称值 g/m²	平均值与标称值允许偏差 %	个别值与标称值允许偏差 %	期望厚度 μm	个别值与所有平均值的最大偏差 %						
MPM 1	50	±4	±6	45	±10	2 300~5 500	40	70	0.5	5.0	30
	60			50		2 700~6 000	55			5.5	
	68			45		3 200~6 500	100			8.0	
	75			50		3 500~7 300	110			8.5	
	82			55		3 800~7 300	120			9.8	
	100			65		4 700~8 500	120			9.8	
	115			75		≥6 000	130			9.8	
	130			85		≥6 000	130			11.0	
	145			95		≥6 000	150			11.0	
	160			105		≥6 000	150			11.0	
MPM 2	80	±4	±7	50	±14	1 400~2 300	50	20	0.5	6.2	27
	100			60		1 600~2 600	70			7.0	
	115			70		1 700~2 900	90			7.5	
	120			75		1 800~3 100	100			7.5	
	125			75		1 850~3 150	110			8.0	
	150			110		2 200~3 700	160			9.0	
	180			130		2 500~4 000	225			9.5	
	250			180		3 400~5 000	400			9.5	

表 3（续）

序号	1			2		3	4	5	6	7	8
类型	定 量			厚 度		透气性 s/100 mL	非网面渗透时间 s	水萃取物电导率 μS/cm（最大）	质量损失 %（最大）	拉伸强度 N/cm宽（最小）	电气强度 kV/mm（平均）
	标称值 g/m²	平均值与标称值允许偏差 %	个别值与标称值允许偏差 %	期望厚度 μm	个别值与所有平均值的最大偏差 %						
MPM 3	80	±4	±6	3.5	±8	100～300	8	10	0.4	3.8	15
	100			55		130～350	10			4.0	
	120			65		150～380	12			4.0	
	140			75		160～420	15			4.3	
	150			90		170～450	17			4.4	
	160			95		170～470	19			4.5	
	180			105		175～480	22			5.0	
				115		180～520	28				
	200	±5	±7	125	±10	195～550	40			5.2	
	240			150		225～600	45			5.4	
	250			155		230～610	65			5.5	
	260			160		230～620	70			5.5	
	280			170		245～650	80			5.5	
	300			180		255～670	90			5.5	
	320			190		270～700	100			5.5	
	370			200		280～750	120			6.5	

表 3（续）

序号	类型	1 定量			2 厚度		3	4	5	6	7	8
		标称值 g/m²	平均值与标称值允许偏差 %	个别值与标称值允许偏差 %	期望厚度 μm	个别值与所有值平均值的最大偏差 %	透气性 s/100 mL	非网面渗透时间 s	水萃取物电导率 μS/cm（最大）	质量损失 %（最大）	拉伸强度 N/cm 宽（最小）	电气强度 kV/mm（平均）
	MPP 4	80	±4	±6	55	±8	600～1 000	12	10	0.4	3.8	13
		90			60		625～1 100	14			4.0	
		100			65		650～1 200	16			4.2	
		110			70		700～1 250	18			4.3	
		120			75		720～1 300	18			4.4	
		130			80		750～1 350	20			4.5	
		150			90		800～1 450	22			4.6	
		160			100		825～1 500	28			4.8	
		170			105		850～1 550	30			5.0	
		250	±5	±7	150	±10	1 100～1 700	60			5.5	
		260			160		1 200～1 800	70			5.8	
		320			185		1 300～1 950	120			6.0	
		400			235		1 600～2 150	150			7.0	
		450			260		1 750～2 400	180			7.5	
	MPS5 (S506)	80	±3.5	±5	60	±8	100～200	8	10	0.4	2.0	13
		105			70		150～300	10			2.5	
		120			77		160～350	15			3.0	
		135			87		180～380	18			3.0	
		160			105		200～400	20			3.5	
		195			115		230～450	25			4.5	

注：透气性应按 ISO 5636-5:2003 中 3.2"透气性"测试。结果以 s/100 mL 表示。

ICS 29.035.50
K 15

中华人民共和国国家标准

GB/T 5019.5—2014
代替 GB/T 5022—1998

以云母为基的绝缘材料
第 5 部分：电热设备用云母板

Insulating materials based on mica—
Part 5：Rigid mica materials for heating equipment

（IEC 60371-3-3：1983，Specification for insulating materials based on mica—
Part 3：Specification for individual materials—
Sheets 3：Specification for rigid mica materials for heating equipment，MOD)

2014-07-24 发布

2015-02-01 实施

中华人民共和国国家质量监督检验检疫总局
中国国家标准化管理委员会 发布

前　言

GB/T 5019《以云母为基的绝缘材料》分为以下几部分：
——第 1 部分：定义和一般要求；
——第 2 部分：试验方法；
——第 3 部分：换向器隔板和材料；
——第 4 部分：云母纸；
——第 5 部分：电热设备用云母板；
——第 6 部分：聚酯薄膜补强 B 阶环氧树脂粘合云母带；
——第 7 部分：真空压力浸渍（VPI）用玻璃布及薄膜补强环氧树脂粘合云母带；
——第 8 部分：玻璃布补强 B 阶环氧树脂粘合云母带；
——第 9 部分：单根导线包绕用环氧树脂粘合聚酯薄膜云母带；
——第 10 部分：耐火安全电缆用云母带；
——第 11 部分：塑型云母板。

本部分为 GB/T 5019 的第 5 部分。

本部分按照 GB/T 1.1—2009 给出的规则起草。

本部分代替 GB/T 5022—1998《电热设备用云母板》，与 GB/T 5022—1998 相比存在如下差异：
——按产品所用云母基材和胶粘剂种类的不同，将产品分为六种类型。并增加了相应产品的厚度
　　和性能的要求值；
——删除了"试验方法"和"检验规则"；
——增加了"供货形式"（见第 8 章）；
——将"标志、包装、运输、贮存"改为"标志"；
——增加了附录 A。

本部分使用重新起草法修改采用 IEC 60371-3-3：1983《以云母为基的绝缘材料规范　第 3 部分：单项材料规范　第 3 篇：电热设备用云母板规范》。

本部分与 IEC 60371-3-3：1983 相比存在如下差异：
——删除了国际标准的前言和引言；
——精简了其范围内容；
——增加了第 2 章"规范性引用文件"；
——增加了第 3 章"产品分类"；
——对 IEC 标准的性能表"试验方法章条号"一栏进行了重新编排；
——增加了资料性附录 A。

本部分由中国电器工业协会提出。

本部分由全国绝缘材料标准化技术委员会（SAC/TC 51）归口。

本部分起草单位：桂林电器科学研究院有限公司。

本部分主要起草人：罗传勇、赵莹。

本部分所代替标准的历次版本发布情况为：
——GB/T 5022—1985、GB/T 5022—1998。

以云母为基的绝缘材料
第5部分：电热设备用云母板

1 范围

GB/T 5019 的本部分规定了以剥片云母或云母纸为基的电热设备用云母板的分类、要求、供货形式和标志。

本部分适用于用剥片云母或云母纸以合适的胶粘剂粘合而成的云母板。

2 规范性引用文件

下列文件对于本文件的应用是必不可少的。凡是注日期的引用文件，仅注日期的版本适用于本文件。凡是不注日期的引用文件，其最新版本（包括所有的修改单）适用于本文件。

GB/T 5019.2—2009 以云母为基的绝缘材料 第2部分：试验方法（IEC 60371-2：2004，MOD）

3 产品分类

产品根据其组成按表1分类。

表 1 电热设备用云母板

类　型	组　成
HS1	剥片白云母、有机胶粘剂
HS2	剥片金云母、有机胶粘剂
HS3	剥片白云母、有机硅树脂胶粘剂
HP4	云母纸、有机胶粘剂
HP5	云母纸、有机硅树脂胶粘剂
HP6	云母纸、无机胶粘剂

4 一般要求

电热设备用云母板应硬度均匀，无斑点和外来杂质。

剥片云母的分级和外观以及云母纸和胶粘剂的种类由供需双方商定。

5 缺陷和导电粒子

缺陷和导电粒子可接受的形式和数量由供需双方商定。

注：GB/T 5019.2—2009 中对缺陷和导电粒子的检测方法待定。

6 厚度和公差

应按 GB/T 5019.2—2009 规定的试样和程序测量厚度。

厚度(中值)偏离标称厚度的公差不应超过表 2 和表 3 的规定,表 2 和表 3 还规定了在同一试样上个别测量值的允许偏差。

表 2 以剥片云母为基的材料厚度公差　　　　　　　　　　　单位为毫米

标称厚度[a]	公差			
	试样厚度(中值)	个别测量值		
		未打磨		打磨
0.30	±0.06	+0.20	−0.13	
0.40	±0.06	+0.20	−0.15	
0.50	±0.07	+0.25	−0.15	按供需双方的协议
0.60	±0.08	+0.25	−0.15	
0.80	±0.10	+0.27	−0.17	
1.00	±0.12	+0.30	−0.20	
1.00 以上	无公差规定			
[a] 标称厚度处于上列两相邻标称厚度之间者,则其公差按相邻的较大标称厚度的公差。				

表 3 以云母纸为基的材料厚度公差　　　　　　　　　　　单位为毫米

标称厚度[a]	公差	
	试样厚度(中值)	个别测量值(未打磨和打磨)
0.20	±0.04	±0.05
0.30	±0.04	±0.05
0.40	±0.04	±0.06
0.50	±0.05	±0.07
0.60	±0.05	±0.07
0.80	±0.06	±0.08
1.00	±0.07	±0.10
1.00 以上	—	±10%
[a] 标称厚度处于上列两相邻标称厚度之间者,则其公差按相邻的较大标称厚度的公差。		

7 性能要求

表 4 规定了电热设备用硬质云母板(无论以何种形式供货)的性能要求。

表 4 性能要求

性 能	单 位	要　求						GB/T 5019.2—2009 试验方法章条号
		HS1	HS2	HS3	HP4	HP5	HP6	
胶粘剂含量	%	≤5.0	≤5.0	≤10.0	≤6.0	≤12.0	—	8
电气强度	kV/mm	≥7	≥7	≥7	≥7	≥7	≥7	22
密度	g/cm³	1.9～2.5	2.0～2.6	1.8～2.4	2.0～2.4	1.6～2.1	—	6

8 弯曲强度

待定。

9 供货形式

电热设备用硬质云母板产品可以以片、条或板供货。最小标称厚度为 0.30 mm(剥片云母)和 0.20 mm(云母纸)。

通常以下列形式供货:

a) 约 1 m 长,0.5 m～1 m 宽的片材;

b) 由片材切成的宽度不大于 200 mm 的条;

c) 按购方定货单切成规定尺寸的板。

10 标志

在包装上应标明下列内容:

a) 本部分编号以及产品型号,例如 GB/T 5019.5 HS3 型;

b) 制造厂名称或商标;

c) 标称厚度和尺寸;

d) 每包的件数和/或质量。

附　录　A

（资料性附录）

本部分章条编号与 IEC 60371-3-3:1983 章条编号对照

表 A.1 给出了本部分章条编号与 IEC 60371-3-3:1983 章条编号对照一览表。

表 A.1　本部分章条编号与 IEC 60371-3-3:1983 章条编号对照

本部分章条编号	对应的国际标准章条编号
1	1
2	—
3～9	2～8
附录 A	—

ICS 29.035.99
K 15

中华人民共和国国家标准

GB/T 5019.6—2007/IEC 60371-3-4:1992

以云母为基的绝缘材料
第6部分：聚酯薄膜补强 B 阶环氧树脂
粘合云母带

Specification for insulating materials based on mica—
Part 6: Specification for individual materials—
Polyester film-backed mica paper with a B-stage epoxy resin binder

(IEC 60371-3-4:1992,IDT)

2007-12-03 发布   2008-05-20 实施

中华人民共和国国家质量监督检验检疫总局
中国国家标准化管理委员会   发 布

前　言

GB/T 5019《以云母为基的绝缘材料》由下列部分组成：
——第1部分：定义及一般要求；
——第2部分：试验方法；
——第3部分：换向器隔板和材料；
——第4部分：云母纸；
——第5部分：电热设备用云母板；
——第6部分：聚酯薄膜补强B阶环氧树脂粘合云母带；
……

本部分为GB/T 5019的第6部分。

本部分等同采用IEC 60371-3-4:1992《以云母为基的绝缘材料　第3部分：单项材料规范　第4篇：聚酯薄膜补强B阶环氧树脂粘合云母带》及2006第1次修正。

本部分将"规范性引用文件"中的部分国际标准（ISO、IEC）改为已等同或修改采用转化的国家标准；另外在文本编辑格式上略作修改。

本部分由中国电器工业协会提出。

本部分由全国绝缘材料标准化技术委员会（SAC/TC 51）归口。

本部分起草单位：桂林电器科学研究所。

本部分主要起草人：罗传勇。

本部分为首次制定。

以云母为基的绝缘材料
第6部分：聚酯薄膜补强 B 阶环氧树脂
粘合云母带

1 范围

本部分规定了由云母纸与单层聚酯薄膜复合并以环氧树脂浸渍云母纸而成的电气绝缘材料的性能要求。产品柔软状态供货，其所含的 B 阶树脂经使用后最终固化。供货方式可以是成张或成卷。

本部分所涉及的产品性能厚度为 0.16 mm～0.23 mm。

符合本部分的材料，满足一定的性能水平。然而，对于某一具体应用，应根据实际应用对材料所需要的具体性能要求来选择，而不是仅根据本部分来定。

2 规范性引用文件

下列文件中的条款通过 GB/T 5019 的本部分的引用而成为本部分的条款。凡是注日期的引用文件，其随后所有的修改单（不包括勘误的内容）或修订版均不适用于本部分，然而，鼓励根据本部分达成协议的各方研究是否可使用这些文件的最新版本。凡是不注日期的引用文件，其最新版本适用于本部分。

GB/T 1408.1—2006　绝缘材料电气强度试验方法　第 1 部分：工频下试验（IEC 60243-1:1998，IDT）

GB/T 12802.2—2004　电气绝缘用薄膜　第 2 部分：电气绝缘用聚酯薄膜（IEC 60371-3-2:1992，MOD）

IEC 60371-2:2004　以云母为基的绝缘材料　第 2 部分：试验方法

IEC 60371-3-2:2005　以云母为基的绝缘材料　第 4 部分：云母纸

3 命名

当按本部分订购产品时，可按表 1 报出型号。

例如：GB/T 5019.6—2007:6.01 型

型号按下列规定：

——标准部分编号　6

——加上产品编号　01

即型号为：6.01。

表 1 中"（组成）说明代号"，例如，对 6.01 型的 F23/M150/R54，含义如下：

——薄膜厚度（F）23 μm；

——白云母含量（M）150 g/m²；

——树脂含量（R）54 g/m²。

注：对于金云母纸，则把字母"M"换成"P"。

表 1　组成

型号	(组成)说明代号	聚酯薄膜定量 g/m²		云母含量 g/m²		树脂含量 g/m²		单位面积质量 g/m²		允许厚度范围 mm		挥发物含量 % (最大)
		标称值	偏差±	标称值	偏差±	标称值	偏差±	标称值	偏差±	平均值	个别值	
6.01	F23/M150/R54	32	3	150	12	54	8	236	23	0.15~0.17	0.14~0.18	1.0
6.02	F23/M150/R70	32	3	150	12	70	14	252	25	0.15~0.17	0.14~0.18	1.0
6.03	F23/M150/R100	32	3	150	12	100	20	282	28	0.16~0.18	0.15~0.19	1.0
6.04	F23/M160/R80	32	3	160	13	80	16	272	27	0.16~0.18	0.15~0.19	1.0
6.05	F23/P160/R80	32	3	160	13	80	16	272	27	0.16~0.18	0.15~0.19	1.0
6.06	F50/M160/R80	70	7	160	13	80	16	310	31	0.19~0.21	0.18~0.22	1.0
6.07	F50/P160/R80	70	7	160	13	80	16	310	31	0.19~0.21	0.18~0.22	1.0
6.08	F23/M180/R90	32	3	180	15	90	18	302	30	0.17~0.19	0.16~0.20	1.0
6.09	F23/P180/R90	32	3	180	15	90	18	302	30	0.17~0.19	0.16~0.20	1.0
6.10	F50/M180/R90	70	7	180	15	90	18	340	34	0.22~0.24	0.21~0.25	1.0
6.11	F50/P180/R90	70	7	180	15	90	18	340	34	0.22~0.24	0.21~0.25	1.0

4 性能要求

4.1 对原材料的要求

4.1.1 云母纸

云母纸应符合 IEC 60371-3-2:2005 的要求。

4.1.2 聚酯薄膜

作为补强材料的聚酯薄膜(PET)应符合 GB/T 12802.2—2004 的要求。

4.1.3 环氧树脂

使用能使材料性能符合本部分要求的环氧树脂。

4.2 产品组成及其偏差

按 IEC 60371-2:2004 第 7 章方法试验,产品组分应符合表 1 的规定。

4.3 产品的一般要求

产品表面应均匀,无任何气泡、针孔、皱折及裂纹等缺陷。

成卷供应的材料,应能连续开卷而不引起损伤,开卷所需的力应足够均匀。当需要或买方要求夹纸隔离时,不应有任何有害的影响。

为防止在缠绕过程中云母纸组分造成损伤,收卷张力应小于:

对于 32 g/m² 薄膜(膜厚 23 μm),25 N/10 mm;

对于 70 g/m² 薄膜(膜厚 50 μm),45 N/10 mm。

除订购合同另有规定外,材料卷绕时云母朝外。

4.4 产品的尺寸要求

4.4.1 宽度

本部分对带的宽度不作规定,但以下列作为优选宽度:

10 mm,12 mm,15 mm,20 mm,25 mm,30 mm,40 mm,50 mm。

全幅宽材料及片状材料修整后的最大宽度通常为 1 000 mm。

材料的宽度偏差应按表 2 的规定。

表 2 宽度偏差

标称宽度 W/mm	偏 差/mm
≤20	±0.5
20＜W≤500	±1.0
＞500	±5.0

4.4.2 厚度

按 IEC 60371-2:2004 第 4 章方法,使用按 4.1.1 规定的装置在材料上测量 10 次,测量值应符合表 1 要求。

4.4.3 长度

本部分对卷的长度不作规定,因此,卷长可按订购合同规定。

4.4.4 卷芯

带应紧密地缠绕在内径为 25 mm、40 mm、50 mm、55 mm 或 76 mm 的卷芯上供货。卷芯应无锐利边缘,卷芯宽度应符合供需双方协议。

全幅宽及宽度大于 100 mm 的材料,应卷绕在内径为 55 mm 或 76 mm 的卷芯上供货。

4.4.5 接头

交货中有接头的卷数应限制在 25% 以下。卷长小于 100 m 的接头卷,允许有一个接头。卷长大于或等于 100 m 的卷中接头数,按订购合同规定。

标记接头的方法,按订购合同规定。

4.5 挺度

按订购合同规定,当有要求时,应按 IEC 60371-2:2004 中第 11 章检验。

4.6 树脂的流动性

按 IEC 60371-2:2004 中第 14 章方法在 160℃±2℃ 下试验时,树脂流动性为 40%～70%。

4.7 固化后材料的性能要求

4.7.1 一般说明

试样应按 IEC 60371-2:2004 中第 3 章的方法 1 制备。按照固化后性能测定的要求,选取材料的层数,以获最终试样的厚度。固化条件应按供方推荐。

4.7.2 弯曲强度

按 IEC 60371-2:2004 中第 9 章方法试验,弯曲强度在 23℃±2℃ 下,应不低于 150 MPa;在 150℃±2℃ 下,应不低于 100 MPa。

试验过程中,当肉眼观察到试样发生分层时,应判该试样已破坏。

4.7.3 弹性模量

按 IEC 60371-2:2004 中第 9 章方法试验,弹性模量不低于 30 GPa。

4.7.4 电气强度

按 IEC 60371-2:2004 中第 16 章方法,用 GB/T 1408.1—2006 中规定的电极(直径 25 mm/75 mm)试验,电气强度应不低于 50 kV/mm。

4.7.5 48 Hz～62 Hz 下介质损耗因数/温度特性

按 IEC 60371-2:2004 中第 17 章方法试验,在规定的温度下的介质损耗因数应不超过表 3 规定。

表 3 对介质损耗因数的要求

温 度/℃	介质损耗因数
30	≤0.02
130	≤0.07
155	≤0.20

4.7.6 耐热性

按 IEC 60371-2:2004 中第 21 章方法试验，以 23℃±2℃下的弯曲强度作为诊断性能，以其下降到起始值的 50% 作为终点判断标准。温度指数应不低于 155。

5 包装

产品应予以包装，以保证在运输、装卸及贮存中足以保护产品。对包装的任何要求，应在订购合同中规定。

每个包装箱上应清晰、牢固地标明下列内容：

1) 产品使用说明及本部分编号；
2) 对成卷材料，其宽度及长度；
3) 对成张材料，片材的尺寸及每叠中的张数或每叠的质量；
4) 卷数；
5) 生产日期；
6) 适用期及贮存条件。

在每一包装箱或每一卷上，应标明生产厂的编号及批号。

有接头的卷，应集中包装并清晰地在包装容器上标明。

ICS 29.035.99
K 15

中华人民共和国国家标准

GB/T 5019.7—2009

以云母为基的绝缘材料
第 7 部分：真空压力浸渍（VPI）用玻璃布
及薄膜补强环氧树脂粘合云母带

Insulating materials based on mica—
Part 7：Glass-backed and film-backed mica paper
with an epoxy resin binder for vacuum pressure impregnation（VPI）

（IEC 60371-3-5：2005，Insulating materials based on mica—
Part 3：Specifications for individual materials—
Sheet 5：Glass-backed and film-backed mica paper
with an epoxy resin binder for post-impregnation（VPI），MOD）

2009-06-10 发布
2009-12-01 实施

中华人民共和国国家质量监督检验检疫总局
中国国家标准化管理委员会 发布

前　言

GB/T 5019《以云母为基的绝缘材料》分为以下几个部分：

——第 1 部分：定义和一般要求；

——第 2 部分：试验方法；

——第 3 部分：换向器隔板和材料；

——第 4 部分：云母纸；

——第 5 部分：电热设备用云母板；

——第 6 部分：聚酯薄膜补强 B 阶环氧树脂粘合云母带；

——第 7 部分：真空压力浸渍（VPI）用玻璃布及薄膜补强环氧树脂粘合云母带；

——第 8 部分：玻璃布补强 B 阶环氧树脂粘合云母带；

——第 9 部分：单根导线包绕用环氧树脂粘合聚酯薄膜云母带；

——第 10 部分：耐火安全电缆用云母带；

——第 11 部分：塑型云母板。

本部分为 GB/T 5019 的第 7 部分。

本部分修改采用 IEC 60371-3-5：2005（第 2 版）《以云母为基的绝缘材料　第 3 部分：单项材料规范　第 5 篇：后浸渍（VPI）用玻璃布补强环氧树脂粘合云母纸》（英文版）。

本部分根据 IEC 60371-3-5：2005 重新起草。考虑到我国国情，在采用 IEC 60371-3-5：2005 时，本部分做了一些修改。有关技术性差异在它们所涉及的条款的页边空白处用垂直单线标识。

本部分与 IEC 60371-3-5：2005 的差异如下：

1) 删除 IEC 60371-3-5：2005 的前言；

2) 增加以薄膜为补强材料粘合云母带；

3) 考虑我国国情不采用 IEC 60371-3-5：2005 中产品型号命名方式；

4) 增加了"边缘弯曲度"及"介电强度"性能，并对其他性能要求做了相应修改；

6) 增加了"检验规则"一章；

7) 增加了适用期及贮存条件的内容。

本部分由中国电器工业协会提出。

本部分由全国绝缘材料标准化技术委员会（SAC/TC 51）归口。

本部分主要起草单位：苏州巨峰绝缘材料有限公司、上海新艺绝缘材料有限公司、四川东材科技集团股份有限公司、上海均达科技发展有限公司、西安西电电工材料有限责任公司、江苏冰城电材股份有限公司、浙江荣泰科技企业有限公司、吴江太湖绝缘材料厂、哈尔滨庆缘电工材料有限责任公司、国家绝缘材料工程技术研究中心、桂林电器科学研究所。

本部分主要起草人：汝国兴、章劲、伍尚华、杨丽华、张银川、许惠霖、曹万荣、张春琪、金英兰、赵平、王先锋。

本部分为首次制定。

以云母为基的绝缘材料
第7部分:真空压力浸渍(VPI)用玻璃布
及薄膜补强环氧树脂粘合云母带

1 范围

GB/T 5019 的本部分规定了真空压力浸渍(VPI)用玻璃布及薄膜补强环氧树脂粘合云母带的分类、性能要求、试验方法、检验规则、标志、包装、运输和贮存。

本部分适用于以云母纸为基材,以环氧胶粘漆为胶粘剂,单面或双面以电工用无碱玻璃布或薄膜为补强材料,在常态下具有柔软性,用与之相容的浸渍树脂经真空压力浸渍绝缘工艺处理后固化成型的粘合云母带。材料的最终固化性能主要取决于所用的真空压力浸渍树脂。

2 规范性引用文件

下列文件中的条款通过 GB/T 5019 的本部分的引用而成为本部分的条款。凡是注日期的引用文件,其随后所有的修改单(不包括勘误的内容)或修订版均不适用于本部分,然而,鼓励根据本部分达成协议的各方研究是否可使用这些文件的最新版本。凡是不注日期的引用文件,其最新版本适用于本部分。

GB/T 5019.1—2009 以云母为基的绝缘材料 第1部分:定义和一般要求(IEC 60371-1:2003,IDT)

GB/T 5019.2—2009 以云母为基的绝缘材料 第2部分:试验方法(IEC 60371-2:2004,MOD)

GB/T 5019.4—2009 以云母为基的绝缘材料 第4部分:云母纸(IEC 60371-3-2:2005,MOD)

GB/T 5402—2003 纸和纸板透气度的测定(中等范围) 葛尔莱法

GB/T 13542.4—2009 电气绝缘用薄膜 第4部分:聚酯薄膜(IEC 60674-3-2:1992,MOD)

3 分类

本部分根据产品的结构及胶含量划分型号,产品型号见表1。

表 1 产品型号

产品型号	补强材料	胶粘剂	胶含量%	使用范围
5442-1D(G)	单面电工用无碱玻璃布	环氧树脂	5～11	
5444-1S(G)	双面电工用无碱玻璃布	环氧桐马酸酐胶粘漆	17～23	适用于工作温度155 ℃的大、中型高压电机的真空压力浸渍绝缘
5445-1S(G)		环氧硼胺胶粘漆	24～32	
5442-1D(P)	单面电工用聚酯薄膜	环氧树脂	3～9	
5448-1S(P/G)	一面电工用聚酯薄膜,另一面电工用无碱玻璃布	环氧树脂	7～13	
注:表中 D 表示单面补强,S 表示双面补强;G 表示玻璃布补强,P 表示薄膜补强。				

4 要求

4.1 原材料

4.1.1 云母纸

本部分所涉及到的云母纸应符合 GB/T 5019.4—2009 的要求。

4.1.2 玻璃布

通常,玻璃布应是由无碱玻璃制成的连续长丝玻璃纤维,除供需双方另有协议外,玻璃布应是织布状态,其浆剂含量按重量计应不大于2%。

4.1.3 薄膜

本部分所涉及到的聚酯薄膜应符合 GB/T 13542.4—2009 的要求。

4.1.4 环氧树脂

只要材料的性能符合本部分的要求,可使用不同类型的环氧树脂。

4.2 产品

4.2.1 外观

粘合云母带胶粘剂分布均匀,不允许有气泡、针孔、粘连、分层、外来杂质、云母纸断裂和带盘松动,若为玻璃布补强,不允许有玻璃布抽丝;若为薄膜补强,不允许有撕裂、折皱的现象。

除订购合同另有规定外,材料在收卷时应使玻璃布的一面朝里。

4.2.2 尺寸

4.2.2.1 厚度

粘合云母带的标称厚度及允许偏差见表2。

表2 标称厚度及允许偏差   单位为毫米

产品型号	标称厚度	允许偏差	
		中值与标称厚度的偏差	个别值与标称厚度的偏差
5442-1D(G)	0.11	±0.02	±0.03
	0.14		
	0.16		
5444-1S(G)	0.14		
5445-1S(G)	0.11		
5442-1D(P)	0.13		
	0.14		
5448-1S(P/G)	0.14		
	0.16		

4.2.2.2 宽度

粘合云母带的推荐宽度为 20 mm、25 mm 及 30 mm,其他宽度由供需双方商定。

全幅宽材料及片状材料修整后的最大宽度通常为 1 000 mm。

材料的宽度偏差如表3所示。

表3 宽度偏差   单位为毫米

标称宽度	偏差
≤30	±0.5
>30≤500	±1.0
>500	±5.0

4.2.2.3 边缘弯曲度

粘合云母带的边缘弯曲度应不超过 1 mm。

4.2.2.4 长度

粘合云母带的长度以其卷或盘的直径来表示。粘合云母带卷和盘的直径为 95 mm±5 mm 或 115 mm±5 mm，其中接头不多于一个，最短的长度不少于 5 m，有接头的粘合云母带卷或盘应作标志。

对于片状材料，按订购合同规定。

4.2.2.5 芯子

带应紧密地缠绕在内径为 25 mm、40 mm、55 mm 或 76 mm 的芯子上供货，其他内径芯子由供需双方商定。芯子应无锐利边缘。

芯子相对于带的宽度，应符合供需双方协定。

4.2.3 组成

粘合云母带的组成成分见表4。

表 4 组成

产品型号	标称厚度 mm	云母定量 g/m²		玻璃布定量 g/m²		薄膜定量 标称值 g/m²		胶粘剂含量 %	干燥材料单位面积的总质量 g/m²		挥发物含量 %
		标称值	偏差	标称值	偏差	标称值	偏差		标称值	偏差	
5442-1D(G)	0.11	120	±10	22	±3	—		5～11	153	±17	≤0.5
	0.14	160	±12						196	±20	
	0.16	180	±14						218	±23	
5444-1S(G)	0.14	120	±10	38	±6	—		17～23	198	±20	≤2.5
5445-1S(G)	0.11	82	±4	36	±4	—		24～32	160	±14	≤2.5
5442-1D(P)	0.13	160	±12	—		35	±3	3～9	205	±20	≤0.5
	0.14	160	±12	—	—	42	±4	3～9	214	±20	≤0.5
5448-1S(P/G)	0.14	120	±10	22	±3	32	±3	7～13	196	±20	≤2.0
	0.16	160	±10	22	±3	35	±3	7～13	243	±23	≤2.0

4.2.4 性能要求

粘合云母带的性能要求应符合表5的规定。

表 5 性能要求

序号	性能	单位	要求				
			5442-1D(G)	5444-1S(G)	5445-1S(G)	5442-1D(P)	5448-1S(P/G)
1	介电强度	MV/m	≥10	≥25		≥45	
2	拉伸强度	N/10 mm	≥80	≥100		≥25	≥100
3	挺度	N/m	由供需双方商定				
4	透气度	s/100 mL	≤1 000	由供需双方商定		—	

5 试验方法

5.1 外观

用眼睛观察评定。

5.2 厚度

按 GB/T 5019.2—2009 第 5 章的规定进行。

5.3 宽度

用刻度为 0.5 mm 的直尺,至少测量三处,报告其平均值。

5.4 边缘弯曲度

按 GB/T 5019.2—2009 第 19 章的规定进行。

5.5 长度

用刻度为 0.5 mm 的直尺测量粘合云母纸卷或盘的端面直径。

5.6 组成

按 GB/T 5019.2—2009 第 8 章的规定进行。

5.7 介电强度

按 GB/T 5019.2—2009 第 22 章的规定进行。

5.8 拉伸强度

按 GB/T 5019.2—2009 第 10 章的规定进行,型号为 5442-1D(G)、5444-1S(G)、5445-1S(G)的试样记录玻璃布断裂时的力;型号为 5442-1D(P)的试样记录云母纸断裂时的力;型号为 5448-1S(P/G)的试样记录任一补强材料断裂时的力。

5.9 挺度

按 GB/T 5019.2—2009 第 13 章的规定进行。

5.10 透气度

按 GB/T 5402—2003 的规定进行。

6 检验规则

6.1 相同的原材料和工艺连续生产不多于 24 h 的粘合云母带为一批,每批粘合云母带应具有相同的性能。每批粘合云母带须进行出厂检验,出厂检验项目为 4.2.1、4.2.2、4.2.3 和 4.2.4 表 5 中的第 1 项、第 2 项。

6.2 从一批不少于 5% 的总包装筒(袋)数中取样,批量小时也不应少于三筒(袋),每筒(袋)取一盘按 4.2.1 和 4.2.2 检查。从一批中取一盘,按 4.2.3 和 4.2.4 检查。

6.3 4.2.4 表 5 中的第 3 项、第 4 项每年至少检验一次。

6.4 其他应符合 GB/T 5019.1—2009 第 3 章的规定。

7 标志、包装、运输、贮存

材料应包装,以保证其在运输、装卸及贮存过程中有足够的保护。对包装的任何要求,应在订购合同中规定。

在每一个含有若干单元包装的包装物上,应清晰地标明下列内容:

a) 材料的说明及型号;

b) 对成卷交付的材料,材料的宽度及长度;

c) 对成张交付的材料,片材的尺寸及每叠的张数或每叠的重量;

d) 卷数;

e) 制造日期;

f) 材料应贮存在干燥的室内,不得靠近火源和日光直射,贮存期及贮存条件见表 6。

表 6　贮存期
单位为天

产品型号	贮存期		
	5 ℃以下	6 ℃~20 ℃	21 ℃~35 ℃
5442-1D(G)	180		
5444-1S(G)	180	60	30
5445-1S(G)		90	
5442-1D(P)		180	
5448-1S(P/G)		180	

在每一包装物或每一卷上,应标明制造厂的名称及批号。

有接头的卷,应集中包装并清晰地在包装外部加以注明。

ICS 29.035.99
K 15

中华人民共和国国家标准

GB/T 5019.8—2009

以云母为基的绝缘材料
第 8 部分：玻璃布补强 B 阶环氧树脂
粘合云母带

Specification for insulating materials based on mica—
Part 8:Glass-backed mica paper with a B-stage epoxy resin binder

（IEC 60371-3-6:1992,Specifications for insulating materials based on mica—
Part 3:Specifications for individual materials-
Sheet 6:Glass-backed mica paper with a B-stage epoxy resin binder,MOD）

2009-06-10 发布   2009-12-01 实施

中华人民共和国国家质量监督检验检疫总局
中国国家标准化管理委员会   发 布

前　言

GB/T 5019《以云母为基的绝缘材料》分为以下几部分：

——第1部分：定义和一般要求；

——第2部分：试验方法；

——第3部分：换向器隔板和材料；

——第4部分：云母纸；

——第5部分：电热设备用云母板；

——第6部分：聚酯薄膜补强B阶环氧树脂粘合云母带；

——第7部分：真空压力浸渍(VPI)用玻璃布及薄膜补强环氧树脂粘合云母带；

——第8部分：玻璃布补强B阶环氧树脂粘合云母带；

——第9部分：单根导线包绕用环氧树脂粘合聚酯薄膜云母带；

——第10部分：耐火安全电缆用云母带；

——第11部分：塑型云母板。

本部分为GB/T 5019的第8部分。

本部分修改采用IEC 60371-3-6：1992《以云母为基的绝缘材料　第3部分：单项材料规范　第6篇：玻璃布补强B阶环氧树脂粘合云母带》及第1次修正(2006)(英文版)。

本部分根据IEC 60371-3-6：1992及第1次修正(2006)重新起草。考虑到我国国情，在采用IEC 60371-3-6：1992及第1次修正(2006)时，本部分做了一些修改。有关技术性差异在它们所涉及的条款的页边空白处用垂直单线标识。

本部分与IEC 60371-3-6：1992及第1次修正(2006)的差异如下：

1）　删除IEC 60371-3-6：1992的前言；

2）　考虑我国国情不采用IEC 60371-3-6：1992中产品型号命名方式；

3）　粘合云母带的长度以其卷和盘的直径表示(IEC 60371-3-6以带长表示)；

4）　增加了"边缘弯曲度"、"胶化时间"、"柔软性"、"电气强度(固化前)"性能要求；

5）　增加了"检验规则"一章；

6）　增加了适用期及贮存条件的内容。

本部分由中国电器工业协会提出。

本部分由全国绝缘材料标准化技术委员会(SAC/TC 51)归口。

本部分起草单位：四川东材科技集团股份有限公司、西安西电电工材料有限责任公司、哈尔滨庆缘电工材料有限责任公司、国家绝缘材料工程技术研究中心、桂林电器科学研究所。

本部分主要起草人：伍尚华、张银川、金英兰、赵平、王先锋。

本部分为首次制定。

以云母为基的绝缘材料
第8部分：玻璃布补强B阶环氧树脂
粘合云母带

1 范围

GB/T 5019 的本部分规定了由云母纸和玻璃布复合并以环氧树脂浸渍云母纸而制成的电气绝缘材料的性能要求、试验方法、检验规则、标志、包装、运输和贮存。

本部分适用于以环氧树脂为胶粘剂、单面或双面电工用无碱玻璃布为补强材料的粘合云母带,其标称厚度从 0.09 mm 至 0.28 mm,以带状、成张或成卷柔软状态供货,该 B 阶产品经使用后最终固化。

2 规范性引用文件

下列文件中的条款通过 GB/T 5019 的本部分的引用而成为本部分的条款。凡是注日期的引用文件,其随后所有的修改单(不包括勘误的内容)或修订版均不适用于本部分,然而,鼓励根据本部分达成协议的各方研究是否可使用这些文件的最新版本。凡是不注日期的引用文件,其最新版本适用于本部分。

GB/T 5019.2—2009 以云母为基的绝缘材料 第2部分:试验方法(IEC 60371-2:2004,MOD)

GB/T 5019.4—2009 以云母为基的绝缘材料 第4部分:云母纸(IEC 60371-3-2:2005,MOD)

3 产品分类

本部分根据产品的耐热性及补强类型划分型号,产品型号见表1。

表 1 产品型号

产品型号	胶粘剂	使用范围
5438-1	环氧桐油酸酐	适用于工作温度 130 ℃的各种电机、电器绝缘。
5440-1	环氧桐马酸酐	适用于工作温度 155 ℃的各种电机、电器绝缘。
5440-1K	环氧桐马酸酐	适用于工作温度 155 ℃的各种电机、电器绝缘。

4 要求

4.1 原材料

4.1.1 云母纸

本部分所涉及到的云母纸应符合 GB/T 5019.4—2009 的要求。

4.1.2 玻璃布

通常,玻璃布应是由无碱玻璃制成的连续长丝玻璃纤维,除供需双方另有协议外,玻璃布应是织布状态,其浆剂含量按重量计应不大于 2%。

4.1.3 环氧树脂

只要材料的性能符合本部分的要求,可使用不同类型的环氧树脂。

4.2 固化前的性能要求

4.2.1 外观

粘合云母带不允许有外来杂质。

粘合云母带胶粘剂应分布均匀,不允许有气泡、针孔、粘连、分层、云母纸断裂、玻璃布抽丝和带盘松动的现象。当需要或买方要求夹纸隔离时,不应有任何有害的影响。

除订购合同另有规定外,单面补强材料卷绕时应使云母表面朝外。

4.2.2 宽度

粘合云母带的推荐宽度为 15 mm、20 mm、25 mm、30 mm、35 mm,其他宽度由供需双方商定。

全幅宽材料及片状材料修整后的最大宽度通常为 1 000 mm。

材料的宽度偏差应如表 2 所示。

表 2 宽度偏差 单位为毫米

标称宽度	偏　差
≤35	±0.5
>35≤500	±1.0
>500	±5.0

4.2.3 厚度

粘合云母带的标称厚度及允许偏差见表 3。

表 3 标称厚度及允许偏差 单位为毫米

标称厚度	偏　差	
	中值与标称厚度的偏差	个别值与标称厚度的偏差
0.10	±0.02	±0.03
0.12	±0.02	±0.03
0.14	±0.02	±0.03
0.15	±0.02	±0.03
0.17	±0.02	±0.03
0.20	±0.03	±0.05

4.2.4 长度

粘合云母带的长度以其卷和盘的直径表示。粘合云母带卷和盘的直径为 95 mm ± 5 mm 或 115 mm ± 5 mm,其中接头不多于两个,最短的长度不少于 5 m。有接头的粘合云母带的卷或盘应作标志。

4.2.5 芯子

带应紧密地缠绕在内径为 25 mm,40 mm,55 mm 或 76 mm 的芯子上供货,其他内径芯子由供需双方商定。芯子应无锐利边缘。

芯子相对于带的宽度,应符合供需双方协定。

全幅宽及宽度大于 100 mm 的材料,应卷绕在内径为 55 mm 或 76 mm 芯子上供货,其他内径芯子由供需双方商定。

4.2.6 边缘弯曲度

粘合云母带的边缘弯曲度不超过 1 mm。

4.2.7 组成

粘合云母带的组成成分见表 4。

表 4 组成

标称厚度 mm	云母含量 g/m²		玻璃布含量 g/m²		胶粘剂含量			干燥材料单位面积的总质量 g/m²		挥发物含量 %
					g/m²		%			
	标称值	偏差	标称值	偏差	标称值	偏差	参考值	标称值	偏差	
0.10	65	±5	36	±4	56	±7	35.5±4	157	±16	
0.12	82	+8 −6	26	±6	70	±10	39.3±5	178	±18	
0.14	82	+8 −6	36	±4	74	±9	38.5±5	192	±19	≤2
0.15	105	±5	26	±6	85	±10	39.3±5	216	±21	
0.17	115	±9	38	±4	96	±12	38.5±5	249	±25	
0.20	150	±12	40		110	±14	37±5	300	±30	

注：其他组成成分的粘合云母带可由供需双方商定。其中 0.12 mm 与 0.15 mm 标称厚度为单面补强。

4.2.8 拉伸强度

粘合云母带的拉伸强度应不小于 100 N/10 mm 宽。

4.2.9 挺度

粘合云母带的挺度应由供需双方商定，以 N/m 表示。

4.2.10 树脂流动性

粘合云母带的树脂流动性应不小于 45%。

4.2.11 胶化时间

粘合云母带的胶化时间应由供需双方商定，以 min 表示（5440-1 K 的胶化时间为 1 min～5 min）。

4.2.12 柔软性

粘合云母带的柔软性应由供需双方商定，以 mm 表示。

4.2.13 电气强度

粘合云母带的电气强度应不小于 40 MV/m。

4.3 固化后的性能要求

4.3.1 样品制备

为了进行下列试验，试样按附录 A 方法制备，有争议时应按 GB/T 5019.2—2009 第 4 章方法 2 制备，按照所测定性能的要求选取材料的层数，以获得最终试样的厚度。固化条件应按供方推荐。

4.3.2 粘合云母带固化后的性能要求

粘合云母带固化后的性能要求应符合表 5 的规定。

表 5 性能要求

序号	性能			单位	要求		
					5438-1	5440-1	5440-1K
1	弯曲强度	纵向	常态	MPa	≥180	≥200	≥200
			热态		≥30.0(130 ℃)	≥40.0(155 ℃)	≥40.0(155 ℃)
		横向	常态		≥100	≥120	≥120
			热态		≥20.0(130 ℃)	≥30.0(155 ℃)	≥30.0(155 ℃)
2	弯曲弹性模量	纵向		MPa	≥2.4×10⁴	≥4.0×10⁴	≥1.0×10⁴
		横向			≥1.4×10⁴	≥3.0×10⁴	≥1.0×10⁴

表 5（续）

序号	性 能		单位	要 求		
				5438-1	5440-1	5440-1K
3	密度		g/cm³	≥1.6	≥1.8	≥1.8
4	电气强度		MV/m	≥50	≥50	≥50
5	在工频下介质损耗因数的温度特性	30 ℃	—	≤0.02		≤0.02
		130 ℃		≤0.04		≤0.04
		155 ℃		—	≤0.05	≤0.05

4.3.3 温度指数

以 23 ℃±2 ℃下的弯曲强度作为诊断性能，以其下降到起始值的 50% 作为终点标准。

5 试验方法

5.1 外观

用眼睛观察评定。

5.2 厚度

按 GB/T 5019.2—2009 第 5 章的规定进行，使用该部分 5.1.1 规定的装置在一层材料上测量 10 次。

5.3 宽度

用刻度为 0.5 mm 的直尺，至少测量三处，报告其平均值。

5.4 边缘弯曲度

按 GB/T 5019.2—2009 第 19 章的规定进行。

5.5 长度

用刻度为 0.5 mm 的直尺测量粘合云母带卷或盘的端面直径。

5.6 组成

按 GB/T 5019.2—2009 第 8 章的规定进行。

5.7 胶的流动性

按 GB/T 5019.2—2009 第 16 章的规定进行。试验温度为 170 ℃±2 ℃，热压时间为 30 min。

5.8 胶化时间

按 GB/T 5019.2—2009 第 17 章的规定进行；每组试样由约 20 片尺寸为 100 mm×25 mm 的试片堆叠而成，在测胶化时间时，挤压出来的熔融树脂充满圆穴时，开始计时并搅拌。

5.9 拉伸强度

按 GB/T 5019.2—2009 第 10 章的规定进行。

5.10 柔软性

按 GB/T 5019.2—2009 第 18 章的规定进行。

5.11 电气强度

按 GB/T 5019.2—2009 第 22 章的规定进行。

5.12 弯曲强度

按 GB/T 5019.2—2009 第 11 章的规定进行。

5.13 弯曲弹性模量

按 GB/T 5019.2—2009 第 11 章的规定进行。

5.14 密度

按 GB/T 5019.2—2009 第 6 章的规定进行。

5.15 在工频下介质损耗因数的温度特性

按 GB/T 5019.2—2009 第 23 章的规定进行。

5.16 挺度

按 GB/T 5019.2—2009 第 13 章的规定进行。

5.17 温度指数

按 GB/T 5019.2—2009 第 29 章的规定进行。

6 检验规则

6.1 相同的原材料和工艺,连续生产不多于 24 h 生产的粘合云母带为一批,每批粘合云母带应具有相同的性能。每批粘合云母带须进行出厂试验,出厂试验项目为 4.2。

6.2 从一批不少于 5% 的总包装筒(袋)数中取样,最少不低于三筒(袋),每筒(袋)取一盘,按 4.2.1、4.2.2、4.2.3、4.2.4 和 4.2.6 检查。同一批中取一盘,按 4.2.7～4.2.13 检查。

6.3 4.3.2 为每年至少检查一次,其样品制备应在同批材料中取样。

6.4 4.3.3 为产品鉴定、评定试验项目。

7 标志、包装、运输、贮存

材料应予以包装,以保证在运输、装卸及贮存过程中足以保护材料。对包装的任何要求,应在订购合同中规定。

含有若干单元包装的每个包装物上,应清晰、持久地标明下列内容:

a) 材料的说明及型号;

b) 对成卷交付的材料,材料的宽度及长度;

c) 对成张交付的材料,材料的尺寸及每叠中的张数或每叠的重量;

d) 卷数;

e) 制造日期;

f) 材料应贮存在干燥的室内,不得靠近火源和日光直射,贮存期及贮存条件见表 6。

表 6　贮存期　　　　　　　　　　　　　　单位为天

产品型号	贮存期		
	5 ℃以下	5 ℃～20 ℃	20 ℃～30 ℃
5438-1	90	30	15
5440-1	180	90	45
5440-1K	180	90	45

在每一包装物或每一卷上,应标明制造厂的名称及批号。

有接头的卷,应集中包装并清晰地在包装容器外部加以注明。

附　录　A
（资料性附录）
粘合云母带层压板样品的制备

A.1　叠料

A.1.1　根据粘合云母带层压板样品所需尺寸裁取粉云母带,采用平行半叠搭方式,一层一层叠料,使各层的搭接缝相互错开,直到叠到样品厚度所需的层数。叠料厚度的压缩量约为20%。

A.1.2　将叠料置于厚度不超过2 mm、面积大于样品面积的两块抛光钢板之间,并在钢板与叠料之间采用合适的隔离层或脱模剂为脱模材料。

A.1.3　为获得样品所需的厚度,可在叠料四周置放与样品厚度相应的垫条。

A.2　压制

粘合云母带层压板的压制步骤如下。需要时,也可由供需双方另行商定。

A.2.1　将叠料送进压机后,启动压机使之闭合,保持叠料与压机上下铁板的良好接触。

A.2.2　以2 ℃/min~3 ℃/min的升温速度,缓慢升温至160 ℃±5 ℃,并在此温度下保持10 min~30 min(具体根据粘合云母带的胶化时间而定),然后将压力增加到3 MPa,并升温至170 ℃±5 ℃。

A.2.3　在压力3 MPa、温度170 ℃±5 ℃的条件下保持1.5 h(对5440-1K型保持1 h),然后在压力下冷却至40 ℃(对5440-1K型冷却至80 ℃)以下出模。

A.3　后处理

粘合云母带层压板在170 ℃±5 ℃下,处理8 h(对5440-1K型处理3 h)。

ICS 29.035.99
K 15

中华人民共和国国家标准

GB/T 5019.9—2009

以云母为基的绝缘材料
第 9 部分：单根导线包绕用环氧树脂
粘合聚酯薄膜云母带

Insulating materials based on mica—
Part 9：Polyester film mica paper with an epoxy resin
binder for single conductor taping

（IEC 60371-3-7：1995，Insulating materials based on mica—
Part 3：Specifications for individual materials—
Sheet 7：Polyester film mica paper with an epoxy
resin binder for single conductor taping，MOD）

2009-06-10 发布　　　　　　　　　　　　　　2009-12-01 实施

中华人民共和国国家质量监督检验检疫总局
中国国家标准化管理委员会　　发 布

前　言

GB/T 5019《以云母为基的绝缘材料》分为以下几部分：

——第1部分：定义和一般要求；

——第2部分：试验方法；

——第3部分：换向器隔板和材料；

——第4部分：云母纸；

——第5部分：电热设备用云母板；

——第6部分：聚酯薄膜补强B阶环氧树脂粘合云母带；

——第7部分：真空压力浸渍(VPI)用玻璃布及薄膜补强环氧树脂粘合云母带；

——第8部分：玻璃布补强B阶环氧树脂粘合云母带；

——第9部分：单根导线包绕用环氧树脂粘合聚酯薄膜云母带；

——第10部分：耐火安全电缆用云母带；

——第11部分：塑型云母板。

本部分为GB/T 5019的第9部分。

本部分修改采用IEC 60371-3-7：1995《以云母为基的绝缘材料　第3部分：单项材料规范　第7篇：单根导线包绕用环氧树脂粘合聚酯薄膜云母纸》及第1次修正(2006)(英文版)。

本部分根据IEC 60371-3-7：1995及第1次修正(2006)重新起草。考虑到我国国情,在采用IEC 60371-3-7：1995及第1次修正(2006)时,本部分做了一些修改。有关技术性差异已在它们所涉及的条款的页边空白处用垂直单线标识。

本部分与IEC 60371-3-7：1995及第1次修正(2006)的差异：

a)　增加了"边缘弯曲度"性能要求；

b)　增加了"检验规则"一章。

本部分由中国电器工业协会提出。

本部分由全国绝缘材料标准化技术委员会(SAC/TC 51)归口。

本部分起草单位：江苏冰城电材有限公司、上海新艺绝缘材料有限公司、北京倚天凌云云母科技有限公司、上海均达科技发展有限公司、桂林电器科学研究所。

本部分主要起草人：许惠霖、章劲、吴海峰、杨丽华、王先锋。

本部分为首次制定。

以云母为基的绝缘材料
第9部分：单根导线包绕用环氧树脂
粘合聚酯薄膜云母带

1 范围

GB/T 5019的本部分规定了单根导线包绕用含有聚酯薄膜和环氧树脂粘合剂的云母带的电气绝缘材料的性能要求、试验方法、检验规则、标志、包装、运输及贮存。

本部分适用于不同厚度的单层或双层聚酯薄膜带组成补强材料，其标称厚度从0.07 mm～0.10 mm，以柔软状态供货，该B阶产品经使用后最终固化。

2 规范性引用文件

下列文件中的条款通过GB/T 5019的本部分的引用而成为本部分的条款。凡是注日期的引用文件，其随后所有的修改单（不包括勘误的内容）或修订版均不适用于本部分，然而，鼓励根据本部分达成协议的各方研究是否可使用这些文件的最新版本。凡是不注日期的引用文件，其最新版本适用于本部分。

GB/T 5019.1—2009　以云母为基的绝缘材料　第1部分：定义和一般要求(IEC 60371-1：2003，IDT)

GB/T 5019.2—2009　以云母为基的绝缘材料　第2部分：试验方法(IEC 60371-2：2004，MOD)

GB/T 5019.4—2009　以云母为基的绝缘材料　第4部分：云母纸(IEC 60371-3-2：2005，MOD)

GB/T 13542.4—2009　电气绝缘用薄膜　第4部分：聚酯薄膜(IEC 60674-3-2：1992，MOD)

3 命名

当按本部分订购材料时，只需报出部分的编号、产品分类号及产品序号（见表1）。

例如，GB/T 5019.9.1.01型

型号是由下述部分得出：

——部分编号：　　　　9

——产品分类号　　　　1或2

　　　　　　　　　　1：代表单面聚酯薄膜补强的产品

　　　　　　　　　　2：代表双面聚酯薄膜补强的产品

——产品序号：　　　　01

因此，给出9.1.01型。

表2中标出的（组成）说明代号，例如，对表2中的9.1.01型的F30/M50/R5，是由下述部分得出：

—— 薄膜厚度(F)30 μm

—— 白云母含量(M)50 g/m²

—— 树脂含量(R)5 g/m²

又如，对表2中的9.2.02型的F20/M65/R5/F20，是由下述部分得出：

——一层薄膜厚度(F)20 μm

——白云母含量(M)65 g/m²

——树脂含量(R)5 g/m²

——另一层薄膜厚度(F)20 μm

4 要求

4.1 原材料

4.1.1 云母纸

本部分所涉及到的云母纸应符合 GB/T 5019.4—2009 的要求。

4.1.2 薄膜

本部分所涉及到的聚酯薄膜应符合 GB/T 13542.4—2009 的要求。

4.1.3 环氧树脂

只要材料的性能符合本部分的要求,可使用不同类型的环氧树脂。

4.2 产品

4.2.1 外观

粘合云母带胶粘剂分布均匀,不允许有气泡、针孔、粘连、分层、外来杂质、云母纸断裂和带盘松动的现象。

除订购合同另有规定外,单面补强材料卷绕时应使云母表面朝外。

4.2.2 尺寸

4.2.2.1 厚度

粘合云母带的标称厚度及允许偏差见表1。

表 1 标称厚度及允许偏差　　　　　　　　　　　　　　　　　单位为毫米

型　号	说明代号	标称厚度	偏　　差	
			中值与标称厚度的偏差	个别值与标称厚度的偏差
9.1.01	F30/M50/R5	0.07		
9.1.02	F35/M60/R5	0.08		
9.1.03	F30/M80/R7	0.09		
9.1.04	F35/M95/R7	0.10	±0.01	±0.02
9.2.01	F15/M65/R7/F15	0.08		
9.2.02	F20/M65/R8/F20	0.09		
9.2.03	F25/M65/R9/F25	0.10		

4.2.2.2 宽度

粘合云母带的推荐宽度为 6 mm、8 mm、10 mm、12 mm、15 mm,其他宽度由供需双方商定。

全幅宽材料及成卷材料修整后的最大宽度通常为 1 000 mm。

材料的宽度偏差应如表2所示。

表 2 宽度偏差　　　　　　　　　　　　　　　　　单位为毫米

标称宽度	偏　　差
≤10	±0.3
>10≤15	±0.5
>15	±1.0

4.2.2.3 边缘弯曲度

粘合云母带的边缘弯曲度不超过 1 mm。

4.2.2.4 长度

粘合云母带的长度以其卷或盘的直径来表示。粘合云母带卷和盘的直径为 230 mm±30 mm,其中接头不多于一个,最短的长度不少于 5 m,有接头的粘合云母带卷或盘应作标志。其他长度和接头方式由供需双方商定。

对于成卷材料,按订购合同规定。

4.2.2.5 芯子

带应紧密地缠绕在内径为 55 mm 或 76 mm 的芯子上供货,其他内径芯子由供需双方商定。芯子应无锐利边缘。

芯子相对于带的宽度,应符合供需双方协定。

4.2.3 组成

粘合云母带的组成成分见表3。

表 3 组成

型号	说明代号	标称厚度 mm	聚酯薄膜含量 g/m²	云母含量 g/m²		树脂含量 g/m²		质量/单位面积 g/m²		挥发物含量,最大 %
			标称及偏差	标称	偏差	标称	偏差	标称	偏差	
9.1.01	F30/M50/R5	0.07	42±4	50	±5	5	±2	97	±10	1.0
9.1.02	F35/M60/R5	0.08	49±4	60	±5	5	±2	114	±10	1.0
9.1.03	F30/M80/R7	0.09	42±4	80	±7	7	±3	129	±10	1.0
9.1.04	F35/M95/R7	0.10	49±4	95	±8	7	±3	151	±10	1.0
9.2.01	F15/M65/R7/F15	0.08	(21±2)×2	65	±5	7	±3	114	±10	1.0
9.2.02	F20/M65/R8/F20	0.09	(28±2)×2	65	±5	8	±3	129	±10	1.0
9.2.03	F25/M65/R9/F25	0.10	(35±3)×2	65	±5	9	±3	144	±10	1.0

注:允许用其他定量的玻璃布或薄膜组合。

4.2.4 性能要求

粘合云母带的性能要求应符合表4的规定。

表 4 性能要求

序号	性能	单位	要求				
			30 μm	35 μm	15 μm×2	20 μm×2	25 μm×2
1	介电强度	MV/m	≥50	≥55	≥50	≥55	≥60
2	拉伸强度	N/10mm	≥30	≥35	≥25	≥30	≥35
3	挺度	N/m	由供需双方商定				

5 试验方法

5.1 外观

用眼睛观察评定。

5.2 厚度

按 GB/T 5019.2—2009 第 5 章的规定进行。

5.3 宽度

用刻度为 0.5 mm 的直尺,至少测量三处,报告其平均值。

5.4 边缘弯曲度

按 GB/T 5019.2—2009 第 19 章的规定进行。

5.5 长度

用刻度为 0.5 mm 的直尺测量粘合云母带卷或盘的端面直径。

5.6 组成

按 GB/T 5019.2—2009 第 8 章的规定进行。

5.7 介电强度

按 GB/T 5019.2—2009 第 22 章的规定进行。

5.8 拉伸强度

按 GB/T 5019.2—2009 第 10 章的规定进行,试样记录云母纸断裂时的力。

5.9 挺度

按 GB/T 5019.2—2009 第 13 章的规定进行。

6 检验规则

6.1 相同的原材料和工艺连续生产不多于 24 h 的粘合云母带为一批,每批粘合云母带应具有相同的性能。每批粘合云母带须进行出厂检验,出厂检验项目为 4.2.1、4.2.2、4.2.3 和 4.2.4 表 4 中的第 1 项、第 2 项。

6.2 从一批不少于 5%的总包装筒(袋)数中取样,批量小时也不应少于三筒(袋),每筒(袋)取一盘按 4.2.1 和 4.2.2 检查。从一批中取一盘,按 4.2.3 和 4.2.4 检查。

6.3 4.2.4 表 4 中的第 3 项每年至少检验一次。

6.4 其他应符合 GB/T 5019.1—2009 第 3 章的规定。

7 标志、包装、运输、贮存

材料应包装,以保证在运输、装卸及贮存过程中对材料的足够保护。对包装的任何要求,应在订购合同中规定。

在每一个含有若干单元包装的包装物上,应清晰地标明下列内容:

a) 材料的说明及型号;

b) 对成卷交付的材料,材料的宽度及长度;

c) 对成张交付的材料,片材的尺寸及每叠的张数或每叠的重量;

d) 卷数;

e) 制造日期;

f) 材料应贮存在干燥的室内,不得靠近火源和日光直射,贮存期为六个月。

在每一包装物或每一卷上,应标明制造厂的名称及批号。

有接头的卷,应集中包装并清晰地在包装外部加以注明。

ICS 29.035.99
K 15

中华人民共和国国家标准

GB/T 5019.10—2009

以云母为基的绝缘材料
第 10 部分：耐火安全电缆用云母带

Specification for insulating materials based on mica—
Part 10：Mica paper tapes for flame-resistant security cables

（IEC 60371-3-8：1995，Insulating materials based on mica—
Part 3：Specifications for individual materials—
Sheet 8：Mica paper tapes for flame-resistant security cables，MOD）

2009-06-10 发布

2009-12-01 实施

中华人民共和国国家质量监督检验检疫总局
中国国家标准化管理委员会　发布

前　言

GB/T 5019《以云母为基的绝缘材料》分为以下几部分：

——第 1 部分：定义和一般要求；

——第 2 部分：试验方法；

——第 3 部分：换向器隔板和材料；

——第 4 部分：云母纸；

——第 5 部分：电热设备用云母板；

——第 6 部分：聚酯薄膜补强 B 阶环氧树脂粘合云母带；

——第 7 部分：真空压力浸渍（VPI）用玻璃布及薄膜补强环氧树脂粘合云母带；

——第 8 部分：玻璃布补强 B 阶环氧树脂粘合云母带；

——第 9 部分：单根导线包绕用环氧树脂粘合聚酯薄膜云母带；

——第 10 部分：耐火安全电缆用云母带；

——第 11 部分：塑型云母板。

本部分为 GB/T 5019 的第 10 部分。

本部分修改采用 IEC 60371-3-8:1995《以云母为基的绝缘材料　第 3 部分：单项材料规范　第 8 篇：耐火安全电缆用云母纸》及第 1 次修正（2007）（英文版）。

本部分根据 IEC 60371-3-8:1995（含 2007 第 1 号修改单）重新起草。考虑到我国国情,在采用 IEC 标准时,本部分做了一些修改。有关技术性差异在它们所涉及的条款的页边空白处用垂直单线标识。

本部分与 IEC 60371-3-8:1995（含 2007 第 1 次修正）的技术差异如下：

——删除 IEC 60371-3-8:2007 的前言和引言；

——将 IEC 60371-3-8 中 6.9 所引用的 IEC 60331 纳入本部分的第 2 章；

——考虑我国国情不采用 IEC 60371-3-8 中产品型号命名方式；

——增加了人工合成云母的命名及性能要求；

——长度以其卷和盘的直径表示（IEC 60371-3-8 以带长表示）；

——增加了"边缘弯曲度"、"电气强度"和"体积电阻率"性能要求；

——增加了"检验规则"一章。

本部分由中国电器工业协会提出。

本部分由全国绝缘材料标准化技术委员会（SAC/TC 51）归口。

本部分主要起草单位：北京倚天凌云云母科技有限公司、扬州新奇特电缆材料有限公司、桂林电器科学研究所。

本部分主要起草人：吴海峰、唐崇书、王先锋。

本部分为首次制定。

以云母为基的绝缘材料
第 10 部分:耐火安全电缆用云母带

1 范围

GB/T 5019 的本部分规定了由玻璃布或塑料薄膜补强的云母纸,经用合适树脂浸渍后而成的电气绝缘材料的型号、技术要求、试验方法、检验规则、标志、包装、运输、贮存。

本部分适用于着火后仍能继续运行的电缆,其标称厚度从 0.10 mm 至 0.18 mm,以带状、成张或成卷柔软状态供货。

2 规范性引用文件

下列文件中的条款通过 GB/T 5019 的本部分的引用而成为本部分的条款。凡是注日期的引用文件,其随后所有的修改单(不包括勘误的内容)或修订版均不适用于本部分,然而,鼓励根据本部分达成协议的各方研究是否可使用这些文件的最新版本。凡是不注日期的引用文件,其最新版本适用于本部分。

GB/T 5019.2—2009 以云母为基的绝缘材料 第 2 部分:试验方法(IEC 60371-2:2004,MOD)

GB/T 5019.4—2009 以云母为基的绝缘材料 第 4 部分:云母纸(IEC 60371-3-2:2005,MOD)

GB/T 13542.6—2006 电气绝缘用薄膜 第 6 部分:电气绝缘用聚酰亚胺薄膜(IEC 60674-3-4/6:1993,MOD)

GB/T 19216.11—2003 在火焰条件下电缆或光缆的线路完整性试验 第 11 部分:试验装置 火焰温度不低于 750 ℃的单独供火(IEC 60331-11:1999,IDT)

GB/T 19216.21—2003 在火焰条件下电缆或光缆的线路完整性试验 第 21 部分:试验步骤和要求 额定电压 0.6/1.0 kV 及以下电缆(IEC 60331-21:1999,IDT)

3 产品型号

根据产品所用粉云母纸的种类和补强材料及形式不同而划分的产品型号,见表 1。

表 1 产品型号

型 号	云母纸类型	补强形式
540-1D(G)/540-1D(P)	煅烧白云母纸	单 面
540-1S(G)/540-1S(P)/540-1S(G/P)	煅烧白云母纸	双 面
541-1D(G)/541-1D(P)	非煅烧白云母纸	单 面
541-1S(G)/541-1S(P)/541-1S(G/P)	非煅烧白云母纸	双 面
541-3D(G)/541-3D(P)	非煅烧金云母纸	单 面
541-3S(G)/541-3S(P)/541-3S(G/P)	非煅烧金云母纸	双 面
542-4D(G)/542-4D(P)	合成云母纸	单 面
542-4S(G)/542-4S(P)/542-4S(G/P)	合成云母纸	双 面
注:表中 D 表示为单面补强,S 表示为双面补强,G 表示玻璃布补强,P 表示薄膜补强。		

4 要求

4.1 原材料

4.1.1 云母纸

本部分所涉及到的云母纸应符合 GB/T 5019.4—2009 的要求。

4.1.2 玻璃布

通常,玻璃布应是由无碱玻璃制成的连续长丝玻璃纤维,除供需双方另有协议外,玻璃布应是织布状态,其浆剂含量按重量计应不大于 2%。

4.1.3 薄膜

本部分所涉及到的聚酰亚胺薄膜应符合 GB/T 13542.6—2006 的要求;只要薄膜的性能符合本部分的要求,可使用不同类型的薄膜。

4.1.4 树脂

只要材料的性能符合本部分的要求,可使用不同类型的树脂。

4.2 产品

4.2.1 外观

耐火云母带材质间应粘合均匀,无诸如气泡、针孔、云母纸断裂之类的缺陷,若为玻璃布补强,不允许有玻璃布抽丝;若为薄膜补强,不允许有撕裂、折皱的现象。

成卷供应的材料,应能连续开卷而不引起损伤,开卷所需的力应大致均匀。

除订购合同另有规定外,单面补强的材料卷绕时应使云母纸表面朝外。

4.2.2 尺寸

4.2.2.1 厚度

耐火云母带的厚度及允许偏差应符合表 2 规定。

表 2　耐火云母带的厚度及允许偏差　　　　　　　　　　　　单位为毫米

标称厚度	允许偏差	
	中值偏差	个别值偏差
0.10	±0.02	±0.03
0.11	±0.02	±0.03
0.14	±0.02	±0.03
0.18	±0.03	±0.04
注:其他厚度可由供需双方协商生产。		

4.2.2.2 宽度

耐火云母带的推荐宽度为 6 mm、8 mm、10 mm、12 mm、15 mm、20 mm,其他宽度由供需双方商定。

全幅宽材料及片状材料修整后的最大宽度通常为 860mm。

材料的宽度偏差应如表 3 所示。

表 3　宽度及偏差　　　　　　　　　　　　单位为毫米

标称宽度	偏　差
≤20	±0.5
>20≤500	±1.0
>500	±5.0

4.2.2.3 边缘弯曲度

耐火云母带的边缘弯曲度不超过 1 mm。

4.2.2.4 长度

耐火云母带的长度以卷盘直径来表示。

常用卷盘直径为 200 mm±20 mm。有接头的卷数应限制在 25% 以内,每卷接头不多于两个,接头段最小长度不少于 80 m。

特殊要求,供需双方商定。

4.2.2.5 管芯

带应紧密地卷绕在内径为 50 mm±1 mm 或 76 mm±1 mm 管芯上供货,管芯应无锐利边缘。

管芯宽度与带宽之间关系,应按订购合同规定。

全幅宽材料和宽度大于 100 mm 的材料,应卷绕在内径为 55 mm±1 mm 或 76 mm±1 mm 的管芯上供货。

4.2.3 组成

耐火云母带的组成应符合表 4 规定。

表 4 组成

产品型号	玻璃布定量 g/m²	薄膜定量 g/m²	胶粘剂含量 %	云母含量 %	挥发物含量 %
540-1D(G)	25±2	—		≥65	
	30±2	—			
540-1D(P)	—	25±2			
	—	30±2			
540-1S(G)	2×(20±2)	—		≥55	
540-1S(P)	—	2×(20±2)			
540-1S(G/P)	25±2	20±2	≤25		≤1.0
541-1D(G)	25±2	—		≥65	
	30±2	—			
541-1D(P)	—	25±2			
	—	30±2			
541-1S(G)	2×(20±2)	—		≥55	
541-1S(P)	—	2×(20±2)			
541-1S(G/P)	25±2	20±2			
541-3D(G)	30±2	—		≥65	
541-3D(P)	—	25±2	—		—
541-3S(G)	2×(20±2)	—		≥55	
541-3S(P)	—	2×(20±2)			
541-3S(G/P)	25±2	20±2			
542-4D(G)	30±2	—		≥65	
542-4D(P)	—	25±2	≤17		≤1.0
542-4S(G)	2×(20±2)	—		≥55	
542-4S(P)	—	2×(20±2)			
542-4S(G/P)	25±2	20±2			
注:允许用其他定量的玻璃布或薄膜组合。					

4.2.4 性能要求

4.2.4.1 耐火云母带机械性能和介电性能要求应符合表5规定。

表 5 性能要求

序号	性 能	单 位	补强形式	要 求		
				玻璃布补强	薄膜补强	玻璃布/薄膜补强
1	拉伸强度	N/10 mm	单面补强	≥60		
			双面补强	≥80		
2	挺度	N/m	单、双面补强	按合同规定		
3	工频介电强度（常态下）	MV/m	单面补强	≥30	≥30	≥30
			双面补强	≥25	≥40	≥40
4	体积电阻率（常态下）	Ω·m	单、双面补强	≥1.0×10^{10}		
5	绝缘电阻（耐火试验温度下）	Ω	单、双面补强	>1.0×10^6		

4.2.4.2 耐火特性

当耐火云母带用于设计正确的耐火电缆时应能通过 GB/T 19216.11—2003 及 GB/T 19216.21—2003 规定的 A 类或 B 类耐火试验要求。

5 试验方法

5.1 外观

用眼睛观察评定。

5.2 厚度

按 GB/T 5019.2—2009 第 5 章的规定进行。

5.3 宽度

用刻度为 0.5 mm 的直尺,至少测量三处,报告其平均值。

5.4 边缘弯曲度

按 GB/T 5019.2—2009 第 19 章的规定进行。

5.5 长度

用刻度为 0.5 mm 的直尺测量粘合云母纸卷或盘的端面直径。

5.6 组成

按 GB/T 5019.2—2009 第 8 章的规定进行。

5.7 介电强度

按 GB/T 5019.2—2009 第 22 章的规定进行。

5.8 拉伸强度

按 GB/T 5019.2—2009 第 10 章的规定进行。

5.9 挺度

按 GB/T 5019.2—2009 第 13 章的规定进行。

5.10 体积电阻率

按 GB/T 5019.2—2009 第 25 章的规定进行,样品为固化前样品。

5.11 耐火特性

按 GB/T 19216.11—2003 及 GB/T 19216.21—2003 的规定进行。

6 检验规则

6.1 相同的原材料和生产工艺,连续生产不多于 24 h 的耐火云母带为一批,每批产品应具有相同的性能。产品应进行出厂试验和型式试验,出厂试验项目为 4.2.1,4.2.2,4.2.3 和 4.2.4 表 5 中第 1 项、第 3 项。耐火特性为产品鉴定项目或需要仲裁时才进行检验。

6.2 出厂检验应分批抽样进行,从一批中不少于 5% 的总包装筒(袋)中取样,最少为三筒(袋)。每筒(袋)取一盘按 4.2.1,4.2.2 检查。其他各项在同一盘上取样。

7 标志、包装、运输、贮存

材料应加以包装以保证在运输、装卸和贮存过程中对材料的足够保护。对包装的任何要求,应在订购合同中规定。

含有若干单元包装的每一个包装物上,应清晰、持久地标明下列内容:

a) 材料的说明和本规范编号;

b) 对成卷交付的材料,材料的宽度和每卷长度;

c) 对成张交付的材料,片材的尺寸和每叠中的张数,或每叠的重量;

d) 卷数;

e) 制造日期;

f) 适用期和贮存条件,耐火云母带自出厂之日起常温下的贮存期为半年。

在每一包装物或每卷上,应标明制造厂名称和批号。

有接头的卷,应集中包装并清晰地在包装容器外部加以注明。

ICS 29.035.99
K 15

中华人民共和国国家标准

GB/T 5019.11—2009

以云母为基的绝缘材料
第 11 部分：塑型云母板

Specification for insulating materials based on mica—
Part 11：Moulding micanite

（IEC 60371-3-9：1995，Insulating materials based on mica—
Part 3：Specifications for individual materials—
Sheet 9：Moulding micanite，MOD）

2009-06-10 发布   2009-12-01 实施

中华人民共和国国家质量监督检验检疫总局
中国国家标准化管理委员会 发布

前　言

GB/T 5019《以云母为基的绝缘材料》分为以下几部分：
——第1部分：定义和一般要求；
——第2部分：试验方法；
——第3部分：换向器隔板和材料；
——第4部分：云母纸；
——第5部分：电热设备用云母板；
——第6部分：聚酯薄膜补强B阶环氧树脂粘合云母带；
——第7部分：真空压力浸渍（VPI）用玻璃布及薄膜补强环氧树脂粘合云母带；
——第8部分：玻璃布补强B阶环氧树脂粘合云母带；
——第9部分：单根导线包绕用环氧树脂粘合聚酯薄膜云母带；
——第10部分：耐火安全电缆用云母带；
——第11部分：塑型云母板。

本部分为GB/T 5019的第11部分。

本部分修改采用IEC 60371-3-9:1995《以云母为基的绝缘材料　第3部分：单项材料规范　第9篇：塑型云母板》及第1次修改（2007）。

本部分根据IEC 60371-3-9:1995（含2007第1次修正）重新起草。考虑到我国国情，在采用IEC标准时，本部分做了一些修改。有关技术性差异已在它们所涉及的条款的页边空白处用垂直单线标识。

本部分与IEC 60371-3-9:1995（含2007第1次修正）的差异如下：

1)　删除了IEC 60371-3-9:1995的前言和引言；

2)　考虑我国国情不采用IEC 60371-3-9:1995中产品型号命名方式；

3)　增加"可塑性"和"电气强度"性能要求；

4)　增加了"检验规则"一章。

本部分由中国电器工业协会提出。

本部分由全国绝缘材料标准化技术委员会（SAC/TC 51）归口。

本部分主要起草单位：桂林电器科学研究所。

本部分起草人：王先锋。

本部分为首次制定。

以云母为基的绝缘材料
第 11 部分:塑型云母板

1 范围

GB/T 5019 的本部分规定了由剥片云母、加或不加补强材料、用合适粘合剂粘合而成电气绝缘用塑型云母板的性能要求、试验方法、检验规则、标志、包装、运输和贮存。

本部分适用于以剥片云母为基材,用合适的胶粘剂粘结而成的,在常态时为硬质板状材料,在一定温度条件下可塑制成型的电气绝缘用塑型云母板。其标称厚度从 0.10 mm~7 mm,可成张或成卷供应。

2 规范性引用文件

下列文件中的条款通过 GB/T 5019 的本部分的引用而成为本部分的条款。凡是注日期的引用文件,其随后所有的修改单(不包括勘误的内容)或修订版均不适用于本部分,然而,鼓励根据本部分达成协议的各方研究是否可使用这些文件的最新版本。凡是不注日期的引用文件,其最新版本适用于本部分。

GB/T 5019.1—2009 以云母为基的绝缘材料 第 1 部分:定义和一般要求(IEC 60371-1:2003,IDT)

GB/T 5019.2—2009 以云母为基的绝缘材料 第 2 部分:试验方法(IEC 60371-2:2004,MOD)

IEC 60554-3-2:1983 电气用纤维素纸 第 3 部分:单项材料规范 第 2 篇:电容器纸

ISO 6386:1981 白云母剥片 分级和外观分类

3 产品分类

本部分根据产品的耐热性划分型号,产品型号见表 1。

表 1 产品型号

产品型号	胶粘剂	使用范围
5230	醇酸胶粘漆	
5231	虫胶胶粘漆	
5235	醇酸胶粘漆	适用于工作温度 155 ℃ 及以下的各种电机电器用绝缘管、环及其他零件。
5236	虫胶胶粘漆	
5240	环氧桐马胶粘漆	
5250	有机硅胶粘漆	适用于工作温度 180 ℃ 的各种电机电器用绝缘管、环及其他零件。

4 要求

4.1 原材料

4.1.1 剥片云母

剥片云母应符合 ISO 6386:1981 的要求。

4.1.2 玻璃布

通常,玻璃布应是由无碱玻璃制成的连续长丝玻璃纤维,除供需双方另有协议外,玻璃布应是织布状态,其浆剂含量按重量计应不大于2%。

4.1.3 电容器纸

电容器纸应符合 IEC 60554-3-2:1983 的要求。

4.1.4 树脂

只要其能使材料满足本部分要求,可使用任何虫胶、醇酸、环氧或硅树脂体系。按订购合同,也可使用其他胶粘剂。

4.2 产品

4.2.1 外观

塑型云母板应边缘整齐、胶粘剂分布均匀,不允许有外来杂质、分层和剥片云母间漏洞的现象。

4.2.2 尺寸

4.2.2.1 厚度

标称厚度及允许偏差见表2。

表 2 标称厚度及允许偏差 　　　　　单位为毫米

标称厚度	偏差	
	中值与标称厚度的偏差	个别值与标称厚度的最大偏差
0.15 0.20 0.25	±0.05	±0.10
0.30	±0.06	±0.12
0.40	±0.06	±0.12
0.50	±0.07	±0.16
0.60	±0.08	±0.18
0.70	±0.09	±0.20
0.80	±0.11	±0.22
1.00	±0.14	±0.28
1.20	±0.18	±0.32

4.2.2.2 长度和宽度

材料的宽度和长度按供需双方协议尺寸供货,但偏差不应超过表3的规定。

表 3 宽度和长度偏差

	宽 度	长 度
整张	+5 mm −0 mm	+5 mm −0 mm
整卷	+5 mm −0 mm	+0.3 mm −0 mm
切割片材(≥50 mm)	±5%	±5%

4.2.3 性能要求

塑型云母板的性能要求应符合表4的规定。

表 4　性能要求

序号	性能		单位	要求		
				5230;5231	5235;5236	5240;5250
1	胶粘剂含量		%	15～25	8～15	15～25
2	介电强度	0.15 mm～0.25 mm	MV/m	≥35		
		0.30 mm～0.50 mm		≥30		
		0.60 mm～1.20 mm		≥25		
3	可塑性		—	在 110 ℃±5 ℃ 的条件下可塑制成管		在 130 ℃±5 ℃ 条件下可塑制成管

5　试验方法

5.1　外观

用眼睛观察评定。

5.2　厚度

按 GB/T 5019.2—2009 第 5 章的规定进行。

5.3　长度和宽度

用刻度为 0.5 mm 的直尺,至少测量三处,报告其平均值。

5.4　胶粘剂含量

按 GB/T 5019.2—2009 第 8 章的规定进行。

5.5　介电强度

按 GB/T 5019.2—2009 第 22 章的规定进行,采用直径为 25 mm/75 mm 电极进行试验。

5.6　可塑性

按 GB/T 5019.2—2009 第 21 章的规定进行。

6　检验规则

6.1　相同的原材料和工艺,生产的数量不超过 300 kg 的塑型云母板为一批,每批须进行出厂试验,出厂试验项目为 4.2.1、4.2.2 和 4.2.3 表 4 中的第 2 项、第 3 项。

6.2　每批取样不少于总重量的 5%,按 4.2.1 和 4.2.2 检查,其他各项试验在同一张板上取样。

6.3　其他应符合 GB/T 5019.1—2009 第 3 章的规定。

7　标志、包装、运输、贮存

材料应加以包装以保证在运输、装卸和贮存过程中对材料的足够保护。对包装的任何要求,应在订购合同中规定。

含有若干单元包装的每一包装物上,应清晰、持久地标明下列内容:

a)　材料的说明;

b)　对成卷交付的材料,材料的宽度和每卷长度;

c)　对成张交付的材料、片材的尺寸;

d)　每一包装物内的张数/卷数;

e)　制造日期;

f)　适用期和贮存条件,有机硅塑型云母板从出厂之日算起的贮存期为四个月,其他塑型云母板从出厂之日算起的贮存期为六个月。

在每一包装物或每卷上,应标明制造厂名称和批号。

第 8 部分:薄膜、粘带和柔软复合材料类

ICS 29.035.01
K 15

中华人民共和国国家标准

GB/T 5591.1—2002
代替 GB/T 5591.1—1985

电气绝缘用柔软复合材料
第1部分：定义和一般要求

Combined flexible materials for electrical insulation—
Part 1: Definitions and general requirements
（IEC 60626-1:1995,MOD）

2002-05-21发布

2003-01-01实施

中 华 人 民 共 和 国
国家质量监督检验检疫总局　发 布

前　言

GB/T 5591《电气绝缘用柔软复合材料》分为两个部分：

——第1部分：定义和一般要求；

——第2部分：试验方法。

本部分为 GB/T 5591 的第1部分。

本部分修改采用 IEC 60626-1:1995《电气绝缘用柔软复合材料　第1部分：定义和一般要求》（英文版），包括其修正案 IEC 60626-1-Amd 1:1996。

本部分根据 IEC 60626-1:1995 重新起草，且其修正案内容已编入正文中并在它们所涉及的条款的页边空白处用垂直双线标识。在附录 A 中列出了本部分章条编号与 IEC 60626-1:1995 章条编号的对照一览表。

为便于使用，对于 IEC 60626-1:1995 本部分作了下列编辑性修改：

a) 删除了 IEC 60626-1:1995 的前言和引言；

b) 根据表1的内容对 IEC 60626-1:1995 命名举例中的印刷错误"cotton or viscose"改正为"cellulose paper or presspaper"；

c) 增加了资料性附录 A 以指导使用。

本部分代替 GB/T 5591.1—1985《电气绝缘柔软复合材料　定义和一般要求》。

本部分与 GB/T 5591.1—1985 相比主要变化如下：

a）文本结构发生了变化，增加了"范围"、"规范性引用文件"和"命名"三章，删除了"检验规则"一章，将"包装"和"标志"及"贮存和运输"两章合并为"供货条件"一章；

b）不再规定产品的具体贮存条件和贮存期，有关内容改由单项材料规范规定。

本部分由中国电器工业协会提出。

本部分由全国绝缘材料标准化技术委员会(CSBTS/TC 51)归口。

本部分由桂林电器科学研究所负责起草，温岭第二绝缘材料厂参加起草。

本部分主要起草人：马林泉、于龙英。

本部分 1985 年11月20日首次发布，本次为第1次修订。

引　言

　　GB/T 5591 的本部分是有关柔软复合材料的标准之一。柔软复合材料是由两种或两种以上不同绝缘材料复合而成的,其组分是塑料薄膜和/或诸如浸渍的或不浸渍的纸、浸渍的或不浸渍的纺织品或非纺织品这样的纤维材料。

电气绝缘用柔软复合材料
第1部分:定义和一般要求

1 范围

GB/T 5591的本部分包含了与电气绝缘用柔软复合材料有关的定义和其应满足的一般要求。本部分不包含以云母纸为基的材料。

2 规范性引用文件

下列文件中的条款通过GB/T 5591的本部分的引用而成为本部分的条款。凡是注日期的引用文件,其随后所有的修改单(不包括勘误的内容)或修订版均不适用于本部分,然而,鼓励根据本部分达成协议的各方研究是否可使用下列文件的最新版本。凡是不注日期的引用文件,其最新版本适用于本部分。

IEC 60626-3:1988 电气绝缘用柔软复合材料 第3部分:单项材料规范

3 命名

各种型号的的柔软复合绝缘材料可用表示其主要组份类型和本质的并由连字符隔开的名称代号字母的恰当组合予以命名。

例如:F-PI、C-G。

较常用的材料列于表1。

各种复合材料的具体特征(两层或三层,底材、浸渍材料、粘合剂的特性等)可通过在表1所列名称代号的后面加注信息予以说明。

命名举例:

P-C/F-PET是表示由一层纤维素纸或薄纸板,与由聚对苯二甲酸乙二醇酯制成的薄膜复合而成的复合材料。

在某些情况,标识下列具体特征可能是有用的:

多孔吸收的	压光型
纵向定向的	纵向补强的
起皱的	压花的
涂漆的	浸渍的

注:这个清单仅供指导用,且不受此限。名称代号系按ISO标准。

表 1 常用柔软材料

组份类型	名称代号	组份本质	名称代号
薄膜	F	醋酸纤维素	CA
		三醋酸纤维素	CTA
		聚对苯二甲酸乙二醇酯	PET
		聚碳酸酯	PC
		聚酰亚胺	PI
		聚丙烯	PP
纸和非织布及毡	P	纤维素纸或薄纸板	C
		聚芳酰胺纤维纸	PAa
		聚对苯二甲酸乙二醇酯	PET
		填充玻璃纸	FG
		混合无机/有机纸	H
纺织品	C	棉或粘胶	C
		玻璃	G
		聚对苯二甲酸乙二醇酯	PET
粘合剂	A	热塑性的	Tp
		热固性的	Ts

4 定义

下述定义适用于 GB/T 5591 的本部分。

4.1

全幅宽材料 material of production width
按生产宽度(供货)的材料,例如按订货要求约 1 m 宽。

4.2

分切材料(带) Material cut from full width material
由全幅宽材料分切而成的材料。

4.3

二合一材料 A laminate consisting of two layers of insulating materials
由两层绝缘材料复合而成的材料。

4.4

三合一材料 A laminate consisting of three layers of insulating materials
由三层绝缘材料复合而成的材料。

4.5

四合一材料 A laminate consisting of four layers of insulating materials
由四层绝缘材料复合而成的材料。

5 一般要求

按 IEC 60626-3 单项材料规范规定,这些材料既可以按定长剪切而成的片状形式供货也可以按成卷形式供货。

5.1 任何一次交货的全部材料,每一整片或整卷应均匀一致并具有产品标准范围内的性能。其表面应均匀、光滑和无气泡、针孔、皱折及瑕疵之类缺陷。

5.2 成卷供货的复合材料,应能无损伤性开卷。

5.3 复合材料应无导电粒子和其他不良杂质。

5.4 按定长剪切成片材供货的材料应基本不卷曲。

注:粘合后,成卷生产的材料往往呈现出与贮存时间和温度有关的"卷曲变形"。由这样的料卷剪切而成的片材可能需要相当时间才能消除卷曲。

6 尺寸

厚度及厚度偏差按 IEC 60626-3 单项材料规范规定。其他尺寸及偏差由供需双方商定。

7 接头

对成卷的材料,允许的接头数、接头结构细节及标记应由供需双方商定。

8 供货条件

成卷材料应卷在纸板管芯或其他合适的管芯上供货。管芯内径应由供需双方商定,优选管径为 55 mm、76 mm 或 150 mm。

片材应成叠供货。

材料应装于包装物内以确保在运输、搬运和贮存过程中对材料有足够的保护。

在每个单元包装和每个含有若干单元包装的包装物上,应清晰持久地注明下述内容:

a) 产品标准编号;

b) 按第 2 章命名的型号名称;

c) 对成卷供货的材料:每卷的宽度和长度或质量;

d) 对成片供货的材料:每叠片材的尺寸和数量或质(重)量;

e) 材料的标称厚度;

f) 每个大包装物内的卷数或叠数;

g) 生产日期;

h) 按 IEC 60626-3 单项材料规范要求的有关接头的情况。

任何特殊供货条件,例如有关适用期的要求,将按 IEC 60626-3 单项材料规范的规定。

附　录　A

（资料性附录）

本部分章条编号与 IEC 60626-1:1995 章条编号对照

表 A.1 给出了本部分章条编号与 IEC 60626-1:1995 章条编号对照一览表。

表 A.1　本部分章条编号与 IEC 60626-1:1995 章条编号对照

本部分章条编号	对应的国际标准章条编号
1	1.1
2	1.2
3	2
4	3
5	4
5.1～5.4	4.1～4.4
6	5
7	6
8	7

ICS 29.035.01
K 15

中华人民共和国国家标准

GB/T 5591.2—2002
代替 GB/T 5591.2—1985

电气绝缘用柔软复合材料
第2部分：试验方法

Combined flexble materials for electrical insulation—
Part 2：Methods of test

(IEC 60626-2：1995，MOD)

2002-05-21 发布　　　　　　　　　　2003-01-01 实施

中 华 人 民 共 和 国
国家质量监督检验检疫总局　发 布

前　　言

GB/T 5591《电气绝缘用柔软复合材料》分为两个部分：

——第1部分：定义和一般要求；

——第2部分：试验方法。

本部分为 GB/T 5591 的第 2 部分。

本部分修改采用 IEC 60626-2：1995《电气绝缘用柔软复合材料　第 2 部分：试验方法》（英文版）。

本部分根据 IEC 60626-2：1995 重新起草。在附录 A 中列出了本部分章条编号与 IEC 60626-2：1995 章条编号的对照一览表。

考虑到试验时实际需要，在采用 IEC 60626-2：1995 时，本部分对其第 9 章做了一些修改。有关技术性差异已编入正文中并在它们所涉及的条款的页边空白处用垂直单线标识。这些技术差异如下：

a)　将 IEC 60626-2：1995 第 9 章的标题"电气强度"一词改为"击穿电压"，因为本章内容实际上只涉及击穿电压，并未包含有关电气强度的内容。

b)　本部分的 11.3.2 中增加了施加电压的具体方式。因为 IEC 60626-2 及 IEC 60626-3 中均未规定施加电压的具体方式，难以具体操作。

为便于使用，对于 IEC 60626-2：1995 本部分还做了下列编辑性修改：

a)　用小数点"."代替作为小数点的逗号"，"；

b)　删除了国际标准的前言和引言；

c)　增加了资料性附录 A 以指导使用。

本部分代替 GB/T 5591.2—1985《电气绝缘柔软复合材料　试验方法》。

本部分与 GB/T 5591.2—1985 相比主要变化如下：

a)　增加了"范围"和"规范性引用文件"两章；

b)　修改了有关章节的标题名称；

c)　删除了有关试验结果有效位数的规定；

d)　修改了有关试验施加负荷速度的规定。

本部分由中国电器工业协会提出。

本部分由全国绝缘材料标准化技术委员会(CSBTS/TC51)归口。

本部分由桂林电器科学研究所负责起草，温岭第二绝缘材料厂参加起草。

本部分主要起草人：马林泉、于龙英。

本部分 1985 年 11 月 20 日首次发布，本次为第 1 次修订。

引　言

　　GB/T 5591 的本部分是有关柔软复合材料的标准之一。柔软复合材料是由两种或两种以上不同绝缘材料复合而成的。其组份是聚合物薄膜和纤维片状材料。典型的纤维片状材料包括（但不局限于）：干法成网非纺织品、湿法成网非纺织品（例如纸）和纺织品。非纺织品可通过（也可不通过）机械加工、化学处理、液压工艺或热处理来改变其特性。纤维片状材料可用（也可不用）树脂予以浸渍。GB/T 5591 的本部分既不包含以云母纸为基的材料，也不涉及有意使组份之一保持 B 阶状态的复合材料。

电气绝缘用柔软复合材料
第2部分:试验方法

1 范围

GB/T 5591 的本部分规定了有关电气绝缘用柔软复合材料试验方法的要求。

本部分适用于电气绝缘用柔软复合材料的性能试验。

2 规范性引用文件

下列文件中的条款通过 GB/T 5591 的本部分的引用而成为本部分的条款。凡是注日期的引用文件,其随后所有的修改单(不包括勘误的内容)或修订版均不适用于本部分,然而,鼓励根据本部分达成协议的各方研究是否可使用这些文件的最新版本。凡是不注日期的引用文件,其最新版本适用于本部分。

GB/T 451.2—1989 纸和纸板定量的测定法(eqv ISO 536:1976)

GB/T 1408.1—1999 固体绝缘材料电气强度试验方法 工频下的试验(eqv IEC 60243-1:1988)

GB/T 11026.4—1999 确定电气绝缘材料耐热性的导则 第4部分:老化烘箱 单室烘箱
(idt IEC 60216-4-1:1990)

3 对试验的一般要求

除非另有规定,所取的试样应在(23±2)℃和相对湿度(50±5)%的条件下处理24 h。如果试验不是在该标准大气条件下进行,则试验应在试样从该标准大气中取出后5 min 内进行。

4 厚度

4.1 试验器具

4.1.1 螺旋千分尺:测量面直径为6 mm~8 mm,测量面的平面度应在0.001 mm 内且两测量面的平行度应在0.003 mm 内。螺距应为0.5 mm,标尺刻度应分50格,每格为0.01 mm,能估读至0.002 mm。

施加于试样上的压力按4.1.2的规定应为100 kPa。

4.1.2 静重表盘式测微计:它的两个经研磨、抛光过的同心圆形测量面的平面度应在0.001 mm 以内,而平行度应在0.003 mm 内,上测量面直径为6 mm~8 mm,下测量面应大于上测量面。上测量面应能沿着垂直于两测量面的轴线移动。表盘分度应能读到0.002 mm。测微计的框架应有足够的刚性,使得当施加15 N 的力于表盘外壳且不接触重锤或压脚心轴(测杆)时,所引起的框架变形在测微计表盘上的示值不超过0.002 mm。施加于试样上的力应是100 kPa。

4.1.3 用作校正测厚仪器的校正规应准确至标称尺寸的±0.001 mm 内。测厚仪器所指示的厚度与校正规厚度之差应不大于0.005 mm。

注:对压缩系数大的和特殊结构的材料,测量面的面积和压力的数值可另行规定。

4.2 试样

按"收货状态"。

4.2.1 全幅宽材料和片状材料

成卷交货的全幅宽材料或按定长剪切的片状材料:沿着材料整个宽度切取一条宽 25 mm、长度等于卷宽或片宽的试样。

4.2.2 分切材料(带)

从带卷上切取一条 1 m 长的试样。

4.3 程序

在试样不受任何约束情况下,沿其长度且相互间隔不少于 75 mm 的九点处测量材料的厚度。所有接头(或搭接)应不包含在试验面积之内。

4.4 结果

记录九个测量值,取其中值作为该材料的厚度。

5 定量(单位面积的质量,标重)

由于电气工程习惯使用定量这个词,因此,这里也使用它。复合材料的定量应按 GB/T 451.2—1989 所述方法测量并作如下修改:

——略去 GB/T 451.2—1989 的第 5 章和第 6 章;

——试验应在"收货状态"的 3 个试样上进行;

——在面积不小于 100 cm² 的试样上测定质量,准确至 0.5%;

——取其中值作为结果并报告其他两个值。

6 拉伸强度和伸长率

6.1 试验设备

可使用恒速加荷试验机或恒速移动试验机。试验机最好是动力驱动并能分度到读出单项材料规范要求值的 1%。

6.2 试样

各采用 5 个试样。试样长度应使其在试验机两夹头间的长度为 200 mm。当试验全幅宽材料时,试样宽度为 15 mm,其中 5 个试样切自材料的纵向,另外 5 个试样切自材料的横向。当试验含有纺织品的试样时,切自同一方向的任何 2 个试样在长度方向上不应含有同根织线。

按"交货状态"试验分切材料(带)时,其宽度最大为 30 mm。

6.3 不折叠试样的试验程序

在试验机上装上一条试样,施加负荷的方法是:从施加负荷开始至负荷达到相当于规定的最小拉伸强度的瞬间时间为(60±10)s,然后继续施加负荷直至试样组份之一断裂。记录断裂负荷,如有要求,还应记录伸长。

如果试样是断在试验机夹头内或夹头处,则此结果作废并采用另一个试样再进行试验。

当测定接头的拉伸强度时,应将接头置于试验机两夹头间大致中间的位置上。

注:对某些材料,可能要采取特殊措施以防止试样打滑。

6.4 折叠试样的试验程序

用手将试样沿其长度中间对折,折痕与试样长边成直角。然后将试样长边紧靠图 1 所示折叠装置的导向块平放并沿试样长度方向将试样送入滚筒滚压。折叠后展开试样,再按 6.3 的规定试验。

6.5 结果

拉伸强度

取 5 个断裂负荷的中值计算材料的拉伸强度作为试验结果,以 N/10 mm 宽表示。

断裂伸长率

取 5 个断裂伸长率的中值作为试验结果,试验结果以两夹具间试样长度的百分率表示。

7 分层

在进行拉伸试验前应通过目测确定按 6.4 的规定折叠后的试样是否有分层或其他影响。

8 边缘抗撕裂

8.1 设备

使用一种边缘撕裂夹具(见图 2),将其装在符合 6.1 规定的试验机上。该边缘撕裂夹具是由一块薄钢板(A)构成水平横梁,横梁两端被固定在马镫形框架的两端点上。

将马镫形框架的薄金属把柄固定在拉力试验机的下夹具上,使得撕裂夹具的垂直中心线与上、下夹具的中心线相重合。水平横梁应便于拆卸,应配备两个横梁以供不同厚度范围的材料使用。

一个横梁厚度为(1.25±0.05)mm,另一个厚度为(2.5±0.05)mm。横梁的一边加工成 V 型缺口,缺口两个边的夹角为(150±1)°。V 型缺口两边的横截面为半圆形且应光滑笔直。

8.2 试样

各制备 9 个试样。每个试样尺寸为长 250 mm,宽 15 mm～25 mm。其中 9 个试样的长边与材料的纵向平行,报告这些纵向(MD)试样的试验结果作为纵向边缘抗撕裂。另外 9 个试样的宽边与材料的纵向平行,报告这些横向(CD)试样的试验结果作为横向边缘抗撕裂。按第 3 章的要求对所有试样进行条件处理。

8.3 程序

把厚度合适的横梁安装到撕裂夹具框架上。1.25 mm 厚的横梁用于厚度在 0.75 mm 及以下的材料;2.50 mm 厚的横梁用于较厚的材料。

把撕裂夹具的薄把柄固定到拉力试验机的下夹具上(参见注),使撕裂夹具的垂直中心线与试验机的上、下夹具中心线重合且 V 型缺口的两边对称地位于上、下夹具中心线的两侧。

注:如果需要,可把撕裂夹具固定在试验机的上夹具上。此时,需要重新平衡拉力试验机以补偿撕裂夹具的质量。

调节试验机的下夹具,使得上夹具的下边缘距 V 型缺口横梁上方约 90 mm。将试样从横梁下方穿过撕裂夹具,然后把试样两端头并在一起固定到上夹具内。

在此操作过程中,要尽量把松弛的试样向上提起,但需注意不要对试样施加任何撕力。

试验初始阶段应尽可能缓慢地增加对试样施加的负荷以便最大限度地减少因惯性影响而引起的异常变形。继续增加负荷使得在 5 s～15 s 内开始撕裂,以 N 为单位,记录这个负荷。

8.4 结果

分别报告材料两个方向的中值,以 N 为单位。并记录所用横梁的厚度、加荷速率以及试样宽度和厚度。

9 受热影响

将面积约为 100 cm² 的试样,在供需双方商定的或按单项材料规范规定的温度下,让其承受 10 min ～11 min 的热作用。有争议时,应采用符合 GB/T 11026.4—1999 要求的烘箱。以出现气泡、分层或其他不良影响表示试样被破坏。

10 挺度

10.1 设备

图 3 和图 4 所示设备由下述部分组成:

a) 一个开有一宽为(5±0.05)mm 中心槽的光滑不锈钢支撑平台。与中心槽相毗连的支撑平台上的两个上边缘倒成半径为(0.5±0.05)mm 的圆角。支撑平台及中心槽圆角边的表面应光滑(中线平均值 0.25 μm～1.0 μm)。

注：由于光滑度对试验结果无大的影响,因此,不必规定一个比上述更小的容限。

b) 一块扁平金属压梁。其安装方法是使得它能对称地插入支撑平台的中心槽里且受机械控制以 25 mm/min～50 mm/min 速度插入。该压梁厚度为(2±0.05)mm,且插入深度不小于 10 mm, 其长度比试样最大长度要长,其插入端应倒成半圆截面。

c) 一个与压梁或平台相连接的负荷传感器。当对称地把一个试样置于槽口之上时,该传感器能测 出试样阻止压梁插进槽里的最大阻力。负荷传感器的输出应直接记录在一仪表或记录纸上,其 合适量程范围为(0～0.1)N,(0～0.5)N 及(0～5)N。

此项试验可在传统的拉力试验机上进行,只需将其改成能施加压力即可。

10.2 试样

从材料上切取尺寸为 200 mm×10 mm 的试样 10 个,其中 5 个切自材料的纵向(MD),另外 5 个切 自材料的横向(TD)。在特定负荷范围内,对挺度值较高的材料,可采用较短的但不应短于 100 mm× 10 mm 的试样。

试样上较短的尺寸,即试验过程垂直于槽的那个尺寸,就是试验长度,因为在试验过程中试样在该 方向上被延伸。应确保试样平整,无折痕和皱纹。

10.3 试验温度

试样经(23±2)℃保持 1 h 处理后在该温度下试验。

注：这 1 h 的要求取代第 3 章规定的一般处理时间。

10.4 方法

使用符合第 4 章规定的仪器测量试样厚度。将试样对称地置于支撑平台上,使试样长边与槽平行, 其两个短边等量地搭在槽的每一侧上。驱动压梁使其克服试样阻力插入槽内并记录最大阻力。对结构 不对称的材料,究竟材料哪一面应朝内折,将在有关单项材料规范中规定。

10.5 结果

结果以 N 表示。假如不得不用较短的试样,则这个力应换算到 200 mm 长的力。取 5 个试样的中值 作为相应方向的挺度。

注：理论上均匀材料的挺度与其厚度的立方成正比。因此,各个试样间平均厚度的变化将会引起在单层和多层复合 材料上测得的挺度值发生很大波动。

试验经验表明,若被试材料的厚度变化不是很大,且如果以立方理论关系为基础对测得的挺度值进 行修正,那么可获得令人满意的重复性和再现性。

11 击穿电压

应按 GB/T 1408.1—1999 进行试验。

11.1 设备

11.1.1 对试验设备的一般要求

试验设备应符合 GB/T 1408.1—1999 的要求。

11.1.2 电极

对片状材料,应按 GB/T 1408.1—1999 的规定采用 ϕ25 mm/ϕ75 mm 电极。对分切材料(带),应按 GB/T 1408.1—1999 的规定采用 ϕ6 mm 电极。

电极表面应相互平行且没有凹坑或其他缺陷。

11.1.3 折叠装置

见图 5 及图 6。

11.2 试样及试验次数

对片状材料,试样尺寸至少应是 250 mm×250 mm,试样尺寸应足以适应电极摆放以避免闪络。对 于厚度 0.5 mm 及以下的试样应做不折叠和折叠后的试验。在相同的试样上,沿纵向折叠线做 5 次试验,沿横向折叠线做 5 次试验,再在未折叠区内做 5 次试验。对于厚度 0.5 mm 以上的试样,仅做 5 次不折叠试验。对于分切材料(带),试样应是长 450 mm、宽 25 mm,试验 5 次,且可在同一试样上进行。

注:当试验材料宽度小于 25 mm 时,应适当摆放电极以避免闪络。

11.3 程序

11.3.1 折叠

在距试样边缘约 40 mm 并与边缘相平行处用手将试样弯折。

注:用手弯折试样时,推荐使用图 5 所示装置。试样应尽可能深地插入该装置的槽里,用手向一边弯折 90°。然后从槽中取出试样,再用手沿同一方向弯折 90°。

将弯折后的试样折痕紧靠图 6 所示折叠装置的导向块平放后送入滚筒滚压。接着用手将试样向后弯折 360°,再送入折叠装置滚筒滚压。至此,试样的所有 4 个边缘都经受了两次折叠作用。将试样展开后,按 11.3.2 的规定进行试验,试验次数按 11.2 的规定。

11.3.2 试验

试样按第 3 章的要求处理后进行试验。除非单项材料规范另有规定,应按 GB/T 1408.1—1999 中 10.1 的规定施加电压。当 ϕ25 mm 电极重量不足以压平折叠后的试样时,应施加压力,其大小应正好压平试样。击穿判断标准,按 GB/T 1408.1—1999 的规定。取中值作为试验结果,单位为 kV。

单位为毫米

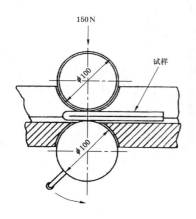 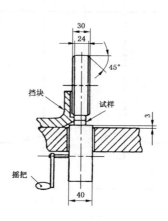

图 1　试样折叠装置

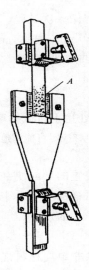

详图 A   单位为毫米

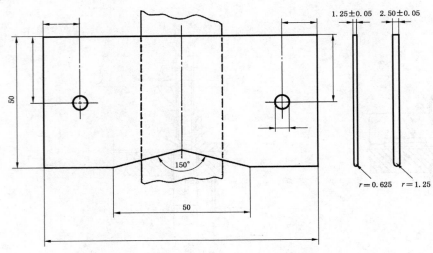

图 2 边缘撕裂夹具

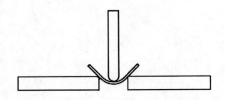

图 3 挺度测定过程中试样形状的侧视图

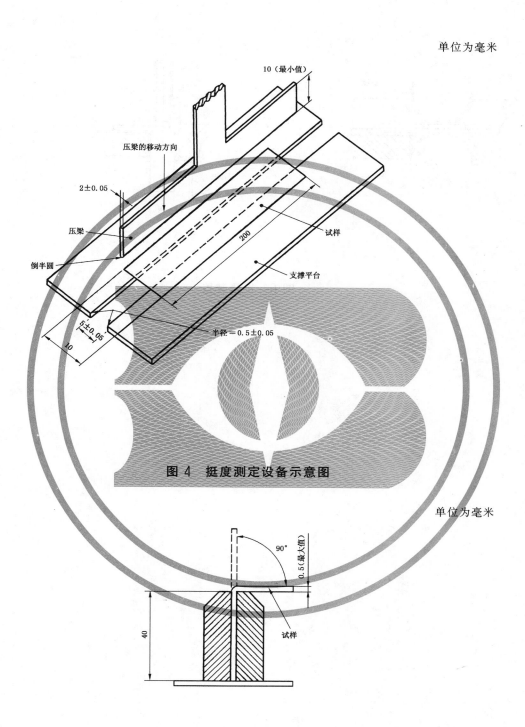

单位为毫米

10（最小值）

压梁的移动方向

2±0.05

压梁

倒半圆

200

试样

支撑平台

5±0.05

10

半径＝0.5±0.05

图 4 挺度测定设备示意图

单位为毫米

90°

0.5（最大值）

40

试样

图 5 试样的弯折

单位为毫米

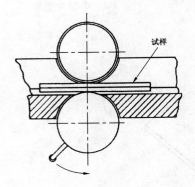
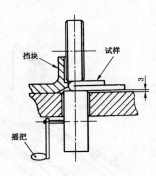

图 6   折叠装置

附 录 A

（资料性附录）

本部分章条编号与 IEC 60626-2:1995 章条编号对照

表 A.1 给出了本部分章条编号与 IEC 60626-2:1995 章条编号对照一览表。

表 A.1 本部分章条编号与 IEC 60626-2:1995 章条编号对照

本部分章条编号	对应的国际标准章条编号
1	1.1
2	1.2
3	1.3
4	2
4.1	2.1
4.1.1～4.1.3	2.1.1～2.1.3
4.2	2.2
4.2.1～4.2.2	2.2.1～2.1.3
4.3～4.4	2.3～2.4
5	3
6	4
6.1～6.5	4.1～4.5
7	5
8	6
8.1～8.4	6.1～6.4
9	7
10	8
10.1～10.5	8.1～8.5
11	9
11.1	9.1
11.1.1～11.1.3	9.1.1～9.1.3
11.2	9.2
11.3	9.3
11.3.1～11.3.2	9.3.1～9.3.2
附录 A	—

ICS 29.035.99
K 15

中华人民共和国国家标准

GB/T 5591.3—2008

电气绝缘用柔软复合材料
第3部分：单项材料规范

Combined flexible materials for electrical insulation—
Part 3：Specifications for individual materials

(IEC 60626-3：2002，MOD)

2008-11-07 发布　　　　　　　　　　2009-10-01 实施

中华人民共和国国家质量监督检验检疫总局
中国国家标准化管理委员会　发 布

前　言

GB/T 5591《电气绝缘用柔软复合材料》包括以下三个部分：

——第 1 部分：定义和一般要求；

——第 2 部分：试验方法；

——第 3 部分：单项材料规范。

本部分为 GB/T 5591 的第 3 部分。

本部分修改采用 IEC 60626-3：2002《电气绝缘用柔软复合材料　第 3 部分：单项材料规范》（第 2.1 版）。

本部分与 IEC 60626-3：2002（第 2.1 版）的主要差异如下：

a) 增加了 GB/T 11026.1—2003《电气绝缘材料耐热性　第 1 部分：老化程序和试验结果的评价》（IEC 60216-1：2001，IDT）和 JB/T 3730—1999《电气绝缘用柔软复合材料耐热性评定方法　卷管检查电压法》引用标准；

b) 删除了 IEC 60626-3：2002 中的所有篇的编号；

c) 增加了分类命名示例；

d) 对 IEC 60626-3：2002 中表 1 重新编排，其中组成材料仅针对补强材料，结构针对复合的层数，并增加了含有 PI 膜的 100%PAa 纤维非织布结构组成，使本部分更完整、更易于对组成与结构的识别；

e) 增加了对基材的总体要求（如玻璃布）；

f) 在技术方面明确了耐热性（T·I）的要求并规定了试验方法；

g) 在文本编辑方面对相关的内容和表格进行了较大的调整或整合，将 IEC 60626-3：2002 中的每一篇要求改用表格表示，减少了本部分的篇幅；

h) 在击穿电压试验方法中增加了对厚型材料弯折后击穿电压试验用电极的压强要求；

i) 增加了资料性附录 A、附录 B 和附录 C，分别叙述 IEC 60626-3：2002 与 JB/T 2197—1999 之间命名的对照、IEC 60626-3：2002 与本部分章条的对照和 IEC 60626-3：2002 中"篇"号与本部分表格编号的对照。

本部分的附录 A、附录 B 和附录 C 为资料性附录。

本部分由中国电器工业协会提出。

本部分由全国绝缘材料标准化技术委员会（SAC/TC 51）归口。

本部分主要起草单位：桂林电器科学研究所、四川东材科技集团股份有限公司、西安西电电工材料有限责任公司、杭州泰达实业有限公司、无锡华宝绝缘材料有限公司。

本部分起草人：李学敏、赵平、杜超云、吕伟琴、吴明。

本部分为首次制定。

电气绝缘用柔软复合材料
第3部分：单项材料规范

1 范围

GB/T 5591的本部分规定了各种电气绝缘用柔软复合材料的分类、命名、要求、试验方法及供货条件。

本部分适用于电气绝缘用柔软复合材料。

2 规范性引用文件

下列文件中的条款通过 GB/T 5591 的本部分的引用而成为本部分的条款。凡是注日期的引用文件，其随后所有的修改单（不包括勘误的内容）或修订版均不适用于本部分，然而，鼓励根据本部分达成协议的各方研究是否可使用这些文件的最新版本。凡是不注日期的引用文件，其最新版本适用于本部分。

GB/T 5591.1—2002 电气绝缘用柔软复合材料 第1部分：定义和一般要求（IEC 60626-1：1995，MOD）

GB/T 5591.2—2002 电气绝缘用柔软复合材料 第2部分：试验方法（IEC 60626-2：1995，MOD）

GB/T 11026.1—2003 电气绝缘材料耐热性 第1部分：老化程序和试验结果的评价（IEC 60216-1：2001，IDT）

GB 12802.2—2004 电气绝缘用薄膜 第2部分：电气绝缘用聚酯薄膜（IEC 60674-3-2：1992，MOD）

GB/T 13542.6—2006 电气绝缘用薄膜 第6部分：电气绝缘用聚酰亚胺薄膜（IEC 60674-3-4/6：1993，MOD）

GB/T 20628.1—2006 电气用纤维素纸 第1部分：定义和一般要求（IEC 60554-1：1977，MOD）

GB/T 20629.1—2006 电气用非纤维素纸 第1部分：定义和一般要求（IEC 60819-1：1995，IDT）

JB/T 2197—1999 电气绝缘材料产品分类、命名及型号编制方法

JB/T 3730—1999 电气绝缘用柔软复合材料耐热性评定试验方法 卷管检查电压法

JB/T 8989.1—1999 电工用压纸板和薄纸板 第1部分：定义和一般要求（eqv IEC 60641-1：1979）

JB/T 9554—1999 电工用聚酯纤维非织布

JC/T 170—2002 无碱玻璃布

IEC 60554-3 电气用纤维纸 第3部分：单项材料规范

IEC 60641-3 电气用压纸板和薄纸板 第3部分：单项材料规范

IEC 60819-3 电气用非纤维素纸 第3部分：单项材料规范

3 柔软复合材料组成及命名

3.1 分类

柔软复合材料按组成材料和结构进行分类，见表1。

表 1 柔软复合材料的组成与结构

组　成	结　构
含硫酸盐木浆纤维纸或薄纸板	含 PET 薄膜两层结构
	含 PET 薄膜三层结构
	其他结构
含棉纤维纸或薄纸板	含 PET 薄膜两层结构
	含 PET 薄膜三层结构
	其他结构
含棉纤维和木浆纤维混抄纸或薄纸板	含 PET 薄膜两层结构
	含 PET 薄膜三层结构
	其他结构
含纤维素纤维或纤维素纤维与非纤维素纤维混抄纸或薄纸板	待定
含轧光或未轧光聚芳酰胺纤维纸（湿法抄造）	含 PET 薄膜两层结构
	含 PET 薄膜三层结构
	含 PI 薄膜三层结构
含无机/有机纤维混抄纸（湿法抄造）	含 PET 薄膜两层结构
	含 PET 薄膜三层结构
	其他结构
含填充玻璃纸	含 PET 薄膜两层结构
	含 PET 薄膜三层结构
	含玻璃布两层结构
	其他结构
含 100％PET 为基的纤维或含 100％PAa 为基的纤维非织布	含 PET 薄膜的三层结构
	含 PI 薄膜的三层结构
	其他结构
含其他材料	待定
注：上述组成结构有的尚未制订规范。	

3.2　命名

按 GB/T 5591.1—2002 并根据柔软复合材料的组分类型和结构进行分类和命名。

示例 1：

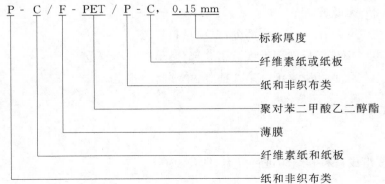

示例 2：

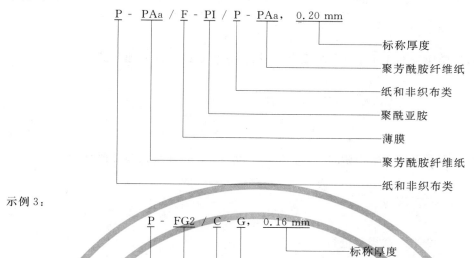

```
P - PAa / F - PI / P - PAa,  0.20 mm
                                  └─ 标称厚度
                              └───── 聚芳酰胺纤维纸
                          └───────── 纸和非织布类
                      └───────────── 聚酰亚胺
                  └───────────────── 薄膜
              └───────────────────── 聚芳酰胺纤维纸
          └───────────────────────── 纸和非织布类
```

示例 3：

```
P - FG2 / C - G,  0.16 mm
                      └─ 标称厚度
                  └───── 玻璃
              └───────── 纺织品
          └───────────── 2 型填充玻璃纸
      └───────────────── 纸和非织布类
```

4 对基材的要求

4.1 对组成材料的要求

4.1.1 对纤维素纸或薄纸板（P-C）的要求

所用的纤维素纸应符合 GB/T 20628.1—2006 和 IEC 60554-3 的要求。

所用的薄纸板应符合 JB/T 8989.1—1999 及 IEC 60641-3 的要求。

4.1.2 对聚芳酰胺纤维纸（P-PAa）的要求

所用的聚芳酰胺纤维纸应符合 GB/T 20629.1—2006 和 IEC 60819-3 的要求。

4.1.3 对混抄有机/无机纤维纸（P-H）的要求

所用的混抄有机/无机纸应符合 GB/T 20629.1—2006 和 IEC 60819-3 的要求。

4.1.4 对填充玻璃纸（P-FG1 及 P-FG2）的要求

所用的填充玻璃纸应符合 GB/T 20629.1—2006 和 IEC 60819-3 的要求。

4.1.5 对非织布（P-PET）的要求

所用的非织布应符合 JB/T 9554—1999 的要求。

4.1.6 对玻璃布（C-G）的要求

所用的玻璃布应符合 JC/T 170—2002 标准要求。

4.1.7 对薄膜（F-PET 或 F-PI）的要求

所用的薄膜应符合 GB 12802.2—2004 和 GB/T 13542.6—2006 的要求。

4.2 对组成材料的厚度要求

应优先选用表 2 至表 25 中推荐的组成材料厚度，若选用其他厚度的组成材料则由供需双方商定。

4.3 对柔软复合材料性能的要求

4.3.1 对由纤维素纸或薄纸板（P-C）组成的柔软复合材料的要求见表 2～表 9。

4.3.2 对由聚芳酰胺纤维纸（P-PAa）组成的柔软复合材料的要求见表 10～表 15。

4.3.3 对由混抄无机/有机纸（P-H）组成的柔软复合材料的要求见表 16～表 18。

4.3.4 对由填充玻璃纸（P-FG1 或 P-FG2 及 F-FG1）组成的柔软复合材料的要求见表 18～表 22。

4.3.5　对由聚酯非织布(P-PET)组成的柔软复合材料的要求见表23～表25。

5　试验方法

在无特殊规定时,试样应按 GB/T 5591.2—2002 中第 3 章规定进行预处理和试验。

5.1　外观

按 GB/T 5591.1—2002 中第 5 章规定,用目测检查。

5.2　尺寸

5.2.1　厚度

按 GB/T 5591.2—2002 中第 4 章规定,用分度值为 0.002 mm 的静重式测厚仪测量。

5.2.2　宽度

用分度值为 1 mm 的钢直尺测量。

5.3　定量

按 GB/T 5591.2—2002 第 5 章规定进行。

5.4　拉伸强度及伸长率

按 GB/T 5591.2—2002 中第 6 章规定进行。

5.5　击穿电压

按 GB/T 5591.2—2002 中第 11 章规定进行,其中窄条试样的试验电极推荐采用 $\phi6/\phi6$ 电极系统,宽幅材料则采用 $\phi25/\phi75$ 电极系统。对于用于较厚的柔软复合材料弯折后击穿电压试验用的上电极,试验时要增加增压锤以保证试验电极与试样充分接触。

5.6　温度指数(T·I)

按 GB/T 11026.1—2003 及 JB/T 3730—1999 规定进行,其中诊断性能为卷管检查电压。

6　接头

按 GB/T 5591.1—2002 中第 7 章规定。

7　供货条件

按 GB/T 5591.1—2002 中第 8 章规定。

表 2 对 F-PET/P-C（23 μmPET 薄膜单面复合薄纸板或纸）柔软复合材料的要求

序号	性能		单位	要　求										
				0.10	0.13	0.15	0.18	0.20	0.30	0.35	0.40	0.45	0.50	0.60
1	标称厚度		mm	0.10	0.13	0.15	0.18	0.20	0.30	0.35	0.40	0.45	0.50	0.60
2	厚度偏差		%	±15	±15	±15	±15	±15	±12	±10	±10	±10	±10	±10
3	标称定量		g/m²	115	155	190	215	250	300	370	430	490	610	730
4	定量偏差		%	±12	±12	±12	±12	±12	±12	±12	±12	±12	±12	±12
5	拉伸强度	纵向未折	N/10 mm	≥90	≥100	≥135	≥150	≥180	≥220	≥270	≥300	≥360	≥450	≥540
		横向未折		≥60	≥70	≥90	≥100	≥120	≥140	≥180	≥200	≥240	≥300	≥360
		纵向弯折		≥70	≥80	≥100	≥110	≥140	≥170	≥210	≥240	≥280	≥350	≥420
		横向弯折		≥40	≥50	≥60	≥70	≥80	≥100	≥120	≥140	≥160	≥200	≥240
6	伸长率	纵向未折	%	≥3	≥3	≥3	≥3	≥3	≥5	≥5	≥5	≥5	≥5	≥5
		横向未折		≥10	≥10	≥10	≥10	≥10	≥13	≥13	≥13	≥13	≥13	≥13
7	击穿电压	未弯折	kV	≥5	≥5	≥5	≥5	≥5	≥5	≥6	≥6	≥6	≥6	—
		弯折后		≥5	≥5	≥5	≥5	≥5	≥5	≥5	≥5	≥5	≥5	≥5
8	温度指数 （T·I）		—	≥120	≥120	≥120	≥120	≥120	≥120	≥120	≥120	≥120	≥120	≥120

表 3　对 F-PET/P-C(36 μmPET 薄膜单面复合薄纸板或纸)柔软复合材料的要求

序号	性能		单位	要求									
				0.10	0.15	0.20	0.25	0.30	0.35	0.40	0.45	0.50	0.60
1	标称厚度		mm	0.10	0.15	0.20	0.25	0.30	0.35	0.40	0.45	0.50	0.60
2	厚度偏差		%	±15				±12				±10	
3	标称定量		g/m²	120	190	250	280	370	395	490	510	610	730
4	定量偏差		%	±15				±12					
5	拉伸强度	纵向未折	N/10 mm	≥90	≥135	≥180	≥190	≥270	≥280	≥360	≥380	≥450	≥540
		横向未折		≥60	≥90	≥120	≥130	≥180	≥190	≥240	≥250	≥300	≥360
		纵向弯折		≥70	≥100	≥130	≥150	≥200	≥230	≥270	≥300	≥340	≥410
		横向弯折		≥40	≥60	≥80	≥90	≥120	≥130	≥160	≥170	≥200	≥240
6	伸长率	纵向未折	%	≥3				≥5					
		横向未折		≥10				≥13					
7	击穿电压	未弯折	kV	≥6				≥7				—	
		弯折后											
8	温度指数 (T·I)		—	≥120									

表 4 对 F-PET/P-C(50 μmPET 薄膜单面复合薄纸板或纸）柔软复合材料的要求

序号	性能		单位	要求								
1	标称厚度		mm	0.15	0.20	0.25	0.30	0.35	0.40	0.45	0.50	0.60
2	厚度偏差		%			±15		±12		±10		
3	标称定量		g/m²	190	245	305	360	420	480	535	590	700
4	定量偏差		%									
5	拉伸强度	纵向未折	N/10 mm	≥100	≥120	≥150	≥190	≥240	≥300	≥360	≥380	≥400
		横向未折		≥80	≥90	≥95	≥105	≥120	≥150	≥180	≥190	≥200
		纵向弯折		≥70	≥80	≥93	≥130	≥180	≥230	≥275	≥300	≥320
		横向弯折		≥40	≥50	≥60	≥90	≥115	≥145	≥175	≥180	≥190
6	伸长率	纵向未折	%			≥3				≥5		
		横向未折				≥10				≥13		
7	击穿电压	未弯折	kV				≥6	≥8				
		弯折后										
8	温度指数(T·D)		—					≥120				—

表 5　对 P-C/F-PET/P-C(23 μmPET 薄膜双面复合薄纸合薄板或纸)柔软复合材料的要求

序号	性能		单位	要求									
1	标称厚度		mm	0.12	0.15	0.20	0.25	0.30	0.35	0.40	0.45	0.50	0.60
2	厚度偏差		%	±15	±15	±12	±12	±12	±12	±10	±10	±10	±10
3	标称定量		g/m²	140	170	230	270	370	430	490	550	610	730
4	定量偏差		%	±12	±12	±12	±12	±12	±12	±10	±10	±10	±10
5	拉伸强度	纵向未折	N/10 mm	≥100	≥135	≥160	≥190	≥270	≥300	≥360	≥400	≥450	≥540
		横向未折		≥70	≥90	≥120	≥130	≥160	≥200	≥240	≥270	≥300	≥360
		纵向弯折		≥60	≥105	≥140	≥150	≥210	≥240	≥260	≥310	≥350	≥420
		横向弯折		≥40	≥60	≥80	≥90	≥120	≥135	≥160	≥175	≥200	≥240
6	伸长率	纵向未折	%	≥3	≥3	≥5	≥5	≥5	≥5	≥5	≥5	≥5	≥5
		横向未折											
7	击穿电压	未弯折	kV	≥5	≥5	≥5	≥5	≥5	≥6	≥6	≥6	≥10	≥10
		弯折后		—	—	—	—	—	—	—	—	—	—
8	温度指数 (T·I)		—	≥120	≥120	≥120	≥120	≥120	≥120	≥120	≥120	≥120	≥120

GBT 5591.3—2008

表 6 对 P-C/F-PET/P-C(36 μmPET 薄膜双面复合薄纸板或纸)柔软复合材料的要求

序号	性能		单位	要 求									
1	标称厚度		mm	0.12	0.15	0.20	0.25	0.30	0.35	0.40	0.45	0.50	0.60
2	厚度偏差		%	±15	±15				±12	±10			
3	标称定量		g/m²	150	180	240	300	370	430	490	550	610	730
4	定量偏差		%	±12									
5	拉伸强度	纵向未折	N/10 mm	≥100	≥135	≥180	≥200	≥270	≥300	≥360	≥400	≥450	≥540
		横向未折		≥75	≥100	≥120	≥130	≥180	≥200	≥240	≥255	≥300	≥360
		纵向弯折		≥85	≥100	≥140	≥160	≥210	≥230	≥280	≥300	≥350	≥420
		横向弯折		≥50	≥60	≥80	≥90	≥120	≥130	≥160	≥175	≥200	≥240
6	伸长率	纵向未折	%	≥5									
		横向未折		≥10									
7	击穿电压	未弯折	kV	≥7									
		弯折后		≥6									—
8	温度指数(T·I)		—	≥120									

617

表 7 对 P-C/F-PET/P-C（50 μmPET 薄膜双面复合薄纸板或纸）柔软复合材料的要求

序号	性能		单位	要求							
				0.15	0.25	0.30	0.35	0.40	0.45	0.50	0.55
1	标称厚度		mm	0.15	0.25	0.30	0.35	0.40	0.45	0.50	0.55
2	厚度偏差		%	±15	±15	±12	±12	±12	±10	±10	±10
3	标称定量		g/m²	200	320	380	440	490	550	620	700
4	定量偏差		%	±15	±15	±12	±12	±12	±10	±10	±10
5	拉伸强度	纵向未折	N/10 mm	≥135	≥200	≥270	≥310	≥360	≥400	≥450	≥540
		横向未折		≥100	≥130	≥180	≥200	≥240	≥255	≥300	≥360
		纵向弯折		≥100	≥160	≥210	≥235	≥280	≥300	≥350	≥420
		横向弯折		≥60	≥80	≥120	≥130	≥160	≥175	≥200	≥240
6	伸长率	纵向未折	%	≥3	≥3	≥3	≥3	≥5	≥5	≥5	≥5
		横向未折		≥6	≥6	≥6	≥8	≥8	≥10	≥10	≥10
7	击穿电压	未弯折	kV								
		弯折后		—	—	—	—	—	—	—	—
8	温度指数（T.I）		—	≥120	≥120	≥120	≥120	≥120	≥120	≥120	≥120

表 8 对 P-C/F-PET/P-C(75 μmPET 薄膜双面复合薄合纸板或纸)柔软复合材料的要求

序号	性能		单位	要 求								
1	标称厚度		mm	0.15	0.20	0.25	0.30	0.35	0.40	0.45	0.50	0.60
2	厚度偏差		%	±15					±10			
3	标称定量		g/m²	190	240	310	380	430	510	560	620	740
4	定量偏差		%	±15				±12				
5	拉伸强度	纵向未折	N/10 mm	≥140	≥190	≥230	≥280	≥330	≥380	≥420	≥470	≥570
		横向未折		≥105	≥140	≥170	≥210	≥240	≥280	≥310	≥350	≥420
		纵向弯折		≥100	≥130	≥160	≥200	≥230	≥270	≥300	≥340	≥410
		横向弯折		≥65	≥90	≥110	≥120	≥130	≥180	≥200	≥220	≥270
6	伸长率	纵向未折	%	≥5								
		横向未折		≥10								
7	击穿电压	未弯折	kV	≥10								
		弯折后		≥9								
8	温度指数 (T·I)		—	≥120								—

表 9 对 P-C/F-PET/P-C(100 μm 及 125 μmPET 薄膜双面复合薄板纸或纸)柔软复合材料的要求

序号	性能		单位	要求							
				100 μmPET				125 μmPET			
1	标称厚度		mm	0.20	0.30	0.40	0.50	0.20	0.30	0.40	0.50
2	厚度偏差		%	±15		±10		±15		±10	
3	标称定量		g/m²	250	380	510	620	260	380	515	635
4	定量偏差		%	±12				±12			
5	拉伸强度	纵向未折	N/10 mm	≥200	≥300	≥400	≥500	≥200	≥300	≥400	≥500
		横向未折		≥160	≥240	≥320	≥400	≥160	≥240	≥320	≥400
		纵向弯折		≥140	≥210	≥280	≥350	≥140	≥210	≥280	≥350
		横向弯折		≥100	≥150	≥200	≥250	≥100	≥150	≥200	≥250
6	伸长率	纵向未折	%	≥5				≥5			
		横向未折		≥10				≥10			
7	击穿电压	未弯折	kV	≥11				≥13			
		弯折后		≥9				≥11			
8	温度指数(T·I)		—	≥120				≥120			

表 10 对 P-PAa/F-PET(PET薄膜单面复合 50 μm 轧光聚芳酰胺纤维纸）柔软复合材料的要求

序号	性能		单位	要　求												
1	标称厚度		mm	0.08	0.10	0.11	0.13	0.16	0.18	0.25	0.31	0.41
2	厚度偏差		%				±15				±10	
3	标称定量		g/m²	95	110	125	160	190	230	320	390	550
4	定量偏差		%					±12				
5	薄膜标称厚度		μm	23	36	50	75	100	125	190	250	350
6	拉伸强度	纵向未折	N/10 mm	≥100	≥120	≥130	≥140	≥160	≥180	≥230	≥280	≥340
		横向未折		≥70	≥80	≥80	≥90	≥100	≥120	≥200	≥300	≥320
		纵向弯折		≥60	≥70	≥80	≥90	≥100	≥130	≥150	≥200	≥250
		横向弯折		≥50	≥60	≥60	≥80	≥90	≥100	≥150	≥200	≥250
7	伸长率	纵向未折	%			≥15				≥20		
		横向未折						≥20				
8	击穿电压	未弯折	kV	≥5	≥6	≥7	≥9	≥10	≥12	≥15	≥18	≥21
		弯折后		≥4	≥5	≥6	≥8	≥8	≥10	≥12	≥15	≥18
9	温度指数(T·I)		—					≥130				

表 11　对 P-PAa/F-PET(PET 薄膜单面复合 80 μm 轧光聚芳酰胺纤维纸）柔软复合材料的要求

序号	性能		单位	要　求								
1	标称厚度		mm	0.11	0.12	0.14	0.16	0.19	0.22	0.28	0.34	0.44
2	厚度偏差		%				±15				±10	
3	标称定量		g/m²	120	135	155	190	220	255	340	420	565
4	定量偏差		%				±12					
5	薄膜标称厚度		μm	23	36	50	75	100	125	190	250	350
6	拉伸强度	纵向未折	N/10 mm	≥100	≥120	≥130	≥140	≥160	≥180	≥230	≥280	≥340
		横向未折		≥70	≥80	≥90	≥90	≥100	≥120	≥200	≥300	≥320
		纵向弯折		≥60	≥70	≥80	≥90	≥100	≥130	≥150	≥200	≥250
		横向弯折		≥50	≥60	≥60	≥80	≥90	≥100	≥150	≥200	≥250
7	伸长率	纵向未折	%				≥15				≥20	
		横向未折					≥20				≥25	
8	击穿电压	未弯折	kV	≥6	≥7	≥8	≥10	≥11	≥13	≥16	≥18	≥21
		弯折后		≥5	≥6	≥6	≥8	≥9	≥11	≥13	≥15	≥18
9	温度指数（T·I）		—				≥130					

表 12 对 P-PAa/F-PET/P-PAa(PET 薄膜双面复合 50 μm 轧光聚芳酰胺纤维纸）柔软复合材料的要求

序号	性能	单位		要求								
1	标称厚度	mm		0.14	0.15	0.17	0.19	0.22	0.24	0.31	0.37	0.47
2	厚度偏差	%					±15	±12			±10	
3	标称定量	g/m²		140	150	170	200	230	270	360	450	590
4	定量偏差	%						±10				
5	薄膜标称厚度	μm		23	36	50	75	100	125	190	250	350
6	拉伸强度	N/10 mm	纵向未折	≥100	≥150	≥160	≥170	≥190	≥220	≥270	≥330	≥400
			横向未折	≥80	≥90	≥90	≥105	≥120	≥150	≥200	≥300	≥350
			纵向弯折	≥80	≥80	≥90	≥100	≥110	≥130	≥200	≥250	≥300
			横向弯折	≥50	≥70	≥70	≥90	≥100	≥120	≥150	≥200	≥250
7	伸长率	%	纵向未折			≥15			≥20			
			横向未折					≥20				
8	击穿电压	kV	未弯折	≥6	≥7	≥8	≥11	≥12	≥14	≥19	≥23	≥28
			弯折后	≥5	≥6	≥7	≥9	≥10	≥12	≥15	≥18	≥20
9	温度指数 (T·I)	—						≥155				

表 13 对 P-PAa/F-PET/P-PAa(PET 薄膜两面复合 80 μm 轧光聚芳酰胺纤维纸)柔软复合材料的要求

序号	性能	单位	要求									
1	标称厚度	mm	0.20	0.21	0.22	0.25	0.28	0.30	0.36	0.43	0.48	0.53
2	厚度偏差	%	±15	±15	±15	±15	±15	±15	±15	±15	±10	±10
3	标称定量	g/m²	185	200	220	255	290	325	420	500	570	640
4	定量偏差	%	±12	±12	±12	±12	±12	±12	±12	±12	±12	±12
5	薄膜标称厚度	μm	23	36	50	75	100	125	190	250	300	350
6	拉伸强度 纵向未折	N/10 mm	≥160	≥160	≥170	≥190	≥220	≥270	≥320	≥380	≥430	≥450
	拉伸强度 横向未折		≥100	≥120	≥140	≥180	≥190	≥200	≥250	≥300	≥300	≥300
	拉伸强度 纵向弯折		≥80	≥90	≥160	≥180	≥190	≥200	≥250	≥300	≥300	≥300
	拉伸强度 横向弯折		≥60	≥70	≥100	≥140	≥150	≥160	≥200	≥250	≥250	≥250
7	伸长率 纵向未折	%	≥15	≥15	≥15	≥15	≥15	≥20	≥20	≥20	≥20	≥20
	伸长率 横向未折		≥20	≥20	≥20	≥20	≥20	≥25	≥25	≥25	≥25	≥25
8	击穿电压 未弯折	kV	≥7	≥8	≥9	≥12	≥13	≥15	≥20	≥23	≥25	≥30
	击穿电压 弯折后		≥5	≥7	≥8	≥10	≥11	≥13	≥16	≥18	≥20	—
9	温度指数 (T·I)	—	≥155	≥155	≥155	≥155	≥155	≥155	≥155	≥155	≥155	≥155

表14 对 P-PAa/F-PET/P-PAa(PET薄膜两面复合130μm轧光或未轧光聚芳酰胺纤维纸柔软复合材料)的要求

序号	性能		单位	要求											
				由轧光 PAa组成					由未轧光 PAa组成						
				0.32	0.35	0.37	0.40	0.52	0.28	0.30	0.32	0.35	0.37	0.40
1	标称厚度		mm	0.32	0.35	0.37	0.40	0.52	0.28	0.30	0.32	0.35	0.37	0.40
2	厚度偏差		%	±15					±20					
3	标称定量		g/m²	330	360	400	440	620	135	155	170	205	240	280
4	定量偏差		%	±12					±12					
5	薄膜标称厚度		μm	50	75	100	125	250	23	36	50	75	100	125
6	拉伸强度	纵向未折	N/10 mm	≥200	≥200	≥250	≥300	≥400	≥45	≥60	≥75	≥100	≥120	≥140
		横向未折		≥170	≥200	≥220	≥260	≥320	≥45	≥60	≥75	≥100	≥120	≥140
		纵向弯折		≥170	≥190	≥210	≥230	≥330	≥40	≥50	≥75	≥80	≥100	≥120
		横向弯折		≥120	≥130	≥150	≥190	≥300	≥40	≥50	≥75	≥80	≥100	≥120
7	伸长率	纵向未折	%	≥7				≥15	≥7					
		横向未折		≥10				≥20	≥10					
8	击穿电压	未弯折	kV	≥10	≥13	≥14	≥16	≥25	≥4	≥5	≥6	≥9	≥10	≥12
		弯折后		≥8	≥11	≥12	≥14	—	≥3	≥4	≥5	≥6	≥9	≥10
9	温度指数(T·I)		—	≥155					≥155					

表 15 对 P-PAa/F-PI/P-PAa(PI 薄膜两面复合轧光聚芳酰胺纤维纸）柔软复合材料的要求

序号	性能		单位	要求					
1	标称厚度		mm	0.14	0.17	0.20	0.22	0.30	0.32
2	厚度偏差		%	±15					
3	标称定量		g/m²	135	170	190	220	300	330
4	定量偏差		%	±12					
5	薄膜标称厚度		μm	25	50	25	50	25	50
6	聚芳酰胺纤维纸标称厚度		μm	50	50	80	80	130	130
7	拉伸强度	纵向未折	N/10 mm	≥140	≥160	≥160	≥200	≥270	≥300
		横向未折		≥80	≥90	≥100	≥180	≥150	≥260
		纵向弯折		≥70	≥90	≥80	≥160	≥140	≥180
		横向弯折		≥50	≥70	≥60	≥100	≥90	≥130
8	伸长率	纵向未折	%	≥15	≥17	≥15	≥17	≥15	≥17
		横向未折		≥15	≥17	≥15	≥17	≥15	≥17
9	击穿电压	未弯折	kV	≥7	≥9	≥7	≥9	≥7	≥9
		弯折后		≥6	≥8	≥6	≥8	≥6	≥8
10	温度指数（T·I)		—	≥180					

表 16　对 P-H/F-PET(PET 薄膜单面复合混抄无机/有机纸)柔软复合材料的要求

序号	性能		单位	要求			
1	标称厚度		mm	0.10	0.15	0.18	0.21
2	厚度偏差		%	±15			
3	标称定量		g/m²	135	180	215	250
4	定量偏差		%	±15			
5	薄膜标称厚度		μm	23	23	50	23
6	拉伸强度	纵向未折	N/10 mm	≥115	≥135	≥230	≥155
		横向未折		待定	待定	待定	待定
		纵向弯折		待定	待定	待定	待定
		横向弯折		待定	待定	待定	待定
7	伸长率	纵向未折	%	≥7	≥7	≥11	≥13
		横向未折		待定	待定	待定	待定
8	击穿电压	未弯折	kV	≥4	≥4	≥6.5	≥4
		弯折后		待定	待定	待定	待定
9	温度指数(T·I)		—	≥130			

表17 对 P-H/F-PET/P-H(PET薄膜两面复合混抄无机/有机纸)柔软复合材料的要求

序号	性能		单位	要求										
				75 μmP-H 纸						125 μmP-H 纸				
1	标称厚度		mm	0.13	0.23	0.28	0.34	0.41	0.51	0.28	0.30	0.33	0.38	0.51
2	厚度偏差		%	±15						±15				
3	标称定量		g/m²	255	295	365	455	530	670	325	355	395	455	630
4	定量偏差		%	±15						±15				
5	PET膜标称厚度		μm	23	75	125	190	250	350	23	50	75	125	250
6	拉伸强度	纵向未折	N/10 mm	≥135	≥290	≥385	≥540	≥655	≥770	≥135	≥230	≥290	≥425	≥695
		横向未折		待定	待定	待定	待定	待定	待定	待定	待定	待定	待定	待定
		纵向弯折		待定	待定	待定	待定	待定	待定	待定	待定	待定	待定	待定
		横向弯折		待定	待定	待定	待定	待定	待定	待定	待定	待定	待定	待定
7	伸长率	纵向未折	%	≥7						≥7				
		横向未折		待定						待定				
8	击穿电压	未弯折	kV	≥4	≥8.5	≥12	≥13	≥15	≥15	≥4	≥7	≥8.5	≥12	≥15
		弯折后		待定						待定				
9	温度指数 (T·I)		—	≥155						≥155				

表18 对 P-H/P-FG1/P-FG1/P-H(1型填充玻璃纸双面复合混抄无机/有机纸/有机纸)柔软复合材料及
P-FG1/F-PET(25 μmPET 单面复合 1 型填充玻璃纸)柔软复合材料的要求

序号	性能		单位	要求							
				P-H/P-FG1/P-H			P-FG1/F-PET				
1	标称厚度		mm	0.50	0.54	0.76	0.15	0.20	0.28	0.41	0.53
2	厚度偏差		%	±15			±15				
3	标称定量		g/m²	585	625	825	165	225	310	455	560
4	定量偏差		%	±15			±15				
5	P-FG1纸标称厚度		μm	250	180	500	—	—	—	—	—
6	纸标称厚度		μm	125	180	125	—	—	—	—	—
7	PET膜标称厚度		μm	—	—	—	125	180	250	380	500
8	拉伸强度	纵向未折	N/10 mm	≥190	≥270	≥155	≥75	≥75	≥75	≥75	≥75
		横向未折		待定	待定	待定	待定	待定	待定	待定	待定
		纵向弯折		待定	待定	待定	待定	待定	待定	待定	待定
		横向弯折		待定	待定	待定	待定	待定	待定	待定	待定
9	伸长率	纵向未折	%	≥0.8			≥0.8				
		横向未折		待定			待定				
10	击穿电压	未弯折	kV	≥3.5			≥4				
		弯折后		待定			待定				
11	温度指数(T·I)		—	≥180			≥130				

表 19 对 P-FG1/F-PET(50 μm 和 75 μm PET 薄膜单面复合 1 型填充玻璃纸)柔软复合材料的要求

序号	性能		单位	要求									
				50 μmPET						75 μmPET			
				0.18	0.23	0.30	0.43	0.69	0.81	0.20	0.25	0.33	0.46
1	标称厚度		mm	0.18	0.23	0.30	0.43	0.69	0.81	0.20	0.25	0.33	0.46
2	厚度偏差		%	±15						±15			
3	标称定量		g/m²	205	270	350	500	785	920	245	305	385	525
4	定量偏差		%	±15						±15			
5	纸的标称厚度		μm	125	180	250	380	640	760	125	180	250	380
6	拉伸强度	纵向未折	N/10 mm	≥140		≥155				≥195			
		横向未折		待定									
		纵向弯折		待定									
		横向弯折		待定									
7	伸长率	纵向未折	%	≥0.8						≥0.8			
		横向未折		待定						待定			
8	击穿电压	未弯折	kV	≥6.5						≥8.5			
		弯折后		待定						待定			
9	温度指数(T·I)		—	≥130						≥130			

表 20 对 P-FG2/F-PET(PET薄膜单面复合2型填充玻璃纸)柔软复合材料的要求

序号	性能		单位	要求					
1	标称厚度		mm	0.09	0.10	0.13	0.15	0.18	0.20
2	厚度偏差		%	±15					
3	标称定量		g/m²	85	105	135	175	205	245
4	定量偏差		%	±15					
5	薄膜标称厚度		μm	12	23	50	23	50	75
6	纸的标称厚度		μm		75			125	
7	拉伸强度	纵向未折	N/10mm	≥30	≥75	≥145	≥75	≥145	≥195
		横向未折		待定					
		纵向弯折		待定					
		横向弯折		待定					
8	伸长率	纵向未折	%	待定					
		横向未折		待定					
9	击穿电压	未弯折	kV	≥2.3	≥4.0	≥6.5	≥4.0	≥6.5	≥8.5
		弯折后		待定					
10	温度指数(T·I)		—	≥130					

表21 对 P-FG1/C-G 或 P-FG2/C-G（1型或2型填充玻璃纸单面复合纺织玻璃布）柔软复合材料的要求

序号	性能	子项	单位	要求						
				P-FG1					P-FG2	
1	标称厚度		mm	0.21	0.26	0.34	0.46	0.85	0.13	0.16
2	厚度偏差		%	±15					±15	
3	标称定量		g/m²	240	300	380	520	920	105	145
4	定量偏差		%	±15					±15	
5	纸的标称厚度		μm	130	180	250	380	760	75	75
6	玻璃布标称厚度		μm	84					50	84
7	拉伸强度	纵向未折	N/10 mm	≥350					≥150	≥350
		横向未折		待定					待定	
		纵向弯折		待定					待定	
		横向弯折		待定					待定	
8	伸长率	纵向未折	%	≥0.8					≥2.3	
		横向未折		待定					待定	
9	击穿电压	未弯折	kV	≥0.9	≥1.4	≥1.9	≥2.7	≥4.4	≥0.7	
		弯折后		待定					待定	
10	温度指数 (T·I)		—	≥180					≥180	

表22 对 P-FG1 或 P-FG2/F-PET/P-FG1 或 P-FG2(在 PET 薄膜两面复合 1 型或 2 型填充玻璃纸)柔软复合材料的要求

序号	性能	单位	要求 P-FG1 纸						要求 P-FG2 纸			
1	标称厚度	mm	0.28	0.30	0.38	0.38	0.41	0.81	0.18	0.38	0.41	0.81
2	厚度偏差	%	±15						±15			
3	标称定量	g/m²	320	360	440	435	470	930	175	240	300	350
4	定量偏差	%	±15						±15			
5	薄膜标称厚度	μm	23	50	125	23	50	50	23	75	23	50
6	纸的标称厚度	μm	125	125	125	180	180	380	75	75	125	125
7	拉伸强度 纵向未折	N/10 mm	≥75	≥45	≥345	≥75	≥155	≥230	≥75	≥195	≥75	≥145
	拉伸强度 横向未折		待定						待定			
	拉伸强度 纵向弯折		待定						待定			
	拉伸强度 横向弯折		待定						待定			
8	伸长率 纵向未折	%	≥4.0	≥12	≥0.8							≥2.3
	伸长率 横向未折		待定						待定			
9	击穿电压 未弯折	kV	≥4.0	≥6.5	≥6.5	≥4.0	≥6.5	≥6.5	≥4.0	≥8.5	≥4.0	≥6.5
	击穿电压 弯折后		待定						待定			
10	温度指数 (T·I)	—	≥155						≥155			

表 23 对 P-PET/F-PET/P-PET(在 PET 薄膜两面复合 50 μm PET 非织布)柔软复合材料的要求

序号	性能		单位	要 求								
1	标称厚度		mm	0.13	0.15	0.18	0.20	0.23	0.30	0.35	0.45	
2	厚度偏差		%	±15						±10		
3	标称定量		g/m²	115	145	190	220	260	350	425	560	
4	定量偏差		%	±12								
5	薄膜标称厚度		μm	23	50	75	100	125	190	250	350	
6	拉伸强度	纵向未折	N/10 mm	≥50	≥110	≥140	≥160	≥200	≥300	≥350	≥400	
		横向未折		≥40	≥90	≥105	≥120	≥150	≥200	≥300	≥350	
		纵向弯折		≥35	≥90	≥105	≥120	≥150	≥200	≥300	≥350	
		横向弯折		≥30	≥70	≥90	≥100	≥120	≥150	≥200	≥250	
7	伸长率	纵向未折	%	≥20								
		横向未折		≥50								
8	击穿电压	未弯折	kV	≥4.0	≥6.0	≥7.0	≥9.0	≥10	≥15	≥18	≥22	
		弯折后		≥3.0	≥5.0	≥6.0	≥8.0	≥9.0	≥13	≥16	≥20	
9	温度指数 (T·I)		—	≥130								

表 24 对 P-PET/F-PET/P-PET(在 PET 薄膜两面复合 75 μmPET 非织布)柔软复合材料的要求

序号	性能		单位	要　　求					
1	标称厚度		mm	0.23	0.25	0.28	0.34	0.40	0.50
2	厚度偏差		%				±20		
3	标称定量		g/m²	230	265	300	390	480	620
4	定量偏差		%				±12		
5	薄膜标称厚度		μm	75	100	125	190	250	350
6	拉伸强度	纵向未折	N/10 mm	≥140	≥180	≥220	≥270	≥300	≥340
		横向未折		≥105	≥120	≥150	≥200	≥300	≥300
		纵向弯折		≥100	≥120	≥150	≥200	≥300	≥300
		横向弯折		≥90	≥100	≥120	≥150	≥200	≥200
7	伸长率	纵向未折	%				≥20		
		横向未折					≥40		
8	击穿电压	未弯折	kV	≥7.0	≥9.0	≥10	≥15	≥18	≥22
		弯折后		≥6.0	≥8.0	≥9.0	≥13	≥16	≥20
9	温度指数(T·I)		—				≥130		

表25 对 P-PET/F-PET/P-PET(在 PET 薄膜两面复合 125 μmPET 非织布)复合材料的要求

序号	性能		单位	要求					
1	标称厚度		mm	0.31	0.34	0.36	0.42	0.48	0.58
2	厚度偏差		%	±20					
3	标称定量		g/m²	290	330	360	450	530	650
4	定量偏差		%	±12					
5	薄膜标称厚度		μm	75	100	125	190	250	350
6	拉伸强度	纵向未折	N/10 mm	≥180	≥200	≥240	≥300	≥340	≥400
		横向未折		≥105	≥120	≥150	≥200	≥300	≥350
		纵向弯折		≥100	≥120	≥150	≥200	≥300	≥350
		横向弯折		≥90	≥100	≥120	≥150	≥200	≥250
7	伸长率	纵向未折	%	≥20					
		横向未折		≥40					
8	击穿电压	未弯折	kV	≥7.0	≥9.0	≥10	≥15	≥18	≥22
		弯折后		≥6.0	≥8.0	≥9.0	≥13	≥16	—
9	温度指数(T·I)		—	≥130					

附 录 A

（资料性附录）

本部分的分类命名与 JB/T 2197—1996 的命名对照

表 A.1 给出了本部分分类命名与 JB/T 2197—1996 的命名对照一览表。

表 A.1 本部分的分类命名与 JB/T 2197—1996 的命名对照

本部分	JB/T 2197—1996
F-PET/P-C	6520
P-CF-PET/P-C	—
P-PAa/F-PET	—
P-PAa/F1-PET/P-PAa	6640
P-PAa/F-PI/ P-PAa	6650
P-H/F-PET	—
P-H/F-PET/P-H	—
P-H/F-FG1/P-H	—
P-FG1/F-PET	—
P-FG1/F-PET/P-FG1	—
P-FG2/F-PET	—
P-FG2/F-PET/P-FG2	—
P-FG1/C-G	—
P-FG2/C-G	—
P-PET/F-PET/P-PET	6630

附 录 B

（资料性附录）

本部分章条编号与 IEC 60626-3：2002 章条编号对照

表 B.1 给出了本部分章条编号与 IEC 60626-3：2002 章条对照一览表。

表 B.1 本部分章条编号与 IEC 60626-3：2002 章条编号对照

本部分章条编号	IEC 60626-3：2003 章条编号
1	1
2	2
3.1	6
3.2	4
4.1	分别对应各篇中的 3 或表
4.2	—
4.3	分别对应各篇中 2 和表
5	分别对应各篇中的表
6	—
7	—
附录 A	—
附录 B	—
附录 C	—

附 录 C

（资料性附录）

本部分表格编号与 IEC 60626-3:2002"篇"的对照

表 C.1 给出了本部分表格编号与 IEC 60626-3:2002 中"篇"的对照一览表。

表 C.1 本部分表格编号与 IEC 60626-3:2002 中"篇"的编号对照

本部分表的编号	IEC 60626-3:2002 中"篇"的编号
表 1	表 1
表 2	第 100 篇
表 3	第 101 篇
表 4	第 102 篇
表 5	第 110 篇
表 6	第 111 篇
表 7	第 112 篇
表 8	第 113 篇
表 9	第 114 篇和第 115 篇
表 10	第 302 篇
表 11	第 303 篇
表 12	第 312 篇
表 13	第 313 篇
表 14	第 315 篇和第 320 篇
表 15	第 330 篇
表 16	第 340 篇
表 17	第 350 篇和第 351 篇
表 18	第 360 篇和第 400 篇
表 19	第 401 篇和第 402 篇
表 20	第 403 篇
表 21	第 410 篇和第 411 篇
表 22	第 420 篇和第 421 篇
表 23	第 502 篇
表 24	第 503 篇
表 25	第 505 篇

ICS 29.035.99
K 15

中华人民共和国国家标准

GB/T 13542.1—2009
代替 GB/T 13542—1992

电气绝缘用薄膜
第 1 部分：定义和一般要求

Film for electrical insulation—
Part 1：Definitions and general requirements

（IEC 60674-1：1980，Specification for plastic films for electrical purposes—
Part 1：Definitions and general requirements，MOD）

2009-06-10 发布   2009-12-01 实施

中华人民共和国国家质量监督检验检疫总局
中国国家标准化管理委员会   发布

前 言

GB/T 13542《电气绝缘用薄膜》分为以下几个部分：

——第1部分：定义和一般要求；

——第2部分：试验方法；

——第3部分：电容器用双轴定向聚丙烯薄膜；

——第4部分：聚酯薄膜；

……。

本部分为 GB/T 13542 的第1部分。

本部分修改采用 IEC 60674-1:1980《电气用塑料薄膜 第1部分：定义和一般要求》（英文版）。

本部分与 IEC 60674-1 的主要技术差异如下：

1) 增加了"规范性引用文件"章；

2) 增加了"检验规则"章。

本部分代替 GB/T 13542—1992《电气用塑料薄膜一般要求》。

本部分与 GB/T 13542—1992 相比主要差异如下：

1) 将"引用标准"改为"规范性引用文件"；

2) 定义 3.1.1 中"偏斜"改为"偏移/弧形"。

本部分由中国电器工业协会提出。

本部分由全国绝缘材料标准化技术委员会(SAC/TC 51)归口。

本部分起草单位：桂林电器科学研究所、东材科技集团股份有限公司。

本部分主要起草人：王先锋、赵平。

本部分所代替标准的历次版本发布情况为：

——GB/T 13542—1992。

电气绝缘用薄膜
第1部分:定义和一般要求

1 范围

GB/T 13542的本部分规定了电气绝缘用薄膜的定义、一般要求、尺寸、检验规则和标志、包装、运输和贮存。

本部分适用于电气绝缘用薄膜。

2 规范性引用文件

下列文件中的条款通过GB/T 13542的本部分的引用而成为本部分的条款。凡是注日期的引用文件,其随后所有的修改单(不包括勘误的内容)或修订版均不适用于本部分,然而,鼓励根据本部分达成协议的各方研究是否可使用这些文件的最新版本。凡是不注日期的引用文件,其最新版本适用于本部分。

GB/T 13542.2—2009 电气绝缘用薄膜 第2部分:试验方法(IEC 60674-2:1988,MOD)

3 术语和定义

下列术语和定义适用于本部分。

3.1

卷绕性 windability

薄膜的卷绕性用于评定成卷薄膜的变形情况,可由偏移/弧形和凹陷两方面衡量。

3.1.1

偏移/弧形 bias-camber

当薄膜平整地打开时,其边缘不呈直线(偏移或弧形)。

3.1.2

凹陷 sag

当一段薄膜由两个呈水平位置的平行辊支撑并承受一定张力的情况下,其中有部分薄膜会低于总的水平面。

3.2

脱筒 telescoping

薄膜卷由于卷绕不紧密,薄膜卷中的一部分对于其他部分发生的轴向移动称为脱筒。

4 一般要求

4.1 外观

薄膜成卷供应,薄膜表面应平整光洁,不应有折皱、撕裂、颗粒、气泡、针孔和外来杂质等缺陷。

4.2 膜卷

膜卷的外径由供需双方协商,膜卷应基本为圆柱形。薄膜应紧密卷绕在管芯上,以防在运输和以后正常使用时出现脱筒。

膜卷应容易开卷,不应有不利于开卷和应用的厚边。除非在产品标准中另有规定,否则,膜卷的端面应平整且垂直于管芯;端面上任何一处不应超出其主平面±2 mm。

4.3 接头

每卷膜接头数应符合产品标准的要求,接头处应能承受以后应用时受到的机械应力和热应力,接头应不妨碍薄膜开卷,并应有明显的标志。

接头耐热性或耐溶剂性等特殊要求应由供需双方协商。

4.4 管芯

薄膜应卷在圆形管芯上,管芯在卷绕拉伸下应不掉屑、坍塌或歪扭,也不应损坏薄膜或使其性能降低。管芯的所有性能和尺寸及其偏差由供需双方协商,管芯的优选内径为 76 mm 和 152 mm,管芯可以伸出膜卷的端部,或者与端部平齐。

5 尺寸

5.1 厚度

按 GB/T 13542.2—2009 第 4 章所述的方法测定厚度,除非在产品标准中另有规定,且测得的厚度应在标称值±10%范围内。

5.2 宽度

宽度应在产品标准中规定,按 GB/T 13542.2—2009 第 6 章规定的方法测定的宽度,除非产品标准另有规定,其允许偏差应符合表 1 的规定。

表 1 薄膜宽度   单位为毫米

宽　　度	偏　　差
≤50	±0.5
>50~300	±1.0
>300~450	±2.0
>450	±4.0

5.3 长度

对长度的要求由产品标准规定。

6 检验规则

6.1 薄膜应进行出厂检验和型式检验。

6.2 型式检验项目为产品标准中技术要求规定的全部项目。每三个月至少进行一次。当原材料变更或工艺条件改变时,也应进行型式检验。

6.3 产品批量、抽样方法和出厂检验项目在产品标准中规定。每批薄膜应进行出厂检验,产品经检验合格才能出厂。制造厂应保证出厂产品符合产品标准中全部技术要求。

6.4 当试验结果中任何一项不符合技术要求时,应在该批薄膜另外二卷中各取一组试样重复该项试验,如仍有一组不符合要求时,该批薄膜为不合格品。

6.5 使用单位可按产品标准的全部或部分项目进行验收检验。预处理条件按 GB/T 13542.2—2009 中 3.2 要求进行。

6.6 使用单位有要求时,制造厂应提供产品检验报告。

7 标志、包装、运输和贮存

7.1 薄膜卷要用防潮纸或塑料薄膜包裹,外层套装塑料袋,并架空支撑放置于包装箱中,使薄膜在通常的贮存和运输条件下得到充分保护而不受损坏和变质。

7.2 每箱薄膜应有明显而牢固的标志:

　　a) 产品标准号;

b) 产品名称、型号、批号；

c) 厚度、宽度；

d) 毛重和净重；

e) 制造厂名称及出厂日期；

f) 注明"怕湿"、"小心轻放"等字样和图样。

7.3 薄膜应贮存在干燥而洁净的室内。不应靠近火源、暖气或受日光直射。

7.4 贮存期在产品标准中规定。超过贮存期按产品标准检验,合格者仍可使用。

7.5 产品在贮存和运输中应避免受潮和机械损伤。

ICS 29.035.99
K 15

中华人民共和国国家标准

GB/T 13542.2—2009
代替 GB/T 13541—1992

电气绝缘用薄膜
第 2 部分：试验方法

Film for electrical insulation—
Part 2：Methods of test

(IEC 60674-2：1988，Specification for plastic films for electrical purposes—
Part 2：Methods of test，MOD)

2009-06-10 发布

2009-12-01 实施

中华人民共和国国家质量监督检验检疫总局
中国国家标准化管理委员会　发布

前　言

GB/T 13542《电气绝缘用薄膜》分为下列几个部分：

——第 1 部分：定义和一般要求；

——第 2 部分：试验方法；

——第 3 部分：电容器用双轴定向聚丙烯薄膜；

——第 4 部分：聚酯薄膜；

……。

本部分为 GB/T 13542 的第 2 部分。

本部分修改采用 IEC 60674-2:1988《电气用塑料薄膜　第 2 部分：试验方法》及第 1 次修正(2001)（英文版）。

考虑到我国国情，在采用 IEC 标准时，本部分做了一些修改。有关技术性差异在它们所涉及的条款的页边空白处用垂直单线标识。

为便于使用，本部分做了下列编辑性修改：

a)　删除了 IEC 的"前言"和"引言"；增加了"规范性引用文件"；

b)　在机械法测量厚度中增加了叠层法；

c)　在"卷绕性"中将"辊的直径为 100 mm±10 mm"改为"辊的直径为 100 mm±1 mm"；

d)　规定了"表面粗糙度"的测量方法；

e)　增加了 2001 年第 1 次修正补充的"非接触式电极测量"方法(变电容法、变间距法)，并细化了计算公式；

f)　对"模型电容器法"测"介质损耗因数和电容率"进行细化，并增加计算公式；

g)　删除了"浸渍状态下的损耗因数"；

h)　考虑到我国国情，电气强度直流试验中增加了"50 点电极法"；

i)　考虑到我国国情，将电弱点试验方法中铝箔电极的厚度由 6 μm 改为 7 μm，另外将施加直流电压由 100 V/μm 改为产品标准规定的电压值(200 V/μm)；

j)　规定了"熔点"的测量方法；

k)　在燃烧性试验中将"试样距燃烧器顶端 9.5 mm"改为"试样距燃烧器顶端 10 mm"；

l)　根据我国国情增加了"空隙率"的测量方法。

本部分代替 GB/T 13541—1992《电气用塑料薄膜　试验方法》。

本部分与 GB/T 13541—1992 相比主要变化如下：

a)　部分章节顺序改变；

b)　删除了叠层法测厚度中表 1 的内容；

c)　厚度测量中增加"用重量法测定卷的平均厚度"及"横向厚度分布和纵向厚度变化"；

d)　规定了"表面粗糙度"的测量方法；

e)　规定了"挺度"的测量方法；

f)　在"介质损耗因数和电容率"试验方法中增加了"变间距法"及"流体排出法"；

g)　在"电气强度直流试验"方法中增加"50 点电极法"；

h)　在"熔点"试验方法中增加了"DSC 法"。

本部分由中国电器工业协会提出。

本部分由全国绝缘材料标准化技术委员会(SAC/TC 51)归口。

本部分负责起草单位:桂林电器科学研究所。

本部分参加起草单位:东材科技集团股份有限公司、江门润田投资实业有限公司、广东佛塑集团股份有限公司、安徽铜峰电子股份有限公司、浙江南洋科技股份有限公司、溧阳华晶电子材料有限公司、桂林电力电容器有限责任公司、西安交通大学。

本部分起草人:王先锋、李学敏、赵平、柯庆毅、唐晓玲、章晓红、丁邦建、钱时昌、李兆林、曹晓珑。

本部分所代替标准的历次版本发布情况为:

——GB/T 13541—1992。

电气绝缘用薄膜
第2部分:试验方法

1 范围

GB/T 13542 的本部分规定了电气绝缘用薄膜的试验方法。

本部分适用于电气绝缘用薄膜。

2 规范性引用文件

下列文件中的条款通过 GB/T 13542 的本部分的引用而成为本部分的条款。凡是注日期的引用文件,其随后所有的修改单(不包括勘误的内容)或修订版均不适用于本部分,然而,鼓励根据本部分达成协议的各方研究是否可使用这些文件的最新版本。凡是不注日期的引用文件,其最新版本适用于本部分。

GB/T 1033.1—2008 塑料 非泡沫塑料密度的测定 第1部分:浸渍法、液体比重瓶法和滴定法(ISO 1183-1:2004,IDT)

GB/T 1408.1—2006 绝缘材料电气强度试验方法 第1部分:工频下试验(IEC 60243-1:1998)

GB/T 1409—2006 测定电气绝缘材料在工频、音频、高频(包括米波波长在内)下电容率和介质损耗因数的推荐方法(IEC 60250:1969,MOD)

GB/T 1410—2006 固体绝缘材料体积电阻率和表面电阻率试验方法(IEC 60093:1980,IDT)

GB/T 7196—1987 用液体萃取测定电气绝缘材料离子杂质的试验方法(eqv IEC 60589:1977)

GB/T 10006—1988 塑料薄膜和薄片摩擦系数测定方法(idt ISO 8295:1986)

GB/T 10580—2003 固体绝缘材料试验前和试验时采用的标准条件(IEC 60212:1971,IDT)

GB/T 10582—2008 电气绝缘材料 测定因绝缘材料引起的电解腐蚀的试验方法(IEC 60426:2007,IDT)

GB/T 11026.1—2003 电气绝缘材料 耐热性 第1部分:老化程序和试验结果的评定(IEC 60216-1:2001,IDT)

GB/T 11026.2—2000 确定电气绝缘材料耐热性的导则 第2部分:试验判断标准的选择(idt IEC 60216-2:1990)

GB/T 11026.3—2006 电气绝缘材料耐热性 第3部分:计算耐热性特征参数的规程(IEC 60216-3:2002,IDT)

GB/T 11026.4—1999 确定电气绝缘材料耐热性的导则 第4部分:老化烘箱 单室烘箱(idt IEC 60216-4-1:1990)

GB/T 11999—1989 塑料薄膜和薄片耐撕裂性试验方法 埃莱门多夫法(eqv ISO 6383-2:1983)

JB/T 3282—1999 固体绝缘材料相对耐表面放电击穿性能试验方法(eqv IEC 60343:1991)

IEC 60260:1968 非注入式恒定相对湿度试验箱

IEC 61074:1991 用差示扫描量热法测定电气绝缘材料熔融热、熔点及结晶热、结晶温度的试验方法

ISO 4591:1992 塑料 薄膜和薄板 以重量分析技术(重量分析厚度)测定试样的平均厚度和整卷的平均厚度和量度

ISO 4592:1992 塑料 薄膜和薄板 长度和宽度的测定

ISO 4593:1993 塑料 薄膜和薄板 机械扫描测定厚度

3 取样、预处理条件和试验条件

3.1 取样

从薄膜卷上取样时,应至少先剥去最外三层薄膜,取样时的环境条件同试验条件,并按性能要求进行制样。

3.2 预处理条件

除非产品标准或本部分中个别试验另有规定外,取样前,样品薄膜卷应在 23 ℃±2 ℃,相对湿度 50%±5% 的条件下至少放置 24 h,取好的试样应在该条件下处理 1 h。

3.3 试验条件

除非产品标准或本部分中个别试验另有规定外,试验应在温度 23 ℃±2 ℃、相对湿度 50%±5%、环境洁净度不大于 10 000 级的条件下进行。

4 厚度

厚度应按产品标准要求采用下列规定中的一种或几种方法进行测定。

4.1 机械法

4.1.1 单层法

4.1.1.1 原理

根据 ISO 4593:1993,用精密千分尺或立式光学计或其他仪器测量单张试样的厚度。

4.1.1.2 测量仪器

薄膜厚度小于 100 μm 时,用立式光学计或其他合适的测厚仪测量。采用直径为 2 mm 的平面测帽或曲率半径为 25 mm~50 mm 的球面测帽。测量压力为 0.5 N~1 N。薄膜厚度大于或等于 100 μm 时,可用千分尺测量。

仪器精度要求:

薄膜厚度小于 15 μm 时,精度不低于 0.2 μm;

薄膜厚度大于或等于 15 μm 但小于 100 μm 时,精度不低于 1 μm;

薄膜厚度大于或等于 100 μm 时,精度不低于 2 μm。

4.1.1.3 测量

沿样品宽度方向切取三条约 100 mm 宽的薄膜(当膜卷宽度小于 400 mm 时,可适当多取几条),试样不应有皱折或其他缺陷。

按 ISO 4593:1993 的要求,测量试样的厚度。在试样上等距离共测量 27 点,两测量点间距不少于 50 mm。对未切边的膜卷,测量点应离薄膜边缘 50 mm,对已切边的卷,测量点应离薄膜边缘 2 mm。

4.1.1.4 结果

取 27 个测量值的中值作为试验结果,并报告最大值和最小值。

4.1.2 叠层法

4.1.2.1 测量仪器

千分尺:精度为 1 μm,直径为 6 mm 的平面测帽,测力为 6 N~10 N。

4.1.2.2 测量

薄膜叠层试样的数量为四个,每个叠层试样由 12 层薄膜组成。其制备方法如下:从离膜卷的外表面约 0.5 mm 厚处时切取,并沿薄膜样条的长度方向缠绕于洁净的样板(推荐尺寸为:250 mm×200 mm,其中 200 mm 为板的长度方向尺寸)。在测量之前去掉叠层的最外层和最内层(实际测量十层),再进行测量。

4.1.2.3 结果

叠层试样测量厚度除以 10,得到单层薄膜厚度,取其平均值作为试验结果,并报告最大值和最小值。

4.2 重量法(质量密度法)

4.2.1 原理:按 ISO 4591:1991 中的第 1 部分,根据测定的质量、面积和密度计算样品的厚度。

4.2.2 测量仪器

分析天平　感量　　0.1 mg

钢板尺　　分度值　0.5 mm

4.2.3 测量

在薄膜卷上取三片长方形试样,每片质量约 300 mg。用钢板尺测量试样面积,用分析天平测量试样质量。按本部分第 5 章规定测量试样的密度。

4.2.4 结果

每个测量值的结果按式(1)计算:

$$h = \frac{10\ 000m}{d \cdot s} \qquad\qquad\cdots\cdots\cdots\cdots\cdots\cdots\cdots\cdots(1)$$

式中:

h——试样的厚度,单位为微米(μm);

m——试样的质量,单位为克(g);

s——试样的面积,单位为平方厘米(cm²);

d——试样的实测密度,单位为克每立方厘米(g/cm³)。

取三个计算值的中值作为试验结果,结果取三位有效数字。

4.3 用重量法测定卷的平均厚度

原理:按 ISO 4591:1991 中的第 2 部分,根据膜卷的长度、平均宽度和净重以及薄膜的密度计算平均厚度。

4.4 横向厚度分布和纵向厚度变化

待定。

5 密度

按 GB/T 1033.1—2008 的规定。

6 宽度

按 ISO 4592:1992 中第 2 部分规定测定,沿样品纵向取 5 m,使薄膜处于放松状态 1 h 后,沿纵向等距离测定宽度五次。

记录每一宽度测定值,取中值作为该卷的宽度。

7 卷绕性(偏移/弧形或凹陷)

7.1 原理

用于评定成卷供货的薄膜的变形情况。

薄膜的变形可能有两种形式,它们会影响以后使用时的绕包性。这两种变形是:

a) 偏移/弧形:薄膜平整地展开时,其边缘不呈直线(见图 1);

b) 凹陷:薄膜的局部面积因受拉伸,从而会出现低于总平面的凹陷部分(见图 2 和图 3)。

规定两种方法测量变形:

a) 方法 A 适用于窄的薄膜(小于 150 mm),其变形主要表现为偏移/弧形;

b) 方法 B 适用于较宽的薄膜(大于或等于 150 mm),其变形主要表现为凹陷。

对于很厚的薄膜,由于其变形主要表现为凹陷,因此采用方法 A 测量。若采用方法 B 时,因为薄膜的厚度很厚,使其延伸所需的张力过大而难以实现。

7.2 方法 A

7.2.1 偏移/弧形的测量

从卷上放出一段薄膜,铺在平面上测量每一边与直线的偏离值(见图 1)。

单位为毫米

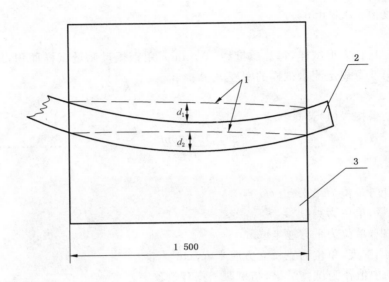

1——直边;
2——试样;
3——试验平台。

图 1 卷绕性测定示意图(方法 A 偏移/弧形的测量)

7.2.1.1 设备

平整水平台,其宽度大于被试薄膜宽度,长度为 1 500 mm±15 mm,两端不平行度不超过 0.1°(或 1.8 mm 每 1 m 桌宽)。

软刷子;

钢直尺,长度大于 1 525 mm;

钢板尺,分度为 1 mm,长度为 150 mm。

7.2.1.2 试样

剥去膜卷最外三层薄膜。取一段约 2 m 长的薄膜作为一个试样,共取三个试样。取样时应缓慢放卷其速度约 300 mm/s。

7.2.1.3 程序

将薄膜试样按图 1 所示放置于桌面上。用软刷子从一端起轻压试样,使之与桌面紧密接触,尽可能赶去里面的空气。然后,将钢直尺压在薄膜的一边相距 1 500 mm±15 mm 的两个点上,用钢板尺测量薄膜该边缘与钢直尺之间的最大距离 d_1。再将钢直尺压在薄膜的另一边相距 1 500 mm±15 mm 的两个点上,用钢板尺测量薄膜该边缘与钢直尺之间的最大距离 d_2。

用另两个试样重复上述过程。

7.2.1.4 结果

试样的偏移/弧形为 d_1 与 d_2 之和,单位为毫米(mm)。

取三次测定的中值作为试验结果,结果取两位有效数字。

7.2.2 凹陷的测量

从卷上放出一段薄膜,在规定的条件下,垂直放置于二平行辊上,测量与标准垂直直线之间的偏离值(见图2)。

7.2.2.1 设备

在一个刚性机架上，装有两个平行的、能自由转动的金属辊，每个辊的直径为100 mm±1 mm，其长度应大于被试薄膜的最大宽度。两辊的轴线应位于同一水平面，且相互间的不平行度不大于0.1°（即1.8 mm每1 m辊长），两辊相距1 500 mm±15 mm。辊面圆柱度为0.1 mm，表面粗糙度 Ra 为1.6 μm（见图2）。机架上设有一个装置，能将被试薄膜卷固定在其中一个金属辊的正下方，使薄膜卷的轴线与上方的金属辊平行（不平行度为1°以内），且薄膜的横向位置可随意调节，放卷时张力可调。在机架的另一端从第二辊子自由悬挂下来的薄膜上装一重物或弹簧夹，其重量或弹簧力及在薄膜上的位置可调，使薄膜横向承受产品标准中规定均匀的张力。

为了测量沿两辊中间的一条直线薄膜低于两辊平面的距离，需要一把长的钢直尺（长度在1 525 mm以上）和刻度为1 mm的钢板尺。也可采用其他装置，自动或半自动记录薄膜的位置。

7.2.2.2 试样

剥去膜卷最外三层薄膜。取一段约2 m长的薄膜作为一个试样，共取三个试样。取样时应缓慢放卷，其速度约300 mm/s。

7.2.2.3 程序

将薄膜试样放在设备的两辊子上，把薄膜的自由端夹于张力装置中，调节张力至产品标准中规定值。当薄膜经过第二辊子时要调节薄膜的横向位置，使薄膜在两辊中间近似为水平。

将长钢直尺放在两平行辊上，用钢板尺测量长钢直尺与薄膜最大距离，准确至1 mm（见图3），作为该次试验的凹陷值，或用其他合适的装置进行测量。

另用两个试样重复上述过程。

7.2.2.4 结果

取三次测定的中值作为试验结果，并报告另两个值，结果取两位有效数字，单位为毫米（mm）。

单位为毫米

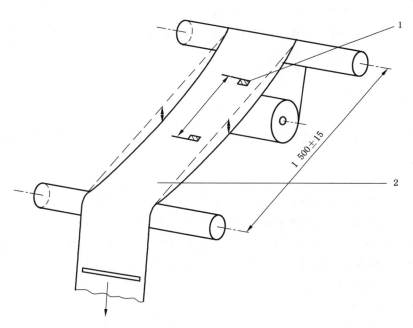

1——标记线；

2——试样。

图2 卷绕性测定示意图（方法A 偏移/弧形的测量及方法B 偏移/弧形、凹陷的测量）

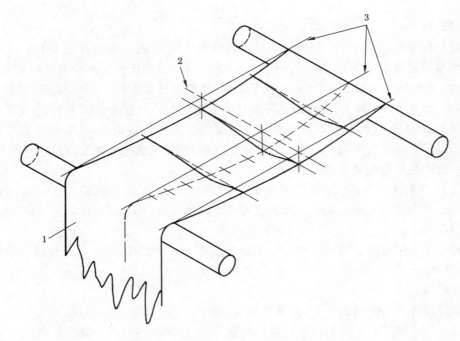

1——伸长范围；

2——测量尺位置；

3——直边位置。

图 3　卷绕性测定示意图（凹陷的测量）

7.3　方法 B

7.3.1　偏移/弧形、凹陷的测量

用一次测量来评定凹陷和偏移/弧形的总值。放出一段薄膜，在规定条件下放置在二个平行辊上，使薄膜的纵向与辊轴垂直，张紧薄膜直至无可见的凹陷和偏移/弧形，测定这种状态下薄膜的伸长。

7.3.2　设备

同 7.2.2.1。

合适的自粘性标签。

7.3.3　试样

剥去膜卷最外三层薄膜，取一段约 2 m 长的薄膜作为一个试样，共取三个试样，取样时应缓慢放卷其速度约 300 mm/s。

7.3.4　程序

将薄膜试样放置在设备的两辊子上，用手轻拉薄膜，移动薄膜的自由端，使在辊子之间的薄膜尽可能地平，然后把自由端夹在张紧装置中，调节张力至 1.0 MPa±0.2 MPa（以薄膜的标称厚度和宽度计算）。

在薄膜出现最小凹陷且平行于薄膜边缘的一条直线上用自粘性标签作两个标记（相距 1 000 mm 和 1 100 mm 之间），用钢直尺测量两标记之间的距离，准确到±0.5 mm。

增加作用于薄膜上的张力直至：

a)　薄膜基本上是平整的；

b)　以钢直尺为基准，薄膜每一边都是直的（偏差在 0.5 mm 以内）；

c)　以钢直尺为基准，任一点的凹陷不超过 7.5 mm。

用钢直尺测量在此张力下两参考标记之间的距离，以薄膜的伸长占两标记间起始距离的百分数表示。

另用两个试样重复上述过程。

7.3.5 结果

凹陷和偏移/弧形的总值以三次测量值的中值表示,并报告另两个值。

8 表面粗糙度

表面粗糙度按以下规定进行。

8.1 测量原理

薄膜经粗化后,形成微小的凹凸不平的表面,利用仪器的触针(或探头)在薄膜表面上移动,从而测出薄膜的平面粗糙度 Ra。

8.2 试验仪器和用品

a) 能满足薄膜试样的平均粗糙度测试范围及精度要求的表面粗糙度测试仪器的均可使用,仪器误差不大于±10%。

b) 丙酮少许及端部包有脱脂棉花的棉签。

8.3 试样

从样品上纵、横向各取三块试样,其尺寸以能完全覆盖与仪器配套的测试小平面为准。试样表面必须洁净、无损伤、折皱。

8.4 程序

用棉签醮上丙酮清洗仪器的测试平面。将试样放在仪器的测试平面上,试样要完全贴紧平面,无气泡存在。试样的被测面朝向测试触针,读出三块试样纵、横向六个 Ra 的数值。

8.5 结果

薄膜的表面粗糙度以三个试样的六个 Ra 的算术平均值表示,单位为微米(μm)。

9 摩擦系数

按 GB/T 10006—1988 的规定。

10 湿润张力(聚烯烃薄膜)

10.1 原理

表面张力逐渐增加的一系列有机混合液滴,当它们达到一定浓度时,具有对薄膜表面湿润的能力。由于在空气存在下,薄膜与相应的混合液滴相接触的湿润张力是空气-薄膜和薄膜-液体两者界面的表面能的函数,从而在液体试剂或薄膜表面有任何的微量活性杂质会影响测定结果,因此,不应触摸或擦拭被试薄膜表面,所用设备必需干净,试剂应为分析纯。

10.2 设备

长约 150 mm 的棉签;

两个 50 mL 量杯;

贴有标签的 100 mL 带盖瓶。

10.3 试剂

用分析纯甲酰胺($HCONH_2$)和分析纯乙二醇单乙醚(CH_3CH_2-O-CH_2CH_2-OH)按表 1 中的配比制备混合液。

如有要求,可在表 1 中所列的每种混合液中加入极少量的高着色性染料。所用染料的颜色应能使液滴在聚烯烃薄膜表面清晰可见,而且,染料的化学组份对测量混合液的湿润张力绝无影响。

对混合液的表面张力每周应校核一次,实验室常用的表面张力测定方法均可采用。虽然所列出的混合液相对比较稳定,但还应避免放置在温度高于 30 ℃,相对湿度大于 70% 的场合。

注 1:乙二醇单乙醚和甲酰胺均有毒,操作时应适当注意。因甲酰胺直接接触到眼睛特别危险,在配制混合液时,应戴上防护眼镜,应遵守相关安全法。

表 1　测量聚乙烯和聚丙烯薄膜湿润张力时所用的乙二醇单乙醚、甲酰胺混合液的体积分数

甲酰胺体积分数/%	乙二醇单乙醚体积分数/%	湿润张力（mN/m）
0	100.0	30
2.5	97.5	31
10.5	89.5	32
19.5	81.0	33
26.5	73.5	34
35.0	65.0	35
42.5	57.5	36
48.5	51.5	37
54.0	46.0	38
59.0	41.0	39
63.5	36.5	40
67.5	32.5	41
71.5	28.5	42
74.7	25.3	43
78.0	22.0	44
80.3	19.7	45
83.0	17.0	46
87.0	13.0	48
90.7	9.3	50
93.7	6.3	52
96.3	3.7	54
99.0	1.0	56

10.4　试样

剥去薄膜卷最外三层薄膜，沿薄膜整个宽度取样，取样时应不要触摸薄膜试样被试部分的表面。

10.5　程序

用混合液中的一种沾湿棉签的顶部。液量尽可能少，因试剂过多会影响结果。

把液体轻轻洒在试样所选定的部位上约 6.5 cm²（直径约 25 mm），不要试图去覆盖再大的面积，以免在有效面积液体不足，记下在薄膜上形成连续液面到分裂成液滴所需的时间。如果保持连续液面在 2 s 以上，则换用表面张力更高的混合液进行试验。如果保持连续液面不到 2 s 就分裂成液滴，则用表面张力更低一些的混合液进行试验。当混合液在试样上保持连续液面为 2 s 时，则认为这种混合液湿润了试样。能保持连续液面 2 s 所用混合液的表面张力称为该聚烯烃薄膜试样的湿润张力，以 mN/m 表示。为防止溶液污染，每次均应换用一根干净的棉签。应在试样的 1/4，1/2，3/4 宽度位置上进行试验。

10.6　结果

取三个测量值的中值作为试验结果。

如果三个测量值之间差值大于 2.0 mN/m，则应再试验六个，用九个测量值的中值作为试验结果，并报告个别值。

11 拉伸强度和断裂伸长率

11.1 试验仪器

合适量程的材料试验机,装有一对夹具用以夹住试样。在施加拉伸负荷时,夹具能以产品标准规定的速度彼此分离,试验机的拉伸负荷和伸长率的示值的相对误差不大于1%。

11.2 试样

沿薄膜的纵向和横向分别取长约200 mm、宽15 mm±1 mm的试样各五条。试样宽度的测量精度不低于0.15 mm。在试样中部标出两个相距至少50 mm的标记线,如产品标准对试样尺寸另有规定,则按产品标准定。按4.1.1所述方法,在每条试样的标线间测量三点厚度,取其中值作为试样厚度。

11.3 程序

测量试样标线间的长度,精确到1 mm。调节夹具间距离到产品标准规定的值。将试样平直地夹于两夹具间,使其拉伸时不在夹具内滑移,且不受夹具的机械损伤。安装伸长仪,使伸长仪的两夹口与试样上的两标线重合,伸长仪夹口不应对试样产生损伤或畸变。按产品标准规定的拉伸速度施加负荷直至试样断裂,记录最大负荷和试样断裂时两标线间的伸长。如试样在夹口处断裂(不包括在标记线外断裂),该试验数据无效,应重新另取一个试样进行试验。

也可采用测量夹口间距离的增加来计算试样的断裂伸长率,但有争议时仍以标线间试样伸长计算所得的断裂伸长率为准。

11.4 试验结果

$$\sigma = \frac{p}{b \cdot h} \qquad\qquad\cdots\cdots\cdots\cdots\cdots\cdots\cdots(2)$$

式中:

σ——拉伸强度,单位为兆帕(MPa);

p——最大负荷,单位为牛顿(N);

h——试样厚度,单位为毫米(mm);

b——试样宽度,单位为毫米(mm)。

$$e = \frac{L_2 - L_1}{L_1} \times 100 \qquad\qquad\cdots\cdots\cdots\cdots\cdots\cdots\cdots(3)$$

式中:

e——断裂伸长率,单位为百分率(%);

L_1——未拉伸时试样两标线间距离,单位为毫米(mm);

L_2——试样断裂时两标线间的距离,单位为毫米(mm)。

分别取纵向和横向的五个计算值的中值作为试验结果,并报告每个方向的最大值和最小值。拉伸强度结果取三位有效数字;断裂伸长率结果取两位有效数字。

12 边缘撕裂性

12.1 试验仪器

同11.1所述材料试验机,并附有图4所示夹具。

12.2 试样

沿薄膜纵、横向分别取长约300 mm、宽度为15 mm的试样各五个。

12.3 程序

把试样插入固定在试验机上夹头的试验夹具的斜槽中,试样两端夹在试验机下夹头中(见图4)。调节螺丝使橡胶垫轻轻压住试样以防在斜槽中滑动。从开始施加拉伸负荷到试样撕裂破坏的时间应在20 s±5 s内,读取试样边缘开始撕裂的力。

单位为毫米

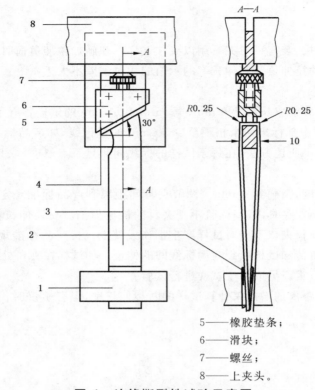

1——下夹头；   5——橡胶垫条；
2——衬垫；   6——滑块；
3——试样；   7——螺丝；
4——斜槽；   8——上夹头。

图 4　边缘撕裂性试验示意图

12.4　试验结果

分别取纵、横向五个测量值的中值作为纵、横向边缘撕裂性的试验结果，结果取三位有效数字。

13　内撕裂性

按 GB/T 11999—1989 的规定。

14　挺度

利用定角柔软性测定仪，通过试样因受自重而产生弯曲来测定其柔软性。把一长条试样放置于水平台上并垂直于平台的一边，试条伸出平台至规定长度（由产品标准规定），记录其伸出部分下垂到水平面以下 $41°30'$ 时的时间。

15　表面电阻率

按 GB/T 1410—2006 进行，采用测量电极直径为 50 mm，间隙为 2 mm 的三电极系统，电极材料可选用真空镀膜、导电橡皮、油贴铝箔。试验电压、电化时间及试样数量按产品标准规定。

16　体积电阻率

16.1　方法 1　接触电极法

按 GB/T 1410—2006 进行，采用测量电极直径为 25 mm，高压电极直径为 27 mm 的两电极系统，电极材料可选用真空镀膜、导电橡皮、油贴铝箔。试验电压、电化时间及试样数量按产品标准规定。

16.2　方法 2　模型电容器法

适用于卷绕电容器介质用薄膜或对方法 1 来说更薄的薄膜。

16.2.1　设备

高阻计：可测电阻 10^{13} Ω 及以上；

电容测试仪:可测试样电容为 0.5 μF 左右的仪器;

卷制机:能卷绕模型电容器,对薄膜可施加 2.5 N±0.5 N 的卷绕张力。

16.2.2　试样

试样为卷在硬绝缘管芯上的模型电容器元件,采用铝箔突出型结构,介质为单层被试薄膜,电容量为 0.5 μF±0.1 μF。

模型电容器元件如图 5 所示。

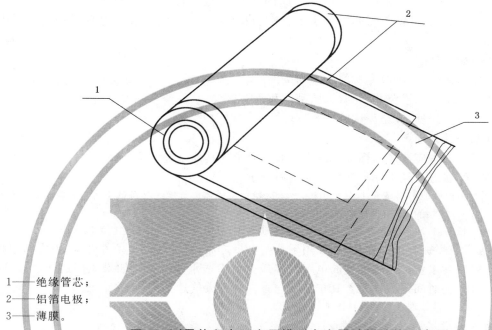

1——绝缘管芯;
2——铝箔电极;
3——薄膜。

图 5　测量体积电阻率用模型电容器试样结构示意图

在被试薄膜卷上分切 60 mm～80 mm 宽的薄膜卷两卷。将厚度约为 7 μm 的退火铝箔分切成 60 mm～80 mm 宽的铝箔卷两卷。然后将它们安装在卷制机上,并调好它们之间的相对位置。在绝缘硬管芯上卷绕元件(绝缘硬管芯的外径约为 20 mm,内径以与卷制机收卷轴配合适宜为准,绝缘硬管芯的绝缘电阻应大于 10^{13} Ω),试样数量为三个。

16.2.3　程序

16.2.3.1　测量电阻值

将元件两边突出的铝箔电极分别接到高阻计的高压端和测试端,测量试样的电阻值,其中测量电压为 100 V±10 V,电化时间为 2 min。

16.2.3.2　测量电容值

用工频(或音频)电桥或电容仪测量试样的电容值 C。

16.2.4　结果

体积电阻率可以用式(4)来计算:

$$\rho_v = \frac{C \cdot R}{\varepsilon_r \cdot \varepsilon_0} \quad\quad\quad\quad\quad\quad\quad\quad\quad(4)$$

式中:

C——工频(或音频)下的试样的电容值,单位为皮法(pF);

R——试样电阻测量值,单位为欧姆(Ω);

ρ_v——试样体积电阻率,单位为欧姆米(Ω·m);

ε_r——被试薄膜的电容率的理论值;

ε_0——8.85×10^{-12} F/m。

取三个试样的体积电阻率的中值作为试验结果,取两位有效数字。

17 介质损耗因数和电容率

覆盖频率范围为 50 Hz 至 100 MHz,并推荐三种试验方法,有争议时采用不接触电极法。

17.1 方法 1 接触电极法

试验应按 GB/T 1409—2006 进行,除非产品标准中另有规定,试验频率由供需双方商定,试验温度为 23 ℃±2 ℃。

在低频和对厚的薄膜,通常在由一层薄膜组成的试样上进行测量。然而,已发现在频率高于 1 MHz,对非常薄的薄膜,采用多层的薄膜测量更合适、更准确。此时应通过压力装置排除迭层中空气,试样平均厚度测量见 4.2.2。

17.1.1 样品和试样操作处理

取样应按产品标准进行,应不改变材料状态和条件。

应小心处置样品和试样以避免其受到污染、刮伤和落上指纹。

除产品标准中另有规定外,应至少试验三个试样。

17.1.2 测量前样品条件处理

测量前的任何条件处理应按产品标准或按供需双方商定的其他条件处理。

推荐试样在"收货"状态并经干燥大气条件处理后测量。

注 1:湿度对薄膜材料的性能影响显著,GB/T 10580—2003 给出了固体电气绝缘材料试验前和试验时采用标准条件。IEC 60260:1968 给出了与多种盐溶液有关的相对湿度。

注 2:热、机械应力、核辐射、X-射线等对薄膜材料性能影响也显著,可用所述方法评估这些影响大小。

对带有涂漆、蒸发或喷镀电极的样品,在使用了这些电极之后,要一起经过条件处理,因为涂漆和真空处理将大大影响材料含水量。这些类型的电极或多或少会渗透水分,但是,如果应用这样电极,要查看在相关产品标准规定的时间内试样是否真正已经与条件处理大气达到平衡。

注 4:可通过不同周期条件处理后一系列对比试验来实现。

17.1.3 接触式电极测量

对于频率最高约 50 Hz 的薄膜测量,应采用三电极系统,典型示例见图 6。

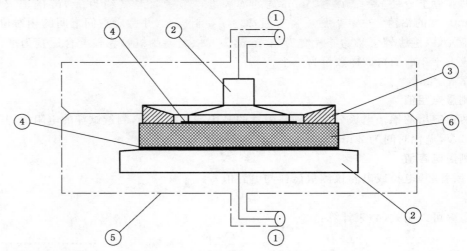

1——接到测量系统的屏蔽连接;

2——背托电极;

3——保护电极;

4——内电极;

5——屏蔽箱(罩);

6——试样。

注:为了有助于对准电极,推荐小的那个内电极直径稍大于与其对应的背托电极直径。

图 6 低频(最大 50 kHz)测量的三电极系统

对于更高频率下的测量,应采用两电极系统,典型示例见图7。

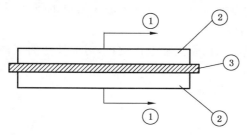

1——接到测量系统的短的硬直连接;

2——圆形的等直径同轴电极;

3——薄膜材料。

图 7　高频(50 kHz 以上)测量的两电极系统

内电极应由能与试样表面良好接触并且不会导致因接触电阻或污染试样而引起明显误差的材料组成。

注:应用非接触电极方法进行高频下的损耗因数测量可能更准确,这是因为由内电极产生的介质损失随频率而增加的缘故。

在试验条件下,电极材料应能耐腐蚀。这些电极应与背托电极一起使用。

如果测量非常薄的薄膜(2 μm 或更薄),为了避免在背托电极定位时破坏试样,背托电极可衬有一层铝箔。

建议确定电极是否影响测试结果,可以通过应用两种不同类型电极,然后对其结果进行比较而实现。

17.1.4　电极材料

17.1.4.1　蒸发或真空喷镀金属

只要样品材料不受真空处理或离子辐射产生较大影响,大多数推荐的电极类型是由蒸发或真空喷镀金属制成的,通常铝、银或金也可用做电极材料。镀层厚度约为 150 nm 的金属膜,可在电气性能方面展现出最好结果,并且在金属沉积过程中对样品材料产生最低的应力。应用遮框制造电极具有非常精确的边缘,且遮框可重复使用。

蒸发之前,箱内真空度应为 5.25×10^{-3} mPa 或更低。在蒸发过程中,成膜速率大约为 1 nm/s。

通过产生电极的材料的蒸发,借助电容器在其上放电而形成的电极沉积,通常是一种不受控制的短暂过程。

喷镀电极在喷镀过程中施加到样品上的应力、质量和性能取决于气体选择、反应箱内的气体压力、施加电压和样品在反应箱内的位置。建议按所选择喷镀设备选定条件的最佳参数。

金属化试样不能在金属化后立即测量,例如,由于需要暴露于大气条件处理一段时间,应注意把电极腐蚀的影响降低到最小程度。在这种情况下,推荐使用蒸发的金电极,这对低损耗因数的材料,如对聚丙烯特别重要。

17.1.4.2　导电银漆

可以使用高导电银漆作为电极,使用前最好要确认漆中溶剂不会影响到样品的性能,并用遮框涂敷电极,以确保电极尺寸精度。

17.1.4.3　金属箔

薄金属箔电极可由铅、锡、铝、银或金制造,并通过少量石油润滑脂或硅脂把这些电极粘附着于样品表面上。

不推荐硅脂作为测量带有低损耗因数材料时用,因为这些硅脂在某些频率和温度下,呈现出很高的损耗因数。它们主要是应用于高温测量,因为高温下,石油润滑脂黏度很低。发现,较高分子量、低损耗的烯烃类脂是更适合的。

当使用金属箔电极时应施加平稳压力以消除空气和皱折。可以用薄绢纸把多余的脂擦净,涂在薄膜上的脂应尽可能的薄,此时其厚度相对试样厚度来说才是很小的。

17.2 方法2 非接触式电极测量

在接近环境温度下进行测量,采用非接触电极测量,对非常薄的试样或损耗很小或需要在高频下测量时是非常准确的。

17.2.1 空气替代法

17.2.1.1 变间距法

17.2.1.1.1 原理

将试样插入被保护电极系统内,该系统中电极间距是可调的,试样与电极之间留有小的空气间隙以确保试样不受机械应力作用下测量该组合的电容与介质损耗因数。

除去试样,调整电极间距至给出的电容读数与有试样时测得的电容相同,此时再次测量电极间距及介质损耗因数值。

17.2.1.1.2 电极结构

如图8所示。

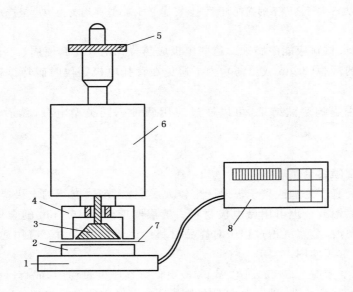

1——底座;
2——下电极;
3——测量极;
4——保护极;
5——电极升降旋扭;
6——传动轴箱体;
7——试样;
8——数显表。

图 8 不接触电极结构原理图

17.2.1.1.3 测量电桥

用不接触电极测量薄膜材料所用的电桥应具有很高的精度和灵敏度,损耗因数测量精度不小于 $1×10^{-6}$,测量电压小于 250 V,测试频率为工频或音频。

17.2.1.1.4 试样

试样为平整的单层或多层薄膜,试样的大小应能覆盖整个测量电极表面,共取三个试样。

17.2.1.1.5 程序

对不干净的试样进行酒精漂洗以除去试样表面的污物、灰尘、静电等。漂洗完之后将试样取出,晾干并压平。

在试验之前,应先清洁电极测量表面,用酒精或丙酮擦洗表面,然后用干净的绸布擦干。电极间杂质可用干燥氮气清洁,如果电极长久不用,还应先用金相砂纸将电极表面的污物磨去,然后再用酒精或丙酮擦洗干净。电极清洁处理完毕之后,将电极间距粗调至测试时的位置,此时测量空电极的损耗因数应基本为零,否则要继续清洗电极,直至损耗因数基本为零。

将平整干净的试样放入上、下电极之间,试样应覆盖整个测量电极表面,然后将电极调到合适的间距,上下电极之间的间距应以试样占间距的80%左右时为宜。即轻轻抽动试样,应保证试样能自由抽出而不致移动上下电极间的相对位置。

接好测量引线,平衡电桥,测量并记录此时的介质损耗因数值和电极间距。

轻轻抽出试样,调整电极间距至给出的电容读数与有试样时测得的电容相同,测量并记录此时的介质损耗因数值和电极间距。

按4.1规定测量试样厚度。

17.2.1.1.6 结果

采用不接触电极法测 ε_r 和 $\tan\delta$,改变电极间的间距,而不改变电桥电容的测量方式时,其计算公式为:

$$\varepsilon_r = \frac{t_g}{t_g - \Delta t} \quad \cdots\cdots\cdots\cdots\cdots\cdots\cdots (5)$$

式中:

ε_r——材料的相对电容率;

t_g——试样叠层的厚度,单位为微米(μm);

Δt——有无试样时测微计测得的两个电极间间距值之差,单位为微米(μm)。

$$\tan\delta = \Delta\tan\delta \frac{t_2}{t_g - \Delta t} \quad \cdots\cdots\cdots\cdots\cdots\cdots\cdots (6)$$

式中:

$\tan\delta$——材料介质损耗因数;

$\Delta\tan\delta$——有无试样时测得的两个介质损耗因数值之差;

t_2——无试样时由测微计测得的电极间的间距值,单位为微米(μm);

t_g——试样叠层厚度,单位为微米(μm);

t——有无试样时由测微计测得的两个电极间间距值之差,单位为微米(μm)。

取三个试样计算值的中值作为结果,取两位有效数字。

17.2.1.2 变电容法

17.2.1.2.1 原理

将试样插入被保护电极系统内,试样与电极之间留有小的空气间隙以确保试样不受机械应力作用的情况下测量该组合的电容与介质损耗因数。

除去试样,电极间距不改变,调节电容使电桥平衡读数,再次测量介质损耗因数值。

17.2.1.2.2 电极结构

如图8所示。

17.2.1.2.3 测量电桥

用不接触电极测量薄膜材料所用的电桥应具有很高的精度和灵敏度,损耗因数测量精度不小于 1×10^{-6},测量电压小于250 V,测试频率为工频或音频。

17.2.1.2.4 试样

试样为平整的单层或多层薄膜,试样的大小应能覆盖整个测量电极表面,共取三个试样。

17.2.1.2.5 程序

对不干净的试样进行酒精漂洗以除去试样表面的污物、灰尘、静电等。漂洗完之后将试样取出,晾干并压平。

在试验之前,应先清洁电极测量表面,用酒精或丙酮擦洗表面,然后用干净的绸布擦干。电极间杂质可用干燥氮气清洁,如果电极长久不用,还应先用金相砂纸将电极表面的污物磨去,然后再用酒精或丙酮擦洗干净,电极清洁处理完毕之后,将电极间距粗调至测试时的位置。此时测量空电极的损耗因数应基本为零,否则要继续清洗电极,直至损耗因数基本为零。

将平整干净的试样放入上、下电极之间,试样应覆盖整个测量电极表面。然后将电极调到合适的间距,上下电极之间的间距应以试样占间距的 80% 左右时为宜。轻轻抽动试样,应保证试样能自由抽出而不致移动上下电极间的相对位置。

接好测量引线,平衡电桥,测量并记录此时的电容 C_1 和介质损耗因数值 $\tan\delta_1$ 以及电极间距 t_0。

轻轻抽出试样,保证上下电极间的相对位置不变。平衡电桥测量并记录空电极的电容 C_2、介质损耗因数值 $\tan\delta_2$。

按 4.1 规定测量试样厚度 t_g。

17.2.1.2.6 结果

采用不接触电极法测量 ε_r 和 $\tan\delta$,改变电桥电容,而不改变电极间的间距的测量方式时,其计算公式为

$$\varepsilon_r = \frac{1}{1 - \left(1 - \dfrac{C_2}{C_1}\right) \times \dfrac{t_0}{t_g}} \quad\quad\quad\cdots\cdots\cdots\cdots\cdots\cdots\cdots(7)$$

式中:

ε_r——材料的相对电容率;

C_1——有试样时测得的电容值,单位为微法(μF);

C_2——无试样时测得的电容值,单位为微法(μF);

t_0——电极之间的间距,单位为微米(μm);

t_g——试样叠层厚度,单位为微米(μm)。

$$\tan\delta = \tan\delta_1 + \varepsilon_r \times \Delta\tan\delta \times \left(\frac{t_0}{t_g} - 1\right) \quad\quad\cdots\cdots\cdots\cdots\cdots\cdots(8)$$

式中:

$\tan\delta$——材料的介质损耗因数;

$\tan\delta_1$——有试样时测得的介质损耗因数值;

$\Delta\tan\delta$——有无试样时测得的两个介质损耗因数值之差;

ε_r——材料的相对电容率;

t_0——电极之间的间距,单位为微米(μm);

t_g——试样叠层厚度,单位为微米(μm)。

取三个试样计算值的中值作为结果,取两位有效数字。

17.2.2 流体排出法

按 GB/T 1409—2006 的 5.1.2.2.2 规定进行室温下介电常数的测量。

17.3 方法 3 模型电容器法

适用于卷绕电容器介质用薄膜或对方法 1 来说太薄的薄膜。

17.3.1 设备

音频大电容电桥:损耗因数测量精度 5×10^{-5};

卷制机:能卷绕模型电容器,对薄膜的卷绕张力为 2.5 N±0.5 N;

压紧装置:能提供均匀的不小于 3 000 N 的压力,压紧面积 100 mm×100 mm。

17.3.2 试样

试样为压扁的模型电容器元件,采用铝箔突出型结构,极间介质为单层或双层被试薄膜,元件的电

容量视电桥量程而定,通常应不小于 0.5 μF,模型电容器元件如图 9 所示。

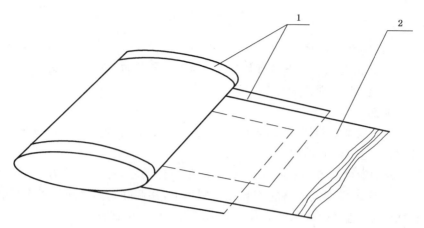

1——铝箔电极;

2——薄膜。

图 9   测量介质损耗因数和电容率试样结构示意图

在被试薄膜卷上分切 60 mm～80 mm 宽的试样两卷,将厚度约为 7 μm 的退火铝箔分切为 60 mm～80 mm 宽的铝箔卷两卷。然后将它们安装在卷制机上,并调好它们之间的相对位置。在直径 45 mm 的芯轴上卷元件。卷好之后,取下并压扁。再将压扁的元件放在压紧装置内。试样与压紧装置 之间用平整洁净的聚四氟乙烯绝缘板隔开,绝缘板之间衬垫柔软的橡胶片,施加压力,使试样上所受的 压强不小于 0.3 MPa。试样数量三个。

17.3.3   程序

元件卷好压紧之后,连同压紧装置在 50 ℃ 左右的条件下处理 1 h～2 h,冷却到室温后再进一步压 紧。为了获得更加准确的结果,可通过真空处理除去卷绕电容器中截留的空气。测量时将元件的两边 铝箔伸出端分别接到电桥的测量极和高压极,并将压紧装置接地,测试元件的介质损耗因数和电容值 C,测试完毕后,将元件摊开,测量并计算电极的有效面积 S,并按 4.1.1 规定的方法测量电极间薄膜的 厚度 h。

17.3.4   试验结果

$$\varepsilon_r = \frac{C \cdot h}{\varepsilon_0 S} \qquad \cdots\cdots\cdots\cdots\cdots\cdots\cdots\cdots (9)$$

式中:

C——测得的试样电容值,单位为皮法(pF);

H——电极间薄膜厚度,单位为米(m);

ε_0——真空介电常数,为 8.85×10^{-12} F/m;

S——电极有效面积,单位为平方米(m^2);

ε_r——试样的相对介电常数。

取三个试样计算值的中值作为结果,取两位有效数字。

18   电气强度

18.1   交流试验

按 GB/T 1408.1—2006 的规定进行。

可采用上电极直径为 25 mm 和下电极直径为 75 mm 或上下电极直径为 6 mm 的电极系统,在空气 中或变压器油中进行试验,具体由产品标准规定,若在变压器油中试验时,变压器油的电气强度不小于 12 kV/mm,试样数量按产品标准规定。

18.2 直流试验

18.2.1 元件法

18.2.1.1 试验装置

直流击穿试验仪:输出电压在 0～10 kV 范围内应均匀可调,在大于 50％击穿电压的电压范围内,交流脉动应不大于 2％,试验电压中也不应有超过 1％施加电压的暂态或其他波动。

卷制机:能卷绕模型电容器,对薄膜施加的卷绕张力为 2.5 N±0.5 N。

18.2.1.2 试样及其制备

试样为无绝缘管芯的模型电容器元件,采用铝箔突出型结构,介质为单层被试薄膜,元件的电容量为 0.5 μF±0.1 μF,模型电容器元件如图 5 所示。

在被试薄膜卷上分切宽度为 60 mm～80 mm 的薄膜试样两卷,将厚度约为 7 μm 的退火铝箔分切成 60 mm～80 mm 宽的铝箔卷两卷。将它们装在卷制机上,并调好它们之间的相对位置。在直径约为 20 mm 的芯轴上卷绕元件,卷好后从芯轴上取下但不压扁作为一个试样。

试样数量:21 个。

18.2.1.3 程序

将元件的两边铝箔电极分别接到击穿试验仪的高压电极和接地电极,使用连续升压法自零开始升高电压,升压速度为 200 V/s,记录击穿电压值,并按 4.1.1 规定测量电极间薄膜厚度。

18.2.1.4 试验结果

按产品标准规定报告电气强度或击穿电压,击穿电压的单位为 kV,电气强度为击穿电压除以厚度,单位为 V/μm 或 kV/mm。

取 21 个试样的测量值的中值作为试验结果。取三位有效数字。

18.2.2 50 点电极法

18.2.2.1 试样

取不小于 450 mm×650 mm 长方形试样两张,当宽度小于 450 mm 时,可取若干张,以保证能做 50 个击穿点。试样要保持清洁、平整、无折皱、无损伤。

18.2.2.2 电极

上电极为直径 25 mm,倒角半径为 2.5 mm,高度 120 mm 的黄铜柱形电极,工作面粗糙度 Ra 小于 1.25 μm。

在平台上铺一张厚约 3 mm 的橡皮,其邵氏硬度为 60 度～70 度,在橡皮上铺一张退火铝箔作为下电极。电极工作面应平整、光滑、无伤痕。

18.2.2.3 击穿装置

高压试验变电器的容量应保证次级额定电流不小于 0.1 A,直流电源的电压脉动系数不应超过 5％,保护电阻为 0.2 Ω/V～0.5 Ω/V,调压器应能均匀调节电压,过电流继电器应有足够的灵敏度以使试样击穿时在 0.1 s 内切断电源,动作电流应选择适当值,避免发生击穿后不动作或未击穿而产生误动作,电压测量误差不超过 4％。

18.2.2.4 试验步骤

采用单层试样试验,将试样置于上下电极间,采用连续升压法,其升压速度为 0.2 kV/s～1.0 kV/s,均匀等距离测量 50 点,读取试样击穿电压值,并按 4.1.1 规定测量厚度。

18.2.2.5 试验结果

在 50 点击穿测定值中分别去掉最大值,最小值各 5 点,计算其余 40 点的算术平均值并找出最小值。将击穿电压平均值和最小值除以试样厚度,即为该批薄膜介电强度的平均值和最低值,精确到个位。

18.2.2.6 介电强度的出厂检验及用户的验收试验可采用 50 点电极法进行,型式检验及有争议时的仲裁试验采用元件法进行,也可按供需双方协商进行。

19 电弱点

19.1 方法A 窄条试验法

本方法适用于试验窄条薄膜。

19.1.1 试验装置

高压直流发生装置：能产生0～5 kV的直流高压，电压波动不大于±1%。该装置应能在试样弱点击穿后约0.1 s内使电压回升到原来设定的电压。

试样和电极的配置：如图10所示，该设备能将薄膜试条以近似90°的圆周角绕辊子以5 m/min的恒速移动，低压电极由不锈钢制成并抛光的直径为15 mm的圆柱体，作为低压电极的圆柱体应接地可靠并能灵活转动；高压电极为10 mm～20 mm宽、厚度约为7 μm的退火铝箔，重锤用来保证铝箔与试样接触良好，每10 mm宽铝箔加荷约0.4 N。

计数器：能灵敏地记录试样弱点的击穿点数。

19.1.2 试样

试样为薄膜卷，宽度大于铝箔的宽度至少5 mm（每边至少超出铝箔2.5 mm），薄膜被试面积按产品标准规定。

19.1.3 程序

按图10安装好试样，调节试样移动速度为5 m/min，在试样移动的条件下，在辊子和铝箔间施加产品标准规定的电压。记录被试有效面积上的电弱点数。

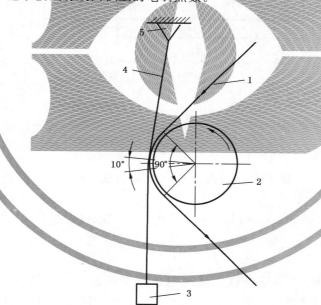

1——试样；

2——辊子；

3——重锤；

4——铝箔；

5——挂钩。

图10 电弱点试验示意图（方法A）

19.1.4 结果

试验结果为测得的电弱点数除以被试面积，以个/m² 表示。

19.2 方法B 平板法

本方法用于试验宽条薄膜。

19.2.1 试验装置

高压直流发生装置：同 19.1.1 中对高压直流发生装置的要求。

电极装置；如图 11 所示。

单位为毫米

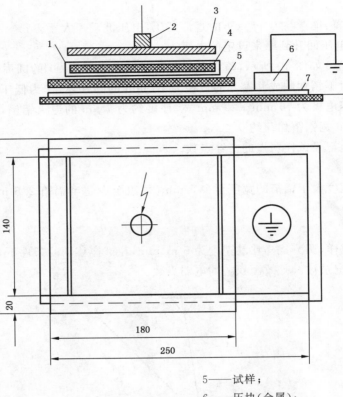

1——金属化铝箔；

2——高压引线端；

3——金属平板；

4——软橡皮；

5——试样；

6——压块（金属）；

7——金属化铝箔；

8——绝缘材料。

图 11 电弱点试验示意图（方法 B）

19.2.2 试样

在薄膜卷的整幅宽上取 180 mm×180 mm 的薄膜作为一个试样，取样方式为沿幅宽方向均匀取十个试样。

19.2.3 程序

按图 11 装好试样和电极，将高压电极和接地电极分别接到高压直流发生器的引出端（用约 270 mm×160 mm 的电绝缘板上放置一张 250 mm×140 mm 的金属化塑料箔，金属化层朝上，金属化塑料箔的自由端接地来作为接地电极；用另一张宽 140 mm 的金属化塑料箔放置在试样上，金属化层朝下，在箔上面放置一块 140 mm×140 mm，厚度为 4 mm 的软橡皮，然后折叠金属化薄膜把橡皮块包住，并在其上再压一块 140 mm×140 mm 的金属板并作为高压电极）。以 0.5 kV/s 的速度自零升高电压到产品标准规定的电压值，然后将此电压保持 1 min 后降下电压至零。拿出试样，用放大镜辩别并计数离电极边缘 20 mm 内的击穿点数。每个试样的被试面积以 0.01 m² 计。

19.2.4 结果

试验结果为十个试样上测得的电弱点数除以被试面积，以个/m² 表示。

19.3 方法 C 宽条成卷试验法

本方法适用于试验宽条成卷薄膜。

19.3.1 设备

薄膜电弱点测定仪:能产生 0～6 kV 的直流电压,电压波动不大于±1%。测试仪应能在试样弱点击穿后约 0.5 s 内使电压升到原来设定的电压。试样以 2 m/min～5 m/min 的速度移动。接地电极为转动灵活的铜辊,直径为 100 mm,表面粗糙度 Ra 为 0.2 μm,高压电极为导电橡皮,厚度为 2 mm～3 mm,宽度比试样窄 20 mm～30 mm。测试仪器中有测长装置(用于计算面积)和击穿点自动计数装置。

19.3.2 试样

试样为 200 mm～400 mm 的膜卷,被试面积按产品标准规定。

19.3.3 程序

按图 12 所示安装试样,调节试样移动的速度,根据被试面积及导电橡皮的宽度,预置需试验的试样长度。在试样移动的条件下,在高压和接地电极间施加产品标准规定的电压。启动测试仪,记录被试面积上的电弱点数。

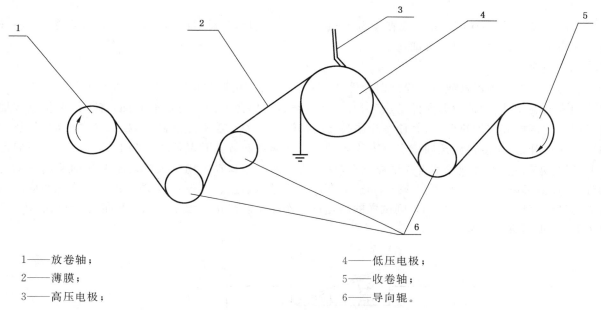

1——放卷轴;
2——薄膜;
3——高压电极;
4——低压电极;
5——收卷轴;
6——导向辊。

图 12　电弱点试验示意图(方法 C)

19.3.4 结果

试验结果为测得的电弱点数除以被试面积,以个/m² 表示。

20 耐表面放电击穿性

按 JB/T 3282—1999 的规定。

21 电解腐蚀

按 GB/T 10582—2008 的规定进行,具体选用何种方法由产品标准规定。

22 熔点

熔点试验推荐两种方法,有争议时采用方法 A。

22.1 方法 A　DSC 法

按 IEC 61074:1991 的规定。

22.2 方法 B　弯液面法

将被试薄膜放在滴有少量硅油的热台上,盖上玻璃圆片,使它在试样支撑下与硅油形成弯液面。用肉眼观察,当试样不再支撑玻璃圆片而使弯液面向前移动时的温度即为被试薄膜的熔点。

22.2.1 试验仪器和材料

铋:分析纯,熔点为271.3 ℃;

锡:分析纯,熔点为231.9 ℃;

(或其他已知熔点的标准物)

硅油:沸点高于被测物体的熔点;

弯液面法熔点测定仪:由铝块和加热器组成的加热台,并附有测温元件孔。测温元件紧贴在加热台的规定位置,温控系统具有高、低两档调温功能,其中低档升温速率约为2 ℃/min;

3×5放大镜;

精密测温元件:测温范围20 ℃～300 ℃,分度值为0.5 ℃;

制备试样的工具:如刀片、镊子等。

22.2.2 试样

薄膜可切成约2 mm×2 mm或直径为2 mm的小片30片,将总厚度约为0.1 mm的薄膜小片叠合在一起作为一个试样,共取三个试样。

22.2.3 程序

若为第一次使用仪器或者更换测温元件,则必须使用铋、锡或已知熔点的标准物校准仪器。

插入测温元件,保证测温元件与热台有良好的接触,在热台上滴入适量的硅油。然后,尽量整齐地将已制好的试样放在加热台上,并使每片薄膜之间都浸润硅油。盖上玻璃圆片,接通仪器电源,使热台温度迅速上升,当温度达到预期熔点以下约20 ℃时,将温控调节到升温速率约为2 ℃/min。由于温度上升,试样被熔化,玻璃圆片不再被试样支撑,硅油弯液面开始移动。用放大镜观察弯液面开始移动时的温度,读数准确到0.5 ℃(见图13),此温度即为该试样的熔点。在仪器校准时如发现测定的标准物熔点与理论熔点相差1 ℃以上时,则试样的熔点也应作相应的修正。如果三个试样的测量值相差5 ℃以上时,应重新进行试验。

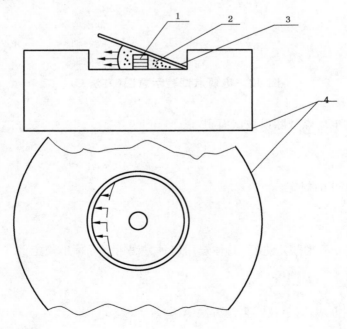

1——试样;

2——硅油;

3——玻璃圆片;

4——加热平台。

图 13 弯液面法熔点测定示意图

22.2.4 结果

取三个试样测量值的中值作为试验结果。

23 收缩率

23.1 设备

烘箱：自然循环空气，温度范围为室温～300 ℃，控温精度为±2 ℃；

钢直尺：分度值为 0.5 mm。

23.2 试样

从薄膜卷上取两块 100 mm×100 mm 的试样，并做纵向、横向标记。若薄膜幅宽小于 100 mm，试样宽为薄膜幅宽。

23.3 程序

分别测量每块试样的纵向、横向尺寸 L_0，精确到 0.5 mm。然后把试样放入烘箱中。按产品标准规定的温度和时间处理后，从烘箱中取出试样，冷却到室温。重新测量试样纵向、横向尺寸 L_1。

23.4 结果

$$X_1 = \frac{L_0 - L_1}{L_0} \times 100 \quad\cdots\cdots\cdots\cdots\cdots\cdots\cdots\cdots(10)$$

式中：

X_1——收缩率，单位为百分数（%）；

L_0——热处理前试样的纵向、横向尺寸，单位为毫米（mm）；

L_1——热处理后试样的纵向、横向尺寸，单位为毫米（mm）。

分别取两个试样的纵向、横向收缩率的平均值作为该方向的试验结果。

24 拉力下尺寸稳定性

24.1 设备

恒速升温试验箱：自然空气循环，温度范围为室温～300 ℃，升温速率为(50 ℃±1 ℃)/h；

夹具：能夹持住试样，但不损伤试样的夹具；

砝码：1 g～200 g 若干个；

测温元件：精确到 1 ℃。

24.2 试样

沿薄膜纵向取 15 mm 宽，长度视试验箱体尺寸而定的试样三条。在试样中央区域画两条相距 20 mm 的标记线。

24.3 程序

把试样安装在恒速升温试验箱中的试验夹具上。根据试样尺寸选择负荷，使试样所受的拉应力为 2.5 MPa(试样厚度测量同 11.2)。安装试样及施加负荷过程中应使试样平直，夹具不应对试样产生损伤。在靠近每一试样标记线区域中央处，分别放置一测温元件(见图 14)。以(50 ℃±1 ℃)/h 的速率恒速升温。记录试样标线距离增大 40%或者试样断裂时刻的温度。如试样在夹口处断裂，则应重新取样测试。

24.4 结果

取三个试样测量值的中值(℃)作为试验结果。

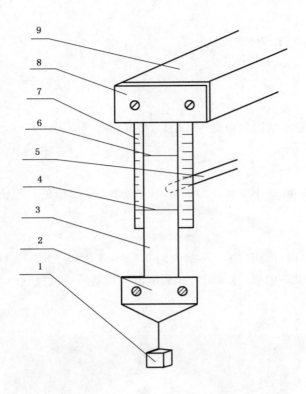

1——负荷；

2——下夹具；

3——试样；

4——下标记线；

5——测温元件；

6——上标记线；

7——钢板尺；

8——上夹具；

9——支架。

图 14 拉力下尺寸稳定性试验示意图

25 压力下尺寸稳定性

25.1 设备

恒速升温试验箱：同 24.1 规定；

加荷装置：带有托盘和导杆的加荷装置；

穿透报警装置：能检测试样穿透时的短路信号；

镍线：直径为 1 mm。

25.2 试样

从薄膜上取三片约 30 mm×30 mm 的试样。

25.3 程序

将每一试样分别固定在两垂直相交的镍线中间，把检测穿透的报警装置的连线分别与上下镍线相连，然后平稳地施加 30 N 静负荷，在每个试样附近放置测温元件（见图 15）。以（50 ℃±1 ℃）/h 的速率恒速升温，记录每个试样穿透时刻的温度。

25.4 结果

取三个试样测量值的中值（℃）作为试验结果。

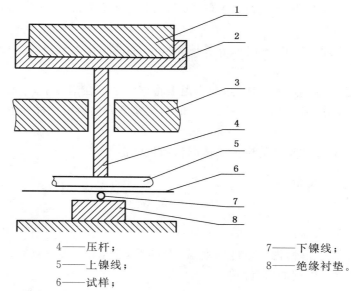

1——负荷;	4——压杆;	7——下镍线;
2——托盘;	5——上镍线;	8——绝缘衬垫。
3——导向架;	6——试样;	

图 15　压力下尺寸稳定性试验示意图

26　耐高温穿透性

26.1　原理

该方法是以测定直径 1.5 mm 的钢珠穿透薄膜从而引起电接触时的温度作为耐高温穿透性。

26.2　设备

耐高温穿透测试仪:其原理图如图 16 所示。图中 6 为长 300 mm、宽 30 mm、厚 3 mm 耐腐蚀钢板。条形试样放在钢板上;图中 4 为磁化钢杆,其一端凹进用以嵌住直径为 1.5 mm 的钢珠,该装置通过钢珠对试样施加压力,磁化钢杆装在一个附有平衡装置的 C 形夹上并能稍作转动。当 C 形夹具的下脚没有负荷时,可调节平衡装置上的游码使钢杆对钢珠不产生压力。测试时,给 C 形的下脚加上负荷,使钢珠对水平位置的钢板产生 10 N 垂直向下的压力;

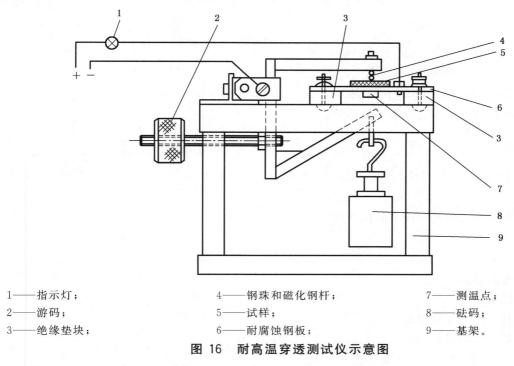

1——指示灯;	4——钢珠和磁化钢杆;	7——测温点;
2——游码;	5——试样;	8——砝码;
3——绝缘垫块;	6——耐腐蚀钢板;	9——基架。

图 16　耐高温穿透测试仪示意图

烘箱:自然空气循环,且能以(30 ℃±5 ℃)/h 的速度升温,温度测量点应尽量靠近试样受压处。

26.3 试样

从薄膜卷上每间隔 300 mm 取五条长 25 mm 的薄膜作为试样。

26.4 程序

调节平衡装置使钢珠不受压力,在室温下将试样平放在钢珠下,小心地加上负载,使钢珠以 10 N 的压力压在试样上,然后以(30 ℃±5 ℃)/h 的均匀速度升温直至试样穿透。

26.5 结果

报告五个试样穿透温度的中值及最高值和最低值。

27 挥发物含量(热失重)

27.1 设备

天平:感量 0.1 mg;

烘箱:自然空气循环,温度范围为室温~300 ℃,控温精度为±2 ℃;

干燥器:带有干燥剂的器具。

27.2 试样

每个试样由若干片 50 mm×50 mm 的薄膜组成,其质量不少于 300 mg。若薄膜宽度小于 50 mm,则可取条形试样,但其质量不得少于 300 mg,试样数量三个。

27.3 程序

按产品标准规定的温度和时间对试样进行预处理,预处理过程中应保证试样所有表面都与空气接触。预处理后取出试样放入干燥器中冷却至室温,称量预处理后每个试样的质量 m_1;再按产品标准规定的加热温度、时间,对预处理后的试样进行加热,加热过程同样应保证试样的所有表面与空气接触。加热后取出试样放入干燥器中冷却至室温,称量加热后每个试样的质量 m_2。

27.4 结果

每个试样的挥发物含量为:

$$X_2 = \frac{m_1 - m_2}{m_1} \times 100 \quad\quad\cdots\cdots\cdots\cdots\cdots\cdots\cdots\cdots\cdots\cdots (11)$$

式中:

X_2——挥发物含量,单位为百分数(%);

m_1——干燥后试样的质量,单位为克(g);

m_2——加热后试样的质量,单位为克(g)。

取三个试样计算值的中值作为试验结果。

28 长期耐热性

按 GB/T 11026.1—2003、GB/T 11026.2—2000、GB/T 11026.3—2006、GB/T 11026.4—1999 的规定进行。

具体试验方法和终点判断按产品标准规定。

29 燃烧性

29.1 试验设备及器具

29.1.1 燃烧试验箱

燃烧试验仪由如下部分组成:

密闭试验箱:内体积约 1 m³;

本生灯:喷管长为 100 mm,内直径为 9 mm;

垂直固定试样的圆形夹具:用于固定试样;

甲烷气源(工业用);也可以使用热值不小于 38 000 kJ/m³(1 000 Btu/ft³)的其他可燃性气体;

减压阀、压力表、调节阀。

29.1.2 其他器具

直尺:分度值为 1 mm;

秒表或类拟适用装置:精度为 0.1 s;

医用脱脂棉:用于滴落燃烧物引燃的铺底材料;

干燥剂:无水 CaCl₂;

烘箱:控温精度±1 ℃;

芯轴:卷制试样用直径为 9.5 mm±0.5 mm;

粘带:用于固定试样宽 75 mm 的粘带。

29.2 试样

从被试薄膜上取五条长 200 mm,宽 50 mm 的试样,并在距一端 125 mm 处画一标记线。

将每个试样卷在直径 9.5 mm±0.5 mm 的芯轴上,标线朝外,用 75 mm 宽粘带沿标记线固定试样一端,取出芯轴,形成长 200 mm 的圆筒形试样。

29.3 条件处理

试样应在温度 23 ℃±2 ℃,相对湿度 50%±5% 的条件下预处理 48 h。

试验前试样应在 70 ℃±1 ℃循环鼓风烘箱中处理 168 h,取出后冷却至室温。

29.4 试验步骤

试验应在密闭试验箱或不抽风的实验室通风柜内进行,由于燃烧时产生有害物质,试验后应及时排风。

29.4.1 试样安装

将试样垂直固定在顶部开口的试样夹具上,试样上端伸入夹具 6 mm,下端距水平铺置的 50 mm× 50 mm×6 mm 医用脱脂棉 300 mm,距燃烧器顶端 10 mm,试样距标记线 125 mm 的一端为下端。

29.4.2 火焰高度的调节

将本生灯移开试样至少 150 mm 处点燃,先调节燃气和空气供给量得到 20 mm±1 mm 高、顶部为黄色的火焰,然后再增大空气供给量,直到形成 20 mm±1 mm 的蓝色火焰。

29.4.3 燃烧程序

将火焰对准试样下端中央保持 3 s,然后立即把火焰移开至少 150 mm,同时记录试样有焰燃烧时间,燃烧停止后立即再次将火焰移到试样下面保持 3 s,燃后再移开火焰。记录试样有焰燃烧和无焰燃烧时间。

若燃烧过程中,试样融熔滴落,应将本生灯倾斜 45°,以防滴落物落入灯管内。此时应保证试样底部与灯口中央相距 10 mm 左右。

若因试样卷曲或烧掉而使试样与灯口距离增大时,点燃期间应调节灯口与试样的距离始终保持 10 mm。但此时融熔物及燃烧产生物不能作为试样底部。

29.4.4 观察和记录下列情况

a) 第一次施加火焰后试样有焰燃烧时间。

b) 第二次施加火焰后试样有焰燃烧时间。

c) 第二次施加火焰后试样无焰燃烧时间。

d) 是否有点燃医用脱脂棉的燃烧滴落物落下。

e) 试样是否燃到 125 mm 标记线。

29.5 结果

试样燃烧性级别按表 2 评定。

29.5.1 如果每组五个试样施加十次火焰后,总的有焰燃烧时间不超过 50 s 或 250 s,则分别允许有一次施加火焰后有焰燃烧时间超过 10 s 或 30 s。

29.5.2 如果一组五个试样中有一个不符合表中的要求,应再取一组试样进行试验,第二组的五个试样应全部符合要求。

29.5.3 如果第二组中仍有一个试样不符合表中相应的要求,则以两组中数字最大的级别作为该材料级别。如试验结果超出 VTF2 相应要求,则不能用本方法评定。

表 2 燃烧性级别

试样燃烧行为	级 别		
	VTF0	VTF1	VTF2
每个试样在每次施加火焰移开后有焰燃烧的时间/s,不大于	10	30	30
五个试样施加 10 次火焰移开后有焰燃烧时间的总和/s,不大于	50	250	250
每个试样第二次施加火焰移开后无焰燃烧的时间/s,不大于	30	60	60
每个试样有焰或无焰燃烧蔓延到标记线的现象	无	无	无
每个试样滴落物引燃医用脱脂棉现象	无	无	有

30 潮湿空气中的吸湿性

30.1 试验仪器

天平:感量为 0.1 mg;

烘箱:控温精度为 ±2 ℃;

恒湿箱:能保持 93%±2% 相对湿度;

称量瓶和装有五氧化二磷的干燥器。

30.2 试样

每个试样由若干片 50 mm×50 mm 的薄膜组成,其质量不少于 300 mg。若薄膜宽度小于 50 mm,则可取条形试样,但其质量不得少于 300 mg。试样数量三个。

30.3 程序

30.3.1 收货状态材料的吸湿性

首先测定收货状态每个试样的质量 m_1,然后将试样放入相对湿度为 93%±2% 的恒湿箱内,处理时间按产品标准规定。达到时间后立即取出并分别放入密闭称量瓶中,再次称量每个试样的质量 m_2。

30.3.2 干燥材料的吸湿性

把三个试样按产品标准规定的温度干燥 24 h 后,放入装有五氧化二磷的干燥器中冷却至室温。然后将试样分别放入密称量瓶中,并称出每个试样的质量 m_3。

将试样放入相对湿度为 93%±2% 的恒湿箱中,处理时间按产品标准规定。达到处理时间后立即取出放入密闭称量瓶中,称量每个试样的质量 m_4。

30.4 结果

$$X_3 = \frac{m_2 - m_1}{m_1} \times 100 \qquad\qquad (12)$$

式中:

X_3——收货状态材料的吸湿性,单位为百分率(%);

m_1——收货状态试样的质量,单位为克(g);

m_2——湿度处理后试样(收货状态)的质量,单位为克(g)。

$$X_4 = \frac{m_4 - m_3}{m_3} \times 100 \qquad\qquad (13)$$

式中：

X_4——干燥材料的吸湿性，单位为百分率（%）；

m_3——干燥处理后或收货状态试样的质量，单位为克（g）；

m_4——湿度处理后试样（干燥材料）的质量，单位为克（g）。

取三个试样计算结果的中值作为试验结果。

31 吸液性

31.1 试验器材

烘箱：控温精度±1 ℃，温度范围为室温～300 ℃；

天平：感量为 0.1 mg；

玻璃器皿：直径为 100 mm 并带盖；

称量瓶、密度瓶和滤纸；

浸渍液由产品标准规定。

31.2 试样

每个试样由若干片 50 mm×50 mm 的薄膜组成，其质量不少于 300 mg，若薄膜宽度小于 50 mm，则可取条形试样，但其质量不得少于 300 mg。试样数量三个。

31.3 程序

在 23℃ ±1 ℃下测量每个试样的质量 m_1，精确到 0.1 mg。将盛有一定深度（10 mm 以上）浸渍液的玻璃器皿放到烘箱中，加热到产品标准所规定的温度。

当浸渍液达到试验温度后，把每组试样分别浸入浸渍液中。浸渍时应保证每片试样都互不接触。浸渍时间按产品标准的规定。达到浸渍时间后，从浸渍液中取出试样，分别用滤纸吸去每片试样表面的液体，然后再用新的滤纸擦干。在 23 ℃±1 ℃下称量每个试样的质量 m_2。擦干和称量应在试样从烘箱内取出后的 15 min 之内完成（因有些浸渍液在室温下可挥发，因此不要超过此时间）。

按第 5 章所述方法测定薄膜密度 d_1。

用密度瓶在 23 ℃±1 ℃下测量浸渍液的密度 d_2。

31.4 结果

$$X_5 = \frac{m_2 - m_1}{m_1} \cdot \frac{d_1}{d_2} \times 100 \qquad\cdots\cdots（14）$$

式中：

X_5——吸液性，单位为百分率（%）；

m_2——浸渍后每个试样的质量，单位为克（g）；

m_1——浸渍前每个试样的质量，单位为克（g）；

d_1——薄膜密度，单位为克立方厘米（g/cm³）；

d_2——浸渍液密度，单位为克立方厘米（g/cm³）。

取三个试样吸液性计算值的中值作为试验结果。

32 离子杂质萃取

按 GB/T 7196—1987 的规定。

33 绝缘漆的影响

33.1 设备

试验机：合适量程的材料试验机，装有一对夹具用于夹住试样。在施加拉伸负荷时，夹具能以产品标准规定的速度彼此分离，试验机的拉伸负荷和伸长率的示值的相对误差不大于 1%；

烘箱:自然循环空气,温度范围为室温~300 ℃,控温精度为±2 ℃;

测厚仪:同 4.1.1.1;

玻璃容器。

33.2 试样

取五片 50 mm×50 mm 的试样用来测量厚度。

按 11.2 取十条纵向试样用来测量浸漆前后薄膜的拉伸强度和断裂伸长率。

33.3 试验步骤

在五片测量厚度的试样中心处,用 4.1.1.1 所述仪器分别测量其厚度(每片试样上均匀地测量五点,取其中值作为该片试样的厚度)。从十条纵向试样中取出五条,按 11.3 测量未浸绝缘漆时的拉伸强度和断裂伸长率,并检查未浸漆时试样的平整度、透明度和颜色。

将绝缘漆倒入玻璃容器中,加热到产品标准规定的温度。然后将五片测过厚度的试样以及另外五条纵向试样完全浸没在绝缘漆中。浸漆时试样之间,试样和容器间互不接触。浸约 4 h 后,取出试样,放入产品标准规定的溶剂中漂洗几秒钟,再用滤纸擦干。漂洗和擦干应在试样取出后的 1 min 内完成。

测量浸漆后试样的厚度、拉伸强度和断裂伸长率。这些试验应尽可能在试样从绝缘漆中取出后的 3 min 内完成,检查浸漆后试样的平整度、透明度和颜色。

33.4 结果

报告所用的绝缘漆的变化及试样在浸漆前后的平整度、透明度和颜色是否发生变化;

浸漆前后薄膜厚度的变化百分数;

浸漆前后薄膜拉伸强度的变化百分数;

浸漆前后薄膜断裂伸长率的变化百分数。

34 液态可聚合树脂复合物的影响

34.1 设备

试验设备同 33.1。

34.2 试样

试样同 33.2。

34.3 程序

试验步骤同 33.3。具体试验温度及浸渍时间视可聚合树脂的性质而定,一般浸渍时间不超过 4 h。达到浸渍时间后(应小于可聚合树脂的胶化时间)取出试样,放在甲苯中漂洗几秒钟。

34.4 结果

同 33.4。

35 空隙率

35.1 试验仪器

分析天平:称量 200 g,感量 0.1 mg;

杠杆千分尺:量程 25 mm,分度值 0.001 mm;

取样板:300 mm×100 mm×(1.5~3.0) mm 的不锈钢板。

35.2 试样

取十层薄膜,在离薄膜边缘 20 mm 以上的位置,用取样板取 300 mm(纵向)×100 mm(横向)的试样三个,若薄膜宽度小于 100 mm 时,薄膜的宽度即为试样的宽度。

35.3 程序

按 4.1.2 测定试样叠层法的厚度;

按 4.2 测定试样质量密度法的厚度。

35.4 结果

$$X_6 = \frac{t_1 - t_2}{t_2} \times 100 \qquad \cdots\cdots\cdots\cdots\cdots\cdots\cdots\cdots (15)$$

式中：

X_6——空隙率，单位为百分率(%)；

t_1——试样叠层法厚度，单位为微米(μm)；

t_2——试样质量密度法厚度，单位为微米(μm)。

取三个试样计算值的中值作为试验结果，同时报告最大值和最小值。

ICS 29.035.99
K 15

中华人民共和国国家标准

GB/T 13542.3—2006
代替 GB/T 12802—1996

电气绝缘用薄膜 第3部分:电容器用双轴定向聚丙烯薄膜

Film for electrical insulation—
Part 3: Biaxially oriented polypropylene films for capacitors

(IEC 60674-3-1:1998,MOD)

2006-07-17 发布　　　　　　　　　　　2007-01-01 实施

中华人民共和国国家质量监督检验检疫总局
中国国家标准化管理委员会　发布

前　言

GB/T 13542《电气绝缘用薄膜》分为以下几个部分：

——第1部分：定义及一般要求；

——第2部分：试验方法；

——第3部分：电容器用双轴定向聚丙烯薄膜；

…………

本部分为 GB/T 13542 的第3部分。

本部分修改采用 IEC 60674-3-1:1998《电气用塑料薄膜　第3部分：单项材料规范　第1篇：电容器用双轴定向聚丙烯(PP)薄膜》(英文版)。

本部分与 IEC 60674-3-1:1998 的主要差异如下：

——增加了不接触电极法测量 ε_r、$\tan\delta$ 的计算公式(见附录A)；

——删除了命名中的 IEC 标准号，并增加了示例说明；

——将表面电阻率和体积电阻率要求表示分别改为：$\geqslant 1.0 \times 10^{14}\Omega$ 和 $\geqslant 1.0 \times 10^{15}\Omega \cdot m$；

——将相对电容率要求改为：2.2 ± 0.2；

——将拉伸强度要求分别从 120 MPa 和 90 MPa 提高到 140 MPa 和 120 MPa；

——将表3中的电弱点要求略为提高；

——表1中增加了表面粗糙度的要求；

——增加了第6.10条表面粗糙度；

——第5.1条中1型优选厚度增加了"3.0"；

——表2、表3、表5中标称厚度由"4 μm"改为"4 μm 及以下"；

——第6.3条施加电气强度由 150 V/μm 提高到 200 V/μm；

——增加了表4，空隙率对要求做相应变化；

——删除空隙率公式中"％"，式中加以注明。

本部分代替 GB/T 12802—1996《电容器用聚丙烯薄膜》。

本部分与 GB/T 12802—1996 相比主要差异如下：

——按 IEC 60674-3-1:1998 进行分类与命名；

——删除浊度、收缩率等性能要求；

——增加有关吸液性与浸渍剂相容性及浸渍后的 ε_r 和 $\tan\delta$ 测试和要求方面的规定。

本部分的附录A为规范性附录。

本部分由中国电器工业协会提出。

本部分由全国绝缘材料标准化技术委员会(CSBTS/TC 51)归口。

本部分起草单位：西安交通大学、桂林电力电容器总厂、广东佛塑集团股份有限公司、东方绝缘材料股份有限公司、江门润田投资实业有限公司、安徽铜峰电子股份有限公司、江苏南天集团股份有限公司、桂林电器科学研究所。

本部分主要起草人：刘英、李兆林、王先锋、廖凯明、赵平、柯庆毅、章晓红、罗松华、冯玲。

本部分所代替的历次版本发布情况为：

——GB/T 12802—1996

电气绝缘用薄膜　第3部分:电容器用
双轴定向聚丙烯薄膜

1　范围

本部分规定了电容器介质用双轴定向聚丙烯薄膜的要求,该薄膜应具有光滑的表面或粗糙的表面;当要求真空金属化时,还应经过电晕处理。

2　规范性引用文件

下列文件中的条款通过GB/T 13542的本部分的引用而成为本部分的条款。凡是注日期的引用文件,其随后所有的修改单(不包括勘误的内容)或修订版均不适用于本部分,然而,鼓励根据本部分达成协议的各方研究是否可使用这些文件的最新版本。凡是不注日期的引用文件,其最新版本适用于本部分。

ISO 534:1988　纸和纸板　厚度和表观积层密度或表观单层密度的测定

IEC 60674-1:1980　电气用塑料薄膜　第1部分:定义和一般要求

IEC 60674-2:1988　电气用塑料薄膜　第2部分:试验方法(第1次修正(2001))

IEC 61074:1991　用差示扫描量热法测定电气绝缘材料熔融热、熔点及结晶热、结晶温度的试验方法

3　分类与命名

3.1　分类

聚丙烯薄膜按空隙率进行如下分类:

1型:具有光滑表面(空隙率<5%,见6.9)的薄膜;

1a型:不经电晕处理的薄膜;

1b型:单面预处理以便于金属真空沉积的薄膜;

1c型:双面预处理的薄膜;

2型:至少一面具有粗糙表面(空隙率≥5%,见6.9)的薄膜;

2a型:不经电晕处理的薄膜;

2b型:单面预处理以便于金属真空沉积的薄膜;

2c型:双面预处理的薄膜。

3.2　命名

聚丙烯薄膜应按下述方法命名予以识别:

PP-型号-厚度(μm)-宽度(mm)-长度(m)

例如:

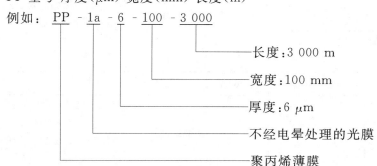

4 一般要求

该薄膜应主要由全同立构型聚丙烯均聚物制成并应符合 IEC 60674-1:1980 规定的要求。

5 尺寸

5.1 厚度

应按 IEC 60674-2:1988 的 3.3 规定采用质量密度法测量薄膜厚度,但对于 2 型材料应分别采用质量密度法和由千分尺法测量薄膜厚度。有争议时应采用质量密度法测量厚度。

千分尺法的厚度测量应按 ISO 534:1988 规定进行。薄膜叠层试样数量为 4 个,每个叠层试样由 12 层薄膜组成。其制备方法如下:从离膜卷的外表面约 0.5 mm 厚处同时切取,并沿薄膜样条的长度方向缠绕于洁净的样板(推荐尺寸为:250 mm×200 mm,其中 200 mm 为板的长度方向尺寸)。在测量之前去掉叠层的最外层和最内层(实际测量 10 层),再进行测量。

本部分对厚度没有明确的要求,但在采用质量密度法时优选如下厚度(μm):

1 型:3.0;4.0;5.0;6.0;7.0;8.0;10;12.0;15.0;18.0;20.0 及 25.0。

2 型:7.4;9.0;10.1;11.0;12.0;12.7;13.6;14.4;15.2;16.2 及 17.8。

除非另有规定,其平均厚度偏差应符合 IEC 60674-1:1980 的要求。

5.2 宽度

薄膜宽度应按 IEC 60674-2:1988 第 5 章要求测量。

由于在整个电容器行业中薄膜用途的多样化和对其要求不尽相同,因此,在本部分中对其宽度不作规定。但宽度偏差应符合 IEC 60674-1:1980 中 4.2 的要求。

5.3 长度/直径

按供需双方合同规定。

6 性能

6.1 理化性能

薄膜的理化性能见表 1。

表 1 性能

序号	性　能	单　位	要　求	试验方法	说　明
1	密度	g/cm³	0.91±0.01	IEC 60674-2:1988 第 4 章	仅适用于 12 μm 以上的薄膜,推荐使用的混合液为:甲醇/乙二醇
2	熔点	℃	165～175	IEC 61074:1991	DSC 法
3	拉伸强度（任一方向）	MPa	1 型:≥140 2 型:≥120	IEC 60674-2:1988 第 10 章	试样宽度:(15±3) mm 拉伸速度:(100±2) mm/min,以夹持距为基准,夹持距为:(100±2)mm
4	断裂伸长率（任一方向）	%	1 型:≥40 2 型:≥30		
5	表面电阻率	Ω	≥1.0×10¹⁴	IEC 60674-2:1988 第 14 章	—
6	体积电阻率	Ω·m	≥1.0×10¹⁵	IEC 60674-2 第 15 章	试验电压:对于厚度 >10 μm 的为(100±10) V;对于厚度 ≤10 μm 的为(10±1) V

表 1(续)

序号	性 能	单 位	要 求	试验方法	说 明
7	介质损耗因数 (48 Hz～62 Hz 或 1 kHz)	—	≤3.0×10⁻⁴	IEC 60674-2:1988 第 16 章及其第 1 次修正(2001)中 16.1.4	不接触电极或蒸发电极,并按附录 A 计算
8	相对电容率 (48 Hz～62 Hz 或 1 kHz)	—	2.2±0.2		
9	收缩率 纵向 横向	%	—	IEC 60674-2:1988 第 23 章	由供需双方商定
10	表面粗糙度 Ra ≤12 μm >12 μm	μm	0.20～0.60 0.25～0.65	见 6.10	—

注 1:尽管诸如结晶度、定向及全立构/无规立构等对薄膜特性存在着潜在影响,但至今尚未就这些特性参数作出推荐,特别在 IEC 60674-2:1988 中尚未规定出相应的方法。

注 2:对于第 5 项、第 6 项测试环境条件为:在(23±2)℃,RH:(50±5)%下处理 24 h,并在该条件下测量。

6.2 电气强度(直流试验)

应按 IEC 60674-2:1988 中 18.2 的规定进行,其中卷制电容器的卷绕拉力应为(2.5±0.5)N/mm²,结果以中值表示,且应不小于表 2 规定的值。

表 2 1型及2型的电气强度(直流试验)

标称厚度 μm	电气强度(中值) V/μm	21 个结果中允许有 1 个低于下列规定值 V/μm
4 及以下	120	40
5	150	60
6	190	80
7 及 7.4	230	100
8	250	120
9	270	145
10 及 10.1	290	165
11	300	175
12	310	185
12.7	315	195
>12.7～25	320	200

6.3 电气弱点

电气弱点应按 IEC 60674-2:1988 中第 19 章的规定测试。施加的电气强度为:200 V/μm,被测试样的最小面积为 5 m²,所测得的弱点数应不超过表 3 规定的值。

表 3　1 型和 2 型的电气弱点数

标称厚度 μm	弱点数 个/m²
4 及以下	≤2.5
5	≤2.2
6	≤1.8
7.0 及 7.4	≤1.5
8	≤1.0
9	≤0.8
10.0 及 10.1	≤0.6
11	≤0.6
≥12	≤0.5

6.4　长期耐热性

本部分对长期耐热性无要求。

6.5　湿润张力

对于 1b 型及 1c 型和 2b 型及 2c 型,应按 IEC 60674-2:1988 中第 9 章的规定进行,其表面湿润张力应不小于 35 mN/m。

6.6　吸液性

为了使薄膜在浸渍后具有满意的结构,可能需要把薄膜吸收的浸渍剂的量控制在一定的范围内。若有这方面要求时,则所使用的测量方法、测定时间和温度及允许的吸收范围应由供需双方商定。

注:由于当今可得到的浸渍剂种类繁多并正在广泛应用于电容器中,因此,本部分无法就吸液性规定具体的试验方法或极限值。

6.7　与浸渍剂的相容性

应根据供需双方商定的方法,测定薄膜与所选用的介质流体的相容性。例如,可根据薄膜在流体中的溶胀或溶解性,或根据两者间污染特性进行检测。

注:由于当今可得到的浸渍剂种类繁多并正在广泛应用于电容器中,因此,本部分无法就介质流体相容性规定具体的试验方法或极限值。

6.8　浸渍状态下的损耗因数

在电容器行业中所使用的浸渍剂和可供选用的试验方法种类很多,且许多材料及其工艺规程为专利。因此,对浸渍状态下薄膜的损耗因数的测量方法及其极限值需经供需双方商定。

注:由于当今可得到的浸渍剂种类繁多并正在广泛应用于电容器中,因此,本部分无法就浸渍状态下的损耗因数规定具体的试验方法或极限值。

6.9　空隙率

空隙率:由表面粗糙引起的空隙率是以叠层法(千分尺)测得的厚度超过质量密度法测得的厚度的增量的百分数表示。

空隙率按下式计算:

$$SF = \frac{t_b - t_g}{t_g} \times 100$$

式中:

SF——空隙率,%;

t_b——叠层法(千分尺)测得的厚度,μm;

t_g——质量密度法测得的厚度,μm。

本部分对空隙率的要求见表4。

表4 空隙率

标称厚度 μm	平均值 %	最高值 %	最低值 %
≤12	9.0±3.0	≤15	≥5.0
>12	10±3.0	≤17	≥5.0

6.10 表面粗糙度

表面粗糙度按以下规定进行。

6.10.1 测试原理

薄膜经粗化后,形成微小的凹凸不平的表面,利用仪器的触针(或探头)在薄膜表面上移动,从而测出薄膜的平均粗糙度 Ra。

6.10.2 试验仪器和用品

a) 能满足薄膜试样的平均粗糙度测试范围及精度要求的表面粗糙度测试仪器均可使用,仪器误差不大于±10%。

b) 丙酮少许及端部包有脱脂棉花的棉签。

6.10.3 试样

从样品上纵、横向各取三块试样,其尺寸以能完全覆盖与仪器配套的测试小平面为准。试样表面必须洁净,无损伤、折皱。

6.10.4 试验步骤

用棉签蘸上丙酮清洗仪器的测试平面。将试样放在仪器的测试平面上,试样要完全贴紧平面,无气泡存在。试样的被测面朝向测试触针,读出三块试样纵、横向六个 Ra 的数值。

6.10.5 结果的计算与表示

薄膜的表面粗糙度以三个试样的六个 Ra 的算术平均值表示,单位为微米(μm)。

7 膜卷特性

7.1 可卷绕性

可卷绕性应按 IEC 60674-2:1988 中第6章的规定测量。

7.1.1 对宽度小于 150 mm 的卷盘,应采用方法 A。

偏移/弧形　　　　　　　　　<10 mm

凹陷(张力 5 MPa)　　　　　<2 mm

7.1.2 对宽度 150 mm 及以上的卷盘,应采用方法 B。

偏移/弧形　　　　　　　　　<10 mm

凹陷(张力 5 MPa)　　　　　<2 mm

获得偏移/弧形和凹陷极限所需要的延伸应不大于 0.1%。

7.2 接头

允许接头(搭接)的场合,其接头的结构应符合 IEC 60674-1:1980 中 3.3 规定的要求。还应标明断口(未连接上的断头),以便从薄膜端面观察时能清晰可见。连接处两边的偏移均不应超过 0.5 mm。

每卷中的接头(搭接)或断头数,应不超过表5规定的值。

表 5　每卷内允许的最大接头数（1 型和 2 型）

薄膜标称厚度 μm	在宽度＞350 mm 的膜卷内的接头数，卷芯内径 150 mm，外径：			在宽度≤350 mm 的膜卷内的接头数，卷芯内径 76 mm，外径＜250 mm
	≤300 mm	＞300 mm ≤400 mm	＞400 mm ≤500 mm	
4 及以下	3	4	—	3
5	2	3	4	3
6	2	3	4	2
7 及 7.4	2	2	3	2
8	2	2	3	2
≥9	2	2	2	1

7.3　膜卷宽度（总宽）

膜卷宽度就是从每一端面最外侧测得的膜卷两端面之间的距离（见 IEC 60674-1:1980 中 3.2）。按 IEC 60674-2:1988 中第 5 章规定测得的薄膜宽度与不包含卷芯的膜卷宽度之间的差应不大于：

——对薄膜宽度≤150 mm，为 0.5 mm；

——对薄膜宽度＞150 mm 和＜300 mm，为 1.0 mm；

——对薄膜宽度≥300 mm，为 2.0 mm。

7.4　卷芯

优选的卷芯内径为 76 mm 和 150 mm。

7.5　标签

经一面预处理的薄膜应在标签上指明经过预处理的表面。

附 录 A

（规范性附录）

介质损耗因数和相对电容率计算方法

a) 若采用不接触电极法测量 ε_r 和 $\tan\delta$，当采用不改变电桥电容值，只改变电极间间距的测量方法时，其计算公式为：

$$\varepsilon_r = \frac{t_g}{t_g - \Delta t} \quad\cdots\cdots\cdots\cdots\cdots\cdots\cdots\cdots（A.1）$$

式中：

ε_r——材料的相对电容率；

t_g——试样叠层的厚度，μm；

Δt——有无试样时测微计测得的两个电极间间距值之差，μm。

$$\tan\delta = \Delta\tan\delta \frac{t_2}{t_g - \Delta t} \quad\cdots\cdots\cdots\cdots\cdots\cdots\cdots\cdots（A.2）$$

式中：

$\tan\delta$——材料介质损耗因数；

$\Delta\tan\delta$——有无试样时测得的两个介质损耗因数值之差；

t_2——无试样时由测微计测得的电极间的间距值，μm；

t_g——试样叠层厚度，μm；

Δt——有无试样时由测微计测得的两个电极间间距值之差，μm。

b) 若采用不接触电极法测量 ε_r 和 $\tan\delta$，当采用改变电桥电容，而不改变电极间的间距的测量方式时，其计算公式为：

$$\varepsilon_r = \frac{1}{1 - \left(1 - \dfrac{C_2}{C_1}\right) \times \dfrac{t_0}{t_g}} \quad\cdots\cdots\cdots\cdots\cdots\cdots\cdots\cdots（A.3）$$

式中：

ε_r——材料的相对电容率；

C_1——有试样时测得的电容值，μF；

C_2——无试样时测得的电容值，μF；

t_0——电极之间的间距，μm；

t_g——试样叠层厚度，μm。

$$\tan\delta = \tan\delta_1 + \varepsilon_r \times \Delta\tan\delta \times \left(\frac{t_0}{t_g} - 1\right) \quad\cdots\cdots\cdots\cdots\cdots\cdots\cdots（A.4）$$

式中：

$\tan\delta$——材料的介质损耗因数；

$\tan\delta_1$——有试样时测得的介质损耗因数值；

$\Delta\tan\delta$——有无试样时测得的两个介质损耗因数值之差；

ε_r——材料的相对电容率；

t_0——电极之间的间距，μm；

t_g——试样叠层厚度，μm。

c) 若采用接触电极法，即蒸发金属电极时，其测试与计算按 IEC 60674-2:1988 规定进行。

ICS 29.035.99
K 15

中华人民共和国国家标准

GB/T 13542.4—2009
代替 GB 12802.2—2004

电气绝缘用薄膜 第 4 部分：聚酯薄膜

Film for electrical insulation—
Part 4:Polythylene terephthalate film used for electrical insulation

(IEC 60674-3-2:1992,Specification for plastic films for electrical purposes—
Part 3:Specifications for individual materials—
Sheet 2:Requirements for balanced biaxially oriented polythylene
terephthalate (PET) films used for electrical insulation,MOD)

2009-06-10 发布　　　　　　　　　　　　　　　　2009-12-01 实施

中华人民共和国国家质量监督检验检疫总局
中国国家标准化管理委员会　发布

前　言

GB/T 13542《电气绝缘用薄膜》分为以下几个部分：
——第1部分：定义和一般要求；
——第2部分：试验方法；
——第3部分：电容器用双轴定向聚丙烯薄膜；
——第4部分：聚酯薄膜；
…………。

本部分为 GB/T 13542 的第4部分。

本部分修改采用 IEC 60674-3-2:1992《电气用塑料薄膜　第3部分：单项材料规范　第2篇：对电气绝缘用均衡双轴定向聚对苯二甲酸乙二醇酯(PET)薄膜的要求》(英文版)。

本部分与 IEC 60674-3-2:1992 的主要差异如下：

a) 增加了 25 μm 和 150 μm 厚度规格的聚酯薄膜；

b) 增加了对最短段长度的规定；

c) 增加了规范性引用文件 IEC 61074:1991《用差示扫描量热法测定电气绝缘材料熔融热、熔点及结晶热、结晶温度的试验方法》；

d) 规定了熔点的具体要求，同时在"6.1　与厚度无关的性能要求"增加了条文说明：熔点可用 DSC 法，按 IEC 61074 的规定进行，性能值待定；

e) 分类按国内实际分为1型：6020 和 6021，2型：6022；

f) 删除了"命名"一章。

本部分代替 GB 12802.2—2004《电气绝缘用薄膜　第2部分：电气绝缘用聚酯薄膜》。

本部分与 GB 12802.2—2004 相比主要差异：对"拉伸强度和断裂伸长率"在"6.2　与厚度有关的性能要求"增加了条文说明：试验无争议时也可采用夹持距离为 100 mm。

本部分由中国电器工业协会提出。

本部分由全国绝缘材料标准化技术委员会(SAC/TC 51)归口。

本部分主要起草单位：桂林电器科学研究所、四川东材科技集团股份有限公司、桂林电力电容器有限责任公司。

本部分起草人：王先锋、赵平、李兆林。

本部分所代替标准的历次版本发布情况为：
——GB 13950—1992、GB 12802.2—2004。

电气绝缘用薄膜　第4部分:聚酯薄膜

1　范围

GB/T 13542 的本部分规定了电气绝缘用聚酯薄膜(以下简称薄膜)的分类和要求。

本部分适用于由聚对苯二甲酸乙二醇酯(PET)经铸片及均衡双轴定向而制得的薄膜。

2　规范性引用文件

下列文件中的条款通过 GB/T 13542 的本部分的引用而成为本部分的条款。凡是注日期的引用文件,其随后所有的修改单(不包括勘误的内容)或修订版均不适用于本部分,然而,鼓励根据本部分达成协议的各方研究是否可使用这些文件的最新版本。凡是不注日期的引用文件,其最新版本适用于本部分。

GB/T 13542.1—2009　电气绝缘用薄膜　第1部分:一般要求(IEC 60674-1:1980,IDT)

GB/T 13542.2—2009　电气绝缘用薄膜　第2部分:试验方法(IEC 60674-2:1988,MOD)

IEC 61074:1991　用差示扫描量热法测定电气绝缘材料熔融热、熔点及结晶热、结晶温度的试验方法

3　分类

薄膜根据其特性及用途分为两种类型和三种型号,如表1所示。

表1　薄膜的分类和型号

类　型	型　号	特性及用途
1型	6020	一般用途的透明薄膜
	6021	一般用途的不透明薄膜
2型	6022	电容器介质薄膜

4　一般要求

薄膜应由对苯二甲酸乙二醇酯制成;具有近似均衡取向的双轴定向结构并符合 GB/T 13542.1—2009 中的要求。

对于某些应用,可提出在材料中加入添加剂(例如颜料、染料)的要求。但除非另有规定,添加剂应不影响所列出的该型号薄膜的任何性能要求。

5　尺寸

5.1　厚度

薄膜厚度按 GB/T 13542.2—2009 中第4章的规定进行。薄膜厚度在 15 μm 及以下按 4.1.2 或 4.2 的规定进行,薄膜厚度在 15 μm 以上的按 4.1.1 或 4.2 的规定进行。

本部分对厚度不作要求,但优选厚度如下:

2 μm,3 μm,3.5 μm,5 μm,6 μm,8 μm,10 μm,12 μm,15 μm,19 μm,23 μm,25 μm,36 μm,50 μm,75 μm,100 μm,125 μm,150 μm,190 μm,250 μm,300 μm,350 μm。

除非在供货合同中另有规定,测量的厚度应在标称值±10%范围内。

5.2 宽度

薄膜宽度应按 GB/T 13542.2—2009 第 6 章进行。由于应用情况不同,不可能给出优选的宽度规格,宽度规格由供需双方商定。除了供作槽楔用薄膜规定其宽度小于 25 mm 时可选取用—0.3 mm~0 mm 的偏差外,其他薄膜的宽度偏差应符合 GB/T 13542.1—2009 中 5.2 的要求。

6 性能要求

6.1 与厚度无关的性能要求

与厚度无关的性能要求见表 2。

表 2　与厚度无关的性能要求

性　　能		要　　求	单　位	GB/T 13542.2—2009 章条号	型　号
密度	6020、6022	1 390±10	kg/m³	5	1 和 2
	6021	1 400±10			
熔点		≥256	℃	22	1
相对电容率	48 Hz~62 Hz	2.9~3.4	—	17.1	1
	1 kHz	3.2±0.3		17.1	1
	1 kHz	3.2±0.3		17.3	2
介质损耗因数	48 Hz~62 Hz	≤3×10⁻³		17.1	1
	1 kHz	≤6×10⁻³		17.1	1
	1 kHz	≤6×10⁻³		17.3	2
体积电阻率		≥1.0×10¹⁴	Ω·m	16.1	1
		≥1.0×10¹⁵		16.2	2
表面电阻率		≥1.0×10¹³	Ω	15	1
		≥1.0×10¹⁴			2
电解腐蚀		A1	—	21 目测法	1 和 2
		2	%	21 拉伸导线法	
高温下 尺寸稳定性	拉力下	≥200	℃	24	1
	压力下	≥200		25	

密度采用沉浮法或密度梯度柱法进行测试,浸渍液采用碘化钾的水溶液,取三个测试值为试验结果,保留 4 位有效数字。本方法仅适用于厚度大于 12 μm 的薄膜。

熔点也可用 DSC 法,按 IEC 61074 的规定进行,性能值待定。

相对电容率、介质损耗因数、体积电阻率试验时施加在试样上的交流电场强度不大于 10 V/μm。根据测试仪器的要求,可采用多层薄膜迭合的方法。试样数为三个。取三个测试值的中值为试验结果。

表面电阻率测量条件为 23 ℃,50%RH 下经 24 h 暴露后,试验电压对厚度大于 10 μm 者为(100±10)V;对厚度小于 10 μm 者为 10 V。1 型根据测试仪器的要求,可采用多层薄膜迭合的方法进行。电化时间为 2 min。试样数为三个。取三个测试值的中值为试验结果。

电解腐蚀拉伸导线法试验条件为 40 ℃,93%RH,暴露周期 96 h。

6.2 与厚度有关的性能要求

与厚度有关的性能要求见表 3。

表 3 与厚度有关的性能要求

性　能	要　求				单位	GB/T 13542.2—2009 章条号	型号
	≤15 μm	>15 μm～≤100 μm	>100 μm～≤250 μm	>250 μm			
拉伸强度（两方向中任一方向）最小值	170	150	140	110	MPa	11	1和2
断裂伸长率（两方向中任一方向）最小值	50	80	80	80	%	11	1和2
尺寸变化（两方向中任一方向收缩）最大值	3.5	3.0	3.0	2.0	%	23(150 ℃,15 min)	1和2
电气强度	见表4					18.1	1和2
击穿电压	见表5					18.2	2
电气弱点	见表6					19	2

拉伸强度和断裂伸长率对厚度小于 5 μm 的薄膜不要求。拉伸速度为 100 mm/min,标线间距离为 100 mm,无争议时也可采用夹持距离为 100 mm。

电气强度和击穿电压应用 6 mm 直径电极。对厚度≤100 μm 的薄膜应在空气中试验,升压速度为 500 V/s。对厚度大于 100 μm 的材料,应在变压器油中试验。取 10 次试验的算术平均值作为试验结果。

电弱点试验面积为 10 m²。试验电压根据薄膜的标称厚度按 200 V/μm 进行计算。

表 4 电气强度（交流试验）,对所有型号

标称厚度 μm	电气强度　最小值 V/μm	GB/T 13542.2—2009 章条号
<6	—	18.1 使用 6 mm 直径的电极,在空气中
6	—	
8	—	
10	210	
12	208	
15	200	
19	190	
23	174	
25	170	
36	150	
50	130	
75	105	
100	90	
125	80	18.1 使用 6 mm 直径的电极,在变压器油中
150	75	
190	65	
250	60	
300	55	
350	50	

注:非推荐优选标称厚度的性能指标值由内插法求得。

表 5 击穿电压(直流试验)仅适用于 2 型

标称厚度 μm	最低击穿电压中值 kV	21 个结果中允许有 2 个以下 低于下列规定值 kV	21 个结果中允许有 1 个低于 下列规定值 kV
≤6	1.50	0.60	0.40
8	2.00	1.10	0.55
10	2.40	1.50	0.80
12	2.80	1.80	1.00
15	3.20	2.00	1.60
19	3.40	2.20	1.90
23	4.00	2.50	2.20
注:非推荐优选标称厚度的性能指标值由内插法求得。			

表 6 6022 型薄膜的电气弱点

标称厚度 μm	弱点数 个/m²
3	≤6
3.5	≤4
5	≤2
6	≤1
8	≤0.8
10	≤0.4
12 及以上	≤0.2
注:非推荐优选标称厚度的性能指标值由内插法求得。	

电气弱点按 GB/T 13542.2—2009 第 19 章测量,并根据薄膜的标称厚度按 200 V/μm 施加试验电压时测量得的弱点数应不超过表 6 给出的值。

6.3 其他性能

6.3.1 长期耐热性

长期耐热性应按 GB/T 13542.2—2009 第 28 章测试。并仅对 1 型薄膜适用。

TI≥130;终点标准:拉伸强度保持起始值的 10%。

TI≥115;终点标准:拉伸强度保持起始值的 50%。

满足这两个终点标准中的任一个者,可视为符合本部分的要求。

老化过程中,老化烘箱内空气的含湿量应为 9.5 g/m³~12.5 g/m³。

推荐老化温度为 140 ℃,160 ℃,180 ℃。

7 对所有型号的膜卷特性

7.1 卷径/膜长

由供需双方商定。

7.2 可卷绕性

按 GB/T 13542.2—2009 第 7 章进行,性能要求见表 7。

7.2.1 对宽度小于 150 mm 的膜卷,按 GB/T 13542.2—2009 的 7.2 进行。

表 7　薄膜的可卷绕性

单位为毫米

性　能	1 型	2 型
偏移/弧形	<10	<10
下垂(张力 5 MPa)	<5	<2

7.2.2　对宽度 150 mm 及以上膜卷,按 GB/T 13542.2—2009 的 7.3 进行

使偏移/弧形及下垂极限达到要求时所需的延伸应不大于 0.1%。对厚度大于 36 μm 的薄膜无要求。

7.3　接头数及最短段长度

每卷的接头数及最短段长度由供需双方商定。当未协商时,每卷的接头数及最短段长度见表 8。

表 8　接头数及最短段长度

薄膜厚度 μm	接头数(个)			最短段长度 m
	宽度≤50 mm			
	外径<250 mm	外径<250 mm	外径<250 mm～<450 mm	
2;3;3.5	≤6	≤4	≤6	≥200
5;6	≤5	≤4	≤5	
8	≤4	≤3	≤4	
10	≤4	≤3	≤4	
≥12	≤4	≤3	≤3	≥100

7.4　膜卷宽度

按 GB/T 13542.2—2009 第 6 章测得的薄膜宽度与不计卷芯在内的膜卷宽度之差值应不大于表 9 的规定。

表 9　膜卷宽度

单位为毫米

标称膜卷宽度	要求(最大差值)
<150	0.5
150～300	1.0
>300	2.0

7.5　管芯

优选的管芯为 76 mm 和 152 mm。

ICS 29.035.99
K 15

中华人民共和国国家标准

GB/T 13542.6—2006

电气绝缘用薄膜
第 6 部分：电气绝缘用聚酰亚胺薄膜

Film for electrical insulation—
Part 6：Polyimide films for electrical insulation

(IEC 60674-3-4/6：1993，Plastic films for electrical purposes
Part 3：Specifications for individual matorials Sheet 4to6：Requirements
for polyimide films for electrical purposes，MOD)

2006-07-17 发布　　　　　　　　　　　　　2007-01-01 实施

中华人民共和国国家质量监督检验检疫总局
中国国家标准化管理委员会　发布

前　言

GB/T 13542《电气绝缘用薄膜》包括下列几个部分：

——第 1 部分：定义及一般要求；

——第 2 部分：试验方法；

——第 3 部分：电容器用双轴定向聚丙烯薄膜；

……

本部分为本标准系列部分中的第 6 部分。

本部分修改采用 IEC 60674-3-4/6：1993《电气用塑料薄膜规范　第 3 部分：单项材料规范　第 4 至 6 篇：对电气绝缘用聚酰亚胺薄膜的要求》（英文版）。在涉及修改的条款页边空白处用垂直单线标识。

本部分与 IEC 60674-3-4/6：1993 存在的差异如下：

a) 删除了 IEC 前言，将 IEC 60674-3-4/6 的"引言"内容，编入本部分的"前言"之中；

b) 根据 GB/T 1.1—2000，修改了 IEC 60674-3-4/6：1993 中"规范性引用文件"的导语；

c) 规范性引用文件中增加了 GB/T 13542.3—2006；

d) 命名中增加了示例说明图示；

e) 表 2 中 2A 型标称厚度为 150 μm 所对应厚度偏差的允许范围中均苯型最小值，IEC 的规定有误，现将"110 μm"改为"140 μm"；

f) 表 4 中"介电常数"改为"电容率"；

g) 表 4 中吸水性"受潮 6 h"改为"受潮 24 h"；

h) 表 4 中增加了不接触电极测量相对电容率，介质损耗因数的计算公式；

i) 表 5 中断裂伸长率（标称厚度 50 μm）的要求由"≥45%"提高到"≥50%"。

本部分由中国电器工业协会提出。

本部分由全国绝缘材料标准化技术委员会归口。

本部分起草单位：桂林电器科学研究所、溧阳华晶电子材料有限公司、天津绝缘材料总厂、上海金山前峰绝缘材料有限公司、江苏亚宝绝缘材料有限公司、杭州泰达实业有限公司。

本部分主要起草人：王先锋、钱时昌、张玉谦、屠强、宋成根、汤昌丹。

本部分为首次制定。

电气绝缘用薄膜
第6部分:电气绝缘用聚酰亚胺薄膜

1 范围

本部分规定了下列聚酰亚胺薄膜的技术要求,这些薄膜可涂覆或不涂覆可热封的氟乙烯-丙烯(FEP)涂层:

1) 以聚(N,N′—P,P′—二苯醚均苯四甲酰亚胺)为基的聚酰亚胺薄膜;

2) 以聚(N,N′—P—对苯撑联苯四甲酰亚胺)为基的聚酰亚胺薄膜;

3) 以聚(N,N′—P,P′—二苯醚联苯四甲酰亚胺)为基的聚酰亚胺薄膜。

2 规范性引用文件

下列文件中的条款通过 GB/T 13542 的本部分的引用而成为本部分的条款。凡是注日期的引用文件,其随后所有的修改单(不包括勘误的内容)或修订版均不适用于本部分,然而,鼓励根据本部分达成协议的各方研究是否可使用这些文件的最新版本。凡是不注日期的引用文件,其最新版本适用于本部分。

GB/T 13542.3—2006 电气绝缘用薄膜 第3部分:电容器用双轴定向聚丙烯薄膜薄膜(IEC 60674-3-1:1998,MOD)

GB/T 13534—1992 电气颜色标志的代号(eqv IEC 60757:1983)

IEC 60674-1:1980 电气用塑料薄膜 第1部分:定义和一般要求

IEC 60674-2:1988 电气用塑料薄膜 第2部分:试验方法(第1次修正(2001))

3 分类与命名

3.1 分类

聚酰亚胺薄膜分为下列型号:

1型:一般用途;

2A型:单面涂覆;

2B型:双面涂覆;

3型:尺寸稳定(通常仅用于均苯型及对苯型薄膜);

4型:可热收缩(通常仅用于均苯型薄膜)。

注:2型的表面经过涂覆,目的是使其表面可热封。

3.2 命名

聚酰亚胺薄膜按下列命名法予以识别:

PI-型号-厚度(μm)-宽度(mm)-长度(m)-颜色

例如：PI-1 型-100-20-200-nc-f

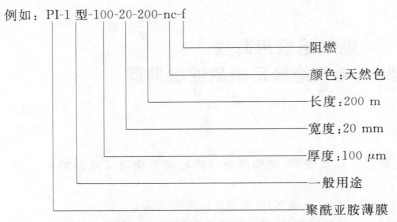

```
                                        阻燃
                                    颜色：天然色
                                长度：200 m
                            宽度：20 mm
                        厚度：100 μm
                    一般用途
                聚酰亚胺薄膜
```

注：f 表示阻燃；r 表示通常；nc 表示天然色；其他颜色按 GB/T 13534—1992。

4 一般要求

1 型材料是由聚酰亚胺聚合物制成的柔软、可自支承的薄膜。

2 型材料是在 1 型材料的单面或双面涂覆可热封的氟乙烯-丙烯（FEP）树脂。

3 型材料除了尺寸稳定性获得改进外，其他应相同于 1 型。

4 型材料除了有热收缩性要求外，其他应相同于 1 型。

所有型号的薄膜应符合 IEC 60674-1：1980 中规定的一般要求。

5 尺寸

5.1 厚度

1 型、3 型和 4 型的薄膜厚度应按 IEC 60674-2：1988 中 3.3 规定用质量密度法测量。2 型薄膜厚度应按 IEC 60674-2：1988 中 3.1 规定使用测微计测量。

厚度应符合表 1 和表 2 中规定的标称厚度及厚度偏差的允许范围。

表 1　1 型、3 型和 4 型的标称厚度及厚度偏差的允许范围　　　　单位为微米

标称厚度	实际厚度	
	均苯型	对苯型及联苯型
7.5	最大值 9 最小值 6	最大值 8.5 最小值 6.5
13[a]	最大值 15.2 最小值 10.2	最大值 13.5 最小值 11.5
20	— —	最大值 22 最小值 18
25	最大值 29 最小值 22	最大值 27 最小值 23
40	— —	最大值 44 最小值 36
50	最大值 57 最小值 44	最大值 54 最小值 46
75	最大值 83 最小值 69	最大值 81 最小值 69

单位为微米

表 1（续）

标称厚度	实际厚度	
	均苯型	对苯型及联苯型
100	— —	最大值 107 最小值 93
125	最大值 136 最小值 118	最大值 133 最小值 117

a 若提供标称厚度为 12.5 μm 来代替表中的 13 μm。可按 13 μm 所规定的要求执行。

表 2 2 型的标称厚度及厚度偏差的允许范围

单位为微米

型 号	标称厚度				厚度偏差的允许范围			
	标称厚度	FEP[a] 第一层	聚酰亚胺膜	FEP[a] 第二层	均苯型		对苯型及联苯型	
					最小值	最大值	最小值	最大值
2A	25	无	13[b]	13[b]	19	31	20	30
2A	38[b]	无	25	13[b]	31	44	33.5	41.5
2A	50	无	25	25	42	58	46	54
2A	63[b]	无	50	13[b]	55	71	58.5	66.5
2A	75	无	50	25	65	85	70	80
2A	100	无	50	50	90	110	90	110
2A	100	无	75	25	90	110	90	110
2A	150	无	125	25	140	160	140	160
2B	30	2.5	25	2.5	26	34	26	34
2B	38[b]	13[b]	13[b]	13[b]	30	45	30	45
2B	50	13[b]	25	13[b]	42	58	46	54
2B	75	13[b]	50	13[b]	65	85	70	80
2B	125	25	75	25	110	140	110	140

a 氟乙烯-丙烯。

b 若提供标称厚度为 12.5 μm，37.5 μm 和 62.5 μm 来分别代替上表中所用的 13 μm，38 μm 和 63 μm，这些材料可分别按 13 μm，38 μm 和 63 μm 的规定执行。

5.2 宽度

薄膜宽度应按 IEC 60674-2：1988 中第 5 章的规定进行测量。

考虑到应用情况很不相同，优选宽度不作规定。

除非供货合同另有规定，否则薄膜宽度与标称值之间的最大偏差应符合表 3A 和表 3B 的要求。

表 3A 均苯型薄膜分切宽度的允许偏差

单位为毫米

分切宽度范围	允许偏差
<26	±0.4
26～102	±0.8
>102	±1.6

表 3B 对苯型及联苯型分切宽度的允许偏差
单位为毫米

分切宽度范围	允许偏差
≤25	±0.2
>25～50	±0.3
>50～100	±0.5
>100～300	±1.0
>300～500	±2.0
>500	±2.0

6 性能

6.1 与厚度无关的性能

表 4 与厚度无关的性能要求

性 能		单位	要 求			IEC 60674-2:1988 中章条号	适用型号
			均苯型	对苯型	联苯型		
密 度		kg/m³	1 425±10	1 480±10	1 390±10	4,方法 D[a]	1,3,4
熔 点		—	不熔[d]	不熔[d]	不熔[d]	—	1,2,3,4
相对电容率 23℃	50 Hz	—	3.5±0.4	3.5±0.4	3.5±0.4	16.1[b]	1,3,4
	1 kHz	—	3.4±0.4	3.4±0.4	3.4±0.4		
介质损耗 因数23℃, 50 Hz 或 1 kHz		—	≤4.0×10⁻³	≤5.0×10⁻³	≤5.0×10⁻³	16.1[b]	1,2,3,4
体积电阻率		Ω·m	≥1.0×10¹⁰	≥1.0×10¹³	≥1.0×10¹³	15.1[c]	1,2,3,4
表面电阻率		Ω	≥1.0×10¹⁴	≥1.0×10¹⁵	≥1.0×10¹⁵	14[c]	1,2,3,4
尺寸稳定性 （纵横向的 收缩率）[e]	150℃	%	≤0.35	≤0.2	≤0.2	23	1,2
	400℃		≤2.50	≤1.0	≤3.0		1
	200℃		≤0.05	≤0.04	—		3
	200℃		≤5.0	—	—		4
吸水性（受潮 24 h）		%	≤4.0	≤2.0	≤2.0	30	1,2,3,4
注：对 2 型无密度和相对电容率的要求，因为它们在很大程度上取决于 PI 和 FEP 的相对厚度。							

（介质损耗因数23℃行中体积电阻率单位Ω·m见下）

[a] 推荐采用四氯化碳/正-庚烷混合液。

[b] 采用不接触电极或蒸发金属电极。其中不接触电极法的计算公式按 GB/T 13542.3—2006 中表 1 的规定。

[c] 经200℃,1 h 处理后于(200±5)℃下测量。

[d] 对于 2 型,FTP 涂层将熔化。

[e] 仅对厚度≥25 μm 的有要求。

6.2 与厚度有关的性能要求

表 5　与厚度有关的性能要求

性　能	适用范围	单位	要　　求 标称厚度 μm									IEC 60674-2:1988 中章条号
			7.5	13	20	25	40	50	75	100	125	
拉伸强度 （纵横向）	均苯型 对苯型 联苯型	MPa	≥110 ≥133 ≥110	≥138 ≥176 ≥138	— ≥294 ≥196	≥165 ≥294 ≥196	— ≥294 ≥196	≥165 ≥294 ≥196	≥165 ≥294 ≥196	— ≥294 ≥196	≥165 ≥294 ≥196	10[a]
断裂伸长率 （纵横向）	均苯型 对苯型 联苯型	%	≥25 ≥6 ≥25	≥35 ≥8 ≥40	— ≥25 ≥80	≥40 ≥25 ≥80	— ≥25 ≥80	≥50 ≥25 ≥80	≥50 ≥25 ≥80	— ≥25 ≥80	≥50 ≥25 ≥80	10[a]
交流电气强度 （48 Hz～ 62 Hz）	均苯型 对苯型 联苯型	V/μm	≥120 ≥150 ≥150	120 ≥150 ≥150	— ≥200 ≥200	≥235 ≥200 ≥200	— ≥180 ≥195	≥195 ≥180 ≥195	≥175 ≥130 ≥135	— ≥110 ≥110	≥120 ≥95 ≥110	18.1[b]

[a]　拉伸速度及断裂伸长率试验条件：拉伸速度为 50 mm/min，标线间距为 100 mm。

[b]　交流电气强度试验应在空气中进行，所使用的电极为 Φ6 mm。

表 6　2 型的交流电气强度

型　号	总体标称厚度[a] μm	电气强度 均苯型 V/μm	电气强度 对苯型、联苯型 V/μm	IEC 60674-2:1988 中章条号
2A	25	≥120	≥120	18.1
2A	38	≥140	≥130	
2A	50	≥120	≥120	
2A	63	≥100	≥110	
2A	75	≥100	≥100	
2A	100[b]	≥80	≥80	
2A	100[c]	≥105	≥110	
2A	150	≥85	≥85	
2B	30	≥155	≥130	
2B	38	≥120	≥120	
2B	50	≥120	≥120	
2B	75	≥100	≥100	
2B	125	≥80	≥85	

注：交流电气强度试验应在空气中进行，所使用的电极为 Φ6 mm。

[a]　PI 和 FEP 各层相对标称厚度见表 2。

[b]　FEP 涂层标称厚度为 50 μm。

[c]　FEP 涂层标称厚度为 25 μm。

6.3　其他性能

6.3.1　长期耐热性

长期耐热性按 IEC 60674-2:1988 中第 28 章的规定进行测定。

终点判断标准为拉伸强度保持至起始值的 50%。

温度指数为：

——对于均苯型薄膜应不小于200；

——对于对苯型及联苯型应不小于220。

推荐的老化温度为：

——对于均苯型:275℃,300℃和325℃；

——对于对苯型及联苯型:300℃,325℃和350℃。

在老化过程中,老化烘箱内空气中的水含量应为 9.5 g/m³～12.5 g/m³,相当于在(23±2)℃时的相对湿度为(50±5)%。

6.3.2 燃烧特性

按IEC 60674-2:1988中第29章的规定进行测定,其分级应为VTF0。

6.3.3 水解稳定性

待定。

6.3.4 耐辐射性

待定。

6.3.5 耐表面放电

待定。

7 膜卷特性

7.1 膜卷直径

薄膜按重量出售,视薄膜不同的标称厚度、卷芯尺寸以及用户要求,优选的膜卷外径为124 mm(不适用于均苯型),152 mm,241 mm,280 mm和356 mm。这些外径的偏差为6.4 mm。

要求的膜卷近似长度在表7、表8中给出。

表 7 要求的膜卷近似长度　　　　　　　　　　单位为米

膜卷尺寸 mm		适用范围	标称厚度 μm								
芯（内径）	卷（外径）		7.5	13	20	25	40	50	75	100	125
76	124	均苯型	—	—	—	—	—	—	—	—	—
		对苯型及联苯型	720	—	—	—	—	—	—	—	—
76	152	均苯型	—	910	—	460	—	230	150	—	91
		对苯型及联苯型	—	910	570	450	280	230	150	—	—
76	241	均苯型	—	—	—	1 550	—	780	520	—	300
		对苯型及联苯型	—	—	1 880	1 500	940	750	500	380	300
152	241	均苯型	2 870	1 830	—	910	—	460	300	—	180
		对苯型及联苯型	—	—	1 140	910	570	460	300	230	180
152	280	均苯型	—	—	—	1 550	—	780	520	—	300
		对苯型及联苯型	—	—	1 880	1 500	940	750	500	380	300
152	356	均苯型	—	—	—	—	—	1 520	1 040	—	610
		对苯型及联苯型	—	—	—	—	—	1 500	1 000	760	600
注1：本表适用于均苯型中1,3和4型,对苯型中1,3型,联苯型中1型。											

表 8　对 2 型薄膜要求的膜卷近似长度

单位为米

卷直径 mm		适用范围	2A 标称厚度 μm							2B 标称厚度 μm				
芯（内径）	卷（外径）		25	38	50	63	75	100	150	30	38	50	75	125
76	152	均苯型	460	310	230	190	160	110	78	—	320	230	160	90
		对苯型及联苯型	450	300	230	190	150	110	78	380	300	230	150	90
76	241	均苯型	—	1 040	780	650	520	390	260	—	—	780	520	300
		对苯型及联苯型	—	1 000	750	640	500	380	260	1 300	1 000	750	500	300
152	280	均苯型	—	1 040	—	—	—	390	260	—	—	—	—	300
		对苯型及联苯型	—	1 000	750	640	500	380	260	1 300	1 000	750	500	300

7.2　卷绕性/下垂

均苯型中各型：对于宽度小于 300 mm 及厚度小于 25 μm 的薄膜无此要求。

对苯型及联苯型中各型：对于宽度小于 200 mm 及厚度小于 20 μm 的薄膜无此要求。

下垂应按 IEC 60674-2:1988 中 6.3 方法 A 的规定进行测定,在 2.8 MPa 的张力下下垂应不大于 19 mm。

7.3　接头

在允许接头（搭接）场合,接头的结构应符合 IEC 60674-1:1980 中 3.3 规定的要求,断头（未连接的断片）也应予以标明,以便从膜卷的侧（端）面观察时能清晰可见。

每卷中的接头或断头数应不超过表 9 及表 10 规定的值。

表 9A　每卷薄膜允许的最多接头数

单位为个

膜卷尺寸 mm		适用范围	标称厚度 μm								
芯（内径）	卷（外径）		7.5	13	20	25	40	50	75	100	125
76	124	均苯型	—	—	—	—	—	—	—	—	—
		对苯型及联苯型	4								
76	152	均苯型	—	5		2		1	1		1
		对苯型及联苯型		4	2	2	1	1	1		
76	241	均苯型				7		5	4		4
		对苯型及联苯型	—	—	5	5	4	4	3	3	3
152	241	均苯型	30	11	—	—	—	—	—	—	—
		对苯型及联苯型	a	a	3	3	2	2	2	2	2
152	280	均苯型				7		5	4		4
		对苯型及联苯型	a	a	5	5	4	4	3	3	3
152	356	均苯型						11	9		9
		对苯型及联苯型						7	5	5	5

注 1：本表适用于均苯型中 1,3 和 4 型,对苯型中 1,3 型,联苯型中 1 型。

a　最多接头数为每 1 000 mm 五个。

表 9B 各搭接头之间及任一搭接头与膜卷末端之间的最小允许距离 单位为米

膜卷尺寸 mm		适用范围	标称厚度 µm								
芯(内径)	卷(外径)		7.5	13	20	25	40	50	75	100	125
76	124	均苯型	—	—	—	—	—	—	—	—	—
		对苯型及联苯型	—	—	—	—	—	—	—	—	—
76	152	均苯型	—	30	—	30	—	30	30	—	22
		对苯型及联苯型	—	50	150	150	100	30	30	30	30
76	241	均苯型	—	—	—	30	—	30	30	30	22
		对苯型及联苯型	—	—	150	150	100	30	30	30	30
152	241	均苯型	—	30	—	30	—	30	30	—	22
		对苯型及联苯型	a	a	150	150	100	30	30	30	30
152	280	均苯型	—	30	—	30	—	30	30	—	22
		对苯型及联苯型	a	a	150	150	100	30	30	30	30
152	356	均苯型	—	—	—	—	—	30	30	—	22
		对苯型及联苯型	—	—	—	—	—	30	30	30	30

注 1：本表适用于均苯型中 1,3 和 4 型,对苯型中 1,3 型,联苯型中 1 型。

a 在 1 000 m 长的卷中,最小距离为每 50 m。

表 10A 2 型薄膜每卷允许的最多接头数 单位为个

卷直径 mm		适用范围	2A 型标称厚度 µm							2B 型标称厚度 µm				
芯(内径)	卷(外径)		25	38	50	63	75	100	150	30	38	50	75	125
76	152	均苯型	5	3	2	2	2	—	—	—	3	2	2	—
		对苯型及联苯型	5	3	2	2	2	1		3	5	2	2	1
76	241	均苯型	—	8	7	5	5	5	4	—	—	7	6	5
		对苯型及联苯型		4	4	4	4	4	3	4	—	4	4	4
152	280	均苯型	—	8	—	—	—	5	4	—	—	—	5	5
		对苯型及联苯型		4				4	4	4				4

表 10B 2 型薄膜各搭接头之间及任一搭接头与膜卷末端之间的最小允许距离 单位为米

卷直径 mm		适用范围	2A 型标称厚度 µm							2B 型标称厚度 µm				
芯(内径)	卷(外径)		25	38	50	63	75	100	150	30	38	50	75	125
76	152	均苯型	30	30	30	30	30	—	—	—	30	30	30	22
		对苯型及联苯型	30	30	30	30	30	30	—	30	30	30	30	30
76	241	均苯型	—	30	30	30	22	22	—	—	—	30	30	22
		对苯型及联苯型		30	30	30	30	30	—	30	—	30	30	30
152	280	均苯型	—	30	—	—	22	22	—	—	—	—	30	22
		对苯型及联苯型		30			30	30	30	—				30

7.4 膜卷宽度

按 IEC 60674-2:1988 第 5 章测得的薄膜宽度与不计卷芯在内的膜卷宽度之间的最大偏差应符合表 11 规定。

表 11 薄膜宽度与膜卷宽度间的最大偏差

单位为毫米

卷芯内径≤77		卷芯内径＞77	
膜卷外径		膜卷外径	
≤241	＞241	≤280	＞280
3.2	6.4	3.2	6.4

7.5 卷芯

优选的卷芯内径为 76 mm 和 152 mm。

ICS 29.035.10
K 15

中华人民共和国国家标准

GB/T 20631.1—2006

电气用压敏胶粘带
第 1 部分：一般要求

Pressure sensitive adhesive tapes for electrical purposes—
Part 1：General requirements

(IEC 60454-1：1992，MOD)

2006-11-09 发布

2007-04-01 实施

中华人民共和国国家质量监督检验检疫总局
中国国家标准化管理委员会　发布

前　言

GB/T 20631《电气用压敏胶粘带》包括 3 个部分：

——电气用压敏胶粘带　第 1 部分：一般要求；

——电气用压敏胶粘带　第 2 部分：试验方法；

——电气用压敏胶粘带　第 3 部分：单项材料规范。

本部分为该标准中的第 1 部分。

本部分修改采用 IEC 60454-1:1992《电气用压敏胶粘带　第 1 部分：一般要求》（英文版）。

本部分与 IEC 60454-1:1992 存在的微小差异如下：

a)　删除了 IEC 前言，将 IEC 60454-1:1992 的"引言"内容；

b)　根据 GB/T 1.1—2000，修改了 IEC 60454-1:1992 中"规范性引用文件"的导语。

c)　根据国内实际情况，考虑到国际国内兼容性，既保留 IEC 推荐的芯轴尺寸，又增补国内常用的卷芯尺寸，常用卷芯内径为 25 mm、32 mm、38 mm、42 mm 及 75 mm，并补充说明，如需要其他内径的卷芯，可由供需双方商定。

本部分由中国电器工业协会提出。

本部分由全国绝缘材料标准化技术委员会归口。

本部分起草单位：河北华夏实业有限公司、宁波信山胶粘品制造有限公司、靖江亚华压敏胶有限公司、北京通达必胜粘合剂有限公司、永一胶粘（中山）有限公司、桂林电器科学研究所。

本部分主要起草人：曾宪家、张虎寅、刘长青、徐建华、程新、罗传勇。

本部分为首次制定。

电气用压敏胶粘带
第1部分：一般要求

1 范围

本部分规定了电气用压敏胶粘带的定义、分类命名及一般要求。

本部分适用于电气用压敏胶粘带。

2 规范性引用文件

下列文件中的条款通过 GB/T 20631 的本部分的引用而成为本部分的条款。凡是注日期的引用文件，其随后所有的修改单（不包括勘误的内容）或修订版均不适用于本部分，然而，鼓励根据本部分达成协议的各方研究是否可使用这些文件的最新版本。凡是不注日期的引用文件，其最新版本适用于本部分。

GB/T 2035—1996 塑料术语及其定义（eqv ISO 472:1988）

GB 6995.2—1986 电线电缆识别标志 第二部分：标准颜色（neq IEC 60304:1982）

3 定义

压敏胶粘带 pressure sensitive adhesive tape

在其一面或两面上涂有室温下具有永久粘性的压敏胶粘剂的带。它不需要通过水、溶剂或热的作用，仅用轻微压力，靠接触使之与各种不同表面粘合。

4 分类和命名

胶粘带应按下述予以分类：

a) 基材的形式和属性；

b) 压敏胶粘带的温度指数（4.1）；

c) 胶粘剂的属性（4.2）；

d) 在名称尾部附加上"2"字表示该带为两面涂覆胶粘剂。

各类型胶粘带可由表1中给出的代表基材形式和属性的代号字母、后跟表示温度指数的数字以及4.2指出的表示胶粘剂的代号字母予以命名。

命名举例：

代号	代号说明
P-Cc/90/R-Tp	P——无纺布或纸
	Cc——皱纹纸
	90——温度指数
	R——橡胶胶粘剂体系
	Tp——热塑性胶粘剂
F-PET/130/A-Tx	F——塑料薄膜
	PET——聚对苯二甲酸乙二醇酯
	130——温度指数
	A——丙烯酸酯胶粘剂
	Tx——交联型胶粘剂
F-PET/P-C/105/R-Tc	F——塑料薄膜

	PET——聚对苯二甲酸乙二醇酯
	P——无纺布或纸
	C——纤维素纸
	105——温度指数
	R——橡胶胶粘剂
	Tc——热固性胶粘剂
C-CA/105/R-Tc	C——纺织品
	CA——醋酸纤维素
	105——温度指数
	R——橡胶胶粘剂
	Tc——热固性胶粘剂
C-CA/105/R-Tc/2	除两面涂覆胶粘剂外,其他同上

4.1 温度指数

用于胶粘带分类的温度指数,由第 3 部分单项材料规范中规定。

注:虽然温度指数能够表示材料的热老化性能,但不应认为其等于材料在绝缘结构中的最高允许使用温度。

4.2 胶粘剂

胶粘剂的名称见表 2。

5 外观

胶粘带可以是透明、半透明或不透明的,可以着色或不着色供货。对着色带,颜色应尽可能与 GB 6995.2—1986 中规定的颜色相一致。

6 缺陷

胶粘带带卷不应产生凸卷现象及变形。当开卷时,胶粘带的胶粘剂不应转到下一层基材上,不应出现基材撕裂和纤维丝的松散或撕断等现象。

7 尺寸

7.1 卷芯直径

带卷用的卷芯内径,推荐采用 25 mm,26 mm,75 mm,76 mm,32 mm,38 mm 和 42 mm。

7.2 宽度

胶粘带的优选宽度为 6 mm,9 mm,12 mm,15 mm,19 mm,22 mm,25 mm,30 mm,38 mm 或 50 mm。也可按供需双方协议采用其他的宽度。

7.2.1 宽度及偏差

宽度为 19 mm 及以下的胶粘带,其偏差应不超过±1 mm;宽度为 19 mm 以上的胶粘带,其偏差不应超过±1.5 mm。

如果要求偏差更小,则应在单项材料规范中规定。

7.3 长度

胶粘带的优选长度为 5 m,10 m,16 m,20 m,25 m,33 m,50 m,66 m 及 82 m。实际长度应不小于规定的长度。

7.4 厚度

厚度由单项材料规范规定。

8 贮存期

当胶粘带贮存于密封包装内,在温度 10℃～30℃、相对湿度 45%～75% 条件下存放时,其应符合本标准第3部分单项材料规范中规定的贮存期限要求,或应满足供方产品说明书中规定的有效日期的要求。

9 包装

胶粘带包装应符合下述要求:

a) 防潮、防尘和防止日光照射;

b) 容易打开;

c) 经适当保护,在正常运输条件下不致损坏。

10 标志

在每一卷的卷芯或标签上,应清晰标明制造商或供方的识别标志。

每一包装箱(纸盒)上,应清晰且耐久地标明下列各项:

a) 本标准编号;

b) 胶粘带的名称;

c) 胶粘带的外观;

d) 胶粘带的标称宽度;

e) 每卷胶粘带的长度;

f) 胶粘带的标称厚度;

g) 每一包装箱中的卷数;

h) "此面朝上"或相似的标记,以保证在贮存过程中以正确方向放置带卷。

表 1 基材的分类和名称

基材形式	代号名称	基材属性	代号名称
布	C	棉或粘胶纤维	C
		处理过的棉或粘胶纤维	Ct
		醋酸纤维素	CA
		玻璃布	G
		处理过的玻璃布	Gt
		涂覆过的棉或粘胶纤维	Cs
无纺布或纸	P	纤维素纸	C
		皱纹纤维素纸	Cc
		聚(芳)酰胺纤维纸	PAa
		聚酯纤维	PET
塑料薄膜或片材	F	聚乙烯	PE
		聚丙烯	PP
		聚氯乙烯	PVC
		增塑聚氯乙烯	PVCp
		醋酸纤维素	CA
		聚对苯二甲酸乙二醇酯(聚酯)	PET
		聚四氟乙烯	PTFE

表 1（续）

基材形式	代号名称	基材属性	代号名称
塑料薄膜或片材	F	聚氟乙烯	PVF
		聚碳酸酯	PC
		聚酰亚胺	PI
		醋酸丁酸纤维素	CAB
		环氧	EP
多层复合型	M	由列入 C、P 及 F 的各种基材组成	

表 2　胶粘剂名称

聚 合 物 类 型	特 征
R 表示橡胶	Tp 表示热塑性[a]
A 表示丙烯酸酯	Tc 表示热固性[b]
S 表示有机硅	Tx 表示交联[c]
O 表示其他	
注：胶粘剂名称由聚合物类型和其特征两部分组成。	

[a] 热塑性：在塑料的特定温度范围内，能反复加热软化和冷却硬化；在软化状态下，通过模塑、注塑或其他成型法，靠树脂流动能反复加工成各种制品（见 GB/T 2035—1996）。

[b] 热固性：通过加热或其他方法，例如辐照、催化等固化后，变成基本上不熔和不溶的产品（见 GB/T 2035—1996）。

[c] 交联：无需热处理而获得比热塑型更好的耐溶剂性和软化温度。而热处理后能更进一步改进其耐溶剂性。

ICS 29.035.99
K 15

中华人民共和国国家标准

GB/T 20631.2—2006/IEC 60454-2:1994

电气用压敏胶粘带
第2部分：试验方法

Pressure-sensitive adhesive tapes for electrical purposes—
Part 2：Methods of test

（IEC 60454-2:1994,IDT）

2006-11-09 发布　　　　　　　　　　　　2007-04-01 实施

中华人民共和国国家质量监督检验检疫总局
中国国家标准化管理委员会　发 布

前　言

GB/T 20631《电气用压敏胶粘带》包括 3 个部分：

——第 1 部分：一般要求；

——第 2 部分：试验方法；

——第 3 部分：单项材料规范。

本部分为 GB/T 20631 的第 2 部分。

本部分等同采用 IEC 60454-2：1994《电气用压敏胶粘带　第 2 部分：试验方法》(英文版)。

为便于使用，本部分做了下列编辑性修改：

a)　删除了国际标准的前言和引言；

b)　删除了 IEC 60454-2 第 2 章引用标准中的"IEC 60454-3"；

c)　增加了水抽出液电导率计算公式(见 7.3.3)，将 7.3.2.1 和 7.3.2.2 中电导单位由"mS/m"更正为"mS"；

d)　将 21.3.3 中的计算公式由文字表述改为由符号表述。

本部分的附录 A 为规范性附录。

本部分由中国电器工业协会提出。

本部分由全国绝缘材料标准化技术委员会(SAC/TC 51)归口。

本部分起草单位：桂林电器科学研究所、河北华夏实业有限公司、宁波信山胶粘品制造有限公司、江苏靖江亚华压敏胶有限公司、北京通达必胜粘合剂有限公司、永一胶粘(中山)有限公司。

本部分主要起草人：赵莹、曾宪家、张虎寅、刘长青、徐建华、程新。

本部分为首次制定。

电气用压敏胶粘带
第2部分：试验方法

1 范围

本部分规定了电气用压敏胶粘带的试验方法。

本部分适用于电气用压敏胶粘带。

2 规范性引用文件

下列文件中的条款通过 GB/T 20631 的本部分的引用而成为本部分的条款。凡是注日期的引用文件，其随后所有的修改单(不包括勘误的内容)或修订版均不适用于本部分，然而，鼓励根据本部分达成协议的各方研究是否可使用这些文件的最新版本。凡是不注日期的引用文件，其最新版本适用于本部分。

GB/T 1031—1995 表面粗糙度的参数及其数值(neq 468:1982)

GB/T 1408.1—2006 固体绝缘材料电气强度试验方法 第1部分：工频下试验(IEC 60243-1：1998,IDT)

GB/T 7196—1987 用液体萃取测定电气绝缘材料离子杂质的试验方法(eqv IEC 60589:1977)

GB/T 7573—2002 纺织品 水萃取液 pH 值的测定(ISO 3071:1980,MOD)

GB/T 10582—1989 测定因绝缘材料而引起的电解腐蚀的试验方法(eqv IEC 60426:1973)

GB/T 10611—2003 工业用筛网标记方法与网孔尺寸系列(ISO 2194:1991,MOD)

GB/T 11026.1—2003 电气绝缘材料 耐热性 第1部分：老化程序和试验结果的评定(IEC 60216-1:2001,IDT)

GB/T 11026.2—2000 确定电气绝缘材料耐热性的导则 第2部分：试验判断标准的选择(idt IEC 60216-2:1990)

GB/T 11026.3—2006 电气绝缘材料 耐热性 第3部分：计算耐热特征参数的规程(IEC 60216-3:2002,IDT)

ISO 383:1976 实验室玻璃器皿 可互换的锥形磨口接头

ISO 527-3:1995 塑料 拉伸性能的测定 第3部分：薄膜和薄片的试验条件

ISO 683-13:1986 热处理钢、合金钢和易切削钢 第13部分：煅造不锈钢

ISO 3599:1976 读数为 0.1 mm 和 0.05 mm 的游标卡尺

ISO 10093:1998 塑料 燃烧试验 标准火源

3 条件处理和试样制备

除非另有规定，样品应在23℃±2℃和相对湿度50%±5%的环境下至少处理24 h，所有试验也应在此环境下进行。

取样前，应去掉经条件处理过的样品卷的最外3层。试样的制备应注意在洁净的环境中进行。试样制备的具体细节将在相应的试验方法中说明。

对试样可要求作进一步处理。

4 厚度测定

4.1 试验装置

静重式测厚仪,其两个磨光的同心圆形测量面的平面度在 0.001 mm 内,平行度在 0.003 mm 内。上测量面直径为 6 mm~8 mm,下测量面应大于上测量面。上测量面应能沿着垂直于两测量面的轴线移动。

标度盘刻度应可直读至 0.002 mm。测厚仪框架应有足够的刚性,在不与重锤或压脚杆接触的情况下,施加 15 N 负荷于标度盘外壳所引起的框架变形在测厚仪标度盘上的示值不超过 0.002 mm,施加于试样上的压力应是 50 kPa±5 kPa。

测厚仪的准确度应经常用一组量规校验,其测量误差应不超过 0.005 mm。

4.2 试样

从样品卷中每隔不少于 300 mm 处切取 5 个试样,每个试样至少长 75 mm。应让试样自然松弛至少 5 min。

4.3 程序

将试样置于测厚仪的测量面之间,与固定面接触,小心操作,并使试样与固定面之间无气泡存在。轻轻放下可动压脚至试样表面,在 2 s 内读取标度盘上的读数,准确到 0.002 mm。

4.4 结果

报告 5 个厚度测量值的中值以及最大值和最小值,以毫米表示。

5 宽度测定

5.1 方法 A

5.1.1 用刻度为 0.5 mm 的钢直尺测量。钢直尺的总测量误差应不超过 0.1 mm。

5.1.2 从成卷样品中切取一条至少长 450 mm 的带状试样,将其置于光滑平面上,使胶粘剂面朝上,让试样松弛至少 5 min。

然后,胶粘剂面朝下放置,用钢直尺测量松弛后的试样宽度,准确至 0.5 mm。应沿着试样长度方向均匀分布地进行 10 次测量,取 10 次测量值的平均值作为宽度值。

5.2 方法 B

5.2.1 原理

将胶粘带卷置于卡尺的两个测量脚之间。

宽度值为被测胶粘带的两个切边之间的垂直距离,以毫米表示。此法可能不适用于各圈不能准确重叠地分切或复卷的胶粘带卷。

5.2.2 测量器具

符合 ISO 3599:1976 要求的游标卡尺,其标尺长度不小于胶粘带卷的宽度。

5.2.3 试样

一卷胶粘带。

5.2.4 条件处理

按第 3 章规定处理,如果无损伤,不必去掉最外几层。

5.2.5 程序

拿住胶粘带卷,使切边在竖直面上。如果胶粘带卷的外层切边受损,应在测量前将其去掉。

拿住卡尺,使刻度杆在水平面上。

小心移动卡尺的卡脚,使其恰好接触胶粘带卷的外层切边,注意:

a) 不要挤压胶粘带卷边缘;

b) 确保游标卡尺的卡脚与切边垂直。

测量胶粘带卷的宽度,以毫米表示,准确至 0.1 mm。

沿胶粘带卷圆周等间隔地测量 2 次。

5.2.6　结果

报告胶粘带卷宽度的平均值,以毫米表示。

5.3　方法 C

此法仅适用于准确度要求很高的场合。

用移动式显微镜测量,在其一个轴上有游标微调,准确度为 0.001 mm。用按 5.1.2 制备且松弛过的试样,测量其宽度,准确至 0.01 mm,测量 10 个点,取其平均值作为胶粘带的宽度,以毫米表示。

6　卷长测定

6.1　原理

通过测量在卷芯上胶粘带的圈数、胶粘带卷的外周长和卷芯的外周长来计算胶粘带卷的长度。另一种方法用长度传感器直接测量长度。该长度传感器有一个转轮,可以在胶粘带开卷时绕着胶粘带卷旋转。

对非延伸的胶粘带,用这些方法测得的长度与开卷后的长度一样。

对可延伸的胶粘带,如果开卷时发生不可恢复的拉伸形变,那么开卷后长度要长一些。

6.2　方法 A——测量圈数法
6.2.1　测量装置

a)　一种由主轴连续驱动的能够计数整圈和不足整圈圈数的装置(见图1)。主轴上有一个合适的锁紧装置,利用该锁紧装置可以迅速地使锥形轴与胶粘带卷芯的内径面啮合(例如,对于标称内径为 25 mm 的卷芯,该锥形轴在整个轴长 50 mm 内的直径从 24.5 mm～26.5 mm。对于卷芯标称直径差别很大的胶粘带卷,需要用不同尺寸的锥形轴,例如卷芯标称直径为 76 mm 的胶粘带卷)。

b)　卷尺:经校准过的细长、柔软钢卷尺(6 mm 宽或更窄),刻度为毫米。

6.2.2　试样

一卷胶粘带。

6.2.3　程序

用钢卷尺像皮带似地绕在胶粘带卷的外周,测量胶粘带卷的周长,以毫米表示。

把胶粘带卷装在计数器的锥形轴上,将计数器设定到零,沿与主轴垂直的方向从胶粘带卷中拉出胶粘带。将所有胶粘带从卷芯上拉出,当最后一圈胶粘带离开内芯时,从计数器上读取胶粘带卷的圈数(准确至十分之一圈)。

测量卷芯的周长。

6.2.4　结果

按下式计算胶粘带卷的长度:

$$L = N \frac{C_r + C_0}{2\,000} \quad\quad\quad\quad\quad\quad \cdots\cdots(1)$$

式中:

L——胶粘带卷的长度,单位为米(m);

N——胶粘带卷的圈数;

C_r——胶粘带卷的周长,单位为毫米(mm);

C_0——卷芯的周长,单位为毫米(mm)。

如果总长度中不计与卷芯相接触的带长,则

$$L = N \frac{C_r + C_0}{2\,000} - \frac{C_0}{1\,000} \quad\quad\quad \cdots\cdots(2)$$

6.3 方法 B——长度传感器法

6.3.1 装置

一种经校准过的旋转轮能用来测量胶粘带卷长度的装置(见图2)。该旋转轮以低转矩和低接触压力贴着胶粘带卷的外周,随着胶粘带卷的开卷而旋转。该装置包括供安装胶粘带卷用的芯轴、长度传感器、数字显示系统和收卷轴。该收卷轴可以使粘带卷手动或自动开卷。

6.3.2 试样

一卷胶粘带。

6.3.3 程序

将胶粘带卷装在靠近传感器的轴上,调整胶粘带卷和长度传感器的位置,使得传感器与胶粘带卷外圆周接触且胶粘带的牵引端正好在传感器下部。将传感器设定到零,用手拉出胶粘带的牵引端并固定到收卷轴上。当开始放卷时,确保长度传感器与胶粘带卷接触良好,不得打滑或粘连。一旦放卷完毕,立即读取长度传感器上的读数。

6.3.4 结果

报告数字显示器上记录的长度读数,以米为单位。

7 与腐蚀有关的性能

各种产品该性能的要求见单项材料规范。试验方法在本部分所给出的各种方法中选择。当需要测定电解腐蚀时,也就是说当采用直径大约 1 mm 或更细的导线时,应按 GB/T 10582—1989 进行测定。

在单项材料规范中有要求时,应采用测定电导率、pH 值和腐蚀性硫的试验方法。

7.1 测定 pH 值和电导率用的水抽出液的制备

7.1.1 注意事项

在贮存、取样、制备试样及试验过程中,要避免材料受污染。

确保样品卷及从中取出的试样不受大气污染,尤其是化学实验室的大气污染,且不受手接触的污染。用来切取或拿放试样的器具应经化学清洗。

7.1.2 试样

从样品卷中切取胶带条,每条约 25 mm×6 mm。

如果折叠胶带条,则应将胶粘剂面朝外。

7.1.3 方法

用电导率不大于 0.2 mS/m 的水。每次抽出前需做一次抽出容器的空白试验,如果测得的电导率超过 0.2 mS/m,则用同一抽出容器重复空白试验。如果第二次空白试验的结果仍然大于 0.2 mS/m,则应更换一个容器。

按 1 g 胶粘带加 100 mL 水的比例将试样和水置入带有回流冷凝器的硼硅酸盐玻璃(高强耐化学玻璃)烧瓶或石英烧瓶中制备抽出液,回流冷凝器的质地与烧瓶的质地应相同。应按 ISO 383：1976 要求,用一套带有锥形磨口玻璃接头的玻璃仪器。

让水和缓地沸腾 60 min,但对于醋酸纤维素薄膜胶粘带,则煮沸 10 min,小心材料不要被烧焦。尽快让其冷却,要采取措施防止二氧化碳进入(例如,采用 CO_2 收集器)。

7.1.4 数量

应制备足够量的抽出液,以便在测定 pH 值和电导率时使用各自的抽出液试份。

7.2 水抽出液的 pH 值测定

按照 GB/T 7573—1987 中 6.2.2 在(23℃±2)℃下测定 pH 值。

7.3 水抽出液的电导率测定

7.3.1 仪器

需用下列仪器:

——一套合适的电导池,包括两个惰性电极(例如镀铂的铂电极),两电极相隔一定的距离固定,且相互绝缘良好。

——一台可测量电导的仪器,在频率 50 Hz～3 000 Hz 范围内及电压不大于 100 V 下的准确度为5%,最小读数为 1 μS 的仪器。亦可用测量电阻至同样的准确度的仪器。

注 1: 重要的是浸入该试验液体时,其绝缘应是不吸水或者不受水电解液的污染。

注 2: 电导池应易于清洗,不易藏杂质的凹口。

注 3: 注意确保电极不被极化。

注 4: 镀铂的铂电极是在金属铂上镀上一层铂黑。

7.3.2 电导率的测定

确定电导池常数。如果不知道,则采用 GB/T 7196—1987 规定的方法,测定电导池常数 $K(m^{-1})$。

7.3.2.1 测定空白液的电导率

用符合 7.1.3 规定的水彻底清洗电导池后,装入空白试验得到的水,在 23℃±2℃ 下测定其电导 G_1,以 mS 表示。

7.3.2.2 测定水抽出液的电导率

用待测抽出液彻底清洗电导池,然后装入待测抽出液。调节温度到 23℃±2℃,测量在此温变下的电导 G_2,以 mS 表示。

7.3.3 计算

水抽出液的电导率按下式计算:

$$G = K(G_2 - G_1) \qquad \cdots\cdots\cdots\cdots\cdots\cdots (3)$$

式中:

G——水抽出液的电导率,单位为毫西每米(mS/m);

K——电导池常数,以 m^{-1} 表示;

G_1——空白液的电导,单位为毫西(mS);

G_2——水抽出液的电导,单位为毫西(mS)。

注: 对大多数不便于在 23℃±2℃ 下测定水抽出液电导率的场合,应用下式修正可得到足够的准确度:

$$23℃ \text{ 下电导率} = \frac{G}{1 + 0.02(t - 23)} \qquad \cdots\cdots\cdots\cdots\cdots (4)$$

式中 G 为在温度 $t℃$ 时测得的电导率。

7.3.4 结果

用 mS/m 为单位表示 23℃ 时的电导率。

7.4 腐蚀性硫的检验

7.4.1 试样

从样品卷中切取两段试样,各长 100 mm。

7.4.2 装置

需用三根光滑的铜棒,每根直径约 6 mm,长 75 mm。用水和细度为 90 μm～125 μm 的碳化硅粉清洗并抛光后用脱脂棉或滤纸擦净吸干,最后铜棒用挥发性无硫溶剂(如乙醚)清洗并晾干。

7.4.3 方法

用清洁、干燥的金属钳子夹住铜棒,用约 100 mm 长的胶粘带连续重叠地缠绕在其中两根铜棒的中央位置,铜棒两端各至少留出 12 mm 不缠绕胶粘带。

注: 超过 50 mm 宽的胶粘带应切成窄条,使铜棒两端各有 12 mm 是裸露的。

将胶粘带绕在第一根棒上,胶粘剂面朝下与铜棒接触,第二根棒,胶粘剂面朝上,带的背面与铜棒接触。第三根棒裸露留作参比用。

将每根棒分别放入带玻璃塞的、经化学洁净的玻璃试管中,于 100℃±2℃ 下保持 16 h。冷却至室温后,将棒从试管中取出。

将胶粘带及可能产生的渗出物从棒上一起除掉,可用溶剂除去渗出物,但不得借助于机械研磨器材。

用肉眼观察铜棒是否有深黑色的污斑(硫化铜的特征)。如果试验棒上深黑色的污斑比参比棒严重或范围大,说明有腐蚀性硫的存在。

7.4.4 报告

报告试验棒上的深黑色污斑是否比参比棒严重。

7.5 绝缘电阻法

除以下说明外,本试验应按 GB/T 10582—1989 中第 5 章规定进行。

7.5.1 试样

应从样品卷上每间隔不少于 300 mm 处取样。

7.5.2 电极

电极应具有曲率半径为 1 mm 的圆角,且由高电导率惰性金属(例如镀镍黄铜)构成。

7.5.3 设备

应使用可测量电阻值达到 10^6 MΩ(1 TΩ)、准确度为±20%的仪器。所有连接都应使用屏蔽线,屏蔽端要与保护回路相连接。

7.5.4 结果

对宽度小于 25 mm 的胶粘带,按假定电阻与宽度成反比,换算成以 Ω/25 mm 表示的电阻。

7.6 目测法

应按 GB/T 10582—1989 中第 3 章规定进行。

7.7 金属导线拉伸强度法

除以下说明外,应按 GB/T 10582—1989 第 4 章规定进行。

7.7.1 试样

至少应测试 10 个试样。

7.7.2 试验用导线的拉伸强度

未暴露导线的断裂负荷的平均值必须在 7 N~9 N 范围内。

7.7.3 装置的清洗

金属部件应使用纯净的甲醇清洗,然后用蒸馏水清洗。

7.7.4 拉伸试验装置

对暴露过和未暴露过的导线,夹具分离速度应相同。

8 拉伸强度和断裂伸长率

8.1 装置

符合 ISO 527-3:1995 要求。

8.2 试样

从样品卷中每隔至少 300 mm 切取 5 条试样,每条试样应足够长以满足起始试验长度的要求。对断裂伸长率为 50%或更小的胶粘带,起始试验长度应为 200 mm。对伸长率大于 50%的胶粘带,起始试验长度应是 100 mm。

试样宽度应等于或小于 50 mm。

如果胶粘带宽度大于 50 mm,应从胶粘带中间切取 25 mm 宽的带作为试样,应用锐利刀具,切边要整齐。对宽度小于 6 mm 的胶粘带,边缘效应对测试结果有很大影响。对小于此宽度的胶粘带,试验结果不适用单项材料规范。

8.3 程序

将试样夹在试验机上,使负荷沿带宽度均匀分布。除非单项材料规范另有规定,试验应以

300 mm/min±30 mm/min 的速度进行。不同的拉伸速度应按 ISO 527-3：1995 第 5 章选择。进行 5 次有效的测定，如果试样距任一夹具（夹头）10 mm 以内断裂，则此试验结果应舍弃。同时应确保在试验过程中试样在夹具内不打滑。

8.4 结果

以 5 次测量的中值报告断裂强度，以 N/10 mm 宽表示，以 5 次断裂瞬间夹具间距的增量对起始夹具间距的百分比的中值报告断裂伸长率。

如果试样是从宽胶粘带中切取的，应予以报告。

9 低温性能

9.1 原理

将受试胶粘带包缠在铜导体上，经低温处理后进行弯曲试验以检验试样是否破裂或松开。

9.2 试样

用长 300 mm 热塑性绝缘电缆（一种适用于潮湿场合外露布线用电缆），电缆实芯导体的直径约为 1.6 mm（允许导体最高温度为 75℃），在中间处剥去 50 mm 长的绝缘层露出铜导体。然后用一段胶粘带在裸露部分半重叠包缠 3 层，包缠层应超出裸露部分两端至少为一完整搭接，并使绝缘层被覆盖住。要平整地以最小拉力按规定搭接面积包缠胶粘带。

9.3 程序

将制备好的试样放入低温箱中，在表 1 规定的温度下处理 3 h。处理后，仍在此温度下按 9.4 规定对试样进行柔软性试验。柔软性试验完成后，再将试样在 23℃±2℃ 下处理 4 h，按 9.5 对试样进行非击穿性的电气强度试验（耐电压试验）。

9.4 柔软性

将包有胶粘带的部分绕直径为 8 mm 的芯轴向下弯曲 180°，然后拉直。共弯曲 3 次，每次弯曲方向与上一次相反，最后一次不需拉直（见图 3）。试验应在 30 s 内完成，然后检查胶粘带层是否破裂或松开。

9.5 电气强度

柔软性试验完成后，将试样的弯曲部分浸入 23℃±2℃ 的自来水中保持 1 h，端部露出（见图 4）。然后在铜导体和水之间施加 1 500 V 交流电压 1 min。电气击穿装置按 GB/T 1408.1—2006 中第 5 章规定。

9.6 结果

报告是否发生破裂、松开或击穿。

表 1 胶粘带低温性能处理

低温等级 ℃	处理温度 ℃
+10	+3±3
0	−3±1
−7	−10±1
−10	−18±1
−18	−26±1
−26	−33±1
−33	−40±1

10 耐高温穿透性

10.1 装置

能测定穿透性的装置，在规定条件下将直径为 1.5 mm±0.1 mm 的钢球压在长 100 mm、宽 30 mm、厚 3 mm 的耐腐蚀钢板上的胶粘带表面。

一台能使所选用的穿透性测量装置以 30℃±5℃/h 速率升温的烘箱。

下述的穿透性测量装置(见图 5)是一种能得到良好结果的实例。

磁化钢杆的一端凹入，以固定直径为 1.5 mm 的钢球。每次测定要用新的钢球。此钢杆装在带有平衡块的 C 形夹上，C 形夹的安装应确保使其可进行必要的自由转动。

平衡块由可调游码组成，当 C 形夹的下脚没有负荷时，能够抵消钢球对钢板的压力。在使用时，C 形夹的下脚挂上能垂直向下对水平放置的耐腐蚀钢板施加 10 N 力的重物。

该装置装有能指示钢球和钢板之间电接触的指示器。采用低压电源。应在尽可能靠近施加压力的点测量钢板的温度，建议用热电偶。

10.2 试样

从样品卷中每隔至少 300 mm 切取 5 条试样，每条试样长 25 mm。

10.3 程序

在钢球没有承受负荷时，每个试样应在室温下放在钢球下面，然后将装置小心地放入烘箱并给钢球施加负荷，使施加在试样上的压力为 10 N。然后以 30℃/h±5℃/h 的均匀速度升温直至发生穿透。

10.4 结果

报告 5 个穿透温度的中值以及最大值和最小值，以摄氏温度表示。

11 粘合力

11.1 试样

从样品卷中以约 300 mm/s 的速度沿径向拉出胶粘带，每隔 300 mm 切取 5 条长 450 mm 带条。带条的宽度最好是 25 mm。如果胶粘带的宽度大于 38 mm，则应在胶粘带中间切取宽 25 mm 的带作为试样。切割试样应用锐利刀具以避免边缘撕裂。

被测试部分的胶粘剂面应无灰尘，该表面绝不应与手指或其他任何外来物接触。

注：测试双面胶粘带时，要去掉隔离材料，并用软的薄棉纸盖住不做试验的胶粘剂面。

11.2 装置

11.2.1 试验板

5 块矩形不锈钢试验板，其成分要求(符合 ISO 683-13：1986 中 13 型)如下：

碳≤0.10%；

硅≤1.00%；

锰≤2.00%；

镍 11%～13%；

铬 17%～19%。

钢板的合适尺寸是 200 mm×50 mm，厚度至少 2 mm。在板上沿长边间隔 12.5 mm、20 mm 或 30 mm 处作 5 个等距离标记，第一个标记标在离板一端 50 mm 处。试验板表面应抛光擦亮，打磨方向平行于板的长边。表面粗糙度按 GB/T 1031—1995 测定并应满足下列要求：

中线算术平均值偏差 Ra：0.05 $\mu m < Ra < 0.40$ μm

粗糙度最大高度：$R_{max} < 3$ μm

11.2.2 压辊

从附录 A 选择压辊。

11.2.3 试验机

符合 ISO 527-3:1995 要求的拉力试验机。

11.3 试验板的清洗

11.3.1 材料

11.3.1.1 4-羟基-4-甲基-2-戊酮（二丙酮醇）

11.3.1.2 脱脂棉（医用级、不起毛）或薄棉纸

11.3.1.3 下列溶剂之一：

——甲醇；

——甲基乙基酮（丁酮）；

——丙酮。

11.3.1.4 溶剂通常应是化学纯。

11.4 程序

用蘸有二丙酮醇且符合 11.3.1.2 规定的新的擦拭材料擦净钢板的试验面。换用新的擦拭材料擦干钢板，然后再用新的擦拭材料蘸 11.3.1.3 给出的溶剂之一擦净拭验面，换新的擦拭材料擦干钢板。用这种溶剂总共重复清洁 3 次。清洁程序完成后，让其在条件处理的大气下保持 5 min±1 min。

11.4.1 对钢板剥离粘合力试验的准备

除非另有规定，试样从胶粘带卷取出后应在 15 s 内贴到钢板上。把准备好的钢板试验面朝上置于工作台的边缘，让"B"端（见图 6）靠近操作者。将试样胶粘剂面朝下，贴到钢板的试验面上。

以玻璃布为基材的胶粘带在 180°剥离时可能会断裂，可用另一条厚度相同的同种胶粘带贴在背面增强。这种改动应在报告中说明。

确保试样在贴到钢板上时不受到拉伸并对准中线且平行于板的长边，胶粘带和板之间不能有气泡存在。试样超出"B"端大约 250 mm。在钢板的一端，把压辊对中地横放在试样上，用手以恒定速度将压辊在试样上滚压 4 次（小心不要附加任何压力），每个方向滚压 2 次，速度为每移动 200 mm 用的时间为 10 s～12 s，确保压辊准确地滚过整个试样。

切去"A"端多出的胶粘带，按 11.4.3 剥离试样。

11.4.2 对底材剥离粘合力试验的准备

在 11.3 所述的相同条件下进行这项试验，但在实际试验之前，把一条被试胶粘带贴在钢板上，使其比钢板长出几厘米。弯折自由端，使其贴在钢板的另一面。再将试样贴在这条粘带上，按 11.4.3 进行试验。

11.4.3 剥离力的测量

图 7 给出了从钢板上剥离胶粘带的试验装置。

将贴有试样的钢板在 23℃±2℃和相对湿度 50%±5%的条件下放置 5 min。对折试样的自由端，把带从板（或基材）的"B"端剥离 25 mm～50 mm。把"B"端放在试验机夹头中，试样自由端放在另一夹头中。要确保自由端胶粘带平面与贴在板上胶粘带的平面相互平行（可采用在试验机的下夹头中插入垫片的方法，见图 7）。设定动夹头的移动速度为 300 mm/min±30 mm/min，测量并记录 5 个相邻间隔为 12.5 mm、20 mm 或 30 mm 标记处的剥离力。

11.4.4 结果

记录按 11.4.1 和 11.4.2 制备的 5 个试样中每个试样的 5 个读数，取每一组数据的中值，再取这 5 个中值的中值作为材料对钢板或对底材的剥离粘合力。以 N/10 mm 宽表示结果，并报告清洗所用溶剂。

12 低温下对底材的剥离粘合力

12.1 试样

采用 11.1 规定的试样,但试样的数量为 3 个。

另外取 3 条作为补强用。

12.2 程序

在按 11.4.2 将试样贴在钢板上之前,应将 3 块钢板和 6 条胶粘带都放置于单项材料规范规定的低温环境中 2 h,压辊也应放置在同样温度下,由于压辊质量大,因此在规定的温度下放置时间需更长些。试样贴到板面上应在同样的低温条件下进行,采用与 11.4.2 相同的粘贴方法。将已制备好的钢板放在低温环境中 16 h~24 h,并按 11.4.3 在低温环境下进行剥离。

12.3 结果

记录 3 个试样中每个试样的 5 个读数,并按 11.4.4 处理数据。

13 浸液体后对底材的剪切粘合力

13.1 装置

符合 ISO 527-3:1995 要求的拉力试验机。

从附录 A 中选择的压辊。

13.2 试样

将五卷中的每卷样品以约 300 mm/s 的速率沿径向拉出,每隔 300 mm 各切取两条长 150 mm 的胶粘带。试样的带宽应为 12 mm±1 mm。

如果胶粘带的宽度大于 12 mm,应从胶粘带的中间切取 12 mm 宽的带作为试样。

切取试样应该用锐利的刀具以避免边缘撕裂。

按下述方法制备 5 个试样,将一条胶粘带的胶粘剂面贴到另一条胶粘带的背面,形成 12 mm×12 mm 搭接面,其纵向搭接为 12 mm±1 mm,而横向不应有明显的错位。将试样胶粘剂面朝下,放在一个易于取下的硬质面上。将压辊对中地横放在试样上,使压辊以 10 mm/s 速度均匀地在整个试样上滚压 4 次(注意不要附加任何压力),每个方向滚压 2 次。

13.3 程序

对热固性胶粘带,试样应按制造厂的说明进行固化并报告固化条件。然后冷却试样至 23℃±2℃,并在此温度下将试样浸入按单项材料规范所规定的液体中保持 16 h±0.5 h。然后将试样放在滤纸之间吸去附着的液体。按 8.3 测定每个试样的剪切力或表观断裂强度。测定应在从液体中取出试样后不少于 5 min 但不大于 10 min 内完成。

13.4 结果

报告:

a) 5 个剪切力测量值的中值、最大值和最小值,以 N 表示;

b) 浸渍试样的液体;

c) 固化条件(如果进行了固化)。

14 热固性胶粘带的固化性能

14.1 热处理过程中粘合分离(对底材的粘合性)

14.1.1 器具

——从附录 A 中选择的压辊;

——平坦而洁净的金属板或玻璃板,面积约为 600 mm×200 mm;

——带有夹子的砝码,质量为 50 g±1 g。

14.1.2 试样

将样品卷沿径向以约 300 mm/s 速度拉出,每隔 300 mm 切取长 150 mm 的胶粘带 6 条。

如果胶粘带宽度大于 12 mm,从胶粘带中间切取 12 mm 宽的带作为试样。应该用锐利的刀具切取试样以避免边缘撕裂。

按下述方法制备 3 个试样,将一条胶粘带的胶粘剂面轻轻地贴到另一条胶粘带的背面,形成 12 mm×12 mm 的搭接面,允许偏差+1 mm。压辊以约 10 mm/s 的速度无附加压力地来回滚压搭接面两次。

14.1.3 程序

将 50 g 的砝码挂在每个试样上,然后把试样自由地悬挂在烘箱内,烘箱温度按单项材料规范规定。20 min 后如果粘合未完全分离,则认为试验结果是满意的。

14.1.4 结果

报告通过或不通过的试样数目。

14.2 热处理后粘合分离(对底材的粘合性)

14.2.1 器具

——从附录 A 中选择的压辊;

——平坦而洁净的金属板或玻璃板,面积约为 600 mm×200 mm;

——带有夹子的砝码,质量为 500 g±10 g。

14.2.2 试样

按 14.1.2 制备 3 个试样。

14.2.3 程序

将三个试样自由地悬挂于烘箱中,温度和时间按制造厂或单项材料规范规定。达到规定时间后,将烘箱中的每个试样挂上 500 g 的砝码。砝码应在 15 s 内挂好(时间和温度通常即为制造厂推荐的胶粘带固化时间和温度)。

在挂砝码之前,应将砝码放置于规定温度的烘箱中足够长的时间,以确保砝码的温度与烘箱温度相同。

一旦挂上砝码,立即关闭烘箱,并开始计时。

20 min 后,观察砝码是否仍悬挂在试样上。

14.2.4 结果

报告通过或不通过的试样数目。

15 翘起试验

15.1 原理

翘起是指采用规定的方法和随后的试验条件处理后胶粘带包缠的外露端发生脱开,这样就形成相切于胶粘带包缠体外周的翘边或垂边,部分或全部开卷。

15.2 装置

——简单的缠绕架,设计成能固定棒的两端并带有可让这根棒转动的装置,使试样可缠绕在棒上。缠绕架应装在刚性支座上并使棒处于水平位置;

——棒,标称直径为 6 mm 的金属棒或玻璃棒,或符合单项材料规范规定的其他直径的棒;

——合适的悬挂重物;

——一种能测量 2 mm 准确到 0.5 mm 的合适器具。

15.3 试样

将样品卷沿径向以约 300 mm/s 的速度拉出,每隔 300 mm 切取至少长 100 mm 的胶粘带 3 条。

如果胶粘带宽度大于 19 mm,应从胶粘带中间切取 12 mm 宽的带作为试样。切取试样应该用锐利刀具以避免边缘撕裂。

注:保护胶粘剂面,避免灰尘落入或避免手指以及其他外来物接触是很重要的。

15.4 试样的制备

除非单项材料规范另有规定,将直径为 6 mm 的棒水平地放在缠绕架上。以胶粘带每 3 mm 宽加重物质量 100 g±2 g 的比例(例如 9 mm 宽的带,重物质量为 300 g),把重物悬挂在胶粘带试样的一端,拿住试样的另一端,使其垂直,并使胶粘剂面与棒的表面接触(见图 8 a))。将棒转过 90°直到胶粘带同棒的初始接触点 A 转到顶部为止(见图 8 b))。在此位置用锐利的刀具切断胶粘带,重物仍挂在胶粘带上。

然后将棒旋转一周。除去重物,在 D 点切断胶粘带,切断的方法是将锐利的刀具与棒相切放置(见图 8 c)),然后刀面靠紧棒将胶粘带撕断。这样得到四分之一圈的迭合(见图 8 d))。

15.5 试验条件

15.5.1 对底材的粘合性

制备好的试样应竖直放在 23℃±2℃ 和相对湿度 50%±5% 的条件下处理 7 d。

15.5.2 热固性胶粘带的固化性能

制备好的试样应竖直放置,按制造厂或单项材料规范规定的温度和时间进行条件处理。

15.5.3 耐浸液体性

将制备好的试样(如果需要,可事先固化)以垂直位置完全浸入符合单项材料规范规定的液体中,于 23℃±2℃ 下保持 15 min。从规定的液体中取出后,在测量其松开长度前,应让其干燥。

热固性胶粘带在浸入液体之前,应按规定的温度和时间进行固化并冷却至 23℃±2℃。

15.6 结果

测量翘起的长度,例如胶粘带脱开的长度(见图 8 d))应准确至 1 mm。如果出现不整齐的翘起,应测量最大翘起长度。

记录 3 个测量值的中值作为翘起试验结果,并报告棒的直径以及所用的液体。

16 水蒸气渗透性

16.1 装置

耐腐蚀金属制作的盒子,外形尺寸约为 95 mm×25 mm×20 mm,空盒的质量不超过 90 g,除顶部中央有一个 80 mm×10 mm 的长方形开口外,其余部分完全封闭,内壁涂有合适的上光漆。

16.2 试样

从样品卷上切取一段胶粘带,其长度足以覆盖盒子顶部。

16.3 程序

将 5 g±0.2 g 粒状无水氯化钙放入盒内,氯化钙的颗粒尺寸为能通过约 2.00 mm 网目的筛子,但保留在 600 μm 网目的筛子上,两种筛子都应符合 GB/T 10611—2003 要求。

将试样牢固地贴在金属盒子顶部,使开口完全被覆盖住(如果受试胶粘带的宽度比盒子的顶部窄,则在第一条胶粘带的两边补贴胶粘带,使其在长度方向上与第一条胶粘带重叠 2 mm,并完全盖住盒子。用手指甲沿补贴粘带的第一条胶粘带的边缘线上来回压,以确保第一条胶粘带边缘密封良好)。切去盒子顶部多余的胶粘带。

称量已密封好的盒子质量,准确至±0.005 g。把它放入湿热箱里,并保持在相对湿度为 90%±2% 和温度为 38.0℃±0.5℃ 的环境中。

24 h 后,将盒子从湿热箱中取出,让其冷却,用洁净的布擦干附着的水分,再次称量。

16.4 结果

根据所测量的胶粘带每 24 h 每 8 cm² 水蒸气渗透性,计算并报告以克每平方米每 24 h 为单位表示的渗透性。

17 电气强度

试验应按 GB/T 1408.1—2006 进行，所用电极应符合该标准 5.1.2 要求。

17.1 试样

至少每隔 300 mm 切取 5 条长约 300 mm 试样。

17.2 程序

按 GB/T 1408.1—2006 第 10 章进行，升压速度为 500 V/s。

17.3 结果

试验报告应包括下列内容：

    a) 每个试样的平均厚度（由每个试样上至少 3 个单独测量的值计算得到）；

    b) 试样宽度，指明为防止胶粘带边缘周围闪络而使试样边缘搭接的情况；

    c) 试验前条件处理的温度和湿度、试验时的温度和湿度；

    d) 每次击穿时的击穿电压值；

    e) 每个试样 5 个击穿电压的中值，将 5 个试样的中值按从小到大的次序排列，取其中值作为击穿电压；

    f) 电气强度以 kV/mm 表示，由按 e)得到的击穿电压中值和按 a)得到的厚度平均值计算得到。

18 受潮处理后的电气强度

除非单项材料规范另有规定，试验按第 17 章进行。试样应预先在 23℃±2℃ 和相对湿度 93%± 2% 的标准环境中处理 24 h。

19 耐火焰蔓延性

19.1 原理

在规定的条件下和规定尺寸的试样上作下列试验：

——从开始着火瞬间到自行熄灭瞬间所经过的时间；

——试验期间胶粘带燃烧的长度。

19.2 设备

    a) 保护装置，由 250 mm×250 mm×750 mm 的矩形金属箱构成（见图 9）。箱的顶部应敞开且沿距底部 25 mm 的水平线上均匀分布 12 个孔，孔的直径为 12 mm。其中的一个垂直面应装有可滑动的玻璃面板。在距箱子顶部 30 mm 的中心并平行于玻璃面板处，固定一个可拆卸的夹子夹持试样，使试样能垂直悬挂且自由下垂。

    b) 秒表，准确度为±0.2 s。

    c) 本生灯，符合 ISO 10093：1998 中 7.10 要求。

    d) 底边 25 mm、高 30 mm 的等腰三角形引燃体，由单位面积质量为 50 g/m² ～ 60 g/m² 未经处理和未经涂漆的纤维素薄膜切得。

19.3 试样

试验应在试样从胶粘带卷中取出 3 min 内进行。

将样品卷沿径向以约 300 mm/s 的速度拉出，每隔 300 mm 切取长 300 mm 的胶粘带 5 条。

如果胶粘带的宽度为 25 mm 或小于 25 mm，则试样宽度取胶粘带的宽度。

如果胶粘带的宽度大于 25 mm，则从胶粘带的中间切取 25 mm 宽的带作为试样。切割试样的刀具应锐利以避免边缘撕裂。

用墨水或其他合适的媒质，在距试样一端 50 mm 处垂直于长边画一条标线。

注：用比 25 mm 窄的胶粘带将得到明显不同等级的燃烧性。

19.4 程序

试验期间试验装置应在无抽风的环境中。

将引燃体的底边固定在试样一端的胶粘剂面上,最多重叠5 mm,50 mm的标记线是从该端开始计量的。

用可拆卸的夹子夹住试样的另一端,然后悬挂在金属箱内,使胶粘带自由地垂直悬挂。轻轻地升起滑动玻璃面板,将气体火焰移到引燃体的顶尖处。

一旦引燃体被点燃,立即移去本生灯,迅速放下滑动玻璃面板并启动秒表。

19.5 结果

a) 如果5个试样中至少有4个完全不燃烧,则该产品评为"不燃";

b) 如果5个试样中至少有4个是在到达50 mm的标记前自行熄灭,则该产品评为"自熄"。报告5次燃烧时间的中值及最大值和最小值,以秒表示。报告5次试验中任何一次的最大燃烧长度,以毫米表示;

c) 如果5个试样中至少有4个试样燃烧、熔融或碳化超过50 mm标记,则该产品评为"可燃"。报告5次燃烧时间的中值及最大值和最小值,以秒表示;

d) 在产品不能评为a)、b)和c)的情况下,在试验报告中说明每个试样的各自结果。

20 燃烧试验

20.1 原理

将胶粘带缠绕在钢芯轴上,当按规定方法施加火焰时,标有"阻燃"的胶粘带在5次施加试验火焰后,胶粘带的每次燃烧时间均应不大于60 s,每次施加火焰的时间为15 s。

施加火焰15 s,然后移开15 s,共连续施加5次火焰。如果火焰移开后试样仍持续燃烧达15 s,则下一次施加火焰应延至试样停止燃烧后再进行。

在5次施加火焰的过程中、各次施加火焰之间或第5次施加火焰后,胶粘带不应点燃易燃材料或损坏指示旗的25%。

20.2 装置

a) 保护装置,由3面围住的金属罩构成,其尺寸为宽305 mm、深355 mm及高610 mm。罩的顶部和正面是敞开的;

b) 可固定试样的装置,试样的长轴垂直于罩的中心(见图10);

c) 符合ISO 10093:1998中7.11要求的气体燃烧器,最好装有气体引燃火种(正在考虑之中)。在火源上装有或未装有气体引燃火种的Tirral型气体燃烧器(不同于本生灯,其空气流或燃气流均可调)。灯管内径应为9.5 mm,并应超出空气进气口上方102 mm。当灯管处于垂直位置且燃烧器远离试样时,火焰总高度应大致调到100 mm~125 mm。蓝色焰芯高度应是38 mm,其顶部温度达816℃或更高,火焰温度可用镍铬—镍铝(或镍—铬和镍—锰)热电偶测定。火焰高度调好后,燃烧器的供气阀和引燃火种的独立供气阀都应关闭,不要再触动火焰调节机构;

d) 未经处理的脱脂药棉;

e) 能让燃烧器的底座固定在上面并使燃烧器与垂直位置成20°角的楔块(见图11);

f) 缠绕架,用于支撑钢芯轴的两端,使得芯轴能旋转,胶粘带能缠绕在上面。缠绕架装在刚性支座上且能旋转,使芯轴的主轴线与水平面成倾斜的位置;

h) 未经增强的94 g/m² 的牛皮纸条,宽13 mm,厚约0.1 mm。

20.3 试样制备

将钢芯轴放在缠绕架上。从胶粘带卷上切取长900 mm的胶粘带,让胶粘带第一圈重叠地固定在处于水平位置的芯轴上。把质量为2 kg±20 g的重物挂在胶粘带的自由端以产生张力。承受张力

1 min后,缓慢地旋转芯轴,同时倾斜缠绕架,使胶粘带以半搭接方式包缠于芯轴上。包缠完毕后,将带的下端固定住并切去多余的胶粘带。第2次包缠与第1次包缠相似,但包缠的前进方向相反。最后,第3次包缠与第2次包缠的前进方向相反,这样,在包缠好的芯轴上的任意点均为6层胶粘带。

用一面涂胶的牛皮纸条作为指示旗。涂的胶要恰好能粘住而不要过多。将纸条的涂胶面朝向试样,在试样上绕一周,使纸条的底边位于B点上方254 mm处,B点是蓝色焰芯与试样的接触点。将牛皮纸条的两端整齐地粘到一起,修整成一个小旗,伸出试样19 mm并朝向罩子的后面(见图10)。

20.4 程序

将试样固定在罩子的中央,垂直调整下夹具或支座的高度,使其到B点的距离不小于76 mm。把燃烧器固定到楔块上并一起放在可调支架上。在楔块上和燃烧器周围,铺上一层6 mm~25 mm厚的未经处理的医用棉花。如果燃烧器上未带有气体引燃火种,则应这样布置燃烧器支座和楔块,使得燃烧器能够迅速地离开并准确地返回到下述规定的位置。调节支架使其朝向罩子的某一面,使灯管的长轴处在含有试样长轴的垂直面内,该垂直面与罩子的两侧面相平行。调节支架到A点位置并朝向罩子的后面或前面,A点是灯管长轴与灯管顶部平面的相交点,并距B点38 mm,灯管长轴延线与试样外表面相交于B点。B点是火焰蓝色焰芯顶部触及试样前沿中心的点。

若燃烧器带有气体引燃火种,则打开供气阀门自动施加火焰。开启阀门15 s,再关闭15 s,直至总共施加5次火焰。万一试验火焰移开后试样还继续燃烧15 s,则应待试样停止燃烧后再施加火焰。

若燃烧器未带有气体引燃火种,则应把点燃的燃烧器移到对试样施加火焰的位置,保持15 s,再移开15 s,直至总共施加5次火焰。万一试验火焰移开后试样还继续燃烧15 s,则应待试样停止燃烧后再施加火焰。

20.5 结果

根据下列3个判断标准对试验结果进行评判,用宽19 mm的胶粘带被认为是可以代表各种宽度胶粘带的燃烧特性。

a) 如果在5次施加火焰中的任何一次施加火焰后,指示旗被烧掉或被烧焦超过25%(用布或手能抹去的烟垢和棕色的烤焦部分应忽略不计),则评判此胶粘带为能沿长度方向传播火焰。

b) 无论何时,如果试样落下的燃烧或灼热的颗粒或燃烧的滴落物点燃了铺在燃烧器、楔块或罩子底板上的棉花(若棉花不燃,只是烧焦应忽略不计),则评判此胶粘带为能传播火焰到它附近的可燃材料上。

c) 如果试样在施加火焰后燃烧超过60 s,则应评判此胶粘带为能传播火焰到它附近的可燃材料上。

21 长期耐热性

21.1 长期耐热性的测定

按单项材料规范规定采用下述方法中的某一种,同时要规定终点判断标准,用户有要求时,制造厂应提供证据证明压敏胶粘带是由可使产品满足规定要求的材料和工艺制造。

21.2 击穿电压

21.2.1 试样

胶粘带的宽度应在12 mm~25 mm范围内,应优先用宽为25 mm的胶粘带。胶粘带试样以略低于50%的叠包方式螺旋状地包缠在清洁的黄铜(或紫铜)棒上,棒的直径为8 mm,长大于200 mm。该棒应足够长,使其一端可不包,留作电气联结用。

胶粘带在包缠时被拉伸的长度规定如下:

——断裂伸长率小于40%的胶粘带伸长很小;

——断裂伸长率在40%~100%的胶粘带伸长约20%~30%;

——断裂伸长率大于100%的胶粘带伸长约30%~50%。

在包缠过程对胶粘带的实际伸长并不作严格规定,只给出大致数字。通常略微偏离对试验结果也不会产生太大的影响。

即使采用在恒定拉力下伸长,对结果也不会造成影响。然而,对同样底材的压敏胶粘带必须保证使用相同的拉力。

热固性胶粘带在包缠后应立即按制造厂规定的条件进行固化。

对每个暴露温度下的每个试验周期,试样数量应不少于5个。

21.2.2 程序

所用的烘箱应符合 GB/T 11026.1—2003 中5.6的规定。

把包缠过的铜棒试样垂直地置于烘箱中,未包缠的一端朝下。

GB/T 11026.1—2003 中5.5给出了有关暴露温度和时间的选择指南,单项材料规范给出了各种型号压敏胶粘带的暴露温度。因为击穿电压是一种破坏性试验,因此,试样的总数将取决于超过终点判断标准所需要的周期数。每个试验周期终结时,把试样从烘箱中取出,在室温下保持约2 h。

按单项材料规范规定,在试样中部用导电涂料或金属箔作为一个电极,其长为100 mm,金属棒未包缠部分作为另一电极。

按 GB/T 1408.1—2006 中10.1,施加48 Hz~62 Hz的交流电压。以500 V/s的均匀速度升高电压直至击穿。

21.2.3 评定

取每个暴露温度和每个试验周期的5个测量值的中值。

按 GB/T 11026.1—2003 中6.3作图,如 GB/T 11026.1—2003 中图1所示那样,确定每个暴露温度下的暴露时间。读取3个不同暴露温度(与终点标准线)的交点作为失效时间。

按 GB/T 11026.1—2003 中6.7和图4,用图解法处理结果或用 GB/T 11026.3—2006 中6.2.2和6.2.3规定的最小二乘法处理结果,建立耐热图,并从该图外推至20 000 h得到温度指数。

21.3 质量损失

21.3.1 试样

切取15条胶粘带试样,其长最好为100 mm,宽最好为25 mm。为了确定初始质量,除非单项材料规范另有规定,试样应在最低暴露温度下保持48 h。注意应扣除样品支撑物的质量。

21.3.2 程序

在3个温度点的每个烘箱中分别垂直放置5个试样,3个烘箱的温度按单项材料规范规定。

烘箱应如21.2.2所述。

试样自由地悬挂在轻质的金属架上,可以放在试管里,也可以不放在试管里。

因为质量损失是非破坏性试验,因此,试验周期可按 GB/T 11026.1—2003 中5.5调整。当老化在最低暴露温度下进行时,测定7 d、14 d、28 d、56 d或更多天周期后的质量变化可能是合适的。在不同温度下的试验周期应作相应选择。

每个试验周期后,从烘箱和试管(如果用它)中取出试样,先在23℃±2℃和相对湿度50%±5%的环境中保持2 h,然后称其质量,准确至0.1 mg。试样继续进行老化,直至达到按单项材料规范规定的终点为止。

21.3.3 评定

按下式将各个结果换算成相应的质量损失:

$$m_L = \frac{m_0 - m_1}{m_0} \times 100 \quad\quad\quad\quad\quad\quad (5)$$

式中:

m_L——胶粘带的质量损失,以百分数表示;

m_0——胶粘带的起始质量,单位为克(g);

m_1——胶粘带老化后的质量,单位为克(g)。

取每个暴露温度和每个试验周期的5个测量值的中值。

按GB/T 11026.1—2003中6.3作图,如GB/T 11026.1—2003中图1所示,确定每个暴露温度下的暴露时间。读取三个不同暴露温度(与终点标准线)的交点作为失效时间。

按GB/T 11026.1—2003中6.7和图4,用图解法处理结果或用GB/T 11026.3—2006中6.2.2和6.2.3规定的最小二乘法处理结果,建立耐热图,并从该图外推至20 000 h得到温度指数。

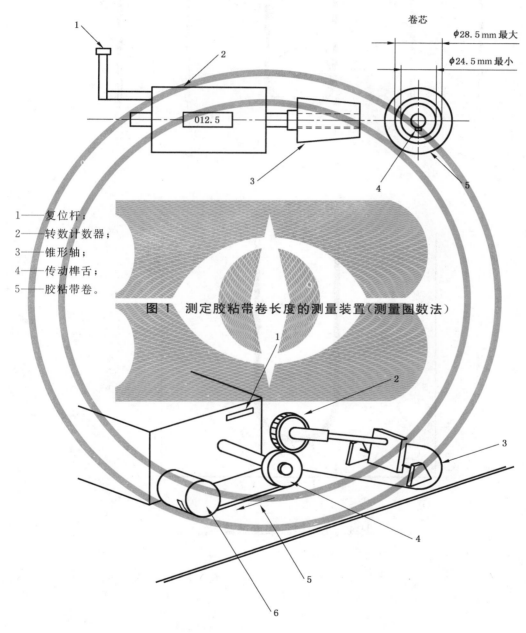

1——复位杆;
2——转数计数器;
3——锥形轴;
4——传动榫舌;
5——胶粘带卷。

图1 测定胶粘带卷长度的测量装置(测量圈数法)

1——长度显示器;
2——长度传感器机构;
3——传感器电缆;
4——试验带卷(放卷装置);
5——展开方向;
6——收卷装置。

图2 测定胶粘带卷长度的测量装置(长度传感器法)

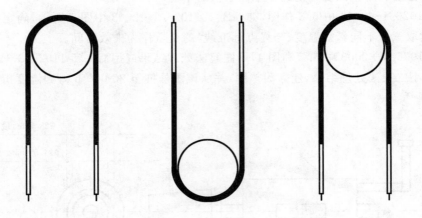

图 3　弯曲顺序

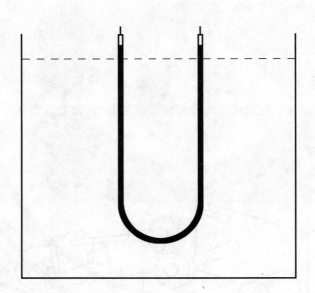

图 4　水中电气强度试验

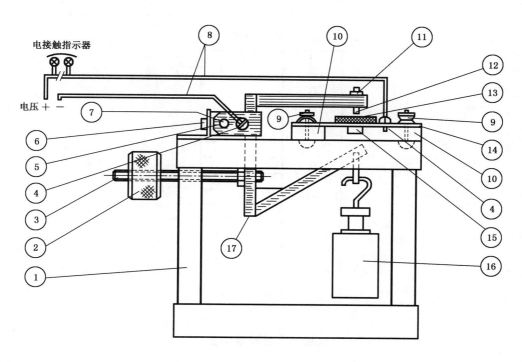

1——框架；

2——平衡带有可移动重物的轴臂的钢旋钮；

3——调节钢旋钮2的钢轴销；

4——电气联接螺钉；

5——钢轴块；

6——固定轴块于框架上的钢螺钉；

7——螺杆＋螺母，其螺纹尺寸与调节钢旋钮2相匹配；

8——烘箱外引线；

9——便于移去不锈钢板的螺杆；

10——绝缘块(酚醛层压板,使板与框架之间无电接触)；

11——钢螺母和钢装配杆；

12——固定在钢装配杆上的1.5 mm不锈钢球；

13——待试的胶粘带或薄膜试样；

14——不锈钢板(易移动的)；

15——热电偶插孔；

16——1 000 g砝码；

17——钢轴臂。

图 5 穿透试验机简图

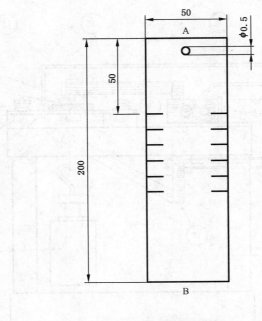

图 6 试验用钢板

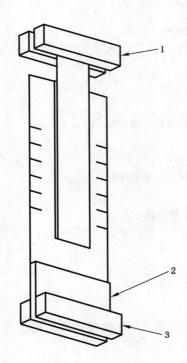

1——拉伸试验机的固定夹头；

2——垫片；

3——拉伸试验机的可动夹头。

图 7 从钢板上剥离胶粘带的装置

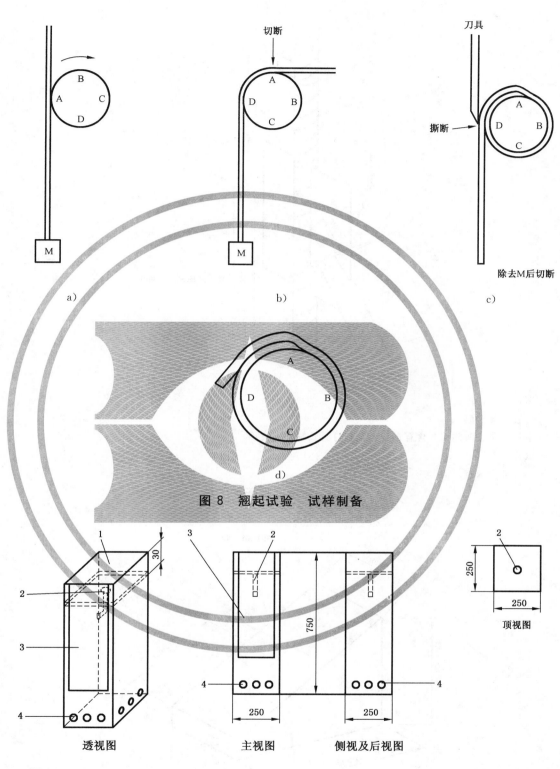

图 8　翘起试验　试样制备

1——敞开面；
2——可拆卸夹子，置于距顶部边缘 30 mm 的中心处；
3——滑动玻璃窗（面板）；
4——直径 12 mm 的孔，在四个面上沿距底部 25 mm 的水平线上均匀分布。

图 9　通风保护装置

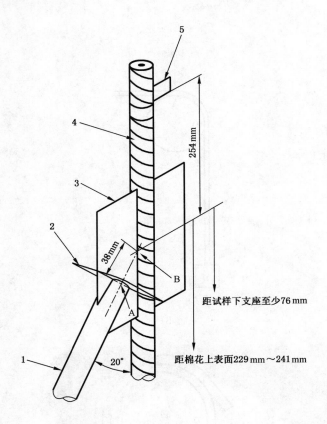

1——燃烧器灯管；

2——灯管顶部平面；

3——平行于罩子两侧面并含有试样长轴和灯管长轴的垂直面；

4——试样；

5——牛皮纸指示旗。

图 10　燃烧试验基本尺寸

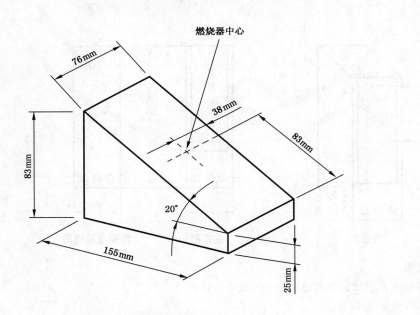

图 11　楔块的尺寸

附 录 A
（规范性附录）
用于各种试验的压辊

从以下两种压辊中任选一种：

a) 直径至少为 50 mm，能够施加 20 N/10mm 宽的压力的抛光钢辊；

b) 覆盖橡胶的钢辊，是在直径 80 mm 和宽 44 mm 的钢辊上，用 IRH（国际橡胶单位）至少为 55°的橡胶覆盖约 6 mm 厚。该压辊质量应是 2 kg。

两种压辊的结构都应设计成在进行滚压操作时无任何其他负荷施加于试样上。

———————————

ICS 29.035.99
K 15

中华人民共和国国家标准化指导性技术文件

GB/Z 21212—2007

薄膜开关用聚酯薄膜

Polyester film for membrane switches

2007-12-03 发布

中华人民共和国国家质量监督检验检疫总局
中国国家标准化管理委员会 发布

前　言

本指导性技术文件参考了美国杜邦 EL 聚酯薄膜产品标准和 GB 12802.2—2004《电气绝缘用薄膜 第 2 部分:电气绝缘用聚酯薄膜》。

本指导性技术文件由中国电器工业协会提出。

本指导性技术文件由全国绝缘材料标准化技术委员会(SAC/TC 51)归口。

本指导性技术文件起草单位:东方绝缘材料股份有限公司。

本指导性技术文件主要起草人:罗春明、赵平。

本指导性技术文件为首次制定。

薄膜开关用聚酯薄膜

1 范围

本指导性技术文件规定了薄膜开关用聚酯薄膜的要求、试验方法、检验规则、标志、包装、运输和贮存。

本指导性技术文件适用于由聚对苯二甲酸乙二醇酯经铸片及双轴定向拉伸而制得的薄膜,适用于薄膜开关及柔性线路板制造行业。

2 规范性引用文件

下列文件中的条款通过本指导性技术文件的引用而成为本指导性技术文件的条款。凡是注日期的引用文件,其随后所有的修改单(不包括勘误的内容)或修订版均不适用于本指导性技术文件,然而,鼓励根据本指导性技术文件达成协议的各方研究是否可使用这些文件的最新版本。凡是不注日期的引用文件,其最新版本适用于本指导性技术文件。

GB/T 13541—1992 电气用塑料薄膜试验方法(neq IEC 60674-2:1988)

GB/T 13542—1992 电气用塑料薄膜一般要求(neq IEC 60674-1:1980)

IEC 61074:1999 用差示扫描量热法测定电气绝缘材料熔融热、熔点及结晶热、结晶温度的试验方法

3 分类

薄膜根据其特性分为两种型号,如表1所示。

表 1 薄膜型号

型 号	特 性
1	超低热收缩、透明薄膜
2	超低热收缩、雾化薄膜

4 要求

4.1 外观

薄膜成卷供应,薄膜表面应平整光洁,不应有折皱、撕裂、颗粒、气泡、针孔和外来杂质等缺陷,薄膜边缘应整齐无破损。

4.2 膜卷、接头及管芯

膜卷、接头及管芯应符合 GB/T 13542—1992 中 4.2、4.3 及 4.4 的规定。

4.3 尺寸

4.3.1 厚度及公差

厚度范围从 $50~\mu m \sim 150~\mu m$,推荐优选的标称厚度:$75~\mu m$、$100~\mu m$、$125~\mu m$、$150~\mu m$。

$100~\mu m$ 及以下薄膜的厚度公差为标称厚度的 $\pm 5\%$,大于 $100~\mu m$ 薄膜的厚度公差为标称厚度的 $\pm 4\%$。

4.3.2 卷径、宽度及极限偏差

卷径和宽度的规格由供需双方协商确定。推荐宽度为 $500~mm$、$1~000~mm$。薄膜按用户要求可加

工成带盘,卷径、宽度的极限偏差应符合表2的规定。

4.4 性能要求

薄膜的性能要求应符合表3及表4的规定。

表2 薄膜卷径、宽度的极限偏差

单位为毫米

宽　　度	卷　　径	极　限　偏　差	
		宽　　度	膜卷端面串膜高度
8~150	180~250	±0.5	<0.5
>150	>250	±1.0	<1.0

表3 薄膜的性能要求

序　号	性　　　能		单　位	要　　求
1	密度		kg/m³	1 400±10
2	熔点	弯液面法	℃	≥258
		差示扫描量热法		≥253
3	相对电容率(50 Hz)		—	2.9~3.2
4	介质损耗因数(50 Hz)		—	≤5.0×10⁻³
5	体积电阻率		Ω·m	≥1.0×10¹⁴
6	表面电阻率		Ω	≥1.0×10¹³
7	高温下尺寸稳定性	拉力下	℃	≥200
		压力下		≥200
8	拉伸强度 (纵向及横向)	标称厚度:50 μm~100 μm	MPa	≥150
		标称厚度:>50 μm~150 μm		≥140
9	断裂伸长度 (纵向及横向)	标称厚度:≥75 μm	%	≥80
		标称厚度:<75 μm		≥60
10	收缩率	纵　向	%	≤0.8
		横　向		≤0.3
11	工频电气强度		V/μm	见表4
12	表面粗糙度		μm	0.04±0.02
13	浸润张力		mN/m	≥40

表4 薄膜的工频电气强度

标称厚度/ μm	指标值/ (V/μm)
50	≥130
75	≥105
100	≥90
125	≥75
150	≥70

5 试验方法

5.1 取样、预处理条件和试验条件

按 GB/T 13541—1992 第 3 章进行。

5.2 外观、膜卷及管芯

用眼睛观察及手感来评定薄膜外观、膜卷及管芯。

5.3 厚度

按 GB/T 13541—1992 中 4.1.1 进行。

5.4 长度

用计米器测量。

5.5 卷径及宽度

用游标卡尺进行测量。

5.6 密度

按 GB/T 13541—1992 第 5 章进行,采用浮沉法或密度梯度柱法进行测试,浸渍液采用碘化钾的水溶液,取三个测试值的中值为试验结果。

5.7 熔点

5.7.1 弯液面法

按 GB/T 13541—1992 中第 8 章进行。

5.7.2 差示扫描量热(DSC)法

按 IEC 61074:1999 的规定进行,升温速率 10℃/min。

5.8 相对电容率和介质损耗因数

按 GB/T 13541—1992 中 17.1 进行,试验时施加在试样上的交流电场强度不大于 10 V/μm。试样数为三个,取三个测试值的中值为试验结果。

5.9 体积电阻率

按 GB/T 13541—1992 中 16.1 进行,试验电压 100 V±10 V,电化时间为 2 min。试样数为三个,取三个测试值的中值为试验结果。

5.10 表面电阻率

按 GB/T 13541—1992 的第 15 章进行,试验电压 100 V±10 V,电化时间为 2 min。试样数为三个,取三个测试值的中值为试验结果。

5.11 高温下尺寸稳定性

5.11.1 拉力下尺寸稳定性

按 GB/T 13541—1992 的第 23 章进行。

5.11.2 压力下尺寸稳定性

按 GB/T 13541—1992 的第 24 章进行。

5.12 拉伸强度和断裂伸长率

按 GB/T 13541—1992 的第 11 章进行。

5.13 收缩率

按 GB/T 13541—1992 的第 22 章进行,试验条件为:温度 150℃±2℃,时间 30 min。

5.14 工频电气强度

按 GB/T 13541—1992 中 18.1 进行,采用直径为 6 mm 的电极系统,对厚度≤100μm 的薄膜应在空气中试验,对厚度＞100μm 的薄膜应在变压器油中试验,升压速度为 500 V/s,取 10 次试验的算术平均值作为试验结果。

5.15 表面粗糙度

5.15.1 测试原理

薄膜表面存在微小的凹凸不平的表面,利用仪器的触针(或探头)在薄膜表面移动,从而测出薄膜的表面粗糙度 Ra。

5.15.2 试验仪器和用品

a) 能满足薄膜试样的平均粗糙度测试范围及精度要求的表面粗糙度测试仪器均可使用,仪器误差不大于 $\pm 10\%$。

b) 丙酮少许及端部包有脱脂棉花的棉签。

5.15.3 试样制备

从样品上纵、横向各取三块试样,其尺寸以能完全覆盖与仪器配套的测试小平面为准。试样表面必须洁净,无损伤、褶皱。

5.15.4 试验步骤

用棉签蘸上丙酮清洗仪器的测试平面。将试样放在仪器的测试平面上,试样要完全贴紧平面,无气泡存在。试样的被测试面朝向测试指针,读出 3 块试样纵、横向各六个 Ra 的数值。

5.15.5 结果的计算与表示

薄膜的表面粗糙度以三个试样的六个 Ra 的算术平均值表示,单位为 μm。

5.16 浸润张力

按 GB/T 13541—1992 的第 10 章进行。

6 检验规则

6.1 在同一设备上采用同一批树脂、同一工艺条件连续生产的同一厚度规格薄膜产品为一批。每批产品均应进行出厂检验,出厂检验项目为第 4 章中 4.1、4.3 及表 3 中 8 项~11 项,产品外观、接头数及宽度应逐卷进行检验,其他项目为型式检验项目。

6.2 每批产品任取一卷原幅宽薄膜进行检验。

6.3 其他按 GB/T 13542—1992 中第 6 章进行。

7 标志、包装、运输和贮存

产品自出厂之日起,贮存期为 18 个月,其他按 GB/T 13542—1992 第 7 章进行。

ICS 29.035.99
K 15

中华人民共和国国家标准化指导性技术文件

GB/Z 21214—2007

行输出变压器用聚酯薄膜

Polyester film for flyback transformer

2007-12-03 发布

中华人民共和国国家质量监督检验检疫总局
中国国家标准化管理委员会   发 布

前　言

本指导性技术文件参考了日本东丽公司 S10 聚酯薄膜标准和 GB 12802.2—2004《电气绝缘用薄膜 第 2 部分:电气绝缘用聚酯薄膜》。

本指导性技术文件由中国电器工业协会提出。

本指导性技术文件由全国绝缘材料标准化技术委员会(SAC/TC 51)归口。

本指导性技术文件起草单位:东方绝缘材料股份有限公司。

本指导性技术文件主要起草人:罗春明、赵平。

本指导性技术文件为首次制定。

行输出变压器用聚酯薄膜

1 范围

本指导性技术文件规定了行输出变压器用聚酯薄膜的要求、试验方法、检验规则、标志、包装、运输和贮存。

本指导性技术文件适用于由聚对苯二甲酸乙二醇酯经铸片及双轴定向拉伸而制得的薄膜,适用于行输出变压器制造行业。

2 规范性引用文件

下列文件中的条款通过本指导性技术文件的引用而成为本指导性技术文件的条款。凡是注日期的引用文件,其随后所有的修改单(不包括勘误的内容)或修订版均不适用于本指导性技术文件,然而,鼓励根据本指导性技术文件达成协议的各方研究是否可使用这些文件的最新版本。凡是不注日期的引用文件,其最新版本适用于本指导性技术文件。

GB/T 13541—1992　电气用塑料薄膜试验方法(neq IEC 60674-2:1988)

GB/T 13542—1992　电气用塑料薄膜一般要求(neq IEC 60674-1:1980)

ANSI/UL 94—2001　设备零件用塑料的燃烧性试验

IEC 61074:1999　用差示扫描量热法测定电气绝缘材料熔融热、熔点及结晶热、结晶温度的试验方法

3 要求

3.1 外观

薄膜成卷或成盘供应,薄膜表面平整光洁,无折皱、撕裂、颗粒、气泡、针孔和外来杂质等缺陷,薄膜边缘应整齐无破损。分切成盘时端面整齐,手感光滑,无卷边,无毛刺。

3.2 膜卷、管芯

膜卷、管芯应符合 GB/T 13542—1992 中 4.2、4.4 的规定。

3.3 尺寸

3.3.1 厚度范围及公差

厚度由供需双方协商确定,推荐优选的标称厚度:75 μm、100 μm。厚度公差为标称厚度的±3%。

3.3.2 接头数及最短段长度

每卷的接头数为 0,最短段长度由供需双方协商确定。

3.3.3 卷径、宽度及极限偏差

卷径和宽度的规格由供需双方协商确定。推荐宽度为 26.5 mm、28 mm、32 mm、34 mm、36 mm、38 mm、40 mm。薄膜按用户要求加工成带盘。卷径、宽度的极限偏差应符合表 1 的规定。

表 1　薄膜卷径、宽度的极限偏差　　　　　　　　　　　　　　　　　　单位为毫米

宽　　度	卷　　径	极　限　偏　差	
		宽度	膜卷端面串膜高度
15～50	≥180	±0.2	<0.3

3.4 性能要求

薄膜性能要求应符合表 2 的规定。

表 2 薄膜的性能要求

序 号	性 能		单 位	要 求
1	密度		kg/m³	1 400±10
2	熔点	弯液面法	℃	≥258
		差示扫描量热法		≥253
3	相对电容率	(50 Hz)	—	3.2±0.2
4	介质损耗因数	(50 Hz)	—	≤3.0×10⁻³
5	体积电阻率		Ω·m	≥1.0×10¹⁴
6	表面电阻率		Ω	≥1.0×10¹⁴
7	高温下尺寸稳定性	拉力下	℃	≥200
		压力下		≥200
8	拉伸强度(纵向及横向)		MPa	≥170
9	断裂伸长率(纵向及横向)		%	≥110
10	收缩率	纵向	%	≤0.8
		横向		≤0.2
11	工频电气强度		V/μm	≥150
12	燃烧性		—	94 VTM-2

4 试验方法

4.1 取样、预处理条件和试验条件

按 GB/T 13541—1992 第 3 章进行。

4.2 外观、膜卷及管芯

薄膜外观、膜卷及管芯的评定用眼睛观察及手感评定。

4.3 厚度

按 GB/T 13541—1992 中 4.1.1 进行。

4.4 长度

用计米器测量。

4.5 卷径及宽度

用游标卡尺进行测量。

4.6 密度

按 GB/T 13541—1992 第 5 章进行,采用浮沉法或密度梯度柱法进行测试,浸渍液采用碘化钾的水溶液,取三个测试值的中值为试验结果。

4.7 熔点

4.7.1 弯液面法

按 GB/T 13541—1992 第 8 章进行。

4.7.2 差示扫描量热(DSC)法

按 IEC 61074:1999 的规定进行,升温速率 10 ℃/min。

4.8 相对电容率和介质损耗因数

按 GB/T 13541—1992 中 17.1 进行,试验时施加在试样上的交流电场强度不大于 10 V/μm。试样数为三个,取三个测试值的中值为试验结果。

4.9 体积电阻率

按 GB/T 13541—1992 中 16.1 进行,试验电压 100 V±10 V,电化时间为 2 min。试样数为三个,取三个测试值的中值为试验结果。

4.10 表面电阻率

按 GB/T 13541—1992 的第 15 章进行,试验电压 100 V±10 V,电化时间为 2 min。试样数为三个,取三个测试值的中值为试验结果。

4.11 高温下尺寸稳定性

4.11.1 拉力下尺寸稳定性

按 GB/T 13541—1992 的第 23 章进行。

4.11.2 压力下尺寸稳定性

按 GB/T 13541—1992 的第 24 章进行。

4.12 拉伸强度和断裂伸长率

按 GB/T 13541—1992 的第 11 章进行。

4.13 收缩率

按 GB/T 13541—1992 的第 22 章进行,试验条件为:温度 150℃±2℃,时间 30 min。

4.14 工频电气强度

按 GB/T 13541—1992 中 18.1 进行,采用直径为 6 mm 的电极系统,对厚度不大于 100 μm 的薄膜应在空气中试验,对厚度大于 100 μm 的薄膜应在变压器油中试验,升压速度为 500 V/s,取 10 次试验的算术平均值作为试验结果。

4.15 燃烧性

按 ANSI/UL 94—2001 进行。

5 检验规则

5.1 在同一设备上采用同一批树脂、同一工艺条件连续生产的同一厚度规格薄膜产品为一批,每批产品任取一卷原幅宽薄膜进行检验,每批产品的出厂检验项目为第 3 章中的全部项目。

5.2 其他按 GB/T 13542—1992 的第 6 章进行。

6 标志、包装、运输和贮存

产品自出厂之日起,贮存期为 18 个月,其他按 GB/T 13542—1992 的第 7 章进行。

———————————

ICS 29.035.99
K 15

中华人民共和国国家标准

GB/T 24123—2009

电容器用金属化薄膜

Metallized film for capacitors

2009-06-10 发布   2009-12-01 实施

中华人民共和国国家质量监督检验检疫总局
中国国家标准化管理委员会 发布

前　言

本标准由中国电器工业协会提出。

本标准由全国绝缘材料标准化技术委员会(SAC/TC 51)归口。

本标准起草单位:江门润田实业投资有限公司、浙江南洋科技股份有限公司、佛山塑料集团股份有限公司、桂林电器科学研究所、桂林电力电容器有限责任公司。

本标准主要起草人:柯庆毅、丁邦建、唐晓玲、王先锋、李兆林。

本标准为首次制定。

电容器用金属化薄膜

1 范围

本标准规定了电容器用金属化薄膜的术语、产品分类、性能要求、试验方法、检验规则、标志、包装、运输和贮存。

本标准适用于电容器用金属化聚丙烯薄膜和金属化聚酯薄膜。

2 规范性引用文件

下列文件中的条款通过本标准的引用而成为本标准的条款。凡是注日期的引用文件,其随后所有的修改单(不包括勘误的内容)或修订版均不适用于本标准,然而,鼓励根据本标准达成协议的各方研究是否可使用这些文件的最新版本。凡是不注日期的引用文件,其最新版本适用于本标准。

GB/T 2828.1 计数检验程序 第 1 部分:按接收质量限(AQL)检索的逐批检验计划(GB/T 2828.1—2003,ISO 2859-1:1999,IDT)

GB/T 13542.2—2009 电气绝缘用薄膜 第 2 部分:试验方法(IEC 60674-2:1988,MOD)

3 术语和定义

下列术语和定义适用于本标准。

3.1

基膜 base film

电容器用的能在其表面蒸镀一层极薄金属层的塑料薄膜。

3.2

金属化薄膜 metallized film

将高纯铝或锌在高真空状态下熔化、蒸发、沉淀到基膜上,在基膜表面形成一层极薄的金属层后的塑料薄膜。

3.3

自愈作用 self-healing

金属化薄膜介质局部击穿后立即本能地恢复到击穿前的电性能现象。

3.4

留边 margin

为实际制作电容器需要,将金属化薄膜一侧或两侧边缘或中间遮盖而形成不蒸镀金属的空白绝缘条(带)称为留边,其宽度称为留边量。

3.5

方块电阻 square resistance

金属化薄膜上的金属层在单位正方形面积的电阻值称为方块电阻,用 Ω/□表示,通常用方块电阻来表示金属镀层的厚度。

注:□含义见表 5 注。

3.6

金属化安全薄膜 metallized safe film

金属层图案含有保险丝安全结构的金属化薄膜。按保险丝安全结构特点可分网格安全膜、T 形安全膜和串接安全膜等。

4 分类

4.1 产品类型

MPPA(MPETA)——单面铝金属化聚丙烯(或聚酯)薄膜,见图1。

a)   b)   c)

图 1 MPPA(MPETA)——单面铝金属化聚丙烯(或聚酯)薄膜

MPPAD(MPETAD)——双面铝金属化聚丙烯(或聚酯)薄膜,见图2。

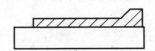

a)   b)

图 2 MPPAD(MPETAD)——双面铝金属化聚丙烯(或聚酯)薄膜

MPPAH(MPETAH)——边缘加厚金属层的单面铝金属化聚丙烯(或聚酯)薄膜,见图3。

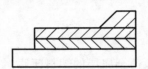

图 3 MPPAH(MPETAH)——边缘加厚金属层的单面铝金属化聚丙烯(或聚酯)薄膜

MPPAZH(MPETAZH)——边缘加厚单面锌铝金属化聚丙烯(或聚酯)薄膜,见图4。

图 4 MPPAZH(MPETAZH)——边缘加厚单面锌铝金属化聚丙烯(或聚酯)薄膜

MPPAZHX(MPETAZHX)——边缘加厚金属层的单面锌铝金属化聚丙烯(或聚酯)网格型安全薄膜,见图5。

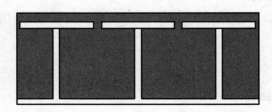

**图 5 MPPAZHX(MPETAZHX)——边缘加厚金属层的单面
锌铝金属化聚丙烯(或聚酯)网格型安全薄膜**

MPPAT(MPETAT)——单面铝金属化聚丙烯(或聚酯)T型安全薄膜,见图6。

图 6 MPPAT(MPETAT)——单面铝金属化聚丙烯(或聚酯)T型安全薄膜

代号中：

M 表示金属化；

PP 表示聚丙烯薄膜；

PET 表示聚酯薄膜；

A 表示镀层金属为铝；

AZ 表示镀层金属为锌铝复合；

D 表示双面金属化；

H 表示边缘加厚金属层；

X 表示网格安全膜；

T 表示 T 形安全膜。

4.2 留边类型

4.2.1 有留边产品的分类及留边字符代号

S——留边在膜的一侧，见图 1a)、图 2a)、图 3 及图 4；

T——留边在膜的两侧，见图 1b)；

M——留边在膜的中间，见图 1c)。

4.2.2 无留边的产品不加留边字符代号，见图 2b)。

4.3 规格

金属化薄膜的规格用三节阿拉伯数字表示，第一节数字表示金属化膜的标称厚度(μm)，第二节数字表示金属化薄膜的宽度(mm)，第三节数字表示金属化薄膜的留边量(mm)，各节数字间分别用乘号(×)相连接。

示例：8×75×2.5 表示金属化薄膜厚度为 8 μm，宽度为 75 mm，留边量为 2.5 mm。

4.4 产品型号

产品型号由产品类型、留边类型和规格三部分组成。

规格

留边类型

产品类型

图 7　产品型号示例

4.5 产品型号示例

例 1：MPETA-S-6×8×2

厚度为 6 μm，宽度为 8 mm，留边量为 2 mm，留边在膜一侧的单面铝金属化聚酯薄膜。

例 2：MPPAZH-S-6×10×1.5

厚度为 6 μm，宽度为 10 mm，留边量为 1.5 mm，留边在膜一侧的单面边缘加厚金属化层的锌铝复合金属化聚丙烯薄膜。

例 3：MPETAD-6×35

厚度为 6 μm，宽度为 35 mm，无留边的双面铝金属化聚酯薄膜。

例 4：MPPAZX-S-6×8×2

厚度为 6 μm，宽度为 8 mm，留边量为 2 mm，留边在膜一侧的单面锌铝复合金属化聚丙烯网格型安全薄膜。

5　要求

5.1　膜卷外观

5.1.1　金属化薄膜留边处应清晰，不应有模糊的金属边界。

5.1.2 金属化薄膜端面应平整,不允许有纵向皱折,但允许有在正常卷绕张力下能消除的皱折,即允许有少量可消除的皱纹。

5.1.3 金属化薄膜面应清洁,金属层光亮,附着力良好,不应有伤痕,特别不允许有纵向划痕,但允许有不影响膜性能的痕迹和自愈点。

5.1.4 金属化薄膜膜卷端面应平滑,无毛刺,膜卷端面无凹凸,允许在开始卷绕时有半圈以及每个接头处允许有一圈不大于 1 mm 的膜层凹凸。

5.2 膜卷性能

5.2.1 膜卷尺寸及偏差见表1。

表 1 膜卷尺寸及偏差 　　　　　　　　　　　　　　　　　　　　　　　　　　单位为毫米

膜宽（B）及允许偏差		留边宽度及允许偏差		卷芯内径	膜卷外径
$B \leqslant 15.0$	± 0.3	$\leqslant 1.5$	± 0.3	75^{+2}_{0}	150^{+10}_{-20}
$15.0 < B \leqslant 25.0$	± 0.3				180 ± 20
$25.0 < B \leqslant 40.0$	± 0.4	2.0	± 0.4		220 ± 20
$B > 40.0$	± 0.5	$\geqslant 2.5$	± 0.5		240 ± 20
注：膜卷内芯直径和膜卷外径可由供需双方商定。					

5.2.2 膜卷松动度:膜卷端面应能承受 $P_{kg} = 0.15 \text{ kg} \times$ 膜宽 $B(\text{mm})$ 的轴向重力而不发生松动。

5.2.3 每卷膜接头应不多于两个且两个接头间的最短距离为 500 m。每个接头处必须用胶带粘牢并且在正常的卷绕张力下不会断开,且每个接头所产生的凸起不应大于 0.15 mm。

5.2.4 膜卷侧向摆动 H、偏心度 S、端面盆形 b、膜卷翘边 A 和膜层位移 C 的要求见表2。

表 2 膜卷侧向摆动 H、偏心度 S、端面盆形 b、膜卷翘边 A 和膜层位移 C 的要求　单位为毫米

膜卷外径	偏心度 S	翘边 A	膜层位移 C	端面盆形 b	侧向摆动 H
$\Phi 150$	$\leqslant 0.3$	$\leqslant 0.3$	$\leqslant 0.2$	$\leqslant 0.2$	$\leqslant 0.4$
$\Phi 180$	$\leqslant 0.6$	$\leqslant 0.4$	$\leqslant 0.3$	$\leqslant 0.3$	$\leqslant 0.6$
$\Phi 220$	$\leqslant 0.7$	$\leqslant 0.5$	$\leqslant 0.4$	$\leqslant 0.3$	$\leqslant 0.7$
$\Phi 240$	$\leqslant 0.8$	$\leqslant 0.5$	$\leqslant 0.4$	$\leqslant 0.4$	$\leqslant 0.8$
示意图	见图 8a)	见图 8b)	见图 8c)	见图 8d)	见图 8e)

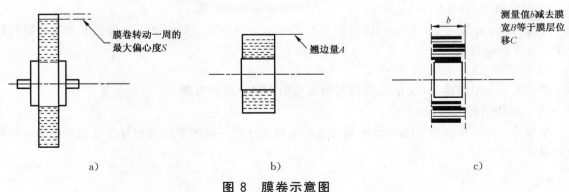

a) 膜卷转动一周的最大偏心度S

b) 翘边量A

c) 测量值b减去膜宽B等于膜层位移C

图 8　膜卷示意图

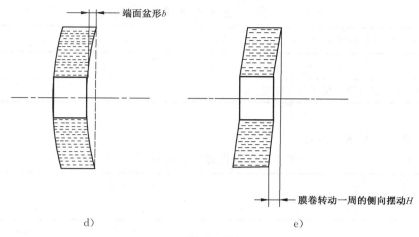

d)

e)

图 8（续）

5.3 金属化安全薄膜

5.3.1 金属化镀层上的安全保护结构应图案清晰，无可见缺陷。

5.3.2 保险丝及图案尺寸偏差

5.3.2.1 金属化网格型安全薄膜的隔离带和保险丝图案（见图 9）尺寸偏差见表 3。

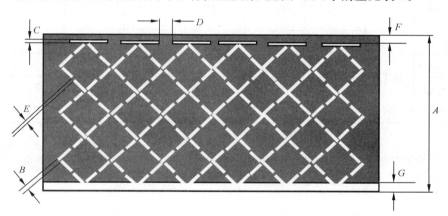

图 9　金属化网格型安全薄膜

表 3　金属化网格型安全薄膜尺寸偏差

单位为毫米

B（网块间隔离带宽）	C（纵向隔离带宽）	D（网边部保险丝）	E（网格部保险丝）	F（网边部宽）
±0.1	±0.2	±0.1	±0.1	±1.0

5.3.2.2 金属化 T 型安全薄膜的隔离带和保险丝图案（见图 10）尺寸偏差见表 4。

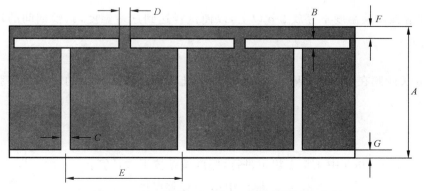

图 10　金属化 T 型安全薄膜

表 4　金属化 T 型安全薄膜尺寸偏差

单位为毫米

B(纵向隔离带宽)	C(网块间隔离带宽)	D(保险丝宽)	E(间隔宽)	F(网边部宽)
±0.2	±0.2	±0.2	±1.0	-0.5 $+0.7$
注：保险丝图案、尺寸偏差可由供需双方商定。				

5.4　性能要求

金属化薄膜性能要求见表 5 规定。

表 5　金属化薄膜性能要求

序号	性能		单位	要求						
				金属化聚丙烯薄膜				金属化聚酯薄膜		
1	标称厚度		μm	<4	4～6	7～12	>12	<8	8～12	13～20
2	厚度允许偏差		%	±10	±9	±8	±7	±9	±7	±5
3	拉伸强度(纵向)		MPa	≥100				≥180	≥170	≥150
4	热收缩率	纵向	%	≤5				≤4	≤4	≤3
5	直流介电强度	平均值	V/μm	≥330	≥350	≥370	≥400	≥240	≥240	≥240
6	方块电阻	铝	Ω/□	2～4						
	锌铝	加厚边		2～4						
		非加厚边		5～10						
7	金属层附着力		—	金属层应牢固，无脱落现象						
注：表中第 6 项所示方块电阻为制作电容器的优选值，方块电阻指标值可根据制作的电容器不同用途而改变，可由供需双方商定。										

6　试验方法

6.1　试验条件

除非另有规定，所有试验均应按下列规定在正常试验大气条件下进行。

温度：20 ℃～30 ℃；

相对湿度：45%～65%；

洁净度：1 万级。

试验前，试样应在试验温度下存放 2 h 以上，以使试样达到这一温度，试验期间的环境温度应在报告中说明。

6.2　膜卷外观

取 1 000 mm 长的膜在装有 40 W 日光灯管的灯箱上检查。膜面质量的检查可将膜片保持相当于卷绕时的张力下检验。

6.3　尺寸

6.3.1　厚度

按 GB/T 13542.2—2009 中 4.1.1 规定进行，厚度偏差按下式计算：

$$厚度偏差 = \frac{厚度中值 - 标称厚度}{标称厚度} \times 100\%$$

6.3.2 膜宽

按 GB/T 13542.2—2009 第 6 章的规定进行。

6.3.3 留边宽度和安全膜保险丝及图案尺寸

留边宽度测量使用有标尺的放大镜(分辨率为 0.1 mm)或具有同等精度的测量器具进行测量,安全膜保险丝及图案尺寸测量使用有标尺的放大镜(分辨率为 0.05 mm)或具有同等精度的测量器具进行测量,测量时不应在膜的横向和纵向施加压力或拉力。

6.3.4 膜卷偏心度 S 和翘边 A 的测量

将膜卷放在直径为 $\Phi140$ mm 旋转圆盘上,使其轴线与测量底座平板平行,将百分表及磁性表座如图 11 进行安装,将触头接触膜卷表面,将膜卷转动一周,读出最大变动量即为偏心度 S;再将膜卷静止不动,把表座沿水平方向移动,读出最大变动量即为翘边 A。取两次测量的平均值作为测量结果。

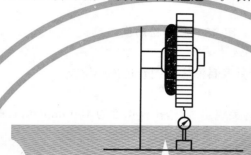

图 11 膜卷偏心度 S 和翘边 A 测量

6.3.5 膜卷侧向摆动 H 和端面盆形 b

按第 6.3.4 所述将膜卷安装好,再将表头如图 12 安装在膜卷侧面靠近外径(0.5 mm)处,将膜卷轴转动一周,其表头所示的最大变动量即为膜卷侧向摆动 H。再将表靠近膜卷侧面外径(0.5 mm)处,将膜卷静止不动,把表头沿垂直方向往膜卷卷芯方向均匀滑动,直到卷芯处,读出最大变动量即为端面盆形 b。取两次测量的平均值作为测量结果。

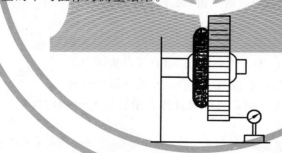

图 12 膜卷侧向摆动 H 和端面盆形 b 测量

6.3.6 膜层位移 C

用分度值为 0.02 mm 游标卡尺,在膜卷上测量膜卷的宽度,将测得值与按第 6.3.2 所测得的膜卷宽度比较,两者之差即为膜层位移 C。

6.3.7 卷芯内径及膜卷外径

卷芯内径使用分度值为 0.02 mm 的游标卡尺测量,膜卷外径用钢直尺测量,取三次测量的平均值作为试验结果。

6.3.8 膜卷松动度

6.3.8.1 试验仪器: 质量为 P(kg)、直径不大于卷芯外径的砝码及外径为 200 mm,内孔直径 120 mm,厚 16 mm 的环形平板。

6.3.8.2 试验步骤: 将试样膜卷放在环形平板上,将质量为 P(kg)的砝码放在膜卷的芯环上,如图 13 所示,其中 P(kg)=0.15×膜卷宽度(mm)。

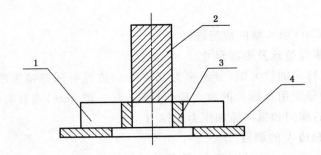

1——膜卷；
2——砝码；
3——卷芯；
4——环形平板。

图 13　膜卷松动度

6.3.9　接头质量检查

将一膜卷装在重卷机上用适当的量具及目测法在倒卷过程中检查。

6.4　拉伸强度

按 GB/T 13542.2—2009 第 11 章有关规定进行，拉伸速度为 100 mm/min、夹具间距为 100 mm±1.0 mm。对于膜卷宽度小于 15 mm 的膜卷，试样取膜卷宽度。

6.5　热收缩率

按 GB/T 13542.2—2009 第 23 章规定进行。金属化聚丙烯薄膜烘焙温度为 120 ℃±2 ℃，烘焙时间为 10 min；金属化聚酯薄膜烘焙温度为 150 ℃±2 ℃，烘焙时间为 15 min。

6.6　直流介电强度

按 GB/T 13542.2—2009 第 18 章中直流试验 50 点电极法规定进行，当薄膜宽度较窄，不适用规定的 Φ25 mm 上电极时，可按供需双方商定，根据薄膜宽度可适当采用较小的电极进行试验。

试验结果应在 50 点击穿测量值中分别去掉最大值，最小值各五点，计算其余 40 点的算术平均值，精确到个位。

6.7　方块电阻

6.7.1　试验仪器：最小分度值为 0.1 Ω/□ 的方块电阻仪、钢直尺及橡皮垫。

6.7.2　取样：用钢直尺沿膜卷卷绕方向截取长度为 1 000 mm 的薄膜为试样。

6.7.3　将试样放在橡皮垫上（金属层向上），用方块电阻仪探头沿长度方向均匀地取十点进行测量，取十次读数的平均值为试验结果。

> 注：避免边缘效应对测量结果带来误差，测量探头应距离边缘不小于 2 mm。对 T 型安全薄膜测量点应取单元格的中央位置。对于网格型安全薄膜，需采用探头触点可测量单个网格的方块电阻仪进行测量。

6.8　金属层附着力

附着力试验采用粘结强度为 2 N/cm² ～ 10 N/cm² 的胶带，在长度为 1 000 mm 试样上进行，将试样放在有橡皮垫的平面上，用上述胶带均匀地粘贴在试样的金属镀层上，粘接长度为 100 mm，粘贴时用力应均匀，使胶带与金属层完全贴合，然后，将胶带平稳地垂直撕下，观察金属镀层应无明显剥落现象。

7　检验规则

7.1　产品检验分为：出厂检验和型式检验。

7.2　检验批

由相同原料、同一类型、同一规格、相同工艺制造的并一次提交验收的产品为一检验批。

7.3　出厂检验

金属化薄膜出厂检验时以成对金属化膜卷为单位。除非另有规定，出厂检验按 GB/T 2828.1 规定一次抽样方案,具体项目见表6。

表 6　出厂检验项目

序号	检验项目	要求条款	方法条款	检查水平 1 L	合格质量水平 AQL
1	膜卷外观	5.1	6.2	Ⅱ	2.5
2	薄膜宽度	5.2.1	6.3.2	Ⅱ	2.5
3	留边宽度	5.2.1	6.3.3	Ⅱ	2.5
4	卷芯内径及膜卷外径	5.2.1	6.3.7	Ⅱ	2.5
5	膜卷松动度	5.2.2	6.3.8	Ⅱ	2.5
6	接头个数	5.2.3	6.3.9	Ⅱ	2.5
7	安全膜保险丝及图案尺寸	5.3.2	6.3.3	Ⅱ	2.5
8	薄膜厚度	5.4	6.3.1	S-3	4.0
9	方块电阻	5.4	6.7	Ⅱ	2.5
10	拉伸强度	5.4	6.4	Ⅱ	2.5

7.4　型式检验

在生产中,当产品结构、材料、工艺有改变或生产设备大修理等可能影响金属化膜的性能时应进行型式检验。正常情况下,型式检验应每年进行一次。

型式检验所需的试品,应抽取同一型号、规格的金属化薄膜,型式检验项目见表7。

表 7　型式检验项目

组别	检验项目	样品数量	性能要求条款	方法条款	每组允许有缺陷数	允许有缺陷总数
Ⅰ	薄膜厚度	4	5.4	6.3.1	2	2
	薄膜宽度	—	5.2.1	6.3.2	2	2
	留边宽度		5.2.1	6.3.3		
	卷芯内径及膜卷外径		5.2.1	6.3.7		
	安全膜保险丝及图案尺寸	4	5.3.2	6.3.3		
	膜卷侧向摆动 H、偏心度 S、端面盆形 b、膜卷翘边 A 和膜层位移 C	—	5.2.4	6.3.4 6.3.5 6.3.6		
	膜卷松动度		5.2.2	6.3.8		
Ⅱ	膜卷外观	2	5.1.2 5.1.3 5.1.4	6.2	1	
	接头质量		5.2.3	6.3.9		
Ⅲ	方块电阻	4	5.4	6.7	1	
	直流介电强度			6.6		
	拉伸强度			6.4		
	金属层附着力			6.8		
	热收缩率			6.5		

注:允许有缺陷数总数=受试样品有缺陷的数量×缺陷项目数。

8 标志、包装、运输、贮存

8.1 标志

8.1.1 每卷金属化薄膜上贴有红或蓝标记,标明左卷或右卷。

8.1.2 包装箱上应贴有包括以下内容的标签:

    a) 产品名称及型号;

    b) 金属化薄膜厚度;

    c) 金属化薄膜宽度;

    d) 留边宽度;

    e) 方块电阻;

    f) 总重及净重;

    g) 生产日期或生产批号。

8.1.3 包装箱上应有制造厂商标图案、制造厂名及小心轻放、防潮等标志。

8.2 包装

8.2.1 薄膜应卷绕在硬质轴芯上、每卷膜之间应用软泡沫片隔开,并成对装入放有干燥剂的塑料口袋中,采用真空包装,然后放置在包装箱内,使之在相应的运输、贮存条件下,受到充分保持而不损坏和变质。

8.2.2 合格证应包括:

    a) 制造厂名;

    b) 产品名称;

    c) 规格型号;

    d) 净重;

    e) 产品标准代号;

    f) 检验批号;

    g) 检验员;

    h) 检验日期。

8.3 运输

在运输过程中,防止雨淋、阳光直射、碰撞和摔打,避免受潮和机械损伤。

8.4 贮存

8.4.1 产品应贮存在温度为 10 ℃~35 ℃,湿度不大于 70% 的库房中,周围环境不应有酸、碱及其他有害气体。

8.4.2 在以上包装和贮存条件下,镀铝金属化膜的贮存期限为生产之日起半年。镀锌铝金属化膜的贮存期限为生产之日起三个月,超过贮存期的产品,按本标准检验合格后仍可使用。

    注:包装膜在拆封后应尽快使用完毕,以免金属镀层氧化。

9 订货资料

订购需签订技术协议,作为产品验收标准,其协议必须注明以下内容:

    a) 产品型号(包括产品种类和规格);

    b) 方块电阻值;

    c) 膜卷内径/外径;

    d) 数量;

    e) 交货日期。

用户的其他特殊要求须供需双方商定后在协议中写明,协议中没有写明的均按本标准验收。

第 9 部分:纤维制品类

ICS 29.035.10
K 15

中华人民共和国国家标准

GB/T 19264.1—2011

电气用压纸板和薄纸板
第1部分：定义和一般要求

Pressboard and presspaper for electrical purposes—
Part 1：Definitions and general requirements

（IEC 60641-1：2007，MOD）

2011-12-30 发布　　　　　　　　　　　　　2012-05-01 实施

中华人民共和国国家质量监督检验检疫总局
中国国家标准化管理委员会　　发布

前　言

GB/T 19264《电气用压纸板和薄纸板》由下列部分组成：

——第 1 部分：定义和一般要求；

——第 2 部分：试验方法；

——第 3 部分：压纸板；

……

本部分为 GB/T 19264 的第 1 部分。

本标准按照 GB/T 1.1—2009 给出的规则起草。

本部分使用重新起草法修改采用 IEC 60641-1：2007《电气用压纸板和薄纸板　第 1 部分：定义和一般要求》。

本部分与 IEC 60641-1：2007 的技术性差异如下：

——增加了第 2 章"规范性引用文件"；

——删除了"参考文献"，将其中的文件列入"规范性引用文件"中。

请注意本文件的某些内容可能涉及专利。本文件的发布机构不承担识别这些专利的责任。

本部分由中国电器工业协会提出。

本部分由全国电气绝缘材料标准化技术委员会(SAC/TC 51)归口。

本部分起草单位：湖南广信电工科技股份有限公司、泰州新源电工器材有限公司、桂林电器科学研究院。

本部分主要起草人：阎雪梅、马林泉、龚龑、刘德云、宣白云。

电气用压纸板和薄纸板
第1部分：定义和一般要求

1 范围

GB/T 19264 的本部分规定了电气用压纸板和薄纸板的定义、分类和应满足的一般要求。

本部分适用于电气用压纸板和薄纸板。

2 规范性引用文件

下列文件对于本文件的应用是必不可少的。凡是注日期的引用文件，仅注日期的版本适用于本文件。凡是不注日期的引用文件，其最新版本（包括所有的修改单）适用于本文件。

IEC 60641-3（所有规范篇） 电气用压纸板和薄纸板 第3部分：单项材料规范（Specification for pressboard and presspaper for electrical purposes— Part 3：Specifications for individual materials）

3 术语和定义

下列术语和定义适用于本文件。

3.1
压纸板 pressboard

通常在一间歇式纸板机上用完全由高化学纯的植物性原料构成的纸浆制成的板，其特点在于密度较高、厚度均匀、表面光滑、机械强度高、柔韧性、抗老化性和电绝缘性好。表面可以是光滑的或有网纹的。

3.2
薄纸板 presspaper

经由一连续工艺用完全由高化学纯的植物性原料构成的纸浆制成的多层纸，其特点在于密度、厚度均匀、表面光滑、机械强度高、柔韧性、抗老化性和电绝缘性好。

3.3
压光纸板 calendered

随后经压光机处理的压纸板或薄纸板。

3.4
预压纸板 pre-compressed

在压制过程中同时加热的压纸板。

3.5
上光纸板 glazed

已被赋予光泽的压纸板或薄纸板，其光泽可经由任何适当的干燥工艺或机械抛光工艺赋予。

4 分类

基于组成和性能，表1所列包括了各种类型的压纸板或薄纸板。为了说明各个类型，给出了一些已知的应用实例,但这并不意味着对其他可能的应用有任何的限制。

5 一般要求

5.1 组成

本部分包括的所有类型的压纸板和薄纸板应完全由植物性纤维制成。所有的类型均应是没有杂质和粘合剂的。必要时,可含有合适的着色剂。

注:不应含有金属粒子、无机和有机粒子污染物表明材料洁净无杂质。

表 1 中所列的许多类型压纸板和薄纸板规定由"硫酸盐木浆"制成。使用这类原材料是为了使产品能够达到合适的化学纯度和机械性能(不包括机制木浆)。

制浆工艺的进步已能通过不能再被称为"硫酸盐化过程"的更环保的工艺来获得必要的性能。表 1 中"硫酸盐木浆"也包括了采用这些工艺生产出的材料。

为了获得满意的纸板,要求机械浆应具有类似于未漂白的高纯度硫酸盐木浆那样的高聚合度(DP)且未经漂白处理。在其他各方面机械浆也应具备类似于硫酸盐木浆那样的性能。

5.2 成品状态

压纸板或薄纸板的成品状态应由供需双方商定。

5.3 机械加工性能

所有压纸板都应易剪切。厚度在 3 mm 及以下的压纸板和薄纸板除应能易剪切外还应能冲孔而不出现毛边。具体操作应按制造商的建议进行。

6 尺寸

厚度

压纸板和薄纸板的优选标称厚度(mm)如下:

薄纸板:0.075、0.10、0.13、0.15、0.18、0.20、0.25、0.30、0.40、0.50、0.60、0.80

压纸板:0.8、1.0、1.5、2.0、2.5、3.0、4.0、5.0、6.0、7.0、8.0

其他厚度规定由供需双方商定。厚度公差按 IEC 60641-3(所有规范篇)中规定。

7 供货状态

压纸板和薄纸板应置于能保证在运输、装卸和贮存期间得到足够保护的包装中。

交付的一批压纸板或薄纸板应清晰并可持久地标明下列信息:

a) 制造商名称或商标;

b) 如表 1 中所列的压纸板或薄纸板的类型;

c) 标称厚度;

d) 板材尺寸或薄板卷宽;

e) 重量(净重/毛重)。

表 1 分类

压纸板		薄纸板		应用实例
基本类型	小类	基本类型	小类	
B.0 特高化学纯压纸板	B.0.1 100％硫酸盐木浆 B.0.2 100％棉浆 B.0.3 硫酸盐木浆和棉浆的混合物	P.0 特高化学纯高密度薄纸板	P.0.1 100％硫酸盐木浆 P.0.2 100％棉浆 P.0.3 硫酸盐木浆和棉浆的混合物	电容器及密封电机
		P.1 特高化学纯和高吸油性低密度薄纸板	P.1.1 100％硫酸盐木浆 P.1.2 100％棉浆 P.1.3 硫酸盐木浆和棉浆的混合物	电容器
B.2 高化学纯压纸板	B.2.1 100％硫酸盐木浆 B.2.2 100％棉浆 B.2.3 硫酸盐木浆和棉浆的混合物 B.2.4 棉浆和麻浆的混合物	P.2 高密度和高化学纯的薄纸板	P.2.1 100％硫酸盐木浆 P.2.2 100％棉浆 P.2.3 硫酸盐木浆和棉浆的混合物 P.2.4 棉浆和麻浆的混合物	变压器
B.3 一种具有高化学纯和高机械强度的坚硬的预压纸板，在其表面带有网纹	B.3.1 100％硫酸盐木浆 B.3.2 100％棉浆 B.3.3 硫酸盐木浆和棉浆的混合物 B.3.4 棉浆和麻浆的混合物			变压器
B.4 一种具有高化学纯和高吸油性及易成型的压纸板	B.4.1 100％硫酸盐木浆 B.4.2 100％棉浆 B.4.3 硫酸盐木浆和棉浆的混合物 B.4.4 棉浆和麻浆的混合物	P.4 高纯度和高吸油性薄纸板	P.4.1 100％硫酸盐木浆 P.4.2 100％棉浆 P.4.3 硫酸盐木浆和棉浆的混合物 P.4.4 棉浆和麻浆的混合物	变压器及油浸设备
B.5 一种具有高化学纯和高吸油性及易成型的可模塑压纸板	B.5.1 100％硫酸盐木浆 B.5.2 100％棉浆 B.5.3 硫酸盐木浆和棉浆的混合物 B.5.4 棉浆和麻浆的混合物	P.5 高纯度和高吸油性低密度薄纸板	P.5.1 100％硫酸盐木浆 P.5.2 100％棉浆 P.5.3 硫酸盐木浆和棉浆的混合物 P.5.4 棉浆和麻浆的混合物	变压器及油浸设备
B.6 一种干式用途的低孔隙率压纸板	B.6.1 100％硫酸盐木浆 B.6.2 100％棉浆 B.6.3 硫酸盐木浆和棉浆的混合物 B.6.4 棉浆和麻浆的混合物	P.6 低孔隙率高密度常规尺寸薄纸板	P.6.1 100％硫酸盐木浆 P.6.2 100％棉浆 P.6.3 硫酸盐木浆和棉浆的混合物 P.6.4 棉浆和麻浆的混合物	电机及普通电器

ICS 29.035.10
K 15

中华人民共和国国家标准

GB/T 19264.2—2013

电气用压纸板和薄纸板
第2部分：试验方法

Pressboard and presspaper for electrical purposes—
Part 2：Methods of test

(IEC 60641-2：2004，MOD)

2013-07-19 发布

2013-12-02 实施

中华人民共和国国家质量监督检验检疫总局
中国国家标准化管理委员会 发布

前　言

GB/T 19264《电气用压纸板和薄纸板》由下列部分组成：

——第 1 部分：定义和一般要求；

——第 2 部分：试验方法；

——第 3 部分：压纸板；

……

本部分为 GB/T 19264 的第 2 部分。

本标准按照 GB/T 1.1—2009 给出的规则起草。

本部分使用重新起草法修改采用 IEC 60641-2：2004《电气用压纸板和薄纸板　第 2 部分：试验方法》。

本部分与 IEC 60641-2：2004 相比在结构上有较多调整，附录 A 中列出了本部分与 IEC 60641-2：2004 的章条编号对照一览表。

本部分与 IEC 60641-2：2004 相比存在少量的技术性差异，这些差异涉及的条款已通过在其外侧页边空白位置用垂直单线进行了标示，附录 B 中给出了相应的技术性差异及其原因的一览表。

为便于使用，本部分还做了下列编辑性修改：

——删除了 IEC 60641-2：2004 的前言和引言；

——用小数点符号"."代替小数点符号"，"；

——用"mL"代替"cm³"；

——用"℃"代替"K"；

——用"d"代替"s"表示厚度。

本部分由中国电器工业协会提出。

本部分由全国绝缘材料标准化技术委员会(SAC/TC 51)归口。

本部分起草单位：桂林电器科学研究院、泰州新源电工器材有限公司、湖南广信电工科技股份有限公司。

本部分主要起草人：阎雪梅、马林泉、罗传勇、宣白云、郑小玲、温胜华、杨水英。

电气用压纸板和薄纸板
第2部分：试验方法

1 范围

GB/T 19264 的本部分规定了电气用压纸板和薄纸板的试验方法。

本部分适用于由纤维素材料制成的电气用压纸板和薄纸板。

本部分不适用于由粘结剂粘合的层合纸板。

2 规范性引用文件

下列文件对于本文件的应用是必不可少的。凡是注日期的引用文件，仅注日期的版本适用于本文件。凡是不注日期的引用文件，其最新版本（包括所有的修改单）适用于本文件。

GB/T 455—2002 纸和纸板撕裂度的测定（eqv ISO 1974：1990）

GB/T 462—2008 纸、纸板和纸浆 分析试样水分的测定（ISO 287：1985，ISO 638：1978，MOD）

GB/T 742—2008 造纸原料、纸浆、纸和纸板灰分的测定（ISO 2144：1997，MOD）

GB/T 1408.1—2006 绝缘材料电气强度试验方法 第1部分：工频下试验（IEC 60243-1：1998，IDT）

GB/T 5591.2—2002 电气绝缘用柔软复合材料 第2部分：试验方法（IEC 60626-2：1995，MOD）

GB/T 5654—2007 液体绝缘材料 工频相对介电常数、介质损耗因数和体积电阻率的试验（IEC 60247：2004，IDT）

GB/T 12914—2008 纸和纸板抗张强度的测定（ISO 1924-1：1992，ISO 1924-2：1994，MOD）

GB/T 20628.2—2006 电气用纤维素纸 第2部分：试验方法（IEC 60554-2：2001，MOD）

ISO 534：1988 纸和纸板 厚度、表观容积密度或表观薄片密度的测定（Paper and board—Determination of thickness and apparent bulk density or apparent sheet density）

IEC 60296：2003 电工流体 变压器及开关用未使用过的矿物绝缘油（Fluids for electrotechnical applications—Unused mineral insulating oils for transformers and switchgear）

3 术语和定义

下列术语和定义适用于本文件。

3.1

试样 specimen

在选定单元中抽取的薄片或卷中切割出规定尺寸的矩形纸或板。

3.2

试片 test piece

一些用于按试验方法进行每一次测定的纸或板。

注：试片可取自一个试样；在某些情况下，试片可能是试样本身。

4 有关试验的总体说明

4.1 条件处理

a) 对于厚度<0.5 mm 的纸板:除非另有规定,切割出的试样应在温度为 23 ℃±2 ℃、相对湿度为(50±5)%的环境中条件处理不少于 16 h。试片应取自试样且在该环境中进行试验。

b) 对于厚度≥0.5mm 的纸板:除非另有规定,切割出的试样应在温度为 23 ℃±2 ℃、相对湿度为(50±5)%的环境中条件处理不少于 16 h。试片应取自试样且在温度为 20 ℃~30 ℃、相对湿度为 40%~60%的环境中进行试验。

在有争议的情况下,试样应在 23 ℃±2 ℃、相对湿度为(50±5)%环境中条件处理至水分含量达到 5.5%~8%。条件处理前试样应在 70 ℃±5 ℃下干燥足够的时间,以确保条件处理后试样的质量得以增加。

4.2 干燥处理

除非另有规定,应采用下述干燥步骤。

在温度为 105 ℃±5 ℃的通风烘箱中干燥试片。

最短干燥时间 t(h)与厚度 d(mm)的对应关系见表 1:

表 1

标称厚度 d/mm	≤0.5	0.5<d≤1.5	1.5<d≤5	>5
时间 t/h	12	24	48	72

4.3 公差

在未规定试片尺寸公差的情况下,默认这些尺寸取值至毫米。

4.4 试验结果

一般情况下,报告中值作为试验结果。若相关方同意,也可报告平均值,但应在试验报告中注明。

5 厚度

5.1 总则

对定量小于 224 g/m² 的材料,采用 ISO 534:1988 中所述的步骤,对定量大于或等于 224 g/m² 的材料,采用下述步骤。

5.2 试验仪器

5.2.1 一般说明

应使用 5.2.2、5.2.3、5.2.4 所述试验仪器中的一种。

注:在有争议的情况下,应当使用 5.2.3 中所述的试验仪器。

5.2.2 螺旋型测微计

外螺旋型测微计,其测定面的直径为 6 mm~8 mm,两测定面的平面度应在 0.001 mm 以内,平行度应在 0.003 mm 以内。螺杆的螺距应为 0.5 mm,刻度应是 50 等分后的 0.01 mm,允许估读到

0.002 mm。施加在试片上的压力为 0.1 MPa～0.3 MPa。

注：对于薄且软的纸板（例如，1 mm 厚 B.5.1 型纸板），由测微计的压力导致的误差可达到测定值的 2%。

5.2.3 静重测微计

静重表盘型测微计，其具有两个磨光且互相重合的同心圆测量面，其平面度在 0.001 mm 以内，平行度在 0.003 mm 以内，上测量面直径应为 6 mm～8 mm，下测量面应大于上测量面，上测量面应沿垂直于两测量面的轴移动，表盘上的刻度应可直接读出 0.002 mm。测微计的框架应有足够的强度，在既不与静重块接触也不与压脚轴接触的情况下，表盘外壳承受一个 15 N 的力时架子产生的形变在测微计表盘上的指示值不超过 0.002 mm。施加在试片上的压力应为 0.1 MPa～0.3 MPa。

5.2.4 指示表式测微计

作为 5.2.2 的替代者，可使用具有以下特征的指示表式测微计：

——上测量面直径：14.3 mm±0.5 mm；
——下测量面直径：大于上测量面直径；
——施加在试片上的压力：0.055 MPa±0.005 MPa；
——两测量面的平行度应在 0.005 mm 或者 1% 之内。

注：此仪器记录的数值可能略不同于其他两种仪器记录的数值。

5.3 校正量规

标正量规，用于校对仪器，应准确至标称厚度的±0.001 mm 以内。仪器显示的厚度与量块之间的差值不应超过 0.005 mm。

5.4 试验步骤

在离边缘不少于 20 mm 处使用 5.2 中所述任一仪器测定收货状态下压纸板或薄纸板的厚度。

对于压纸板，应测定 8 次，每条边各两次。对成卷的薄纸板，应按 GB/T 20628.2—2006 中 5.1 的规定测定。当沿横向测定厚度时，每米宽应测定 5 点。

在有争议的情况下，沿材料的横向切下一段宽 40 mm 的整幅小条，在小条 8 等分处将其切成 8 个试片，每个试片长度不小于 40 mm。按 4.1 的要求对试片进行条件处理，并使用 5.2.2 所述仪器在每个试片的中心点附近测定每个试样的厚度。

5.5 试验结果

取中值作为试验结果，并报告最大值和最小值。

6 表观密度

试验应在 3 个经条件处理后的试片上进行，3 个试片各做一次测定。

采用面积不小于 100 mm² 的矩形试片，测定其质量，并准确至试片质量 1/10⁴。

在离各边角不少于 12 mm 处对每个试片的长度和宽度各做两次测定，准确至 0.1 mm。

通过按 5.4 的规定进行 8 次测量测定试片的厚度并计算出平均值。

用 g/cm³ 表示表观密度 ρ（质量与体积之比），按式（1）计算：

$$\rho = \frac{m}{d \times l \times w} \times 10^3 \qquad\qquad\qquad\cdots\cdots\cdots\cdots\cdots\cdots(1)$$

式中：

ρ ——表观密度，单位为克每立方厘米(g/cm^3)；

m ——质量，单位为克(g)；

d ——8 次厚度测定的平均值，单位为毫米(mm)；

l ——2 次长度测定的平均值，单位为毫米(mm)；

w ——2 次宽度测定的平均值，单位为毫米(mm)。

报告所有 3 个计算值，并取中值作为试验结果。

7 拉伸强度和伸长率

7.1 原理

在标准试验条件下，测定从材料纵横两个方向上切下的 15 mm×250 mm 的试片发生破坏时所需的拉力。

以 MPa 表示的拉伸强度按式(2)计算：

$$\sigma = \frac{F}{w \times d} \quad\quad\quad\quad\quad\quad\quad\quad\quad\quad\quad\quad\quad (2)$$

式中：

σ ——拉伸强度，单位为兆帕(MPa)；

F ——拉力，单位为牛顿(N)；

w ——试片宽度，单位为毫米(mm)；

d ——试片厚度，单位为毫米(mm)。

7.2 非折叠试片的测定

按 GB/T 12914—2008 中所述的恒速拉伸法测定拉伸强度和伸长率，并作如下修改：

——沿纵向和横向各取 9 个试样进行测定；

——取中值作为试验结果，并报告最大值和最小值。

7.3 折叠试片的测定(仅适用于厚度≤0.5 mm 的薄纸板)

如图 1a)所示，用手在试片长度方向的中间处将其折成与试片长边成直角，然后把它们送入如图 2 所示的折叠器辊筒中，其长边贴着导轨，使试片通过折叠器的辊筒，接着用手把折过的试片如图 1b)所示反折，然后再次通过折叠器的辊筒。展开后，按 7.2 对试片进行试验。

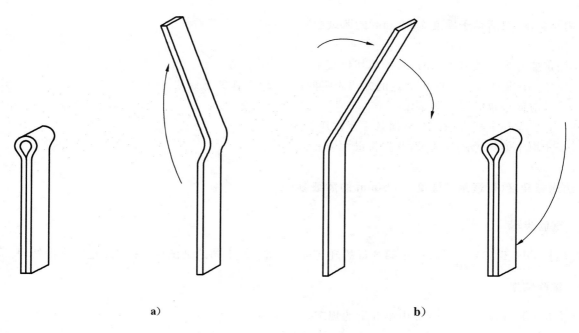

a)   b)

图 1 折叠顺序

单位为毫米

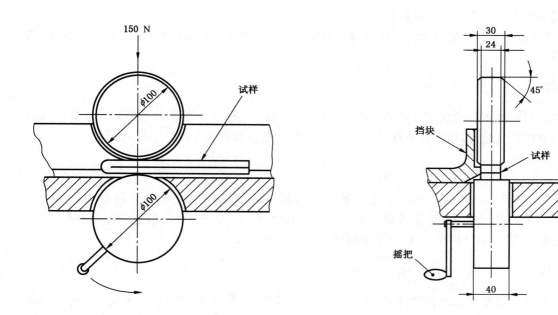

图 2 折叠设备

8 内撕裂度（仅适用于厚度≤0.5 mm的薄纸板）

测定撕开剩余长度为43 mm的单切口矩形试片所需的力。

应按GB/T 455—2002中规定的方法测定内撕裂度，并作如下修改：

——应使用单撕裂度测定仪；

——应取薄纸板纵横两个方向各9个试片；

——取中值作为试验结果，并报告最大值和最小值。

9 边缘撕裂度（仅适用于厚度≤0.5 mm的薄纸板）

9.1 试验步骤

应按GB/T 5591.2—2002中第8章的规定进行试验，但不同的是试片应按4.1进行条件处理。

9.2 试验结果

应按GB/T 5591.2—2002中第8章的规定报告结果。

10 压缩性（仅适用于厚度≥0.5 mm的压纸板）

10.1 原理

为了测定压纸板的压缩性，用一叠试片使其承受低压（初始压力），接着增大至规定值（最终压力），试片叠层厚度变化的百分数称为该材料的压缩性。

紧接着，将压力减小到初始压力值。通过叠层厚度变化的百分率，即可计算出材料的压缩性可回复部分或残余部分。

10.2 试验仪器

能以合适的恒定速率压缩规定尺寸的试片，并能测定压缩力及试片压缩量的通用试验仪器，附带一个配备有平行钢板的试验台，钢板的平行度在0.2 mm以内，而且面积大于试片本身的面积。

10.3 试片

应切取边长为25 mm±0.5 mm的足够数量的方形试片以确保能叠成三叠高度为25 mm～50 mm的试片。试片的所有边都应无毛刺。试片应放在温度为105 ℃±2℃的烘箱中干燥4 h～24 h，紧接着应将烘箱抽真空至约1 kPa。整个干燥周期应为24 h～48 h。

10.4 试验步骤

将一叠试片放在试验台的钢板之间，施加1 MPa的初始压力至少5 min，然后测定试片叠的高度h_0，准确至±0.1 mm。

活动板以5 mm/min±1 mm/min的移动速度增大压力至20 MPa±0.1 MPa。保持此压力至少5 min。测定此时试片叠对应于h_0的高度差Δh_1，准确至±0.01 mm。

减小压力至1 MPa，并保持此压力至少5 min。在回复到初始压力后，测定此时试片叠对应于h_0的高度差Δh_2，准确至±0.01 mm。

10.5 试验结果

报告以下计算值：

压缩性（%）：

$$C = \frac{\Delta h_1}{h_0} \times 100 \qquad\qquad \cdots\cdots\cdots\cdots\cdots\cdots\cdots\cdots\cdots (3)$$

压缩性残余部分（%）：

$$C_{res} = \frac{\Delta h_2}{\Delta h_1} \times 100 \qquad\qquad \cdots\cdots\cdots\cdots\cdots\cdots\cdots\cdots\cdots (4)$$

压缩性可回复部分（%）：

$$C_{rev} = \frac{\Delta h_1 - \Delta h_2}{\Delta h_1} \times 100 \qquad\qquad \cdots\cdots\cdots\cdots\cdots\cdots\cdots\cdots (5)$$

式中：

C ——压缩性，%；

Δh_1——初始压力 1 MPa 下的试片叠高度与最终压力 20 MPa±0.1 MPa 下的试片叠高度之差，单位为毫米（mm）；

h_0 ——初始压力 1 MPa 下的试片叠高度，单位为毫米（mm）；

C_{res} ——压缩性残余部分，%；

Δh_2——初始压力 1 MPa 下的试片叠高度与从最终压力 20 MPa±0.1 MPa 恢复至初始压力 1 MPa后的试片叠高度之差，单位为毫米（mm）；

C_{rev} ——压缩性可回复部分，%。

报告所有 3 个计算值，并取中值作为试验结果。

11 收缩性（仅适用于厚度≥0.5 mm 的压纸板）

11.1 试验仪器

使用下列试验仪器：

——厚度测定器具，同第 5 章所述；

——双头间距为 200 mm±1 mm 的双头冲孔凿，如图 3 所示；

——准确度为 0.01 mm 的测量卡规，如图 4 所示；

——孔距为 200 mm±1 mm 的校正量规；

——凿孔和测定时能使试片保持平整的夹紧装置。

单位为毫米

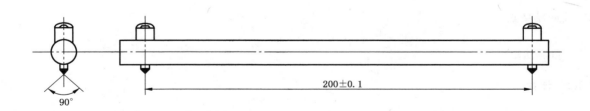

图 3 双头冲孔凿

单位为毫米

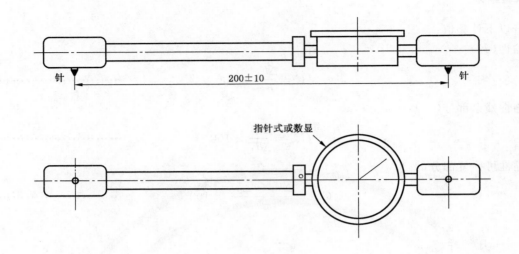

图 4   测定卡规

11.2   试片

应切取六个 50 mm×300 mm 的试片,纵横向各 3 个。

11.3   试验步骤

按 4.1 的规定对试片进行条件处理。按第 13 章的规定测定试片的水分。

把试片放在夹紧装置中夹紧并利用双头冲孔凿沿试片中心线凿出双孔。用测量卡规测定双孔之间的距离,准确至 0.01 mm。

按第 5 章的规定测定试片 3 等分标记处的厚度。

按 4.2 的规定干燥试片。

在干燥器中将试片冷却至室温后,再次测定双孔之间的距离及厚度。

另外,可用测量卡规测定试片的总长度。

11.4   试验结果

通过计算条件处理后的试片干燥前后尺寸之差与干燥前尺寸的百分数,得出试片两个长度方向的收缩及厚度方向的收缩。

分别报告三个方向所有三个计算值,同时报告试片干燥前的水分含量,并取中值作为试验结果。

12   层间粘结性

12.1   目测法

12.1.1   试片

试片应约为 75 mm×75 mm,在切割试片时确保试片上任何部分离材料两边距离不小于 25 mm。

12.1.2   试验步骤

用适当的方法把试片一角剥成厚度相近的两个部分,然后用手将试片完全撕开。

检查撕开后是否有一层或多层破裂或撕裂,或者撕开的表面是否有发毛或成凸凹不平的现象。

12.2 仪器测定法——方法1

12.2.1 试验仪器

用层间粘结性试验机或拉力试验机(见第7章)作为试验仪器,但最好采用有效试验范围为0～10 N的动力驱动摆式试验机。夹具宽度应等于或大于50 mm。此处的特殊要求是试验开始时夹具间距不得大于30 mm。

12.2.2 试片

应切取5个50 mm×200 mm的试片,试片的长向为纸板的横向。按4.1的规定对试片进行条件处理。

12.2.3 试验步骤

首先用手沿50 mm宽的方向将试片剥开,剥开的两头厚度应尽可能相等。为此,可采用锋利的削笔刀。50 mm宽的方向全剥开后,继续沿试片200 mm长的方向剥开约20 mm长,然后把剥开的两头折成与试片长向垂直,将其装入试验机的夹具中,用手托住试片未剥开部分使其成直角状态,然后开机。

为了使试片在拉伸过程中剥开部分与未剥开部分一直保持成直角状态,有必要用手指在剥开点附近轻轻捏住未剥开部分。如果采用摆式试验机,应让摆自由摆动而不采用制动爪。试验机夹具的移动速度为300 mm/min。用机器剥开试片,剥开长度应至少75 mm,记录读数的最大值、最小值和平均值。

12.2.4 试验结果

报告所测得的5个平均值的中值作为试验结果,以N/10 mm宽表示,并报告最大值和最小值。

12.3 仪器测定法——方法2

12.3.1 原理

测定将试片撕成平行于层面的两部分所必需的垂直于层面的力。

12.3.2 试片

在距板边缘不少于25 mm处取出的试样中切下6个30 mm×30 mm的试片,准确至±0.3 mm。试片上应标注纵向和横向。

按4.1的规定对试片进行条件处理。

12.3.3 测试仪器

配备有图5所示专用试验装置的拉力试验机。

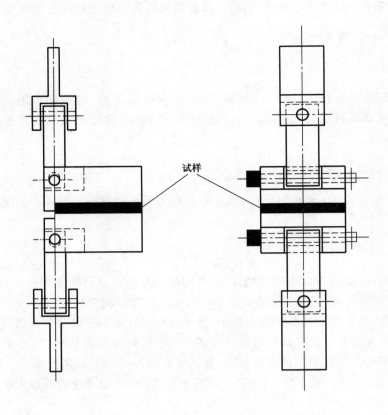

试样

图 5   层间粘合性试验器具

12.3.4　试验步骤

条件处理后的试片从条件处理环境中移出后应立即进行测定。

将一种合适类型的双面胶带粘贴在专用试验装置的两卡爪上,然后将试片完全放入两卡爪中,使其前缘与卡爪的前缘相距 0.5 mm。

将两卡爪放入一压机的压板下,对厚度<0.5 mm 的材料,施加 10 kN 的压力,对厚度≥0.5 mm 的材料,施加 25 kN±1 kN 的压力,保压 3 min～4 min。应在垂直于试片表面的方向施加压力,以确保试片恰当地粘结在专用试验装置的两卡爪上。

在 30 s 内,将装有试片的专用试验装置放入拉力试验机的夹具中并立即启动试验机。试验机驱动夹具的速度应为 5 mm/min～10 mm/min。

三个试验应在试片横向与专用试验装置卡爪的前缘平行的试片上进行,另三个试验应在试片纵向与专用试验装置卡爪的前缘平行的试片上进行。

所施加的最大力值被定义为层间粘结性。

三个先做的试验给出纵向层间粘结性,另三个后做的试验给出横向层间粘结性。

注:双面胶带应当是这样的,即破裂发生试片的层与层之间。这可很容易通过确认裂开后是否至少有一层仍粘结在专用试验装置的任一卡爪上来查验。如果不是这种情况,则该双面胶带就不是所谓的合适类型。

12.3.5　试验结果

报告两个方向的中值作为试验结果,以 N/30 mm 宽表示,并报告全部测得的 3 个值。

13 水分

应按 GB/T 462—2008 测定材料收货状态的水分。

此方法包括称量试片取样时(即干燥前)的质量及干燥至恒量后的质量。干燥应按 4.2 规定进行。

应取 3 个试片,每个试片的质量至少为 20 g,面积至少为 100 cm²。

报告所有 3 个测定值,并取中值作为试验结果。

在有争议的情况下,在交付材料的不同部分,任意抽取 10 个试片进行测试。

14 灰分

应按 GB/T 742—2008 中规定的方法测定材料煅烧后留下的残余量。试片的质量应约为 5 g。应测定 3 次,结果应以残余物占煅烧前干燥材料初始质量的百分数表示,干燥按 4.2 规定进行。

报告所有 3 个测定值,并取中值作为试验结果。

15 水萃取液电导率

15.1 试验仪器

应使用下列试验仪器:

——电导率仪,量程为(0~50)mS/m,准确度为相应量程的±1%;

——电导池,测定范围为(0~50)mS/m;

——带回流冷凝器的 250 mL 广口锥形瓶,由耐酸耐碱玻璃制成。

15.2 试验步骤

应对收货状态的材料进行测定。首先取已在待用锥形瓶中煮沸 60 min±5 min 的水进行空白试验。如果该水的电导率不超过 0.2 mS/m,则该锥形瓶可用。如果电导率超过此值,则该锥形瓶应换用新水重新煮沸。如果重新煮沸后再次试验的电导率仍超过 0.2 mS/m,则应使用另一只锥形瓶。

然后按下列步骤对材料进行试验:

将取自原厚度被试材料、质量约 20 g(但不小于 20 g)的试样切成约 10 mm×10 mm 的试片,并且每个试片的厚度不超过 1 mm。称取 5 g±0.1 g 的试片放入 250 mL 带回流冷凝器的玻璃锥形瓶中,加入 100 mL±0.75 mL 电导率不超过 0.2 mS/m 的水。应将该水缓缓煮沸(60±5)min,然后锥形瓶中冷却至室温。必需采取措施,防止其吸收空气中的二氧化碳。

然后将水萃取液倒入测定容器中,立即测定其电导率。测定容器应先用水萃取液清洗两次。应在 20 ℃±0.5 ℃ 的温度下测定其电导率。若测定仪器具备自动温度补偿的功能,那么测定可在 20 ℃~25 ℃ 下进行,然后应将该值补偿至 20 ℃ 下的值。

应制备并测定 3 份水萃取液。

注:在采样、存放和操作过程中,必需确保用于测定水萃取液电导率和 pH 值的试片和试验器具不被大气尤其是化学试验室的空气或裸手操作所污染。

15.3 试验结果

水萃取液电导率的计算按式(6):

$$\gamma = \gamma_1 - \gamma_0 \qquad\qquad\qquad (6)$$

式中:

γ ——水萃取液电导率的数值，单位为毫西门子每米(mS/m)；

γ_1——测得的水萃取液电导率的数值，单位为毫西门子每米(mS/m)；

γ_0——测得的空白液电导率的数值，单位为毫西门子每米(mS/m)。

报告所有三个计算值，并取中值作为试验结果。

16 水萃取液 pH 值

16.1 试验仪器

应使用下列试验仪器：

——pH 计，灵敏度至少为 0.05 pH 单位。

——pH 电极，能测定低离子浓度水的 pH 值。

——带回流冷凝器的 250 mL 广口锥形瓶，由耐酸耐碱玻璃制成。

16.2 试验步骤

按 15.2 所述制备 3 份水萃取液。

水萃取液倒出后应立即测定，以免过久地暴露在空气中。

用 pH 值在水萃取液 pH 值±2 pH 范围内的缓冲溶液校准 pH 计。将电极从缓冲溶液中取出，先用蒸馏水彻底冲洗数次，然后用少量水萃取液冲洗一次。

将电极浸入未经过滤的水萃取液中，在 20 ℃～25 ℃下测定水萃取液的 pH 值。

注 1：如果水萃取液还要用于测定电导率，则应当在测定 pH 值之前，先从水萃取液中取出测定电导率的试液。这是因为从复合玻璃电极中扩散出的氯化钾会影响测定结果。

注 2：见 15.2 中的注。

16.3 试验结果

报告所有 3 个测定值，并取中值作为试验结果。

17 吸油性

17.1 试片

从被试材料中切下 3 块矩形试片，每块面积不小于 100 cm²。

17.2 试验步骤

将试片悬挂在压力为 1 kPa、温度为 105 ℃±5 ℃的真空箱中 24 h，然后缓慢解除真空，在干燥器中冷却试片并称量每块试片的质量 m_1，准确至 m_1 的 $1/10^4$。

称量之后，应再次将试片悬挂在真空箱内，将温度升至 70 ℃～90 ℃，压力降至 1 kPa 以下。应保持此温度和压力至少 1 h。然后应将符合 IEC 60296:2003 中变压器油要求并已预热至 70 ℃～90 ℃的油以足够慢的速度注入真空箱内的试片中，以确保证压力维持在 1.5 kPa 以内。

当试片被完全淹没时，缓慢解除真空并关闭加热。试片留在油中 6 h 后取出，并用吸油纸吸干余油。称量吸干余油后试片的质量 m_2，并准确至 m_2 的 $1/10^4$。

17.3 试验结果

以被试材料的质量分数表示的吸油性按式(7)计算：

$$w = \frac{m_2 - m_1}{m_1} \times 100\%$$ ....（ 7 ）

式中：

w ——以浸油前试片的质量分数表示的吸油性（%）；

m_1 ——浸油前试片的质量，单位为克（g）；

m_2 ——浸油后试片的质量，单位为克（g）。

18 导电点（仅适用于厚度<0.5 mm 的薄纸板）

按 GB/T 20628.2—2006 中第 26 章的规定进行试验。

19 金属粒子的存在

19.1 化学方法

19.1.1 一般说明

对 19.1.3、19.1.4、19.1.5 所述三种化学方法将仅仅显示黑色颗粒及铜、黄铜和青铜颗粒。

在三种方法中，化学品的纯度至关重要，其质量至少应当是分析纯。

19.1.2 试片

一块边长约 100 mm 的方形试片。

19.1.3 试验步骤——方法 1

将试片完全浸在浓度为 1%（体积）的乙酸溶液中至少 5 min。然后从溶液中取出试片并放在一片无灰滤纸上于无灰尘的空气中烘干。烘干后，将试片再次浸入每升含 1 mL 乙酸和 1 g 亚铁氰化钾的溶液中，5 min 后，取出试片，用蒸馏水冲洗，并在约 50 ℃的烘箱中烘干。

19.1.4 试验步骤——方法 2

用浓度为 10%的盐酸浸渍一薄棉纸垫并将试片放在该垫上，有规则地轻敲试片的两面，以便两面放盐酸均匀润湿。

在无强制空气循环、温度为 105 ℃±2 ℃的烘箱中干燥约 5 min，直至表面干燥。

用浸渍了亚铁氰化钾（50 g/L）的薄绵垫片重复上述操作。

注：本方法常用于快速测定材料表面的金属粒子。

19.1.5 试验步骤——方法 3

将一片约 300 mm×600 mm 或面积相当的试片悬挂在洁净无尘的空气中。

使用一个喷雾器，将已加有 5%高锰酸钾（每 100 mL 加一滴）的 10%硝酸溶液喷洒到试片上。

试片并以相同的方法进一步用 5%的亚铁氰化钾溶液喷洒。

19.1.6 试验结果

检查试片的染色污点情况，不考虑蓝色或红色的模糊区域。蓝点表示有铁存在，而红点则表示有铜、黄铜或青铜存在。

报告试片每面的染色点数量以及它们的颜色。

当检查试片的不同层面时,方法1可以检测嵌埋在材料中的金属粒子。应报告嵌埋粒子的数量和颜色。

> 注1:由于这些方法极其灵敏,故不易从试验中得出结论。仅切割试样就会使试片的边缘和每个曾与铁制工具相接触的点出现蓝色痕迹。
>
> 注2:用于干燥的烘箱应非常干净,否则通风时会将粒子带到试片的表面。
>
> 注3:试样干燥后应立即检测,因为即使在很短的时间内,氰化钾都会与空气中的氧气发生反应,整个试片将因此变成浅蓝色。

19.2 X 射线法

19.2.1 试片

从交付材料上取下一块 A4 尺寸(210 mm×297 mm)或稍大的矩形试片,并用干燥空气吹其两面,以除去粘附在试片表面上的灰尘。

19.2.2 试验仪器

应使用下列器具:

——一台具备可调节辐照时间、电流、电压及放射源与底片间距的 X 射线仪(伦琴电子管),能辐照规定尺寸的试片。

> 注:具有以下特性的 X 射线仪是合适的:
>
> 辐照时间:≥2 min;
>
> 电压:10 kV～110 kV;
>
> 放射源与底片间距离:>600 mm;
>
> 焦点:0.5 mm～0.7 mm;
>
> 极管电流:3 A～5 A。
>
> X 射线仪应符合当地辐射安全法规。

——适用于具有细致纹理和高分辨率的 X 光片。

——只拍摄 X 光照片的合适工具。

——一台能阅读 X 光片的仪器。

19.2.3 试验步骤

将试片直接放在 X 光底片上。调整伦琴电子管的设置(时间、电压、电流),拍下试片的全图(比例1:1)。

> 注:长时间辐照可获得足够高的分辨率。

拍片后,将照片放入阅片机中检查照片上的亮点。

重金属粒子将呈现发光亮点。其他嵌埋粒子(包括铝粒子)在灰白背景下呈现为微亮点。

19.2.4 试验结果

统计发光点的个数并按它们的表观直径分类列表:

——$\phi < 0.1$ mm

——0.1 mm $\leqslant \phi \leqslant 0.25$ mm

——$\phi \geqslant 0.25$ mm

统计其他亮点的个数。

计算各个直径范围(dm^2)内发光亮点的个数并报告这些值。

计算每 dm^2 内其他微亮点的个数并报告这些值。

20 电气强度

20.1 总则

应按 GB/T 1408.1—2006 在 23 ℃±2 ℃的空气和油中进行试验。

20.2 试验仪器

仪器应符合 GB/T 1408.1—2006 中第 8 章的规定。电极应符合 GB/T 1408.1—2006 中 5.1.1.1 的规定,电极的端面应平行且无凹坑或其他缺陷。

20.3 空气中试验用试片

尺寸为 300 mm×300 mm 的试片应按 4.2 进行干燥处理。

干燥结束后,试片应放在干燥器中冷却,并应在取出后的 3 min 内进行试验。

20.4 油中试验用试片

尺寸为 300 mm×300 mm 的试片应悬挂在温度为 105 ℃±5 ℃、压力小于 100 Pa 的真空箱中 24 h。然后应将符合 IEC 60296:2003 中变压器油要求并已预热到 80 ℃±10 ℃的油,以足够慢的速率注入,以确保压力维持在 250 Pa 以内。

当试片完全浸入油中后,缓慢解除真空,让大气压力下,温度为 80 ℃±10 ℃的油中不少于 24 h。然后将试片冷却至 23 ℃±5 ℃,此时试片应完全浸在油中,且电极已就位。

注1:厚度超过 3 mm 的材料应磨削至 3 mm。

注2:浸油后的试片若暴露在空气中,会有气泡吸附在材料表面的风险。

20.5 折叠后试验用试片(仅适用于厚度≤0.5 mm 的薄纸板)

尺寸为 300 mm×300 mm 的试片应按 4.2 进行干燥处理。在距离边缘大约 40 mm 并且与四条边之一相平行的位置各折叠出一条折痕。

折叠方式如下:将试片插至图 6 所示折叠装置的缝隙最深处,用手一侧弯折 90°,然后取出再将另外一侧弯折 90°。

然后将折叠试片放在图 7 所示折叠器的辊筒中,折痕贴着导轨,使试片通过辊筒。接着用手将试片的折痕扳回 360°,再次使试片通过折叠器的辊筒。在试片的所有四个边完成进行上述双向折叠。

试验前将试片展开。

折叠及折叠后的试验应尽快进行。20.3 中"3 min 内"如有必要可以延长,但无论如何试验应在 10 min 内完成。

单位为毫米

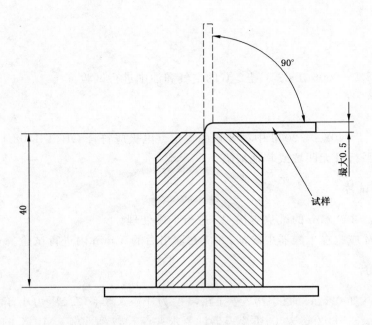

图 6　折叠装置

单位为毫米

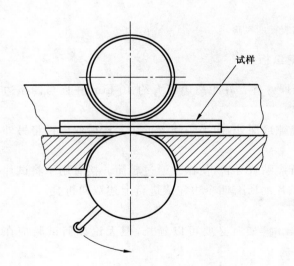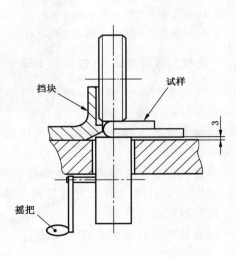

图 7　折叠设备（尺寸见图 2）

20.6　试验次数

空气中试验及油中试验均应进行 9 次。

对折叠后的试验，沿两条纵向折痕各进行 5 次，再沿两条横向各进行 5 次，但应避开纵横向折痕相交的 4 个点。

20.7 试验步骤

应按 GB/T 1408.1—2006 中 10.1 的规定施加电压。

击穿的判定标准见 GB/T 1408.1—2006 中第 11 章。

20.8 试验结果

应按 GB/T 1408.1—2006 中第 13 章的规定报告结果。

以 kV/mm 表示并以测厚度计算的中值作为每组测定的结果,同时报告每组的最小值。对空气中试验和油中试验,9 次测定为一组,对纵向折叠试验和横向折叠试验,10 次测定为一组。

21 对液体介质的污染

21.1 试验器材

应使用下列试验器材:

——电极杯,同 GB/T 5654—2007 中所述;

——存放油用容器,由中性玻璃或硼硅玻璃制成,容积约为 1 L,可在油面上充干燥氮气;

——鼓风烘箱,可控制在 105 ℃±1 ℃;

——干净的金属镊子;

——干燥油,符合 IEC 60296:2003 要求。

21.2 试片

把足量的材料切成厚度小于 1 mm 的小片,其表面积约 1 cm²,并在 105±2 ℃的烘箱中干燥 16 h。应注意在整个操作过程中试片,不被烘箱内粉尘和裸手操作所污染。

21.3 试验步骤

在洁净的存放油用容器中,用干净的金属镊子把 75 cm³ 的试片浸入 750 mL 的油中,在油面上充以干燥氮气,然后把放有油和试片的容器与另一个作为空白试验用的仅仅放有同样油的相同容器一起在 100 ℃±2 ℃下加热 96 h。

加热结束后,降温至 90 ℃±2 ℃,然后在 48 Hz～62 Hz 下分别测定污染油和空白油的介质损耗因数。

21.4 试验结果

报告测得的污染油介质损耗因数与空白油介质损耗因数值之差作为试验结果,同时报告空白油的介质损耗因数值。

附　录　A

（规范性附录）

本部分与 IEC 60641-2:2004 相比的结构变化情况

本部分与 IEC 60641-2:2004 相比在结构上有较多调整,具体章条编号对照情况见表 A.1。

表 A.1　本部分与 IEC 60641-2:2004 的章条编号对照情况

本部分章条编号	对应 IEC 60641 章条编号
1～4	1～4
5	5
5.1	—
5.2	5.1
5.2.1～5.2.3	5.1.1～5.1.3
5.3～5.5	5.2～5.4
6～11	6～11
12	12
12.1～12.2	—
12.3	—
12.3.1～12.3.5	12.1～12.5
13～19	13～19
20	20
20.1	—
20.2～20.8	20.1～20.7
21	—

附　录　B

（规范性附录）

本部分与 IEC 60641-2:2004 技术性差异及其原因

表 B.1 给出了本部分与 IEC 60641-2:2004 的技术性差异及其原因。

表 B.1　本部分与 IEC 60641-2:2004 的技术差异及其原因

本部分章条编号	技术性差异	原因
2	增加了规范性引用文件 GB/T 5591.2—2002 和 GB/T 5654—2007	标准条文中引用了这些文件，按 GB/T 1.1 要求应在"规范性引用文件"一章中列出这些文件
12.1～12.2	增加了层间粘结性"目测法"及"仪器测定法——方法 1"这两种方法，将原有的方法改为"仪器测定法——方法 2"	考虑到我国的国情，增强可操作性
21	增加了"对液体介质的污染"一章	考虑到实际应用的需要，故增加了此项试验方法（与 IEC 60641-2:1979 中第 16 章一致）

ICS 29.035.10
K 15

中华人民共和国国家标准

GB/T 19264.3—2013
代替 GB/T 19264.3—2003

电气用压纸板和薄纸板
第3部分：压纸板

Pressboard and presspaper for electrical purposes—
Part 3：Requirements for pressboard

(IEC 60641-3-1：2008,Pressboard and presspaper for electrical purposes—
Part 3：Specifications for individual materials—Sheet 1：Requirements
for pressboard,types B. 0. 1，B. 0. 3，B. 2. 1，B. 2. 3，B. 3. 1，B. 3. 3，B. 4. 1，
B. 4. 3，B. 5. 1，B. 5. 3and B. 6. 1，MOD)

2013-07-19 发布

2013-12-02 实施

中华人民共和国国家质量监督检验检疫总局
中国国家标准化管理委员会   发 布

前　言

GB/T 19264《电气用压纸板和薄纸板》由下列部分组成：

——第1部分：定义和一般要求；

——第2部分：试验方法；

——第3部分：压纸板；

……。

本部分为 GB/T 19264 的第3部分。

本部分按照 GB/T 1.1—2009 给出的规则起草。

本部分代替 GB/T 19264.3—2003《电工用压纸板和薄纸板规范　第3部分：单项材料规范　第1篇：对 B.0.1、B.2.1、B.2.3、B.3.1、B.3.3、B.4.1、B.4.3、B.5.1、B.6.1 及 B.7.1 型纸板的要求》，与 GB/T 19264.3—2003 相比，除编辑性修改外主要技术变化如下：

——修改了标准名称；

——修改了规范性引用文件并增加了 IEC 60450:2007 及 GB/T 1410—2006；

——修改了表1中的型号命名、说明及表注；

——按照表1中的型号命名将表2～表8修改合并成表2和表3，并修改了部分性能要求和/或试验方法，同时增加了"金属粒子""聚合度""体积电阻率"和"表面电阻率"四项性能要求和试验方法。

本部分使用重新起草法修改采用 IEC 60641-3-1:2008《电气用压纸板和薄纸板　第3部分：单项材料规范　第1篇：对 B.0.1、B.0.3、B.2.1、B.2.3、B.3.1、B.3.3、B.4.1、B.4.3、B.5.1、B.5.3 及 B.6.1 型纸板的要求》。

本部分与 IEC 60641-3-1:2008 的技术性差异如下：

——修改了标准名称；

——增加了规范性引用文件：IEC 60450:2007 及 GB/T 1410—2006；

——修改了表的编号，即将无编号的型号命名表编为表1，将原表1、表2顺延为表2、表3；

——修改了型号命名表（即表1）的表注；

——修改了"层间粘结性"的要求和试验方法；

——增加了"金属粒子""聚合度""体积电阻率""表面电阻率"和"对液体电介质的污染"五项性能要求和试验方法。

本部分由中国电器工业协会提出。

本部分由全国绝缘材料标准化技术委员会（SAC/TC 51）归口。

本部分主要起草单位：桂林电器科学研究院、泰州新源电工器材有限公司。

本部分参加起草单位：常州市英中电气有限公司、湖南广信电工科技股份有限公司、潍坊汇胜绝缘技术有限公司、辽宁兴启电工材料有限责任公司、泰州魏德曼高压绝缘有限公司、南通中菱绝缘材料有限公司、鞍山顺电超高压绝缘材料有限公司。

本部分起草人：马林泉、阎雪梅、宋玉侠、罗传勇、卢国庆、俞英忠、陈佩伟、王兴军、李振环、庄志沂、间传胪、卢春林。

本标准所代替标准的历次版本发布情况为：

——GB/T 19264.3—2003。

电气用压纸板和薄纸板
第3部分：压纸板

1 范围

GB/T 19264 的本部分规定了电气用压纸板的分类与命名、要求。

本部分适用于含有 100% 硫酸盐木浆或硫酸盐木浆和棉的混合物的电气用压纸板。

2 规范性引用文件

下列文件对于本文件的应用是必不可少的。凡是注日期的引用文件，仅注日期的版本适用于本文件。凡是不注日期的引用文件，其最新版本（包括所有的修改单）适用于本文件。

GB/T 1410—2006 固体绝缘材料体积电阻率和表面电阻率试验方法（IEC 60093：1980，IDT）

GB/T 19264.1—2011 电气用压纸板和薄纸板 第1部分：定义和一般要求（IEC 60641-1：2007，MOD）

GB/T 19264.2—2013 电气用压纸板和薄纸板 第2部分：试验方法（IEC 60641-2：2004，MOD）

IEC 60450：2007 新的和老化的纤维素电气绝缘材料粘均聚合度的测量（Measurement of the average viscometric degree of polymerization of new and aged cellulosic electrically insulating materials）

3 分类与命名

根据 GB/T 19264.1—2011，电气用压纸板的型号命名如表1所示。

表 1 电气用压纸板的型号

型 号	组 成	说 明
B.0.1 B.0.3	100% 硫酸盐木浆 硫酸盐木浆和棉的混合物	特高化学纯的压纸板
B.2.1 B.2.3	100% 硫酸盐木浆 硫酸盐木浆和棉的混合物	高化学纯的压纸板
B.3.1 B.3.3	100% 硫酸盐木浆 硫酸盐木浆和棉的混合物	高化学纯、高机械强度、表面具有网纹的刚硬预压纸板
B.4.1 B.4.3	100% 硫酸盐木浆 硫酸盐木浆和棉的混合物	高化学纯、高吸油性、具有成型能力的压纸板
B.5.1 B.5.3	100% 硫酸盐木浆 硫酸盐木浆和棉的混合物	高化学纯和高吸油性的可模制纸板
B.6.1	100% 硫酸盐木浆	干式用途的高密度压纸板
注1：特高密度纸板被列入 B.0.1B 栏（见表2）、B.2.1B 栏（见表2）和 B.6.1B 栏（见表3）。		
注2：高刚性预压纸板被列入 B.3.1A 栏（见表2）；中等刚性和较高挠性预压纸板被列入 B.3.1B 栏（见表2）。		

4 要求

电气用压纸板除了应符合 GB/T 19264.1—2011 中规定的一般要求外，还应符合表2和表3中规定的相应型号的性能要求。

表2 对 B.0、B.2 和 B.3 型压纸板的要求

序号	性能	单位	B.0型 B.0.1A	B.0型 B.0.1B	B.0型 B.0.3	B.2型 B.2.1A	B.2型 B.2.1B	B.2型 B.2.3	B.3型 B.3.1A	B.3型 B.3.1B	B.3型 B.3.3	试验方法（GB/T 19264.2—2013中章条号）
1	厚度（个别测量值对标称值的最大偏差） ≤1.6 mm 1.6 mm<d≤3.0 mm >3.0 mm	%	±7.5 ±5.0 ±4.0	±7.5 ±5.0 ±4.0	±7.5 ±5.0 ±4.0	±7.5 ±5.0 ±4.0	±7.5 ±5.0 ±4.0	±7.5 ±5.0 ±4.0	±7.5 ±5.0 ±4.0	±7.5 ±5.0 ±4.0	±7.5 ±5.0 ±4.0	5
2	表观密度 ≤1.6 mm 1.6 mm<d≤3.0 mm >3.0 mm	g/cm³	1.00~1.20 1.00~1.20 1.00~1.20	1.20~1.30 1.20~1.30 1.20~1.30	1.00~1.20 1.00~1.20 1.00~1.20	1.00~1.20 1.00~1.20 1.00~1.20	1.20~1.30 1.20~1.30 1.20~1.30	1.00~1.20 1.00~1.20 1.00~1.20	1.00~1.20 1.10~1.25 1.15~1.30	0.95~1.15 1.05~1.20 1.10~1.25	0.95~1.15 1.05~1.20 1.10~1.25	6
3	拉伸强度 ——纵向 ≤1.6 mm 1.6 mm<d≤3.0 mm >3.0 mm ——横向 ≤1.6 mm 1.6 mm<d≤3.0 mm >3.0 mm	MPa	≥80 ≥80 ≥80 ≥55 ≥55 ≥55	≥90 ≥90 ≥90 ≥60 ≥60 ≥60	≥60 ≥60 ≥60 ≥40 ≥40 ≥40	≥80 ≥80 ≥80 ≥55 ≥55 ≥55	≥90 ≥90 ≥90 ≥60 ≥60 ≥60	≥60 ≥60 ≥60 ≥40 ≥40 ≥40	≥105 ≥110 ≥115 ≥80 ≥85 ≥90	≥80 ≥85 ≥90 ≥45 ≥50 ≥55	≥80 ≥85 ≥90 ≥45 ≥50 ≥55	7
4	伸长率 ——纵向 ——横向	%	≥6.0 ≥8.0	≥6.0 ≥8.0	≥6.0 ≥8.0	≥6.0 ≥8.0	≥6.0 ≥8.0	≥6.0 ≥8.0	≥3.0 ≥4.0	≥3.5 ≥4.5	≥2.0 ≥3.0	7

要求

表 2（续）

序号	性能	单位	要求									试验方法（GB/T 19264.2—2013中章条号）
			B.0型			B.2型			B.3型			
			B.0.1A	B.0.1B	B.0.3	B.2.1A	B.2.1B	B.2.3	B.3.1A	B.3.1B	B.3.3	
5	压缩性 C ≤1.6 mm 1.6 mm<d≤3.0 mm 3.0mm<d≤6.0 mm >6.0 mm	%	— 	— 	— 	— 	— 	— 	≤10.0 ≤7.5 ≤5.0 ≤4.0	≤11.0 ≤7.5 ≤5.0 ≤4.5	≤11.0 ≤7.5 ≤5.0 ≤5.0	10
6	压缩性可回复部分 C_{rev} ≤1.6 mm 1.6 mm<d≤3.0 mm 3.0 mm<d≤6.0 mm >6.0 mm	%	— 	— 	— 	— 	— 	— 	≥45 ≥50 ≥50 ≥50	≥45 ≥50 ≥50 ≥55	≥45 ≥50 ≥50 ≥55	10
7	收缩率 ——纵向 ——横向 ——厚度	%	≤0.8 ≤1.2 ≤6.0	≤0.8 ≤1.2 ≤6.0	≤0.8 ≤1.2 ≤6.0	≤0.8 ≤1.2 ≤6.0	≤0.8 ≤1.2 ≤6.0	≤0.8 ≤1.2 ≤6.0	≤0.4 ≤0.6 ≤4.5	≤0.6 ≤0.8 ≤5.0	≤0.5 ≤0.7 ≤6.0	11
8	层间黏结性	—	撕开后应有一层或多层破裂并具有明显粗糙或发毛现象									12.1
9	水分	%	≤8	≤8	≤8	≤8	≤8	≤8	≤6	≤6	≤6	13
10	灰分	%	≤0.7	≤0.7	≤0.7	≤0.7	≤0.7	≤0.7	≤0.5	≤0.6	≤0.7	14
11	水苯取液电导率 ≤1.6 mm 1.6 mm<d≤3.0 mm 3.0 mm<d≤6.0 mm >6.0 mm	mS/m	≤6.0 ≤6.0 ≤6.0 ≤6.0	≤6.0 ≤6.0 ≤6.0 ≤6.0	≤5.0 ≤5.0 ≤5.0 ≤5.0	≤8.0 ≤8.0 ≤8.0 ≤8.0	≤8.0 ≤8.0 ≤8.0 ≤8.0	≤7.0 ≤7.0 ≤7.0 ≤7.0	≤4.5 ≤5.5 ≤7.5 ≤9.5	≤5.0 ≤6.0 ≤8.0 ≤10.0	4.0 5.0 7.0 9.0	15

表 2（续）

序号	性能	单位	要求 B.0型 B.0.1A	要求 B.0型 B.0.1B	要求 B.0型 B.0.3	要求 B.2型 B.2.1A	要求 B.2型 B.2.1B	要求 B.2型 B.2.3	要求 B.3型 B.3.1A	要求 B.3型 B.3.1B	要求 B.3型 B.3.3	试验方法（GB/T 19264.2—2013中章条号）
12	水萃取液 pH 值	—	6~9	6~9	6~9	6~9	6~9	6~9	6~9	6~9	6~9	16
13	吸油性 ≤1.6 mm 1.6 mm<d≤3.0 mm 3.0 mm<d≤6.0 mm >6.0 mm	%	≥13 ≥13 ≥13 ≥13	≥6 ≥6 ≥6 ≥6	≥13 ≥13 ≥13 ≥13	≥13 ≥13 ≥13 ≥13	≥6 ≥6 ≥6 ≥6	≥13 ≥13 ≥13 ≥13	≥11 ≥9 ≥7 ≥6	≥13 ≥11 ≥9 ≥8	≥15 ≥12 ≥10 ≥7	17
14	金属粒子 <0.10 mm 0.10 mm≤d≤0.25 mm d>0.25 mm	个/dm²	—	—	—	—	—	—	≤4 ≤1 0	≤4 ≤1 0	≤4 ≤1 0	19.2（X 光机的分辨率 ≥48 Lp/cm）
15	电气强度 ——空气中 ——油中 ≤1.6 mm 1.6 mm<d≤3.0 mm >3.0 mm	kV/mm	≥12 ≥40 ≥30 ≥30	≥12 ≥40 ≥30 ≥30	≥12 ≥40 ≥30 ≥30	≥12 ≥40 ≥30 ≥30	≥12 ≥40 ≥30 ≥30	≥12 ≥40 ≥30 ≥30	≥12 ≥45 ≥40 ≥35	≥12 ≥40 ≥38 ≥35	≥12 ≥45 ≥40 ≥35	20
16	对液体电介质的污染（损耗因数增加值）	—	—	—	—	—	—	—	≤1.0×10⁻⁴	≤1.0×10⁻⁴	≤1.0×10⁻⁴	21

表 2（续）

序号	性能	单位	要求									试验方法（GB/T 19264.2—2013中章条号）
			B.0型			B.2型			B.3型			
			B.0.1A	B.0.1B	B.0.3	B.2.1A	B.2.1B	B.2.3	B.3.1A	B.3.1B	B.3.3	
17	聚合度	—	≥1 000	≥1 000	≥1 000	≥1 000	≥1 000	≥1 000	≥1 200	≥1 150	≥1 100	IEC 60450:2007
18	体积电阻率 ——空气中 ——油中	$\Omega \cdot m$	—	—	—	—	—	—	$\geq 1.0 \times 10^{12}$ $\geq 1.0 \times 10^{13}$	$\geq 1.0 \times 10^{12}$ $\geq 1.0 \times 10^{13}$	$\geq 1.0 \times 10^{12}$ $\geq 1.0 \times 10^{13}$	GB/T 1410—2006，试样不去网纹，不贴电极材料，干燥处理及真空浸油程序同第15序"电气强度"
19	表面电阻率 ——空气中 ——油中	Ω	—	—	—	—	—	—	$\geq 1.0 \times 10^{13}$ $\geq 1.0 \times 10^{14}$	$\geq 1.0 \times 10^{13}$ $\geq 1.0 \times 10^{14}$	$\geq 1.0 \times 10^{13}$ $\geq 1.0 \times 10^{14}$	序同第15项"电气强度"

表3 对 B.4、B.5 和 B.6 型压纸板的要求

序号	性能		单位	B.4型		B.5型		B.6型		试验方法（GB/T 19264.2—2013 中章条号）
				B.4.1	B.4.3	B.5.1	B.5.3	B.6.1A	B.6.1B	
1	厚度（个别测量值对标称值的最大偏差）	≤1.6 mm	%	±7.5	≤±7.5	≤±7.5	≤±7.5	≤±7.5	≤±7.5	5
		>1.6 mm		±5.0	≤±5.0	≤±5.0	≤±5.0	≤±5.0	≤±5.0	
2	表观密度		g/cm³	0.85~1.10	0.85~1.05	0.75~0.95	0.75~0.95	1.2~1.3	1.2~1.35	6
3	拉伸强度	——纵向	MPa	≥55	≥50	≥50	≥45	≥50	≥90	7
		——横向		≥40	≥35	≥40	≥35	≥40	≥60	
4	伸长率	——纵向	%	≥7.0	≥5.5	≥6.0	≥5.5	≥5.5	≥6.0	7
		——横向		≥8.0	≥7.5	≥8.0	≥7.5	≥8.0	≥8.0	
5	收缩率	——纵向	%	≤1.0	≤1.0	≤1.0	≤1.0	≤0.8	≤0.8	11
		——横向		≤1.5	≤1.5	≤1.5	≤1.5	≤1.2	≤1.2	
		——厚度		≤6.0	≤6.0	≤6.0	≤6.0	≤6.0	≤6.0	
6	层间粘结性		—	撕开后应有一层或多层破裂并具有明显粗糙或发毛现象						12.1
7	水分		%	≤8	≤8	≤8	≤8	≤8	≤8	13
8	灰分		%	≤0.5	≤0.7	≤0.7	≤0.7	≤2.0	≤2.0	14
9	水萃取液电导率		mS/m	≤8	≤7	≤8	≤7	≤20	≤20	15

表 3 (续)

序号	性 能	单位	要 求								试验方法 (GB/T 19264.2 —2013 中章条号)
			B.4 型		B.5 型			B.6 型			
			B.4.1	B.4.3	B.5.1	B.5.3		B.6.1A	B.6.1B		
10	水萃取液 pH 值	—	6.0~9.0	6.0~9.0	6.0~9.0	6.0~9.0		6.0~9.0	6.0~9.0		16
11	吸油性	%	≥18	≥20	≥25	≥25		—	—		17
12	电气强度 ——空气中 ——油中 ≤1.6 mm >1.6 mm	kV/mm	≥9 ≥40 ≥35	≥9 ≥35 ≥30	≥9 ≥40 ≥35	≥9 ≥30 ≥25		≥11 — —	≥12 — —		20
13	聚合度	—	≥1 100	≥1 100	≥1 100	≥1 100		≥1 100	≥1 100		IEC 60450:2007

ICS 29.035.10
K 15

中华人民共和国国家标准

GB/T 20628.1—2006

电气用纤维素纸

第 1 部分：定义和一般要求

Specification for cellulosic papers for electrical purposes—
Part 1:Definitions and general requirements

(IEC 60554-1:1977,MOD)

2006-11-09 发布　　　　　　　　　　　　2007-04-01 实施

中华人民共和国国家质量监督检验检疫总局
中国国家标准化管理委员会　发 布

前　言

GB/T 20628《电气用纤维素纸》目前包括 3 个部分：

——第 1 部分：定义和一般要求；

——第 2 部分：试验方法；

——第 3 部分：单项材料规范。

本部分为 GB/T 20628《电气用纤维素纸》的第 1 部分。

本部分修改采用 IEC 60554-1：1977《电气用纤维素纸　第 1 部分：定义和一般要求》及其修正（No1，1983）（英文版），并将修正内容编入本部分。

本部分与 IEC 60554-1：1977 相比，存在以下技术差异：

a)　增加了命名示例；

b)　在 6.1 中，增加了 80 μm、130 μm、170 μm 三种厚度规格；

c)　增加了条款"7.1　包装与防护"及内容；

d)　增加了条款"7.2　标识"及内容；

e)　在附录 A 中列出了本部分章条编号与 IEC 60554-1：1977 章条编号的对照一览表。

为便于使用，本部分做了下列编辑性修改：

a)　删除了 IEC 60554-1：1977 的前言和引言；

b)　增加了规范性引用文件的条款、导语及引用标准。

本部分的附录 A 为资料性附录。

本部分由中国电器工业协会提出。

本部分由全国绝缘材料标准化技术委员会(SAC/TC 51)归口。

本部分起草单位：桂林电器科学研究所、四川瑞松纸业有限公司。

本部分主要起草人：李学敏、朱晓红。

本部分为首次发布。

电气用纤维素纸
第1部分:定义和一般要求

1 范围

本部分规定了电气用纤维素纸的定义及一般要求。

本部分适用于电气用纤维素纸。

2 规范性引用文件

下列文件中的条款通过 GB/T 20628 的本部分的引用而成为本部分的条款。凡是注日期的引用文件,其随后所有的修改单(不包括勘误的内容)或修订版均不适用于本部分。然而,鼓励根据本部分达成协议的各方研究是否可使用这些文件的最新版本。凡是不注日期的引用文件,其最新版本适用于本部分。

GB/T 4687—1984 纸、纸板、纸浆的术语 第一部分(neq ISO 4046:1978)

3 定义

3.1

绝缘牛皮纸 kraft insulating paper

完全由硫酸盐法制取的软木纸浆制造的一类纸。

3.2

防油纸 greaseproof paper

见 GB/T 4687—1984 的 6.92。

3.3

日本薄纸 japanese tissue paper

一种定量小、具有纤维长,纵向拉伸强度比横向拉伸强度大得多的特征的纸。

3.4

马尼拉纸 manila paper

由马尼拉麻纤维制造的一类纸。

3.5

混合马尼拉/牛皮纸 manila/kraft mixture paper

由马尼拉麻纤维加上硫酸盐法制取的牛皮纸的软木纸浆(混合)制造的一类纸。

3.6

电容器(牛皮)纸 (kraft)capacitor tissue

一种轻质的,完全由硫酸盐法制取的软木纸浆制造的纸。纸浆要充分洗涤以尽可能除去在制造中使用的化学物质。

3.7

电解电容器纸 electrolytic capacitor paper

在电解电容器中用于隔离电极和吸纳电解质的一类纸。

3.8

透气度 air permeability

在规定的试验条件下,由单位面积和纸的两面单位压力差,计算单位时间内通过纸的空气量(体积)。

3.9

紧度 apparent density

由定量和层积厚度计算出来的单位体积纸的重量。

［见 GB/T 4687—1984 的 7.43］

3.10

裂断长 breaking length

宽度一致的纸条本身重量将纸断裂时所需要的长度,它是由抗张强度和恒湿后的试样定量计算出来的。

［见 GB/T 4687—1984 的 7.39］

3.11

耐破度 bursting strength

纸或纸板在单位面积上所能承受的均匀增大的最大压力。

［见 GB/T 4687—1984 的 7.36］

3.12

中值 central value

当试验结果按大小排列时,中值就是奇数个试验结果的中间值或偶数个试验结果的中间两个数据的平均值。

3.13

起皱 creping

为了提高纸的伸层性及柔软性,使其产生皱纹的操作。

［见 GB/T 4687—1984 的 5.23］

3.14

皱纹纸 crepe paper

经过起皱的纸。

［见 GB/T 4687—1984 的 6.49］

3.15

上光 glazed

用适当的干燥方法或机械方法而得到的光泽表面。

3.16

定量 grammage

见 GB/T 4678—1984 的 7.3。

4 命名与分类

电气用纤维素纸以下述命名方法予以识别:

用纸的类别数字代号、分类的数字代号、典型特性的数字代号及字母符号予以识别,见表1和表2。

示例1:绝缘牛皮纸

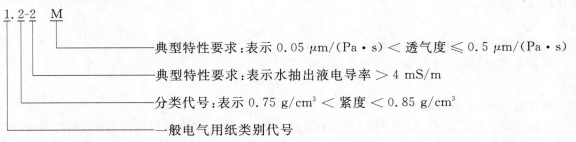

示例2:皱纹纸

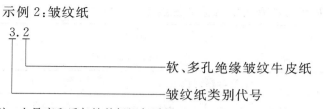

3.2 ——————————————— 软、多孔绝缘皱纹牛皮纸

————————————————————————— 皱纹纸类别代号

注:电导率和透气性的标识仅适用于1.1型～1.4型绝缘牛皮纸。

5 一般要求

任何一次交付的全部材料,应均匀一致,且纸的表面应无可能影响其使用的缺陷(如针孔、杂质等缺陷)。

表 1 电气用绝缘纸的命名与分类

类　别	型　号	
	分类代号	名称及要求
1 类 一般电气用纸	1.1	绝缘牛皮纸 紧度≤0.75 g/cm³
	1.2	绝缘牛皮纸 0.75 g/cm³＜紧度≤0.85 g/cm³
	1.3	绝缘牛皮纸 0.85 g/cm³＜紧度≤0.95 g/cm³
	1.4	绝缘牛皮纸 紧度＞0.95 g/cm³
	1.5	防油纸
	1.6	日本薄纸
	1.7	马尼拉纸
	1.8	混合马尼拉/牛皮纸
	1.9	特殊纸
2 类 电容器(牛皮)纸	2.1	电容器(牛皮)纸
	2.2	高可靠性电容器(牛皮)纸
	2.3	低损耗电容器(牛皮)纸
	2.4	高可靠性、低损耗电容器(牛皮)纸
3 类 皱纹纸	3.1	硬、吸收较差的绝缘皱纹牛皮纸
	3.2	软、多孔绝缘皱纹牛皮纸
4 类 电解电容器纸	4.1	长纤维吸收性隔离体用纸
	4.2	短纤维吸收性隔离体用纸
	4.3	非吸性用纸
注:表1规定的参数是对造纸的基本性能要求,与这些参数相关的电气性能将在单项材料规范中规定。		

表 2　对绝缘牛皮纸分类命名的其他特性要求

水抽出物电导率/mS/m		透气度/μm/(Pa·s)	
数字标识代号	要　　求	字母标识代号	要　　求
−1	<4	L	≤0.05
		M	0.05～0.5(含0.5)
−2	>4	H	>0.5

6　厚度

除非另有规定或供需双方商定的厚度外,推荐标称厚度(μm)为:

6.1　一般电气用纸为:15、20、25、50、65、75、80、100、125、130、160、170、200、250;

6.2　电容器(牛皮)纸为:5、6、7、7.5、8、9、10、12、15、18、20、25、30;

6.3　电解电容器纸,型号4.1和型号4.2为:30、45、60、75、90;型号4.3为:10、12、15。

7　供货条件

7.1　包装与防护

纸应包装在能确保其在运输、装卸及贮存过程中得到充分保护的包装物内。

7.2　标识

每一包装箱应标识下列内容:

——本标准号;

——产品型号;

——生产批号;

——纸的厚度;

——纸卷的外径和宽度;

——纸卷的质量;

——制造日期。

附　录　A

（资料性附录）

本部分章条编号与 IEC 60554-1:1977 章条编号对照

表 A.1 给出了本部分章条编号与 IEC 60554-1:1977 章条编号对照一览表。

表 A.1　本部分章条编号与 IEC 60554-1:1977 章条编号对照

本部分章条编号	对应的国际标准章条编号
1	1
2	—
3.1～3.16	2
4	3
5	4
6.1～6.3	5
7.1～7.2	6

ICS 29.035.10
K 15

GB/T 20628.2—2006

中华人民共和国国家标准

电气用纤维素纸
第2部分:试验方法

Cellulosic papers for electrical purposes—
Part 2: Methods of test

(IEC 60554-2:2001,MOD)

2006-11-09 发布

2007-04-01 实施

中华人民共和国国家质量监督检验检疫总局
中国国家标准化管理委员会 发布

前　言

GB/T 20628《电气用纤维素纸》目前包括 3 个部分：

——第 1 部分：定义和一般要求

——第 2 部分：试验方法

——第 3 部分：单项材料规范

本部分为 GB/T 20628 的第 2 部分。

本部分修改采用 IEC 60554-2:2001《电气用纤维素纸　第 2 部分：试验方法》。在涉及到修改的条款页边空白处用垂直单线标识，在附录 A 中列出了本部分章条编号与 IEC 60554-2:2001 章条编号的对照一览表。

本部分与 IEC 60554-2:2001 相比，存在如下技术差异：

a)　删除了 IEC 60554-2:2001 的前言；

b)　由于 IEC 60554-2:2001 存在层次上的前后不统一、表述上不一致和印刷错误，如无统一公式编号、图号顺序与章条顺序不一致，标题与内容相矛盾等。因此，本部分参照 IEC 60554-2:2001 重新编写；

c)　更正了 IEC 60554-2:2001 技术方面的错误，如：引用标准中 ISO 9964-3:1993《水质　钠和钾的测定　第 3 部分：火焰发射光谱法测定钠和钾》，而在相应的第 20 章中为"火焰原子吸收分光光度法"；在第 21 章增加了透气度单位 m/(Pa·s)；

d)　在引用标准中，对于有与国际标准对应的国家标准的情况，均采用国家标准替代，同时增加了 GB/T 1408.2—2006《绝缘材料电气强度　第 2 部分：对直流试验的附加要求》、GB/T 5591.2—2002《电气柔软复合材料　第 2 部分：试验方法》和 GB/T 20628.1—2006《电气用纤维素纸　第 1 部分：定义和一般要求》三个引用标准，从而简化本部分；另外删除了边缘撕裂夹具示图（GB/T 5591.2—2002 有此图）；

e)　增加了资料性附录 A。

本部分由中国电器工业协会提出。

本部分由全国绝缘材料标准化技术委员会（SAC/TC 51）归口。

本部分起草单位：桂林电器科学研究所、四川乐山瑞松纸业有限公司。

本部分主要起草人：李学敏、朱晓红、赵莹、于龙英。

本部分首次制定。

电气用纤维素纸
第2部分:试验方法

1 范围

本部分规定了电气用纤维素纸的试验方法。
本部分适用于电气用纤维素纸。

2 规范性引用文件

下列文件中的条款通过 GB/T 20628 的本部分的引用而成为本部分的条款。凡是注日期的引用文件,其随后所有的修改单(不包括勘误的内容)或修订版均不适用于本部分,然而,鼓励根据本部分达成协议的各方研究是否可使用这些文件的最新版本。凡是不注日期的引用文件,其最新版本适用于本部分。

GB/T 451.2—2003 纸和纸板定量的测定(ISO 536:1995,IDT)

GB/T 451.3—2002 纸和纸板厚度的测定(ISO 534:1988,IDT)

GB/T 453—2002 纸和纸板抗张强度的测定法(恒速加荷法)(idt ISO 1924-1:1992)

GB/T 454—2002 纸耐破度的测定(idt ISO 2758:2001)

GB/T 455—2002 纸和纸板撕裂度的测定(eqv ISO 1974:1990)

GB/T 462—2003 纸和纸板 水分的测定(ISO 287:1985,MOD)

GB/T 463—1989 纸和纸板 灰分的测定(neq ISO 2144:1983)

GB/T 1408.1—2006 绝缘材料电气强度试验方法 第1部分:工频下试验(IEC 60243-1:1998,IDT)

GB/T 1408.2—2006 绝缘材料电气强度试验方法 第2部分:对应用直流试验的附加要求(IEC 60243-2:2001,IDT)

GB/T 1409—* 测量电气绝缘材料在工频、音频、高频(包括米波波长在内)下介电常数和介质损耗因数推荐方法(IEC 60250:1969,MOD)

GB/T 1540—2002 纸和纸板吸水性测定(可勃法)(ISO 535:1991,NEQ)

GB/T 5591.2—2002 电气绝缘用柔软复合材料 第2部分:试验方法(IEC 60626-2:1995,MOD)

GB/T 5654—1985 液体绝缘材料相对介电常数、介质损耗因数和体积电阻率的测量(neq IEC 60247:1978)

GB/T 11026(系列标准) 电气绝缘材料 耐热性(IEC 60216,IDT)

GB/T 11904—1989 水质 钾和钠的测定 火焰原子吸收分光光度法

GB/T 12914—1991 纸和纸板抗张强度的测定法(恒速拉伸法)(eqv ISO 1924-2:1985)

GB/T 20628.1—2006 电气用纤维素纸 第1部分:定义和一般要求(IEC 60554-1:1977,MOD)

IEC 60296:2003 变压器和开关用的未使用过的矿物油规范

IEC 60450:1974 电工用新纸和老化纸的粘均聚合度的测量

IEC 60554-3 电气用纤维素纸 第3部分:单项材料规范

3 定义

下列定义适用于本部分。

---

* 本标准出版时,修改采用 IEC 60250:1969 的最新国家标准 GB/T 1409 正在报批过程中。

3.1

样品　specimen

从选定的包装单元中抽出的一卷或一张纸样,按规定尺寸将其裁切成矩形的纸。

3.2

试样　test piece

按试验方法在其上进行每一单项测定的纸样。它可以取自一个样品,在某些情况下,它可以是样品本身。

3.3

透气度　Air permeability

见 GB/T 20628.1—2006 的 3.8。

4　关于试验的总说明

除另有规定外,裁好后的样品应在温度为(23±2)℃和相对湿度为(50±5)%的条件下处理不少于16 h。并在该条件下,从样品上裁切试样并进行试验。

在有争议情况下,条件处理的温度为(23±1)℃和相对湿度为(50±2)%,且试样接近完全干燥状态(经 70℃下干燥到水分小于 4%之后)。

除另有规定外,样品数量应为 3 个。

除另有规定外,应取测量值的中值作为结果并报告最大值和最小值。

5　厚度

除下述不同外,厚度测量应按 GB/T 451.3—2002 规定进行。

5.1　单张纸的厚度测定

a)　原理

本方法是应用精密表盘式测厚仪,在施加(100±10) kPa 静负荷压力下测量单张纸的厚度。

b)　特别说明

试验应在 3 个试样上进行,每个试样上作 1 组 5 次测量:在试样的每一角部和中央各测量 1 次,结果以微米(μm)表示。

当需要测定沿着宽度方向的厚度以便确定宽度方向的厚度变化时,按 IEC 60554-3 相应的单项材料规范的规定进行。

5.2　纸的平均厚度测定

a)　原理

本方法是应用精密表盘式测厚仪在施加(100±10) kPa 静负荷压力下测量最少由 5 张纸组成的叠层厚度。

b)　特别说明

试验应在三个试样上进行,每个试样最少由 5 张纸样组成,每张纸样尺寸为 250 mm×250 mm 并应从同一个单张样品上切取,每个试样上作一组 5 次测量:在试样的每一角部和中央各测量 1 次。结果以微米(μm)表示。

当宽度小于 250 mm 时,应在 400 mm 长的样品上以大致等间隔方法进行 5 次测量。

试验结果以单张纸厚度表示,单位为微米(μm)。

当需要测定沿着宽度方向的厚度以确定宽度方向的厚度变化时,按 IEC 60554-3 相应的单项材料规范的规定进行。

6　定量(每平方米质量,基重或标重)

a)　原理

测量每一试样的面积和质量,并计算以克为单位表示的每平方米的质量值(g/m²)。

b) 特别说明

除下述不同外,纸的定量应按 GB/T 451.2—2003 规定进行。

试验应在 3 个试样上进行,每个试样作一次测定。质量测定时试样的面积应不小于 500 cm²,质量测量准确度为 0.5%。

当需要测定沿着宽度方向的定量以确定宽度方向的定量变化时,按 IEC 60554-3 相应的单项材料规范的规定进行。

7 表观密度

按第 5 章和第 6 章测定 3 个试样的厚度和定量,计算每一个试样的表观密度,以克每立方厘米(g/cm³)表示。

8 拉伸强度和伸长率

a) 原理

在标准试验条件下,测定施加于尺寸为 15 mm×250 mm 试样上并使试样破坏所需要的力。

b) 除下述不同外,拉伸强度和伸长率应按 GB/T 453—2002 或 GB/T 12914—1991 规定进行(由 IEC 60554-3 相应的单项材料规范规定采用何种方法)。

分别沿纵向和横向各切取 9 个试样进行试验;

以每一方向的测量值的中值作为结果,并报告每一方向的最大值和最小值;

若有要求,结果也可用以米为单位的断裂长表示,修约到 100 m。

9 内撕裂度

a) 原理

采用具有单一切口的矩形试样,供撕裂试验的剩余长度为 43 mm,测量撕裂该切口剩余长度所需要的能量。

b) 特别说明

除下述不同外,纸的内撕裂度应按 GB/T 455—2002 规定进行。

使用单口撕裂仪,分别沿纵向和横向各切取 9 个试样进行试验。

10 边缘撕裂度

按 GB/T 5591.2—2002 第 8 章规定进行。

11 耐破度

a) 原理

放置试样,使其与圆形弹性胶膜接触,再稳固地将其周围夹紧,但可以自由地随胶膜鼓起。用泵以恒定速率将液压流体注入,使胶膜鼓起直至试样破裂,试样的耐破度就是所施加液压压力的最大值。

b) 特别说明

耐破度应按 GB/T 454—2002 规定进行,试样条件处理应按第 4 章规定进行。

12 耐折度

12.1 试验仪器

肖伯尔型(Schopper)耐折度测定仪。

12.2 试样

分别沿纸的纵向和横向各切取 9 个 15 mm 宽的试样。

12.3 程序

把试样夹持于两夹具内,对于厚度 0.03 mm 及以下的试样施加 5 N 拉力,对于厚度 0.03 mm 以上的试样,施加 10 N 拉力。应用厚度为 0.5 mm、曲率半径为 0.25 mm 的平板折头,以每分钟 100 次至 200 次的往复折叠次数的速度测定纸经受往复折叠的最大次数。

12.4 结果

结果以每个方向测得的折叠次数的中值作为试验结果,取两位有效数字,并报告最大值和最小值。

13 水分

按 GB/T 462—2003 的规定进行,在供货状态下测定 3 个试样的水分,结果应以水分占原始质量的百分数表示。

14 灰分

按 GB/T 463—1989 的规定进行,测定 3 个试样烧尽后留下的残渣的量,结果应以残渣占烘干后试样质量的百分数表示。

15 水抽出液电导率

15.1 试验仪器

——已知池常数为 K 的电导率池;

——在 50 Hz～3 000 Hz 频率范围内能测量电导最小读数 1 μS,准确度为 5% 的电导或导纳测量仪器;

——由耐酸碱玻璃制成的带有回流冷凝器的 250 cm³ 广口锥形瓶。

15.2 程序

测定是在收货状态的材料上进行的,在三个抽出液的每一个上测量一次。首先,应在准备使用的锥形瓶中煮沸(60±5) min 的水进行空白试验。如果该水的电导率不大于 200 μS/m,则该锥形瓶可以使用;如果电导率大于 200 μS/m,该锥形瓶应该改用新鲜的水再次煮沸。如果第二次的电导率还是超过 200 μS/m,则应改用其他的锥形瓶。

然后按下述程序对纸进行试验:

把质量约 20 g 的试样切成约 10 mm×10 mm 的纸片。称取约 5 g 放入 250 cm³ 带有回流冷凝器的玻璃锥形瓶内,加入约 100 cm³ 具有电导率不大于 200 μS/m 的水,经和缓地煮沸(60±5) min,然后在锥形瓶中冷却至室温。此时,需要采取措施防止从空气中吸收二氧化碳。

然后将该抽出液倒入电导率测量池内,立即进行测量(用该水抽出液冲洗两次测量池),测量电导率应在(23.0±0.5)℃下进行。

注 1:可按第 17 章方法进行抽提,但在 100 cm³ 水中使用 5 g 样。

注 2:在拿取、存放和操作过程中,必须确保准备用于测量水抽出液电导率、pH 值、氯含量的样品和供试验用试样不被大气,特别是化学试验室的大气污染,也不被裸手操作所污染。

15.3 计算

按下式计算抽出溶液的电导率:

$$Y_1 = k(G_1 - G_2) \quad\quad\quad\quad\quad\quad\cdots\cdots\cdots\cdots\cdots\cdots (1)$$

式中:

Y_1——抽出物电导率,单位为 微西每米(μS/m);

K——电导池常数,单位为每米(m⁻¹);

G_1——抽出物溶液的电导,单位为微西(μS);

G_2——空白试验的电导,单位为微西(μS)。

15.4 结果

按第 4 章规定。

16 水抽出液 pH 值

16.1 试验仪器

——带有玻璃和甘汞电极的 pH 计,灵敏度至少为 0.05 pH 单位;

——耐酸碱玻璃制成的 250 cm³ 广口锥形瓶。

16.2 程序

三个抽出液分别进行一次测量。

按 15.2 所述制备抽出液。

为避免不必要地暴露于大气,仅当立即使用时才将抽出液倒出。用缓冲溶液校准 pH 计,该缓冲液 pH 值应在抽出液 pH 值的±2 pH 单位内。从缓冲溶液中取出电极,用蒸馏水将其彻底冲洗几次,再用少量抽出液冲洗一次。

把电极浸入未经过滤的抽出液,在(23±2)℃下测量抽出液的 pH 值。

注 1:如果该抽出液要用作测定电导率,则在 pH 测定之前,先把用作测定电导率的样品从水抽出液中取出。这是因为从甘汞电极扩散出来的氯化钾,会对结果造成影响。

注 2:见 15.2 的注 2。

16.3 结果

按第 4 章规定。

17 水抽出液的氯含量

17.1 方法 1

17.1.1 预防措施

本试验用的所有仪器应严格认真地清洗。建议所有锥形瓶、烧杯以及漏斗,经正常清洗和冲洗后,再在去离子水中煮沸。操作仪器时最好用不锈钢夹子,制备试样用的镊子和剪子应由不锈钢制成并按上述方法保持洁净。

注:见 15.2 的注 2。

17.1.2 试验仪器

——能测出(0～300) mV 直流电压的测量仪器,其准确度为 2 mV(例如电子电压表、电位计或 pH 计);

——600 cm³ 的平底高级耐蚀的玻璃瓶或石英瓶;

——蒸气浴;

——分析天平;

——玻璃微量注射器(仅方法 1 用);

——微量滴定管,刻度为 0.01 cm³(仅方法 2 用);

——磁力搅拌器;

——量筒、烧杯、过滤漏斗、玻璃棒和针头等;

——快速级滤纸。

17.1.3 程序

应对三个抽出液分别进行一次测定。

对每一抽出液,应把纸切成大致 50 mm×10 mm 的样条。称取 20 g 试样放入 600 cm³ 平底烧瓶中,并加入约 300 cm³ 满足第 15 章电导率要求的煮沸去离水或蒸馏水。

将此混合物在蒸气浴中保持(60±5) min,用一个放在瓶颈上呈松配合的烧杯盖住烧瓶口。然后，在布氏(Buchner)漏斗内通过预先抽提过的滤纸对该悬浮液进行抽滤。此时，应用平头玻璃棒挤压纸的残余物的滤饼，以挤出尽可能多的抽出液。

测量抽出液的体积(V)和称量残留湿纸滤饼的质量(W)。

再把抽出液倒回到一个与抽出用烧瓶相似的烧瓶中并在热水浴中蒸干，通过在烧瓶上倒挂一个大烧杯(约 250 cm³)来防止污染。

待完全蒸干后，在烧瓶中加入约 20 cm³ 的去离子水并再次蒸干。

然后加入(5.00±0.05) cm³ 的 10% HNO₃ 溶液溶解抽提过的残留物，再将它移到 100 cm³ 烧杯中，用(5.00±0.05) cm³ 的丙酮冲洗烧瓶两次后倒入烧杯。

再用磁力搅拌器，玻璃参比电极及带有测量仪表的银丝指示器，例如 pH 计，通过电位滴定法测定抽出物的氯含量。

滴定标准液为 0.02 M 的 AgNO₃ 溶液，每次用量为 0.01 cm³，用微量注射器通过玻璃针头滴入滴定池。

滴定试剂空白组成为(340−W) cm³ 的水并蒸干，5 cm³ 的 10% HNO₃ 和 10 cm³ 丙酮。

17.1.4 计算

抽出溶液的氯含量以 10^{-6} 纸质量中的氯离子的质量表示并按下式计算：

$$C_1 = 35.46 \frac{(A-B)M}{D} \times \left[1 + \frac{W-D}{V}\right] \times 10^3 \quad\cdots\cdots\cdots\cdots\cdots\cdots (2)$$

式中：

C_1——抽出液的氯含量，以 10^{-6} 纸质量中的氯离子的质量表示；

M——AgNO₃ 溶液摩尔浓度，单位为摩尔每千克(mol/kg)；

D——干燥纸的质量，单位为克(g)；

A——滴定抽出液所消耗的 AgNO₃ 的体积量，单位为立方厘米(cm³)；

B——滴定试剂空白所消耗的 AgNO₃ 的体积量，单位为立方厘米(cm³)；

W——湿纸残留的质量，单位为克(g)；

V——抽出液的体积量，单位为立方厘米(cm³)。

17.1.5 结果

按第 4 章规定。

17.2 方法 2

17.2.1 本方法与方法 1 不同之处有下列几点：

称取 4 g 纸放入 100 cm³ 水中而不是将 20 g 纸放入 300 cm³ 水中剧烈煮沸(60±5) min。

按下述处理抽出液：

a) 过滤或滗析已冷却的抽出液，称取(25.0±0.1) g 装入 200 cm³ 高脚烧杯中，再加入 125 cm³ 丙酮和 15 滴 1% 的硝酸；

b) 把搅拌棒放入烧杯，然后把烧杯放在磁力搅拌器上搅拌，调节搅拌速率，使得液体表面不剧烈翻腾；

c) 将电极浸入液体并让仪器稳定，然后开始滴定；

d) 使用微量滴定管，以 0.01 cm³ 递增量加入 0.002 5M AgNO₃ 并记录电位变化，单位为毫伏(mV)；

e) 滴定至终点，该终点为表示电位最大变化的点，或滴定至固定点，该固定点为事先已从电位曲线上确定的点；

f) 记录达到终点时所消耗滴定液总体积，单位为立方厘米(cm³)；

g) 每次抽出液试验应进行双份滴定,且一致至±0.01 cm³。双份试样一致性应在±5%以内,但对低于 2.0×10^{-6} 的低水平场合,差别可能很大属例外情况;

h) 滴定试剂空白组成为(25.0±0.1) g 水,125 cm³ 丙酮和 15 滴 1%HNO₃。

17.2.2 计算

抽出溶液的氯含量以 10^{-6} 纸质量中的氯离子的质量表示并按下式计算:

$$C_2 = 35.46 \frac{(A-B)M}{D} \times 4 \times 10^3 \qquad \cdots\cdots\cdots\cdots\cdots\cdots(3)$$

式中:

C_2——抽出液的氯含量,以 10^{-6} 纸质量中的氯离子的质量表示;

A——用于滴定抽出液所消耗的 AgNO₃ 的体积,单位为立方厘米(cm³);

B——用于滴定试剂空白所消耗的 AgNO₃ 的体积,单位为立方厘米(cm³);

M——AgNO₃ 溶液的摩尔浓度,单位为摩尔每千克(mol/kg);

D——烘干后试样的质量,单位为克(g)。

17.2.3 结果

按第 4 章规定。

18 硫酸盐含量

考虑之中。

19 有机抽出液的电导率

19.1 原理

本试验的目的是测定绝缘材料中是否存在被离子化的有机物质,根据有机抽出液电导率的增加可证实它们的存在,当本试验应用于那些被浸渍于氯化制冷剂或浸渍剂中的纤维素纸绝缘材料时,它具有特殊的意义。

注:采取措施见 15.2 的注 2。

19.2 试验仪器

应使用符合 GB/T 5654—1985 的电导池。测量仪器是一种适用的电子万用兆欧计,其使用直流电压不超过 100 V;或是一个检流计,电位差计及不超过 100 V 的直流电源。

溶剂是实验室试剂级的三氯乙烯,并经过提纯,提纯方法为:加入约 1%重量的漂白土或其他合适材料(例如硅胶)经搅拌,并通过烧结玻璃过滤器过滤(通常具有最大孔径为 5 μm~15 μm 的过滤器是适用的)。

注:如果漂白土吸湿,可在温度不超过 120℃的干净空气中加热使其干燥。

在每次抽提之前,要进行空白试验,如果测得电导率超过 5×10^{-4} μS/m,则需要对溶剂进一步提纯直至电导率不大于该值。

虽然将提纯过的三氯乙烯保存在暗处或棕色瓶中是稳定的,但是在使用其进行抽提之前,仍需对其电导率进行校验。

在抽提和测量过程中,溶剂应避免受强光照射,特别是直射阳光,应贮存于暗处。

19.3 程序

应对三个抽出液分别作一次测定。

按 15.2 所述的水抽出液电导率的程序处理被试材料,制备抽出液。试样在 80℃~100℃的空气中和缓加热约 2 h 去除所吸收的微量水分。然后立即将材料转移到一个合适的锥形瓶中,并用提纯过的三氯乙烯将其覆盖,应用比例为 1 g 材料加入 10 cm³ 三氯乙烯溶剂。采用带有磨口接头结构的全玻璃仪器,在回流状态下,将溶剂和缓煮沸约 1 h。

在本循环结束时,盖紧锥形瓶并将其放置在暗处过夜。此时,因蒸发而损失的体积应小于10%。

如果不知道电导池常数 K 时,则可通过一个已知电导率的水抽出溶液或通过电容法进行确定。

在注入三氯乙烯抽出液之前,应用蒸馏水彻底冲洗电导池(如果上一次是用水电解液时),干燥后再用提纯过的三氯乙烯清洗数次。为避免因冷却引起的水分冷凝,防止电极吸湿,在注入抽出液之前,先干燥电导池,要在连续不断的热空气下把液体从一个容器转移到另一个容器。

抽出溶液的电阻应在(20±5)℃温度下,并在施加直流电压1 min后进行测量。

19.4 计算

有机抽出液的电导率按下式计算:

$$\gamma_2 = \frac{k}{R} \quad\quad\quad\quad\quad\quad\quad\quad\quad\quad (4)$$

式中:

γ_2——有机抽出液的电导率,单位为微西每米(μS/m);

k——电导池常数,单位为每米(m^{-1});

R——电阻,单位为兆欧(MΩ)。

19.5 结果

按第4章规定。

20 钠和钾含量的测定(火焰原子吸收分光光度法)

本方法应用于高纯度产品,例如,电气用纸和纸浆中钠和钾的测定。将10 g纸或纸浆的试样应按照第14章灼烧成灰,并将灰溶解于10 cm³盐酸中,所用的盐酸应符合"32%的分析用盐酸"规定,其所含 K^+ 不大于0.000 01%以及 Na^+ 不大于0.000 05%(约6 mol/L溶液),并按GB/T 11904—1989规定进行分光光度测量。

21 透气度

21.1 原理

在恒定空气压差下,在规定时间内以通过单位面积纸的空气体积来测量透气度。

用于测量中等透气度范围(在0.01单位~5单位)的仪器,通常采用压差为1 kPa。对透气度低到0.000 1单位的低范围的纸,可使用压差达到3.5 kPa的仪器。而对高透气度的纸(范围达到 2×10^6 单位),例如电气用纸,可使用压差低到100 Pa的仪器。对质量有特殊要求的纸,这些压差可在IEC 60554-3相应的单项材料规范中规定。

21.2 试验仪器

21.2.1 体积测量准确到±2%,时间测量准确到±1%,流速测量准确到±5%。

21.2.2 试样上的起始压差应能读取至±2%,且在测量过程中的偏差应不大于5%。

21.2.3 应用一个密封垫圈在试样的受压面将其夹紧,该密封圈的变形程度应使试样的试验面积变化不大于1%。

21.2.4 试样的试验面积应不小于6 cm²,推荐试验面积为10 cm²。

21.2.5 当采用水作为传动媒质时,通过试样的气流的方向为气流在通过试样之前不与水接触。

21.2.6 应检验漏气情况,方法是在仪器放置试样处,夹持一块硬质的不透气的材料(例如金属箔),任何漏气应小于某一具体仪器可测量的最小透气度的0.025倍。

21.3 试样

试样应按第4章规定进行条件处理。从试验样品切取至少5个试样,试样的最小尺寸应使其在所有方向上都能明显地露出夹具之外,并符合21.2.4要求的试验面积。

21.4 程序

试验程序依据所使用仪器而定,但重要的是:

a) 准确校对施加于试样上的压差;

b) 在测定之前和测定过程中,确保圆筒或控制气流装置能稳定移动;

c) 确保没有可能会影响空气排出的振动存在;

d) 确保试样夹持均匀而无变形;

e) 在测量之前确保仪器处在水平基准面上。

21.5 计算

纸的透气度按下式计算:

$$\pi = \frac{V}{Atp} \quad\quad\quad\quad\quad\quad\quad\quad\quad\cdots\cdots\cdots\cdots\cdots\cdots(5)$$

式中:

π——纸的透气度,单位为米每帕·秒(m/(Pa·s));

V——为透过空气的体积,单位为立方米(m³);

A——透气试验的面积,单位为平方米(m²);

t——试验的时间,单位为秒(s);

p——恒定空气压差,单位为帕(Pa)。

21.6 结果

应按式(5)计算,并把结果换算成 1 kPa 空气压力。取 5 个试样测得的中值作为结果,并报告最大值和最小值及施加于试样上的标称压差。

22 吸水性(芯吸法)

22.1 原理

本试验是在封闭容器内进行以达到实验室温度下的湿气饱和条件,将一条被试材料垂直地悬挂并将其一端浸入水中,在规定时间内,吸液高度就是纸的吸水性。

22.2 蒸馏水或去离子水

可以使用饮用水,但仅局限于所得到的结果与使用蒸馏水或去离子水测得的结果相一致的场合,有争议时,应使用蒸馏水或去离子水。

22.3 设备

a) 透明水箱,深度至少 250 mm。

b) 水箱盖和试样夹持器的联合体,装有两个至少长 200 mm 的可调定距片。

注:图 1 示出一种适用的装置,它可由 6 mm 厚透明的丙烯酸酯板制成,其定距片指向下端,并在其上加工螺纹以便于调节。

c) 计时器,能指示出 15 min 并准确到秒。

d) 测高计或至少长 300 mm 的分度直尺,能读出 0.5 mm。

e) 用于把试样连接到试样支架上的合适的栓钉或销钉。

f) 纸夹、铅笔、直尺。

22.4 条件处理

按第 4 章规定。

22.5 试样

沿样品的纵向切取 10 个宽(15±1) mm、长至少 200 mm 的样条。如果有横向要求时,再从样品的横向切取另外 10 个。

注:如果无法得到最小试验长度 200 mm 试样时(例如实验室手工制作的片材),可以把这样的试样连接到一个惰性载体(不起作用的)上以达到规定的长度。此时,应规定该载体的长度并在报告中说明。

距每一试样一端的(15±1) mm 处,沿试样宽度画一铅笔标线,并在该线与纸端之间,悬挂一个合适的砝码以保证试样垂直悬挂(通常纸夹是合适的)。

22.6 程序

把水箱置于一个水平面上并加入(23±2)℃的水直至水深为(50±5) mm。整个试验过程保持水温在(23±2)℃。把水箱盖子盖上并调节其上的定距片,使定距片的尖端正好触及水的表面。

移去水箱盖并放置在工作台上,此时定距片呈水平状态。在两定距片之间,放置一把直尺,把每一个试样放在规定的位置上并使其标线对准直尺,再用栓钉或销钉把试样固定在盖上。通常,一次可同时试验 5 个试样。

当所有试样固定于规定位置后,再把盖子置于水箱上,使得试样加重的一端浸没水中直至 15 mm 铅笔标线,立即启动计时器开始试验。

经 10 min±5 s 后,把盖子连同试样一起取出并把它们置于工作台面上。在把它们从水中取出的 10 s 内,沿着试样上的润湿前沿画一条铅笔标线。如果该润湿前沿不直,则估计其平均位置。测量两个铅笔标线之间的距离,准确至 0.5 mm。

注 1: 有时改变试验时间可能是方便的,此时,应报告所选取的时间。

注 2: 测得的结果可能会受到纸中可溶成分的影响。为尽可能减少这种影响,在每次新的一组试验时,应采用新鲜的水。

22.7 结果

计算每一方向 10 个结果的平均值。

对吸水性小于 20 mm/10 min 者,结果准确至 0.5 mm。

对吸水性等于或大于 20 mm/min 者,结果准确至 1 mm。

计算每一试验方向的试验结果的标准偏差。

22.8 报告

试验报告应包括下述内容:

a) 试样长度以及惰性载体长度(如果使用时);

b) 纵向吸水率的平均值及标准偏差;

c) 如果有要求,横向吸水率的平均值及标准偏差;

d) 任何与本方法规定不同之处,包括浸渍时间或其他可能会影响结果的情况说明。

23 吸油性(改进的 Cobb 法)

23.1 原理

在本试验中,把油加到一叠纸的一个已知面积的纸面上,在某一规定的时间后,把油排空,吸干纸叠最上面一张纸上的多余的油,通过直接称重测定纸叠吸油性。本试验是参考 GB/T 1540—2002 中吸水性试验并经过改进的。

23.2 试验仪器

本试验用的仪器如图 2a)所示,是由一个内截面积为 100 cm² 和高约 50 mm 的金属圆筒组成。该圆筒封接于底板上并配备有一个盖板,盖板由一块其尺寸足以盖住圆筒的耐油橡胶粘结于金属板上组成。

盖板上配备有将其固定在底板上的装置。圆筒壁厚约 6 mm,其顶端应机加工成光滑表面,耐油橡胶片的 IRH(国际橡胶硬度)应不小于 65。

应配备有一个固定装置,以便牢固地将仪器固定于实验台上。

图 2b)给出了对 GB/T 1540—2002 中规定用作 Cobb 吸水性试验仪的改进要求。

22.3 试样

试样由每张尺寸为 130 mm×130 mm 的纸叠组成,纸的张数应由试验确定且至少要比被油渗透的张数多一张。共试验两组,每一组由 5 个试样组成,第一组是将纸叠试样上的一个纸面与油接触,而第二组是将相反的一个纸面与油接触。

在叠加纸张时,务必要保证没有一张纸面叠反,即所有的纸张的面应与最上面的一张纸的面相同。

23.4 程序

所使用的油是符合 IEC 60296:2003 的 II 级油,使用前最好贮存在条件处理温度下的密闭容器中。每一次试验使用 100 cm³ 油,但第一次试验后,要把油补充到要求的水平。试验时,油池和油的温度应保持在条件处理温度。

测定试样的质量,把油加入试验油池并放置试样,使得当油池被翻转过来时,油与纸面相接触。盖上盖板,拧紧蝶形螺帽。

翻转油池,让油浸泡纸 45 s,然后再把油池翻转回来,并固定于固定架的原来位置,滴干 10 s。

松开蝶形螺帽,通过牵引试样的两个角,把试样缓慢而连续地从池体与盖板之间取出。取出动作应在约 10 s 内完成,且务必保证试样的下表面始终保持与油池前边缘接触。轻微地吸去最顶上纸张多余的油,吸干要在不大于 10 s 内完成。

测定浸油后试样的质量,并注明被渗透纸的张数。

再用 5 个新的试样,使纸的相反一纸面与油接触并重复上述程序。

23.5 结果

以质量增量表示吸油性,单位为克每平方米(g/m²),面积为暴露于油的圆形面积,并给出每一组试验 5 次结果的中值。个别值与中值偏差大于 20% 者应从计算中舍去。若有两个偏差大于 20% 时,则应重做另外 6 个试验。

若又出现另外的分散结果时,则在确定中值时应包括全部的 11 个结果,并报告纸的吸油性是可变的。

是以叠层试样的正面和反面试验得到的两个结果中较低的数值作为纸的吸油性。

24 电气强度

24.1 工频电压下试验

应按 GB/T 1408.1—2006 规定在空气中进行。

24.1.1 试验仪器

试验仪器应按 GB/T 1408.1—2006 第 7 章规定,电极应按该标准的 5.1.1.1 或 5.1.2 规定。优选电极的直径分别为 25 mm 和 75 mm。当因材料的宽度限制而不能使用大电极时,允许使用较小电极。两个电极的面应相互平行且无凹坑或其他缺陷。

24.1.2 试样

所有的试样应足够大以防止闪络。

在一个试样上可以进行所要求的试验次数。当对纸叠电气强度有要求时,应按 IEC 60554-3 相应的单项材料规范规定的叠加层数进行试验。

当试验的温度或湿度与第 4 章中规定不同时,应按 IEC 60554-3 相应的单项材料规范规定进行。

24.1.3 程序

应按 GB/T 1408.1—2006 的 10.1 施加电压,并按该标准第 11 章击穿判断标准进行 9 次试验。

24.1.4 结果

根据测得的厚度计算电气强度(kV/mm),报告应按 GB/T 1408.1—2006 的第 13 章规定并报告最大值和最小值。

24.2 直流电压下试验

应按 GB/T 1408.2—2006 规定在空气中进行。

24.2.1 电极

应使用由不锈钢(表面光洁度为 2.5 μm 或更佳)制成的圆柱形电极,两个电极面要平行且无凹坑或其他缺陷，电极边缘应加工成曲率半径为 3.0 mm 的圆弧。

上电极直径应是 25 mm，高 25 mm；下电极直径应是 75 mm，高约 15 mm，且应按 GB/T 1408.1—2006 图 1a)，将其与上电极同轴地放置。有时，与地电位相连接的电极也可以用厚 40 μm～50 μm 的铝箔片替代。

24.2.2 试样

试样应足够大以防止闪络，除 IEC 60554-3 相应的单项材料规范另有规定外，要在重叠的两层纸上进行试验。

试样应从一个样品上获取。例如从样品中取一张 40 cm×40 cm 并将其切成两层 20 cm×20 cm 的试样。

24.2.3 试验程序

应把不多于 20 层的试样垂直地悬挂或松散堆积在一个空气循环烘箱内，在(105±2.5)℃温度下干燥 60 min 后，在从烘箱取出的 1 min 内开始试验。若有争议时，应在该温度下的烘箱内进行试验。

24.2.4 测量次数

最少要做 9 次击穿试验，当对试验结果有 95％置信下限要求时，则击穿试验应做 20 次或以上。

24.2.5 测量程序

施加电压的方式：从预期击穿电压值的一半至击穿的时间为(5～10)s（通过两次预击穿试验找到合适的击穿电压值）。

例如，对标称厚度小于或等于 25 μm 的纸，按(200～300)V/s 速度施加电压直至击穿（即当短路电流达到(0.1～1.0)mA 时，则视为击穿）。

注：限制短路电流在(0.1～1.0)mA 是为了避免损坏电极，这可在电路中放置一个与试样串联的保护电阻器来实现。

24.2.6 报告

报告应包括下述内容：

a) 双层纸的厚度；

b) 电极类型和尺寸；

c) 计算由中值除以双层纸厚度得到的电气强度(kV/mm)，并报告最小值和最大值；

d) 当对 95％置信下限(≥20 次试验)有要求时，其计算方法如下：

$$L_{LC} = \overline{X} - (SD \times 1.64) \quad\quad\quad\quad\cdots\cdots\cdots\cdots\cdots\cdots(6)$$

式中：

L_{LC}——置信下限；

$\overline{X}$——平均值；

SD——标准偏差。

25 介质损耗因数和相对电容率

25.1 试验仪器

25.1.1 电桥：符合 GB/T 1409 所述的电桥或者同等功能的仪器。

25.1.2 频率：50 Hz 或其他频率。

25.1.3 电极

符合 GB/T 1409 电极，电极由具有高热导率和能经受反复温度循环而不变形的金属制成，电极表面应抗氧化，电极表面的平整度应在 0.125 μm 内，且应保持良好状态。

电极尺寸应满足所测得的电容是在电桥的有效测量范围之内，保护电极与被保护电极之间的间隙应尽量小。

当试验液体浸渍纸时，应把下电极做成具有约 10 mm 高的圆形边缘的凸缘以留住浸渍液体。

通过在上电极增加重物,使施加于试样上的总压力为 20 kPa(除非 IEC 60554-3 相应的单项材料规范另有规定)。

当试验未浸渍纸时,为了便于去除试样中的潮气,可用 0.4 mm 的钻头,沿着整个上电极钻一系列孔,孔是从上电极的顶面一直钻通到它的下表面。这些孔应不被任何附加到上电极的重物所阻塞。为便于清理,建议对浸渍纸的试验不采用钻孔电极。

25.1.4 真空干燥设备:是由配备有能将测量导线从腔室内引出的真空装置,并由测量真空度的仪表以及能维持真空度低于 2.7 Pa 的真空泵等组成。

25.1.5 加热设备:配备有能把电极和样品加热到规定温度的装置。

25.1.6 热电偶:埋入被保护电极以便准确指示试样温度。只要测量结果表明,在能准确指示试样温度时,也可以使用温度计。

25.1.7 空气干燥系统:一种能把完全干燥的空气或干燥的惰性气体引入真空烘箱的设备,例如含有浓硫酸和五氧化二磷或活性铝的干燥装置。

25.1.8 浸渍液:除另有规定外,当采用符合 IEC 60296:2003 的浸渍油时,需要对浸渍油进行脱气和干燥处理,其方法是在某一足以达到干燥和脱气而不去除浸渍油中较轻馏份的温度和真空下,让浸渍油向下通过玻璃珠塔来实现。

25.2 试样

纸叠试样至少比保护电极直径宽 3 mm。

25.3 程序

按 GB/T 1409 规定进行,只做一次测量。

25.3.1 先从纸卷上切取足够多层数的纸样,使纸叠厚度不小于 100 μm,并再加上两张保护层,然后制备成适当尺寸的试样。用镊子除去外面的两张纸,把剩下的纸叠小心地放入两电极之间的中心位置。操作中切勿用裸手触摸需测试的试样部位。

25.3.2 除另有规定外,应在(115±5)℃及真空度小于 2.7 Pa 的条件下干燥试样和加热电极。如果上电极钻有易于排除潮气的小孔,此时处理时间为 16 h,否则需要 24 h 或更长时间(可通过试验确定,如果介质损耗因数达到稳定状态,则说明试样已经干燥)。

25.3.3 未浸渍纸试验

关闭加热器,通入干燥空气解除真空,在试样冷却过程中,测量介质损耗因数和电容。期间要尽可能在 115℃、105℃、90℃及 55℃温度下进行测量。测量时所施加的电场强度应在 1.2 kV/mm～1.5 kV/mm 之间。

25.3.4 液体浸渍纸试验

关闭加热器,通入干燥空气解除真空。在 115℃温度下,测量介质损耗因数和电容。如果介质损耗因数值与 25.3.3 试验所得到的值相近,则需重新对烘箱抽真空,直至比试验温度下浸渍剂蒸发压力还要高的真空度。把充分脱气的浸渍剂输入到下电极,让试样完全浸渍在浸渍剂中。10 min 后解除真空,在尽可能接近 115℃、105℃、90℃、70℃及 55℃温度下,测量介质损耗因数和电容,测量时所施加的电场强度同 25.3.3。

注 1:在试验后检验一下浸渍油是否被污染是必要的。

注 2:本方法不适用于高介电常数的液体。

25.4 结果

报告应包括下述内容:

a) 介质损耗因数与温度关系曲线;

b) 试样厚度;

c) 按 GB/T 1409 计算得到的相对电容率;

d) 施加的电场强度;

e) 浸渍剂的属性。

26 导电点

有两种方法可供选择,具体采用何种方法由 IEC 60554-3 相应的单项材料规范规定。

26.1 方法 1

本方法特别适用于 100% 检验,该检验方法是非常可靠的。

26.1.1 试验仪器

试验仪器由平板电极和两组光滑的实芯黄铜圆辊电极组成(见图 3),其中平板电极由铸铁或其他金属平板经精密机加工制成。

平板电极在平行于试样移动方向上的尺寸应至少为 150 mm,其宽度应至少与试样宽度相同。

圆辊电极为经加工并抛光成光滑的圆柱体表面,其尺寸应为:

——直径:38 mm;

——工作表面宽度:25 mm。

应把圆辊电极分成平行的两排安装于平板电极的上方,并使得每一个圆辊电极能在平板电极表面上抬起或落在平板电极表面上,且能自动地使圆辊电极表面与平板电极表面相切。

圆辊电极和平板电极之间应有足够绝缘。圆辊电极应这样安装,使得当圆辊电极转动时,圆辊与电源之间能保持连续电气连接。两排圆辊电极的轴线应与试样移动方向成 90°角,在每一排圆辊电极中,相邻电极的中心线相距 35 mm。两排圆辊电极应这样放置,使得在一排中的每个圆辊电极的中心线与另一排中两个相邻圆辊电极间隔的中心线重合(如图 3 所示)。

每一圆辊电极施加于试样表面上的压力应在 2 450 N～3 150 N 之间。

为防止损坏电极可以增加限流电阻与电极串联。

26.1.2 电压

除 IEC 60554-3 相应的单项材料规范另有规定外,施加的电场强度为 2 kV/mm。

26.1.3 试样

试样的宽度应使其两端至少伸出最外侧圆辊电极的外端 25 mm。

26.1.4 程序

抬起圆辊电极,插入试样端头,放下圆辊电极到纸的表面。施加电压并以 10 m/min 速度驱动位于平板电极与圆辊电极之间的试样。计数试样上击穿孔的数目,每个击穿孔视为一个导电点(也可以用电子方法计数)。

26.1.5 计算和结果表达

a) 计算

以计得的击穿孔数除以试验总面积计算出每平方米的导电点数。

b) 试验报告

报告应说明:

——每平方米导电点数;

——被测纸的总面积;

——计数方法说明。

26.2 方法 2

在本方法中,是以导电通道的电阻大小检测导电点,导电点的电阻为 (55±5) kΩ,以导电点的电阻小于 60 kΩ 作为判定标准。当电阻大于 60 kΩ 时,仪器不应作出导电点的判断。

26.2.1 试验仪器

a) 电极

试验仪器由两个电极组成,其中一个是由经过平直校正过的光滑金属板,而另一个电极是带有绝缘手柄的经磨光的实芯黄铜辊或钢辊(见图 4)。

平板电极的尺寸应与被试样品尺寸相适应。

圆辊电极尺寸如下：

——直径：50 mm；

——最大宽度：50 mm；

——通过圆辊电极（包括手柄）施加的线压力在（0.1～0.25）N/mm 之间。

b) 圆辊电极和平板电极的机加工精度

按本方法测得的试验结果很大程度上取决于电极的加工精度，对本方法而言，0.002 5 mm 的加工偏差是相当大的偏差。要满足此要求，推荐的电极加工方法如下：

圆辊电极可在车床上车削并抛光或精磨至规定尺寸。圆辊电极直径偏差可以用表盘式测微计检验，把圆辊电极放置一个平整无灰尘的测砧上，用小曲率半径测头测量从测砧到圆辊电极表面最高点间的距离。圆辊电极加工精度要求为沿着整个圆辊长度方向测得直径偏差应不大于±0.002 5 mm。

不论平板电极是由何种方式加工而成的，其厚度应大于 25 mm。若是由薄板焊接或熔焊加工成的，应保证所用薄板材料的材质完全相同，以防止因膨胀系数不同而产生翘曲。无论采取何种方法加工平板电极时（浇铸、轧制或薄板焊接），都应首先粗加工至规定的尺寸和平面度，然后经过长时间的退火处理（例如，在 200℃～300℃下 24 h），以防止以后发生变形，再精加工至平面度不大于±0.002 5 mm。若采取精密加工，则无需进一步抛光，因为所要求的特性是平整而并非是光亮。若需抛光，则按光学工艺进行，普通抛光工艺会破坏平面度。平板电极的平面度可以通过在其上放置一个圆辊，并在圆辊后面放一盏灯，通过检查透光来检验。

注：可采用 0.4 m×0.25 m 表面专用平板。

c) 检测器

检测器是每当某一电阻低于规定的值时，它把信号送入记录脉冲记数器内的测量仪器。在电压施加于导电点的整个时间范围内，每个导电点只能记录一次。

在圆辊电极移动方向上，计数装置分辨能力应能对间隔为 1 mm 的导电点分别计数。

d) 保护电阻器

总回路的电阻应不小于 50 kΩ。

e) 电源

通常为直流电压（110±10）V，为确保安全应将回路可靠地接地。

26.2.2 试样

试样应足够大以便能完全覆盖平板电极，其试验面积应至少为 1 m²，并用重物把试样固定就位。

当试验薄纸时，操作样品要非常小心。从纸卷上取下样品后，不能用手触摸样品，也不应该把它放在平板电极以外的表面上。

26.2.3 程序

为使样品平整，在样品两端挂上重物使它定位于平板电极表面，把平板电极与 110 V 电源的一个接线柱相连接。连接圆辊电极、检测器和电阻器，并使得电阻器的自由端与 110 V 电源的另一接线柱相连接。驱动圆辊电极，使其平稳地在纸上通过并进行试验（要注意避免纸打褶，同时注意驱动速度大小要与计数仪器的性能相匹配）。

26.2.4 计算和结果表示

a) 计算

以导电点数除以试验总面积计算每平方米的导电点数。

b) 试验报告

报告应说明：

1) 每平方米的导电点数；

2) 被测纸的总面积。

27 热稳定性

老化前和老化后的试验应在条件处理之后进行，条件处理后的材料应接近完全干燥状态。

老化周期和温度应按 IEC 60554-3 相应的单项材料规范规定,并应遵循 GB/T 11026 系列标准的规定。

27.1 内撕裂度

热稳定性可以用撕裂度的下降来表示,材料经热处理后按第 9 章测定内撕裂度。

27.2 耐破度

热稳定性也可用耐破度下降来表示,材料经热处理后按第 11 章测定耐破度。

27.3 聚合度

热稳定性还可用聚合度下降来表示,材料经热处理后按 IEC 60450:1974 测定聚合度。

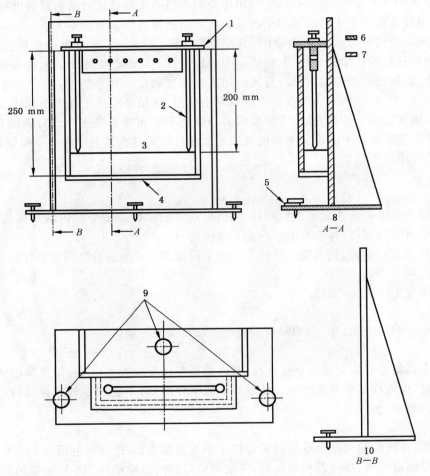

1——盖子和试验架;

2——可调节定距片;

3——水的平面;

4——容器(水箱);

5——水泡水平仪;

6——盖子;

7——容器(水箱);

8——截面 A-A;

9——水平调节螺丝;

10——截面 B-B。

图 1 吸水性试验仪

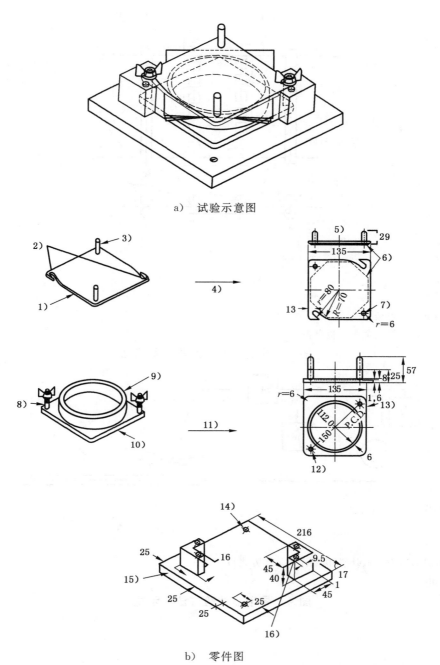

a) 试验示意图

b) 零件图

　　1) 原有的板;2) 新开的槽;3) 反转时支撑用新加的螺栓;4) 详图;5) 用 8 mm 直径的黄铜螺栓代替原有的螺栓,长 27 mm;螺纹为 M8×5;6) 耐油橡皮垫;7) 原有的孔;8) 在新加的板上装原有的螺栓;9) 在新加的板上装原有的环; 10) 新加的板;11) 详图;12) 钻 2 mm 孔并套丝(孔中心园直径);13) 新加的金属底板,它具有一个1.6 mm 深×125 mm 外径×112.9 mm 内径的槽,槽上装有 25 mm 深的钢圈,用环氧粘结剂把两者结合及密封;14) 固定到工作台用 6 mm 直 径的孔;15) 正方形的对称木基板;16) 硬木角块上钻 8 mm 直径的孔作为穿 M6.50 mm 长螺栓用,把基板上 8 mm 孔镗 大以防止 M6 螺母和垫圈从基板底部突出。

图 2　吸油性的试验装置

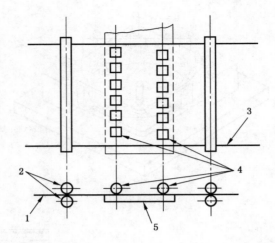

1——被试材料；

2—— 驱动辊；

3——被试材料；

4——接地的试验辊电极；

5——与高压电源连接的金属平板电极。

图 3　导电点试验方法 1 示意图

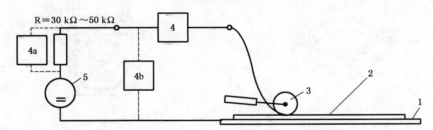

1——平板电极；

2——试样；

3——圆辊电极；

4——指示和计数装置（4a、4b 为其他计数采样方式）；

5——110 V 电源。

图 4　导电点试验方法 2 示意图

附 录 A

（资料性附录）

本部分章条编号与 IEC 60554-2:2001 章条号对照

表 A.1 给出了本部分章条编号与 IEC 60554-2:2001 章条编号对照一览表。

表 A.1 本部章条编号与 IEC 60554-2:2001 章条编号对照

本部分章条编号	对应的国际标准章条编号
1	1
2	2
3.1～3.2	3.1～3.2
3.3	21.1
4	4
5	5
6	6
7	7
8	8
9	9
10	10.1～10.4
11	11

ICS 29.035.10
K 15

GB/T 20629.1—2006/IEC 60819-1:1995

中华人民共和国国家标准

电气用非纤维素纸
第1部分:定义和一般要求

Non-cellulosic paper for electrical purposes—
Part 1:Definitions and general requirements

(IEC 60819-1:1995,IDT)

2006-11-09 发布   2007-04-01 实施

中华人民共和国国家质量监督检验检疫总局
中国国家标准化管理委员会   发布

前　言

GB/T 20629《电气用非纤维素纸》目前包括下列 3 个部分：

——第 1 部分：定义和一般要求；

——第 2 部分：试验方法；

——第 3 部分：单项材料规范。

本部分为 GB/T 20629《电气用非纤维素纸》的第 1 部分。

本部分等同采用 IEC 60819-1:1995《电气用非纤维素纸　第 1 部分：定义和一般要求》及其修正 (No.1,1996)(英文版)，并将修正内容编入本部分。

为便于使用，本部分做如下编辑性修改：

a)　删除了 IEC 前言；

b)　增加了适用范围的内容；

c)　第 4 章中增加包装与防护、标志的条标题。

本部分由中国电器工业协会提出。

本部分由全国绝缘材料标准化技术委员会(SAC/TC 51)归口。

本部分起草单位：桂林电器科学研究所。

本部分主要起草人：李学敏。

本部分为首次发布。

电气用非纤维素纸
第1部分:定义和一般要求

1 范围

GB/T 20629 的本部分规定了电气用非纤维素纸的定义和一般要求。

本部分适用于电气用非纤维素纸。

2 定义

2.1

聚芳酰胺纸 **aramid(aromatic polyamide) paper**

是一种湿法成网无纺纸。其中纤维是由合成芳香聚酰胺组成,它至少有85%酰胺键直接与两芳环连接、聚芳酰胺纸可含外加或不含外加合适的有机或无机填料和粘合剂材料。

2.2

聚乙烯纸 **polyethylene paper**

是一种由特制聚乙烯(PE)纤维制成的湿法成网无纺纸,它可含外加或不含外加合适的有机或无机填料和粘合剂材料。

2.3

聚丙烯纸 **polypropylene paper**

是一种由特制聚丙烯(PP)纤维制成的湿法成网无纺纸,它可含外加或不含外加合适的有机或无机和粘合剂材料。

2.4

玻璃纸 **glass paper**

是一种由玻璃微细纤维制成的湿法成网无纺纸。它可含外加或不含外加合适的有机或无机填料和粘合剂材料。当纤维粘附性差时,可用酸处理以产生能起粘合作用的轻微凝胶来弥补,或者添加无机粘合剂。

2.5

陶瓷纸 **ceramic paper**

是一种由陶瓷纤维制成的湿法成网无纺纸。例如,由大约51%的氧化铝(Al_2O_3)和47%的二氧化硅(SiO_2)组成的铝硅纸。陶瓷纸可含外加或不含外加合适的有机或无机填料和粘合剂材料来改进其性能。

2.6

聚对苯二甲酸乙二醇酯纸 **poly(ethlene)-terephthalate paper**

是一种由特制的聚对苯二甲酸乙二醇酯(PET)纤维制成的干法成网纤维毡纸。它可含外加或不含外加合适的有机或无机填料和粘合剂材料。

注:聚对苯二甲酸乙二醇酯纸有时误称其为 PETP 纸。

2.7

填充玻璃纸 **filled glass paper**

其原材料组分至少60%为玻璃纤维和无机填料(如硅酸铝),可含外加或不含外加其他纤维和粘合剂材料。

2.8

混合无机/有机纸   hybrid inorganic/organic paper

用有机纤维(如聚对苯二甲酸乙二醇酯纤维)和无机填料(如硅酸铝)制成。可含外加或不含外加其他纤维和粘合剂材料。

3   一般要求

任何一次交付的全部材料,应尽可能地一致,纸的表面不能有影响其使用的缺陷。

4   供货条件

4.1   包装与防护

纸应装在能确保在运输、装卸及贮存过程中起到保护的包装物内。

4.2   标识

每一包装物的标识应包含下列内容:

——注明本标准编号;

——产品型号;

——批号;

——纸的厚度;

——纸卷的外径和宽度;

——纸卷的质量;

——制造日期。

ICS 29.035.10
K 15

中华人民共和国国家标准

GB/T 20632.1—2006

电气用刚纸
第 1 部分:定义和一般要求

Specification for vulcanized fibre for electrical purposes—
Part 1: Definitions and general requirements

(IEC 60667-1:1980,MOD)

2006-11-09 发布
2007-04-01 实施

中华人民共和国国家质量监督检验检疫总局
中国国家标准化管理委员会 发布

前　言

GB/T 20632《电气用刚纸》目前包括 3 个部分：
——第 1 部分：定义和一般要求；
——第 2 部分：试验方法；
——第 3 部分：单项材料规范。

本部分为 GB/T 20632《电气用刚纸规范》的第 1 部分。

本部分修改采用 IEC 60667-1：1980《电气用刚纸规范　第 1 部分：定义和一般要求》（英文版）。

本部分根据 IEC 60667-1：1980 重新起草，在涉及到修改的条款页边空白处用垂直单线标识，在附录 A 中列出了本部分章条编号与 IEC 60667-1：1980 章条编号的对照一览表。

为了便于使用和保持标准间的相互协调，本部分与 IEC 60667-1：1980 相比，做了下列修改：

a)　删除了 IEC 60667-1：1980 的前言和引言，并将其引言并入本部分的"范围"中；

b)　增加了规范性引用文件的条款、导语及引用标准；

c)　产品颜色增补了砖红色、绿色、白色；

d)　在板材的尺寸规定中，将宽度由"1 000 mm～1 400 mm"修改为"1 000 mm～2 000 mm"；将长度由"1 650 mm～2 300 mm"修改为"1 100 mm～2 300 mm"；

e)　在卷材的外径和质量规定中，将 0.8 mm 以下厚度的卷材质量由"不大于 200 kg"修改为"不大于 800 kg"；将 0.8 mm 及以上厚度的卷材质量由"不大于 500 kg"改为"不大于 800 kg"；将 0.8 mm 以下厚度的卷材的外径由"不大于 600 mm"修改为"不大于 1 200 mm"；将 0.8 mm 及以上厚度的卷材的外径由"不大于 600 mm"修改为"不大于 1 200 mm"；

f)　在第 8 章供货条件中，增加了包装与防护和标识两个条标题。

本部分的附录 A 为资料性附录。

本部分由中国电器工业协会提出。

本部分由全国绝缘材料标准化技术委员会（SAC/TC 51）归口。

本部分起草单位：桂林电器科学研究所。

本部分主要起草人：李学敏。

本部分首次发布。

电气用刚纸
第1部分:定义和一般要求

1 范围

GB/T 20632 的本部分规定了电气用刚纸的定义及一般要求。本类刚纸是经特殊工艺制备的不含任何胶粘剂的纤维纸。

本部分适用于电气用刚纸板(平板的或波纹状的)及圆棒和圆管,但不适用于以粘合剂粘结多层刚纸制成的材料。

2 规范性引用文件

下列文件中的条款通过 GB/T 20632 的引用而成为本部分的条款。凡是注日期的引用文件,其随后所有的修改单(不包括勘误的内容)或修订版均不适用于本部分,然而,鼓励根据本部分达成协议的各方研究是否可使用这些文件的最新版本。凡是不注日期的引用文件,其最新版本适用于本部分。

GB/T 4687—1984 纸、纸板、纸浆的术语 第一部分(neq ISO 4046:1978)

3 定义

3.1

刚纸 vulcanized fibre

特殊(工艺)生产的层积纸经化学处理(凝胶化处理),其纤维分散更为均匀,不再有层积化,在水煮30 min 后不分层。并以卷、板材、管材或棒材形式供货。

3.2

全幅宽纸卷 fullwidth rolls

厚度 2.5 mm 及以下的刚纸按机器(纸机)的全幅宽制成的卷。

4 分类

4.1 A 类

其特点是具有较大的硬度和刚性,且密度较高。可以进行复杂的加工,加工面较平整光滑,在严酷加工过程中,其分层的趋势比其他型号小,板材具有的厚度范围为 0.8 mm～12 mm。

4.2 B 型

为通用型,其具有较好的物理和电气性能,并且容易冲剪加工。

4.3 C 型

主要用于复杂的弯曲或成型加工,其仅有板状和管状,厚度范围为 0.1 mm～2.5 mm(通常型被称之为薄刚纸或青壳纸)。

5 颜色和形状(几何)

5.1 颜色

供货的材料通常为红色、砖红色、绿色、黑色、灰色、白色和本色,或按供需双方商定的其他颜色,在这些颜色中,每批之间的色差可能存在较大的差异。

5.2 形状

所有类型的材料均可按商定的任何形状供货。例如槽形,此时应符合本规范或相关的产品规范要求。

6 一般要求

6.1 质量

材料的质量应是均匀的,并满足相关材料规范规定的性能要求。不应有气泡、开裂、皱纹、允许有轻微的擦痕及压痕。

6.2 外观

6.2.1 板材

板材应均匀地加工,表面光滑且无光泽,不应有变形和沿边缘分层,板内应无破裂。当有规定时,板的端部应修整平直。

6.2.2 棒和管

棒和管表面应平整光滑,无扭曲变形,分层和明显的弯曲变形,其端面应与其轴线成直角。

7 几何尺寸要求

7.1 板材的优选厚度

板材的优选厚度(mm)如下:

0.10、0.12、0.15、0.20、0.25、0.30、0.40、0.50、0.60、0.80、1.0、1.5、2.0、2.5、3.0、4.0、5.0、6.0、8.0、10.0、12.0、16.0、20.0、25.0、30.0、40.0、50.0。

7.2 板材的宽度

板材的全幅宽通常在 1 000 mm～2 000 mm 之间,其他幅宽由供需双方商定。

7.3 长度

板材的长度通常在 1 100 mm～2 300 mm 之间,其他长度由供需双方商定。

7.4 卷筒的质量和直径

7.4.1 厚度小于 0.8 mm 的纸板,卷在管芯上供货,卷筒的内径为 75 mm,卷筒的质量应不大于 800 kg,卷筒的外径应不超过 1 200 mm。

7.4.2 厚度 0.8 mm 及以上的纸板,卷成无管芯的卷筒供货,卷筒的内径约 300 mm,卷筒的质量应不大于 800 kg,卷筒的外径应不超过 1 200 mm。

7.5 棒的直径

棒优先选直径(mm)如下:

5.0、6.0、8.0、10.0、12.0、16.0、20.0、25.0、30.0、40.0、50.0。

7.6 管的壁厚

管的壁厚应按表1规定。

表 1 管 的 壁 厚　　　　　　　　　　　　　　　　单位为毫米

标称内径 D	标 称 壁 厚	
	最 小 值	最 大 值
$D \leqslant 5$	0.5	3.0
$5 < D \leqslant 6$	0.5	6.0
$6 < D \leqslant 17$	0.8	6.0
$17 < D \leqslant 30$	0.8	7.0
$30 < D \leqslant 35$	1.6	7.0
$35 < D \leqslant 80$	1.6	8.0
$D \geqslant 80$	3.2	8.0

8 供货条件

8.1 包装与防护

在运输、装卸和贮存期间应保证材料有足够的包装防护。

8.2 标识

每个包装物上应有如下标识：

——供货材料执行的规范；

——类型及颜色；

——供货材料的尺寸；

——每件包装的质量。

附　录　A
（资料性附录）
本部分章条编号与 IEC 60667-1:1980 章条编号对照

表 A.1 给出了本部分章条编号与 IEC 60667-1:1980 章条编号对照一览表。

表 A.1　本部分章条编号与 IEC 60667-1:1980 章条编号对照

本部分章条编号	对应的国际标准章条编号
1	1
2	—
3.1～3.2	2.1～2.2
4.1～4.3	3.1～3.3
5.1～5.2	4
6.1～6.2	5.1～5.2
7.1～7.6	6.1～6.6
8.1～8.2	7

ICS 29.035.10
K 15

中华人民共和国国家标准

GB/T 20634.1—2006/IEC 61061-1:1998

电气用非浸渍致密层压木
第 1 部分：定义、命名和一般要求

Non-impregnated densified laminated wood for electrical purposes—
Part 1：Definitions,designation and general requirements

(IEC 61061-1:1998,IDT)

2006-11-09 发布　　　　　　　　　　　　　　2007-04-01 实施

中华人民共和国国家质量监督检验检疫总局
中国国家标准化管理委员会　发布

前　言

GB/T 20634《电气用非浸渍致密层压木》目前包括 3 个部分：

——第 1 部分：定义、命名和一般要求；

——第 2 部分：试验方法；

——第 3 部分：单项材料规范。

本部分为 GB/T 20634《电气用非浸渍致密层压木》的第 1 部分。

本部分等同采用 IEC 61061-1：1998《电气用非浸渍致密层压木　第 1 部分：定义、命名和一般要求》（英文版）。

为便于使用，本部分做了如下编辑性修改：

a)　删除了 IEC 61061-1：1998 的前言和引言；

b)　"规范性引用文件"的导语按 GB/T 1.1—2000 的规定编写。

本部分由中国电器工业协会提出。

本部分由全国绝缘材料标准化技术委员会(SAC/TC 51)归口。

本部分起草单位：桂林电器科学研究所、内蒙古阿里河森工有限公司层压木厂、沈阳瑞丰电力设备有限公司。

本部分主要起草人：李学敏、罗林生、杨焕金、吉臣。

本部分为首次发布。

电气用非浸渍致密层压木
第1部分：定义、命名和一般要求

1 范围

GB/T 20634 的本部分规定了电气用非浸渍型致密层压木的定义、命名和一般要求。

本部分适用于电气用非浸渍致密层压木。

2 规范性引用文件

下列文件中的条款通过 GB/T 20634 的本部分的引用而成为本部分的条款。凡是注日期的引用文件，其随后所有的修改单（不包括勘误的内容）或修订版均不适用于本部分，然而，鼓励根据本部分达成协议的各方研究是否可使用这些文件的最新版本。凡是不注日期的引用文件，其最新版本适用于本部分。

IEC 60296：2003 变压器及开关用未使用过的矿物绝缘油规范

IEC 61061-2：2001 电气用非浸渍致密层压木 第2部分：试验方法

IEC 61061-3 电气用非浸渍致密层压木 第3部分：单项材料规范

3 定义

下列术语和定义适用于本部分。

3.1

薄片 veneer

一种在不施加压力下其厚度不大于 2.5 mm 的单张非层合的木片。例如，由山毛榉、北美枫树或桦木制成的薄片。

3.2

非浸渍致密层压木 non-impregnated densified laminated wood

用热固性合成树脂粘合剂在受控的热和压力条件下，把多层薄木片粘合在一起而成的层压木。

3.3

板材 sheet

一种由平行或交叉方式排列薄片制成的材料。

3.4

方向 A 及方向 B

层压平面内的两个相互垂直的方向，其中一个方向应与板的边缘平行。

3.5

环形材 ring

一种环状材料，可由下列任一方法制造：

a) 从交叉排列（相互垂直）的薄片制成的板切削加工；

b) 把基本上呈相切排列的薄片置于圆形模具内进行压制加工；

c) 把按每一层与前一层成 45°角交叉排列组装起来的薄片置于圆形模具内进行压制加工。

由于使用的加工方法不同，得到的性能存在明显差异，因此，订购合同应规定所需的环形材料的型号。

4 命名

本规范所包括的各种型号材料,应按下述命名:

——材料形状:板材或环形材;

——本标准编号:GB/T 20634.1;

——按 4.1 示出薄片排列的字母代号;

——按 4.2 示出密度范围的数字代号;

——按 4.3 示出木材种类的字母代号;

——尺寸(mm):

　　板材:厚度×宽度×长度

　　环材:厚度×环的径向宽度×外径

4.1 薄片的排列

薄片的排列方式以下述字母表示:

P:平行排列;

C:垂直交叉排列;

T:相切排列;

A:与前一层成 45°角排列。

注:在 P 和 T 排列中,由于制造加工的原因,最多有 15% 的薄片允许其纤维与其他薄片纤维呈相互垂直的方式排列。

4.2 表观密度

表观密度(g/cm³)范围以下述数字的代号来表示:

1:0.7≤表观密度<0.9;

2:0.9≤表观密度<1.1;

3:1.1≤表观密度<1.2;

4:1.2≤表观密度<1.3。

4.3 木材种类

木材种类以下述字母表示:

B:桦木(brich);

M:枫树(maple);

R:山毛榉(beech)。

如用其他种类木材应给出说明。

4.4 命名方法实例

一种由山毛榉薄片垂直相交排列制成的非浸渍致密层压木板,其表观密度(g/cm³)为:1.1≤表观密度<1.2,厚度 10 mm,宽度 1 000 mm 及长度 2 000 mm,应表示成:

板材:GB/T 20634.1-C3R-10×1 000×2 000

一种由山毛榉薄片相切排列制成的非浸渍致密层压木环形材,其表观密度(g/cm³)为:0.9≤表观密度<1.1,厚度 80 mm,环的径向宽度 100 mm,外径 1 500 mm,应表示成:

板材:GB/T 20634.1-T2R-80×100×1 500

5 一般要求

5.1 组成

应由多层薄木片及热固性树脂制成,其中薄木片和树脂应能耐受 IEC 60296:2003 规定的变压器油作用,并且对油无任何污染。

5.2 缺陷

不允许有凹坑、变质区、开裂或导电杂质,但允许有不是由霉菌腐蚀引起的自然色斑,对于板材,其纤维方向应平行于板边,最大允许偏离角度为5°。

5.3 整饰

板材和环形材应平整、光滑,无局部变形。薄片之间的所有接头应紧密拼接,并且无明显的空隙和重叠,所有板材须经过边缘修整后供货。

5.4 可机加工性

按制造商推荐的方法进行锯、车削、铣或磨加工时,板材或环材应不出现严重的碎裂或任何开裂和剥离现象。

5.5 平直度

平直度试验按 IEC 61061-2:2001 的规定进行,对平直度的要求按 IEC 61061-3 相关单项材料规范的规定。

6 厚度

6.1 板材的优选厚度(mm)

6.0、8.0、10.0、14.0、16.0、20.0、25.0、30.0、35.0、40.0、45.0、50.0、60.0、70.0、80.0、90.0、100.0。

6.2 厚度偏差

对于板材或环形材上的任何一点与标称厚度的偏差应不超过 IEC 61061-3 相应的单项材料规范所要求的数值。

注:本部分仅适用于标称厚度在(6~100) mm 之间范围内的板材和环形材。

7 供货状态

板材和环形材应包装后供货,包装应保证在运输、搬运和贮存过程中起到充分地防护作用。

8 标志

8.1 标志应符合订购合同规定。

8.2 当用印章进行标志时,所使用的打印墨水应不导电,且耐油和对变压器油无污染。

8.3 标识出所执行的标准号、材料型号、数量等。

ICS 29.035.99
K 15

中华人民共和国国家标准

GB/T 20634.2—2008

电气用非浸渍致密层压木
第2部分：试验方法

Non-impregnated densified laminated wood for electrical purposes—
Part 2：Methods of test

(IEC 61061-2：2001，MOD)

2008-12-30 发布   2010-01-01 实施

中华人民共和国国家质量监督检验检疫总局
中国国家标准化管理委员会   发 布

前　言

GB/T 20634《电气用非浸渍致密层压木》包含下列几个部分：

——第 1 部分：定义、名称和一般要求；

——第 2 部分：试验方法；

——第 3 部分：单项材料规范　桦木薄片制成的板材；

——第 4 部分：单项材料规范　桦木薄片制成的环材。

本部分是 GB/T 20634 的第 2 部分。

本部分修改采用 IEC 61061-2:2001《电气用非浸渍致密层压木　第 2 部分：试验方法》(1.1 版英文版)。

本部分与 IEC 61061-2:2001 的技术差异差异如下：

——进行编辑性补充和调整（如：补充剪切强度计算公式和将对液体电介质的污染调整到电气性能试验中）；

——删除了 IEC 61061-2:2001 中本身已明示的不适用项目；

——纠正了 IEC 61061-2:2001 中有关可压缩性试验中有 Cres 和 Crev 的计算公式错误。

本部分由中国电器工业协会提出。

本部分由全国绝缘材料标准化技术委员会(SAC/TC 51)归口。

本部分主要起草单位：阿里河林业局层压板厂、扎兰屯同德木业有限责任公司、沈阳瑞丰电力设备有限公司、黑龙江省苇河林业局电工层压木厂、桂林电器科学研究所。

本部分起草人：罗林生、吉臣、郑希清、宋春恩、杨焕金、孙志伟、任传德、李学敏。

本部分为首次发布。

电气用非浸渍致密层压木
第2部分：试验方法

1 范围

GB/T 20634 的本部分规定了由多层薄木片及热固性树脂压制而成的电气用非浸渍致密层压木的试验方法。

本部分适用于由多层薄木片及热固性树脂压制而成的电气用非浸渍致密层压木。

2 规范性引用文件

下列文件中的条款通过 GB/T 20634 的本部分的引用而成为本部分的条款。凡是注日期的引用文件，其随后所有的修改单（不包括勘误的内容）或修订版均不适用于本部分，然而，鼓励根据本部分达成协议的各方研究是否可使用这些文件的最新版本。凡是不注日期的引用文件，其最新版本适用于本部分。

GB/T 1043.1—2008 塑料 简支梁冲击性能的测定 第 1 部分：非仪器化冲击试验(ISO 179-1：2000，IDT)

GB/T 1408.1—2006 绝缘材料电气强度试验方法 第 1 部分：工频下试验(IEC 60243-1：1998，IDT)

GB/T 1409—2006 测量电气绝缘材料在工频、音频、高频(包括米波波长在内)下电容率和介质损耗因数的推荐方法(IEC 60250：1969，IDT)

GB/T 5654—2007 液体绝缘材料相对电容率、介质损耗因数和直流电阻率的测量(IEC 60247：2004，IDT)

GB/T 9341—2008 塑料 弯曲性能的测定(ISO 178：2001，IDT)

IEC 60296：2003 用于变压器及开关的未使用过的矿物绝缘油规范

3 试样的条件处理

通常应将试样在温度 23 ℃±2 ℃，相对湿度 50%±5% 下处理 168 h，并应在该条件下试验或者在从该条件下取出后 3 min 内进行测试。

在有争议时，为确保试样经条件处理后，在质量方面有所增加，应先将试样在 70 ℃ 下进行足够长时间的干燥处理，然后再在温度 23 ℃±2 ℃，相对湿度 50%±5% 的处理条件下处理 240 h。

4 试样的干燥处理

处理方法 A：

做为优先选用的方法，其处理过程如下：

试样应在压力不大于 100 Pa 的真空干燥箱中，于 105 ℃±5 ℃下处理 24 h，到时取出并放置于干燥器中冷却至室温。

处理方法 B：

将试样放置于循环鼓风干燥箱中，在大气压力下经过 105 ℃±5 ℃干燥处理 168 h，到时取出并放置于干燥器中冷却至室温，本方法是期望获得与处理方法 A 相近的干燥处理效果。

5 尺寸

5.1 厚度

5.1.1 测量仪器

使用分度值为 0.01 mm、测头直径为 ϕ6 mm~ϕ8 mm 的外径螺旋测微计或测厚仪,其测量面的平面度应在 0.01 mm 以内,且两测量面的平行度应在 0.003 mm 以内,其施加试样上的压强应为 0.1 MPa~0.2 MPa。

5.1.2 程序

在收货状态下,沿板材的每条边且距边缘不小于 20 mm 部位测量两点厚度,共测八点,精确至 0.01 mm。

在有争议时,应沿板材整幅宽方向切割一条 40 mm 宽的板条,再从该板条上等间距地切割八个试样,每个试样长度不应小于 40 mm。然后按第 3 章的规定进行条件处理,处理完毕再在每个试样的中央部位测量其厚度。

5.1.3 结果

取八次测量值的中值作为试验结果,并报告最大值和最小值。

5.2 平直度

将板材凹面朝上并自然地置于平台上,将 1 000 mm 长或 500 mm 长的轻质直尺(其质量应小于 500 g)以各个方向分别置于试样上,测量板材的上表面偏离直尺的最大间距,精确至 0.5 mm。

6 机械性能试验

6.1 弯曲强度

6.1.1 概述

按 GB/T 9341—2008 规定进行垂直层向弯曲试验。

6.1.2 试样

分别沿图 1 所示的板材 A 向和 B 向加工宽度为 20 mm±1 mm,其长度不小于 25 倍厚度的试样各 5 个,当厚度超过 20 mm 时,则应采用单面加工的方法将其加工至 20 mm,试验时应将未加工面与支座相接触。

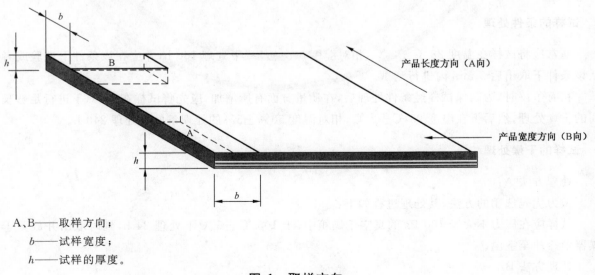

A、B——取样方向;

    b——试样宽度;

    h——试样的厚度。

图 1 取样方向

6.1.3 条件处理

按本部分第 3 章规定进行。

6.1.4 试验

按 GB/T 9341—2008 规定进行,其中试验速度按单项材料规范规定,若单项材料规范中无规定时,则取 5 mm/min。

6.1.5 结果

分别报告每一方向试验结果的中值,并以两个方向的中值中较低值作为弯曲强度试验结果。对于纤维大抵沿同一方向排列的这类板材,则取两个中值中较高的值作为弯曲强度。

6.2 表观弯曲弹性模量

按 GB/T 9341—2008 规定进行试验,其中试验速度为 2 mm/min。

6.3 可压缩性

6.3.1 试样

3 个(25 mm±0.25 mm)长×(25 mm±0.25 mm)宽,厚度尽可能接近 25 mm 的试样。若试样厚度小于 25 mm 的三分之二时,可由多个试样叠合的办法使厚度尽可能地接近 25 mm,此时任何试样的表面不应被加工。若样品厚度大于 25 mm 时,则应从单面加工至 25 mm±0.25 mm,所加工的表面及其边缘应平整光滑、无毛刺。

6.3.2 条件处理

按本部分第 3 章规定进行。

6.3.3 试验设备及装置

6.3.3.1 试验机

具有压缩试验功能的材料试验机,并可准确测量动梁(十字头)的动移,否则可采用内径测微计测量压板间的距离。

6.3.3.2 压板

正方形压板,其边长应大于 35 mm,以确保其每边均能超出试样至少 5 mm。

6.3.4 方法

将试样放置于压板的中央,施加 625 N±6 N(相当于 1.0 MPa 压强)初始压力负荷,保压 5 min,测量试样的厚度 h_0,当试验机不具有自动的动梁位置测量功能时,可采用内径测微计或其他仪器,分别在靠近试样每边的中间附近各测量一次厚度,以四次测量结果的算术平均值作为在该压力下试样的厚度值。然后,再按单项材料规范规定的压强施加负荷,并保压 5 min,测量此时试样的厚度 h_1,最后再减小压力负荷至 625 N±6 N(相当于 1 MPa 压强),并保压 5 min,测量此时试样的厚度 h_2。

6.3.5 结果

可压缩性 C、弹性压缩量 C_{rev} 和塑性压缩量 C_{res} 的计算见式(1)、式(2)和式(3):

$$C = \frac{h_0 - h_1}{h_0} \times 100\% \qquad \cdots\cdots\cdots\cdots\cdots\cdots\cdots\cdots (1)$$

$$C_{rev} = \frac{h_2 - h_1}{h_0 - h_1} \times 100\% \qquad \cdots\cdots\cdots\cdots\cdots\cdots\cdots (2)$$

$$C_{res} = \frac{h_0 - h_2}{h_0 - h_1} \times 100\% \qquad \cdots\cdots\cdots\cdots\cdots\cdots\cdots (3)$$

式中:

C——可压缩性,单位为百分数(%);

C_{rev}——弹性压缩量,单位为百分数(%);

C_{res}——塑性压缩量,单位为百分数(%);

h_0——初始压力下试样厚度,单位为毫米(mm);

h_1——在单项材料规范中规定的压力下试样的厚度,单位为毫米(mm);

h_2——从单项材料规范中规定的压力恢复到初始压力下试样的厚度,单位为毫米(mm)。

对每一性能,应分别以测得的中值作为试验结果,并报告另外两个值。

6.4 冲击强度

6.4.1 概述

按 GB/T 1043.1—2008 规定(3C 方法)进行侧向试验(见图 2)。

单位为毫米

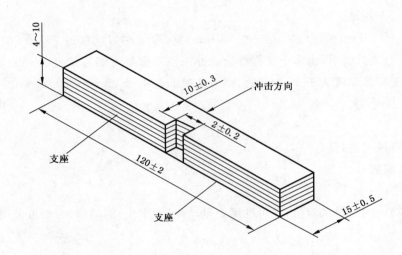

图 2 简支梁冲击试验的试样尺寸及试验方向

6.4.2 试样

分别沿板材的 A 向和 B 向各加工 5 个试样,当样品厚度大于 10 mm 时,则应将样品从单面加工成 10 mm±0.5 mm 厚的试样。

6.4.3 条件处理

按本部分第 3 章规定进行。

6.4.4 结果

分别以每个方向试验结果的中值为试验结果。

6.5 层间剪切强度

6.5.1 概述

平行层向剪切强度按图 3 所示原理进行试验,本项试验仅适用于厚度≥20 mm 的板材。

单位为毫米

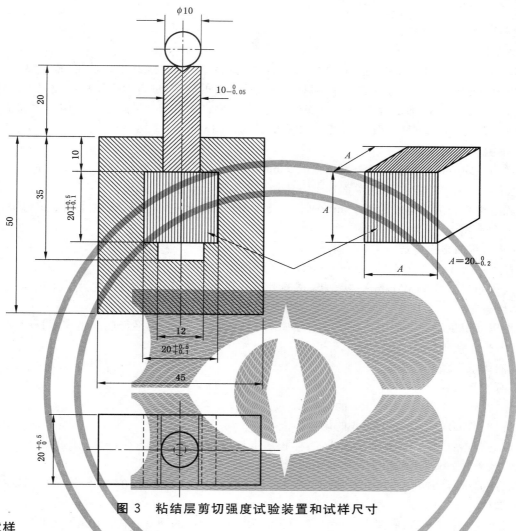

图 3　粘结层剪切强度试验装置和试样尺寸

6.5.2　试样

从板材上加工 5 个每个边长为 $20_{-0.2}^{0}$ mm 的立方体作为试样。当板材厚度大于 20 mm 时，则应采取双面等量加工的方法，将其厚度加工至 $20_{-0.2}^{0}$ mm。

6.5.3　条件处理

按本部分第 3 章规定进行。

6.5.4　程序

将试样放置在剪切装置内，此时应保证剪切应力作用于同一层面。施加负荷，使试样在 30 s～90 s 之间发生剪切破坏，记录破坏负荷。

6.5.5　结果

剪切强度按式(4)计算：

$$\tau = \frac{P}{s} \qquad\qquad\qquad \cdots\cdots\cdots\cdots\cdots\cdots\cdots\cdots\cdots（4）$$

式中：

τ——剪切强度，单为兆帕（MPa）；

P——剪切破坏负荷，单位为牛顿（N）；

s——剪切试验面积（取 400），单位为平方毫米（mm²）。

以 5 次试验结果的中值作为剪切强度并报告最大值和最小值。

7 电气性能试验

7.1 电气强度和击穿电压

7.1.1 概述

电气强度和击穿电压试验按 GB/T 1408.1—2006 的规定进行,其中试验应在 90 ℃±2 ℃符合 IEC 60296:2003 规定的矿物油中进行,同时试样应按 8.4 的规定,进行干燥和浸油处理,所有试样的干燥和浸油处理须在机械加工后进行,经干燥和浸油处理过的试样不应暴露于大气中。为保证试样达到试验温度,试验前应将试样浸没于 90 ℃±2 ℃的矿物油中 0.5 h～1 h。

7.1.2 垂直层向电气强度

试样为 $\phi150$ mm 圆板或 150 mm×150 mm 方型板材,当厚度超过 3.0 mm 时,其厚度可按 GB/T 1408.1—2006 规定,采用单面加工方法加工至 3.0 mm±0.2 mm。

试验电极系统为上电极为 $\phi25$ mm 和下电极为 $\phi75$ mm 圆柱形电极,试验升压方式为快速升压,升压速度为 500 V/s。

7.1.3 平行层向击穿电压

试样为 75 mm 长×(25 mm±0.2 mm)宽×原板厚的试样。

试验采用对称的 $\phi130$ mm 平板电极,试验升压方式为快速升压,升压速度为 500 V/s。

7.1.4 结果

分别以 5 次试验结果的中值作为垂直层向电气强度(kV/mm)和平行层向击穿电压(kV)的试验结果,并报告最小值。

7.2 对液体电介质的污染

7.2.1 装置及器材

油杯:符合 GB/T 5654—2007 的规定。

电桥:符合 GB/T 1409—2006 的规定。

装油的容器:由中性或硼玻璃制成的,体积约 1 L,在油的液面上方应保持干燥的氮气气氛。

加热装置:强力鼓风烘箱或其他加热装置。

变压器油:符合 IEC 60296:2003 的油品,并已测定过中和值(酸值)和在 90 ℃下工频介质损耗因数。

7.2.2 试样

将足够量的板材细剥成薄于 1 mm,表面积约为 100 mm² 的薄片,并经 105 ℃±1 ℃、16 h 干燥处理。在进行操作时,应避免用裸手触摸试样。

在注入油品前应检查容器清洁程度,然后将 750 mL 油注入清洁的容器中,并将 75 g 试样浸没于油中。在油品液面上方通入干燥的氮气气氛对油品进行保护。将装有油品和试样的容器,以及装有相同体积空白试验用油品的容器(在氮气气氛保护下)同时在 100 ℃±1 ℃的温度下加热 96 h。

到时终止加热,分别测量被试油品和空白油品的室温下中和值(酸值)或者在 90 ℃下的工频介质损耗因数。

7.2.3 结果

以被试油品和空白油品之间的中和值(酸值)或者在 90 ℃下工频介质损耗因数的差值表征层压木对液体电介质的污染程度。并报告空白油品和被试油品的测试值。

8 理化性能试验

8.1 表观密度

8.1.1 试样

分别从被试板材上加工 3 个试样,其尺寸为 100 mm 长×25 mm 宽×原板厚。

8.1.2 程序

分别测量每一试样的长度、宽度及厚度,测量精确至 0.02 mm。

分别测量每一试样的质量,精确至 0.1 g。

8.1.3 结果

以每一试样的质量除以其体积来计算表观密度,结果以 g/cm³ 表示。

以 3 次测量结果的中值做为表观密度,并报告最大值和最小值。

8.2 水分含量

在收货状态下从被试板材上加工 3 个试样,试样尺寸为 100 mm 长×25 mm 宽×原板厚。

8.2.1 收货状态下的质量

用分析天平称量试样的质量,精确至 1 mg。

8.2.2 干燥处理后的质量

按第 4 章 A 法的规定进行干燥处理,到时冷却至室温后称其质量精确至 1 mg。

8.2.3 结果

水分含量以干燥处理前后质量变化的百分数表示(%)。

以 3 次测量结果的中值做为水分含量,并报告最大值和最大小值。

8.3 干燥处理后的收缩率

8.3.1 试样

分别沿被试板材的 A 向和 B 向加工 50 mm 长×300 mm 宽×原板厚的试样各 3 个。

8.3.2 程序

首先按第 3 章的规定进行条件处理,处理后分别测量每一个试样的长度和厚度,其中厚度测量应距边缘不少于 20 mm。

注:必要时用标记笔、标记测量部位,以便于干燥处理后在相同部位测量。

然后再将试样按第 4 章 A 法的规定进行干燥处理,处理完毕冷却至室温后分别在同一部位(与条件处理后测试部位相同),分别再次测量每一试样的长度和厚度。

8.3.3 结果

以干燥处理前后,试样尺寸变化率的百分数分别表示 A 向及 B 向的长度收缩率和厚度收缩率或周长收缩率(%)。

分别以每一方向 3 次测得结果的中值作为试验结果并报告最大值和最小值。

8.4 吸油性

8.4.1 试样

从被试板材上加工 3 个试样,其尺寸为 100 mm 长×25 mm 宽×原板厚。

8.4.2 程序

首先按第 4 章 A 法的规定进行干燥处理,冷却至室温后分别测定其质量精确至 1 mg。

再将试样放入 90 ℃±2 ℃ 真空干燥箱中,抽真空,其压力应小于 100 Pa,并在该温度和真空度下保持 1 h。然后输入 90 ℃±2 ℃ 符合 IEC 60296:2003 规定的变压器油,输油应十分缓慢,以确保期间的压力不超过 250 Pa。

当试样被变压器油完全浸没后(为防止试样上浮,可预先在试样上悬挂金属重物),再缓慢解除真空达到大气压力后停止加热。并在此状态下保持试样浸油 24 h±1 h。然后再从油中取出试样并用吸油纸擦去多余的油,最后分别测量每一试样的质量。

8.4.3 结果

以吸油处理前后试样质量变化率表示吸油率(%)。

以 3 次测量结果的中值作为试验结果,并报告最大值和最小值。

ICS 29.035.99
K 15

中华人民共和国国家标准

GB/T 20634.3—2008

电气用非浸渍致密层压木
第 3 部分：单项材料规范
由桦木薄片制成的板材

Non-impregnated densified laminated wood for electrical purposes—
Part 3：Specifications for individual materials—
Sheets produced from birch veneer

（IEC 61061-3-1：1998，Non-impregnated densified laminated wood for
electrical purposes—Part 3：Specifications for individual materials—
Sheet1：Sheets produced from beech veneer，MOD）

2008-12-30 发布　　　　　　　　　　　　　　2010-01-01 实施

中华人民共和国国家质量监督检验检疫总局
中国国家标准化管理委员会　发 布

前　言

GB/T 20634《电气用非浸渍致密层压木》包含有下列几部分：

——第1部分：定义、名称和一般要求；

——第2部分：试验方法；

——第3部分：单项材料规范　由桦木薄片制成的板材；

——第4部分：单项材料规范　由桦木薄片制成的环材。

本部分为 GB/T 20634 的第3部分。

本部分修改采用 IEC 61061-3-1:1998《电气用非浸渍致密层压木　第3部分：单项材料规范　由山毛榉薄片制成的板材》(第2版，英文版)，修改原因是受我国林木资源品种的限制，我国是以桦木为主生产层压木制品。

本部分与 IEC 61061-3-1:1998 的主要技术差异如下：

——删除了 P1R～P4R 的技术要求，同时将型号 C1R～C4R 改为 C1B～C4B；

——增补了＞100 mm～≤150 mm 厚度规格的板材及其允许偏差的要求；

——提高了板材"平直度"的要求；

——对文本进行了编辑性修改，如将试验方法单列一章，并增加了包装、标志、运输和贮存。

本部分由中国电器工业协会提出。

本部分由全国绝缘材料标准化技术委员会(SAC/TC 51)归口。

本部分主要起草单位：扎兰屯同德木业有限责任公司、阿里河林业局层压板厂、沈阳瑞丰电力设备有限公司、黑龙江省苇河林业局电工层压木厂、桂林电器科学研究所。

本部分起草人：郑希清、宋春恩、罗林生、吉臣、杨焕金、孙志伟、李树军、李学敏。

本部分为首次发布。

电气用非浸渍致密层压木
第3部分：单项材料规范
由桦木薄片制成的板材

1 范围

GB/T 20634 的本部分规定了由桦木薄片制成的电气用非浸渍致密层压木板材的要求、试验方法、包装、标志、运输和贮存。

本部分适用于由桦木薄片制成的电气用非浸渍致密层压木的板材。

2 规范性引用文件

下列文件中的条款通过 GB/T 20634 的本部分的引用而成为本部分的条款。凡是注日期的引用文件，其随后所有的修改单（不包括勘误的内容）或修订版均不适用于本部分，然而，鼓励根据本部分达成协议的各方研究是否可使用这些文件的最新版本。凡是不注日期的引用文件，其最新版本适用于本部分。

GB/T 20634.1—2006 电气用非浸渍致密层压木 第1部分：定义、名称和一般要求（IEC 61061-1：1998，IDT）

GB/T 20634.2—2008 电气用非浸渍致密层压木 第2部分：试验方法（IEC 61061-2：2001，MOD）

3 要求

3.1 标称厚度及其允许偏差

对未经机械加工板材的标称厚度及其允许偏差要求见表1。

表 1 对未经机械加工板材的厚度及其允许偏差
单位为毫米

标称厚度	允许偏差
≤10	±1.4
>10～≤15	±1.6
>15～≤20	±1.8
>20～≤25	±2.0
>25～≤30	±2.2
>30～≤40	±2.6
>40～≤60	±3.0
>60～≤100	±4.0
>100～≤150	±4.0

对经机械加工后板材标称厚度的允许偏差为±0.5 mm。

3.2 标称长度和宽度及其允许偏差

对板材的标称长度和宽度及其允许偏差见表2。

表 2 板材的标称长度和宽度及允许偏差 单位为毫米

长度和宽度	允许偏差
>100～≤250	±0.8
>250～≤500	±1.0
>500～≤1 000	±2.0
>1 000～≤2 000	±3.0
>2 000	±4.0

3.3 平直度

对板材平直度要求见表3。

表 3 板材的平直度 单位为毫米

标称厚度	板材上表面任何一点偏离直尺最大间距	
	500 直尺	1 000 直尺
≤15	2.0	4.0
>15～≤25	1.5	3.0
>25～≤60	1.0	2.0
>60	1.0	1.0

3.4 性能要求

性能要求见表4。

表 4 性能要求

性能		单位	要求			
			型号			
			C1B	C2B	C3B	C4B
垂直层向弯曲强度	A 向	MPa	≥45	≥55	≥65	≥80
	B 向		≥45	≥55	≥65	≥80
垂直层向弯曲弹性模量	A 向	GPa	≥4.5	≥6	≥8	≥9
	B 向		≥4.5	≥6	≥8	≥9
可压缩性（20 MPa 下）	C	%	≤5	≤4	≤3	≤2.5
	C_{rev}		≥70	≥70	≥70	≥70
冲击强度（侧向试验）	A 向	kJ/m²	≥6	≥10	≥13	≥15
	B 向		≥6	≥10	≥13	≥15
层间剪切强度		MPa	≥5	≥7	≥8	≥9
垂直层向电气强度（90±2）℃油中		kV/mm	≥9	≥10	≥11	≥12
平行层向击穿电压（90±2）℃油中		kV	≥50	≥50	≥50	≥50
对液体电介质的污染（Δtanδ）		—	≤0.1	≤0.1	≤0.1	≤0.1

表 4（续）

性　　能		单位	要　　求			
			型　　号			
			C1B	C2B	C3B	C4B
表观密度		g/cm³	0.7～0.9	＞0.9～1.1	＞1.1～1.2	＞1.2～1.3
含水量		%	≤6	≤6	≤6	≤6
干燥后收缩率	A 向	%	≤0.3	≤0.3	≤0.3	≤0.3
	B 向		≤0.3	≤0.3	≤0.3	≤0.3
	厚度		≤3	≤3	≤3	≤3
吸油性		%	≥20	≥15	≥8	≥5

4　试验方法

4.1　外观及可加工性检查

按 GB/T 20634.1—2006 的规定进行外观检查和可加工性检验。

4.2　标称厚度及其允许偏差

按 GB/T 20634.2—2008 中 5.1 的规定进行。

4.3　标称长度和宽度及其允许偏差

用分度为 0.5 mm 的卷尺或钢直尺测量。

4.4　平直度

按 GB/T 20634.2—2008 中 5.2 的规定进行。

4.5　垂直层向弯曲强度

按 GB/T 20634.2—2008 中 6.1 的规定进行。

4.6　垂直层向弯曲弹性模量

按 GB/T 20634.2—2008 中 6.2 的规定进行。

4.7　可压缩性

按 GB/T 20634.2—2008 中 6.3 的规定进行。

4.8　冲击强度

按 GB/T 20634.2—2008 中 6.4 的规定进行。

4.9　层间剪切强度

按 GB/T 20634.2—2008 中 6.5 的规定进行。

4.10　垂直层向电气强度

按 GB/T 20634.2—2008 中 7.1.2 的规定进行。

4.11　平行层向击穿电压

按 GB/T 20634.2—2008 中 7.1.3 的规定进行。

4.12　对液体电介质污染（$\Delta\tan\delta$）

按 GB/T 20634.2—2008 中 7.2 的规定进行。

4.13　表观密度

按 GB/T 20634.2—2008 中 8.1 的规定进行。

4.14　含水量

按 GB/T 20634.2—2008 中 8.2 的规定进行。

4.15　干燥后收缩率

按 GB/T 20634.2—2008 中 8.3 的规定进行。

4.16 吸油率

按 GB/T 20634.2—2008 中 8.4 的规定进行。

5 包装、标志、运输和贮存

按 GB/T 20634.1—2006 的规定执行。

ICS 29.035.99
K 15

中华人民共和国国家标准

GB/T 20634.4—2008

电气用非浸渍致密层压木
第 4 部分：单项材料规范
由桦木薄片制成的环材

Non-impregnated densified laminated wood for electrical purposes—
Part 4：Specifications for individual materials—
Rings produced from birch veneer

（IEC 61061-3-2：2001，Non-impregnated densified laminated wood for
electrical purposes—Part 3：Specifications for individual materials—
Sheet 2：Rings produced from beech veneer，MOD）

2008-12-30 发布

2010-01-01 实施

中华人民共和国国家质量监督检验检疫总局
中国国家标准化管理委员会　发 布

前　言

GB/T 20634《电气用非浸渍致密层压木》包含下列几个部分：

——第 1 部分：定义、名称和一般要求；

——第 2 部分：试验方法；

——第 3 部分：单项材料规范　由桦木薄片制成的板材；

——第 4 部分：单项材料规范　由桦木薄片制成的环材。

本部分为 GB/T 20634 的第 4 部分。

本部分为修改采用 IEC 61061-3-2：2001《电气用非浸渍致密层压木　第 3 部分：单项材料规范　由山毛榉薄片制成的环材》（第 1 版，英文版），修改原因是受我国林木资源品种限制，我国是以桦木为主生产层压木制品。

本部分与 IEC 61061-3-2：2001 主要技术差异如下：

——将 T2R 和 T4R 型号改为 T2B 和 T4B；

——增补了＞100 mm～≤150 mm 厚度规格的环材及其允许偏差的要求；

——将经机械加工板材的标称厚度允许偏差提高至 0.5 mm；

——将含水量由 8％提高至 6％；

——对文本进行编辑性修改，如将试验方法单列为一章，并增加了包装、标志、运输和贮存要求。

本部分由中国电器工业协会提出。

本部分由全国绝缘材料标准化技术委员会（SAC/TC 51）归口。

本部分主要起草单位：沈阳瑞丰电力设备有限公司、黑龙江省苇河林业局电工层压木厂、扎兰屯同德木业有限责任公司、阿里河林业局层压板厂、桂林电器科学研究所。

本部分起草人：杨焕金、孙志伟、李树军、宋春恩、郑希清、罗林生、吉臣、李学敏。

本部分为首次发布。

电气用非浸渍致密层压木
第4部分：单项材料规范
由桦木薄片制成的环材

1 范围

GB/T 20634 的本部分规定了由桦木薄片制成的电气用非浸渍致密层压木环材的技术要求、检验方法、包装、标志、运输和贮存。

本部分适用于由桦木薄片制成的电气用非浸渍致密层压木环材。

2 规范性引用文件

下列文件中的条款通过 GB/T 20634 的本部分的引用而成为本部分的条款。凡是注日期的引用文件，其随后所有的修改单(不包括勘误的内容)或修订版均不适用于本部分，然而，鼓励根据本部分达成协议的各方研究是否可使用这些文件的最新版本。凡是不注日期的引用文件，其最新版本适用于本部分。

GB/T 20634.1—2006 电气用非浸渍致密层压木 第1部分：定义、名称和一般要求(IEC 61061-1：1998，IDT)

GB/T 20634.2—2008 电气用非浸渍致密层压木 第2部分：试验方法(IEC 61061-2：2001，MOD)

3 要求

3.1 标称厚度及其允许偏差

对标称厚度及其允许偏差要求见表1。

表 1 未经机械加工环材的标称厚度及其允许偏差　　　　　单位为毫米

标称厚度	允许偏差
≤10	±1.4
>10～≤15	±1.6
>15～≤20	±1.8
>20～≤25	±2.0
>25～≤30	±2.2
>30～≤40	±2.6
>40～≤60	±3.0
>60～≤100	±4.0
>100～≤150	±4.0

对机械加工后环材标称厚度的允许偏差为±0.5 mm。

3.2 直径

对标称直径及其允许偏差的要求见表2。

表 2　标称直径及其允许偏差　　　　　　　　　　　　　　　单位为毫米

标称直径	允许偏差
>250～≤500	±1.0
>500～≤1 000	±2.0
>1 000～≤2 000	±3.0
>2 000	±4.0

3.3　平直度

对环材平直度要求见表3。

表 3　环材平直度要求　　　　　　　　　　　　　　　　　单位为毫米

标称厚度	环材上表面任何一点偏离直尺的最大间距	
	500 直尺	1 000 直尺
≤15	2.5	6
>15～≤25	2.0	4
>25～≤60	1.5	2
>60	1.0	1.5

3.4　性能要求

性能要求见表4。

表 4　性能要求

性　能		单　位	要　　　求	
			型　号	
			T2B	T4B
垂直层向弯曲强度	直径>1 000 mm	MPa	≥100	≥140
	直径≤1 000 mm		≥90	≥125
垂直层向弯曲弹性模量		GPa	≥10	≥13
可压缩性(20 MPa 下)	C	%	≤5	≤3
	C_{rev}		≥70	≥70
冲击强度(侧向试验)		kJ/m²	≥25	≥35
层间剪切强度		MPa	≥7	≥9
垂直层向电气强度 (90 ℃±2 ℃)油中		kV/mm	≥10	≥10
平行层向击穿电压 (90 ℃±2 ℃)油中		kV	≥50	≥50
对液体电介质污染($\Delta\tan\delta$)		—	≤0.1	≤0.1
表观密度		g/cm³	1.0±0.1	1.25±0.05
含水量		%	≤6	≤6
干燥后收缩率	周长	%	≤0.5	≤0.5
	厚度		≤3	≤3
吸油性		%	≥15	≥5

4 试验方法

4.1 外观及可加工性检查

按 GB/T 20634.1—2006 的规定进行外观检查和可加工性检验。

4.2 标称厚度及其允许偏差

按 GB/T 20634.2—2008 中 5.1 的规定进行。

4.3 标称直径及其允许偏差

用分度为 0.5 mm 卷尺或钢直尺沿相互垂直的方向测量两次,取其平均值作为试验结果。

4.4 平直度

按 GB/T 20634.2—2008 中 5.2 的规定进行。

4.5 垂直层向弯曲强度

按 GB/T 20634.2—2008 中 6.1 的规定进行,其中取样方向是沿环材的圆周切线方向切取加工试样。

4.6 垂直层向弯曲弹性模量

按 GB/T 20634.2—2008 中 6.2 的规定进行,取样方向同 4.5。

4.7 可压缩性

按 GB/T 20634.2—2008 中 6.3 的规定进行。

4.8 冲击强度

按 GB/T 20634.2—2008 中 6.4 的规定进行侧向试验,取样方法同 4.5。

4.9 层向剪切强度

按 GB/T 20634.2—2008 中 6.5 的规定进行。

4.10 垂直层向电气强度

按 GB/T 20634.2—2008 中 7.1.2 的规定进行。

4.11 平行层向击穿电压

按 GB/T 20634.2—2008 中 7.1.3 的规定进行。

4.12 对液体电介质污染($\Delta tan\delta$)

按 GB/T 20634.2—2008 中 7.2 的规定进行。

4.13 表观密度

按 GB/T 20634.2—2008 中 8.1 的规定进行。

4.14 含水量

按 GB/T 20634.2—2008 中 8.2 的规定进行。

4.15 干燥后收缩率

按 GB/T 20634.2—2008 中 8.3 的规定进行。

4.16 吸油率

按 GB/T 20634.2—2008 中 8.4 的规定进行。

5 包装、标志、运输和贮存

按 GB/T 20634.1—2006 规定执行。

ICS 29.035.10
K 15

中华人民共和国国家标准

GB/T 21217.1—2007/IEC 61628-1:1997

电气用波纹纸板和薄纸板
第 1 部分：定义、命名及一般要求

Corrugated pressboard and presspaper for electrical purposes—
Part 1: Definitions, designations and general requirements

(IEC 61628-1:1997, IDT)

2007-12-03 发布　　　　　　　　　　　　2008-05-20 实施

中华人民共和国国家质量监督检验检疫总局
中国国家标准化管理委员会　发布

前　言

GB/T 21217 由下列三部分组成：
——第 1 部分：定义、命名及一般要求；
——第 2 部分：试验方法；
——第 3 部分：单项材料规范。

本部分为 GB/T 21217 的第 1 部分。

本部分等同采用 IEC 61628-1:1997《电气用波纹纸板和薄纸板　第 1 部分：定义、命名及一般要求》
（英文版）。

本部分删除了 IEC 标准的"前言"。

本部分由中国电器工业协会提出。

本部分由全国绝缘材料标准化技术委员会（SAC/TC 51）归口。

本部分起草单位：桂林电器科学研究所、西安交通大学。

本部分主要起草人：李学敏、曹晓珑。

本标准为首次制定。

电气用波纹纸板和薄纸板
第 1 部分:定义、命名及一般要求

1 范围

本部分规定了电气用波纹纸板和薄纸板的定义、命名及一般要求。

符合本部分的材料,满足一定的性能水平。然而,对某一具体应用时,应根据实际应用对材料所需要的具体性能要求来选择,而不是仅根据本部分来定。

尽管本材料主要用于电气绝缘,但并不排斥将其用在其性能符合的其他方面。

2 规范性引用文件

下列文件中的条款通过 GB/T 21217 的本部分的引用而成为本部分的条款。凡是注日期的引用文件,其随后所有的修改单(不包括勘误的内容)或修订版均不适用于本部分,然而,鼓励根据本部分达成协议的各方研究是否可使用这些文件的最新版本。凡是不注日期的引用文件,其最新版本适用于本部分。

IEC 60641-1:1979 电气用纸板和薄纸板 第 1 部分:定义及一般要求

3 定义

下述定义和 IEC 60641-1:1979 中的定义适用于 GB/T 21217 的本部分。

3.1

波纹　corrugation

均匀遍布于片状材料宽度上的有规律、重复的平直表面的形变。

3.2

波纹形式　type of corrugation

——正弦型:按正弦波形状的波纹。

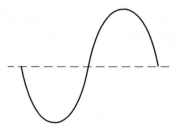

——角状波:具有平直斜侧面和/或平直顶部的波纹,在平直部分交接处,有或没有半径过渡。

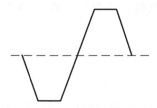

——对称型:峰和谷处的波纹形状和大小是完全相同的。

——非对称型:峰和谷处的波纹形状和/或大小是不相同的。

因此,可以有下述四种不同类型的波纹:

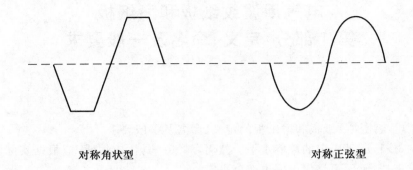

对称角状型　　　　　　　　　　　　对称正弦型

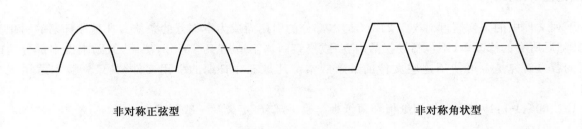

非对称正弦型　　　　　　　　　　　　非对称角状型

4　命名

按 GB/T 21217 的本部分供货的材料,可用下述代码字母和数字组合进行命名。

按 IEC 60641-1:1979 中表 1 命名的基础材料型号/厚度/波纹类型。

波纹类型按表 1 规定。

表 1　命名代码

	正　弦	角　状
对称的	SS	SA
不对称的	NS	NA

命名实例:按 GB/T 21217 的本部分供货,由 B.3.1 制成,1 mm 厚,具有对称的正弦波纹型的材料,其命名如下:

B.3.1/1/SS

5　一般要求

5.1　组成

材料由符合 IEC 60641-1:1979 的纸板或薄纸板制成,其成型既可以通过机械加压、加热或加湿,也可以通过三者结合,但不含有添加剂。

6　供货条件

6.1　包装

供货材料应予以包装,以保证在搬运、运输和贮存过程中对其有足够的保护。

7 标志

7.1 每一批材料应用清楚可鉴别的代码予以清晰标记。

7.2 标记用的材料

　　在波纹材料上用作任何标记的材料应不导电且耐油但不对油造成污染。

第 10 部分:绝缘液体类

前　　言

本标准等效采用国际标准 IEC 156:1995《绝缘油工频击穿电压测定法》,对 GB/T 507—1986《绝缘油介电强度测定法》进行修订。

本标准与 IEC 156:1995 的差异:

1. 部分引用标准采用我国相应现行国家标准;

2. 增加方法概要和试剂两章。

本标准与 GB/T 507—1986 的差异为:

1. 名称不同;

2. 测定范围不同;

3. 增加对切换系统的要求;

4. 变压器和相配装置应能在电压大于 15 kV 时产生的最小短路电流不同;

5. 电压峰值因数范围不同;

6. 试样杯体积不同;

7. 电极间距规定了公差;

8. 原标准变压器所用交流电频率为 50 Hz;本标准变压器所用交流电频率为 48 Hz～62 Hz;

9. 两次测定之间停等时间不同;

10. 断路器切断时间不同;

11. 增加了搅拌装置和电极制备。

本标准自实施之日起,代替 GB/T 507—1986。

本标准由中国石油化工股份有限公司提出。

本标准由中国石油化工股份有限公司石油化工科学研究院归口。

本标准起草单位:中国石油化工股份有限公司上海高桥分公司炼油厂。

本标准主要起草人:顾贞艳、陆丽华。

本标准于 1965 年 1 月首次发布,1986 年 6 月第一次修订。

中华人民共和国国家标准

绝缘油　击穿电压测定法

GB/T　507—2002
eqv IEC 156:1995

代替 GB/T 507—1986(91)

Insulating liquids—Determination of the
breakdown voltage at power frequency

1 范围

本标准规定了绝缘油击穿电压的测定方法。本标准适用于测定 40℃粘度不大于 $350\ mm^2/s$ 的各种绝缘油,适用于未使用过的绝缘油的交接试验,也适用于设备监测和保养时对试样状况的评定。

2 引用标准

下列标准所包含的条文,通过引用而成为本标准的一部分。除非在标准中另有明确规定,下述引用标准都应是现行有效标准。

GB/T 4756　石油液体手工取样法

IEC 52　球隙(一球接地)电压测定法

IEC 60　高压实验技术

3 方法概要

向置于规定设备中的被测试样上施加按一定速率连续升压的交变电场,直至试样被击穿。

4 试剂

4.1　丙酮:分析纯。

4.2　石油醚:分析纯,60℃～90℃。

5 仪器

5.1　电器设备由以下部分组成:

　　a)调压器;

　　b)步进变压器;

　　c)切换系统;

　　d)限能仪。

以上两个或多个设备可在系统中以集成方式使用。

5.1.1 调压器

因为手控调节不易得到要求的均衡升压,电压调节应采用自动控制系统,电压自动控制可由以下方法之一实现。

　　a)自耦变压器;

　　b)电子调节器;

　　c)发电机励磁调节;

　　d)感应调节器;

e）电阻型分压器。

5.1.2 步进变压器

5.1.2.1 试验电压是由交流电源(48 Hz～62 Hz)供电的步进变压器得到的。对低电压源的控制要满足试验电压平缓均匀,有变化且无过冲或瞬变,其电压增长值(如由自耦变压器产生的)不能超过预期击穿电压的 2%。

5.1.2.2 其加在绝缘油电池电极上的电压是一个近似正弦的波形,该峰值因数应在 $\sqrt{2}\pm7\%$ 范围内。变压器次级线圈中心点应接地。

5.1.3 限流电阻

为保护设备和防止绝缘油在击穿瞬间的过度分解,需在试样杯的线路中串接一个电阻,以限制击穿电流。对于电压大于 15 kV 的情况,变压器及相关电路的短路电流应在 10 mA～25 mA 内,这一点可通过电阻与高压变压器的初级线圈、次级线圈之一或同时相连得以实现。

5.1.4 切换系统

5.1.4.1 基本要求

达到恒定电弧时,电路即自动断开。达到试样击穿电流时,步进变压器的初级线圈应与断路器相连,并在 10 ms 内断开电压。如果在电极间发生瞬时火花(可闻或可见时),则手动断开电路。

> 注：电流感应元件的灵敏度取决于能量限制设备。通常情况下,4 mA 的电流触发切断不能超过 5 ms,而瞬间电流为
> 1 A 时(按5.1.4.2),电流触发切断的时间最好为 1 μs。

5.1.4.2 对于硅油的特别要求

发生电弧放电时,硅油可能产生固体分解物,导致试验结果的误差。因此,应采取措施使在击穿放电中所消耗的能量为最小。按上述要求限定电流,在 10 ms 内与步进变压器初级线圈相连,只适用于烃类测定。为了使硅油获得更为满意的测定结果,可使用低阻抗变压器的初级线圈短路设备或能检测在几微秒内击穿的低压设备。这种设备可以是模拟装置(如受调放大器),也可以是开关型式(如可控硅)。使用此种设备,在击穿检测 1 ms 内步进变压器的输出电压应减至零,并按试验顺序在进行下一步试验前电压不得增大。

5.2 测量仪器

5.2.1 对于本标准,试验电压值定义为电压峰值除以 $\sqrt{2}$。

5.2.2 该电压的测量可通过将峰值电压表或其他类型的电压表与测试变压器的输入端或输出端相连,或者上述提供的专用线圈相连来测量。使用时按标准校正,该标准应达到所需测量的全刻度。

5.2.3 一种较满意的校正方法是变换标准法,此方法是将一种辅助测量设备置于连在高压电极间的试样杯的位置,使其具有与装有试样的试样杯相同的阻抗,辅助测量设备可按原级标准独立校正。如 IEC 52(也可参见IEC 60)。

5.3 试验组件

5.3.1 试样杯

5.3.1.1 试样杯体积在 350 mL～600 mL 之间。

5.3.1.2 试样杯由绝缘材料制成,试样杯应透明,且对绝缘油及所用清洗剂具有化学惰性。

5.3.1.3 试样杯应带盖子,设计时要考虑到在清洗和保养时能容易取出电极。试样杯见图 1、图 2。

单位：mm

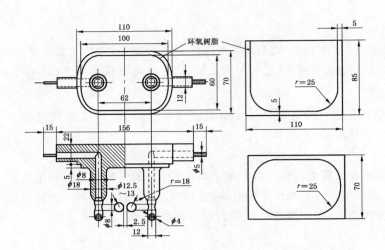

图 1　试样杯和球形电极

单位：mm

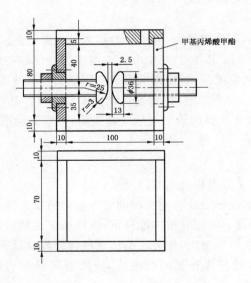

图 2　试样杯和球盖形电极示意图

5.3.2　电极

5.3.2.1　电极由磨光的铜、黄铜或不锈钢材料制成，球形（直径 12.5 mm～13.0 mm）见图 1，球盖形见图 2。电极轴心应水平，电极浸入试样的深度应至少为 40 mm。电极任一部分离杯壁或搅拌器不小于 12 mm，电极间距为 2.5 mm±0.05 mm。

5.3.2.2　应经常检查电极是否有损坏或凹痕，若有，应立即维修或更换。

5.3.3　搅拌器（可选）

5.3.3.1　搅拌可根据试验需要而定，是否搅拌对试验结果并无明显差别。对于自动化仪器来说，有搅拌器比较方便。

5.3.3.2 搅拌器由双叶转子叶片构成,其有效直径 20 mm～25 mm,浸入深度 5 mm～10 mm,并以 250 r/min～300 r/min 的速率转动。搅拌不应带入空气泡,并使绝缘油以垂直向下的方向流动。设计时要考虑到清洗方便。

5.3.3.3 若磁性棒上无磁性颗粒被刮落,搅拌可使用磁性棒(长:20 mm～25 mm,直径:5 mm～10 mm)代替。

6 准备工作

6.1 电极制备

新电极、有凹痕的电极或未按正确方式存放较长一段时间的电极,使用前按下述方法清洗。

6.1.1 用适当挥发性溶剂清洗电极各表面且晾干。

6.1.2 用细磨粒、砂纸或细砂布来磨光。

6.1.3 磨光后,先用丙酮,再用石油醚清洗。

6.1.4 将电极安装在试样杯中,装满清洁未用过的待测试样,升高电极电压至试样被击穿 24 次。

6.2 试验组件的准备

6.2.1 建议每一种绝缘油用一只特定试样杯。

6.2.2 试样杯不用时,应保存在干燥的地方并加盖,杯内装满经常用的干燥绝缘油。在试验时若需改变样品,用一种适当的溶剂将以前的试样残液除去,再用干燥待测试样清洗装置,排出待测试样后再将试样杯注满。

7 取样

7.1 样品容器

7.1.1 样品体积约为试样杯容量的 3 倍。

7.1.2 样品容器最好使用棕色玻璃瓶。若用透明玻璃瓶应在试验前避光储藏,也可用不与绝缘油作用的塑料容器,但不能重复使用。为了密封应使用带聚乙烯或聚四氟乙烯材质垫片的螺纹塞。

7.1.3 应先用适当的溶剂清洗容器和塞子,以除去上次残液,再用丙酮清洗,最后用热空气吹干。

7.1.4 清洗后,立即盖好盖子以备后用。

7.2 取样

7.2.1 新油或用过的绝缘油应依照 GB/T 4756 要求取样。

7.2.2 取样时,应留出 3% 的容器空间。

7.2.3 击穿电压的测试对试样中微量的水或其他杂质相当敏感,需用专用采样器采样,以防止试样的污染。除非另有要求,此项工作需经培训或有经验的人员来完成。取绝缘油最易带来杂质的地方,一般为容器底部。

8 试验步骤

进行试验时,除非另有规定,试样一般不进行干燥或排气。整个试验过程中,试样温度和环境温度之差不大于 5℃,仲裁试验时试样温度应为 20℃±5℃。

8.1 试样准备

试样在倒入试样杯前,轻轻摇动翻转盛有试样的容器数次,以使试样中的杂质尽可能分布均匀而又不形成气泡,避免试样与空气不必要的接触。

8.2 装样

试验前应倒掉试样杯中原来的绝缘油,立即用待测试样清洗杯壁、电极及其他各部分,再缓慢倒入试样,并避免生成气泡。将试样杯放入测量仪上,如使用搅拌,应打开搅拌器。测量并记录试样温度。

8.3 加压操作

8.3.1 第一次加压是在装好试样,并检查完电极间无可见气泡 5 min 之后进行的,在电极间按 2.0 kV/s±0.2 kV/s 的速率缓慢加压至试样被击穿,击穿电压为电路自动断开(产生恒定电弧)或手动断开(可闻或可见放电)时的最大电压值。

8.3.2 记录击穿电压值。达到击穿电压至少暂停 2 min 后,再进行加压,重复 6 次。注意电极间不要有气泡,若使用搅拌,在整个试验过程中应一直保持。

8.3.3 计算 6 次击穿电压的平均值。

9 报告

9.1 报告击穿电压的平均值作为试验结果,以千伏(kV)表示。

9.2 报告还应包括:样品名称、每次击穿值、电极类型、电压频率、油温、所用搅拌器型号(若选用)。

10 试验数据分散性

单个击穿电压的分布取决于试验结果的数值,图 3 是由几个实验室用变压器油测得的大量数据得出的变异系数(标准偏差/平均值)。图中实线显示的是变异系数的中间值与平均值的函数分布,虚线显示的是在 95% 置信区间内变异系数与平均值的函数分布。

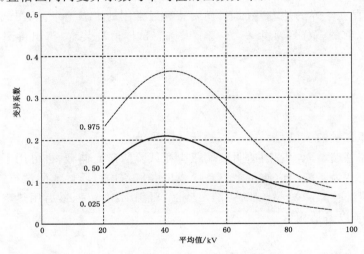

图 3 变异系数(标准偏差/平均值)与平均电压间的关系

ICS 29.035.99
K 15

中华人民共和国国家标准

GB/T 5654—2007/IEC 60247:2004
代替 GB/T 5654—1985

液体绝缘材料
相对电容率、介质损耗因数
和直流电阻率的测量

Insulating liquids—
Measurement of relative permittivity,
dielectric dissipation factor and d. c. resistivity

（IEC 60247:2004,IDT）

2007-12-03 发布

2008-05-20 实施

中华人民共和国国家质量监督检验检疫总局
中国国家标准化管理委员会 发布

前　　言

本标准等同采用 IEC 60247:2004《液体绝缘材料　相对电容率、介质损耗因数和直流电阻率的测量》(英文版)。

为便于使用,本标准做了下列编辑性修改。

a)　用小数点符号'.'代替小数点符号',';

b)　"本国际标准"一词改为"本标准";

本标准代替 GB/T 5654—1985《液体绝缘材料工频相对介电常数、介质损耗因数和体积电阻率的测量》。

本标准与 GB/T 5654—1985 相比主要变化如下:

a)　本标准增加了"引言"及"规范性引用文件"章节;

b)　在直流电阻率测量中,将"试验电压使液体承受 200 V～300 V/mm……"改为"试验电压应使液体承受 250 V/mm……";将电化时间"60 s"改为"60 s±2 s";将"注试样 15 min 后开始测量"改为"不超过 10 min 开始测量";

c)　本标准增加了图 2、图 3、图 4、图 5。

本标准的附录 A、附录 B、附录 C 为资料性附录。

本标准由中国电器工业协会提出。

本标准由全国绝缘材料标准化技术委员会(SAC/TC 51)归口。

本标准起草单位:桂林电器科学研究所。

本标准主要起草人:王先锋。

本标准历次版本发布情况为:

——GB/T 5654—1985。

引　言

健康和安全：

警告：本标准不涉及所有与使用有关的安全问题，使用本标准的人员有责任建立合适的健康与安全规则，并在使用之前确定受规则限制的适用范围。

环境：

本标准会导致产生某些绝缘液体、化学品、使用过的样品容器和油污染固体等问题，对这些物品的处置应按相关法规进行，以减少对环境的影响和危害，并应作好一切预防措施以防止这些液体因遗弃而污染环境。

液体绝缘材料
相对电容率、介质损耗因数
和直流电阻率的测量

1 范围

本标准规定了在试验温度下液体绝缘材料的介质损耗因数、相对电容率和直流电阻率的测量方法。

本标准主要是对未使用过的液体做参考性试验,但也适用于在运行中的变压器、电缆和其他电工设备中的液体。然而,本标准只适用于单相液体,当做例行测量时可以采用简化方法和附录 C 所述的方法。

对于非碳氢化合物绝缘液体,则要求采用其他清洗方法。

2 规范性引用文件

下列文件中的条款通过本标准的引用而成为本标准的条款。凡是注日期的引用文件,其随后所有的修改单(不包括勘误的内容)或修订版均不适用于本标准,然而,鼓励根据本标准达成协议的各方研究是否可使用这些文件的最新版本。凡是不注日期的引用文件,其最新版本适用于本标准。

GB/T 1409—2006 固体绝缘材料在工频、音频、高频(包括米波波长在内)下电容率和介质损耗因数的推荐方法(IEC 60250:1969,MOD)

GB/T 1410—2006 固体绝缘材料体积电阻率和表面电阻率试验方法(IEC 60093:1980,IDT)

GB/T 21216—2007 绝缘液体 测量电导和电容确定介质损耗因数的试验方法(IEC 61620:1998,IDT)

IEC 60475 液体电介质取样方法

3 术语和定义

下列术语和定义适用于本标准。

3.1

(相对)电容率 permittivity(relative)

绝缘材料的相对电容率是一电容器的两电极周围和两电极之间均充满该绝缘材料时所具有的电容量 C_x 与同样电极结构在真空中的电容量 C_0 之比。

用该电极在空气中的电容量 C_a 代替 C_0,对于测量相对电容率具有足够的精确度。

3.2

介质损耗因数(tanδ) dielectric dissipation factor(tanδ)

绝缘材料的介质损耗因数(tanδ)是损耗角的正切。

当电容器的介质仅由一种绝缘材料组成时,损耗角是指外施电压与由此引起的电流之间的相位差偏离 $\pi/2$ 的弧度。

注:实际应用中,tanδ 测得值低于 0.005 时,tanδ 和功率因数(PF)基本上相同。可用一个简单的换算公式将两者进行换算。功率因数是损耗角的正弦,功率因数和介质损耗因数之间的关系可表达为下式:

$$PF = \frac{\tan\delta}{\sqrt{1+(\tan\delta)^2}} \quad \cdots\cdots\cdots\cdots\cdots\cdots\cdots\cdots\cdots(1)$$

式中：

PF——功率因数；

$\tan\delta$——介质损耗因数。

3.3

直流电阻率（体积）　d. c. resistivity（volume）

绝缘材料的体积电阻率是在材料内的直流电场强度与稳态电流密度的比值。

注：电阻率的单位是欧姆米（$\Omega\cdot m$）。

4　概述

电容率、$\tan\delta$和电阻率，无论是单一还是全部，都是绝缘液体的固有质量和污染程度的重要指标。这些参数都可用于解释所要求的介电特性发生偏离的原因，也可解释其对于使用该液体的设备所产生的潜在影响。

4.1　电容率和介质损耗因数（$\tan\delta$）

电气绝缘液体的电容率和介质损耗因数（$\tan\delta$）在相当大程度上取决于试验条件，特别是温度和施加电压的频率，电容率和介质损耗因数都是介质极化和材料电导的度量。

在工频和足够高的温度下，与本方法中推荐的一样，损耗可仅归因于液体的电导，即归因于液体中自由载流子的存在。因此，测量高纯净绝缘液体的介电特性，对判别电离杂质的存在很有价值。

介质损耗与测量频率成反比，且随介质粘度的变化而变化。试验电压值对测量损耗因数影响不大，它通常只是受电桥的灵敏度所限制。但是，应考虑到高的电场强度会引起电极的二次效应、介质发热、放电等影响。

较大的杂质所引起的电容率的变化相对较小，而其介质损耗则强烈地受极小量的可电离溶解杂质或胶体微粒的影响。某些液体有较大的极性，所以对杂质的敏感性较之碳氢化合物液体要强得多。极性还导致它有较高的溶解和电离的能力，因此在操作时要比对碳氢化合物液体更应小心。

通常认为初始值能较好地代表液体的实际状态，所以更希望能在一达到温度平衡时就测量介质损耗因数，介质损耗因数对温度的变化很敏感，通常是随温度的增加成指数式的增大，因此需要在足够精确的温度条件下进行测量。下面所述的方法使试样温度在很短的时间内达到与试验池平衡。

4.2　电阻率

用本标准的方法测得的电阻率通常并不是真正的电阻率。当施加直流电压后，由于电荷迁移，将使液体的起始特性发生随时间而变化。真正的电阻率只有在低电压下且在刚施加电压后才可得到。本标准使用比较高的电压且经较长时间，因此，其结果通常是与GB/T 21216—2007所得到的不同。

本标准中液体的电阻率测量结果与试验条件有关，主要有：

a)　温度

电阻率对温度的变化特别敏感，是按$1/K$指数变化。因此需要在足够精确的温度条件下进行测量。

b)　电场强度的值

给定试样的电阻率可受施加电场强度的影响。为了获得可比的结果，应在近似相等的电压梯度下进行测量，并应在相同极性下进行，此时应注明其梯度值和极性。

c)　电化时间

当施加直流电压时，由于电荷向两电极迁移，流经试样的电流将逐渐减少到一极限值。一般规定电化时间为1 min，不同的电化时间可导致试验结果明显不同［某些高粘度的液体可能需要相当长的电化时间（见14.2）］。

4.3　测量次序

将直流电压施加在试样上，会改变其随后测量的工频$\tan\delta$的结果。

当在同一试样上相继测量电容率、损耗因数和电阻率时,工频下测量应在对试样施加直流电压以前进行。工频试验后,应将两电极短路 1 min 后再开始测量电阻率。

4.4 导致错误结果的因素

虽然只有严重污染才会影响电容率。但微量的污染却能强烈地影响 tan δ 和电阻率。

不可靠的结果通常是由于不适当的取样或处理试样所造成的污染、由未洗净试验池或吸收了水份,特别是存在不溶解的水份所引起。

在贮藏期间长久暴露在强光线下会导致电介质劣化,采用所推荐液体样品贮存和运输以及试验池的结构和净化的标准化程序,可使由污染引起的误差减至最小。

5 仪器

5.1 试验池

同一试验池可用来测量电容率、介质损耗因数和直流电阻率。适合于这些用途的试验池应符合如下要求。

5.1.1 试验池应设计成能容易拆洗所有的部件,并易于重新装配而不致明显地改变空池的电容量。同时试验池还应能在所要求的恒定温度下使用,并提供以所需精确度来测量和控制液体温度的方法。外加热的炉(或浴)或内部电加热的试验池都可以使用。

5.1.2 用来制造试验池的材料应是无气孔的,并能经受所要求的温度,电极的中心对准应不受温度变化的影响。

5.1.3 与被试液体接触的电极表面应抛光如镜面,以便清洗容易。液体和电极之间应没有相互的化学作用,它们也不应受清洗材料的影响。用不锈钢制造的试验池(电极)对试验所有类型的绝缘液体都是适用的,不应使用铝和铝合金做电极,因为它们会被碱性的洗净剂腐蚀。

注:通常在表面上电镀不如一种金属制成的电极好。但表面镀金、镍或铑,只要镀得好并保持好无损也可满意地使用。殷钢镀铑电极较好且具有较低热膨胀的优点。也可采用在黄铜上镀铬或金和在不锈钢上镀镍的电极。

5.1.4 用来支撑电极的固体绝缘材料应具有较低的介质损耗因数和较高的电阻率,这些固体绝缘材料不应吸收参照液体、被试液体以及清洗材料,也不应受它们的影响。

注:通常认为熔融石英是用作试验池合适的绝缘材料,由于普通金属和石英的线膨胀系数不同,它们接合面之间需要具有充分的径向间隙。但应注意到这间隙会减小电极间距的精度。

5.1.5 保护电极和测量电极之间横跨液面及固体绝缘材料的距离应足够大,以便能承受施加的试验电压。

5.1.6 符合 5.1.1 到 5.1.5 要求的任何试验池均可使用,用于低黏度液体和施加电压不超过 2 000 V 的试验池见图 1～图 5。

三端试验池提供了足以屏蔽测量电极的有效保护电极系统。当进行极精密的电容率测量时应选择三端试验池。在这种测量中,如有必要,还要求加上一个可拆卸的特殊屏蔽环,并与连接测量电极和电桥的同轴电缆的外层导体(屏蔽)相连接(见图 2)。

在用两端试验池时,引线屏蔽层通常是接到保护电极的。为了防止屏蔽层同任何其他表面接触,应将它牢牢地夹在电缆的绝缘层上。当用这样的试验池测量电阻率时,空池的绝缘撑环的电阻至少是被测液体电阻的 100 倍。同样,在交流下测量介质损耗因数也应有相应的比值。

对于较好的绝缘液体,可能由于绝缘撑环附加的损耗而改变测量值。为此,建议使用在两电极间无任何固体绝缘材料支撑的试验池,这样的空试验池的损耗因数在 50 Hz 时应低于 10^{-6}。

为了使与液体接触表面的污染影响减到最小,建议采用具有电极表面面积与液体体积之比小的试验池,例如小于 5/cm。

单位为毫米

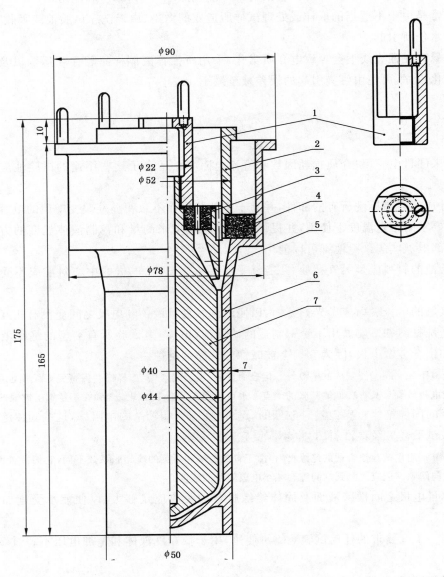

1——提升把手；

2——保护环；

3——石英垫圈；

4——石英垫圈；

5——液体最低水平线；

6——内电极；

7——外电极。

注1：液体容量约 45 mL。

注2：所有与液体接触的面均应抛光。

图 1　测量液体用三端试验池示图

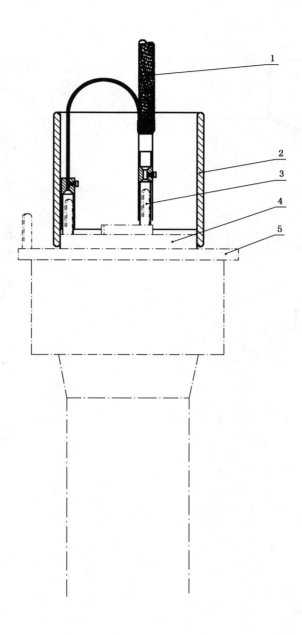

1——屏蔽电缆；

2——可移动的屏蔽罩(不锈钢)；

3——内电极环；

4——保护环；

5——外电极。

图 2　图 1 试验池的屏蔽示图

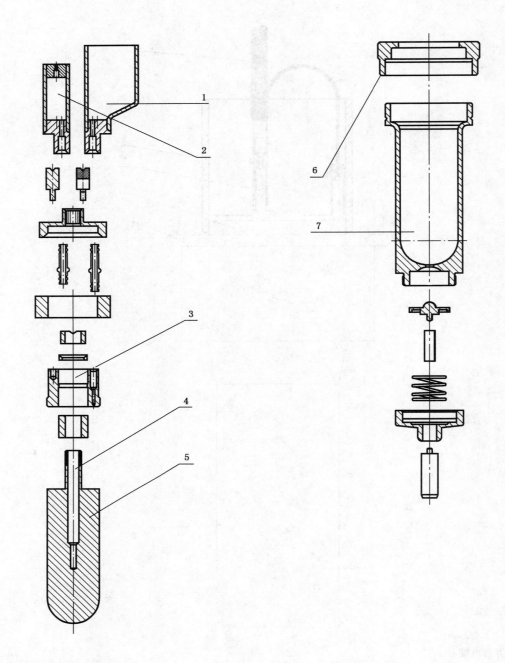

1——充液玻璃管；

2——排气玻璃管；

3——保护电极；

4——测温元件管；

5——测量电极；

6——箍紧联接环；

7——高压电极。

图 3 试验池的装配图

单位为毫米

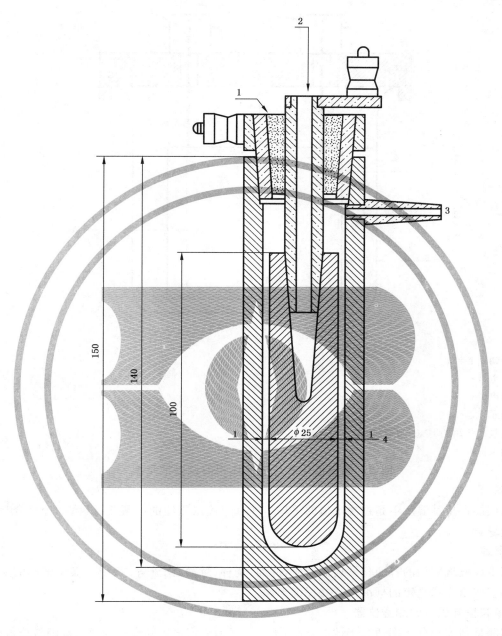

1——绝缘材料；

2——温度计插孔；

3——过剩液体的两个流出口；

4——间隙。

注:注满试验池的液体量:约 15 cm³。

图 4　测量液体用两端试验池示图

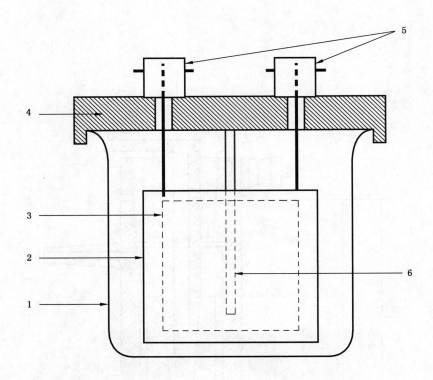

1——不锈钢容器；

2——外电极；

3——内电极；

4——盖子；

5——电气联接用的 BNC(裸镍铬)插头；

6——测温护套。

图 5 测量低损耗介电液体用的试验池示图

5.2 试验箱

试验箱应能保持其温度不超过规定值的±1℃，并有连接试验池的屏蔽线，试验池应完全与试验箱接地外壳绝缘。

5.3 玻璃器皿

应采用由硼硅玻璃做的普通化学玻璃器皿，例如：烧杯、量筒、滴管等，且用于操作试样的所有玻璃器皿至少都应按第 6 章规定的标准清洗并仔细干燥。

5.4 电容率和损耗因数的测量仪器

只要其测量精度和分辨率适合于被试样品，可采用任何交流电容和介质损耗因数测量仪器。

交流电容电桥及试验线路的示例与 GB/T 1409—2006 中规定一致。

5.5 直流电阻率的测量仪器

只要其精度和分辨率适合于被试样品，可采用任何仪器。合适的仪器和试验线路与 GB/T 1410—2006 中规定一致。

5.6 测时器

用于测量电化时间，准确到 0.5 s。

5.7 安全措施

危险警示——应确保设备的安全装置正常运行。

6 清洗用溶剂

用于清洗试验池的溶剂应至少是符合工业纯要求的,其对试验结果应无影响,溶剂应贮存在棕色的玻璃瓶里。

如果溶剂是以桶装交货的,应过滤,过滤后的溶剂应贮存在具有标记的茶色玻璃瓶里。

烃类溶剂,例如汽油(沸点 60℃~80℃)、正庚烷、环已烷和甲苯,对清洗烃类油是合适的。对于有机酯液体,推荐用酒精清洗,对于硅液体,则用甲苯清洗。其他的绝缘液体,可能需要专用的溶剂清洗。

7 清洗试验池

由于绝缘液体对极微小的污染的影响都极为敏感,因此测量介电性能时试验池的清洗是最为重要的。

在进行参考试验以前,清洗试验池。

在连续进行例行试验时,一定要经常清洗试验池。

在进行例行试验时,只要上一次测的液体特性在规定值范围内,且上一次和这次的被测液体的化学类型相似,就不必清洗试验池。但下一次试验前,应用一定体积的待测样品至少冲洗试验池三次。

当试验池定期用于试验具有相似化学类型和介电性能的液体时,则用一种清洁的液体样品充满后贮存起来,在下一次测量前用一定体积的待测样品至少冲洗试验池三次。

可使用许多不同类型的清洗程序,只要它们已被证明是有效的。

在附录 A 和附录 B 中介绍了另外清洗程序的实例。

当实验室之间有争议时,可采用以下清洗程序。

注:使用溶剂时应注意着火危险及对人员的有毒危害。

7.1 磷酸钠盐清洗程序

完全拆卸试验池。

彻底地洗涤所有的组成部件,并更换两次溶剂(见第 6 章)。用丙酮漂洗所有部件,然后用软性擦皂和洗洁剂洗涤。

磨料颗粒和磨擦动作不应损伤抛光的金属表面。

用 5%的磷酸钠盐蒸馏水溶液或去离子水溶液煮沸至少 5 min,然后用蒸馏水或去离子水漂洗几次。

将所有部件在蒸馏水或去离子水中煮沸至少 30 min。

因为某些材料可能会老化,在加热 105℃~110℃的烘箱中充分烘干各部件且不超过 120 min。干燥时间取决于整个试验池的结构,但通常用 60 min~120 min 已足以除去任何水份。

冷却前重新装好试验池。并确保不用裸手接触到其任何将要浸液体的表面。

7.2 试验池的存放

当试验池不用时,推荐使用经常试验且清洁的绝缘液体充满试验池后保存起来。或当试验不同液体时,用对试验池无损害的溶剂充满后保存。

不经常使用试验池时,则应将其清洗、干燥并装配好,存放在干燥无尘的容器里。

也可以按照制造商推荐的方法来操作。

8 取样

用于这些试验的绝缘液体取样应按 IEC 60475 的规定进行。

样品应在原先的容器内储存及运输,而且应避光。

9 样品制备

除非被试液体的规范中另有规定,否则无需进行过滤、干燥等处理。

当需要预热试样时,在倒出足够的样品用作其他试验时,应尽可能将余下的样品在原来的样品容器里预热,此时,应考虑液体的热膨胀而留有足够的空间,以避免容器破裂。

当试样必须移到其他容器内时,这些容器应是带盖烧杯或带塞子的锥形玻璃烧瓶,并按第 7 章要求进行清洗。

如果必须在室温下进行试验,则应将原来样品容器放在将要进行试验的室内,直至样品达到室温。当需在高温下进行试验而试样又不能在试验池内加热时,试样容器或辅助的容器要用塞子塞住,并保证在此容器内有合适的体积足以满足液体的热膨胀,在烘箱里把它加热到高于要求的试验温度 5℃~10℃。

由于液体易氧化,因此加热时间应不超过 1 h。

若必须在一个单独的烘箱内加热液体,为防止污染影响,最好保证一个烘箱只用于一种类型的液体。

为了取到有代表性的试样,在取样之前,应将容器倾斜并缓慢地旋转液体几次,以使试样均匀。

用干净的无绒布擦洗容器口,并倒出一部分液体样品擦洗容器的外表面。

10 条件处理及试验池充填试样

10.1 试验池的条件处理

在洗净并干燥完电极后,注意不要用裸手接触它们的表面,也应注意放置试验池部件的表面要很清洁,试验池上面不要有水蒸汽或灰尘。

为了使试验池的清洗程序对随后试验的影响减到最小,很重要的一点是要对干燥清洁的试验池进行预处理,即用下次的被试液体充满试验池两次。对于高粘度液体,可能需要更长时间的预处理。

10.2 试验池充填试样

用一部分液体试样刷洗试验池三次,然后倒出并倒掉液体。在刷洗试验池时,若需要取出内电极,应注意防止在任何表面剩留液体,并防止尘粒聚集在试验池的浸液表面。

重新充满试样,注意防止夹带气泡。将装有试样的试验池加热到所需试验温度,每个试验温度所需的时间取决于加热方法,通常可能在 10 min~60 min 范围。在达到所需试验温度的 ±1℃ 时,10 min 内必须开始测试。

应特别注意防止液体或试验池的各部件与任何污染源相接触。

在一种液体内不呈活性的杂质可能在另一种液体内会因杂质的迁移而呈现活性,因此最好限制一试验池只用于一种类型的液体。

应尽可能地保证周围大气中不存在影响液体质量的水蒸汽或气体。

11 试验温度

这些试验方法适合于在一个很宽的温度范围内试验绝缘液体,除非在特定液体的规范中另有规定,一般试验应在 90℃ 下进行。

测量温度的分辨率应在 0.25℃ 以内。

12 介质损耗因数(tanδ)的测量

12.1 试验电压

通常采用频率 40 Hz~62 Hz 的正弦电压。施加交流电压的大小视被试液体而定,推荐电场强度为 0.03 kV/mm~1 kV/mm。

注:通常在上述频率范围内,可用下列公式从一个频率的结果换算成另一个频率的对应值:

$$\tan\delta_{f1} = (\tan\delta_{f2})\frac{f_2}{f_1} \quad\cdots\cdots\cdots\cdots\cdots\cdots\cdots\cdots\cdots(2)$$

12.2 测量

试验池非自动加热,当其温度达到所要求试验温度的±1℃时,应于 10 min 内开始测量损耗因数。在测量时施加电压。完成初次测量后(如果需要,也包括测量电容率和电阻率时),倒出试验液体。再用第二份试样充满试验池,操作程序和第一次相同,但省去涮洗。重复测量,两次测得的 tanδ 值之差应不大于 0.000 1 加两个值中较大的 25%。

注:只有鉴定 tanδ 值较小的产品才需要重复测量,例行试验不需要重复测量。

如果不满足上述要求,则继续充填试样测量,直到相邻两次 tanδ 测量值之差不超过 0.000 1 加两个值中较大的 25% 为止,此时认为测量是有效的。

12.3 报告

报告两次有效测量值的平均值作为试样的损耗因数(tanδ)。

报告应包括:

a) 电场强度;

b) 施加电压的频率;

c) 试验温度。

13 相对电容率的测量

13.1 测量

首先测量以干燥空气为介质的干净试验池的电容量,然后测量装有已知相对电容率为 ε_n 的液体的电容量。按下式计算电极常数 C_e 和修正电容 C_g:

$$C_e = \frac{C_n - C_a}{\varepsilon_n - 1} \quad\quad\quad (3)$$

$$C_g = C_a - C_e \quad\quad\quad (4)$$

式中:

C_e——电极常数;

C_n——充有已知相对电容率为 ε_n 的校准溶液的试验池的电容量;

C_a——以空气作为介质的试验池的电容量;

C_g——修正电容。

测量装有被试液体的试验池的电容量 C_x 并按下式计算相对电容率 ε_x:

$$\varepsilon_x = \frac{C_x - C_g}{C_a} \quad\quad\quad (5)$$

式中:

ε_x——被试液体的相对电容率;

C_x——被试液体的电容量;

C_a——以空气作为介质的试验池的电容量;

C_g——修正电容。

重复试验,直至相邻两次测试值的差不大于较大值的 5%,则认为测量是有效的。

注 1:如果在测定 C_x 值时已知 C_a、C_n 和 ε_n 值,则可获得最高的精度。

注 2:当用设计很好并预先校正过的三端试验池时或当精度要求较低时,可以忽略 C_g 项,而相对电容率可按简化公式计算:

$$\varepsilon_x = \frac{C_x}{C_a} \quad\quad\quad (6)$$

式中:

ε_x——被试液体的相对电容率;

C_x——被试液体的电容量;

C_a——以空气作为介质的试验池的电容量。

13.2 报告

报告有效测量的平均值作为试样的相对电容率。

报告应包括：

a) 试验池的类型及以空气为介质时的电容量；

b) 电场强度；

c) 施加电压的频率；

d) 试验温度。

14 直流电阻率的测量

14.1 试验电压

除非另有规定，所施加的直流试验电压应使液体承受 250 V/mm 的电场强度。

14.2 电化时间

通常适宜的电化时间是 60 s±2 s。电化时间的改变可使试验结果有相当大的变化。

14.3 测量

如果在该试样上已测过损耗因数，则测量电阻率之前应短接两电极 60 s。

如果仅测量电阻率，那么在其温度达到所需试验温度值的 ±1℃后尽可能快地开始测量，即到温度不超过 10 min 就开始测量。

连接电极到测量仪器，使试验池的内电极接地。将直流电压加到外电极，在电化时间达到终点时记录电流和电压读数。

注 1：只要符合其他的一些要求（例如：电场强度为 250 V/mm），也可用读取电阻的仪器。

将试验池的两电极短路 5 min。倒掉试验池里的液体，从样品中倒出第二份试样重复测量。

用下式计算电阻率：

$$\rho = K \frac{U}{I} \qquad\qquad\cdots\cdots\cdots\cdots\cdots\cdots\cdots\cdots(7)$$

式中：

ρ——电阻率，单位为欧姆米（Ω·m）；

U——试验电压读数，单位为伏特（V）；

I——电流读数，单位为安培（A）；

K——试验池常数，单位为米（m）。

注 2：K 值按下式计算：

$K = 0.113 \times C_a$

式中：

C_a——以空气作为介质的试验池的电容量；

0.113——10^{-12} 乘以空气的介电常数的倒数。

也可使用自动计算的直接读数的仪器。

相邻两次读数之差不应超过两值中较高的 35%。如果不满足该要求，则需继续充填试样测量，直到相邻两测量的电阻率值之差不超过两值中较高的 35% 为止。此时则认为测量是有效的。

注 3：对每一次充满的试样进行施加极性相反电压的第二次测量，可以观察到试验池是否干净和其他现象。必须注意到有些仪器是没有这样的反转开关的，不要用这样的仪器，以免得出有误差的结果。

14.4 报告

报告有效测量结果的平均值作为样品的电阻率。

报告应包括：

a) 电场强度；

b) 电化时间；

c) 试验温度。

附 录 A

（资料性附录）

清洗试验池的另一程序举例——超声波程序法

完全拆卸试验池。

用两份溶剂（见第 6 章）彻底清洗所有部件。

将所有的试验池部件，包括玻璃和橡皮"O"型环，浸在合适的超声波清洁浴内的溶剂中清洁 10 min。

将所有部件从浴中取出，用清洁的溶剂清洗。

允许溶剂在无灰尘的环境中自然蒸发，为保证其完全蒸发，可将试验池部件放置在已加热到 105℃～110℃的烘箱中干燥且不超过 120 min。

重新装配试验池时，确保不用裸手接触到任何将要浸液体的表面。

附 录 B

（资料性附录）

试验池的简易清洗程序举例

尽可能完全拆卸试验池。

用两份溶剂（见第 6 章）彻底地清洗所有部件。

首先用丙酮，然后用热自来水冲洗所有部件，接着再用蒸馏水清洗几次。

将试验池部件放置在已加热到 105℃～110℃的烘箱内充分干燥，因某些材料可能老化，干燥时间不应超过 120 min。

干燥时间取决于试验池的结构，通常干燥时间在 60 min～120 min 足以除去任何水份。

附 录 C
（资料性附录）
液体绝缘材料的介质损耗因数和电阻率例行试验的另一程序

C.1 概述

当试验一组样品来确定在电气设备使用中的烃类和其他液体或未使用过的绝缘液体的介质损耗因数和电阻率是否比某些规定值好坏时，采用该简化程序是有价值的。

该附录所述的试验方法的精确度比前面所述的试验方法低。但它可较快地测量，且其精确度仍可以接受。

C.2 试验池

改进为在替换液体时可不必打开就可使用试验池。

最好是限制一种类型的液体用一个试验池。

C.3 试验箱

强迫通风的烘箱，加热套或充满油（或甘油）的油浴箱，其能保持试验池有足够均匀的试验温度，即所要求的温度和内电极的温度差不超过2℃。用加热板不能满足要求，因为整个试验池的温差太大，会导致不可靠的结果。

C.4 试验温度

当试样的温度在规定温度的±2℃之内时就可进行测量。

C.5 清洗试验池

在按第7章叙述的清洗方法不能使用的场合，为了获得重复性和合理的试验结果，每个实验室必须制定出一种清洗试验池的方法，使得试验结果的重复性和合理性可与按照第7章更完善程序所述相符合。

在选择溶剂时应同样谨慎地按第6章规定的要点进行。

以下清洗方法通常足以满足试验烃类液体：

——尽可能全部拆卸试验池；

——用两份溶剂（见第6章）彻底地清洗所有部件；

——首先用丙酮，然后用热自来水冲洗所有部件，接着用蒸馏水清洗几次；

——将试验池部件放置在已加热到105℃～110℃的烘箱中彻底干燥且不超过90 min。实际干燥时间取决于试验池的结构，通常60 min～90 min已足以除去任何潮气。

当连续试验一组同类的未用过的液体样品时，只要上一次试验过的样品的性能值优于规定值，则使用同一试验池时无需中间清洗。如果试验池的前一样品的性能值劣于规定值，那么应在用于下一个试验之前清洗试验池。

C.6 试样准备和充试样到试验池

应按第9章规定的方法贮存和操作试样。

如第9章和第10章所述准备、预热未用过的液体试样，并将其倒入试验池。允许在加热板上预热，但应连续搅拌试样，以免局部过热。

对低粘度烃类液体特别是矿物油的另一方法是在室温下将油样倒入冷的试验池,然后将其放到保持在规定温度的加热烘箱中。加热速度应按试验池里液体从起始加热到试验温度且不超过 1 h。

当试验池连续用于不同样品试验时,虽然每次试验之间无需中间清洗,但要用下一次被测的样品充满试验池,并冲洗三次。

老化的烃类油在高温加热或保存时要特别小心以避免进一步氧化。

关于外来的悬浮物质的影响可用 4♯ 多孔性熔融玻璃过滤器过滤,通过过滤前后的试样做试验来加以判断。

C.7 试验电压

通常介质损耗因数试验所施加的电场强度为 0.03 kV/mm～1 kV/mm。注意所选用实际的电场强度不应高到使电极引起次级效应。

测量电阻率时所施加直流试验电压应确保被测液体的电场强度在 50 V/mm～250 V/mm 范围内。

C.8 测量

当液体在试验池里不需加热,试样应保持 10 min～15 min,且内电极温度不超过规定温度的±2℃时进行测量。

如果液体在试验池是需加热的,此时该液体应在 1 h 内达到试验温度(温度偏差允许±2℃),然后进行测量。

当要求做工频试验时,应在施加直流电压之前进行。

每个样品中可只取一个试样进行试验。

ICS 29.035.99
K 15

中华人民共和国国家标准

GB/T 10065—2007
代替 GB/T 10065—1988

绝缘液体在电应力和电离作用下的
析气性测定方法

Gassing of insulating liquids under electrical stress and ionization

（IEC 60628:1985,MOD）

2007-12-03 发布　　　　　　　　　　　　　　　2008-05-20 实施

中华人民共和国国家质量监督检验检疫总局
中国国家标准化管理委员会　发布

前　言

本标准修改采用 IEC 60628:1985《绝缘液体在电应力和电离作用下的析气性测定方法》(英文版)。

为便于使用,本标准做了下列修改。

a)　用小数点符号'.'代替小数点符号',';

b)　将"ISO 683/XIII"改为"ISO 683/13";

c)　增加了"规范性引用文件"一章;

d)　增加本标准章条编号与 IEC 60628:1985 章条编号对照表,见附录 A。

本标准代替 GB/T 10065—1988《绝缘液体在电应力和电离作用下的析气性测定方法》。

本标准与 GB/T 10065—1988 相比主要变化如下:

a)　增加了"规范性引用文件"一章;

b)　增加了 IEC 60628:1985 中方法 A;

c)　增加了图 1、图 2 及图 7 中标注 A、C、D、E、F。

本标准的附录 A 为资料性附录。

本标准由中国电器工业协会提出。

本标准由全国绝缘材料标准化技术委员会(SAC/TC 51)归口。

本标准起草单位:桂林电器科学研究所。

本标准主要起草人:王先锋、李学敏。

本标准代替的历次版本发布情况为:

GB/T 10065—1988。

绝缘液体在电应力和电离作用下的
析气性测定方法

1 范围

本标准规定了两种各自使用不同仪器测定绝缘液体析气性的方法。在具有特殊几何形状的析气室上施加足够高的电应力,使室内的油—气界面处的气体产生放电,在放电作用下,测量绝缘液体放出或吸收气体的趋势。

本标准所规定的方法适用于商品油技术指标的测定和绝缘液体的选择,也适用于产品开发和质量保证

注:由于使用了高电压、氢气和溶剂,所以应注意国家有关的安全规定。

2 规范性引用文件

下列文件中的条款通过本标准的引用而成为本标准的条款。凡是注日期的引用文件,其随后所有的修改单(不包括勘误的内容)或修订版均不适用于本标准,然而,鼓励根据本标准达成协议的各方研究是否可使用这些文件的最新版本。凡是不注日期的引用文件,其最新版本适用于本标准。

ISO 383 实验室玻璃器皿 互换性锥形磨接口

ISO 653:1980 精密长棒式温度计

ISO 683 热处理钢、合金钢和易切钢

ISO 4803:1978 实验室玻璃器皿 硼硅酸盐玻璃管

3 一般说明

3.1 这两种方法均表示绝缘液体在试验条件下是吸收还是放出气体,任何一种绝缘液体的析气性主要是与它的化学特性有关,但在试验中改变某些参数可明显地改变试验结果。

3.2 这两种方法均可在不同的气相、温度和电场强度的条件下进行。为了制定统一的测试标准,规定了具体试验条件,多数情况这些条件代表了电器设备中液体介质可能产生游离放电。

目前,虽然人们普遍认为,浸渍剂的吸气性确有使高电场下浸渍绝缘系统的游离放电减至最小的作用,但尚不能确定析气性试验结果与电气设备运行特性之间具有相关性。因此,若说明试验结果与预期应用之间的关系,则另需技术上的判断。

3.3 所设计的这两种试验方法,最初是用于测定矿物绝缘液体的析气速度特性范围。用于其他液体时,析气室的尺寸可能需要做某些修改。

4 方法 A

4.1 方法概述

本方法测定绝缘液体在氢气气氛下析气的趋势,以在一个较短试验周期内的析气速度来表示结果。

在一个特定的小室里,经过干燥氢气饱和后的绝缘液体以及液面上的氢气,在下列试验条件下对其施加径向电应力:

  a) 电压:10 kV;

  b) 频率:50 Hz 或 60 Hz;

  c) 温度:80℃;

d) 试验持续时间：50 Hz 时为 120 min 或 60 Hz 时为 100 min。

在油—气界面处反应所产生的放气或吸气的速率，是根据压力随时间的变化，并以单位时间的体积来进行计算的。

4.2 仪器

4.2.1 析气室和气体量管装置

析气室及其尺寸见图 1 和图 2。它包括下列部件：

a) 析气室用硼硅玻璃做成，这种玻璃在 80℃ 和 50 Hz 或 60 Hz 下的相对电容率为 5±0.2，析气室承受电应力部分是由符合 ISO 4803 标准的薄壁玻璃管构成，管子的内径为 (16±0.2)mm，外径为 (18±0.2)mm。析气室有一个用耐溶剂银涂料做成的外电极（接地），高 60 mm，电极上有一条垂直的缝，以便观察油面，另外还有一个铜带，以便接地。

b) 外径为 (10±0.1)mm 的空心高压电极，用符合 ISO 683 标准的抛光无缝 11 号不锈钢管做成，其中间还有 1 根直径为 1.0 mm 的不锈钢毛细管，其作用是通气。

高压电极通过一个精加工成 24/29 锥度的聚四氟乙烯塞子来支撑，并定位中心。

电极顶上有一个带进气口的 3.0 mm 针形阀 (E)。

注：在 80℃ 下重复试验后，因聚四氟乙烯塞子可能变形而不再密封，所以应经常检查。

c) 气体量管（图 1）由下列部件组成：有刻度的硼硅玻璃管，其外径为 7 mm；用于连接析气室的玻璃接头 (G)，其锥度为 10/19；阀门 (D) 和三个玻璃泡 (A、B、C)，其中管子的刻度 (mm) 和体积 (mL) 之间的关系必须是已知的。

注：对于吸气趋势强的液体，就需要增大气体量管的容积。

4.2.2 加热装置

带有恒温控制和液体循环系统的透明油浴，最好充硅油，保证油浴介质温度在 (80±0.5)℃ 范围内，油浴还应有适当的支架以固定析气室和气体量管。

注：如果油浴中的油面下降到最低允许值以下，安全开关就应自动切断高压电。油浴还可配备有效的冷却循环系统，以便在试验之后使油浴迅速冷却。

4.2.3 安全保障系统

配备电气联锁安全开关，保护操作者不接触高压部分。

4.2.4 高压变压器

变压器及其控制设备的设计要求是：在装好试样的析气室接入线路的情况下，当电压保持在 (10±0.2)kV 时，试验电压的峰值系数（峰值与有效值之比）与正弦波的峰值系数之差不应大于 ±5%。

4.2.5 温度计

可准确测量 (80±0.1)℃ 的温度计均可使用。

4.2.6 注射器

使用方便，容积为 10 mL 的玻璃注射器。

4.3 试剂

4.3.1 氢气：用带有两级减压阀和精密流量调节器的钢瓶供给，其中氧含量应低于 $10×10^{-3}$ mL/L，水含量应低于 $2×10^{-3}$ mL/L。

4.3.2 邻苯二甲酸二丁酯，工业级。

4.3.3 1.1.1-三氯乙烷，工业级。

4.3.4 正庚烷，分析纯。

4.3.5 真空硅脂。

4.4 仪器的准备

由于溶剂能强烈地影响液体的析气趋势，所以在仪器清洗之后，关键是不使仪器上有任何残留的溶剂。

4.4.1 清洗玻璃析气室:先用 1.1.1-三氯乙烷,再用正庚烷冲洗它的里面和外面,然后再灌满正庚烷,并用硬尼龙刷擦洗,以便除去上次试验残留下来的沉积物。

用小一点的刷子插入锥形接头(G)内,把硅脂擦洗掉,应使任何硅脂不进入析气室,再用正庚烷冲洗,最后用干燥的压缩空气吹干。

检查涂银电极,如果需要,则应补涂。

4.4.2 清洗空心电极:用干净的压缩空气吹干空心电极的毛细管,再用 1.1.1-三氯乙烷把电极中心管里的油冲洗掉,并用棉纸把电极表面的沉淀物擦掉。

用合适的设备,例如抛光轮,把不锈钢电极表面抛光,然后用棉纸蘸 1.1.1-三氯乙烷把抛光剂擦掉,再一次用 1.1.1-三氯乙烷冲洗,接着用正庚烷冲洗,最后用干燥的压缩空气吹干,并在 80℃ 的烘箱里彻底烘干。

4.4.3 把阀门(D),标准锥形接头(G)都涂上一层薄薄的真空硅脂,再把玻璃析气室和气体量管组装起来,但不要把电极插入析气室里。

4.4.4 向气体量管注入邻苯二甲酸二丁酯,使其达到量管刻度的一半处。

4.4.5 用正庚烷清洗注射器,然后用干燥的压缩空气吹干。

4.5 试验程序

4.5.1 用预先干燥过的滤纸过滤大约 10 mL 的油样,并立即用氢气注射器把已过滤的(5±0.1)mL 油样注入析气室。

4.5.2 在高压电极的聚四氟乙烯塞子表面涂上一层薄薄的试验用油(起密封气体的作用),再把电极插进析气室。

4.5.3 查看油浴的温度,在试验期间温度必须保持(80±0.5)℃的范围内。

4.5.4 把析气室和量管装置悬挂到油浴里,使油浴中的油面在图 1 所示的规定水平线上,再把外电极与地线接好。

4.5.5 连接进气口和出气口,将出气口直接或经一通风烟罩通到室外。

4.5.6 关闭阀门(D),打开针形阀(E),使干燥过的氢气气体通过油试样和量管里的液体而鼓泡 60 min,鼓泡的气流速度应稳定在 3 L/ h。

4.5.7 打开阀门(D),使干燥过的氢气气体通过油样继续鼓泡 5 min。

4.5.8 在总共鼓泡 65 min 后,先关上针形阀(E),再关阀门(D),一定要使量管两边的液面在同一高度上。

4.5.9 把空心电极和高电压引线连接起来。

4.5.10 查对油浴的温度后,记下量管的读数。

4.5.11 接通高压电,并调整到 10 kV。

4.5.12 记下此时的时间和量管的液面,从外电极的观察缝里观察析气反应是否已经开始。

4.5.13 10 min 后记下量管的液面。

4.5.14 再进行 120 min(50 Hz 时)或 100 min(60 Hz 时)后,再次记下量管的液面,然后切断高压电。

4.6 结果计算

在氢气气氛中试验时按下式计算析气趋势:

$$G = [B_{130(或110)} - B_{10}]K/t \quad \cdots\cdots\cdots\cdots\cdots\cdots(1)$$

式中:

G——析气趋势,单位为 10^{-3} 毫升每分钟(10^{-3} mL/min);

$B_{130(或110)}$——试验进行到 130(或 110)min 时量管的读数,单位为毫米(mm);

B_{10}——试验进行到 10 min 时量管的读数,单位为毫米(mm);

K——量管常数,即量管每毫米读数所代表的容积数,单位为 10^{-3} 毫升(10^{-3} mL);

t——计算析气速度的试验时间。在 50 Hz 时,t(min)=130 min-10 min=120 min;在 60 Hz 时,t(min)=110 min-10 min=100 min。

说明:G 值为正时是放气,G 值为负则是吸气。

4.7 试验数量

平行进行两个试验。

4.8 试验报告

报告应包括下列内容:

a) 本方法描述;

b) 析气趋势(10^{-3} mL/min),取两个平行试验结果的平均值;

c) 试验电压;

d) 试验频率(50 Hz 或 60 Hz);

e) 试验温度;

f) 试验持续时间;

g) 气相。

4.9 精确度

重复性。

如果两次平行试验所得结果之差大于 $0.3+0.26|G|$,则认为结果不可信(这里 $|G|$ 表示两次平行试验结果的平均值的绝对值,其单位为 10^{-3} mL/min)。

注:对于那些近于中性的油来说,其重复性达不到这样的精确度。

5 方法 B

5.1 方法概述

本方法测定绝缘液体的析气性,用在规定的试验周期后气体体积变化量来表示结果。

在一个特定的析气室里,经过干燥氮气饱和后的绝缘液体以及液面上的氮气,在下列条件下对其施加径向电应力:

a) 电压:12 kV;

b) 频率:50 Hz 或 60 Hz;

c) 温度:80℃;

d) 试验持续时间:50 Hz 时为 18 h 或 60 Hz 时为 15 h。

析气室最主要的特点是油上面的气体体积是被限定的,因此,在起始试验的过程中所放出的各种气体,都能显著改变气相的化学性质,从而影响析气速度和油—气界面上反应的宏观结果。

根据观测到的气体体积变化量获得吸收或放出的气体量。

5.2 仪器

5.2.1 析气室和气体量管装置

析气室及其尺寸见图 3、图 4 和图 5,其包括下列部件:

5.2.1.1 内径精确的析气室玻璃管(见图 4),其材料为硼硅玻璃,在 80℃和 50 Hz 下,玻璃的相对电容率为 5±0.2,其尺寸如下:

a) 管长:(180 ±1)mm;

b) 管子内径:(16±0.02)mm;

c) 管子外径:(20.8 ±0.02)mm。

管子的内表面经火焰抛光,外表面经研磨和机械抛光。管子上端熔焊着一个经机械抛光到透明的平底,底的厚度为(6±0.1)mm,底的材料和管子的相同,由玻璃制成,底面垂直于管子的轴线。

管底上有一个底面直径为 4 mm 的中心小圆锥坑,圆锥顶角为 90°。

管子的开口端有一个熔接的玻璃小凸缘。

5.2.1.2 用铝箔做成的外电极(高压电极)。铝箔的尺寸如下:

a) 铝箔厚度为 0.1 mm；

b) 铝箔宽为 110 mm。

铝箔绕在管子上,其一边与管底平面边缘取齐,并用某种方便的方法(例如用合适的塑料粘带)固定。

用端部带有夹子的多股铜线把铝箔电极与高压电源连接起来。

5.2.1.3 内电极(接地)用工具钢制成(见图 5),精密加工并抛光,其尺寸见图 5。

电极上端面中间凸出的圆锥体,其底面直径为 4 mm,圆锥顶角为 90°,圆锥顶要稍微倒圆。

电极所有边缘都需稍微倒圆,要确保电极表面没有磨、擦伤痕或别的缺陷。取放电极时应十分小心,只能放置在用滤纸衬垫的平面上。

O 型密封圈用耐油的材料做成,其内径为 11.3 mm,宽度为 2.4 mm,用来密封析气室。

用一端带夹子的多股铜线把内电极接地。

注:冷拔工具钢,其允许的合金成分范围推荐如下:C 不超过 0.13%;Si 不超过 0.05%;P 不超过 0.1%;Mn 为 0.6%~1.2%;S 为 0.18%~0.25%。

5.2.1.4 气体量管是容积为 20 mL 的蚀刻量管,最小刻度为 0.1 mL。其尺寸如下:

a) 外径为 13 mm;

b) 内径为 (11±0.5) mm。

5.2.1.5 联结内电极和气体量管用的软管,用不易老化且柔性好的材料做成,最好用氟橡胶。软管的尺寸如下:

a) 管长为 150 mm;

b) 内径为 6 mm;

c) 管壁厚为 2 mm。

5.2.1.6 用聚乙烯做成的毛细管将试验气体(氮气)导入析气室。毛细管的尺寸如下:

a) 管长为 750 mm;

b) 内径为 0.4 mm;

c) 外径为 1.1 mm。

5.2.1.7 玻璃注射器:容积为 5 mL。

5.2.1.8 固定实验仪器用的装置(见图 6),最好采用树脂粘合的层压纸板制成,并用尼龙螺钉或采用聚甲基丙烯酸甲酯螺钉联接:

a) 在装配和加入油样的过程中,整个装置处于倒立状态。

b) 试验时,在油浴中处于正常位置。

该固定装置应带有导入和回弹析气室的机构。另外,还装有弹性推力盘一个,和一个用来对准中心位置的导圈;以及高压和接地导线的导向机构以及插座。该装置的高压和接地插座之间必须能承受 20 kV 的电压。

5.2.2 加热装置

见 4.2.2。

5.2.3 安全保障系统

见 4.2.3。

5.2.4 高压变压器

变压器及其控制设备的设计要求是:在装好试样的析气室接入线路的情况下,当电压保持在 (12±0.24) kV 时,试验电压的峰值系数(电压的峰值与有效值之比)与正弦波的峰值系数相差不应大于±5%。

5.2.5 温度计

能方便测量 (80±0.1)℃ 的温度计均可使用。

5.3 试剂

5.3.1 1.1.1-三氯乙烷(工业级)。

5.3.2 正庚烷(分析纯)。

5.3.3 氮气:由带有两级减压阀和精密流量调节器的钢瓶供给,其中氧含量应低于 10×10^{-3} mL/L,水含量应低于 2×10^{-3} mL/L。

5.4 仪器的准备

由于溶剂能强烈地影响液体的析气趋势,所以在清洗之后,关键是仪器上不应留有任何残留溶剂。

5.4.1 拆卸析气室和量管。

5.4.2 先用 1.1.1-三氯乙烷,再用正庚烷冲洗试验管、内电极、气体量管和连接管的里面和外面。

试验管内部一般要用硬尼龙刷擦洗,以便除去上次试验留下的腊质沉积物。此外,常常先用抛光剂仔细地抛光内电极的表面,然后用棉纸蘸 1.1.1-三氯乙烷把抛光剂擦掉,这样做效果也很好。

最后,依次用 1.1.1-三氯乙烷和正庚烷把这些部件冲洗一次。

用干燥的压缩空气吹干这些部件,再放到 80℃ 的烘箱里彻底烘干。

5.4.3 用正庚烷清洗注射器,再用干燥的压缩空气吹干。

5.5 操作步骤(见图7)

5.5.1 围绕析气室的外面包上高压电极,并用合适的粘带固定,电极必须紧密地包住析气室,电极顶端与析气室顶部圆盘的顶端平齐。

5.5.2 析气室开口向上,垂直地插入固定装置里。

5.5.3 用连接管把内电极和量管连接起来,用夹紧圈夹紧。

把毛细管插入量管,并一直向下插到使毛细管伸出内电极的油导管口外为止。

5.5.4 用预先干燥过的滤纸,过滤大约 50 mL 油样,接着立即将已过滤过的 20 mL 油样注入析气室。

5.5.5 小心地插入内电极至试管底。油样通过内电极的油导管和联接管慢慢地上升到量管里。

毛细管(见 5.5.3)应延伸到试验管的底部。

把气体量管夹在三脚架上,使整个装置处于垂直状态,其中,量管在上,析气室和电极在下。然后用注射器向量管内注入 5 mL 过滤过的油样。

5.5.6 把毛细管的自由端和氮气源联接上,在接上之前,先用氮气把连接管路彻底冲洗。

5.5.7 在室温下,用流速为 3 L/h 的干燥氮气对注入析气室里的油样饱和 1 h,然后关上氮气源,反复挤压联接软管以便除去析气室油导管和连接软管内残存的氮气泡。

5.5.8 把量管从三脚架上卸下来,但不要脱离与氮气源的联接。

用护圈把装好内电极的析气室夹在固定装置上,再转动固定装置使析气室倒置,气体量管仍保持垂直。最后把量管也夹在固定装置上。

5.5.9 记录量管内油面位置。

通过毛细管从氮气源直接向析气室注入 3 mL 氮气,记下量管所显示的氮气注入体积,去掉毛细管。

5.5.10 用多股铜导线把高压插座(在固定装置上)接到高压电极上,用同样的导线把接地插座(在固定装置上)接到内电极上,并把接地联线夹在适当位置。

5.5.11 在室温下把试验装置放进油浴(见注),并在 1 h 左右的时间内将温度上升到 (80 ± 0.5)℃。

注:不要把试验装置直接放进热油浴里,否则玻璃可能会碎。

5.5.12 在到达试验温度后 1 h 左右,当油面不再有显著变化时,记录量管里的油面位置(a,时间为 t_0)。接上高压电线和接地线,并施加 12 kV 的电压。

5.5.13 在 18 h(如果电源为 50 Hz)或 15 h(如果电源为 60 Hz)后,再一次记录量管的油面位置(b,时间为 t_1)。

5.5.14 切断试验电压,停止加热,并开动冷却循环系统。

5.5.15 使油浴冷却到40℃以下,从油浴中取出试验装置。

注:不要把试验装置直接从热油浴里拿出来,否则玻璃也会碎。

5.6 结果的计算

按下面公式计算在氮气气氛下油的析气趋势:

$$G = (a - b) \cdot \frac{p}{101.3} \quad \cdots\cdots\cdots\cdots\cdots\cdots (2)$$

式中:

G——析气趋势,单位为毫升(mL);

a——试验开始时(时间t_0)量管的读数,单位为毫升(mL);

b——试验结束时(时间t_1)量管的读数,单位为毫升(mL);

p——气压表读数,单位为千帕(kPa)。

说明:G值为正时表示放气,G值为负时则表示吸气。

注:在析气室里,承受电应力的容积大约是10 mL,因此,试验结果可在-3 mL到+7 mL之间的范围内。

5.7 试验数量

平行进行两个试验。

5.8 试验报告

报告应包括下列内容:

a) 本方法描述;

b) 析气趋势(mL),取两个平行试验结果的平均值;

c) 试验电压;

d) 试验电压的频率(50 Hz或60 Hz);

e) 试验温度;

f) 试验持续时间;

g) 气相。

5.9 精确度

目前无适当规定。

但是可以用以下两个方面来判断结果是否可以接受。

重复性:以同一操作所得的重复结果,如果它的相差不大于0.5 mL,则认为试验结果是可接受的。

再现性:由两个试验室分别提供的数据。如果相差不大于1 mL,则认为试验是可接受的。

单位为毫米

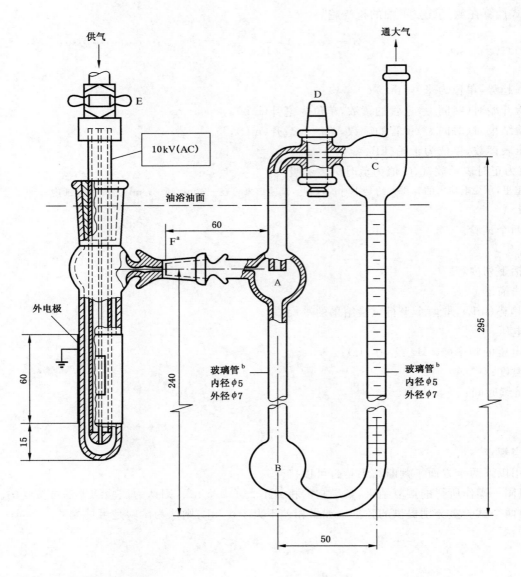

A、B、C——玻璃泡；

　　D——气体阀门；

　　E——针形阀；

　　F——10/19 锥形玻璃接头。

ª 符合 ISO 383。

ᵇ 符合 ISO 4803 标准的薄壁管。

图 1　析气室和气体量管装置简图

单位为毫米

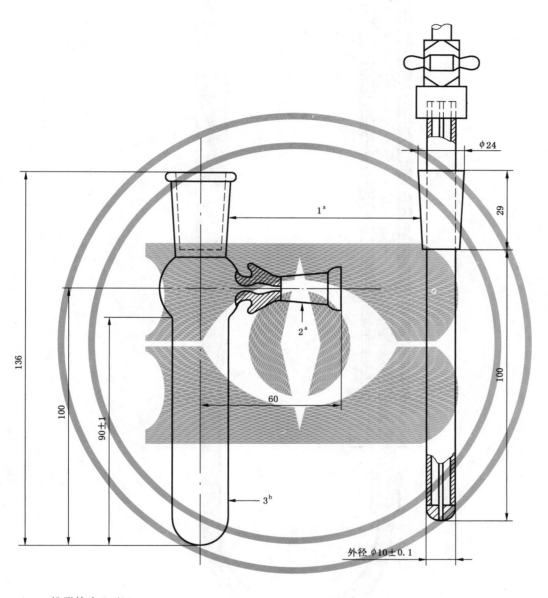

1——锥形接头 24/29；

2——锥形接头 10/19；

3——管子，内径 $\phi 16 \pm 0.2$；外径 $\phi 18 \pm 0.2$。

[a] 符合 ISO 383。

[b] 符合 ISO 4803 标准的薄壁管。

图 2　析气室和内电极（高压电极）的尺寸详图

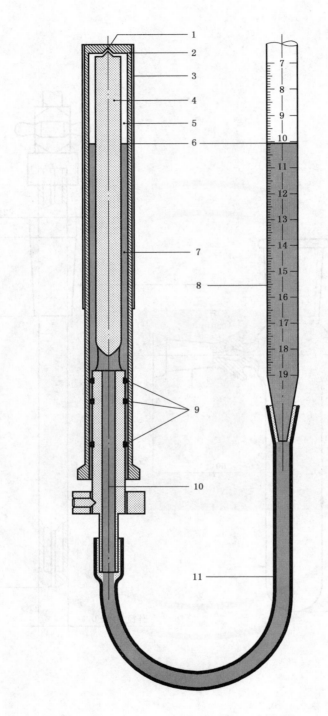

1——定心圆锥；　　　　　　　　　7——油试样；

2——析气室；　　　　　　　　　　8——量管；

3——外电极（铝箔）；　　　　　　9——密封圈；

4——内电极；　　　　　　　　　　10——油导管；

5——气室；　　　　　　　　　　　11——联接管。

6——油面；

图 3　析气室和量管组装图

单位为毫米

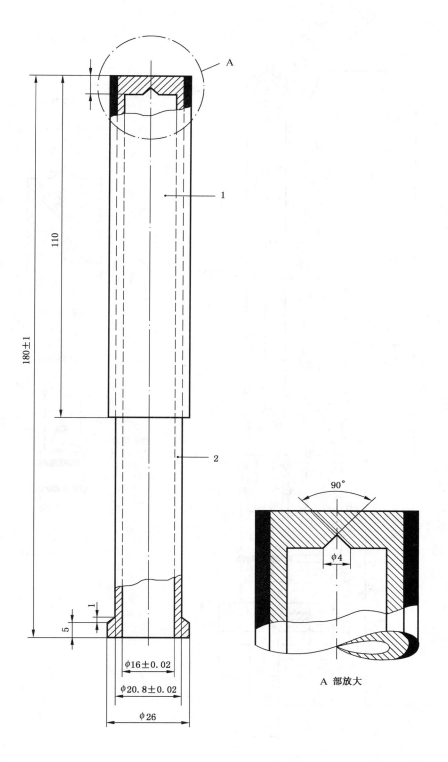

1——外电极；
2——试验管。

图 4　析气室

单位为毫米

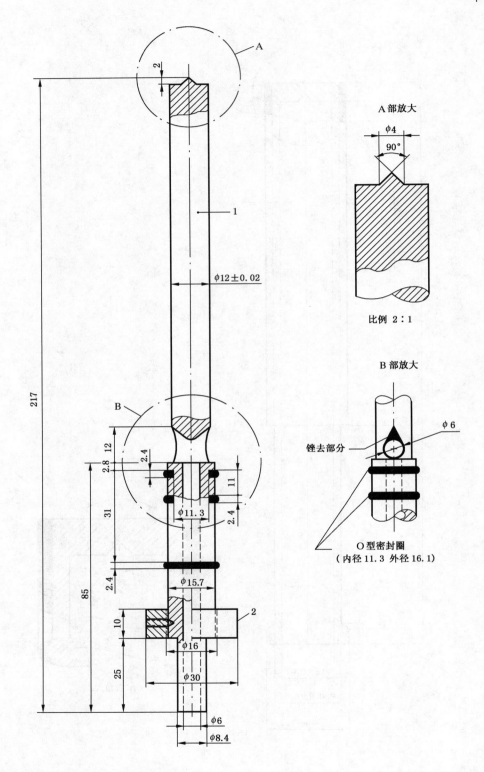

1——内电极；
2——滚花。

图 5　内电极

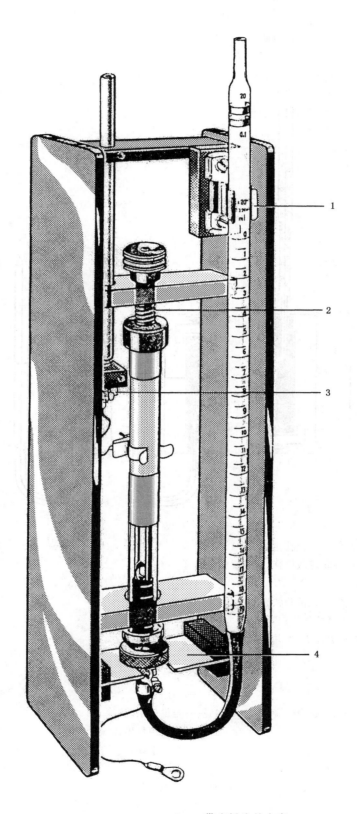

1——量气管夹子;　　　　　　　　　　3——带有插头的内套;

2——推力盘的加压弹簧;　　　　　　　4——挡板(开槽可以插进去)。

图 6　固定装置(用树脂粘合层压纸板做成,并用尼龙沉头螺钉联接)

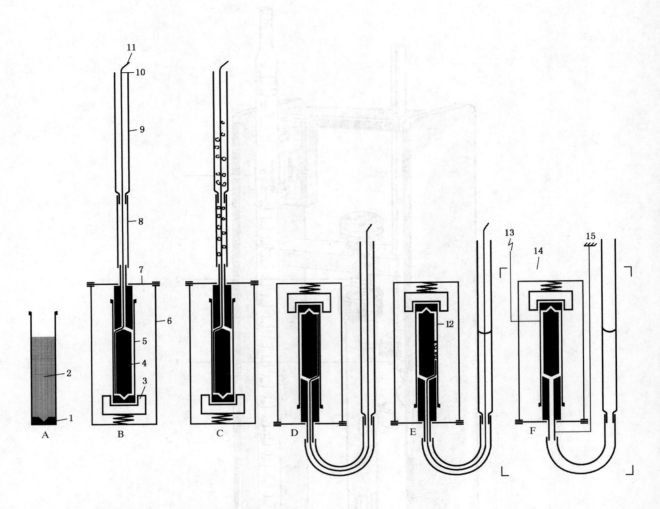

A——向析气室内加进试验用油(注油状态);

B——装进内电极(电极联着联接管、量气管和毛细管);

C——用试验气体饱和;

D——把试验装置倒转过来(试验状态);

E——通过毛细管引入试验气体;

F——试验装置放在恒温油浴里,并施加电压。

1——析气室;	9——量气管;
2——试验用油;	10——毛细管;
3——加压弹簧推力盘;	11——至供气系统;
4——内电极;	12——试验用气体;
5——外电极;	13——高压引线;
6——固定装置;	14——油浴;
7——挡板;	15——接地。
8——联接管;	

图 7　试验准备步骤示意图

附　录　A

（资料性附录）

本标准章条编号与 IEC 60628：1985 章条编号对照

表 A.1 给出了标准章条编号与 IEC 60628：1985 章条编号对照一览表。

表 A.1　本标准章条编号与 IEC 60628：1985 章条编号对照

本标准章条编号	对应的国际标准章条编号
1	1
2	—
3	2
3.1～3.3	2.1～2.3
4	—
4.1～4.2	3～4
4.2.1～4.2.6	4.1～4.6
4.3	5
4.3.1～4.3.5	5.1～5.5
4.4	6
4.4.1～4.4.5	6.1～6.5
4.5	7
4.5.1～4.5.14	7.1～7.14
4.6～4.9	8～11
5	—
5.1～5.2	12～13
5.2.1	13.1
5.2.1.1～5.2.1.8	13.1.1～13.1.8
5.2.2～5.2.5	13.2～13.5
5.3	14
5.3.1～5.3.3	14.1～14.3
5.4	15
5.4.1～5.4.3	15.1～15.3
5.5	16
5.5.1～5.5.15	16.1～16.15
5.6～5.9	17～20

前　　言

　　本标准是根据国际电工委员会(IEC)出版物 IEC 1294(1993 年第一版)《绝缘液体　局部放电起始电压测定　试验程序》制定的,在技术内容上与其等效。因原文第 5 章内容在本标准第 7 章中已详细叙述,故在本标准中删除原文第 5 章内容。

　　本标准的附录 A 为提示的附录。

　　本标准由中华人民共和国机械工业部提出。

　　本标准由全国绝缘材料标准化技术委员会归口。

　　本标准起草单位:西安交通大学。

　　本标准起草人:曹晓珑、徐阳、陈文桂。

　　本标准 1999 年 10 月首次发布。

　　本标准委托全国绝缘材料标准化技术委员会负责解释。

IEC 前言

1) IEC(国际电工委员会)是一个由各国家电工委员会(IEC 国家委员会)组成的世界性标准化组织。IEC 的目的是促进电气和电子领域内所有标准化问题的国际合作。为此目的,除了其他活动外,IEC还出版国际标准并把制定国际标准的任务委托给各技术委员会。任何对所研究问题表示关切的 IEC 国家委员会都可以参加此制定工作,与 IEC 保持联络的国际的、政府的和非政府的组织也可参加此制定工作。根据两组织间协议确定的条件,IEC 与国际标准化组织(ISO)保持密切合作。

2) IEC 关于技术问题的正式决议或协议,是由对这些技术问题特别关切的各国家委员会代表组成的技术委员会制定的。对其中所研究的问题,尽可能地表达国际上一致意见。

3) 这些决议或协议以标准、技术报告或指南的形式出版,向国际上推荐使用并在这个意见上为各国家委员会所接受。

4) 为了促进统一,IEC 各国家委员会承诺,在其国家标准或地区标准中,尽可能明白无误地采用IEC 国际标准。IEC 标准与相应国家标准或地区标准之间的任何差异,应在国家标准或地区标准中明确指出。

IEC 技术委员会的主要任务是制定国际标准。在特殊情况下,某技术委员会可以建议出版下述三种形式之一的技术报告:

形式 1:当历经反复努力之后,就出版某一国际标准还是得不到所需要的支持时;

形式 2:当所研究的问题仍处在技术发展过程中或由于其他原因,将来而不是现在有可能就国际标准达成协议;

形式 3:当某技术委员会业已收集到与正式出版的国际标准不属于同一种类的某种资料时,例如"科技发展水平"。

形式 1 和形式 2 技术报告在出版后的三年内要对其进行复审以决定是否可以转化成国际标准,而形式 3 技术报告不需要对其复审,直至认为其提供的资料不再有效或不再有用。

IEC 1294 是由 CIGRE(国际大电网会议)第 15 技术委员会的第 2 工作组应原 IEC 10A 要求制定的。

本技术报告的文本源于下述文件:

委员会草案	表决报告
10(秘书处)315	10(秘书处)319

从上表指出的表决报告可以获悉有关投票赞成本技术报告的全部信息。

本报告按出版物的形式 3 技术报告系列出版(根据 IEC/ISO 导则 第 1 部分的 G4.2.3)不把本报告视为是一个"国际标准"。

中华人民共和国国家标准

绝　缘　液　体
局部放电起始电压测定
试　验　程　序

GB/T 17648—1998
eqv IEC 1294:1993

Insulating liquids—
Determination of the Partial Discharge
Inception Voltage (PDIV)—
Test procedure

引言

本标准陈述了一种表征绝缘液体当其承受高电应力时防止或抑制局部放电能力的新方法。制定本标准旨在帮助那些研究绝缘液体的实验室获取 GB/T 10065 与 IEC 897 以外的补充信息。

1　范围

本标准规定了一种测量局部放电起始电压(PDIV)的试验程序。该程序是最近发展起来的,用来描述绝缘液体承受高电应力时其性能变化的一组试验方法中的一个。

本标准适用于在中、高压电气设备中使用的所有类型的绝缘液体。但本标准中所述的设备可能不适用于 PDIV 值大于 70 kV 的液体,见附录 A(提示的附录)。

补充信息可以从下列文件中获得:析气性(GB/T 10065)、雷电脉冲击穿电压(IEC 897)以及广泛应用的电气强度测量(GB/T 507)。

2　引用标准

下列标准所包含的条文,通过在本标准中引用而构成为本标准的条文。本标准出版时,所示版本均为有效。所有标准都会被修订,使用本标准的各方应探讨使用下列标准最新版本的可能性。

GB/T 507—1986　绝缘油介电强度测定法(neq IEC 156:1963)

GB/T 6379—1986　测试方法的精密度　通过实验室间试验确定标准测试方法的重复性和再现性
　　　　　　　　　(neq ISO 5725:1981)

GB/T 7354—1987　局部放电测量(neq IEC 270:1981)

GB/T 10065—1988　绝缘液体在电应力和电离作用下的析气性测定方法(eqv IEC 628:1985)

IEC 897:1987　绝缘液体雷电脉冲击穿电压的测量方法

IEC 1072:1991　评价绝缘材料耐电树枝引发的试验方法

3　定义

本标准采用下列定义。

绝缘液体的局部放电起始电压　Partial Discharge Inception Voltage (PDIV)

按本标准,一种绝缘液体的局部放电起始电压(PDIV)指的是在规定条件下试验该液体样品时,发生的视在电荷等于或大于 100pC 的局部放电的最低电压。

注：有关局部放电测量和定义的全部细节,可参阅 GB/T 7354。

4 关于局部放电起始电压的一般说明

使用针电极试验的经验表明:在被试验的液体内,局部放电首先出现在被称为 PDIV 的临界电压下,然后,局部放电量随施加电压呈对数规律增加。本标准所述的试验就是确定液体的局部放电起始电压(PDIV)。另外,还可用相同的试验装置,按放电量随电压增加情况对液体加以分类,但本标准不包括这种试验程序。

目前人们认为液体中的局部放电起始电压(PDIV)主要与液体的化学组成及性质相关,而由条件处理引起的影响较小。工频下在较均匀电场中的击穿电压测量(GB/T 507)通常与此相反。

5 装置

5.1 试验容器

图 1 所示的试验容器是与 IEC 897 所述的试验容器相同,但它带有不同的针电极和电极间隙。

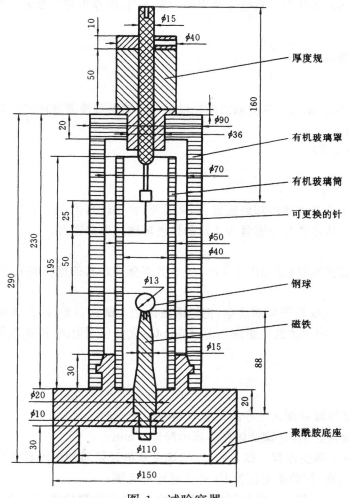

图 1 试验容器

5.1.1 试验容器是一个含有垂直间隙的容器。装入该试验容器内的液体的容量大约为 300 mL。容器内所用的绝缘材料应为高电气强度且与被试绝缘液体相容,并能耐受这些液体常用的溶剂和清洗剂。金属部件仅限于电极及其支承件。按 6.2.2 所述的方法检测时,在 70 kV 下试验容器应不发生放电。

5.1.2 试验容器应含有两个电极并形成可调节的针对球的排列。球电极应是一个直径为 12.5 mm～

929

13 mm 的轴承钢球。针电极应是一根如 IEC 1072 所述的尖端曲率半径为 3 μm 的针。

针与球的间隙设定为 50 mm±1 mm,针伸出针夹头之外 25 mm±1 mm。这些尺寸如图 1 所示。

注:当测量间隙时,应注意不要损坏针尖。间隙的小误差不会影响到 PDIV,但针的直径的微小变化则会严重影响到测量结果。试验针不得与球电极接触。

5.2 高压回路

高压回路应提供频率为 48 Hz～62 Hz 的可控制的交流电压直至满足最高试验电压的要求。与 5.1 所述的试验容器相联接的变压器输出端电压应达到 80 kV(有效值)。该电压应是正弦的并且峰值因数在 1.34～1.48 范围内。试验设备应没有局部放电以满足 6.2.2 的要求。

5.3 局部放电测量装置

可采用商业上可提供的各种局部放电检测仪,这些检测仪的典型频率响应范围为 10 kHz～300 kHz。不推荐把运行在更高频率下的仪器与本方法中的试验容器一起使用。可按 6.2.1 规定程序,对上述检测仪进行校对。

5.4 清洗用溶剂

应根据被测液体的性质,使用合适的技术等级的适用溶剂来清洗试验容器。例如:环己烷可用来溶解许多烃类液体的残留物。在按第 7 章规定的程序试验之前,推荐先用适量的已按 6.1 处理过的被试液体涮洗试验容器。

6 试样处理和测量仪器的准备

6.1 试样处理

在真空下通过瑞奇格(Rachig)或类似的塔柱以及合适滤料对被测液体进行处理。

典型的处理条件如下:

滤料:5 μm 烧结多孔玻璃;

温度:约 60℃;

真空度:不大于 100 Pa。

处理完毕,在真空下将该液体冷却到室温。如果需要,也可让其仍在真空下留在处理容器内几小时。然后,将处理容器内的液体填满每个容量为 2 L 的棕色玻璃瓶内并密封。

6.2 仪器准备

6.2.1 用一个合适的校正装置(见 GB/T 7354 的有关部分规定),依据视在放电量对局部放电(PD)测量装置进行校正。

6.2.2 按下述方法确定该仪器无局部放电:把绝缘液体注入试验容器,卸去试验针并施加最大要求的试验电压 5 min,在此期间测出的放电量应不超过 50 pC。允许应用电的、声的以及光的技术区分试样内放电和背景干扰。

7 试验程序

a) 缓慢地将被测液体倾斜倒入干净的试验容器中;

b) 在第一次施加电压之前,让该液体在容器内静置 5 min;

c) 联接试验容器与工频变压器。以 1 kV/s 的速度从零开始增加电压直至视在放电电荷等于或大于 100 pC 的局部放电出现,记录该电压为 V_1 并快速地降至零;

d) 对试验容器的每一次充液要重复测量以获得至少 10 次的测量值(V_1～V_{10}),每次施加电压的时间间隔为 1 min。计算各测量值的平均值和标准差;

e) 将试验容器内的液体倒空;

f) 换上一根新针;

g) 往试验容器内注入新的试样并重复 b)～d)步骤;

h) 如果测量的两个平均值之差超过重复性 r（见第9章），应再进行一组新的试验。不管第3组的结果如何，测量到此结束。

8 报告

报告两组符合重复性要求的平均值的平均数作为该试样的 PDIV 值。若两组试样结果的平均值之差超过重复性 r 的要求，则应报告三组测量值的平均数及范围。

报告还应包括下列内容：

——样品鉴别和准备；
——如所用试验容器与本报告所述的容器不同，须对所用容器作出说明；
——局部放电（PD）测量装置的型号说明；
——试验的组数；
——每一组的 PDIV 的平均值（kV）及平均值的标准差；
——其他不符合本标准所述程序的说明。

9 精密度

一般而言，当精密度试验的方法是采用 GB/T 6379 的程序时，就能把这些试验组合起来。含有五个实验室参加的联合验证（Round Robin Test）的结果（见表1）提供了所期望的（r 与 R）指示值。作为一个例子，由矿物油测得的这两个值是 $r=5$ kV（方均根值）和 $R=7$ kV（方均根值）。

r 值的利用有助于检查因使用有缺陷的针而引起的误差。因此，在本标准的第7章中规定：每当同一样品的两组试验结果之差超过 r 值时，应选择重复试验。在采用正规的和正确的方法操作时，相同样品的 20 次测定中出现两个结果之差超过 r 值的次数平均说来不会超过一次。

表 1 五个试验室对两种油的联合验证试验测得的 PDIV 值结果汇总

实验室	矿物油 1			矿物油 2		
	m（算术平均值）	σ（标准差）	σ/m（变异系数）	m（算术平均值）	σ（标准差）	σ/m（变异系数）
	kV	kV	%	kV	kV	%
1	31.0	0.6	1.9	33.6	1.1	3.3
2	28.6	1.6	5.6	30.7	1.4	4.6
3	28.3	3.0	10.6	29.6	1.9	6
4	31.5	1.1	3.5	33.1	1.7	5.1
5	27.6	1.8	6.5	33.4	0.9	2.7

附　录　A

（提示的附录）

测定绝缘液体局部放电
起始电压的试验程序的介绍

应用于电气设备中的绝缘液体,可能要求承受很高的电应力以防止在那些电场发散并由此增加电压值的地方开始放电。液体阻止或抑制局部放电的这种特性在许多应用中是很重要的。并发现在不同的化学结构液体中的运行特性之间变化很大。为了适应液体及液体添加剂在这种场合的应用,要求有一种评价局部放电起始性能的标准试验方法,用作质量保证、规范、产品开发及条件监控。对许多用户而言,PDIV 测量比那些目前常用的方法,如电气强度或雷电脉冲击穿电压,更加关系到液体的应用。而且,PDIV 试验比击穿电压试验更容易操作,这是由于该试验实际上是非破坏性的。因而,可在单个液体样品上进行大量单独测量并获得精确结果,而不需要频繁清洗试验容器和重新修整电极。

进行该试验所需要的放电检测仪器被广泛地应用于电气试验室中,在选择设备方面有很大自由。同样,试验容器也是基于现有类型。所要求的测量灵敏度 100 pC 是不难达到的,并且在许多试验室中业已证明这一灵敏度对广泛范围内的绝缘液体是有效的。灵敏度高于 100 pC 对试验无明显的好处。

PDIV 的测量受到电场分布形式影响且该试验要求使用一种具有规定的尖端曲率半径的针电极。显微技术可以用来测量曲率半径,但要配备非常高级的设备。因此,实际中更可取的办法是依靠制造针的精度。

与工频下击穿电压试验(IEC 156:1993《绝缘油介电强度测定法》)不同,应用针—球电极测量的 PDIV 是与诸如水分和微粒之类的污染关系不大。这是由于临界的高电场状态,只出现在非常少量的试验着的样品中,在本试验程序中,叙述了对液体的基本处理,目的是使得任何污染被控制在绝缘液体能可靠工作的正常范围内。

PDIV 试验程序业已成功地应用于广泛的液体,包括矿物油、酯、硅油及卤代液体。这些液体的局部放电起始电压在(20～70) kV 范围内。该试验对某些应用于电容器浸渍剂的高芳香烃的测量,没有提供令人满意的结果,因为这些浸渍剂的 PDIV 值高于规定极限 70 kV。

本试验方法的精密度,仅对绝缘矿物油进行了研究。在联合试验中,在五个实验室内以两种油样:一是环烷油;另一石蜡油,进行了试验。对每一种油,采用了每组测量 20 次的五组数据,每组数据对应于试验容器充一次被试验液体。这两种油给出非常类似的结果,在所有试验室内这些结果属于同一数量级。从汇总于表 1 的结果,取平均值约 30 kV 计算出重复性 $r = 5$ kV 及再现性 $R = 7$ kV(见 ISO 5725:1981《测试方法的精密度通过实验室间试验确定标准测试方法的重复性和再现性》),从而对一个有效试验提供了足够的精密度。(以上附录内容摘自 IEC 1294(1993,第一版))

ICS 29.035.10

K 15

中华人民共和国国家标准

GB/T 21216—2007/IEC 61620:1998

绝缘液体 测量电导和电容确定介质损耗因数的试验方法

Insulating liquids—Determination of the dielectric dissipation factor
by measurement of the conductance and capacitance—Test method

(IEC 61620:1998,IDT)

2007-12-03 发布　　　　　　　　　　　　　　　2008-05-20 实施

中华人民共和国国家质量监督检验检疫总局
中国国家标准化管理委员会　　发 布

前　　言

本标准等同采用 IEC 61620:1998《绝缘液体　测量电导和电容确定介质损耗因数的试验方法》(英文版)。

为便于使用,本标准与 IEC 61620:1998 相比,做了下列编辑性修改:

a)　删除了国际标准的"前言";

b)　用小数点符号'.'代替小数点符号',';

c)　用"V/mm"代替"Vmm^{-1}"、"S/m"代替"Sm^{-1}"、"kV/cm"代替"kVcm^{-1}";

d)　删除"规范性引用文件"中的引用标准"IEC 60475　液体电介质取样方法",因为其已包含在 GB/T 5654—2007 中。

本标准的附录 A、附录 B 为规范性附录,附录 C 为资料性附录。

本标准由中国电器工业协会提出。

本标准由全国绝缘材料标准化技术委员会(SAC/TC 51)归口。

本标准起草单位:桂林电器科学研究所、西安交通大学。

本标准主要起草人:王先锋、曹晓珑。

本标准为首次制定。

引　言

只有在热力学平衡条件下测得的电导率 σ 才可以认为是绝缘液体的一个特征参数。

为了满足这个要求,应避免高电场强度和/或持续电压作用,这种情况不同于 GB/T 5654—2007 中直流电阻率的测量(电场强度可达 250V/mm,充电时间为 1 min)。

大部分电工用的液体在没有偶极损耗的情况下,其介质损耗因数 $\tan\delta$、电导率 σ 和相对电容率 ε 之间满足下述关系:

$$\tan\delta = \frac{\sigma}{\varepsilon\omega}$$

式中 $\omega = 2\pi f$,f 为电源频率。

因此,通过测量 $\tan\delta$ 或 σ 都可以获得液体的电导性能。实际上,利用常规仪器测得 $\tan\delta$ 后换算来的电阻率与根据 GB/T 5654—2007 测得的直流电阻率之间有很大差异。

在热力学平衡条件下测量电导率 σ 的新仪器得到普遍的应用。这种仪器测量方便,并可获得准确的很小的 σ 值,新仪器甚至可以在室温下测量未使用过的绝缘液体的 σ。

绝缘液体 测量电导和电容确定介质损耗因数的试验方法

1 范围

本标准介绍了一种测量绝缘液体的介质损耗因数 tanδ 的方法,该方法通过同步测量电导 G 和电容 C 后经换算得到 tanδ,本标准适用于未使用过的绝缘液体和运行中的变压器或其他电力设备中使用的绝缘液体。

尽管本标准适用于 GB/T 5654—2007 中提到的所有液体,甚至是高绝缘性能液体,但该标准并不能替代 GB/T 5654—2007。本方法可以在工频下准确的测量小到 10^{-6} 的介质损耗因数,其测量范围为 10^{-6} 到 1 之间,特殊条件下可以达到 200。

2 规范性引用文件

下列文件中的条款通过本标准的引用而成为本标准的条款。凡是注日期的引用文件,其随后所有的修改单(不包括勘误的内容)或修订版均不适用于本标准。然而,鼓励根据本标准达成协议的各方研究是否可使用这些文件的最新版本。凡是不注日期的引用文件,其最新版本适用于本标准。

GB/T 5654—2007 液体绝缘材料 相对电容率、介质损耗因数和直流电阻率的测量(IEC 60247:2004,IDT)

GB/T 6379.1—2004 测量方法与结果的准确度 第 1 部分:总则与定义(ISO 5725-1:1994,IDT)

GB/T 6379.2—2004 测量方法与结果的准确度 第 2 部分:确定标准测量方法的重复性和再现性的基本方法(ISO 5725-2:1994,IDT)

ISO 5725-3:1994 测量方法与结果的准确度 第 3 部分:标准测量方法精密度的中间度量

ISO 5725-4:1994 测量方法与结果的准确度 第 4 部分:确定标准测量方法正确度的基本方法

3 定义

下列定义适用于本标准。

3.1

电导率 conductivity

σ

电导电流密度 j 与电场强度 E 之比的一个标量或矩阵量,其关系式为:

$$j = \sigma E$$

3.2

电阻率 resistivity

ρ

电导率的倒数,如下:

$$\rho = \frac{1}{\sigma}$$

3.3

电阻 resistance

R

充满液体试样的试验池的电阻为施加在该试验池上的电压 U 和直流电流或同相电流 I_R 的比值,

如下：

$$R = \frac{U}{I_R}$$

在最简单的平板电极系统中，当电极面积为 A、间距为 L 时，

$$R = \frac{\rho L}{A}$$

3.4

电导　conductance

G

电阻的倒数，如下：

$$G = \frac{1}{R}$$

3.5

电容　capacitance

C

充满液体试样的试验池的电容为电极的电量 Q 和施加在该试验池上的电压 U 的比值。对于平板电容器为：

$$C = \frac{\varepsilon A}{L}$$

其中 ε 为液体的相对电容率。

3.6

介质损耗因数　dielectric dissipation factor

介质损耗角正切　dielectric loss tangent

$\tan \delta$

对于正弦电压作用下的材料，$\tan\delta$ 是指吸收的有功功率与无功功率的比值。在简单的电容 C 与电阻 R 并联等效电路中：

$$\tan\delta = \frac{G}{C\omega}$$

其中 $\omega = 2\pi f$，f 为电源的频率。

附录 C 中详细的介绍了液体电导的影响因素。

4　试验原理

本方法是在试验池上施加交变方波电压的情况下来测量电容电流和电导电流。电容电流是在电压上升时间测量，电导电流是在电压稳定期间且在离子积累引起的电场干扰前测量。电流可以在方波电压的正、负半周期测量，并且采用多次测量来提高测量的准确度（见图 1）。

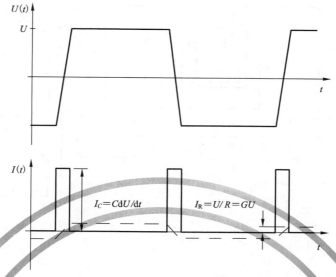

图 1　使用方波方法的工作原理

方波电压 $U(t)$ 的幅值为 $\pm U$，斜率为 dU/dt，且周期性的翻转。在电压上升期间到下降期间的总电流为电容电流（位移电流）和电导电流之和，例如：

$$I = C \times \left(\frac{dU}{dt}\right) + \frac{U}{R}$$

电容电流 I_C 在 $U(t)$ 的上升时间和下降时间期间测量。

电导电流 I_R 在 $U(t)$ 的平稳期间测量，即当 $U/R \ll I_C$，系统在每个平稳期间稳定一小段时间后测量。当角频率 ω 给定时，电容 C，电阻 R（或电导 G）和 $\tan\delta$ 的关系如下所述：

$$C = \frac{I_C}{\left(\dfrac{dU}{dt}\right)}$$

$$R = \frac{U}{I_R} \text{ 或 } G = \frac{I_R}{U}$$

$$\tan\delta = \frac{1}{\omega C R}$$

5　仪器

本测试方法所用仪器由多个独立部件组装而成，仪器装置组成模块图如图 2 所示。

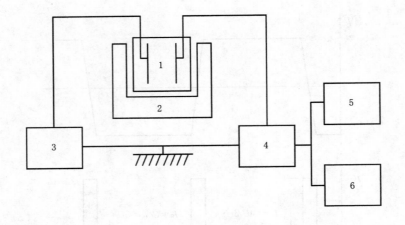

图解:

1——试验池;

2——加热装置;

3——方波发生器;

4——测试电路;

5——仪表;

6——记录仪。

图2 测量装置方框图

5.1 试验池

在一般情况下 GB/T 5654—2007 中推荐的三端试验池适合本测试方法。

另外一种在固体绝缘材料和测量电极间没有任何桥接线的试验池也适用于本方法,如图3所示。这种试验池可以提高高绝缘性能材料测量的精确性。

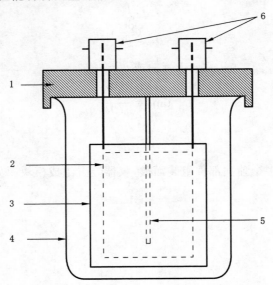

图解:

1——封盖;

2——内电极;

3——外电极;

4——不锈钢容器;

5——温度测量护套;

6——用于电气连接的 BNC 插头。

图3 用于高绝缘液体的试验池示例

内外电极间距离的典型值为 4 mm；最小距离不能小于 1 mm。推荐电极的使用材料为不锈钢。例如，内电极的直径为 43 mm，外电极的直径为 51 mm；电极高度为 60 mm；不锈钢容器的直径为 65 mm。

尽管接触的表面依然很大，但是由于液体的总体积很大($V=200 \text{ cm}^3$），所以比率 $\chi=$"电极表面"/"液体体积"仍然很小（$\chi=2.6/\text{cm}$)，这种试验池的设计减小了与液体接触的表面污秽影响。

注：对于一些特殊类型的液体应该限制使用该试验池。

5.2 加热装置

加热装置应该满足保持测量单元在规定的温度，且误差在±1℃内的要求，该装置可以由强迫通风烘箱或恒温控制油浴配以支架构成。

加热装置应具有与试验池的屏蔽电气连接。

5.3 方波发生器

方波发生器应该提供一个高稳定性的准矩形电压信号。需满足下列要求：

——幅值：10 V～100 V；

——频率：0.1 Hz～1 Hz；

——波动：＜1%；

——上升时间：1 ms～100 ms。

5.4 测试电路

通过试验池的电导电流 I_R。在每个半波的第二部分测量，并根据测量范围取多次测量的平均值。试验池的电导 G 由测试电路给出：

$$G=\frac{I_R}{U}$$

例如：当被测电导值的范围为 $2\times10^{-6}\text{S}$～$2\times10^{-14}\text{S}$ 时，最大误差必须小于 2%。

试验池的电容 C 由电压上升期间测得的电流推导出。当被测电容值的范围为 10 pF～1 000 pF 时，不确定度必须小于 1%。

例如：一种相对电容率为 $\varepsilon_r=2$，电导值为 $2\times10^{-14}\text{S}$ 的液体，在工频 50 Hz 下其 $\tan\delta=0.8\times10^{-6}$。

6 取样

根据 GB/T 5654—2007 进行绝缘液体的样品取样，在运输和保存时注意避光。

7 标识

绝缘液体试样在发送到实验室前需要贴标识。

下列信息应注明：

——用户或工厂；

——液体的名称（类型和等级）；

——设备的名称；

——取样日期和时间；

——取样时的温度；

——取样地点；

——其他相关信息。

8 试验程序

为了使介质损耗因数 $\tan\delta$ 的测量准确可靠，必须遵循以下相关的规则：

——试验池的清洗；

——试样的注入以及对试验池和试样的操作规程。

8.1 试验池的清洗

8.1.1 操作程序

根据试验池的清洁程度和被测液体的电导率大小,试验池清洗程序的复杂程度和所用时间都有所不同。

如果试验池的清洁程度未知或者有什么疑问,就需要进行试验池的清洗程序。

只要被证明有效的各类清洗程序都可以使用。

附录 A 提供了一种参考程序,适用于在两个实验室有争议的情况下使用。

附录 B 以举例的方式介绍了一种简单实用的清洗程序。

注:对于例行试验中同一批类型相同未使用过的液体试样进行连续试验时,如果所测得的试样性能参数值比规定值好,则同样的试验池可以不需清洗就可继续使用。如果不是这种情况,试验池在进行进一步试验前必须清洗。

8.1.2 空试验池清洁度的检查

为了获得有意义的测试数据,空试验池的介电损耗值必须远小于被测液体。

注:容器壁和电极可能会含有一些杂质,这些杂质最终可能溶解于液体中。

8.1.3 室温下充满待测液体的试验池清洁度的检查

如果试验池非常清洁且液体的温度保持恒定,则 σ 和 $\tan\delta$ 值与时间无关,整个测试过程应该尽可能快的进行。实际上,可以在一分钟内完成,所以,对于单个试样的一次测量有足够把握获得准确值。

在恒定温度下,电导率 σ(或者 $\tan\delta$)有可能会随着时间增加而增大或减少,但是在注入液体两分钟内不会超过 2%。在这种情况下可认为试验池足够清洁,而且在试样注入 1 min 或更短时间内获得的第一个值可以被记录。

如果这样不成功,就需要再次清洗试验池,对同样的液体进行第二次取样和测试。同 GB/T 5654—2007 推荐的一样,两次测量取较小值。

8.1.4 高于室温情况下测试试验池的检查

在高温下进行测试时,首先要保证试验池中液体的温度恒定。除非试验池非常清洁,否则测试结果将和试验池如何加热到指定温度的方法有关。

如果试验池非常清洁且液体的温度保持恒定,则 σ 和 $\tan\delta$ 值与时间无关。整个测试过程应该尽可能快的进行。实际上,在温度被认为达到恒定时,可尽快进行测试。所以,对于单个试样的一次测量有足够把握获得准确值。

尽管试验池中的液体保持在恒定温度下,电导率 σ(或者 $\tan\delta$)仍然有可能随着时间增加而增大或减少。这种现象归结为以下几种原因:例如,高温加热可能会引起某种绝缘液体的组份变化,或者改变局部湿气含量。实际上,温度并不是恒定不变的,它的变化自然会影响到电导率 σ(或者 $\tan\delta$)的变化。根据液体的性质,电导率 σ(或者 $\tan\delta$)总会随着温度的改变而改变,一般可以到 5%/℃。因此,只有当温度波动足够小时,电导率 σ(或者 $\tan\delta$)变化的起因才可以确定。如果电导率 σ(或者 $\tan\delta$)的变化在 2 min 后小于 2% 时,电极杯被认为足够清洁,在温度被认为恒定后 1 min 或更短时间内获得的测试值可以记录。

如果电极杯不是很清洁,加热时间将影响测试结果,特别是第一个值,因为来自试验池的杂质溶解到了液体中,第一个测得的数据就需要被放弃,然后重新清洗试验池。

8.2 注入试样

当注入试样时,要保证周围空气中尽可能不含有易于溶解在液体中的蒸气或其他气体。

电极应该完全浸在液体中。

注:试验池在不使用时,应放在干燥器内。

8.3 测试温度

液体的电导率和损耗因数可以在任意温度下测量。

应从操作简单和节约时间的角度来考虑测试的环境温度。实际上环境温度一直在变化,所以应该确定一个公认的值(例如 25℃±1℃)。

当然在更高温度下也可以进行测试(例如 40℃±1℃,90℃±1℃或更高)。

8.4 加热方法

要使测试达到预定温度,可以采用几种不同的加热方法。加热过程所需的时间与所采用加热的方法有关,基本上在 10 min~60 min 之间。如果试验池不是足够清洁,则由杂质持续溶解而引起的电导率增加会受加热周期的影响,电导率的测量就会和加热方法有关。

因此推荐试验池的加热越快越好。

为达到这个目的,可以将试验池和被测液体(放在一清洁容器内)分开加热。另一种方法就是快速加热试验池中的液体。

> 注：将试验池和液体快速加热的方法可能导致比较明显的温度差。所以应用这种方法时,要根据被测液体的类型来证实温度的均匀性。

8.5 测试

将被测试样注入试验池,应避免液体和试验池受到其他污染(见 8.2)。

按 8.1.3 和 8.1.4 检查清洁度,如果试验池足够清洁(见 8.1),记录 G 值和 C 值。

9 结果计算

结果可以根据下式计算：

$$\tan\delta=\frac{G}{C\omega}$$

式中：

G——表示电导,单位为西门子(S)；

C——表示电容,单位为法(F)；

ω——表示角频率,单位为弧度每秒(rad/s),$\omega=2\pi f$；

f——表示所选频率,单位为赫兹(Hz)。

> 注：如果被测液体在测试温度下的相对电容率 ε_r 已知。则液体的电导率可以根据下式计算：
>
> $$\sigma=\frac{\varepsilon G}{C}$$

式中：

$\varepsilon=\varepsilon_0\varepsilon_r$；

G——表示电导,单位为西门子(S)；

C——表示电容,单位为法(F)；

σ——表示电导率,单位为西门子每米(S/m)。

10 试验报告

报告应包含以下内容：

——样品名称；

——测试温度；

——G 和 C 的测量值；

——$\tan\delta$ 的计算值。

11 精确度

11.1 概述

测试方法的精确度是指同一样品几次测量结果接近程度,GB/T 6379.1—2004 中规定利用重复性 χ 和再现性 R 来评定精确度,计算方法由 GB/T 6379.2—2004,ISO 5725-3:1994,ISO 5725-4:1994 来确定。

描述绝缘液体介质损耗因数的 χ 值和 R 值决定于被测液体的固有性质、是否使用过或未使用过，以及测试的温度。这些参数在 $\tan\delta$ 值很小时（小于 10^{-4}）被削弱，对于高绝缘性液体则受污染、处理、试验池的清洗等影响。

11.2 重复性（χ）

如果两次测量结果 A 和 B 为在同一实验室室温下获得，且其差值的绝对值满足下述关系，则该结果被接受：

$$|A-B|<\alpha\min(A,B)$$

其中 $\min(A,B)$ 表示 A 和 B 中的较小值。

对于未使用的绝缘液体：$\alpha=0.2$；

对于使用过的绝缘液体：$\alpha=0.1$。

11.3 再现性（R）

如果两次测量结果 A 和 B 为在两个不同的实验室室温下获得，上述关系依然成立，但是 α 值不同。

对于未使用的绝缘液体：$\alpha=0.35$；

对于使用过的绝缘液体：$\alpha=0.20$。

11.4 χ 和 R 的举例

下表为在实验室间室温下对矿物绝缘油测试所得的 χ 值和 R 值。

表 1 不同条件的矿物绝缘油测试的 χ 值和 R 值

	$\tan\delta$	R	χ
未使用的矿物油	2.0×10^{-6}	1.2×10^{-6}	0.4×10^{-6}
使用过的矿物油 1	1.5×10^{-4}	3.5×10^{-5}	1.2×10^{-5}
使用过的矿物油 2	1.0×10^{-3}	1.2×10^{-4}	0.8×10^{-4}

附　录　A
（规范性附录）
试验池的详细清洗程序

a) 清空试验池,将试验池各部分残留液体流尽。

b) 将试验池用去离子水稀释约 5% 磷酸三钠溶液中煮沸至少 5 min,然后再用去离子水清洗几遍。

c) 再用自来水清洗 5 min。

d) 在去离子水中至少煮 0.5 h。

e) 在干净的烘箱中将各部件在 105℃下干燥 2 h。

f) 将各部件在干燥器中冷却到室温,注意不要用裸手直接接触电极表面。

g) 将各部件组装成试验池,同样注意不要接触电极表面。

h) 将被测液体注入试验池。

i) 将第一次注入液体倒掉,用第二次注入的液体做试验。

注:如果试验池不是立即使用,将试验池保存在干燥器内,防止被污染。

附　录　B
（规范性附录）
对某类液体专用的简化清洗程序

与 GB/T 5654—2007 中规定的一样,需要限制这类特殊液体专用的试验池的使用。在这种情况下,一种简化的清洗程序是可以满足要求的。实际上,试验池要求的清洁程度依赖于先前装有的液体的损耗水平和被测液体的损耗水平期望值的比值。因此,与 GB/T 5654—2007 中规定的一样,如果该测量值没有超过规定值,在进行下一次测量时,就不需要进行清洗。在这种情况下,试验池可以在充有先前测量液体的情况下储存,当然,放在干燥器中更为合适。

如果清洗必须进行,则按以下程序处理:

a) 清空试验池,使残留在试验池各部分的液体流尽;

b) 根据先前被测液体,选用合适的分析纯的清洗溶剂洗涤试验池各部分(不同液体推荐使用的溶剂见注);

c) 用分析纯的乙醇来清洗试验池各部分;

d) 在 80℃烘箱中烘干 3 h,然后在干燥器中冷却至室温;

e) 用被测液体充满试验池;

f) 清空第一次注入的被测液体,再次注入被测液体用于测量。

注:推荐的分析纯的溶剂:

环己烷适用于:

——碳氢化合物液体,例如矿物油(IEC 60296);

——聚丁烯(IEC 60693);

——烷苯基,单一/二苄甲苯,苯基乙烷和异丙基萘(IEC 60867)。

乙醇适用于:

——有机脂,例如邻苯二甲酸二辛脂、四元醇脂(IEC 61099)。

甲苯适用于:

——硅油(IEC 60836)。

附　录　C

（资料性附录）

影响液体电导性能的主要因素

C.1　体积电导率

电导率 σ 是一个标量，和电场强度 E 及电导电流密度 j 有关，且满足下述关系：

$$j = \sigma E$$

这是一个局部区域内成立的关系式，被称为欧姆定律。它适用于材料的任一局部区域。

电导率 σ 决定于材料本身的性质和它所包含的其他杂质，也和加在材料上的电场作用有关。

对于均质材料，特别是低场强作用下的液体，σ 是一个常数，所以体积电导率是液体的特征参数。

低场强作用下的绝缘液体的电导主要是由于一些可电离物质而产生的离子的分解和复合过程而引起的。

在热力学平衡条件下（没有或是只有很小的外加电场作用），体积电导率（单位为 S/m）：

$$\sigma = \sum_i k_i q_i$$

式中：

k_i——表示正负电荷携带者（离子）的迁移率，单位为 $m^2/V \cdot s$；

q_i——表示体积电荷密度，单位为 C/m^3。

例如：对于单一电离物质：

$$\sigma = k_+ q_+ + k_- q_-$$

σ 是液体电离程度的一个特征参数。

为了获得 σ，需要在严格规定的条件下，利用一方便的试验池在电压 U 的作用下来测量电流 I_R。实际上，试验池的设计必须保证电场均匀或者准均匀。

如果电极间距是 L，电极表面积是 A，则下述关系式成立：

$$E = \frac{U}{L}$$

$$\sigma = \frac{j}{E} = \frac{I_R L}{UA}$$

$$j = \frac{I_R}{A}$$

其中：$\frac{U}{I_R}$ 表示充满液体的试验池的电阻，单位为欧姆；

$G = \frac{1}{R}$ 表示电导；

体积电阻率是体积电导率的倒数：$\rho = \frac{1}{\sigma}$。

C.2　介质损耗因数（$\tan\delta$）

当正弦电压施加于材料上时，$\tan\delta$ 表示复电容率的虚部与实部之比。

对一无损耗电容，则电容电流 I_C 的相位超前电压 U 相角 $\pi/2$，且其幅值为：

$$I_C = C\omega U$$

其中：$\omega = 2\pi f$，f 是电源频率。

对一阻容并联模型，其中还有一部分同步分量 $I_R = \frac{U}{R}$，所以总电流 I^* 超前电压 U 一个相角 φ

$$\varphi = \frac{\pi}{2} - \delta$$

其中：

δ 表示损耗角，即电流 I^* 和电容电流 I_C 间的夹角（见图4）。

而且：

$$\tan\delta = \frac{1}{RC\omega} \qquad \tan\delta = \frac{G}{C\omega}$$

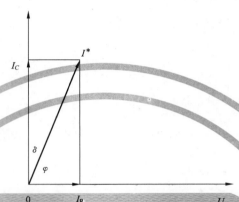

图4 具有角 δ 和 φ 的电压和电流的矢量表示

对于绝对电容率 $\varepsilon = \varepsilon_0\varepsilon_r$（$\varepsilon_r$ 表示相对电容率）和电导率为 σ 的液体，如果在所考虑的频率范围内没有偶极损耗，则可等效为一阻容并联网络：

$$R = \frac{L}{\sigma A} \qquad C = \frac{\varepsilon A}{L}$$

所以：

$$\tan\delta = \frac{\sigma}{\varepsilon\omega} = \frac{1}{\varepsilon\rho\omega}$$

这就表明可以通过测量 σ 来获得 $\tan\delta$。

C.3 电荷携带者的性质和迁移率

在严格过滤过的液体中，电荷携带者主要是离子或者是由少量可电离物质的自发分解或自然辐射作用而产生的高阶离子群。本标准中不考虑电子和空穴电导作用。

离子容易吸附中性分子（附和现象），尤其是小尺寸离子。所以，对一给定的液体，无论离子的性质和极性如何，离子迁移率差异都不大。如果一个带电荷 e 的离子可以看做是一个半径为 a 的球型，液体动态粘性系数为 η，并且把库仑力等效为粘滞力，则离子迁移率 k 可以表示为：

$$k = \frac{e}{6\pi\eta a}$$

这个公式基本上给出了 k 的正确的数量级，例如：

$$k = 10^{-9} \left(\frac{\text{m}^2}{\text{V} \cdot \text{s}}\right)$$

其中：$\eta = 10^{-2}\,\text{Pa} \cdot \text{s}$（室温下变压器油的典型值），$a = 0.8\,\text{nm}$。

关系式 $\eta k =$ 常数，被称为瓦尔登定则，受到广泛的推广，当温度变化时，我们可以将离子迁移速度等效为：

$$v = kE$$

而且离子在均匀电场中穿过距离 L 的传输时间 t 为：

$$t = \frac{L}{kE} = \frac{L^2}{kU}$$

C.4 电导率和分解物的某些性质间的关系

根据良好的绝缘液体中分解产生单一电解液的简化理论,电解液中未分解的分子 AB(浓度为 ν)和离子 A^+、B^+ 满足平衡关系:

$$AB \longleftrightarrow A^+ + B^+$$

在热力学平衡条件下,分解产生的离子数等于复合的离子数。如果 K_D 是分解常数,K_R 是复合常数,n_+ 和 n_- 是离子密度,则平衡关系为:

$$K_D \nu = K_R n_+ n_-$$

因此:

$$n_+ = n_- = \sqrt{\frac{K_D \nu}{K_R}}$$

体积电荷密度 $q_\pm = n_\pm e$,电导率为:

$$\sigma = (k_+ + k_-)e \sqrt{\frac{K_D \nu}{K_R}}$$

C.5 电场和电压作用对液体电导的影响

由于大量的电导都是由分解/复合过程引起的,当外加的电压足够小或者其周期(同极性)远小于离子从电极一端迁移到另一端的时间时,这种热力学平衡状态并不会受到明显的影响。

复合常数 K_R 不受外加电场的影响,而分解常数 K_D 随着外加电场的增加而增加。根据昂萨格理论,电场增强引起的分解现象在 $E > 1\text{kV/cm}$ 时,并不明显,但是当 $E > 5\text{kV/cm}$ 时,电导会明显增加(当 $E > 10\text{kV/cm}$,$\varepsilon_r = 2.2$ 时,电导可能增加 50%)。

当离子到达电极时,理想的中和现象在实际条件下并不明显,主要因为:

一方面,离子有可能被阻挡,而且它们的放电并不是瞬时的,因此累积后会形成单极性的电荷层,当电场反相时,该电荷层会释放。

另一方面,无论是对阳极还是阴极而言,或者二者皆有,在电极附近由于各种不同的注入机理会产生同极性的离子(不管是极性液体或非极性液体)。

这种离子注入取决于液体的性质、纯净度和电极的金属材料。在电场高于 1 kV/cm 时,这种现象才比较明显。

电荷注入、电荷损耗和单极性电荷层的运动会导致液体的电流体力学(electrohydrodynamic)(EHD)现象,从而有利于电荷传输,进一步增加了视在电导率,特别是对粘性液体。

EHD 运动对电导的贡献通常在电压达到几百伏时就可以忽略不计。

C.6 温度对液体电导的影响

温度的升高会导致电导率的增加,主要是由液体的性能(电容率、黏度)和分解物(分解常数)决定的。温度升高时,液体黏度就会下降,根据瓦尔登定则,离子迁移率会随着增加。

分解常数随着温度增加而增加的关系对于不同的物质并不相同,但基本上成幂指数级增长。

ICS 29.035.99
K 15

中华人民共和国国家标准

GB/T 21218—2007/IEC 60836:2005

电气用未使用过的硅绝缘液体

Specifications for unused silicone insulating
liquids for electrotechnical purposes

(IEC 60836:2005,IDT)

2007-12-03 发布
2008-05-20 实施

中华人民共和国国家质量监督检验检疫总局
中国国家标准化管理委员会 发布

前　言

本标准等同采用 IEC 60836:2005《电气用未使用过的硅绝缘液体规范》(英文版)。

为便于使用,本标准做了下列编辑性修改:

a)　"本国际标准"一词改为"本标准";

b)　删除了 IEC 60836:2005 的前言和引言;

c)　小数点符号","改为". "、容积符号"cm³"和"dm³"改为"mL"和"L";

d)　表 1 中"允许值"改为"要求";

e)　中和值计算公式按 GB/T 1.1—2000 及 GB/T 20001.4—2000 规定表示。

本标准由中国电器工业协会提出。

本标准由全国绝缘材料标准化技术委员会(SAC/TC 51)归口。

本标准起草单位:桂林电器科学研究所。

本标准主要起草人:马林泉。

本标准为首次制定。

电气用未使用过的硅绝缘液体

1 范围

本标准规定了用于变压器和其他电工设备中的未使用过的硅绝缘液体规范和试验方法。

T1 型变压器硅绝缘液体的规定性能列于表 1,其他类型将在需要时列出。

注:已用于电工设备中的硅绝缘液体的维护包括在另一个出版物 IEC 60944 中。

2 规范性引用文件

下列文件中的条款通过本标准的引用而成为本标准的条款。凡是注日期的引用文件,其随后所有的修改单(不包括勘误的内容)或修订版均不适用于本标准,然而,鼓励根据本标准达成协议的各方研究是否可使用这些文件的最新版本。凡是不注日期的引用文件,其最新版本适用于本标准。

GB/T 261 石油产品闪点测定法(闭口杯法)(GB/T 261—1983,neq ISO 2719:1973)

GB/T 265 石油产品运动粘度测定法和动力粘度计算法

GB/T 507 绝缘液体 工频下击穿电压的测定 试验方法(GB/T 507—2002,idt IEC 60156:1995)

GB/T 1884 石油和液体石油产品密度测定法(密度计法)(GB/T 1884—2000,eqv ISO 3675:1988)

GB/T 3535 石油倾点测定法(GB/T 3535—1983,neq ISO 3016:1974)

GB/T 3536 石油产品闪点和燃点测定法(克利夫兰开口杯法)(GB/T 3536—1983,eqv ISO 2592:1973)

GB/T 5654 液体绝缘液体 相对电容率、介质损耗因数和直流电阻率的测定(GB/T 5654—2007,IEC 60247:2004,IDT)

GB/T 10065 绝缘液体在电应力和电离作用下的析气性测定方法(GB/T 10065—2007,IEC 60628:1985,MOD)

IEC 60475 液体电介质取样方法

IEC 60814 绝缘液体 油浸纸及油浸压纸板 用卡尔·费休自动电量滴定法测定水分

ISO 2211 液体化学品 哈森单位(铂-钴标度)色度测定

ISO 5661 石油产品 液态烃类 折射率的测定

3 术语和定义

下列术语和定义适用于本标准。

3.1

硅绝缘液体 silicone insulating liquids

液体有机硅多分子聚醚,其分子结构主要由硅、氧原子交替的线性链组成,而烃基则连接在硅原子上。

3.2

T1 型变压器硅液体 silicone transformer liquid type T1

聚二甲基硅氧烷,不含添加剂,主要用于变压器。

注 1:当按第 8 章规定的方法试验时,T1 型变压器硅液体应符合本标准表 1 给出的要求。

注 2:按 IEC 61039,T1 型变压器硅液体被归入 L-60836-1 类,而按 IEC 61100 则被归入 K3 类。

4 性能

4.1 一般性能

变压器硅液体(T1型)具有高的闪点和燃点,因此难以燃烧。如果发生燃烧,其释放热量的速率远远低于烃油。

除了用于类似工作温度下的含变压器矿物油的那些变压器外,变压器硅液体(T1型)也可用于在较高温度下工作的经合理设计的电工设备中。

水在硅液体中的溶解度大于在矿物油中的溶解度。对电工设备的设计来说是重要的其他性能,即热传导,也许会不同于变压器矿物油,设计者必须充分关注这一点。

4.2 有关健康、安全和环境(HSE)方面的性能

4.2.1 使用

硅液体在自然界中会分解成单体,自然会产生一些物质。但硅液体的使用不会危及健康。

硅液体直接触及眼睛会引起轻度刺激。应戴上安全眼镜以防溅入眼内。一旦溅入眼内,用大量清洁流动的水冲洗即可消除刺激。如果刺激依然存在,则建议去医院诊疗。

有关安全使用这些液体的详细资料由制造商或供应商提供。

4.2.2 处理

应遵守地方法规。推荐的处理方法是由一有资格的承包商进行回收。废液可作焚烧处理。洒落的液体应当采用吸收介质清理。进入环境的少量液体并无特别的危害。

5 通用交货要求与分类

硅绝缘液体应装于清洁密闭的容器中运输。容器的衬里与所装的液体相互不起作用。

每个容器应标明下列信息:

——本标准号;

——供应商名称;

——批号;

——地方行政管理部门要求的其他注意事项。

注:充注硅绝缘液体的电工设备应根据电工设备标准的要求标明所用绝缘液体的种类。

6 贮存与维护

最好应贮存于室内,且必须装于密闭容器中以防潮气和灰尘浸入。若贮存期间意外受到水和/或固体粒子污染,通常通过 IEC 60944 中所述的处理工艺可将其质量恢复到可接受的水平。

7 取样

硅液体应依据 IEC 60475 采用与所取液体的密度相协调的程序进行取样。异丙醇适用于清洗取样器具。

8 性能与试验方法

8.1 颜色与外观

8.1.1 颜色

该性能应按 ISO 2211 测定。

8.1.2 外观

该性能应通过在透光及室温条件下观察一厚度约 100 mm 的有代表性的试样进行评定。

8.2 密度

该性能应按 GB/T 1884 在 20℃下测定。

8.3 运动粘度

该性能应按 GB/T 265 在 40℃下测定。

8.4 闪点

该性能应按 GB/T 261 测定。

8.5 燃点

该性能应按 GB/T 3536 测定。

8.6 折射率

该性能应按 ISO 5661 测定。

8.7 倾点

该性能应按 GB/T 3535 测定。

8.8 水分含量

该性能应按 IEC 60814 测定。

8.9 中和值

该性能应采用下列化学试剂和程序测定。

8.9.1 试剂

a) 氢氧化钾:$c(KOH)=0.1$ mol/L 乙醇标准溶液。

b) 甲苯,不含硫。

c) 恒沸乙醇溶液(沸点 78.2℃)。

d) 盐酸:$c(HCl)=0.1$ mol/L 标准溶液。

e) 碱性蓝指示剂溶液:将 2 g 碱性蓝 6B 溶解在 100 mL 含 1 mL$c(HCl)=0.1$ mol/L 标准溶液的恒沸乙醇中。24 h 后进行酸值试验,以检验指示剂是否具有足够的灵敏度。如果颜色明显地从蓝色变为如同 10％硝酸钴[$CO(NO_3)_2 \cdot 6H_2O$]溶液那样的红色,说明该指示剂灵敏度令人满意。

如果灵敏度不够,则重复加 $c(HCl)=0.1$ mol/L 标准溶液,并在 24 h 后再次检验之。如此继续直至灵敏度令人满意为止。然后将溶液过滤到棕色玻璃瓶中存放于暗处。

8.9.2 程序

将(20.00 ± 0.05)g 试样称入 250 mL 具塞磨口锥形瓶中。

取第二个锥形瓶,加入 60 mL 甲苯和 40 mL 乙醇,然后向该混合物中加入 2 mL 指示剂溶液。用 $c(KOH)=0.1$ mol/L 乙醇标准溶液中和,直至出现如同 10％硝酸钴[$CO(NO_3)_2 \cdot 6H_2O$]溶液那样的红色并至少保持 15 s 为止。

将此溶液加到上述试样中,搅拌并在温度不高于 25℃的条件下立即用 $c(KOH)=0.1$ mol/L 乙醇标准溶液滴定到如上所述的终点。

中和值计算公式如下:

$$NV=\frac{V\times N\times 56.1}{m}$$

式中:

NV——试样的中和值的数值,单位为毫克氢氧化钾每克(mgKOH/g);

V——滴定所用氢氧化钾乙醇标准溶液容积的数值,单位为毫升(mL);

N——氢氧化钾乙醇标准溶液之物质的量浓度的数值,单位为摩尔每升(mol/L);

56.1——氢氧化钾的摩尔质量的数值,单位为克每摩尔(g/mol);

m——试样的质量的数值,单位为克(g)。

8.10 击穿电压

该性能应按 GB/T 507 测定。

8.11 介质损耗因数、电容率、直流电阻率

这些性能应按 GB/T 5654 中所述方法在 90℃下测定。异丙醇或丙酮适合于清洗测量池。

8.12 电应力和电离作用下的析气性

该性能应按 GB/T 10065 测定。

8.13 燃烧性

有关绝缘液体着火危险性测定,IEC TC89 正在研究中。

9 单项规范

本规范仅适用于未使用过的拟用于电工设备中的硅液体,作为买入时和进行处理或注入电工设备之前的验收标准。按第 7 章规定抽取的液体样品应按第 8 章中规定的适当试验方法进行试验。经试验,液体的性能应符合本规范表中的要求。

9.1 T1 型变压器硅液体

该液体为不含添加剂的聚二甲基硅氧烷,主要用于变压器。

当按第 8 章中规定的方法进行试验时,T1 型变压器硅液体的性能应符合表 1 所列的要求。

表 1 T1 型变压器硅液体

性　能	单　位	试验方法 (章或条)	要　求	备　注
颜色	—	8.1.1	≤35	
外观	—	8.1.2	透明、无悬浮物、 无沉淀物	
密度(20℃)	g/cm^3	8.2	0.955~0.970	
运动粘度(40℃)	mm^2/s	8.3	40±4	
闪点	℃	8.4	≥240	
燃点	℃	8.5	≥340	
折射率(20℃)	—	8.6	1.404±0.002	
倾点	℃	8.7	−50 或更低	
水分含量	mg/kg	8.8	≤50	a
中和值	mgKOH/g	8.9	≤0.01	a
击穿电压	kV	8.10	≥40	a
介质损耗因数(DDF) (90℃,50 Hz)	—	8.11	≤0.001	a,b
电容率(90℃)	—	8.11	2.55±0.05	a
直流电阻率(90℃)	Ω·m	8.11	≥1.00×10^{11}	a

　a 指未经处理的收货状态下的油。

　b 指在 40 Hz~60 Hz 的频率范围内,其转换值如下:DDF(50 Hz)=DDFf(Hz)/50。

参 考 文 献

[1] IEC 60944　变压器硅液体维护指南
[2] IEC 61039　绝缘液体一般分类
[3] IEC 61100　绝缘液体按燃点和净热值分类

ICS 29.035.99
K 15

中华人民共和国国家标准

GB/T 21221—2007

绝缘液体
以合成芳烃为基的未使用过的绝缘液体

Insulating liquids—
Specifications for unused insulating liquids based on synthetic aromatic hydrocarbons

(IEC 60867:1993,MOD)

2007-12-03 发布

2008-05-20 实施

中华人民共和国国家质量监督检验检疫总局
中国国家标准化管理委员会 发布

前　言

本标准修改采用 IEC 60867:1993《绝缘液体　以合成芳烃为基的未使用过的液体规范》(英文版)。

考虑到我国国情,在采用 IEC 60867:1993 时,本标准作了一些修改。有关技术差异已编入正文中并在它们所涉及的条款页边空白处用垂直单线标识。在附录 A 中列出了本标准章条编号与 IEC 60867:1993 章条编号的对照一览表。在附录 B 中给出了这些技术差异及其原因的一览表以供参考。

为便于使用,本标准做了下列编辑性修改:

a) "本国际标准"改为"本标准";

b) 删除了 IEC 60867:1993 的前言和引言;

c) 删除了"第 3 章"引导语中"要点　气相色谱仪可用于组成鉴定和杂质检测"一段;

d) 小数点符号","改为".",容积符号"mm³"、"cm³"和"dm³"改为"µL"、"mL"和"L";

e) 删除了 6.7.1 d)条注中"有机卤试剂:"一节;

f) 四个规范篇中,篇头"第一篇"、"第二篇"、"第三篇"和"第四篇"分别改为"表 1"、"表 2"、"表 3"和"表 4","允许值"改为"要求",表的脚注编号上标形式由"1)"开始的阿拉伯数字改为从"a"开始的小写拉丁字母。

本标准的附录 A、附录 B 为资料性附录。

本标准由中国电器工业协会提出。

本标准由全国绝缘材料标准化技术委员会(SAC/TC 51)归口。

本标准起草单位:桂林电器科学研究所、桂林电力电容器总厂、常州市武进东方绝缘油有限公司、锦州永嘉化工有限公司、烟台金正精细化工有限公司、南京泰荣特种油品有限公司。

本标准主要起草人:马林泉、李兆林、徐建华、陈海波、鲍贻清、曹继林。

本标准为首次制定。

绝缘液体
以合成芳烃为基的未使用过的绝缘液体

1 范围

本标准规定了用作电气设备绝缘液体介质的未使用过的几种合成芳烃绝缘液体的规范和试验方法。

2 规范性引用文件

下列文件中的条款通过本标准的引用而成为本标准的条款。凡是注日期的引用文件,其随后所有的修改单(不包括勘误的内容)或修订版均不适用于本标准,然而,鼓励根据本标准达成协议的各方研究是否可使用这些文件的最新版本。凡是不注日期的引用文件,其最新版本适用于本标准。

GB/T 261—1983 石油产品闪点测定法(闭口杯法)(neq ISO 2719:1973)

GB/T 265—1988 石油产品运动粘度测定法和动力粘度计算法

GB/T 1884 原油和液体石油产品密度实验室测定法(密度计法)(GB/T 1884—2000,eqv ISO 3675:1998)

GB/T 3535—1983 石油倾点测定法(neq ISO 3016:1974)

GB/T 5654—2007 绝缘液体 工频相对介电常数、介质损耗因数和体积电阻率的测定(IEC 60247:2004,IDT)

GB/T 10065—2007 绝缘液体在电应力和电离作用下的析气性测定方法(IEC 60628:1985,MOD)

GB/T 11133—1989 液体石油产品水含量测定法(卡尔·费休法)(neq ASTM D 1744:1983)

GB/T 11142—1989 绝缘油在电场和电离作用下的析气性测定法(neq ASTM D 2300:1981)

SH/T 0205—1992 电气绝缘液体的折射率和比色散测定法

ISO 5662:1978 石油产品 电绝缘油 腐蚀性硫的检测法

IEC 60475:1974 液体电介质取样方法

IEC 61039:1990 绝缘液体一般分类

IEC 60156:1995 绝缘液体 工频下击穿电压的测定 试验方法

3 定义

下列定义适用于本标准。

3.1

烷基苯 alkylbenzenes

由一个苯环和一个烷基构成的分子组成的绝缘液体,其烷基可以是直链型的或支链型的。

注:这两种型式的烷基苯可通过红外线光谱分析加以区别,直链型烷基苯在 $360~cm^{-1} \sim 380~cm^{-1}$ 区域显示出一个吸收单峰,而支链型烷基苯在 $360~cm^{-1} \sim 380~cm^{-1}$ 区域显示出一个吸收双峰。

3.2

烷基二苯基乙烷 alkyldiphenylethanes

由二苯基乙烷的衍生物组成的绝缘液体,通常两个芳基带有短链烷基。

注:这类产品的红外线特征吸收峰在 $3~070~cm^{-1}$、$1~606~cm^{-1}$ 和 $705~cm^{-1}$ 处。

3.3

烷基萘 alkylnaphthalenes

由带有烷基取代基的萘组成的绝缘液体。

注：这类产品的红外线特征吸收峰在 3 070 cm⁻¹,1 605 cm⁻¹,1 380 cm⁻¹和 1 360 cm⁻¹处。

3.4

甲基多芳基甲烷 methylpolyarylmethanes

由主要以单/双苄基甲苯(M/DBT)的混合物为基的甲基多芳基甲烷衍生物组成的绝缘液体。

注：这类产品的红外线特征吸收峰在 3 025 cm⁻¹,1 606 cm⁻¹,1 380 cm⁻¹和 705 cm⁻¹处。

4 标志和一般交货要求

4.1 包装和运输

产品通常以公路或铁路油罐车或桶进行运输,这些容器须经特殊清洗以免对产品造成二次污染。

4.2 标志

供方发运的桶或样品容器上至少应具有以下标志：

——本标准号；

——供方名称；

——产品型号。

5 取样

取样按 IEC 60475:1974 规定的程序进行。

6 试验方法

6.1 外观

外观是通过在透射光下检验具有代表性的厚约 10 cm、环境温度下的液体样品来评价。

6.2 密度

任何公认的试验方法均可采用。在有争议的情况下,应当采用 GB/T 1884 规定的方法。密度应在 20℃测定。

6.3 运动粘度

运动粘度应按 GB/T 265—1988 进行测定。

6.4 闪点

闪点应按 GB/T 261—1983 进行测定。

6.5 倾点

倾点应按 GB/T 3535—1983 进行测定。

6.6 折射率和比色散

折射率和比色散应按 SH/T 0205—1992 进行测定。

6.7 中和值

6.7.1 试剂

a) 氢氧化钾：$c(KOH) = 0.1$ mol/L乙醇标准溶液；

b) 甲苯,不含硫；

c) 恒沸乙醇溶液(沸点 78.2℃)；

d) 盐酸：$c(HCl) = 0.1$ mol/L标准溶液；

e) 碱性蓝指示剂溶液：将 2 g 碱性蓝 6 B 溶解在 100 mL 含 1 mL $c(HCl) = 0.1$ mol/L标准溶液的恒沸乙醇中。24 h 后进行酸值试验,以检验指示剂是否具有足够的灵敏度。如果颜色明显地从蓝色变为如同 10％硝酸钴[CO(NO₃)₂·6H₂O]溶液那样的红色,说明该指示剂灵敏度令人满意。

如果灵敏度不够,则重复加 c(HCl)＝0.1 mol/L 标准溶液,并在 24 h 后再次检验之。如此继续直至灵敏度令人满意为止。然后将溶液过滤到棕色玻璃瓶中存放于暗处。

6.7.2　程序

将(20.00±0.05)g 试样称入 250 mL 具塞磨口锥形瓶中。

取第二个锥形瓶,加入 60 mL 甲苯和 40 mL 乙醇,然后向该混合物中加入 2 mL 指示剂溶液。用 c(KOH)＝0.1 mol/L 乙醇标准溶液中和,直至出现如同 10％硝酸钴[CO(NO₃)₂·6H₂O]溶液那样的红色并至少保持 15 s 为止。

将此溶液加到上述试样中,搅拌并在温度不高于 25℃ 的条件下立即用 c(KOH)＝0.1 mol/L 乙醇标准溶液滴定到如上所述的终点。

中和值的计算方法如下:

$$NV = \frac{V \times N \times 56.1}{m} \quad\cdots\cdots\cdots\cdots\cdots\cdots(1)$$

式中:

NV——试样的中和值的数值,单位为毫克氢氧化钾每克(mgKOH/g);

V——滴定所用氢氧化钾乙醇标准溶液容积的数值,单位为毫升(mL);

N——氢氧化钾乙醇标准溶液之物质的量浓度的数值,单位为摩尔每升(mol/L);

56.1——氢氧化钾的摩尔质量的数值,单位为克每摩尔(g/mol);

m——试样的质量的数值,单位为克(g)。

6.8　氯含量

本条款所述的方法适合于测定烃类液体中的总氯含量。然而,任何其他可以得到相似结果的化学分析或仪器分析方法均可采用。

6.8.1　试剂

a)　硝酸(HNO₃)标准溶液,分析级。用蒸馏水将 190 g 浓硝酸稀释至 1 L。

b)　异丙醇,分析级。

c)　硝酸银:c(AgNO₃)＝0.025 mol/L 标准溶液,分析级:准确称取 0.427 g 硝酸银,将它转移到 1 L 容量瓶中加蒸馏水使之溶解。然后加入 3 mL 浓硝酸(密度 1.42 kg/dm³),再加蒸馏水稀释至容量瓶的 1 L 刻度。对照纯氯化物标样校验该溶液。至少每月校验该溶液一次以确保试剂稳定。

注 1:红外光谱仪液体池所用的氯化钠晶体是恰当的氯化物标样。

注 2:在制备溶液之前,将硝酸银放在干燥器中过夜。固体材料和溶液都应贮存在棕色瓶中于暗处避光保存。

d)　联苯钠溶液(C₆H₅C₆H₄Na)。

注:通常需要该试剂 30 mL 以达到过量状态。联苯钠溶液的制备参见"McCoy——The Inorganic Analysis of Petroleum,Chemical Publishing Co. Inc.,212 Fifth Avenue,New York"。

6.8.2　仪器

——250 mL 分液漏斗;

——电位滴定仪;

——电极:最好是银电极和玻璃电极组合,带有硫酸汞参比电极的银电极是可以接受的代用品;

——5 mL 微量滴定管,分度值 0.01 mL。

6.8.3　程序

6.8.3.1　在 150 mL 的烧杯中,将(35.5±0.1)g 被试液体样品借助于细玻璃棒搅拌将其溶解于 25 mL 的甲苯中,然后把该溶液转移到分液漏斗中。用总量为 25 mL 的甲苯冲洗烧杯数次,并将冲洗液加入到分液漏斗中。

6.8.3.2　向分液漏斗的溶液中加入过量的联苯钠溶液(通常 30 mL 已足够)。过量可通过蓝或绿的颜色变化被显示出来。盖上分液漏斗的玻璃塞,轻轻地摇动,使溶液完全混合,在摇动的过程中不时打开塞子以解除过压。

6.8.3.3　让蓝—绿色混合物静止 5 min 以保证反应完全。除去塞子,加入 2 mL 异丙醇。不盖塞子,轻轻摇动,直至过量的试剂消失。

6.8.3.4　慢慢地加入 50 mL 硝酸溶液。轻轻地摇晃 5 min 以保证有机相和水相彼此均匀接触。不时地松动分液漏斗的塞子以释放微小气压。把水相放入另一只烧杯中。用 50 mL 硝酸溶液再次萃取有机相。将水相放入装有第一次萃取液的烧杯里。

6.8.3.5　把装有水相萃取液的烧杯放在滴定台上,放入电极系统。开动搅拌并记录初始电位值或 pH 值。用 AgNO₃ 溶液(0.025 mol/L)慢慢地滴定,记录加入每一滴 AgNO₃ 溶液后的读数。

继续滴定直到电位或 pH 读数达到突跃点为止。以硝酸银体积为横坐标、电压或 pH 值为纵坐标作图。曲线的拐点选作滴定的终点。

6.8.3.6　空白试验。滴定相同体积不加样品的溶剂作为空白试验。

6.8.4　计算

总氯含量的计算方法如下:

$$CC = \frac{(A-B)N \times 35.5 \times 10^3}{m} \qquad\qquad (2)$$

式中:

CC——试样的总氯含量的数值,单位为毫克每千克(mg/kg);

A——滴定试样所需硝酸银溶液容积的数值,单位为毫升(mL);

B——滴定空白所需硝酸银溶液容积的数值,单位为毫升(mL);

N——硝酸银溶液的摩尔浓度的数值,单位为摩尔每升(mol/L);

35.3——氯的摩尔质量的数值,单位为克每摩尔(g/mol);

m——所用试样的质量的数值,单位为克(g)。

6.9　水含量

水含量应按 GB/T 11133—1989 进行测定。

6.10　腐蚀性硫

腐蚀性硫应按 ISO 5662:1978 进行测定。

6.11　击穿电压

击穿电压应按 IEC 60156:1995 进行测定。

6.12　介质损耗因数、相对介电常数和体积电阻率

这三项性能应按 GB/T 5654—2007 进行测定。

6.13　在电场和电离作用下的稳定性(析气性)

析气性应按 GB/T 11142—1989 或 GB/T 10065—2007 进行测定。

7　准确度和试验结果的解释

在规定的方法中给出的准确度数据仅被用作对重复测定值间预期接近程度的一种指导。因此,不可将它看作适用于表 1、表 2、表 3 和表 4 中所规定的极限值的偏差。

8　电容器和电缆用烷基苯规范

当按第 6 章规定的方法试验时,用作电容器和空心电缆浸渍剂的以烷基苯为基的产品性能应符合表 1 所列的要求。

依据 IEC 61039:1990 这类产品以下列代号命名:L—NY—60867-1。

9 电容器用烷基二苯基乙烷规范

当按第 6 章规定的方法试验时,用作电容器浸渍剂的以烷基二苯基乙烷为基的产品性能应符合表 2 所列的要求。

依据 IEC 61039:1990 这类产品以下列代号命名:L—NC—60867-2。

10 电容器用烷基萘规范

当按第 6 章规定的方法试验时,用作电容器浸渍剂的以烷基萘为基的产品性能应符合表 3 所列的要求。

依据 IEC 61039:1990 这类产品以下列代号命名:L—NC—60867-3。

11 电容器用甲基多芳基甲烷规范

当按第 6 章规定的方法试验时,用作电容器浸渍剂的以甲基多芳基甲烷为基的产品性能应符合表 4 所列的要求。

依据 IEC 61039:1990 这类产品以下列代号命名:L—NC—60867-4。

表 1 电容器和电缆用烷基苯规范

性 能		单位	试验方法（条款）	要 求		
				1 号	2 号	3 号
一、物理性能						
外观		—	6.1	透明无悬浮杂质或沉淀物		
密度（20℃）		g/cm³	6.2	0.850～0.880		
运动粘度（40℃）		mm²/s	6.3	≤6.0	≥5.0～≤11.0	≥10.0～≤50.0
闪点		℃	6.4	≥110	≥135	≥150
倾点		℃	6.5	≤−45	≤−45	≤−30
折射率 n_D^{25}		—	6.6	1.480 0～1.495 0		
比色散（25℃）		—	6.6	≥125		
二、化学性能						
中和值		mgKOH/g	6.7	≤0.015		
氯含量		mg/kg	6.8	≤30		
水含量		mg/kg	6.9	≤75		
腐蚀性硫		—	6.10	无腐蚀性		
三、电气性能						
击穿电压		kV	6.11	≥50[a]		
体积电阻率（90℃）		Ω·m	6.12	≥1.0×10¹²[a]		
介质损耗因数（90℃,40 Hz～60 Hz）		—	6.12	≤0.002[a]		
相对介电常数（25℃,40 Hz～60 Hz）		—	6.12	2.10～2.30		
电场和电离作用下的稳定性（析气性）[b]	吸气	μL/min	6.13 GB/T 11142—1989	≥20		
	吸气	cm³	6.13 GB/T 10065—2007	≥2.5		

[a] 这些规定的极限值是考虑到了最不利的交货条件,并且这些值是相对于收货时的液体而言的。

[b] 规范要求烷基苯按 GB/T 11142—1989 或 GB/T 10065—2007 测试时达到析气性要求,但并不是要求同时采用这两种方法测试析气性。

表 2　电容器用烷基二苯基乙烷规范

性　能	单位	试验方法（条款）	要　求	
			PXE[a]	PEPE[b]
一、物理性能				
外观	—	6.1	透明,无悬浮杂质或沉淀	
密度(20℃)	g/cm³	6.2	0.950～0.999	
运动粘度(40℃)	mm²/s	6.3	≤7.0	≤4.0
闪点	℃	6.4	≥140	≥136
倾点	℃	6.5	≤−40	≤−60
折射率 n_D^{25}	—	6.6	1.560 0～1.570 0	1.550 0～1.570 0
比色散(25℃)	—	6.6	≥180	
二、化学性能				
中和值	mg KOH/g	6.7	≤0.015	
氯含量	mg/kg	6.8	≤30	
水含量	mg/kg	6.9	≤75	
腐蚀性硫	—	6.10	无腐蚀性	
三、电气性能				
击穿电压	kV	6.11	≥55[c]	≥60[c]
体积电阻率(90℃)	Ω·m	6.12	≥1.0×10¹²[c]	
介质损耗因数（90℃,40 Hz～60 Hz）	—	6.12	≤0.001[c]	
相对介电常数(25℃,40 Hz～60 Hz)	—	6.12	2.40～2.60	
电场和电离作用下的稳定性（析气性）| 吸气	μL/min	6.13 GB/T 11142—1989	≥100	
	吸气	cm³	6.13 GB/T 10065—2007	—	

a PXE 是 1-苯基-1-二甲苯基乙烷的英文名称 1-phenyl-1-xylyl ethane 的缩写。

b PEPE 是 1-苯基-1-乙苯基乙烷的英文名称 1-phenyl-1-ethyl phenyl ethane 的缩写。

c 这些规定的极限值是考虑到了最不利的交货条件,并且这些值是相对于收货时的液体而言的。

表 3　电容器用烷基萘规范

性　能	单位	试验方法（条款）	要　求
一、物理性能			
外观	—	6.1	透明,无悬浮杂质或沉淀
密度(20℃)	g/cm³	6.2	0.950～1.000
运动粘度(40℃)	mm²/s	6.3	≤8
闪点	℃	6.4	≥140
倾点	℃	6.5	≤−40

表 3（续）

性 能		单位	试验方法 （条款）	要 求
折射率 n_D^{25}		—	6.6	待定
比色散（25℃）		—	6.6	待定
二、化学性能				
中和值		mg KOH/g	6.7	≤0.03
氯含量		mg/kg	6.8	≤30
水含量		mg/kg	6.9	≤75
腐蚀性硫		—	6.10	无腐蚀性
三、电气性能				
击穿电压		kV	6.11	≥60[a]
体积电阻率（90℃）		Ω·m	6.12	≥5.0×10^{11} [a]
介质损耗因数（90℃,40 Hz～60 Hz）		—	6.12	≤0.002[a]
相对介电常数（25℃,40 Hz～60 Hz）		—	6.12	待定
电场和电离作用下 的稳定性（析气性）	吸气	μL/min	6.13 GB/T 11142—1989	≥100
	吸气	cm^3	6.13 GB/T 10065—2007	—

　　[a] 这些规定的极限值是考虑到了最不利的交货条件,并且这些值是相对于收货时的液体而言的。

表 4　电容器用甲基多芳基甲烷规范

性 能	单位	试验方法 （条款）	要 求
一、物理性能			
外观	—	6.1	透明,无悬浮杂质或沉淀
密度（20℃）	g/cm^3	6.2	0.980～1.020
运动粘度（40℃）	mm^2/s	6.3	≤4.0
闪点	℃	6.4	≥130
倾点	℃	6.5	≤−60
折射率 n_D^{25}	—	6.6	1.570 0～1.580 0
比色散（25℃）	—	6.6	≥200
二、化学性能			
中和值	mg KOH/g	6.7	≤0.015
氯含量	mg/kg	6.8	≤30
水含量	mg/kg	6.9	≤75
腐蚀性硫	—	6.10	无腐蚀性
三、电气性能			
击穿电压	kV	6.11	≥60[a]
体积电阻率（90℃）	Ω·m	6.12	≥1.0×10^{12} [a]

表 4（续）

性　　能		单位	试验方法 （条款）	要　　求
介质损耗因数（90℃,40 Hz～60 Hz）		—	6.12	≤0.002[a]
相对介电常数（25℃,40 Hz～60 Hz）		—	6.12	2.45～2.65
电场和电离作用下 的稳定性（析气性）	吸气	μL/min	6.13 GB/T 11142—1989	≥130
	吸气	cm³	6.13 GB/T 10065—2007	—
[a] 这些规定的极限值是考虑到了最不利的交货条件,并且这些值是相对于收货时的液体而言的。				

附　录　A
（资料性附录）
本标准章条编号与 IEC 60867:1993 章条编号的对照

表 A.1 给出了本标准章条编号与 IEC 60867:1993 章条编号的对照一览表。

表 A.1　本标准章条编号与 IEC 60867:1993 章条编号的对照

本标准章条编号	IEC 60867:1993 章条编号
1	1
2	2
3	3
3.1～3.4	3.1～3.4
4	4
4.1～4.2	4.1～4.2
5	5
6	6
6.1～6.5	6.1～6.5
6.6	—
6.7～6.13	6.6～6.12
7	7
8	8
9	9
10	10
11	11
附录 A	—
附录 B	—

附　录　B
（资料性附录）
本标准与 IEC 60867:1993 技术性差异及其原因

表 B.1 给出了本标准与 IEC 60867:1993 技术性差异及其原因一览表。

表 B.1　本标准与 IEC 60867:1993 技术性差异及其原因

本标准章条编号	技术性差异	原　因
2	引用了部分我国标准，而非国际标准。 增加引用了 SH/T 0205—1992	以适合我国国情并方便使用。 因为增加了 6.6 条"折射率和比色散"，而"折射率和比色散"的测定按 SH/T 0205—1992 进行
6.6	增加了条款"折射率和比色散"	因为快速测定"折射率和比色散"可间接判断在电场和电离作用下的稳定性（析气性）是否达标，简化入厂检验，因而在表1、表2、表3、表4所列的规范中增加了"折射率和比色散"的性能及要求
6.12	条标题增加了"相对介电常数"这一性能	因为"相对介电常数"这一性能对电容器产品设计人员来说是必不可少的，故在表1、表2、表3、表4所列的规范中增加了"相对介电常数"的性能及要求
表1、表2、表3、表4	增加了"相对介电常数"、"折射率和比色散"的性能及要求。 提高了"运动粘度"、"闪点"、"倾点""中和值"、"水含量"、"击穿电压"的性能要求	以适合我国国情。 IEC 60867:1993 中给出的这些性能要求与我国现有产品的实测值相比偏低，为了真实反映我国现有产品的性能水平，故适当提高
表2	电容器用烷基二苯基乙烷分 PXE 和 PEPE 两个产品列出各自的要求	以适合我国国情

ICS 29.035.99
K 15

中华人民共和国国家标准

GB/T 21222—2007/IEC 60897:1987

绝缘液体　雷电冲击击穿电压测定方法

Methods for the determination of the lightning impulse breakdown voltage of insulating liquids

（IEC 60897:1987,IDT）

2007-12-03 发布　　　　　　　　　　　2008-05-20 实施

中华人民共和国国家质量监督检验检疫总局
中国国家标准化管理委员会　发布

前　言

本标准等同采用 IEC 60897：1987《绝缘液体　雷电冲击击穿电压测定方法》（英文版）。

为便于使用，本标准做了下列编辑性修改：

a)　删除了国际标准的"前言"；

b)　用小数点符号'.'代替小数点符号','；

c)　用阿拉伯数'1、2'代替罗马数'Ⅰ、Ⅱ'。

本标准的附录 A、附录 B 为资料性附录。

本标准由中国电器工业协会提出。

本标准由全国绝缘材料标准化技术委员会（SAC/TC 51）归口。

本标准起草单位：桂林电器科学研究所、西安交通大学。

本标准主要起草人：王先锋、曹晓珑。

本标准为首次制定。

绝缘液体 雷电冲击击穿电压测定方法

1 范围

1.1 本标准规定了两种试验方法 A 和方法 B,用来评定绝缘液体在发散场下经受标准雷电脉冲的电气强度。

方法 A 基于一个逐级试验程序,用来评定在规定条件下的脉冲击穿电压。

方法 B 是一个统计试验,用来检验绝缘液体在给定的电压等级下脉冲击穿概率的假设。

1.2 两种方法均适用于未使用或使用过的绝缘液体,该液体的粘度在 40℃时应低于 700 mm²/s。

两种方法都可以使用正、负脉冲。对于液体样品的准备,只要其符合工业使用的要求,并没有特殊的规定。然而,通过样品处理前和处理后进行的试验可以表明处理的效果如何。

1.3 两种方法主要用于建立评定绝缘液体的脉冲电气强度的标准程序。这些程序用来区分不同的电介质液体,也可用来检测当制造工艺或原料变化时液体的化学组成发生变化继而造成的特性变化。

2 概述

2.1 在电气设备中使用的绝缘液体可能会承受开关或雷电瞬时电压与工频正弦工作电压叠加的作用。

无论这样的过电压是单向的还是振荡的,其结果都将是正极性或负极性的瞬时作用,这就要求了解绝缘液体在这些条件下的特性。

然而,为了使在采用针—球形状电极的试验容器中得到的脉冲击穿电压与实际绝缘系统中液体的性能相一致,还需要更多的实践经验。

2.2 在绝缘液体中,脉冲击穿是一个至今还不清楚的复杂现象。它需要一个预击穿破坏(流注)的起始和蔓延过程。

击穿电压与如下的因素有关:电压波形,外加电压持续时间和电场分布。

为了得到具有可比性的结果,所有这些因素都要明确规定并严格控制。尽管如此,经常发现得到的结果比较分散,这种分散性通常被认为和预击穿机理的随机性有关。

2.3 虽然在均匀电场中,击穿特性不受施加电压的极性的影响,但是在发散场中,极性对击穿特性有显著的作用,特别是对针—球形状的电极则影响更大。实践证明,在这种电场分布下,液体的化学组成对负脉冲击穿特性起着主要的作用。因此,为了辨别在绝缘液体中化学组成的作用,必须采用上面所述两种方法中所用的高发散场形状的电极系统。

2.4 脉冲击穿电压与波的前沿时延有关,因此在两种方法中规定只使用标准全脉冲波(1.2/50 μs)。

2.5 与工频击穿电压(IEC 60156)不同,针—球脉冲击穿基本上与水分、颗粒等杂质无关。因此,只要杂质浓度不超过液体的使用极限,就不采用任何预防措施来控制这些杂质。

3 规范性引用文件

下列文件中的条款通过本标准的引用而成为本标准的条款。凡是注日期的引用文件,其随后所有的修改单(不包括勘误的内容)或修订版均不适用于本标准,然而,鼓励根据本标准达成协议的各方研究是否可使用这些文件的最新版本。凡是不注日期的引用文件,其最新版本适用于本标准。

GB/T 311.6—2005 高电压试验技术 第 5 部分:测量球隙(IEC 60052:2002,IDT)

GB/T 16927.1—1997 高电压试验技术 第 1 部分:一般试验技术(eqv IEC 60060-1:1989)

GB/T 16927.2—1997 高电压试验技术 第 2 部分:测量系统(eqv IEC 60060-2:1994)

IEC 60060-3 高电压试验技术 第 3 部分:测量装置

IEC 60060-4　高电压试验技术　第4部分:测量装置的使用导则

IEC 60475　液体电介质取样方法

4　设备

4.1　脉冲发生器

脉冲发生器应该能够产生一个标准1.2/50 μs雷电冲击电压全波,能按照GB/T 16927.1—1997中的要求调节脉冲正、负极性,并具有GB/T 16927.2—1997中规定的准确度,特别是峰值电压的测量必须准确到±3%。发生器的额定电压至少为300 kV,输出能量的范围宜在0.1 kJ到20 kJ之间。

4.2　脉冲电压的调整

此操作是非常重要的,峰值电压可用手控加压装置来设定,精确到1%;或用调节精度为±0.5%自动触发装置来设定则更好。

4.3　脉冲电压的测量

脉冲电压的测量应按照IEC 60060-3和IEC 60060-4中的规定进行。用一个精确标定的电阻分压器和一个峰值电压表比用示波器更好一些。而且,可以根据GB/T 311.6—2005用球隙法来校正测量系统,脉冲电压的峰值电压测量误差应已知且不应超过3%。

4.4　试验容器的设计

4.4.1　试验容器是一个带有垂直间隙的容器,如图1所示。该试验容器可容纳液体的体积约为300 mL,并限定只有两电极和它们的支撑部分可以为金属材料。

4.4.2　试验容器应设计成易拆卸易彻底清洗,其尺寸应保证闪络电压至少为250 kV。

4.4.3　试验容器所用的绝缘材料必须具有高介电强度、在80℃以下具有良好的热稳定性、能与被测绝缘液体相容,并耐溶剂、耐常用于被测液体的清洁剂。

4.4.4　由可调节的针—球形状的两电极来构成间隙。球电极为磨光的钢球,可用直径为12.5 mm~13 mm的轴承滚珠,并用一块磁铁使该球位置固定。针电极为一根留声机唱针,其锥顶的曲率半径为40 μm~70 μm。可以用显微镜来检验针的形状和曲率半径,附录B给出测量曲率半径的方法。

5　液体取样

根据IEC 60475中的规定完成被测液体的取样。

6　试验容器的准备与维护

6.1　试验容器的清洗

试验容器的所有零件包括球电极和唱针(电极)都应用试剂级的庚烷脱脂,用洗涤剂洗涤,用热自来水彻底冲洗,然后用蒸馏水冲洗。

用无油、脱水的压缩空气干燥各零件,并保存在干燥缸里等待使用。

6.2　日常使用

按照6.1中规定准备好的试验容器就可以进行试验了。但是,在对新样品进行试验以前,必须用合适的溶剂重复上述的清洗程序。

当对同样的样品进行试验时,只需在每次注样前用液体试样洗涤。

7　试验准备

7.1　用液体试样彻底地洗涤试样容器和电极,并慢慢地将试样注入试验容器,注意切勿有气泡产生,在试验前让液体静置至少5 min。

7.2　电极间隙

轻轻地使两电极接触,用欧姆表检测是否接触良好。然后,用一个测微计或螺旋计或厚度规使其中一个电极移开达到期望的间隙值。应将间隙调整到8.1.2中的规定值,其允许偏差为±0.1 mm。

7.3 将球电极接地,接线应尽可能的短。脉冲发生器的输出端应连接到针电极,而且必须注意不能形成太长的连接回路。

7.4 试验时试样的温度应与实验室温度相同,通常在15℃到30℃之间比较合适。

8 试验程序

8.1 方法 A——逐级试验

8.1.1 原理

用针—球电极系统将逐级增加峰值的 1.2/50 μs 标准雷电脉冲电压加到液体试样上直到发生击穿。需进行五次击穿试验,取其平均值作为被试液体的雷电脉冲击穿电压。

试验电压的起始值、电压步进值(级差)和电极间隙均取决于被试液体的击穿电压。

8.1.2 程序

a) 根据第7章规定准备试验容器。

b) 参考表1,并根据15 mm间隙时的预期击穿电压值(U_e)选择合适的试验电压起始值(U_i)、电压步进值(级差)和电极间隙。

c) 施加一选定起始电压的(极性已定)脉冲,并逐级增加电压直至击穿发生。每个电压等级下要加一个脉冲,在相邻两脉冲之间时间间隔至少1 min。

d) 重复 a)、b)、c)项所述的程序,直至获得被试液体的五个击穿值。在每次击穿后,应更换针电极并转动球电极,在五次击穿后,应更换球电极。

e) 为了使试验有效,试样在击穿发生前必须经受至少三个电压等级。如果在此之前发生击穿,则根据情况,选择更低的起始电压重复试验,例如5 kV或者10 kV。

f) 记录发生击穿时的预期脉冲峰值电压作为额定击穿电压。

g) 如果被测液体的击穿电压不能预先估计,则使用15 mm间隙、50 kV起始电压和步进(级差)10 kV升压来进行试验,按 a)和 c)项测定 U_e,然后按 a)到 f)项继续试验。

如果采用15 mm的间隙时,不能在低于试验容器闪络电压(约250 kV)时发生击穿,则将间隙减少到10 mm,必要时,甚至可以到5 mm。

表 1 起始电压和间隙的选择

15 mm 时的预期击穿电压 U_e/kV	$50 \leqslant U_e \leqslant 100$	$100 < U_e \leqslant 250$	$U_e > 250$
间隙/mm	25 ± 0.1	15 ± 0.1	10 ± 0.1
起始电压 U_i/kV	$1.5U_e - 25$	$U_e - 50$	150
步进(级差)电压/(kV)	5	5	10

8.1.3 精确度

一种试验方法的精确度是由重复性 r 和再现性 R 来表示(见ISO 5725),表2给出了按方法A进行试验的矿物绝缘油的这些参数值。

当正确地使用该方法时,对于同一种油,在相同的条件下(同一操作者、同样的设备、同样的实验室和短的时间间隔)进行的两次试验而获得的两个"单次结果"间的差异有5%的概率超过7.0%U(负脉冲)或者超过15%U(正脉冲),其中 U 为两个结果的平均值。

表 2 对于矿物绝缘油方法 A 的重复性和再现性

脉冲极性	r/%	R/%
负	7	10
正	15	30

注1:r 和 R 值表示为平均击穿电压的百分数。

注2:表中数值是由三种不同的矿物绝缘油在七个实验室的试验结果而得到的。

对于同一种油在不同条件下(不同的操作者、不同的设备、不同的实验室)进行的试验中得到的两个结果之间的差异,有5%的概率超过10%U(负脉冲)或者超过30%U(正脉冲)。

如果两个结果间的差异超过表2中规定值,则还需进一步工作,例如校准设备和重复试验。

注3:"单次结果"为8.1.1中规定的五次击穿电压的平均值。

8.2 方法B——连续试验

8.2.1 原理

经验表明,将一个脉冲波(其峰值接近于用方法A测得的击穿电压)加到试验容器时,击穿可能会发生也可能不发生。这样,就应该引进击穿概率P的概念,P是U的函数且是未知的。连续试验可将击穿概率P与任意值P_0相比较并检验假设:

$$H_0:P \leqslant P_0(称作零假设);备择假设 H_1:P > P_0(见附录 A)。$$

本方法是将一连串恒定峰值的脉冲加到试样上直至击穿,并将结果画到判定图上(见附录A和图 A.1)。

连续试验需一直进行到能进行判定为止,当超过事先规定的脉冲数还不能裁定时,则终止试验。

8.2.2 程序

a) 根据相应的P_0值和附录 A 中定义的参数画出判定图;

b) 选择一个脉冲电压峰值U_0并设定脉冲发生器(见注1);

c) 根据本标准第7章的规定准备试验容器并调节电极间隙到所要求的值;

d) 施加第一个选择好极性和峰值的脉冲到电极上,如果没有发生击穿,则在加另一个脉冲前等待一分钟,然后再继续加脉冲直至发生击穿;

e) 在每次击穿后,更换针电极、转动球电极、重新充满试验容器并继续上述程序,并每五次击穿后应更换球电极;

f) 在判定图上对每个脉冲和相应的击穿描点(见图 A.1);

g) 只要各点分布在直线D_1和D_2之间的区域内(见附录 A)则不能判定,必须继续试验(见注2)。

若各点分布区域与直线D_1相交,则零假设被接受:$P \leqslant P_0$。

若各点分布区域与直线D_2相交,则零假设被拒绝:$P > P_0$。

注1:试验电压U_0的选择要比方法A中得到的平均击穿电压值小两个电压等级。

注2:如果在85次脉冲后不能判定,则应在更低电压水平上重复试验,如降低5 kV或10 kV。

9 报告

报告应包括如下项目:

9.1 本标准号和采用的方法。

9.2 样品的名称和制备方法。

9.3 间隙距离。

9.4 方法 A

起始电压的峰值、极性和电压步进(级差)值;

每次击穿时的脉冲电压值;

平均击穿电压值;

标准平均偏差。

9.5 方法 B

电压峰值和极性;

选择的统计参数;

判定图和试验结果的分布。

单位为毫米

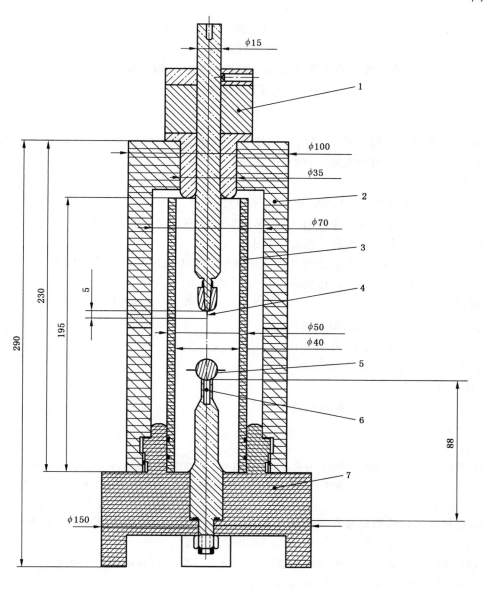

1——厚度规;

2——聚甲基丙烯酸甲酯盖;

3——聚甲基丙烯酸甲酯盖;

4——可更换的标准电唱机针;

5——钢球;

6——磁铁;

7——聚酰胺底座。

图 1 绝缘液体脉冲电强度试验的针—球电极系统

附　录　A

（资料性附录）

用于将液体介质击穿概率和标准值进行比较的连续试验法

判定图的结构

A.1　引言

本附录规定了连续试验的原理并提供了构建判定图的方法，对于连续分析详见 Abraham WALD（J. Wiley 和 Sons Inc. Editor）的文章《连续分析》。

A.2　符号说明

文中所用符号与国际标准 ISO 3534 中的定义相符。

$P(U)$ 或 P：液体介质在给定试验电压 U 的标准雷电脉冲作用下的击穿概率（见注）。

P_0：对应于可接受的质量标准的任选击穿概率。

P_1：低于 P_0 的击穿概率，该值的选择考虑了所施加试验电压的精度等影响因素。

P_2：高于 P_0 的击穿概率，选择理由同上。

H_0：零假设：$P \leqslant P_0$。

H_1：备择假设，与零假设相反，即 $P > P_0$。

α：当 $P \leqslant P_1$ 时，拒绝 H_0 的最大风险。

β：当 $P \geqslant P_2$ 时，接受 H_0 的最大风险。

n：施加的脉冲冲击数。

d_n：在施加 n 个脉冲冲击后击穿放电的次数。

A_n：合格判定数。

R_n：不合格判定数。

注：P 的数值在任何情况下都难以得到，连续试验的目的并不是确定这个概率，否则要做太多的试验。连续试验主要是工业实践中通过一个加速程序将它与一个确定概率 P_0 相比较，对绝缘液体给出一个令人满意的耐雷电冲击水平的信息。

A.3　统计试验允许对试验数据存在可接受的错判概率。它需要定义零假设 H_0 来检验，并需要利用试验结果的函数，在这里就是判定图上各点 (d_n, n) 提供的数据。

在连续试验的特殊情况下，试验结果的函数是在试验结果的集合中取三个相互独立的子集，随着试验的进行来判断接受 H_0 还是拒绝 H_0，还是继续进行试验。

A.4　设 P_0 为一任意值。我们希望在给定的试验电压下检验零假设 $H_0：P \leqslant P_0$ 和备择假设 $H_1：P > P_0$。

实际上，P_1 小于 P_0 且 α 为一确定值，这样，当 $P \leqslant P_1$ 时，拒绝 H_0 的概率小于或等于 α。

同样地，P_2 大于 P_0 且 β 也为一确定值，这样，当 $P \geqslant P_2$ 时，接受 H_0 的概率小于或等于 β。

A.5　设 L 为概率比，并定义为：$L = L_1/L_2$，其中 L_1 为 $P = P_1$ 时，一组观测值所得的概率；L_2 为 $P = P_2$ 时，一组观测值所得的概率。

连续试验要求在试验的任一阶段计算 L 并按如下的规定判断：

如果 $L \leqslant A$ 时，则 H_0 被接受，

如果 $L \geqslant R$ 时，则 H_0 被拒绝，

如果 $A < L < R$ 时，则进一步观察，继续进行试验。

A 和 R 的选择：当 $P = P_1$ 时，拒绝 H_0 的概率为 α，当 $P = P_2$ 时，接受 H_0 的概率为 β，近似公式为：

$$A = \beta/(1-\alpha) \qquad R = (1-\beta)/\alpha$$

通常当 $P \leqslant P_1$ 时，拒绝 H_0 的概率小于或等于 α；而当 $P \geqslant P_2$ 时，接受 H_0 的概率小于或等于 β。

A.6 当 $P=P_1$ 时,n 次脉冲冲击产生 d_n 次击穿的概率为:

$$L_1 = \binom{n}{d} P_1^{d_n} (1-P_1)^{n-d_n}$$

当 $P=P_2$ 时,n 次脉冲冲击产生 d_n 次击穿的概率为:

$$L_2 = \binom{n}{d} P_2^{d_n} (1-P_2)^{n-d_n}$$

因此,概率比为:

$$L = P_2^{d_n} (1-P_2)^{n-d_n} / P_1^{d_n} (1-P_1)^{n-d_n}$$

假设在 n 次脉冲冲击后满足条件 $L \leqslant A$,则:

$$P_2^{d_n} (1-P_2)^{n-d_n} / P_1^{d_n} (1-P_1)^{n-d_n} \leqslant \beta/(1-\alpha)$$

由上述表达式可知观察到的放电次数 d_n 为:$d_n \leqslant h_1 + sn$,其中 h_1 和 s 是常数,并由下式决定:

$$h_1 = \lg \frac{\beta}{1-\alpha} \Big/ \left(\lg \frac{P_2}{P_1} - \lg \frac{1-P_2}{1-P_1} \right)$$

$$s = \lg \frac{1-P_2}{1-P_1} \Big/ \left(\lg \frac{P_2}{P_1} - \lg \frac{1-P_2}{1-P_1} \right)$$

令

$$A_n = h_1 + sn \qquad\qquad\qquad \cdots\cdots\cdots\cdots\cdots\cdots\cdots (A.1)$$

当 $d_n \leqslant A_n$ 时,条件 $L \leqslant A$ 满足,零假设 H_0 被接受,因此,A_n 被称为合格判定数。

A.7 现在假设在 n 次脉冲冲击后 $L \geqslant R$,用与上述同样的方法 $d_n \geqslant h_2 + sn$,而 h_2 由公式计算为

$$h_2 = \lg \frac{1-\beta}{\alpha} \Big/ \left(\lg \frac{P_2}{P_1} - \lg \frac{1-P_2}{1-P_1} \right)$$

令

$$R_n = h_2 + sn \qquad\qquad\qquad \cdots\cdots\cdots\cdots\cdots\cdots\cdots (A.2)$$

当 $d_n \geqslant R_n$ 时,条件 $L \geqslant R$ 满足,零假设 H_0 被拒绝,因此,R_n 被称为不合格判定数。

A.8 n 次冲击后的试验结果,可用点 (n, d_n) 在 n 和 d_n 的坐标图上表示。此外,A_n 和 R_n(见 A.1 和 A.2)分别为两平行直线(D_1)和(D_2)的方程,它们将图分成三个区域(见图 A.1)。

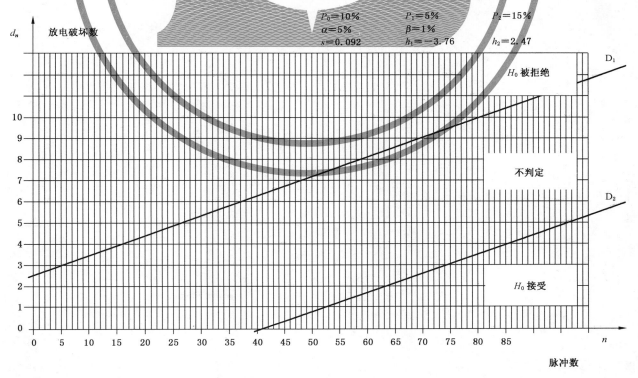

图 A.1 判定图

如果点(n, d_n)位于直线(D_1)以下的区域,则H_0被接受;如果点(n, d_n)位于直线(D_2)以上的区域,则H_0被拒绝;如果点位于两条线之间,则不能判定,需改变冲击电压继续试验。

A.9 图A.1所显示的判定图是一个例子,它是根据以下值画出的:

$$P_0 = 10\%; P_1 = 5\%; P_2 = 15\%; \alpha = 5\% \text{ 和 } \beta = 1\%。$$

A.10 与一般的统计试验不同,等值连续试验不需要预先确定要进行的试验次数。试验次数是一个随机变量,平均来说,比一般的统计试验所需的试验次数要少。

而且,连续试验被无限制进行下去的概率为零。然而,为了保证试验在限定次数内完成,可以用截止规则来终止试验,也可以按8.2.2进行判定来终止试验。

附　录　B

（资料性附录）

针的曲率半径的测量

本附录叙述了用金相显微镜测定针电极曲率半径的方法。

图 B.1 给出了光学系统示意图。

由显微镜光源（S）发出的光波被一组与待测物体（A）成 45°角的镜子（M）所反射。然后，图像通过透镜（L₁、L₂）投影到磨光玻璃（D）上，调节显微镜使物体放大到 1 000 倍。

用毫米标度尺在磨光玻璃（D）上直接测量对应于弦（b）的弦高（a）。

为了提高准确度，进行两次对应于不同弦值的测量。

从如下表达式得到曲率半径值：

$$R = \left[\left(\frac{b}{2}\right)^2 + a^2\right]/2a$$

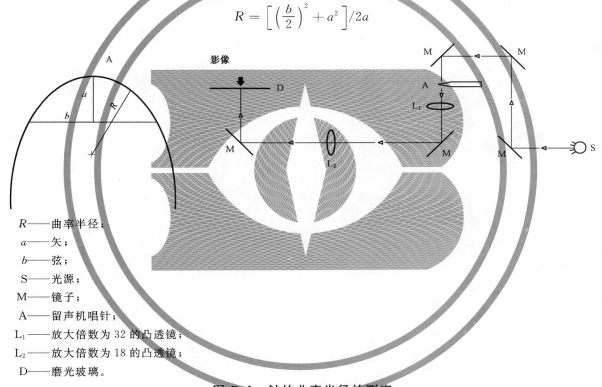

R——曲率半径；

a——矢；

b——弦；

S——光源；

M——镜子；

A——留声机唱针；

L₁——放大倍数为 32 的凸透镜；

L₂——放大倍数为 18 的凸透镜；

D——磨光玻璃。

图 B.1　针的曲率半径的测定

参 考 文 献

[1]　IEC 60156　绝缘油电气强度的测定方法.

[2]　ISO 2854　数据的统计解释.

[3]　ISO 3534　统计学　名词和符号.

[4]　ISO 5725　试验方法的精确度　实验室间多次试验的重复性和再现性的确定.

ICS 75.140
E 38

中华人民共和国国家标准

GB/T 25961—2010

电气绝缘油中腐蚀性硫的试验法

Standard test method for corrosive sulfur in electrical insulating oils

2011-01-10 发布　　　　　　　　　　　　　　　2011-05-01 实施

中华人民共和国国家质量监督检验检疫总局
中国国家标准化管理委员会　发布

前　言

本标准修改采用美国试验与材料协会标准 ASTM D1275-06《电气绝缘油腐蚀性硫试验法》。

本标准根据 ASTM D1275-06 重新起草。

本标准删除了 ASTM D1275-06 的第 4 章、第 8 章、第 13 章，其他章编号依删除后顺序调整。

为了适合我国国情，本标准在采用 ASTM D1275-06 时作了部分修改。本标准与 ASTM D1275-06 的主要技术差异如下：

——本标准在第 1 章中增加了"本标准适用于……"，将 ASTM D1275-06 中的 1.2 作为本标准的引言；

——本标准删除了 ASTM D1275-06 中的 1.3，因为本标准使用的单位均为国际单位制单位，标准中不再赘述；

——将 ASTM D1275-06 中的 1.4 内容作为本标准的警告，以符合国家标准编写规定；

——第 2 章增加引用标准 GB/T 6682，因为在试验瓶的清洗过程中用到蒸馏水；

——为了符合国家标准编写要求，将 ASTM D1275-06 中的第 4 章意义和用途内容作为本标准的引言，章条序号做相应修改；

——本标准删除了 ASTM D1275-06 中的 3.1 和第 8 章有关方法 A 的内容，因 ASTM D1275-06 中方法 A 的技术内容已转化为我国石油化工行业标准；

——试剂一章中增加了石油醚、无水乙醇和蒸馏水，用于铜片的清洗；

——本标准删除了 ASTM D1275-06 中第 13 章关键词。

本标准由全国石油产品和润滑剂标准化技术委员会（SAC/TC 280）提出。

本标准由全国石油产品和润滑剂标准化技术委员会石油燃料和润滑剂分技术委员会（SAC/TC 280/SC 1）归口。

本标准主要起草单位：中国石油天然气股份有限公司克拉玛依润滑油研究所。

本标准参加起草单位：华东电力试验研究院有限公司、中国石油化工股份有限公司润滑油研发（上海）中心、安徽省电力科学研究院。

本标准主要起草人：张绮、于会民、马书杰、张玲俊、彭伟、林斌、李云岗、郭春梅、黄莺。

引　言

　　在绝缘油使用的许多场合中,都与易产生腐蚀的金属持续接触。腐蚀性硫化物的存在会导致金属材料变坏劣化,这种变坏劣化的程度取决于腐蚀物质的数量和类型及时间和温度等因素。检测这些非理想的杂质,即使不是定量检测,也是识别危害物质的有效手段。

　　新的和在用的石油基电气绝缘油中可能含有某些物质,在特定使用条件下会产生腐蚀。本标准在规定的条件下,使铜与油品接触,以检测是否存在游离(单质)硫和腐蚀性硫化物或其形成的趋势。

电气绝缘油中腐蚀性硫的试验法

警告：本标准涉及某些有危险性材料、操作和设备，但并未对与此有关的所有安全问题都提出建议。因此，用户在使用本标准前，应建立适当的安全和防护措施，并确定相关规章限制的适用性。

1 范围

本标准规定了石油基电气绝缘油中腐蚀性硫化物（无机和有机硫化物）的检测方法。

本标准适用于新的和在用的石油基电气绝缘油。

2 规范性引用文件

下列文件中的条款通过本标准的引用而成为本标准的条款。凡是注日期的引用文件，其随后所有的修改单（不包括勘误的内容）或修订版均不适用于本标准，然而，鼓励根据本标准达成协议的各方研究是否可使用这些文件的最新版本。凡是不注日期的引用文件，其最新版本适用于本标准。

GB/T 2480 普通磨料 碳化硅

GB/T 5096 石油产品铜片腐蚀试验法

GB/T 6682 分析实验室用水规格和试验方法（GB/T 6682—2008，ISO 3696:1987，MOD）

3 方法概要

将处理好的铜片放入盛有 220 mL 绝缘油的密封厚壁耐高温试验瓶中，在 150 ℃下保持 48 h，试验结束后观察铜片的颜色变化，来判定硫、硫化物造成的腐蚀情况。

4 仪器与材料

4.1 烘箱：温度控制在 150 ℃±2 ℃。最好使用循环式鼓风恒温烘箱。

4.2 试验瓶：250 mL 细颈带内螺纹的厚壁耐高温试验瓶。由耐化学腐蚀的玻璃制成，试验瓶的颈部为螺纹口，用带有氟橡胶"O"形圈的 PTFE（聚四氟乙烯）螺纹塞子密封，以防止空气进入。如图 1。

4.3 镊子：不锈钢制，扁平头。

4.4 铜片：纯度为 99.9%，厚度为 0.127 mm～0.254 mm，无污染。

4.5 研磨料：颗粒尺寸为 63 μm 的 240 号碳化硅砂纸或砂布，63 μm 碳化硅粉，符合 GB/T 2480 的要求。

5 试剂

5.1 丙酮：分析纯。

5.2 石油醚：分析纯。

5.3 无水乙醇：分析纯。

5.4 蒸馏水：符合 GB/T 6682 中三级水要求。

5.5 氮气：纯度不低于 99.9%。

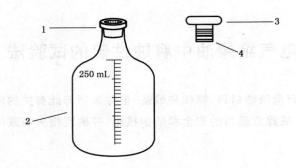

1——内螺纹口；
2——250 mL 细颈带内螺纹的厚壁耐高温玻璃瓶；
3——PTFE(聚四氟乙烯)螺纹塞；
4——氟橡胶 O 形圈。

图 1 试验瓶示意图

6 准备工作

6.1 试验瓶的清洗

先用化学溶剂(如石油醚、无水乙醇等)冲洗试验瓶、PTFE 螺纹塞以除去油污，接着用无硫洗衣粉或其他无硫的洗涤剂清洗，再用自来水冲洗，然后用蒸馏水冲洗，最后在烘箱中烘干。

6.2 铜片的制备

切割一块 6 mm×25 mm 的铜片，用 240 号碳化硅粗砂纸擦去表面污点。处理后的铜片储存在无硫的丙酮中备用，使用前，从丙酮中取出铜片做最后的抛光。垫上定量滤纸，戴上化纤手套按住铜片，用一片经丙酮沾湿的医用脱脂棉从玻璃板上蘸起适量 63 μm 的碳化硅粉对铜片表面进行抛光。接着用镊子夹一片新的医用脱脂棉沿长轴方向用力擦拭铜片，清除所有金属粉末和研磨剂，直到新的棉花无脏痕为止。弯曲打磨处理好的铜片呈 V 字型，角度大约为 60°，相继用丙酮、蒸馏水和丙酮清洗，于 80 ℃～100 ℃的烘箱中干燥 3 min～5 min，立即取出并浸泡在试样中。不应用压缩空气或惰性气体吹干铜片。

注：也可用一种方便的方法，抛光一大片铜片，然后再按正确尺寸剪切成几个铜片。

7 试验步骤

7.1 试样不应过滤。

7.2 迅速把准备好的铜片放入盛有 220 mL 试样的 250 mL 干净的试验瓶中，将制备好的铜片以长边缘着地立着放于瓶底，以避免铜片表面接触瓶底。用一根内径为 1.6 mm 的玻璃管或不锈钢管与氮气瓶的减压阀或针形阀连接(橡胶管必须是无硫的)，以 0.5 L/min 的速率向试验瓶中的试样通氮气 5 min，然后迅速装上带有氟橡胶"O"形圈的 PTFE 瓶塞并拧紧。

7.3 把试验瓶放入 150 ℃的烘箱中，加热大约 15 min 后，将瓶塞拧松释放压力，然后再把它拧紧，以防止试验瓶爆裂。装有试样的试验瓶在 150 ℃±2 ℃的温度下，保持 48 h±20 min 后取出，冷却至室温后，使用镊子小心取出铜片，用丙酮或其他适合的溶剂清洗铜片并在空气中晾干。不应用压缩空气吹干铜片。

7.4 为便于观察，持被测铜片，使光线从铜片反射成约 45°角度进行观察，如果铜片表面有边线或不清洁，用一干净的滤纸用力擦拭其表面，只要有沉积物脱落，就报告为腐蚀，沉积物就是腐蚀的结果。

8 结果判断

根据表 1 判断试样是否有腐蚀性。腐蚀性的判断也可借助于 GB/T 5096 中铜片腐蚀标准色板。表 2 中提供了腐蚀标准色板的分级，仅供参考。

表 1 铜片腐蚀性的判断依据

结果判断	试验铜片的描述
无腐蚀性	试片呈橙色,红色,淡紫色,带有淡紫蓝色,或银色,或两种都有,并分别覆盖在紫红色上的多彩色,银色,黄铜色或金黄色,洋红色覆盖在黄铜色上的多彩色,有红和绿显示的多彩色(孔雀绿),但不带灰色。
腐蚀性	试片明显的黑色、深灰色或褐色;石墨黑色或无光泽的黑色;有光泽的黑色或乌黑发亮的黑色,有任何程度的剥落。

表 2 铜片腐蚀标准色板的分级

分 级	名 称	说 明
新磨光的铜片	—	新打磨的铜片因老化而使其外观无法重现,因此没有进行描述
1	轻度变色	a. 淡橙色,几乎与新磨光的铜片一样 b. 深橙色
2	中度变色	a. 紫红色 b. 淡紫色 c. 带有淡紫蓝色或银色,或两种都有,并分别覆盖在紫红色上的多彩色 d. 银色 e. 黄铜色或金黄色
3	深度变色	a. 洋红色覆盖在黄铜色上的多彩色 b. 有红和绿显示的多彩色(孔雀绿),但不带灰色
4	腐蚀	a. 明显的黑色、深灰色或仅带有孔雀绿的棕色 b. 石墨黑色或无光泽的黑色 c. 有光泽的黑色或乌黑发亮的黑色

9 报告

报告以下内容:

——样品名称及编号;

——试样为腐蚀性或无腐蚀性;

——变色级别,依据 GB/T 5096。

10 精密度和偏差

本标准没有规定精密度和偏差,由于试验结果仅表明是否与所规定的评判依据相吻合,而不是定量分析。

ICS 29.040.01
K 15

中华人民共和国国家标准

GB/T 27750—2011/IEC 61039:2008

绝缘液体的分类

Classification of insulating liquids

（IEC 61039:2008,IDT）

2011-12-30 发布

2012-05-01 实施

中华人民共和国国家质量监督检验检疫总局
中国国家标准化管理委员会 发布

前　言

本标准按照 GB/T 1.1—2009 给出的规则起草。

本标准使用翻译法等同采用 IEC 61039:2008《绝缘液体的分类》。

与本标准中规范性引用的国际文件有一致性对应关系的我国文件如下：

——GB/T 3536—2008　石油产品闪点和燃点的测定　克利夫兰开口杯法（ISO 2592:2000，
　　MOD）。

本标准与 IEC 61039:2008 比较仅在编辑格式上做了少量调整：

1)　删除了 IEC 61039:2008 的前言的内容；

2)　在"规范性引用文件"中，将引用的 ISO 标准改为已等同采标转化的国家标准代替；

3)　将没有真正规范性引用的文件列入"参考文献"。

本标准由中国电器工业协会提出。

本标准由全国绝缘材料标准化技术委员会（SAC/TC 51）归口。

本标准起草单位：桂林电器科学研究院。

本标准主要起草人：阎雪梅、马林泉、宋玉侠、张波、李卫。

绝缘液体的分类

1 范围

本标准规定了依据 ISO 8681:1986 和 GB/T 7631.1—2008 归属于 L 类（润滑剂、工业用油和相关产品）N 组（绝缘液体）的产品的详细分类，所涉及的产品种类包括由石油精炼衍生的产品、合成化学产品及合成酯、天然酯。

本标准适用于 N 组（绝缘液体）产品。

2 规范性引用文件

下列文件对于本文件的应用是必不可少的。凡是注日期的引用文件，仅注日期的版本适用于本文件。凡是不注日期的引用文件，其最新版本（包括所有的修改单）适用于本文件。

GB/T 7631.1—2008　润滑剂、工业用油和有关产品（L 类）的分类　第 1 部分：总分组（ISO 6743-99:2002,IDT）

ISO 2592:2000　石油产品闪点和燃点的测定　克利夫兰开口杯法（Determination of flash and fire points—Cleveland open cup method）

ISO 8681:1986　石油产品及润滑剂　分类法　分类定义（Petroleum products and lubricants—Method of classification—Definition of classes）

OECD 301:1992　OECD[1]化学品试验导则—可生物降解性（OECD guideline for testing of chemicals—Ready biodegradability）

ASTM D240-02　用弹式量热器测定液体烃类燃料燃烧热的标准试验方法（Standard test method for heat of combustion of liquid hydrocarbon fuels by bomb calorimeter）

3 ISO 分类系统

ISO 8681:1986 列出了适用于石油产品、润滑剂及相关产品的分类系统的主要原则。

ISO 8681:1986 规定尽可能选择应用领域作为石油产品、润滑剂及相关产品分类的主要原则。还规定以产品类型为基础进行分类。例如燃料，首先按照类型，其次按照最终用途进行分类。

ISO 的这种分类原则是基于一个由表示石油产品主要类别的字母和数字组成的代码。

完整的命名由下列各部分组成：

——国际标准化组织的缩写"ISO"；

——石油产品或相关产品的类别，用一个字母表示（见表 1）。该字母应清晰地与其他符号相区别；

——品种，用一组字母（1～4 个）表示，其中第 1 个字母总是用来识别其所归属的组类，其余字母按相关标准中有关产品的特定类别的适当解释予以规定其意义；

——（可选）数字，它可附加于一个完整的名称之后，其意义将以相关标准中有关产品的特定类别的适当解释予以规定。

---

1)　OECD:经济合作与发展组织。

依据 ISO 8681:1986，代码应当按下述一般形式表示：

ISO——类别——品种——（最终的）数字

或以简略形式表示：

类别——品种——（最终的）数字

4 绝缘液体的分类

依据 ISO 8681:1986，产品分类命名如下：

——ISO 的缩写；

——用表 1 中定义的字母表示石油及其相关产品的类别；

——用 4.2 中说明的 4 个字母表示品种；

——由 7 个数字组成的识别码（见 4.3）。

4.1 类别

石油产品或相关产品的类别用具有表 1 所述含义的一个字母表示。

表 1 石油产品或相关产品的类别

类　别	名　称
F	燃料
S	溶剂和化工原材料
L	润滑剂、工业用油和相关产品
W	蜡
B	沥青

依据 ISO 8681:1986，绝缘液体属于 L 类"润滑剂、工业用油和相关产品"。

4.2 品种

品种按一组 4 个字母予以识别，具体含义如下：

第一个字母

第一个字母，识别绝缘液体的组别，为 N：电气绝缘（表 1，GB/T 7631.1—2008）。

第二个字母

第二个字母，识别主要应用领域如下：

——C　表示用于电容器；

——T　表示用于变压器和开关；

——S　表示用于−10 ℃ 运行的设备开关；

——Y　表示用于电缆。

注：为了表示绝缘液体的着火特性，同时希望得益于 CENELEC[2) 的 CT14 所得的经验，添加了下列参数以及燃点和低热值。这些参数的分类采用与 IEC 61100:1992 相同的分类标准。

第三个字母

第三个字母，识别有无抗氧化添加剂存在，含义如下：

——U　无添加剂；

---

2)　CENELEC：欧洲电工标准化技术委员会。

——T   有微量添加剂(<0.08%);

——I   有添加剂(>0.08%)。

第四个字母

第四个字母,识别燃点(燃点:ISO 2592:2000)如下:

——O   燃点≤300 ℃;

——K   燃点>300 ℃;

——L   液体燃点无法测定。

注:为使用宾斯基·马丁(闭口杯)法测定闪点,IEC/TC 10 通常采纳 ISO 2719:2002。若用该方法测得的闪点值<250 ℃,则该产品被分为"O"类;若闪点值>250 ℃,则该产品被分为"K"类;若无法测定闪点,则该产品被分为"L"类。

4.3 识别码

为了完善命名,添加了 7 个数字,具体含义如下:

前三个数字

前三个数字对应于 IEC 相关标准顺序号的后三个数字,若无 IEC 相关标准,则用数字 000 代替。

第四个数字

第四个数字识别 IEC 相关标准的篇号,若没有相关标准的篇号则用数字 0 代替。

第五个数字

第五个数字识别低热值(ASTM D240-02)如下:

——1   低热值≥42 MJ/kg;

——2   低热值 32 MJ/kg~42 MJ/kg;

——3   低热值<32 MJ/kg。

第六个数字

第六个数字识别最低冷起动温度(LCSET)如下:

——0   LCSET 无规定;

——1   LCSET≥0 ℃;

——2   0 ℃>LCSET≥−10 ℃;

——3   −10 ℃>LCSET≥−30 ℃;

——4   −30 ℃>LCSET≥−40 ℃。

第七个数字

第七个数字依据 OECD 301:1992 方法 C 或 F 识别绝缘液体的可生物降解性,含义如下:

——0   液体不可生物降解(分解的 ThOD[3]≤20%);

——1   液体可轻微生物降解(40%≥分解的 ThOD>20%);

——2   液体可较好地生物降解(70%≥分解的 ThOD>40%);

——3   液体可完全生物降解(分解的 ThOD>70%)。

表 2 给出了一些不同绝缘液体分类的实例。

---

3)   ThOD:理论需氧量。

表 2　不同绝缘液体的分类实例

类别	品种	绝缘液体分类					注释/实例
		IEC 标准编号	IEC 分类（篇号）	低热值（ASTM D240-02）	LCSET/℃	可生物降解性	
L	NTUO	296	—	43 MJ/kg	−7	轻微	用于变压器的燃点为 200 ℃、低热值为 43 MJ/kg、无抗氧剂、LCSET 为−7 ℃的矿物绝缘油 L-NTUO-2960121
L	NTTK	296	—	43 MJ/kg		轻微	用于变压器的燃点为 350 ℃、低热值为 43 MJ/kg、含微量抗氧剂、LCSET 为−7 ℃的矿物绝缘油 L-NTTK-2960121
L	NTIO	296	—	43 MJ/kg	−7	轻微	用于变压器的燃点为 200 ℃、低热值为 43 MJ/kg、含抗氧剂、LCSET 为−7 ℃的矿物绝缘油 L-NTIO-2960121
L	NSIO	296	—	43 MJ/kg	−30	轻微	用于低温运行的设备开关的燃点为 200 ℃、低热值为 43 MJ/kg、含抗氧剂、LCSET 为−30 ℃的矿物绝缘油 L-NSIO-2960131
L	NYUO	867	1	43 MJ/kg	—	轻微	IEC 60867 第 1 篇,烷基苯 L-NYUO-8671101
L	NCUO	867	2	43 MJ/kg	—	轻微	IEC 60867 第 2 篇,烷基二苯基乙烷 L-NCUO-86721101
L	NCUO	867	3	43 MJ/kg	—	轻微	IEC 60867 第 3 篇,烷基萘 L-NCUO-86731101
L	NTUK	836	—	<32 MJ/kg	≤−40	无	IEC 60836,硅液体 L-NTUK-8360300

5　概略图

图 1 概述如何构成某一绝缘液体的分类代码。

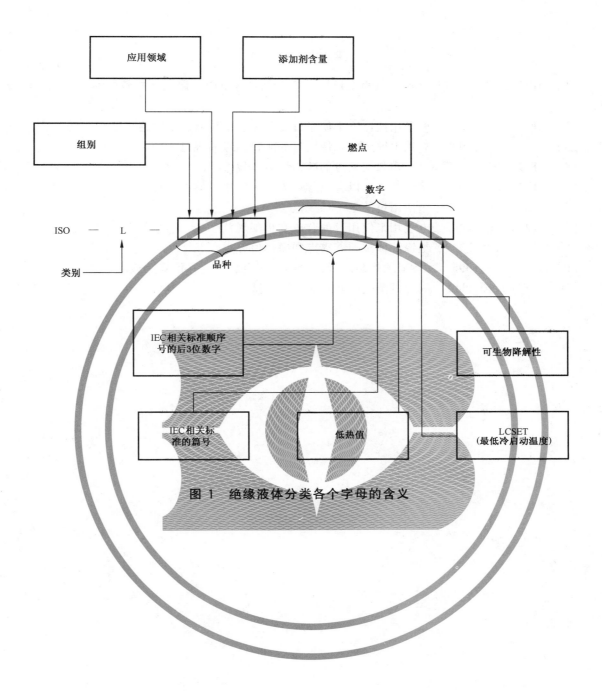

图 1　绝缘液体分类各个字母的含义

参 考 文 献

[1] IEC/TS 60076-14:2004 电力变压器 第 14 部分:使用高温绝缘材料的液浸式电力的设计与应用

[2] IEC 60296:2003 电工用液体 未使用过的开关和变压器用矿物绝缘油

[3] IEC 60465:1988 充油电缆用的未使用过的矿物绝缘油规范

[4] IEC 60836:2005 电工用未使用过的硅绝缘液体规范

[5] IEC 60867:1993 绝缘液体 以合成芳烃为基未使用过的液体规范

[6] IEC 60963:1988 未使用过的聚丁烯规范

[7] IEC 61099:1992 电气用未使用过的合成有机酯规范

[8] IEC 61100:1992 绝缘液体按照着火点和净热值分类

[9] ISO 1928:1995 固体矿物燃料—弹式量热计测定总热值并计算净热值

[10] ISO 2719:2002 闪点的测定—宾斯克-马丁闭杯法